W0064461

Einführung
in die elektromagnetische Feldtheorie

Konrad Schild

Pascal Leuchtmann

Einführung in die elektromagnetische Feldtheorie

ein Imprint von Pearson Education

München • Boston • San Francisco • Harlow, England
Don Mills, Ontario • Sydney • Mexico City
Madrid • Amsterdam

Bibliografische Information Der Deutschen Bibliothek

Die Deutsche Bibliothek verzeichnet diese Publikation in der
Deutschen Nationalbibliografie; detaillierte bibliografische Daten
sind im Internet über *http://dnb.ddb.de* abrufbar.

Die Informationen in diesem Buch werden ohne Rücksicht auf einen eventuellen Patentschutz
veröffentlicht. Warennamen werden ohne Gewährleistung der freien Verwendbarkeit benutzt. Bei
der Zusammenstellung von Texten und Abbildungen wurde mit größter Sorgfalt vorgegangen.
Trotzdem können Fehler nicht ausgeschlossen werden. Verlag, Herausgeber und Autoren können
für fehlerhafte Angaben und deren Folgen weder eine juristische Verantwortung noch irgendeine
Haftung übernehmen. Für Verbesserungsvorschläge und Hinweise auf Fehler sind Verlag und
Herausgeber dankbar.

Alle Rechte vorbehalten, auch die der fotomechanischen Wiedergabe und der Speicherung in
elektronischen Medien. Die gewerbliche Nutzung der in diesem Produkt gezeigten Modelle und
Arbeiten ist nicht zulässig.

Fast alle Hardware- und Softwarebezeichnungen, die in diesem Buch erwähnt werden, sind
gleichzeitig auch eingetragene Warenzeichen oder sollten als solche betrachtet werden.

Umwelthinweis:
Dieses Buch wurde auf chlorfrei gebleichtem Papier gedruckt.
Die Einschrumpffolie – zum Schutz vor Verschmutzung – ist aus umweltverträglichem und
recyclingfähigem PE-Material.

10   9   8   7   6   5   4   3   2   1

07   06   05

ISBN 3-8273-7144-9

© 2005 by Pearson Studium,
ein Imprint der Pearson Education Deutschland GmbH,
Martin-Kollar-Straße 10–12, D-81829 München/Germany
Alle Rechte vorbehalten
www.pearson-studium.de
Lektorat: Marc-Boris Rode, mrode@pearson.de
        Rainer Fuchs, rfuchs@pearson.de
Korrektorat: Margret Neuhoff, München
Einbandgestaltung: adesso 21, Thomas Arlt, München
Herstellung: Philipp Burkart, pburkart@pearson.de
Satz: reemers publishing services gmbh, Krefeld (www.reemers.de)
Druck und Verarbeitung: Kösel, Krugzell (www.KoeselBuch.de)

Printed in Germany

Inhaltsübersicht

Inhaltsverzeichnis

Konrad Schild

Vorwort

Diese „Einführung in die elektromagnetische Feldtheorie" deckt den Inhalt der Vorlesung „Felder & Komponenten I" ab, die an der ETH Zürich von allen Studierenden des Departements Informationstechnologie und Elektrotechnik im dritten Semester besucht werden muss. In einigen Abschnitten übertrifft das Buch den in einer einsemestrigen Lehrveranstaltung mit zwei Wochenstunden Vorlesung und zwei zusätzlichen Übungsstunden behandelbaren Stoff und bietet damit Freiraum zum Setzen individueller Schwerpunkte. Das gesamte Werk liefert die Grundlagen der theoretischen Elektrotechnik, insofern diese auf der Theorie von Maxwell aufbauen. Die elementaren Grundzüge der Netzwerktheorie (Regeln von Kirchhoff, elementare Zweipole etc.) werden vorausgesetzt. Weiter wird angenommen, der Leser habe Grundkenntnisse in Vektoralgebra, Linearer Algebra, Analysis und Vektoranalysis und Physik.

Der Verfasser hat sich bei der Stoffauswahl und der Art der Präsentation das Ziel gesetzt, die Grundzüge der Maxwell'schen Theorie in einer Form zu vermitteln, die dem angehenden Hochschulingenieur mit mathematischer Grundausbildung verständlich ist. Großes Gewicht wurde auf die Darstellung der allgemeinen Zusammenhänge und der Gemeinsamkeiten zwischen den verschiedenen Teilbereichen der Elektrotechnik gelegt, während die detaillierte Diskussion der analytisch gerade noch erfassbaren, in der Regel sehr akademisch anmutenden Einzelfälle eher in den Hintergrund tritt. Dies scheint im Hinblick auf die Verwendung von Computerprogrammen zur Berechnung elektromagnetischer Felder sinnvoll, denn die heute zur Verfügung stehenden numerischen Verfahren zur Simulation von elektromagnetischen Feldern sind in der Lage, auch nicht streng analytisch lösbare Probleme umfassend und durchaus „exakt" zu berechnen. Obwohl in unserem Rahmen keine umfassende Darstellung aller computergestützten Rechenverfahren möglich ist, wurde doch versucht, die Grundideen der bekannten Programmpakete zur Berechnung elektromagnetischer Felder im Zusammenhang zur Theorie soweit darzustellen, dass der Weg zum Ziel klar wird.

Inhaltlicher Aufbau und Formate

In den ersten fünf Kapiteln werden die elektromagnetischen Erscheinungen in der Reihenfolge ihrer *historischen Entdeckung behandelt. Somit werden zuerst die alten, auf der Gravitationstheorie von Newton aufbauenden Theorien von Coulomb und Ampère beschrieben und wird erst später der Feldbegriff von Faraday eingeführt. Dieses* induktive Vorgehen soll die moderne Feldtheorie auf feste Füße stellen. Es scheint u.a. auch deshalb wichtig, die aus heutiger Sicht eigentlich veralteten Theorien zu diskutieren, weil erstens diese Vorstellungen einfach zu verstehen sind, weil zweitens auch die alte Theorie nicht gänzlich falsch ist und – „last but not least" – weil die Grundideen von Coulomb und Ampère auch in modernsten *numerischen Verfahren noch im Zentrum stehen. Tatsächlich stützt sich nur eine Minderheit der heute verfügbaren Computerprogramme konsequent auf die Feldtheorie von Faraday und Maxwell.*

Zu Beginn des sechsten Kapitels werden die Maxwell-Gleichungen formuliert und danach wie Axiome weiter verwendet, d.h., das weitere Vorgehen ist *deduktiv. Die Lösung eines gekoppelten Systems partieller Differentialgleichungen, wie es die Maxwell-Gleichungen darstellen, stellt nicht geringe Ansprüche an das Abstraktionsvermögen und das mathematische Verständnis angehender Ingenieurinnen und Ingenieure. Wir beschränken uns auf die einfachsten Situationen, lösen die Maxwell-Gleichungen im homogenen Raum (zuerst gänzlich ohne und danach mit fest vorgegebenen Quellen) und betrachten die Stetigkeit der Lösungen an den Grenzen verschiedener Materialien. Ist die hohe Hürde des sechsten Kapitels einmal genommen, wird es nachher umso leichter, im siebten Kapitel die einfacheren, für die Praxis wichtigen Spezialfälle (Statik und stationärer Zustand) aus der Warte des Wissenden zu erkennen: Jetzt hängt plötzlich alles eng zusammen, was früher so verschieden schien.*

Das achte Kapitel behandelt den energetischen Aspekt des elektromagnetischen Feldes, d.h. dessen Fähigkeit, Träger und Transporteur von Energie zu sein. Hier halten wir uns streng an das Konzept von Poynting, das die gesamte Energie dem Feld und nicht dessen Quellen (Ladungen und Strömen) zuordnet. Im neunten Kapitel werden die dem Ingenieur geläufigen Größen (Strom, Spannung, Leistung), Gesetze (Knotenregel, Maschenregel) und Objekte (Zweipol, Widerstand, Impedanz etc.) der Netzwerktheorie aus der Sicht der Feldtheorie erörtert und mit Hilfe der Energie mit dieser verbunden. Das zehnte Kapitel geht noch einen Schritt weiter und behandelt die Mehrpole, danach speziell die Zweitore und insbesondere deren Reziprozität.

Zwei weitere Kapitel gehen auf spezielle Problemstellungen der Feldtheorie ein. Im elften Kapitel wird die Führung von Energie längs zylindrischer Strukturen untersucht und damit die Grundlage zur Leitungstheorie gelegt, die sich bekanntlich mit eindimensionaler Wellenausbreitung befasst. Dazu wird eine situationsgerechte Formulierung der Maxwell'schen Theorie eingeführt. Das zwölfte Kapitel schließlich behandelt Abstrahlung und Streuung elektromagnetischer Wellen und liefert damit die ersten Grundlagen zur Theorie von Antennen.

Im 13. Kapitel schließlich wird kein neuer Stoff mehr erarbeitet. Es enthält eine Vielzahl von zum größten Teil kapitelübergreifenden Aufgaben zum ganzen Buch und bietet den Leserinnen und Lesern damit Gelegenheit, ihr Wissen umfassend zu testen.

Alle Kapitel sind in Abschnitte und diese wiederum in Unterabschnitte gegliedert. Neben dieser auch im Inhaltsverzeichnis aufscheinenden Struktur sind die folgenden Mittel zur weiteren Strukturierung eingesetzt:

> Wichtige *Merksätze und Formeln von zentraler Bedeutung werden eingerahmt.*

Beispiele, welche den Stoff zusätzlich erläutern oder abstrakte Formeln konkretisieren, sind speziell gekennzeichnet:

Beispiel X.X	**Anwendung bekannter Gesetze**

Ein an allen vier Ecken abgerundeter farbiger Kasten enthält die konkrete Anwendung vorgängig behandelter Gesetze auf eine typische Situation.

Am Ende der meisten Abschnitte sind *Übungsaufgaben gestellt, welche bestimmte wichtige Aspekte des Stoffes aus anderer Richtung beleuchten. Sie sind mit einem nur unten rechts abgerundeten Kasten grafisch gekennzeichnet. Lösungsansätze und Resultate zu allen Aufgaben sind im Anhang A zu finden.*

Die wichtigen Formeln und Gleichungen werden kapitelweise nummeriert, wobei die Gleichungsnummer immer am *rechten Rand in Klammern erscheint. (Beispiel: Die Gleichung (3.17) bedeutet die 17. Gleichung im dritten Kapitel.) Gelegentlich wird eine bereits früher aufgeschriebene Gleichung später (in eventuell leicht modifizierter Form) wieder verwendet. In solchen Fällen bekommt die Gleichung bei Bedarf rechts eine neue Nummer, während die alte Nummer als Referenz am* linken Rand erscheint.

In den Formeln werden in der Regel „*italics*"-*Symbole verwendet, sofern das entsprechende Symbol eine zahlenmäßig zu erfassende Größe beschreibt.* Andernfalls werden die geraden Buchstaben gebraucht. So wird etwa mit L die Länge einer Linie bezeichnet, während L das zugehörige geometrische Objekt „Linie" bezeichnet. Bekanntlich bietet die deutsche Sprache diese Feinheit bei der Fläche und beim Volumen nur beschränkt an: Die Fläche F hat die Fläche (d.h. den *Flächeninhalt) F und das Volumen* V *hat das Volumen (d.h. das Volumenmaß)* V. Die konsequente Anwendung dieser Regel erlaubt es beispielsweise, die Größe f_i (i für „innen") von der Größe f_i (*i* als laufende Index*nummer) auch vom Symbol her eindeutig zu unterscheiden.*

Im Anhang A des Buches sind nach einer Zusammenstellung aller Antworten zu den Aufgaben ergänzende Themenkreise kurz zusammengefasst, die zwar aus Mathematik, elementarer Elektrotechnik und Physik bekannt sind, die aber in der Literatur oft mit unterschiedlichen Konventionen auftreten. Die Bezeichnung der Ortsvariablen in verschiedenen Koordinatensystemen und die Schreibweise von Vektoren sind in der Literatur nicht ganz einheitlich. Der Anhang B zeigt unsere Schreibweise und stellt die wichtigsten Formeln für vektorielle Produkte zusammen. Ein weiteres Thema, wo immer wieder Verwirrung beobachtet wird, ist der Zusammenhang zwischen Phasoren, d.h. sinusoidalen Zeitfunktionen zugeordnete komplexe Zahlen, und den entsprechenden Zeitfunktionen. Unsere Konventionen sind im Anhang C zu finden. Darauf folgt eine knappe Beschreibung der Zylinderfunktionen (Bessel-, Hankel-, Neumann- und Kelvin-Funktionen) mit ihren wichtigsten Eigenschaften (Anhang D). Schließlich behandelt der Anhang E die Beschreibung der Strahlung beschleunigter Ladungen. Dieses Thema übersteigt zwar die normalen Bedürfnisse eines Ingenieurs, stößt aber immer wieder auf reges Interesse bei den Studierenden, weil in fast allen elementaren Physikbüchern zwar das Ergebnis erwähnt wird, eine exakte Herleitung aber oft fehlt.

Weiter gibt es auch eine Liste aller verwendeten Symbole mit ihren Bedeutungen (Anhang F) sowie – speziell für nicht klassisch Gebildete – eine vollständige Zusammenstellung aller griechischen Buchstaben (Anhang G). Schließlich weist das Literaturverzeichnis im Anhang H mit subjektiv gehaltenen Kommentaren den Weg zu weiteren Werken verwandten Inhalts.

Die Kapitel beginnen mit einem eigenen Titelblatt mit Überblick und reduziertem Inhaltsverzeichnis. Danach folgt, eingerahmt und abgesetzt vom eigentlichen Buchtext, ein großes Bild mit einer Felddarstellung und einer eigenständigen Beschreibung. Es handelt sich dabei um Felder in der immer gleichen Zweidrahtleitung mit zwei unterschiedlich dicken, kreisrunden Drähten, allerdings unter wechselnden Nebenbedingungen. Die Nebenbedingungen sind dem Stoff des jeweiligen Kapitels angepasst, also das elektrostatische Feld für Kapitel 1, das magnetostatische Feld für Kapitel 3 usw. Sämtliche Felder sind mit dem MMP-Programm gerechnet und auf mindestens vier Stellen Genauigkeit validiert. Diese Bilder wurden ursprünglich mit dem „xmmptool" von Peter Regli gezeichnet, sind aber später für dieses Buch noch manuell überarbeitet worden.

Danksagung

Zum Schluss möchte ich es nicht versäumen, meinen Vorgesetzten, Prof. H. Baggenstos (em.) sowie Prof. R. Vahldieck, für ihre großzügige Haltung zu danken. Ohne ihre wohlwollende Unterstützung wäre das Buch nie zu Stande gekommen. Herr Baggenstos hat mir die größtmögliche Freiheit bei der Zusammenstellung des Stoffes und ebenso bei der konkreten Ausformulierung gelassen. Dankbar bin ich auch meinen Kollegen am Institut für Feldtheorie und Höchstfrequenztechnik an der ETH Zürich für die vielen fruchtbaren Diskussionen und kritischen Hinweise. Sehr positiv bleibt mir die gute Zusammenarbeit mit den Mitarbeitern des Verlags in Erinnerung. Dabei durfte ich auch lernen, wie viel Arbeit noch getan werden muss, um ein ursprünglich in TEX gesetztes Hochschulskript in ein grafisch sehr ansprechend gestaltetes Lehrbuch zu verwandeln.

Im Januar 2005
Pascal Leuchtmann

Elektrostatik

1

ÜBERBLICK

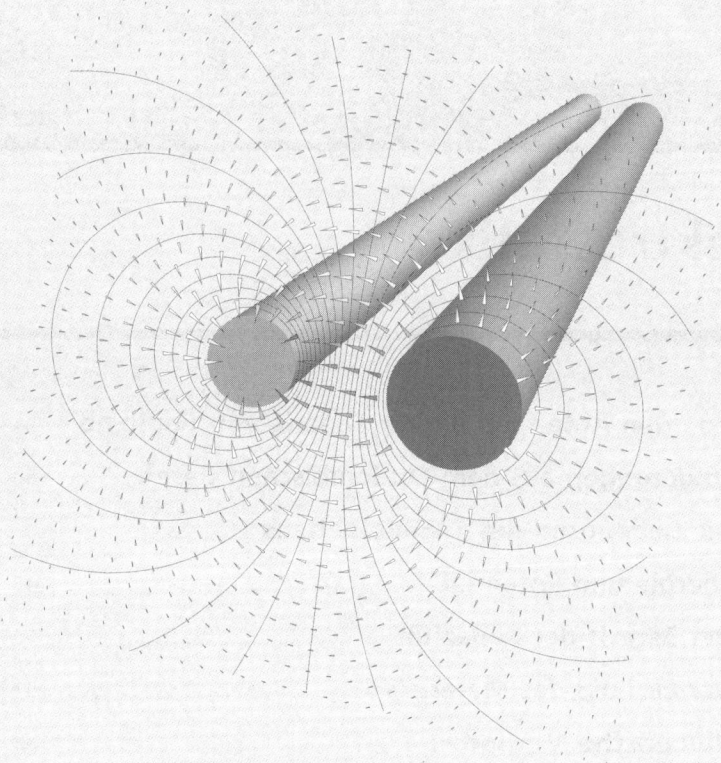

Zwei sehr lange, parallel in einem homogen linear isotropen Dielektrikum angeordnete leitende Kreiszylinder mit verschiedenen Durchmessern sind entgegengesetzt gleich geladen und daher auf unterschiedlichem elektrischen Potential. In einer Ebene quer zur Zylinderachse sind das elektrische Feld (Dreiecke) und das elektrische Potential (Äquilinien) dargestellt. Die Dreieck-Pfeile weisen in jedem Punkt in Richtung des elektrischen Feldes und stehen senkrecht auf den Äquipotentiallinien. Mit wachsender Feldstärke nimmt zunächst die Größe der Dreiecke zu. Nach Erreichen eines Maximalwertes werden sie zusätzlich schattiert. Maßgebend ist der Feldwert in der Basismitte der gleichschenkligen Dreiecke. Die Potentialdifferenz zwischen zwei Äquipotentiallinien beträgt 5 % der gesamten Spannung zwischen den Leitern.

   Die Zylinder sind in beide Richtungen sehr lang zu denken, aus grafischen Gründen aber vor der Darstellungsebene des Feldes abgeschnitten.

Bevor wir uns mit der Beschreibung der Naturphänomene – hier zuerst dem Phänomen der elektrischen Kräfte – befassen, wollen wir in der Geschichte zurückblenden und aufzeigen, wie die heutigen Begriffe „elektrisches Feld", „elektrisches Potential" etc. entstanden sind. Dieses Zurückblenden hat nichts mit Nostalgie zu tun, sondern es soll das Verständnis der grundlegenden Zusammenhänge fördern.

Danach machen wir uns einige grundsätzliche Gedanken über die Entstehung einer modernen, naturwissenschaftlichen Theorie im Allgemeinen und entwickeln dann konkret die Theorie der Elektrizität, wie sie um 1800 bestand und unter entsprechenden Voraussetzungen (Statik, d.h. zeitlich unveränderliche Verhältnisse) bis heute Gültigkeit hat.

1.1 Von den Anfängen bis zur Theorie von Coulomb

Der Begriff „Elektrizität" wird in unserem Kulturraum von den meisten Menschen mit der modernen Technik, mit (sauberer) Energie, Elektronik und anderen mehr oder weniger angenehmen Einrichtungen des täglichen Lebens in Verbindung gebracht. Eher unbekannt ist, dass bereits Thales von Milet um 600 vor Christus den *Bernstein* (griechisch $\mathring{\eta}\lambda\varepsilon\kappa\tau\varrho o\nu$ [ēlektron]) und den *Magneteisenstein* beschrieben und auf die geheimnisvollen Kräfte hingewiesen hatte, die von jenen ausgehen. Es herrschte der Glaube, dass neben den Lebewesen auch diese toten Materialien vom „Vitalgeist" beseelt seien, und man setzte sie folgerichtig zu Heilzwecken ein. Das Wissen darüber ist viel älter und kann schon in altägyptischen Abhandlungen (Kahun Papyrus) und in den alten religiösen Schriften der Hindus (Veden) – beide etwa 2000 Jahre vor Christus entstanden – nachgewiesen werden.

Aus heutiger Sicht mag erstaunen, dass bereits Thales die Kräfte von Bernstein und Magneteisenstein unter dem Begriff des Vitalgeistes verbunden hat, obwohl in neuerer Zeit Magnetismus und Elektrizität zunächst als getrennte Phänomene betrachtet wurden. Wir wollen diese Trennung vorerst auch machen, werden jedoch später die Verbindung der beiden Erscheinungen umso definitiver vollziehen.

Nach dem Niedergang der antiken Kulturen hat die Weiterentwicklung der Naturwissenschaften im Abendland unter dem Primat der Kirche bis zur Renaissance stagniert. Die erste neuzeitliche Abhandlung über Elektrizität und Magnetismus („De magnete") stammt aus dem Jahre 1600 und wurde bezeichnenderweise vom *Mediziner* William Gilbert (1540–1603), dem Leibarzt der englischen Königin Elisabeth I., verfasst. Gilbert stellt Elektrizität und Magnetismus klar als eigenständige Kräfte dar und beschreibt die Gesetze, nach denen sie wirken. Sein wichtigster Beitrag zur Naturwissenschaft war die Forderung nach „verlässlichen Experimenten und bewiesenen Argumenten" anstelle der „vermutenden Schätzung und Meinung des gewöhnlichen Philosophieprofessors", ein Postulat, das später von Francis Bacon in seinem Werk *The Scientific Method* ausgeweitet und in Regeln gefasst wurde. Heute wird die „Naturwissenschaftliche Methode" von jedem seriösen Naturwissenschafter befolgt.

Nach diesen einleitenden Bemerkungen wollen wir uns jetzt den Phänomenen der Elektrizität zuwenden.

1.1.1 Elektrisierung durch Reibung

Die Grundlage der Elektrostatik bildet das Phänomen der Elektrisierung eines Körpers. Wenn ein Stück Glas („großer Körper") mit einem Katzenfell[1] gerieben wird, zieht es in der Folge *alle* kleinen Körper, die sich in seiner Umgebung befinden, an. Man sagt dann, das Glasstück sei *elektrisiert*. Je nach der Intensität der Reibung ist der Effekt stärker oder schwächer (starke oder schwache Elektrisierung). Genauere Untersuchungen zeigen, dass *jedes* Material die Fähigkeit hat, elektrisiert zu werden, allerdings in unterschiedlicher Stärke und nicht unter beliebigen Nebenbedingungen. Diese Beobachtungen werfen mehrere Fragenkomplexe auf.

Erstens kann man fragen, wie groß die Kräfte sind, die auf die „kleinen Körper" wirken und wie diese Wirkung von deren Lage und Material, der Dauer und Intensität der Reibung etc. abhängen.

Zweitens interessiert es, wie die Elektrisierung des „großen Körpers" beim Reiben zustande kommt.

Weiter hängen die beobachtbaren Effekte nicht nur vom Material des „großen" und der „kleinen" Körper ab, sondern auch von weiteren Umständen wie Feuchtigkeit und Temperatur des umgebenden Gases, Art der Halterung des „großen" Körpers usw. Schließlich spielt auch das zeitliche Verhalten eine wichtige Rolle: Die Elektrisierung verschwindet immer nach genügend langer Wartezeit.

1.1.2 Zur Theorie der Erscheinungen

Um Ordung in die verwirrende Vielfalt der Erscheinungen zu bringen, versucht man, eine *Theorie*[2] zu bilden, mit deren Hilfe die Phänomene „erklärt" werden können. Dazu zuerst einige grundsätzliche Bemerkungen: Die Methode der exakten Naturwissenschaften, die wir im Folgenden anwenden, arbeitet mit quantifizierbaren (physikalischen) Größen, deren wesentliches Merkmal die *Messbarkeit*[3] ist und die zueinander in Beziehung stehen. Funktionale Abhängigkeiten zwischen physikalischen Größen werden als Naturgesetze bezeichnet. Sie gehorchen den Gesetzen der mathematischen Logik und können unter Verwendung eines entsprechenden Codes (Buchstabensymbole, mathematische Zeichen usw.) in der Form von Gleichungen dargestellt werden.

Am Anfang der Bemühungen steht die exakte Festlegung der physikalischen Größen oder – in der Sprache der Logik – die Begriffsbildung. Dabei ist es wichtig, die einfache *Definition* eines Begriffes nicht mit einer *Erklärung* zu verwechseln. Eine Erklärung liegt dann vor, wenn ein komplizierter Tatbestand durch logische Schlüsse auf einfachere Grundgesetze zurückgeführt wird, während die *Definition* lediglich einen kurzen *Namen* für ein allenfalls komplexes Phänomen festlegt.

Wir wollen nun diese abstrakten Grundsätze mit Inhalt füllen und zunächst die Frage „Was passiert beim Reiben?" auf die Seite schieben und nur die Frage nach der Größe der anziehenden Kräfte untersuchen. Dann steht am Anfang eine *Beobachtung*:

■   Auf die „kleinen" Körper wirkt eine abstandsabhängige, immer anziehende Kraft.

---

1   Es können andere Materialien verwendet werden. Der Effekt ist mit der gewählten Materialkombination besonders stark.

2   **Theorie:** Ein System von Aussagen über eine gesetzmäßige Ordnung oder über empirische Befunde eines bestimmten Bereichs. *Meyers Enzyklopädisches Lexikon Band 23, 9. Auflage, 1971-1985.*
„Grau, teurer Freund, ist alle Theorie und grün des Lebens goldner Baum". *Mephistopheles im Studierzimmer zu Faust, „Faust" von Goethe.*

3   Dies bedeutet nicht, dass unmessbare Größen in einer Theorie verboten sind; solche Hilfsgrößen sind im Gegenteil mitunter sehr nützlich. Allerdings können sie etwa im Rahmen einer Theorieerneuerung ohne Verlust fallen gelassen werden.

Diese Kraft muss nach unserem kausalen Denken eine Ursache haben. Wir *definieren*:

■ Es existiert ein Fluidum (wir nennen es *elektrische Ladung* oder kurz *Ladung*), das durch Reibung auf dem geriebenen „großen" Körper entsteht, dort bleibt und hernach die Anziehung beliebiger anderer kleiner Körper verursacht.

Der Begriff der elektrischen Ladung wird an dieser Stelle eingeführt und hat den alleinigen Zweck, Ursache zu sein für die Attraktion der kleinen Körper. Um eine *Formel* für die Kraft zu finden, schieben wir alle Effekte, die uns nicht so wichtig scheinen, auf die Seite:

1 Das Abklingen der Elektrisierung mit der Zeit wird vernachlässigt.

2 Die unterschiedlichen Ergebnisse bei verschiedener Stoffwahl werden als „Materialeffekte" ins zweite Glied versetzt.

Die Mathematisierung bedingt eine definierte Anordnung, in der Messungen vorgenommen werden können. Wir werden weiter unten sehen, dass der Betrag der anziehenden Kraft F einerseits eine Funktion des Abstandes r ist und anderseits von der Menge der Ladung Q abhängt:

$$F = F(r, Q). \tag{1.1}$$

Die Messvorschriften für r und F sind aus der Mechanik bekannt. Somit kann mit (1.1) die Messung der Ladung Q definiert werden.

Genau genommen haben wir nichts wirklich erklärt, sondern lediglich den Begriff der elektrischen Ladung eingeführt und ihr die Fähigkeit „untergejubelt", andere Körper anzuziehen. Die Beschreibung der Phänomene wird damit wesentlich gestrafft. Die Aussage „Ein Körper trägt Ladung" ist jetzt äquivalent mit der Aussage „In der Umgebung eines elektrisierten Körpers wirken auf alle anderen kleinen Körper anziehende Kräfte in Richtung des elektrisierten Körpers".

1.1.3 Die Kraft als Maß für die Elektrisierung

Reibt man in der in Abbildung 1.1 dargestellten Anordnung die große Metallkugel mit einem Seidentuch, wirkt auf den kleinen, in festem Abstand gelagerten Körper eine anziehende Kraft F, welche sofort wieder verschwindet, wenn die Metallkugel mit dem Finger berührt wird. Bei Reibung mit einem anderen Material ergibt sich eine andere Kraft. Die Kraft F ist somit ein Maß für die Stärke der Elektrisierung, oder F ist proportional zum Quadrat der Ladung Q auf der Metallkugel[4]:

$$F \sim Q^2. \tag{1.2}$$

Vergrößert man den Abstand r, verkleinert sich die Kraft, wird r aber wieder auf den ursprünglichen Wert gebracht, stellt sich auch wieder die gleiche Kraft ein. Eine Messreihe ergibt für F in Funktion von r

$$F \sim \frac{1}{r^5}. \tag{1.3}$$

---

4 Hier ist es nicht klar, weshalb wir das Quadrat der Ladung in die Formel einsetzen. Die Gründe für diese Wahl werden später deutlich werden.

Dieses Abstandsgesetz gilt unabhängig von der Stärke der Elektrisierung. Somit kann (1.2) mit (1.3) kombiniert werden:

$$F \sim \frac{Q^2}{r^5}.$$

(1.4)

Es ist zu beachten, dass (1.4) nur dann gilt, wenn die beteiligten Körper klein sind im Vergleich zum Abstand untereinander. Gerade dann aber sind die auftretenden Kräfte so klein, dass eine messtechnische Bestätigung der Formel schwierig ist. Bis zur zweiten Hälfte des 18. Jahrhunderts hatte man lediglich festgestellt, dass das Abstandsgesetz wesentlich von jenem des Newton'schen Gravitationsgesetzes ($\sim 1/r^2$) abweicht.

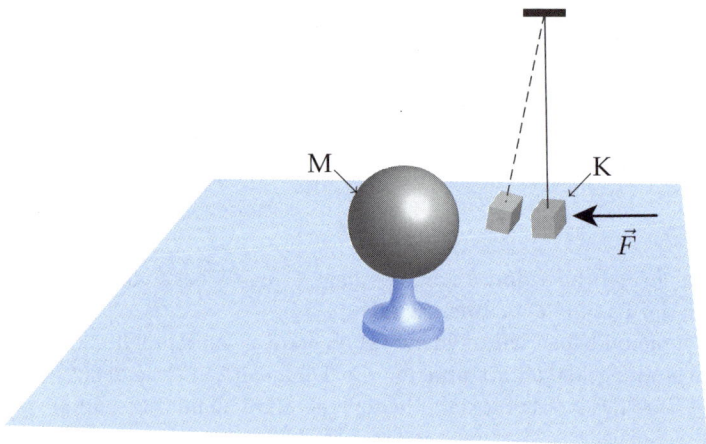

Abbildung 1.1: Ist die auf einem Plastiksockel ruhende Metallkugel M elektrisiert, wirkt eine Kraft F auf den kleinen Körper K. Der Betrag der anziehenden Kraft ist ein Maß für die Stärke der Elektrisierung von M.

1.1.4 Isolatoren und Leiter

Im vorigen Unterabschnitt wurde immer der „große" Körper gerieben und dann festgestellt, dass er „kleine" Körper in seiner Umgebung anzieht – ein Phänomen, das schon Thales von Milet bekannt war. Ist der „große" Körper ein Glasstab, funktioniert alles bestens. Verwendet man jedoch einen Stab aus Metall, kann die Anziehung nur dann beobachtet werden, wenn das Metall nicht mit der bloßen Hand berührt wird, etwa bei Verwendung von Gummihandschuhen. Versieht man den Metallstab mit einem Handgriff aus Glas, kann sowohl das Metall als auch das Glas gerieben werden. In beiden Fällen hat nur der geriebene Teil anziehende Wirkung, aber das geriebene Glas ist auch nach einer Berührung mit dem Finger noch elektrisiert, während das geriebene Metall seine Ladung bei der geringsten Berührung mit dem Finger gänzlich verliert. Mit diesem Kriterium[5] teilte Stephen Gray (1696–1736) die Stoffe in zwei Gruppen ein, in *Leiter* – sie können die Elektrizität ableiten – und Nichtleiter oder *Isolatoren*. Zu den Leitern gehören alle Metalle, der menschliche Körper, viele Flüssigkeiten und glühende Gase (Flammen), während Gummi, Seide, die meisten Kunststoffe, Glas, Porzellan, gewisse Öle und fast alle Gase Isolatoren sind.

---

5 Der „Vitalgeist" kann gewissen elektrisierten Körpern durch Berührung wieder genommen werden, anderen nicht!

Diese Einteilung ist eigentlich zu grob. In Wirklichkeit zeigt jeder Isolator „ein bisschen" das Verhalten von Leitern, und umgekehrt zeigt jeder Leiter bis zu einem gewissen Grad das Verhalten von Isolatoren. Tatsächlich sind aber die Unterschiede derart krass, dass es durchaus sinnvoll ist, sich ideale Verhältnisse vorzustellen. Wir werden im zweiten Kapitel genauer auf die Leitung elektrischer Ladung eingehen.

1.1.5 Die Verteilung von Ladung auf mehrere Leiter

Berührt man einen elektrisierten Leiter nicht mit dem Finger, sondern mit einem anderen Leiter ähnlicher Größe, dann ist die Entladung nicht vollständig. Vielmehr sind nach der Berührung beide Leiter elektrisiert, jeder für sich allerdings schwächer als der zuvor allein geladene Körper. Offenbar verteilt sich die elektrische Ladung auf *beide* Leiter. Dies wirft die Frage auf, nach welchen Kriterien diese Verteilung passiert.

Ein Versuch mit unterschiedlich großen Kugeln ergibt zunächst, dass die Ladung die Tendenz hat, auf die größere Kugel zu fließen. Lässt man auch nicht kugelförmige Körper zu, findet man, dass die Ladung sich auf jedem Körper möglichst *nach außen* bewegt. Berührt man etwa die Büchse in der Anordnung von Abbildung 1.2 mit einer geladenen Metallkugel von innen, dann ist die Kugel nachher vollständig entladen. Berührt man die Büchse hingegen von außen, bleibt eine Restladung auf der Kugel. Mehrmaliges Berühren von innen mit einer immer wieder neu geriebenen Kugel bestätigt die Proportionalität in (1.2) n gleiche Ladungsportionen ergeben eine n^2-fache Kraft. Die Bilanz stimmt auch, wenn die Metallkugel jedes Mal unterschiedlich – z.B. durch Reiben mit verschiedenen Materialien – geladen wird. Es ist klar, dass in diesem Fall wegen des Quadrats auf der rechten Seite von (1.2) etwas Rechenarbeit geleistet werden muss.

Ladung als Kontinuum Die Ladung ist nach unserer Definition die kontinuierlich veränderbare Eigenschaft eines Körpers, andere Körper anziehen zu können. Da diese Eigenschaft vom einen zum andern Körper ganz oder teilweise übergehen kann, liegt es nahe, sich die Ladung losgelöst von dem sie tragenden Körper als kontinuierlich verteiltes, massefreies Fluidum vorzustellen, das sich auf Leitern ungehindert bewegen kann, in Isolatoren dagegen unbeweglich ist. Der Körper kann unterschiedlich dicht mit diesem Fluidum belegt sein, was Anlass gibt, die Ladungs*dichte* ϱ, d.h. die Menge der Ladung pro Volumen, einzuführen. Teilt man den Raum in infinitesimal kleine Volumenelemente, kann man auch von Ladungspartikeln sprechen, die dem jeweiligen Volumenelement zugeordnet sind.

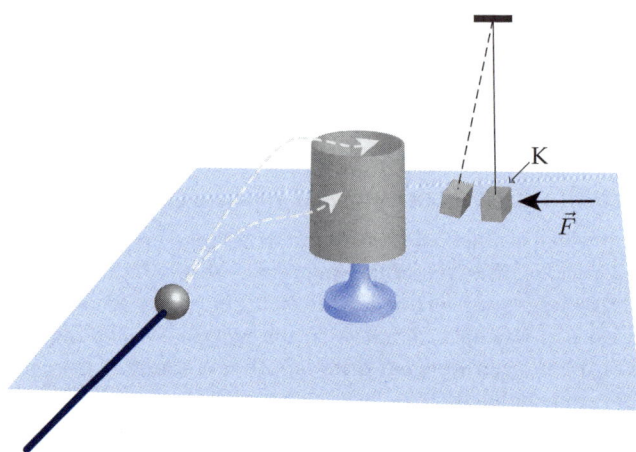

Abbildung 1.2: Die große Kugel von Abbildung 1.1 wurde durch eine oben offene Büchse aus Metall ersetzt. Wegen der Tendenz der Ladung, auf dem Leiter möglichst nach außen zu fließen, erlaubt es diese Form, mehrere Portionen von Ladung nacheinander auf die Büchse zu bringen.

1.1.6 Die Influenz auf Leitern

Beobachtet man den kleinen Körper K (vgl. Abbildung 1.2) bereits während der *Annäherung* der geladenen Metallkugel an die Büchse, erkennt man, dass er sich nicht erst im Moment der Berührung bewegt, sondern dass *schon vorher* eine Kraft auf K wirkt. Berührt man die (innere) Büchsenwand mit der Metallkugel, bleibt die Büchse auch nach Entfernung der Metallkugel geladen. Berührt man die Innenwand nicht, ist die Büchse nach Entfernung der Kugel wieder ungeladen. Trotzdem zeigt die Büchse, solange die Kugel in ihr steckt, in beiden Fällen das genau gleiche Verhalten, und die Kraft auf K ist konstant, auch wenn die Kugel im Inneren der Büchse bewegt wird. Der Unterschied liegt lediglich darin, dass mit der Berührung eine dauerhafte Elektrisierung erreicht wird, während die bloße Annäherung an die Büchse nur eine vorübergehende Elektrisierung bewirkt. Das Verhalten des Körpers K – und nur dieses zeigt nach Definition den Grad der Büchsen-Elektrisierung an – ist in beiden Fällen völlig identisch. Insbesondere können Ladungen auch addiert werden: Eine durch Berührung mit einer geladenen Metallkugel bereits dauerhaft geladene Büchse kann zusätzlich vorübergehend elektrisiert und – mit Entfernung der geladenen Kugel – zum entsprechenden Teil wieder entladen werden. Man nennt diese vorübergehende Elektrisierung *Influenz*.

Wird jetzt die geladene Metallkugel durch eine elektrisierte Glaskugel ersetzt, passiert zunächst dasselbe. Offenbar ist auch die Glaskugel zur Influenz fähig. Ein Vergleich zeigt, dass die beiden Anordnungen nach Abbildung 1.1 und Abbildung 1.2 proportionale Ausschläge liefern, unabhängig davon, ob eine metallene oder eine gläserne Kugel elektrisiert wird. Somit können wir für alle Messungen die Anordnung in Abbildung 1.2 benützen, obwohl das Phänomen der Influenz dazwischengeschaltet ist.

Es sei betont, dass wir mit der Einführung des Begriffes der Influenz noch nicht *erklärt* haben, wie die Influenz zustande kommt – wir werden diese Frage weiter unten klären –, wir haben lediglich festgestellt, dass die Wirkung elektrischer Ladung nicht von der Art des Trägers abhängt.

1.1.7 Positive und negative Ladungen; die Ladungserhaltung

Laden wir jetzt zuerst die Büchse durch Berührung mit der Metallkugel auf und addieren die Ladung der Glaskugel, stellen wir überraschenderweise fest, dass der Ausschlag zurückgeht. Wir können die Vorstellung der Ladung retten, wenn wir auch negative Werte zulassen. Wir postulieren, dass gewisse Materialien bei Reibung positiv, andere negativ aufgeladen werden,[6] und stellen fest, dass der kleine Körper K nur auf den Betrag der Büchsenladung reagiert. Quantitative Versuche bestätigen: Es gibt negative und positive Ladungen, die man in unserer Messanordnung addieren kann. K reagiert nur auf den Betrag der algebraischen Summe aller in der Büchse befindlichen Ladungen.

Man stellt fest, dass nach dem Reiben nicht nur die Metallkugel, sondern auch das Seidentuch, mit dem die Kugel gerieben wurde, geladen ist. Wirft man nämlich das Seidentuch in die Büchse, reagiert K genau gleich, wie wenn nur die Kugel in die Büchse gebracht wird. Legt man beides zusammen hinein, geht der Ausschlag auf null zurück. Diese Beobachtung legt den Schluss nahe, dass beim Reiben – in der algebraischen Summe – gleich viel positive und negative Ladung entstanden ist.

> Tatsächlich bestätigen alle Versuche, dass die algebraische Summe der Ladungen in jedem abgeschlossenen System konstant bleibt.

Diese so genannte *Ladungserhaltung* wollen wir uns als wichtigstes Resultat merken. Die Ladungserhaltung gilt – nebenbei bemerkt – nicht nur in der Statik, sondern auch in zeitlich veränderlichen Situationen.

1.1.8 Kraftwirkungen zwischen Ladungen; das Gesetz von Coulomb

Im Jahre 1666[7] hatte Isaac Newton (1643–1727) das Gravitationsgesetz gefunden, und es lag nahe, den Gesetzen der elektrischen Kräfte eine ähnliche Form zu geben. Probleme bot das unterschiedliche Abstandsverhalten: Die Gravitationskraft war proportional zu $1/r^2$ (r ist der Abstand zweier Massenpunkte), während die bisher beobachteten elektrischen Kräfte – falls man im Vergleich zum Abstand kleine Körper verwendete – in etwa proportional zu $1/r^5$ waren. Dies lag daran, dass bisher immer die Kraftwirkung eines geladenen Körpers auf einen ungeladenen Körper betrachtet worden war. Erst mit der Verfeinerung der Techniken zur *Erzeugung* (Elektrisiermaschine von Otto von Guericke (1602–1686) und andere) und *Speicherung* (Leydener Flasche (1745)) von Elektrizität hatte man bequem genügend große Ladungen zur Verfügung, um damit experimentieren zu können. Triebfeder für diese Experimente war unter anderem auch die medizinische Anwendung: Man identifizierte die Elektrizität mit dem „Vitalgeist"!

Untersucht man die Kraftwirkungen zwischen *zwei* geladenen Körpern, findet man, dass sich Ladungen mit gleichem Vorzeichen *abstoßen* und solche mit entgegengesetztem Vorzeichen *anziehen*. Zwar hatte schon Otto von Guericke 1661 abstoßende Kraftwirkungen erwähnt, hatte sie jedoch nicht als spezifisch elektrisch erkannt. Schließlich

---

6 Die Frage des Vorzeichens ist Konvention. Man hat sich darauf geeinigt, die Ladung geriebener Metalle als negativ zu bezeichnen.

7 Er publizierte es allerdings erst 1687.

hat Charles Augustin de Coulomb (1736–1806) im Jahre 1785 eine Arbeit veröffentlicht, welche die Abstandsabhängigkeiten dieser Kräfte beschreibt. Mit einer empfindlichen Drehwaage[8] gelang ihm der experimentelle Nachweis, dass die Kraft $\vec{F}_i$, $(i = 1, 2)$, die auf die i-te von zwei geladenen Kugeln wirkt, proportional ist zum Produkt der Ladungen Q_1 und Q_2 und umgekehrt proportional zum Quadrat des Abstandes r zwischen den beiden Kugeln:

$$\vec{F}_i \sim \frac{Q_i Q_j}{r^2} \vec{e}_{ji}. \tag{1.5}$$

Der Einheitsvektor $\vec{e}_{ji}$ zeigt von der j-ten zur i-ten Kugel und die Ladungen Q_i und Q_j sind mit dem richtigen Vorzeichen einzusetzen. Damit war eine vollständige Analogie zum Newton'schen Gravitationsgesetz hergestellt. Selbst das Prinzip „actio = reactio" ist in (1.5) enthalten, denn die Formel ist symmetrisch in i und j. Das Neue an den elektrischen Kräften war, dass sie – im Gegensatz zu den nur anziehenden Gravitationskräften von Newton – auch abstoßend wirken können.

Punktladungen   Analog zum Massenpunkt in der Mechanik benützen wir in der Elektrostatik oft den Begriff der *Punktladung*: Dies ist eine hypothetisch auf einen Punkt zusammengezogene Ladung endlicher Gesamtstärke und kann im Experiment näherungsweise mit einem kleinen, geladenen Kügelchen realisiert werden.

1.1.9 Die Maßeinheit für die Ladung; das Elektrometer

Die Gleichung (1.5) liefert eine Definition der Ladungseinheit, wenn die Proportionalität durch ein Gleichheitszeichen ersetzt wird. Bei Verwendung moderner Einheiten (MKSA-System) gilt unter Hinzufügung eines festen Faktors

$$\vec{F}_i = \frac{1}{4\pi\varepsilon_0} \frac{Q_i Q_j}{r^2} \vec{e}_{ji}, \tag{1.6}$$

mit $\varepsilon_0 \approx 8.854 \cdot 10^{-12} \frac{\text{As}}{\text{Vm}}$. Dieser Faktor hängt streng genommen vom (isolierenden) Material ab, das sich zwischen den geladenen Körpern befindet. Hier und im Folgenden sei stets trockene Luft vorausgesetzt. Wir werden im Abschnitt 1.6 auf diesen Materialeffekt genauer eingehen. Aus der Gleichung (1.6) ergibt sich als heutige Einheit der elektrischen Ladung das Coulomb = Ampere×Sekunde (C=A·s). Diese Einheit ist aus praktischer Sicht relativ groß, wie das folgende Beispiel zeigt.

Beispiel 1.1   **Elektrische Kraft**

Eine metallische Kugel mit 50 cm Durchmesser sei auf der Spitze eines hölzernen Turmes gelagert und mit $Q = 1\text{C}$ geladen. Wir fragen, wie groß eine gleich geladene, massive Bleikugel sein muss, wenn sie $h = 30\,\text{m}$ über der ersten Kugel schweben soll. (Seitliches Abgleiten wollen wir nicht zulassen!)

---

8 Die Drehwaage nützt das Drehmoment aus, das beim Verdrehen eines Fadens entsteht. An den Enden eines horizontalen, isolierenden Balkens, der in der Mitte an einem einzelnen Faden aufgehängt ist, sind geladene Kugeln angebracht. In Gegenwart weiterer, fester Ladungen verdreht sich der Faden.

Die Gewichtskraft F_g einer Bleikugel (spezifisches Gewicht $w_{Pb} = 113'600 \frac{N}{m^3}$) mit Radius R beträgt

$$F_g = \frac{4}{3}\pi R^3 w_{Pb}.$$

Setzen wir F_g gleich der elektrischen Kraft

$$F_e = \frac{Q^2}{4\pi\varepsilon_0 h^2} \overset{!}{=} \frac{4}{3}\pi R^3 w_{Pb},$$

folgt

$$R = \sqrt[3]{\frac{3Q^2}{16\pi^2\varepsilon_0 h^2 w_{Pb}}} \approx 2.76\,\text{m}.$$

Das Gewicht einer massiven Bleikugel mit fünfeinhalb Metern Durchmesser ist rund tausend Tonnen. Somit schließen wir, dass die praktisch auftretenden Ladungen bei allen elektrostatischen Erscheinungen erheblich kleiner als ein Coulomb sind.

Da die Kraft bei der Anziehung eines *ungeladenen* Körpers (vgl. Abbildung 1.1) mit zunehmendem Abstand sehr viel schneller abfällt als bei der Anziehung *zweier* Ladungen, wird die Ladung in der Praxis besser mit einer Anordnung gemessen, welche die stärkere Kraft ausnützt. Man nennt ein solches Messinstrument *Elektrometer*. Bekannt ist das Goldplättchen-Elektrometer, bei dem zwei sehr dünne und daher leichte Plättchen aus Gold über einen dünnen Draht gefaltet werden. Sind sie aufgeladen, stoßen sie sich ab und spreizen sich, wobei der Winkel ein Maß für die Ladung ist.

1.1.10 Aufgaben

1.1.10.1 Elektrostatische Anziehung ungeladener Körper

Gegeben: Im Einflussbereich einer Punktladung Q befindet sich ein ungeladener, kleiner Körper K im Abstand a von der Punktladung. Er wird mit der Kraft $F(a)$ angezogen. Der kleine Körper K sei durch folgendes Modell ersetzt: Zwei im Betrag variable Punktladungen, q und $-q$, sind im festen Abstand $2d$ (= Durchmesser des kleinen Körpers; $d \ll a$) gelagert, wobei der Betrag von q proportional sei zur Kraft, welche im Mittelpunkt von K auf eine Einheitsladung q_e wirken würde. q und $-q$ liegen in der Verbindungsgerade von Q und K.

Gesucht: Die Kraft $F(a)$ in Funktion des Abstandes a.

1.1.10.2 Ladung auf dem Mond

Gegeben: Das System Erde–Mond und die Sonne. (Hinweis: Die Massen von Erde und Mond betragen $m_{\text{Erde}} = 6.0 \cdot 10^{24}$ kg, $m_{\text{Mond}} = 7.4 \cdot 10^{22}$ kg und die Gravitationskonstante ist $f = 6.673 \cdot 10^{-11} \, \frac{\text{m}^3}{\text{kg} \cdot \text{s}^2}$. Die Distanz zwischen Mond und Erde beträgt ca. $384\,400$ km, jene zwischen Sonne und Erde ca. $149.6 \cdot 10^6$ km. Masse der Sonne: $333\,000 \cdot m_{\text{Erde}}$.)

Gesucht: Wie viel (gleichnamige) Ladung müsste von der Sonne auf Erde und Mond gebracht werden, um die Gravitationskraft zwischen Erde und Mond zu kompensieren? Wie schwer wäre diese Ladung, wenn sie aus lauter Elektronen aufgebaut wäre? (Elektronenmasse $m_e = 9.10939 \cdot 10^{-31}$ kg; Elektronenladung $e^- = -1.6021 \cdot 10^{-19}$ C.)

1.2 Folgerungen aus dem Coulomb'schen Gesetz

Das Gesetz von Coulomb, (1.6), beschreibt, welche Wirkung zwei Punktladungen aufeinander ausüben. In diesem Abschnitt werden wir nach einer einfachen Erweiterung des Grundgesetzes das Konzept des elektrischen Feldes einführen, welches die Beschreibung der Phänomene erleichtert. Hernach wird es ein verfeinertes Modell der Materie erlauben, die bisher beschriebenen Phänomene auf die Coulomb'sche Wirkung zurückzuführen. Dieses Zurückführen auf ein einfaches Grundgesetz ist eine echte *Erklärung* der Phänomene.

1.2.1 Mehrere geladene Körper; das Superpositionsprinzip

Sind in einem System mehr als zwei geladene Körper vorhanden, addieren sich die Kräfte nach den bekannten Gesetzen der Vektoraddition, was experimentell gezeigt werden muss – und auch gezeigt werden kann. Man nennt die Tatsache, wonach die Wirkungen mehrerer Ladungen am Ort der Wirkung addiert werden können, *Superpositionsprinzip*. So gilt etwa bei $N + 1$ kleinen geladenen Kugeln mit Ladungen Q_j und Ortsvektoren $\vec{r}_j$ ($j = 0 \dots N$) für die Kraft auf die nullte Kugel (vgl. Abbildung 1.3)

$$\vec{F}_0 = \frac{1}{4\pi\varepsilon_0} \sum_{j=1}^{N} \frac{Q_0 Q_j}{|\vec{r}_0 - \vec{r}_j|^2} \underbrace{\frac{(\vec{r}_0 - \vec{r}_j)}{|\vec{r}_0 - \vec{r}_j|}}_{\vec{e}_{j0}} = \frac{Q_0}{4\pi\varepsilon_0} \sum_{j=1}^{N} \frac{Q_j(\vec{r}_0 - \vec{r}_j)}{|\vec{r}_0 - \vec{r}_j|^3} . \tag{1.7}$$

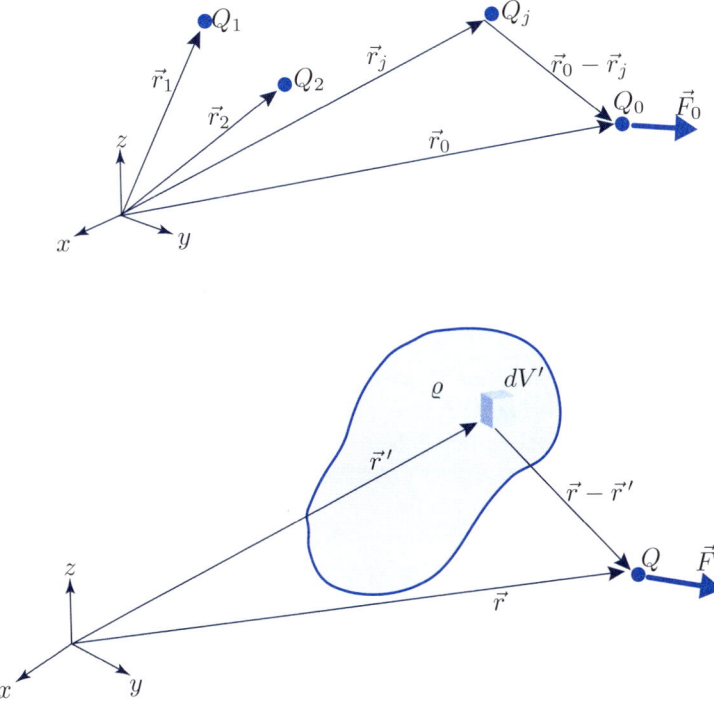

Abbildung 1.3: Die Kraft auf eine kleine geladene Kugel hängt gemäß (1.7) bzw. (1.8) in einfacher Weise von der Lage aller vorhandenen Ladungen im Raum ab.

Stellen wir uns die kontinuierliche Ladungsdichte $\varrho(\vec{r}')$ als Verteilung sehr vieler kleiner Ladungspartikel vor, geht die rechte Seite von (1.7) in ein Integral über. Für die Kraft $\vec{F}$ auf eine Ladung Q am Ort $\vec{r}$ gilt

$$\vec{F} = \frac{Q}{4\pi\varepsilon_0} \iiint\limits_{V'} \frac{\varrho(\vec{r}')(\vec{r} - \vec{r}')}{|\vec{r} - \vec{r}'|^3}\, dV', \tag{1.8}$$

wobei V' jenes Volumen im sonst leeren Raum bedeutet, wo die Ladungsdichte ϱ nicht verschwindet. Man denkt sich die gemessenen makroskopischen Kräfte also zustande gekommen als Summe aller auf die Ladungspartikel eines Körpers wirkenden elektrischen Kräfte, welche ihrerseits die Kraft dem sie tragenden Körper mitteilen.[9]

1.2.2 Das elektrische Feld

Die Kraftwirkung auf Ladungen setzt immer mindestens zwei Ladungen voraus. Mit der Einführung der *Probeladung*, die von außen in den Wirkungsbereich bereits vorhandener Ladungen eingebracht wird und überdies so klein ist, dass sie nach Definition keinen Einfluss auf die vorhandenen Ladungen hat, gelingt es, die *potenzielle* Wirkung dieser Ladungen zu beschreiben, ohne dass eine Veränderung am bestehenden System vorgenommen werden muss. Indem nur noch die „potenzielle Wirkung" der Ladungen

---

9 Nach heutiger Auffassung ist die Ladung kein eigenständiges Fluidum, sondern eine Eigenschaft der Elementarteilchen und daher fest mit der Materie verbunden, denn es gibt keine massefreie Ladung! Damit entfällt die Übertragung der Kraft von der Ladung auf das Material.

betrachtet wird, gelangt man zum Konzept des *elektrischen Feldes* $\vec{E}(\vec{r})$, welches es erlaubt, ohne Probeladung auszukommen. Dieses Feld ist eine vektorwertige Funktion des Ortes und hängt in Betrag und Richtung direkt mit der Kraft $\vec{F}$ zusammen, die am Ort $\vec{r}$ auf die Probeladung q wirken würde:

$$\vec{E}(\vec{r}) := \frac{\vec{F}}{q}. \tag{1.9}$$

Auf den ersten Blick ist das elektrische Feld also nur eine mathematische Fiktion, lediglich eingeführt, um die lästige Probeladung loszuwerden. Im Sinne der Theorie von Coulomb hat das elektrische Feld keinerlei physikalische Realität. Real hingegen sind in der Coulomb'schen Theorie die Ladungen und die durch Fernwirkung zustande gekommenen Kräfte.

Historisch war die Coulomb'sche Theorie ebenfalls umstritten. Dies wird insbesondere im Licht der Idee des „Vitalgeistes" klar. Folgt man Coulomb, ist die Ladung mit dem „Vitalgeist" zu identifizieren. In den entsprechenden medizinischen Anwendungen der Elektrizität hat man denn auch versucht, elektrische Ladung in den menschlichen Körper hineinzubringen. Im Unterschied zu dieser durch die Coulomb'sche Theorie gestützten Auffassung gab es die grundsätzlich andere Ansicht, wonach der „Vitalgeist" nicht nur am Ort der Ladungen, sondern im ganzen Raum stecken müsse. Die zugehörigen Therapien brachten den Menschen lediglich in den Einflussbereich von Ladungen. Diese zweite Auffassung identifiziert eher das elektrische Feld mit dem „Vitalgeist" und somit wäre dem Feld die eigentliche Realität zuzusprechen.

Wir werden später sehen, dass insbesondere Michael Faraday aufgrund dieser Überzeugung zu neuen Erkenntnissen gelangt ist. Nach heutigem Verständnis billigen wir dem elektrischen Feld volle Eigenständigkeit und physikalische Realität zu, nehmen aber doch an, die Ladung sei *Quelle*[10] des Feldes.

In diesem Sinne gehört zu N Punktladungen Q_j an den Orten $\vec{r}_j$ das elektrische Feld

$$\vec{E}(\vec{r}) = \frac{1}{4\pi\varepsilon_0} \sum_{j=1}^{N} \frac{Q_j \cdot (\vec{r} - \vec{r}_j)}{|\vec{r} - \vec{r}_j|^3}. \tag{1.10}$$

Zur kontinuierlichen Ladungsverteilung $\varrho(\vec{r}')$ gehört sinngemäß das Feld

$$\vec{E}(\vec{r}) = \frac{1}{4\pi\varepsilon_0} \iiint\limits_{V'} \frac{\varrho(\vec{r}') \cdot (\vec{r} - \vec{r}')}{|\vec{r} - \vec{r}'|^3} \, dV'. \tag{1.11}$$

1.2.3 Die Darstellung des Feldes; Feldlinien

Um das elektrische Feld darzustellen, können in einzelnen Punkten des Raumes Pfeile gezeichnet werden, die in Länge und Richtung mit dem Feldvektor übereinstimmen. Damit die Übersichtlichkeit gewahrt bleibt, dürfen nicht zu viele Pfeile gezeichnet werden. In der Regel ist man gezwungen, Pfeile nur auf definierten Flächen zu zeichnen, obwohl natürlich das Feld in jedem Raumpunkt vorhanden ist. Damit sich benachbarte

---

10 Was nicht mit *Ursache* im Sinne strikter Kausalität verwechselt werden darf! Dort hätte die Ursache gegenüber der Wirkung Vorrang, hier herrscht Gleichberechtigung.

Pfeile nicht überlappen, muss eine maximale Länge eingeführt werden, was den darstellbaren Bereich des Feldstärkebetrages stark einschränkt. Eine Schattierung der Pfeile bei noch größeren Feldstärken kann diesen Bereich erheblich erweitern (vgl. Abbildung 1.4). Noch weiter kommt man mit mehrfarbigen Schattierungen.

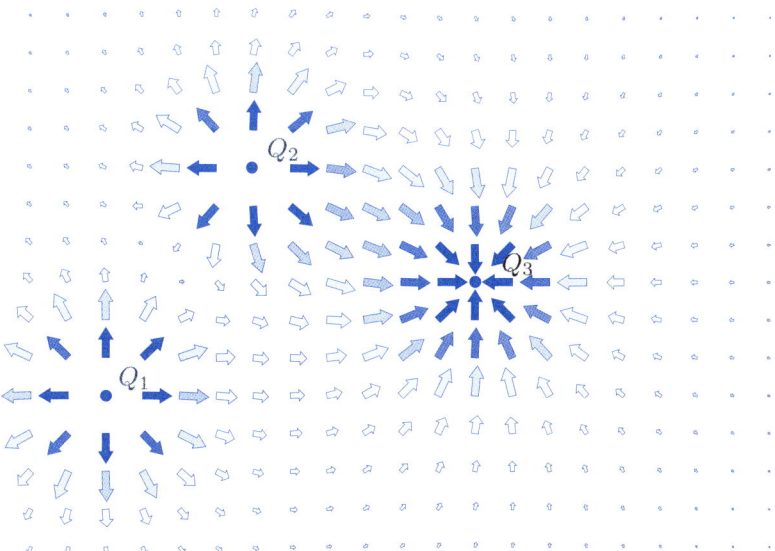

Abbildung 1.4: Das von drei Punktladungen ($Q_1 = 1\,\text{C}$, $Q_2 = 1\,\text{C}$, $Q_3 = -2\,\text{C}$) erzeugte Feld ändert sich stark in der Nähe der Ladungen. Die dunklen Pfeile sind „im Anschlag", d.h. dort überschreitet der Feldbetrag ein gewisses Maximum.

Die Pfeildarstellung des Feldes suggeriert Diskontinuität, obwohl das Feld natürlich in jedem Raumpunkt vorhanden ist. Die bekannte *Feldliniendarstellung* umgeht diesen Nachteil teilweise. Man geht von einem Startpunkt aus und zeichnet jene Linie, die immer parallel zur Feldstärke verläuft. Eine geeignete Wahl von Startpunkten liefert eine Menge von Feldlinien, die den Feldverlauf veranschaulichen. Die Information der Stärke geht verloren, kann aber berücksichtigt werden, indem in Bereichen hoher Feldstärke mehr Linien gezeichnet werden. Da die Feldlinien im Allgemeinen räumliche Kurven sind, ist diese Darstellung primär für jene Fälle geeignet, in denen die Darstellung in einer Ebene ausreicht, denn ein dreidimensionales Gewirr von Linien ist wenig anschaulich (vgl. Abbildung 1.5).

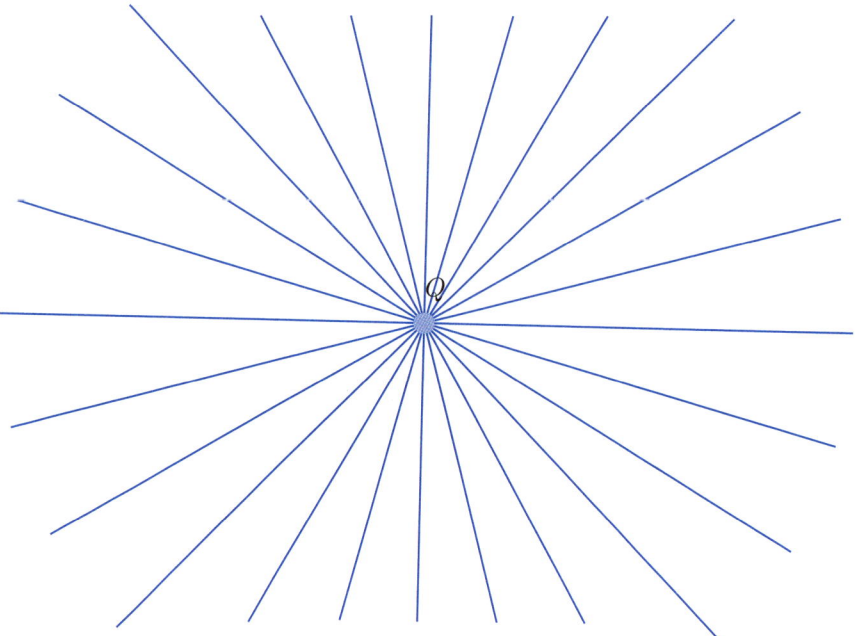

Abbildung 1.5: Schon das Feld einer einzigen Punktladung Q kann in der Ebene nicht mit zusammenhängenden Feldlinien dargestellt werden, wenn die Feldliniendichte in jedem Punkt proportional zur Feldstärke sein soll: Die Dichte nimmt wie $1/r$ ab, der Betrag der Feldstärke wie $1/r^2$.

1.2.4 Die Materie als Träger von Ladungen

Die (historisch früher) festgestellten Kräfte, die auf alle Körper wirken, welche sich in der Umgebung einer einzigen Ladung befinden, unterscheiden sich von jenen Kräften, welche zwischen (mindestens *zwei*) Ladungen auftreten: Das Abstandsverhalten ist verschieden. Trotzdem liegt die Vermutung eines Zusammenhangs nahe, denn *einer* der beiden sich anziehenden Körper ist auch im ersten Fall geladen. Nachdem die Existenz von Ladungen beiderlei Vorzeichens feststand und man festgestellt hatte, dass bei der Erzeugung von Ladungen immer gleich viel positive wie negative Ladung entsteht, war der Gedanke nicht mehr weit, einem äußerlich ungeladen erscheinenden Körper einfach gleich viel positive wie negative Ladung zu unterstellen. Allerdings musste diese Ladung sehr fein verteilt in jedem Teil eines Körpers ausgeglichen vorhanden sein, denn Bruchstücke von ungeladenen Körpern sind in der Regel ungeladen. Mit Hilfe der Hypothese, wonach die Materie kleinste geladene Partikel – im Normalfall gleichviel positive wie negative – trage, gelingt es, die meisten Phänomene zu „erklären". Allerdings muss diese Hypothese durch „Materialeffekte" präzisiert werden: Es hängt von der Art des Stoffes ab, wie stark die Ladungen am Material haften. Wir wollen die wichtigsten bisher beschriebenen Phänomene auf diese Art zu erklären versuchen:

- *Aufladung durch Reibung:* Durch die intensive Berührung, die beim Reiben entsteht, können die Ladungen vom einen zum anderen Körper überspringen. Im Lichte der materialabhängigen Haftung der Ladungen am Material ist das resultierende Ungleichgewicht geradezu zwingend.

■ *Anziehung ungeladener Körper:* Zur Erklärung nehmen wir an, der anziehende Körper sei positiv geladen. Die positiven Ladungen im ungeladenen Körper werden abgestoßen, die negativen angezogen. Wenn man annimmt, dass sich beide Ladungsarten infolge der auf sie wirkenden Kräfte innerhalb des Körpers ein wenig verschieben, sind die positiven Ladungen im Durchschnitt etwas weiter vom geladenen Körper entfernt als die negativen, was wegen des Abstandsverhaltens der Ladung-Ladung-Wechselwirkung eine Differenz in der Gesamtkraft ergibt (vgl. die Übungsaufgabe 1.2.6.3).

■ *Influenz:* Auf Leitern sind die Ladungen beliebig leicht verschiebbar. Somit verschieben sich (bei positiv geladener Kugel im Innern) die positiven Ladungen auf der Büchse von Abbildung 1.2 nach außen und die negativen nach innen. Damit wirken total drei Ladungen auf die kleine Kugel K: Die positive Ladung der Kugel im Innern, die negative Ladung auf der Innenwand der Büchse und die positive Ladung auf der Außenwand der Büchse. Wir hatten festgestellt, dass K nicht auf Bewegungen der Kugel in der Büchse reagiert. Die Erklärung dafür ist komplizierter. Erstens ist festzustellen, dass im Leiter offenbar beliebig viele Ladungen (positive *und* negative) zur Verfügung stehen, denn die influenzierte Ladung kann beliebig groß sein. Da alle diese Ladungen beweglich sind, müssen sich die Ladungen auf dem Leiter immer so verschieben, dass insgesamt ein verschwindendes Feld im Innern des Leiters erzeugt wird, weil dort andernfalls weitere Ladungen verschoben würden. Zweitens werden die negativen Ladungen auf der Büchsen*innenwand* der Bewegung der geladenen Kugel folgen und damit eine kompensierende Kraft auf K ausüben. Es ist nicht trivial, dass diese Kompensation vollständig ist, denn die positiven Ladungen auf der Büchse müssten eigentlich der Bewegung der geladenen Kugel ebenfalls folgen. Die Erklärung, warum dies nicht der Fall ist, wird der Unterabschnitt 1.3.3 liefern.

1.2.5 Vorläufige Thesen zu Materie und Ladung

Die Hypothese, wonach in jeder Materie Ladungen stecken, ist offenbar sehr fruchtbar. Wir fassen deshalb zusammen:

■ Die *Ladung* ist ein masseloses, beliebig komprimierbares Fluidum, das immer auf Materie sitzt.

■ Um einfacher rechnen zu können, führt man den Begriff der *Punktladung* ein.

■ Ladungen haben die Eigenschaft, auf andere Ladungen – über beliebige Distanzen und durch alle Materialien hindurch – eine *Kraft* ausüben zu können, welche auf den sie tragenden Körper übertragen wird.

■ Jede *Materie* trägt (im Normalfall gleich viel) positive und negative elektrische Ladung.

■ Auf *Leitern* ist die Ladung beliebig verschiebbar, während sie von *Isolatoren* „elastisch" festgehalten wird.

■ Auf jedem Leiter ist *beliebig viel Ladung* vorhanden, die im jeweils nötigen Maße in Erscheinung tritt.

■ Die Größe der möglichen Kräfte wird mit dem *elektrischen Feld* $\vec{E}$ beschrieben, das zu jeder Ladungsverteilung gehört und mit (1.10) bzw. (1.11) berechnet werden kann. Verwendet man das elektrische Feld zur Berechnung der Kraft auf Q, muss der zu Q selber gehörige Feldanteil *weggelassen* werden.

■ Die Ladungen sind *Quellen* von $\vec{E}$.

Wir werden diese vorläufige Beschreibung später präzisieren und erweitern.

1.2.6 Aufgaben

1.2.6.1 Elektrisches Feld von Punktladungen im Vakuum

Gegeben: Sechs Punktladungen Q_i auf den Durchstoßpunkten der Achsen eines kartesischen (x, y, z)-Koordinatensystems durch die Einheitskugel. Dabei soll $Q_1 = Q_3 = Q_5 = Q$ sein, $Q_2 = Q_4 = Q_6 = -Q$ und Q_i mit Ortsvektor $\vec{r}_i$, wobei $\vec{r}_1 = (1, 0, 0)$, $\vec{r}_2 = (-1, 0, 0)$, $\vec{r}_3 = (0, 1, 0)$, $\vec{r}_4 = (0, -1, 0)$, $\vec{r}_5 = (0, 0, 1)$, $\vec{r}_6 = (0, 0, -1)$.

Gesucht: Wie groß ist das zugehörige elektrische Feld $\vec{E}$ auf der mit s parametrisierten Geraden g: $\vec{r}(s) = s\cdot(\vec{e}_x + \vec{e}_y + \vec{e}_z)$? Gibt es Nullstellen jener Komponente von $\vec{E}$, welche in Richtung von g weist?

1.2.6.2 Elektrischer Durchschlag

Gegeben: Das elektrische Feld $\vec{E}$ in einem isolierenden Material.

Gesucht: Wie ist mit den vorläufigen Thesen zu erklären, dass der Betrag von $\vec{E}$ nicht beliebig hoch werden kann?

1.2.6.3 Materialmodell (Anziehung ungeladener Körper)

Gegeben: Im elektrischen Feld einer Punktladung Q befindet sich ein ungeladener kleiner Körper K im Abstand a von Q. K sei durch folgendes Modell ersetzt: Zwei im Betrag gleiche, feste Punktladungen q und $-q$ sind mit je einer Feder der Ruhelänge d (= halber Durchmesser von K) und einer Federdehnungskonstante D^{11} am Schwerpunkt von K befestigt. q und $-q$ liegen in der Verbindungsgerade von Q und K.

Gesucht: Das Abstandsgesetz $F(a)$ für die anziehende Kraft zwischen K und Q.

1.3 Die Bedeutung des $1/r^2$-Verhaltens

Auf den ersten Blick scheint es von untergeordneter Bedeutung zu sein, ob der Exponent im Nenner des Coulomb'schen Gesetzes exakt zwei ist oder ob auch leicht abweichende Exponenten zulässig sind. Im Folgenden wollen wir aufzeigen, dass sich das Quadrat gegenüber allen anderen Potenzen auszeichnet.

1.3.1 Das Cavendish-Experiment

Zuerst sei durch einfaches Ausrechnen gezeigt, dass eine homogen auf einer Kugelfläche K verteilte Ladung im Innern der Kugel ein Nullfeld erzeugt. Wir benützen die Formel (1.11) und bemerken vorab, dass $\vec{E}$ aus Symmetriegründen höchstens eine radiale Komponente E_r hat (vgl. Abbildung 1.6). Indem wir die *Flächenladungsdichte* ς^{12} einführen, sparen wir eine Dimension beim Integrieren und müssen das Integral nur noch über die Oberfläche erstrecken. Wenn ς auf K konstant ist, gilt wegen der Symmetrie $\vec{E} = E_r\vec{e}_r$ und dann

---

11 Die Länge einer Feder ist $\delta = d + D\cdot F_F$, wobei F_F die auseinander ziehende Federkraft ist. Weiter handle es sich um eine harte Feder, d.h. $d \gg |D\cdot F_F|$!

12 Ladung pro Fläche im Gegensatz zur Ladungsdichte ϱ, welche eine Ladung pro Volumen darstellt.

$$E_r = \vec{e}_r \cdot \vec{E} = \vec{e}_r \cdot \frac{1}{4\pi\varepsilon_0} \oiint_K \frac{\varsigma(\vec{r}-\vec{r}')}{|\vec{r}-\vec{r}'|^3} \, dF' = \frac{1}{4\pi\varepsilon_0} \oiint_K \frac{\varsigma[(\vec{r}-\vec{r}')\cdot\vec{e}_r]}{|\vec{r}-\vec{r}'|^3} \, dF'$$

$$\text{Vgl. Abb. 1.6} \; \frac{\varsigma R^2}{2\varepsilon_0} \int_0^{\pi} \frac{\sin\theta(r - R\cos\theta)}{(r^2 + R^2 - 2rR\cos\theta)^{\frac{3}{2}}} \, d\theta = 0. \tag{1.12}$$

Aus diesem Resultat folgern wir nun, dass sich auf einer geladenen, leitenden Kugel alle[13] Ladungen auf der Kugeloberfläche aufhalten, denn:

Die gleichnamigen Ladungen stoßen sich ab. Somit verteilen sie sich möglichst weit entfernt voneinander, und es wird sich mindestens ein Teil der Ladungen gleichmäßig auf der Oberfläche verteilen. Eine allenfalls im Innern des Metalls vorhandene Ladung würde, wenn sie sich selbst überlassen bliebe, infolge ihrer Beweglichkeit im Leiter ebenfalls nach außen streben, es sei denn, die Ladungen auf der Kugeloberfläche produzierten ein nach innen gerichtetes Feld. Dies ist aber gemäß (1.12) gerade nicht der Fall. Somit gibt es keinen Grund für die Ladung, sich im Innern der Kugel aufzuhalten.

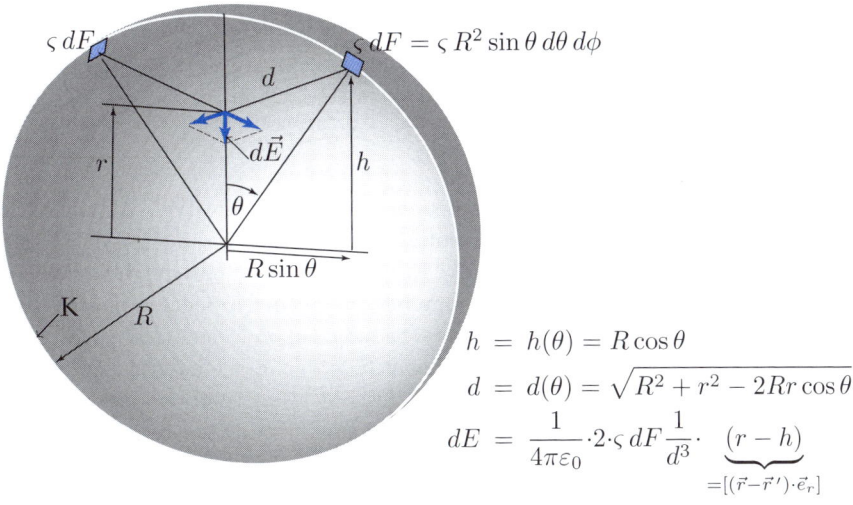

$$h = h(\theta) = R\cos\theta$$
$$d = d(\theta) = \sqrt{R^2 + r^2 - 2Rr\cos\theta}$$
$$dE = \frac{1}{4\pi\varepsilon_0}\cdot 2\cdot\varsigma\, dF\, \frac{1}{d^3}\cdot \underbrace{(r-h)}_{=[(\vec{r}-\vec{r}')\cdot\vec{e}_r]}$$

Abbildung 1.6: Zwei auf der Kugelfläche K gegenüberliegende Ladungselemente $\varsigma\, dF$ haben zusammen ein genau radial gerichtetes Feld $d\vec{E} = dE\,\vec{e}_r$ ($\vec{e}_r$ = Einheitsvektor in radialer Richtung). Ringförmige Oberflächenelemente $dO = 2\pi R^2 \sin\theta\, d\theta$ erlauben eine eindimensionale Integration über θ von $0\ldots\pi$.

Coulomb konnte das $1/r^2$-Verhalten im Experiment nur mit bescheidener Genauigkeit verifizieren. Seine Motivation, exakt den Exponenten 2 einzusetzen, war durch die Analogie zum Newton'schen Gravitationsgesetz gegeben. Henry Cavendish[14] (1731–1810) nützte das exakte Verschwinden des Integrals in (1.12) experimentell aus. Dieses Integral würde nämlich nicht verschwinden, wenn ein vom invers-quadratischen abweichendes Abstandsverhalten richtig wäre (vgl. Abbildung 1.7).

---

13 Mit „alle Ladungen" sind natürlich nur jene Ladungen gemeint, die nicht durch entgegengesetzt gleich große im selben Volumenelement kompensiert sind.

14 Cavendish war hauptsächlich Chemiker. Seine in den Jahren 1771–1781 entstandenen „Electrical researches" wurden erst 1879 von Maxwell herausgegeben.

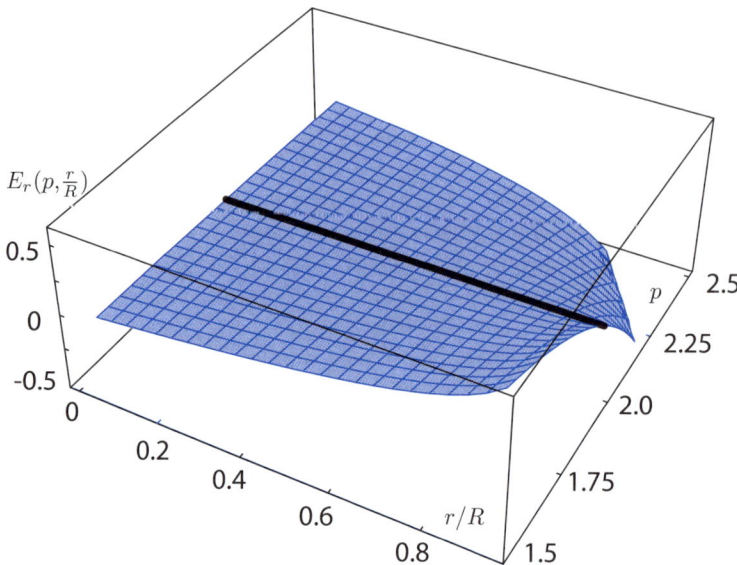

Abbildung 1.7: Wenn das Abstandsverhalten im Coulomb'schen Gesetz $1/r^p$ betragen würde, würde die theoretisch entstehende radiale Feldstärke E_r im Inneren einer homogenen Kugelflächenladung im Allgemeinen nicht verschwinden. Das Bild zeigt E_r in Funktion von p und der normierten Ortskoordinate r/R. Man erkennt das exakte Verschwinden im Falle $p = 2$ (dicke Linie).

Der Ablauf des Cavendish'schen Experiments ist der folgende (vgl. Abbildung 1.8): Zuerst wird die äußere Kugelschale K_a entfernt und die innere, K_i, möglichst stark – etwa durch Reibung – aufgeladen. Nun wird K_a wieder montiert und durch Schließen des Schalters für kurze Zeit leitend mit K_i verbunden. Nachdem der Schalter wieder geöffnet ist, wird K_a entfernt und die verbleibende Ladung auf K_i „gemessen", z.B. mit der Anordnung von Abbildung 1.1. Das Experiment liefert als Ergebnis, dass keine Ladung auf der inneren Schale bleibt. Die Genauigkeit dieser Messung ist deswegen so hoch, weil eine Null nachgewiesen werden muss: Man kann zur Messung der Restladung ein viel empfindlicheres Instrument benützen.

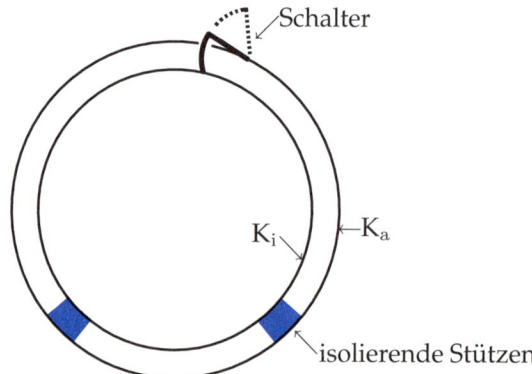

Abbildung 1.8: Mittels zweier konzentrischer Kugelschalen K_i und K_a, wobei K_a aus zwei entfernbaren Halbkugeln besteht, hat Cavendish gezeigt, dass die zuerst nur auf K_i befindliche Ladung *vollständig* auf die äußere Schale K_a fließt, wenn K_a kurzzeitig durch den Schalter mit K_i verbunden wird.

1.3.2 Der Satz von Gauß in der Elektrostatik

In diesem Unterabschnitt wollen wir die Auswirkungen des $1/r^2$-Verhaltens auf das elektrische Feld untersuchen und betrachten daher das von einer Punktladung Q erzeugte $\vec{E}$-Feld,

$$\vec{E}(r) = \frac{Q}{4\pi\varepsilon_0 r^2}\,\vec{e}_r, \tag{1.13}$$

welches vom Abstand von Q (dem Radius r) abhängt und in die Richtung des radialen Einheitsvektors $\vec{e}_r$ zeigt. Wir interessieren uns für das *Flächenintegral*

$$\Psi_{\mathrm{F}} = \iint\limits_{\mathrm{F}} \vec{E} \cdot d\vec{F}, \tag{1.14}$$

das als *Fluss*[15] des Vektorfeldes $\vec{E}$ durch die orientierte Fläche F bezeichnet wird. Das vektorielle Flächenelement $d\vec{F} := \vec{e}_{\mathrm{n}}{\cdot}dF$ zeigt in Richtung des Normaleneinheitsvektors $\vec{e}_{\mathrm{n}}$ – der senkrecht (= normal) auf der Fläche F steht – und hat den Betrag des infinitesimalen Flächenelements dF.

Wählt man in (1.14) für F eine Kugelfläche K_R um Q mit Radius R, gilt unabhängig von R:

$$\Psi_{\mathrm{K}_R} = \oiint\limits_{\mathrm{K}_R} \frac{Q}{4\pi\varepsilon_0}\frac{\vec{e}_r}{R^2} \cdot \vec{e}_r\, dF = \frac{Q}{4\pi\varepsilon_0}\frac{1}{R^2}\underbrace{\oiint\limits_{\mathrm{K}_R} dF}_{=4\pi R^2} = \frac{Q}{\varepsilon_0}. \tag{1.15}$$

Allgemeiner gilt bei einer beliebigen Fläche

$$\Psi_{\mathrm{F}} = \frac{Q}{4\pi\varepsilon_0} \iint\limits_{\mathrm{F}} \frac{\vec{e}_r \cdot d\vec{F}}{r^2} = \frac{Q}{4\pi\varepsilon_0}\,\Omega_{\mathrm{F}}, \tag{1.16}$$

wobei Ω_{F} der – je nach Orientierung von F mit einem Minuszeichen versehene – Raumwinkel ist, unter dem F von Q aus erscheint. Es ist eine Folge des $1/r^2$-Verhaltens, dass der Abstand r bei der Flussberechnung herausfällt.

Das erhaltene Resultat erlaubt einige interessante Schlussfolgerungen. *Jede* geschlossene Fläche F_{g} erscheint von einem Punkt aus, der in ihrem Inneren liegt, unter dem vollen Raumwinkel $\Omega_{\mathrm{F}_{\mathrm{g}}} = 4\pi$. Somit ist das Resultat von (1.15) nicht nur für K_R, sondern für *jede* geschlossene Fläche, die Q umfasst, gültig. Umgekehrt erscheint jede geschlossene Fläche, die Q nicht umfasst, von Q aus unter dem Raumwinkel null: Der Fluss verschwindet. Wenden wir das Superpositionsprinzip an, folgt ganz allgemein, dass der Fluss von $\vec{E}$ durch die geschlossene Fläche F_{g} gleich der (durch ε_0 dividierten) Summe der Ladungen ist, welche von F_{g} umschlossen werden.

---

15 Der Name „Fluss" kommt aus der Strömungslehre, wo als Vektorfeld das Geschwindigkeitsfeld einer strömenden Flüssigkeit eingesetzt ist.

Allgemein ergibt sich mit der Raumladungsdichte ϱ, wenn wir die geschlossene Fläche als *Berandung* ∂V des Volumens V ansehen,

$$\Psi_{\partial V} = \oiint_{\partial V} \vec{E} \cdot d\vec{F} = \frac{1}{\varepsilon_0} \iiint_V \varrho \, dV, \tag{1.17}$$

wobei das vektorielle Oberflächenelement $d\vec{F}$ nach außen orientiert ist.

Diesen Zusammenhang nennt man den *Satz von Gauß* in der Elektrostatik. Die Gleichung (1.17) enthält einen elementar geometrischen Aspekt in dem Sinne, dass sie einen Bezug herstellt zwischen einem Integral über ein Volumen V einerseits und einem Flächenintegral über die Berandung ∂V von V.

Beispiel 1.2	**Feld einer kugelsymmetrischen Raumladung**

Zur kugelsymmetrischen Raumladungsdichte $\varrho(r)$ gehört ein elektrisches Feld, das aus Symmetriegründen nur eine radiale Komponente E_r haben kann. Dies sieht man ein, wenn man nach Gründen sucht, welche $\vec{E}$ schief zur radialen Richtung stellen könnten. Falls es einen solchen Grund gibt, gibt es den gleichen Grund, $\vec{E}$ auf die andere Seite schief zu stellen. Somit muss das elektrische Feld die Form $\vec{E} = E_r \vec{e}_r$ aufweisen, und E_r ist nur vom Radius r abhängig. Die Anwendung des Gauß'schen Satzes (1.17) mit einer Kugel K_r mit Radius r und Mittelpunkt im Koordinatenursprung ergibt

$$\oiint_{K_r} E_r \vec{e}_r \cdot d\vec{F} = E_r \underbrace{\oiint_{K_r} dF}_{=4\pi r^2} \overset{!}{=} \frac{1}{\varepsilon_0} \iiint_V \varrho \, dV = \frac{4\pi}{\varepsilon_0} \int_0^r \varrho(r') \cdot r'^2 \, dr'.$$

Damit ergibt sich für die unbekannte Feldstärke

$$\vec{E} = \vec{e}_r \cdot E_r(r) = \frac{\vec{e}_r}{\varepsilon_0 r^2} \int_0^r \varrho(r') \cdot r'^2 \, dr'.$$

Mit dem Satz von Gauß können wir jetzt zeigen, dass sich die Ladung nicht nur bei einer Kugel, sondern auf *jedem* Leiter ausschließlich auf der Oberfläche verteilt. Die Schlussfolgerungen sind die folgenden: Wir haben schon gesehen, dass das Feld im Inneren eines Leiters verschwinden muss, weil sonst die im Leiter reichlich vorhandenen Ladungen verschoben würden. Daher verschwindet das Flussintegral über jede geschlossene Fläche, die ganz im Leiterinneren liegt, und folglich muss auch die Ladung in jedem inneren Leiterelement verschwinden.

1.3.3 Das Substitutionsprinzip (Äquivalenzprinzip)

Da sich die Ladung auf der Leiteroberfläche immer so einstellt, dass im Innern des Leiters kein Feld resultiert, kann man das innere Material entfernen und erhält trotzdem das gleiche Feld, innen wie außen. Diesen Ersatz des Leitermaterials durch eine hypothetisch im leeren Raum platzierte, geeignete Flächenladungsdichte nennt man *Substitutionsprinzip* oder *Äquivalenzprinzip*.

Nun können wir auch die im letzten Satz des Unterabschnitts 1.2.4 fehlende Erklärung nachliefern. Wir nehmen zunächst an, die Büchse von Abbildung 1.2 sei oben vollständig geschlossen. Dann könnte die Ladung auf der Innenwand und die geladene Kugel im Innern entfernt werden, ohne dass außen eine Änderung auftreten würde, denn die inneren Ladungen kompensieren sich. Dies liefert der Satz von Gauß, angewendet auf eine geschlossene Fläche, die ganz in der Büchsenwand, d.h. in einem feldfreien Gebiet liegt. Somit ist die innere und die äußere Ladung auf der Büchse entkoppelt. In unserem Fall war die Büchse oben offen, was die Erklärung nicht mehr ganz stichhaltig macht. Wir können aber annehmen, dass der Fehler klein und daher nicht feststellbar war.

Die totale Entkopplung von innerem und äußerem Feld lässt Zweifel aufkommen an der Fernwirkungstheorie, wonach die Ladungen durch die Materie hindurch wirken sollen. Wir werden im vierten Kapitel sehen, dass die Idee der *Nahewirkung* die Argumentation vereinfacht. Danach kann nicht eine Ladung über eine beliebige Distanz auf die andere Ladung wirken, sondern es kann nur das *Feld* am Ort der Ladung auf diese eine Kraft ausüben.

1.3.4 Aufgaben

1.3.4.1 Berechnung des elektrostatischen Feldes mit dem Satz von Gauß

Gegeben: Die folgenden Ladungsanordnungen hoher Symmetrie im Vakuum:

- **a** Kugel (Radius R) mit homogener Raumladungsdichte ϱ
- **b** Kugelflächenladung (Radius R) mit homogener Flächenladungsdichte ς
- **c** Unendlich lange, gerade Linienladung mit homogener Linienladungsdichte λ
- **d** Unendlich lange, gerade Kreiszylinderladung (Zylinderradius R) mit homogener Raumladungsdichte ϱ
- **e** Unendlich ausgedehnte, ebene Flächenladung mit homogener Flächenladungsdichte ς
- **f** Unendlich ausgedehnte, ebene Scheibenladung (Dicke d) mit homogener Raumladungsdichte ϱ

Gesucht: In allen Fällen diskutiere man zuerst aufgrund der Symmetrie der Anordnung die Richtung und allfällige Symmetrieeigenschaften des elektrischen Feldes $\vec{E}$ und berechne anschließend unter Anwendung des Gauß'schen Satzes den Betrag von $\vec{E}$ im ganzen Raum. Man vergleiche die Resultate verschiedener Fälle, welche durch einen geeigneten Grenzübergang ineinander übergehen, etwa b) mit $R \to \infty$ und e) oder a) und b) außerhalb der Kugel.

1.4 Energie und Potential

Der Begriff der Energie spielt heute in der ganzen Physik eine zentrale Rolle. Der Italiener Beccaria (1716–1781) und der Engländer Cavendish haben unabhängig voneinander schon 1771 darauf hingewiesen, dass die Stärke der Elektrisierung, d.h. die Menge der Ladung auf einem Körper allein, nicht alle Phänomene erkläre. Diese Erkenntnisse sind jedoch erst später durch Alessandro Volta bzw. Maxwell verbreitet worden. Wir wollen versuchen, den Energiebegriff in der Elektrostatik über die mechanische Arbeit einzuführen, ein Vorgehen, das implizit die Gleichheit von elektrischer und mechanischer Energie postuliert. Weil es sich um die *Definition* der elektrischen Energie handelt, ist dies natürlich zulässig.

1.4.1 Die mechanische Arbeit beim Aufbau einer Ladungsverteilung

Um eine bestimmte Ladungsverteilung aufzubauen, müssen die Ladungen – etwa durch Reibung – zuerst erzeugt und dann die geladenen Körper an die gewünschten Orte gebracht werden. Beim Trennen und Verschieben von Ladungen sind immer auch Kräfte mit im Spiel: Es muss offenbar mechanische Arbeit (Kraft×Weg) geleistet werden. Weil sich ungleichnamig geladene Körper immer anziehen, steckt man beim Trennen von Ladungen Arbeit in das System hinein. Verschiebt man eine Ladung im Feld bereits vorhandener anderer Ladungen, kann dem System unter Umständen auch Energie entnommen werden.

Bekanntlich kann man, um die „in das System hineingesteckte Energie" von der „aus dem System entnommenen Energie" rechnerisch unterscheiden zu können, die Arbeit mit einem Vorzeichen versehen. Die Frage des Vorzeichens von Energien ist häufig kontrovers und letztlich eine Sache der Konvention. Der wesentliche Punkt ist, dass man Energie immer von zwei Seiten her betrachten kann, entweder aus der Sicht des Erzeugers oder aus der Sicht des Verbrauchers. Für den Erzeuger ist erzeugte Energie positiv, verbrauchte Energie negativ. Für den Verbraucher ist es umgekehrt. Schwieriger wird es für den Ingenieur: Er ist nämlich weder Erzeuger noch Verbraucher, sondern steht über der Sache und muss beiden Herren dienen. Das einzig sinnvolle Vorgehen ist somit, sich zu Beginn *überhaupt nicht um das Vorzeichen zu scheren*, sondern immer erst *am Schluss der Rechnungen* das gewünschte Vorzeichen einzusetzen.[16] Natürlich ist dies nur deshalb möglich, weil die aufgewendete Energie auf der einen Seite infolge der Energieerhaltung[17] immer gleich der erhaltenen Energie auf der anderen Seite ist.

Um die umgesetzte Energie beim Verschieben von Ladungen zu berechnen, betrachten wir zunächst nur zwei Punktladungen, Q_0 und Q_1[18]. Q_1 werde festgehalten und Q_0 längs eines Weges Γ verschoben, der von $\vec{r}_a$ nach $\vec{r}_e$ führt (vgl. Abbildung 1.9). Dann errechnet sich die mechanische Arbeit W_Γ, die für die Verschiebung aufgewendet werden muss, zu

$$W_\Gamma = \int_\Gamma \vec{F}_0 \cdot \vec{dl} = \frac{Q_0 Q_1}{4\pi\varepsilon_0} \int_\Gamma \frac{(\vec{r}_0(l) - \vec{r}_1) \cdot \vec{dl}}{|\vec{r}_0(l) - \vec{r}_1|^3}. \tag{1.18}$$

---

16   Anderseits hat schon so mancher die Elektrotechnik auf der Suche nach dem richtigen Vorzeichen verstehen gelernt!

17   Wir werden diese als *Energiesatz* bekannte Tatsache noch ausgiebig diskutieren. An dieser Stelle setzen wir das Zutreffen der Energieerhaltung voraus.

18   Wenn nicht noch weitere Ladungen „versteckt" gehalten werden, gilt natürlich $Q_0 = -Q_1$, doch ist die folgende Argumentation allgemein gültig.

Dabei wurde $\vec{F}_0$ aus (1.7), eingesetzt, indem dort $N = 1$ gesetzt wurde. Der Weg Γ ist mit l parametrisiert, und das vektorielle Wegelement wird mit $d\vec{l}$ bezeichnet.

Die Richtung der Kraft $\vec{F}_0$ ist parallel zu Strahlen aus Q_1, und der Betrag von $\vec{F}_0$ ist nur vom Abstand der beiden Ladungen, $|\vec{r}_0 - \vec{r}_1|$, abhängig. Dank dieser beiden Eigenschaften kann der Weg Γ „radial begradigt" werden, ohne dass sich der Wert des Integrals ändert. Der geradlinige Weg Γ' führt von $\vec{r}_a$ nach , wobei die Distanz $|\vec{r}_e - \vec{r}_1|$ gleich der Distanz $|\vec{r}_e' - \vec{r}_1|$ ist und auf dem gleichen Strahl aus Q_1 liegt wie $\vec{r}_a$. Auf Γ' kann nun das Integral analytisch berechnet werden. Wir wählen den Weglängenparameter l' auf Γ' so, dass er gerade dem Abstand des laufenden Punktes zu Q_1 entspricht:

$$W_\Gamma = W_{\Gamma'} = \frac{Q_0 Q_1}{4\pi\varepsilon_0} \int\limits_{\Gamma'} \frac{(\vec{r}_0(l') - \vec{r}_1) \cdot d\vec{l'}}{|\vec{r}_0(l') - \vec{r}_1|^3} = \frac{Q_0 Q_1}{4\pi\varepsilon_0} \int\limits_{|\vec{r}_a - \vec{r}_1|}^{|\vec{r}_e - \vec{r}_1|} \frac{dl'}{l'^2}$$

$$= \frac{Q_0 Q_1}{4\pi\varepsilon_0} \left(\frac{1}{|\vec{r}_a - \vec{r}_1|} - \frac{1}{|\vec{r}_e - \vec{r}_1|} \right). \tag{1.19}$$

Dieses Resultat zeigt, dass W_Γ proportional ist zum Produkt der Ladungen, im Übrigen aber nur vom Anfangs- und vom End*abstand* von Q_1 abhängt.

Das Integral in (1.18) kann etwas einfacher geschrieben werden, wenn statt der Kraft das elektrische Feld eingesetzt wird. Ist $\vec{E}_1$ das Feld, welches zu Q_1 gehört, gilt statt des zweiten Integrals in (1.18) formal etwas einfacher

$$W_\Gamma = Q_0 \int\limits_{\Gamma} \vec{E}_1(\vec{r}) \cdot d\vec{l}. \tag{1.20}$$

Die aufgewendete Arbeit ist somit proportional zu einem *Linienintegral* des Feldes. Umgekehrt kann man sagen, dass das Linienintegral des $\vec{E}$-Feldes eine physikalische Bedeutung hat. Speziell ist zu bemerken, dass das Ergebnis der Integration nicht vom konkreten Verlauf der Linie Γ, sondern nur von den Endpunkten von Γ abhängt.

Das Vorzeichen von W_Γ muss noch diskutiert werden. Der angegebene Wert in (1.20) ist negativ, falls erstens Q_0 und Q_1 entgegengesetzte Vorzeichen haben und zweitens der Anfangsabstand $|\vec{r}_a - \vec{r}_1|$ kleiner ist als der Endabstand $|\vec{r}_e - \vec{r}_1|$. Andererseits ist es physikalisch klar, dass sich die Ladungen in diesem Fall anziehen: Wir haben während des Auseinanderrückens der Ladungen mechanische Energie in das System hineingesteckt. Somit ist die Größe W_Γ in (1.20) die vom System abgegebene Energie, welche im Falle eines negativen Zahlenwertes eine von außen aufgewendete ist. Wollen wir die bei der Verschiebung aufgewendete und daher am Schluss zusätzlich im System steckende und dann elektrostatisch genannte Energie mit einem positiven Vorzeichen versehen wissen, muss das Vorzeichen gedreht werden.[19] Wir definieren:

$$W_{\vec{r}_a}(\vec{r}_e) := -W_\Gamma. \tag{1.21}$$

In dem Symbol links kommt zum Ausdruck, dass die Energie nur von den beiden Endpunkten von Γ, $\vec{r}_a$ und $\vec{r}_e$, abhängt.

NB.: Die Unabhängigkeit vom Verschiebungsweg gilt nicht nur bei einem $1/r^2$-Verhalten, sondern für jede kugelsymmetrisch wirkende Kraft (Zentralkraft).

---

[19] Die nachträgliche Festlegung des Vorzeichens entspricht genau dem Ratschlag aus dem zweiten Absatz dieses Unterabschnitts!

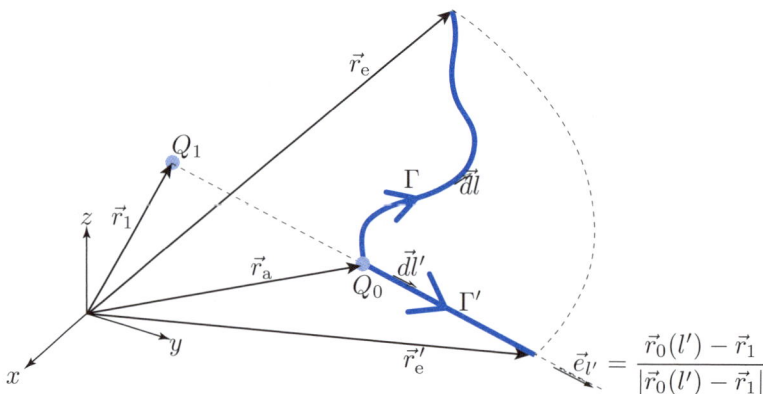

Abbildung 1.9: Die beiden Ladungen Q_0 und Q_1 üben eine Kraft aufeinander aus. Verschiebt man die Ladung Q_0 längs eines Weges Γ, muss mechanische Arbeit geleistet werden. Die gesamte Arbeit hängt nicht vom genauen Verlauf von Γ, sondern nur von dessen Endpunkten ab. Wegen der Kugelsymmetrie des Feldes von Q_1 liefern überdies die Wege Γ und Γ' den gleichen Wert.

Wird die Ladung Q_0 statt im Feld einer einzigen Ladung im Feld von N Punktladungen von $\vec{r}_a$ nach $\vec{r}_e$ verschoben, kann der Anteil jeder Ladung separat berechnet werden. Man erhält

$$W_{\vec{r}_a}(\vec{r}_e) = \frac{Q_0}{4\pi\varepsilon_0} \sum_{j=1}^{N} Q_j \left(\frac{1}{|\vec{r}_e - \vec{r}_j|} - \frac{1}{|\vec{r}_a - \vec{r}_j|} \right), \tag{1.22}$$

oder, wenn wir das Integral über das $\vec{E}$-Feld stehen lassen,

$$W_{\vec{r}_a}(\vec{r}_e) = -Q_0 \int_{\vec{r}_a}^{\vec{r}_e} \vec{E}(\vec{r}) \cdot d\vec{l}, \tag{1.23}$$

wobei jetzt $\vec{E}$ das zu allen Ladungen Q_j (exklusive Q_0) gehörige Feld ist.

1.4.2 Das elektrostatische Potential

Das nun einzuführende Konzept des Potentials erlaubt es, die wegunabhängigen Integrationen, die bei der Berechnung der Energien auftreten, gewissermaßen vorwegzunehmen. Hält man in (1.23) den Anfangspunkt $\vec{r}_a$ fest und dividiert durch Q_0, ergibt sich eine skalare Funktion des Ortes $\vec{r}_e$, die nicht mehr von der verschobenen Ladung Q_0 abhängt. Wir schreiben allgemein $\vec{r}$ statt $\vec{r}_e$ und setzen anstelle von Q_0 die Probeladung q ein. Dann heißt

$$\varphi_{\vec{r}_a}(\vec{r}) := \frac{W_{\vec{r}_a}(\vec{r})}{q} \tag{1.24}$$

elektrostatisches Potential. $W_{\vec{r}_a}(\vec{r})$ ist die Arbeit, welche geleistet werden müsste, um die Probeladung q vom Ort $\vec{r}_a$ (dem „Normierungspunkt" mit $\varphi_{\vec{r}_a}(\vec{r}_a) = 0$) zum Ort $\vec{r}$ zu bringen. Dabei ist vorausgesetzt, dass die Präsenz der Probeladung die übrigen Ladungen in keiner Weise beeinflusst. Aus der Definition wird klar, dass die Potentialwerte nur dann eindeutig sind, wenn das Wegintegral (1.23) nur von den Endpunkten abhängt. Wie in Unterabschnitt 1.4.1 dargelegt, ist dies hier der Fall: Das Wegintegral kann allein durch die Angabe zweier Funktionswerte an den Weg*enden* berechnet werden. In der Mathematik werden solche Felder auch „*konservativ*" genannt.

Das Potential ordnet jedem Raumpunkt eine Größe der Dimension Energie pro Ladung zu, ohne dass dort wirklich eine Ladung vorhanden sein muss. Mathematisch ist $\varphi_{\vec{r}_a}(\vec{r})$ somit eine (skalare) Ortsfunktion und wird oft auch als skalares Feld bezeichnet.

Das Potential *gehört* zu einer Ladungsverteilung, nämlich all jenen Ladungen, die Kraftwirkungen auf die Probeladung q ausüben. Da zu jenen Ladungen immer auch ein Feld $\vec{E}$ gehört, kann man ebenso gut sagen, das Potential sei dem Feld $\vec{E}$ zugehörig.

Die Wahl des Normierungspunktes $\vec{r}_a$ ist frei. Eine andere Wahl dieses Punktes addiert lediglich eine Konstante zu $\varphi_{\vec{r}_a}(\vec{r})$. Oft wählt man $\vec{r}_a$ im so genannten *Fernpunkt*. Dies ist ein Punkt, der sehr weit weg von allen Ladungen auf der *Fernkugel*[20] liegt. Man lässt in der Regel den Normierungspunkt in der Notation weg und schreibt statt $\varphi_{\vec{r}_a}(\vec{r})$ nur $\varphi(\vec{r})$.

Indem wir in (1.22) den Anfangspunkt $\vec{r}_a$ ins Unendliche verlegen und dann jene Gleichung in (1.24) einsetzen, können wir das Potential, welches zu N Punktladungen Q_j gehört, direkt als Formel angeben:

$$\varphi(\vec{r}) = \frac{1}{4\pi\varepsilon_0} \sum_{j=1}^{N} \frac{Q_j}{|\vec{r} - \vec{r}_j|}. \qquad (1.25)$$

Bei verteilten Ladungen muss über die Ladungsdichte ϱ integriert werden:

$$\varphi(\vec{r}) = \frac{1}{4\pi\varepsilon_0} \iiint\limits_{V'} \frac{\varrho(\vec{r}\,')}{|\vec{r} - \vec{r}\,'|}\, dV'. \qquad (1.26)$$

Das Integral ist prinzipiell über den ganzen Raum zu erstrecken, wobei natürlich jene Bereiche, wo ϱ verschwindet, weggelassen werden können.

Beispiel 1.3 „Punkt"-Ladung im Feld anderer Ladungen

Im leeren Raum befinden sich zwei fest verankerte kleine Kugeln, welche je die Ladung $-Q/2$ tragen. Eine dritte kleine Kugel ist längs der Geraden g verschiebbar und trägt die Ladung Q. Die geometrischen Verhältnisse zeigt die Abbildung, wobei die Verbindungsstrecke Q_1–Q_2 die Gerade g schneidet. Die drei Kugeln haben alle den gleichen Radius R und dieser ist vernachlässigbar klein gegenüber den Abständen a und b.

---

20 Die Fernkugel hat einen unendlichen Radius und den Mittelpunkt im endlichen, etwa im Schwerpunkt aller betrachteten Ladungen.

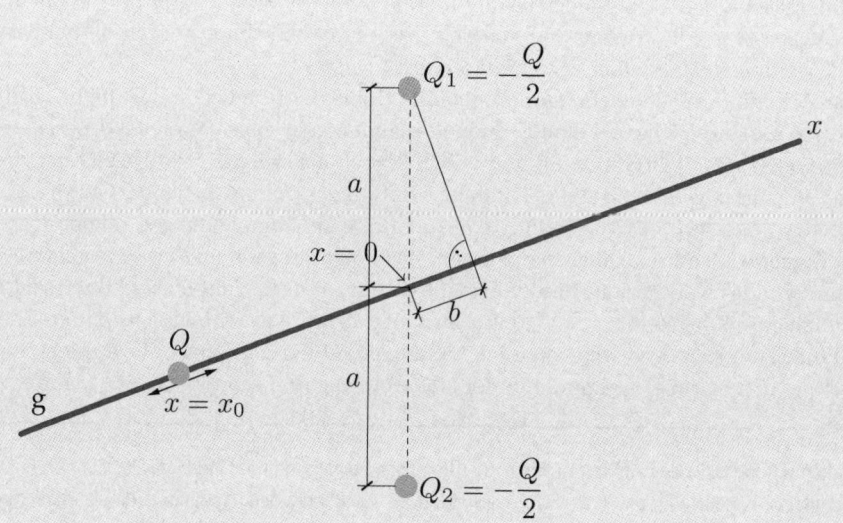

Wir fragen nach der Potentialverteilung längs g, wenn die Ladung Q in einem Punkt auf g festgehalten wird.

Zur Lösung wählen wir ein kartesisches Koordinatensystem, dessen x-Achse mit g zusammenfällt. Q sei bei $x = x_0$ festgehalten. Das Potential φ hat von allen drei Ladungen je einen Anteil. Außerhalb der verschiebbaren Kugel ($|x - x_0| > R$) gilt mit $d = \sqrt{a^2 - b^2}$

$$\varphi(x) = \frac{1}{4\pi\varepsilon_0}\left(\frac{Q}{|x - x_0|} - \frac{Q}{2\sqrt{(x - b)^2 + d^2}} - \frac{Q}{2\sqrt{(x + b)^2 + d^2}}\right),$$

während auf der verschiebbaren Kugel ($|x - x_0| \leq R$) das Potential konstant ist:

$$\varphi = \frac{1}{4\pi\varepsilon_0}\left(\frac{Q}{R} - \frac{Q}{2\sqrt{(x_0 - b)^2 + d^2}} - \frac{Q}{2\sqrt{(x_0 + b)^2 + d^2}}\right).$$

Der zweite Ausdruck ist konstant und bezüglich der beiden letzten Anteile als (sehr gute!) Näherung aufzufassen.

1.4.3 Der Zusammenhang zwischen Feld und Potential

Wir haben bereits festgestellt, dass das Potential zu einer Ladungsverteilung gehört und dass man, weil jeder Ladungsverteilung eindeutig ein elektrisches Feld zugeordnet ist, auch sagen kann, dass zu jedem elektrostatischen Feld ein Potential gehöre. Wir wollen daher den Zusammenhang zwischen dem Potential $\varphi(\vec{r})$ und dem zugehörigen Feld $\vec{E}$ direkt angeben.

Durch Vergleich von (1.19) und (1.23) findet man mit Berücksichtigung von (1.21) den folgenden Zusammenhang zwischen dem *Wegintegral* über die Feldstärke $\vec{E}$ und den Potentialwerten an den *Enden des Weges*:

$$\int_{\vec{r}_a}^{\vec{r}} \vec{E} \cdot d\vec{l} = \varphi(\vec{r}_a) - \varphi(\vec{r}). \tag{1.27}$$

Wählt man den Anfangspunkt im Normierungspunkt, gilt wegen $\varphi(\vec{r}_a) = 0$ die einfache Gleichung

$$\varphi(\vec{r}) = -\int_{\vec{r}_a}^{\vec{r}} \vec{E} \cdot d\vec{l}. \tag{1.28}$$

Mit Hilfe dieser Formel kann das örtliche Verhalten der Potentialfunktion φ studiert werden. Bei einer Verschiebung des Punktes $\vec{r}$ ist offenbar die Änderung von $\varphi(\vec{r})$ umso größer, je eher die Verschiebung von $\vec{r}$ in Richtung des Feldes $\vec{E}$ vollzogen wird. Tatsächlich weist $\vec{E}$ immer in jene Richtung, in welche das Potential am stärksten abnimmt, während $\vec{E}$ keine Komponente tangential zur Äquipotentialfläche[21] aufweist.

Aus der Gleichung (1.27) kann eine wichtige Eigenschaft des elektrostatischen Feldes abgeleitet werden. Wählt man nämlich einen *beliebigen, geschlossenen Weg* $\Gamma_\circ$ für das Linienintegral in (1.27), fällt der Anfangspunkt mit dem Endpunkt zusammen ($\vec{r} = \vec{r}_a$) und das Integral verschwindet:

$$\oint_{\Gamma_\circ} \vec{E} \cdot d\vec{l} = 0. \tag{1.29}$$

Man beachte, dass diese Gleichung das Potential nicht enthält und somit zur Charakterisierung des (elektrostatischen) Feldes allein herangezogen werden kann.

1.4.4 Die Darstellung des Potentials; Äquipotentiallinien

Das Potential einer einzelnen positiven (negativen) Punktladung ist in deren unmittelbaren Umgebung positiv (negativ) und strebt mit wachsender Entfernung r von der Ladung wie $1/r$ ($-1/r$) gegen null. Diese Erkenntnis kann durch einfaches Betrachten der Formel (1.25) gewonnen werden. Um auch in komplizierteren Fällen einen Überblick über den Verlauf des Potentials zu bekommen, werden die üblichen Darstellungsmethoden zur Visualisierung von skalaren Ortsfunktionen verwendet. Bei zwei unabhängigen Veränderlichen, (x, y), ist die „Gebirgedarstellung" am anschaulichsten: Über einer x-y-Ebene definiert der Potentialwert $\varphi(x, y)$ als z-Wert eine im Allgemeinen gekrümmte Fläche (vgl. Abbildung 1.10.).

Eine weitere Darstellungsmöglichkeit bilden die Äquilinien bzw. Äquiflächen. Dabei werden Flächen $\varphi(x, y, z) = const$ im Raum dargestellt (vgl. Abbildung 1.11). Man beachte, dass die Flächen nach Abbildung 1.10 und nach Abbildung 1.11 nur sehr wenig miteinander zu tun haben!

---

21 Dies ist eine Fläche mit $\varphi = const$. Vgl. den nächsten Unterabschnitt!

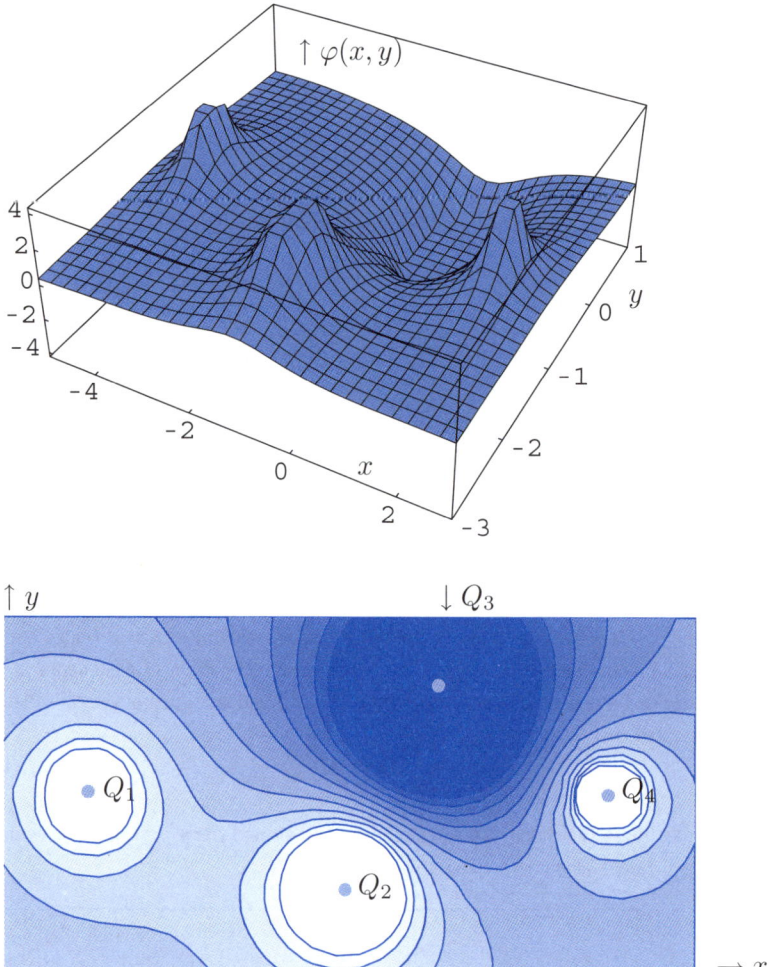

Abbildung 1.10: Das Potential φ von vier Punktladungen $Q_1 \ldots Q_4$ kann als Gebirge über der x-y-Ebene dargestellt werden. Die Ladungen $Q_i(x,y)$ haben die Stärken: $Q_1(1,3) = 1\,\text{C}$, $Q_2(4,2) = 2\,\text{C}$, $Q_3(5,4) = -4\,\text{C}$, $Q_4(7,3) = 1\,\text{C}$. Die Information über das Potential außerhalb der x-y-Ebene geht bei dieser Darstellung verloren. Im Bild unten sind Äquipotentiallinien dargestellt, die auch als Höhenlinien des Gebirges oben interpretiert werden können. Durch zusätzliche Schattierungen werden „Berge" und „Täler" unterschieden.

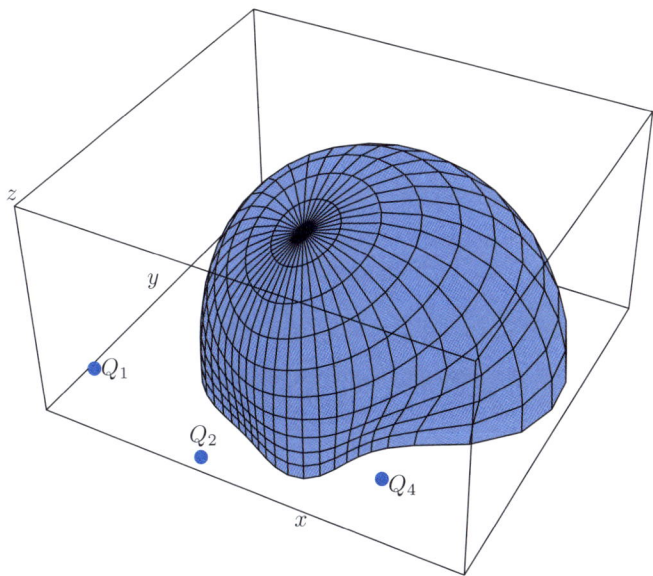

Abbildung 1.11: Das Potential φ der gleichen vier Punktladungen wie in Abbildung 1.10 kann auch mit Hilfe von Äquipotentialflächen dargestellt werden. Das Bild zeigt die obere Hälfte *einer* Fläche $\varphi = const$ in der Umgebung von $Q_3(5,4)$. Sie bildet offenbar eine geschlossene „Blase" um diese Ladung. Man erkennt vorne die Eindellungen wegen der Nähe zu $Q_2(4,2)$ (links) und $Q_4(7,3)$ (rechts). Der Schnitt dieser Fläche mit der Ebene $z = 0$ ergibt *eine* Äquipotentiallinie in Abbildung 1.10.

1.4.5 Aufgaben

1.4.5.1 Elektrostatische Verhältnisse im Koaxialkabel

Gegeben: Der Außenleiter eines geraden, unendlich lang gedachten Koaxialkabels sei auf dem Potential $\varphi_a = 0$, der Innenleiter auf dem Potential $\varphi_i = \varphi_0$. Das Kabel ist als Ganzes ungeladen. Die Geometrie zeigt die Abbildung.

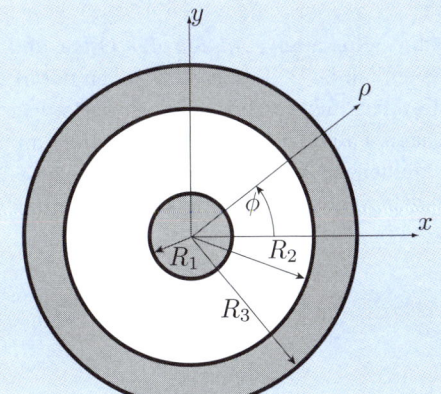

$$0 \leq \rho < R_1 : \qquad \text{Leiter}$$
$$R_1 < \rho < R_2 : \qquad \text{Vakuum}$$
$$R_2 < \rho < R_3 : \qquad \text{Leiter}$$
$$\rho > R_3 : \qquad \text{Vakuum}$$

Gesucht: Man berechne mit Hilfe der Ergebnisse aus Übungsaufgabe 1.3.4.1 das elektrische Feld $\vec{E}(\vec{r})$ und das elektrostatische Potential $\varphi(\vec{r})$ im ganzen Raum.

1.4.5.2 Elektrostatisches Potential zweier Linienladungen

Gegeben: Zwei im Abstand 2δ parallele, entgegengesetzt gleich geladene, gerade Linienladungen $\pm\lambda$ im Vakuum.

Gesucht: Man berechne das elektrostatische Potential dieser Ladungsanordnung im ganzen Raum und diskutiere insbesondere den Verlauf der Äquipotentialflächen.

1.4.5.3 Elektrostatisches Feld einer Zweidrahtleitung

Gegeben: Zwei entgegengesetzt gleich geladene, parallele gerade Drähte mit kreisrundem Querschnitt gemäß Abbildung. Die Ladung pro Längeneinheit eines Drahtes sei $\pm Q'$.

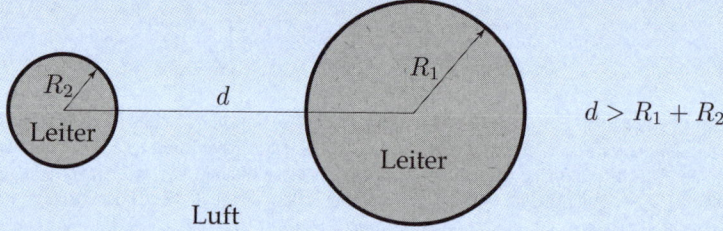

Gesucht: Man berechne das elektrostatische Potential und das elektrostatische Feld dieser Anordnung. (Hinweis: Man benütze zur Lösung die vorige Übungsaufgabe 1.4.5.2! Ohne strengen Beweis halten wir fest, dass ein Feld eine eindeutige Lösung für das gegebene Problem darstellt, wenn es erstens alle Randbedingungen für das Potential erfüllt – hier je konstante Werte auf den Leiteroberflächen sowie den Wert null im Unendlichen – und wenn es zweitens von nur im Innern der Drähte angeordneten Ladungen der vorgegebenen Gesamtladung pro Leiter erzeugt wird.)

1.5 Der Begriff der Kapazität

Das Potential ist, ebenso wie das elektrische Feld, eine *Funktion* des Ortes und im Allgemeinen im ganzen Raum definiert. Tatsächlich ist in diesen Funktionen derart viel Information enthalten, dass sie kaum je vollumfänglich nutzbringend verwertet werden kann. Dem Praktiker genügen in den meisten Fällen einige wenige Werte, um das wesentliche Verhalten eines Systems beschreiben zu können. Mit der in diesem Abschnitt beschriebenen Theorie der Kapazität gehen wir einen Schritt in die Richtung des Anwenders.

1.5.1 Elektrodenpotentiale und -ladungen

Da die elektrische Feldstärke $\vec{E}$ die Änderung des Potentials φ angibt und andererseits $\vec{E}$ in Leitern verschwindet, muss φ auf jeder Elektrode[22] konstant sein. Daraus folgt, dass man nicht nur vom Potential eines Punktes, sondern auch vom Potential eines Leiters sprechen kann. Befindet sich Ladung auf (der Oberfläche!) der Elektrode, ist die gesamte Leiterladung auf dem gleichen Potential. Wir wollen uns daher jetzt mit den Beziehungen zwischen Elektrodenladungen Q_i und Elektrodenpotentialen φ_i befassen.

1.5.2 Das Zweileitersystem

Wir betrachten das System von Abbildung 1.12, welches aus zwei in trockener Luft eingebetteten, gegeneinander isolierten Elektroden beliebiger Form besteht. Dieses System werde „aufgeladen", indem elektrische Ladung von der Elektrode E_2 auf die Elektrode E_1 gebracht wird. Falls schließlich auf E_1 die Ladung $Q_1 = Q$ ist, muss sich auf E_2 die Ladung

$$Q_2 = -Q \tag{1.30}$$

befinden. Über diese die Ladungserhaltung widerspiegelnde Tatsache hinaus können wir noch einige genauere, zum Teil bereits früher erwähnte Aussagen machen.

- Die Ladung auf einer Elektrode wird sich auf der Elektrodenoberfläche so verteilen, dass die ganze Elektrode auf konstantem Potential ist. Wichtig ist, dass die Ladungsverteilung auf der Oberfläche einer Elektrode auch von Form und Lage der anderen Elektrode abhängt.

- Im Innern der Elektroden gibt es kein elektrisches Feld.

- Solange die Ladungen nicht verschwinden, sind die Elektroden auf *verschiedenem* Potential. Dies sieht man leicht ein, wenn man den Feldverlauf auf dem kürzesten Weg zwischen den Elektroden betrachtet: Dort addieren sich die zu den entgegengesetzten Elektrodenladungen gehörigen Teilfelder, und somit ist die Potential*änderung* auf diesem Weg monoton.

- Multipliziert man die Oberflächenladungsdichte an jedem Ort mit einem konstanten Faktor a, wird sowohl das Feld $\vec{E}$ als auch das Potential φ in jedem Punkt mit dem gleichen Faktor a multipliziert, was leicht aus den Gleichungen (1.11) und (1.26) ersichtlich ist. Bilden wir jetzt den Quotienten Q_1/φ_1 aus Ladung und Potential, finden wir, dass dieser unabhängig ist vom Faktor a. Dies bedeutet wegen (1.30), dass *beide* Elektrodenpotentiale, φ_1 und φ_2, proportional zur Ladung Q sein müssen:

$$\varphi_1 \sim Q; \qquad \varphi_2 \sim Q. \tag{1.31}$$

1.5.3 Die Spannung *U* und die Kapazität *C*

Da die Potentiale noch vom Normierungspunkt abhängen[23], ist die letzte Aussage im vorigen Unterabschnitt nur bedingt richtig. Durch Bildung der Differenz wird man die Normierung los, und es gilt unabhängig vom Normierungspunkt:

$$(\varphi_1 - \varphi_2) = \triangle\varphi =: U \sim Q. \tag{1.32}$$

---

22 In der Elektrostatik heißt ein isolierter Leiter *Elektrode*.

23 In (1.27) liegt der Normierungspunkt im Unendlichen! Nur dann ist die Proportionalität (1.31) gewährleistet.

Die *Spannung U* hat gegenüber den einfachen Potentialwerten den Vorteil, von keiner Normierung abhängig zu sein.

Die in (1.32) noch fehlende Proportionalitätskonstante heißt C:

$$Q = CU. \tag{1.33}$$

Sie ist für verschiedene Leiterformen unterschiedlich. Je größer C, desto mehr Ladung kann bei vorgegebener Spannung auf das System gebracht werden. C heißt daher *Fassungsvermögen* oder *Kapazität*[24] der Leiteranordnung.

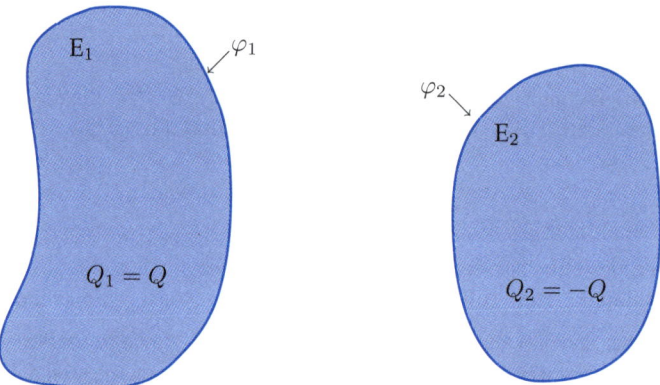

Abbildung 1.12: Zwei getrennte Leiter, E_1 und E_2, bilden ein System, mit dem Energie gespeichert werden kann, indem Ladung von E_2 auf E_1 gebracht wird.

Beispiel 1.4	**Kapazität des Koaxialkabels**

Ein Koaxialkabel ist ein Zweileitersystem und hat daher eine Kapazität, die mit zunehmender Länge des Kabels immer größer wird, wenn wir homogene Verhältnisse längs des Kabels annehmen. Dann ist nämlich die Spannung konstant, die Ladung auf einem Leiter aber proportional zur gegebenen Kabellänge. Wir machen uns die Berechnung so einfach wie möglich und vernachlässigen „Endeffekte", d.h. wir betrachten nur einen Ausschnitt der Länge l aus einem sehr langen, geraden Koaxialkabel. Wir können entweder die Spannung U oder die Ladung λ (pro Länge) auf einem Leiter vorgeben. In beiden Fällen ist die Potentialverteilung (und das elektrische Feld) zwischen den Leitern gleich. Nur das Vorgehen bei der Berechnung ist leicht unterschiedlich. Gemäß Übungsaufgabe 1.4.5.1 gilt für das Potential $\varphi(\rho)$ zwischen den Leitern

$$\varphi(\rho) = \frac{\lambda}{2\pi\varepsilon_0} \ln \frac{R_0}{\rho}$$

---

24   Man unterscheide zwischen der *Kapazität* und dem *Kondensator*. Letzterer ist ein Bauelement, das annähernd das Verhalten unseres Zweileitersystems zeigt. Im saloppen Sprachgebrauch werden die beiden sprachlich oft nicht unterschieden.

mit dem beliebigen Normierungsradius R_0. Allgemein gilt der folgende Zusammenhang, welcher die lineare Beziehung zwischen Spannung U und Ladung λ bestätigt:

$$U = \varphi(R_i) - \varphi(R_a) = \frac{\lambda}{2\pi\varepsilon_0}\left(\ln\frac{R_0}{R_i} - \ln\frac{R_0}{R_a}\right) = \frac{\lambda}{2\pi\varepsilon_0}\ln\frac{R_a}{R_i}.$$

Mit $C = Q/U = (l\lambda)/U$ folgt

$$C' := \frac{C}{l} = \frac{2\pi\varepsilon_0}{\ln\frac{R_a}{R_i}}.$$

1.5.4 Der Kondensator als Energiespeicher

Wir stellen uns die Frage, welche Energie W nötig ist, um die Ladung Q von E_2 auf E_1 zu bringen. Im ersten Anlauf könnte man die Gleichung (1.24) hernehmen und bekäme $W = Q\varphi_1 + Q_2\varphi_2 = Q(\varphi_1 - \varphi_2) = QU$. Dies ist jedoch falsch, denn die in (1.24) verwendete *Probe*ladung q beeinflusst nach Definition das System nicht, und diese Voraussetzung trifft in unserem Falle *nicht* zu. Stellt man sich den Transport der Ladung von E_2 nach E_1 kontinuierlich in kleinen Portionen dQ vor, muss beim Überbringen jeder Portion nur die bis dahin bereits aufgebaute Spannung $U(Q) = Q/C$ überwunden werden, was einer Arbeit

$$dW = U(Q) \cdot dQ = \frac{Q}{C}dQ \tag{1.34}$$

entspricht.

Die totale Arbeit W ist somit

$$W = \int_0^W dW = \frac{1}{C}\int_0^Q \tilde{Q}\,d\tilde{Q} = \frac{1}{C}\frac{Q^2}{2} = \frac{QU}{2} = \frac{1}{2}CU^2. \tag{1.35}$$

Dieses Resultat ist aus der elementaren Elektrotechnik bekannt. Der Faktor $1/2$ ist eine Folge der Tatsache, dass die Kapazität ein *abgeschlossenes System* darstellt, in dem die Summe der Ladungen verschwinden muss und sämtliche Potentiale mit den im System vorhandenen Ladungen verknüpft sind.

1.5.5 Mehr als zwei Leiter: die Kapazitätskoeffizienten

Die Kapazität C, wie wir sie definiert haben, hat nur in einem Zweileitersystem einen Sinn, bei dem Ladungsverschiebungen genau zwischen diesen zwei Leitern möglich sind. Sind weitere Elektroden vorhanden, die ebenfalls Ladungen tragen können, muss deren Einfluss berücksichtigt werden. Insbesondere ist dann die Ladungsneutralität zwischen nur zwei Elektroden eine zu enge Voraussetzung.

Im Allgemeinen hat die i-te Elektrode das Potential φ_i und die Ladung Q_i. Weiter kann man die Spannungen $U_{ij} := \varphi_i - \varphi_j$ zwischen je zwei Leitern definieren. Es ist zu bemerken, dass bei total $N+1$ Elektroden nur N Spannungen unabhängig sind, was man leicht einsehen kann: Ein beliebiger Pfad zwischen zwei Elektroden definiert via die Gleichung (1.27) die zugehörige Spannung. Kann mit mehreren solchen Pfaden ein geschlossener Weg konstruiert werden, verschwindet wegen (1.29) das gesamte Linienintegral, d.h. die Summe aller beteiligten Spannungen ist null. Somit kann eine beliebige unter ihnen als (negative) Summe aller anderen geschrieben werden und ist damit abhängig. Diese Tatsache ist in der Netzwerktheorie als *Maschenregel* bekannt.

Soll das Mehrleitersystem ein abgeschlossenes System sein, sind bei $N+1$ Elektroden wegen der Ladungserhaltung nur N Ladungen unabhängig, denn es gilt

$$\sum_{i=0}^{N} Q_i = 0 \quad \Leftrightarrow \quad Q_0 = -\sum_{i=1}^{N} Q_i. \tag{1.36}$$

Dabei sind die Elektroden von 0 bis N nummeriert worden. Weiter wollen wir das Potential so normieren, dass $\varphi_0 = 0$ gilt. Dann sind die übrigen Elektrodenpotentiale gerade gleich den Spannungen $U_{i0} =: U_i$.

Soweit ist alles unproblematisch. Zu finden ist jetzt ein Zusammenhang zwischen den Ladungen Q_i und den Spannungen U_i im Mehrleitersystem. Dazu betrachten wir N gleichartige Gedankenexperimente der folgenden Art: Im i-ten Gedankenexperiment wird die i-te Elektrode auf das Potential $\varphi_i \neq 0$ gebracht, während alle anderen Elektroden „geerdet", d.h. mit der nullten Elektrode verbunden sind und somit das Potential null aufweisen. Die j-te Elektrode trägt dann die Ladung

$$Q_j = c_{ji} \cdot \varphi_i. \qquad c_{ji} \begin{cases} > 0 & \text{falls } i = j \\ \leq 0 & \text{falls } i \neq j \end{cases} \tag{1.37}$$

Aus den in Unterabschnitt 1.5.2 dargelegten Gründen sind die so genannten *Kapazitätskoeffizienten* c_{ji} nicht vom Betrag des i-ten Leiterpotentials φ_i abhängig. Die angegebenen Vorzeichen sind plausibel, wenn man sich vor Augen hält, dass die Gesamtheit aller „geerdeten" Elektroden als eine einzige komplizierte Gegenelektrode zur ausgewählten i-ten Elektrode gesehen werden kann.

Zu jedem der N Gedankenexperimente gehört eine Ladungsverteilung auf *allen* Elektroden, und jede dieser Ladungsverteilungen hat eine Feld- und Potentialverteilung im ganzen Raum. Mehrere dieser Feld-, Potential- und Ladungsverteilungen können superponiert werden. Allgemein resultiert aus einer solchen Superposition eine Potentialverteilung mit N verschiedenen Leiterpotentialen φ_i und N verschiedenen Ladungen

$$Q_i = \sum_{j=1}^{N} c_{ji} \cdot \varphi_i = \sum_{j=1}^{N} c_{ji} \cdot U_i. \tag{1.38}$$

Dies ist der gesuchte Zusammenhang zwischen den Elektrodenladungen und den Elektrodenpotentialen bzw. -spannungen. Die gleiche Beziehung kann auch mit einer Matrixgleichung geschrieben werden:

$$\begin{pmatrix} Q_1 \\ Q_2 \\ \vdots \\ Q_N \end{pmatrix} = \begin{pmatrix} c_{11} & c_{12} & \cdots & c_{1N} \\ c_{21} & c_{22} & \cdots & c_{2N} \\ \vdots & \vdots & \ddots & \vdots \\ c_{N1} & c_{N2} & \cdots & c_{NN} \end{pmatrix} \cdot \begin{pmatrix} \varphi_1 \\ \varphi_2 \\ \vdots \\ \varphi_N \end{pmatrix}. \tag{1.39}$$

Offenbar sind total N^2 Parameter c_{ij} notwendig, um den Zusammenhang zwischen Elektrodenladungen und Elektrodenpotentialen zu beschreiben. Tatsächlich sind es nur $N(N+1)/2$ Parameter, denn *die Matrix der Kapazitätskoeffizienten ist symmetrisch,* d.h. es gilt

$$c_{ij} = c_{ji}. \tag{1.40}$$

Diese Tatsache ist natürlich nicht trivial und muss deshalb bewiesen werden. Wir wollen dies tun, indem wir das i-te und das j-te Gedankenexperiment heranziehen. Im i-ten Experiment setzen wir $\varphi_i = \hat{\varphi}$. Die Ladungsdichten auf den Elektrodenoberflächen seien mit $\varsigma(\vec{r})$ bezeichnet, und die Gesamtladung auf der beliebigen Elektrode E_k beträgt

$$Q_k = \oiint\limits_{\partial E_k} \varsigma(\vec{r})\, dF. \tag{1.41}$$

Speziell kann hier die Ladung Q_j auch mit (1.37) angeschrieben werden:

$$Q_j = c_{ji} \cdot \hat{\phi}. \tag{1.42}$$

Im j-ten Experiment setzen wir das j-te Leiterpotential $\varphi_j = \hat{\phi}$. Dazu gehören Ladungsdichten $\tilde{\varsigma}(\vec{r})$, die sich von $\varsigma(\vec{r})$ unterscheiden, und die Gesamtladung auf der beliebigen Elektrode E_k beträgt nun

$$\tilde{Q}_k = \oiint\limits_{\partial E_k} \tilde{\varsigma}(\vec{r})\, dF. \tag{1.43}$$

Speziell kann jetzt die Ladung $\tilde{Q}_i$ mit (1.37) angeschrieben werden:

$$\tilde{Q}_i = c_{ij} \cdot \hat{\phi}_0. \tag{1.44}$$

Nun berechnen wir die beiden Produkte

$$Q_j \cdot \varphi_0 = c_{ji} \cdot \hat{\phi}_0^2 \qquad \text{und} \qquad \tilde{Q}_i \cdot \varphi_0 = c_{ij} \cdot \hat{\phi}_0^2 \tag{1.45}$$

und setzen auf den jeweiligen linken Seiten das Potential $\hat{\phi}_0$ einmal in Funktion der Ladungsverteilungen $\tilde{\varsigma}$ und einmal in Funktion der Ladungdichten ς ein. Wenn unsere Behauptung (1.40) stimmt, müssen die beiden folgenden Ausdrücke gleich sein:

$$Q_j \cdot \hat{\varphi}_0 = \underbrace{\left(\oiint\limits_{\partial E_j} \varsigma(\vec{r}_j) dF_j \right)}_{=Q_j} \cdot \underbrace{\left(\frac{1}{4\pi\varepsilon_0} \sum_{k=0}^{N} \oiint\limits_{\partial E_k} \frac{\tilde{\varsigma}(\vec{r}_k)}{|\vec{r}_j - \vec{r}_k|} dF_k \right)}_{=\hat{\phi}_0}, \tag{1.46}$$

$$\tilde{Q}_i \cdot \hat{\varphi}_0 = \underbrace{\left(\oiint_{\partial E_i} \tilde{\varsigma}(\vec{r}_i) dF_i \right)}_{=\tilde{Q}_i} \cdot \underbrace{\left(\frac{1}{4\pi\varepsilon_0} \sum_{l=0}^{N} \oiint_{\partial E_l} \frac{\varsigma(\vec{r}_l)}{|\vec{r}_i - \vec{r}_l|} dF_l \right)}_{=\hat{\varphi}_0}. \tag{1.47}$$

Dabei wurden sowohl die Ortsvektoren als auch die Flächenelemente mit dem Index der jeweiligen Elektrode versehen. Es ist zu beachten, dass in der rechten großen Klammer von (1.46) ein beliebiger Punkt $\vec{r}_j$ auf der j-ten Elektrode eingesetzt werden kann. Wir gehen sogar einen Schritt weiter, ziehen die ganze rechte Klammer unter das linke Integral und lassen dort $\vec{r}_j$ über die ganze Oberfläche ∂E_j wandern. Nach einer Vertauschung von Summe und Integration erhalten wir schließlich

$$Q_j \cdot \hat{\varphi}_0 = \frac{1}{4\pi\varepsilon_0} \sum_{k=0}^{N} \oiint_{\partial E_j} \oiint_{\partial E_k} \frac{\varsigma(\vec{r}_j) \cdot \tilde{\varsigma}(\vec{r}_k)}{|\vec{r}_j - \vec{r}_k|} dF_k dF_j \tag{1.48}$$

sowie ähnlich aus (1.47)

$$\tilde{Q}_i \cdot \hat{\varphi}_0 = \frac{1}{4\pi\varepsilon_0} \sum_{l=0}^{N} \oiint_{\partial E_i} \oiint_{\partial E_l} \frac{\tilde{\varsigma}(\vec{r}_i) \cdot \varsigma(\vec{r}_l)}{|\vec{r}_i - \vec{r}_l|} dF_l dF_i. \tag{1.49}$$

Diese beiden Ausdrücke scheinen nicht gleich zu sein. Der springende Punkt ist nun der, dass ohne weiteres eine zweite Summation über den „anderen" Index hinzugesetzt werden darf, denn

$$Q_j \cdot \hat{\varphi}_0(\tilde{\varsigma}) = \sum_{l=0}^{N} Q_l \cdot \varphi_l(\tilde{\varsigma}), \qquad \text{wegen } \varphi_l(\tilde{\varsigma}) = 0 \,\, \forall \, l \neq j \tag{1.50}$$

$$\tilde{Q}_i \cdot \hat{\varphi}_0(\varsigma) = \sum_{k=0}^{N} \tilde{Q}_k \cdot \varphi_k(\varsigma), \qquad \text{wegen } \varphi_k(\varsigma) = 0 \,\, \forall \, k \neq i. \tag{1.51}$$

Die addierten Terme verschwinden zwar einzeln, weil alle übrigen Leiterpotentiale nach Voraussetzung gleich null sind, aber wir brauchen sie, um die gesuchte Gleichheit offensichtlich zu machen. Es gilt jetzt nämlich

$$c_{ji} \cdot \hat{\varphi}_0^2 = Q_j \cdot \hat{\varphi}_0 = \frac{1}{4\pi\varepsilon_0} \sum_{l=0}^{N} \sum_{k=0}^{N} \oiint_{\partial E_l} \oiint_{\partial E_k} \frac{\varsigma(\vec{r}_l) \cdot \tilde{\varsigma}(\vec{r}_k)}{|\vec{r}_l - \vec{r}_k|} dF_k dF_l =$$

$$c_{ij} \cdot \hat{\varphi}_0^2 = \tilde{Q}_i \cdot \hat{\varphi}_0 = \frac{1}{4\pi\varepsilon_0} \sum_{k=0}^{N} \sum_{l=0}^{N} \oiint_{\partial E_k} \oiint_{\partial E_l} \frac{\tilde{\varsigma}(\vec{r}_k) \cdot \varsigma(\vec{r}_l)}{|\vec{r}_k - \vec{r}_l|} dF_l dF_k. \tag{1.52}$$

Wir werden diese *Reziprozität* genannte Symmetrie im 10. Kapitel noch ausführlich besprechen.

Zum Schluss wollen wir anmerken, dass die (für $i \neq j$ negativen!) Kapazitätskoeffizienten c_{ij} nicht verwechselt werden dürfen mit Kapazitäten in einer Ersatzschaltung mit mehreren Leitern. Letztere werden *Teilkapazitäten* genannt, und wir werden sie in Abschnitt 10.5 behandeln.

1.5.6 Aufgaben

1.5.6.1 Kugelkondensator

Gegeben: Zwischen zwei konzentrischen Kugelschalen aus leitendem Material (Radien R_i und R_a, dazwischen und außen Luft) herrsche die Spannung $U = U_0$. Außerhalb der äußeren Schale verschwinde die elektrische Feldstärke.

Gesucht: Wie ist die Ladungsverteilung und wie groß ist die Kapazität C dieser Anordnung? (Hinweis: Man verwende die Ergebnisse von Aufgabe 1.3.4.1!)

1.5.6.2 Kapazität der Zweidrahtleitung

Gegeben: Ein Stück der Zweidrahtleitung aus Übungsaufgabe 1.4.5.3 der Länge l.

Gesucht: Der Kapazitätsbelag $C' := C/l$ der Leitung.

1.5.6.3 Kapazität einer Eindrahtleitung über Erde

Gegeben: Ein langer, gerader Draht mit Radius R ist in Höhe $h > R$ über der Erde (= guter Leiter) parallel zu deren Oberfläche aufgehängt. Diese Anordnung bildet ein Zweileitersystem.

Gesucht: Der Kapazitätsbelag $C' := C/l$ des Systems. (Hinweis: Man verwende zur Berechnung des Feldes die Ergebnisse von Übungsaufgabe 1.4.5.2!)

1.6 Der Einfluss des Materials

In den bisher betrachteten Anordnungen wurde stets vorausgesetzt, dass die beteiligten Körper im Vakuum (bzw. in trockener Luft) ruhen. Tatsächlich ist es so, dass die Präsenz von Materie immer einen Einfluss auf die Phänomene hat, was bereits aus dem einfachen in Unterabschnitt 1.2.5 skizzierten Modell klar wird. Das Materialmodell des Leiters haben wir bereits früher besprochen: In diesen Stoffen gibt es Ladungen, die beliebig verschiebbar sind. Daher ist zu den Leitern nichts weiter zu bemerken, als dass die Ladungen sich dort eben immer so verschieben werden, bis das $\vec{E}$-Feld im Innern von Leitern verschwindet und demzufolge das Potential φ konstant wird.

In diesem Abschnitt wollen wir die Isolatoren etwas genauer betrachten.

1.6.1 Die Polarisierung des Materials

Bekanntlich besteht die Materie neben den elektrisch neutralen Neutronen aus (positiven) Protonen und (negativen) Elektronen.[25] Eine Anzahl Protonen bilden zusammen mit einer gleich großen Zahl von Elektronen elektrisch neutrale Atome, und mehrere Atome können Moleküle bilden. Gewöhnliche Materie ist elektrisch ungeladen.

Innerhalb der Moleküle bzw. Atome haben die Protonen und/oder Elektronen jedoch einen gewissen Bewegungsspielraum. In manchen Fällen ist die Ladungsverteilung eines Teilchens[26] im Wesentlichen kugelsymmetrisch. Dann ist außen kein elektrisches Feld

---

25 Dieses stark vereinfachte Modell genügt für unsere Zwecke.

26 „Teilchen" meint hier und im Folgenden entweder Atom oder Molekül. Wir gehen nicht auf Einzelheiten ein.

feststellbar, und die Teilchen werden *unpolar* genannt. In anderen Fällen weicht die Ladungsverteilung innerhalb eines Teilchens von der Kugelsymmetrie ab. Dann hat das neutrale, aber *polare* Teilchen ein eigenes Feld, das auch außen festgestellt werden kann. Schließlich können viele polare Teilchen statistisch ausgerichtet sein. Dann ist außen wiederum kein Feld bemerkbar.

Unter dem Einfluss eines äußeren elektrischen Feldes $\vec{E}$ verschieben sich die Ladungen innerhalb der unpolaren Teilchen bzw. die statistische Ausrichtung der polaren Teilchen wird aufgehoben: Man sagt, die Materie werde *polarisiert*. Dies ist eine qualitative und (noch) keine quantitative Aussage: Wir sagen nichts über die Stärke der Polarisation. Im Folgenden werden wir zuerst das Feld eines einzelnen polarisierten Teilchens angeben und dann den Einfluss von vielen polarisierten Teilchen mit einem kontinuierlichen Polarisationsfeld $\vec{P}$ beschreiben. Schließlich wollen wir den Zusammenhang zwischen $\vec{P}$ und dem elektrischen Feld $\vec{E}$ betrachten.

1.6.2 Das Feld eines Dipols

In der folgenden kleingedruckten Rechnung wird das Feld eines einzigen Dipols, d.h. einer Anordnung von zwei entgegengesetzt gleichen Punktladungen $\pm Q$ im Abstand d, hergeleitet.

Nach (1.10) gilt für zwei entgegengesetzt gleiche Ladungen $\pm Q$ an den Stellen $\vec{r}_+$ und $\vec{r}_-$

$$\vec{E}(\vec{r}) = \frac{Q}{4\pi\varepsilon_0} \left(\frac{\vec{r} - \vec{r}_+}{|\vec{r} - \vec{r}_+|^3} - \frac{\vec{r} - \vec{r}_-}{|\vec{r} - \vec{r}_-|^3} \right). \tag{1.53}$$

Wir benützen das Koordinatensystem von Abbildung 1.13, berücksichtigen die Rotationssymmetrie bezüglich der z-Achse und wählen einen Aufpunkt mit $y = 0$. Dann verschwindet bei allen beteiligten Vektoren die y-Komponente, und wir können zweidimensionale Vektoren mit x- und z-Komponenten verwenden. Anstelle des dreidimensionalen Spaltenvektors $\begin{pmatrix} x \\ 0 \\ z \end{pmatrix}$ schreiben wir also den zweidimensionalen Zeilenvektor (x, z). Aus (1.53) wird somit

$$\vec{E}(x, z) = \frac{Q}{4\pi\varepsilon_0} \left(\frac{(x, z - \frac{d}{2})}{\sqrt{x^2 + (z - \frac{d}{2})^2}^3} - \frac{(x, z + \frac{d}{2})}{\sqrt{x^2 + (z + \frac{d}{2})^2}^3} \right). \tag{1.54}$$

Da das zu repräsentierende Teilchen beliebig klein sein kann, muss d gegen null streben. In erster Näherung würde dann auch $\vec{E}$ verschwinden, was uns aber nicht interessiert. Wir müssen daher die zweite Näherung betrachten, was mathematisch auf die Untersuchung des Grenzwertes $\lim_{d\to 0}(\vec{E}/d)$ hinausläuft. Physikalisch formuliert: Man postuliert einen Grenzübergang $d \to 0$ mit gleichzeitigem Ansteigen von $Q \to \infty$, so dass das *Dipolmoment* genannte Produkt $p := Qd$ endlich bleibt. In Formeln:

$$\lim_{\substack{d\to 0 \\ Q\to\infty}} \vec{E} = \frac{Qd}{4\pi\varepsilon_0} \lim_{d\to 0} \frac{1}{d} \left(\frac{(x, z - \frac{d}{2})}{\sqrt{x^2 + (z - \frac{d}{2})^2}^3} - \frac{(x, z + \frac{d}{2})}{\sqrt{x^2 + (z + \frac{d}{2})^2}^3} \right)$$

$$= \frac{Qd}{4\pi\varepsilon_0} \frac{(3xz, 2z^2 - x^2)}{\sqrt{x^2 + z^2}^5}. \tag{1.55}$$

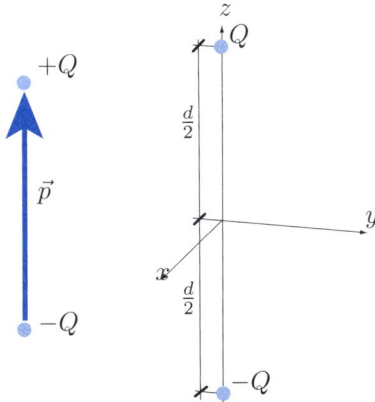

Abbildung 1.13: Zur Berechnung des Dipolfeldes wird der Abstand d zwischen zwei Ladungen verringert und gleichzeitig deren Stärke Q angehoben, so dass das Dipolmoment $p = Qd$ endlich bleibt. Das vektorielle Dipolmoment $\vec{p}$ hat den gleichen Betrag und weist von $-Q$ nach $+Q$.

Wir stellen fest, dass das Dipolfeld (1.55) nur das Produkt Qd, nicht aber die einzelnen Faktoren enthält. Tatsächlich gilt sogar eine allgemeinere Feststellung, die auf alle auf einen kleinen Raum begrenzten Ladungsverteilungen zutrifft, deren Totalladung verschwindet. In großer Entfernung ist das Feld solcher Ladungsverteilungen in erster Näherung gleich einem Dipolfeld. Daher können wir jedem Teilchen, ohne die genaue Ladungsverteilung in seinem Inneren zu kennen, ein Dipolmoment $\vec{p}$ zuordnen.

1.6.3 Die Dipoldichte bzw. die Polarisation P

In einem realen Material gibt es sehr viele Moleküle, und es ist daher zweckmäßig, die Dipoldichte oder *Polarisation*

$$\vec{P} = \lim_{\triangle V \to 0} \frac{1}{\triangle V} \sum_j \vec{p}_j \qquad (\vec{p}_j \text{ in } \triangle V) \tag{1.56}$$

zu definieren, welche die polarisierte Materie in kontinuierlicher Weise beschreibt. Man könnte sogar das zugehörige elektrische Feld ausrechnen, indem etwa jedem Volumenelement ein infinitesimales Feld der Form (1.55) zugeordnet und am Aufpunkt alles integriert wird. Wir können uns diese (komplizierte) Integration ersparen, wenn wir nur die Ladungen anschauen, die sich bei aufeinander folgenden Dipolen teilweise kompensieren. Wir betrachten zuerst eine Kette längsgerichteter Dipole auf einer geraden Linie mit Längskoordinate x. Abbildung 1.14 zeigt einen Ausschnitt mit zwei aufeinander folgenden Dipolen. Falls die Dipoldichte $\widetilde{P}$[27] konstant ist, verschwindet die zugehörige Linienladungsdichte λ auf der Linie. Anders sieht es dort aus, wo sich die Dipoldichte ändert. Die in Abbildung 1.14 angedeutete Prozedur liefert die x-abhängige Linienladungsdichte

$$\lambda(x) = -\frac{d\widetilde{P}(x)}{dx}, \tag{1.57}$$

---

27 Wir benützen die Tilde, weil es sich hier um eine Dipoldichte pro Länge handelt – und nicht pro Volumen wie in (1.56).

und deren Feld kann einfach mit dem Coulomb'schen Integral (1.11) ausgerechnet werden. Eine allgemeine dreidimensionale Polarisation $\vec{P} = (P_x, P_y, P_z)^T$ kann als Superposition dreier je in eine Koordinatenrichtung weisenden Polarisationen aufgefasst werden und führt auf die sog. *gebundene* Raumladungsdichte

$$\varrho_{\text{geb}}(\vec{r}) = -\frac{\partial P_x}{\partial x} - \frac{\partial P_y}{\partial y} - \frac{\partial P_z}{\partial z} = -\operatorname{div}\vec{P}, \qquad (1.58)$$

wobei „div" die aus der Vektoranalysis bekannte Divergenz[28] bedeutet. Das zugehörige Feld liefert wiederum das Coulombintegral (1.11).

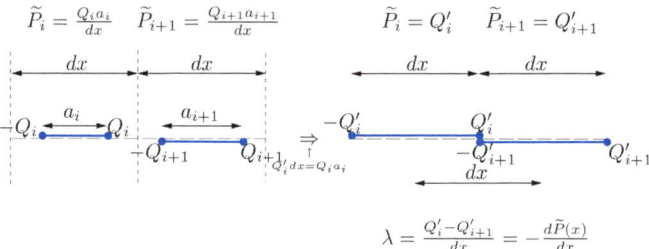

$$\lambda = \frac{Q_i' - Q_{i+1}'}{dx} = -\frac{d\widetilde{P}(x)}{dx}$$

Abbildung 1.14: Links sind zwei Dipole mit den Momenten $Q_i a_i$ und $Q_{i+1} a_{i+1}$ einer langen Kette gezeichnet. Da pro Länge dx ein solcher Dipol vorhanden ist, resultieren daraus die links oben angegebenen Dipoldichten $\widetilde{P}_i$ und $\widetilde{P}_{i+1}$. Eine Transformation dieser Dipole auf solche der Länge dx mit gleichen Momenten führt auf die Situation rechts, wo sofort die Ladungsdichte λ abgelesen werden kann.

Bei sprunghaften Änderungen von $\vec{P}$, z.B. an Materialgrenzen, können die Ableitungen in (1.58) mathematische Schwierigkeiten bereiten. Diesen kann mit Distributionen[29] bzw. durch Integration begegnet werden. Tatsächlich liefert der bekannte Gauß'sche Satz der Vektoranalysis [$\iiint_V \operatorname{div}\vec{v}\,dV = \oiint_{\partial V} \vec{v} \cdot d\vec{F}$, gültig für ein beliebiges Volumen V] aus (1.58) die keinerlei mathematische Schwierigkeiten verursachende Gleichung

$$-\oiint_{\partial V} \vec{P} \cdot d\vec{F} = \iiint_V \varrho_{\text{geb}}\,dV. \qquad (1.59)$$

1.6.4 Die elektrische Suszeptibilität

Es ist intuitiv klar, dass das elektrische Feld $\vec{E}$ die Polarisation in einem Stück Material beeinflusst, denn $\vec{E}$ übt schließlich Kräfte auf die Ladungen aus. Es ist aber überhaupt nicht klar, wie groß die resultierende Polarisation bei vorgegebenem $\vec{E}$-Feld wird, solange wir kein gutes Materialmodell haben. Konkret bräuchten wir einen Zusammenhang zwischen dem äußeren Feld $\vec{E}$ und der lokalen Verschiebung der Ladungen im Material. Dies ist eine nicht triviale Aufgabe für MaterialwissenschaftlerInnen und letztlich nur mit Hilfe von quantenmechanischen Modellen der Festkörperphysik rechnerisch machbar.[30] Die Polarisation $\vec{P}$ kann von verschiedenen Faktoren abhängen. Es gibt

---

28   Wir werden die Operatoren der Vektoranalysis und die zugehörigen Sätze im fünften Kapitel noch ausführlich besprechen.

29   Die Ableitung einer Funktion mit einem endlichen Sprung enthält eine Dirac'sche Deltadistribution. (Distributionen sind verallgemeinerte Funktionen, die nur unter einem Integral eine auswertbare Bedeutung haben.)

30   Es gibt auch klassische Modelle, die eine Berechnung für bestimmte Materialklassen zulassen, z.B. die Formel von Clausius-Mossotti.

z.B. spezielle Materialien (so genannte *Elektrete*), deren Polarisation unabhängig von einem äußeren Feld fest vorgegeben ist. Oder die Polarisierbarkeit kann von der Richtung abhängen. Wir wollen solche komplizierteren Fälle vorderhand ausschließen und *isotropes* Material voraussetzen, welches sich dadurch auszeichnet, dass die Stärke der Polarisiation nicht von der Richtung des äußeren $\vec{E}$-Feldes abhängt, und begnügen uns mit dem einfachsten Modell, d.h. wir postulieren eine Proportionalität zwischen der Polarisation $\vec{P}$ und dem tatsächlich *an dieser Stelle* vorhandenen elektrischen Feld $\vec{E}$:

$$\vec{P} = \varepsilon_0 \chi_e \vec{E}, \tag{1.60}$$

wobei die *elektrische Suszeptibilität* χ_e eine Materialkonstante ist. Stellt man sich die Atome aus zwei entgegengesetzten Punktladungen vor, die mit einer Feder zusammengehalten werden, ist die Suszeptibilität so etwas wie eine (reziproke) Federkonstante: Je größer χ_e, desto weiter können die Ladungen auseinander gezogen werden, wenn eine vorgegebene Kraft auf sie wirkt, und umso größer wird die Polarisation $\vec{P}$. Im Vakuum gibt es keine Atome. Folglich verschwindet dort die Suszeptibilität.

Es sei nochmals festgehalten, dass die Proportionalität zwischen $\vec{P}$ und $\vec{E}$ eine (in der Regel gute) Näherung darstellt und nicht allgemein gültig ist.

1.6.5 Das dielektrische Verschiebungsfeld *D*

Der Materialeinfluss kann vollständig mit Hilfe der Polarisation $\vec{P}$ beschrieben werden. Trotzdem ist es üblich, das so genannte *dielektrische Verschiebungsfeld* $\vec{D}$ einzuführen. Der Grund hierfür ist zunächst ein praktischer: Der Gauß'sche Satz (1.17) erlaubt es in Fällen hoher Symmetrie, das Feld gegebener Ladungsverteilungen[31] ϱ_{frei} besonders elegant zu berechnen (vgl. dazu die Übungsaufgabe 1.3.4.1). Solange jedoch das $\vec{E}$-Feld noch nicht bekannt ist, kann auch das $\vec{P}$-Feld und somit die zugehörige gebundene Raumladung ϱ_{geb} gemäß (1.58) nicht bestimmt werden. Man definiert zuerst das nur durch die gegebenen Ladungen ϱ_{frei} verursachte Feld und lässt es der einfachen Formel

$$\oiint_{\partial V} \vec{D} \cdot d\vec{F} = \iiint_V \varrho_{\text{frei}}\, dV \tag{1.61}$$

gehorchen. Ein Vergleich dieser Formel mit (1.17) $\varepsilon_0 \oiint_{\partial V} \vec{E} \cdot d\vec{F} = \iiint_V \varrho_{\text{tot}}\, dV$ ergibt für das Vakuum

$$\vec{D} = \varepsilon_0 \vec{E}. \tag{1.62}$$

Wenn Material vorhanden ist, gilt zusätzlich (1.59) sowie für die totale Ladungsdichte $\varrho_{\text{tot}} = \varrho_{\text{frei}} + \varrho_{\text{geb}}$ der Gauß'sche Satz (1.17). Da alle diese Gleichungen für beliebige Volumen V gelten, kann daraus die Relation

$$\vec{D} = \varepsilon_0 \vec{E} + \vec{P} \tag{1.63}$$

für die Integranden der linken Seiten abgeleitet werden.

Betrachten wir jetzt den Spezialfall (1.60), ergibt sich daraus der Reihe nach

$$\vec{D} = \varepsilon_0 \vec{E} + \varepsilon_0 \chi_e \vec{E} = \varepsilon_0 (1 + \chi_e) \vec{E} = \varepsilon_0 \varepsilon_r \vec{E} = \varepsilon \vec{E}, \tag{1.64}$$

---

31 Wir nennen diese Ladungen *frei* im Gegensatz zu den aus den Polarisationsunterschieden resultierenden *gebundenen* Ladungen. Das gesamte Feld bestimmt sich schließlich als Superposition aus den Feldern von ϱ_{frei} und ϱ_{geb}.

wobei die *relative Dielektrizitätskonstante* $\varepsilon_r = 1 + \chi_e$ stets größer als eins ist. Die Größe $\varepsilon = \varepsilon_0 \varepsilon_r$ heißt *Permittivität* oder kurz DK (für Dielektrizitätskonstante) des betreffenden Materials.

1.6.6 Homogen linear isotropes Material

Falls das Material nicht nur isotrop und linear, sondern auch noch homogen ist – d.h. das Material kann im ganzen Feldgebiet durch eine einzige Konstante ε_r (oder χ_e) charakterisiert werden –, kann das elektrische Feld einer vorgegebenen Raumladungsverteilung $\varrho(\vec{r}')$ mit einer fast gleichen Formel wie im Vakuum berechnet werden. Die entsprechende Gleichung, (1.11) wurde mit dem Superpositionsprinzip aus dem bekannten Feld einer Punktladung entwickelt. Hier kann das $\vec{D}$-Feld einer Punktladung zuerst mit dem Gauß'schen Satz (1.61) ermittelt werden. Daraus erhält man mit (1.64) das zugehörige $\vec{E}$-Feld, wendet wieder das Superpositionsprinzip an und bekommt

(1.11)
$$\vec{E}(\vec{r}) = \frac{1}{4\pi\varepsilon} \iiint\limits_{V'} \frac{\varrho(\vec{r}') \cdot (\vec{r} - \vec{r}')}{|\vec{r} - \vec{r}'|^3}\, dV'.$$
(1.65)

NB.: Im ladungsfreien homogenen Raum verschwindet die gebundene Ladungsdichte ϱ_{geb}, wenn (1.60) gilt (Beweis durch Einsetzen in (1.58). Daher bezeichnet ϱ in (1.65) die totale Ladung. Verglichen mit der Vakuumsituation muss hier somit lediglich ε_0 durch ε ersetzt werden.

Die gleiche Ladungsverteilung hat wegen des Zusammenhangs (1.28) das elektrostatische Potential

(1.26)
$$\varphi(\vec{r}) = \frac{1}{4\pi\varepsilon} \iiint\limits_{V'} \frac{\varrho(\vec{r}')}{|\vec{r} - \vec{r}'|}\, dV'.$$
(1.66)

Auf der linken Seite wurde als Referenz die Nummer der ursprünglichen „Vakuum-Gleichung" angegeben. Man beachte, dass der Faktor ε bewusst *vor* das Integral gezogen wurde. Damit betonen wir den Umstand, dass das Material homogen sein muss, um diese Formel anwenden zu können.

1.6.7 Aufgaben

1.6.7.1 Homogenes Material im Plattenkondensator

Gegeben: Ein Parallelplattenkondensator (Spannung U), bestehend aus zwei parallelen, unendlich ausgedehnten Platten aus ideal leitendem Material im Abstand a, ist mit homogenem Material gefüllt (Materialgleichung: $\vec{D} = \varepsilon\vec{E} + \vec{P}_0$), wobei die von der Feldstärke $\vec{E}$ unabhängige, im ganzen Dielektrikum konstante Polarisation $\vec{P}_0$ senkrecht auf den Platten steht.

Gesucht:

a Das $\vec{E}$- und $\vec{D}$-Feld zwischen den Platten.
Tipp: Man beachte die Symmetrie der Anordnung und betrachte zuerst $\vec{E}$.

b Diskutiere die vorkommenden Ladungen: Wo treten sie auf und wie groß sind sie? Tipp: Man gehe schrittweise vor und betrachte zuerst den Fall $\vec{P}_0 = \vec{0}$, $\varepsilon = \varepsilon_0$, danach variiere man ε und füge erst am Schluss die feste Polarisation $\vec{P}_0$ hinzu.

1.6.7.2 Verschiedene Materialien im Plattenkondensator

Gegeben: Ein Parallelplattenkondensator (Spannung U), bestehend aus zwei parallelen, unendlich ausgedehnten Platten aus ideal leitendem Material im Abstand a, ist mit verschiedenen Materialien gefüllt: Für $x > 0$: elektrisch polarisiertes Material, beschrieben durch die Materialgleichung $\vec{D} = \varepsilon\vec{E} + \vec{P}_0$ mit der skalaren Permittivität $\varepsilon \gg \varepsilon_0$ und der von der Feldstärke $\vec{E}$ unabhängigen Polarisation $\vec{P}_0$. $\vec{P}_0$ steht senkrecht auf den Platten. Für $x \leq 0$: Vakuum.

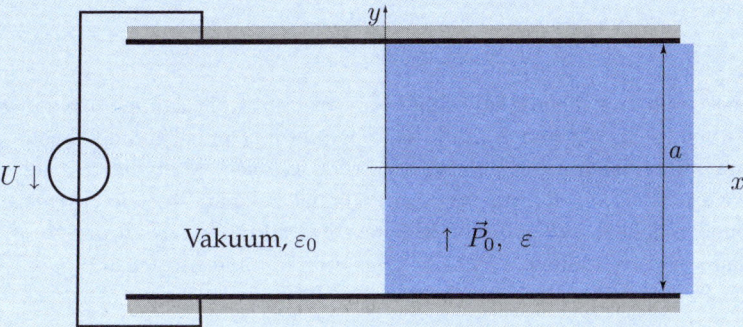

Gesucht:

a Wie groß ist das $\vec{E}$- und das $\vec{D}$-Feld zwischen den Platten? Tipp: Man betrachte die beiden Hälften zuerst separat und zeige, dass die entsprechenden Lösungen beim Zusammenschieben zu keinem Widerspruch führen.

b Wie sind die Ladungsdichten auf den Innenseiten der ideal leitenden Platten?

1.7 Numerische Methoden

Ist die Ladungsverteilung im Raum gegeben, können sowohl das elektrische Feld $\vec{E}$ als auch das Potential φ unmittelbar angegeben werden. Man benützt für $\vec{E}$ die „Coulomb-Integrale" (1.10), (1.11) (bzw. (1.65) bei homogen linear isotropem Material) und für φ die Integrale (1.25), (1.26) (bzw. (1.66) bei homogen linear isotropem Material). Im schlimmsten Fall muss mit dem Computer numerisch integriert werden, was kein echtes Problem darstellt.

Die praktischen Fragestellungen der Elektrostatik sehen jedoch anders aus. Man kennt z.B. die Potentiale von Elektroden und möchte die Ladung berechnen, woraus sich die Kapazität ergibt. Oder man möchte die maximal auftretenden Feldstärken berechnen, um etwa der Durchschlagsgefahr in einer integrierten Schaltung begegnen zu können. Auch in diesem Fall sind nur die Spannungen vorgegeben. Zur Lösung dieser Probleme sind die folgenden Verfahren geeignet. Wir illustrieren die Grundidee anhand der Anordnung von Abbildung 1.12 (zwei Leiter im Vakuum) und nehmen an, die Leiterpotentiale seien gegeben. Gesucht ist dann die Verteilung der Oberflächenladungsdichte auf den Elektroden.

1.7.1 Die Teilflächenmethode

Die gesuchte Ladungsverteilung wird *approximiert*, indem man annimmt, dass auf kleinen Teilen der Elektrodenoberflächen, den so genannten Teilflächen, je konstante Ladungsdichte herrscht. Auf der j-ten Teilfläche T_j sei diese (noch unbekannte) Ladungsdichte $\varsigma = \varsigma_j$. Das Potential $\varphi_j(\vec{r})$, das zu einer solchen Flächenladung gehört, kann mit dem Coulomb-Integral (1.66) berechnet werden. Es ist proportional zu ς_j:

$$\varphi_j(\vec{r}) = \varsigma_j \tilde{\varphi}_j(\vec{r}), \tag{1.67}$$

wobei

$$\tilde{\varphi}_j(\vec{r}) = \frac{1}{4\pi\varepsilon} \iint\limits_{T_j} \frac{dF'}{|\vec{r} - \vec{r}'|} \tag{1.68}$$

nur von der Geometrie abhängt und somit ohne Kenntnis der Ladung berechnet werden kann. Sind total J Teilflächen gewählt worden, gibt es J unbekannte Größen ς_j, für die jetzt Bestimmungsgleichungen gefunden werden müssen. Man findet solche auf die folgende Weise: Wähle J Punkte, wo das Potential bekannt ist, vorzugsweise auf den Elektrodenoberflächen, und schreibe in jeden dieser Punkte das zu den Teilflächenladungen gehörige Potential φ_j in Funktion der unbekannten Ladungsdichten. Ist etwa $\vec{r}_i$ ein solcher Punkt, gilt

$$\varphi(\vec{r}_i) = \sum_{j=1}^{J} \varsigma_j \tilde{\varphi}_j(\vec{r}_i). \tag{1.69}$$

Es können insgesamt J solche Gleichungen hingeschrieben werden, und somit ergibt sich ein lineares Gleichungssystem für die ς_j, das mit den Methoden der linearen Algebra gelöst werden kann. Als Resultat bekommt man eine stückweise konstante Approximation der gesuchten Ladungsverteilung auf den Elektrodenoberflächen, zu der eine Potentialverteilung

$$\varphi^0(\vec{r}) = \sum_{j=1}^{J} \varsigma_j \tilde{\varphi}_j(\vec{r}) \tag{1.70}$$

gehört, die als Näherung für das gesuchte Potential $\varphi(\vec{r})$ gebraucht werden kann.

Allerdings stimmt die *Näherung* $\varphi^0(\vec{r})$ nur in den Punkten $\vec{r}_i$ mit dem tatsächlich gesuchten Potential $\varphi(\vec{r})$ überein. Neben diesen Punkten ergibt sich ein mehr oder weniger großer Fehler, der auf den Elektrodenoberflächen (und nur dort!) ausgerechnet und als Gütekriterium für die Approximation dienen kann. Eine weitere Möglichkeit, die Qualität der Approximation zu testen, liefert das zur Näherung gehörige elektrische Feld $\vec{E}^0$. Wenn es nicht überall auf der Elektrodenoberfläche „gut" senkrecht steht, ist die Näherung zu verfeinern.

Es ist wichtig, dass ein numerisches Verfahren eine Möglichkeit in sich birgt, das Resultat auch unabhängig von Messungen zu überprüfen. Nur so kann eine gewisse Sicherheit für die Zulässigkeit der erhaltenen Resultate gewonnen werden. Moderne Computerprogramme zur Berechnung von Feldern haben neben den Darstellungsmöglichkeiten des eigentlichen Resultates auch eine Visualisierungsmöglichkeit für die gemachten Fehler.

1.7.2 Das Bildladungsverfahren

Im speziellen Beispiel einer Kugel führt die Berechnung der Ladungsverteilung mit Hilfe der Teilflächenmethode infolge der gekrümmten Oberfläche auf ein System mit relativ vielen Unbekannten. Anderseits kann man in diesem speziellen Fall mit dem Satz von Gauß zeigen, dass eine im Kugelzentrum angeordnete Punktladung außerhalb der Kugel das gleiche Feld ergibt wie eine homogene Kugelflächenladung. Dies führt auf die Idee, bei gekrümmten Oberflächen J Punktladungen Q_j unbekannter Stärke im Innern der Elektroden anzuordnen. Zur j-ten Punkt- oder *Bildladung* (am Ort $\vec{r}_j$) gehört das Potential

$$\varphi_j(\vec{r}) = Q_j\tilde{\varphi}_j(\vec{r}),\tag{1.71}$$

wobei

$$\tilde{\varphi}_j(\vec{r}) = \frac{1}{4\pi\varepsilon|\vec{r} - \vec{r}_j|}\tag{1.72}$$

nur von der Geometrie abhängt und somit ohne Kenntnis der Ladung Q_j berechnet werden kann. Man beachte, dass (1.72) erheblich einfacher ist als die entsprechende Formel (1.68) der Teilflächenmethode. Das restliche Vorgehen ist genau gleich wie beim Teilflächenverfahren: Man schreibt das Potential in J Punkten auf den Elektrodenoberflächen an und löst das erhaltene Gleichungssystem mit den Methoden der linearen Algebra. In diesem Fall bekommt man als Resultat eine von der Wahl der Orte der Bildladungen abhängige Approximation des Potentials oder des Feldes. Die Elektrodenladungen können mit dem Satz von Gauß als Summe aller innerhalb der Elektrode angesiedelten Bildladungen erhalten werden, d.h. es braucht keine Integration über die Oberfläche der Elektrode durchgeführt zu werden.

1.7.3 Aufgaben

1.7.3.1 Anwendung des Spiegelladungsverfahrens

Gegeben: Zwei senkrecht aufeinander stehende, ebene Platten aus leitendem Material schneiden einen Quadranten aus dem ganzen Raum. Die Platten sind geerdet, d.h. sie befinden sich auf dem Potential $\varphi = 0$. In der Nähe der Ecke befindet sich eine Punktladung Q (vgl. die Abbildung!).

Gesucht: Man suche mit Hilfe von Symmetrieüberlegungen Orte für mögliche Bildladungen und berechne das elektrische Feld $\vec{E}(\vec{r})$ im ganzen Raum. Wo auf dem Rand ist die Feldstärke $|\vec{E}|$ maximal? Tipp: Es genügen Schätzungen für den Fall $a > 5b$.

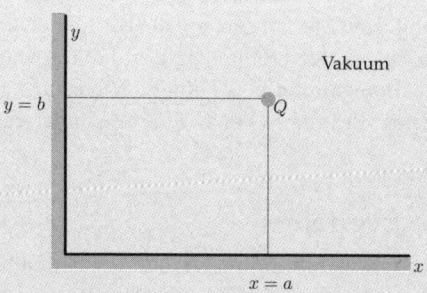

Z U S A M M E N F A S S U N G

Wir wollen wiederholen, was wir bisher über Elektrostatik gelernt haben. Es sei betont, dass die folgenden Gleichungen nur unter der Voraussetzung fehlender Zeit-Variation korrekt sind, wenn nichts anderes vermerkt ist.

In der Natur gibt es eine Erscheinung, die man *elektrische Ladung* nennt. Die Menge aller Ladungen bleibt in jedem abgeschlossenen System erhalten (Ladungserhaltungssatz). Zwischen verschiedenen Ladungen können Kräfte festgestellt werden, die durch das Coulomb'sche Gesetz bestimmt sind ($1/r^2$-Verhalten). Die elektrischen Erscheinungen sind damit mit der Mechanik verknüpft. Wir haben den Bezug zur Mechanik in den Hintergrund schieben können, indem wir die Idee des *elektrischen Feldes* $\vec{E}(\vec{r})$ einführten: $\vec{E}$ ist gleich der Kraft $\vec{F}$ dividiert durch die Probeladung q, welche auf diese Probeladung wirken würde, wenn sie an den Punkt $\vec{r}$ gebracht würde (vgl. (1.9)). Dabei ist q beliebig klein. Eine Ladungsverteilung $\varrho(\vec{r}')$ wird damit zur Quelle des elektrischen Feldes $\vec{E}(\vec{r})$ und kann unmittelbar ausgerechnet werden:

(1.11), (1.65)
$$\vec{E}(\vec{r}) = \frac{1}{4\pi\varepsilon_0} \iiint\limits_{V'} \frac{\varrho(\vec{r}')\cdot(\vec{r}-\vec{r}')}{|\vec{r}-\vec{r}'|^3}\, dV'.$$

Diese Gleichung gilt exakt nur im Vakuum. Im homogen linear isotropen Medium gilt die analoge Formel (1.65) mit ε statt ε_0.

Indem wir die mechanische Arbeit ausgerechnet haben, die zur Verschiebung einer Probeladung aufgewendet werden muss, haben wir das elektrostatische Potential $\varphi(\vec{r})$ als skalare Ortsfunktion definiert. Es kann wie das elektrische Feld als Wirkung einer Ladungsverteilung $\varrho(\vec{r}')$ aufgefasst und ebenfalls unmittelbar ausgerechnet werden:

(1.26), (1.66)
$$\varphi(\vec{r}) = \frac{1}{4\pi\varepsilon_0} \iiint\limits_{V'} \frac{\varrho(\vec{r}')}{|\vec{r}-\vec{r}'|}\, dV'.$$

Diese Gleichung gilt exakt nur im Vakuum. Im homogen linear isotropen Medium gilt die analoge Formel (1.66) mit ε statt ε_0.

Der Zusammenhang mit dem elektrischen Feld ist durch das Integral

(1.28)
$$\varphi(\vec{r}) = -\int\limits_{\vec{r}_a}^{\vec{r}} \vec{E} \cdot d\vec{l}$$

gegeben, wobei angenommen ist, dass das Potential im Punkt $\vec{r}_a$ auf null normiert sei.

Als allgemeine Eigenschaft des elektrostatischen Feldes kann die Gleichung

(1.29)
$$\oint_{\Gamma_0} \vec{E} \cdot d\vec{l} = 0$$

angegeben werden, welche für jeden beliebigen (auch nur gedachten) geschlossenen Weg Γ_0 richtig ist.

Wenn der Raum mit Material gefüllt ist, ist es zweckmäßig, ein zusätzliches Feld $\vec{D}$ einzuführen, welches durch

(1.61)
$$\oiint_{\partial V} \vec{D} \cdot d\vec{F} = \iiint_V \varrho \, dV$$

weitgehend bestimmt ist. Achtung: ϱ bezeichnet nur die so genannte „freie" Ladungsdichte. Tatsächlich gilt (1.61) sogar, wie wir später sehen werden, völlig allgemein und bei beliebiger Zeitabhängigkeit der Felder. Allerdings ist der Zusammenhang zwischen $\vec{D}$ und $\vec{E}$ vom Material abhängig. In einfachen Fällen (linear isotropes Material) gilt $\vec{D} = \varepsilon \vec{E}$ mit der nur ortsabhängigen Dielektrizitätskonstante (oder Permittivität) ε.

Abbildung 1.15 zeigt die Stellung der Elektrostatik im gesamten Gebäude der Physik, soweit es für uns bisher von Interesse ist. In den folgenden Kapiteln wollen wir weitere Teilgebiete behandeln und uns zunächst dem elektrischen Strom zuwenden.

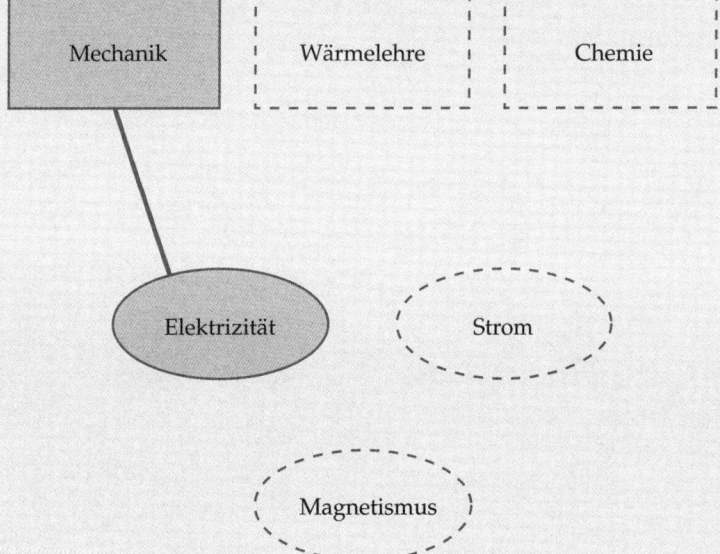

Abbildung 1.15: Die Lehre von der Elektrizität war bis zu Beginn des 19. Jahrhunderts eine eigenständige Disziplin in der Physik und nur lose mit anderen Teilgebieten verknüpft. Die Grafik zeigt einige andere Disziplinen auf und verdeutlicht durch die Verbindungslinien, welche Beziehungen zwischen den Teilgebieten wir bisher erläutert haben.

Z U S A M M E N F A S S U N G

Das Verhalten des Gleichstroms

2

ÜBERBLICK

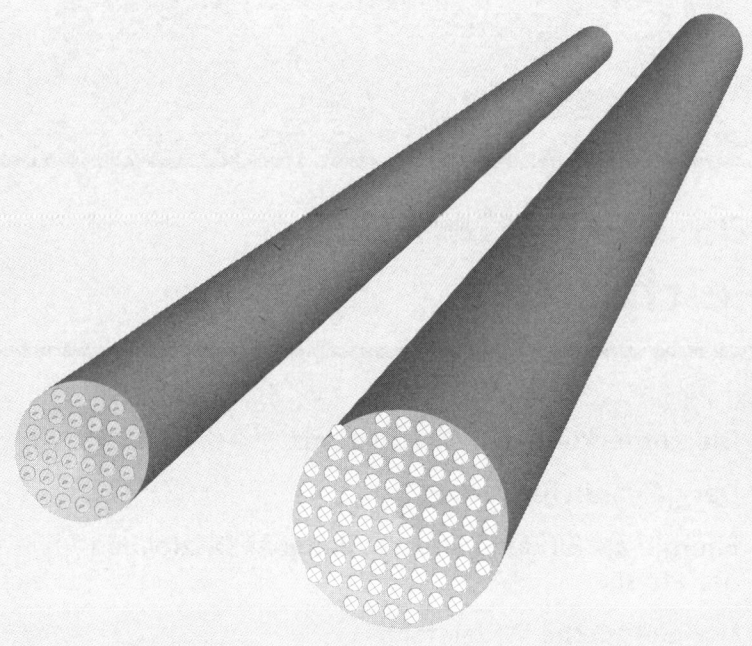

Zwei parallel angeordnete kreiszylindrische Drähte mit verschiedenen Durchmessern führen denselben Gleichstrom in entgegengesetzter Richtung. In einer Ebene quer zur Zylinderachse ist das Feld der elektrischen Stromdichte dargestellt. Infolge der unterschiedlichen Drahtdurchmesser ist die Stromdichte in den beiden Drähten nicht nur umgekehrt gerichtet, sondern auch dem Betrage nach verschieden. Innerhalb eines Drahtes ist die Stromdichte hingegen konstant: „Gleichstrom nützt den Leiter so aus, dass möglichst wenig Wärme erzeugt wird.“

Diese Darstellung von Vektorfeldern heißt auch „Reißnageldarstellung“, weil in jedem Raumpunkt ein reißnagelähnliches Objekt gezeichnet wird. Dabei weist die Nagelspitze in Richtung des darzustellenden Vektors (hier der Stromdichte), und die Größe des Nagels ist proportional zum Betrag des Vektors. Um Kopf und Spitze eindeutig unterscheiden zu können, wird die Kopfseite zusätzlich mit einem Kreuz versehen. Maßgebend ist der Feldwert in der Mitte dieses Kreuzes.

Die Drähte sind in beide Richtungen sehr lang zu denken, aus grafischen Gründen aber vor der Darstellungsebene des Feldes abgeschnitten.

In diesem Kapitel wollen wir uns dem Phänomen des elektrischen Stromes zuwenden. In einem ersten Abschnitt blenden wir in der Geschichte zurück und werden finden, dass der Strom mit seiner *chemischen* Wirkung zunächst als eigenständige Erscheinung begriffen, dann aber bald mit der Elektrizität in Verbindung gebracht wurde.

Strom, aufgefasst als fließende elektrische Ladung, führt direkt zum *Feld* der elektrischen Strömung. Wir können daher aus der Anschauung heraus spezifische Eigenschaften des Strömungsfeldes diskutieren, Eigenschaften, die notabene in ähnlicher Form auch den im Vergleich zum Feld der Stromdichte künstlicher erscheinenden elektrischen und magnetischen Feldern zukommen.

Die Wärmewirkung des elektrischen Stromes wird schließlich – zusammen mit dem Konzept der Energie – der Ausgangspunkt zur Verbindung des ursprünglich chemischen Phänomens Strom mit der Elektrizität.

2.1 Die Entdeckung des Gleichstroms

Im letzten Kapitel wurden die Wirkungen der *ruhenden* elektrischen Ladung beschrieben. Tatsächlich sind die ersten Berichte darüber gegen 4000 Jahre alt, obwohl der Begriff der elektrischen Ladung erst zu Beginn der Neuzeit, im 17. Jahrhundert, entwickelt wurde. Zu jener Zeit war die Elektrizität noch sehr geheimnisvoll und vorzugsweise im Bereich der Medizin von Interesse. Das damalige Wissen erschöpfte sich in einigen Phänomenen der Reibungselektrizität mit den damit verbundenen Kraftwirkungen. Es war mehr Glaube als Wissen, dass das *Leben* mit Elektrizität („Vitalgeist") zu tun hatte. Trotzdem war genau dieser Glaube Triebfeder zum Experimentieren mit (lebendigem und totem) biologischem Material. So fand etwa im Jahr 1780 der Arzt Luigi Galvani[1] (1737–1798), dass (lebende oder tote) Froschschenkel zuckten, wenn sie mit den Elektroden einer Elektrisiermaschine in Berührung kamen, und jedermann konnte so auch seine eigenen Muskeln zucken lassen. Man glaubte in diesem Phänomen den ersten Ansatz gefunden zu haben, Totes wieder zum Leben erwecken zu können, und traktierte auch kranke Menschen mit elektrischen Schlägen.[2]

Da Tiere und Menschen ihre Muskeln auch ohne Elektrisiermaschine bewegen können, musste irgendwo im Körper eine entsprechende Einrichtung vorhanden sein. Bei der Suche nach dieser körpereigenen „Elektrisiermaschine" hatte Galvani festgestellt, dass sich menschliche Muskeln auch zusammenziehen, wenn sie mit metallischen Drähten mit dem Rückenmark verbunden wurden. Er glaubte, damit die Lebenskraft entdeckt zu haben, und unterschied fortan zwischen animalischer und gewöhnlicher Elektrizität, je nachdem ob sie von einem Lebewesen produziert worden war oder nicht. Galvani hatte allerdings übersehen, dass sein Experiment nur dann glückte, wenn man zwei Drähte aus *verschiedenen* Materialien verwendete.

Alessandro Volta (1745–1827) bestätigte zunächst Galvanis Versuche, gab aber später an, dass zwei verschiedene Metalle nötig waren. Überdies bemerkte er, dass diese Art von Elektrizität ganz anderer Natur war als ein einzelner Funke aus einer geladenen Elektrisiermaschine. Und er fand heraus, dass es des menschlichen Körpers nicht unbedingt bedurfte, um ähnliche Phänomene zu erzeugen. Immer jedoch waren zwei verschiedene Metalle (er nannte sie Leiter erster Klasse) und eine Flüssigkeit (Leiter zweiter Klasse)

---

1 In Wirklichkeit soll es seine Frau gewesen sein!

2 Entsprechende Therapien sind nicht immer erfolglos! So hat sich beispielsweise der Elektroschock zur Behandlung starker Depressionen bis heute als wirksam erwiesen, obwohl kein genauer Wirkungsmechanismus bekannt ist.

nötig. Indem er zwei verschiedene Metalle, Kupfer und Zink, in verdünnte Schwefel-
säure brachte, konstruierte er die erste (nach ihm benannte) chemische Stromzelle.
Schließlich stammt von ihm auch der Name *Galvanismus*, mit dem alle Phänomene
im Zusammenhang mit der (chemischen) Gleichstromerzeugung bezeichnet wurden.
Heute ist dafür der Begriff *Elektrochemie* gebräuchlich.

Galvani und Volta hatten den Gleichstrom, genauer: eine Methode zu dessen Erzeugung, entdeckt und damit den Grundstein zur Erforschung seines Verhaltens und seiner
Wirkungen gelegt. Allerdings war es vorerst schwierig, die Zusammenhänge zwischen
der statischen Elektrizität und den Erscheinungen des Galvanismus zu finden, denn
außer dem Froschschenkelzucken gab es kaum Gemeinsamkeiten. Erst als Volta im Jahre
1800 seine „Volta'sche Säule"[3] erfand, wurde es möglich, auch größere Spannungen auf
chemischem Wege zu erzeugen, und es gelang ihm, die Gleichheit der Wirkungen der
chemisch erzeugten Elektrizität und jenen der Reibungselektrizität nachzuweisen. Jetzt
war es möglich, das Fließen der elektrischen Ladungen genauer zu untersuchen, denn
statische Entladungen gehen in der Regel viel zu schnell vor sich, als dass sie mit den
damaligen experimentellen Mitteln im Detail hätten beobachtet werden können.

In diesem Kapitel geht es *nicht* darum, die elektrochemische Gleichstrom*erzeugung* zu
behandeln. Wir nehmen vielmehr die Gleichstromquelle als gegeben an und untersuchen
im Weiteren, wie sich der Strom *außerhalb* der Quelle verhält. Im Folgenden werden wir
diese Quelle auch als Zelle bezeichnen, um anzudeuten, dass es sich nicht um die aus
der elementaren Elektrotechnik bekannte ideale Quelle handelt. Die Stromzelle dieses
Kapitels ist ein Element, dessen Klemmen bei nicht zu großer Strombelastung eine
konstante Spannung aufweisen. Man denke daher eher an eine ideale *Spannungs*quelle.

2.2 Der galvanische Strom

Dass die galvanische und die Reibungselektrizität von gleicher Natur sind, war nicht nur
durch das Froschschenkelzucken „bewiesen", sondern auch dadurch, dass die elektrostatisch als Leiter (bzw. Isolatoren) definierten Stoffe auch die galvanische Elektrizität
leiteten (bzw. nicht leiteten). Außerdem war es Volta gelungen, Kraftwirkungen
bzw. Spannungen mit dem Elektrometer nachzuweisen, hingegen waren diese Spannungen, verglichen mit jenen der Elektrisiermaschine, ziemlich klein.

Obwohl damit klar war, dass Elektrizität durch einen Draht fließt, wenn man diesen
mit den Klemmen einer Stromzelle in Kontakt brachte, war es höchst unklar, *wie viel*
Ladung in einer bestimmten Zeit den Draht passiert, d.h. wie groß der *elektrische Strom*
I, bekanntlich definiert als „Ladung pro Zeit",

$$I = \frac{\triangle Q}{\triangle t},$$
(2.1)

sei. Für uns ist es heute klar, dass die Einheit für die Stromstärke „natürlich" Coulomb
pro Sekunde (= Ampere) sein muss. Dies war aber nicht immer selbstverständlich, denn
die in der Elektrostatik definierte Einheit der Ladung konnte *nicht* übernommen werden.
Dies hängt mit den Messmöglichkeiten zusammen. Für Volta gab es nur die Möglichkeit

---

3 Die Volta'sche Säule ist eine Serienschaltung vieler Einzelzellen, von denen jede nur eine geringe Spannung
   erzeugt.

der chemischen Strommessung. Unter der Voraussetzung, dass die Menge abgeschiedenen Materials in einer Galvanisiereinrichtung[4] proportional zur geflossenen Ladung war, konnte man rechnerisch den Strom ermitteln, etwa in der Einheit „ Milligramm Silber pro Sekunde". Heute können wir diesen Wert ohne weiteres in Ampere umrechnen, denn wir kennen das Atomgewicht[5], die Größe der Elementarladung ($e^- - -1.6021773 \cdot 10^{-19}$ C) und die Anzahl Elementarladungen pro Atom. Volta hatte dieses Wissen noch nicht und sah daher in den nachgewiesenen Spannungen eher einen Begleitumstand. Die zentrale Größe war der Strom.

Mit der Entdeckung der Kraftwirkung des elektrischen Stromes I auf die Magnetnadel[6] im Jahre 1820 hatte man endlich eine bequeme Messvorschrift für I, doch sagte diese auch nichts über den Betrag der fließenden Ladung im Draht, denn jene Kraftwirkung lieferte zwar eine Verbindung zwischen den damals noch eigenständigen Disziplinen Galvanismus und Magnetismus, nicht aber zur Elektrostatik. Tatsächlich sind aus dieser Schwierigkeit heraus zwei verschiedene Einheiten für die Ladung entstanden, die elektrostatische Einheit (esu: „electrostatic unit") und die magnetostatische Einheit (emu: „electromagnetic unit", vgl. auch Abschnitt 3.6), welche sich auch in neuesten Lehrbüchern der Physik hartnäckig halten.

Da der stromdurchflossene Draht keinerlei elektrostatische Anziehung zeigt, neigt man zur Annahme, dass nur „wenig" Ladung bewegt sei. Das intensive Zucken der Froschschenkel ließ hingegen eher auf „viel" bewegte Ladung schließen. Es brauchte mehr als 20 weitere Jahre Forschungsarbeit, bis im Jahre 1843 eine quantitative Aussage möglich wurde (vgl. Unterabschnitt 2.3.2).

Nach dieser historischen Einleitung wollen wir uns zuerst dem Verhalten der zeitunabhängigen galvanischen Strömungen zuwenden und zunächst das *Feld* der elektrischen Stromdichte definieren.

2.2.1 Das Feld der elektrischen Stromdichte

Fließt ein Strom in einem langen, dünnen Draht, ist die Annahme nahe liegend, dass die fließende Ladung den ganzen Querschnitt des Drahtes ausnützt. Lässt man den Strom durch einen dicken Leiter fließen, dessen Querschnitt in Richtung des Stromflusses stark variiert, ist es nicht mehr klar, wie sich die Ladung bewegt. In diesem Fall drängt sich eine Beschreibung mit einem Vektorfeld auf.

Gemäß dem Materialmodell von Unterabschnitt 1.2.5 , das in der Elektrostatik genügte, gibt es in jedem Leiter beliebig viel frei bewegliche Ladung beiderlei Vorzeichens, die sich in jedem inneren Volumenelement neutralisieren. Dieses Modell ist stark idealisiert, denn die reichlich qualitativen Begriffe „beliebig viel" und „frei beweglich" sind nicht brauchbar, wenn das Verhalten endlicher Ströme näher untersucht werden soll.

Das Vorhandensein zweier verschiedener Ladungsarten verkompliziert die Vorstellung des Stromes zusätzlich. Wenn wir etwa ganz pragmatisch statt „beliebig viel Ladung" nur endliche Dichten ϱ_+ und ϱ_- für die positiven und negativen Ladungen im Leiter annehmen, muss aus Neutralitätsgründen in jedem Punkt

---

4 Beim Galvanisieren wird ein elektrischer Strom durch eine Metallsalzlösung geleitet. Ladungsträger für den Strom sind die (positiven) Metallionen, welche sich an der negativen Elektrode (Kathode) ablagern und nach einer bestimmten Zeit als Gewichtszunahme der Kathode festgestellt werden können.

5 Üblicherweise als Gewicht von $N_A = 6.02214 \cdot 10^{23}$ Atomen in Gramm angegeben (N_A heißt Avogadro'sche Zahl – nach dem italienischen Physiker Amedeo Avogadro (1776–1856) – oder Loschmidt'sche Zahl).

6 Vgl. das dritte Kapitel!

$$\varrho_+ = -\varrho_- \tag{2.2}$$

gelten. Bewegen sich diese Ladungsdichten im Mittel mit den Geschwindigkeiten $\vec{v}_+$ bzw. $\vec{v}_-$, dann beträgt das totale elektrische *Stromdichtefeld*

$$\vec{J} = \varrho_+ \vec{v}_+ + \varrho_- \vec{v}_- = \varrho_+(\vec{v}_+ - \vec{v}_-). \tag{2.3}$$

Der Vektor $\vec{J}$ zeigt in Fließrichtung der (positiven) Ladung und der Betrag von $\vec{J}$ gibt an, wie viel Ladung pro Fläche und pro Zeit in jedem Punkt des Leiters fließt. Man beachte: Wenn $\vec{J}$ bekannt ist, müssen weder die effektiven Geschwindigkeiten noch der Betrag der Ladungsdichte gegeben sein, sondern nur deren Produkt. Überdies dürfen die beiden Geschwindigkeiten in Betrag und Richtung verschieden sein, wichtig ist nur deren vektorielle Differenz.

Wir können uns glücklicherweise um die Bestimmung der einzelnen Geschwindigkeiten herumdrücken, *weil dies für uns keine messbaren Konsequenzen hat*.[7] In unserem Modell hat die Stromdichte $\vec{J}$ für sich als Einheit genommen gewisse Eigenschaften und Wirkungen, die wir untersuchen wollen. Genauere Antworten auf Fragen des Leitungsmechanismus in metallischen Leitern, Halbleitern, Flüssigkeiten und Gasen erteilen die einschlägigen Disziplinen der Physik. In der Regel bedürfen die Erklärungen der Quantentheorie. Das komplizierte Verhalten des Stromes im Material rührt daher, dass die Ladung nach den heutigen Modellen als Eigenschaft von Teilchen angesehen wird, die eine *Masse* und damit klassisch auch eine gewisse Trägheit haben, quantenmechanisch allgemein in Wechselwirkung mit anderen, auch elektrisch neutralen Teilchen, stehen. Demgegenüber ist die Ladung in der klassischen Feldtheorie ein schwereloses Fluidum.

Das in (2.3) definierte elektrische Strömungsfeld $\vec{J}$ ist wesentlich durch die Nebenbedingung (2.2) geprägt. Damit (2.2) auch punktuell eingehalten werden kann, ist Materie nötig: Es ist letztlich das Material, welches die Ladungsneutralität garantiert[8]. Aus dieser Sicht ist die Rolle des (leitenden) Materials eine durchaus wichtige, denn erst diese Modellvorstellungen erlauben es, den Begriff des Strömungsfeldes bis zu einem gewissen Grad vom Begriff der elektrischen Ladung zu lösen und doch die nötige Kopplung beizubehalten (gleiche Wirkung auf die Froschschenkel!).

Es gibt auch Ströme, welche die Bedingung der örtlichen Ladungsneutralität verletzen, z.B. der Elektronenstrahl in einer Bildröhre oder Ströme in schlechten Leitern, etwa Halbleitern. Weil sich dort die einzelnen Ladungsträger gegenseitig abstoßen, ist das Verhalten dieser so genannten *Konvektionsströme* grundsätzlich anders. In der Regel können sie nicht allein mit statischen Betrachtungen beschrieben werden. Wir werden den Konvektionsstrom vorläufig weglassen, weil er in der Technik eine untergeordnete Rolle spielt.

2.2.2 Die Konsequenzen der Zeitunabhängigkeit

Wir wollen jetzt zeigen, dass allein aus der Voraussetzung der zeitlich konstanten Verhältnisse (Gleichstrom) interessante Schlüsse über das Verhalten der elektrischen Strömung gezogen werden können.

Das Integral von $\vec{J}$ über eine beliebige Fläche F ist gleich dem Strom durch diese Fläche. Ist $F = \partial V$ die *geschlossene* Hüllfläche eines Volumens V, muss dieser (Gleich-)Strom

---

7 Wir folgen damit dem Einstein'schen Postulat, wonach Modelle „so einfach wie möglich, so kompliziert wie nötig" sein sollen.

8 Eine Erklärung für diese Behauptung liefert die Festkörpertheorie.

verschwinden, weil sonst die Ladung in V linear mit der Zeit zu- oder abnehmen würde. Zu dieser Ladung würde ein zeitvariables Feld gehören, was nach Voraussetzung verboten ist. Man bekommt daher für jedes beliebige Volumen V mit Rand ∂V die Beziehung

$$\oiint_{\partial V} \vec{J} \cdot d\vec{F} = 0. \tag{2.4}$$

Wählen wir ein flaches, dünnes Volumen, das von der Randfläche eines stromführenden Leiters durchschnitten wird, folgt unmittelbar, dass die Stromdichte auf der Leiteroberfläche tangential zur Grenze zum umgebenden Isolator verlaufen muss (vgl. Abbildung 2.1), also $\vec{J}_n = \vec{0}$, $\vec{J} = \vec{J}_T$. An der Grenze zweier verschiedener Leiter liefert die gleiche Überlegung, dass die Normalkomponente der Stromdichte beim Übergang vom einen ins andere Material nicht springen kann.

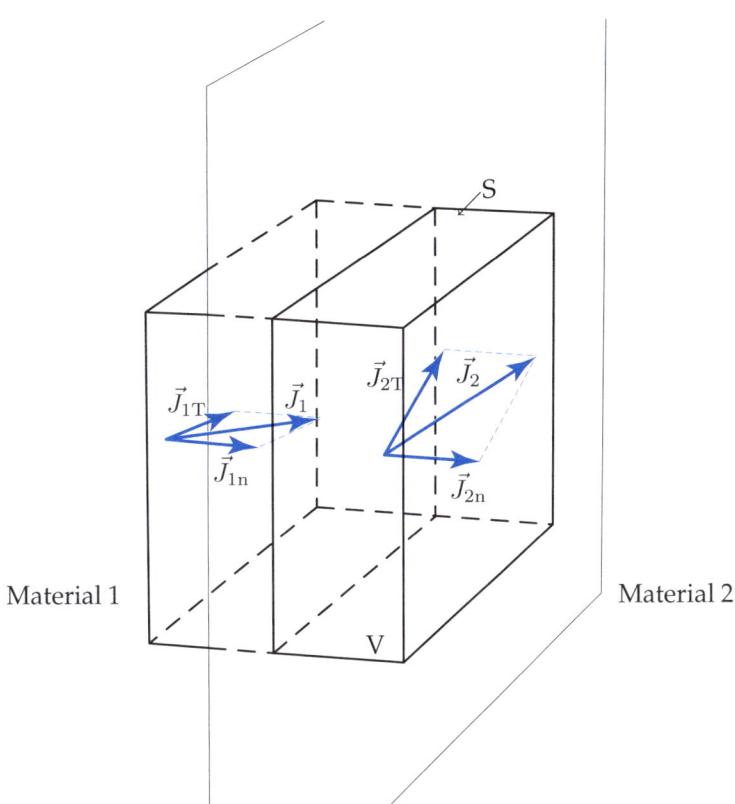

Abbildung 2.1: Der Gesamtstrom durch die Oberfläche des quaderförmigen Volumens V muss nach (2.4) verschwinden. Wählt man V hinreichend klein, ist $\vec{J}$ auf jeder ebenen Begrenzungsfläche von V (in jedem Material separat) konstant. Die Beiträge der Seitenwände S kompensieren sich und die Normalkomponenten müssen gleich sein: $\vec{J}_{1n} = \vec{J}_{2n}$. Ist ein Material ein Isolator, muss dort die Stromdichte $\vec{J}$ nach Definition verschwinden. Somit verschwindet auf der (isolierten) Leiteroberfläche die normale Komponente: $\vec{J}_n = \vec{0}$, und die Stromdichte $\vec{J} = \vec{J}_T$ zeigt tangential zur Leiteroberfläche.

Direkt aus (2.4) abgeleitet werden kann der bekannte *1. Kirchhoff'sche Satz*[9], die *Knotenregel*, wonach der gesamte Stromfluss in einen Knoten hinein immer verschwinden muss.

Die Eigenschaft (2.4) sowie die daraus abgeleiteten und anhand von Abbildung 2.1 erörterten Rand- und Stetigkeitsbedingungen für die Stromdichte $\vec{J}$ reichen nicht aus, um deren Verhalten eindeutig zu beschreiben. Dies sieht man leicht ein: In sich geschlossene Stromverteilungen liefern *nie* einen Beitrag zum Integral in (2.4) und können ohne weiteres den Stetigkeitsbedingungen genügen. Somit könnte immer noch eine beliebige zusätzliche in sich geschlossene Stromdichte $\vec{J}_{\text{geschl}}$ vorhanden sein. Weil aber praktisch[10] zu jeder Stromdichte $\vec{J}$ ein elektrisches Feld $\vec{E}$ gehört – Volta hatte Spannungen gemessen – wirken die Gesetze über das Verhalten von $\vec{E}$ indirekt auch auf $\vec{J}$ und bestimmen so auch das Verhalten der Stromdichte.

2.2.3 Der Zusammenhang zwischen *J* und *E*: das Ohm'sche Gesetz

Weil (fast) jedes Material die Bewegung der Ladung hemmt, muss es eine treibende Kraft geben, welche die Ladungen diesen Widerstand überwinden lässt. Dies gilt in jedem Punkt im Leiterinnern separat. Da das elektrische Feld $\vec{E}$ eine Kraft auf die Ladungen ausüben kann, finden wir unter der Annahme, dass keine weiteren antreibenden Kräfte auf die Ladungen wirken, dass die Stromdichte $\vec{J}$ eine Funktion von $\vec{E}$ ist:

$$\vec{J} = \vec{J}(\vec{E}). \tag{2.5}$$

Dieser Zusammenhang kann im Allgemeinen sehr kompliziert sein, weil ja der Strom nach (2.3) aus bewegten Ladungen beider Vorzeichen besteht und man nicht voraussetzen kann, dass beide Typen identisch auf $\vec{E}$ reagieren[11].

Wir müssen wieder auf die Physik des Leitungsmechanismus verweisen, wenn wir den Zusammenhang (2.5) genau erklären wollen.

Wir beschränken uns hier auf die Vorstellung der Ladung als Fluidum und behandeln nur einen sehr wichtigen Spezialfall, der für alle metallischen Leiter und eine Reihe weiterer Stoffe mit sehr guter Genauigkeit gilt:

$$\vec{J} = \sigma\vec{E}. \tag{2.6}$$

Dabei ist die *Leitfähigkeit* σ vom Material abhängig und der Beweglichkeit der Ladung proportional.

Die Gleichung (2.6) heißt *Ohm'sches Gesetz* (nach dem deutschen Physiker Georg Simon Ohm, 1789–1854). Es macht örtlich die gleiche Aussage wie das gleichnamige Gesetz aus der elementaren Elektrotechnik. In der Tat liefert eine Integration von $\vec{J}$ über den Drahtquerschnitt den Strom I, während eine Integration von $\vec{E}$ längs des Drahtes nach (1.27) die Potentialdifferenz, d.h. die Spannung U, ergibt. Im 9. Kapitel kommen wir ausführlicher darauf zurück.

---

9 Gustav Robert Kirchhoff (1824–1887) hatte ihn erst 1845/46 aufgestellt. Wir kommen im 9. Kapitel ausführlicher auf diesen Satz zurück.

10 Ausgenommen ist lediglich der Fall der Supraleitung.

11 Diese Behauptung muss im Licht der Teilchennatur der Materie mit ihren unterschiedlich schweren Ladungsträgern gesehen werden.

Die Gültigkeit von (2.6) erlaubt es, alle Eigenschaften des elektrischen Feldes $\vec{E}$ auch auf jene von $\vec{J}$ zu übertragen. Insbesondere gilt, falls die Leitfähigkeit σ längs des geschlossenen Integrationsweges $\Gamma_\circ$ konstant ist, die mit (1.29) verwandte Gleichung

$$\oint_{\Gamma_\circ} \vec{J} \cdot \vec{dl} = 0.$$
(2.7)

Die Leitfähigkeit σ ist in weiten Bereichen unabhängig vom Betrag der Stromdichte, kann aber bei verschiedenen Materialien außerordentlich stark variieren. Gute Leiter[12] sind etwa Kupfer $(\sigma_{Cu} = 5.6 \cdot 10^7 \frac{A}{Vm})$, Aluminium $(\sigma_{Al} = 3.4 \cdot 10^7 \frac{A}{Vm})$ oder Gusseisen $(\sigma_{Fe} \approx 2 \cdot 10^6 \frac{A}{Vm})$, während die Leitfähigkeiten von Erde oder biologischem Material in der Größenordnung von $1 \frac{A}{Vm}$ liegen. Auf der anderen Seite weisen die so genannten Isolatoren sehr geringe Leitfähigkeiten auf (bis hinunter zu etwa $10^{-15} \frac{A}{Vm}$!).

2.2.4 J als Wirkung des elektrischen Feldes auf das Material

In den Unterabschnitten 1.6.1 bis 1.6.4 wurde die Polarisation von *Isolatoren* durch ein elektrisches Feld besprochen, während im vorigen Unterabschnitt 2.2.3 die Wirkung des gleichen Feldes im Falle nicht verschwindender Leitfähigkeit untersucht wurde. In Wirklichkeit haben bekanntlich auch die Isolatoren eine gewisse Leitfähigkeit. Somit können die beiden Effekte auch gemeinsam auftreten. Verbindend wirkt das $\vec{E}$-Feld, das wir für einmal als Ursache[13] von $\vec{J}$ *und* von $\vec{D}$ (bzw. $\vec{P}$) betrachten.

Die Gleichung (2.4) weist eine ähnliche Form wie (1.61) auf, nur dass in (2.4) rechts eine Null steht. Ersetzen wir $\vec{D}$ in (1.61) durch $\varepsilon\vec{E}$ und $\vec{J}$ in (2.4) durch (2.6), folgen zwei für jedes Volumen V mit Oberfläche ∂V gültige Gleichungen für $\vec{E}$:

$$\oiint_{\partial V} \sigma\vec{E} \cdot \vec{dF} = 0$$
(2.8)

$$\oiint_{\partial V} \varepsilon\vec{E} \cdot \vec{dF} = \iiint_V \varrho \, dV.$$
(2.9)

Ein Vergleich dieser zwei Gleichungen bestätigt, dass in Raumteilen mit konstanten Materialeigenschaften und nicht verschwindender Leitfähigkeit σ die Ladungsdichte ϱ in jedem Punkt verschwinden muss. Anderseits erkennt man, dass örtliche *Änderungen* der Leitfähigkeit σ und/oder der Permittivität ε in der Regel eine Ladungsdichte bedingen. Dies sieht man ein, wenn man bei gleicher Feldstärke $\vec{E}$ die beiden Integrale (2.8) und (2.9) einander gegenüberstellt. Da das erste immer verschwinden muss, wird das zweite bei inhomogenem σ- bzw. ε-Verlauf bei *gleicher* Hüllfläche ∂V einen von null verschiedenen Wert liefern.

---

12 Die so genannten *Supraleiter* haben eine Leitfähigkeit von praktisch unendlich, allerdings nur bei relativ tiefen Temperaturen (unter $-100°$C).

13 Die Frage, was Ursache und was Wirkung sei, kann wechselnde Antworten haben. Solange das eine ohne das andere gar nicht existiert, bedingen sich beide gegenseitig.

2.2.5 Aufgaben

2.2.5.1 Diskussion von Stromverteilungen.

Gegeben: Das unten stehende Bild einer hypothetischen, z-unabhängigen Stromverteilung $\vec{J}$ in zwei verschiedenen Materialien, in denen das Ohm'sche Gesetz (2.7) (mit je unterschiedlichen Leitfähigkeiten) gilt. Die Stromdichte ist in jedem Teilbereich konstant, $\vec{J} = \vec{J}_1$ bzw. $\vec{J} = \vec{J}_2$. (Achtung: Gegeben ist nur das Feldbild, d.h. die *Richtungen* von $\vec{J}_1$ und $\vec{J}_2$, nicht aber deren Beträge.)

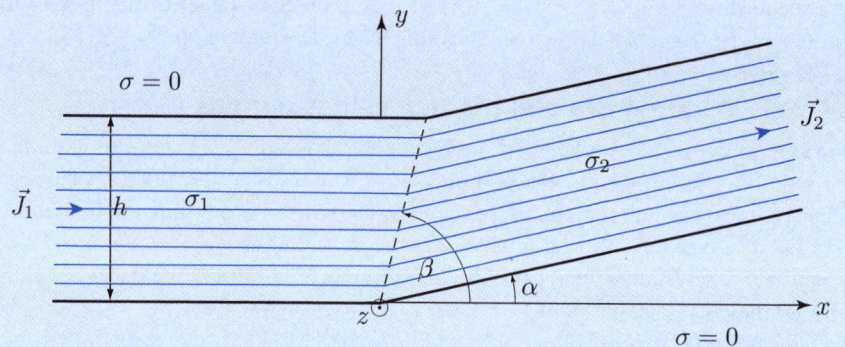

Gesucht: Ist die obige mit $\vec{J}$-Feldlinien dargestellte Stromverteilung möglich, und wie müssten allenfalls die Beträge der beiden Stromdichten sowie die Materialeigenschaften zusammenhängen?

2.3 Energie als Bindeglied verschiedener Disziplinen der Physik

Dass ein Zusammenhang zwischen verschiedenen Disziplinen der Physik nicht auf einem einzigen Bein stehen sollte, ist im Interesse der Stabilität des ganzen Gedankengebäudes zu wünschen. Anderseits gab es schon im Altertum das Bestreben, hinter der ganzen Vielfalt der Erscheinungen ein einziges Einheitliches und Verbindendes zu sehen. Der Glaube an die Existenz des alles umfassenden „göttlichen Prinzips" war auch in der Physik des 18. Jahrhunderts selbstverständlich. In der französischen Revolution (1789) wurde Gott ernsthaft in Frage gestellt, was die Physiker jedoch nicht daran hinderte, weiterhin nach dem „Einen" zu suchen, so auch zu Beginn des 19. Jahrhunderts, wo man wieder vermehrt nach *Erhaltungssätzen* suchte, nachdem früher schon Baron Gottfried Wilhelm Leibniz (1646–1716) die Idee der „Lebendigen Kraft" (vis viva) propagiert hatte.[14] Zunächst gab es in vielen physikalischen Disziplinen separate Erhaltungssätze. Im Bestreben, Erhaltungsgrößen verschiedener Disziplinen zu verbinden, schälte sich der Begriff der *Energie* allmählich als *die* zentrale Größe heraus.

---

14 Die „Lebendige Kraft" bleibt in gewissen mechanischen Systemen erhalten. Sie ist im Wesentlichen gleich der kinetischen Energie.

2.3.1 Die Wärmewirkung des elektrischen Stromes

Der englische Physiker James Prescott Joule (1818–1889) fand im Jahre 1840, dass die Wärmemenge $\triangle W_{\mathrm{w}}$, die ein galvanischer Strom während der Zeit $\triangle t$ in einem Draht erzeugt, mit der Spannung U und dem Strom I nach der Formel

$$\triangle W_{\mathrm{w}} = UI \triangle t \tag{2.10}$$

zusammenhängt. Da sowohl die Größe $U{\cdot}I$ für elektrische Systeme („Die Summe aller Leistungen im Netzwerk verschwindet") als auch die Wärmemenge in einfachen Systemen der Thermodynamik („Die Summe aller Wärmeinhalte beim Zusammenschütten von Flüssigkeiten unterschiedlicher Temperatur ist eine Konstante") Erhaltungsgrößen sind, war diese Verbindung von großer Bedeutung: Man konnte die elektrische Wärmeerzeugung in die Wärmelehre einbauen, wenn man nur das von Joule experimentell ermittelte *elektrothermische Wärmeäquivalent*[15] kannte. Schon drei Jahre später, 1843, fand J. P. Joule einen ähnlichen Bezug zur Mechanik, indem er den Zusammenhang zwischen mechanischer Arbeit (Kraft mal Weg) und Wärme angab. Diesen letzten Zusammenhang hatte ein Jahr vorher auch der Arzt J. R. Mayer (1814–1878) angegeben, nachdem er auf einer Tropenreise festgestellt hatte, dass die Farbunterschiede von venösem und arteriellem Blut dort geringer waren als in Europa. Er führte dies auf den verminderten Energiebedarf zurück und sprach 1845 als erster den *Satz von der Erhaltung der Energie* aus. Heute ist der Energiesatz der wohl am besten bestätigte Erhaltungssatz der Physik, und wir können ihn daher vorbehaltlos anwenden.

2.3.2 Die endgültige Verbindung zwischen Elektrostatik und Galvanismus

Die Wärmewirkung des galvanischen Stromes kann qualitativ mit einem *mechanischen Modell* erklärt werden: Die fließende Ladung reibt während ihrer Bewegung am Leitermaterial und erzeugt durch die Reibung Wärme. Somit wird immer dann, wenn Ladung verschoben wird, Energie umgesetzt, und die einzelnen Energien können miteinander in Bezug gebracht werden. Im Vakuum wird eine mechanische Arbeit gegen die elektrische Coulomb-Kraft geleistet, im Leiter hingegen eine über die Wärmeentwicklung messbare Arbeit gegen die hypothetische Reibungskraft. Im Innern der (chemischen) Stromquelle schließlich gibt ein nicht näher beschriebener chemischer Vorgang Energie an die vorbeifließende Ladung ab.

In diesem Modell verhalten sich die Ladungen wie *mechanische Partikel*, die potentielle Energie aufnehmen und wieder abgeben können. Im Gegensatz zum mechanischen Modell haben die Ladungen aber keine kinetische Energie. Da mechanische Modelle sehr anschaulich sind, scheinen sie uns entsprechend einleuchtend. Tatsächlich sind diese „Denkkrücken" aber keineswegs real, sondern weit hergeholte Phantasiegebilde.

Zur Illustration stellen wir für die Ladung $\triangle Q$, die in einem einfachen Stromkreis (bestehend aus einer Stromzelle und einem Draht) ihre Runden dreht, eine Energiebilanz auf. $\triangle Q$ sei zu Beginn auf der „unteren" Zellenklemme (Potential φ_{u}) und fließe nun durch die Zelle. Wenn sie an der „oberen" Klemme erscheint, hat sie das Potential $\varphi_{\mathrm{o}} > \varphi_{\mathrm{u}}$ und somit nach Unterabschnitt 1.4.2 – dort wurde das elektrostatische Potential mit

---

15 Das Wärmeäquivalent ist die Proportionalitätskonstante in (2.10), welche wegen unserer Verwendung des MKSA-Systems gleich eins ist.

jener Arbeit gleichgesetzt, die zum Verschieben einer (Einheits-)Probeladung aufgewendet werden muss – die elektrische Energie

$$\triangle W_e = \triangle Q(\varphi_o - \varphi_u) = \triangle Q\, U, \tag{2.11}$$

die sie auf ihrem weiteren Weg zurück zur „unteren" Klemme während der Zeit $\triangle t$ allmählich wieder abgibt. Dabei ist $U = \varphi_o - \varphi_u$ die Zellenspannung. Pro Zeitspanne $\triangle t$ werde die Wärmemenge $\triangle W_w$ freigesetzt. Das Postulat der Energieerhaltung,

$$\triangle W_e = \triangle W_w, \tag{2.12}$$

ergibt mit (2.11) für die Ladung

$$\triangle Q = \frac{\triangle W_w}{U}, \tag{2.13}$$

wobei beide Größen rechts der Messung zugänglich sind. Somit ist die Lücke zwischen Elektrostatik und Galvanismus geschlossen, und wir können die elektrostatische Einheit für die Ladung auch beim Strom verwenden.

Der Zusammenhang zwischen Galvanismus und Elektrostatik ist unter anderem wegen der riesigen Differenz der beteiligten Ladungen erst spät erkannt worden. Das folgende Beispiel soll diese Differenz veranschaulichen (in die gleiche Kategorie gehört das Beispiel 1.1).

Beispiel 2.1   ## Fließende Ladungen

Ein Draht mit einem Widerstand von $1\,k\Omega$ werde mit den Klemmen einer Volta-Zelle (Spannung ca. $1\,V$) verbunden. Dabei entsteht die (damals kaum messbare) Wärmeleistung $P = 1\,mW$, und es fließt pro Sekunde die Ladung $Q = 1\,mC$. Könnte man zwei solche entgegengesetzt gleich große Ladungen in $1\,m$ Entfernung voneinander aufstellen, ergäbe sich nach (1.6), die Kraft $F = 8988\,N$, d.h. fast eine Tonne!

Die tatsächlich gemessenen Kräfte, die durch elektrostatische Aufladungen zustande kamen, waren aber mindestens sechs Zehnerpotenzen kleiner. Somit sind in der Praxis die elektrostatischen Ladungen sehr klein, verglichen mit den fließenden Ladungen im Galvanismus.

2.3.3 Das Feld der Leistungsdichte

Ein stromdurchflossener, homogener Draht erwärmt sich auf der ganzen Länge gleichmäßig. Falls die Stromdichte $\vec{J}$ aber nicht homogen verteilt ist, ist auch die Erwärmung eine Funktion des Ortes. Wir wollen daher die zu dieser Erwärmung nötige Heizleistung mit einem skalaren Dichtefeld p_j beschreiben und den Bezug zwischen p_j und den Feldern der Stromdichte ($\vec{J}$) und der elektrischen Feldstärke ($\vec{E}$) herstellen.

In einem kleinen Volumenelement V können $\vec{J}$ und $\vec{E}$ als konstant angesehen werden (vgl. Abbildung 2.2). Stellen wir uns $V = l \cdot F$ als Quader vor, dessen Länge l in Richtung von $\vec{J}$ orientiert ist, fließt während der Zeit $\triangle t$ die Ladung

$$\triangle Q = |\vec{J}| \cdot F \cdot \triangle t \tag{2.14}$$

durch die Querschnittsfläche F. Die Spannung U über l ergibt sich mit dem in Richtung von $\vec{J}$ weisenden Einheitsvektor $\vec{e}_J$ zu

$$U = \vec{E} \cdot \vec{e}_J l. \tag{2.15}$$

Für die Wärmemenge $\triangle W$ im Quader gilt mit (2.13)

$$\triangle W = U \cdot \triangle Q = \vec{E} \cdot \vec{e}_J l |\vec{J}| F \triangle t, \tag{2.16}$$

und somit erhalten wir für die *Leistungsdichte*

$$p_J = \frac{\triangle W}{V \triangle t} = \vec{E} \cdot \vec{J}. \tag{2.17}$$

Wird $\triangle W$ als elektrische Energie aufgefasst, gibt diese Ortsfunktion an, wie viel elektrische Energie pro Zeit×Volumen in jedem Punkt des Leiters in eine andere Energieform umgesetzt wird. Die Vorzeichen sind so gewählt, dass p_J dann positiv ist, wenn die fließenden Ladungen Energie abgeben (vgl. zur Vorzeichenfrage auch die Ausführungen vor Gleichung (1.21) in Unterabschnitt 1.4.1.).

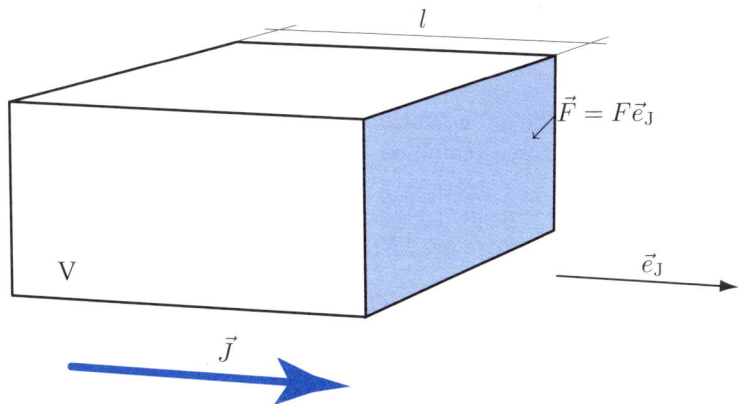

Abbildung 2.2: Das quaderförmige Volumen V ist so orientiert, dass der Strom senkrecht durch die schraffierte Frontfläche F fließt.

Man erkennt in (2.17) eine punktuelle Form der aus der elementaren Elektrotechnik bekannten Leistungsformel

$$P = U \cdot I. \tag{2.18}$$

Gilt speziell das Ohm'sche Gesetz (2.6), vereinfacht sich (2.17) zu

$$p_J = \frac{1}{\sigma} |\vec{J}|^2 = \sigma |\vec{E}|^2, \tag{2.19}$$

und p_J ist in der Regel eine Wärme- bzw. Heizleistung.

2.4 Der elektrische Widerstand

Ist das elektrische Feld $\vec{E}$ und/oder das Stromdichtefeld $\vec{J}$ im ganzen Raum bekannt, hat man zwar eine Menge von Informationen über das vorliegende physikalische System, nur braucht man in der Regel diese Information gar nicht! Für die Praxis von Interesse sind lediglich einige wenige Zahlen. Werden die „richtigen" Größen hergenommen, kann man unter ausschließlicher Verwendung dieser „richtigen" Größen das wesentliche Verhalten des Systems noch immer hinreichend beschreiben. In der Elektrostatik hatten wir zu diesem Zweck die Kapazität C eingeführt (vgl. Abschnitt 1.5). Im Zusammenhang mit dem elektrischen Strom spielt der Begriff des *elektrischen Widerstands R* eine ähnlich wichtige Rolle. Dieser Begriff wurde bereits 1802 von Volta eingeführt, der bei seinen systematischen Untersuchungen herausgefunden hatte, dass das Verhältnis von Strom und Spannung in einem gewissen Rahmen konstant ist. Er definierte den *elektrischen Widerstand* bekanntlich zu

$$R = \frac{U}{I}.$$
(2.20)

Damit hatte er das „Ohm'sche Gesetz" vorweggenommen, das 24 Jahre später von Georg Simon Ohm unabhängig von Volta wiederentdeckt wurde.

Die Definition (2.20) ist gut brauchbar, solange die beiden Größen rechts, U und I, eindeutig bestimmbar sind. Da der Strom I längs eines (isolierten) Leiters aus bereits dargelegten Gründen konstant sein muss, kann man ihn ohne besondere Willkür mit einem Flächenintegral über die Stromdichte $\vec{J}$ exakt definieren. Die Definition der Spannung U über einem stromdurchflossenen Leiter ist demgegenüber mit wesentlich mehr Willkür behaftet. Man denke etwa an einen dicken Leiter, der großflächig kontaktiert ist: Falls der Strom von der Kontaktelektrode nicht genau senkrecht in den Leiter eindringt, ist die Elektrode nicht auf konstantem Potential, und man muss jetzt willkürlich etwa ein mittleres Potential annehmen, um die Spannung über dem Leiter zu definieren. Für eine allgemeine Definition des Widerstandes ist diese Willkür jedoch unerwünscht.

Wenn wir die im Leiter umgesetzte Energie bzw. die als Integral der in (2.17) definierten Leistungsdichte p_j über das Leitervolumen V definierte *Leistung*

$$P := \iiint_V p_j \, dV$$
(2.21)

zu Hilfe nehmen, kommen wir um die Spannung herum und können den Widerstand mit (2.18) sowie (2.20) allein mit dem Strom und der Leistung definieren:

$$R = \frac{P}{I^2} = \frac{1}{I^2} \iiint_V \vec{J} \cdot \vec{E} \, dV.$$
(2.22)

Diese allgemeine Definition ordnet dem Leiter*volumen* die Größe R zu.

Es wäre jedoch Augenwischerei, zu behaupten, die Willkür sei nun völlig ausgeschaltet worden. Nimmt man für V nicht das Volumen des ganzen stromdurchflossenen Leiters, sondern ein beliebiges Teilvolumen desselben, ist der Strom wiederum nicht eindeutig definiert. Dieses Beispiel bestätigt, dass *allen* Definitionen Willkür anhaftet.

Beispiel 2.2	**Widerstandsbelag des Koaxialkabels**

Ein Koaxialkabel mit der in Übungsaufgabe 1.4.5.1 angegebenen Geometrie werde bei Gleichstrom betrieben. Der Außenleiter sei aus Aluminium und der Innenleiter aus Kupfer hergestellt. Wir wollen wissen, wie groß der Widerstand R' des Kabels pro Länge l ist.

Da es sich um einen Ausschnitt eines sehr langen Kabels handelt, dürfen wir annehmen, die Stromdichte sei im Innen- und im Außenleiter je konstant und längs, d.h. in z-Richtung gerichtet. Überdies muss innen und außen der gleiche Strom I fließen, um der Forderung nach einer *geschlossenen* Stromverteilung zu genügen. Somit gelten für die innere Stromdichte $\vec{J}_\mathrm{i}$ und die äußere Stromdichte $\vec{J}_\mathrm{a}$:

$$\vec{J}_\mathrm{i} = \frac{I}{\pi R_1^2}\,\vec{e}_z; \qquad \vec{J}_\mathrm{a} = -\frac{I}{\pi(R_3^2 - R_2^2)}\,\vec{e}_z.$$

Die Leistungsdichten sind innen und außen unterschiedlich:

$$p_\mathrm{ji} = \frac{I^2}{\sigma_\mathrm{Cu}\pi^2 R_1^4}; \qquad p_\mathrm{ja} = \frac{I^2}{\sigma_\mathrm{Al}\pi^2(R_3^2 - R_2^2)^2}.$$

Der Widerstandsbelag R' ergibt sich nun mit den Volumina $V_\mathrm{i} = l\pi R_1^2$ und $V_\mathrm{a} = l\pi(R_3^2 - R_2^2)$ zu

$$R' = \frac{p_\mathrm{ji}V_\mathrm{i} + p_\mathrm{ja}V_\mathrm{a}}{lI^2} = \frac{1}{\sigma_\mathrm{Cu}\pi R_1^2} + \frac{1}{\sigma_\mathrm{Al}\pi(R_3^2 - R_2^2)}.$$

Man beachte, dass dieser Widerstandsbelag nur bei Gleichstrom richtig ist. Wo könnte die zugehörige Spannung $U' = R'{\cdot}I$ gemessen werden?

2.5 Die konkrete Problemstellung zur Berechnung von J

Wegen des Zusammenhangs von $\vec{J}$ und $\vec{E}$, (2.5) oder (2.6), können wir das Stromdichtefeld im Leiter angeben, wenn wir dort $\vec{E}$ kennen. Das elektrische Feld hängt nach Unterabschnitt 1.2.2 über das Coulomb-Integral (1.11), mit der Ladungsdichte ϱ zusammen.[16] Das Problem reduziert sich also einmal mehr auf das Bestimmen der Ladungen.

Es könnte die Frage aufkommen, wie denn diese Ladungen an ihren Platz gelangen, nachdem wir doch mit (2.4) gefordert hatten, dass sich keine Ladungen anhäufen dürfen. Die Antwort auf diese Frage ist die folgende: Wir betrachten hier statische Situationen. Dies bedeutet, dass der Stromfluss – und damit auch das elektrische Feld und die es erzeugenden Ladungen – zeitlich unveränderlich sind. Die Ladungen kamen vorher, beim Einschalten des Stromes, an ihren Platz. Während des Einschaltvorgangs herrschen

---

16 Hier unterstellen wir, dass $\vec{E}$ und ϱ auch unter dem Beisein von Leitern über die Coulomb'sche Fernwirkung miteinander verknüpft sind. Diese Voraussetzung ist im Licht einer Fernwirkungstheorie absolut natürlich!

aber *dynamische* Verhältnisse, und dann darf (2.4) während einer beschränkten Zeit verletzt sein. Wir könnten den Aufbau des Feldes allenfalls mit geeigneten Kapazitäten der beteiligten Leiter modellieren, müssten aber beachten, dass die stromführenden Leiter kein örtlich konstantes Potential aufweisen.

Das Beispiel zeigt, dass schon bei technisch kleinen Strömen (1 mA) Ladungsmengen fließen, die in kürzester Zeit ungeheuer große Feldstärken aufbauen würden, wenn die Ladungen getrennt werden könnten. Eine Stromzelle liefert also praktisch immer Ladungen im Überfluss, von denen ein sehr kleiner Anteil getrennt wird und das notwendige Feld erzeugt, um den großen Strom der fließenden Ladung in Gang zu halten. Dabei dürfen die getrennten Ladungen nicht an beliebigen Orten, sondern nur dort sitzen, wo es die Gegenüberstellung (2.8), (2.9) zulässt, d.h. an den Inhomogenitätsstellen des Materials. Dies sind vorzugsweise die *Oberflächen* von Leitern, genau wie in der Elektrostatik. Somit ergibt sich eine enge Verwandtschaft zwischen der Problemstellung hier und dort: Es sind wiederum die unbekannten Ladungen auf den Leiteroberflächen gesucht. Die Bedingungen, um diese Ladungen zu finden, unterscheiden sich jedoch von denen in der Elektrostatik, denn hier stellen sich die Ladungen nicht so ein, dass jeder Leiter auf konstantem Potential ist, sondern so, dass das elektrische Feld überall in Richtung des Stromflusses zeigt. (Wir haben der Einfachheit halber die Gültigkeit des Ohm'schen Gesetzes (2.6) im Leiter angenommen!) Auf den Leiteroberflächen muss die elektrische Feldstärke also nicht normal, sondern tangential stehen, ausgenommen dort, wo der Strom in den Leiter hineinfließt.

Es ist somit möglich, durch eine einfache Modifikation der Randbedingungen die Lösung – d.h. zuerst die Verteilungsfunktion der Ladungen, dann daraus mit dem angegebenen Coulomb-Integral (1.11) das $\vec{E}$-Feld und schließlich mit dem Ohm'schen Gesetz (2.6) die Stromdichte $\vec{J}$ – in allen Leitern zu finden. Schwierigkeiten bieten allenfalls diejenigen Oberflächenbereiche, wo $\vec{E}$ nicht streng tangential, aber auch nicht normal sein muss, denn dort hat man keine eindeutige Vorgabe. In der Praxis wird man sich mit einem konstanten Potential, d.h. normal auf dem Rand stehender Feldstärke $\vec{E}$, behelfen.

Das eben skizzierte Vorgehen liefert das elektrische Feld nicht nur im Leiter, sondern auch im umgebenden Isolator. Ist man nur an der Stromverteilung $\vec{J}$ interessiert, braucht man das äußere Feld nicht extra zu berechnen.

Als numerisches Näherungsverfahren zur Berechnung komplizierter Anordnungen bietet sich die Teilflächenmethode an. Es sei jedoch noch ein anderes, ebenfalls erfolgreiches numerisches Verfahren vorgestellt, das eher an die in diesem Kapitel untersuchten Gegebenheiten anknüpft.

2.5.1 Die Widerstandsnetzwerk-Methode zur Berechnung elektrischer Felder

Obwohl das innere Feld (Bereiche mit $\vec{J} \neq \vec{0}$) und das äußere Feld (Bereiche mit $\vec{J} \approx \vec{0}$) in jeder konkreten Anordnung eindeutig zusammenhängen, ist es in der Praxis doch so, dass die dominant feldbestimmenden Faktoren die stromführenden Leiter sind. Dies hängt einerseits mit den riesigen Unterschieden bei den Leitfähigkeiten verschiedener Materialien und anderseits mit der Größenordnung der Ladungen zusammen: Es gibt sehr viel mehr fließende als ruhende Ladung[17]. Diese Tatsachen können für das Berechnungsverfahren von allem Anfang an berücksichtigt werden.

Die Idee ist nun die folgende: Weil die Felder im Leiter die bestimmenden sind, werden nur diese angeschaut. Man diskretisiert (d.h. man teilt das Feldgebiet in endlich viele Teilstücke auf) und behandelt jedes kleine Teilfeld mit einer Näherungsmethode. In unserem Fall liegt die Näherungsmethode auf der Hand: Jedem Teilvolumen V_i wird ein Widerstand R_i zugeordnet, zu dem ein Strom I_i und eine Spannung U_i gehören. Wir brauchen jetzt lediglich die Widerstände R_i geeignet zusammenzuschalten, und schon haben wir ein Netzwerk, in dem alle unbekannten Größen (U_i, I_i) mit den bekannten Methoden der Netzwerktheorie (im Wesentlichen lineare Algebra) ermittelt werden können.

Die noch verbleibende Schwierigkeit liegt beim „geeigneten Zusammenschalten" der Widerstände R_i. Üblich ist das folgende Vorgehen: Der ganze stromdurchflossene Raum wird mit einem kubischen Gitter belegt, d.h. von jedem Raumpunkt, dessen kartesische Koordinaten ganzzahlige Vielfache einer so genannten Gitterlänge $\triangle l$ sind, werden in Richtung der Koordinatenachsen insgesamt sechs gleiche Widerstände[18] angeordnet und in allen Knotenpunkten miteinander verbunden. In der Folge kümmert man sich nicht mehr um das *Feld* im stromdurchflossenen Material, sondern man nimmt an, dass die an den Knotenpunkten des Netzwerkes sich einstellenden Potentiale Näherungswerte für die an der entsprechenden Stelle tatsächlich auftretenden Potentiale sind. Randbedingungen können mit Spannungsquellen simuliert werden.

Das ganze Feldgebiet wird somit durch ein Netzwerk ersetzt, und jedem Knoten im Netzwerk entspricht ein Punkt im Raum, dessen Potential mit demjenigen des Netzwerkknotens übereinstimmt.

Es ist klar, dass man das Netzwerk heutzutage nicht materiell realisiert, sondern man simuliert es auf dem Computer. Dies war aber nicht immer so. Früher wurden solche Netzwerke tatsächlich aufgebaut und die Potentiale in den Knoten mit dem Voltmeter gemessen.

Aus praktischer Sicht hat die Methode einen wichtigen Nachteil: Die aus der Diskretisierung des Raumes resultierenden Fehler sind nicht direkt zugänglich, denn es gibt keinen Ort, wo das Verhalten der numerischen Näherung des Feldes oder der Näherung des Potentials mit dem wirklichen (gesuchten) Feld bzw. Potential verglichen werden könnte, wie dies beim Bildladungsverfahren (vgl. Unterabschnitt 1.7.2) oder bei der Teilflächenmethode (vgl. Unterabschnitt 1.7.1) der Fall war. Hier hat man höchstens die Gewähr, dass im Grenzfall, für sehr feine Diskretisierung, das richtige Resultat herauskommt. Immerhin bleibt die Möglichkeit einer Fehlerabschätzung auf der Basis *unterschiedlicher Diskretisierungen*. In der Praxis bedeutet dies, dass die ganze Anordnung einmal „grob" und einmal „fein" gerechnet werden muss. Falls zwischen beiden Näherungen kein großer Unterschied resultiert, besteht Hoffnung auf kleine Fehler, andernfalls muss eine weitere „sehr feine" Rechnung gemacht werden.

Zum Schluss sei darauf hingewiesen, dass dieses Verfahren natürlich nicht nur zur Berechnung von Strömungsfeldern $\vec{J}$, sondern via Analogie und mit dem Ohm'schen Gesetz (2.6) ebenso gut zur Berechnung elektrostatischer Felder benützt werden kann.

---

17 Bei der *fließenden* Ladung ist die nach außen kompensierte bewegte Ladung des Stromes gemeint, während zu den *ruhenden* nur die getrennten, nach außen nicht kompensierten so genannten Überschussladungen gezählt werden.

18 Das Wort „Widerstand" bezeichnet hier das Bauteil!

2.5.2 Aufgaben

2.5.2.1 Leckwiderstand beim Koaxialkabel

Gegeben: Das Koaxialkabel aus Übungsaufgabe 1.4.5.1 , wobei die Leiter ideal seien, das Vakuum zwischen den Leitern aber durch ein Dielektrikum mit der (geringen) Leitfähigkeit σ ersetzt wird.

Gesucht:

a Man berechne (unter Berücksichtigung der Ergebnisse von Übungsaufgabe 1.4.5.1) die elektrische Stromdichte $\vec{J}$ im Dielektrikum und dann den Leitwertbelag G'_{Koax} des Kabels, d.h. den Leitwert pro Länge l.

b Man vergleiche die Energie in der Kabelkapazität C' mit der pro Sekunde in Wärme umgesetzten Energie im Leckwiderstand in Funktion der Kabelspannung.

2.5.2.2 Leckwiderstand bei der Zweidrahtleitung

Gegeben: Die Zweidrahtleitung aus Übungsaufgabe 1.4.5.3 , wobei die Leiter ideal seien, die Luft zwischen den Leitern aber eine (geringe) Leitfähigkeit σ aufweist.

Gesucht:

a Man berechne (unter Berücksichtigung der Ergebnisse von Übungsaufgabe 1.4.5.3) die elektrische Stromdichte $\vec{J}$ und dann den Leitwertbelag G'_{2draht} des Kabels, d.h. den Leitwert pro Länge l.

b Man vergleiche die Energie in der Kabelkapazität mit der pro Sekunde in Wärme umgesetzten Energie im Leckwiderstand in Funktion der Kabelspannung.

Z U S A M M E N F A S S U N G

Wir wollen kurz zusammenfassen, was wir in diesem Kapitel über den elektrischen Strom gelernt haben, und müssen betonen, dass die folgenden Gleichungen nur im statischen Fall („alles ist von der Zeit unabhängig") korrekt sind.

Der ursprünglich an seiner chemischen Wirkung beobachtete elektrische Strom („gemessen in mg Silber pro Sekunde") ist bewegte elektrische Ladung. Wegen des bereits im letzten Kapitel entdeckten Gesetzes von der Erhaltung der Ladung muss der Stromfluss – beschrieben mit der Stromdichte $\vec{J}$ – durch jede geschlossene Hüllfläche ∂V verschwinden:

$$(2.4) \qquad \oiint_{\partial V} \vec{J} \cdot d\vec{F} = 0.$$

Andernfalls würden die Ladungen sich im Volumen V anhäufen, was zeitlich veränderliche elektrische Felder zur Folge hätte.

Die meisten Materialien setzen dem Stromfluss einen gewissen Widerstand entgegen: Wenn elektrischer Strom fließt, muss auch ein elektrisches Feld $\vec{E}$ vorhanden sein. Der Zusammenhang zwischen $\vec{J}$ und $\vec{E}$ kann kompliziert sein, ist aber in vielen Fällen mit dem Ohm'schen Gesetz

$$(2.6) \qquad \vec{J} = \sigma \vec{E}$$

hinreichend genau beschrieben. Die Leitfähigkeit σ ist dabei ein Materialparameter.

Wenn immer Ladung längs eines $\vec{E}$-Feldes verschoben wird, findet ein Energieumsatz statt (Kraft mal Weg). Daraus ergibt sich allgemein die Leistungsdichte

$$(2.17) \qquad p_j = \vec{J} \cdot \vec{E},$$

welche unabhängig von der Gültigkeit des Ohm'schen Gesetzes richtig ist. Dabei bedeutet p_j die von elektrischer in andere Energie verwandelte Leistung, die im Innern von Quellen negativ sein kann.

Die Frage, wie viel elektrische Ladung ein Strom von, sagen wir, $1\frac{\mathrm{mg\,Ag}}{\mathrm{s}}$ mit sich führt, war lange Zeit nicht klar. Erst die Entwicklung des Energiebegriffs und das Postulat der Energieerhaltung lieferte eine indirekte Bestimmung, wobei neben der Mechanik auch die Wärmelehre einbezogen werden musste, um den Bezug zwischen elektrostatischer und Stromenergie herzustellen. Abbildung 2.3 stellt die Beziehungen zwischen den bis jetzt separaten Disziplinen der Physik grafisch dar. Die in unserem Schema letzte freischwebende Disziplin, den Magnetismus, wollen wir im nächsten Kapitel unter die Lupe nehmen.

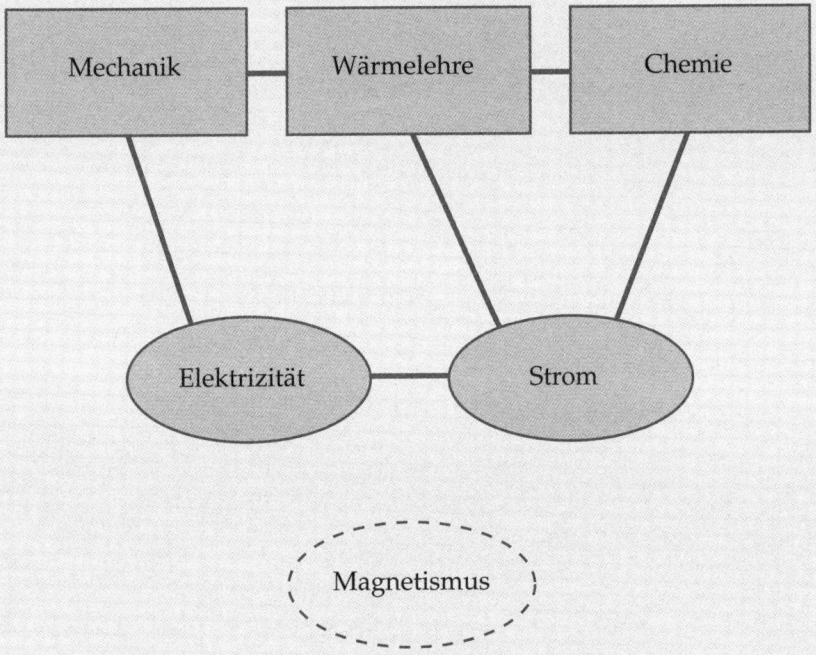

Abbildung 2.3: Die früher unabhängigen Teilgebiete Elektrostatik und Stromlehre konnten im Laufe der ersten Hälfte des 19. Jahrhunderts vor allem durch die Entwicklung des Energiebegriffs in enge Beziehung zueinander gebracht werden.

Z U S A M M E N F A S S U N G

Magnetostatik

3

ÜBERBLICK

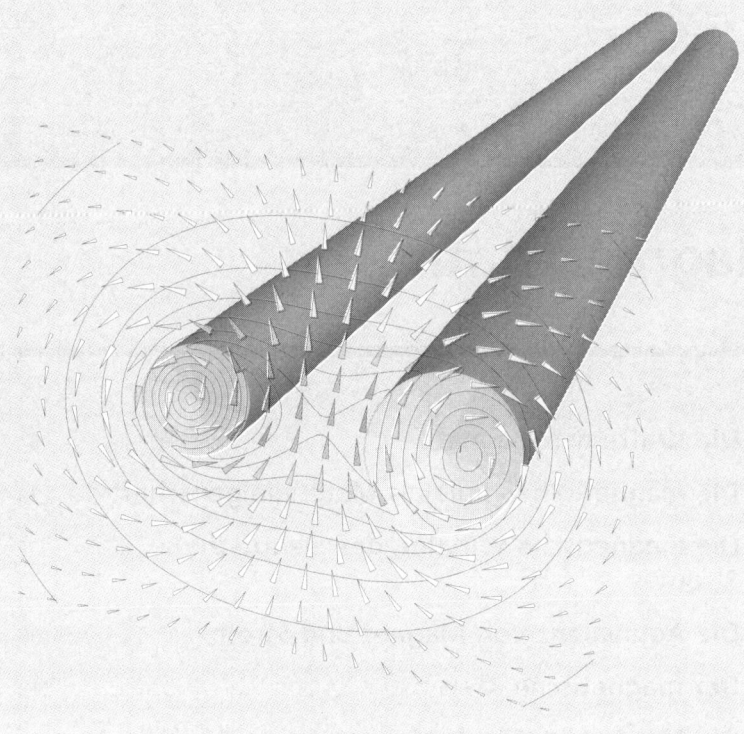

Zu der zu Beginn des zweiten Kapitels gezeigten Stromverteilung gehört das hier dargestellte Magnetfeld. Die Drähte und das isolierende Material dazwischen sind unmagnetisch. Die Dreiecke beschreiben Richtung und Größe des Feldes, während die Linien so genannte Äquifeldstärkelinien darstellen. Dies bedeutet, dass längs dieser Linien der Betrag des Magnetfeldes einen konstanten Wert aufweist.

Die Äquidistanz beträgt 10% des Maximalwertes, der hier auf der Oberfläche des dünneren (linken) Drahtes auf der dem Rückleiter zugewandten Seite auftritt. Das Feld dieser Anordnung ist aus Symmetriegründen längs der Drahtachse unveränderlich. Daher genügt die Darstellung in einer einzigen Querschnittsebene. Zu den gezeichneten Äquifeldstärkelinien gehören somit in Wirklichkeit zylindrische Äquifeldstärkeflächen.

In diesem Kapitel wollen wir die Geheimnisse des Magnetismus erhellen und zunächst die schon sehr lange bekannten Kraftwirkungen zwischen magnetischen Materialien anschauen. Es gelingt in fast vollständiger Analogie zu unseren Kenntnissen aus der Elektrostatik eine Theorie zu bilden und ein magnetisches Feld zu definieren. Anders als in der Elektrostatik wird es sich hier zeigen, dass magnetische Ladungen nicht vom Material getrennt werden können. Daher werden wir von Anfang an die scheinbaren magnetischen Ladungen als Materialeigenschaft definieren. Erst dann werden wir die magnetische Wirkung des elektrischen Stromes betrachten und somit den Bezug zur Elektrizität herstellen. Dies geht soweit, dass schließlich der Magnetismus von Materie durch geeignete (atomare) Stromverteilungen erklärt werden kann. Andererseits wird offensichtlich, dass das (statische) Magnetfeld Eigenständigkeit aufweist und nicht etwa auf elektrostatische Kräfte zurückgeführt werden kann.

3.1 Die Kräfte der Magnete

Im ersten Kapitel wurde bereits erwähnt, dass die Kraftwirkungen des Magneteisensteins (Magnetit) auf andere Eisenteile seit etwa 4000 Jahren bekannt sind. Die Chinesen kannten bereits im 1. Jahrhundert nach Christus die Ausrichtung eines frei beweglichen Magneteisensteins nach Süden. Diese Tatsache wurde aber vorwiegend zu kultischen Zwecken benützt. Spätestens ums Jahr 980 ist auch die praktische Anwendung als „Südweiser" (Kompass) verbürgt. In Europa kennt man die gleiche Anwendung, jetzt als „Nordweiser", seit dem 12. Jahrhundert. Zur Erklärung des Phänomens glaubte man lange Zeit an einen großen *Magnetberg* im Norden, den erst William Gilbert in seinem bereits erwähnten Werk „De magnete" (1600) ins Reich der Fabeln verwies. Er beschrieb die Erde als großen Magneten[1]. Zur Erklärung des Erdmagnetismus existieren heute verschiedene Modelle, von denen keines vollständig befriedigt, sodass diese Frage bis heute als offen taxiert werden muss. Wir werden uns daher hier nicht weiter mit dem Erdmagnetismus beschäftigen.

Daneben spielten lange Zeit die *medizinischen Anwendungen* des Magnetismus eine große Rolle. Der Glaube an eine heilende Wirkung des Magneteisensteins war sehr verbreitet. Die Bemühungen erreichten in der Mitte des 18. Jahrhunderts einen Höhepunkt, als Franz Mesmer (1734–1815) seine „magnetischen Curen" anbot und durch Auflegen von Magneten, aber auch durch Handauflegen, Berühren und Streichen des Körpers beachtliche Heilerfolge erzielte. Da man ein vorher unmagnetisches Stück Stahl durch Streichen mit einem Magneten dauerhaft magnetisieren konnte, glaubte er an ein magnetisches Fluidum (so genannter Heilmagnetismus oder *Mesmerismus*), das auf die gleiche Weise auf den Menschen übergehen konnte. Auf Betreiben der etablierten Ärzteschaft setzte der französische König Louis XVI. 1784 eine Kommission ein, die Mesmers Erfolge auf Suggestion zurückführte.

Dass der Mensch auf sehr starke Magnetfelder reagieren kann – beispielsweise kann der Sehvorgang gestört werden: Man „sieht" charakteristische Farbmuster, wenn der Kopf in ein starkes Magnetfeld gebracht wird –, ist heute unbestritten. Da es Tiere gibt (z.B. Zugvögel oder Haie), bei denen eine Sensitivität auch bei schwachen Feldern eindeutig nachgewiesen ist, kann man dies beim Menschen nicht grundsätzlich ausschließen. Die Diskussionen drehen sich heute um die *Art* einer allfälligen Wirkung, d.h. um die Frage, ob ein (schwaches) Magnetfeld im Körper eine heilende, eine pathogene, eine nur

---

1 *Magnet* heißt jeder Körper, der die gleichen Wirkungen zeigt wie der in der Natur vorkommende Magneteisenstein.

vorübergehende und harmlose oder überhaupt keine Wirkung zeigt. Weiter gehende Fragestellungen, etwa jene nach dem Wirkmechanismus, sind interdisziplinär und müssen von Biochemie, Medizin, Physik etc. gemeinsam angegangen werden. Diesbezügliche Forschungen sind jedoch im Anfangsstadium, und es gibt wenig gesicherte Ergebnisse.

3.1.1 Die magnetischen Phänomene aus technischer Sicht

Aus technisch-physikalischer Perspektive äußern sich die magnetischen Wirkungen als *mechanische* Kräfte, die sich allerdings von den stets anziehenden Kräften des geriebenen Bernsteins in vielem unterscheiden. Wir wollen im Folgenden diese Kräfte phänomenologisch beschreiben, erwähnen aber nur die starken, bereits vor 1800 bekannten Phänomene. Später hat sich nämlich gezeigt, dass es weitere (schwache) magnetische Erscheinungen gibt (vgl. den Schluss von Unterabschnitt 3.2.2). Um korrekt zu sein, bedienen wir uns zur Beschreibung jener Sachverhalte, die später revidiert wurden, der Vergangenheitsform.

- Während ein geriebener Bernstein *jedes* Material mehr oder weniger stark anzieht, war bei den Magneten nur bei sehr wenigen Materialien eine Kraftwirkung festgestellt worden. Man unterschied drei Gruppen von Stoffen: die permanent magnetischen Stoffe (kurz: *Magnete*), die vorübergehend magnetischen Stoffe (*weichmagnetische* Stoffe) und die unmagnetischen Stoffe, wobei fast alle Materialien zu dieser letzten Gruppe gehörten. Zur ersten Gruppe gehörten lediglich einige Mineralien, vor allem das Magnetit, und zur zweiten Gruppe gehörte im Wesentlichen das Eisen, daneben auch Nickel (Ni) und Kobalt (Co). „Eisen" ist im Folgenden immer das vorübergehend magnetische, so genannte weiche Eisen.

- Man beobachtet, dass die Kraftwirkungen der Magnete von der Richtung abhängen: Jeder Magnet hat zwei Enden, in deren Nähe die Wirkungen besonders stark sind, während auf der Magnetoberfläche zwischen diesen *Polen* wesentlich schwächere Kräfte auftreten. Die Wirkungen, welche von den Polen ausgehen, sind unterschiedlich, weshalb die beiden Pole unterschieden werden. Lagert man einen Magneten frei drehbar, richten sich die Pole nach Nord-Süd aus. Man unterscheidet demzufolge zwischen *nord-* und *südweisenden* Polen.

- Die Kräfte sind unterschiedlich, je nachdem, ob zwei Magnete oder ein Magnet plus ein Stück Eisen im Spiel ist. Ein Stück Eisen wird von beiden Polen eines Magneten angezogen. Weicht die Form des Eisenstückes stark von der Kugel ab, kann außer der Kraft unter Umständen auch ein *Drehmoment* am Eisen festgestellt werden. Erhöht man den Abstand r eines kleinen Eisenstückes von einem Magneten, wird die Kraft zunehmend schwächer. Das Abstandsverhalten ist proportional zu $1/r^5$, wenn r groß ist, gegen die Dimension des Magneten.
 Die Kräfte zwischen zwei Magneten sind komplizierter. Bekanntlich ziehen sich nur die ungleichen Pole an, während sich gleichnamige Pole *abstoßen*. Infolgedessen wirken oft auch Drehmomente, wenn die Magnete nicht aufeinander ausgerichtet sind. Das Abstandsverhalten der Kraft zwischen zwei Magneten ist proportional zu $1/r^3$, sofern r die Abmessungen beider Magnete klar übersteigt.

- Die Lage der Pole auf dem magnetischen Körper hat kaum einen Zusammenhang mit der Gesamtform des Körpers, sondern scheint eng mit dem Material verbunden zu sein. Hat etwa ein gerader Stahldraht seine Pole an den Enden, bleiben diese dort, auch wenn man den Draht zu einem U biegt.

- Es ist niemals möglich, einen einzelnen Pol von einem Magneten abzuschneiden. Versucht man z.B., den eben erwähnten Stahldraht ein wenig zu verkürzen, entsteht an der Schnittstelle des Reststücks ein neuer Pol, und das kleine abgeschnittene Stücklein hat selber zwei (schwache) Pole. Dieser Umstand führt bekanntlich auf das Modell, wonach jeder Magnet aus vielen sehr kleinen *Elementarmagneten* besteht, deren Wirkungen sich überlagern.

Zu Gilberts Zeiten war es nicht möglich, das Abstandsverhalten der Kraftwirkungen genügend genau zu messen, um sie formelmäßig zu erfassen. Nachdem Isaac Newton sein Gravitationsgesetz aufgestellt hatte, war aber klar, dass sich die magnetischen Kräfte anders als die Gravitationskräfte verhalten. Trotzdem führten die Autorität von Newton und der große Erfolg seiner Theorie dazu, auch in den magnetischen Kräften das Abstandsverhalten der Massenanziehung, d.h. ein $1/r^2$-Gesetz, zu suchen.

Zwischenbemerkung: Die Theorie der magnetischen Erscheinungen hat sich im Laufe der Zeit stark gewandelt. Die Ursache zu diesem Wandel liegt vor allem in der erst später entdeckten magnetischen Wirkung des elektrischen Stromes (vgl. Abschnitt 3.3), die nach heutiger Auffassung elementarer ist als die Kraftwirkungen der Permanentmagnete. Dem historischen Ablauf folgend, versuchen wir in diesem Abschnitt 3.1, zuerst eine „Vortheorie" der letzteren Kräfte zu entwickeln, die sich formal eng an die Elektrostatik anlehnt. In dieser „Vortheorie" werden die Pole der Magnete idealisiert und als *Punktpole* angesehen, was praktisch nur mit beschränkter Genauigkeit möglich ist – etwa bei einem magnetisierten Stahldraht. Die Tatsache, dass sich immer zwei Pole auf einem Magneten befinden, wird dabei *nicht* berücksichtigt, sondern muss als Nebenbedingung extra formuliert werden – genauso übrigens, wie dies auch für die (dort nur global und nicht für jeden Körper separat geltende) Ladungsneutralität in der Coulomb'schen Theorie der Elektrostatik nötig ist.

3.1.2 Das Coulomb'sche Gesetz der Magnetik

C. A. Coulomb war der Erste, der die Kräfte in der Nähe der Pole quantitativ untersuchte und für die Anziehung bzw. Abstoßung zwischen zwei Magnetpolen 1786[2] ein Gesetz fand, das sich in der Form nicht vom Coulomb'schen Gesetz der Elektrostatik, (1.5), unterscheidet:

$$\vec{F}_i \sim \frac{p_i p_j}{r^2} \vec{e}_{ji}, \tag{3.1}$$

wobei p_i, p_j die magnetischen Polstärken sind. Die übrigen Symbole haben eine analoge Bedeutung wie in (1.5). Verwenden wir heutige Einheiten (MKSA-System), wird die Proportionalität (3.1) zu einer Gleichung:

$$\vec{F}_i = \frac{1}{4\pi\mu_0} \frac{p_i p_j}{r^2} \vec{e}_{ji}. \tag{3.2}$$

Dabei ist $\mu_0 = 4\pi \cdot 10^{-7} \frac{\text{Vs}}{\text{Am}}$ die magnetische *Permeabilität* des Vakuums, und für die Polstärken ergibt sich aus (3.2) die Einheit V·s. Nord- und südweisende Pole werden durch das Vorzeichen unterschieden, wobei das positive Vorzeichen willkürlich für den nordweisenden Pol gewählt wurde. Die Analogie zur Gleichung (1.6) ist vollständig.

Die Formel (3.2) unterstellt den Magnetpolen einen exakten Ort, was natürlich nur näherungsweise zutrifft. Der magnetische „*Punktpol*" ist – genau wie die Punktladung der Elektrostatik bzw. der Massenpunkt in der Mechanik – eine Modellvorstellung.

Das Gesetz (3.2) rückte die drei Gebiete Mechanik, Elektrostatik und Magnetik auf einer formalen Ebene nahe zusammen. Die Unterschiede sind nicht in der Theorie enthalten: In der Mechanik gibt es nur positive Massen, während in der Elektrostatik und in der Magnetik Ladungen bzw. Pole beider Vorzeichen existieren. In der Elektrostatik besteht

---

2 Ein Jahr zuvor hatte er das elektrostatische Pendant gefunden.

eine *globale* Neutralitätsforderung: Die Gesamtladung des Universums verschwindet.[3] In der Magnetik schließlich besteht sogar eine *lokale* Neutralität: Es ist niemals möglich, einen magnetischen Pol zu isolieren. Vielmehr sind zwei Magnetpole *immer* mit magnetischem Material verbunden.

In der Elektrostatik schien die globale Neutralität derart nebensächlich, dass sie überhaupt nicht in die Theorie eingebaut wurde. Die Neutralität der Magnetik findet in der Coulomb'schen Theorie ebenfalls noch keinen Platz. Wir werden diesem Umstand aber später Rechnung tragen müssen. Trotzdem wollen wir zuerst auf dem Gesetz (3.2) aufbauen, dabei die Analogie zur Elektrostatik ausnützen und die dort gewonnenen Erkenntnisse auf die Magnetik übertragen.

3.1.3 Das magnetische Feld

Das Coulomb'sche Gesetz der Magnetostatik, (3.2), beschreibt die Kraftwirkung zwischen zwei magnetischen Monopolen. Sind mehrere Monopole vorhanden, gilt wie in der Elektrostatik das Superpositionsprinzip (vgl. Unterabschnitt 1.2.1). Wir führen hypothetisch den isolierten „Probepol" p am Ort $\vec{r}$ ein. Die total N an den Orten $\vec{r}_j$ platzierten Monopole p_j verursachen eine auf p wirkende Kraft $\vec{F}$. Analog zu (1.7) gilt

$$\vec{F} = \frac{p}{4\pi\mu_0} \sum_{j=1}^{N} \frac{p_j \cdot (\vec{r} - \vec{r}_j)}{|\vec{r} - \vec{r}_j|^3}, \tag{3.3}$$

was messtechnisch bestätigt werden muss. Dies ist tatsächlich möglich, wobei allerdings wegen der Unrealisierbarkeit eines „Probemonopols" p ein *Probedipol* $\vec{m}$, d.h. zwei entgegengesetzt gleiche Monopole in einem kleinen Abstand (Magnetnadel), eingesetzt werden muss. Ohne eine genaue Formel anzugeben, sei die Verkomplizierung einer solchen Messung angedeutet: Die Lage des Probedipols muss mit *zwei* Vektoren, seinem Ort $\vec{r}$ und zusätzlich mit seiner Richtung angegeben werden (deshalb ist $\vec{m}$ ein Vektor!). Weiter besteht die Wirkung auf $\vec{m}$ nicht nur in einer Kraft, sondern zusätzlich in einem *Drehmoment*. In speziellen Fällen, wenn die Kraftwirkungen in einer ganzen Umgebung von $\vec{r}$ konstant sind, heben sich die Kräfte auf die beiden Pole des Dipols auf, und es bleibt das Drehmoment allein[4]. Ist der Probedipol frei drehbar gelagert, wird er sich immer in Richtung von $\vec{F}$ ausrichten, und der Betrag der Kraft kann aus jenem Drehmoment berechnet werden, das auftritt, wenn die Nadel aus dieser Richtung hinausgedreht wird.

Die Gleichung (3.3) enthält den „Probepol" p, der am beliebigen Ort $\vec{r}$ *gedacht* wird. Wir definieren analog zum elektrischen Feld (Gleichung (1.9)) die vom Probepol p unabhängige *magnetische Feldstärke*

$$\vec{H}(\vec{r}) := \frac{\vec{F}}{p}, \tag{3.4}$$

welche im ganzen Raum auch dann definiert ist, wenn kein Probepol vorhanden ist. Das Feld, welches zu N Punktpolen p_j gehört, kann nun einfach angegeben werden:

$$\vec{H}(\vec{r}) = \frac{1}{4\pi\mu_0} \sum_{j=1}^{N} \frac{p_j \cdot (\vec{r} - \vec{r}_j)}{|\vec{r} - \vec{r}_j|^3}. \tag{3.5}$$

---

3 Dies wird heute angenommen. Zu Coulombs Zeiten war lediglich bekannt, dass bei der *Erzeugung* von Ladungen immer gleichviel positive wie negative herauskommen.

4 Dies ist z.B. beim Erdmagnetismus der Fall.

Obwohl das so definierte $\vec{H}$-Feld die Wirkung der magnetischen Pole aufeinander gut beschreibt, ist sie doch von geringem praktischen Nutzen, denn die Monopole p_j sind selten gegeben. Außerdem müssen immer geeignete Nebenbedingungen formuliert werden, um der Tatsache Rechnung zu tragen, dass in jedem Stück Material die Summe der Pole verschwindet.

3.2 Die magnetischen Pole als Materialeigenschaft

Die Tatsache, dass jedes Bruchstück eines Magneten selber ein vollständiger Magnet mit zwei Polen ist, führt auf das Modell der Elementarmagnete (vgl. Unterabschnitt 3.1.1). Anders als bei der elektrischen Ladung, die man sich ohne weiteres kontinuierlich verteilt denken kann, bereitet hier die Vorstellung eines Kontinuums Mühe, weil jeder Elementarmagnet aus zwei verschiedenen Polen besteht, also selber strukturiert ist. Zur Zeit von Coulomb war die Vorstellung von strukturierten Atomen durchaus gängig, auch wenn die Struktur der Atome noch sehr diffus war und auf Ad-hoc-Annahmen beruhte, welche gemacht wurden, um beispielsweise das chemische Verhalten von gewissen Stoffen zu „erklären". Heute haben wir uns an kompliziert strukturierte Atome gewöhnt und kaum jemand stört sich daran.

Wir unterstellen somit den Atomen des magnetischen Materials eine Struktur, die sie zu Elementarmagneten macht. Es gelingt damit, nicht nur den Magnetismus der permanenten Magnete zu erklären, sondern wir können gleichzeitig auch die weichmagnetischen Stoffe „verstehen", indem wir annehmen, dass bei Ersteren die Elementarmagnete dauernd ausgerichtet sind, während bei Letzteren im Normalzustand jeder Elementarmagnet in eine andere Richtung zeigt und sich dadurch die Wirkungen gegenseitig aufheben. In weichmagnetischen Stoffen können sich die Elementarmagnete also nur unter dem Einfluss eines äußeren Magnetfeldes $\vec{H}$ ausrichten. Das Modell erinnert stark an die elektrische Polarisierung von Isolatoren (vgl. Unterabschnitt 1.6.1). Genau wie dort wollen wir die Wirkung des Materials mit einer magnetischen Dipoldichte beschreiben.

3.2.1 Die magnetische Induktion *B* und die Magnetisierung *M*

Wie in Unterabschnitt 1.6.3 definieren wir – analog zum elektrischen Dipolmoment $\vec{p} = Q\vec{d}$ (vgl. Abbildung 1.13) – das *magnetische Dipolmoment* $\vec{m} = p\vec{d}$ [5] und daraus die magnetische Dipoldichte oder *Magnetisierung* [6]

$$\vec{M} = \lim_{\triangle V \to 0} \frac{1}{\triangle V} \sum_j \vec{m}_{j\cdot}, \qquad (\vec{m}_j \text{ in } \triangle V). \tag{3.6}$$

Falls die Magnetisierung nicht homogen ist, gehört dazu eine *gebundene* magnetische Ladungsdichte (vgl. die analoge elektrische Beziehung (1.58))

$$\varrho_m = -\mu_0 \operatorname{div} \vec{M}, \tag{3.7}$$

wobei der Faktor μ_0 aus historischen Gründen hinzugefügt wurde. Genau wie im elektrischen Fall, wo $\vec{D}$ nur die freien, $\vec{E}$ jedoch die freien *und* die gebundenen Ladungen

---

5 p ist die magnetische Monopolstärke und hat nichts mit dem elektrischen Dipolmoment $\vec{p}$ zu tun!

6 Neben der Magnetisierung $\vec{M}$ ist auch die *magnetische Polarisation* $\vec{J}$ gebräuchlich. Es gilt $\vec{J} = \mu_0 \vec{M}$. Wir haben das Symbol $\vec{J}$ für die Stromdichte reserviert!

als Quellen hat, führt man hier ein weiteres Feld $\vec{B}$ ein, das wegen der Inexistenz freier magnetischer Ladungen der Gleichung

$$\oiint_{\partial V} \vec{B} \cdot d\vec{F} = 0 \tag{3.8}$$

genügt. Dabei ist ∂V die Berandung eines *beliebigen* Volumens V. $\vec{B}$ heißt *magnetische Induktion* (oder *magnetische Flussdichte*) und ist mittels

$$\vec{B} = \mu_0(\vec{H} + \vec{M}) \tag{3.9}$$

mit der magnetischen Feldstärke $\vec{H}$ und der Magnetisierung $\vec{M}$ verknüpft.

Die magnetische Induktion $\vec{B}$ hat im MKSA-System die Dimension $\frac{\text{Vs}}{\text{m}^2} = \text{T}$ [Tesla], während die Dimensionen von $\vec{M}$ und $\vec{H}$ übereinstimmen ($\frac{\text{A}}{\text{m}}$). Im Vakuum verschwindet $\vec{M}$. Dann sind $\vec{H}$ und $\vec{B}$ proportional und $1\frac{\text{A}}{\text{m}}$ entspricht $4\pi \cdot 10^{-7}\,\text{T} \approx 1.26\,\mu\text{T}$.

Beispiel 3.1   Feld eines Stabmagneten

Gegeben sei ein mit $\vec{M}_0$ homogen magnetisierter Stabmagnet. Da die Magnetisierung im Material konstant ist, verschwindet nach (3.7) die zugehörige magnetische Ladungsdichte im Stab, und es bleibt lediglich eine magnetische Flächenladungsdichte auf den Enden des Stabmagneten. Das $\vec{H}$-Feld dieser Ladung kann mit einer Formel analog zu (3.5) (mit einem Integral statt einer Summe) bestimmt werden. Die Integration führt für einen allgemeinen Punkt (im Falle eines kreisförmigen Querschnitts des Permanentmagneten) auf elliptische Integrale und kann somit nicht elementar analytisch, wohl aber numerisch durchgeführt werden. Das Feld sieht fast gleich aus wie das $\vec{E}$-Feld eines Plattenkondensators mit weit auseinander gezogenen dünnen Platten. Der einzige Unterschied ist, dass wir hier *konstante* Poldichten auf den Stirnflächen des Permanentmagneten haben. Die Abbildung zeigt links eine numerische Berechnung von $\vec{H}$. Das $\vec{B}$-Feld (rechts in der Abbildung) erhält man daraus mit den Materialgleichungen (3.9), die natürlich im Material und in der Luft unterschiedlich sind. Interessant ist, dass im Magnet die Felder $\vec{B}$ und $\vec{H}$ entgegengesetzt gerichtet sind.

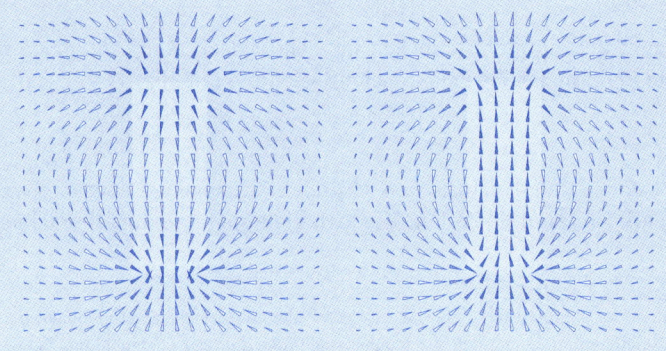

Man beachte, dass $\vec{B}$ mit der Gleichung (3.8) allein *nicht* eindeutig definiert ist. Vielmehr gehört der Zusammenhang zu $\vec{H}$ und $\vec{M}$, (3.9), wesentlich dazu. Immerhin ist mit $\vec{B}$ eine Feldgröße eingeführt worden, welche die Nichtexistenz magnetischer Monopole in jedem Punkt des Raumes berücksichtigt.[7] Will man diese Tatsache in der Theorie besonders betonen, wird man der magnetischen Flussdichte $\vec{B}$ die grundlegende physikalische Realität geben und $\vec{H}$ als Hilfsgröße betrachten. Dies ist die Sicht vieler Physiker. Wir nehmen den pragmatischen Standpunkt ein und behandeln beide Größen gleichberechtigt.

3.2.2 Der Zusammenhang zwischen *H* und *M*

Mit der Zerlegung von $\vec{H}$ in $\vec{B}$ und $\vec{M}$[8] haben wir die Wirkung des Materials auf die Magnetisierung $\vec{M}$ geschoben. Diese ist jedoch nicht a priori bekannt, sondern muss irgendwie bestimmt werden. Es ist klar, dass nur in magnetischen Stoffen eine Magnetisierung vorhanden sein kann. Da die Magnetisierung etwas mit der Ausrichtung der Elementarmagnete zu tun hat und diese durch das $\vec{H}$-Feld ein Drehmoment erfahren, gilt offenbar in weichmagnetischen Stoffen

$$\vec{M} = \vec{M}(\vec{H}), \tag{3.10}$$

während in Permanentmagneten die Magnetisierung konstant ist oder mindestens einen konstanten Anteil $\vec{M}_0$ aufweist:

$$\vec{M} = \vec{M}_0 + \vec{M}_{\mathrm{v}}(\vec{H}). \tag{3.11}$$

Dabei ist $\vec{M}_{\mathrm{v}}$ der variable Anteil. Es ist eine Aufgabe der Festkörperphysik und der Materialwissenschaften, genauere Angaben über $\vec{M}$ zu machen. Die Modelle sind insbesondere bei den so genannten ferromagnetischen Stoffen, zu denen Eisen, Nickel und Kobalt gehören, sehr kompliziert. Oft ist zur Beschreibung der momentanen Magnetisierung nicht nur die Feldstärke $\vec{H}$ zum gleichen Zeitpunkt nötig, sondern zusätzlich der zeitliche Verlauf von $\vec{H}$ zu allen früheren Zeiten.

In speziellen Fällen, etwa bei weichem Eisen und kleinen Feldstärken, ist die Magnetisierung proportional zu $\vec{H}$:

$$\vec{M} = \chi_{\mathrm{m}}\vec{H}. \tag{3.12}$$

Dabei ist χ_{m} die *magnetische Suszeptibilität*. Setzen wir diese Beziehung in (3.9) ein, ergibt sich ein einfacher Zusammenhang zwischen der Feldstärke $\vec{H}$ und der magnetischen Induktion $\vec{B}$:

$$\vec{B} = \mu_0(1 + \chi_{\mathrm{m}})\vec{H} = \mu_0\mu_{\mathrm{r}}\vec{H} = \mu\vec{H}, \tag{3.13}$$

wobei die dimensionslose Zahl μ_{r} *relative Permeabilität* heißt und μ die Permeabilität des betreffenden Mediums ist.

---

7 Gewisse Physiker glauben, vereinzelt magnetische Monopole gefunden zu haben, einen davon z.B. in Stanford am Valentinstag des Jahres 1984. Allerdings wurden diese höchst seltenen Einzelereignisse nie unabhängig bestätigt und bleiben daher fragwürdig. Verglichen mit den ca. 10^{24} elektrischen Monopolen in einem einzigen Gramm Eisen, können wir die magnetischen Monopole mit gutem Grund vernachlässigen. Andere Theorien sprechen davon, dass die wahrscheinlichste Anzahl magnetischer Monopole im Universum 1 (in Worten: eins) sei. Kurz: Die Frage ist auch zu Beginn des 21. Jahrhunderts noch nicht entschieden.

8 Die unterschiedliche Dimension der beiden Größen ist bei dieser Argumentation ohne Bedeutung!

Mit der Verfeinerung der Messtechnik gelang es später (M. Faraday, 1845), bei bisher als unmagnetisch geltenden Stoffen ebenfalls eine (kleine) Wirkung des Magnetfeldes festzustellen. Neben den bereits erwähnten ferromagnetischen Stoffen mit einer ziemlich großen relativen Permeabilität ($\mu_r \approx 10^2 \ldots 10^6$) gibt es die so genannten *paramagnetischen* Stoffe, bei denen $\mu_r > 1$ ist, sowie die *diamagnetischen* Stoffe mit $\mu_r < 1$. Die Abweichung von der Einheit ist bei den beiden letzten Stoffgruppen nur sehr gering (weniger als 1 Prozent). Für dia- und paramagnetische Stoffe ist im Übrigen die Proportionalität (3.12) in weiten Bereichen der Feldstärke gegeben. Wir gehen auf die zugehörigen Materialmodelle nicht ein und bemerken lediglich, dass *alle* Materie auf Magnetfelder reagiert.

Die Magnetik fristete lange Zeit ein völlig eigenständiges Dasein, denn außer der Tatsache, dass Kräfte über eine Distanz wirken konnten und dabei sogar eine formale Gleichheit des Abstandsgesetzes galt, gab es keine Verbindung zur übrigen Physik[9]. Im nächsten Abschnitt wollen wir uns, der historischen Entwicklung folgend, der Verbindung zwischen Magnetik und Galvanismus widmen.

3.3 Die magnetische Wirkung des elektrischen Stromes

Im Jahre 1820 gelang es endlich, die Magnetik aus ihrer Isolation zu befreien. In diesem Jahr fand der dänische Physiker Hans Christian Ørsted (1777–1851) durch Zufall die Wirkung des elektrischen Stromes auf die Magnetnadel.

3.3.1 Der Einfluss des elektrischen Stromes auf die Magnetnadel

Die von Ørsted entdeckte Wirkung des galvanischen Stromes auf die Magnetnadel war wesentlich verschieden von den Zentralkräften nach Newton und Coulomb, was an sich nicht erstaunlich ist, denn eine Stromverteilung ist ja nie punktförmig. Aber auch das Verhalten der Magnetnadel in der Nähe eines geraden, mit elektrischem Strom durchflossenen Drahtes unterschied sich „um 90°" von der elektrischen Anziehung einer Ladung durch einen elektrisch geladenen Draht. Ørsted hatte nämlich festgestellt, dass sich die Magnetnadel weder in die Richtung der Drahtachse noch radial zu ihr ausrichtete, sondern *senkrecht* zu diesen beiden Richtungen. Dies bedeutet, dass die magnetische Feldstärke $\vec{H}$ immer tangential zu einem Kreis um die Stromachse gerichtet ist. Ein solcher Sachverhalt kann mit dem Vektorprodukt beschrieben werden. Sind $\vec{e}_I$ und $\vec{e}_\rho$ Einheitsvektoren, welche in Richtung der stromführenden Drahtachse und radial dazu weisen, gilt

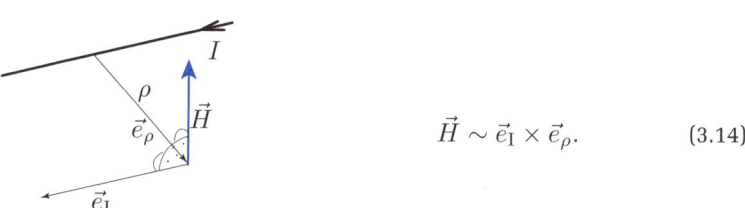

$$\vec{H} \sim \vec{e}_I \times \vec{e}_\rho. \qquad (3.14)$$

---

9   Die Beobachtung, wonach *rostendes Eisen* in bestimmten Fällen bevorzugt magnetisch wird, schien einen Bezug zur Chemie zu liefern, führte aber auch nicht weiter.

Der Betrag von $\vec{H}$ nimmt umgekehrt proportional zum Abstand ρ von der Drahtachse ab, solange erstens ρ sehr viel kleiner ist als die gesamte Drahtlänge und zweitens die Distanz vom Draht zur Stromrückleitung viel größer ist als ρ:

$$|\vec{H}| \sim \frac{1}{\rho}. \tag{3.15}$$

Das $1/\rho$-Verhalten war bereits von der Linienladung bekannt[10]. Daher lag es auf der Hand, auch bei der Formel (3.15) als Grundgesetz eine punktweise $1/r^2$-Wirkung zu vermuten, d.h. anzunehmen, dass jedes kleine Stromstück $I d\vec{l}$ eine separate Wirkung hat, die wie $1/r^2$ abfällt. Obwohl dies Spekulation ist – ein kleines Stück Strom kann nicht realisiert werden –, ist es doch möglich, auf rechnerischem Wege die Wirkung verschiedener Formen von Stromschleifen zu ermitteln und das Resultat mit entsprechenden Messungen zu vergleichen. Dies haben Jean-Baptiste Biot (1774–1862) und Félix Savart (1791–1841) gemacht und noch im Jahr von Ørsteds Entdeckung das zugehörige Gesetz aufgestellt (vgl. Abbildung 3.1):

$$\vec{H}(\vec{r}) = \frac{I}{4\pi} \oint_S \frac{d\vec{l}' \times (\vec{r} - \vec{r}')}{|\vec{r} - \vec{r}'|^3}, \tag{3.16}$$

wobei das Integral über die ganze Stromschleife S erstreckt werden muss. Im Falle einer „dicken" Stromverteilung $\vec{J}$ gilt

$$\vec{H}(\vec{r}) = \frac{1}{4\pi} \iiint_{V'} \frac{\vec{J}(\vec{r}') \times (\vec{r} - \vec{r}')}{|\vec{r} - \vec{r}'|^3} \, dV', \tag{3.17}$$

wobei das Volumenelement dV' am Ort des Stromflusses liegt. Auch dieses Integral gilt nur als Ganzes, wenn $\vec{J}$ eine statische (und somit geschlossene) Stromverteilung darstellt.

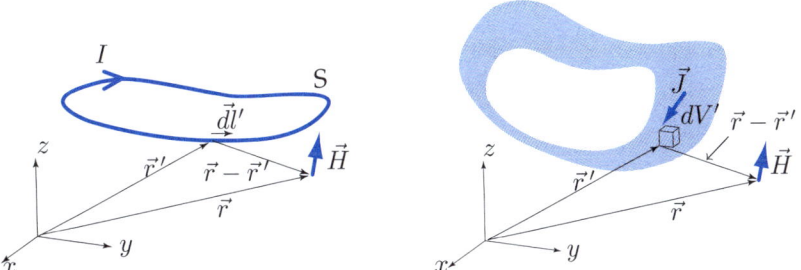

Abbildung 3.1: Zum Strom I (bzw. zur Stromverteilung $\vec{J}$) gehört ein magnetisches Feld $\vec{H}$, das von der Form der Stromschleife abhängt. Das Gesetz von Biot-Savart, (3.16) (bzw. (3.17)), beschreibt das gesamte Feld als Integral von hypothetischen Wirkungen infinitesimaler Stromelemente $I d\vec{l}$ (links, Stromfaden) bzw. $\vec{J} dV'$ (rechts, „dicke" Stromverteilung).

---

10   Eine lange, gerade Linienladung hat in ihrer Nähe ein elektrisches Feld, dessen Betrag wie $1/\rho$ abnimmt (vgl. Übungsaufgabe 1.3.4.1 c)!

Die Gleichungen (3.16) und (3.17) berücksichtigen den gesamten Einfluss einer praktisch realisierbaren Stromverteilung und können daher auch messtechnisch erhärtet werden. Der Faktor $1/(4\pi)$ ist wegen der Verwendung des MKSA-Systems hinzugekommen und hat keine grundsätzliche Bedeutung. Biot und Savart verwendeten selbstverständlich andere Einheiten, denn sie kannten den Zusammenhang zwischen Stromstärke I (als elektrische Ladung pro Zeit) und elektrischer Ladung noch nicht (vgl. Unterabschnitt 2.3.2). Außerdem war ihnen der Feldbegriff noch fremd: Sie gaben eine Kraft-Formel an.

Wir wollen die Formel (3.16) auf einen langen geraden Fadenstrom anwenden und beziehen uns auf die Abbildung 3.2. In den dort angegebenen Koordinaten (Zylinderkoordinaten ρ, ϕ und z bzw. die zugehörigen kartesischen Koordinaten x, y und z) wird beim Anteil des geraden Drahtes $\vec{dl}' \times (\vec{r} - \vec{r}') = \rho\, dz'\vec{e}_\phi$ und $|\vec{r} - \vec{r}'| = \sqrt{\rho^2 + z'^2}$. Der Anteil des Rückwegs fällt weg, weil der Integrand mit wachsendem Radius R wie $1/R^2$ gegen null geht, die Länge des Integrationsweges aber nur wie R gegen unendlich strebt. Somit verschwindet dieser Anteil wie $1/R$. Da für den verbleibenden Anteil aus Symmetriegründen nur von $z' = 0 \ldots \infty$ integriert und dann mit zwei multipliziert werden muss, wird aus (3.16):

$$\vec{H} = H(\rho)\vec{e}_\phi = \frac{I}{4\pi}2\rho\vec{e}_\phi \int\limits_{0}^{\infty} \frac{dz'}{\sqrt{\rho^2 + z'^2}^{\,3}} = \frac{I}{2\pi\rho}\vec{e}_\phi. \tag{3.18}$$

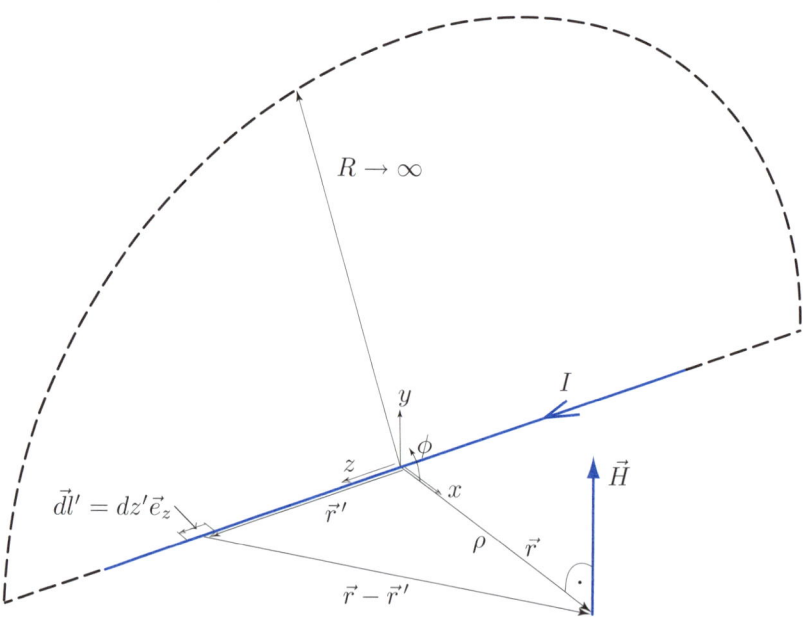

Abbildung 3.2: Das $\vec{H}$-Feld eines langen geraden Fadenstromes kann mit dem Gesetz von Biot-Savart berechnet werden. Schließt man die Stromschleife in einem großen Bogen mit Radius R, ist der Einfluss der Rückleitung in der Nähe des geraden Fadenstromes vernachlässigbar, und es gilt $\vec{H} = I/(2\pi\rho)\vec{e}_\phi$. Da das Resultat nicht vom Winkel ϕ abhängt, wurde zur Berechnung von $\vec{H}$ ein spezieller Punkt gewählt, wo die x- mit der ρ-Richtung und die y- mit der ϕ-Richtung zusammenfällt.

Dieser korrekten Anwendung stellen wir das folgende (abschreckende!) Beispiel des „Magnetfeldes" eines kurzen Stromstückes gegenüber.

Beispiel 3.2   # „Magnetfeld" eines kurzen Stromstückes

Das Integral von Biot-Savart kann formal für eine beliebige Stromverteilung $\vec{J}(\vec{r})$ ausgewertet werden, auch dann, wenn sie nicht in sich geschlossen ist. Wir wollen am Beispiel eines geraden Stromstückes aufzeigen, was herauskommen kann, und beziehen uns auf die folgende Abbildung:

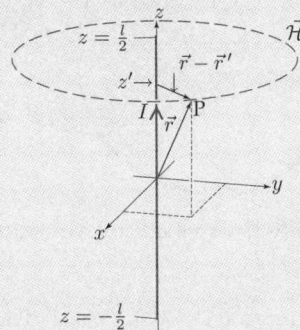

Da der Strom I in einem dünnen Faden fließt, benützen wir Gleichung (3.16). Es gelten in zylindrischen Komponenten (ρ, ϕ, z):

$$d\vec{l}' = \begin{pmatrix} 0 \\ 0 \\ dz' \end{pmatrix}, \quad \vec{r} = \begin{pmatrix} \rho \\ 0 \\ z \end{pmatrix}, \quad \vec{r}' = \begin{pmatrix} 0 \\ 0 \\ z' \end{pmatrix},$$

$$d\vec{l}' \times (\vec{r} - \vec{r}') = \begin{pmatrix} 0 \\ \rho \\ 0 \end{pmatrix} dz', \quad |\vec{r} - \vec{r}'| = \sqrt{\rho^2 + (z - z')^2}.$$

Somit hat das Resultat nur eine ϕ-Komponente. Das Integral kann analytisch gelöst werden:

$$\vec{\mathcal{H}} = \frac{I\vec{e}_\phi}{4\pi} \int\limits_{-\frac{l}{2}}^{\frac{l}{2}} \frac{\rho}{\left(\rho^2 + (z - z')^2\right)^{\frac{3}{2}}} \, dz'$$

$$= \frac{I_\phi}{4\pi\rho} \left(\frac{z + \frac{l}{2}}{\sqrt{\rho^2 + (z + \frac{l}{2})^2}} - \frac{z - \frac{l}{2}}{\sqrt{\rho^2 + (z - \frac{l}{2})^2}} \right)$$

Die $\vec{\mathcal{H}}$-Feldlinien sind Kreise um die z-Achse und scheinen soweit in Ordnung: Es sind in sich geschlossene Linien. Wir haben das spezielle Symbol $\vec{\mathcal{H}}$ (statt $\vec{H}$) verwendet, weil das Feld $\vec{\mathcal{H}}$ fundamentale Eigenschaften „richtiger" Magnetfelder verletzt (vgl. Übungsaufgabe 3.3.3.3 weiter unten).

3.3.2 Das Durchflutungsgesetz

Mit dem Gesetz von Biot-Savart war die erste Verbindung zwischen Magnetismus und Galvanismus etabliert. Die relative Unübersichtlichkeit dieses Gesetzes – immerhin waren die Vektorschreibweise und das Kreuzprodukt noch nicht erfunden – veranlasste den Mathematiker und Physiker André Marie Ampère (1774–1836), den gleichen Zusammenhang umgekehrt, d.h. aus der Sicht des Stromes statt aus der Sicht des $\vec{H}$-Feldes, darzustellen. Weil sich nämlich das $\vec{H}$-Feld um den Strom herum windet und gleichzeitig der Strom eine geschlossene Schleife bildet, kann man auch sagen, der Strom winde sich um das $\vec{H}$-Feld. Abbildung 3.3 veranschaulicht diesen Sachverhalt.

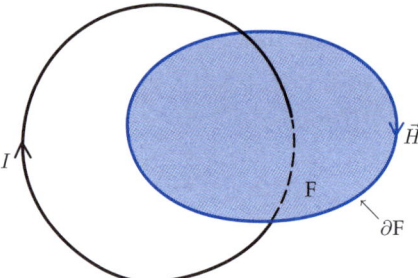

Abbildung 3.3: Die Stromlinien und die $\vec{H}$-Feldlinien sind ineinander verkettet. Diese Tatsache hat dem Ampère'schen Verkettungsgesetz Pate gestanden.

Aus dieser Sicht wird aus dem Integral (3.17) das „nach dem Strom I aufgelöste" Integral über die Feldstärke $\vec{H}$ das *Ampère'sche Verkettungsgesetz* oder auch *Durchflutungsgesetz*

$$I = \oint_\Gamma \vec{H} \cdot d\vec{l}. \tag{3.19}$$

Dabei muss die Integrationsschleife Γ den stromführenden Draht umfassen. Der erste Name nimmt auf die gegenseitige Verschlingung von $\vec{H}$-Feld und Stromfluss Bezug, während der zweite Name den durch die Schleife fließenden Strom, die so genannte Durchflutung, in den Mittelpunkt stellt.

Das Durchflutungsgesetz muss natürlich bewiesen werden. Wir wollen dies im Ansatz tun und stellen zuerst fest, dass das Gesetz (3.19) im Falle eines sehr langen, geraden Stromfadens stimmt, indem wir das Ergebnis (3.18) in (3.19) einsetzen. Für einen kreisrunden Integrationsweg ist dies trivial. Für jeden anderen Weg Γ (vgl. Abbildung 3.4) bemerken wir, dass nur die Wegkomponente in Richtung des $\vec{H}$-Feldes (d.h. die ϕ-Richtung) einen Beitrag liefert. Da $\vec{H}$ nicht von z abhängt, kann Γ auf die Ebene $z = 0$ projiziert werden, ohne den Wert des Integrals zu verändern. In dieser Ebene schließlich gilt in Polarkoordinaten ρ und ϕ:

$$d\vec{l} = \vec{e}_\rho \, d\rho + \vec{e}_\phi \rho \, d\phi \qquad \Rightarrow \vec{H} \cdot d\vec{l} = \frac{I}{2\pi} \, d\phi. \tag{3.20}$$

Dabei wurde $\vec{H}$ aus (3.18) verwendet und der Tatsache Rechnung getragen, dass $\vec{e}_\rho$ und $\vec{e}_\phi$ senkrecht aufeinander stehen. Der Integrand ist also nicht mehr von ρ abhängig und daher ist der Wert des Integrals proportional zum Winkel ϕ_{tot}, der insgesamt auf dem Integrationsweg Γ durchlaufen wird. ϕ_{tot} ist für geschlossene Wege Γ entweder 0 oder 2π, je nachdem, ob der Strom umlaufen wird oder nicht. Somit ist (3.19) im Fall des geraden Stromes für alle Wege, die den geraden Strom umschließen, bewiesen – und auch für alle Wege, die diesen Strom nicht umschließen.

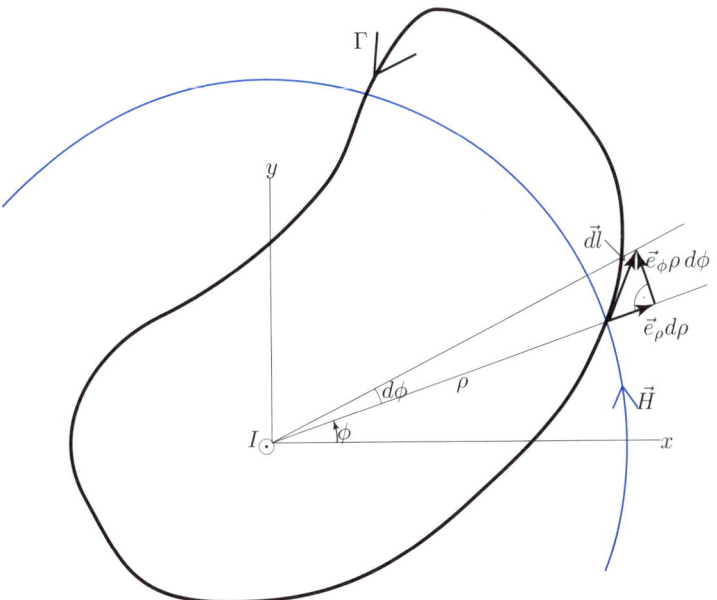

Abbildung 3.4: Das Wegintegral $\oint_{\Gamma} \vec{H} \cdot d\vec{l}$ längs des geschlossenen Weges Γ kann auf einfache Weise ausgewertet werden und ist nur vom Stromfluss durch die von Γ berandete Fläche abhängig. Da $\vec{H}$ nicht von z abhängt, genügt eine Betrachtung in der x-y-Ebene.

Wegen der Gültigkeit des Superpositionsprinzips kann bei mehreren geraden Strömen (die nicht unbedingt parallel verlaufen müssen!) der Anteil jedes einzelnen separat berechnet werden.

Verallgemeinernd gilt für die aus geraden Anteilen bestehende „dicke" Stromverteilung $\vec{J}$ statt (3.19) die Identität

$$\oint_{\partial F} \vec{H} \cdot d\vec{l} = \iint_{F} \vec{J} \cdot d\vec{F}. \qquad (3.21)$$

Dies ist die allgemeine Form des Durchflutungsgesetzes.

Dieser Zusammenhang zwischen einem Flächenintegral über die Fläche F und einem Linienintegral längs der Berandung ∂F von F ist von elementarer geometrischer Natur und erinnert – dort eine Dimension höher – an den im Gauß'schen Satz der Elektrostatik (vgl. (1.17)) gegebenen Zusammenhang zwischen einem Volumenintegral und einem Integral über die Berandung von diesem Volumen.

Wir werden später zeigen, dass das Durchflutungsgesetz in der Form (3.21) nicht nur für sehr lange, gerade Ströme, sondern sogar für beliebige geschlossene Stromverteilungen gültig ist.

Das Durchflutungsgesetz kann direkt zur Berechnung von bestimmten Magnetfeldern herangezogen werden. Wir wollen dies an einem Beispiel durchführen.

Beispiel 3.3   # Magnetfeld im dicken Draht

Ein langer, gerader Draht mit kreisrundem Querschnitt (Radius R) sei vom Strom I durchflossen. Die Stromverteilung im Draht sei homogen: $\vec{J} = J\vec{e}_z$ mit $J = I/(\pi R^2)$. Wir interessieren uns für das Magnetfeld dieser Stromverteilung und machen zunächst einige Symmetrieüberlegungen. Da die Stromverteilung zylindrisch (d.h. unabhängig von z) und rotationssymmetrisch (d.h. unabhängig von ϕ) ist, schreiben wir $\vec{H}$ in Kreiszylinderkoordinaten. Dabei fällt die z-Achse mit der Drahtachse zusammen. Allgemein gilt:

$$\vec{H}(\rho,\phi,z) = H_\rho(\rho,\phi,z) \cdot \vec{e}_\rho + H_\phi(\rho,\phi,z) \cdot \vec{e}_\phi + H_z(\rho,\phi,z) \cdot \vec{e}_z.$$

Die Abhängigkeiten der Komponenten von ϕ und z fallen weg, weil auch die Stromverteilung, d.h. die Quelle von $\vec{H}$, von diesen Größen unabhängig ist.

In einem ersten Schritt zeigen wir, dass H_ρ verschwindet. Dies sieht man mit Hilfe der Gleichungen (3.8) und (3.9) ein: Die Magnetisierung verschwindet überall und somit muss ein Oberflächenintegral von $\vec{H}$ über einen koaxialen Kreiszylinder mit beliebigem Radius ρ verschwinden, was nur möglich ist, wenn $H_\rho(\rho) = 0$ ist. Hat der Zylinder eine endliche Länge, heben sich Deckel- und Bodenanteil auf, weil $\vec{H}$ nicht von z abhängt.

Eine zweite Überlegung liefert $H_\phi(\rho)$. Wir wählen konzentrische Kreisflächen K_ρ mit Radius ρ und parallel zur Ebene $z = 0$ und definieren zuerst den Strom $I(\rho)$ als jenen Gesamtstrom, der durch K_ρ fließt:

$$I(\rho) = \iint_{K_\rho} \vec{J} \cdot d\vec{F} = \begin{cases} I\dfrac{\rho^2}{R^2} & \text{falls } \rho < R \\[2ex] I & \text{falls } \rho \geq R \end{cases}$$

Nun wenden wir das Durchflutungsgesetz (3.21) an:

$$\oint_{\partial K_\rho} \vec{H} \cdot d\vec{l} = \int_0^{2\pi} H_\phi(\rho)\rho \, d\phi = H_\phi(\rho) \cdot 2\pi\rho \overset{!}{=} I(\rho).$$

Damit folgt:

$$H_\phi(\rho) = \frac{I(\rho)}{2\pi\rho} = \begin{cases} \dfrac{I\rho}{2\pi R^2} & \text{falls } \rho < R \\[3ex] \dfrac{I}{2\pi\rho} & \text{falls } \rho \geq R \end{cases}$$

Schließlich liefert ein beliebiger rechteckiger Pfad mit zwei Seiten parallel zur z-Achse, dass H_z nicht von ρ abhängen kann, denn das entsprechende Umlauf-

---

integral muss immer verschwinden. Also ist H_z nicht von x oder y abhängig. Es ist aber auch nicht von z abhängig und somit im ganzen Raum konstant. Da es weit weg vom Draht keine Quellen für $\vec{H}$ gibt, können wir diese Konstante null setzen. Somit finden wir als Schlussresultat

$$\vec{H}(\rho, \phi, z) = H_\phi(\rho)\vec{e}_\phi,$$

wobei $H_\phi(\rho)$ aus der letzten Gleichung eingesetzt werden muss.

3.3.3 Aufgaben

3.3.3.1 Magnetfeldberechnung mit dem Durchflutungsgesetz

Gegeben: Die folgenden Stromverteilungen hoher Symmetrie im Vakuum:

a   Unendlich langer, gerader Hohldraht (Kreishohlzylinder mit Radien R_1 und $R_2 > R_1$) mit homogener Längsstromdichte $\vec{J} = J\vec{e}_z$

b   Unendlich ausgedehnte, ebene Flächenstromdichte $\vec{\alpha} = \alpha\vec{e}_x$

c   Unendlich ausgedehnte, ebene Stromdichte $\vec{J} = J\vec{e}_x$ endlicher Dicke d (Stromschicht, d orthogonal zur x-Richtung)

Gesucht: In allen Fällen diskutiere man zuerst aufgrund der Symmetrie der Anordnung die *Richtung* und allfällige Symmetrieeigenschaften des magnetischen Feldes $\vec{H}$ und berechne anschließend unter Anwendung des Durchflutungsgesetzes den *Betrag* von $\vec{H}$ im ganzen Raum.

3.3.3.2 Magnetfeld einer langen Zylinderspule

Gegeben: Eine gerade, unendlich lange Zylinderspule mit beliebigem Querschnitt und flächenhaftem Strombelag $\vec{\alpha}$, wobei $\vec{\alpha}$ *keine* Längskomponente aufweist. Der Betrag von $\vec{\alpha}$ ist auf der ganzen Mantelfläche konstant.

Gesucht: Das Magnetfeld $\vec{H}$ innerhalb und außerhalb der Spule. Was ändert sich, wenn $\vec{\alpha}$ eine Längskomponente aufweist?

3.3.3.3 Magnetfeld eines kurzen Stromstückes

Gegeben: Das Feld $\vec{\mathcal{H}}$ aus dem Beispiel.

Gesucht: Man zeige, dass $\vec{\mathcal{H}}$ das Ampère'sche Durchflutungsgesetz verletzt und daher kein „richtiges" $\vec{H}$-Feld ist.

3.4 Die Äquivalenz von Magnet und Strom

In diesem Abschnitt wollen wir die Kraftwirkungen von Strömen und Magneten unter einen Hut bringen. Dies wird es nachher erlauben, die mathematisch schwieriger zu fassenden Wirkungen des magnetischen Materials beiseite zu lassen.

3.4.1 Die Kraftwirkungen zwischen Strömen

Nach der Entdeckung der Ablenkung einer Magnetnadel durch galvanische Ströme lag die Vermutung nahe, dass auch verschiedene Ströme Kräfte aufeinander ausüben können. Der entsprechende Nachweis gelang A. M. Ampère noch im Jahr der Ørsted'schen Entdeckung (1820). Er stellte fest, dass sich zwei stromdurchflossene, parallele Drähte anziehen oder abstoßen, je nachdem, ob die beiden Ströme in die gleiche oder in entgegengesetzte Richtung flossen. Mit Hilfe des *Ampère'schen Gestells* (vgl. Abbildung 3.5) fand er 1822 das zugehörige Gesetz:

$$\vec{F}_i = \frac{\mu_0 l I_i I_j}{2\pi d}\, \vec{e}_{ij}. \tag{3.22}$$

Es bezeichnet $\vec{F}_i$ die Kraft auf den i-ten von zwei parallel im Abstand d angeordneten, von den Strömen I_i bzw. I_j durchflossenen Leitern der Länge l. Der Einheitsvektor $\vec{e}_{ij}$ weist senkrecht vom i-ten zum j-ten Draht (vgl. Abbildung 3.6). Der Faktor $\mu_0/(2\pi) = 2 \cdot 10^{-7}\,\frac{\text{Vs}}{\text{Am}}$ hat keine tiefere Bedeutung und ist eine Folge der Verwendung des MKSA-Systems.

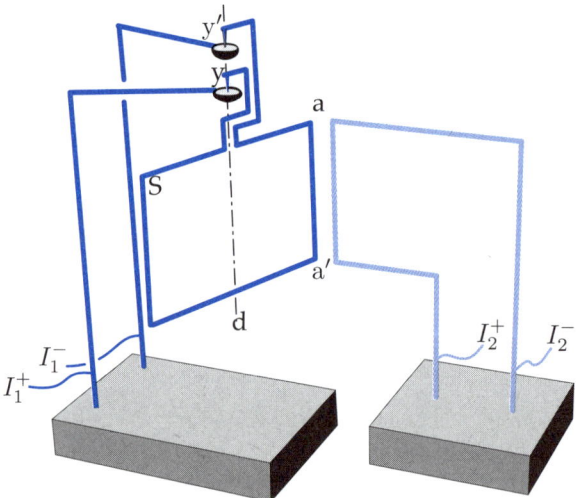

Abbildung 3.5: Das Ampère'sche Gestell dient zum Nachweis der Kraftwirkungen zwischen den Strömen I_1 und I_2. Die um die senkrechte Achse d frei drehbare Schleife S ruht bei y und y' auf Stahlspitzen in mit Quecksilber gefüllten Näpfen. Die beiden Ströme fließen auf der Strecke a – a' parallel. Eine ähnliche Einrichtung wird zur Definition des Ampere (= Einheit der Stromstärke) verwendet: Zwei parallele, dünne Ströme der Stärke 1 A erzeugen im Vakuum in 1 m Abstand eine Kraft von genau $2 \cdot 10^{-7}$ N pro Meter Länge.

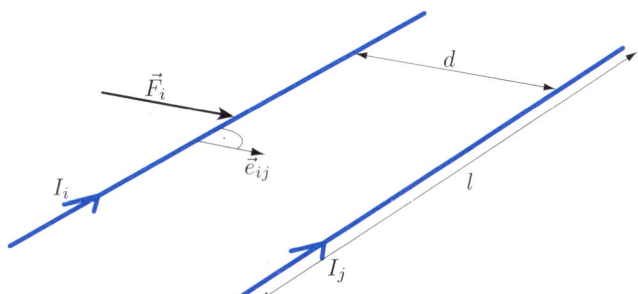

Abbildung 3.6: Die Kraft auf einen stromdurchflossenen Leiter ist umgekehrt proportional zum Abstand d zwischen zwei Leitern und proportional zum Produkt der beiden Ströme. Anders als bei der Anziehung von Ladungen gilt: Gleichgerichtete Ströme ziehen sich an, entgegengesetzt fließende stoßen sich ab.

3.4.2 Vergleich der Kräfte auf Magnetpole und Ströme

Das *Ampère'sche Gesetz* (3.22)[11] deutet wegen der Proportionalität der Kraft zur Drahtlänge l unmittelbar darauf hin, dass der j-te Strom auf jedes kleine Strom*stück* $I\,d\vec{l}$ des i-ten Stromes eine Kraft $d\vec{F}$ ausübt. Der Nachweis kann – etwa mit dem Ampère'schen Gestell – näherungsweise, d.h. für endlich lange Stromstücke, experimentell erbracht werden.

Auf den ersten Blick ist die direkte Anziehung/Abstoßung zwischen zwei Strömen von wohltuender Einfachheit, verglichen mit den querstehenden Kräften auf die Magnetpole. Ein Vergleich der beiden Kräfte, die ein Strom I_0 auf einen Magnetpol und auf ein nicht zu I_0 gehöriges Stromelement $I\,d\vec{l}$ am gleichen Ort ausübt, ergibt, dass diese beiden Kräfte senkrecht aufeinander stehen. Die Kraft $\vec{F}_\mathrm{p}$ auf den Magnetpol p ist nach (3.4) an jeder Stelle proportional zum Magnetfeld $\vec{H}_0$, das zu I_0 gehört.

Somit können wir die Beziehung zwischen dem Kraftelement $d\vec{F}$ auf das kleine Stromstück $I\,d\vec{l}$ und der Kraft $p\vec{H}_0$, welche auf den Magnetpol p wirkt, betrachten. Bei Letzterem genügt es, nur die Feldstärke $\vec{H}_0$ anzuschauen. Für die Kraft $d\vec{F}$ auf das Stromelement $I\,d\vec{l}$ gilt (vgl. Abbildung 3.7)

$$d\vec{F} = \mu_0 I\,d\vec{l} \times \vec{H}_0 = I\,d\vec{l} \times \vec{B}_0. \tag{3.23}$$

Dabei wurde im letzten Ausdruck die Beziehung (3.9) von unter der Annahme verschwindender Magnetisierung eingesetzt.

Die Kraft in (3.23) ist auch als *Lorentz-Kraft* bekannt, wird dann allerdings nicht als Kraft auf den Strom, sondern als Kraft auf die mit der Geschwindigkeit $\vec{v}$ bewegte Ladung q aufgefasst. Dann gilt

$$\vec{F} = q(\vec{v} \times \vec{B}). \tag{3.24}$$

Messungen im magnetischen Material zeigen, dass $d\vec{F}$ tatsächlich zu der in Unterabschnitt 3.2.1 definierten magnetischen Induktion $\vec{B}$ und nicht zur Feldstärke $\vec{H}$ proportional ist. Dies ist ein weiterer Grund, $\vec{B}$ den Vorrang vor $\vec{H}$ zu geben, denn Stromelemente sind leichter realisierbar als magnetische Monopole.

---

11 Es darf nicht mit dem *Ampère'schen Verkettungsgesetz* (3.19) bzw. (3.21), auch Durchflutungsgesetz genannt, verwechselt werden!

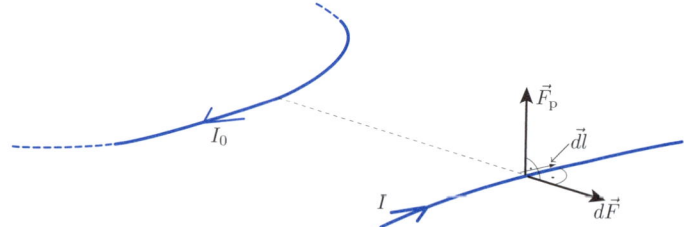

Abbildung 3.7: Die Kraft $d\vec{F}$ auf ein Stromelement $I d\vec{l}$ ist im Wesentlichen parallel zur Verbindungslinie zwischen Strom I_0 und Stromelement, während die Kraft $\vec{F}_p$ auf den an der gleichen Stelle gedachten Monopol p senkrecht dazu steht.

Es sei darauf hingewiesen, dass die Kraft zwischen Strömen zwar einfacher erscheint als jene zwischen Strom und Magnetpol, trotzdem aber viel komplizierter ist als die Kraft zwischen zwei Punktladungen. Dies liegt daran, dass ein Stromelement niemals kugelsymmetrisch ist, sondern eine Richtung aufweist. Zerlegen wir etwa $\vec{H}_0$ in (3.23) mit dem Gesetz von Biot-Savart (3.16) in hypothetische Beiträge einzelner Stromelemente,[12] können formal die Kräfte $dd\vec{F}$ und $dd\vec{F}'$ auf zwei Stromelemente, $I d\vec{l}$ am Ort $\vec{r}$ und $I' d\vec{l}'$ am Ort $\vec{r}'$, formuliert werden (vgl. Abbildung 3.8):

$$dd\vec{F} = \frac{\mu_0 I\,I'}{4\pi|\vec{r} - \vec{r}'|^3}\, d\vec{l} \times \left(d\vec{l}' \times (\vec{r} - \vec{r}') \right),$$

$$dd\vec{F}' = \frac{\mu_0 I'I}{4\pi|\vec{r}' - \vec{r}|^3}\, d\vec{l}' \times \left(d\vec{l} \times (\vec{r}' - \vec{r}) \right). \tag{3.25}$$

Diese Formeln sehen wieder ziemlich kompliziert aus und werden nur dann einfach, wenn die Stromelemente eine günstige Richtung haben. Die Kraftelemente $dd\vec{F}$ und $dd\vec{F}'$ haben *keine* eigenständige Bedeutung, sondern sind mathematische Größen, welche nur deswegen entstanden sind, weil die Wirkung der Stromverteilung weiter zerlegt wurde, als es physikalisch sinnvoll ist. Letzteres zeigt sich daran, dass die Wirkung bei schiefer Lage der Stromelemente *nicht symmetrisch* ist bezüglich der beiden Stromelemente: Das Newton'sche Prinzip „actio = reactio" wäre verletzt, ein weiterer Hinweis darauf, dass das Gesetz von Biot-Savart eben nur als ganzes Integral gilt.[13]

---

12 Wir wissen aus dem Beispiel sowie aus Übungsaufgabe 3.3.3.3, dass dort kein „richtiges" $\vec{H}$-Feld herauskommt und eine solche Zerlegung somit eigentlich nicht zulässig ist.

13 Integriert man (3.25) über beide Stromschleifen S und S', erhält man ein in $\vec{r}$ und $\vec{r}'$ bis auf das Vorzeichen symmetrisches Resultat. Unter Weglassung des konstanten Faktors $\frac{\mu_0 I I'}{4\pi}$ folgt nämlich
$$\oint_S \oint_{S'} \frac{d\vec{l} \times [d\vec{l}' \times (\vec{r}-\vec{r}')]}{|\vec{r}-\vec{r}'|^3} \;\underset{\uparrow}{=}\; \oint_S \oint_{S'} d\vec{l}'\, \frac{d\vec{l} \cdot (\vec{r}-\vec{r}')}{|\vec{r}-\vec{r}'|^3} - \oint_S \oint_{S'} \frac{\vec{r}-\vec{r}'}{|\vec{r}-\vec{r}'|^3}\, d\vec{l} \cdot d\vec{l}'.$$
(B.14)
Der zweite Term rechts ist vollkommen symmetrisch und zeigt, dass nur die jeweils parallelen Stromanteile aufeinander wirken. Der erste Term verschwindet nach Integration über die Schleife S. Dies ist zwar nicht ganz offensichtlich, kann aber mit der bekannten Tatsache, wonach jedes Umlaufintegral über einen Gradienten verschwindet, leicht gezeigt werden. Wir erhalten der Reihe nach
$$\oint_{S'} d\vec{l}' \oint_S d\vec{l} \cdot \frac{\vec{r}-\vec{r}'}{|\vec{r}-\vec{r}'|^3} \;\underset{\uparrow}{=}\; \oint_{S'} d\vec{l}' \oint_S d\vec{l} \cdot \mathrm{grad}\, \frac{-1}{|\vec{r}-\vec{r}'|} = 0.$$
(7.67)
Wir können die gesamte, auf S wirkende Kraft $\vec{F}_{S,tot}$ zwischen zwei Stromschleifen S und S' somit auch als Summe von Punkt-zu-Punkt-Anziehungen auffassen:
$$\vec{F}_{S,tot} = -\frac{\mu_0 I I'}{4\pi} \oint_S \oint_{S'} \frac{\vec{r}-\vec{r}'}{|\vec{r}-\vec{r}'|^3}\, d\vec{l} \cdot d\vec{l}'.$$

Der einzige wesentliche Unterschied zur elektrischen Kraft zwischen geladenen Drähten offenbart sich bei den vektoriellen Linienelementen.

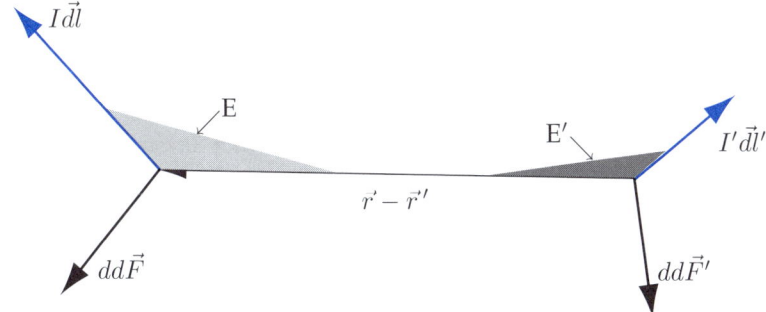

Abbildung 3.8: Obwohl die Kräfte auf zwei Strom*elemente* formal angegeben werden können, haben diese *keine* physikalische Bedeutung, denn die gegenseitige Wirkung verletzt das Prinzip „actio = reactio": $dd\vec{F}$ liegt in der Ebene E', $dd\vec{F}'$ in der Ebene E.

3.4.3 Die Felder von Kreisstrom und magnetischem Dipol

Im Bereich des Magnetismus sind zweierlei Kräfte bekannt: Die Kraft (3.3), die auf magnetische Monopole wirkt und proportional ist zu $\vec{H}$ sowie die Kraft (3.23), welche bei Stromelementen festgestellt wird und (im Betrag) proportional ist zu $\vec{B}$. Die Messungen zeigen, dass die Kraftwirkungen auf Magnetnadel und Stromelement an ein und derselben Stelle immer gleich zusammenhängen, unabhängig davon, ob das Feld durch Magnete oder durch Strom verursacht wurde. Diese Tatsache ist ein gewichtiger Grund für die Einführung des Feldes als eigenständige Größe bzw. für den Übergang von der Fernwirkung zur *Nahewirkung*. Das Feld an Ort und Stelle wird als Ursache für die Kraftwirkung angesehen. Ein magnetisches Feld kann verschiedene „Ursachen" haben – elektrische Ströme oder magnetisches Material –, aber das gleiche Feld hat nachher immer die gleiche Wirkung, sei es auf Ströme oder auf magnetisches Material.

Da bei den Wirkungen (den Kräften) eine völlige Äquivalenz besteht, kann man sich fragen, ob auch zwischen den Ursachen (Magnete bzw. Stromverteilungen) Äquivalenzen bestehen, ob es also gelingt, anstelle eines Magneten eine bestimmte Stromverteilung anzugeben, welche in der Umgebung das gleiche Feld erzeugt. Oder umgekehrt: ob es gelingt, eine Verteilung von magnetischem Material anzugeben, die in ihrer Umgebung das Feld einer gegebenen Stromverteilung erzeugt.

Eine erste Betrachtung zeigt, dass Letzteres schwierig ist. Versucht man nämlich, anstelle eines langen, stromdurchflossenen Drahtes kleine Magnete im Drahtinneren anzuordnen, kann man diese entweder quer oder längs zur Drahtachse ausrichten. (Schiefe Ausrichtungen können als Superposition der genannten aufgefasst werden.) Eine Längsausrichtung ergibt niemals Felder, die sich um den Draht herum winden, eine Querausrichtung verletzt in jedem Falle die Rotationssymmetrie[14].

Somit bleibt nur noch die erste Aufgabe: Finde eine Stromverteilung, die mit einem Magneten äquivalent ist. Es genügt dabei, einen einzigen Elementarmagneten zu betrachten, denn wir haben die Wirkung eines ganzen Magneten als Überlagerung der Wirkungen vieler Elementarmagnete betrachtet. Wir wollen im Folgenden zeigen, dass die gestellte Aufgabe eine Lösung hat: Ein magnetischer Dipol, bestehend aus zwei

---

14 Lässt man jede Richtung quer zur Drahtachse zu und denkt sich eine Überlagerung von vielen Magneten in alle Richtungen gleichzeitig, entsteht ein (rotationssymmetrisches) Nullfeld!

entgegengesetzt gleichen Polen, die in einem kleinen Abstand d angeordnet werden, hat für Abstände, die groß gegen d sind, genau das gleiche Feld wie ein Kreisstrom mit Radius R, wenn wiederum der Abstand groß gegen R ist. Wir führen den rechnerischen Nachweis für diese Behauptung durch einfaches Ausrechnen der $\vec{H}$-Felder, die zu den beiden Anordnungen gehören. Die folgende Rechnung ist ein konkret und bis ins Detail ausgeführtes Beispiel zur Anwendung des Gesetzes von Biot-Savart, (3.17).

Feld des Dipols Das Feld eines Elementarmagneten, d.h. eines magnetischen Dipols, können wir unmittelbar angeben, wenn wir die vollständige Analogie zwischen dem elektrostatischen und dem magnetostatischen Gesetz (1.10) bzw. (3.5) beachten. Wir ersetzen in der Gleichung (1.55) in Unterabschnitt 1.6.2 die Ladung Q durch den Monopol p und die Konstante ε_0 durch μ_0 und erhalten das Feld

$$
\begin{aligned}
\lim_{\substack{d \to 0 \\ p \to \infty}} \vec{H} &= \frac{pd}{4\pi\mu_0} \lim_{d \to 0} \frac{1}{d} \left(\frac{(x, z - \frac{d}{2})}{\sqrt{x^2 + (z - \frac{d}{2})^2}^3} - \frac{(x, z + \frac{d}{2})}{\sqrt{x^2 + (z + \frac{d}{2})^2}^3} \right) \\
&= \frac{pd}{4\pi\mu_0} \frac{(3xz, 2z^2 - x^2)}{\sqrt{x^2 + z^2}^5}
\end{aligned} \tag{3.26}
$$

mit dem magnetischen Dipolmoment pd. Die Bedeutung der Koordinaten ergibt sich aus der Abbildung 1.13. Diese Formel lassen wir stehen und wenden uns der Stromverteilung mit dem gleichen Feld zu.

Feld des Kreisstroms Zuerst machen wir uns Gedanken über die grundsätzliche Form einer Stromverteilung $\vec{J}$ mit dem gleichen Feld und finden zunächst, dass $\vec{J}$ sicher *rotationssymmetrisch* sein muss. Ferner darf $\vec{J}$ nicht weit ausgedehnt sein und muss natürlich in sich geschlossen sein. Somit verläuft $\vec{J}$ in einem Torus (mit beliebigem Querschnitt) und kann sich entweder um die z-Achse herum schließen oder aber in jedem Torusquerschnitt eine geschlossene Schleife bilden. Da keine ϕ-Komponente[15] des Feldes gefragt ist, können wir den zweiten Fall verwerfen. Da der Radius R des Torus nachher ohnehin auf null zusammenschrumpft, begnügen wir uns mit dem einfachsten Fall, einem dünnen, kreisrunden Drahtring. Sein Feld kann mit dem Gesetz von Biot-Savart, (3.16), ermittelt werden. Da hier die beteiligten Vektoren keine bei allen identisch verschwindende Komponente aufweisen, müssen wir die aufwendigere, dreidimensionale Schreibweise benützen. Es sind in kartesischen Komponenten (vgl. Abbildung 3.9)

$$
\vec{dl} = \begin{pmatrix} -R\sin\phi \, d\phi \\ R\cos\phi \, d\phi \\ 0 \end{pmatrix}; \qquad \vec{r} - \vec{r}' = \begin{pmatrix} x - R\cos\phi \\ -R\sin\phi \\ z \end{pmatrix};
$$

$$
\Rightarrow \vec{dl} \times (\vec{r} - \vec{r}') = R \begin{pmatrix} z\cos\phi \\ z\sin\phi \\ R - x\cos\phi \end{pmatrix} d\phi, \tag{3.27}
$$

und es muss nur noch „im Kreis herum", d.h. über ϕ von $0 \ldots 2\pi$, integriert werden.

---

15 Die ϕ-Komponente ist am gewählten Aufpunkt gleich der y-Komponente!

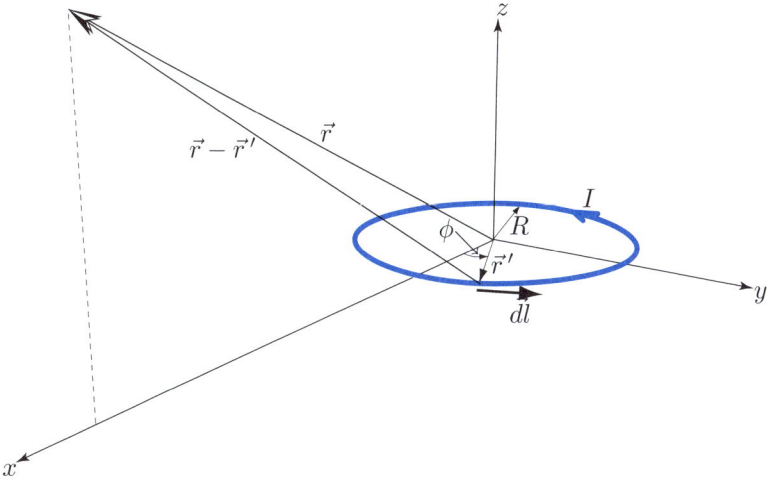

Abbildung 3.9: Das Koordinatensystem zur Berechnung des Magnetfeldes eines kleinen Kreisstromes I mit Radius R ist das gleiche wie in der Abbildung 1.13.

Somit wird aus dem Biot-Savart'schen Integral (3.16):

$$\vec{H}(x,z) = \frac{IR}{4\pi} \int_0^{2\pi} \frac{\begin{pmatrix} z\cos\phi \\ z\sin\phi \\ R - x\cos\phi \end{pmatrix}}{\sqrt{x^2 + z^2 + R^2 - 2Rx\cos\phi}^3} \, d\phi. \tag{3.28}$$

Dieses Integral kann nicht elementar gelöst werden. Wir können jedoch den Integranden in eine Taylor-Reihe nach R entwickeln und dann gliedweise integrieren. Da wir nachher $R \to 0$ streben lassen wollen, schreiben wir den Integranden als Reihe um $R = 0$:

$$\frac{\begin{pmatrix} z\cos\phi \\ z\sin\phi \\ R - x\cos\phi \end{pmatrix}}{\sqrt{x^2 + z^2 + R^2 - 2Rx\cos\phi}^3}$$

$$= \frac{\begin{pmatrix} z\cos\phi \\ z\sin\phi \\ -x\cos\phi \end{pmatrix}}{\sqrt{x^2 + z^2}^3} + \frac{\begin{pmatrix} 3xz\cos^2\phi \\ 3xz\cos\phi\sin\phi \\ x^2 + z^2 - 3x^2\cos^2\phi \end{pmatrix}}{\sqrt{x^2 + z^2}^5} R + O(R^2). \tag{3.29}$$

Die Integrale über die einzelnen Terme sind jetzt trivial[16]. Da die trigonometrischen Funktionen mittelwertfrei sind, liefert erst der zu R proportionale Term einen Beitrag, und alle höheren Terme werden verschwinden, wenn der Grenzübergang durchgeführt ist. Es gilt $\int_0^{2\pi} \cos^2 \phi \, d\phi = \pi$ und somit

$$\lim_{\substack{R \to 0 \\ I \to \infty}} \vec{H} = \frac{IR^2}{4\pi\sqrt{x^2 + z^2}^5} \begin{pmatrix} 3xz\pi \\ 0 \\ (x^2 + z^2)2\pi - 3x^2\pi \end{pmatrix} = \frac{IR^2}{4} \frac{(3xz, 2z^2 - x^2)}{\sqrt{x^2 + z^2}^5}, \qquad (3.30)$$

wobei im letzten Ausdruck die bereits in Unterabschnitt 1.6.2 gebrauchte zweidimensionale Schreibweise eingeführt wurde. Ein Vergleich mit (3.26) zeigt, dass die zweiten Faktoren völlig übereinstimmen. Mit der Wahl

$$IR^2 = \frac{pd}{\pi\mu_0} \qquad (3.31)$$

ergibt sich ein identisches Feld.

Damit ist gezeigt, dass ein magnetischer Dipol völlig äquivalent ist mit einem Kreisstrom, eine Erkenntnis, die Ampère 1825/1826 zur damals revolutionären Behauptung veranlasste, es gebe auch in den Atomen keine Magnetpole, sondern nur atomare Kreisströme. Obwohl die Chemiker damals den Atomen allerlei spezielle Eigenschaften zubilligten, war diese Vorstellung doch dermaßen abwegig, dass sie auf heftige Opposition stieß. Heute wissen wir, dass sich die Ampère'sche Hypothese (erst!) etwa 80 Jahre später allgemein durchsetzte.

Die Erkenntnis der Äquivalenz zwischen magnetischem Dipol und Kreisstrom erlaubt es uns, im Folgenden die Permanentmagnete wegzulassen und uns auf die magnetischen Wirkungen von Stromverteilungen zu beschränken. Wir wollen jedoch den genauen Zusammenhang zwischen einem gegebenen Stück magnetischen Materials und der zugehörigen äquivalenten Stromverteilung nicht weiter untersuchen, sondern im nächsten Abschnitt einen Schritt in Richtung Praxis tun und das Verhalten des Magnetfeldes mit wenigen Zahlen zu beschreiben versuchen, ähnlich wie das Konzept des elektrischen Widerstandes im zweiten Kapitel es erlaubt hatte, das Stromdichtefeld grob mittels Strömen, Spannungen und Widerständen zu beschreiben.

3.5 Der magnetische Kreis

Zu Beginn des Unterabschnitts 3.3.2 hatten wir ausgeführt, dass nicht nur das Stromdichtefeld immer geschlossene Schleifen bildet, sondern dass das Gleiche auch für das Magnetfeld zutrifft. Weil bestimmte Materialien den Strom viel besser leiten als andere, kann das Stromdichtefeld $\vec{J}$ bekanntlich durch geeignete Formgebung der Leiter fast beliebig geführt werden. In diesem Abschnitt wollen wir zeigen, dass eine solche Führung auch für das Magnetfeld möglich ist und dass dann das Verhalten des Magnetfeldes mit wenigen *algebraischen* Gleichungen beschrieben werden kann.

---

16   O ist das Landau'sche Symbol. Es hat die folgende Bedeutung: Falls $\left|\frac{f(x)}{g(x)}\right| < M$ für $x \to x_0$ (M reell und M, x_0 irgendein Wert im gemeinsamen Definitionsbereich von f und g), dann sagt man $f(x) = O(g(x))$, in Worten: $f(x)$ ist *groß-O* von $g(x)$ für $x \to x_0$. Anschaulich heißt dies, dass sich die Funktion $f(x)$ in der Umgebung von x_0 nicht schlimmer verhält als $g(x)$.

3.5.1 Die Analogie zwischen Magnetfeld und Strömungsfeld

Wir stellen die zentralen Gleichungen für das (lokale) Verhalten des Strömungsfeldes noch einmal zusammen und schreiben die ursprünglichen Gleichungsnummern links an. Der Einfachheit halber beschränken wir uns auf lineare Materialeigenschaften:

(2.4)
$$\oiint_{\partial V} \vec{J} \cdot d\vec{F} = 0, \qquad (3.32\text{-}1)$$

(2.6)
$$\vec{J} = \sigma \vec{E}, \qquad (3.32\text{-}2)$$

(1.29)
$$\oint_{\Gamma} \vec{E} \cdot d\vec{l} = 0. \qquad (3.32\text{-}3)$$

Betrachten wir das Magnetfeld nur in einem stromfreien Bereich und nehmen wir wiederum nur lineares Material an, gilt

(3.8)
$$\oiint_{\partial V} \vec{B} \cdot d\vec{F} = 0, \qquad (3.33\text{-}1)$$

(3.13)
$$\vec{B} = \mu \vec{H}, \qquad (3.33\text{-}2)$$

(3.19)
$$\oint_{\Gamma} \vec{H} \cdot d\vec{l} = 0. \qquad (3.33\text{-}3)$$

Bei der letzten Gleichung ist zu beachten, dass sie so nur dann richtig ist, wenn die Schleife Γ eine Fläche berandet, die nicht von Strom durchflossen ist. Andernfalls steht rechts ein Strom. Wir haben die Wahl nur deswegen so getroffen, um eine vollständige Analogie zum elektrischen Strömungsfall zu erhalten. Aus der Gegenüberstellung (3.33) wird klar, dass die elektrischen Größen $\vec{J}$, $\vec{E}$ und σ formal die gleiche Rolle spielen wie die magnetischen Größen $\vec{B}$, $\vec{H}$ und μ. Es gilt die Zuordnung

$$\begin{aligned} \vec{J} &\rightarrow \vec{B}, \\ \vec{E} &\rightarrow \vec{H}, \\ \sigma &\rightarrow \mu. \end{aligned} \qquad (3.34)$$

Somit herrscht unter den gemachten Annahmen eine vollständige Analogie zwischen dem Magnetismus und dem elektrischen Strömungsfeld.

Wir haben früher gesehen (vgl. Unterabschnitt 2.2.3), dass der Unterschied in der Leitfähigkeit σ zwischen verschiedenen Materialien mehr als zwanzig Zehnerpotenzen betragen kann. Es ist dieser große numerische Unterschied, der es dem Strom, wenn er einmal im Leiter drin ist, fast nicht mehr erlaubt, aus dem Leiter auszutreten, denn die zu einer Fläche normale Komponente der Stromdichte muss wegen (3.32-1) in der normalen Richtung stetig sein (vgl. Abbildung 2.1) – und ist somit innerhalb wie außerhalb eines leitenden Körpers null, außer wenn riesige elektrische Feldstärken auftreten dürfen.

Bei den magnetischen Materialien existieren zwar für die Permeabilität μ nicht ganz so große Unterschiede, doch sind immerhin etwa sechs Zehnerpotenzen möglich (vgl. Unterabschnitt 3.2.2). Im Rahmen dieses Wertes kann man also sagen, dass die magnetische Flussdichte $\vec{B}$ ebenfalls „fast nicht" aus dem Material austreten kann, wenn sie einmal drin ist, denn auch hier muss wegen (3.33-1) die Normalkomponente von $\vec{B}$ auf der Materialoberfläche stetig sein. Die Aussage „$\vec{B}$ kann ‚fast nicht' austreten" ist dann falsch, wenn $\vec{B}$ senkrecht auf der Materialgrenze steht. In diesem Fall tritt $\vec{B}$ eben wegen der Stetigkeit von $\vec{B}_{\text{normal}}$ trotzdem aus dem Material aus.

Dann aber sind die Beträge von $\vec{H}$ innen und außen entsprechend unterschiedlich. Falls $\vec{H}$ nicht zu groß werden darf, ist $\vec{B}$ somit tatsächlich im Material „gefangen". Eine obere Grenze für $\vec{H}$ lässt sich angeben, denn genau so, wie in der Elektrostatik die maximale Feldstärke $\vec{E}$ durch die Quellen des Feldes implizite gegeben ist, steht auch in der Magnetostatik der Maximalwert von $\vec{H}$ in einem gewissen Verhältnis zur felderzeugenden Stromverteilung.

3.5.2 Der magnetische Widerstand

Die Gleichung (3.32-1) bedeutet nichts anderes als die wohlbekannte Tatsache, dass jeder Gleichstromkreis geschlossen sein muss. Weil auch (3.33-1) gilt, können wir ein entsprechendes Gesetz für den magnetischen Fluss formulieren: „Magnetfelder bilden geschlossene Kreise." Die Beschreibung im elektrischen Fall führt bekanntlich zu den Begriffen „elektrischer Widerstand" und „elektrische Spannung". Um die Analogie mit dem elektrischen Stromkreis komplett zu machen, definieren wir die den elektrischen Größen Strom I, Spannung U und Widerstand R entprechenden Begriffe im Magnetfeld. Es gilt mit Blick auf (3.34):

$$I = \iint\limits_F \vec{J} \cdot d\vec{F} \quad \Leftrightarrow \quad \text{magn. Fluss } \Phi \quad\quad = \iint\limits_F \vec{B} \cdot d\vec{F} \tag{3.35-1}$$

$$U = \int\limits_\Gamma \vec{E} \cdot d\vec{l} \quad \Leftrightarrow \quad \text{magn. Spannung } \Theta \quad\quad = \int\limits_\Gamma \vec{H} \cdot d\vec{l} \tag{3.35-2}$$

$$R = U/I \quad \Leftrightarrow \quad \text{magn. Widerstand } R_M \quad = \Theta\Phi \tag{3.35-3}$$

Dabei sind in (3.35-1) die Integrale über eine Querschnittsfläche F (welche je nach Anwendung beliebig gewählt werden kann) und in (3.35-2) über einen bestimmten Weg Γ (der ebenfalls beliebig gewählt werden kann) zu erstrecken.

Abbildung 3.10 zeigt einen vollständigen magnetischen Kreis mit Erregerspule, Joch und Anker. Der gesamte Fluss Φ_{ges} kann in den so genannten *Nutzfluss* Φ und den *Streufluss* Φ_s[17] aufgeteilt werden:

$$\Phi_{\text{ges}} = \Phi + \Phi_s. \tag{3.36}$$

Dabei ist der Nutzfluss Φ ein Integral $\iint \vec{B} \cdot d\vec{F}$ über den Querschnitt des Jochs, während der Streufluss das Integral über das Feld außerhalb des Eisens ist. Dieses letztere Feld verschwindet nicht vollständig, ist aber viel kleiner als jenes im Eisen. (Als elektrisches Analogon stelle man sich einen Leiterkreis vor, der in einem sehr schwach leitenden Material eingebettet ist: dann wird auch dort ein kleiner Anteil des Stromes außerhalb des guten Leiters fließen.) Streng genommen ist somit der Nutzfluss Φ längs des Kreises nicht konstant. Falls jedoch die magnetische Permeabilität des Eisens hoch genug ist, gilt in jedem Querschnitt

$$\Phi_s \ll \Phi, \tag{3.37}$$

---

17   Die Aufteilung in Nutz- und Streufluss kann je nach Anwendungsfall variieren. Wir wollen alle Feldanteile, die nicht die triviale Richtung (d.h. parallel zum Kreis) haben, dem Streufluss zuordnen.

und folglich kann nicht nur der allein durch den Strom in der Erregerspule gegebene Fluss Φ_{ges}, sondern auch der Nutzfluss Φ längs des Kreises als konstant betrachtet werden.

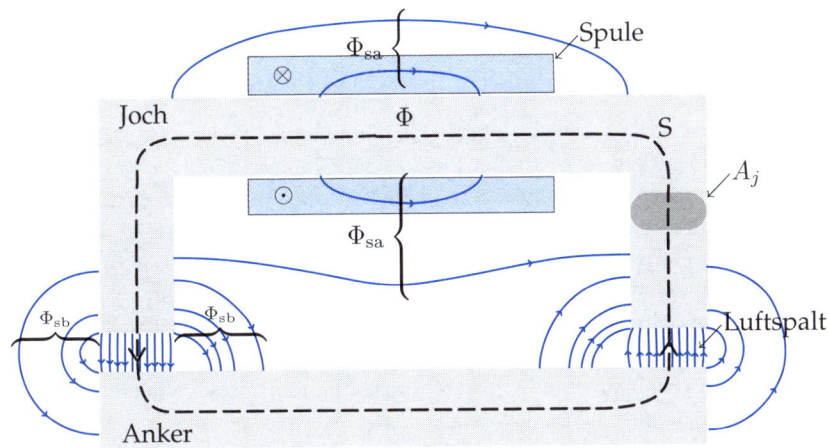

Abbildung 3.10: Durch geeignete Formgebung des magnetischen Materials (hier ein U-förmiges Joch und ein gerader Anker) sowie einer günstigen Platzierung der Feldquellen (hier eine stromdurchflossene Spule am Joch) kann erreicht werden, dass fast das gesamte Magnetfeld durch das Eisen geführt wird. Die Feldlinien sind nur qualitativ richtig. Es bezeichnen Φ_{sa} und Φ_{sb} den so genannten Streufluss, welcher gegenüber dem streng geführten Nutzfluss Φ in der Praxis oft vernachlässigt werden kann.

Zur weiteren Berechnung des magnetischen Kreises von Abbildung 3.10 nehmen wir an, dass das Feld längs einer Flusslinie im Eisen konstant ist, solange der Querschnitt des Eisens sich nicht ändert, d.h. wir postulieren homogene Verhältnisse längs der Flussröhre. Dann kann das Umlaufintegral $\oint_{\mathrm{S}} \vec{H} \cdot d\vec{l}$ längs der in Abbildung 3.10 mit S bezeichneten Schleife einfach ausgewertet werden:

$$\oint_{\mathrm{S}} \vec{H} \cdot d\vec{l} \approx H_{\mathrm{J}} l_{\mathrm{J}} + H_{\mathrm{A}} l_{\mathrm{A}} + H_{\mathrm{L}} l_{\mathrm{L}} = \sum_{j=\mathrm{J,A,L}} H_j l_j = \sum_{j=\mathrm{J,A,L}} \Theta_j. \qquad (3.38)$$

Dabei bezeichnen H_{J}, H_{A} und H_{L} die Feldstärken im Joch, im Anker und im Luftspalt, während l_j die Längen der jeweiligen Gebiete sind und Θ_j die magnetischen Teilspannungen bezeichnen.

Die einzelnen Feldstärken hängen auf einfache Weise mit dem Fluss Φ zusammen:

$$B_j = \mu_j H_j = \frac{\Phi}{A_j} \quad \Rightarrow H_j = \frac{\Phi}{\mu_j A_j}, \qquad (3.39)$$

wobei A_j die Querschnittsfläche des j-ten Gebietes bedeutet. Aus Gründen der Einfachheit haben wir hier die Variation von $\vec{H}$ über dem Querschnitt vernachlässigt und mit H_j eine mittlere Feldstärke in jedem Querschnitt eingeführt. Der magnetische Widerstand jedes Teilgebietes ist nach Definition (3.35–3):

$$R_{\mathrm{M}j} = \frac{\Theta_j}{\Phi} = \frac{H_j l_j}{\Phi} = \frac{l_j}{\mu_j A_j}, \qquad (3.40)$$

wobei für den letzten Ausdruck (3.39) verwendet wurde. Der magnetische Widerstand ist somit nicht vom Fluss Φ abhängig und nimmt mit steigender Permeabilität μ ab.

Zur Bestimmung des Flusses Φ muss das angegebene Ampère'sche Durchflutungsgesetz (3.19) (bzw. die allgemeine Form (3.21)) herangezogen werden, welches eine Beziehung zwischen dem erregenden Strom in der Spule und dem magnetischen Feld liefert. Ist I der Spulenstrom und n die Zahl der Windungen, gilt

$$nI = \sum_{j=\text{J,A,L}} \Theta_j = \Phi \sum_{j=\text{J,A,L}} R_{\text{M}j}. \tag{3.41}$$

Mit dieser letzten Gleichung sowie den Gleichungen (3.38) und (3.39) können alle unbekannten Feldstärken H_j sowie der Fluss Φ berechnet werden.

Der behandelte Kreis stellt einen einfachen Fall dar. Tatsächlich können auch verzweigte Kreise mit mehreren Spulen und verschiedenen Flüssen in den einzelnen Zweigen mit den gleichen Methoden behandelt werden.

Die Analogie zum elektrischen Netzwerk ist jedoch so eng, dass wir auf genauere Ausführungen verzichten wollen und lediglich erwähnen, dass die Gleichung (3.41) die Rolle einer Maschengleichung spielt und andererseits wegen (3.33-1) auch eine Knotenregel gilt, welche genau gleich wie im elektrischen Fall aus dieser Gleichung hergeleitet wird (vgl. Unterabschnitt 2.2.2).

Nach diesen praxisorientierten Ausführungen wollen wir zum Abschluss dieses Kapitels nochmals einige theoretische Überlegungen anstellen.

3.5.3 Aufgaben

3.5.3.1 Magnetischer Kreis mit Permanentmagnet

Gegeben: Die folgende Anordnung mit drei verschiedenen Materialien, wobei die angegebenen Materialgleichungen gelten. M_0 und χ_m sind gegeben, und die Querschnittsfläche A ist im ganzen Kreis gleich.

$$\text{Luft}: \quad \vec{B}_1 = \mu_0 \vec{H}_1$$

$$\text{Eisen}: \quad \vec{B}_2 = \mu \vec{H}_2; \qquad \mu = 10^5 \mu_0$$

$$\text{Perm.} - \text{Magn.}: \quad \vec{B}_3 = \mu_0(\vec{H}_3 + \vec{M}_0 + \chi_\text{m} \vec{H}_3); \qquad \vec{M}_0 = M_0 \vec{e}_x$$

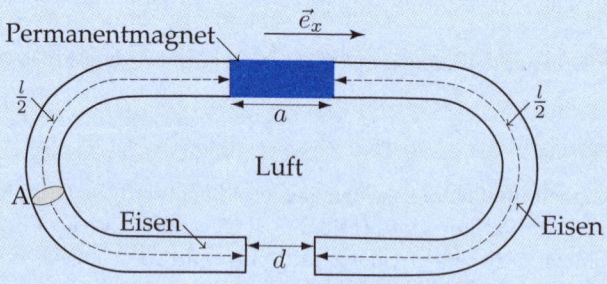

Gesucht: Eine gute Näherung für $\vec{H}$ im Luftspalt. Die Länge a des Permanentmagneten sei auf Kosten der Eisenlänge l variabel. Wie verhält sich $\vec{H}$ im Luftspalt in Funktion des Volumens des Permanentmagneten?

3.6 Die Magnetostatik als eigenständige Disziplin

Zur Zeit von Ampère war zwar bekannt, dass der galvanische Strom aus bewegter elektrischer Ladung besteht, aber die Menge Ladung, welche ein Strom pro Zeit transportiert, war unbekannt (vgl. Abschnitt 2.2). Da das Ampère'sche Gesetz einen Bezug zwischen Kräften und Strömen liefert, kann man daraus indirekt eine Einheit für die vom Strom transportierte Ladung ableiten, indem der Zahlenfaktor $\mu_0/(2\pi)$ rechts in (3.22), weggelassen wird. Es ergibt sich für den Strom die Dimension [$\sqrt{\text{Kraft}}$] und somit für die elektrische Ladung die nur aus mechanischen Begriffen zusammengesetzte Dimension [Zeit mal $\sqrt{\text{Kraft}}$]. Die zugehörige Einheit hat einen eigenen Namen und heißt „emu" (electromagnetic unit). Andererseits folgt aus dem Coulomb'schen Gesetz der Elektrostatik (1.6) für die Ladung die Dimension [Länge mal $\sqrt{\text{Kraft}}$] mit der zugehörigen Einheit „esu" (electrostatic unit). Offenbar sind esu und emu nicht gleich, obwohl beide die gleiche physikalische Größe messen. Dieser Widerspruch[18] führt dazu, für die elektromagnetischen Erscheinungen eine eigene Grundeinheit – im MKSA-System das Ampere – einzuführen. Das Verhältnis zwischen den Dimensionen von esu und emu ist eine Geschwindigkeit. Es war lange Zeit ein Kuriosum, dass diese zahlenmäßig mit der Lichtgeschwindigkeit übereinstimmt.

Der Zwang zur Einführung einer elektrischen Grundeinheit zeigt anderseits auf, dass die elektrischen Erscheinungen in der Physik eine gewisse Eigenständigkeit aufweisen. Die elektrostatischen und die magnetostatischen Phänomene wurden aufgrund ihres Bezugs zur mechanischen Kraft entdeckt und sind damit von allem Anfang an an die Mechanik gekoppelt, während der Galvanismus zuerst aufgrund chemischer Wirkungen entdeckt wurde. Erst später fand man den Bezug zur Elektrizität. Der elektrische Strom als zunächst chemisches Phänomen ist aufgrund seiner Wärmewirkung und dann auch mit dem Konzept der Energie auf vielfältige Weise mit anderen Teilgebieten der Physik (Wärmelehre, Mechanik, Elektrostatik) verknüpft worden (vgl. Abschnitt 2.3). Demgegenüber ist die Verbindung der Magnetostatik mit der übrigen Physik relativ locker: Es bestehen lediglich die Verbindung zur Mechanik (Kraft) und eine Verbindung zum Galvanismus (jeder Strom ist von einem Magnetfeld umgeben). Diese Verbindungen sind nicht besonders eng, weil es (noch) keine interdisziplinäre Erhaltungsgröße (Energie) gab. Wir wollen im Folgenden aufzeigen, dass mit *statischen* Überlegungen allein keine weiteren Verbindungen möglich sind.

3.6.1 Der Aufbau einer Stromverteilung

Wenn wir die mechanische Energie berechnen wollten, welche zum Aufbau einer Stromverteilung notwendig ist, müssten wir genau wie in der Elektrostatik (vgl. Unterabschnitt 1.4.1) zuerst den *Vorgang* beschreiben, wie die Stromverteilung aus einem neutralen Anfangszustand heraus aufgebaut wird. In der Elektrostatik war dies einfach: zuerst die Ladungen trennen und dann *elementweise* an den gewünschten Ort schieben. Man stellt dabei fest, dass zum Auseinanderziehen der Ladungen (mechanische) Energie aufgewendet werden muss. Der „neutralste" Zustand ist dann erreicht, wenn alle Ladungen möglichst nahe beieinander sind und sich gegenseitig kompensieren. In Übereinstimmung mit der Praxis kann somit der elektrisch neutrale Zustand als Anfang angenommen werden.

---

18 Man könnte natürlich *entweder* beim Coulomb'schen Kraftgesetz (1.6) *oder* beim Ampère'schen Gesetz (3.22) einen konstanten Faktor einführen und damit den Widerspruch auflösen. Allerdings führt dieses Vorgehen auf „unschöne" Einheiten, z.B. Meter (statt Farad) für die Einheit der Kapazität.

In der Magnetostatik ist ungefähr das Gegenteil der Fall: Während sich entgegengesetzte Ladungen anziehen, stoßen sich entgegengesetzte Ströme ab. Bei einem geschlossenen Stromkreis sind gegenüberliegende Ströme notwendig entgegengesetzt gerichtet und stoßen sich somit ab. Dies bedeutet, dass ein (aus kraftfrei dehnbarem Material bestehender) Stromkreis endlicher Abmessungen die Tendenz hat, sich auszudehnen. Der „neutralste" Zustand scheint hier dann erreicht zu sein, wenn die Ströme möglichst weit voneinander entfernt sind.[19] Dies ist jedoch nicht richtig, denn durch das formale Ausdehnen einer Stromschleife müsste zunehmend mehr Leitermaterial vorhanden sein, ein Prozess, der praktisch niemals bis ins Unendliche fortgesetzt werden kann. Doch selbst wenn wir ein (praktisch nicht existierendes) supraleitendes und beliebig dehnbares Material zur Verfügung hätten, wäre die unendlich ausgedehnte Stromschleife *nicht* im mechanischen (Nullkraft-)Gleichgewicht. Vielmehr wirken auch bei unendlich ausgedehnten Schleifen Kräfte, die *als Ganzes* mit zunehmender Schleifendimension *nicht* verschwinden, obwohl die Kraft auf ein einzelnes Schleifen*element* gegen null strebt. Dies liegt daran, dass die Schleifendimension gleich stark gegen unendlich geht wie die Kraft pro Element gegen null. Das folgende Beispiel soll diesen Sachverhalt illustrieren.

Beispiel 3.4   ## Kräfte in einer rechteckigen Stromschleife

Gegeben sei eine rechteckige Stromschleife (vgl. Abbildung 3.11) der Dimension $a \times b$. Die Kraft auf ein kleines Stück Draht berechnet sich mit (3.23) zu $d\vec{F} = I d\vec{l} \times \vec{B}$ und die magnetische Induktion $\vec{B}$ mit dem Gesetz von Biot-Savart, (3.16) sowie der „Material"-Gleichung (3.13), $\vec{B} = \mu_0 \vec{H}$. Die vier Seiten des Rechtecks sind mit Γ_i bezeichnet und die gesamte Kraft auf die j-te Seite ist $\vec{F}_j$.

Die magnetische Induktion $\vec{B}$ steht aus Symmetriegründen senkrecht auf der Schleifenebene. Da der Kraftvektor wegen des Kreuzprodukts immer senkrecht zur Stromrichtung weist, liegt er in der Rechtecksebene. Man sieht leicht ein, dass $\vec{F}_j$ auf jeder Seite nach außen gerichtet ist. Weiter kann das Vektorprodukt in der Kraft-Formel weggelassen werden, denn $\vec{B}$ steht senkrecht auf dem Strom. Somit genügt es, den Betrag F_j von $\vec{F}_j$ zu betrachten, der sich aus dem Betrag B von $\vec{B}$ errechnen lässt. Es gilt

$$F_j = I \int_{\Gamma_j} B(\vec{r}_j)\, dl, \qquad (3.42)$$

wobei $\vec{r}_j$ der Ortsvektor des laufenden Punktes auf Γ_j ist und natürlich vom Kurvenparameter l abhängt. B berechnet sich mit der Formel von Biot-Savart und setzt sich aus den Anteilen aller vier Seiten zusammen. Da „die eigene Seite" keinen Beitrag liefert, kann $\vec{B}$ als Summe von Anteilen der „anderen drei Seiten" geschrieben werden:

---

19 Wird eine Stromschleife (mit endlichem Gesamtstrom) auf einen Punkt zusammengezogen, ergibt sich im Grenzfall natürlich ebenfalls eine neutrale Situation, doch müsste diese mit einem großen Kraftaufwand erzwungen werden.

$$B(\vec{r}_j) = \frac{\mu_0}{4\pi} \sum_{\substack{i=1 \\ i \neq j}}^{4} I \int_{\Gamma_i} \frac{d\vec{l}''_i \times (\vec{r}_j - \vec{r}'_i)}{|\vec{r}_j - \vec{r}'_i|^3} \cdot \vec{e}. \tag{3.43}$$

Dabei ist $\vec{e}$ der auf dem Rechteck senkrecht stehende Einheitsvektor, welcher in jedem Punkt der Schleifenebene parallel zur Richtung von $\vec{B}$ zeigt. Setzen wir dieses Resultat in (3.42) ein, ergibt sich das zweifache Integral

$$F_j = \frac{\mu_0 I^2}{4\pi} \int_{\Gamma_j} \sum_{\substack{i=1 \\ i \neq j}}^{4} \int_{\Gamma_i} \frac{d\vec{l}''_i \times (\vec{r}_j - \vec{r}'_i)}{|\vec{r}_j - \vec{r}'_i|^3} \cdot \vec{e} \, dl_j \tag{3.44}$$

mit der überraschend einfachen Lösung

$$F_j(a,b) = \frac{\mu_0 I^2}{2\pi}(d/b - 1), \qquad d = \sqrt{a^2 + b^2}, \tag{3.45}$$

wobei d die Länge der Diagonale des Rechtecks bedeutet und a die Länge der j-ten Seite ist.

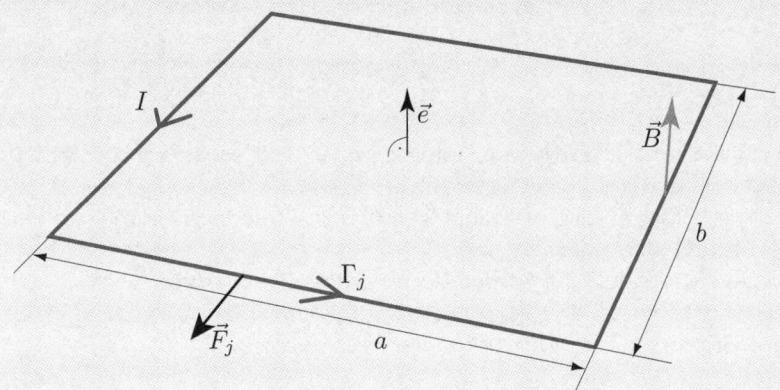

Abbildung 3.11: Die Kraft F_j auf die j-te Seite einer rechteckigen, vom Strom I durchflossenen Schleife variiert nicht, wenn die Größe des Rechtecks verändert wird. Daher gibt es keinen neutralen Zustand, der als Ausgangslage für eine Energiedefinition verwendet werden könnte.

Die Kraft auf eine Seite hängt somit nicht von der Größe des Rechtecks ab, sondern nur vom Seitenverhältnis. Für ein sehr schmales Rechteck ($b \ll a$) geht (3.45) in (3.22) über.

Offenbar ist es also grundsätzlich so, dass der Gleichstrom sich als Ursache des magnetostatischen Feldes nicht so verhält wie die Ladung im elektrostatischen Fall. Dort konnten wir jedem Ladungspartikel dQ eine Energie dW zuordnen, wobei erstens die Summe aller dWs die gesamte Energie W des Systems ergab und zweitens die einzelnen dWs gewissen im Gedankenexperiment klar definierten *mechanischen* Energien entsprachen. Weil in der Magnetostatik die Stromelemente *nicht* einzeln betrachtet werden können, kann hier kein analoges Vorgehen angewendet werden. Ein Grund für diese Tatsache ist vielleicht darin zu suchen, dass der Strom aus *bewegter* Ladung besteht und somit implizite sogar im zeitunabhängigen Fall einen dynamischen Aspekt hat.

Wir werden im nächsten Kapitel sehen, dass die eigentliche, direkte Verknüpfung zwischen elektrischem und magnetischem Feld nur bei zeitabhängigen Feldern beobachtet werden kann.

Z U S A M M E N F A S S U N G

Gewisse Materialien haben die Eigenschaft, andere Materialien anzuziehen. Das Phänomen hat zunächst Ähnlichkeit mit den elektrostatischen Kräften. Allerdings kann im Gegensatz zu dort keine „magnetische Ladung" isoliert werden. Die Definition der magnetischen Feldstärke $\vec{H}$ kann jedoch mit einem hypothetischen Probemonopol p analog zur Definition des elektrischen Feldes erfolgen:

(3.4)
$$\vec{H}(\vec{r}) = \frac{\vec{F}}{p},$$

wobei $\vec{F}$ die Kraft ist, die auf den Probemonopol wirken würde, wenn er an die Stelle $\vec{r}$ gebracht würde.

Weil in der Praxis kein Monopol isoliert werden kann, führt man die magnetische Induktion $\vec{B}$ ein, wobei *immer* (d.h. auch bei zeitlich veränderlichen Feldern und in beliebigem Material)

(3.8)
$$\oiint_{\partial V} \vec{B} \cdot d\vec{F} = 0$$

gilt. ∂V ist eine beliebige geschlossene Hüllfläche und kann auch nur gedacht sein. Die Gleichung beschreibt daher eine grundlegende Eigenschaft des $\vec{B}$-Feldes.

Der Zusammenhang zwischen den Feldern $\vec{H}$ und $\vec{B}$ ist stark materialabhängig. In einfachen Fällen (lineares Material) gilt $\vec{B} = \mu\vec{H}$.

Die gemachten Feststellungen liefern bisher nur eine Beziehung zwischen Mechanik und Magnetismus. Es gibt aber auch einen Bezug zum elektrischen Strom. Jede Stromverteilung ist nach dem Gesetz von Biot-Savart untrennbar mit einem Magnetfeld verbunden:

(3.17)
$$\vec{H}(\vec{r}) = \frac{1}{4\pi} \iiint_{V'} \frac{\vec{J}(\vec{r}') \times (\vec{r} - \vec{r}')}{|\vec{r} - \vec{r}'|^3} \, dV'.$$

Dabei ist $\vec{J}$ eine zeitunabhängige und daher in sich geschlossene Stromverteilung.

Die Felder $\vec{H}$ und $\vec{J}$ sind miteinander verkettet, wie das Ampère'sche Durchflutungsgesetz

(3.21)
$$\oint_{\partial F} \vec{H} \cdot d\vec{l} = \iint_F \vec{J} \cdot d\vec{F}$$

zeigt. Dabei ist die Fläche F mit der Berandung ∂F völlig beliebig und kann auch nur gedacht sein. Das Gesetz ist so nur bei fehlender Zeitabhängigkeit gültig und beschreibt einen Zusammenhang zwischen den Feldern $\vec{H}$ und $\vec{J}$ *ohne* Zuhilfenahme mechanischer Größen.

Magnetfelder haben auf den ersten Blick zwei verschiedene Ursachen: magnetisches Material oder elektrische Ströme. Die Wirkung der Magnete kann jedoch mit äquivalenten (atomaren) Stromverteilungen dargestellt werden: Ein gedachter magnetischer Dipol hat in hinreichender Entfernung das gleiche Feld wie ein kleiner elektrischer Kreisstrom.

Die Untersuchung der magnetischen Kraftwirkungen zeigt, dass der statische Magnetismus nicht auf elektrische Kräfte zurückgeführt werden kann, sondern als eigenständiges Phänomen betrachtet werden muss. Die Definition einer magnetischen Energie kann aber nicht allein auf statischen Ergebnissen aufbauen. Die bisher gefundenen Zusammenhänge sind in Abbildung 3.12 grafisch dargestellt. Wir wollen im nächsten Kapitel versuchen, die fehlende, direkte Beziehung zwischen Magnetismus und Elektrizität zu finden.

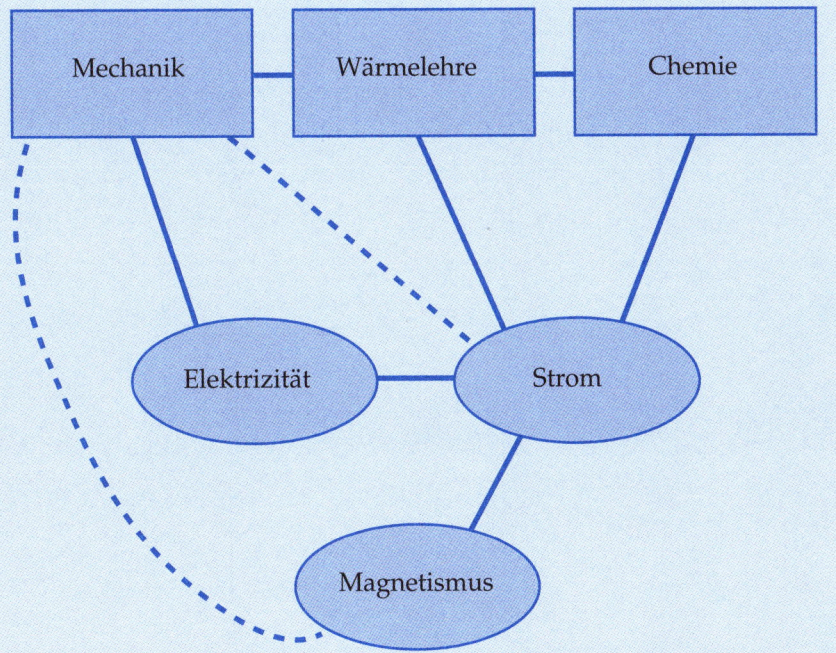

Abbildung 3.12: Der Magnetismus kann eindeutig mit dem elektrischen Strom verknüpft werden. Die Verbindung zur Mechanik steht aber auf wackligen Beinen, weil die alles verbindende Energie im Fall der Magnetostatik nicht befriedigend definiert werden kann.

Z U S A M M E N F A S S U N G

Die Wirkung zeitvariabler Magnetfelder

4

ÜBERBLICK

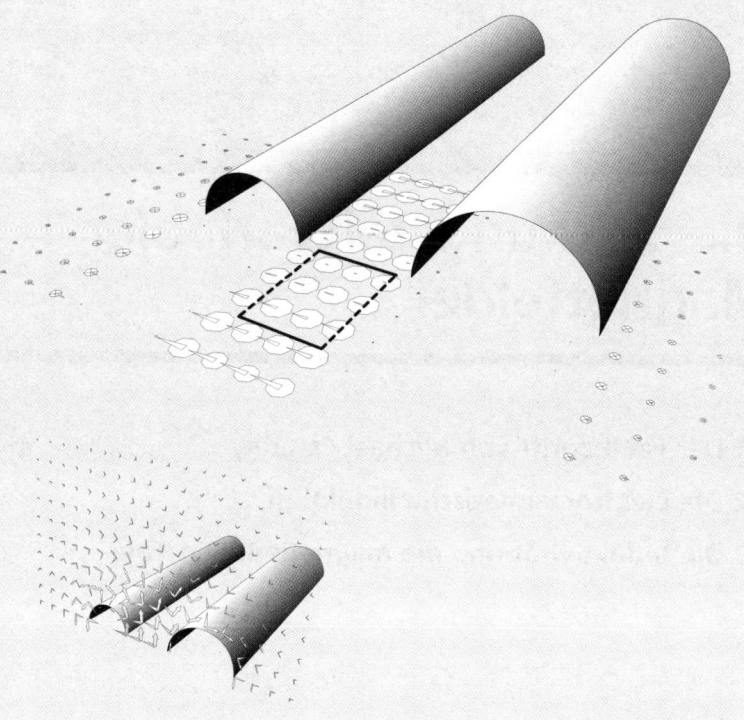

Die Bilder zeigen Momentanwerte des elektrischen Feldes (Dreiecke), des nach der Zeit abgeleiteten Magnetfeldes (Achtecke oben) sowie des Magnetfeldes selber (Pfeile unten) auf einer Zweidrahtleitung. Die ungleich dicken Drähte bestehen aus einem unmagnetischen Material mit ziemlich schlechter Leitfähigkeit (Germanium). Alle Felder variieren sinusförmig mit der Zeit. Solche Felder haben eine ganze Anzahl von Eigenschaften, die zum Teil erst in späteren Kapiteln besprochen werden. Offensichtlich sind 1. die ebenfalls sinusförmige Variation der Feldgrößen längs der Drahtachsen (vgl. oberes Bild), 2. das fast fehlende Eindringen des Feldes in die Leiter (darüber berichten wir im 7. Kapitel) und 3. die frappante Ähnlichkeit der links unten dargestellten momentanen Felder im Luftraum mit den statischen Feldern.

Integriert man das elektrische Feld längs der oben eingezeichneten rechteckigen Schleife – der Beitrag der gestrichelten Seiten kann praktisch vernachlässigt werden –, kommt offensichtlich nicht null heraus: Das Feld hat vom statischen Verhalten eindeutig abweichende Eigenschaften.

Für diese Anordnung existiert keine geschlossene analytische Darstellung des elektromagnetischen Feldes. Gezeichnet ist eine mit dem MMP-Programm berechnete „Näherung", deren Fehler allerdings weit unter einem Promille liegt und daher nicht sichtbar ist.

In den vergangenen Kapiteln haben wir uns mit statischen, d.h. zeitunabhängigen, Situationen beschäftigt und mussten schließlich einsehen, dass es nicht gelingt, nur mit den zwischen Strömen auftretenden mechanischen Kräften den Begriff der Energie konsistent in die Magnetostatik einzufügen, im Gegensatz zur Elektrostatik, wo dies relativ zwanglos gelang. Wir wollen in diesem Kapitel zeigen, warum das Vorhaben, magneto*statisch* eine Energie zu definieren, scheitern *musste*: Die Natur zwingt uns, auch die Zeit in die Betrachtungen mit einzubeziehen, denn es ist nicht der statische Zustand selbst, sondern die zeitliche Veränderung dieses Zustandes, welche neuartige Effekte hervorbringt. Wir wollen in einem ersten Abschnitt die Entstehung des Feldbegriffs aus historischer Sicht betrachten und bedienen uns wieder der Vergangenheitsform, wenn wir „alte" (und überholte) Weisheiten zum Besten geben. Danach werden wir die elektromagnetische Induktion aus physikalisch-technischer Sicht betrachten und schließlich das bekannte Konzept der Induktivität einführen. Dieses Konzept wird es uns endlich erlauben, die magnetische Energie konsistent – so, dass der Energiesatz gilt – zu definieren.

4.1 Der Feldbegriff von Michael Faraday

Zu Beginn des 19. Jahrhunderts hatten Magnetismus, Galvanismus und Elektrostatik eine relativ geringe praktische Bedeutung. Einzig im Bereich der medizinischen Anwendungen tat sich etwas, doch konnten von dieser Seite naturgemäß wenig Beiträge zur Erhellung der rein physikalischen Zusammenhänge erwartet werden, weil aus der medizinischen Sicht die Systematik immer wieder durch unsystematische und individuelle Reaktionen der beteiligten Lebewesen (Menschen) gestört wurde. Immerhin existierten unter den Medizinern nebeneinander zwei verschiedene Theorien für die elektrischen und magnetischen Erscheinungen.

Die erste Theorie, welche auch die Mehrheit der Physiker für richtig hielt, betrachtete die elektrische Ladung als die eigentliche Grundgröße. Die Ladung hatte einerseits stofflichen Charakter und war messbar. Anderseits hatte sie die Eigenschaften eines Fluidums und wurde in der Medizin sogar mit dem „Vitalgeist" identifiziert (vgl. 1. Kapitel). In dieser ersten Theorie waren die Krafterscheinungen sowie die chemischen und magnetischen Wirkungen der ruhenden bzw. bewegten Ladungen sekundär, eben immer Folge der vorrangigen Ladung.

Die zweite Theorie gestand der Ladung eine weniger zentrale Bedeutung zu. Dort war die Ladung allenfalls eine Quelle des ihr an Bedeutung überlegenen, nicht klar definierten, anderen Fluidums, welches in den Raum ausströmte und dann die verschiedenen Wirkungen verursachte. Dieses Fluidum konnte aus unterschiedlichen Quellen stammen (Ladung, Magnet, aber auch aus der Hand des Heilers!) und erfüllte die ganze Umgebung der Quelle.

Da die Physiker zur damaligen Zeit die Mechanik als ihre Königsdisziplin betrachteten und die Newton'sche Gravitationstheorie einen so durchschlagenden Erfolg zur Erklärung der Planetenbahnen hatte, war die Coulomb'sche Theorie (mit der elektrischen Ladung im Zentrum) für die Physiker viel nahe liegender. Auch wir haben in der Elektrostatik die geladenen Partikel als Träger der Energie gesehen. Anderseits mussten wir beim Vergleich der Wirkung von Permanentmagnet und elektrischem Strom zugestehen, dass am Ort der Wirkung *nicht* entschieden werden kann, ob die Ursache der Kraft ein Strom oder ein Magnet sei (vgl. Abbildung 3.7 in Unterabschnitt 3.4.2).

Aus theoretischer Sicht ist es, wenn am Ort der Wirkung nicht eindeutig auf die Quelle geschlossen werden kann, gedanklich „einfacher", der Wirkung eine eindeutige, lokale Ursache zuzuordnen. Dann aber muss diese lokale Ursache in der Theorie einen hohen Stellenwert haben. Es ist das Verdienst des Buchbinders[1] Michael Faraday (1791–1867), diesen Schritt vollzogen zu haben. Faraday graute es vor der Idee der Fernwirkung, sowohl vor der Newton'schen als auch vor der Coulomb'schen. Er war von der *Nahewirkung* überzeugt: Nur unmittelbar benachbarte Dinge konnten für ihn eine Wirkung aufeinander ausüben, und jede in der Realität beobachtete Wirkung auf Distanz *musste* für ihn eine Nahewirkungs-„Erklärung" haben, d.h. sie musste auf eine Kette von Nahewirkungen zurückgeführt werden können. Aus dieser philosophischen Grundhaltung heraus[2] kreierte er den Feldbegriff, den wir bisher eher als bequeme Schreibweise denn als eigentlichen physikalischen Grundbegriff eingeführt haben. Während für Faraday das Feld ein *Zustand* des alles durchdringenden *Weltäthers* war, gehen wir heute sogar noch einen Schritt weiter und lassen den Äther ganz weg, d.h. wir geben dem Feld allein, auch im sonst leeren Raum, eine existentielle Bedeutung.

Der Begriff des Feldes wird uns später tatsächlich eine markante, formale Vereinfachung der Theorie liefern. Zunächst aber scheint alles viel komplizierter: Während vorher die Kraft auf ein geladenes und/oder stromführendes Stück Materie mathematisch mit einem einzigen Vektor (und eventuell einem Drehmoment), also mit endlich vielen *Zahlen*, beschrieben werden konnte, ist jetzt das Feld nur noch mit dem viel komplizierteren mathematischen Begriff einer im ganzen Raum definierten vektorwertigen *Funktion* zu erfassen. Diese Funktionen nennt man in der Vektoranalysis bekanntlich *Vektorfelder*. Faraday hatte kaum mathematische Bildung und entwickelte den Feldbegriff intuitiv, indem er sich Kraftlinien vorstellte (vgl. Unterabschnitt 1.2.3).

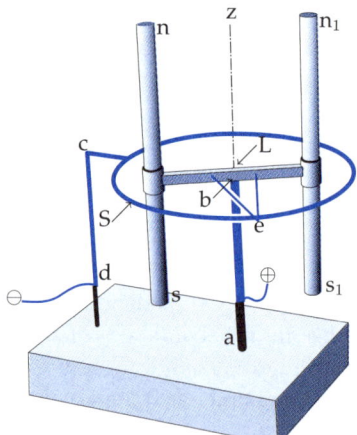

Abbildung 4.1: Der von M. Faraday 1822 konstruierte „Magnetmotor" beruht auf der magnetostatischen Kraftwirkung auf magnetische Monopole. Der beweglich gelagerte Rotor besteht aus den beiden Permanentmagneten s-n und s_1-n_1, dem diese verbindenden Querbalken mit dem Lager L und den horizontalen Bügeln e. Der Gleichstrom fließt in den eingefärbten Teilen von der Klemme ⊕ über die Säule a–b auf das Rotorlager L, von dort über die Bügel e auf den Schleifring S und dann via den Draht c–d zur zweiten Klemme ⊖. Somit befinden sich nur die südweisenden Pole s und s_1 der beiden Stabmagnete im starken Feld des Säulenstromes in a–b. Diese beiden Pole folgen den kreisförmigen magnetischen Kraftlinien um diesen Leiter und lassen den Rotor um die Achse z drehen.

---

1   und späteren Professors für Physik und Chemie

2   Er nannte die Physik in seinen Notizen konsequent „Natural Philosophy" und war wohl auch von der deutschen Naturphilosophie beeinflusst.

Aufgrund seiner Weltanschauung suchte er systematisch nach Zusammenhängen zwischen bisher getrennten Erscheinungen. Bereits 1821 findet sich in seinen Notizen die Bemerkung: „Convert magnetism into electricity," und 1822 zeigte er, dass ein beweglicher Permanentmagnet um einen stromdurchflossenen Leiter rotiert (vgl. Abbildung 4.1)[3].

Aus diesen Entdeckungen entwickelte er das Konzept der magnetischen Kraftlinien, die er bald auch auf das Elektrische übertrug. Schließlich entstand aus seinen Vorstellungen der heutige Feldbegriff.

Wir wollen im nächsten Abschnitt versuchen, die wohl folgenschwerste Entdeckung von Michael Faraday nachzuvollziehen und dabei den mathematischen Apparat der Vektoranalysis noch beiseite lassen.

4.2 Die elektromagnetische Induktion

Bevor wir uns der Beschreibung der Faraday'schen Induktion zuwenden, wollen wir zuerst den Begriff der so genannten elektromotorischen Kraft einführen. Danach werden wir das Induktionsgesetz beschreiben und eingehend diskutieren, wobei wir uns auf den feldtheoretischen Aspekt konzentrieren wollen.

4.2.1 Die elektromotorische Kraft *EMK*

Um das Phänomen der Induktion quantitativ erfassen zu können, rekapitulieren wir einige aus der elementaren Elektrotechnik bekannte Gesetze und betrachten insbesondere die Vorgänge in einer Quelle. Damit in einer geschlossenen Leiterschleife überhaupt ein Strom I fließen kann, muss eine Strom- bzw. eine Spannungsquelle vorhanden sein. Im Innern der Quelle gibt es „antreibende Kräfte" nichtelektrischer Natur, die auf die Ladungsträger wirken und so den Stromfluss in Gang halten. Diese antreibenden Kräfte – etwa mechanische oder chemische (Ausgleichsvorgänge nach chemischen Reaktionen) – können mit einer äquivalenten elektrischen Feldstärkeverteilung $\vec{E}_{ne}$ dargestellt werden, die gerade so groß ist, dass aus diesem fiktiven Feld die gleichen Kräfte auf die vorhandenen Ladungsträger resultieren, wie sie „in Wirklichkeit" von den nicht elektrostatischen Kräften ausgeübt werden. Somit gehorcht das Feld $\vec{E}_{ne}$ *nicht* den gleichen Gesetzen wie das gewöhnliche elektrostatische Feld. Insbesondere gilt für dieses Feld die Gleichung (1.29) $[\oint \vec{E} \cdot d\vec{l} = 0]$ *nicht*. Trotzdem kann man – analog zur elektrischen Spannung, die mit $U = \int_{\Gamma} \vec{E} \cdot d\vec{l}$ längs eines orientierten Weges Γ definiert ist (vgl. Unterabschnitt 1.5.3) – die Feldstärke $\vec{E}_{ne}$ längs Γ integrieren und erhält ebenfalls eine Größe der Dimension Spannung. Im Unterschied zur „richtigen" Spannung heißt diese Größe *elektromotorische Kraft* (Formelzeichen: *EMK*)[4]:

$$EMK = \int_{\Gamma} \vec{E}_{ne} \cdot d\vec{l}. \tag{4.1}$$

Trotz der Dimension Spannung darf die *EMK* nicht mit der gewöhnlichen, in der Schaltung mit einem Voltmeter messbaren Spannung U verwechselt werden. Unabhängig davon, wie die „treibende Kraft" (die *EMK*) in einer Quelle entsteht, ist nämlich die außen

---

3 Denkt man sich diese Anordnung aus idealen Leitern aufgebaut, scheint auf den ersten Blick keine Spannung zwischen den Klemmen ⊕ und ⊖ aufzutreten. Damit wäre ein Perpetuum mobile realisiert! Wo liegt der Haken?

4 In der Literatur ist statt *EMK* auch das Formelzeichen U_{ind} gebräuchlich. Wir vermeiden U_{ind}, um den physikalischen Unterschied der beiden Größen besser hervorzuheben.

messbare Spannung U *immer*[5] der *EMK* entgegengesetzt. Dies sieht man ein, wenn man die *Entstehung* der Spannung U genau verfolgt. Wir unterscheiden zwei Schritte: 1. Die *EMK* (genauer: die zur *EMK* gehörige äquivalente Feldstärke $\vec{E}_\text{ne}$) verschiebt Ladungen auf die Klemmen der Quelle. 2. Diese Ladungen erzeugen ein („richtiges") $\vec{E}$-Feld, das auch außerhalb der Quelle messbar ist. In der Quelle werden genau so lange Ladungen verschoben, bis $\vec{E}$ innerhalb der Quelle das zur *EMK* gehörige Feld $\vec{E}_\text{ne}$ kompensiert. Da für $\vec{E}$ die Gesetze der Elektrostatik – insbesondere die Unabhängigkeit des Integrals $\int_\text{A}^\text{B} \vec{E} \cdot d\vec{l}$ vom Weg zwischen den beiden festen Endpunkten A und B – gelten, folgt schließlich

$$U = -EMK. \tag{4.2}$$

Wegen dieser „Gleichheit" ist es in der elementaren Netzwerktheorie gar nicht nötig, die *EMK* einzuführen. Sie gibt im Gegenteil nur zu Verwirrung Anlass. Wir führen die *EMK* an dieser Stelle ein, weil wir die „treibende Kraft" eines induzierten Stromkreises separat diskutieren wollen.

Eine letzte Bemerkung zum Vorzeichen der Spannung: Bekanntlich kann *in der Ersatzschaltung* der Zählpfeil der Spannung beliebig gewählt werden, ein Umdrehen des Zählpfeils entspricht einem Vorzeichenwechsel. Mit der Wahl der Orientierung des Weges Γ ist die Richtung des Zählpfeils allerdings festgelegt. Wenn wir also eine Spannung U (oder eine *EMK*) als Integral längs eines Weges festlegen, ist damit implizit auch die Richtung des zugehörigen Zählpfeils gegeben.

4.2.2 Das Induktionsgesetz

Im Jahre 1831 fand Michael Faraday den von ihm bereits zehn Jahre lang gesuchten Zusammenhang zwischen Magnetismus und Elektrizität, indem er zeigen konnte,

- dass die *Bewegung* eines Permanentmagneten in einer Spule in Letzterer einen elektrischen Stromfluss bewirkte,

- dass umgekehrt auch die Bewegung einer geschlossenen Leiterschleife im Magnetfeld die gleiche Wirkung hatte, und schließlich,

- dass das *Ein-* bzw. *Ausschalten* eines Stromes in einer ersten Leiterschleife in einer anderen, benachbarten Schleife ebenfalls einen kurzzeitigen Stromfluss zur Folge hatte.

Um alle diese Phänomene in ein einziges zusammenzufassen, musste Faraday zuerst den Begriff des magnetischen Flusses $\Phi = \iint_\text{F} \vec{B} \cdot d\vec{F}$ durch eine Fläche F gedanklich bilden und dann diese Größe als eine eigenständige erkennen. Seine eigentliche Leistung besteht nun in der zentralen Erkenntnis, dass nicht der Fluss Φ selber, sondern dessen *zeitliche Änderung* $d\Phi/dt$ für das Phänomen verantwortlich ist. Man kommt zur Aussage (vgl. Abbildung 4.2):

> Die zeitliche Änderung des magnetischen Flusses durch eine geschlossene Leiterschleife bewirkt einen elektrischen Strom in dieser Schleife, hat also eine ähnliche Wirkung wie ein galvanisches Element, das in den Stromkreis eingeschaltet ist: Sie verursacht eine *EMK*. Für diese *EMK* gilt
>
> $$EMK = -\frac{d}{dt} \iint_\text{F} \vec{B} \cdot d\vec{F} = -\frac{d\Phi}{dt}. \tag{4.3}$$

---

5 Wir schließen weitere Quellen, welche die Wirkung überkompensieren könnten, aus.

Da nach (4.1) die *EMK* als Integral über eine „nichtelektrostatische" Feldstärke $\vec{E}_{ne}$ geschrieben werden kann, folgt

$$\oint_{\partial F} \vec{E}_{ne} \cdot d\vec{l} = -\frac{d}{dt} \iint_{F} \vec{B} \cdot d\vec{F}. \qquad (4.4)$$

Man nennt dieses Phänomen *elektromagnetische Induktion* oder kurz *Induktion*.

Jetzt wollen wir das Feld $\vec{E}_{ne}$ genauer betrachten. Die Gleichung (4.4) zwischen einem Flächenintegral über die Fläche F und einem Linienintegral längs der Berandung ∂F von F gibt einen Zusammenhang zwischen $\vec{E}_{ne}$ und dem magnetischen Feld $\vec{B}$. Das „nicht-elektrostatische" Feld $\vec{E}_{ne}$ verhält sich lokal, d.h. nur in einem Punkt *ohne* dessen Umgebung betrachtet, genau gleich wie ein gewöhnliches $\vec{E}$-Feld. Insbesondere hat es keinen materiellen Träger und übt auf die frei bewegliche Ladung q die Kraft $q\vec{E}_{ne}$ aus, was mit Experimenten mit frei beweglichen Ladungsträgern nachgewiesen werden kann. Das Einzige, was dem Feld $\vec{E}_{ne}$ fehlt, sind irgendwelche (abseitsstehende) Ladungen als Ursache. Im Sinne der Faraday'schen Feldtheorie – das Feld genießt das Primat vor seiner Ursache – können wir in beiden Fällen von einem „richtigen" elektrischen Feld sprechen und somit (neben den Ladungen) eine zweite Ursache für elektrische Felder zulassen: die zeitliche Änderung von $\vec{B}$.

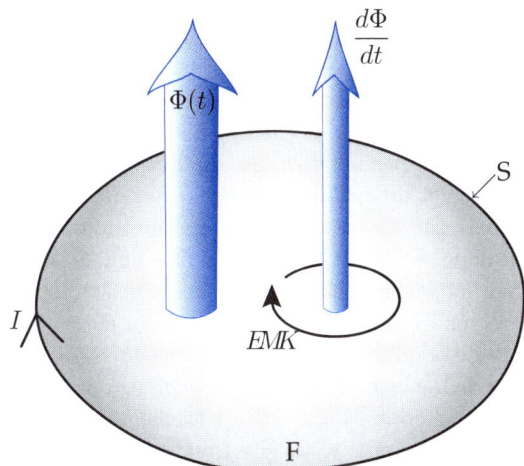

Abbildung 4.2: Durch Induktion bewirkt der zeitlich variable, magnetische Fluss $\Phi(t)$ durch die von der geschlossenen Leiterschleife S berandeten Fläche F einen elektrischen Strom I in S, dessen Richtung mit der zeitlichen Fluss*änderung* $d\Phi/dt$ eine Linksschraube bildet. Man beachte, dass die Richtung des der *EMK* zugeordneten runden Pfeiles *nicht* die Richtung des Zählpfeiles darstellt. Diese ist implizite in der Formel (4.4) gegeben: Die Orientierung des Randes ∂F bildet mit der Flächennormalen eine Rechtsschraube. Der runde Pfeil in der Abbildung symbolisiert die Feldstärke $\vec{E}_{ne}$ zu einem Zeitpunkt, wo $d\Phi/dt$ nach oben zeigt.

Zwei verschiedene Ursachen für ein und dieselbe Sache hatten wir bereits einmal! Beim Magnetfeld gab es ursprünglich zwei verschiedene Quellen (Strom und Permanentmagnet) für die gleiche lokale Wirkung. Dort gelang es nachträglich mit der Ampère'schen Hypothese atomarer Kreisströme (vgl. Unterabschnitt 3.4.3), die Ursachen gleich zu machen. Hier wäre ein Versuch zum Gleichschalten der *Ursachen* (Ladung bzw. $\frac{\partial}{\partial t}\vec{B}$)

von Anfang an zum Scheitern verurteilt, denn $\vec{E}_{ne}$ in (4.4) verletzt offensichtlich die fundamentale Eigenschaft (1.29) $[\oint \vec{E} \cdot d\vec{l} = 0]$, welche für alle durch Ladungen erzeugten statischen $\vec{E}$-Felder gilt. Auch der umgekehrte Ansatz, das Zurückführen von *statischer* elektrischer Ladung auf irgendwelche variablen $\vec{B}$-Felder scheint wenig Erfolg zu verheißen, nicht nur, weil dann das $\vec{B}$-Feld linear mit der Zeit variieren müsste und daher einen zeitlich linear ansteigenden Betrag hätte, sondern vor allem deshalb, weil in (4.4) rechts niemals eine Null folgt: Die vermuteten zeitlich variablen $\vec{B}$-Felder können niemals über *beliebige* Flächen Null-Flüsse haben, wenn sie nicht selber verschwinden. Es bleibt somit nichts anderes übrig, als dem $\vec{E}$-Feld zwei grundsätzlich verschiedene Arten von Quellen zuzubilligen.

Die Formel (4.4) steht mit der elektrostatischen Gleichung (1.29) $[\oint \vec{E} \cdot d\vec{l} = 0]$ *nicht* im Widerspruch, wenn wir fordern, dass im Falle der Statik in (4.4) alle beteiligten Größen, also auch die magnetische Induktion $\vec{B}$, zeitlich konstant seien. Wir können dann den Index „ne" bei $\vec{E}_{ne}$ in (4.4) weglassen und für die elektrische Feldstärke $\vec{E}$ generell die Gleichung (4.4) als grundlegend betrachten. Gleichung (1.29) ist eine Folge von (4.4) und gilt nur für zeitlich unveränderliche $\vec{E}$-Felder – mit der (theoretischen) Ausnahme streng linear mit der Zeit variierender Magnetfelder, welche auch zeitunabhängige $\vec{E}$-Felder produzieren könnten.[6]

4.2.3 Die Ursachen der Induktion

Das Induktionsgesetz (4.3) enthält auf der rechten Seite die zeitliche Ableitung eines Integrals, in dem *zwei* Größen von der Zeit t abhängen können, entweder die Fläche F und/oder die magnetische Induktion $\vec{B}$. Wir wollen beide Fälle zunächst getrennt betrachten und genau überlegen, was passiert.

Wenn erstens die Schleife ∂F nicht bewegt wird, muss das Magnetfeld zeitlich veränderlich sein, um eine Induktion zu haben. Es zeigt sich, dass in diesem Fall die Drahtschleife, die letztlich immer nötig ist, um die induzierte *EMK* messen zu können, völlig beliebig ins Feldgebiet hineingelegt werden kann: In jeder Lage wird Gleichung (4.4) bestätigt, sodass wir zur Auffassung gelangen, die induzierte Feldstärke $\vec{E}$ werde direkt durch die zeitliche Änderung von $\vec{B}$ an Ort und Stelle verursacht und die Drahtschleife sei eigentlich gar nicht nötig. Dies kann tatsächlich in Experimenten mit geladenen Teilchen nachgewiesen werden: Auch auf ein einzelnes geladenes Teilchen mit Ladung q, das sich im zeitlich veränderlichen Magnetfeld befindet, wirkt eine Kraft $q\vec{E}$, wobei $\vec{E}$ auf jeder beliebigen, auch *nur gedachten*, unbewegten Schleife ∂F der Gleichung (4.4) genügt. In diesem Sinne *ist* $\frac{\partial}{\partial t}\vec{B}$ Ursache der Induktion.

Ganz anders sieht die Sache aus, wenn die Drahtschleife zur Messung der *EMK* im statischen $\vec{B}$-Feld bewegt wird. Einerseits hat Faraday auch in diesem Fall die Induktion nachgewiesen, andererseits scheint es aber klar zu sein, dass die Ursache irgendwie anders sein muss als im ersten Fall, wo $\vec{B}$ zeitlich variabel war. Tatsächlich ist in diesem zweiten Fall die *Bewegung der materiell vorhandenen Drahtschleife* die Ursache der Induktion. Die Schleife besteht aus einem Leiter, und dieser Leiter enthält frei bewegliche Ladungen im Überfluss. Wird eine Ladung q im statischen Magnetfeld $\vec{B}$ mit der Geschwindigkeit $\vec{v}$ bewegt, dann wirkt auf q die so genannte Lorentz-Kraft (3.24), $[\vec{F} = q(\vec{v} \times \vec{B})]$. Wird ein Leiter im statischen Magnetfeld bewegt, wirkt die Lorentz-Kraft auf die darin vorhandenen Ladungen; sie werden verschoben, und man kann an den Klemmen der Drahtschleife

---

6 Wegen des physikalischen Gebots endlicher Feldstärken allerdings nur während einer beschränkten Zeitspanne.

eine entsprechende Spannung messen. Dies bedeutet, dass im zweiten Fall notwendigerweise eine *materielle* Drahtschleife mit beweglichen Ladungsträgern vorhanden sein
muss. Längs einer *gedachten*, im statischen Magnetfeld bewegten Schleife gibt es kein
induziertes $\vec{E}$-Feld.

Damit die Schleife geometrisch eindeutig definiert ist, muss sie aus dünnem Draht
bestehen. Nur dann ist sichergestellt, dass die Ladungen „richtig" verschoben werden,
sodass das Induktionsgesetz gilt. Abbildung 4.3 zeigt einen Fall, wo trotz Flussänderung
keine Induktion stattfindet.

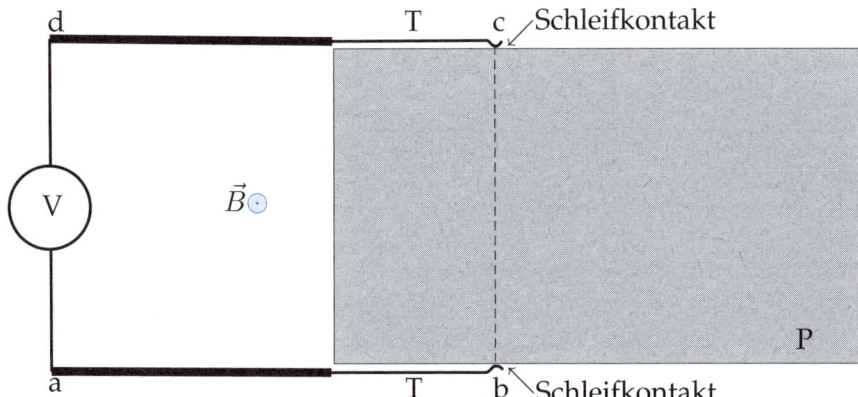

Abbildung 4.3: Die Schleife abcd kann durch Ausziehen der (dünn gezeichneten) Teleskoparme T vergrößert werden,
wobei die *un*bewegte Platte P einen Teil des geschlossenen Leiterkreises bildet. Auch das Voltmeter V sowie die dick
gezeichneten Drähte links bleiben dabei fest. Die Schleife umfasst beim Ausziehen einen zeitlich veränderlichen
$\vec{B}$-Fluss (Φ), $\vec{B}$ selber ist zeitlich und räumlich konstant. Weil jedoch keine materiellen Leiter quer zum
(hypothetischen) Kreisstrom bewegt werden, kann mit dem Voltmeter V *keine* induzierte Spannung gemessen
werden.

Man kann es als Zufall sehen, dass die beiden so unterschiedlichen Ursachen zum
gleichen Gesetz (4.3) zusammengefasst werden können.

Jetzt können wir auch die Frage nach dem scheinbaren Perpetuum mobile in Fußnote 3
in diesem Kapitel beantworten. Führt man den Magnetmotor in Abbildung 4.1 vollständig rotationssymmetrisch aus – dies ist z.B. mit einem magnetisierten Hohlzylinder
anstelle der beiden Permanentmagnete und vielen radialen Drähten statt nur zwei Bügeln
e möglich (der Hohlzylinder hat dann auf der Höhe des Lagers L kleine Löcher, um den
Strom durchzulassen) –, dann gibt es weder zeitlich veränderliche $\vec{B}$-Felder noch zeitlich
variierende Schleifenberandungen. Somit scheint überhaupt keine Induktion stattzufin-
den, und das Perpetuum mobile ist perfekt!? Dies ist natürlich falsch! Die Lösung liefert
die Lorentz-Kraft, welche auf die in den Bügeln e sitzenden Ladungsträger wirkt. Das
$\vec{B}$-Feld der Magnete ist dort parallel zur Achse z, die Leiter e bewegen sich um die
z-Achse herum und die Lorentz-Kraft wirkt radial. Somit verschieben sich zusätzliche
Ladungen radial und deren Wirkung ist schließlich als *Gleich*spannung an den Klemmen
messbar. Man beachte, dass diese Gleichspannung – abgesehen vom Ohm'schen Spannungsabfall – unabhängig vom Strom ist. Sie würde auch auftreten, wenn der Rotor
mechanisch angetrieben würde.

4.2.4 Die Selbstinduktion

Da jede stromführende Leiterschleife den eigenen magnetischen Fluss Φ umfasst, wird durch jede Änderung des Stromes I in der Schleife eine Änderung von Φ bewirkt, welche eine *EMK* zur Folge hat, die ihrerseits einen weiteren Strom I_{ind} in der gleichen Schleife verursacht. Die Induktion in der felderzeugenden Stromschleife selbst heißt *Selbstinduktion*. Nach der Regel von Lenz[7] ist der zusätzliche Strom I_{ind} bekanntlich immer *gegen* die Änderung des ursprünglichen Stroms I gerichtet. Der induzierte Strom I_{ind} hemmt also die Änderung. Dies muss natürlich so sein, denn wenn I_{ind} die Änderung fördern würde, ergäbe sich ein unstabiles System.

Um wieder stabilen Boden unter den Füßen zu haben, wollen wir im nächsten Abschnitt versuchen, das bekannte Konzept der Induktivität direkt mit dem magnetischen Feld in Verbindung zu bringen.

4.2.5 Aufgaben

4.2.5.1 Der mechanisch-elektrische Wandler

Gegeben: Eine ebene Drahtschleife der Fläche F sei drehbar zwischen den Polen eines großen Magneten gelagert. Die Drehachse liegt in der Schleifenebene, und das Magnetfeld $\vec{H}$ sei in jenem Volumen, das von der Schleife bei ihrer Drehung überstrichen wird, homogen. Die Drahtschleife sei aufgetrennt, und die beiden Enden werden auf einer Seite der Drehachse herausgeführt.

Gesucht: Man erkläre qualitativ, was auf dem Draht passiert, wenn die Drahtschleife mit konstanter Winkelgeschwindigkeit ω gedreht wird.

4.3 Die Induktivität und die magnetische Energie

Einerseits wünscht sich der Praktiker eine möglichst einfache Beschreibung des Verhaltens seiner elektrischen Anlagen, andererseits haben wir mit dem Magnetfeld eine sehr aufwendige Art eingeführt, ein so einfaches System wie eine geschlossene Leiterschleife zu beschreiben. Wir wollen daher wieder einen Schritt in Richtung Praxis gehen.

4.3.1 Die Leiterschleife als Zweipol

Die Tatsache, dass in einer Stromschleife der Strom nicht geändert werden kann, ohne während der Änderung eine *EMK* zu induzieren, deutet darauf hin, dass eine stromführende Leiterschleife eine gewisse „Trägheit" hat. Sie verhält sich somit anders als ein Ohm'scher Widerstand, denn dort ist die Spannung proportional zum Strom, während hier erst die Strom*änderung* mit einer Spannung verbunden ist. Wir wollen zeigen, dass diese „Trägheit" eng mit dem Magnetfeld verknüpft ist.

Vorerst postulieren wir, dass das $\vec{H}$-Feld auch bei einem zeitlich veränderlichen Strom in jedem Raum-/Zeitpunkt mit Hilfe des Biot-Savart'schen Gesetzes (3.16) berechnet werden kann.[8] Weiter nehmen wir der Einfachheit halber die Gültigkeit der Material-

---

7 Nach dem deutschen Physiker Heinrich Friedrich Emil Lenz (1804–1865).

8 Dies ist tatsächlich nur der Fall, wenn die zeitliche Variation nicht zu rasch ist. Eine genauere Beschreibung der Einschränkungen folgt später (vgl. die Unterabschnitte 7.1.5 sowie 8.6.2).

gleichung $\vec{B} = \mu\vec{H}$ (μ ortsunabhängig) an. Dann ist auch das $\vec{B}$-Feld mit (3.16) berechenbar:

$$\vec{B}(\vec{r}, t) = I(t)\frac{\mu}{4\pi}\underbrace{\oint\limits_{\partial F} \frac{d\vec{l}' \times (\vec{r} - \vec{r}')}{|\vec{r} - \vec{r}'|^3}}_{\vec{B}(\vec{r})}. \tag{4.5}$$

Wesentlich ist nun, dass *nur* der vor dem Integral stehende, ortsunabhängige Faktor $I(t)$ von der Zeit t abhängt. Dieser Faktor kann bei der Berechnung des Flusses

$$\Phi(t) = \iint\limits_{F} \vec{B}(\vec{r}, t) \cdot d\vec{F} \tag{4.6}$$

vor das Flächenintegral gezogen werden, und man erhält für die zeitliche Ableitung von Φ:

$$\frac{d}{dt}\iint\limits_{F}\vec{B} \cdot d\vec{F} = \frac{dI(t)}{dt}\underbrace{\iint\limits_{F}\vec{B} \cdot d\vec{F}}_{\neq f(t)}. \tag{4.7}$$

Das Integral rechts ist weder von der Zeit t noch vom Strom I abhängig. Es enthält lediglich die *geometrischen* und materiellen Daten des Stromkreises.

Wir definieren:

$$L := \iint\limits_{F}\vec{B} \cdot \widehat{B}\, d\vec{F} = \frac{1}{I}\iint\limits_{F}\vec{B} \cdot d\vec{F}. \tag{4.8}$$

Man nennt L *Induktivität* der Stromschleife, und es gilt bekanntlich

$$U(t) = \frac{d\Phi}{dt} = L\frac{dI}{dt}, \tag{4.9}$$

was leicht mit den Gleichungen (4.3), (4.7) und (4.8) abgeleitet werden kann. Dabei ist nach (4.2) $U = -EMK$ gesetzt.

4.3.2 Die Gegeninduktivität

Bisher haben wir nur eine einzige Leiterschleife betrachtet und als Maß für die elektrische „Trägheit" dieser Schleife deren Induktivität L definiert, welche auch als Verhältnis zwischen der induzierten Spannung U und der Ableitung des Stromes, dI/dt, aufgefasst werden kann. Da Spannung und Strom in der gleichen Schleife gemeint sind, heißt L auch *Selbstinduktivität*.

Nun ist das Induktionsgesetz (4.4) aber allgemeiner formuliert: Es ist nicht vorgeschrieben, dass der $\vec{B}$-Fluss nur zum Strom in der gleichen Schleife gehört. Dieser Fluss kann auch von einer anderen Stromverteilung herrühren. Dies heißt konkret, dass die Änderung des Stromes in einer ersten Schleife dann in einer zweiten Schleife eine

Spannung induziert, wenn der Fluss der ersten Schleife auch von der zweiten Schleife (teilweise) umfasst wird. Man spricht in diesem Falle von *Gegeninduktion* und kann ähnlich wie im vorigen Unterabschnitt eine *Gegeninduktivität* M_{ij} definieren[9], welche den Zusammenhang zwischen der Stromänderung in der *j*-ten Schleife und der induzierten Spannung in der *i*-ten Schleife beschreibt.

Wenn die Ströme I_i, I_j und die $\vec{B}$-Felder der beiden beteiligten Stromschleifen klar auseinander gehalten werden, ergeben sich keine nennenswerten Probleme. Wir bezeichnen das zum Strom I_i gehörige Magnetfeld mit $\vec{B}_i$ und das zu I_j gehörige mit $\vec{B}_j$, und die von den Schleifen berandeten Flächen seien F_i und F_j. Dann gilt analog zu (4.8)

$$M_{ij} := \frac{1}{I_j} \iint\limits_{F_i} \vec{B}_j \cdot d\vec{F}, \qquad M_{ji} := \frac{1}{I_i} \iint\limits_{F_j} \vec{B}_i \cdot d\vec{F} \qquad (4.10)$$

sowie die der Gleichung (4.9) entsprechenden Beziehungen

$$U_{ij} = \frac{d\Phi_{ij}}{dt} = M_{ij} \frac{dI_j}{dt},$$

$$U_{ji} = \frac{d\Phi_{ji}}{dt} = M_{ji} \frac{dI_i}{dt}, \qquad (4.11)$$

wobei Φ_{ij} und Φ_{ji} die den Gegeninduktivitäten M_{ij} und M_{ji} entsprechenden Flussintegrale in (4.10) darstellen. Die Spannung U_{ij} bezeichnet nur jenen Anteil der im *i*-ten Kreis induzierten Spannung, welche zur *j*-ten Stromänderung gehört. Berücksichtigt man auch den Anteil der Selbstinduktion, muss das Gleichungssystem (4.11) erweitert werden:

$$U_i = L_i \frac{dI_i}{dt} + M_{ij} \frac{dI_j}{dt},$$

$$U_j = M_{ji} \frac{dI_i}{dt} + L_j \frac{dI_j}{dt}, \qquad (4.12)$$

wobei die (im Allgemeinen verschiedenen) Selbstinduktivitäten mit L_i und L_j bezeichnet wurden.

Wir werden weiter unten zeigen, dass die Gegeninduktivitäten unter recht allgemeinen Voraussetzungen *in beiden Richtungen gleich* sind, d.h. dass eine Gleichung der Form

$$M_{ij} = M_{ji} \qquad (4.13)$$

gilt (vgl. Gleichung (10.40)). Dies ist aus den Definitionsgleichungen (4.10) nicht sofort ersichtlich.

Die Gegeninduktivität beschreibt also die gegenseitige Wirkung zwischen *zwei* Stromschleifen, und somit müssen immer (mindestens) zwei vollständige, geschlossene Stromschleifen bezeichnet sein, wenn von Gegeninduktivitäten gesprochen wird.

4.3.3 Die Induktivität als Energiespeicher

Die Frage nach der Energie beim Magnetfeld konnten wir im 3. Kapitel nicht beantworten. Der Versuch, Stromstücke zu verschieben und die bei der Verschiebung auftretenden Kräfte (wie seinerzeit in der Elektrostatik, vgl. Unterabschnitt 1.4.1) zu Hilfe zu nehmen, um eine zunächst mechanische Arbeit dann potentielle Energie der Stromstücke zu nennen, hatte in eine Sackgasse geführt.

---

9 M_{ij} wie „mutual inductance" (= Gegeninduktivität)

Jetzt versuchen wir es nochmals – wir werden Erfolg haben –, indem wir die Leiterschleife als Zweipol betrachten und daher eine weitere Energie zur Verfügung haben: $U \cdot I \cdot \triangle t$. Zuerst variieren wir I mit einer gedachten Stromquelle, in Unterabschnitt 4.3.5 werden wir U auf Grund mechanisch-elektrischer Wandlung variieren.

Wir betrachten eine Stromschleife und können nun den Prozess des magnetischen „Auf-" und „Entladens" der Schleife beschreiben, indem wir diese an eine Stromquelle anschließen, die einen zeitlich variablen Strom $I(t)$ mit dem in Abbildung 4.4 dargestellten Verlauf liefert.

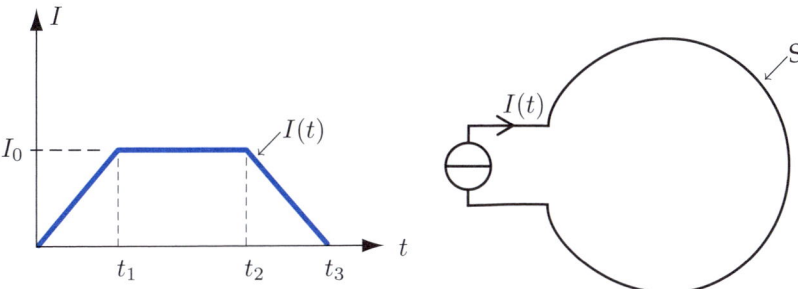

Abbildung 4.4: Die Stromquelle mit dem links im Bild dargestellten zeitlichen Verlauf des Quellenstroms lädt die Schleife S während des Ansteigens des Stromes magnetisch auf und entlädt sie hinterher wieder, wenn der Strom abfällt.

Wir vernachlässigen während des ganzen Vorgangs die Ohm'sche Verlustleistung in der Schleife[10] und betrachten die Verhältnisse an den Klemmen wie in der Netzwerktheorie: Die beiden skalaren Größen Strom I und Spannung U reichen zur Beschreibung aus. Zur Berechnung der Energie W, die während der Zeit $\triangle t$ in den Zweipol hineinfließt, benützen wir die schon beim Ohm'schen Widerstand gebrauchte Formel (2.10) [$W = UI\triangle t$]. Dies bedeutet, dass wir die Definition der elektrischen Leistung im zweiten Kapitel auf die hiesigen Verhältnisse übertragen. Man beachte, dass dies genau genommen eine Voraussetzung darstellt.

Für die Leistung $P(t)$ an der Induktivität L gilt

$$P(t) = U(t)I(t) = L\frac{dI(t)}{dt}I(t). \tag{4.14}$$

Setzen wir den speziellen Stromverlauf aus Abbildung 4.4 ein,

$$I(t) = \begin{cases} I_0 \cdot t/t_1 & \text{für } 0 < t < t_1, \\ I_0 & \text{für } t_1 < t < t_2, \\ I_0 \cdot (t_3 - t)/(t_3 - t_2) & \text{für } t_2 < t < t_3, \end{cases} \tag{4.15}$$

dann erhalten wir für die während der Aufladung [$t = 0$ bis $t = t_1$] in die Drahtschleife hineingesteckte elektrische Energie

$$W_{\mathrm{L}} = \int\limits_0^{t_1} P(t)\, dt = \frac{1}{2}LI_0^2. \tag{4.16}$$

---

10 Man denke an einen supraleitenden Draht!

Dieses Resultat ist aus der elementaren Elektrotechnik bekannt.

Während der Zeitspanne $t_1 < t < t_2$ ist $P(t) = 0$, weil der Strom konstant ist und somit dessen Ableitung verschwindet. In der dritten Phase ($t_2 < t < t_3$) gilt

$$P(t) = LI_0 \cdot \frac{-1}{t_3 - t_2} \cdot I_0 \cdot \frac{t_3 - t}{t_3 - t_2} = -LI_0^2 \frac{t_3 - t}{(t_3 - t_2)^2}. \tag{4.17}$$

Somit wird für diese Zeitspanne die Leistung negativ, d.h. die Quelle nimmt Leistung auf und die Drahtschleife gibt Leistung ab. Der Energieumsatz dieser Phase ergibt sich zu

$$W = \int_{t_2}^{t_3} P(t)\, dt = -\frac{1}{2} LI_0^2 = -W_L. \tag{4.18}$$

Offenbar ist nach dem Abfallen des Stroms auf null die gesamte vorher hineingesteckte Energie W_L wieder zurückgewonnen. Diese Energie war also in der Schleife nicht wie beim Ohm'schen Widerstand verbraucht[11], sondern nur vorübergehend gespeichert und hinterher wieder freigegeben worden. Neben der Kapazität (vgl. Abschnitt 1.5) kann also auch die Induktivität elektrische Energie speichern. Wir wollen diese Speicherung noch etwas genauer anschauen, sie mit derjenigen bei der Kapazität vergleichen und insbesondere das Ganze im Lichte des Feldbegriffs betrachten.

4.3.4 Das Feld als Energieträger

In Abschnitt 1.5 haben wir gezeigt, dass die Kapazität C elektrische Ladung festhalten kann, wobei wir der *Ladung* die Fähigkeit zugeschrieben haben, potentielle Energie zu tragen. Wir konnten diese Energie ausrechnen, weil wir die mechanischen Kräfte während der Verschiebung der Ladung von der einen Elektrode auf die andere kannten und somit die mechanische Arbeit ($\int \vec{F} \cdot \vec{dl}$) beim Aufbau der Ladungsverteilung mit der elektrischen Energie gleichsetzen konnten. Obwohl bei Stromschleifen ebenfalls Kräfte auftreten, gelang es uns trotzdem nicht, ein ähnliches, nur über die mechanischen Kräfte laufendes Konzept zu verfolgen (vgl. Abschnitt 3.6). Das Vorhaben scheiterte im Wesentlichen daran, dass Stromelemente nicht einzeln verschoben werden können und somit die (formal zwar berechenbare) Kraft auf ein einzelnes Stromelement keine physikalische Bedeutung hat. Mit anderen Worten: Eine Stromverteilung kann, anders als eine statische *Ladungs*verteilung, nicht durch bloße räumliche Verschiebung von einzelnen Teilen aufgebaut werden. Der Aufbau einer Stromverteilung muss vielmehr im *zeitlichen* Ablauf passieren, d.h. die Ladung, welche im Leitermaterial der Stromschleife bereits vorhanden ist, wird aus dem Ruhezustand heraus in Bewegung versetzt. Dass diesem In-Bewegung-Versetzen der Ladung eine Hemmung (die induzierte *EMK*) gegenübersteht, kann als Trägheit der Ladung aufgefasst werden. Die *EMK* ist jedoch rein elektromagnetischen Ursprungs und darf nicht mit der mechanischen Trägheitskraft verwechselt werden. (Die Induktivität hängt nicht davon ab, ob der Strom aus schweren oder leichten Ladungsträgern besteht!)

Die zur *EMK* gehörige Feldstärke $\vec{E}$ kann somit mit einer auf ein einzelnes Ladungspartikel während der Beschleunigungsphase wirkenden elektromagnetischen „Trägheitskraft" in Verbindung gebracht werden. Weil im mechanischen Modell das Integral der Trägheitskraft über die Beschleunigungsstrecke zur *kinetischen* Energie des Masseteilchens führt, könnte man in Analogie dazu jedem Ladungspartikel eine entsprechende

---

11   Genauer: in Wärme verwandelt

Energie zuordnen. Problematisch ist dabei, dass sich bei einer beliebig geformten Stromschleife der Bewegungszustand eines Ladungspartikels dauernd ändert. Da jedoch bei Gleichstrom der Bewegungszustand verschiedener Ladungspartikel am jeweils gleichen Ort derselbe ist, könnte man nun jedem Stromelement eine entsprechende Energie zuordnen. Das Vorhaben scheitert daran, dass das Induktionsgesetz in der Form (4.12) nur eine Aussage über die *EMK* als Ganzes, nicht aber über die zugehörige Feldstärke $\vec{E}$ als Funktion des Ortes liefert. Wir werden später sehen, dass dieser Ansatz des Energie tragenden Stromelements zwar möglich ist, dass andere Ansätze aber ebenso zum Ziel führen (vgl. das achte Kapitel).

Aus der Sicht des Faraday'schen Feldbegriffs ist das Feld grundlegender als die Ladung (bzw. der Strom). Es mutet daher fremd an, so etwas Zentrales wie die Energie[12] der Ladung bzw. dem Strom zuzuordnen, wenn doch diese Größen in der Theorie die zweite Geige spielen. Ordnet man hingegen dem theoretisch vorrangigen Feld die Energie zu, wird aus dem makroskopischen Begriff der gespeicherten Energie eines Kondensators oder einer Spule zwangsläufig ein *Energiedichtefeld*, d.h. etwas viel Komplizierteres.

Die Idee der Verteilung von Energie ist nicht neu. Im zweiten Kapitel ist es uns relativ zwanglos gelungen, das Leistungsdichtefeld p_j zu definieren (vgl. Unterabschnitt 2.3.3). Dort ist die lokale Wirkung des Stromdichtefeldes unmittelbar einsehbar: Der Stromfluss „reibt" in jedem Punkt des Materials und erwärmt dieses. Im Falle eines (statischen) Energiedichtefeldes sind die Verhältnisse weniger evident, denn es *passiert* nichts! Um doch von der Gesamtenergie einer Anordnung zu einem in dieser Anordnung vorhandenen Energiedichtefeld zu gelangen, bietet es sich an, spezielle Situationen mit einem *homogenen Feld* zu studieren und dann ein dazugehöriges *homogenes* Energiefeld zu postulieren. Wir wollen dies jedoch erst im achten Kapitel tun und vorerst das Verhalten der elektrischen und magnetischen Felder allein studieren.

4.3.5 Die mechanisch-elektrische Energiewandlung

Der Vollständigkeit halber studieren wir jetzt den Bezug des Elektromagnetismus zur Mechanik. Wir hatten diesen Bezug in Unterabschnitt 4.2.3 als zweite Ursache der Induktion bezeichnet.

Wir betrachten eine Leiterschleife als Zweipol und bewegen die stromführende Leiterschleife im konstanten $\vec{B}$-Feld. Dies ist einerseits mit einem Kraftaufwand verbunden (es wirkt die Lorentz-Kraft (3.24)) und hat anderseits nach Faraday eine induzierte Spannung zur Folge. Somit können wir die mechanische Arbeit, Kraft mal Weg, mit der elektrischen Energie am Zweipol, $U \cdot I \cdot \triangle t$, vergleichen. Dieser Fall ist aus der Sicht der Mechanik interessant. Anhand des folgenden einfachen Beispiels wollen wir die Äquivalenz zwischen der mechanischen Arbeit und der elektrischen Energie darstellen.

---

12 Für Faraday war die Energie allerdings noch nicht die alles verbindende Größe. Der Energiesatz wurde erst 1845 zum ersten Mal ausgesprochen und noch viel später allgemein anerkannt. Vgl. Unterabschnitt 2.3.1.

Elektromechanische Energiewandlung

Gegeben sei eine rechteckige Leiterschleife S, die sich in einem homogenen Magnetfeld $\vec{B}_0$ befindet (vgl. Abbildung 4.5). Die Schleife sei von einer Konstantstromquelle q gespeist und führe den Strom I. Gemäß (3.23) wirkt auf ein Leiterstück a der Länge a die Kraft[13]

$$\vec{F} = Ia(\vec{e}_a \times \vec{B}_0), \qquad (4.19)$$

wobei der Einheitsvektor $\vec{e}_a$ in Richtung des Stromes im beweglichen Drahtstück a weist. Alle anderen Kräfte, insbesondere die durch I selber hervorgerufene Kraft $\vec{F}_I$ auf a (vgl. Unterabschnitt 3.6.1, Gleichung (3.45)) seien gegenüber $\vec{F}$ vernachlässigbar.

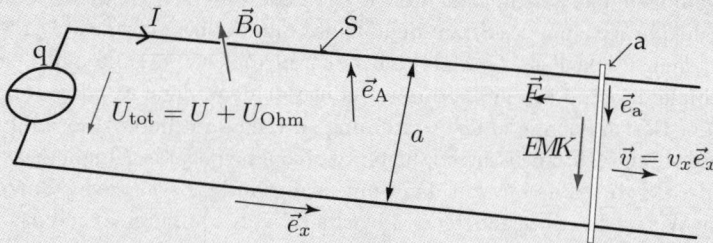

Abbildung 4.5: Die langgezogene, rechteckige Schleife S befindet sich in einem homogenen Magnetfeld $\vec{B}_0$ und wird durch die Stromquelle q mit einem konstanten Strom I versorgt. Eine Verschiebung der beweglichen Seite a in Richtung $\vec{v} = v_x\vec{e}_x$ ändert die Fläche und somit den Fluss Φ durch die Schleife und induziert in ihr zusätzlich zum Ohm'schen Spannungsabfall U_{Ohm} eine Spannung U.

Wenn die bewegliche Seite a der Leiterschleife mit der konstanten Geschwindigkeit $\vec{v} = v_x\vec{e}_x$ bewegt wird, ändert sich die in Abbildung 4.5 nach oben (in Richtung des Einheitsvektors $\vec{e}_A := \vec{e}_a \times \vec{e}_x$) orientierte Schleifenfläche A und somit auch der Fluss $\Phi = \vec{B}_0 \cdot \vec{e}_A A$ gemäß

$$A = A_0 + av_xt \quad \Rightarrow \quad \frac{d\Phi}{dt} = a\vec{B}_0 \cdot \vec{e}_A v_x, \qquad (4.20)$$

wobei A_0 die Schleifenfläche zur Zeit $t = 0$ bedeutet. Die nach (4.9) zu dieser Flussänderung gehörige zeitlich konstante Spannung[14]

---

13   Die Kraft wird natürlich am Leiterstück gemessen. Physikalisch muss jedoch von einer Kraft auf den Strom selber, genauer: auf die Ladungspartikel, welche den Strom ausmachen, ausgegangen werden. Ein frei bewegliches Ladungspartikel q mit Geschwindigkeit $\vec{v}$ erfährt im Feld $\vec{B}$ die bereits in Unterabschnitt 4.2.3 erwähnte Lorentz-Kraft $\vec{F} = q(\vec{v} \times \vec{B})$.

14   Das Vorzeichen ergibt sich durch die Wahl der Zählpfeile in Abbildung 4.5: Bildet der Zählpfeil von U mit der Flächennormale $\vec{e}_A$ – wie in der Abbildung – eine Rechtsschraube, hat U ein Minuszeichen. Vgl. auch Unterabschnitt 4.2.2 und Abbildung 4.2.

$$U = -a\vec{B}_0 \cdot \vec{e}_A v_x \qquad (4.21)$$

tritt an den Quellenklemmen zusätzlich auf und bewirkt eine Änderung $\triangle P$ der elektrischen Leistung $P = U_{\text{tot}}I$, welche die Quelle abgibt.[15] Es gilt

$$\triangle P = U{\cdot}I = -a\vec{B}_0 \cdot \vec{e}_A v_x I. \qquad (4.22)$$

Berechnen wir nun anderseits die *aufgewendete* mechanische Leistung P_{mech}, dann gilt:

$$P_{\text{mech}} = -\vec{F} \cdot \vec{v} = -Ia(\vec{e}_a \times \vec{B}_0) \cdot \vec{v} = -Ia\vec{B}_0 \cdot \vec{e}_A v_x = \triangle P. \qquad (4.23)$$

Das Minuszeichen im ersten Ausdruck kommt daher, dass die Reactio von $\vec{F}$ wirksam ist. Damit ist gezeigt, dass tatsächlich eine vollständige Umwandlung von mechanischer in elektrische Energie (bzw. umgekehrt) stattfindet.

Faraday schien sich für den mechanischen Aspekt seines Gesetzes nicht sonderlich zu interessieren und hat keinen praktisch verwendbaren elektromechanischen Wandler konstruiert[16]. Für ihn waren die Zusammenhänge zwischen den Feldgrößen wesentlicher, was auch für uns zutrifft, denn wir wollen ja die Theorie der *elektromagnetischen* Vorgänge entwickeln.

4.3.6 Aufgaben

4.3.6.1 Induktivität einer Zweidrahtleitung

Gegeben: Eine lange, gerade Zweidrahtleitung, bestehend aus zwei kreisrunden, parallelen Drähten, deren Durchmesser d sehr viel kleiner sei als der Abstand h zwischen den Drähten. Die Permeabilität aller beteiligten Materialien (Drähte und alle Isolationen) sei μ.

Gesucht: Der Induktivitätsbelag (die Induktivität pro Länge l) der Leitung. Man diskutiere speziell den Einfluss des Drahtdurchmessers d.

4.3.6.2 Gegeninduktivität zwischen zwei Leiterkreisen

Gegeben: Eine rechteckige Drahtschleife $a \times b$ im Abstand c von der Zweidrahtleitung aus Übungsaufgabe 4.3.6.1. Die Drahtdurchmesser d seien sehr viel kleiner als die Längen a, b und c, und alle Leiter liegen in der gleichen Ebene. Die Strompfeile sind an sich willkürlich, müssen aber mit den Flächennormalen ($\otimes$ und $\odot$) eine

---

15 Die Spannung U_{tot} über der idealen Stromquelle setzt sich aus zwei Anteilen zusammen: der induzierten Spannung U und dem (Ohm'schen) Spannungsabfall U_{Ohm}, den der Strom I am Leitermaterial verursacht. Die Richtungen in Abbildung 4.5 sind so gewählt, dass eine Bewegung in $+x$-Richtung die abgegebene Leistung der Quelle vermindert. Bei genügend hoher Geschwindigkeit v_x nimmt die Quelle somit Leistung auf.

16 Die entsprechende Entdeckung, das so genannte dynamoelektrische Prinzip, hat erst Werner von Siemens (1816–1892) im Jahre 1866 angegeben. Wir verweisen auf die Literatur über elektrische Maschinen.

Rechtsschraube bilden. Die angegebene Variante wird in der Lösung verwendet. Die Permeabilität aller beteiligten Materialien sei μ.

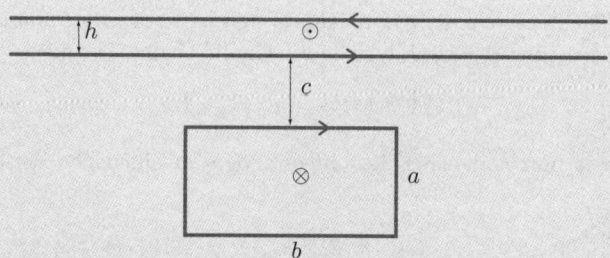

Gesucht: Die Gegeninduktivität zwischen den beiden Leiterkreisen. Wie ist jetzt der Einfluss des Drahtdurchmessers d?

ZUSAMMENFASSUNG

Das Induktionsgesetz besagt, dass ein zeitlich veränderlicher $\vec{B}$-Fluss durch eine Drahtschleife in eben dieser Schleife eine *EMK* bewirkt. Allgemein gilt

(4.4)
$$\oint_{\partial F} \vec{E} \cdot d\vec{l} = -\frac{d}{dt} \iint_F \vec{B} \cdot d\vec{F}.$$

Zum genauen Verständnis der Vorgänge muss unterschieden werden, ob die Fläche F oder die magnetische Induktion $\vec{B}$ zeitlich variiert. Im ersten Fall ist die *EMK* nur messbar, wenn sich ein (dünner) Draht quer zu seiner Achse im Magnetfeld bewegt. Man „versteht" den Vorgang der Induktion in diesem Fall am einfachsten durch Betrachtung der Lorentz-Kraft

(3.24)
$$\vec{F} = q(\vec{v} \times \vec{B}),$$

die auf das im Magnetfeld $\vec{B}$ mit der Geschwindigkeit $\vec{v}$ bewegte Ladungspartikel q wirkt: Die Ladungen werden wegen der Lorentz-Kraft verschoben und erzeugen dann ein als Spannung messbares $\vec{E}$-Feld.

Im zweiten Fall gilt die Gleichung (4.4) auch dann noch, wenn die beliebige Fläche F nur gedacht ist: Der Zusammenhang beschreibt im zweiten Fall eine Wechselwirkung zwischen Feldern allein – ohne Zwischenschaltung von Materie oder irgendeiner anderen Maschinerie – und ist daher grundlegend neu. Abbildung 4.6 stellt diesen Zusammenhang grafisch dar. Wir sehen, dass wir bald nicht mehr auf die (rechteckig gezeichneten) nichtelektrischen Teilgebiete angewiesen sind und trotzdem Elektromagnetismus betreiben können.

Die mathematisch kompliziert zu beschreibenden Felder sind in der Praxis oft zu schwerfällig. Mit dem Konzept der Induktivität L einer Leiterschleife gelingt es, den Vorgang der Induktion in seiner wesentlichen Konsequenz auf die gewöhnliche Differentialgleichung

(4.9)
$$U(t) = \frac{d\Phi}{dt} = L\frac{dI}{dt}$$

mit der (bei linearem Material) Strom- und zeitunabhängigen Induktivität

(4.8)
$$L = \frac{1}{I} \iint\limits_{F} \vec{B} \cdot d\vec{F}$$

zu reduzieren.

Indem die Leiterschleife als Zweipol angesehen wird, bei dem die Leistung durch das Produkt $U \cdot I$ gegeben ist, kann eine befriedigende, den Energiesatz erfüllende Definition der magnetischen Energie einer stromführenden Schleife gegeben werden.

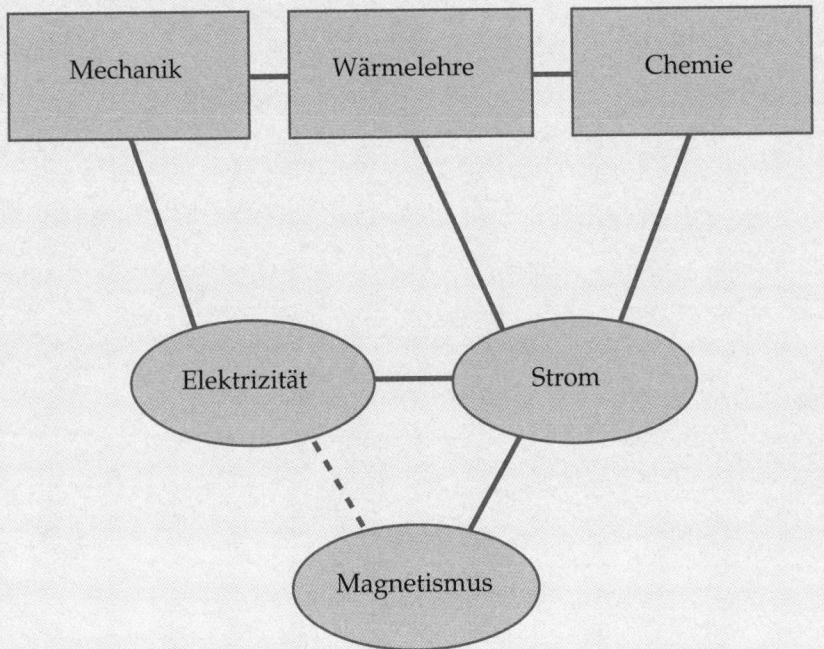

Abbildung 4.6: Die Faraday'sche Entdeckung des direkten Zusammenhangs zwischen elektrischen und magnetischen Feldgrößen hat dem Feld mehr Eigenständigkeit gebracht und wird es schließlich (fast) ganz von der Mechanik lösen. Wir zeichnen die Verbindung zwischen Magnetismus und Elektrizität gestrichelt, weil sie (noch) nicht wechselseitig ist. Ein zeitlich veränderliches Magnetfeld bewirkt zwar ein $\vec{E}$-Feld, aber der umgekehrte Vorgang ist (noch) nicht möglich.

Z U S A M M E N F A S S U N G

Die Maxwell-Gleichungen

5

ÜBERBLICK

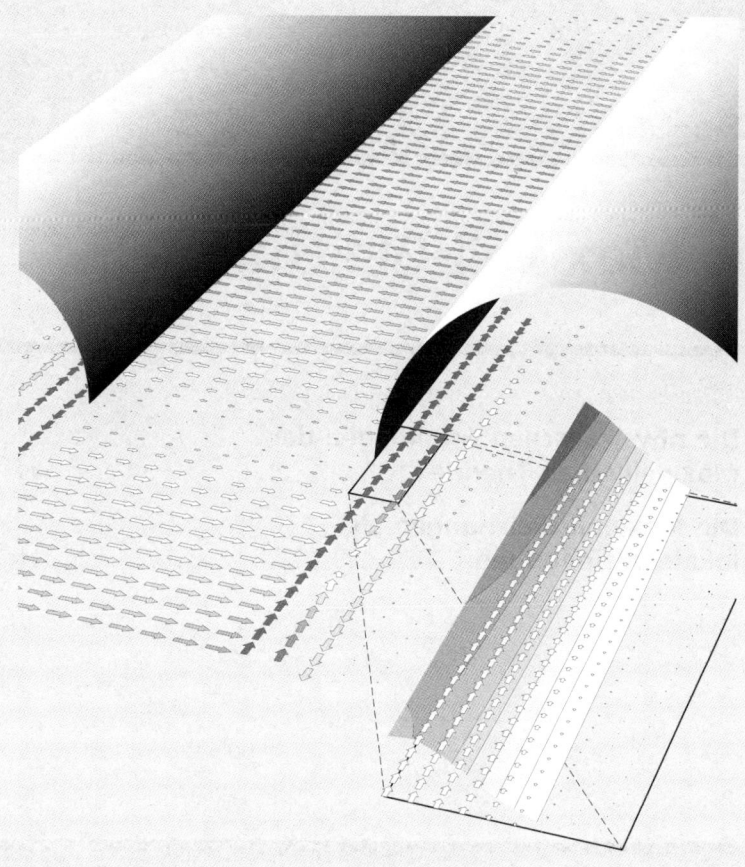

Das Bild zeigt das Feld der gesamten Stromdichte (Verschiebungsstromdichte in der Luft, Superposition von Verschiebungs- und Leitungsstromdichte in den Leitern) für die Anordnung aus der Abbildung zu Beginn des vierten Kapitels. Es zeigt sich, dass dieses Feld immer geschlossene Wirbel bildet. Die Wirbel bestehen aus Leitungsstrom in den Leitern und aus Verschiebungsstrom in der Luft. Allerdings ist die Schließung durch den Leitungsstrom im vorliegenden Fall schwer zu erkennen, denn die Stromdichten sind auf den Leiteroberflächen stark konzentriert. Zudem variiert das Feld in Richtung zum Leiterinneren sehr viel rascher als in Längsrichtung: Es gibt sogar ganz im Leiterinneren geschlossene Wirbel, die in Querrichtung sehr schmal, in Längsrichtung aber gleich lang sind wie die äußeren. Vgl. die Ausschnittsvergrößerung mit Gebirgedarstellung des Betrages der momentanen Stromdichte und anderer Skalierung der Pfeillängen. Der Effekt, dass das Feld nur schlecht in die Leiter eindringen kann, heißt „Skin-Effekt" und wird im 7. Kapitel näher behandelt.

In den vorangehenden Kapiteln haben wir versucht, die Theorie der elektromagnetischen Felder schrittweise aus den Erscheinungen zu bilden, indem wir uns mehr oder weniger an den *historischen* Ablauf des Erkenntnisgewinns gehalten haben. In diesem Kapitel wollen wir dieses Vorgehen abschließen und aufgrund der bisherigen Überlegungen Grundgleichungen – die so genannten *Maxwell-Gleichungen* – aufstellen, mit deren Hilfe es hinterher gelingen wird, die meisten Phänomene der Elektrotechnik zu „erklären", d.h. die Erscheinungen aus diesen Gleichungen abzuleiten. Wir können das „historische Vorgehen" deswegen abbrechen, weil die Maxwell-Gleichungen bis heute ihre Gültigkeit behalten haben.

Nach einem kurzen, mathematisch orientierten Abschnitt über die Grundlagen der Vektoranalysis – wir setzen allerdings voraus, dass diese Materie dem Leser nicht völlig neu ist – gelingt es dann, die Integralform der Maxwell-Gleichungen in ihre Differentialform zu bringen und die Gleichungen entsprechend zu interpretieren.

5.1 Die physikalischen Grundlagen der Maxwell'schen Theorie

Wir wollen uns an den in Abschnitt 4.1 dargelegten Faraday'schen Feldbegriff halten und somit die *Felder als die zentralen Grundgrößen* der Elektrodynamik betrachten. Es geht zunächst darum, eine geeignete Auswahl der verschiedenen möglichen Felddefinitionen zu treffen und dann zu versuchen, Gleichungen anzugeben, welche die verschiedenen Felder miteinander verknüpfen.

5.1.1 Die Wahl der Grundgrößen

Den ersten Schritt, die Auswahl geeigneter Feldgrößen, haben wir bereits in den vorangehenden Kapiteln vollzogen. So haben wir etwa geschrieben: „Es ist üblich, neben $\vec{E}$ auch $\vec{D}$ einzuführen ..." Die eigentliche Motivation für dieses Üblichsein war nicht ersichtlich – und wird auch erst dann klarer werden, wenn die fertigen Gleichungen dastehen.

Der Prozess der Auswahl war historisch ein sehr langwieriger: Was Michael Faraday begonnen hatte, war danach nach Ansätzen William Thomsons (später heißt er Lord Kelvin, 1827–1907)) von James Clerk Maxwell (1831–1879) weiterentwickelt und erst in den Jahren 1884/85 von Heinrich Hertz (1857–1894) und Oliver Heaviside (1850–1925) einigermaßen in die heutige Form gebracht worden.

Für uns stehen die folgenden sechs Feldgrößen im Mittelpunkt, welche alle bereits eingeführt wurden:

$\vec{E}$: Elektrische Feldstärke: $\frac{V}{m}$

$\vec{D}$: Dielektrische Verschiebungsdichte: $\frac{As}{m^2}$

$\vec{B}$: Magnetische Induktion: $\frac{Vs}{m^2}$=T (Tesla); [T=104 Gauß]

$\vec{H}$: Magnetische Feldstärke: Am; [$\frac{A}{m}$=4π·10-3Ø (Ørsted)]

$\vec{J}$: Elektrische Stromdichte: $\frac{A}{m^2}$

ϱ: Elektrische Ladungsdichte: $\frac{As}{m^3}$

Man beachte, dass in dieser Liste keine mechanischen Größen wie etwa die Kraft auftreten. Dies bedeutet, dass wir eine rein elektromagnetische Theorie entwickeln wollen, die auch unter dem Namen *Maxwell'sche Theorie* bekannt ist.

Außer den eben genannten Größen wurden in den vorangehenden Kapiteln weitere Felder eingeführt, die wir je nach Bedarf ebenfalls verwenden werden. Besonders wichtig unter diesen „weniger wichtigen" Größen ist das elektrische Skalarpotential φ (Einheit: Volt), das durch die Gleichung (1.28) unmittelbar mit dem (statischen) $\vec{E}$-Feld verknüpft ist. Weiter sind die elektrische Polarisation $\vec{P}$ (vgl. Unterabschnitt 1.6.3) und die Magnetisierung $\vec{M}$ (vgl. Unterabschnitt 3.2.1) zu erwähnen, welche den Einfluss des Materials beschreiben. Wegen (1.63) [$\vec{D} = \varepsilon_0 \vec{E} + \vec{P}$] und (3.9) [$\vec{B} = \mu_0 (\vec{H} + \vec{M})$] können wir jedoch fürs Erste leicht auf diese beiden Größen verzichten.

Solange man das Verhalten der Felder im freien Raum (Vakuum) studieren möchte, genügen zwei Feldgrößen, denn dort gilt:

$$\vec{P} = \vec{0} \iff \vec{D} = \varepsilon_0 \vec{E}, \tag{5.1-1}$$

$$\vec{M} = \vec{0} \iff \vec{B} = \mu_0 \vec{H}, \tag{5.1-2}$$

$$\vec{J} = \vec{0} \iff \sigma = 0, \tag{5.1-3}$$

$$\varrho = 0. \tag{5.1-4}$$

Seiner großen praktischen Bedeutung wegen werden wir diesen Spezialfall gesondert anschauen und dann die beiden Feldstärken $\vec{E}$ und $\vec{H}$ gebrauchen, weil bei dieser Wahl die Konstanten in den Gleichungen an besonders bequemen Stellen erscheinen.[1]

5.1.2 Zusammenstellung der bisher gefundenen Feldgleichungen

Die wesentlichen bisher gefundenen Beziehungen zwischen diesen Feldgrößen sind die folgenden:

(1.27)
$$\int_{\partial L} \varphi \, d\partial L := \varphi(\vec{r}) \Big|_{\vec{r}_a}^{\vec{r}_e} = -\int_L \vec{E} \cdot d\vec{l}, \tag{5.2-1}$$

(4.4)
$$\oint_{\partial F} \vec{E} \cdot d\vec{l} = -\frac{d}{dt} \iint_F \vec{B} \cdot d\vec{F}, \tag{5.2-2}$$

(3.21)
$$\oint_{\partial F} \vec{H} \cdot d\vec{l} = \iint_F \vec{J} \cdot d\vec{F}, \tag{5.2-3}$$

(1.61)
$$\oiint_{\partial V} \vec{D} \cdot d\vec{F} = \iiint_V \varrho \, dV, \tag{5.2-4}$$

(3.8)
$$\oiint_{\partial V} \vec{B} \cdot d\vec{F} = 0, \tag{5.2-5}$$

(2.4)
$$\oiint_{\partial V} \vec{J} \cdot d\vec{F} = 0. \tag{5.2-6}$$

---

1 Diese Argumentation stimmt natürlich nur bei Verwendung des MKSA-Systems.

Um verbleibende Unklarheiten zu beseitigen, seien die folgenden Bemerkungen angeführt:

- Links ist als Referenz die frühere Gleichungsnummer angegeben.

- Die Schreibweise ganz links in (5.2–1) ist unkonventionell, denn die Berandung ∂L der Linie L besteht nur aus zwei Punkten, $\vec{r}_a$ und $\vec{r}_e$.

- Gemäß üblichen Konventionen bildet der Umlaufsinn der Flächenberandung ∂F in (5.2–2) und (5.2–3) mit der Orientierung der Fläche F eine Rechtsschraube, und die geschlossene Oberfläche ∂V (mit dem vektoriellen Flächenelement $d\vec{F}$) in (5.2–4) ist nach außen orientiert.

Es ist von eminenter Bedeutung, dass (5.2–1) für eine *beliebige* Linie L, (5.2–2) und (5.2–3) für eine *beliebige* Fläche F und (5.2–4), (5.2–5) und (5.2–6) für ein *beliebiges* Volumen V gültig sind. Nur wenn dies zutrifft, kann man durch die Wahl von sehr kleinen Linien L bzw. Flächen F bzw. Volumina V die *lokalen* Beziehungen der Feldgrößen untereinander finden, was ganz im Sinne von Faradays Postulat der Nahewirkung ist.

Die Gleichungen (5.2–1) bis (5.2–4) stellen Beziehungen zwischen Integralen mit je *unterschiedlichen* Integrationsgebieten dar. Wenn wir die Null rechts in (5.2–5) und (5.2–6) als Integral der Nullfunktion schreiben ($0 = \iiint_V 0\, dV$), erkennen wir einen allen Gleichungen gemeinsamen *geometrischen* Aspekt: Das linke Integrationsgebiet ist die *Berandung* des rechten Integrationsgebietes. Bei der ersten Gleichung sind es die *Linie* L und ihre Endpunkte $\vec{r}_a$ und $\vec{r}_e$. Letztere werden auch als Linienberandung ∂L bezeichnet. Bei den nächsten zwei Gleichungen sind es je eine *Fläche* F und deren Berandung ∂F, und bei den letzten drei Gleichungen schließlich je ein *Volumen* V und deren Berandung ∂V. Hinsichtlich der Geometrie weisen die Gleichungen (5.2) offenbar eine gewisse Systematik auf, während die Integranden auf den ersten Blick unsystematisch verteilt scheinen: $\vec{E}$, $\vec{B}$ und $\vec{J}$ treten je zweimal auf, die übrigen Feldgrößen nur je einmal.

5.1.3 Der Verschiebungsstrom

Ausgenommen in (5.2-2), wo die Zeit t explizite erscheint, beschreiben die Gleichungen (5.2) zeitunabhängige Verhältnisse. Die Frage liegt nahe, ob im zeitlich veränderlichen Fall Modifikationen nötig sind. Obwohl entsprechende Experimente potentiell eine Antwort liefern könnten, ist historisch die Entwicklung anders verlaufen. Dies liegt daran, dass die Effekte der zeitlichen Veränderung nur im Falle der Induktion – (5.2-2) – groß genug waren, um mit den damaligen Mitteln festgestellt werden zu können.

Faraday hatte die Idee, dass auch das *Licht* elektromagnetisch erklärbar sein könnte und dass die Lichtausbreitung auf der wechselseitigen Beeinflussung von elektrischem und magnetischem Feld in der Art (5.2-2) bzw. einem experimentell noch zu bestätigenden, umgekehrten Zusammenhang etwa der Art

$$\oint_{\partial F} \vec{H} \cdot d\vec{l} \sim \frac{d}{dt} \iint_F \vec{E} \cdot d\vec{F} \tag{5.3}$$

beruhe. Im Bestreben, diesen Zusammenhang zu finden, wies er in der Tat die Wirkung eines statischen Magnetfeldes auf die Polarisation des Lichts nach (Faraday-Effekt). Allerdings konnte er diesen Effekt nur in bestimmten Materialien feststellen, weshalb wir ihn heute den Materialeffekten zuordnen. Eine eigentliche Bestätigung von (5.3) gelang ihm nicht.

James Clerk Maxwell wusste von Faradays Vermutungen und Bemühungen und postulierte tatsächlich einen Term mit der so genannten *Verschiebungsstromdichte*[2] $d\vec{D}/dt$ auf der rechten Seite von (5.2–5). Sein eigentlicher Grund für dieses Postulat war aber geometrisch-mathematischer Natur.

Wir wollen Maxwells Gedankengang schrittweise nachvollziehen: (5.2-3) soll für eine beliebige Fläche F gelten, insbesondere auch dann, wenn F = ∂V Berandung eines Volumens V ist. Dann muss aber die linke Seite dieser Gleichung trivialerweise verschwinden, denn die Berandung einer geschlossenen Fläche hat das Maß null[3]! Wir betrachten also die Gleichung (5.2-3) zuerst im Spezialfall F = ∂V und finden notwendigerweise

$$\oiint_{\partial V} \vec{J} \cdot d\vec{F} = 0. \tag{5.4}$$

Dies ist genau die Gleichung (5.2-6), welche in der Statik mit dem Argument der Ladungserhaltung eingeführt wurde (vgl. Unterabschnitt 2.2.2). Es ist interessant, dass die Gleichung (5.2-6), welche physikalisch einen durchaus eigenständigen Gehalt hat, mit einem trivialen *geometrischen* Argument aus dem Ampère'schen Durchflutungsgesetz (5.2-3) ableitbar ist. Immerhin bestätigen wir damit die logische Konsistenz der Theorie in der Statik.

N.B.: Mit einer analogen Argumention folgt aus (5.2-2) bis auf die zeitliche Ableitung – d.h. bis auf eine Konstante – die Gleichung (5.2-5). Mit anderen Worten: Falls das Faraday'sche Induktionsgesetz (5.2-2) stimmt, darf in (5.2-5) rechts auch im zeitlich veränderlichen Fall nur eine zeit*un*abhängige Größe stehen.

Zurück zu (5.2-3) und (5.2-6)! Lassen wir zeitlich veränderliche Ladungen zu, gilt (5.2-6) nicht mehr unbedingt. Vielmehr kann sich die Ladung

$$Q(t) = \iiint_V \varrho(t)\, dV \tag{5.5}$$

im Volumen V zeitlich ändern. Wenn zur Zeit $t = 0$ die Ladung Q in V verschwindet, gilt für alle (späteren) Zeiten $t \geq 0$

$$Q(t) = \int_0^t I(t')\, dt' \quad \Leftrightarrow \quad I(t) = \frac{d}{dt} Q(t). \tag{5.6}$$

Dabei ist

$$I(t) = - \oiint_{\partial V} \vec{J}(t) \cdot d\vec{F} \tag{5.7}$$

der Gesamtstrom, der in das Volumen V hineinfließt. (Das Minuszeichen kommt von der Orientierung der Oberfläche ∂V nach außen.) Beachten wir jetzt, dass die Gesamtladung Q auch auf der rechten Seite in (5.2-4) vorkommt, und postulieren wir weiter, dass diese

---

2   Der Name rührt daher, dass der Term mit der dielektrischen Verschiebungsdichte $\vec{D}$ die gleiche Wirkung hat wie die Stromdichte $\vec{J}$.

3   Man denke etwa an einen Sack, der zuerst offen ist und einen Rand hat. Zieht man die Öffnung zusammen, so dass der Sack das Volumen V einschließt, ist gleichzeitig die Berandung auf einen Punkt zusammengeschrumpft.

Gleichung auch im zeitlich veränderlichen Fall gültig sei – ein vernünftiges Postulat, denn (5.2-4) ist Definitionsgleichung von $\vec{D}$ (vgl. Unterabschnitt 1.6.5) –, dann folgt zusammen mit (5.5)

$$Q(t) = \oiint_{\partial V} \vec{D}(t) \cdot d\vec{F}, \tag{5.8}$$

und somit gilt mit (5.6) und (5.7)

$$\oiint_{\partial V} \vec{J} \cdot d\vec{F} = -\frac{d}{dt} \oiint_{\partial V} \vec{D} \cdot d\vec{F} = -\frac{d}{dt} \iiint_V \varrho(t)\, dV, \tag{5.9}$$

was wiederum im statischen Fall verschwindet.

Wir haben einerseits gesehen, dass für $F = \partial V$ die linke Seite von (5.2-3) aus geometrischen Gründen notwendigerweise verschwinden muss und fanden jetzt, dass die rechte Seite in diesem Fall nur in der Statik verschwindet. Um die rechte Seite auch bei zeitlicher Variation der Feldgrößen identisch verschwinden zu lassen, kann dort der (in der Statik ohnehin verschwindende) mittlere Ausdruck von (5.9) subtrahiert werden. Somit ergibt sich

$$\oint_{\substack{\partial \partial V \\ (=0!)}} \vec{H} \cdot d\vec{l} = \oiint_{\partial V} \vec{J} \cdot d\vec{F} + \frac{d}{dt} \oiint_{\partial V} \vec{D} \cdot d\vec{F} \overset{!}{=} 0. \tag{5.10}$$

Die Null ganz rechts gilt nur, wenn über eine geschlossene Fläche $F = \partial V$ integriert wird. Maxwell hat die obige Gleichung insofern verallgemeinert, als er die Beziehung links nicht nur für *geschlossene* Flächen ∂V, sondern für *beliebige* Flächen F postulierte, d.h. er forderte anstelle von (5.2-3) die Gleichung

$$\oint_{\partial F} \vec{H} \cdot d\vec{l} = \iint_F \vec{J} \cdot d\vec{F} + \frac{d}{dt} \iint_F \vec{D} \cdot d\vec{F}, \tag{5.11}$$

wobei der letzte Term *Verschiebungsstrom* genannt wird, weil er einerseits gleichberechtigt neben dem „gewöhnlichen" Strom $\iint_F \vec{J} \cdot d\vec{F}$ steht und anderseits die dielektrische Verschiebung $\vec{D}$ enthält. Die Gleichung (5.11) reiht sich konsistent in die Theorie ein, im statischen Fall ergibt sich kein Widerspruch.

Es wird jetzt auch klar, weshalb es Faraday nicht gelungen war, den Verschiebungsstrom nachzuweisen. Der bereits mehrmals erwähnte, mengenmäßig riesige Unterschied zwischen den in praktisch realisierbaren Strömen *fließenden* Ladungen und den getrennt auftretenden *ruhenden* Ladungen äußert sich auch beim Vergleich zwischen dem „gewöhnlichen" Strom und dem Verschiebungsstrom: Nur wenn die zeitliche Variation sehr rasch ist, wird der Verschiebungsstrom relevant – und Faraday konnte keine hinreichend rasche zeitliche Veränderung erzeugen (vgl. dazu auch die Übungsaufgabe 5.1.5.1).

5.1.4 Die Integralform der Maxwell-Gleichungen

Stellen wir jene Gleichungen aus (5.2) zusammen, welche nur die in Unterabschnitt 5.1.1 ausgewählten Größen $\vec{E}$, $\vec{D}$, $\vec{B}$, $\vec{H}$, $\vec{J}$ und ϱ enthalten, lassen also die erste Gleichung weg, fügen dann bei der dritten den Verschiebungsstrom hinzu und lassen die sechste Gleichung – weil sie eine Folge der dritten und somit dort bereits enthalten ist – ebenfalls weg, so gelangen wir zum folgenden System von Integralgleichungen, bekannt unter dem Namen

> *Maxwell-Gleichungen* in Integralform:
>
> $$\oint_{\partial F} \vec{E} \cdot d\vec{l} = -\frac{d}{dt} \iint_F \vec{B} \cdot d\vec{F}, \tag{5.12-1}$$
>
> $$\oint_{\partial F} \vec{H} \cdot d\vec{l} = \iint_F \vec{J} \cdot d\vec{F} + \frac{d}{dt} \iint_F \vec{D} \cdot d\vec{F}, \tag{5.12-2}$$
>
> $$\oiint_{\partial V} \vec{D} \cdot d\vec{F} = \iiint_V \varrho \, dV, \tag{5.12-3}$$
>
> $$\oiint_{\partial V} \vec{B} \cdot d\vec{F} = 0. \tag{5.12-4}$$

Bevor wir uns daran machen, diese Gleichungen weiter zu interpretieren und mit ihnen zu arbeiten (d.h. Erscheinungen in elektrotechnischen Systemen aus diesen Gleichungen abzuleiten), müssen wir uns noch einmal der Mathematik zuwenden. Die Schwierigkeit in der Anwendung der obigen Gleichungen liegt nämlich hauptsächlich darin, dass sie für *beliebige* Flächen F bzw. für *beliebige* Volumen V gelten. Dies bedeutet, dass F bzw. V bei jeder Anwendung gewählt werden muss und dass unter Umständen *verschiedene* Flächen/Volumina gewählt werden müssen, um alle Feldkomponenten zu ermitteln. Im folgenden Abschnitt werden wir zeigen, dass ein Übergang zu infinitesimal kleinen Flächen/Volumina auf Gleichungen mit Ableitungen statt mit Integralen führt. Nebenbei wird daraus ein vertieftes Verständnis der aus der Analysis bekannten Operatoren rot, div und grad erreicht.

5.1.5 Aufgaben

5.1.5.1 Verschiebungsstrom einer sich entladenden Kugel

Gegeben: Zwei konzentrische, leitende Kugelschalen (Kugelkondensator, Radien R_i und R_a) in einem schlecht isolierenden Material der Leitfähigkeit σ. Zur Zeit $t = 0$ trage die innere Schale die Ladung Q_0, die äußere Schale die Ladung $-Q_0$.

Gesucht: Was passiert für alle Zeiten $t > 0$? Man vergleiche insbesondere den Verschiebungsstrom und den Leitungsstrom zwischen den Kugelschalen. (Hinweis: Man verwende die Resultate der Übungsaufgabe 1.5.6.1.)

5.2 Die Maxwell-Gleichungen als lokale Beziehungen

In diesem Abschnitt wollen wir – aufbauend auf den physikalisch motivierten Maxwell-Gleichungen in Integralform, (5.12) – die differentiellen Formen der Grundgleichungen der Maxwell'schen Theorie aufstellen.

5.2.1 Die räumlichen Ableitungen grad, rot und div

Die Integralform (5.12) der Maxwell-Gleichungen stellt vier Beziehungen zwischen verschiedenen Feldgrößen dar. Diese Beziehungen nützen aber nur dann etwas, wenn sie explizit nach den Feldgrößen aufgelöst werden können – und genau dies ist für alle unter einem Integral stehenden Größen schwierig. Deshalb soll die Auflösung im Folgenden diskutiert werden.

Der Operator rot („Rotation")

Wir betrachten zunächst die ersten beiden Gleichungen (5.12-1) und (5.12-2) und stellen fest, dass sie eine sehr ähnliche Struktur aufweisen:

$$\oint_{\partial F} \vec{a} \cdot d\vec{l} = \iint_F \vec{b} \cdot d\vec{F}. \tag{5.13}$$

Dabei steht hier der Vektor $\vec{a}$ für $\vec{E}$ bzw. $\vec{H}$ in jenen Gleichungen, und der Vektor $\vec{b}$ steht für $-\frac{\partial \vec{B}}{\partial t}$ bzw. $\vec{J} + \frac{\partial \vec{D}}{\partial t}$[4]. Jetzt denken wir uns eine kleine, ebene Fläche F und schreiben $d\vec{F} = \vec{e} \cdot dF$ mit dem senkrecht auf F stehenden Einheitsvektor $\vec{e}$. Offenbar trägt nur die zu $\vec{e}$ parallele Komponente von $\vec{b}$ zur rechten Seite von (5.13) bei. Die Fläche F sei so klein, dass $\vec{b}$ auf ihr konstant ist. Dann können wir schreiben:

$$\oint_{\partial F} \vec{a} \cdot d\vec{l} = \vec{e} \cdot \vec{b} \underbrace{\iint_F dF}_{=F} \quad \Rightarrow \quad \vec{e} \cdot \vec{b} = \lim_{F \to 0} \frac{1}{F} \oint_{\partial F} \vec{a} \cdot d\vec{l}. \tag{5.14}$$

Das Integral ganz rechts geht natürlich gegen null, wenn der Grenzwert endlich bleiben soll. Nun wählen wir ein kartesisches Koordinatensystem, legen F in die x-y-Ebene und setzen $\vec{e} = \vec{e}_z$. Überdies sei F gemäß Abbildung ein Rechteck mit den Seiten $2\triangle x$ und $2\triangle y$. Analog zur Rechnung in der Übungsaufgabe 5.2.6.1 erhalten wir hier[5]

$$\oint_{\partial F} \vec{a} \cdot d\vec{l} = \int_{y-\triangle y}^{y+\triangle y} a_y(x + \triangle x, y') - a_y(x - \triangle x, y')\, dy' -$$
$$\int_{x-\triangle x}^{x+\triangle x} a_x(x', y + \triangle y) - a_x(x', y - \triangle y)\, dx'.$$

Dies wird gemäß (5.14) durch die Fläche $F = 2\triangle x \cdot 2\triangle y$ dividiert. Beim ersten Term kann $2\triangle x$ und beim zweiten $2\triangle y$ unter das Integral gezogen werden. Man erkennt jetzt

---

4 Die Vertauschung von Integration und zeitlicher Ableitung ist zulässig, wenn das Integrationsgebiet zeitlich konstant ist und die Felder keine Singularitäten aufweisen.

5 Der Vektor $\vec{a}$ ist ortsabhängig. Wir unterdrücken die z-Abhängigkeit in der Notation.

Differenzenquotienten unter dem Integral, die im Limes zu Differentialquotienten werden. Konkret liefert (5.14) nun

$$\vec{e}_z \cdot \vec{b} = b_z = \lim_{\substack{\triangle x \to 0 \\ \triangle y \to 0}} \left(\frac{1}{2\triangle y} \int\limits_{y-\triangle y}^{y+\triangle y} \frac{\partial a_y(x,y')}{\partial \frac{\partial}{\partial x}} dy' - \frac{1}{2\triangle x} \int\limits_{x-\triangle x}^{x+\triangle x} \frac{\partial a_x(x',y)}{\partial \frac{\partial}{\partial y}} dx' \right)$$

$$= \frac{\partial a_y(x,y)}{\partial \frac{\partial}{\partial x}} - \frac{\partial a_x(x,y)}{\partial \frac{\partial}{\partial y}}. \qquad (5.15)$$

Beim letzten Schritt haben wir die *Ableitungen* der $\vec{a}$-Komponenten längs des infinitesimal kurzen Integrationsweges als konstant vorausgesetzt.

Wir fassen zusammen: Die z-Komponente von $\vec{b}$ kann in Funktion gewisser Ableitungen der Komponenten von $\vec{a}$ dargestellt werden. Die beiden anderen Komponenten erhält man durch zyklische Vertauschung. Weil genau diese Kombination von Ableitungen eines Vektors $\vec{a}$ häufig vorkommt, definiert man einen entsprechenden Operator. Man schreibt kurz

$$\vec{b} = \text{rot}\, \vec{a} \qquad (5.16)$$

und meint damit, dass die Komponenten von $\vec{a}$ gemäß (5.15) (plus zyklisch vertauschte Formeln) abgeleitet werden. Man beachte, dass der Differentialoperator rot („Rotation")[6] an kein bestimmtes Koordinatensystem gebunden ist, denn jede Komponente kann wie in (5.14) als Limes eines Umlaufintegrals dargestellt werden. Wir können nämlich (5.16) in (5.14) einsetzen und erhalten die koordinatenfreie Darstellung der Rotation:

$$\vec{e} \cdot \text{rot}\, \vec{a} = \lim_{F \to 0} \frac{1}{F} \oint\limits_{\partial F} \vec{a} \cdot \vec{dl} \qquad \text{(Einheitsvektor } \vec{e} \text{ normal auf F)}. \qquad (5.17)$$

Der Operator div („Divergenz")

Die zwei letzten Maxwell-Gleichungen, (5.12-3) und (5.12-4), haben ebenfalls eine ähnliche Struktur. Wir schreiben allgemein

$$\oiint\limits_{\partial V} \vec{v} \cdot \vec{dF} = \iiint\limits_{V} s\, dV, \qquad (5.18)$$

wobei der Vektor $\vec{v}$ für $\vec{D}$ bzw. $\vec{B}$ und der Skalar s für ϱ bzw. 0 stehen. Wir denken uns ein kleines Volumen, in dem s als konstant angenommen werden kann, und finden statt (5.18)

$$\oiint\limits_{\partial V} \vec{v} \cdot \vec{dF} = s \underbrace{\iiint\limits_{V} dV}_{=V} \quad \Rightarrow \quad s = \lim_{V \to 0} \frac{1}{V} \oiint\limits_{\partial V} \vec{v} \cdot \vec{dF}. \qquad (5.19)$$

Somit ist der Skalar s explizit in Funktion eines Oberflächenintegrals darstellbar. Wir wählen nun ein dem kartesischen Koordinatensystem angepasstes kleines Volumen $V = \triangle x \cdot \triangle y \cdot \triangle z$ und führen eine ähnliche Rechnung durch wie schon bei der Rotation – vgl. die Übungsaufgabe 5.2.6.1. Diese Rechnung liefert Ähnliches wie oben: Je zwei gegenüberliegende Flächenintegrale der Quaderoberfläche ergeben eine partielle Ablei-

---

6 In der angelsächsischen Literatur wird statt „rot" oft „curl" geschrieben.

tung, und der Limes rechts in (5.19) mündet in die folgenden partiellen Ableitungen der Komponenten von $\vec{v}$:

$$s = \frac{\partial v_x(x,y,z)}{\partial x} + \frac{\partial v_y(x,y,z)}{\partial y} + \frac{\partial v_z(x,y,z)}{\partial z}. \tag{5.20}$$

Der zugehörige Operator heißt div („Divergenz") und ist aus der Vektoranalysis bekannt. Man schreibt

$$s = \operatorname{div} \vec{v} \tag{5.21}$$

und seine koordinatenfreie Darstellung lautet

$$\operatorname{div} \vec{v} = \lim_{V \to 0} \frac{1}{V} \oiint_{\partial V} \vec{v} \cdot d\vec{F}. \tag{5.22}$$

Man beachte, dass der div-Operator aus einem Vektor einen Skalar produziert, während der rot-Operator aus einem ersten Vektor einen zweiten generiert.

Der Operator grad („Gradient")

Neben den beiden eben besprochenen Operatoren rot und div gibt es noch einen dritten, der aus einem Skalar einen Vektor produziert. Die entsprechende Gleichung kommt zwar nicht in den Maxwell-Gleichungen vor, wohl aber beim elektrostatischen Potential (vgl. Gleichung (1.27)). Mit dem allgemeinen Skalar s und dem Vektor $\vec{v}$[7] lautet jene Gleichung allgemein

$$s(x,y,z)\Big|_{\vec{r}_a}^{\vec{r}_e} = \int_L \vec{v} \cdot d\vec{l}. \tag{5.23}$$

Dabei bilden $\vec{r}_a$ und $\vec{r}_e$ den Anfangs- und den Endpunkt der Linie L. Die Wahl einer kurzen geraden Linie L parallel zum Einheitsvektor $\vec{e}$ führt auf die Formel

$$s(x,y,z)\Big|_{\vec{r}_a}^{\vec{r}_e} = \vec{v} \cdot \vec{e} \underbrace{\int_L dl}_{=L} \quad \Rightarrow \quad \vec{v} \cdot \vec{e} = \lim_{L \to 0} \frac{1}{L}\Big(s(\vec{r}_e) - s(\vec{r}_a)\Big). \tag{5.24}$$

Wählen wir speziell Linien parallel zu den kartesischen Koordinatenachsen, erhalten wir gerade die partiellen Ableitungen nach den Koordinaten:

$$\vec{v} = \frac{\partial s(x,y,z)}{\partial x} \vec{e}_x + \frac{\partial s(x,y,z)}{\partial y} \vec{e}_y + \frac{\partial s(x,y,z)}{\partial z} \vec{e}_z. \tag{5.25}$$

Der zugehörige Operator heißt grad („Gradient") und produziert, wie bereits erwähnt, einen Vektor aus einem Skalar. Man schreibt

$$\vec{v} = \operatorname{grad} s \tag{5.26}$$

und seine koordinatenfreie Darstellung lautet

$$\vec{e} \cdot \operatorname{grad} s = \lim_{L \to 0} \frac{1}{L} s\Big|_{\vec{r}}^{\vec{r}+L\vec{e}} \qquad \text{(Einheitsvektor } \vec{e} \text{ in Richtung L).} \tag{5.27}$$

---

[7] s und $\vec{v}$ haben nichts mit den im vorigen Paragraphen benützten Größen gleichen Namens zu tun.

5.2.2 Die Koordinatendarstellungen der Differentialoperatoren

Die koordinatenfreien Darstellungen (5.27), (5.17) und (5.22) der Differentialoperatoren Gradient, Rotation und Divergenz sind zwar anschaulich, in der praktischen Anwendung aber schwerfällig. Führt man ein Koordinatensystem ein, sind die angegebenen Grenzwerte durch einfache partielle Ableitungen nach den jeweiligen Raumkoordinaten darstellbar (vgl. Übungsaufgabe 5.2.6.1). Dies ist nicht nur für kartesische, sondern auch für andere Koordinatensysteme machbar. Wir stellen die wichtigsten Formeln hier zusammen.

In *kartesischen Koordinaten* x, y, z mit den Einheitsvektoren $\vec{e}_x$, $\vec{e}_y$, $\vec{e}_z$ gelten die folgenden Ausdrücke:

$$\operatorname{grad} s = \frac{\partial s}{\partial x}\vec{e}_x + \frac{\partial s}{\partial y}\vec{e}_y + \frac{\partial s}{\partial z}\vec{e}_z, \tag{5.28}$$

$$\operatorname{rot} \vec{v} = \left(\frac{\partial v_z}{\partial y} - \frac{\partial v_y}{\partial z}\right)\vec{e}_x + \left(\frac{\partial v_x}{\partial z} - \frac{\partial v_z}{\partial x}\right)\vec{e}_y + \left(\frac{\partial v_y}{\partial x} - \frac{\partial v_x}{\partial y}\right)\vec{e}_z, \tag{5.29}$$

$$\operatorname{div} \vec{v} = \frac{\partial v_x}{\partial x} + \frac{\partial v_y}{\partial y} + \frac{\partial v_z}{\partial z}. \tag{5.30}$$

In *Zylinderkoordinaten* ρ, ϕ, z mit den Einheitsvektoren $\vec{e}_\rho$, $\vec{e}_\phi$, $\vec{e}_z$ gilt:

$$\operatorname{grad} s = \frac{\partial s}{\partial \rho}\vec{e}_\rho + \frac{1}{\rho}\frac{\partial s}{\partial \phi}\vec{e}_\phi + \frac{\partial s}{\partial z}\vec{e}_z, \tag{5.31}$$

$$\operatorname{rot} \vec{v} = \left(\frac{1}{\rho}\frac{\partial v_z}{\partial \phi} - \frac{\partial v_\phi}{\partial z}\right)\vec{e}_\rho + \left(\frac{\partial v_\rho}{\partial z} - \frac{\partial v_z}{\partial \rho}\right)\vec{e}_\phi$$
$$+ \left(\frac{1}{\rho}\frac{\partial(\rho v_\phi)}{\partial \rho} - \frac{1}{\rho}\frac{\partial v_\rho}{\partial \phi}\right)\vec{e}_z, \tag{5.32}$$

$$\operatorname{div} \vec{v} = \frac{1}{\rho}\frac{\partial(\rho v_\rho)}{\partial \rho} + \frac{1}{\rho}\frac{\partial v_\phi}{\partial \phi} + \frac{\partial v_z}{\partial z}. \tag{5.33}$$

In *Kugelkoordinaten* θ, ϕ, r mit den Einheitsvektoren $\vec{e}_\theta$, $\vec{e}_\phi$, $\vec{e}_r$ gilt:

$$\operatorname{grad} s = \frac{1}{r}\frac{\partial s}{\partial \theta}\vec{e}_\theta + \frac{1}{r\sin\theta}\frac{\partial s}{\partial \phi}\vec{e}_\phi + \frac{\partial s}{\partial r}\vec{e}_r, \tag{5.34}$$

$$\operatorname{rot} \vec{v} = \left(\frac{1}{r\sin\theta}\frac{\partial v_r}{\partial \phi} - \frac{1}{r}\frac{\partial(r v_\phi)}{\partial r}\right)\vec{e}_\theta$$
$$+ \left(\frac{1}{r}\frac{\partial(r v_\theta)}{\partial r} - \frac{1}{r}\frac{\partial v_r}{\partial \theta}\right)\vec{e}_\phi + \frac{1}{r\sin\theta}\left(\frac{\partial(\sin\theta\, v_\phi)}{\partial \theta} - \frac{\partial v_\theta}{\partial \phi}\right)\vec{e}_r, \tag{5.35}$$

$$\operatorname{div} \vec{v} = \frac{1}{r\sin\theta}\frac{\partial(\sin\theta\, v_\theta)}{\partial \theta} + \frac{1}{r\sin\theta}\frac{\partial v_\phi}{\partial \phi} + \frac{1}{r^2}\frac{\partial(r^2 v_r)}{\partial r}. \tag{5.36}$$

5.2.3 Die Integralsätze von Gauß und Stokes

Setzt man (5.16) in (5.13) (bzw. (5.21) in (5.18) bzw. (5.26) in (5.23)) ein, ergeben sich altbekannte Beziehungen:

$$\int_L \operatorname{grad} s \cdot d\vec{l} = s \Big|_{\vec{r}_a}^{\vec{r}_e}, \tag{5.37-1}$$

$$\iint_F \operatorname{rot} \vec{v} \cdot d\vec{F} = \oint_{\partial F} \vec{v} \cdot d\vec{l} \qquad \text{(Satz von Stokes)}, \tag{5.37-2}$$

$$\iiint_V \operatorname{div} \vec{a}\, dV = \oiint_{\partial V} \vec{a} \cdot d\vec{F} \qquad \text{(Satz von Gauß)}. \tag{5.37-3}$$

Die erste Relation hat keinen eigenen Namen, erinnert aber stark an den Hauptsatz der Infinitesimalrechnung.

Die Sätze von Gauß und Stokes sowie der namenlose Satz (5.37-1) sind also nicht besonders raffinierte Tricks, um die unbequemen Operatoren grad, rot und div loszuwerden, sondern es ist umgekehrt so, dass die Operatoren rot und div so definiert sind, dass die entsprechenden Integralsätze gelten.

Nach diesen mathematischen Ausführungen wollen wir uns wieder der Physik zuwenden und die gewonnenen Erkenntnisse auf die Maxwell-Gleichungen (5.12) anwenden.

5.2.4 Die Differentialformen der Maxwell-Gleichungen

Ausgehend von den Maxwell-Gleichungen in Integralform, (5.12), gelangt man durch den in Unterabschnitt 5.2.1 vollzogenen Grenzübergang auf infinitesimal kleine Flächen F bzw. Volumen V zur

klassischen *Differentialform* der Maxwell-Gleichungen:

$$\operatorname{rot} \vec{E}(\vec{r}, t) = -\frac{\partial}{\partial t} \vec{B}(\vec{r}, t), \tag{5.38-1}$$

$$\operatorname{rot} \vec{H}(\vec{r}, t) = \vec{J}(\vec{r}, t) + \frac{\partial}{\partial t} \vec{D}(\vec{r}, t), \tag{5.38-2}$$

$$\operatorname{div} \vec{D}(\vec{r}, t) = \varrho(\vec{r}, t), \tag{5.38-3}$$

$$\operatorname{div} \vec{B}(\vec{r}, t) = 0, \tag{5.38-4}$$

wobei hier durch die Angabe des Arguments $(\vec{r}, t)$ betont wird, dass dies räumlich und zeitlich *lokale* Beziehungen sind, d.h. die Gleichungen setzen die Feldgrößen und deren Ableitungen am Ort $\vec{r}$ zur Zeit t zueinander in Relation.

Zu dieser Differentialform ist anzumerken, dass sie nur dann richtig ist, wenn *keine bewegten Materialien* vorkommen[8]. Weil nämlich die Differentiation nach der Zeit in (5.12-1) und (5.12-2) *vor* dem Integral steht, darf sich der Integrationsbereich zeitlich nicht ändern. Im gegenteiligen Fall sind weitergehende Überlegungen nötig, welche den Rahmen dieses Buches sprengen würden.

5.2.5 Was fehlt in der Maxwell'schen Theorie?

J. C. Maxwell war historisch der Erste, der *partielle* Differentialgleichungen als Grundgleichungen einer Theorie postulierte, und seine Leistung ist sehr hoch einzustufen. Man bedenke immerhin, dass seine Theorie die späteren großen Umwälzungen in der Physik – Relativitätstheorie und Quantentheorie – schadlos überstanden hat und bis heute volle Gültigkeit behauptet.

Anderseits ist zu beachten, dass in seiner Theorie *keine Kräfte* vorkommen und dass die *Materialgleichungen fehlen*. Die Maxwell'sche Theorie allein kann somit weder Aussagen über Kräfte liefern, noch irgendetwas über das Materialverhalten aussagen. Weiter fehlt die globale Ladungsneutralität, welche z.B. implizite in der viel einfacheren Netzwerktheorie (mit dem Konzept der als Gesamtheit ladungsneutralen Kapazität) drin steckt. Immerhin kann man in der Maxwell'schen Theorie die Ladungsneutralität als *Nebenbedingung* relativ einfach formulieren.

Die in der Coulomb'schen Theorie vorhandene und dem Newton'schen Massenpunkt nachempfundene *Punktladung* findet ebenfalls nur schlecht Platz in der Maxwell'schen Theorie, denn alle Feldfunktionen müssen stetig und differenzierbar sein, damit man innerhalb der Theorie überhaupt mit ihnen umgehen (d.h. rechnen) kann.

Weil die Maxwell-Gleichungen nur Ableitungen der Felder enthalten, ist jedes räumlich und zeitlich konstante Feld Lösung der Maxwell-Gleichungen. In der Praxis muss ein solches – theoretisch zugelassenes – Feld fast immer null gesetzt werden, *weil es dafür keine Quellen gibt*. Es sei betont, dass diese Argumentation über die Maxwell'sche Theorie hinausgeht, d.h. nicht direkt aus den Grundgleichungen allein abgeleitet werden kann. Differentialgleichungen sagen nicht, wie es anfängt oder wie es aufhört, sondern immer nur, wie es weitergeht.

Trotz dieser „Mängel" – jede Theorie weist solche auf – ist der Anwendungsbereich der Maxwell'schen Theorie außerordentlich breit. Im Folgenden stellen wir uns die Aufgabe, einen Teil der elektrotechnischen Anwendungen mit Hilfe der Maxwell-Gleichungen zu erklären, d.h. die Erscheinungen auf die Grundgleichungen (5.12) bzw. (5.38) zurückzuführen.

---

8 Die bewegten Ladungen, welche sich als Ströme manifestieren, sind dabei natürlich ausgenommen. Gemeint ist, dass keine makroskopischen Materialien bewegt werden.

5.2.6 Aufgaben

5.2.6.1 Definitionen von grad, rot und div

Gegeben: Die Definitionen der Differentialoperatoren grad, rot und div, (5.27), (5.17) und (5.22).

Gesucht: Eine Bestätigung der kartesischen Koordinatendarstellungen der Differentialoperatoren, (5.28), (5.29) und (5.30), indem die Definitionen auf achsparallel orientierte Raumelemente angewendet werden.

5.2.6.2 Anwendung der Differentialoperatoren auf Produkte

Gegeben: Die Koordinatendarstellungen (5.28), (5.29), und (5.30) von grad, rot und div und die allgemeine vektorielle Funktion $\vec{v}$.

Gesucht: Man zeige durch Einsetzen die Gültigkeit der folgenden Identitäten:

a $\quad \mathrm{grad}(s{\cdot}t) \equiv t\,\mathrm{grad}\,s + s\,\mathrm{grad}\,t$ mit den beliebigen skalaren Ortsfunktionen s und t

b $\quad \mathrm{div}(\vec{v} \times \vec{w}) \equiv \vec{w} \cdot \mathrm{rot}\,\vec{v} - \vec{v} \cdot \mathrm{rot}\,\vec{w}$ mit der beliebigen Vektorfunktion $\vec{w}$

c $\quad \mathrm{div}(s{\cdot}\vec{v}) \equiv \vec{v}\,\mathrm{grad}\,s + s\,\mathrm{div}\,\vec{v}$ mit der beliebigen skalaren Funktion s

d $\quad \mathrm{rot}(s{\cdot}\vec{v}) \equiv s\,\mathrm{rot}\,\vec{v} + \mathrm{grad}\,s \times \vec{v}$ mit der beliebigen skalaren Funktion s

5.2.6.3 Eindimensionale Maxwell-Gleichungen ohne Quellen

Gegeben: Die Differentialform der Maxwell-Gleichungen, (5.38).

Gesucht: Eine Darstellung in kartesischen Komponenten, wenn alle Feldgrößen nur von der kartesischen Koordinate z und der Zeit t abhängen, Vakuumbedingungen herrschen und überdies ϱ und $\vec{J}$ verschwinden. Man zeige, dass dann $E_x(z,t) = f(z - ct)$ mit der beliebigen, differenzierbaren Funktion f und der zu bestimmenden Konstante c Teil einer Lösung der Maxwell-Gleichungen ist. Wie lauten in diesem Fall die übrigen Feldkomponenten? (Hinweis: Man setze möglichst viele der übrigen Komponenten null!)

5.2.6.4 „Maxwell-Gleichungen" mit magnetischen Ladungen

Gegeben: Eine fiktive Welt ohne elektrische, aber mit beliebig verschieb- und trennbaren magnetischen Ladungen.

Gesucht: Die in jener Welt gültigen „Maxwell-Gleichungen". Man diskutiere auch den Fall, wo sowohl elektrische als auch magnetische Ladungen vorkommen.

Z U S A M M E N F A S S U N G

Die Einführung der Verschiebungsstromdichte $\frac{\partial \vec{D}}{\partial t}$ durch J. C. Maxwell komplettiert die Elektrodynamik. Die so genannten Maxwell-Gleichungen in Integralform,

$$(5.12\text{-}1) \qquad \oint_{\partial F} \vec{E} \cdot d\vec{l} = -\frac{d}{dt} \iint_{F} \vec{B} \cdot d\vec{F},$$

$$(5.12\text{-}2) \qquad \oint_{\partial F} \vec{H} \cdot d\vec{l} = \iint_{F} \vec{J} \cdot d\vec{F} + \frac{d}{dt} \iint_{F} \vec{D} \cdot d\vec{F},$$

$$(5.12\text{-}3) \qquad \oiint_{\partial V} \vec{D} \cdot d\vec{F} = \iiint_{V} \varrho\, dV,$$

$$(5.12\text{-}4) \qquad \oiint_{\partial V} \vec{B} \cdot d\vec{F} = 0,$$

bzw. in Differentialform,

$$(5.38\text{-}1) \qquad \operatorname{rot} \vec{E}(\vec{r}, t) = -\frac{\partial}{\partial t} \vec{B}(\vec{r}, t),$$

$$(5.38\text{-}2) \qquad \operatorname{rot} \vec{H}(\vec{r}, t) = \vec{J}(\vec{r}, t) + \frac{\partial}{\partial t} \vec{D}(\vec{r}, t),$$

$$(5.38\text{-}3) \qquad \operatorname{div} \vec{D}(\vec{r}, t) = \varrho(\vec{r}, t),$$

$$(5.38\text{-}4) \qquad \operatorname{div} \vec{B}(\vec{r}, t) = 0,$$

beschreiben die Zusammenhänge zwischen den Feldgrößen. Die Beziehung zur Mechanik und zu weiteren Teilgebieten der Physik kann in den Hintergrund geschoben werden, obwohl die entsprechenden Zusammenhänge natürlich weiterhin bestehen. Abbildung 5.1 stellt diesen Sachverhalt grafisch dar.

Um die Zusammenhänge zwischen den Feldgrößen mathematisch elegant zu beschreiben, werden die aus der Vektoranalysis bekannten Differentialoperatoren „grad", „rot" und „div" gebraucht: Der Gradient macht aus einem Skalar einen Vektor, die Rotation produziert aus einem ersten Vektor einen zweiten und die Divergenz schließlich liefert bei Anwendung auf einen Vektor einen Skalar.

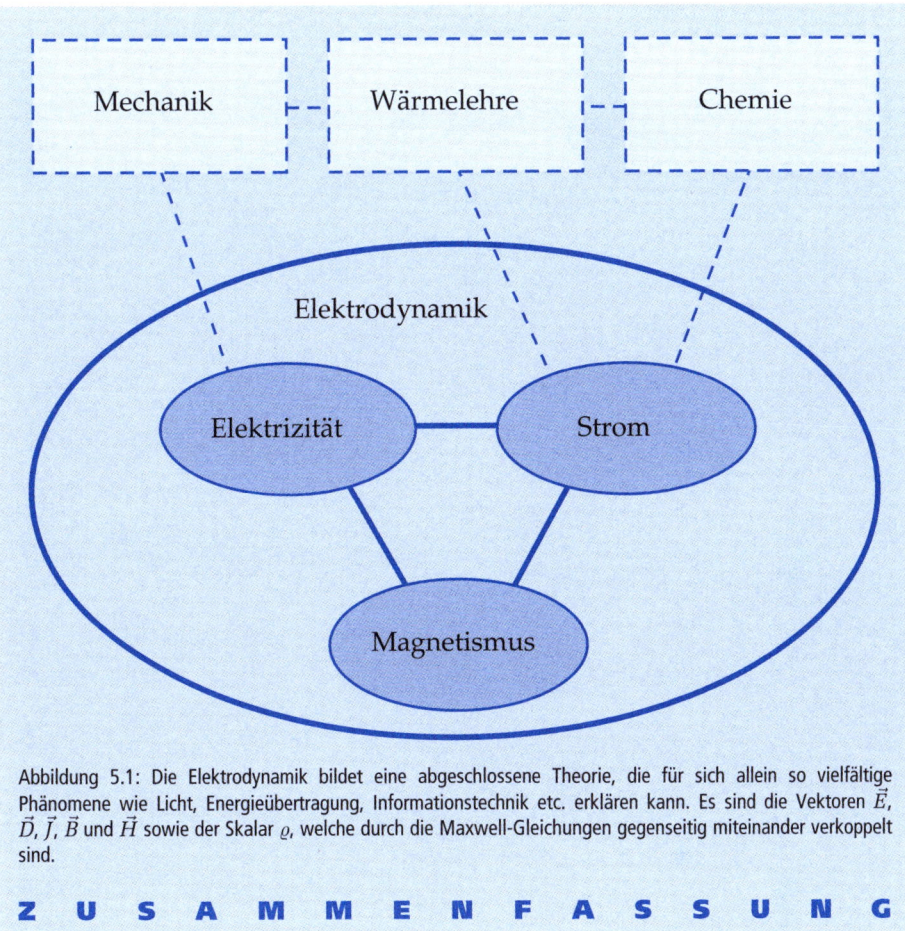

Abbildung 5.1: Die Elektrodynamik bildet eine abgeschlossene Theorie, die für sich allein so vielfältige Phänomene wie Licht, Energieübertragung, Informationstechnik etc. erklären kann. Es sind die Vektoren $\vec{E}$, $\vec{D}$, $\vec{J}$, $\vec{B}$ und $\vec{H}$ sowie der Skalar ϱ, welche durch die Maxwell-Gleichungen gegenseitig miteinander verkoppelt sind.

Z U S A M M E N F A S S U N G

Maxwell-Gleichungen lösen

6

ÜBERBLICK

Das Bild zeigt Äquifeldstärkelinien des momentanen Magnetfeldes unserer Zweidraht-leitung. Aus Symmetriegründen hat dieses Feld auf der dargestellten Ebene nur eine senkrechte Komponente. Die nur im Innern des rechten Drahtes gezeichneten Magnet-feldpfeile zeigen einen relativ raschen Vorzeichenwechsel längs des Radius und ein sehr „braves" Feldverhalten in Achsrichtung. In dunkelblauen Bereichen ist das Feld groß positiv (Pfeil zeigt nach oben), in den hellen Bereichen ist es negativ (Pfeil nach unten). Die den Äquilinien zugeordneten Zahlenwerte im Luftbereich sind normierte Feldwerte. Man vergleiche dieses Feld auch mit dem Bild am Beginn des fünften Kapitels, welches die zum hier dargestellten Magnetfeld gehörige Stromverteilung zeigt.

Nachdem wir in den vorangehenden Kapiteln die Grundgleichungen der Elektrodynamik entwickelt haben, geht es jetzt darum, diese Gleichungen zu lösen, d.h. einzelne darin vorkommende Größen – z.B. die elektrische Feldstärke $\vec{E}$ – explizit als Funktion von anderen Feldgrößen anzugeben. Es wird sich zeigen, dass die Maxwell-Gleichungen sehr viele „Lösungen" haben, und es muss ein erheblicher Aufwand getrieben werden, um aus der großen Fülle aller Lösungen jene herauszufiltern, welche im konkreten Fall die gewünschte ist. Dies klingt reichlich diffus, so, als ob die Lösung gar nicht klar festgelegt sei. Dem ist jedoch nicht so, die Natur findet immer ihre richtige Lösung. Das Problem ist vielmehr, dass die Maxwell-Gleichungen nicht vollständige Vorgaben darstellen: Es müssen im Gegenteil immer zusätzliche Anfangs- und/oder Randbedingungen formuliert werden. Das ist es, was die Sache für den Anfänger unübersichtlich macht.

Die beiden Formen der Maxwell-Gleichungen, die Integralform (5.12) und die Differentialform (5.38) beschreiben die gleichen Zusammenhänge, betonen aber je einen anderen Aspekt. Während die Differentialform den Methoden der Analysis besonders gut angepasst ist, beschreibt die Integralform den physikalischen Gehalt auf anschaulichere Art. So ist etwa das Integral $\int_L \vec{E} \cdot d\vec{l}$ unmittelbar mit der messbaren Spannung U und das Integral $\iint_F \vec{J} \cdot d\vec{F}$ mit dem ebenfalls messbaren Strom I verknüpft.[1] Wir wollen durch Lösung der Maxwell-Gleichungen die Felder berechnen und daher vorläufig die Differentialform öfter heranziehen.

Eine Bemerkung sei vorweggenommen: Es gibt *keine allgemeinen analytischen Lösungsverfahren* zur Lösung der Maxwell-Gleichungen. Mit analytischen Methoden können immer nur sehr spezielle Situationen bewältigt werden, etwa solche mit hoher Symmetrie. Der bekannte Spruch, wonach der Elefant im Urwald mit einer ideal leitenden Kugel im Vakuum approximiert werden müsse, hat eine gewisse Berechtigung, wenn nur analytische Methoden zugelassen werden.[2] Andererseits muss betont werden, dass heute die numerischen Methoden soweit fortgeschritten sind, dass erheblich praxisgerechter modelliert werden kann als noch vor wenigen Jahren.

Bevor wir allerdings die „richtigen", d.h. numerischen Lösungsverfahren besprechen, wollen wir den physikalischen Gehalt der Maxwell-Gleichungen darlegen und einige allgemein ableitbare Schlüsse ziehen. Danach wenden wir uns dem Materialproblem zu und formulieren die entsprechenden Beziehungen praxisgerecht. Als Resultat werden wir die teilweise bereits früher besprochenen Stetigkeitsbedingungen für die Feldgrößen an Materialgrenzen erhalten. Erst dann folgt in Abschnitt 6.4 der erste noch analytisch vollziehbare Lösungsschritt: die Herleitung von Differentialgleichungen für nur noch eine Feldgröße – es ergibt sich die so genannte Wellengleichung – die im freien Raum allgemein analytisch integriert werden kann. In Abschnitt 6.5 besprechen wir die diversen Potentiale des elektromagnetischen Feldes und erst dann kommen die „richtigen" allgemeinen Lösungsverfahren an die Reihe.

---

1 Vgl. Abschnitt 9.2 im 9. Kapitel.

2 In der theoretischen Physik ersetzt man eine Kuh durch eine Kugel, die in alle Raumrichtungen isotrop Milch abgibt, zumindest in erster Näherung.

6.1 Der unmittelbare Gehalt der Maxwell-Gleichungen

Wir wollen zunächst den physikalischen Gehalt der Maxwell-Gleichungen in Worte fassen und dann versuchen, erste Schlussfolgerungen aus den Gleichungen zu ziehen. Dabei werden wir in der Regel die Größen rechts des Gleichheitszeichens als *Ursache* und die Größen links davon als *Wirkung* bezeichnen, obwohl die Antwort auf die Frage der Kausalität (Was ist Ursache, was ist Wirkung?) streng genommen offen bleiben muss.

6.1.1 Die direkte Aussage der Maxwell-Gleichungen

Die Integralform der Maxwell-Gleichungen, (5.12), steht für die folgenden vier Aussagen:

> **1** Die in eine geschlossene Schleife ∂F induzierte elektrische Spannung (*EMK*) wird verursacht durch die zeitliche Änderung des magnetischen Flusses durch eine beliebige, von ∂F berandete Fläche F.
>
> **2** Die in eine geschlossene Schleife ∂F induzierte, magnetische Spannung wird verursacht durch den elektrischen Strom I, der durch eine beliebige, von ∂F berandete Fläche F fließt. Der Strom I setzt sich aus zwei Anteilen zusammen, nämlich (a) aus der durch $\vec{J}$ beschriebenen bewegten Ladung und (b) dem Verschiebungsstrom, welcher der zeitlichen Änderung des dielektrischen Verschiebungsflusses durch die Fläche F entspricht.
>
> **3** Der Fluss der dielektrischen Verschiebung aus einem Volumen V heraus ist gleich der gesamten in V enthaltenen Ladung oder: Die $\vec{D}$-Linien enden auf Ladungen.
>
> **4** Der magnetische Fluss durch jede geschlossene Fläche $F = \partial V$ verschwindet oder: Die $\vec{B}$-Linien enden nirgends, sind also geschlossen.

Wie wir gesehen haben, sind diese Gleichungen teilweise schon vor Maxwell bekannt gewesen: (5.12-1) ist das Faraday'sche Induktionsgesetz, (5.12-2) heißt – ohne den Verschiebungsstrom – Ampère'sches Durchflutungsgesetz und (5.12-3) wird – in der Elektrostatik – als Gauß'scher Satz der Elektrostatik bezeichnet.

Da die Integralform nur ortsunabhängige Größen (Spannungen, Flüsse etc.) zueinander in Beziehung setzt, die im Computer als *reellwertige Funktionen der Zeit t* dargestellt werden, kann man sagen, sie sei einfacher als die Differentialform, welche Feldgrößen in Funktion von Ort $\vec{r}$ und Zeit t miteinander verknüpft, und daher im Computer mittels *vektorwertiger Funktionen der total vier unabhängigen Veränderlichen $\vec{r} = (x, y, z)$ und t* behandelt werden muss. Die zentralen Größen sind bei der Integralform nicht die Felder, sondern gewisse Integrale davon. Demgegenüber spielen in der Differentialform die Feldgrößen selber die Hauptrolle.

Weil es sich bei der Differentialform um (partielle) *Differential*gleichungen handelt, sinkt der Informationsgehalt der Gleichungen allein, denn Differentialgleichungen haben in der Regel nicht nur eine einzige Lösung. Anderseits ist nach gefundener (Feld-)Lösung die im Feld enthaltene Information bedeutend umfangreicher als die mit einer einzigen Größe (im Computer: reellwertige Funktion der Zeit) beschriebene integrale Lösung. Wegen der Vielfalt der möglichen Lösungen ergibt sich für die Differentialform der

Maxwell-Gleichungen, (5.38), eine entsprechend weniger aussagende und naturgemäß nur *lokal* gültige Interpretation:

---

1 Die zeitliche Veränderung des $\vec{B}$-Feldes verursacht eine Verwirbelung des $\vec{E}$-Feldes.

2 Die zeitliche Veränderung des $\vec{D}$-Feldes sowie das $\vec{J}$-Feld verursachen zusammen eine Verwirbelung des $\vec{H}$-Feldes.

3 Das ϱ-Feld bildet die Quellen des $\vec{D}$-Feldes.

4 Das $\vec{B}$-Feld hat keine Quellen. (Nichtexistenz magnetischer Ladungen!)

Die Maxwell-Gleichungen bilden die Grundlage zur Beschreibung des Verhaltens *elektromagnetischer* Größen, ohne auf weitere physikalische Erscheinungen Rücksicht zu nehmen. Insbesondere ist der Bezug zur Mechanik *verloren*, obwohl die Feldstärken ursprünglich über die Kraft definiert worden sind. Wenn wir Elektrodynamik auf der Basis der Maxwell'schen Theorie betreiben, werden wir also immer nur das Verhalten der elektromagnetischen Feldgrößen, kurz: des elektromagnetischen Feldes, studieren und andere Realitäten als äußere Einflüsse betrachten – sofern sie überhaupt eine Wirkung auf das elektromagnetische Feld haben.

6.1.2 Die implizite Aussage der Maxwell-Gleichungen: die Ladungserhaltung

Bei der Einführung des Verschiebungsstroms (vgl. Unterabschnitt 5.1.3) haben wir die Ladungserhaltung berücksichtigt. Daher ist zu erwarten, dass die Maxwell-Gleichungen diese fundamentale Tatsache enthalten, auch wenn sie nicht explizite zum Ausdruck kommt. Bevor wir dies zeigen, wollen wir zwei allgemeine Regeln herleiten, die das Manipulieren unserer Grundgleichungen übersichtlicher machen.

Wir schreiben die Integralsätze noch einmal hin:

(5.37-1)
$$\int_{L} \operatorname{grad} s \cdot d\vec{l} = s \Big|_{\vec{r}_{\mathrm{a}}}^{\vec{r}_{\mathrm{e}}},$$
(6.1-1)

(5.37-2)
$$\iint_{F} \operatorname{rot} \vec{v} \cdot d\vec{F} = \oint_{\partial F} \vec{v} \cdot d\vec{l}, \qquad \text{(Satz von Stokes)}$$
(6.1-2)

(5.37-3)
$$\iiint_{V} \operatorname{div} \vec{a} \, dV = \oiint_{\partial V} \vec{a} \cdot d\vec{F}. \qquad \text{(Satz von Gauß)}$$
(6.1-3)

Bei allen drei Sätzen ist der Integrationsbereich rechts um eine Dimension kleiner als links: Rechts steht immer die Berandung des linken Bereiches. Würden wir den Zusammenhang über zwei Stufen fortsetzen, d.h. beim Stokes'schen Satz an die Stelle von $\vec{v}$ den speziellen Vektor $\operatorname{grad} s$ oder beim Gauß'schen Satz statt $\vec{a}$ den speziellen Vektor $\operatorname{rot} \vec{v}$ einsetzen, dann könnte das Integral rechts mit dem je darüber stehenden Satz weiter vereinfacht werden, der Integrationsbereich wäre dann die Berandung ($\partial\partial F$ bzw. $\partial\partial V$) der Berandung (∂F bzw. ∂V) – und diese verschwindet aus elementaren geometrischen Gründen (vgl. auch Fußnote 3 im fünften Kapitel). Also verschwindet das entsprechende Integral bei *beliebigem Integrationsbereich* des Ausgangsintegrals und somit auch der Integrand. In Formeln:

$$\iint_F (\text{rot grad } s) \cdot d\vec{F} = \oint_{\partial F} \text{grad } s \cdot d\vec{l} = s \Big|_{\vec{r}_a}^{\vec{r}_e = \vec{r}_a} \equiv 0 \quad \underset{F \text{ beliebig}}{\Rightarrow} \quad \text{rot grad } s \equiv \vec{0}. \qquad (6.2)$$

$$\iiint_V \text{div rot } \vec{v}\, dV = \oiint_{\partial V} \text{rot } \vec{v} \cdot d\vec{F} = \oint_{\partial \partial V = 0} \vec{v} \cdot d\vec{l} \equiv 0 \quad \underset{V \text{ beliebig}}{\Rightarrow} \quad \text{div rot } \vec{v} \equiv 0. \qquad (6.3)$$

Wir können diese Erkenntnis auf die ersten zwei Maxwell-Gleichungen [rot $\vec{E} = -\frac{\partial \vec{B}}{\partial t}$, rot $\vec{H} = \vec{J} + \frac{\partial \vec{D}}{\partial t}$] anwenden, indem wir die Divergenz darauf loslassen. Dies liefert die beiden Gleichungen

$$0 = \text{div}\left(-\frac{\partial \vec{B}}{\partial t}\right), \qquad (6.4\text{-}1)$$

$$0 = \text{div}\left(\vec{J} + \frac{\partial \vec{D}}{\partial t}\right), \qquad (6.4\text{-}2)$$

und wir gelangen zu den folgenden, auch *physikalisch* interessanten (und bereits in Unterabschnitt 5.1.3 angedeuteten) Aussagen:

- Die letzte Maxwell-Gleichung [div $\vec{B} = 0$] ist beinahe eine Folge der ersten [rot $\vec{E} = -\frac{\partial \vec{B}}{\partial t}$]. Wenn diese nämlich gilt, trifft auch (6.4–1) zu und $\vec{B}$ kann höchstens eine zeitlich konstante Divergenz besitzen. Somit ist die letzte Maxwell-Gleichung [div $\vec{B} = 0$] besonders in der Statik wichtig, hat aber in zeitlich veränderlichen Situationen eine untergeordnete Bedeutung. Insbesondere kann sie im stationären Zustand (sinusförmige Zeitabhängigkeit *aller* Feldgrößen) ganz weggelassen werden.

- Differentiation der dritten Maxwell-Gleichung [div $\vec{D} = \varrho$] nach der Zeit und Einsetzen in (6.4–2) ergibt die Ladungserhaltung

$$\text{div } \vec{J} = -\frac{\partial \varrho}{\partial t}, \qquad (6.5)$$

die somit in den Maxwell-Gleichungen enthalten ist. Die Integralform der Ladungserhaltung ist uns (statisch) bereits in (2.4) bzw. (5.2-6) und (dynamisch) in (5.9) begegnet.

6.1.3 Aufgaben

6.1.3.1 Integralform der Ladungserhaltung

Gegeben: Die Gleichung (6.5).

Gesucht: Wie lautet die zugehörige Integralform und wie kann sie hergeleitet werden?

6.1.3.2 Magnetische Ladungen

Gegeben: Die Maxwell-Gleichungen sowie die Gleichungen (6.4).

Gesucht: Darf in der vierten Maxwell-Gleichung anstelle der Null die (hypothetische) magnetische Ladungsdichte ϱ_m eingesetzt werden, ohne sonst etwas an den gegebenen Gleichungen zu ändern?

6.2 Die Materialgleichungen

Wir haben bereits in früheren Kapiteln festgehalten, dass die elektrischen Größen $\vec{E}$ und $\vec{D}$ und die magnetischen Größen $\vec{B}$ und $\vec{H}$ überhaupt nicht unabhängige Größen sind. Im Vakuum etwa sind $\vec{E}$ und $\vec{D}$ zueinander proportional [$\vec{D} = \varepsilon_0 \vec{E}$], ebenso $\vec{B}$ und $\vec{H}$ [$\vec{B} = \mu_0 \vec{H}$]. Dort scheinen die Maxwell-Gleichungen unnötig viele Variablen zu enthalten. Die Lage ändert sich jedoch im allgemeinen Material, denn die Kopplungen zwischen $\vec{E}$ und $\vec{D}$ (bzw. zwischen $\vec{B}$ und $\vec{H}$) hängen stark vom Material ab. Maxwell wollte die materialabhängigen Gegebenheiten nicht in die Grundgleichungen einbeziehen und musste aus diesem Grund je zwei verschiedene Feldvektoren einführen. Anderseits ist es klar, dass die Maxwell-Gleichungen nur gelöst werden können, wenn die Materialgleichungen mitgenommen werden.

Wir wollen zuerst die in den Maxwell-Gleichungen vorkommenden unabhängigen Größen zählen, danach die bereits früher behandelten allgemeinen Materialgleichungen zusammenfassen und uns schließlich auf einen noch übersichtlichen und praktisch häufigen Fall beschränken: auf Situationen mit stückweise homogen linear isotropem Material.

6.2.1 Die Anzahl der unbekannten Funktionen in den Maxwell-Gleichungen

Die Maxwell-Gleichungen in der Differentialform, (5.38), sind ein System von gekoppelten, partiellen Differentialgleichungen, welche eine Unmenge von Lösungen zulassen. Das System heißt gekoppelt, weil insgesamt 16 skalare Funktionen der unabhängigen Variablen $\vec{r}$ und t vorkommen, nämlich je drei Komponenten von $\vec{E}, \vec{D}, \vec{B}, \vec{H}$ und $\vec{J}$ sowie die skalare Ladungsdichte ϱ. Das System (5.38) ist aber nicht vollständig gekoppelt, denn die erste und vierte Gleichung enthalten nur $\vec{E}$ und $\vec{B}$, die andern beiden Gleichungen nur $\vec{D}, \vec{H}, \vec{J}$ und ϱ. Leider können die beiden Gleichungspaare nicht separat gelöst werden. Die scheinbare Vereinfachung des ganzen Systems muss *immer* aufgehoben werden durch Zufügung von Materialgleichungen.

6.2.2 Zusätzliche Beziehungen zwischen den Feldgrößen

Wir wissen bereits, dass insbesondere $\vec{E}$ mit $\vec{D}$ und $\vec{B}$ mit $\vec{H}$ über die so genannten Materialgleichungen verknüpft sind. Die erwähnte Entkopplung ist daher nur eine scheinbare, welche erkauft wurde durch die Einführung zusätzlicher, unbekannter Feldgrößen. Die in den Abschnitten 1.6 bzw. 3.2 gefundenen Beziehungen

(1.63)
$$\vec{D} = \varepsilon_0 \vec{E} + \vec{P}, \qquad (6.6\text{-}1)$$

(3.9)
$$\vec{B} = \mu_0 (\vec{H} + \vec{M}) \qquad (6.6\text{-}2)$$

mit den den Einfluss der Materie beschreibenden Größen $\vec{P}$ (Polarisation oder elektrische Dipoldichte) und $\vec{M}$ (Magnetisierung oder magnetische Dipoldichte) zeigen sofort, dass die Maxwell-Gleichungen alle miteinander verknüpft sind. Die Bestimmung von $\vec{P}$ und $\vec{M}$ ist eine (höchst nichttriviale) Aufgabe für Festkörperphysiker und Materialwissenschaftler. Man kann $\vec{P}$ und $\vec{M}$ als Funktionen etwa der Felder $\vec{E}$ und $\vec{H}$ schreiben[3] und damit eliminieren. Für unsere Zwecke genügt es, uns entweder auf den einfachsten Spezialfall zu beschränken, wo

$$\vec{P} \sim \vec{E}, \qquad \vec{M} \sim \vec{H} \tag{6.7}$$

gilt, oder aber neben $\vec{E}$ und $\vec{H}$ auch $\vec{B}$ und $\vec{D}$ zu benützen.

Im ersten Fall unterscheidet sich der Zusammenhang zwischen $\vec{D}$ und $\vec{E}$ (bzw. zwischen $\vec{B}$ und $\vec{H}$) von den Vakuumbeziehungen

$$(5.1) \qquad\qquad \vec{D} = \varepsilon_0 \vec{E}, \qquad \vec{B} = \mu_0 \vec{H} \tag{6.8}$$

nur durch andere Zahlenwerte der Permeabilität (μ) und der Permittivität (ε).

Es gelten dann

$$\vec{D} = \varepsilon \vec{E}; \qquad \vec{B} = \mu \vec{H} \quad \mu \neq \mu_0, \ \varepsilon > \varepsilon_0. \tag{6.9}$$

Wenn solche Beziehungen gelten, heißt das Material *isotrop* – die Polarisation (Magnetisierung) hängt nicht von der *Richtung* von $\vec{E}$ ($\vec{H}$) ab – und *linear* – μ und ε sind unabhängig vom *Betrag* der Feldstärken. Man beachte, dass die Materialparameter sehr wohl Funktionen des Ortes sein können. Ist dies nicht der Fall, heißt das Material *homogen*.

Wir wollen von der Betrachtung zeitabhängiger Materialparameter Abstand nehmen. Dies würde entweder relativ langsamen Vorgängen (z.B. Alterung) entsprechen oder aber bewegtem Material. Der letzte Fall müsste ohnehin gesondert betrachtet werden, weil dann sogar die Maxwell-Gleichungen in unseren Grundformen modifiziert werden müssten.

In vielen Materialien gilt als dritte Materialgleichung das Ohm'sche Gesetz,

$$(2.6) \qquad\qquad \vec{J} = \sigma \vec{E}, \tag{6.10}$$

das wir bedarfsweise ebenfalls benützen werden. Ein leitendes Material kann auch bezüglich des Parameters σ homogen, linear und isotrop sein – oder eben nicht.

Schließlich sei darauf hingewiesen, dass es nicht in jedem Fall zulässig ist, die ursprünglich in der Statik formulierten Materialgleichungen auf zeitabhängige Vorgänge zu übertragen. Polarisation und Magnetisierung bedeuten eine Umstrukturierung der Materie auf atomarer oder molekularer Ebene. Wenn sich die Felder zeitlich sehr rasch ändern, kann es sein, dass das Material nicht schnell genug folgen kann. So etwas muss in den Materialgleichungen berücksichtigt werden: Der Materialzustand ist dann eventuell nicht nur abhängig von den momentan wirksamen Feldern, sondern auch von den Feldern zu früheren Zeitpunkten. In speziellen Fällen – bekannt ist die Hysterese von

---

3 $\vec{P} = \vec{P}(\vec{E}, \vec{H})$, $\vec{M} = \vec{M}(\vec{E}, \vec{H})$, wobei die genaue Gestalt dieser Funktionen sehr unterschiedlich sein kann. In vielen Fällen gilt $\vec{P} = \vec{P}(\vec{E})$, $\vec{M} = \vec{M}(\vec{H})$, z.B. $\vec{M} = \vec{M}_0 + \chi_{\mathrm{m}} \vec{H}$ bei einem einfachen Modell eines Permanentmagneten, wobei dann nur noch $\vec{M}_0$ und χ_{m} angegeben werden müssen.

Permanentmagneten – müssen diese Effekte auch bei langsam veränderlichen Feldern berücksichtigt werden. Allgemein ist die Trägheit der verschiedenen Polarisations- und Magnetisierungsmechanismen sehr unterschiedlich groß. Wir verweisen einmal mehr auf die Festkörperphysik und stellen lediglich fest, dass bei hinreichend langsam veränderlichen Feldern die Materialgleichungen in unserer Form oft gut brauchbar sind. Da es sich um Vorgänge in Atomen und Molekülen handelt, ist „hinreichend langsam" in der Praxis meist schon sehr schnell. Zum Beispiel gilt das Ohm'sche Gesetz in Metallen auch noch bei Frequenzen um 1000 GHz mit guter Genauigkeit.

Neben diesen praxisgerechten Vereinfachungen der Materialgleichungen in einem Punkt ist oft auch die räumliche Verteilung des Materials besonders einfach, z.B. stückweise homogen. Die daraus folgenden Konsequenzen wollen wir im nächsten Abschnitt besprechen.

6.2.3 Aufgaben

6.2.3.1 Polarisiertes Material im Plattenkondensator

Gegeben: Ein Parallelplattenkondensator (unendlich ausgedehnte Platten der Dicke d aus ideal leitendem Material im Abstand a) ist mit einem Material mit der folgenden Materialgleichung gefüllt:

$$\vec{D} = \varepsilon_0 \vec{E} + \vec{P}, \qquad \vec{P} = \vec{P}_0 + \varepsilon_0 \chi_e \vec{E}.$$

$\vec{P}_0$ (senkrecht auf den Platten) und $\chi_e > 0$ seien bekannt. Außerhalb des Kondensators sei kein Material (Vakuum).

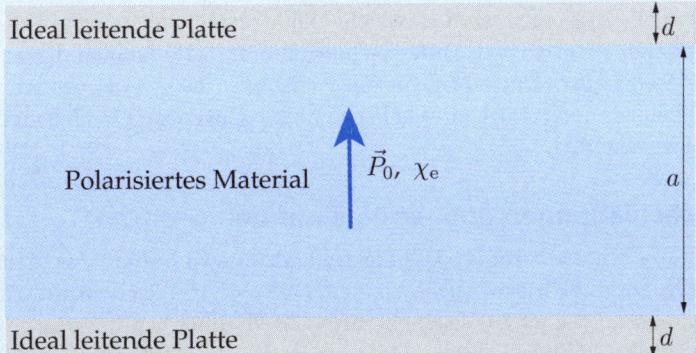

Gesucht: Wie ist die $\vec{E}$-Feldverteilung im ganzen Raum, wenn beide Platten ungeladen sind? (Hinweis: Man beachte die hohe Symmetrie der Anordnung sowie die Resultate der Übungsaufgabe 1.3.4.1 e).)

6.3 Die Konsequenzen üblicher Materialverteilungen

Setzt man die Materialgleichungen (6.9) in die Maxwell-Gleichungen (5.38) ein, kann man die Zahl der unbekannten (skalaren) Funktionen um sechs auf zehn reduzieren und erhält das vereinfachte Gleichungssystem

$$\operatorname{rot} \vec{E} = -\mu \frac{\partial}{\partial t} \vec{H}, \tag{6.11-1}$$

$$\operatorname{rot} \vec{H} = \vec{J} + \varepsilon \frac{\partial}{\partial t} \vec{E}, \tag{6.11-2}$$

$$\operatorname{div}\left(\varepsilon \vec{E}\right) = \varrho, \tag{6.11-3}$$

$$\operatorname{div}\left(\mu \vec{H}\right) = 0, \tag{6.11-4}$$

das nun vollständig verkoppelt ist und dafür weniger unbekannte Funktionen aufweist. Es wird uns in der Folge als Grundsystem dienen, und wir werden nur dann auf die allgemeiner gültigen Gleichungen (5.12) bzw. (5.38) zurückgreifen, wenn dies aus irgendeinem Grunde zweckmäßig erscheint.

6.3.1 Stückweise homogenes Material

Selbst für das vereinfachte System (6.11) ist es unmöglich, allgemeine Lösungen anzugeben, weil die (in der Praxis meist vorgegebenen) Ortsabhängigkeiten der Material-parameter beliebig kompliziert sein können. Anderseits wird diese Kompliziertheit relativiert durch die Tatsache, dass in technischen Systemen meistens stückweise homogenes Material vorliegt, was innerhalb eines Teilgebietes eine beträchtliche Ver-einfachung der Gleichungen (6.11–3) und (6.11–4) ergibt, denn konstante Material-parameter können vor den div-Operator gezogen werden (vgl. Übungsaufgabe 5.2.6.2 b)).

An den Material*grenzen* ergeben sich dagegen große Schwierigkeiten, weil die Diffe-rentiation einer unstetigen Funktion nicht elementar möglich ist.[4] Es müssen offenbar spezielle Formeln angegeben werden, welche die Maxwell-Gleichungen auf der Grenze zweier Materialien ersetzen. Mit Hilfe der Integralform (5.12) können die so genannten *Grenz-* oder *Stetigkeitsbedingungen*[5] für die Feldstärken hergeleitet werden. Bevor wir dies tun, wollen wir noch einige physikalische Überlegungen zum Modell einer abrupten Materialgrenze anstellen.

6.3.2 Flächenladungen und -ströme auf den Grenzen

Aus der Elektrostatik ist bekannt, dass Elektrodenladungen nur auf der Oberfläche von leitenden Körpern (Elektroden) sitzen können. Obwohl „in Wirklichkeit" die Ladungs-träger auf mindestens einer Atomschichtdicke verteilt sind, benützt man trotzdem das Modell der Flächenladungsdichte[6] ς. Da die zugehörigen Feldstärken endlich bleiben (vgl. Übungsaufgabe 1.3.4.1 e)), ergeben sich keine nennenswerten Schwierigkeiten. Eine Flächenladungsdichte ς ist aus physikalischer Sicht auf der Grenze zwischen zwei Feldgebieten grundsätzlich zulässig, falls überhaupt Ladungen auf die Oberfläche gelangen können. Dies kann auf zwei Arten geschehen: Entweder ist mindestens ein Teilgebiet leitfähig, oder die Ladungen werden durch externe Prozesse auf die Grenze

---

4   Vgl. Fußnote 29 im ersten Kapitel.

5   In bestimmten Fällen sind die Feldstärken auf einer Seite der Grenze fest vorgegeben. Man spricht dann von *Randbedingungen*.

6   Eine endliche Flächenladungsdichte ς bedeutet eine unendliche Raumladungsdichte ϱ.

gebracht (z.B. Reibungselektrizität). Im zweiten Fall müssen sie für die Feldberechnungen als fest vorgegeben betrachtet werden und haben eine entsprechende Wirkung; im ersten Fall sind diese Ladungen nicht bekannt und müssen bestimmt werden, wozu wir im nächsten Unterabschnitt eine Bestimmungsgleichung herleiten werden.

Wenn sich die Ladungen in der Oberfläche bewegen, entspricht dies einer Flächenstromdichte $\vec{\alpha}$ (Einheit: $\frac{A}{m}$). Eine solche kann nur in idealisierten Modellen vorkommen, denn eine endliche Flächenstromdichte $\vec{\alpha}$ bedeutet eine unendlich große Strom*dichte* $\vec{J}$ in der Grenzfläche. Dies ergäbe wegen des Ohm'schen Gesetzes (6.10) auch eine unendlich große elektrische Feldstärke $\vec{E}$ und damit eine unendlich große Verlustleistung pro Flächeneinheit,[7] was physikalisch sinnlos ist. Idealisiert man hingegen dahingehend, dass entweder eines der Teilgebiete den Strom unendlich gut leitet oder die Grenze selber aus einer unendlich gut leitenden Folie besteht, ist eine Flächenstromdichte $\vec{\alpha}$ auf dieser Grenze zulässig und muss bestimmt werden. Auch dafür werden wir eine Bestimmungsgleichung herleiten. Man beachte, dass die ideal leitende Grenzfolie ein theoretisches Konstrukt ist und in der Praxis meist nur bei magnetostatischen Betrachtungen verwendet wird. Man interessiert sich dann kaum für das elektrische Feld in dieser Folie. In bestimmten Modellen kann es vernünftig sein, für die Folie eine „*beschränkt unendliche*" Leitfähigkeit zu postulieren, welche die elektrische Feldstärke tangential zur Folie endlich lässt, statt sie auf null zu drücken.

Da im idealen Leiter sicher $\vec{E}$ identisch verschwindet[8], muss wegen der Verkopplung durch die Maxwell-Gleichungen auch das Magnetfeld null sein[9]. Somit ist ein *idealer* Leiter vollständig feldfrei. Es verschwindet in ihm neben $\vec{E}$ und $\vec{H}$ auch die Stromdichte $\vec{J}$, d.h. es kann kein Strom in den idealen Leiter eindringen und muss somit (wenn überhaupt) auf dessen Oberfläche als Flächenstromdichte $\vec{\alpha}$ in Erscheinung treten.

Nach dieser eher qualitativen Diskussion des physikalisch Möglichen wollen wir jetzt quantitative Beziehungen zwischen den auf einer Materialgrenze definierten Feldgrößen herleiten. Genauer: Wir fragen nach Beziehungen zwischen (einzelnen Komponenten) von $\vec{E}, \vec{D}, \vec{H}, \vec{B}, \vec{J}$ und ϱ auf beiden Seiten der Grenze (total $2 \times 16 = 32$ Komponenten pro Grenzpunkt), wobei je nachdem noch Flächenladungsdichte ς und Flächenstromdichte $\vec{\alpha}$ dazukommen (plus drei Komponenten pro Grenzpunkt).

6.3.3 Die Grenzbedingungen

Wir betrachten zwei aneinander grenzende Feldgebiete, G_i und G_k, und wollen zunächst ideale Leiter und Grenzfolien ausschließen. Dies bedeutet, dass in der Grenze keine Flächenstromdichte auftreten kann ($\vec{\alpha} = \vec{0}$). Die Feldgrößen in beiden Teilgebieten seien mit den Indices i und k bezeichnet.

Nun führen wir den bereits in Unterabschnitt 2.2.2 anhand von Abbildung 2.1 erklärten Prozess durch, benützen hier aber die beiden Maxwell-Gleichungen (5.12-3) und (5.12-4). (In der Differentialform sind dies Gleichungen mit dem Differentialoperator div.) Das einen Teil der Grenzfläche enthaltende quaderförmige Integrationsgebiet $a \cdot b \cdot d$

---

7 Die Verlustleistungsdichte p_j ist nach Unterabschnitt 2.3.3, Gleichung (2.17): $p_j = \vec{J} \cdot \vec{E}$.

8 Die *Kraft* auf die im idealen Leiter reichlich vorhandenen frei beweglichen Ladungsträger muss verschwinden. Diese Kraft beträgt beim ruhenden Material $\vec{F} = q\vec{E}$. Bewegt sich der Leiter mit der Geschwindigkeit $\vec{v}$, gilt $\vec{F} = q(\vec{E} + \vec{v} \times \vec{B})$. Somit könnte im *bewegten* idealen Leiter eine elektrische Feldstärke $\vec{E} = -\vec{v} \times \vec{B}$ vorhanden sein. Wir betrachten hier nur ruhendes Material.

9 Im magneto*statischen* Fall ist die Argumentation weniger direkt. Dort ist der unmögliche (und natürlich nicht statische) Feld*aufbau* zu diskutieren.

links in Abbildung 6.1 sei so klein, dass alle Feldstärken innerhalb der beiden Hälften je konstant sind. Überdies strebe die Dicke d gegen null.

Wir erhalten für die Normalkomponenten D_n und B_n die nur auf der Grenze ∂G_{ik} gültigen Relationen

$$D_{in} - D_{kn} = \varsigma \qquad \text{auf } \partial G_{ik}, \tag{6.12}$$

$$B_{in} - B_{kn} = 0 \qquad \text{auf } \partial G_{ik} \tag{6.13}$$

mit der Flächenladungsdichte ς. Der Index n bezeichnet die Komponente in Richtung des normal auf ∂G_{ik} stehenden Einheitsvektors $\vec{e}_n$, der von G_k nach G_i weist.

Die zum Ladungserhaltungssatz (6.5) gehörige Integralform lautet

$$\oiint_{\partial V} \vec{J} \cdot d\vec{F} = -\frac{\partial}{\partial t} \iiint_V \varrho \, dV, \tag{6.14}$$

hat also die gleiche Form wie die den Grenzbedingungen (6.12) und (6.13) zugrunde liegenden Gleichungen (5.12-3) und (5.12-4) und liefert somit

$$J_{in} - J_{kn} = -\frac{\partial \varsigma}{\partial t} \qquad \text{auf } \partial G_{ik}, \tag{6.15}$$

was mit der bereits in Abbildung 2.1 erhaltenen (statischen) Beziehung $J_{1n} = J_{2n}$ im Einklang ist.

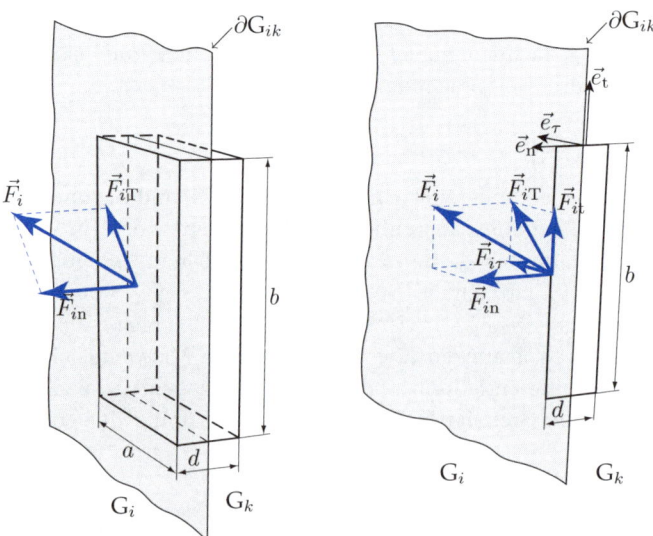

Abbildung 6.1: Die Stetigkeitsbedingungen für die Feldstärken können mit Hilfe der Maxwell-Gleichungen in Integralform hergeleitet werden. $\vec{F}$ steht links für eine der Feldgrößen $\vec{B}$, $\vec{D}$ oder $\vec{J}$ und rechts für $\vec{E}$ oder $\vec{H}$. Der Index T bezeichnet die gesamte tangentiale Komponente, die Indices t und τ aufeinander senkrecht stehende Komponenten davon, während der Index n die zur Grenze ∂G_{ik} normale Komponente bezeichnet.

Die Flächenladungsdichte ς in (6.12) und (6.15) ist je nach Aufgabenstellung gegeben oder gesucht. Falls sie vorgegeben ist, sind diese Gleichungen Forderungen an die Feldkomponenten D_n bzw. J_n, sonst sind es Bestimmungsgleichungen für ς.

Um auch Beziehungen zwischen tangentialen Feldkomponenten auf beiden Seiten der Grenze zu bekommen, betrachten wir die (im gleichen Sinne wie oben *kleine*) rechteckige Fläche $d \cdot b$ rechts in Abbildung 6.1 und wenden die Gleichungen (5.12-1) und (5.12-2) an. (In der Differentialform sind dies Gleichungen mit dem Differentialoperator rot.) Wenn wir noch voraussetzen, dass alle beteiligten Größen auf der Grenzschicht endliche Beträge haben, erhalten wir mit $d \to 0$:

$$\vec{E}_{iT} - \vec{E}_{kT} = \vec{0} \qquad \text{auf } \partial G_{ik}, \tag{6.16}$$

$$\vec{H}_{iT} - \vec{H}_{kT} = \vec{0} \qquad \text{auf } \partial G_{ik}. \tag{6.17}$$

Der Index T bezeichnet die zur Grenze ∂G_{ik} tangentiale Komponente.

Da die Richtung dieser Komponente nicht a priori bekannt ist, werden die Gleichungen (6.16) und (6.17) in der Praxis mit den tangentialen Einheitsvektoren $\vec{e}_t$ und $\vec{e}_\tau$ in jedem Randpunkt in *zwei* unterschiedliche Bedingungen aufgeteilt, welche den Komponenten in diese beiden Richtungen entsprechen.

Wenn wir jetzt eine ideal leitende Grenzfolie zulassen, bleiben (6.12), (6.13) und (6.16) erhalten, und es müssen lediglich die Beziehungen (6.15) und (6.17) modifiziert werden, weil dann eine Flächenstromdichte $\vec{\alpha}$ in der Grenze zulässig ist. Statt (6.17) gilt in diesem Fall

auf ∂G_{ik}:

$$\vec{H}_{iT} - \vec{H}_{kT} = \vec{\alpha} \times \vec{e}_n \quad \Leftrightarrow \quad \vec{e}_n \times (\vec{H}_{iT} - \vec{H}_{kT}) = \vec{\alpha}, \tag{6.18}$$

wobei der Einheitsvektor $\vec{e}_n$ vom k-ten ins i-te Feldgebiet weist. Die tangentiale elektrische Feldstärke interessiert in diesem Fall kaum. Sie muss speziell angegeben werden und kann z.B. proportional zur Flächenstromdichte $\vec{\alpha}$ angesetzt werden.

Etwas komplizierter ist der Einbezug der Flächenstromdichte bei der Ladungserhaltung (6.15). Man erhält aus (6.14) statt (6.15) jetzt

$$J_{in} - J_{kn} = -\operatorname{div}_F \vec{\alpha} - \frac{\partial \varsigma}{\partial t} \qquad \text{auf } \partial G_{ik}, \tag{6.19}$$

wobei

$$\operatorname{div}_F \vec{\alpha} := \lim_{F \to 0} \frac{\oint_{\partial F} \vec{\alpha} \cdot \vec{dl}^o}{F} \qquad \text{mit } \vec{dl}^o = \vec{dl} \times \vec{e}_n \tag{6.20}$$

das zweidimensionale Analogon zu (5.22), die so genannte *Flächendivergenz* ist. Die Fläche F liegt in der Grenze ∂G_{ik} und der Umlaufsinn der Integration bildet mit $\vec{e}_n$ eine Rechtsschraube. Das vektorielle Linienelement $\vec{dl}^o$ liegt tangential zur Fläche F, ist aber orthogonal zum Linienelement $d\vec{l}$ der Randlinie ∂F von F. Die Gleichung (6.19) stellt die Ladungserhaltung in der Grenzfläche bzw. -folie dar und kann zur Bestimmung von ς aus den $\vec{J}$'s und $\vec{\alpha}$ herangezogen werden, ist aber von untergeordneter praktischer Bedeutung, weil ς einfacher mit (6.12) aus den $\vec{D}$s bestimmt wird.

Betrachten wir zum Schluss noch die Grenzbedingungen auf der Oberfläche idealer Leiter, so können die oben hergeleiteten Gleichungen weitgehend übernommen werden, indem einfach alle Feldgrößen im idealen Leiter null gesetzt werden. Dies ist bei (6.12), (6.13) und (6.16) ohne weiteres durchführbar und ergibt die Bedingungen

$$D_{in} = \varsigma \qquad \text{auf } \partial G_{i0}, \tag{6.21}$$
$$B_{in} = 0 \qquad \text{auf } \partial G_{i0}, \tag{6.22}$$
$$\vec{E}_{iT} = \vec{0} \qquad \text{auf } \partial G_{i0}, \tag{6.23}$$

wobei der ideale Leiter mit dem Index 0 versehen wurde. Die Richtung der Flächennormalen zeigt aus dem idealen Leiter hinaus, was nur bei der Bedingung (6.21) von Bedeutung ist.

Bei (6.15) und (6.17) muss wiederum die Flächenstromdichte $\vec{\alpha}$ in die Überlegungen einbezogen werden, d.h. wir können in den Gleichungen „mit Grenzfolie", (6.18) und (6.19) k null setzen und die entsprechenden Feldstärken weglassen. So erhalten wir einerseits die in der Praxis unhandliche Formel

$$J_{in} = -\operatorname{div}_F \vec{\alpha} - \frac{\partial \varsigma}{\partial t} \qquad \text{auf } \partial G_{i0} \tag{6.24}$$

für die Ladungserhaltung auf der Oberfläche und anderseits aus (6.18), jetzt unter Wegfall der Feldstärken des k-ten Gebiets,

$$\vec{H}_{iT} = \vec{\alpha} \times \vec{e}_n \quad \Leftrightarrow \quad \vec{e}_n \times \vec{H}_{iT} = \vec{\alpha} \qquad \text{auf } \partial G_{i0}, \tag{6.25}$$

wobei $\vec{e}_n$ in das Feldgebiet G_i hinein zeigt.

Die Gleichung (6.25) dient zur Bestimmung von $\vec{\alpha}$ aus $\vec{H}$ bzw. umgekehrt, je nachdem, was in der konkreten Aufgabe vorgegeben ist.

6.3.4 Die Abhängigkeit der Grenzbedingungen untereinander

Wir betrachten zuerst die Stetigkeitsbedingungen für den allgemeinen Fall ohne ideale Leiter oder Grenzfolien. Dann gelten die Gleichungen (6.12), (6.13), (6.15), (6.16) und (6.17). Es stellt sich die Frage, wie viele dieser insgesamt sieben skalaren Stetigkeitsbedingungen linear unabhängig sind, wenn gleichzeitig berücksichtigt wird, dass die Felder auf beiden Seiten der Grenze je den Maxwell-Gleichungen und den Materialgleichungen unterworfen sind. Die Maxwell-Gleichungen liefern auf beiden Seiten je acht skalare (Differential-)Bedingungen, die Materialgleichungen je neun[10] gewöhnliche Gleichungen. An unbekannten skalaren Zeitfunktionen gibt es in jedem Grenzpunkt 16

---

10 In der einfachsten Form: $\vec{B} = \mu\vec{H}$, $\vec{D} = \varepsilon\vec{E}$ und $\vec{J} = \sigma\vec{E}$

Feldfunktionen auf jeder Seite[11] sowie ς. Den 33 Feldfunktionswerten stehen somit 25 algebraische Gleichungen und 16 Differentialbedingungen gegenüber. Obwohl Differentialgleichungen natürlich nicht wie Gleichungen in der elementaren Algebra gezählt werden dürfen, besteht doch der Verdacht, dass die Stetigkeitsbedingungen nicht unabhängig sind. Tatsächlich kann und soll jetzt gezeigt werden, dass es fast immer genügt, nur die Stetigkeit der Tangentialkomponenten von $\vec{E}$ und $\vec{H}$ zu fordern.

Wir setzen also die Stetigkeit dieser Tangentialkomponenten voraus und verwenden ein Koordinatensystem, dessen x-Achse senkrecht auf der Grenze steht. Man erhält unter Verwendung der Koordinatendarstellung der Rotation, (5.29), für die x-Komponente von (5.38-1):

$$\frac{\partial}{\partial y} E_z - \frac{\partial}{\partial z} E_y = -\frac{\partial}{\partial t} B_x. \tag{6.26}$$

Da nach Voraussetzung E_z und E_y auf der ganzen Grenze stetig sind, gilt dies auch für deren Ableitungen in Tangentenrichtung. Somit ist mindestens die zeitliche Ableitung von $B_x = B_n$ stetig. B_n selber ist stetig, falls die Stetigkeit in irgendeinem Zeitpunkt garantiert ist. Dies ist bei Einschaltvorgängen immer der Fall, denn vor dem Einschalten verschwinden alle Feldstärken und sind somit trivialerweise stetig. Der einzige Fall, wo die Stetigkeit der Normalkomponente von $\vec{B}$ nicht aus derjenigen der Tangentialkomponenten von $\vec{E}$ folgt, ist die Statik ($\frac{\partial}{\partial t} = 0$). Dann nämlich sind die Maxwell-Gleichungen teilweise entkoppelt, und die obige Argumentation wird gegenstandslos.

Falls in beiden Teilgebieten sowohl die Normalkomponente der Stromdichte J_n als auch auf der Grenze die Flächenladungsdichte ς verschwinden, ergibt eine formal identische Argumentation mit (5.38-2) statt (5.38-1), dass die D_n-Stetigkeit aus derjenigen von $\vec{H}_T$ folgt. Falls die J_ns und ς nicht verschwinden, folgt mit der gleichen Argumentation aus der Stetigkeit von $\vec{H}_T$ nur die Stetigkeit der Normalkomponente der ganzen rechten Seite von (5.38-2),

$$J_{in} + \frac{\partial}{\partial t} D_{in} - \left(J_{kn} + \frac{\partial}{\partial t} D_{kn} \right) = 0, \tag{6.27}$$

was auch erhalten werden kann, wenn (6.12) nach der Zeit abgeleitet und zu (6.15) addiert wird. Die beiden Formeln (6.12) und (6.15) sind somit nur dann nötig, wenn ς explizit in der Aufgabenstellung vorkommt.

Es ist also möglich, auf der Grenze ∂G_{ik} nur die Grenzbedingungen

$$\vec{E}_{iT} - \vec{E}_{kT} = \vec{0}$$

$$\vec{H}_{iT} - \vec{H}_{kT} = \vec{\alpha} \times \vec{e}_n \quad \Leftrightarrow \quad \vec{e}_n \times (\vec{H}_{iT} - \vec{H}_{kT}) = \vec{\alpha}$$

zu fordern, wobei $\vec{\alpha}$ meistens verschwindet. Dies ist möglich, wenn sichergestellt ist, dass

- ◼ die Maxwell-Gleichungen in beiden Teilgebieten exakt erfüllt sind und

- ◼ die Stetigkeit der Tangentialkomponenten von $\vec{E}$ und $\vec{H}$ für jeden Zeitpunkt garantiert ist sowie

- ◼ kein zeitlich konstanter Anteil vorhanden ist.

---

11 Je drei Komponenten von $\vec{E}$, $\vec{D}$, $\vec{B}$, $\vec{H}$ und $\vec{J}$ sowie ϱ

Auf der Oberfläche idealer Leiter gelten die einfacheren Gleichungen (6.21)–(6.24). Da in diesem Fall $\vec{\alpha}$ und ς in der Regel nicht vorgegeben sind, werden die Gleichungen (6.21), (6.24) und (6.25) zu Bestimmungsgleichungen für diese Größen, und es bleiben nur noch (6.22) und (6.23) übrig. Die Gleichung (6.22), $[B_{in} = 0]$, folgt unter den obigen Voraussetzungen aus $E_{it} = 0$, so dass als einzige Forderung auf idealen Leiteroberflächen das Verschwinden der tangentialen $\vec{E}$-Komponenten übrig bleibt.

6.3.5 Die Grenzbedingungen in numerischen Verfahren

In numerischen Verfahren werden oft die Stetigkeitsbedingungen und/oder die Maxwell-Gleichungen nur näherungsweise, d.h. mit einem gewissen Fehler, erfüllt. Obwohl natürlich immer angestrebt wird, diese Fehler möglichst klein zu halten, muss doch darauf hingewiesen werden, dass in diesem Fall die obigen Voraussetzungen nicht immer genau erfüllt sind. So kann etwa die Stetigkeit der Tangentialkomponenten von $\vec{E}$ und $\vec{H}$ nur näherungsweise erfüllt sein, so dass sich kleine lokale Fehler längs der Grenzen (oder im Laufe der Zeit) zu großen Fehlern in der Stetigkeit der davon abhängigen Normalkomponenten addieren, oder die Maxwell-Gleichungen sind beidseits nur näherungsweise erfüllt, was den gleichen Effekt hat. Es ist daher bei numerischen Anwendungen oft ratsam, (aus „Sicherheitsgründen") *alle nicht als Bestimmungsgleichungen für unbekannte Oberflächenladungen und -ströme wirkenden Stetigkeitsbedingungen* mitzunehmen.

Hat man verschiedene Arten von Fehlern, z.B. jene von $\vec{E}$ *und* jene von $\vec{D}$, zu minimieren, dann müssen die Feldstärken zuerst geeignet normiert werden, so dass beide eine ähnliche Größenordnung aufweisen. Andernfalls werden die numerisch größeren Feldstärken die zahlenmäßig kleineren „überfahren". So ist etwa – bei Verwendung des MKSA-Systems – der Unterschied zwischen $|\vec{E}|$ und $|\vec{D}|$ ungefähr elf Zehnerpotenzen, eine Differenz, die leicht in Rundungsfehlern untergehen kann.

6.3.6 Zusammenfassung der Grenzbedingungen

Im Folgenden sollen nochmals die Formeln für alle Grenz- und Randbedingungen zusammengefasst werden, wobei wir den Fall einer leitfähigen Grenzfolie weglassen und nur den allgemeinen Fall sowie die Oberfläche eines idealen Leiters aufführen. Die Tangentialkomponenten werden als Vektoren geschrieben, um anzudeuten, dass in jedem Grenzpunkt *zwei* unabhängige Gleichungen nötig sind.

Allgemeiner Fall, keine idealen Leiter, keine Grenzfolien.

Normalkomponente bezüglich $\vec{e}_n$ (weist von G_k nach G_i)!

(6.16) $$\vec{E}_{iT} - \vec{E}_{kT} = \vec{0}$$ (6.28-1)

(6.17) $$\vec{H}_{iT} - \vec{H}_{kT} = \vec{0}$$ (6.28-2)

(6.12) $$D_{in} - D_{kn} = \varsigma$$ (6.28-3)

(6.15) $$J_{in} - J_{kn} = -\frac{\partial \varsigma}{\partial t}$$ (6.28-4)

(6.13) $$B_{in} - B_{kn} = 0$$ (6.28-5)

(6.27) $$J_{in} + \frac{\partial}{\partial t} D_{in} - \left(J_{kn} + \frac{\partial}{\partial t} D_{kn} \right) = 0$$ (6.28-6)

(6.28-1), (6.28-2): Notwendig
(6.28-3), (6.28-4): Bestimmungsgleichungen für ς
(6.28-5), (6.28-6): Folgen meist aus (6.28-1), (6.28-2)
(6.28-6): Folgt aus (6.28-3), (6.28-4)

Grenze zum idealen Leiter

($\vec{e}_n$ weist vom idealen Leiter ins i-te Feldgebiet)

(6.23) $$\vec{E}_{iT} = \vec{0}$$ (6.29-1)

(6.25) $$\vec{H}_{iT} = \vec{\alpha} \times \vec{e}_n \Rightarrow \vec{\alpha} = \vec{e}_n \times \vec{H}_{iT}$$ (6.29-2)

(6.21) $$D_{in} = \varsigma$$ (6.29-3)

(6.24) $$J_{in} = -\operatorname{div}_F \vec{\alpha} - \frac{\partial \varsigma}{\partial t}$$ (6.29-4)

(6.22) $$B_{in} = 0$$ (6.29-5)

$$J_{in} + \frac{\partial}{\partial t} D_{in} = -\operatorname{div}_F \vec{\alpha}$$ (6.29-6)

(6.29-1): Notwendig
(6.29-2)–(6.29-4): Bestimmungsgleichungen für ς und $\vec{\alpha}$
(6.29-5): Folgt meist aus (6.29-1)
(6.29-6): Folgt aus (6.29-3), (6.29-4);
        Bestimmungsgleichung für $\operatorname{div}_F \vec{\alpha}$

Die Stetigkeitsbedingungen ersetzen die Maxwell-Gleichungen auf dem Rand. Wir haben sie deshalb hergeleitet, weil Differentialgleichungen mit unstetigen (nicht differenzierbaren) Funktionen mathematisch nur sehr schwierig zu behandeln sind. Die erhaltenen Bedingungen verknüpfen die Feldkomponenten beiderseits der Grenze durch einfache, *algebraische* Gleichungen, deren Lösung (in einem Punkt) kein wesentliches Problem darstellt. Wir machen darauf aufmerksam, dass die Systeme (6.28) und (6.29) mehr Einzelaussagen machen als die Maxwell-Gleichungen allein, denn die nur implizit in den Maxwell-Gleichungen enthaltene Ladungserhaltung ist hier mit (6.28-4) bzw. (6.29-4) explizit aufgeführt. Dafür sind die Systeme redundant.

Nachdem wir das Grenzproblem erledigt haben, bleibt die Lösung der Maxwell-Gleichungen im Innern eines mit homogen, linear, isotropem Material gefüllten Teilgebietes. Dies ist – ohne Berücksichtigung von Randbedingungen – analytisch möglich und soll im nächsten Abschnitt in Angriff genommen werden.

Die eigentliche Schwierigkeit zur Lösung konkreter Probleme liegt in der gleichzeitigen Erfüllung der Maxwell-Gleichungen im Inneren der Feldgebiete *und* der Befriedigung der Rand- bzw. Grenzbedingungen. Demgegenüber ist es relativ leicht, nur einer der beiden Forderungen zu genügen. Wir werden jetzt die zweite Forderung erfüllen.

 ## 6.3.7 Aufgaben

6.3.7.1 Statische Magnetfeldquellen

Gegeben: Die folgende, nur von der kartesischen Koordinate z abhängige „geschichtete" Magnetfeldverteilung im Vakuum (H gegeben):

$$
\begin{array}{c}
z \\
\uparrow \\
x \odot \rightarrow y
\end{array}
$$

$$\vec{H} = \vec{0}$$

$z = a$ ——————————————

$$\rightarrow \vec{H} = H\vec{e}_y$$

$z = 0$ ——————————————

$$\odot\ \vec{H} = H\vec{e}_x$$

$z = -a$ ——————————————

$$\vec{H} = \vec{0}$$

Gesucht: Welche Stromverteilungen gehören zur gegebenen $\vec{H}$-Feldverteilung?

6.3.7.2 $\vec{H}$-Feld eines mit Stahlband umwickelten Drahtes

Gegeben: Ein langer, gerader Draht mit kreisförmigem Querschnitt sei vom Strom I durchflossen. Der Draht ist isoliert und dann mit einem Stahlband helikal umwickelt.

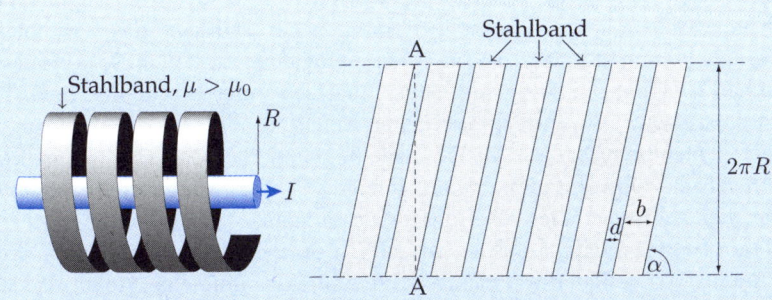

Abwicklung der Stahlbandschicht

Gesucht: Das $\vec{H}$-Feld in der Stahlbandschicht unter den folgenden, vereinfachenden Annahmen:

- Die Stahlbandschicht sei dünn, verglichen mit dem Radius R.

- Die radiale Variation des Feldes innerhalb der Stahlbandschicht sei vernachlässigt.

- Das Feld sei a) im Innern des Stahlbandes und b) in der Lücke zwischen den Windungen „konstant", d.h. in der Abwicklung der Stahlbandschicht (Abbildung rechts) seien beide Felder je homogen. Dies bedeutet, dass die tatsächlichen Feldlinien Helixlinien sind mit Radius R und einer Steigung, die von jener des Stahlbands abweicht.

6.3.7.3 Grenzverhalten von $\vec{J}$- und $\vec{D}$-Feld

Gegeben: Zwei Materialien, M_1 und M_2 (μ_1, ε_1, σ_1 und μ_2, ε_2, σ_2), mit ebener Begrenzungsfläche. In einem kleinen, beschränkten Bereich $V = V_1 \cup V_2$ nahe der Grenze seien alle Feldstärken örtlich konstant, so dass etwa das elektrische Feld in V mit den beiden Vektoren $\vec{E}_1$ und $\vec{E}_2$ beschrieben werden kann. Es sei nur $\vec{E}_1$ bekannt.

Gesucht: Die Felder $\vec{E}_2$, $\vec{D}_1$, $\vec{D}_2$, $\vec{J}_1$ und $\vec{J}_2$, falls

- a M_1 und M_2 zwei verschiedene, ideale Isolatoren sind,

- b M_1 und M_2 zwei verschiedene, reale Leiter sind,

- c M_1 ein realer Isolator und M_2 ein idealer Leiter ist.

6.4 Die Entkopplung der Maxwell-Gleichungen

Die Maxwell-Gleichungen bilden ein System gekoppelter Differentialgleichungen mit insgesamt 16 skalaren, unbekannten Funktionen ($\vec{E}$, $\vec{B}$, $\vec{D}$, $\vec{H}$, $\vec{J}$ und ϱ). Mit Hilfe der Materialgleichungen[12] können z.B. $\vec{B}$, $\vec{D}$ und $\vec{J}$ eliminiert werden, so dass nur noch sieben skalare Feldfunktionen (hier $\vec{E}$, $\vec{H}$ und ϱ) übrig bleiben. Will man das verbleibende System lösen, müssen noch weitere Funktionen eliminiert werden, um irgendwann eine Gleichung mit nur noch einer einzigen unbekannten Funktion zu haben. Dieser Vorgang heißt *Entkopplung* der Maxwell-Gleichungen, und die Methode, um dieses Ziel zu

---

12 Der Fall vorgegebener Stromdichte $\vec{J} = \vec{J}_0$ kann als besondere „Materialgleichung" interpretiert werden. Dasselbe gilt für vorgegebene Raumladungsdichten $\varrho = \varrho_0$.

erreichen, ist dem Auflösungsverfahren algebraischer Gleichungssysteme ganz ähnlich: Man löst eine Gleichung nach einer Unbekannten auf und setzt das Resultat in alle anderen ein. Leider funktioniert dies bei Differentialgleichungen nicht so einfach wie bei algebraischen Gleichungen, weil man beim Einsetzen unter Umständen mehrfach ableiten muss. Lassen wir nur unsere räumlichen Ableitungen grad, rot und div zu, wissen wir aus dem Unterabschnitt 6.1.2, Gleichungen (6.2) und (6.3), dass bestimmte zweifache Anwendungen der Differentialoperatoren immer auf eine Null führen, was einerseits eine Hilfe, anderseits aber auch ein Hindernis sein kann.

Es gibt nun auch doppelte, nur mit grad, rot und div gebildete Ableitungen[13], die nicht auf null führen. Wir wollen diese nicht verschwindenden doppelten Ableitungen zuerst allgemein studieren und dann den Entkopplungsprozess der Maxwell-Gleichungen durchführen. Am Schluss dieses Abschnittes werden wir dann die daraus resultierenden Gleichungen zweiter Ordnung – es handelt sich um Wellengleichungen – lösen.

6.4.1 Zweifache Ableitungen: der Laplace-Operator

Neben den verschwindenden Kombinationen rot grad und div rot gibt es offenbar nur drei weitere Möglichkeiten, unsere Differentialoperatoren miteinander zu verbinden, nämlich div grad, rot rot und grad div. Weil diese eine große Bedeutung haben, werden die folgenden Abkürzungen eingeführt:

$$\Delta s := \operatorname{div} \operatorname{grad} s, \tag{6.30}$$

$$\Delta \vec{v} := \operatorname{grad} \operatorname{div} \vec{v} - \operatorname{rot} \operatorname{rot} \vec{v}. \tag{6.31}$$

Der Operator Δ heißt *Laplace-Operator* und ist unterschiedlich definiert, wenn er auf einen Vektor $\vec{v}$ oder auf einen Skalar s wirkt.

Aus physikalischer Sicht ist interessant, dass der Laplace-Operator Größen gleicher Dimension verknüpft: Δs ist selber wieder ein Skalar und $\Delta \vec{v}$ ist wieder ein Vektor. Dies wird je nach Term mit dem „Umweg" über einen Vektor bzw. einen Skalar erreicht. Der „Schönheitsfehler" des Minuszeichens beim rot rot-Term erklärt sich weiter unten bei der Darstellung in kartesischen Koordinaten.

Für konkrete Rechnungen nützen die schematischen Darstellungen wenig. Man geht dann, wie bei den einfachen Differentialoperatoren (vgl. Unterabschnitt 5.2.2), zu den Koordinatendarstellungen über, was nichts anderes heißt, als die Gleichungen (5.28)–(5.36) in die Definitionen (6.30) bzw. (6.31) einzusetzen. Führt man dies durch, findet man für den skalaren Laplace-Operator die folgenden Koordinatendarstellungen. Kartesische Koordinaten x, y, z:

$$\Delta s = \frac{\partial^2 s}{\partial x^2} + \frac{\partial^2 s}{\partial y^2} + \frac{\partial^2 s}{\partial z^2}. \tag{6.32}$$

---

13 Andere räumliche Ableitungen lassen wir nicht zu, um die physikalisch eine Einheit bildenden Vektoren nicht auseinander zu reißen.

Zylinderkoordinaten ρ, ϕ, z:

$$\Delta s = \frac{\partial^2 s}{\partial \rho^2} + \frac{1}{\rho}\frac{\partial s}{\partial \rho} + \frac{1}{\rho^2}\frac{\partial^2 s}{\partial \phi^2} + \frac{\partial^2 s}{\partial z^2}. \tag{6.33}$$

Kugelkoordinaten θ, ϕ, r:

$$\Delta s = \frac{1}{r^2}\frac{\partial^2 s}{\partial \theta^2} + \frac{1}{r^2}\cot\theta\frac{\partial s}{\partial \theta} + \frac{1}{r^2\sin^2\theta}\frac{\partial^2 s}{\partial \phi^2} + \frac{\partial^2 s}{\partial r^2} + \frac{2}{r}\frac{\partial s}{\partial r}. \tag{6.34}$$

Der Laplace-Operator eines Vektorfeldes $\vec{v}$ ist nur dann einigermaßen einfach darzustellen, wenn $\vec{v}$ in *kartesischen Komponenten* gegeben ist, d.h. wenn für $\vec{v}$ gilt (wegen dieser Schreibweise der Vektoren vgl. auch Anhang B):

$$\vec{v} = v_x\vec{e}_x + v_y\vec{e}_y + v_z\vec{e}_z, \tag{6.35}$$

wobei v_x, v_y und v_z die kartesischen Komponenten von $\vec{v}$ sind und $\vec{e}_x$, $\vec{e}_y$ und $\vec{e}_z$ die Einheitsvektoren in die Koordinatenrichtungen bedeuten. In diesem Fall kann der vektorielle Laplace-Operator mit Hilfe des auf die Komponenten wirkenden skalaren Laplace-Operators dargestellt werden:

$$\Delta\vec{v} = (\Delta v_x)\vec{e}_x + (\Delta v_y)\vec{e}_y + (\Delta v_z)\vec{e}_z, \tag{6.36}$$

wobei auf der rechten Seite (und nur dort!) für Δ irgendeiner der Ausdrücke (6.32), (6.33) oder (6.34) eingesetzt werden kann.

Ist das Vektorfeld $\vec{v}$ in Zylinder- oder in Kugelkoordinaten gegeben, d.h.

$$\vec{v} = v_\rho\vec{e}_\rho + v_\phi\vec{e}_\phi + v_z\vec{e}_z \quad \text{bzw.} \quad \vec{v} = v_\theta\vec{e}_\theta + v_\phi\vec{e}_\phi + v_r\vec{e}_r, \tag{6.37}$$

wird alles viel komplizierter, weil dann die Einheitsvektoren $\vec{e}_\rho$, $\vec{e}_\phi$, $\vec{e}_\theta$ und $\vec{e}_r$ örtlich nicht mehr konstant sind. Infolgedessen ergibt die Differentiation wegen der Produktregel zusätzliche Terme. Wir verzichten hier darauf, die Gleichungen (5.31)–(5.36) in die Definition (6.31) einzusetzen, und wollen uns wieder der Entkopplung der Maxwell-Gleichungen zuwenden.

6.4.2 Die homogene Wellengleichung

Um das Fuder nicht zu überladen, betrachten wir die Maxwell-Gleichungen zuerst im quellenfreien Vakuum, wo $\vec{J}$ und ϱ verschwinden und $\vec{B}$ mit $\vec{H}$ sowie $\vec{D}$ mit $\vec{E}$ über einfache Proportionalitäten zusammenhängen, d.h. es gilt (5.1). Wenn wir nur $\vec{E}$ und $\vec{H}$ benützen, ergibt sich:

$$\begin{aligned}
\operatorname{rot}\vec{E} &= -\mu_0\frac{\partial\vec{H}}{\partial t} \quad \Rightarrow \quad \operatorname{div}\frac{\partial\vec{H}}{\partial t} = 0 \\
\operatorname{rot}\vec{H} &= \varepsilon_0\frac{\partial\vec{E}}{\partial t} \quad \Rightarrow \quad \operatorname{div}\frac{\partial\vec{E}}{\partial t} = 0 \\
\operatorname{div}\vec{E} &= 0 \\
\operatorname{div}\vec{H} &= 0
\end{aligned} \tag{6.38}$$

Man erkennt erstens die große Symmetrie – $\vec{E}$ und $\vec{H}$ sind fast vertauschbar – und zweitens die relative Unwichtigkeit der beiden letzten Gleichungen – bis auf die zeitliche Ableitung folgen diese bereits aus den ersten beiden. Weiter ist zu bemerken, dass sowohl die Rotation als auch die Divergenz von $\vec{E}$ und $\vec{H}$ definiert sind.

Aus dem System (6.38) kann man leicht eine der Feldgrößen eliminieren. Wir wenden auf die erste Gleichung den Operator rot und auf die zweite den Operator $-\mu_0 \frac{\partial}{\partial t}$ an. Dann ergibt sich nach ein paar zulässigen[14] Vertauschungen der Differentiationen

$$\text{rot rot } \vec{E} = -\mu_0 \, \text{rot} \frac{\partial \vec{H}}{\partial t}, \qquad -\mu_0 \, \text{rot} \frac{\partial \vec{H}}{\partial t} = -\mu_0 \varepsilon_0 \frac{\partial^2 \vec{E}}{\partial t^2}. \tag{6.39}$$

Mit Blick auf die Definition des Laplace-Operators, (6.31), und wegen div $\vec{E} = 0$ gilt nun

$$\Delta \vec{E} = \mu_0 \varepsilon_0 \frac{\partial^2}{\partial t^2} \vec{E}, \tag{6.40}$$

eine Gleichung, die die magnetische Feldstärke $\vec{H}$ nicht mehr enthält.

„Multipliziert" man die erste Gleichung (6.38) mit $\varepsilon_0 \frac{\partial}{\partial t}$ und wendet rot auf die zweite an, folgt

$$\text{rot rot } \vec{H} = \varepsilon_0 \, \text{rot} \frac{\partial \vec{E}}{\partial t}, \qquad \varepsilon_0 \, \text{rot} \frac{\partial \vec{E}}{\partial t} = -\mu_0 \varepsilon_0 \frac{\partial^2 \vec{H}}{\partial t^2} \tag{6.41}$$

und daraus für $\vec{H}$ eine identische Gleichung wie für $\vec{E}$:

$$\Delta \vec{H} = \mu_0 \varepsilon_0 \frac{\partial^2}{\partial t^2} \vec{H}. \tag{6.42}$$

Es handelt sich um die (vektorielle) *Wellengleichung*. Sie verknüpft drei Feldkomponenten untereinander. Mit Hilfe von (6.36) kann aber leicht eine skalare Gleichung für jede *kartesische* Komponente von $\vec{E}$ bzw. $\vec{H}$ angegeben werden. Schreiben wir etwa $\Delta \vec{E}$ in der Wellengleichung (6.40) in der Form (6.36) und multiplizieren das Ganze skalar mit $\vec{e}_x$, dann fallen die y- und z-Komponenten auf beiden Seiten weg, und es bleibt eine skalare Wellengleichung für die x-Komponente E_x von $\vec{E}$:

$$\Delta E_x - \mu_0 \varepsilon_0 \frac{\partial^2}{\partial t^2} E_x = 0, \tag{6.43}$$

wobei Δ hier der skalare Laplace-Operator ist. Analog können für alle kartesischen Komponenten von $\vec{E}$ und von $\vec{H}$ identische Gleichungen hergeleitet werden. Es ist daher sinnvoll, die Lösung der homogenen, skalaren Wellengleichung allgemein anzugehen.

6.4.3 Die Lösung der homogenen skalaren Wellengleichung

Das Finden von allgemeinen Lösungen der Gleichung (6.43) ist mathematisches Handwerk. Da es sich um eine *partielle* Differentialgleichung handelt, hat (6.43) eine Fülle von Lösungen, die hinterher auf physikalische Relevanz geprüft werden müssen. Das Lösungsverfahren ist ähnlich wie jenes bei gewöhnlichen Differentialgleichungen: Gesamtlösung = partikuläre Lösung der inhomogenen Gleichung + allgemeine Lösung der homogenen Gleichung. Weil es sich hier um eine *homogene* Gleichung handelt (es gibt keinen Term, wo die unbekannte Funktion E_x nicht vorkommt), können wir uns auf die Ermittlung der allgemeinen Lösung beschränken.

Wir wollen also die allgemeine Lösung der Gleichung

$$\left(\Delta - \mu_0 \varepsilon_0 \frac{\partial^2}{\partial t^2} \right) f(\vec{r}, t) = 0 \tag{6.44}$$

---

14 Wir setzen nur voraus, dass die Feldgrößen keine Singularitäten aufweisen.

finden, wobei die verkürzte Schreibweise des *Wellenoperators* in der runden Klammer so zu verstehen ist, dass alle Ableitungen auf die Funktion f nach der Klammer wirken, d.h.: $\left(\Delta - \mu_0\varepsilon_0 \frac{\partial^2}{\partial t^2}\right)f := \Delta f - \mu_0\varepsilon_0 \frac{\partial^2 f}{\partial t^2}$. Zur Lösung machen wir für f den *Separationsansatz*[15]

$$f(x, y, z, t) = X(x) \cdot Y(y) \cdot Z(z) \cdot T(t), \tag{6.45}$$

d.h. wir nehmen an, die Lösung könne als Produkt von Funktionen geschrieben werden, die nur von je einer Variablen abhängen.[16] Es ist eine schwierige mathematische Aufgabe, herauszufinden, ob damit alle Lösungen gefunden werden können. Wir werden hinterher feststellen, dass für unsere Zwecke hinreichend viele Lösungen herauskommen.

Setzen wir nun den Ansatz (6.45) in (6.44) ein und schreiben den Laplace-Operator mit (6.32) in kartesischen Koordinaten, folgt

$$\left(\frac{\partial^2}{\partial x^2} + \frac{\partial^2}{\partial y^2} + \frac{\partial^2}{\partial z^2} - \mu_0\varepsilon_0 \frac{\partial^2}{\partial t^2}\right)X \cdot Y \cdot Z \cdot T =$$
$$X'' \cdot Y \cdot Z \cdot T + X \cdot Y'' \cdot Z \cdot T + X \cdot Y \cdot Z'' \cdot T - \mu_0\varepsilon_0 X \cdot Y \cdot Z \cdot T'' = 0. \tag{6.46}$$

Dabei bedeuten die beiden Striche ($''$) eine zweifache Ableitung nach dem jeweiligen Argument. Eine Division von (6.46) durch $f = X \cdot Y \cdot Z \cdot T$ liefert

$$\underbrace{\frac{X''}{X}}_{K_x} + \underbrace{\frac{Y''}{Y}}_{K_y} + \underbrace{\frac{Z''}{Z}}_{K_z} - \mu_0\varepsilon_0 \underbrace{\frac{T''}{T}}_{K_t} = 0. \tag{6.47}$$

Da jeder Summand nur von einer Variablen abhängt, muss jeder für sich konstant sein, denn die Summe darf ihren Wert nicht ändern, wenn nur eine der vier unabhängigen Variablen variiert wird. Diese Erkenntnis liefert vier formal gleiche, gewöhnliche Differentialgleichungen,

$$\frac{X''}{X} = K_x, \qquad \frac{Y''}{Y} = K_y, \qquad \frac{Z''}{Z} = K_z, \qquad \frac{T''}{T} = K_t, \tag{6.48}$$

wobei die Nebenbedingung

$$K_x + K_y + K_z - \mu_0\varepsilon_0 K_t = 0 \tag{6.49}$$

berücksichtigt werden muss. Die vier Gleichungen (6.48) sind formal identische Differentialgleichungen. Daher genügt es offenbar, nur eine von ihnen zu lösen. Wir nehmen etwa die dritte und schreiben sie in der bekannten Form,

$$Z''(z) - K_z Z(z) = 0. \tag{6.50}$$

Die Lösung dieser homogenen, harmonischen Differentialgleichung lautet

$$Z(z) = A_z \cos k_z z + B_z \sin k_z z \qquad \text{mit } k_z := \pm\sqrt{-K_z}. \tag{6.51}$$

Es ergibt sich offenbar nur dann eine reelle Lösung, wenn die Konstante K_z *nicht* positiv ist. Der gleichen Einschränkung sind auch die übrigen Konstanten K_x, K_y und K_t unterworfen, was die Nebenbedingung (6.49) grundsätzlich zulässt.

---

15 Auch *Produktansatz* genannt.

16 Man beachte, dass der Separationsansatz an ein (in unserem Falle kartesisches) *Koordinatensystem* gebunden ist.

Aus mathematischer Sicht ist diese Einschränkung nicht nötig. Es genügt vielmehr, nur die Reellwertigkeit der Funktion f zu verlangen. Dies bedeutet, dass zunächst eine komplexe Lösung $\tilde{f}$ gesucht werden kann, deren Realteil, $\Re\tilde{f}$, und Imaginärteil, $\Im\tilde{f}$, je separat der *reellen* Wellengleichung genügen. Bei der Suche nach $\tilde{f}$ kann man natürlich zulassen, dass die einzelnen Faktoren X, Y, Z und T (und auch die Konstanten $A_x \ldots$) komplexwertig sind.

Somit schreiben wir (6.51) in komplexer Form mit Exponentialfunktionen:

$$\tilde{Z}(z) = C_z^+ e^{jk_z z} + C_z^- e^{-jk_z z} \quad \text{mit } C_z^{\pm} = \tfrac{1}{2}(A_z \mp jB_z). \tag{6.52}$$

Bildet man nun das Produkt (6.45), ergibt sich eine Summe, wobei alle Terme die gleiche Form haben. Einer dieser Terme lautet etwa

$$Ce^{j(\omega t - k_x x - k_y y - k_z z)} = Ce^{j(\omega t - \vec{k}\cdot\vec{r})}. \tag{6.53}$$

Dabei haben wir das Produkt der Konstanten $C_x^- C_y^- C_z^- C_t^+$ zu einer einzigen Konstanten C zusammengefasst, bei k_x, k_y und k_z nur noch das negative Vorzeichen mitgenommen und zur Beschreibung der Zeitabhängigkeit die neue Konstante (die so genannte *Kreisfrequenz*)

$$\omega := \pm\sqrt{-K_t} \tag{6.54}$$

eingeführt. Die Festlegung eines einzigen Vorzeichens bei ω und den k_x-, k_y- und k_z-Termen bedeutet keine Einschränkung der Allgemeinheit, denn k_x, k_y, k_z und ω sind im Allgemeinen komplexe Zahlen mit beliebigem Vorzeichen. Die getroffene Wahl der Vorzeichen wird später die Diskussion der Lösung erleichtern. Ganz rechts in (6.53) haben wir die Konstanten k_x, k_y und k_z zum so genannten *Wellenvektor* $\vec{k}$ und die kartesischen Koordinaten x, y und z zum Ortsvektor $\vec{r}$ zusammengefasst und können damit die Ortsabhängigkeit in einem einzigen Term schreiben. Im Folgenden soll nur noch ein einziger Term der Form (6.53) betrachtet werden, obwohl die vollständige allgemeine Lösung eine Superposition von unendlich vielen Termen der gleichen Form ist und nur die Zahlen k_x, k_y, k_z und ω verschieden sind.

Eine Lösung f der homogenen Wellengleichung hat die Form[17]

$$f(\vec{r}, t) = \Re\left(Ce^{j(\omega t - \vec{k}\cdot\vec{r})}\right), \tag{6.55}$$

wobei C, $\vec{k}$ und ω komplexwertig sein dürfen. Die Größen $\vec{k}$ und ω sind wegen (6.49) durch die Nebenbedingung

$$\vec{k}\cdot\vec{k} = \omega^2 \mu_0 \varepsilon_0 =: k_0^2 \tag{6.56}$$

miteinander verknüpft.

Zur Diskussion der Lösung (6.55) nehmen wir an, alle Komponenten von $\vec{k}$ sowie ω und C seien reell und positiv. Dann weist $\vec{k}$ in eine eindeutige Richtung, und wir können das Koordinatensystem so drehen, dass $\vec{k} = k_0 \vec{e}_z$ in die z-Richtung weist. Es ist dann

$$f(\vec{r}, t) = \Re\left(Ce^{j(\omega t - \vec{k}\cdot\vec{r})}\right) = \Re\left(Ce^{j(\omega t - k_0 z)}\right) = C\cos(\omega t - k_0 z) \tag{6.57}$$

---

17   Wir könnten ebenso gut den Imaginärteil nehmen, was bei allgemein komplexwertigem C aber nichts Neues bringt.

nur noch von z und t abhängig. Dies ist eine cos-Welle, die sich mit der Geschwindigkeit

$$v = \frac{\omega}{k_0} \tag{6.58}$$

in positiver z-Richtung bewegt. Somit gibt die Richtung des Wellenvektors $\vec{k}$ die Ausbreitungsrichtung der Welle an und dessen Betrag bestimmt zusammen mit ω die Ausbreitungsgeschwindigkeit. Diese Interpretation legitimiert die Wahl der Vorzeichen in (6.53). Wegen (6.56) gilt

$$v = \frac{1}{\sqrt{\mu_0 \varepsilon_0}} = c = \text{Lichtgeschwindigkeit.} \tag{6.59}$$

Dies bedeutet, dass sich alle Lösungen der Form (6.55) im Vakuum mit der gleichen Geschwindigkeit c ausbreiten. Weil die Lösung (6.57) sich nur in einer Richtung ändert, heißt sie (skalare) *Ebene Welle*.

6.4.4 Die Herleitung von Maxwell-Lösungen aus den Lösungen der skalaren Wellengleichung

Die im vorigen Unterabschnitt allgemein gelöste, skalare Wellengleichung (6.44) wurde aus den Maxwell-Gleichungen abgeleitet. Wir hatten gezeigt, dass jede kartesische Komponente von $\vec{E}$ und auch von $\vec{H}$ einer formal identischen Gleichung unterworfen ist, der Wellengleichung. Es wäre nun aber voreilig, anzunehmen, dass damit auch die Maxwell-Gleichungen insgesamt gelöst seien, etwa, indem für jede Feldkomponente ein Term der Form (6.55) angesetzt wird. Wegen der Maxwell-Gleichungen sind die einzelnen Komponenten voneinander abhängig, und diese Abhängigkeiten wollen wir jetzt studieren.

Zwar ist z.B. eine Lösung der Wellengleichung für E_x automatisch auch Teil einer Lösung der Maxwell-Gleichungen. Aber es ist keine *vollständige* Lösung, weil die übrigen Komponenten von $\vec{E}$ und alle Komponenten von $\vec{H}$ fehlen. Um zu einer „Maxwell-Lösung" zu gelangen, muss die zuerst durchgeführte Entkopplung wieder rückgängig gemacht werden, was wir jetzt mit Hilfe der Maxwell-Gleichungen (6.38) machen wollen. Ausgehend von (6.55) beginnen wir etwa mit dem Ansatz

$$E_x(\vec{r}, t) = \Re\left(E_{x0} e^{j(\omega t - \vec{k}\cdot\vec{r})}\right). \tag{6.60}$$

Wenn wir dies in die Maxwell-Gleichungen einsetzen, ist zu beachten, dass Realteilbildung und Differentiation nach $\vec{r}$ und t vertauscht werden können. Als Erstes kann wegen der ersten Maxwell-Gleichung [rot $\vec{E} = -\mu_0 \frac{\partial}{\partial t} \vec{H}$][18] sofort geschlossen werden, dass H_y und H_z beide den gleichen Faktor $e^{j(\omega t - \vec{k}\cdot\vec{r})}$ mit dem gleichen Wellenvektor $\vec{k}$ und der gleichen Kreisfrequenz ω enthalten müssen. Mit der zweiten Maxwell-Gleichung [rot $\vec{H} = \varepsilon_0 \frac{\partial}{\partial t} \vec{E}$] folgt dann unmittelbar, dass *alle* Komponenten von $\vec{E}$ und in der Folge auch *alle* Komponenten von $\vec{H}$ den gleichen Faktor enthalten. Es sei betont: Die Komponenten könnten noch weitere Terme enthalten. Im Sinne größtmöglicher Einfachheit probieren wir den Ansatz

$$\vec{E} = \Re\left(\vec{E}_0 e^{j(\omega t - \vec{k}\cdot\vec{r})}\right), \qquad \vec{H} = \Re\left(\vec{H}_0 e^{j(\omega t - \vec{k}\cdot\vec{r})}\right). \tag{6.61}$$

---

18 Man beachte die Koordinatendarstellung (5.29) der Rotation.

Die vektoriellen, komplexen Amplituden $\vec{E}_0$ und $\vec{H}_0$ sind mit Hilfe der Maxwell-Gleichungen noch zu bestimmen.

Da die Orts- und Zeitabhängigkeit im Ansatz (6.61) nur im Exponentialterm ist, können sämtliche in den Maxwell-Gleichungen vorkommenden Differentiationen ausgeführt werden.

Mit den Koordinatendarstellungen (5.29) und (5.30) ergeben sich die einfachen Beziehungen

$$\text{rot}\,\vec{E} = -j\vec{k} \times \vec{E}, \qquad \text{rot}\,\vec{H} = -j\vec{k} \times \vec{H}, \qquad (6.62\text{-}1)$$

$$\text{div}\,\vec{E} = -j\vec{k} \cdot \vec{E}, \qquad \text{div}\,\vec{H} = -j\vec{k} \cdot \vec{H}, \qquad (6.62\text{-}2)$$

$$\frac{\partial}{\partial t}\vec{E} = j\omega\vec{E}, \qquad \frac{\partial}{\partial t}\vec{H} = j\omega\vec{H}, \qquad (6.62\text{-}3)$$

wobei wir die Realteilzeichen auf beiden Seiten weggelassen haben. Dies bedeutet, dass sich für unsere speziellen Lösungen (6.61) – und nur für diese – die Maxwell-Gleichungen als einfache *algebraische* Gleichungen präsentieren:

$$\vec{k} \times \vec{E}_0 = \omega\mu_0\vec{H}_0, \qquad (6.63\text{-}1)$$

$$\vec{k} \times \vec{H}_0 = -\omega\varepsilon_0\vec{E}_0, \qquad (6.63\text{-}2)$$

$$\vec{k} \cdot \vec{E}_0 = 0, \qquad (6.63\text{-}3)$$

$$\vec{k} \cdot \vec{H}_0 = 0. \qquad (6.63\text{-}4)$$

Der gemeinsame Faktor $-je^{j(\omega t - \vec{k}\cdot\vec{r})}$ wurde gekürzt. Somit sind in diesen vereinfachten Maxwell-Gleichungen nur noch die im Allgemeinen komplexen Amplituden $\vec{E}_0$ und $\vec{H}_0$, der Wellenvektor $\vec{k}$, die Kreisfrequenz ω und die Materialparameter enthalten. Offenbar gibt es, wenn $\vec{k}$ reell ist, Lösungen der Form (6.61) mit reellen Feldamplituden. Weil die Diskussion mit komplexen Vektoren wenig anschaulich ist,[19] wollen wir nur eine reelle Lösung diskutieren.

Aus der geometrischen Interpretation von Kreuz- und Skalarprodukt folgt, dass $\vec{E}_0$, $\vec{H}_0$ und $\vec{k}$ senkrecht aufeinander stehen und dass die Beträge $|\vec{E}_0|$ und $|\vec{H}_0|$ zueinander proportional sind: Aus (6.28-1) und (6.28-2) folgt nämlich

$$|\vec{k}| \cdot |\vec{E}_0| = \omega\mu_0|\vec{H}_0|,$$

$$|\vec{k}| \cdot |\vec{H}_0| = \omega\varepsilon_0|\vec{E}_0| \qquad (6.64)$$

und daraus

$$\frac{|\vec{E}_0|}{|\vec{H}_0|} = \sqrt{\frac{\mu_0}{\varepsilon_0}} =: Z_{w0}, \qquad (6.65)$$

wobei Z_{w0} *Wellenwiderstand* des Vakuums oder auch *Wellenimpedanz* des Vakuums genannt wird. Weiter folgt aus (6.64) nochmals die Bedingung

$$(6.56) \qquad |\vec{k}|^2 = \omega^2\mu_0\varepsilon_0 = k_0^2. \qquad (6.66)$$

In unserem Spezialfall liefern die Gleichungen (6.63–3) und (6.63–4) nichts Neues, stehen aber auch nicht im Gegensatz zu den ersten zwei Gleichungen. Dies bestätigt

---

19 Die Richtung eines komplexen Vektors $\vec{u}$ ist unklar, wenn $\Re\vec{u}$ und $\Im\vec{u}$ in verschiedene Richtungen weisen.

frühere Bemerkungen, wonach im quellenfreien Fall die Maxwell'schen Divergenzrelationen nur in der Statik zusätzliche Informationen liefern (vgl. Unterabschnitt 6.1.2).

Man beachte, dass in unserem Fall wegen $\Re\left(e^{j(\omega t - \vec{k}\cdot\vec{r})}\right) = \cos(\omega t - \vec{k}\cdot\vec{r})$ die gemachten Aussagen nicht nur für die Feldamplituden, sondern auch für die orts- und zeitabhängigen Feldwerte gelten.

Das elektromagnetische Feld

$$\vec{E}(\vec{r},t) = \Re\left(\vec{E}_0\, e^{j(\omega t - \vec{k}\cdot\vec{r})}\right), \qquad \vec{H}(\vec{r},t) = \Re\left(\vec{H}_0\, e^{j(\omega t - \vec{k}\cdot\vec{r})}\right)$$

mit den Bedingungen

$$\vec{H}_0 = \frac{1}{\omega\mu_0}\left(\vec{k}\times\vec{E}_0\right), \qquad \vec{E}_0\cdot\vec{k} = 0, \qquad \vec{k}\cdot\vec{k} = \omega^2\mu_0\varepsilon_0 = k_0^2$$

genügt im Vakuum den Maxwell-Gleichungen und heißt *(linear polarisierte, harmonische) Ebene Welle*. Eine Ebene Welle ist somit (bei gegebener Kreisfrequenz ω) durch die Angabe der Richtung des Wellenvektors $\vec{k}$ – er beschreibt die Ausbreitungsrichtung der Ebenen Welle – und der senkrecht auf $\vec{k}$ stehenden (vektoriellen!) Amplitude $\vec{E}_0$ von $\vec{E}$ eindeutig gegeben. Die Komponenten von $\vec{k}$ werden Wellenzahlen in x-, y- und z-Richtung genannt, während die Zahl $k_0 = \omega\sqrt{\mu_0\varepsilon_0}$ Wellenzahl des Vakuums heißt.

Die Diskussion des Gleichungssystems (6.63) wird etwas aufwändiger, wenn $\vec{k}$ komplex ist und die Richtungen von $\Re\vec{k}$ und $\Im\vec{k}$ *nicht* übereinstimmen. Wir verzichten auf weitergehende Ausführungen und merken nur an, dass die Ebene Welle in diesem Fall *evaneszent* heißt.

Zum Schluss noch eine Bemerkung zur Vollständigkeit der gefundenen Lösungen: Die Ebene Welle (6.61) ist eine speziell ausgewählte Lösung der homogenen Maxwell-Gleichungen, welche a) durch die Wahl des kartesischen Koordinatensystems und b) durch die Wahl des Verfahrens mit Produktansatz zustande kam. Sie hat mehrere Freiheitsgrade, nämlich die Richtungen von $\vec{k}$ und $\vec{E}_0$ sowie den Betrag von $\vec{E}_0$ und die Kreisfrequenz ω. Ohne Beweis sei der Satz zitiert, wonach jedes elektromagnetische Feld, welches im endlichen Volumen V den homogenen (= quellenfreien) Maxwell-Gleichungen genügt, in V durch eine geeignete Überlagerung von Ebenen Wellen dargestellt werden kann. Mit einem Ansatz von hinreichend vielen, in unterschiedliche Richtungen laufenden und unterschiedlich polarisierten[20] Ebenen Wellen kann somit immer eine Näherung für das elektromagnetische Feld im Volumen V gefunden werden.

Damit ist die allgemeine Lösung der homogenen (= quellenfreien) Maxwell-Gleichungen im homogenen (= mit einem einzigen Material gefüllten) Raum formal erledigt. Im nächsten Unterabschnitt wollen wir uns mit dem Einfluss der Quellen befassen.

6.4.5 Die inhomogene Wellengleichung

Zu Beginn des Unterabschnitts 6.4.2 haben wir die Feldquellen, d.h. die Stromdichte $\vec{J}$ und die Ladungsdichte ϱ, explizit null gesetzt und uns damit auf den quellenfreien Fall

---

20 Unter der Polarisationsrichtung einer Ebenen Welle versteht man die Richtung von $\vec{E}_0$, die immer senkrecht auf $\vec{k}$ steht.

beschränkt. Es gibt nun zwei grundsätzlich verschiedene Fälle, wo diese Voraussetzung nicht mehr zutrifft:

- Im leitfähigen Medium, wo etwa das Ohm'sche Gesetz, $\vec{J} = \sigma \vec{E}$, gilt. Hier ist jedes elektrische Feld $\vec{E}$ immer auch von einem Strömungsfeld $\vec{J}$ begleitet. Man kann in diesem Fall in der zweiten Maxwell-Gleichung, (6.11–2), die Stromdichte $\vec{J}$ mit dem Ohm'schen Gesetz eliminieren und erhält, wenn auch noch die Materialgleichung $\vec{D} = \varepsilon \vec{E}$ gilt, die – im Vergleich mit der zweiten Zeile von (6.38) – kompliziertere Gleichung

$$\operatorname{rot} \vec{H} = \sigma \vec{E} + \varepsilon \frac{\partial \vec{E}}{\partial t}. \tag{6.67}$$

  Die Herleitung einer modifizierten Wellengleichung ist dann in ähnlicher Weise möglich, wie dies bereits in Unterabschnitt 6.4.2 gezeigt wurde. Der einzige Unterschied ist der, dass neben der zweiten zeitlichen Ableitung zusätzlich ein Term mit der ersten zeitlichen Ableitung erscheint. Wir wollen an dieser Stelle nicht weiter darauf eingehen und verweisen auf später (vgl. Unterabschnitt 7.1.4), wo wir diesen Fall (bei harmonischer Zeitabhängigkeit) besonders elegant erledigen können.

- Wenn die Stromdichte $\vec{J} = \vec{J_0}$ und die Ladungsdichte $\varrho = \varrho_0$ explizite vorgegeben sind. Dies ist insbesondere bei Aufgabenstellungen, welche die Feld*erzeugung* betreffen, der Fall. Es geht dann nicht darum, diese so genannt *eingeprägten* Quellen zu berechnen – sie sind ja vorgegeben –, sondern darum, ihren Einfluss auf die Felder in ihrer Umgebung zu bestimmen.

Wir wollen uns in diesem Unterabschnitt nur mit dem zweiten Fall beschäftigen und schreiben zu diesem Zweck die Maxwell-Gleichungen noch einmal auf. Dabei beschränken wir uns auf linear, homogen isotropes Material. Wir nehmen also an, $\vec{J_0}$ und ϱ_0 seien in einem Medium eingeprägt, welches den ganzen Raum ausfüllt und im Übrigen mit den Materialkonstanten μ und ε beschrieben werden kann ($\sigma = 0$!).[21] Dann gilt statt (6.38)

$$\operatorname{rot} \vec{E} = -\mu \frac{\partial \vec{H}}{\partial t} \quad \Rightarrow \quad \operatorname{div} \left(\frac{\partial \vec{H}}{\partial t} \right) = 0$$

$$\operatorname{rot} \vec{H} = \vec{J_0} + \varepsilon \frac{\partial \vec{E}}{\partial t} \quad \Rightarrow \quad \operatorname{div} \left(\vec{J_0} + \varepsilon \frac{\partial \vec{E}}{\partial t} \right) = 0$$

$$\operatorname{div} \vec{E} = \frac{\varrho_0}{\varepsilon}$$

$$\operatorname{div} \vec{H} = 0 \tag{6.68}$$

Nach „Multiplikation" der dritten Zeile mit $\varepsilon \frac{\partial}{\partial t}$ und Subtraktion von der zweiten folgt sofort die Ladungserhaltung

$$\operatorname{div} \vec{J_0} = -\frac{\partial \varrho_0}{\partial t}. \tag{6.69}$$

Somit dürfen Ladungs- und Stromdichte *nicht* unabhängig voneinander vorgegeben werden, sondern ϱ_0 ist – bis auf eine statische Ladungsdichte – bereits durch die Vorgabe von $\vec{J_0}$ festgelegt.

---

21 Diese Vorgabe ist physikalisch beinahe widersprüchlich: Wie sollen Ströme fließen, wenn keine Leitfähigkeit vorhanden ist? Gemeint ist, dass am Ort der vorgegebenen Quellen – und nur dort – die Materialgleichungen *nicht* gelten, dass aber trotzdem die Felder genau so sind, wie wenn homogenes Material vorhanden wäre. In diesem Sinne handelt es sich um ein abstraktes Modell, das nicht allen physikalischen Realitäten gerecht wird, im Hinblick auf die gesuchten Feldgrößen außerhalb der Quellen jedoch exakt ist.

Zur Herleitung einer Wellengleichung für $\vec{E}$ gehen wir gleich vor wie früher und wenden auf die erste Gleichung in (6.68) den Operator rot, auf die zweite den Operator $-\mu\frac{\partial}{\partial t}$ an und finden

$$\text{rot}\,\text{rot}\,\vec{E} = -\mu\,\text{rot}\,\frac{\partial\vec{H}}{\partial t}, \qquad -\mu\,\text{rot}\,\frac{\partial\vec{H}}{\partial t} = -\mu\frac{\partial\vec{J_0}}{\partial t} - \mu\varepsilon\frac{\partial^2\vec{E}}{\partial t^2}. \tag{6.70}$$

Damit kann $\vec{H}$ eliminiert werden. Weil die Divergenz von $\vec{E}$ hier nicht verschwindet, aber immerhin durch die dritte Gleichung in (6.68) gegeben ist, können wir wiederum den Laplace-Operator $\Delta = \text{grad}\,\text{div} - \text{rot}\,\text{rot}$ einführen und erhalten schließlich:

$$\Delta\vec{E} - \mu\varepsilon\frac{\partial^2\vec{E}}{\partial t^2} = \mu\frac{\partial\vec{J_0}}{\partial t} + \frac{1}{\varepsilon}\text{grad}\,\varrho_0. \tag{6.71}$$

Links erscheint wieder der bekannte Wellenoperator, der hier auf den Vektor $\vec{E}$ wirkt, während rechts nicht null, sondern ein komplizierterer, aber *bekannter* und von $\vec{E}$ unabhängiger Ausdruck steht. Es handelt sich somit um eine *inhomogene* Wellenglei-chung für die elektrische Feldstärke $\vec{E}$, und die Inhomogenität der Gleichung enthält die vorgegebenen Strom- und Ladungsdichten.

Um auch für $\vec{H}$ eine Gleichung zu finden, „multiplizieren" wir die erste Gleichung von (6.68) mit $\varepsilon\frac{\partial}{\partial t}$ und wenden auf die zweite die Rotation an. Es folgt nach einer geeigneten Vertauschung

$$\text{rot}\,\text{rot}\,\vec{H} = \text{rot}\,\vec{J_0} + \varepsilon\,\text{rot}\,\frac{\partial\vec{E}}{\partial t}, \qquad \varepsilon\,\text{rot}\,\frac{\partial\vec{E}}{\partial t} = -\mu\varepsilon\frac{\partial^2\vec{H}}{\partial t^2}. \tag{6.72}$$

Damit kann nun $\vec{E}$ eliminiert werden. Weil $\text{div}\,\vec{H}$ verschwindet, ergibt sich hier sogar noch etwas einfacher die mit (6.71) eng verwandte Gleichung

$$\Delta\vec{H} - \mu\varepsilon\frac{\partial^2\vec{H}}{\partial t^2} = -\text{rot}\,\vec{J_0}, \tag{6.73}$$

wo rechts wiederum eine berechenbare Funktion steht, welche die unbekannte Funktion $\vec{H}$ nicht enthält.

6.4.6 Die Lösung der inhomogenen Wellengleichung

Die Differentialgleichungen für $\vec{E}$, (6.71), und $\vec{H}$, (6.73), sehen formal gleich aus. Da es sich um inhomogene, lineare Gleichungen handelt, setzt sich die vollständige Lösung aus zwei Anteilen zusammen, einer

- allgemeinen Lösung der homogenen Gleichung, die bereits in den Unterabschnitten 6.4.3 und 6.4.4 behandelt wurde, sowie einer

- partikulären Lösung der inhomogenen Gleichung.

In diesem Unterabschnitt befassen wir uns mit der partikulären Lösung. In einem ersten Schritt kann die vektorielle Gleichung ohne Beschränkung der Allgemeinheit durch Aufspaltung in ihre *kartesischen* Komponenten in eine skalare Gleichung verwandelt werden:

$$\left(\Delta - \mu\varepsilon\frac{\partial^2}{\partial t^2}\right)f = g, \tag{6.74}$$

wobei f für eine kartesische Komponente von $\vec{E}$ bzw. $\vec{H}$ steht und g die entsprechende *bekannte* Komponente auf der rechten Seite von (6.71) bzw. (6.73) bedeutet.

Selbst die skalare Gleichung (6.74) ist noch zu kompliziert, um ihr die Lösung direkt anzusehen, denn die Funktion g auf der rechten Seite kann beliebig kompliziert sein. Die Idee zur Lösung ist von der physikalischen Interpretation motiviert: Weil g als Ursache (Quelle) der Funktion f aufgefasst wird, kann man die Ursache in kleine („punktförmige") Teilquellen zerlegen und zuerst den Einfluss jeder Punktquelle separat studieren. Kennt man den Einfluss einer einzigen Punktquelle, kann hinterher der Einfluss der beliebigen Quellenverteilung g als Superposition der Einflüsse von geeignet verteilten Punktquellen erhalten werden. Anstelle von (6.74) wird also zuerst die Gleichung

$$\left(\Delta - \mu\varepsilon \frac{\partial^2}{\partial t^2} \right) G(\vec{r}, \vec{r}', t) = \delta(\vec{r} - \vec{r}')g(\vec{r}', t) \tag{6.75}$$

mit der speziellen Inhomogenität $\delta(\vec{r} - \vec{r}')g(\vec{r}', t)$ und der zugehörigen speziellen Lösung $G(\vec{r}, \vec{r}', t)$ betrachtet. Dabei ist $\delta(\vec{r} - \vec{r}')$ die *Dirac'sche Deltadistribution*, welche als Grenzfall einer Funktion von $\vec{r}$ definiert werden kann, die innerhalb einer kleinen Kugel K (Radius $R_0(\to 0)$, Volumen $V_0 = \frac{4}{3}\pi R_0^3$) mit Mittelpunkt $\vec{r}'$ den Wert $1/V_0(\to \infty)$ hat und außerhalb von K verschwindet, d.h. δ ist null, wenn der *Betrag* des Arguments größer ist als $R_0(\to 0)$. Die noch zu findende Funktion $G(\vec{r}, \vec{r}', t)$ beschreibt den Einfluss der am Ort $\vec{r}'$ befindlichen Punktquelle im ganzen Raum, d.h. für alle Punkte $\vec{r}$.

Wenn wir die so genannte *Green'sche Funktion* G gefunden haben, können wir die Lösung f als Superposition (Integral) von Green'schen Funktionen darstellen:

$$f(\vec{r}, t) = \iiint\limits_{V'} G(\vec{r}, \vec{r}', t)\, dV', \tag{6.76}$$

wobei die Volumenintegration über den ganzen Raum V' erstreckt werden muss. Raumteile mit verschwindenden Quellen ($g(\vec{r}', t) = 0$) können natürlich weggelassen werden, weil die zugehörige Green'sche Funktion ebenfalls verschwindet: Die triviale Funktion $G = 0$ erfüllt in diesem Fall (6.75).

Somit geht es nur noch darum, die Lösung der speziellen Gleichung (6.75) zu finden. Dies ist kein einfaches Unterfangen! Wir wollen zuerst die räumlichen Eigenschaften angeben, welche die gesuchte Funktion G haben muss, und dabei die physikalische Interpretation im Auge behalten.

- G soll eine möglichst einfache Form haben, ist somit *kugelsymmetrisch* bezüglich des Quellpunkts $\vec{r}'$.

- Die Werte von G sind mit zunehmender Distanz von der Quelle abnehmend, denn die punktförmige Quelle hat vor allem in ihrer unmittelbaren Umgebung eine Wirkung.

Die erste Eigenschaft besagt, dass G in der Form

$$G(\vec{r}, \vec{r}', t) = G(R, t) \qquad R := |\vec{r} - \vec{r}'| \tag{6.77}$$

dargestellt werden kann. Führen wir ein spezielles, für jedes $\vec{r}'$ unterschiedliches Kugelkoordinatensystem um den Punkt $\vec{r}'$ mit den Koordinaten R, θ und ϕ ein, kann der Laplace-Operator mit (6.34) vereinfacht werden, weil wegen der Symmetrie von G alle Ableitungen nach θ und nach ϕ wegfallen. Man erhält statt (6.75)

$$\left(\frac{\partial^2}{\partial R^2} + \frac{2}{R} - \mu\varepsilon \frac{\partial^2}{\partial t^2}\right) G(R,t) = {}^3\delta(R)\tilde{g}(t), \tag{6.78}$$

wobei[22] die Funktion $\tilde{g}(t)$ nur noch die Zeitvariation bei $\vec{r}'$ (d.h. im Nullpunkt des neuen Koordinatensystems) beschreibt. Natürlich gilt $\tilde{g}(t) = g(\vec{r}', t)$. (6.78) ist eine partielle Differentialgleichung mit nur noch zwei unabhängigen Variablen, R und t. Solange $R \neq 0$ ist, verschwindet die rechte Seite dieser Gleichung, und der Ansatz von d'Alembert:

$$G(R,t) = \frac{h(t \pm \sqrt{\mu\varepsilon}R)}{R} \qquad R > R_0 \to 0 \tag{6.79}$$

mit der beliebigen (hinreichend oft differenzierbaren) Funktion h führt zum Ziel, was für $R \neq 0$ durch Einsetzen in (6.78) leicht bestätigt werden kann (vgl. Übungsaufgabe 6.4.7.3).

Im Punkt $R = 0$ ist der Ansatz (6.79) singulär und kann daher *nicht* in (6.78) eingesetzt werden. Indem wir den zur Deltadistribution gehörigen Grenzübergang ($R_0 \to 0$) noch nicht durchführen, d.h. vorerst mit einem endlichen Radius R_0 rechnen, und die Differentialgleichung (6.78) über das Volumen V_0 integrieren, können wir die unbekannte Funktion h bestimmen. Der Verlauf von G ist im Innern der Kugel K nicht bekannt. Wir können jedoch einige plausible Annahmen treffen:

- ■ G sei auch im Innern von K kugelsymmetrisch und glatt.

- ■ G sei auf der Kugeloberfläche stetig.

- ■ G übertrifft im Innern von K den Wert auf der Kugeloberfläche nicht zu stark. Gemeint ist, dass das Integral $\iiint_K G\, dV$ bei kleiner werdender Kugel endlich bleibt, wenn der Wert auf der Kugeloberfläche $G(R_0, t)$ dem Ansatz (6.79) entnommen wird.

Dann gilt:

$$\iiint_K \left(\frac{\partial^2}{\partial R^2} + \frac{2}{R} - \mu\varepsilon \frac{\partial^2}{\partial t^2}\right) G(R,t)\, dV =$$
$$4\pi \int_0^{R_0} \left(\frac{\partial^2 G}{\partial R^2} + \frac{2}{R}\frac{\partial G}{\partial R}\right) R^2\, dR - 4\pi\mu\varepsilon \int_0^{R_0} \frac{\partial^2 G}{\partial t^2} R^2\, dR. \tag{6.80}$$

Das erste Integral nach dem Gleichheitszeichen kann ausgeführt werden: Mit

$$\frac{\partial^2 G}{\partial R^2} + \frac{2}{R}\frac{\partial G}{\partial R} \equiv \frac{1}{R^2}\left(R^2 \frac{\partial G}{\partial R}\right) \tag{6.81}$$

folgt nämlich

$$4\pi \int_0^{R_0} \left(\frac{\partial^2 G}{\partial R^2} + \frac{2}{R}\frac{\partial G}{\partial R}\right) R^2\, dR = 4\pi \int_0^{R_0} \left(R^2 \frac{\partial G}{\partial R}\right) dR = 4\pi R_0^2 \left.\frac{\partial G}{\partial R}\right|_{R=R_0}, \tag{6.82}$$

---

22 Das Symbol ${}^3\delta$ bezeichnet die Dirac'sche Deltafunktion in einem räumlichen Sinn, d.h. das Volumenintegral $= \iiint_V {}^3\delta(R)\, dV$ hat nach Definition den Wert eins, wenn $R = 0$ in V liegt. Obwohl ${}^3\delta$ anschaulich identisch ist mit δ in Gleichung (6.75), modifizieren wir das Symbol, denn das Argument ist im einen Fall ein Vektor, im anderen ein Skalar.

wobei der Anteil an der unteren Grenze deshalb weggelassen werden kann, weil $\frac{\partial G}{\partial R}$ an der Stelle $R = 0$ aus Symmetriegründen verschwindet.

Das zweite Integral in (6.80) fällt weg, wenn der Grenzübergang $R_0 \to 0$ durchgeführt wird, weil G (und damit auch seine zeitlichen Ableitungen, denn das Zeitverhalten ist durch $\tilde{g}(t)$ in der *ganzen* Kugel gegeben) nur wie $\frac{1}{R_0}$ anwächst. Jetzt kann der Ansatz (6.79) in den Ausdruck ganz rechts in (6.82) eingesetzt werden und man erhält, wenn wir auch die (triviale) Integration der rechten Seite von (6.78) durchführen:

$$4\pi \lim_{R_0 \to 0} R_0^2 \frac{h(t \pm \sqrt{\mu\varepsilon}R)}{R}\bigg|_{R=R_0}$$

$$= 4\pi \lim_{R_0 \to 0/} \left(\pm / \sqrt{\mu\varepsilon} R_0 h'(t \pm \sqrt{\mu\varepsilon}R_0) - h(t \pm \sqrt{\mu\varepsilon}R_0) \right)$$

$$= -4(t) = \tilde{g}(t) \underbrace{\iiint_K {}^3\delta(R)\, dV}_{=1}, \tag{6.83}$$

und daher

$$h = -\frac{\tilde{g}}{4\pi}. \tag{6.84}$$

Die gesuchte Funktion G lautet somit, wenn wir die Substitutionen $R = |\vec{r} - \vec{r}'|$ und $\tilde{g}(t) = g(\vec{r}', t)$ wieder rückgängig machen:

$$G(\vec{r}, \vec{r}', t) = -\frac{g(\vec{r}', t \pm \sqrt{\mu\varepsilon}|\vec{r} - \vec{r}'|)}{4\pi|\vec{r} - \vec{r}'|}. \tag{6.85}$$

Das Pluszeichen im zweiten Argument von g kann als unphysikalisch weggelassen werden, weil die Ursache $g(\vec{r}', t)$ zu keinem Zeitpunkt $t_- < t$ eine durch G beschriebene Wirkung haben kann. (Dieses Kausalitätspostulat muss streng genommen als zusätzliche Annahme gesehen werden. Weitergehende Ausführungen dazu findet man auch in Anhang E.)

Damit kann eine physikalisch interessante partikuläre Lösung der Wellengleichung (6.74) gemäß (6.76) folgendermaßen geschrieben werden:

$$f(\vec{r}, t) = -\frac{1}{4\pi} \iiint_{V'} \frac{g(\vec{r}', t - \sqrt{\mu\varepsilon}|\vec{r} - \vec{r}'|)}{|\vec{r} - \vec{r}'|}\, dV'. \tag{6.86}$$

Die Vervollständigung zur vektoriellen Lösung einer Gleichung vom Typ (6.71) bzw. (6.73) ist kein Problem: Man erhält etwa

$$\vec{H}(\vec{r}, t) = \frac{1}{4\pi} \iiint\limits_{V'} \frac{\mathrm{rot}' \, \vec{J}_0(\vec{r}', t')|_{t'=t-\sqrt{\mu\varepsilon}|\vec{r}-\vec{r}'|}}{|\vec{r} - \vec{r}'|} \, dV', \tag{6.87}$$

$$\vec{E}(\vec{r}, t) = \frac{-1}{4\pi\varepsilon} \iiint\limits_{V'} \frac{[\mu\varepsilon \frac{\partial t'}{\partial} J_0(\vec{r}', t') + \mathrm{grad}' \, \varrho_0(\vec{r}', t')]|_{t'=t-\sqrt{\mu\varepsilon}|\vec{r}-\vec{r}'|}}{|\vec{r} - \vec{r}'|} \, dV'. \tag{6.88}$$

Bei gegebenen Quellen $\vec{J}_0(\vec{r}', t')$ und $\varrho_0(\vec{r}', t')$ kann somit mit Hilfe der obigen Formeln sowohl das elektrische als auch das magnetische Feld ermittelt werden. Es ist zu beachten, dass diese Gleichungen nur in homogenem, nicht leitfähigem Material ($\sigma = 0$) gültig sind.

Ein wesentlicher Nachteil der Formeln (6.87) und (6.88) ist, dass die gegebenen Quellen-verteilungen zuerst differenziert werden müssen. Dies bedeutet, dass $\vec{J}_0$ und ϱ_0 differenzierbar sein müssen, was bei den – in der Praxis häufigen – scharf begrenzten Stromverteilungen nicht zutrifft. Tatsächlich ist es möglich, die Reihenfolge von Differentiation und Integration in (6.87) und (6.88) zu vertauschen und damit den erwähnten Nachteil zu vermeiden. Diese Vertauschung bedeutet aber einen erheblichen analytischen Rechenaufwand, weshalb wir an dieser Stelle darauf verzichten wollen. Es gibt nämlich noch einen anderen Weg zur Lösung der Maxwell-Gleichungen, welcher gleich zu Beginn eine Art Integration durchführt. Diesem Vorgehen wollen wir uns im nächsten Abschnitt zuwenden.

6.4.7 Aufgaben

6.4.7.1 Diskussion der Ebenen Welle

Gegeben: Die folgende Lösung der Maxwell-Gleichungen im durch μ und ε beschriebenen, homogen, linear, isotropen, nicht leitenden Medium ($\sigma = 0$):

$$\vec{E}(\vec{r}, t) = \vec{E}_0 \cos(\omega t - \vec{k} \cdot \vec{r}); \quad \vec{H}(\vec{r}, t) = \vec{H}_0 \cos(\omega t - \vec{k} \cdot \vec{r}); \quad \vec{H}_0 = \frac{1}{\omega\mu}(\vec{k} \times \vec{E}_0),$$

wobei $\vec{E}_0$ und $\vec{k}$ reelle, orts- und zeitunabhängige Vektoren sind, die senkrecht aufeinander stehen. ω sei reell.

Gesucht:

 Man zeige mit Hilfe der Maxwell-Gleichungen, dass für das Quadrat der Länge k des Vektors $\vec{k}$ gilt:

$$k^2 = \omega^2 \mu\varepsilon$$

b Man zeige, dass es unter den gegebenen Voraussetzungen immer möglich ist, das (kartesische) Koordinatensystem so zu drehen, dass $\vec{E}(\vec{r}, t) = E(\vec{r}, t)\vec{e}_y$ und $\vec{H}(\vec{r}, t) = H(\vec{r}, t)\vec{e}_x$. Welche Richtung hat dann $\vec{k}$?

6.4.7.2 Maxwell-Lösung im isolierenden Medium

Gegeben: Der ganze Raum sei mit einem homogen, linear, isotrop, nicht leitenden Medium gefüllt.

Gesucht: Ist das Feld

$$\vec{E}(\vec{r}, t) = \vec{E}_0 \cos(\omega t - \vec{k} \cdot \vec{r}); \qquad \vec{H}(\vec{r}, t) = \vec{H}_0 \sin(\omega t - \vec{k} \cdot \vec{r})$$

eine mögliche Lösung der Maxwell-Gleichungen, wenn die Größen $\vec{E}_0$, $\vec{H}_0$, $\vec{k}$ und ω geeignet gewählt werden?
($\vec{E}_0$, $\vec{H}_0$ und $\vec{k}$ seien reell, orts- und zeitunabhängig; ω sei reell.)

6.4.7.3 Green'sche Funktion als homogene Lösung im „gelochten" Raum

Gegeben: Die Gleichung (6.78).

Gesucht: Man zeige, dass (6.79) Lösung von (6.78) ist, solange $R > 0$.

6.4.7.4 Inhomogene skalare Wellengleichung

Gegeben: Der Zeitverlauf der Stärke zweier punktförmiger Quellen an den Orten $\vec{r}_1$ bzw. $\vec{r}_2$ sei durch die Funktionen

$$T_1(t) = \begin{cases} \text{falls } 0 \leq t \leq \tau \\ 0 \text{ sonst} \end{cases}$$

und $T_2(t) = -T_1(t)$ gegeben. Die Wirkung $w(\vec{r}, t)$ dieser Quellen wird durch die Wellengleichung

$$\left(\Delta - \frac{1}{v^2} \frac{\partial^2}{\partial t^2} \right) w(\vec{r}, t) = \delta(|\vec{r} - \vec{r}_1|) T_1(t) + \delta(|\vec{r} - \vec{r}_2|) T_2(t)$$

beschrieben, wobei v eine gegebene Geschwindigkeit ist.

Gesucht:

a   Die Wirkung $w_1(\vec{r}, t)$ einer einzigen Quelle (Formel und qualitative Beschreibung).

b   Die Wirkung $w(\vec{r}, t)$. Gibt es Orte $\vec{r}_0$, wo $w(\vec{r}_0, t) \equiv 0$?

6.4.7.5 Inhomogene vektorielle Wellengleichung für Maxwell-Felder

Gegeben: Die folgende, nur in einem Kreiszylinder mit Radius R und Länge $L \gg R$ während der Zeitdauer $t = 0 \dots T$ nicht verschwindende, rotationssymmetrische Stromdichteverteilung:

$$\vec{J}(\rho, z, t) = \begin{cases} J_0 \vec{e}_z \cdot \cos^2\left(\frac{\pi \rho}{2R}\right) \cdot \sin^2\left(\frac{\pi z}{L}\right) \cdot \sin^2\left(\frac{\pi t}{T}\right) & \text{im Zylinder} \begin{array}{l} \rho \leq R; \\ 0 \leq z \leq L; \\ 0 \leq t \leq T \end{array} \\ \vec{0} & \text{sonst} \end{cases}$$

ρ und z sind Zylinderkoordinaten, und die Amplitude J_0 ist gegeben.

Gesucht:

a Die Ladungsverteilung $\varrho(\vec{r}, t)$ unter der Bedingung, dass ϱ für $t \leq 0$ verschwindet.

b Das $\vec{E}$-Feld der obigen Quellenverteilung (Formel und qualitative Beschreibung).

c Das $\vec{H}$-Feld der obigen Quellenverteilung (Formel und qualitative Beschreibung).

6.5 Die Potentiale des elektromagnetischen Feldes

Die Maxwell-Gleichungen enthalten 16 unbekannte skalare Feldfunktionen, von denen sechs bzw. neun mit Hilfe der beiden Materialgleichungen $\vec{D} = \varepsilon\vec{E}$ und $\vec{B} = \mu\vec{H}$ und je nachdem auch $\vec{J} = \sigma\vec{E}$ auf algebraische Weise eliminiert werden können. Wir wollen jetzt zeigen, dass es möglich ist, geeignete *Hilfsfunktionen* so einzuführen, dass

■ alle Feldfunktionen aus diesen Hilfsfunktionen abgeleitet werden können und

■ die Anzahl der Hilfsfunktionen *kleiner* ist als die Anzahl der Feldfunktionen.

Man nennt diese vektoriellen und/oder skalaren Hilfsfunktionen *Potentiale*. In gewissen Fällen haben die Potentiale eine klare physikalische Bedeutung.

6.5.1 Die Einführung der Potentiale

Wir benützen die bereits in Unterabschnitt 6.1.2 eingeführten Identitäten (6.3) [div rot $\equiv 0$] und (6.2) [rot grad $\equiv \vec{0}$]. Im Unterschied zu früher, wo wir durch zusätzliche Ableitungen einzelne Terme elegant zum Verschwinden bringen konnten, gehen wir jetzt den umgekehrten Weg: Falls die Divergenz oder die Rotation einer Größe verschwindet, postulieren wir, dass diese Größe als geeignete Ableitung einer anderen, neu eingeführten Größe geschrieben werden kann, und nennen diese ein *Potential* der ersten. In Formeln:

$$\text{Falls} \quad \left.\begin{array}{l} \text{rot}\,\vec{v} = \vec{0} \\ \text{div}\,\vec{w} = 0 \end{array}\right\} \quad \Rightarrow \quad \left.\begin{array}{l} \vec{v} = \text{grad}\,s \\ \vec{w} = \text{rot}\,\vec{a} \end{array}\right\} \tag{6.89}$$

Die Größe s heißt Skalarpotential von $\vec{v}$, und $\vec{a}$ ist ein Vektorpotential von $\vec{w}$.

Wir wollen den Prozess der Einführung von Potentialen am Beispiel der ersten und letzten Maxwell-Gleichung (6.4) demonstrieren, arbeiten also mit $\vec{B}$ und $\vec{E}$, und betrachten das reduzierte System

$$\text{rot}\,\vec{E} = -\frac{\partial \vec{B}}{\partial t} \quad \underset{\underset{\text{div rot} \equiv 0}{\uparrow}}{\Rightarrow} \quad \text{div}\,\frac{\partial \vec{B}}{\partial t} = 0$$

$$\text{div}\,\vec{B} = 0 \tag{6.90}$$

In der ersten Zeile steht ganz rechts eine Null. Somit hat $\frac{\partial \vec{B}}{\partial t}$ ein Vektorpotential $\vec{X}$, kann also in der Form $\frac{\partial \vec{B}}{\partial t} = \text{rot}\,\vec{X}$ dargestellt werden. Das ist in diesem Fall keine neue Erkenntnis, weil genau dies bereits da steht ($\vec{X} = -\vec{E}$). Man sieht, dass die Einführung eines Potentials nur dann etwas bringt, wenn die Null in der Gleichung nicht bereits durch „Vorwärtsanwendung" der eingangs erwähnten Identität erhalten wurde. Trotzdem kann man argumentieren, dass die elektrische Feldstärke $\vec{E}$ die Rolle eines Potentials der zeitlichen Ableitung von $\vec{B}$ spielt.

Die zweite Zeile von (6.90) ist jedoch eine Gleichung der verlangten Form. Man schreibt

$$\text{div}\,\vec{B} = 0 \quad \underset{\substack{\uparrow \\ \text{div rot}\equiv 0}}{\Rightarrow} \quad \vec{B} = \text{rot}\,\vec{A} \tag{6.91}$$

und nennt $\vec{A}$ *magnetisches Vektorpotential* von $\vec{B}$. Mit seiner Einführung ist noch keine Vereinfachung im Sinne von weniger Variablen erreicht, denn $\vec{A}$ hat wie $\vec{B}$ auch drei Komponenten. Wenn wir jetzt aber die letzte Gleichung in (6.91) nach der Zeit t ableiten und zur ersten Gleichung von (6.90) addieren, erhalten wir nach einer Vertauschung der Differentiationsreihenfolge

$$\text{rot}\left(\vec{E} + \frac{\partial \vec{A}}{\partial t}\right) = \vec{0} \quad \underset{\substack{\uparrow \\ \text{rot grad}\equiv 0}}{\Rightarrow} \quad \vec{E} + \frac{\partial \vec{A}}{\partial t} = -\,\text{grad}\,\varphi \tag{6.92}$$

mit dem *elektrischen Skalarpotential* φ. (Das Minuszeichen ist unwesentlich, aber üblich!)

Die Felder $\vec{E}$ und $\vec{B}$ (sechs Komponenten) können eindeutig aus den Potentialen $\vec{A}$ und φ (vier Komponenten) abgeleitet werden:

$$\vec{E} = -\,\text{grad}\,\varphi - \frac{\partial \vec{A}}{\partial t}, \tag{6.93}$$

$$\vec{B} = \text{rot}\,\vec{A}. \tag{6.94}$$

Aus (6.93) kann man eine gewisse Rechtfertigung für das Minuszeichen in (6.92) herauslesen: Die Potentialterme haben alle das gleiche (negative) Vorzeichen.

Die Einführung der beiden Potentiale $\vec{A}$ und φ ist ein üblicher Ansatz zur Lösung der Maxwell-Gleichungen. Insbesondere sei darauf hingewiesen, dass (6.93) im statischen Fall in die Gleichung (1.28)[23] des Unterabschnitts 1.4.3 übergeht, wenn wir gleichzeitig die Definition des Gradienten, (5.27), beachten. Schon dort konnten wir das Potential als *Integral* über die elektrische Feldstärke darstellen. Umgekehrt ist nun $\vec{E}$ die Ableitung des Potentials φ.

Mit dem Skalarpotential φ ist es gelungen, die Zahl der unbekannten Funktionen um zwei zu reduzieren, denn es genügt offenbar die Kenntnis von $\vec{A}$ und φ, um mittels (6.93) und (6.94) die Feldgrößen $\vec{E}$ und $\vec{B}$ zu ermitteln. Allerdings müssen noch Bestimmungsgleichungen für die Potentiale gefunden werden. Bevor wir diese angeben, wollen wir noch einige allgemeine Überlegungen zu den Potentialen anstellen.

6.5.2 Die Eichung der Potentiale

Betrachtet man die Potentiale $\vec{A}$ und φ – wie in der Elektrotechnik allgemein üblich – als mathematische Hilfsgrößen und spricht nur den Feldern $\vec{E}$, $\vec{B}$ etc. eine physikalische Realität zu[24], sind die Potentiale *nicht* eindeutig bestimmt. Da in (6.93) und (6.94) nur *Ableitungen* der Potentiale enthalten sind, kann man zu $\vec{A}$ und zu φ sicher eine

---

23 Der gleiche Zusammenhang steht auch in der Zusammenstellung in Unterabschnitt 5.1.2 als Gleichung (5.2-1).

24 Ob dies „in Wirklichkeit" so ist, müssen die theoretischen Physiker und die Philosophen entscheiden!

Konstante addieren. Das Vektorpotential enthält aber noch mehr Freiheitsgrade. Ohne Beweis zitieren wir das *Theorem von Helmholtz*, wonach ein Vektorfeld $\vec{v}$ im homogenen, unbegrenzten Raum dann eindeutig bestimmt ist, wenn sowohl rot $\vec{v}$ als auch div $\vec{v}$ im ganzen Raum vorgegeben sind und überdies verlangt wird, dass $\vec{v}$ im Unendlichen verschwindet. Wir haben bisher nur rot $\vec{A} = \vec{B}$ vorgegeben und können über die Divergenz frei verfügen, was wir zu gegebener Zeit auch tun werden. Man nennt die Wahl der Divergenz von $\vec{A}$ dessen *Eichung*.

Eine andere Wahl der Divergenz von $\vec{A}$ führt natürlich auf ein anderes Vektorpotential $\vec{A}'$, wobei aber sowohl für $\vec{A}$ wie für $\vec{A}'$ die Gleichung (6.94) gelten muss. Somit gilt dann auch

$$\mathrm{rot}\,(\vec{A} - \vec{A}') = \vec{0} \quad \underset{\substack{\uparrow \\ \text{rot grad} \equiv 0}}{\Rightarrow} \quad \vec{A} - \vec{A}' = \mathrm{grad}\,\psi, \tag{6.95}$$

d.h. zwei verschiedene Vektorpotentiale unterscheiden sich um den Gradienten einer beliebigen skalaren Funktion ψ. Aus der Einführung des Skalarpotentials φ in (6.92) ist ersichtlich, dass bei verändertem Vektorpotential auch ein anderes Skalarpotential φ' herauskommt. Da (6.93) sowohl für $(\vec{A}, \varphi)$ als auch für $(\vec{A}', \varphi')$ gültig sein muss, folgt

$$\mathrm{grad}\,\varphi + \frac{\partial \vec{A}}{\partial t} = \mathrm{grad}\,\varphi' + \frac{\partial}{\partial t} \underbrace{(\vec{A} - \mathrm{grad}\,\psi)}_{=\vec{A}'} \Rightarrow \varphi' = \varphi + \frac{\partial \psi}{\partial t}. \tag{6.96}$$

In der letzten Beziehung ganz rechts könnte eine Konstante dazugezählt werden, die aber nicht weiter interessiert, weil das Skalarpotential ohnehin nur bis auf eine Konstante bestimmt ist. Der Übergang von einem Potential $(\vec{A}, \varphi)$ zu einem anderen Potential $(\vec{A}', \varphi')$ mittels (6.95) und (6.96) heißt *Eichtransformation*.

Nach diesen allgemeinen Überlegungen zu Realität und Eindeutigkeit der Potentiale wollen wir uns nun dem Auffinden der Bestimmungsgleichungen für die Potentiale zuwenden. Wir werden zeigen, dass nicht nur die Feldstärken, sondern auch die Potentiale $\vec{A}$ und φ Wellengleichungen genügen.

6.5.3 Die Wellengleichungen für die Potentiale

Zur Herleitung der Wellengleichungen für die Potentiale $\vec{A}$ und φ gehen wir ähnlich vor wie früher: Wir schreiben alle Gleichungen hin und versuchen diesmal, statt $\vec{E}$ bzw. $\vec{H}$ die Potentiale $\vec{A}$ und φ zu isolieren. Wie zu Beginn von Unterabschnitt 6.4.5 ausgeführt, gilt es auch hier zwei Fälle zu unterscheiden. Entweder gilt die dritte Materialgleichung $\vec{J} = \sigma \vec{E}$, und $\vec{J}$ kann damit aus den Maxwell-Gleichungen eliminiert werden, oder die Stromdichte $\vec{J} = \vec{J}_0$ ist vorgegeben. Wir wollen uns in diesem Unterabschnitt nur mit dem zweiten Fall bekannter Quellen beschäftigen und verweisen für den ersten Fall auf den Unterabschnitt 7.1.4.

Die Maxwell-Gleichungen, ergänzt mit den Potentialen und den Beziehungen (6.92), lauten unter Berücksichtigung der Materialgleichungen $\vec{H} = \frac{1}{\mu}\vec{B}$ sowie $\vec{D} = \varepsilon\vec{E}$:

$$-\operatorname{grad}\varphi = \vec{E} + \frac{\partial\vec{A}}{\partial t} \quad \Rightarrow \quad \operatorname{rot}\left(\vec{E} + \frac{\partial\vec{A}}{\partial t}\right) = \vec{0}$$

$$\operatorname{rot}\vec{E} = -\frac{\partial\vec{B}}{\partial t} \quad \Rightarrow \quad \operatorname{div}\left(\frac{\partial\vec{B}}{\partial t}\right) = 0$$

$$\operatorname{rot}\left(\frac{1}{\mu}\vec{B}\right) = \vec{J}_0 + \varepsilon\frac{\partial\vec{E}}{\partial t} \quad \Rightarrow \quad \operatorname{div}\left(\vec{J}_0 + \varepsilon\frac{\partial\vec{E}}{\partial t}\right) = 0$$

$$\operatorname{div}\vec{E} = \frac{\varrho_0}{\varepsilon}$$

$$\operatorname{div}\vec{B} = 0 \quad \Rightarrow \quad \operatorname{rot}\vec{A} = \vec{B} \tag{6.97}$$

Es geht zunächst darum, die Felder $\vec{E}$ und $\vec{B}$ wegzukriegen. Wir addieren auf beiden Seiten der vierten Gleichung den Term $\operatorname{div}\frac{\partial\vec{A}}{\partial t}$ und finden zusammen mit der ersten Zeile das Paar

$$-\operatorname{grad}\phi = \vec{E} + \frac{\partial\vec{A}}{\partial t}, \qquad \operatorname{div}\left(\vec{E} + \frac{\partial\vec{A}}{\partial t}\right) = \frac{\varrho_0}{\varepsilon} + \operatorname{div}\frac{\partial\vec{A}}{\partial t}. \tag{6.98}$$

Dies führt mit der Definition des skalaren Laplace-Operators $[\Delta s = \operatorname{div}\operatorname{grad} s$ (6.30)] zu

$$\Delta\varphi = -\frac{\varrho_0}{\varepsilon} - \operatorname{div}\frac{\partial\vec{A}}{\partial t}. \tag{6.99}$$

Wir lassen diese Gleichung vorläufig stehen und wenden uns dem Vektorpotential $\vec{A}$ zu. Die dritte Zeile von (6.97) wird mit μ multipliziert, und $\vec{E}$ wird dort mit Hilfe der ersten Zeile durch die Potentiale ersetzt. Es ergibt sich zusammen mit der fünften Zeile von (6.97) das Paar

$$\operatorname{rot}\vec{A} = \vec{B}, \qquad \operatorname{rot}\vec{B} = \mu\vec{J}_0 - \mu\varepsilon\frac{\partial}{\partial t}\operatorname{grad}\varphi - \mu\varepsilon\frac{\partial^2\vec{A}}{\partial t^2}. \tag{6.100}$$

Mit der Definition des vektoriellen Laplace-Operators $[\Delta\vec{v} = \operatorname{grad}\operatorname{div}\vec{v} - \operatorname{rot}\operatorname{rot}\vec{v}$ (6.31)] erhalten wir schließlich

$$\Delta\vec{A} = \operatorname{grad}\operatorname{div}\vec{A} - \mu\vec{J}_0 + \mu\varepsilon\frac{\partial}{\partial t}\operatorname{grad}\varphi + \mu\varepsilon\frac{\partial^2\vec{A}}{\partial t^2}, \tag{6.101}$$

was nach einer geeigneten Vertauschung der Reihenfolge der Differentiationen zur Wellengleichung

$$\Delta\vec{A} - \mu\varepsilon\frac{\partial^2\vec{A}}{\partial t^2} = -\mu\vec{J}_0 + \operatorname{grad}\left(\operatorname{div}\vec{A} + \mu\varepsilon\frac{\partial\varphi}{\partial t}\right) \tag{6.102}$$

umgeordnet werden kann. Jetzt ist der geeignete Zeitpunkt gekommen, um die noch immer unbekannte Divergenz von $\vec{A}$ zu wählen. Wir nützen die Wahlfreiheit zur Vereinfachung von (6.102) und setzen

$$\operatorname{div}\vec{A} = -\mu\varepsilon\frac{\partial\varphi}{\partial t}. \tag{6.103}$$

Diese Wahl heißt *Lorentz-Eichung*. Sie vereinfacht nicht nur (6.102), sondern auch (6.99): Es ergibt sich jetzt nämlich auch für das Skalarpotential φ eine (skalare) inhomogene Wellengleichung,

$$\left(\Delta - \mu\varepsilon\frac{\partial^2}{\partial t^2}\right)\varphi = -\frac{\varrho_0}{\varepsilon}, \tag{6.104}$$

während das Vektorpotential $\vec{A}$ der Gleichung

$$\left(\Delta - \mu\varepsilon\frac{\partial^2}{\partial t^2}\right)\vec{A} = -\mu\vec{J}_0 \tag{6.105}$$

gehorcht.

Die Lösung dieser beiden Gleichungen wurde in allgemeiner Form bereits durchgeführt, in Unterabschnitt 6.4.3 für die homogene Gleichung und in Unterabschnitt 6.4.6 für die inhomogene Gleichung.

Die allgemeine Lösung der homogenen Gleichungen kann mit Ebenen Wellen der Form (6.55) bzw. seinem vektoriellen Pendant dargestellt werden. Wie für die einzelnen Komponenten der Feldstärken (vgl. Unterabschnitt 6.4.4) gilt auch hier, dass ein Paar $(\vec{A}, \varphi)$ als Ganzes eine Lösung darstellt und dass alle Komponenten von $\vec{A}$ sowie φ den gleichen Wellenvektor $\vec{k}$ enthalten, was wohl am einfachsten durch Einsetzen in die Lorentz-Eichung, (6.103), gezeigt wird.

Die skalare Gleichung (6.104) ist identisch mit (6.74) und hat die partikuläre Lösung (6.86). Ersetzt man dort f und g durch Vektoren, kann auch die partikuläre Lösung von (6.105) unmittelbar angeschrieben werden. Man erhält:

$$\vec{A}(\vec{r}, t) = \frac{\mu}{4\pi}\iiint\limits_{V'}\frac{\vec{J}_0(\vec{r}', t')|_{t'=t-\sqrt{\mu\varepsilon}|\vec{r}-\vec{r}'|}}{|\vec{r}-\vec{r}'|}\,dV', \tag{6.106}$$

$$\varphi(\vec{r}, t) = \frac{1}{4\pi\varepsilon}\iiint\limits_{V'}\frac{\varrho_0(\vec{r}', t')|_{t'=t-\sqrt{\mu\varepsilon}|\vec{r}-\vec{r}'|}}{|\vec{r}-\vec{r}'|}\,dV'. \tag{6.107}$$

Die letzte Gleichung geht in der Statik zwanglos in das Coulomb-Integral (1.26) über.

Die Gleichungen (6.106) und (6.107) haben gegenüber den früher erhaltenen Integralen (6.87) und (6.88) den Vorteil eines viel einfacheren Integranden. Wie dort trifft auch hier die Wirkung der Quelle verzögert am Aufpunkt ein. $\vec{A}$ und φ heißen daher, wenn sie mit den obigen Formeln berechnet werden, *retardierte Potentiale*. Abbildung 6.2 stellt die verschiedenen Vorgehensweisen bei der Lösung der inhomogenen Maxwell-Gleichungen grafisch dar.

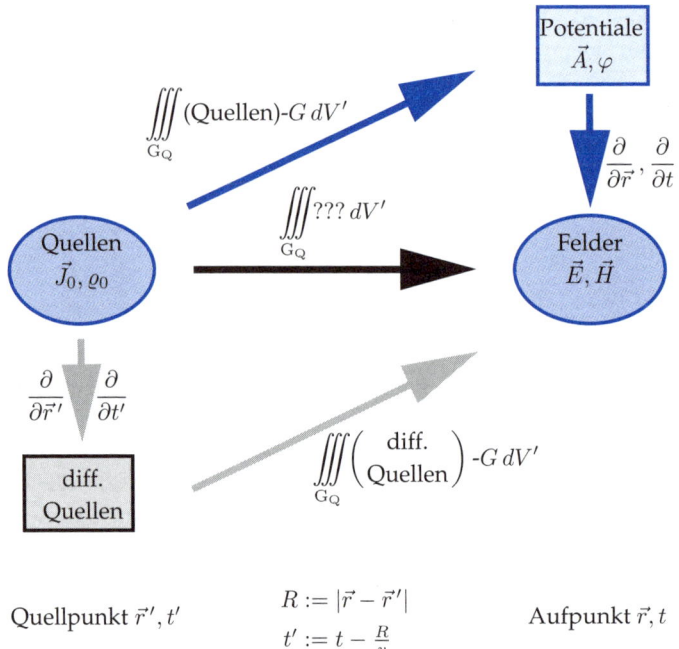

$$R := |\vec{r} - \vec{r}\,'|$$
$$t' := t - \frac{R}{v}$$

Quellpunkt $\vec{r}\,', t'$ Aufpunkt $\vec{r}, t$

Abbildung 6.2: Sind im homogenen Raum Quellen vorgegeben, kann deren Wirkung ($\vec{E}$, $\vec{H}$) durch Differentiation und Integration ermittelt werden. Dabei vermittelt die Green'sche Funktion G zwischen dem Quellpunkt links und dem Aufpunkt rechts. Zur Überwindung der räumlichen Distanz R tritt eine zeitliche Verzögerung R/v auf, die „Laufzeit" des Signals vom Quellpunkt zum Aufpunkt mit der materialabhängigen Lichtgeschwindigkeit v. Der Weg „unten durch" – Differentiation am Quellpunkt, dann Integration – ist in vielen Fällen ungünstig, weil die vorgegebenen Quellen unter Umständen nicht elementar differenzierbar sind. Der Weg „oben durch" – zuerst Integration, dann Differentiation am Aufpunkt – vermeidet diesen Nachteil. Der horizontale, direkte Weg ist ebenfalls möglich, führt aber im Allgemeinen zu komplizierten Integranden.

6.5.4 Der Hertz'sche Vektor

Wie schon früher bemerkt, dürfen die Quellenverteilungen $\vec{J}_0$ und ϱ_0 nicht unabhängig voneinander vorgegeben werden, denn sie sind durch den auf angegebenen Ladungs-erhaltungssatz (6.69) miteinander verkoppelt. Dies bedeutet, dass auch die Potentiale $\vec{A}$ und φ implizite miteinander verbunden sind, was sich explizite bei der Lorentz-Eichung (6.103) zeigt. Obwohl auch andere Eichungen zulässig sind – die dann allerdings auf kompliziertere Differentialgleichungen für die Potentiale führen würden –, verbirgt sich hinter der Lorentz-Eichung die allgemeingültige Tatsache, dass auch die Zahl von vier skalaren Feldfunktionen ($\vec{A}$, φ) noch nicht minimal ist, um das gesamte elektromagneti-sche Feld beschreiben zu können. Tatsächlich genügen dazu drei skalare Feldfunktionen. Dies können wir zeigen, indem wir auch bezüglich der Zeit noch einen Differentiations-schritt zurückgehen und den so genannten *Hertz'schen Vektor* $\vec{\Pi}$ mittels

$$\mu\varepsilon\frac{\partial\vec{\Pi}}{\partial t} := \vec{A} \tag{6.108}$$

einführen. Der Hertz'sche Vektor genügt der inhomogenen Wellengleichung

$$\left(\Delta - \mu\varepsilon\frac{\partial^2}{\partial t^2}\right)\vec{\Pi} = -\frac{1}{\varepsilon}\int\limits_{-\infty}^{t}\vec{J}_0(\tau)d\tau, \tag{6.109}$$

was leicht bestätigt werden kann, indem diese Gleichung nach der Zeit t abgeleitet und mit $\mu\varepsilon$ multipliziert wird. Einsetzen von (6.108) liefert dann direkt (6.105). Die Lösung dieser Gleichung bedarf keiner ausführlichen Diskussion: Der homogene Anteil besteht aus ebenen Wellen und die partikuläre Lösung lautet

$$\vec{\Pi}(\vec{r}, t) = \frac{1}{4\pi\varepsilon}\iiint\limits_{V'}\frac{\int_{-\infty}^{t-\sqrt{\mu\varepsilon}|\vec{r}-\vec{r}'|}\vec{J}_0(\vec{r}', \tau)d\tau}{|\vec{r} - \vec{r}'|}dV'. \tag{6.110}$$

Setzt man die Definition (6.108) in die Lorentz-Eichung (6.103) ein, erhält man nach einer Vertauschung von räumlicher und zeitlicher Differentiation und geeigneter Umordnung

$$\frac{\partial}{\partial t}\left(\operatorname{div}\vec{\Pi} + \varphi\right) = 0. \tag{6.111}$$

Lassen wir einmal mehr die entstehende Konstante beiseite, ergibt sich nach Integration über die Zeit t die Gleichung

$$\varphi = -\operatorname{div}\vec{\Pi}. \tag{6.112}$$

Somit kann aus dem Hertz'schen Vektor $\vec{\Pi}$ nach zweimaliger Differentiation das gesamte elektromagnetische Feld abgeleitet werden:

$$\vec{\Pi} \quad \Rightarrow \quad \begin{array}{l} \vec{A} = \mu\varepsilon\dfrac{\partial\vec{\Pi}}{\partial t} \\[2mm] \varphi = -\operatorname{div}\vec{\Pi} \end{array} \quad \Rightarrow \quad \begin{array}{l} \vec{E} = -\dfrac{\partial\vec{A}}{\partial t} - \operatorname{grad}\varphi \\[2mm] \vec{B} = \operatorname{rot}\vec{A} \end{array} \tag{6.113}$$

Dies bedeutet, dass drei skalare Funktionen – die drei Komponenten von $\vec{\Pi}$ – genügen, um das gesamte elektromagnetische Feld zu beschreiben.

6.5.5 Aufgaben

6.5.5.1 Einführung von Potentialen

Gegeben: Die homogenen Maxwell-Gleichungen (mit $\vec{J} = \vec{0}$, $\varrho = 0$).

Gesucht: Welche Potentiale außer $\vec{A}$ und φ lassen sich jetzt einführen, und wie lauten (bei homogen linear isotropem Material) die Differentialgleichungen für diese Potentiale?

6.5.5.2 Stetigkeitsbedingungen für Potentiale

Gegeben: Die Grenzbedingungen (6.28).

Gesucht: Welche Stetigkeitsbedingungen an Materialgrenzen lassen sich daraus für die Potentiale $\vec{A}$ und φ herleiten? Gibt es Abhängigkeiten?

6.5.5.3 Der Hertz'sche Vektor und die Felder

Gegeben: Die Hertz'schen Vektorfunktionen

$$\vec{\Pi}_1(\vec{r}, t) = \Pi(x, t)\vec{e}_x = \Pi_0 \cos(\omega t - kx)\vec{e}_x$$

sowie

$$\vec{\Pi}_2(\vec{r}, t) = \Pi(x, t)\vec{e}_y = \Pi_0 \cos(\omega t - kx)\vec{e}_y$$

im Vakuum.

Gesucht: Welcher Wellengleichung genügen diese Funktionen und wie lauten die zugehörigen Felder $\vec{E}_{1,2}$ und $\vec{H}_{1,2}$?

6.6 Die Behandlung von Nichtlinearitäten und das allgemeine Äquivalenzprinzip

Die bisher behandelten Methoden zur Lösung der Maxwell-Gleichungen haben alle die einfachen Materialgleichungen (6.9) [$\vec{B} = \mu\vec{H}$, $\vec{D} = \varepsilon\vec{E}$] mit Materialkonstanten μ und ε, die nicht von den Feldstärken abhängen, vorausgesetzt. Darüber hinaus durften diese Konstanten auch nicht vom Ort abhängen. Wir wollen jetzt einen allgemeinen Lösungsweg aufzeigen, wenn dies nicht mehr gilt.

Dann gelten allgemein die Materialgleichungen

(6.6-1)
$$\vec{D} = \varepsilon_0\vec{E} + \vec{P},$$
(6.114-1)

(6.6-2)
$$\vec{B} = \mu_0(\vec{H} + \vec{M}),$$
(6.114-2)

wobei die Polarisation $\vec{P}$ und die Magnetisierung $\vec{M}$ in beliebiger Weise von den Feldstärken abhängen können. Setzen wir die Materialgleichungen in die Maxwell-Gleichungen ein, ergibt sich

$$\operatorname{rot}\vec{E} = -\mu_0\frac{\partial\vec{H}}{\partial t} - \underbrace{\mu_0\frac{\partial\vec{M}}{\partial t}}_{\vec{J}_m},$$
(6.115-1)

$$\operatorname{rot}\vec{H} = \vec{J} + \varepsilon_0\frac{\partial\vec{E}}{\partial t} + \underbrace{\frac{\partial\vec{P}}{\partial t}}_{\vec{J}_p},$$
(6.115-2)

$$\varepsilon_0\operatorname{div}\vec{E} + \underbrace{\operatorname{div}\vec{P}}_{-\varrho_p} = \varrho,$$
(6.115-3)

$$\mu_0\operatorname{div}\vec{H} + \underbrace{\mu_0\operatorname{div}\vec{M}}_{-\varrho_m} = 0.$$
(6.115-4)

Man erkennt, dass sich diese Gleichungen nur durch die zusätzlichen Terme $\vec{J}_m$, $\vec{J}_p$, ϱ_p und ϱ_m von den im Vakuum gültigen Maxwell-Gleichungen unterscheiden. Weiter verschwinden $\vec{J}_m$ und $\vec{J}_p$ im statischen Fall. Die Größe $\vec{J}_p$ steht neben der elektrischen Stromdichte $\vec{J}$ und hat offenbar die gleiche Wirkung. Ebenso entspricht die Größe ϱ_p einer zusätzlichen elektrischen Ladungsdichte. Demgegenüber treten wegen der Magnetisierung $\vec{M}$ neue, in den ursprünglichen Maxwell-Gleichungen nicht vorhandene Größen hinzu, deren Wirkung jener von magnetischen Ladungen bzw. magnetischen Stromdichten (= bewegten magnetischen Ladungen) entspricht. Dieses Vorgehen – die Umbenennung der nur im Material vorhandenen Größen $\vec{P}$ und $\vec{M}$ in Quellenterme – heißt *Substitutions-* oder *Äquivalenzprinzip*. Wir haben die gleiche Idee bereits in Unterabschnitt 1.3.3 und in Abschnitt 1.6 verwendet. Das Prinzip besagt, dass jedes Material formal durch entsprechende Quellen ersetzt werden kann. Mit anderen Worten: Man kann das Material wegdenken und mit zusätzlichen fiktiven Quellverteilungen ausschließlich im Vakuum arbeiten.

Wesentlich ist nun, dass die Gleichungen (6.115), falls alle Ladungs- und Stromdichten bekannt sind, mit den bereits behandelten Verfahren dieses Kapitels direkt gelöst werden können.[25] Natürlich sind die materialbedingten Quellen ($\vec{J}_m$, $\vec{J}_p$, ϱ_p und ϱ_m) normalerweise nicht im Voraus bekannt und im Allgemeinen von den Feldstärken abhängig. Ihre Berechnung passiert mit dem folgenden iterativen Schema:

1 Die freien Feldquellen ($\vec{J}$ und ϱ in (6.115)) erzeugen ein Feld im ganzen Raum (Vakuum vorausgesetzt).

2 Dieses Feld polarisiert und/oder magnetisiert das Material.

3 Die Polarisation $\vec{P}$ und/oder die Magnetisierung $\vec{M}$ haben die Wirkung zusätzlicher Quellen, d.h. erzeugen ein zusätzliches Feld, das zum bisherigen Feld aller Quellen zu addieren ist.

4 Zurück zu **2** bis alles ausgeregelt ist.

Man beachte, dass höchstens der Schritt **2** nichtlinear sein kann. Die endgültigen Felder sind somit genau dann in linearem Zusammenhang mit den ursprünglichen Feldquellen, wenn der Schritt **2** linear ist.

Diese Ausführungen schließen die allgemeine Diskussion der Maxwell-Gleichungen und ihrer *analytischen* Lösungen ab. Leider ist es so, dass die analytischen Lösungsmöglichkeiten nur selten praktisch verwendbare Endresultate liefern. Dazu sind numerische Verfahren notwendig. Immerhin ist festzuhalten, dass die meisten numerischen Verfahren mehr oder weniger stark auf den hier dargelegten analytischen Ansätzen beruhen. Wir wollen im letzten Abschnitt dieses Kapitels einige wichtige numerische Verfahren in ihren Grundzügen vorstellen.

6.7 Numerische Lösungsmethoden

Die Maxwell-Gleichungen sehen zwar wunderschön einfach aus, aber deren Lösung bereitet doch gewisse Schwierigkeiten. Dies liegt unter anderem daran, dass auf der einen Seite die partiellen Differentialgleichungen eine riesige Fülle von Lösungen zulassen, anderseits aber nur eine einzige Lösung interessiert, eben die „richtige". Um die richtige

---

25 Das Vorhandensein magnetischer Quellen stört nicht, denn man kann deren Einfluss unabhängig von den elektrischen Quellen berechnen. Es müssen somit zwei (duale) Probleme gelöst und die beiden Ergebnisse schließlich superponiert werden.

Lösung zu finden, müssen neben den Differentialgleichungen, die immer zu befriedigen sind, geeignete Einschränkungen formuliert werden, etwa in der Form von Randbedingungen (bzw. Anfangsbedingungen) oder durch Vorgabe eines bestimmten asymptotischen Verhaltens.

Wir wollen zunächst die allgemeine Problemstellung formulieren und dann zwei wichtige Klassen numerischer Lösungsverfahren darstellen.

6.7.1 Die allgemeine Problemstellung

Feldprobleme, wie wir sie betrachten wollen, können allgemein folgendermaßen formuliert werden (vgl. auch Abbildung 6.3):

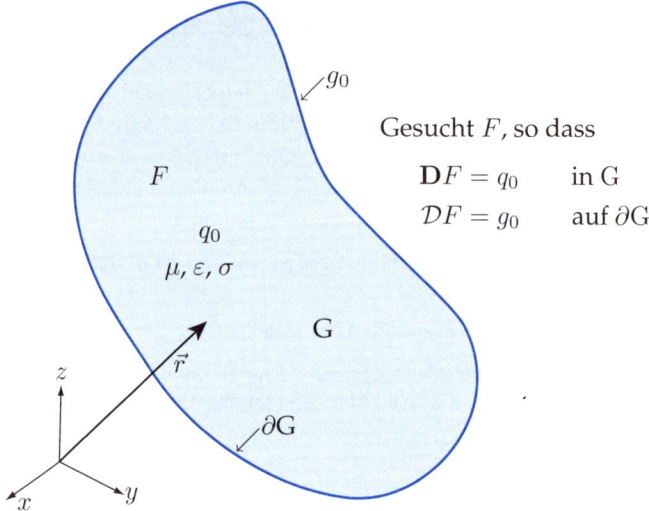

Gesucht F, so dass

$$\mathbf{D}F = q_0 \qquad \text{in G}$$
$$\mathcal{D}F = g_0 \qquad \text{auf } \partial\text{G}$$

Abbildung 6.3: Im Feldgebiet G und auf dessen Rand ∂G soll das Feld F je einem Paket von Gleichungen genügen. Der Gebietsoperator $\mathbf{D}$ enthält fast immer Ableitungen, während der Randoperator $\mathcal{D}$ oft nur algebraisch ist.

■ Es ist ein Gebiet G mit einem Rand ∂G gegeben. Man beachte, dass G räumlich *und* zeitlich gemeint ist: Man betrachtet ein bestimmtes eventuell unendlich ausgedehntes räumliches Gebiet während einer gewissen Zeitspanne, wobei Letztere auch unendlich sein kann.

■ In G sind Materialeigenschaften vorgegeben, z.B. als Funktionen $\varepsilon(\vec{r})$, $\mu(\vec{r})$, $\sigma(\vec{r})$. Komplizierter können auch Polarisationen $\vec{P}_0(\vec{r})$ oder Magnetisierungen $\vec{M}_0(\vec{r})$ vorgegeben sein.

■ In G sind Quellen $\vec{J}_0(\vec{r}, t)$, $\varrho_0(\vec{r}, t)$ vorgegeben, wobei diese als spezielle Materialeigenschaften aufgefasst werden können. Natürlich kann es auch sein, dass die Quellen verschwinden.

■ In G sind gewisse Feldgrößen F gesucht, z.B. die Feldstärken $\vec{E}(\vec{r}, t)$, $\vec{H}(\vec{r}, t)$ etc. Es können aber auch die Potentiale $\vec{A}(\vec{r}, t)$ und $\varphi(\vec{r}, t)$ sein. F stellt alle gesuchten Feldgrößen dar, ist also je nach Bedarf ein Skalar, ein Vektor oder noch mehr.

■ Die gesuchten Feldgrößen erfüllen im Innern des Feldgebietes G eine oder mehrere *vorgegebene* Differentialgleichungen, die so genannten *Feldgleichungen*. Konkret sind dies etwa die Maxwell-Gleichungen oder die Wellengleichung. Wir schreiben allgemein

$$\mathbf{D}F = q_0, \qquad \text{in G}, \tag{6.116}$$

wobei **D** ein Kurzzeichen für eine einzelne Differentialgleichung oder ein ganzes System von solchen ist und q_0 die gegebene Quellenverteilung symbolisiert. **D** heißt auch *(Feld-)Operator*.

■ Die gesuchten Feldgrößen sind auf dem Rand ∂G zusätzlichen Einschränkungen unterworfen, die wir analog zu (6.116) allgemein mit

$$\mathcal{D}F = g_0, \qquad \text{auf } \partial G, \tag{6.117}$$

bezeichnen. Dabei ist $\mathcal{D}$ eine weitere Vorschrift (der so genannte Rand-Operator), die eventuell auch Ableitungen enthält, und g_0 sind entsprechende Vorgaben auf dem Rand ∂G. Ein besonders einfacher Fall ist das aus der Analysis bekannte Dirichlet-Problem: Es wird nur das Potential auf dem Rand vorgegeben. Dann ist $\mathcal{D}$ die Identität und braucht nicht extra hingeschrieben zu werden.

In der Praxis ist es oft so, dass das Feldgebiet G stückweise homogen ist. In diesem Fall ist es zweckmäßig, das ganze Feldgebiet in Teilgebiete G_k aufzuteilen und in jedem G_k separate Feldgleichungen zu formulieren. Allerdings kommen dann zusätzliche Bedingungen auf den Grenzen ∂G_{ik} zwischen den einzelnen Teilgebieten G_i und G_k dazu. Wir wollen diesen Fall nicht extra formulieren, denn die Grenzbedingungen auf ∂G_{ik} können formal gleich behandelt werden wie die Randbedingungen: Es sind Vorschriften, die auf einer *Fläche* zu erfüllen sind, im Gegensatz zu den im *Volumen* zu befriedigenden Feldgleichungen.

Die zwei Pakete von Bedingungen, (6.116) und (6.117), führen zu einer ersten Klassifizierung der numerischen Methoden. Das grundsätzliche Problem des Computers ist nämlich seine Unfähigkeit, auf kontinuierlichen Mengen zu operieren. Unsere allgemeine Problembeschreibung enthält Bedingungen, die auf einem *Kontinuum* zu erfüllen sind – die Maxwell-Gleichungen müssen z.B. in *jedem* Punkt in G befriedigt werden. Dies sind unendlich viele Bedingungen. Das Gleiche gilt für die Randbedingungen. Der Computer kann aber immer nur endlich viele Gleichungen lösen. Die Grundaufgabe einer numerischen Methode besteht somit darin, aus einer kontinuierlichen Bedingung eine *endliche* Zahl von Gleichungen zu machen. Diesen Prozess nennen wir *Diskretisierung*. Wir wollen zur Verdeutlichung zwei Beispiele anführen:

■ Man kann z.B. eine Randbedingung nur in diskreten Punkten auf ∂G erfüllen und zwischen diesen diskreten Punkten überhaupt nichts fordern. Die resultierende „Lösung" ist möglicherweise eine gute Näherung der richtigen Lösung, wenn die Punkte auf dem Rand geschickt gewählt wurden. Die Diskretisierung besteht hier also darin, unendlich viele Punkte wegzulassen und nur endlich viele beizubehalten.

■ Anderseits kann man dafür sorgen, dass auch in der numerischen Methode eine kontinuierliche Bedingung überall exakt erfüllt wird. Ein Beispiel liefert das Bildladungsverfahren in der Elektrostatik (vgl. Unterabschnitt 1.7.2): Indem das gesuchte Skalarpotential φ als Summe von Potentialen von Punktladungen geschrieben wird, ist die Differentialgleichung (in diesem Fall die Laplace-Gleichung) unabhängig von der Stärke und dem Ort[26] der Bildladungen immer erfüllt. Die Diskretisierung besteht darin, nur endlich viele Parameter – die Stärken der Bildladungen sowie deren Orte – zuzulassen, was im allgemeinen Fall dazu führt, dass die Randbedingungen mit dem beschränkten Ansatz nicht überall exakt befriedigt werden können.

Sind in einem allgemeinen Lösungsverfahren sowohl die Randbedingungen (6.117) als auch die Feldgleichungen (6.116) exakt erfüllt, sprechen wir von einer analytischen

---

26 Die Bildladungen dürfen natürlich nicht im Feldgebiet G, sondern nur außerhalb davon angesiedelt werden!

Lösung, andernfalls von einer numerischen Lösung. Da wir zwei Pakete von kontinuierlichen Bedingungen haben, können wir in einer numerischen Methode entweder nur die Randbedingungen approximativ erfüllen, die Feldgleichungen aber exakt – dies wollen wir *semianalytisch* nennen – oder umgekehrt: Wir erfüllen die Feldgleichungen nur näherungsweise, die Randbedingungen aber exakt – und nennen dies *seminumerisch*. Werden schließlich beide Pakete nur approximativ befriedigt, sprechen wir von einer *vollnumerischen* Methode. Die semianalytischen Methoden heißen auch *Randmethoden*, weil nur auf dem Rand numerisch gearbeitet wird. Umgekehrt nennt man die seminumerischen Verfahren auch *Gebietsmethoden*.

Im Folgenden wollen wir einerseits semianalytische und anderseits vollnumerische Methoden betrachten. Die seminumerischen Verfahren sind ähnlich zu behandeln wie die semianalytischen, es vertauschen sich lediglich Rand und Gebiet, und es ist für unsere Übersicht nicht nötig, zweimal fast das Gleiche zu sagen.

6.7.2 Die Ansatzmethoden

Die so genannten Ansatzmethoden gehören zu den ältesten numerischen Methoden und sind relativ stark an analytische Verfahren mit unendlichen Reihen angepasst. Wir haben bereits zwei Beispiele kennen gelernt: die Teilflächenmethode und das Bildladungsverfahren in Abschnitt 1.7.

Meistens handelt es sich um semianalytische Methoden im Sinne unserer Definition. Dies bedeutet, dass die Feldgleichungen exakt erfüllt werden, während bei den Randbedingungen (hoffentlich kleine!) Fehler zugelassen sind. Der Ansatz sieht folgendermaßen aus:

$$F(\vec{r}, t) = F_0(\vec{r}, t) + \sum_{n=1}^{N} a_n \cdot F_n(\vec{r}, t) + \eta(\vec{r}, t). \tag{6.118}$$

Dabei bezeichnen

F die unbekannte(n) Feldfunktion(en). Man denke an das elektrische Skalarpotential φ oder – komplizierter – an das elektromagnetische Feld $\begin{pmatrix} \vec{E} \\ \vec{H} \end{pmatrix}$. Im zweiten Fall hat F sechs Komponenten, im ersten Fall nur eine.

F_n die Entwicklungsfunktionen. Sie müssen geeignet gewählt werden, sind aber grundsätzlich bekannte und für beliebige im Feldgebiet G liegende Argumente $\vec{r}$ und t auswertbare Funktionen.

F_0 eine partikuläre Lösung. Sie kann in der Regel auch als bekannt vorausgesetzt werden.

a_n unbekannte Zahlen (Parameter), welche die eigentlichen Freiheitsgrade der Lösung darstellen und noch bestimmt werden müssen. Die a_n sind auch dann gewöhnliche Zahlen, wenn F mehr als eine Komponente aufweist.

n den Summationsindex.

N die (immer endliche) obere Grenze von n.

η den im Allgemeinen unvermeidlichen Fehler. η ist von der gleichen Art wie F, kann also mehrere Komponenten haben.

Wenn der Ansatz einmal steht, d.h. wenn die Entwicklungsfunktionen gewählt sind, verbleiben als unbekannte Größen nur noch die N Parameter a_n. Somit müssen wir nur noch genügend (mindestens N) Gleichungen zur Bestimmung der Parameter a_n finden. Wir wollen das Auffinden dieser Gleichungen noch etwas zurückstellen und zuerst die Wahl der Ansatzfunktionen diskutieren.

Der Trick – und gleichzeitig der Nachteil – der Ansatzmethoden besteht darin, dass sie nur bei linearen Feldoperatoren einfach funktionieren. Bekanntlich heißt ein Feldoperator $\mathbf{D}$ linear, wenn

$$\mathbf{D}(a_1 F_1 + a_2 F_2) = a_1 \mathbf{D}F_1 + a_2 \mathbf{D}F_2. \tag{6.119}$$

Wir nehmen daher an, dass unser Operator in (6.116) ein linearer sei – die Maxwell-Gleichungen sind es, ebenso der Laplace-Operator. Setzen wir unseren Ansatz (6.118) in die Feldgleichung (6.116) ein und berücksichtigen (6.119), dann folgt

$$\mathbf{D}F = \mathbf{D}F_0 + \sum_{n=1}^{N} a_n \mathbf{D}F_n + \mathbf{D}\eta \overset{!}{=} q_0. \tag{6.120}$$

Die Wahl von F_0 treffen wir so, dass F_0 eine partikuläre Lösung der inhomogenen Feldgleichung ist, d.h. es gilt zwar $\mathbf{D}F_0 = q_0$, aber F_0 erfüllt die Randbedingungen (6.117) im Allgemeinen nicht. Es sei daran erinnert, dass wir solche partikulären Lösungen angegeben haben, z.B. das Coulomb'sche Integral im Fall der Elektrostatik. Somit reduziert sich die rechte Gleichung in (6.120) zu

$$\sum_{n=1}^{N} a_n \mathbf{D}F_n + \mathbf{D}\eta = 0, \tag{6.121}$$

und wir haben später *genau dann* die größtmögliche Freiheit in der Wahl der Parameter a_n, wenn wir *für jede einzelne Entwicklungsfunktion* die Gleichung

$$\mathbf{D}F_n = 0 \qquad \text{in G} \tag{6.122}$$

fordern. Nebenbei folgt dann auch $\mathbf{D}\eta = 0$[27]. Wesentlich ist aber, dass unser Ansatz unabhängig von der Wahl der Parameter a_n die Feldgleichung exakt erfüllt. Dies ist der springende Punkt bei den semianalytischen Ansatzmethoden.

Wir können noch darauf hinweisen, dass wir im Fall der Maxwell-Gleichungen bereits geeignete Ansatzfunktionen angegeben haben: Die Ebenen Wellen sind Lösungen der homogenen Maxwell-Gleichungen (vgl. Unterabschnitt 6.4.4). Eine hinreichend große Anzahl von Ebenen Wellen unterschiedlicher Ausbreitungsrichtung und unterschiedlicher Polarisation ergibt einen möglichen Ansatz. Allerdings können wir die Frage nach einem optimalen Ansatz, d.h. eine möglichst geringe Anzahl Entwicklungsfunktionen bei vorgegebenem maximalem Fehler η, hier nicht beantworten. Immerhin sei bemerkt, dass der Auswahlprozess in weiten Grenzen automatisiert werden kann, doch dies ist eine Sache für Spezialisten. Diese Bemerkung schließt unsere Betrachtungen zur Auswahl der Ansatzfunktionen ab, und wir können auf die Bestimmung der Parameter a_n zurückkommen.

---

27   Man beachte, dass in G nur $\mathbf{D}\eta = 0$, nicht aber $\eta = 0$ ist.

Die einzige Gleichung in unserer allgemeinen Problemstellung, die noch nicht erfüllt ist, ist die Randbedingung (6.117). Setzen wir den Ansatz (6.118) dort ein und nehmen an, dass auch $\mathcal{D}$ ein linearer Operator ist, folgt

$$\mathcal{D}F_0(\vec{r}, t) + \sum_{n=1}^{N} a_n \mathcal{D}F_n(\vec{r}, t) + \mathcal{D}\eta(\vec{r}, t) \overset{!}{=} g_0(\vec{r}, t). \qquad (6.123)$$

Bringen wir alles, was bekannt ist auf die rechte Seite, ergibt sich

$$\sum_{n=1}^{N} a_n \mathcal{D}F_n(\vec{r}, t) + \mathcal{D}\eta(\vec{r}, t) = g_0(\vec{r}, t) - \mathcal{D}F_0(\vec{r}, t). \qquad (6.124)$$

Dies ist eine Gleichung, die in jedem beliebigen Randpunkt $(\vec{r}_i, t_i)$ formal angeschrieben werden kann. Wenn ein festes Argument der Funktionen vorgegeben wird, verbleiben als einzige unbekannte Größen die Parameter a_n. Tatsächlich ist die Gleichung (6.124), wenn ein fester Randpunkt eingesetzt wird, eine lineare Gleichung in den Parametern a_n. Es gilt etwa

$$\sum_{n=1}^{N} m_{in} \cdot a_n = h_{i0} + \tilde{\eta}_i \qquad (6.125)$$

mit den bekannten Größen[28]

$$m_{in} = \mathcal{D}F_n(\vec{r}_i, t_i),$$
$$h_{i0} = g_0(\vec{r}_i, t_i) - \mathcal{D}F_0(\vec{r}_i, t_i),$$
$$\tilde{\eta}_i = -\mathcal{D}\eta(\vec{r}_i, t_i).$$

Falls $\mathcal{D}F$ ein Skalar ist, stellt (6.125) eine einzige Gleichung dar, andernfalls sind es mehrere. Wählen wir gerade so viele Randpunkte aus, dass insgesamt N gewöhnliche Gleichungen resultieren, ergibt sich ein lineares Gleichungssystem mit N Gleichungen und N unbekannten Parametern a_n sowie N Fehlerkomponenten $\tilde{\eta}_i$, die natürlich auch noch nicht bekannt sind. Da die Fehler möglichst klein sein sollen und anderseits die Parameter a_n beliebig gewählt werden dürfen, sind wir frei, die Fehler $\tilde{\eta}_i$ null zu setzen, und bekommen damit wohldefinierte Bestimmungsgleichungen für die a_n.

Bei einer exakten Lösung würde der Fehler nicht nur in den ausgewählten, diskreten Randpunkten verschwinden, sondern auf dem ganzen Rand. Unsere numerische Näherungslösung bringt es immerhin zustande, alle $\tilde{\eta}_i$ null zu setzen. Es bleibt zu untersuchen, ob die Näherung auch zwischen den Randpunkten gut ist. Dies kann durch Auswerten der Lösung in weiteren Randpunkten geschehen, genau so, wie es jetzt möglich ist, die Näherungslösung in jedem Punkt auch im Innern von G zu berechnen.

Die hier dargelegte Methode, algebraische Gleichungen zu finden, um eine kontinuierliche Bedingung anzunähern, heißt „point matching" oder „Kollokation" und ist *nicht* die einzige Variante. Man könnte z.B. fünfmal mehr Gleichungen hinschreiben als nötig und dann – durch simple Addition – immer fünf Gleichungen zu einer einzigen, neuen Gleichung zusammenfassen. Der Fehler würde dann nicht in einzelnen Punkten verschwinden, sondern nur die Summe aller Fehler in fünf Punkten zusammen. Die Folge könnte sein, dass die Fehlerverteilung auf dem ganzen Rand ausgeglichener wird, weil bei vorgegebenem N fünfmal mehr Punkte auf dem Rand berücksichtigt werden.

---

28 Die Fehlergröße $\tilde{\eta}_i$ ist zwar auch unbekannt, aber sie kann – im Sinne einer plausiblen Zusatzbedingung – null gesetzt werden.

Man sieht, dass bei der konkreten Ausarbeitung eines numerischen Verfahrens verschiedene Wahlen getroffen werden müssen: welche Entwicklungsfunktionen, welche Randpunkte, was für Gleichungen etc. Diese Wahlen sind in verschiedenen Computerprogrammen höchst unterschiedlich getroffen worden – und dementsprechend ergeben sich auch ganz unterschiedliche Näherungslösungen.

Gemeinsam ist den hier besprochenen Randmethoden, dass eine (gedachte) Variation eines einzigen Freiheitsgrades – d.h. eines Parameters a_n – das Feld im ganzen Gebiet G verändert. Mit anderen Worten: Die Parameter a_n haben einen globalen Einfluss, und dementsprechend wird jede Randgleichung alle Parameter enthalten. Dies führt auf Gleichungssysteme mit vollen Matrizen, deren direkte Auflösung bei einer hohen Parameterzahl N außerordentlich aufwändig sein kann. Oft wächst der numerische Aufwand mit N^3, der Speicherplatz mit N^2. In der Praxis darf N einige 10'000 nicht überschreiten.

Programme, die auf der hier dargelegten Idee beruhen, sind unter den Namen MoM (method of moments), NEC (numerical electromagnetic code), Feko, MMP (multiple multipole program), GMT (generalized multipole technique) etc. bekannt. Man beachte, dass der Name oft nur ein Detail der ganzen Prozedur bezeichnet und daher für sich allein nicht sehr aussagekräftig ist. So bezeichnet etwa MMP nur die Wahl der Entwicklungsfunktionen[29], MoM nur die Art der Gleichungen[30].

Alle diese Programme liefern dann gute Ergebnisse, wenn das Feldgebiet mindestens stückweise homogen ist, und sie sind fast gänzlich unbrauchbar, wenn die Feldgleichungen nicht linear sind, wie beispielsweise in ferromagnetischen Materialien. In diesem Fall sind voll numerische Verfahren besser geeignet. Diesen wollen wir uns jetzt zuwenden.

6.7.3 Die Gebietsmethoden Finite Differenzen, Finite Integration und Finite Volumen

Anders als bei den Ansatzmethoden, wo für das unbekannte Feld zuerst ein Ansatz mit einer endlichen Zahl unbekannter Koeffizienten gemacht wird, betrachten die hier zu besprechenden Gebietsmethoden die Feldwerte selbst als die eigentlichen Unbekannten. Dies bedeutet, dass die Freiheitsgrade des numerischen Verfahrens nur lokal wirken und folglich eine einzelne Gleichung immer nur eine sehr kleine Anzahl Parameter enthält. Die Matrix des großen Gleichungssystems enthält fast nur Nullen. Man spricht von *dünn besetzten* Matrizen (engl: sparse matrices). Diese Tatsache kann bei der Lösung des Systems ausgenützt werden. Tatsächlich gibt es eine Menge schlauer Algorithmen, welche Systeme mit dünn besetzten Matrizen besonders effizient lösen. Es handelt sich in der Regel um iterative Lösungsverfahren mit einem numerischen Aufwand, der zum Beispiel nur proportional zu $N \log N$ wächst statt $\sim N^3$ wie bei den Randmethoden. Es ist hier nicht Platz genug, um darauf näher einzugehen. Uns geht es nur um die Darstellung des Prinzips.

Da der Computer nur endlich viele Unbekannte behandeln kann, müssen gleich zu Beginn einzelne Orte (genauer: Raum-Zeit-Punkte) im Gebiet G und auf dessen Rand ∂G ausgewählt werden. Ein häufig angewendetes Vorgehen ist das folgende: Man überzieht das gesamte Feldgebiet mit einem Netz und betrachtet nur noch die Feldwerte auf den

---

29 „Multipole" sind Lösungen der Maxwell-Gleichungen, die mit einem Separationsansatz in Zylinderkoordinaten oder in Kugelkoordinaten erhalten werden.

30 Es werden jeweils sehr viele Randgleichungen zu einem so genannten „Moment" zusammengefasst.

Gitterpunkten des Netzes. Aus dem kontinuierlichen Feld, das für alle Orte $(\vec{r}, t)$ in G und auf ∂G definiert war, wird jetzt ein diskretes Feld, welches mit endlich vielen Zahlen beschreibbar ist. Darin besteht bei diesem Verfahren die Diskretisierung.

Mit diesem Vorgehen ist zwar der Computer sehr zufrieden – endlich viele Zahlen machen ihm keine Angst –, wir aber haben Mühe, diese Zahlen den herrschenden Gleichungen zu unterwerfen. Die Maxwell-Gleichungen enthalten Ableitungen, und wir können nur Funktionen ableiten, nicht aber diskrete Zahlen. Daher müssen wir die im Feldoperator vorkommenden Ableitungen *approximieren*, indem wir Feldwerte auf benachbarten Gitterpunkten verwenden. Man spricht auch von einer *Diskretisierung der Feldoperatoren*.

Es gibt verschiedene Methoden, diese Diskretisierung vorzunehmen. Beim sehr populären Verfahren der Finiten Differenzen ist der Ausgangspunkt die bekannte Definition der Ableitung einer Funktion $f(x)$:

$$\frac{df}{dx} := \lim_{d \to 0} \frac{f(x + \triangle x) - f(x)}{\triangle x}. \tag{6.126}$$

Somit ist der Differenzenquotient $\frac{1}{\triangle x}[f(x + \triangle x) - f(x)]$ eine Näherung für die Ableitung von f im Punkt x, wenn $\triangle x$ hinreichend klein gewählt wird. Genau genommen ist diese Näherung „rechtslastig", weil nur der Wert von f an der Stelle x und einer rechts davon gelegenen Stelle $x + \triangle x$ verwendet wird. Es sind jedoch auch „linkslastige" oder symmetrische Näherungen möglich. Es gilt

$$\frac{df}{dx} \approx \frac{f(x + \triangle x) - f(x)}{\triangle x} \approx \frac{f(x) - f(x - \triangle x)}{\triangle x} \approx \frac{f(x + \triangle x) - f(x - \triangle x)}{2\triangle x}. \tag{6.127}$$

Im Limes für $\triangle x \to 0$ führen alle Näherungen zum gleichen, richtigen Resultat. Für endliche Werte von $\triangle x$ sind sie hingegen leicht unterschiedlich (vgl. Abbildung 6.4).

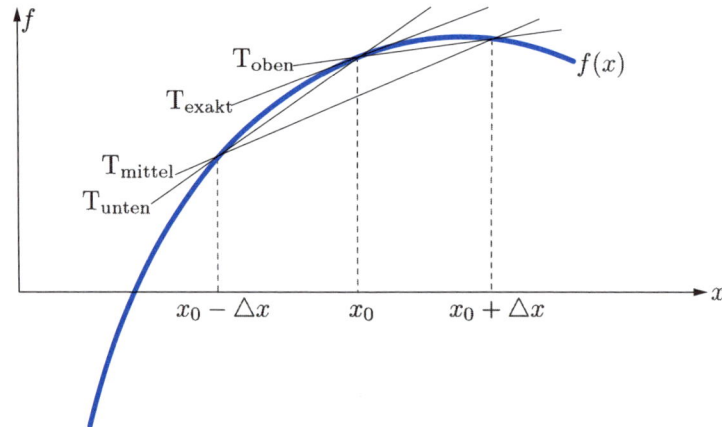

Abbildung 6.4: Die Ableitung der Funktion f im Punkt x_0 kann auf verschiedene Arten angenähert werden. Die Steigung der Tangente T_{exakt} wird durch die Sekanten T_{unten}, T_{oben} und T_{mittel} mit unterschiedlicher Genauigkeit approximiert.

Die Grundidee des Verfahrens der Finiten Differenzen besteht darin, die Differential-gleichungen in allen Gitterpunkten näherungsweise mit Differenzenquotienten anzuschreiben. Man erhält etwa für die x-Komponente der Maxwell-Gleichung rot $\vec{E} = -\frac{\partial}{\partial t}\vec{B}$ anstelle der Gleichung

$$\frac{\partial E_z}{\partial y} - \frac{\partial E_y}{\partial z} = -\frac{\partial B_x}{\partial t} \qquad (6.128)$$

die Approximation

$$\frac{E_z(x, y + \triangle y, z, t) - E_z(x, y, z, t)}{\triangle y} - \frac{E_y(x, y, z + \triangle z, t) - E_y(x, y, z, t)}{\triangle z} =$$
$$-\frac{B_x(x, y, z, t + \triangle t) - B_x(x, y, z, t)}{\triangle t}. \qquad (6.129)$$

Dabei bezeichnen $\triangle y$, $\triangle z$ und $\triangle t$ die Gitterlängen in der entsprechenden Richtung, und es wurden lauter „rechtslastige" Approximationen der Ableitungen verwendet. Die Unbekannten in dieser Gleichung sind offenbar die Feldkomponenten in Gitterpunkten um den Punkt x, y, z, t herum. Werden in jedem Gitterpunkt alle Maxwell-Gleichungen in der Form (6.129) aufgeschrieben, ergibt sich ein riesiges Gleichungssystem mit einer sehr großen Zahl von Gleichungen[31].

Infolge der speziellen Struktur der Maxwell-Gleichungen können erhebliche Vereinfachungen getroffen werden. Eine geniale Idee in diesem Zusammenhang ist das so genannte *Yee-Gitter* (vgl. Abbildung 6.5). Die verschiedenen Feldkomponenten werden an unterschiedlichen Orten angesiedelt, so dass eine virtuelle Gitterverfeinerung um den Faktor zwei resultiert und gleichzeitig die Genauigkeit wegen der ausschließlichen Verwendung von symmetrischen Differenzen – wie in (6.127) ganz rechts – erhöht wird. Das Yee-Gitter behält diese Eigenschaften allerdings nur, wenn räumlich konstante Gitterlängen angesetzt werden.

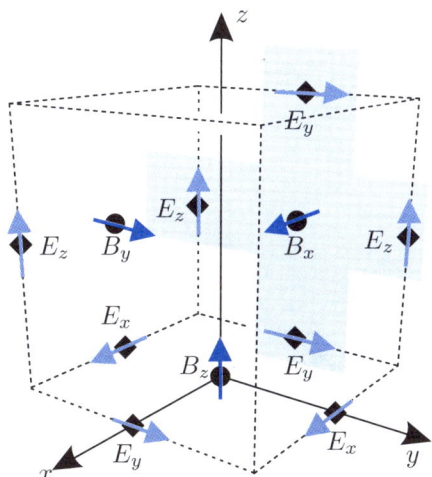

Abbildung 6.5: Beim Yee-Gitter werden die kartesischen Feldkomponenten räumlich versetzt angeordnet. Die im hellblau hinterlegten Kreuz befindlichen Feldkomponenten erlauben es, etwa die Gleichung (6.128) mit symmetrischen Differenzengleichungen der Form ganz rechts in (6.127) mit einer guten Genauigkeit zu approximieren.

---

31 Mehrere Millionen Gleichungen und ebenso viele Unbekannte sind keine Seltenheit.

Die Vorstellung von Feldwerten nur auf einem diskreten Gitter ist zwar sehr durchsichtig, allerdings ergeben sich Probleme, wenn etwa die tatsächlichen Materialgrenzen zwischen den Gitterpunkten verlaufen. Um auch bei inhomogenen Materialverteilungen die „richtigen" Gleichungen zu bekommen, sind andere Methoden ersonnen worden, die sich im ersten Argumentationsschritt nicht auf die Feldwerte in diskreten Punkten beziehen, sondern die Integralformen der Maxwell-Gleichungen heranziehen und diese auf kleine räumliche Bereiche anwenden. Damit werden Integrale (Mittelwerte) der Felder über diese kleinen Bereiche gebildet, und es sind diese Mittelwerte, die nunmehr die Variablen der numerischen Methode darstellen. In einem ersten Schritt muss das gesamte Feldgebiet in geeigneter Weise mit solchen kleinen Bereichen überdeckt werden. Schon hier ergeben sich Freiheiten, die genutzt werden wollen.

Weil der Integrationsbereich der beiden ersten Maxwell-Gleichungen in Integralform eine Fläche ist, wird man ein Gitter von Flächen erstellen, etwa regulär kartesisch mit lauter achsparallelen Quadraten. Statt auf einer im Feldgebiet angeordneten Menge diskreter Punkte arbeitet man hier also mit Flächen und deren linienförmigen Berandungen. Dabei erweist es sich als zweckmäßig, die einzelnen Flächen aneinander anstoßen zu lassen, weil dann benachbarte Flächenelemente gemeinsame Randstücke haben und sich somit eine natürliche Verknüpfung ergibt.

Es ist wichtig, sich vor Augen zu halten, dass die Mittelwerte der realen Felder nicht an einen festen Punkt, sondern an den zugehörigen ausgedehnten Bereich (etwa eine Seite eines kleinen Quadrates oder das Quadrat selbst) gekoppelt sind. Das angedeutete Verfahren heißt Finite-Integrations-Technik (FIT) und soll kurz besprochen werden. Abbildung 6.6 zeigt etwa, wie durch Anwendung der ersten Maxwell-Gleichung (5.38-1) in Integralform auf eine kleine rechteckige Fläche mit vier Berandungsstrecken insgesamt fünf Mittelwerte zustande kommen: vier Seitenmittelwerte von $\vec{E}$-Komponenten und ein Flächenmittelwert einer $\frac{\partial}{\partial t}\vec{B}$-Komponente, die in einer Gleichung miteinander verknüpft sind. Wird das gesamte Feldgebiet mit aneinander grenzenden Rechtecken dreidimensional abgedeckt, wird jeder Seitenmittelwert in genau vier verschiedenen solchen Gleichungen vorkommen, was schließlich eine Verknüpfung aller Werte impliziert.

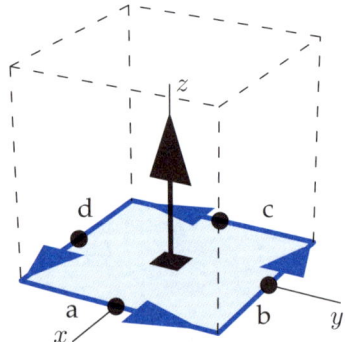

Abbildung 6.6: Wird die erste Maxwell-Gleichung (5.38-1) auf das eingefärbte Rechteck angewendet, kann das Umlaufintegral in vier Anteile zerlegt werden, die je einer Seite zugeordnet werden und damit nur noch je eine Feldkomponente enthalten. Wenn das Rechteck wie hier angenommen parallel zu den kartesischen Achsen angeordnet ist, werden daraus Mittelwerte einzelner kartesischer Feldkomponenten.

Konkret erhält man aus der ersten Maxwell-Gleichung in Integralform

$$\oint\limits_{\partial F} \vec{E} \cdot \vec{dl} = -\iint\limits_{F} \frac{\partial \vec{B}}{\partial t} \cdot \vec{dF} \qquad (6.130)$$

die linke Seite zu

$$\oint\limits_{\partial F} \vec{E} \cdot \vec{dl} = \int\limits_{a} E_y \, dy - \int\limits_{b} E_x \, dx - \int\limits_{c} E_y \, dy + \int\limits_{d} E_x \, dx, \qquad (6.131)$$

wobei die Terme rechts mit Mittelwerten der jeweiligen $\vec{E}$-Komponenten in Verbindung gebracht werden können. Tatsächlich ist

$$\int\limits_{a} E_y \, dy = a\langle E_y \rangle_a, \qquad (6.132)$$

wobei $\langle . \rangle_a$ den Mittelwert längs der Seite a darstellt und a die (positive) Länge der Seite a bezeichnet. Man erkennt, dass auf diese Weise aus der Feldgleichung (6.130) eine exakte Beziehung zwischen den vier verschiedenen Mittelwerten aus (6.131) auf der einen Seite und einem entsprechenden Flächenmittelwert von $\frac{\partial}{\partial t}\vec{B}$ zustande kommt. Viele solche auch aus der zweiten Maxwell-Gleichung gebildete Gleichungen zwischen Mittelwerten ersetzen somit schließlich die Feldgleichungen.

Interessant ist ein Vergleich zur Finite-Differenzen-Methode, wo die Feldwerte diskreten Punkten zugeordnet wurden und approximative, aus den Differenzengleichungen abgeleitete Relationen erfüllten. Benützt man ein vollständig reguläres kartesisches Gitter, dann können diese diskreten Punkte in die Mittelpunkte unserer Rechteckseiten gelegt werden. Identifiziert man nun die Feldwerte auf den diskreten Punkten mit den zugehörigen Mittelwerten, dann ergeben sich formal identische Beziehungen zwischen den jeweiligen Feldkomponenten[32]. Im Gegensatz zur Finite-Differenzen-Methode sind es hier aber exakte Relationen. Es stehen sich also zwei formal gleichartige Gleichungssysteme gegenüber, die in der ersten Interpretion Näherungsfeldwerte an exakt definierten Punkten verknüpfen, während es sich in der zweiten Interpretation um exakte Mittelwerte handelt, wobei der genaue Ort, wo diese Mittelwerte angenommen werden, nicht definiert ist. Die beiden Verfahren sind für reguläre Gitter somit ebenbürtig, denn formal identische Gleichungssysteme haben identische Lösungen.

Unterstellen wir dem tatsächlichen Feld über eine Gitterzelle einen (fast) linearen Verlauf, dann wird der Mittelwert (fast) genau im Schwerpunkt des jeweiligen Bereiches angenommen, und die beiden Interpretationen der Feldwerte decken sich.

Als Drittes wollen wir noch auf eine letzte Variante aufmerksam machen, welche ähnlich wie die Finite-Integrations-Technik auf einer Integration der Maxwell-Gleichungen über kleine Bereiche aufbaut. Statt über ein dreidimensionales Gitter von Flächen wird bei der so genannten Finite-Volumen-Methode aber über kleine Volumen integriert. Vorgängig wird das gesamte Feldgebiet in kleine Volumen (meist ein mehr oder weniger irreguläres Tetraeder-Netz) aufgeteilt.

---

32 Wir verzichten hier auf die Herleitung der beiden Systeme im Detail. Es sei lediglich darauf hingewiesen, dass – genau wie beim Yee-Gitter – zwei ineinander verschachtelte Gitter verwendet werden, um die elektrischen und die magnetischen Komponenten beider Maxwell-Gleichungen an den gleichen Ort zu bekommen.

Die Basis zur Herleitung der entsprechenden Gleichungen bildet die folgende Integraldarstellung der Rotation eines beliebigen Vektorfeldes $\vec{v}$:

$$\operatorname{rot} \vec{v} = -\lim_{V \to 0} \frac{1}{V} \oiint_{\partial V} \vec{v} \times d\vec{F} \qquad (6.133)$$

wobei V ein Volumen *beliebiger* Gestalt mit dem Volumeninhalt V und der Berandung ∂V bezeichnet. $d\vec{F}$ ist das vektorielle, nach außen orientierte Flächenelement. Ist V ein Polyeder mit m ebenen Seiten, dann zerfällt das rechte Integral in m Teile. Weil nun jede Seite genau zwei benachbarte Polyeder begrenzt, kommt jedes dieser Teilintegrale im gesamten System aller Gleichungen genau zweimal vor, womit die Verknüpfung gegeben ist. Die Anwendung von (6.132) auf die Maxwell-Gleichungen liefert nun für jedes Volumen zum einen Flächenintegrale (mit $\vec{E}$- bzw. $\vec{H}$-Komponenten) und zum anderen Volumenintegrale mit $\frac{\partial}{\partial t}\vec{B}$- bzw. $\vec{J} + \frac{\partial}{\partial t}D$-Komponenten. Die entsprechenden Gleichungen bilden den Grundstock zur Formulierung des gesamten Gleichungssystems.

Das Finite-Volumen-Verfahren ist etwas komplizierter als die Finite-Integrations-Technik, bietet aber den Vorteil völlig beliebiger, d.h. nicht strukturierter, räumlicher Diskretisierung. Darüber hinaus liefert die Volumenüberdeckung eine absolut verlässliche Grundlage, gerade auch im Falle von Materialinhomogenitäten. Wenn sich nämlich das Material neben den diskreten Feldpunkten bei der Finite-Differenzen-Methode ändert, „sieht" das diese Methode nicht. Die Finite-Integrations-Technik ist nur noch „blind" für Materialänderungen neben den Flächen, während das Finite-Volumen-Verfahren alle Materialänderungen wahrnimmt.

Zum Schluss wollen wir darauf hinweisen, dass die gemachten Ausführungen keine vollständige Einführung in die jeweiligen numerischen Methoden bieten. Insbesondere haben wir den Zeitverlauf bewusst weggelassen. Die ausgearbeiteten Programme auf dem Markt, die sich der hier angedeuteten Methoden bedienen, sind in der überwiegenden Mehrzahl so genannte Zeitbereichsverfahren, die somit beliebige Zeitverläufe der Felder berechnen können. Dabei bietet sich im Lösungsverfahren eine natürliche Iteration längs der Zeit. Entsprechend nennt man die verbreitetste Variante der Finite-Differenzen-Methode FDTD (finite difference time domain). FIT unterschlägt den Zeitaspekt im Namen, während das Finite-Volumen-Verfahren auch FVTD (finite volume time domain) heißt.

Obwohl verschiedene Programme auf den gleichen Grundideen aufbauen, ist damit noch längst nicht gesagt, dass diese dann auch die gleichen Resultate liefern. Es ist heute noch immer eine Tatsache, dass schon das Stellen eines Feldproblems eine durchaus anspruchsvolle Sache ist. Die numerische Lösung mit Hilfe eines fertigen Computerprogramms ist zwar in absehbarem Zeitrahmen möglich, aber wegen der vielen Möglichkeiten von unterschiedlichen Approximationen in den Tiefen des Codes – der normale Benutzer hat darauf keinen Einfluss – kommt es in der Praxis immer wieder vor, dass für die gleiche Situation zwei verschiedene Programme auch unterschiedliche Resultate liefern. Generell kann gesagt werden, dass exakte elektromagnetische Feldberechnung eine sehr anspruchsvolle Tätigkeit ist, die von entsprechend erfahrenen Spezialisten ausgeübt werden sollte.

Zum Abschluss dieses Kapitels wollen wir nochmals die Vor- und Nachteile der Gebietsverfahren im Vergleich zu den Randmethoden gegeneinander abwägen. Die

Gebietsverfahren zeichnen sich durch den einfachen, durchsichtigen Aufbau und ihre große Flexibilität aus, insbesondere bei stark inhomogenem und/oder nichtlinearem Material. Ein Nachteil, der erst in neuester Zeit mit dem Aufkommen der 64-Bit-Maschinen an Bedeutung verliert, ist der große Speicherbedarf. Eine weitere, nicht zu unterschätzende Schwierigkeit ist die Behandlung von offenen (unendlich ausgedehnten) Feldgebieten. Im diesem Fall müssen künstlich Ränder eingeführt werden, auf welchen spezielle Gleichungen gelten (absorbing boundary conditions, ABC). Dieses Problem konnte erst vor etwa zehn Jahren (1994) mit der so genannten „perfectly matched layer technique" von Berenger wesentlich entschärft werden, ist aber noch immer Gegenstand von Diskussionen in den einschlägigen Fachzeitschriften.

Die Maxwell-Gleichungen in Spezialfällen

7

ÜBERBLICK

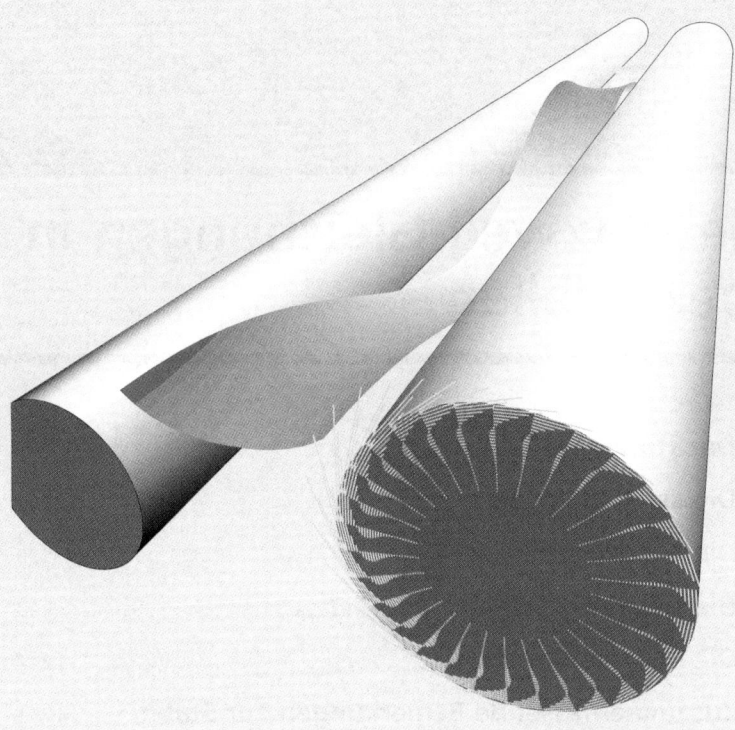

Das Bild zeigt – wie bereits jenes zu Beginn des sechsten Kapitels – das momentane Magnetfeld unserer Zweidrahtleitung auf der horizontalen Symmetrieebene. In der Luft ist eine „Gebirgedarstellung" gewählt: Die Höhe des „flatternden Bandes" über der Symmetrieebene ist proportional zum Magnetfeld (es gibt dort nur eine – senkrechte – Komponente). Im Innern des dicken Leiters rechts unten zeigt eine einfache Strichdarstellung den Verlauf des Magnetfeldes: Die zugehörigen Feldlinien sind fast (aber nicht ganz) genau zur Drahtachse konzentrische Kreise.

Speziell fällt hier auf, dass es eine wellenartige Ausbreitung in zwei Richtungen gibt: erstens längs der Drahtachse mit relativ großer Wellenlänge und kaum sichtbarer Dämpfung, zweitens in radialer Richtung in den Draht hinein, jetzt mit sehr starker Dämpfung und erheblich kleinerer „Wellenlänge". Das Verhältnis der beiden Wellenlängen ist abhängig von der Frequenz und den Materialeigenschaften. Unter realistischen Voraussetzungen (Kupfer und nicht wie hier „halbleitendes" Germanium als Drahtmaterial) könnten die Effekte nicht auf einer Zeichnung dargestellt werden, denn die Wellenlänge im Draht wäre um mehrere Größenordnungen kleiner und die radiale Dämpfung so stark, dass schon der zweite Strich (von außen) verschwinden würde.

Die Maxwell-Gleichungen können mit den im vorhergehenden Kapitel besprochenen Methoden grundsätzlich gelöst werden. Für die Praxis hat das skizzierte Vorgehen aus verschiedenen Gründen eine eingeschränkte Bedeutung, wobei diese Gründe recht gegensätzlich sein können, z.B.:

- Die gemachten Einschränkungen beim Material sind zu stark. Der Einfluss des Materials kann nicht mit linearen Gleichungen beschrieben werden. Dieser Fall tritt z.B. bei Elektreten oder Magneten auf, welche permanent polarisiert bzw. magnetisiert sind, sowie beim Eisen in elektrischen Maschinen und Transformatoren, denn Eisen zeigt bei hinreichend großen Feldstärken ein stark nichtlineares Verhalten.

- Die Voraussetzung, dass das Material unbewegt sei, ist verletzt. Dies trifft ebenfalls bei den elektrischen Maschinen zu.

- Es ist nur ein bestimmter zeitlicher Verlauf (z.B. Statik, stationärer Zustand) und nicht ein beliebiges Zeitverhalten von Interesse.

- Es sind gar nicht die elektromagnetischen Feldgrößen, sondern nur einige Ströme oder Spannungen gesucht.

Beim ersten Punkt sind die bisher gemachten Einschränkungen zur Lösung der Maxwell-Gleichungen im Innern von homogenen Teilgebieten, wo wir die Wellengleichung hergeleitet haben, zu stark, während die Grenzbedingungen und die Maxwell-Gleichungen in der allgemeinen Form zutreffen. Eine Verallgemeinerung der Materialgleichungen ist grundsätzlich möglich. Die Lösung der resultierenden Gleichungen kann aber praktisch nur noch numerisch durchgeführt werden. In den meisten Fällen behilft man sich mit einer bereichsweisen *Linearisierung* des Materials. Danach können in jedem Teilbereich wieder die beschriebenen Methoden angewendet werden.

Anders verhält es sich beim zweiten Punkt. Hier müssten sogar die Maxwell-Gleichungen modifiziert werden. Eine Behandlung dieses Themas würde den Rahmen dieser Abhandlung sprengen. Wir verweisen daher auf die Literatur, insbesondere auf jene über elektrische Maschinen oder allgemeine Elektrodynamik (Relativitätstheorie).

Viel einfacher ist der dritte Punkt, denn eine weitergehende Einschränkung kann immer gemacht werden. Der großen praktischen Bedeutung wegen wollen wir die beiden Spezialfälle Statik und stationärer Zustand (= sinusförmige Zeitabhängigkeit aller Feldgrößen im ganzen Feldgebiet) in diesem Kapitel separat behandeln.

Beim vierten und letzten Punkt geht es schließlich darum, die Verbindung zwischen den (mathematisch aufwändigen) Feldern und den gängigen Größen des Praktikers (Strom, Spannung, Impedanz etc.) herzustellen. Diese Aufgabe wollen wir in einem späteren Kapitel angehen.

7.1 Der stationäre Zustand

Der stationäre Zustand[1] ist dadurch ausgezeichnet, dass *nach Voraussetzung* alle Feldgrößen sinusförmig (mit der Kreisfrequenz ω) von der Zeit abhängen. Genau wie in der elementaren Elektrotechnik ist es auch in der Feldtheorie üblich, in diesem Fall *zugeordnete komplexe Größen*, die so genannten *Zeiger*[2] (engl.: phasor) zu benützen. Da ein Zeiger in der komplexen Ebene als (zweidimensionaler) „Vektor" dargestellt

---

[1] Eine ausführlichere Beschreibung findet man auch in Anhang C.

[2] Die Zeiger heißen auch *komplexe Amplituden* oder – auf neudeutsch und in Anlehnung ans Englische – *Phasoren*.

werden kann, besteht eine Verwechslungsgefahr mit den (dreidimensionalen) Vektoren der Feldstärken. Wir werden daher niemals Vektor sagen, wenn wir eine komplexe Zahl meinen, den Namen „Vektor" somit streng den im dreidimensionalen Raum gerichteten Größen vorbehalten.

Ein zweiter Punkt, der zu Verwirrung Anlass geben kann, ist der folgende: Es gibt einerseits die komplexen *Zahlen*, mit denen man genau so rechnen kann wie mit den reellen Zahlen. Anderseits gibt es die Zeiger, welche *immer* zu einer sinusförmig mit der Zeit variierenden physikalischen *Größe* gehören. Zwar ist jeder Zeiger eindeutig mit einer komplexen Zahl darstellbar, aber es gehört längst nicht zu jeder komplexen Zahl in unseren Rechnungen ein Zeiger. So steht hinter der komplexen Amplitude $\underline{U}$ bekanntlich eine eindeutig definierte (sinusoidale) Zeitfunktion $U(T) = \hat{U}\cos(\omega t + \phi)$ mit der Amplitude $\hat{U}$ und der Phase ϕ, während der komplexen Impedanz Z *keine* sinusoidale Zeitfunktion zugeordnet werden kann. Trotzdem ist die komplexe Zahl Z im Zusammenhang mit den dem Strom bzw. der Spannung zugeordneten Zeigern $\underline{I}$ und $\underline{U}$ sehr nützlich. Um den Unterschied zwischen Zeigern und komplexen Zahlen, zu denen keine Zeiger gehören, zu verdeutlichen, werden wir *die Symbole der Zeiger* unterstreichen und alle anderen komplexen Zahlen *ohne* Unterstreichung belassen. Wenn nicht aus dem Zusammenhang klar ist, ob ein nicht unterstrichenes Formelsymbol komplexwertig sein kann, werden wir jeweils ausdrücklich darauf hinweisen.

Als Letztes ist zu bemerken, dass die zu einem Zeiger gehörige Zeitabhängigkeit unterschiedlich definiert werden kann. Bezeichnet man den Realteil der komplexen Zahl z mit $\Re(z)$, dann gilt in der elementaren Elektrotechnik die Beziehung

$$U(T) = \Re\left(\underline{U}\cdot e^{j\omega t}\right). \tag{7.1}$$

Für Vektoren gilt z.B.

$$\vec{E}(\vec{r}, t) = \Re\left(\underline{\vec{E}}(\vec{r})\cdot e^{j\omega t}\right) = \begin{pmatrix} \Re\left(\underline{E}_x(\vec{r})\cdot e^{j\omega t}\right) \\ \Re\left(\underline{E}_y(\vec{r})\cdot e^{j\omega t}\right) \\ \Re\left(\underline{E}_z(\vec{r})\cdot e^{j\omega t}\right) \end{pmatrix}, \tag{7.2}$$

wobei $\underline{\vec{E}}(\vec{r})$ die komplexe Amplitude von $\vec{E}(\vec{r}, t)$ ist. Weitere Details findet man in Anhang C.

7.1.1 Die Maxwell-Gleichungen im stationären Fall

Die Maxwell-Gleichungen (5.38) erlauben es grundsätzlich, für alle Feldfunktionen gleichzeitig einen Ansatz der Form (7.2) zu machen. Setzt man diesen Ansatz auch in die Materialgleichungen (6.6) ein, ergeben sich gewisse Einschränkungen: Die elektrische Polarisation $\vec{P}$ und die Magnetisierung $\vec{M}$ müssen das gleiche (sinusförmige) Zeitverhalten aufweisen wie die Feldstärken. Im Allgemeinen ist eine Phasenverschiebung zwischen $\vec{E}$ und $\vec{P}$ bzw. zwischen $\vec{H}$ und $\vec{M}$ zulässig.

Mit einem Ansatz der Form (7.2) für alle Feldgrößen können erstens sämtliche zeitlichen Ableitungen durch den Faktor $j\omega$ ersetzt und zweitens die Maxwell-Gleichungen als Relationen nur zwischen den komplexen Amplituden der Feldgrößen geschrieben werden. Man erhält statt (5.38) das System

$$\text{rot } \underline{\vec{E}}(\vec{r}) = -j\omega\underline{\vec{B}}(\vec{r}), \tag{7.3-1}$$

$$\text{rot } \underline{\vec{H}}(\vec{r}) = \underline{\vec{J}}(\vec{r}) + j\omega\underline{\vec{D}}(\vec{r}), \tag{7.3-2}$$

$$\text{div } \underline{\vec{D}}(\vec{r}) = \underline{\varrho}(\vec{r}), \tag{7.3-3}$$

$$\text{div } \underline{\vec{B}}(\vec{r}) = \underline{0}. \tag{7.3-4}$$

Man sieht, dass im stationären Fall die letzte Zeile ganz überflüssig ist, weil sie wegen div rot $\equiv 0$ aus der ersten folgt, solange nur ω nicht verschwindet. Zudem kann unter derselben Voraussetzung $\underline{\varrho}$ eindeutig aus $\underline{\vec{J}}$ bestimmt werden, was einfach aus der zweiten und dritten Zeile folgt. Bildet man nämlich die Divergenz von (7.3–2) und multipliziert (7.3–3), folgt sofort die Kontinuitätsgleichung

$$\underline{\varrho} = -\frac{1}{j\omega}\text{div }\underline{\vec{J}}. \tag{7.4}$$

Somit ist auch die dritte Zeile von (7.3) nur dann von Interesse, wenn die Ladungsdichte $\underline{\varrho}$ explizit in Erscheinung tritt. Wir können wie früher zwei verschiedene Aufgabenstellungen unterscheiden: Im ersten, inhomogenen Fall sind die Quellen $\underline{\vec{J}} = \underline{\vec{J}}_0$ und $\underline{\varrho} = \underline{\varrho}_0$ vorgegeben, während im zweiten, homogenen Fall die Quellen a priori unbekannt sind. Im ersten Fall ist die dritte Zeile offenbar nötig, während im zweiten Fall diese nach der Bestimmung des $\underline{\vec{D}}$-Feldes anstelle von (7.4) als Bestimmungsgleichung für $\underline{\varrho}$ herangezogen werden kann. Die Divergenzen von $\underline{\vec{J}}$ und $\underline{\vec{D}}$ sind zueinander proportional.

Bezüglich des Materials beschränken wir uns auf jene Fälle, wo $\vec{D}(t)$ und $\vec{E}(t)$ (stationär) so miteinander zusammenhängen, dass für deren komplexe Amplituden $\underline{\vec{D}}$ und $\underline{\vec{E}}$ eine Relation der Form

$$\underline{\vec{D}} = \varepsilon\underline{\vec{E}} \tag{7.5-1}$$

gilt, wobei die Permittivität ε auch komplexwertig sein darf, was einer möglichen (zeitlichen) Phasenverschiebung zwischen den Komponenten von $\vec{D}$ und $\vec{E}$ entspricht. ε soll aber *nicht* von einer Feldgröße abhängen. Analog soll

$$\underline{\vec{B}} = \mu\underline{\vec{H}} \tag{7.5-2}$$

mit allenfalls komplexer, nicht von den Feldgrößen abhängiger Permeabilität μ und eventuell

$$\underline{\vec{J}} = \sigma\underline{\vec{E}} \tag{7.5-3}$$

mit der möglicherweise komplexen, feldgrößenunabhängigen Leitfähigkeit σ gelten. Indem wir komplexe Materialparameter zulassen, wird es möglich, die Trägheit des Materials beim Polarisations- bzw. Magnetisierungsvorgang zu berücksichtigen. In der Tat sind im stationären Zustand die obigen Materialgleichungen in sehr viel weiterem Rahmen brauchbar, als dies bei beliebiger Zeitabhängigkeit der Fall ist. Allerdings muss darauf hingewiesen werden, dass die Materialparameter Funktionen der Frequenz sind.

Wir gehen an dieser Stelle nicht weiter auf die zugehörigen Materialmodelle ein, kommen aber im achten Kapitel – im Zusammenhang mit der Umwandlung von elektromagnetischer Energie in andere Energieformen – auf die Konsequenzen komplexer

Materialparameter zurück. Hier betrachten wir die Materialgleichungen (7.5) lediglich als Beziehungen zur bequemen Elimination einzelner Feldgrößen.

Der eben angesprochene Spezialfall, wo alle Materialgleichungen (7.5) (mit skalaren, komplexwertigen Materialparametern ε, μ und σ) zutreffen, verdient eine besondere Behandlung. Wir eliminieren $\underline{\vec{J}}$, $\underline{\vec{D}}$ und $\underline{\vec{B}}$ und erhalten das gegenüber (7.3) verkürzte System

$$\operatorname{rot}\underline{\vec{E}} = -j\omega\mu\underline{\vec{H}} \Rightarrow \quad \operatorname{div}\mu\underline{\vec{H}} = \underline{0}$$
$$\operatorname{rot}\underline{\vec{H}} = j\omega\,{}^{c}\underline{\varepsilon}\underline{\vec{E}} \Rightarrow \quad \operatorname{div}{}^{c}\underline{\varepsilon}\underline{\vec{E}} = \underline{0}$$
$$\operatorname{div}\varepsilon\underline{\vec{E}} = \underline{\varrho} \tag{7.6}$$

mit der kombinierten Materialkonstante

$$\,{}^{c}\underline{\varepsilon} = \varepsilon' + j\varepsilon'' = \varepsilon - j\frac{\sigma}{\omega}, \tag{7.7}$$

wobei ε' und ε'' – im möglichen Gegensatz zu ε und σ – reell definiert sind. Man beachte, dass in der dritten Zeile von (7.6) die Konstante ε (und nicht ${}^{c}\underline{\varepsilon}$) steht.

Das System der stationären Maxwell-Gleichungen soll jetzt gelöst werden. Grundsätzlich ist der Ablauf analog zum bereits behandelten Lösungsverfahren im sechsten Kapitel:

- Aufteilen des gesamten Feldgebietes in Teilgebiete mit homogen, linear isotropem Material (beschrieben durch eventuell komplexe Werte ε, μ und σ)

- Formulieren der Stetigkeitsbedingungen auf den Grenzen zwischen den Teilgebieten

- Allgemeines Lösen der homogenen Gleichung in jedem Teilgebiet

- Partikuläres Lösen der inhomogenen Gleichung in jedem Teilgebiet

Der erste Punkt bedarf keiner weiteren Erläuterung und kann daher als erledigt betrachtet werden. Die übrigen drei Punkte wollen wir in den folgenden Unterabschnitten diskutieren.

7.1.2 Die Grenzbedingungen (stationär)

Die Grenzbedingungen, welche in Unterabschnitt 6.3.3 diskutiert und in Unterabschnitt 6.3.6 für den allgemeinen Fall zusammengefasst sind, können im Wesentlichen übernommen werden. Es gilt statt (6.28) auf der Grenze ∂G_{ik} (ohne ideale Leiter und idealisierte Grenzfolien, Normalkomponenten bezüglich des Einheitsvektors $\vec{e}_{\mathrm{n}}$, welcher von G_k nach G_i weist!)

$$\underline{\vec{E}}_{i\mathrm{T}} - \underline{\vec{E}}_{k\mathrm{T}} = \underline{\vec{0}}, \tag{7.8-1}$$
$$\underline{\vec{H}}_{i\mathrm{T}} - \underline{\vec{H}}_{k\mathrm{T}} = \underline{\vec{0}}, \tag{7.8-2}$$
$$\underline{D}_{i\mathrm{n}} - \underline{D}_{k\mathrm{n}} = \underline{\varsigma}, \tag{7.8-3}$$
$$\underline{J}_{i\mathrm{n}} - \underline{J}_{k\mathrm{n}} = -j\omega\underline{\varsigma}, \tag{7.8-4}$$
$$\underline{B}_{i\mathrm{n}} - \underline{B}_{k\mathrm{n}} = \underline{0}, \tag{7.8-5}$$
$$\underline{J}_{i\mathrm{n}} + j\omega\underline{D}_{i\mathrm{n}} - \left(\underline{J}_{k\mathrm{n}} + j\omega\underline{D}_{k\mathrm{n}}\right) = \underline{0}. \tag{7.8-6}$$

Die dritte und vierte Gleichung spiegeln die bereits erwähnte Tatsache wider, dass die Divergenzen von $\underline{\vec{J}}$ und $\underline{\vec{D}}$ zueinander proportional sind und daher gleichwertige Bestimmungsgleichungen für die Flächenladungsdichte $\underline{\varsigma}$ darstellen. Gelten in jedem

Teilgebiet die Materialgleichungen (7.5), kann die letzte Gleichung einfacher geschrieben werden:

$$^c\varepsilon_i \underline{E}_{i\mathrm{n}} - {^c\varepsilon_k} E_{k\mathrm{n}} = \underline{0}. \tag{7.9}$$

Gemäss Unterabschnitt 6.3.4 sind, falls (7.8–1) und (7.8–2) auf der ganzen Grenze erfüllt sind und in beiden Teilgebieten die Maxwell-Gleichungen ebenfalls exakt erfüllt sind[3], die übrigen Gleichungen (7.8) obsolet. Trotzdem kann es in numerischen Anwendungen sinnvoll sein, (7.8–6) bzw. (7.9) sowie (7.8–5) zusätzlich zu fordern, während (7.8–3) und (7.8–4) (jetzt gleichwertige) Bestimmungsgleichungen für die Flächenladungsdichte $\underline{\varsigma}$ sind.

Auf der Grenze ∂G_{i0} des Gebiets G_i zum idealen Leiter G_0 gelten statt (6.29):

$$\vec{\underline{E}}_{i\mathrm{T}} = \vec{\underline{0}}, \tag{7.10-1}$$

$$\vec{\underline{H}}_{i\mathrm{T}} = \vec{\underline{\alpha}} \times \vec{e}_{\mathrm{n}} \Rightarrow \vec{\underline{\alpha}} = \vec{e}_{\mathrm{n}} \times \vec{\underline{H}}_{i\mathrm{T}}, \tag{7.10-2}$$

$$\underline{D}_{i\mathrm{n}} = \underline{\varsigma}, \tag{7.10-3}$$

$$\underline{J}_{i\mathrm{n}} = -\operatorname{div}_{\mathrm{F}} \vec{\underline{\alpha}} - j\omega\underline{\varsigma}, \tag{7.10-4}$$

$$\underline{B}_{i\mathrm{n}} = \underline{0}, \tag{7.10-5}$$

$$\underline{J}_{i\mathrm{n}} + j\omega\underline{D}_{i\mathrm{n}} = -\operatorname{div}_{\mathrm{F}} \vec{\underline{\alpha}}, \tag{7.10-6}$$

wobei wieder $\vec{e}_{\mathrm{n}}$ ins Feldgebiet G_i hineinweist. Die letzte Gleichung vereinfacht sich bei Gültigkeit der Materialgleichungen (7.5) in G_i zu

$$-j\omega {^c\varepsilon_i} \underline{E}_{i\mathrm{n}} = \operatorname{div}_{\mathrm{F}} \vec{\underline{\alpha}} \tag{7.11}$$

und ist Bestimmungsgleichung für $\operatorname{div}_{\mathrm{F}} \vec{\underline{\alpha}}$, während (7.10–3) eine Bestimmungsgleichung für $\underline{\varsigma}$ ist und (7.10–2) eine für $\vec{\underline{\alpha}}$. Hier ist unter den oben erwähnten Bedingungen nur (7.10–1) notwendig. (7.10–5) kann „zur Sicherheit" ebenfalls gefordert werden.

Wir weisen ausdrücklich darauf hin, dass die Ausführungen in diesem Unterabschnitt bewusst knapp gehalten wurden, weil die meisten Aussagen, die in Abschnitt 6.3 für den allgemeinen Fall gemacht wurden, hier unverändert übernommen werden können.

7.1.3 Die Lösung der homogenen Maxwell-Gleichungen

Durch die Aufteilung des ganzen Feldgebietes in einzelne Teilgebiete mit je homogen linear isotropem Material können die Maxwell-Gleichungen (7.6) weiter vereinfacht werden.

Zunächst können in den beiden Gleichungen $\operatorname{div}(j\omega {^c\varepsilon}\vec{\underline{E}}) = \underline{0}$ und $\operatorname{div}(\varepsilon\vec{\underline{E}}) = \underline{\varrho}$ die Materialkonstanten vor den div-Operator gezogen werden, und es folgen nach einer Division durch $j\omega {^c\varepsilon}$ bzw. ε die scheinbar widersprüchlichen Gleichungen $\operatorname{div}\vec{\underline{E}} = \underline{0}$ und $\operatorname{div}\vec{\underline{E}} = \underline{\varrho}/\varepsilon$. Der Widerspruch kann nur mit $\underline{\varrho} = \underline{0}$ gelöst werden. Dies bedeutet, dass sich im homogen linearen Material im stationären Zustand *keine Raumladungsdichte* ausbilden kann.

Es folgt trotz der allenfalls vorhandenen Stromdichte $\vec{\underline{J}} = \sigma\vec{\underline{E}}$ das *quellenfreie* System:

$$\operatorname{rot} \vec{\underline{E}}(\vec{r}) = -j\omega\mu\vec{\underline{H}}(\vec{r}), \tag{7.12-1}$$

$$\operatorname{rot} \vec{\underline{H}}(\vec{r}) = j\omega {^c\varepsilon}\vec{\underline{E}}(\vec{r}). \tag{7.12-2}$$

---

3 Die dritte Forderung aus Unterabschnitt 6.3.4 (verschwindender Gleichstromanteil) ist hier immer erfüllt.

Zur Lösung dieses Systems multiplizieren wir (7.12–2) mit $-j\omega\mu$ und lassen die Rotation auf (7.12–1) los. Ein Vergleich mit der Definition des Laplace-Operators, (6.31), liefert

$$(\Delta + \omega^2\mu\,\overset{c}{\varepsilon})\vec{E} = \vec{0}. \tag{7.13}$$

Multiplikation von (7.12–1) mit $j\omega\,\overset{c}{\varepsilon}$ und Anwendung der Rotation auf (7.12–2) ergibt genau gleich

$$(\Delta + \omega^2\mu\,\overset{c}{\varepsilon})\vec{H} = \vec{0}. \tag{7.14}$$

Die Einführung der material- und frequenzabhängigen Konstante

$$k^2 := \omega^2\mu\,\overset{c}{\varepsilon} = \omega^2\mu\varepsilon - j\omega\mu\sigma \tag{7.15}$$

spart etwas Druckerschwärze. Bei den partiellen Differentialgleichungen (7.13) bzw. (7.14) handelt es sich um die (vektorielle) *Helmholtz-Gleichung*[4] und kann ähnlich wie die vektorielle Wellengleichung in Unterabschnitt 6.4.2 durch Einführung von kartesischen Komponenten in eine skalare Helmholtz-Gleichung verwandelt werden, z.B.

$$(\Delta + k^2)\underline{E}_x = \underline{0}. \tag{7.16}$$

Diese skalare Gleichung schließlich kann – in ähnlicher Weise wie in Unterabschnitt 6.4.3 die Wellengleichung – mit einem *Separationsansatz* gelöst werden. Es ergibt sich die gleiche Lösung wie bei der Wellengleichung, wobei nur das Zeitverhalten wegfällt. Die Gleichung

$$(\Delta + k^2)\underline{f} = \underline{0} \tag{7.17}$$

hat die Lösung

$$\underline{f} = \underline{C}e^{-j\vec{k}\cdot\vec{r}} \qquad \text{mit } \vec{k}\cdot\vec{k} = k^2 = \omega^2\mu\,\overset{c}{\varepsilon}. \tag{7.18}$$

Man beachte, dass hier k^2 komplex ist, wenn die Leitfähigkeit σ nicht gerade verschwindet und zusätzlich die Materialparameter ε und μ reell sind. Infolgedessen ist die Ortsabhängigkeit – im Gegensatz zum bereits diskutierten Lösungsverhalten bei der Wellengleichung, wo wir allerdings $\sigma = 0$ gefordert hatten – ein exponentiell ansteigendes bzw. abklingendes Verhalten. Betrachten wir den besonders einfachen Fall, wo $\vec{k}$ nur eine x-Komponente $k_x = k = \beta - j\alpha$ hat, dann gilt

$$\underline{f} = \underline{C}e^{-jkx} = \underline{C}e^{-\alpha x}\Big(\cos\beta x - j\sin\beta x\Big). \tag{7.19}$$

Die reellen Zahlen α und β heißen *Dämpfungskonstante* bzw. *Phasenkonstante*, und die komplexe Zahl k heißt *Wellenzahl*. In der Literatur findet man auch die Größe $\gamma := \alpha + j\beta = jk$, welche *Ausbreitungskonstante* oder *Fortpflanzungskonstante* genannt wird.

Ist weiter die komplexe Amplitude $\underline{C} =: C$ reell, was durch geeignetes Festlegen des Zeitnullpunkts immer erreicht werden kann, dann gilt für die zum komplexen Zeiger $\underline{f}$ gehörige Zeitfunktion gemäß (7.2):

$$f(x, t) = \Re\Big(\underline{f}(x)\cdot e^{j\omega t}\Big) = Ce^{-\alpha x}\cos(\omega t - \beta x). \tag{7.20}$$

---

4 Auch *Schwingungsgleichung* genannt!

Der letzte Ausdruck unterscheidet sich von der reellen Lösung der skalaren Wellengleichung (6.57) im Wesentlichen nur durch den *Dämpfungsfaktor* $e^{-\alpha x}$. Eine ausführlichere Diskussion des Wellenverhaltens folgt in Unterabschnitt 7.1.5.

Die Rekonstruktion der „Maxwell-Lösungen" aus den Lösungen der skalaren Helmholtz-Gleichung muss nicht näher erläutert werden, da sich das Verfahren nicht von jenem unterscheidet, welches bereits in Unterabschnitt 6.4.4 beschrieben wurde.

7.1.4 Die Lösung der inhomogenen Gleichung im homogenen Material

Zu Beginn des vorigen Abschnitts haben wir gezeigt, dass im *homogenen* (linear isotropen) Material die Ladungsdichte ϱ im stationären Zustand bei jeder Frequenz notwendigerweise verschwindet. Zusammen mit der Gültigkeit des Ohm'schen Gesetzes, welches die Elimination der Stromdichte $\vec{J}$ ermöglicht, erlaubt es diese Tatsache, die Maxwell-Gleichungen im stationären Fall immer homogen zu schreiben, obwohl die Stromdichte nicht immer verschwindet. Trotzdem ist es üblich, auch hier von eingeprägten (gegebenen) Stromdichten $\vec{J}_0$ zu reden. Dies hat durchaus einen Sinn und ist lediglich eine Frage der Aufgabenstellung[5].

Etwas schwieriger zu verstehen ist der Fall, wo beide – sowohl eingeprägte Ströme $\vec{J}_0$ als auch Leitungsstromdichten $\vec{J}_{\mathrm{L}} := \sigma \underline{\vec{E}}$ – vorhanden sind. Die beiden inhomogenen Gleichungen in (7.3) heißen dann

$$\mathrm{rot}\,\underline{\vec{H}} = \vec{J}_0 + \sigma\underline{\vec{E}} + j\omega\varepsilon\underline{\vec{E}} = \vec{J}_0 + j\omega\,{}^{\mathrm{c}}\!\varepsilon\underline{\vec{E}}, \qquad (7.21\text{-}1)$$

$$\mathrm{div}\,\underline{\vec{E}} = \frac{\varrho_0}{\varepsilon}. \qquad (7.21\text{-}2)$$

Die Divergenz von (7.12-1) verschwindet. Somit folgt aus der rechten Seite dieser Gleichung

$$\mathrm{div}\,\vec{J}_0 = -j\omega\,{}^{\mathrm{c}}\!\varepsilon\,\mathrm{div}\,\underline{\vec{E}} = -j\omega\,\frac{{}^{\mathrm{c}}\varepsilon}{\varepsilon}\,\varrho_0, \qquad (7.22)$$

was für nicht leitfähige Materialien mit (7.5) übereinstimmt.

Diese Aufteilung der Stromdichte in zwei Anteile an ein und derselben Stelle ist physikalisch natürlich ein Unsinn: Entweder gilt das Ohm'sche Gesetz, und dann würden die obigen Gleichungen einen falschen Wert für $\underline{\vec{E}}$ liefern – es müsste $\underline{\vec{E}} = (\vec{J}_0 + \vec{J}_{\mathrm{L}})/\sigma$ gelten –, oder das Ohm'sche Gesetz gilt nicht, und dann ist der Term $\sigma\underline{\vec{E}}$ fragwürdig. Trotzdem findet sich (7.21) in den meisten Lehrbüchern über elektromagnetische Felder, was vor dem Hintergrund praktischer Aufgabenstellungen gesehen werden muss. Wir wollen dies am Beispiel einer Unterwasserantenne erläutern, welche aus metallischen Drähten besteht, wobei wir annehmen, die Stromverteilung sei auf der ganzen Antennenstruktur durch den Generator vorgegeben und somit bekannt. Genau genommen müssten *zwei* Feldgebiete mit je homogen, linear, isotropem Material (Metall bzw. Wasser) eingeführt werden. Im Metall ist die Feldberechnung trivial, denn die Stromverteilung ist dort vorgegeben; im Wasser gelten die homogenen Maxwell-Gleichungen (7.6) mit unbekannter Stromdichte $\vec{J} = \sigma\underline{\vec{E}}$. Nun vereinfacht man das Problem, indem das Material Metall „weggedacht" wird und somit der ganze Raum mit einem einzigen Medium (Wasser) erfüllt ist. Der Antennenstrom wird jedoch als $\vec{J}_0$ am gleichen Ort beibehalten, darf dann aber dem Ohm'schen Gesetz im Wasser *nicht* genügen. Die

---

5 Vgl. auch die Fußnote 21 im sechsten Kapitel.

Wirkung (d.h. das elektromagnetische Feld) der Antennenstromverteilung im Wasser (und nur dort) kann jetzt berechnet werden, *ohne* ein zweites Feldgebiet einführen zu müssen.

Wir wollen jetzt zeigen, dass die Wirkung einer eingeprägten Stromdichte mit einem dem Coulomb'schen Integral in der Elektrostatik entsprechenden Integral explizite angegeben werden kann. Wir schreiben die Maxwell-Gleichungen in der Form

$$\operatorname{rot} \underline{\vec{E}} = -j\omega\mu\underline{\vec{H}} \quad \Rightarrow \quad \operatorname{div} \underline{\vec{H}} = \underline{0}$$

$$\operatorname{rot} \underline{\vec{H}} = \underline{\vec{J}}_0 + j\omega{}^c\varepsilon\underline{\vec{E}} \quad \Rightarrow \quad \operatorname{div}\left(\underline{\vec{J}}_0 + j\omega{}^c\varepsilon\underline{\vec{E}}\right) = \underline{0}$$

$$\operatorname{div} \underline{\vec{E}} = \frac{\varrho_0}{\varepsilon}$$

$$\operatorname{div} \underline{\vec{H}} = \underline{0} \tag{7.23}$$

und erkennen, dass die letzte Zeile überflüssig ist. Ohne die Rechnungen im Einzelnen nochmals durchzuführen, bemerken wir, dass diese Gleichungen entkoppelt werden können, d.h. man kann daraus neue Beziehungen herleiten, welche nur noch $\underline{\vec{E}}$ oder $\underline{\vec{H}}$ allein enthalten. Weiter können die Potentiale $\underline{\vec{A}}$ und $\underline{\varphi}$ eingeführt werden. Auch diese genügen je einer Helmholtz-Gleichung. Man erhält analog zu den im sechsten Kapitel hergeleiteten inhomogenen Wellengleichungen hier die inhomogenen Helmholtz-Gleichungen

$$(6.71) \qquad (\Delta + k^2)\underline{\vec{E}} = j\omega\mu\underline{\vec{J}}_0 + \frac{1}{\varepsilon}\operatorname{grad}\underline{\varrho}_0 = j\omega\mu\left(\underline{\vec{J}}_0 + \frac{1}{k^2}\operatorname{grad}\operatorname{div}\underline{\vec{J}}_0\right), \tag{7.24}$$

$$(6.73) \qquad (\Delta + k^2)\underline{\vec{H}} = -\operatorname{rot}\underline{\vec{J}}_0, \tag{7.25}$$

$$(6.105) \qquad (\Delta + k^2)\underline{\vec{A}} = -\mu\underline{\vec{J}}_0, \tag{7.26}$$

$$(6.104) \qquad (\Delta + k^2)\underline{\varphi} = -\frac{\varrho_0}{\varepsilon} = \frac{1}{j\omega{}^c\varepsilon}\operatorname{div}\underline{\vec{J}}_0, \tag{7.27}$$

wobei links die Nummer der entsprechenden Wellengleichung angegeben wurde. Wegen (7.19) kann $\underline{\varrho}_0$ eliminiert werden, was im zweiten Ausdruck rechts in (7.21) und (7.24) gemacht wurde. $k^2 = \omega^2\mu{}^c\varepsilon$ ist durch (7.15) gegeben.

Die drei vektoriellen Gleichungen (7.21)–(7.23) können durch Einführung kartesischer Komponenten in skalare Helmholtz-Gleichungen verwandelt werden, und (7.24) ist bereits skalar. Somit genügt es, die allgemeine Gleichung

$$(\Delta + k^2)\underline{f} = \underline{g} \tag{7.25}$$

zu lösen. Genau wie in Unterabschnitt 6.4.6 findet man die Lösung in zwei Schritten, indem zuerst nur die Lösung $G(\vec{r}, \vec{r}')$ für eine punktförmige Quelle $\delta(\vec{r} - \vec{r}')$ der Stärke eins an der Stelle $\vec{r}'$ gesucht wird und dann die Lösung einer Quellen*verteilung* als Superposition (Integral) vieler Punktquellen-Lösungen geschrieben wird. Die (noch zu bestimmende) Punktquellen-Lösung $G(\vec{r}, \vec{r}')$, welche die Wirkung einer bei $\vec{r} = \vec{r}'$ sitzenden punktförmigen Quelle in jedem Raumpunkt $\vec{r}$ beschreibt, gehorcht der Gleichung

$$(\Delta + k^2)G(\vec{r}, \vec{r}') = \delta(\vec{r} - \vec{r}'). \tag{7.26}$$

Aus der Lösung dieser Gleichung ergibt sich nachher die Gesamtlösung von (7.25)[6]:

$$\underline{f}(\vec{r}) = \iiint\limits_{V'} G(\vec{r}, \vec{r}')\underline{g}(\vec{r}')\,dV'. \tag{7.27}$$

Die Ermittlung der Green'schen Funktion $G(\vec{r}, \vec{r}')$ ist mathematisches Feinhandwerk und wird hier übergangen. Wir geben lediglich die Lösung an:

$$G(\vec{r}, \vec{r}') = -\frac{e^{-jk|\vec{r}-\vec{r}'|}}{4\pi|\vec{r} - \vec{r}'|}, \tag{7.28}$$

und können sie verifizieren, indem wir sie in (7.26) einsetzen. Für $\vec{r} \neq \vec{r}'$ verschwindet die rechte Seite der Helmholtz-Gleichung (7.26), und das Einsetzen von $G(\vec{r}, \vec{r}')$ bietet keine Schwierigkeiten (vgl. Übungsaufgabe 7.1.6.1). Damit ist (7.28) außerhalb des Punktes $\vec{r}'$ verifiziert. Der Nachweis der Gültigkeit auch am Ort der Punktquelle selbst kann ähnlich wie in Unterabschnitt 6.4.6 mit einer Integration der Gleichung (7.26) über eine kleine Kugel erbracht werden und liefert den Faktor $-1/4\pi$ nach (vgl. Übungsaufgabe 7.1.6.2).

Spezielle Lösungen von (7.21)–(7.24) sind somit

(6.88)
$$\underline{\vec{E}}(\vec{r}) = \frac{1}{4\pi} \iiint\limits_{V'} \frac{\left(-j\omega\mu\underline{\vec{J}}_0(\vec{r}') - \frac{1}{\varepsilon}\text{grad}'\,\underline{\varrho}_0(\vec{r}')\right)e^{-jk|\vec{r}-\vec{r}'|}}{|\vec{r} - \vec{r}'|}\,dV', \tag{7.32}$$

(6.87)
$$\underline{\vec{H}}(\vec{r}) = \frac{1}{4\pi} \iiint\limits_{V'} \frac{\text{rot}'\,\underline{\vec{J}}_0(\vec{r}')\cdot e^{-jk|\vec{r}-\vec{r}'|}}{|\vec{r} - \vec{r}'|}\,dV', \tag{7.33}$$

(6.106)
$$\underline{\vec{A}}(\vec{r}) = \frac{\mu}{4\pi} \iiint\limits_{V'} \frac{\underline{\vec{J}}_0(\vec{r}')\cdot e^{-jk|\vec{r}-\vec{r}'|}}{|\vec{r} - \vec{r}'|}\,dV', \tag{7.34}$$

(6.107)
$$\underline{\varphi}(\vec{r}) = \frac{1}{4\pi\varepsilon} \iiint\limits_{V'} \frac{\underline{\varrho}_0(\vec{r}')\cdot e^{-jk|\vec{r}-\vec{r}'|}}{|\vec{r} - \vec{r}'|}\,dV'. \tag{7.35}$$

Der Strich bei grad$'$ in (7.29) und rot$'$ in (7.30) bedeutet, dass nach den Komponenten von $\vec{r}'$ abgeleitet werden muss. Wegen des Faktors $e^{-jk|\vec{r}-\vec{r}'|}$ muss offenbar die Quellengröße bei der Integration *phasenverschoben* berücksichtigt werden, was der Retardierung in (6.87), (6.88) sowie (6.106) und (6.107) entspricht. Man beachte, dass hier im Falle eines komplexen k-Wertes zusätzlich zur Retardierung (Phasendrehung) eine mit dem Abstand $|\vec{r} - \vec{r}'|$ zunehmende Dämpfung auftritt.

7.1.5 Diskussion des Wellenverhaltens

Eine Diskussion der Wellenzahl k in Funktion der Materialparameter ε, μ und σ liefert einen praktischen Anhaltspunkt für das Verhalten sowohl der Lösung (7.18) der homogenen Gleichung als auch der Lösungen (7.29)–(7.32) der inhomogenen Gleichung. Es gilt mit (7.15) die Beziehung

$$k^2 = \omega^2\mu\,\overset{c}{\varepsilon} = \omega^2\mu\varepsilon - j\omega\mu\sigma = \omega\mu(\omega\varepsilon - j\sigma), \tag{7.33}$$

---

6 Der Unterschied zu (6.76), wo $g(\vec{r})$ unter dem Integral fehlt, erklärt sich dadurch, dass dort eine Punktquelle der Stärke $g(\vec{r}', t)$, hier aber eine *Einheits*punktquelle verwendet wurde!

was bei positiven und reellen Materialparametern ε, μ und σ (und positiver Kreisfrequenz ω) eine Zahl im vierten Quadranten der komplexen Ebene ergibt (vgl. Abbildung 7.1). Somit liegt k, die Wurzel aus k^2, in diesem Fall zwischen der positiven reellen Achse und der Winkelhalbierenden des vierten Quadranten, und das Argument von k ist durch das Verhältnis der Leitfähigkeit σ und der mit der Kreisfrequenz ω multiplizierten Permittivität ε des Materials bestimmt[7]:

$$k = \beta - j\alpha; \quad |k| = \sqrt{\omega\mu}\sqrt[4]{(\omega\varepsilon)^2 + \sigma^2}, \quad \arg k = -\frac{1}{2}\arctan\frac{\sigma}{\omega\varepsilon},$$

$$\beta = \omega\sqrt{\frac{\mu\varepsilon}{2}}\sqrt{\sqrt{\left(\frac{\sigma}{\omega\varepsilon}\right)^2 + 1} + 1},$$

$$\alpha = \omega\sqrt{\frac{\mu\varepsilon}{2}}\sqrt{\sqrt{\left(\frac{\sigma}{\omega\varepsilon}\right)^2 + 1} - 1}. \tag{7.34}$$

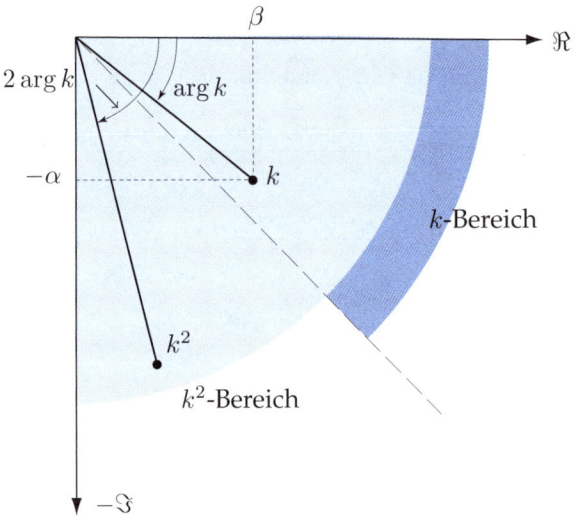

Abbildung 7.1: Das Quadrat der komplexen Wellenzahl k liegt in der komplexen Ebene im vierten Quadranten, wenn die drei Materialparameter ε, μ und σ sowie die Kreisfrequenz ω alle reell und positiv sind.

Die Zahlen α und β charakterisieren die Ortsabhängigkeit, die wir zur Vereinfachung nur in Richtung r annehmen, vollständig:

$$e^{-jkr} = e^{-\alpha r}\left(\cos\beta r - j\sin\beta r\right). \tag{7.35}$$

Die Abbildung 7.2 zeigt den Verlauf dieser Funktion für drei unterschiedliche Verhältnisse. Wie bereits weiter oben erwähnt hat nicht nur die Wellenzahl k einen eigenen Namen, sondern auch der Realteil und der Imaginärteil:

---

7   Die Quadratwurzel einer komplexen Zahl ist zweideutig. Wir schreiben $k = +\sqrt{k^2}$, wenn k möglichst im ersten Quadranten liegt. Liegen die beiden Wurzeln im 2. und 4. Quadranten, entscheidet das Vorzeichen des *Realteils*, d.h. k liegt dann im 4. Quadranten. Im Übrigen sind die Formeln (7.34) nur mit reellen, nicht negativen ε-, μ-, σ- und ω-Werten brauchbar. Mit der allgemein gültigen Formel (7.33) kommt man in der Praxis ohnehin schneller zum Ziel.

α: Dämpfungskonstante

β: Phasenkonstante

γ: Fortpflanzungskonstante oder Ausbreitungskonstante $[\gamma = \alpha + j\beta = jk]$

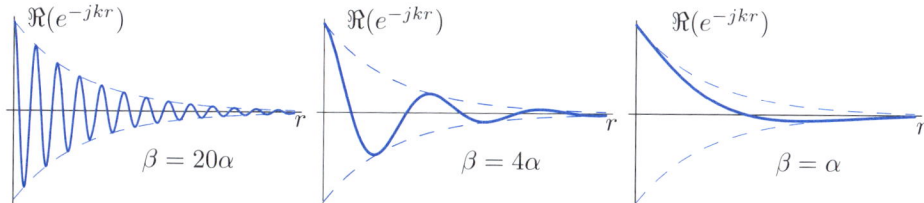

Abbildung 7.2: Das Verhalten der Funktion e^{-jkr} hängt stark vom Verhältnis α zu β ab. Der Verlauf links ist typisch für geringe Leitfähigkeiten, der mittlere Verlauf gilt, falls die Leitfähigkeit σ mit $\omega\varepsilon$ vergleichbar ist, und der rechte Verlauf gilt für sehr hohe Leitfähigkeiten. Der Imaginärteil ist eine Viertelperiode phasenverschoben und zeigt ein ähnliches Verhalten. Die gestrichelt eingezeichnete Enveloppe ist gleichzeitig der Betrag der komplexwertigen Funktion (7.35). N.B.: Aus $\beta = c\cdot\alpha$ folgt $\sigma/(\omega\varepsilon) = 2c/(c^2 - 1)$, d.h. $c > 1$ oder $\beta > \alpha$ für alle Materialien mit positiven Materialkonstanten.

Je nachdem, ob die Dämpfung oder das oszillierende Verhalten von größerem Interesse ist, wird man eher α oder β betrachten. Da nur k^2 eine einfache Funktion der Materialparameter und der Kreisfrequenz ist, wollen wir die Diskussion von α und β in Funktion eben dieser Größen auf zwei extreme, praktisch aber wichtige Fälle beschränken:

■ k^2 ist fast rein imaginär, d.h. $\sigma \gg \omega\varepsilon$ („Leiter")

■ k^2 ist fast reell, d.h. $\sigma \ll \omega\varepsilon$ („Isolator")

Diese beiden Fälle charakterisieren gleichzeitig den „Leiter" und den „Isolator". Man sieht, dass die Unterscheidung nicht nur eine Frage der Materialparameter, sondern auch eine Frage der Frequenz ist. Setzt man Werte realer Materialien ein, erkennt man sofort, dass *metallische* Leiter ($\sigma > 10^5 \frac{A}{Vm}$, $\varepsilon = \varepsilon_0 = 8.8 \cdot 10^{-12} \frac{As}{Vm}$) bei praktisch allen technischen Frequenzen auch Leiter im Sinne der obigen Definition sind, denn die Ungleichung wird erst bei $\omega \approx 10^{16} \frac{1}{s}$ zur Gleichung[8]. Dieser Vergleich hinkt allerdings ein wenig, weil die Materialparameter nicht bis $f = 10^{16}$ Hz konstant sind. Die Gültigkeit des Ohm'schen Gesetzes hört zum Beispiel schon bei ca. 10^{13} Hz auf, weil die Elektronen in so kurzen Zeiten gar nicht vom einen zum nächsten Atom im Metallgitter gelangen können und sich daher ungebremst bewegen. Trotzdem dürfen wir in Metallen bis $f = 1000$ GHz unbesorgt sein, denn bis zu dieser Frequenz ist deren Leitfähigkeit praktisch konstant.

Dagegen holen bereits mäßige Isolatoren ($\sigma \approx 10^{-6} \frac{A}{Vm}$) diese Grenzfrequenz um elf Zehnerpotenzen auf gängige Frequenzwerte herunter. Bei guten Isolatoren ($\sigma < 10^{-10} \frac{A}{Vm}$) überwiegt bereits bei niedrigen Frequenzen der Term $\omega\varepsilon$ die Leitfähigkeit σ, und k ist praktisch reell.

In den zwei erwähnten Grenzfällen vereinfachen sich die Ausdrücke für α und β in (7.34), und die beiden Zahlen können übersichtlich in Funktion von Materialparametern und Frequenz angegeben werden. Da k und damit auch α und β die Dimension einer *reziproken* Länge aufweisen, zieht man der Anschaulichkeit halber deren Kehrwerte vor (vgl. Kasten).

---

8 Sichtbares Licht ist im Frequenzbereich um $f = 10^{14}$[Hz].

Die Tabelle im Anschluss an Abbildung 7.3 zeigt einige konkrete Werte. In den Feldern steht jeweils oben die Wellenlänge $\lambda = 2\pi/\beta$ und unten die Eindringtiefe $\delta = 1/\alpha$. Sämtliche Längen sind in Metern angegeben, während zur Leitfähigkeit σ die Einheit $\frac{A}{Vm}$ gehört. Die elektrischen und magnetischen Eigenschaften des Materials werden durch die dimensionslosen Größen ε_r und μ_r angegeben. Es gilt für die Permeabilität $\mu = \mu_0 \mu_r = 4\pi \cdot 10^{-7} \mu_r \frac{Vs}{Am}$ und für die Permittivität $\varepsilon = \varepsilon_0 \varepsilon_r = 8.854 \cdot 10^{-12} \varepsilon_r \frac{As}{Vm}$. Alle Tabellenwerte sind *exakt* gerechnet. Bei jenen Längen, wo auch die in (7.34) bzw. (7.35) angegebenen Näherungsformeln einen guten[9] Wert liefern, sind die Zahlen in der Tabelle fett gedruckt. Beim biologischen Material liefert die Näherungsformel (7.34) bei einer Frequenz $f = 1\,GHz$ einen um 8.3 % zu großen Wert, während die Näherungsformel (7.35) einen um 38% zu kleinen Wert liefert. Das biologische Material ist somit im Frequenzbereich um 1 GHz herum[10] an der Grenze zwischen Leiter und Isolator.

Wird die Frequenz erniedrigt, nähert sich die Situation allmählich der Statik. Der Grenzübergang $\omega \to 0$ lässt alle Vergleichslängen in der Tabelle nach ∞ streben. Wir können schließen, dass dann, wenn die Abmessungen des Feldgebiets sehr viel kleiner sind als die obigen Vergleichslängen, diese ebenso gut als unendlich groß angenommen werden können, was nichts anderes bedeutet, als dass dann statisch gerechnet werden kann. Dies erklärt die große Bedeutung des statischen Spezialfalls, auch wenn in der Praxis kaum echt statische Verhältnisse anzutreffen sind. Beispielsweise kann das Feld in einer integrierten Schaltung statisch gerechnet werden, wenn λ größer als ein paar Zentimeter ist. Dies entspricht in Luft einer Grenzfrequenz von ca. 10 GHz. Anders ausgedrückt: In integrierten Schaltungen kann bis zu einer Frequenz von 10 GHz statisch gerechnet werden. Im nächsten Abschnitt wollen wir daher den statischen Fall, wo noch weitergehende Vereinfachungen vorgenommen werden können, speziell untersuchen.

Als praktische Vergleichslängen für eine wesentliche Variation der Felder bietet sich im Fall kleiner Leitfähigkeit die Zahl

$$\lambda = \frac{2\pi}{\beta} \underset{\sigma \ll \omega\varepsilon}{\approx} \frac{2\pi}{\omega\sqrt{\mu\varepsilon}}, \tag{7.36}$$

die so genannte *Wellenlänge* des Mediums an, während im Falle hoher Leitfähigkeit die Dämpfung mehr interessiert. Man betrachtet dann

$$\delta = \frac{1}{\alpha} \underset{\sigma \gg \omega\varepsilon}{\approx} \sqrt{\frac{2}{\omega\mu\sigma}}, \tag{7.37}$$

welche *Eindringtiefe* oder *Skintiefe* genannt wird. Im letzten Fall gilt übrigens $\alpha \approx \beta$, denn $\arg k \approx -45°$.

Die genauen Werte für α und β findet man mit (7.34), und die konkrete Bedeutung von λ und δ ist in Abbildung 7.3 angegeben. Ferner beachte man, dass die Materialparameter frequenzabhängig sein können.

---

9   Abweichung weniger als 1 Promille

10   Mobile Telefone arbeiten z.B. bei einer Frequenz von ca. 0.9 GHz.

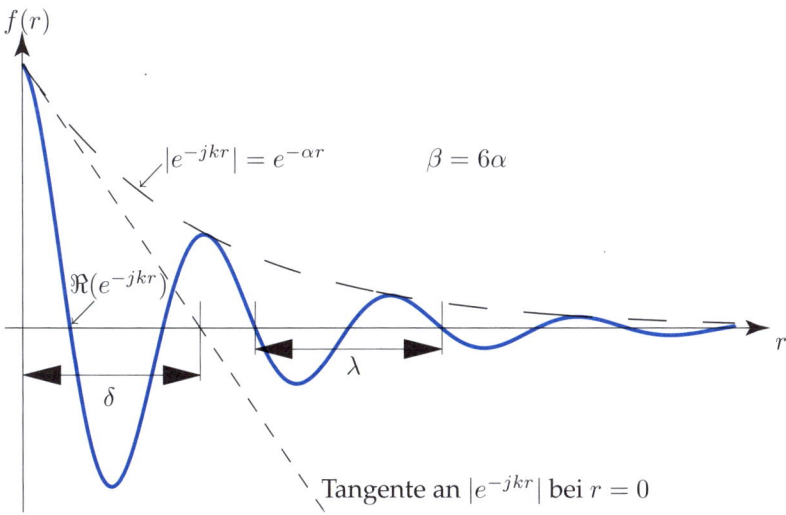

$f(r)$

$|e^{-jkr}| = e^{-\alpha r}$ $\beta = 6\alpha$

$\Re(e^{-jkr})$

r

δ

λ

Tangente an $|e^{-jkr}|$ bei $r = 0$

Abbildung 7.3: Die beiden Vergleichslängen λ und δ charakterisieren zwei verschiedene Eigenschaften der Funktion e^{-jkr}. Die Wellenlänge λ beschreibt die Oszillation, während die Skin- oder Eindringtiefe δ die Dämpfung charakterisiert. Im dargestellten Fall kann keine der Näherungsformeln ganz rechts in (7.36) und (7.37) angewendet werden.

Frequenz		Kupfer $\sigma = 5.6 \cdot 10^7$ $\varepsilon_r = 1$ $\mu_r = 1$	Gusseisen* $\sigma = 10^5$ $\varepsilon_r = 1$ $\mu_r = 10^3$	Biol. Material $\sigma = 1$ $\varepsilon_r = 20$ $\mu_r = 1$	Luft $\sigma = 10^{-12}$ $\varepsilon_r = 1$ $\mu_r = 1$
50 Hz	$\lambda =$	$5.98 \cdot 10^{-2}$	$4.47 \cdot 10^{-2}$	447	$6.01 \cdot 10^6$
	$\delta =$	$9.51 \cdot 10^{-3}$	$7.12 \cdot 10^{-3}$	71.2	$5.29 \cdot 10^9$
10 kHz	$\lambda =$	$3.16 \cdot 10^{-3}$	$4.23 \cdot 10^{-3}$	31.6	$3.01 \cdot 10^4$
	$\delta =$	$5.03 \cdot 10^{-4}$	$6.73 \cdot 10^{-4}$	5.03	$5.29 \cdot 10^9$
1 MHz	$\lambda =$	$4.23 \cdot 10^{-4}$	$3.16 \cdot 10^{-4}$	3.16	301
	$\delta =$	$6.73 \cdot 10^{-5}$	$5.03 \cdot 10^{-5}$	0.504	$5.29 \cdot 10^9$
1 GHz	$\lambda =$	$1.34 \cdot 10^{-5}$	10^{-5}	0.062	0.301
	$\delta =$	$2.13 \cdot 10^{-6}$	$1.59 \cdot 10^{-6}$	0.026	$5.29 \cdot 10^9$

Längen in m, Leitfähigkeiten in $\frac{A}{Vm}$; siehe auch Text!
*Die Zahlen von Gusseisen können stark variieren.

7.1.6 Aufgaben

7.1.6.1 Green'sche Funktion als homogene Lösung im „gelochten" Raum

Gegeben: Die Gleichung (7.26).

Gesucht: Man zeige, dass (7.28) Lösung von (7.26) ist, solange $|\vec{r} - \vec{r}\,'| > 0$. (Hinweis: Vgl. Übungsaufgabe 6.4.7.3.)

7.1.6.2 Singularität der Green'schen Funktion

Gegeben: Die Gleichung (7.26).

Gesucht: Man zeige, dass (7.28) auch Lösung von (7.26) ist, wenn $\vec{r}$ gegen $\vec{r}\,'$ strebt. (Hinweis: Vgl. Unterabschnitt 6.4.6.)

7.1.6.3 Skineffekt

Gegeben: Der gesamte Raum ist durch die Ebene $z = 0$ halbiert. Der Halbraum $z > 0$ ist mit Eisen (bekannte Materialparameter $\mu > \mu_0$, $\varepsilon = \varepsilon_0$ und σ), der Halbraum $z < 0$ mit Luft gefüllt. Das Feld im Eisen ist teilweise gegeben: $\underline{\vec{H}}(\vec{r}) = \underline{H}_0 e^{-jkz} \vec{e}_x$.

Gesucht:

a   Wie lautet das zugehörige $\underline{\vec{E}}$-Feld im Eisen?

b   Wie ist die Stromverteilung im Eisen?

c   Wie könnte das Feld in den Lufthalbraum fortgesetzt werden? (Hinweis: Man betrachte nur eine sehr dünne Schicht um $z \le 0$.)

7.2 Die statischen Felder

Unter Statik verstehen wir in der Feldtheorie jenen Zustand, wo alle Feldgrößen, die in den Maxwell-Gleichungen vorkommen, nicht von der Zeit abhängen. Indem wir in (5.38) die zeitlichen Ableitungen null setzen, bekommen wir sofort die dazugehörigen Maxwell-Gleichungen. Wir ergänzen sie sofort unter Verwertung der Identitäten (6.2) [rot grad $\equiv 0$] und (6.3) [div rot $\equiv 0$], d.h. wir können wie bereits im 6. Kapitel Potentiale einführen und andere Folgerungen ziehen:

$$\text{rot}\,\vec{E}(\vec{r}) = \vec{0}, \qquad \Rightarrow \quad \vec{E} \;\; = -\,\text{grad}\,\varphi, \tag{7.41-1}$$

$$\text{rot}\,\vec{H}(\vec{r}) = \vec{J}(\vec{r}), \qquad \Rightarrow \quad \text{div}\,\vec{J} = 0, \tag{7.41-2}$$

$$\text{div}\,\vec{D}(\vec{r}) = \varrho(\vec{r}), \tag{7.41-3}$$

$$\text{div}\,\vec{B}(\vec{r}) = 0, \qquad \Rightarrow \quad \vec{B} \;\; = \text{rot}\,\vec{A}. \tag{7.41-4}$$

In der ersten und vierten Gleichung links kommt nur je eine Feldgröße vor. Diese Gleichungen machen daher nur eine Aussage über $\vec{E}$ bzw. über $\vec{B}$ allein, ohne dass damit eine Verkopplung zwischen verschiedenen Größen beschrieben wäre. In der zweiten und dritten Gleichung sind links je zwei verschiedene Feldgrößen vorhanden. Somit beschreiben diese beiden Relationen eine Verkopplung, eine Verkopplung allerdings nicht zwischen Ableitungen von Feldfunktionen, sondern zwischen Quellen $(\vec{J}, \varrho)$ und räumlichen Ableitungen von $\vec{H}$ und $\vec{D}$.

Das elektrische Skalarpotential φ kann hier somit – anders als in der Dynamik – in *einem* Schritt eingeführt werden, genau wie das magnetische Vektorpotential $\vec{A}$. Ebenso erweist sich die Ladungserhaltung als Folgerung aus der zweiten Maxwell-Gleichung allein, was nichts anderes besagt, als dass in der Statik *nur* geschlossene Stromverteilungen vorkommen.

7.2.1 Das allgemeine Lösungsverfahren und die Grenzbedingungen

Wir orientieren uns am allgemeinen Lösungsverfahren, das bereits in der Dynamik (Kapitel 6) und im stationären Zustand (Abschnitt 7.1) Verwendung fand. Die wesentlichen Schritte sind:

- Aufteilen des Feldgebiets in homogene Teilgebiete
- Ersatz der Maxwell-Gleichungen auf den Gebietsrändern durch Stetigkeitsbedingungen
- Allgemeine Lösung der homogenen Maxwell-Gleichungen in jedem Teilgebiet
- Partikuläres Lösen der inhomogenen Maxwell-Gleichungen in jedem Teilgebiet

Nach dem trivialen ersten Schritt können wir die Stetigkeitsbedingungen allgemein angeben, während die allgemeine und die partikuläre Lösung der Maxwell-Gleichungen in der Statik je nach Teilbereich unterschiedliche Bedeutung hat.

Die Grenzbedingungen leiten wir unmittelbar aus (6.28) bzw. (6.29) ab, indem wir dort $\frac{\partial}{\partial t}$ null setzen. Es zeigt sich, dass nur die folgenden Gleichungen übrig bleiben, wobei wir den Fall idealer Leiter dazunehmen, dann aber die entsprechenden Feldgrößen null setzen müssen:

Allgemeiner Fall, eventuell ideale Leiter und Grenzfolien

$$\vec{E}_{i\mathrm{T}} - \vec{E}_{k\mathrm{T}} = \vec{0} \tag{7.42-1}$$

$$\vec{H}_{i\mathrm{T}} - \vec{H}_{k\mathrm{T}} = \vec{\alpha} \times \vec{e}_{\mathrm{n}} \Rightarrow \vec{\alpha} = \vec{e}_{\mathrm{n}} \times (\vec{H}_{i\mathrm{T}} - \vec{H}_{k\mathrm{T}}) \tag{7.42-2}$$

$$D_{i\mathrm{n}} - D_{k\mathrm{n}} = \varsigma \tag{7.41-3}$$

$$J_{i\mathrm{n}} - J_{k\mathrm{n}} = -\operatorname{div}_{\mathrm{F}} \vec{\alpha} \tag{7.42-4}$$

$$B_{i\mathrm{n}} - B_{k\mathrm{n}} = 0 \tag{7.42-5}$$

Der auf der Grenze ∂G_{ik} normal stehende Einheitsvektor $\vec{e}_{\mathrm{n}}$ weist von G_k nach G_i.

Die Überlegungen von Unterabschnitt 6.3.2 über die Zulässigkeit von Flächenladungsdichten ς und Flächenstromdichten $\vec{\alpha}$ gelten unverändert. Somit kann ς ohne besondere Einschränkungen auftreten, während $\vec{\alpha}$ nur in idealisierten Modellen vorkommen darf. Ein möglicher Zusammenhang zwischen $\vec{\alpha}$ und $\vec{E}_{\mathrm{T}}$ im Sinne eines verallgemeinerten, nur in der Grenzfolie gültigen „Ohm'schen Gesetzes"[11] ist äquivalent mit einer zusätzlichen Materialgleichung. Die in Unterabschnitt 6.3.2 gemachten Bemerkungen gelten sinngemäß.

---

11 Vgl. die Übungsaufgabe 7.2.3.2!

Ist eines der beiden Teilgebiete ein idealer Leiter, verschwinden die entsprechenden Feldstärken, und in den Gleichungen (7.39) können z.B. alle Felder mit Index k weggelassen werden.

Es ist zu beachten, dass die Gleichungen (7.39) *alle* zu erfüllen sind, und es gibt – anders als in der Dynamik – keine Abhängigkeiten unter den verschiedenen Grenzbedingungen. Je nach der Form der Aufgabenstellung kann eine einzelne der obigen Gleichungen *Bestimmungsgleichung* sein für eine in ihr enthaltene Größe.

7.2.2 Die Aufteilung der Statik in drei Teilbereiche

Weil gegenüber den allgemeinen Maxwell-Gleichungen (5.38) in den statischen Gleichungen (7.41) zwei Terme wegfallen, ist der Grad der Verkopplung unter den verschiedenen Feldgrößen in der Statik geringer als in der Dynamik. Tatsächlich tritt im ganzen System (7.41)[12] jede Feldgröße nur gerade einmal auf. Wir wissen allerdings, dass neben den Maxwell-Gleichungen auch die Materialgleichungen eine Rolle spielen und wollen uns diesbezüglich auf die einfacheren Fälle beschränken, wo nur die wichtigsten Verkopplungen der Felder über das Material vorkommen. Wir betrachten somit nur die folgenden Materialgleichungen:

$$\vec{D} = \varepsilon_0 \vec{E} + \vec{P}, \qquad \text{mit } \vec{P} = \vec{P}_0 + \varepsilon_0 \chi_e \vec{E}, \qquad (7.43\text{-}1)$$

$$\vec{B} = \mu_0 (\vec{H} + \vec{M}), \qquad \text{mit } \vec{M} = \vec{M}_0 + \chi_m \vec{H}, \qquad (7.43\text{-}2)$$

$$\vec{J} = \sigma \vec{E} + \vec{J}_0, \qquad (7.43\text{-}3)$$

wobei alle Feldgrößen mit Index 0 sowie die Suszeptibilitäten χ_e und χ_m und die Leitfähigkeit σ als fest gegeben vorausgesetzt werden. Verschwinden $\vec{P}_0$, $\vec{M}_0$ und $\vec{J}_0$, genügen bekanntlich die drei reellen Parameter σ, $\mu = \mu_0(1 + \chi_m)$ und $\varepsilon = \varepsilon_0(1 + \chi_e)$ zur Beschreibung des Materials. Es ist nun so, dass unter diesen recht schwachen Voraussetzungen zu jeder Materialgleichung ein ganzes Teilgebiet der Elektrotechnik gehört, das jeweils unabhängig von den andern behandelt werden kann, weil die Kopplung zu den in einem anderen Teilgebiet relevanten Feldgrößen höchstens eine einseitige, d.h. rückwirkungsfreie ist. Wir machen die folgenden Zuordnungen:

$$
\begin{array}{rcl}
\vec{D}, \vec{E}, \varrho_0 & \rightarrow & \text{Elektrostatik} \\
\vec{B}, \vec{H}, \vec{J}_0 & \rightarrow & \text{Magnetostatik} \\
\vec{J}, \vec{E} & \rightarrow & \text{Stromlehre}
\end{array}
$$

Die Aufteilung entspricht weitgehend der historischen Abgrenzung, wie wir sie in den Kapiteln 1 bis 3 kennen gelernt haben.

Man beachte, dass die vorgenommene Aufteilung zwar jedem Teilbereich genau eine Materialgleichung zuordnet, dass wir deswegen aber nicht die jeweilige Materialgleichung „erklären" oder „verstehen" wollen. Es ist lediglich so, dass die Materialgleichung jene nicht in den Maxwell-Gleichungen enthaltene Verkopplung unter den Feldgrößen beschreibt, die für das entsprechende Teilgebiet wichtig sind, und wir fassen die Materialgleichung immer als gegeben auf. So umfasst etwa die Stromlehre nur die

---

12 Folgerungsgleichungen nicht mitgerechnet!

Beschreibung des elektrischen Stromflusses im leitenden Medium, während sich der „Galvanismus" (heute sagt man *Elektrochemie*, vgl. Abschnitt 2.1), der die chemischen Wirkungen des elektrischen Stromes behandelt, als Materialeffekt außerhalb des Bereiches der Maxwell'schen Theorie befindet.

Obwohl sich nach Einsetzen aller Materialgleichungen (7.43) in die Maxwell-Gleichungen (7.41) eine Verkopplung aller Feldgrößen ergibt, ist es gerade in der Statik möglich, einen Teil dieser Verkopplung außer Acht zu lassen. Dies ist deshalb möglich, weil die Verkopplung nach dem Einsetzen der Materialgleichungen keine wechselseitige ist. Zum Beispiel hat ein allenfalls vorhandenes statisches $\vec{H}$-Feld *keinen* Einfluss auf die Leitungsstromdichte[13]. Wir wollen im Folgenden die drei Teilgebiete der Statik separat behandeln und können uns dabei darauf beschränken, je eine allgemeine Lösung der homogenen (= quellenfreien) und eine partikuläre Lösung der inhomogenen Maxwell-Gleichungen bei *homogenen (= ortsunabhängigen) Materialbedingungen* anzugeben, denn die übrigen Schritte des allgemeinen Lösungsverfahrens sind bereits erledigt.

Wir werden in den verschiedenen Fällen die Materialgleichungen von Anfang an den praktischen Bedürfnissen anpassen und daher nicht alle Aspekte von (7.43) diskutieren.

7.2.3 Aufgaben

7.2.3.1 Materialgleichungen

Gegeben: Die Materialgleichungen (7.5) und (7.43).

Gesucht: Man diskutiere die Bedeutung der Materialparameter in (7.43) und vergleiche insbesondere den Zusammenhang zwischen reellen und komplexen Parametern.

7.2.3.2 Verhältnisse in Grenzfolien

Gegeben: Die Grenzbedingungen (7.8).

Gesucht: Man diskutiere den Fall einer Grenzfolie als Limes einer Schicht mit endlicher Dicke. Wie verträgt sich ein „Ohm'sches Gesetz" der Form $\vec{\alpha} = \sigma_f \vec{E}_T$ in der Grenzfolie mit der Leistungsdichte $p_j = \vec{J} \cdot \vec{E}$?

7.3 Die Elektrostatik

In der Elektrostatik interessiert man sich für das Verhalten der Felder $\vec{E}$ und $\vec{D}$ bzw. des elektrostatischen Potentials φ bei allenfalls vorgegebener Ladungsdichte ϱ_0. Die übrigen Feldgrößen interessieren nicht. Im Gegensatz zum ersten Kapitel geht es hier darum, die damals gewonnenen Erkenntnisse aus den Maxwell-Gleichungen abzuleiten. Würden wir nicht auf die früheren Resultate stoßen, hätten wir fundamentale Fehler begangen. In diesem Sinne ist dieser Abschnitt eine Abrundung der Theorie und soll die Elektrostatik „von der anderen Seite" beleuchten.

---

13 Dies ist eindeutig eine Näherung. Die Kraft auf einen mit der Geschwindigkeit $\vec{v}$ bewegten Ladungsträger q beträgt $\vec{F} = q(\vec{E} + \vec{v} \times \vec{B})$. Somit können die Ladungsträger verdrängt werden.

7.3.1 Die Grundgleichungen der Elektrostatik

Der Einfachheit halber wollen wir keine fest polarisierten Materialien anschauen, d.h. wir betrachten statt (7.40) nur die vereinfachte Materialgleichung

$$\vec{D} = \varepsilon \vec{E}. \tag{7.41}$$

Damit lauten die der Elektrostatik zugehörigen, dem System (7.41) entnommenen Maxwell-Gleichungen

$$\operatorname{rot} \vec{E} = \vec{0}, \quad \Rightarrow \quad \vec{E} = -\operatorname{grad} \varphi,$$
$$\operatorname{div} \vec{E} = \frac{\varrho}{\varepsilon}, \tag{7.42}$$

wobei wir bereits $\vec{D}$ mit Hilfe der Materialgleichung (7.41) eliminiert haben. Die Division der zweiten Gleichung durch ε ist gestattet, weil wir homogenes Material vorausgesetzt haben.

Je nachdem, ob primär $\vec{E}$ oder φ gesucht ist, müssen wir die eine oder die andere Größe aus dem obigen System eliminieren. In Anlehnung an den dynamischen Fall wissen wir bereits, dass dies funktioniert, wenn wir den Laplace-Operator der gesuchten Größe bilden. Mit der Definition (6.30) [$\Delta s = \operatorname{div} \operatorname{grad} s$] finden wir durch einfache Divergenzbildung

$$\Delta \varphi = -\frac{\varrho_0}{\varepsilon}. \tag{7.43}$$

Diese Gleichung heißt *Poisson-Gleichung* und ist verwandt mit der Helmholtz-Gleichung (7.27). Sie kann aus jener erhalten werden, indem k dort null gesetzt wird. Daher können wir die Lösung der Poisson-Gleichung direkt aus der Lösung der Helmholtz-Gleichung ableiten.

Wir wollen diese mathematische Standardaufgabe aber noch etwas aufschieben und zunächst die Gleichung für $\vec{E}$ angeben. Wir benützen die Definition (6.31) [$\Delta \vec{v} = \operatorname{grad} \operatorname{div} \vec{v} - \operatorname{rot} \operatorname{rot} \vec{v}$] und beachten die Homogenität des Materials (ε ist ortsunabhängig). Damit erhalten wir durch einfache Gradientenbildung der zweiten Gleichung in (7.42) für $\vec{E}$ die vektorielle Poisson-Gleichung

$$\Delta \vec{E} = \frac{1}{\varepsilon} \operatorname{grad} \varrho_0. \tag{7.44}$$

Wenn wir *kartesische* Komponenten einführen, zerfällt die vektorielle Poisson-Gleichung wegen (6.36) in drei skalare Gleichungen. So gilt für die x-Komponente von (7.44)

$$\Delta E_x = \frac{1}{\varepsilon} \frac{\partial \varrho_0}{\partial x}. \tag{7.45}$$

Für die übrigen Komponenten gelten analoge Gleichungen, wo x durch y bzw. durch z ersetzt wird. Somit genügt es, die Lösung der *skalaren* Poisson-Gleichung zu betrachten. Wir wollen diese Lösung in einem eigenen Unterabschnitt herleiten.

7.3.2 Die Lösung der skalaren Poisson-Gleichung

In diesem Unterabschnitt ist die formale Behandlung der skalaren Poisson-Gleichung

$$\Delta f = g \tag{7.46}$$

beschrieben. Es handelt sich um eine lineare, partielle Differentialgleichung zweiter Ordnung, deren Lösung sich aus zwei Anteilen zusammensetzt: 1. einer allgemeinen Lösung f_{hom} der homogenen Gleichung und 2. einer speziellen (partikulären) Lösung f_{part} der inhomogenen Gleichung:

$$f = f_{hom} + f_{part}. \tag{7.47}$$

1. Allgemeine Lösung

Die homogene Poisson-Gleichung ($\Delta f = 0$) heißt *Laplace-Gleichung* und ist die zentrale Gleichung der Potentialtheorie. Jede Lösung der Laplace-Gleichung heißt daher auch *Potentialfunktion*, wobei zu beachten ist, dass der Begriff „Potential" in diesem Zusammenhang gegenüber unserem Gebrauch eine leicht eingeschränkte Bedeutung hat. Da die Laplace-Gleichung auch als Spezialfall einer homogenen Helmholtz-Gleichung mit $k^2 = 0$ angesehen werden kann, leiten wir die allgemeine Lösung f_{hom} der Laplace-Gleichung unmittelbar aus der allgemeinen Lösung (7.18) der Helmholtz-Gleichung (7.17) ab. Wir erinnern uns, dass k^2 aus einer Kombination von drei Separationskonstanten zustande kam (vgl. Unterabschnitt 6.4.3):

$$k^2 = k_x^2 + k_y^2 + k_z^2 = 0, \tag{7.48}$$

und erkennen sofort, dass diese Gleichung außer der trivialen Lösung $k_x = k_y = k_z = 0$ keine reelle Lösung besitzt. Die Gleichung (7.48) besitzt jedoch unendlich viele, nicht triviale *komplexe* Lösungen

$$\vec{k} = \vec{\beta} - j\vec{\alpha}, \tag{7.49}$$

wobei die reellen Vektoren $\vec{\alpha}$ und $\vec{\beta}$ senkrecht aufeinander stehen und gleich lang sein müssen:

$$\vec{k} \cdot \vec{k} = \vec{\beta} \cdot \vec{\beta} - \vec{\alpha} \cdot \vec{\alpha} - 2j\vec{\alpha} \cdot \vec{\beta} = 0 \quad \Rightarrow \begin{cases} \vec{\beta} \cdot \vec{\beta} = \vec{\alpha} \cdot \vec{\alpha} \\ \vec{\alpha} \cdot \vec{\beta} = 0 \end{cases} \tag{7.50}$$

Ohne Beschränkung der Allgemeinheit kann das Koordinatensystem so gelegt werden, dass $\vec{\alpha} = \zeta \vec{e}_x$ nur eine x-Komponente und $\vec{\beta} = \zeta \vec{e}_y$ nur eine y-Komponente aufweisen. Dann lautet ein Term der allgemeinen (zunächst komplexwertigen) Lösung von (7.46)

$$f_{hom}^\zeta(\vec{r}) = Ce^{j\vec{k}\cdot\vec{r}} = f_{hom}^\zeta(x,y) = Ce^{\zeta x}e^{j\zeta y}. \tag{7.51}$$

Der obere Index ζ soll andeuten, dass f_{hom}^{ζ} von diesem Parameter abhängt. Sowohl der Realteil als auch der Imaginärteil von f_{hom}^{ζ} sind reelle Lösungen der Laplace-Gleichung. Es gilt z.B. bei reellem C:

$$\Re f_{\text{hom}}^{\zeta} = Ce^{\zeta x}\cos\zeta y. \tag{7.52}$$

Eine solche Lösung hat also in einer Richtung (hier in y-Richtung) ein oszillierendes Verhalten, während das Verhalten senkrecht dazu (hier in x-Richtung) exponentiell ist.

Die allgemeine Lösung der Laplace-Gleichung ist nun eine beliebige Überlagerung solcher Lösungen, wobei die Vektoren $\vec{\alpha}$ und $\vec{\beta}$ bei jedem Term in eine andere Richtung weisen können, solange nur die Bedingungen (7.50) erfüllt sind. Sowohl die Länge ζ als auch die Richtung dieser Vektoren bilden ein Kontinuum. Daher muss die Überlagerung im allgemeinen Fall als Integral über alle Richtungen und über alle ζ's dargestellt werden. Man kann allerdings zeigen, dass in vielen Fällen eine *abzählbare Auswahl* aus den möglichen Lösungen der Form (7.52) genügt, um *alle* möglichen Lösungen der Laplace-Gleichung darstellen zu können. Weiter sei auf die Übungsaufgabe 7.3.5.2 verwiesen, wo weitere – praktisch sogar besser handhabbare – Lösungen der Laplace-Gleichung angegeben werden.

Wir gehen an dieser Stelle nicht auf die Details ein und wollen uns lediglich merken, dass die allgemeine Lösung f_{hom} der Laplace-Gleichung als Reihe

$$f_{\text{hom}}(\vec{r}) = \sum_{j=1}^{\infty} a_k f_j(\vec{r}) \qquad \text{mit } \Delta f_j = 0 \tag{7.53}$$

geschrieben werden kann, wobei die f_j z.B. die Gestalt (7.52) haben und die Koeffizienten a_j beliebige reelle Zahlen darstellen, die mit Hilfe von Randbedingungen später bestimmt werden.

2. Partikuläre Lösung

Die partikuläre Lösung f_{part} der Poisson-Gleichung kann direkt aus der partikulären Lösung (7.27) der Helmholtz-Gleichung (7.25) abgeleitet werden. Da die Green'sche Funktion G in (7.28) die Komponenten von $\vec{k}$ nicht enthält, sondern nur dessen (jetzt verschwindenden) Betrag k, kann k in G sofort null gesetzt werden, und man erhält analog zu (7.28)

$$G(\vec{r},\vec{r}') = \frac{-1}{4\pi|\vec{r}-\vec{r}'|} \tag{7.54}$$

und daraus wie in (7.27) die partikuläre Lösung

$$f_{\text{part}}(\vec{r}) = \frac{-1}{4\pi}\iiint\limits_{V'} \frac{g(\vec{r}')}{|\vec{r}-\vec{r}'|}\,dV'. \tag{7.55}$$

Dieses Integral ist über jenen Bereich V' zu erstrecken, wo $g(\vec{r}')$ nicht verschwindet. Die Gesamtlösung f ergibt sich dann mit (7.47), (7.53) und (7.55) zu

$$f(\vec{r}) = \frac{-1}{4\pi}\iiint\limits_{V'} \frac{g(\vec{r}')}{|\vec{r}-\vec{r}'|}\,dV' + \sum_{j=1}^{\infty} a_j f_j(\vec{r}) \qquad \text{mit } \Delta f_j = 0, \tag{7.56}$$

wobei die Parameter a_j noch bestimmt werden müssen.

7.3.3 Typische Probleme der Elektrostatik

Wir haben die vektorielle Poisson-Gleichung für $\vec{E}$, (7.44), sowie die skalare Poisson-Gleichung (7.43) für das Skalarpotential φ, und es stellt sich nun die Frage, welche der beiden Gleichungen im konkreten Anwendungsfall herangezogen werden soll. Die Entscheidung kann nicht allein aufgrund des Rechenaufwandes getroffen werden, sondern ist wesentlich durch die praktische Problem*stellung* mitbestimmt. Wir wollen daher die typischen Aufgabenstellungen der Elektrostatik betrachten und finden, dass es zwei Typen von Aufgaben gibt:

- Das Potential ist auf gewissen Flächen (Elektrodenoberflächen) vorgegeben, und $\vec{E}$ und/oder φ sind im ganzen Raum gesucht. Das Vorhandensein von Ladungsdichten ist auf die Elektrodenoberflächen beschränkt.

- Die Ladungsdichte ϱ_0 ist vorgegeben, und $\vec{E}$ und/oder φ sind im ganzen Raum gesucht.

Der erste Fall führt auf das so genannte *Dirichlet-Problem* (vgl. Abbildung 7.4). Es liegt auf der Hand, dass dann mit dem Potential gerechnet werden *muss*, weil die vorgegebenen Randwerte ja *Potential*werte sind. Die mathematische Literatur über die Lösung des Dirichlet-Problems füllt viele Gestelle. Einfache Behandlungen sind in jedem fortgeschrittenen Buch über Analysis und speziell in der Literatur über partielle Differentialgleichungen zu finden. Wir verzichten daher auf eine weitere Betrachtung des Dirichlet-Problems und weisen nur auf eine *mathematische* Schwierigkeit hin, die jedoch mit einem *physikalischen* Argument elegant gelöst werden kann: Das Gebiet G ist in der Praxis häufig offen (es reicht bis ins Unendliche). Daher muss dem Verhalten des gesuchten Potentials im Unendlichen spezielle Beachtung geschenkt werden. Während vom rein mathematischen Standpunkt aus dieses Verhalten auch „wild" sein darf, muss aus physikalischer Sicht ein sehr „braves" Verhalten gefordert werden: Solange die Feldquellen (Ladungen) in einem endlichen Volumen V_Q konzentriert sind, muss weit von V_Q entfernt die Feldstärke

$$\vec{E} = -\operatorname{grad} \varphi \tag{7.57}$$

verschwinden. Dies bedeutet, dass das Potential φ im Unendlichen gegen eine beliebige Konstante φ_∞ streben muss, die meistens null gesetzt werden kann. Etwas salopp werden wir diese Forderung auch mit „Randbedingung im Unendlichen" bezeichnen.

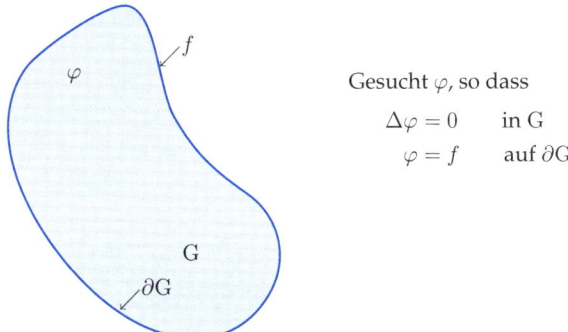

Gesucht φ, so dass

$$\Delta \varphi = 0 \quad \text{in G}$$
$$\varphi = f \quad \text{auf } \partial G$$

Abbildung 7.4: Das Dirichlet-Problem ist *das* klassische Randwertproblem. Gegeben sind das räumliche Gebiet G mit Rand ∂G sowie die beliebige Funktion f auf dem Rand ∂G. Gesucht ist die Funktion φ im Gebiet G, so dass erstens φ im Gebiet G eine Lösung der Laplace-Gleichung ist und zweitens φ auf dem Rand ∂G mit der vorgegebenen Funktion f übereinstimmt.

Der zweite Fall stellt die klassische Problemstellung von Coulomb dar (vgl. Abbildung 1.3), deren Lösung bereits in Unterabschnitt 1.2.2 angegeben wurde. Das elektrische Feld ist dort durch das Coulomb-Integral (1.11) beschrieben, während das Potential in Unterabschnitt 1.4.2 durch das Integral (1.26) gegeben ist. Wir wollen jetzt zeigen, dass diese im ersten Kapitel physikalisch abgeleiteten Integrale auch deduktiv als Lösung der Poisson-Gleichung erhalten werden können.

7.3.4 Die Äquivalenz von physikalischer und mathematischer Lösung

Die allgemeine Lösung der Poisson-Gleichung (7.43) für das Potential φ lautet mit Blick auf (7.56):

$$\varphi(\vec{r}) = \frac{1}{4\pi\varepsilon} \iiint\limits_{V'} \frac{\varrho_0(\vec{r}')}{|\vec{r} - \vec{r}'|} \, dV' + \sum_{j=1}^{\infty} a_j f_j(\vec{r}) \quad \text{mit } \Delta f_j = 0. \tag{7.58}$$

Der Vergleich mit (1.26) zeigt, dass in jener Gleichung der Term $\sum a_j f_j$ fehlt. Dies liegt daran, dass *jedes* f_j auf mindestens einem Punkt auf der Fernkugel unendlich wird[14] und daher wegen der Randbedingung im Unendlichen nicht zugelassen ist. Wir haben damit gezeigt, dass die (*mathematisch* erhaltene) allgemeine Lösung der Poisson-Gleichung (7.58) für das elektrostatische Potential mit der *physikalisch* hergeleiteten Lösung (1.26) übereinstimmt.

Machen wir dasselbe mit der allgemeinen Lösung der *vektoriellen* Poisson-Gleichung für $\vec{E}$, (7.44), finden wir zuerst[15]

$$\vec{E}(\vec{r}) = \frac{-1}{4\pi\varepsilon} \iiint\limits_{V'} \frac{\operatorname{grad}' \varrho_0(\vec{r}')}{|\vec{r} - \vec{r}'|} \, dV' + \sum_{j=1}^{\infty} a_j \vec{f}_j(\vec{r}) \qquad \text{mit } \Delta \vec{f}_j = \vec{0}. \tag{7.59}$$

Die Summe fällt wegen der Randbedingung im Unendlichen wiederum weg, aber das verbleibende Integral stimmt nicht mit dem Coulomb-Integral (1.11) überein. Insbesondere gibt es unter dem Coulomb-Integral (1.11) keinen Gradienten, der zuerst auf ϱ_0 angewendet werden müsste. Genau dieser Gradient ist der für die praktische Anwendung wesentliche Punkt: Immer dann, wenn die Ladungsverteilung örtliche Unstetigkeiten aufweist, kann der Gradient nicht elementar gebildet werden und folglich ist dann auch das Integral in (7.59) *nicht* auswertbar. Dies schränkt den Anwendungsbereich dieses Integrals stark ein. Andererseits kann man, falls die Ladungsverteilung ϱ_0 überall stetig ist, zeigen, dass das Coulomb-Integral (1.11) äquivalent ist mit dem Integral in (7.59).

Diese Ableitung ist etwas trickreich. Es ist zu zeigen, dass für beliebige Ladungsverteilungen $\varrho_0(\vec{r}')$ gilt:

$$\frac{-1}{4\pi\varepsilon} \iiint\limits_{V'} \frac{\operatorname{grad}' \varrho_0(\vec{r}')}{|\vec{r} - \vec{r}'|} \, dV' = \frac{1}{4\pi\varepsilon} \iiint\limits_{V'} \frac{\varrho_0(\vec{r}') \cdot (\vec{r} - \vec{r}')}{|\vec{r} - \vec{r}'|^3} \, dV'. \tag{7.60}$$

---

14 Ausgenommen ist nur die konstante Funktion $f = const$, welche ebenfalls eine Lösung der Laplace-Gleichung ist. Der Beweis dieser mathematischen Tatsache stützt sich auf das Maximumprinzip für Potentialfunktionen, wonach das Maximum auf dem Rand erreicht wird.

15 Der Strich (') beim Gradienten bedeutet, dass nach den Variablen $\vec{r}'$ abgeleitet wird.

Wir lassen den gemeinsamen Faktor vor den Integralen weg und erinnern an die für beliebige stetige Funktionen f und g gültige Identität

$$\operatorname{grad}(f \cdot g) \equiv g \operatorname{grad} f + f \operatorname{grad} g, \tag{7.61}$$

welche aus der Produktregel der Differentiation hergeleitet werden kann (vgl. auch Übungsaufgabe 5.2.6.2a)). Mit

$$f = \varrho_0; \qquad g = \frac{1}{|\vec{r} - \vec{r}'|} \tag{7.62}$$

folgt

$$\iiint\limits_{V'} \frac{\operatorname{grad}' \varrho_0}{|\vec{r} - \vec{r}'|} dV' = \iiint\limits_{V'} \left\{ \operatorname{grad}' \left(\frac{\varrho_0}{|\vec{r} - \vec{r}'|} \right) - \varrho_0 \operatorname{grad}' \left(\frac{1}{|\vec{r} - \vec{r}'|} \right) \right\} dV'. \tag{7.63}$$

Der zweite Gradient unter dem Integral rechts kann angegeben werden. Es gilt

$$\operatorname{grad}' \left(\frac{1}{|\vec{r} - \vec{r}'|} \right) = \frac{\vec{r} - \vec{r}'}{|\vec{r} - \vec{r}'|^3}, \tag{7.64}$$

was durch explizites Hinschreiben des Betrages
$|\vec{r} - \vec{r}'| = \sqrt{(x - x')^2 + (y - y')^2 + (z - z')^2}$ in kartesischen Koordinaten verifiziert werden kann. Es gilt also

$$-\iiint\limits_{V'} \frac{\operatorname{grad}' \varrho_0(\vec{r}')}{|\vec{r} - \vec{r}'|} dV' = \iiint\limits_{V'} \frac{\varrho_0(\vec{r}') \cdot (\vec{r} - \vec{r}')}{|\vec{r} - \vec{r}'|^3} dV' - \iiint\limits_{V'} \left\{ \operatorname{grad}' \left(\frac{\varrho_0(\vec{r}')}{|\vec{r} - \vec{r}'|} \right) \right\} dV'. \tag{7.65}$$

Damit wäre die Gleichheit (7.60) bestätigt, wenn nur

$$\iiint\limits_{V'} \operatorname{grad}' \left(\frac{\varrho_0(\vec{r}')}{|\vec{r} - \vec{r}'|} \right) dV' = \vec{0} \tag{7.66}$$

gelten würde. Dies ist tatsächlich der Fall, denn das *Volumen*integral (7.66) kann in ein *Oberflächen*integral verwandelt werden. Es gilt nämlich allgemein für jede hinreichend stetig differenzierbare Funktion f

$$\iiint\limits_{V} \operatorname{grad} f \, dV = \oiint\limits_{\partial V} f \, d\vec{F}, \tag{7.67}$$

was mit Hilfe des Gauß'schen Integralsatzes komponentenweise bewiesen werden kann, indem die drei kartesischen Komponenten von $\operatorname{grad} f$ als *Divergenz* der drei Vektorfelder

$$\vec{w}_x = \begin{pmatrix} f \\ 0 \\ 0 \end{pmatrix}, \qquad \vec{w}_y = \begin{pmatrix} 0 \\ f \\ 0 \end{pmatrix}, \qquad \vec{w}_z = \begin{pmatrix} 0 \\ 0 \\ f \end{pmatrix} \tag{7.68}$$

aufgefasst werden. Wir führen die Rechnung nicht explizite durch (vgl. Übungsaufgabe 7.3.5.1).

Der Integrand von (7.66) verschwindet auf dem Rand von V', weil ϱ_0 nach Voraussetzung stetig ist. Da nun V' das gesamte Volumen einschließt, wo der Integrand *nicht* verschwindet (V' darf auch größer sein!), muss ϱ_0 auf dem Rand $\partial V'$ von V' verschwinden. Somit ist (7.60) bewiesen, und das Coulomb-Integral (1.11) ist tatsächlich jene partikuläre Lösung der Poisson-Gleichung, welche physikalisch relevant ist.

Zum Abschluss wollen wir nochmals auf die Frage zu Beginn dieses Unterabschnitts (φ oder $\vec{E}$?) zurückkommen und festhalten: Immer dann, wenn die Aufgaben*stellung* Potentialwerte enthält, wird vorteilhaft mit dem Potential φ gerechnet. Aber selbst dann, wenn nur das elektrische Feld $\vec{E}$ gesucht ist und die Aufgabenstellung keine Potentialwerte enthält, ist der gesamte Aufwand oft kleiner, wenn in einem ersten Schritt das Potential φ bestimmt und erst nachher in einem zweiten Schritt mit (7.57), [$\vec{E} = -\operatorname{grad}\varphi$], das elektrische Feld berechnet wird. Daher hat die Gleichung (7.44) mit der Lösung (7.59) eine untergeordnete praktische Bedeutung.

7.3.5 Aufgaben

7.3.5.1 Anwendung des Gauß'schen Integralsatzes

Gegeben: Die Gleichung (7.67) und die Definitionen (7.68).

Gesucht: Man führe die Rechnung zum Beweis von (7.67) im Einzelnen durch.

7.3.5.2 Auffinden von Lösungen der Laplace-Gleichung

Gegeben: Die Laplace-Gleichung $\Delta\varphi = 0$.

Gesucht: Durch Vergleich mit der Teilflächenmethode (Unterabschnitt 1.7.1) und dem Bildladungsverfahren (Unterabschnitt 1.7.2) gebe man Funktionen f_j an, welche im beschränkten Feldgebiet G die Laplace-Gleichung lösen.

7.4 Die Magnetostatik

In diesem Abschnitt wollen wir die bereits im dritten Kapitel behandelte Magnetostatik „von der anderen Seite" betrachten, d.h. wir wollen die damals erhaltenen Gesetze jetzt deduktiv aus den statischen Maxwell-Gleichungen ableiten und sollten selbstverständlich wieder zu den früheren Erkenntnissen gelangen.

In der Magnetostatik interessiert man sich für das Verhalten der magnetischen Feldgrößen $\vec{B}$ und $\vec{H}$ bei allenfalls vorgegebener Stromdichte $\vec{J} = \vec{J}_0$. Es genügen zwei dem System (7.41) entnommene Maxwell-Gleichungen sowie eine Materialgleichung:

$$(7.41\text{-}2) \qquad \operatorname{rot}\vec{H}(\vec{r}) = \vec{J}_0(\vec{r}) \qquad \Rightarrow \quad \operatorname{div}\vec{J}_0 = 0, \qquad (7.72\text{-}1)$$

$$(7.41\text{-}4) \qquad \operatorname{div}\vec{B}(\vec{r}) = 0 \qquad \Rightarrow \quad \vec{B} = \operatorname{rot}\vec{A}, \qquad (7.72\text{-}2)$$

$$(3.9),(7.43\text{-}2) \qquad \vec{B} = \mu_0(\vec{H} + \vec{M}) = \mu\vec{H}, \qquad (7.72\text{-}3)$$

wobei der letzte Ausdruck ganz rechts in (7.72–3) einen häufigen Spezialfall darstellt (vgl. Unterabschnitt 6.2.2). Wir haben die allgemeine Materialgleichung ebenfalls angegeben, weil Magnetika oft permanent magnetisiert sind, wollen aber annehmen, dass die Magnetisierung $\vec{M}$ entweder vorgegeben ist (Permanentmagnete) oder direkt proportional ist zu $\vec{H}$ (lineares Material). Im ersten Fall schreiben wir $\vec{M} = \vec{M}_0$, im zweiten Fall die vereinfachte Materialgleichung $\vec{B} = \mu\vec{H}$. Diese beiden Fälle sollen jetzt getrennt behandelt werden.

7.4.1 Feldprobleme mit Permanentmagneten

Setzen wir die erste Materialgleichung (7.72–3) in die Maxwell-Gleichung (7.72-2) ein, folgt bei vorgegebener Magnetisierung $\vec{M}_0$ die Gleichung

$$\operatorname{div}\vec{H} = -\operatorname{div}\vec{M}_0, \tag{7.70}$$

wobei die (negative) Divergenz der Magnetisierung als eine Art magnetische Ladungsdichte aufgefasst werden kann. Wesentlich ist, dass mit diesem Vorgehen das Material durch die eingeprägte Quellenverteilung $-\operatorname{div}\vec{M}_0$ *ersetzt* wurde und damit der ganze Raum homogen behandelt werden kann. Man nennt den Ersatz des Materials durch geeignete Quellenverteilungen das *Substitutionsprinzip* (vgl. auch Abschnitt 6.6 sowie Unterabschnitt 1.3.3).

Nachdem (7.72-3) mit (7.73) in (7.72-2) eingesetzt wurde, bleiben

$$\operatorname{rot}\vec{H} = \vec{J}_0,$$
$$\operatorname{div}\vec{H} = -\operatorname{div}\vec{M}_0. \tag{7.71}$$

Den Laplace-Operator von $\vec{H}$ finden wir mit der Definition (6.31) $[\Delta\vec{v} = \operatorname{grad}\operatorname{div}\vec{v} - \operatorname{rot}\operatorname{rot}\vec{v}]$ nach zwei Differentiationen zu

$$\Delta\vec{H} = -\operatorname{rot}\vec{J}_0 - \operatorname{grad}\operatorname{div}\vec{M}_0. \tag{7.72}$$

Die Lösung dieser vektoriellen Poisson-Gleichung kann sofort angegeben werden. Genau wie zur elektrostatischen Gleichung (7.44) die allgemeine Lösung (7.59) gehört, finden wir hier

$$\vec{H}(\vec{r}) = \frac{1}{4\pi}\iiint\limits_{V'}\frac{\operatorname{rot}'\vec{J}_0(\vec{r}') + \operatorname{grad}'\operatorname{div}'\vec{M}_0(\vec{r}')}{|\vec{r} - \vec{r}'|}\,dV' + \sum_{j=1}^{\infty}a_j\vec{f}_j(\vec{r}) \tag{7.73}$$

mit $\Delta\vec{f}_j = \vec{0}$. Wegen der notwendigen Differentiation unter dem Integral hat diese Gleichung eher theoretische Bedeutung. Wir gehen daher nicht weiter auf ihre Behandlung ein, sondern stellen ein praktisch wichtigeres Verfahren vor, welches das System (7.71) indirekt löst, indem das gesuchte $\vec{H}$-Feld in zwei Anteile zerlegt wird:

$$\vec{H} = \vec{H}_{\mathrm{m}} + \vec{H}_{\mathrm{J}}. \tag{7.74}$$

Der Anteil $\vec{H}_{\mathrm{m}}$ wird nur durch die Divergenz der Magnetisierung, $\operatorname{div}\vec{M}_0$, verursacht und der Anteil $\vec{H}_{\mathrm{J}}$ ist eine Folge der Stromdichte $\vec{J}_0$ allein. Für $\vec{H}_{\mathrm{m}}$ gilt das folgende aus (7.71) erhaltene System, nachdem dort $\vec{J}_0 = \vec{0}$ gesetzt wurde:

$$\operatorname{rot}\vec{H} = \vec{0} \qquad \Rightarrow \qquad \vec{H} = \operatorname{grad}\varphi_{\mathrm{m}},$$
$$\operatorname{div}\vec{H} = -\operatorname{div}\vec{M}_0. \tag{7.75}$$

In der ersten Zeile konnte das magnetostatische Skalarpotential φ_{m} eingeführt werden. Ein Vergleich dieses Systems mit dem Grundsystem der Elektrostatik (7.42) zeigt eine formal totale Übereinstimmung, und somit kann (7.75) völlig analog gelöst werden. Die daraus ableitbare vektorielle Poisson-Gleichung für $\vec{H}_{\mathrm{m}}$ ist die Gleichung (7.72) mit $\vec{J}_0 = \vec{0}$

und hat aus den genannten Gründen – Schwierigkeiten beim Differenzieren unter dem Integral – keine praktische Relevanz.

Wichtiger ist die sich ergebende *skalare* Poisson-Gleichung für das magnetostatische Skalarpotential φ_{m}. Es gilt in Analogie zu (7.43)

$$\Delta\varphi_{\mathrm{m}} = -\operatorname{div}\vec{M}_0 \tag{7.76}$$

mit der der Gleichung (7.58) entsprechenden Lösung

$$\varphi_{\mathrm{m}}(\vec{r}) = \frac{1}{4\pi}\iiint\limits_{V'}\frac{\operatorname{div}'\vec{M}_0(\vec{r}')}{|\vec{r}-\vec{r}'|}\,dV' + \sum_{j=1}^{\infty}a_jf_j(\vec{r}) \qquad \text{mit } \Delta f_j = 0. \tag{7.77}$$

Es ist zu beachten, dass auch hier die Summe $\sum a_jf_j$ in der Regel wegfällt, weil in vielen Modellen der Raum unendlich ausgedehnt ist. Die Feldstärke $\vec{H}_{\mathrm{m}}$ kann nun mit

$$\vec{H}_{\mathrm{m}} = \operatorname{grad}\varphi_{\mathrm{m}} \tag{7.78}$$

erhalten werden.

Die Ermittlung des Anteils $\vec{H}_{\mathrm{J}}$ in (7.74) muss nicht extra besprochen werden, denn die zugehörige Problemstellung ist identisch mit jener der magnetostatischen Grundaufgabe ohne Permanentmagnete, welche im nächsten Unterabschnitt behandelt wird.

7.4.2 Das magnetostatische Feld von Stromdichteverteilungen

Wenn nur eine Stromdichteverteilung $\vec{J}_0$ als Feldquelle in Frage kommt und homogen lineares Material vorausgesetzt wird, gilt das System:

$$\operatorname{rot}\vec{H} = \vec{J}_0,$$

$$\operatorname{div}\vec{H} = 0 \qquad \Rightarrow \qquad \vec{H} = \frac{1}{\mu}\operatorname{rot}\vec{A}. \tag{7.79}$$

wobei in der zweiten Zeile sofort – wie im allgemeinen Fall (vgl. Unterabschnitt 6.5.1) – das Vektorpotential $\vec{A}$ eingeführt wurde. Der Faktor $\frac{1}{\mu}$ ist hinzugesetzt worden, um möglichst nahtlos an das Frühere anschließen zu können.

Für die Feldstärke $\vec{H}$ gilt natürlich wieder die Poisson-Gleichung (7.72), wobei jetzt der zweite Term rechts wegfällt:

$$\Delta\vec{H} = -\operatorname{rot}\vec{J}_0. \tag{7.80}$$

Die direkte Lösung kann aus (7.73) abgeleitet werden und lautet:

$$\vec{H}(\vec{r}) = \frac{1}{4\pi}\iiint\limits_{V'}\frac{\operatorname{rot}'\vec{J}_0(\vec{r}')}{|\vec{r}-\vec{r}'|}\,dV' + \sum_{j=1}^{\infty}a_j\vec{f}_j(\vec{r}) \qquad \text{mit } \Delta\vec{f}_j = \vec{0}. \tag{7.81}$$

Sie hat wegen der nötigen Differentiation unter dem Integral eher theoretische Bedeutung.

Für die Praxis wichtiger ist ein Lösungsverfahren mit dem Vektorpotential $\vec{A}$. Da die Divergenz von $\vec{A}$ nicht im System (7.79) enthalten ist, muss sie gewählt werden. In

Unterabschnitt 6.5.2 wurde ausgeführt, dass diese Wahl (*Eichung* des Potentials) prinzipiell frei ist. Wir wählen hier die (mit der Lorentz-Eichung (6.103) verträgliche)

Coulomb-Eichung

$$\operatorname{div} \vec{A} = 0. \tag{7.82}$$

Nach dieser Wahl erhalten wir den Laplace-Operator [$\Delta = \operatorname{grad} \operatorname{div} - \operatorname{rot} \operatorname{rot}$] von $\vec{A}$ durch Bilden der Rotation der zweiten Gleichung rechts in (7.79). Nach einer Multiplikation mit μ ergibt sich

die Poisson-Gleichung

$$\Delta \vec{A} = -\mu \vec{J}_0 \tag{7.83}$$

mit der Lösung

$$\vec{A}(\vec{r}) = \frac{\mu}{4\pi} \iiint\limits_{V'} \frac{\vec{J}_0(\vec{r}')}{|\vec{r} - \vec{r}'|} dV' + \sum_{j=1}^{\infty} a_j \vec{f}_j(\vec{r}) \quad \text{mit } \Delta \vec{f}_j = \vec{0}. \tag{7.84}$$

In praktischen Fällen wird die Summe $\sum a_j \vec{f}_j$ wegen der Randbedingung im Unendlichen oft wegfallen.

Das Integral in (7.84) ist insbesondere dann hilfreich, wenn die vorgegebene Stromdichteverteilung $\vec{J}_0$ eine oder gar zwei identisch verschwindende Komponenten hat, was beispielsweise bei (geraden) Leitungen mit dünnen Drähten vorausgesetzt werden kann. Bezeichnen wir die Längskoordinate einer Leitung mit z, hat $\vec{J}_0 = J_0 \vec{e}_z$ nur eine z-Komponente, und der Integrand in (7.84) kann skalar behandelt werden. In diesem Fall hat auch das Vektorpotential nur eine z-Komponente, und die Reduktion des Aufwands zur Feldberechnung ist ebenso groß, wie dies in der Elektrostatik durch die Einführung des skalaren Potentials φ der Fall war. Die Feldstärke $\vec{H}$ erhält man schließlich mit

$$\vec{H} = \frac{1}{\mu} \operatorname{rot} \vec{A}. \tag{7.85}$$

7.4.3 Das Biot-Savart'sche Integral

Zum Abschluss bleibt noch die Aufgabe zu zeigen, dass das Biot-Savart'sche Integral (3.17) äquivalent ist mit den hier gefundenen Lösungen. Dies stellt eine eigentliche mathematische Turnübung dar.

Zuerst zeigen wir, dass aus (7.85) das Biot-Savart'sche Integral (3.17) folgt, indem für das Vektorpotential $\vec{A}$ in (7.85) die allgemeine Lösung (7.84) eingesetzt wird. Wenn wir wegen der Randbedingung im Unendlichen die Summe rechts in (7.84) von vornherein weglassen, gilt

$$\vec{H} = \frac{1}{\mu} \operatorname{rot} \vec{A} = \frac{1}{4\pi} \operatorname{rot} \iiint\limits_{V'} \frac{\vec{J}_0(\vec{r}')}{|\vec{r} - \vec{r}'|} dV'. \tag{7.86}$$

Die Differentiation rot kann mit der Integration vertauscht werden, und es ergibt sich wegen der für beliebige stetige Funktionen f und $\vec{v}$ gültigen Identität (vgl. Übungsaufgabe 5.2.6.2 d))

$$\operatorname{rot}(f \cdot \vec{v}) \equiv f \operatorname{rot} \vec{v} - \vec{v} \times \operatorname{grad} f \tag{7.87}$$

der Reihe nach

$$\operatorname{rot} \iiint\limits_{V'} \frac{\vec{J}_0(\vec{r}')}{|\vec{r} - \vec{r}'|} dV' = \iiint\limits_{V'} \operatorname{rot} \left(\frac{\vec{J}_0(\vec{r}')}{|\vec{r} - \vec{r}'|} \right) dV'$$

$$= - \iiint\limits_{V'} \vec{J}_0(\vec{r}') \times \operatorname{grad} \left(\frac{1}{|\vec{r} - \vec{r}'|} \right) dV' \tag{7.88}$$

Im letzten Integral rechts gibt es nur einen Term, weil der Differentialoperator rot nach den Variablen $\vec{r}$ ableitet, die Stromdichte $\vec{J}_0$ aber nur von $\vec{r}'$ abhängt und somit $\operatorname{rot} \vec{J}_0$ verschwindet. Nun kann der Gradient unter dem letzten Integral wie in (7.64) ausgewertet werden. Hier gilt[16]

$$\operatorname{grad} \left(\frac{1}{|\vec{r} - \vec{r}'|} \right) = - \frac{\vec{r} - \vec{r}'}{|\vec{r} - \vec{r}'|^3} . \tag{7.89}$$

Indem wir dies rechts in (7.88) einsetzen, wird mit Blick auf (7.86)

$$\vec{H}(\vec{r}) = \frac{1}{4\pi} \iiint\limits_{V'} \frac{\vec{J}_0(\vec{r}') \times (\vec{r} - \vec{r}')}{|\vec{r} - \vec{r}'|^3} dV', \tag{7.90}$$

also genau das Integral (3.17) von Biot-Savart.

Der Nachweis, dass auch das Integral in (7.81) diesem Ausdruck äquivalent ist, ist etwas schwieriger zu führen. Mit der Identität (7.87) finden wir zuerst

$$\iiint\limits_{V'} \frac{\operatorname{rot}' \vec{J}_0(\vec{r}')}{|\vec{r} - \vec{r}'|} dV' = \iiint\limits_{V'} \operatorname{rot}' \left(\frac{\vec{J}_0(\vec{r}')}{|\vec{r} - \vec{r}'|} \right) dV' + \iiint\limits_{V'} \vec{J}_0(\vec{r}') \times \operatorname{grad}' \left(\frac{1}{|\vec{r} - \vec{r}'|} \right) dV' \tag{7.91}$$

Das letzte Integral rechts wird mit (7.64) (bis auf den Faktor $\frac{1}{4\pi}$) gleich dem Biot-Savart'schen Integral. Man kann nun ähnlich wie bei Gleichung (7.67) zeigen, dass für jede differenzierbare Funktion $\vec{v}$

$$\iiint\limits_{V} \operatorname{rot} \vec{v} \, dV = - \oiint\limits_{\partial V} \vec{v} \times d\vec{F} \tag{7.92}$$

ist (vgl. Übungsaufgabe 7.4.4.1 sowie Gleichung (6.133)). Für unseren Fall setzen wir

$$\vec{v} = \frac{\vec{J}_0}{|\vec{r} - \vec{r}'|} . \tag{7.93}$$

Da $\vec{J}_0$ auf dem Rand $\partial V'$ von V' verschwindet, ist auch das erste Integral in (7.91) gleich null und somit ist die Äquivalenz zwischen dem Integral in (7.81) und dem Biot-Savart'schen Integral (7.90) bewiesen.

---

16 Der Vorzeichenunterschied im Vergleich mit (7.64) ergibt sich, weil dort nach $\vec{r}'$, hier aber nach $\vec{r}$ abgeleitet wird.

Zusammenfassend halten wir fest, dass in der Magnetostatik in all jenen Feldgebieten, wo die Stromdichte $\vec{J}_0$ verschwindet, mit einem magnetostatischen Skalarpotential gerechnet werden kann. Die Berechnung des Einflusses von Stromdichten kann mit Hilfe des Vektorpotentials $\vec{A}$ vereinfacht werden. Es ist zu bemerken, dass hier – anders als in den elektrostatischen Aufgaben – in der Praxis kaum Randwertprobleme mit vorgegebenem Potential auf dem Rand des Feldgebietes auftreten. Dies hat einerseits damit zu tun, dass Potentialdifferenzen in der Magnetostatik nicht so einfach gemessen werden können wie in der Elektrostatik (Voltmeter) und andererseits die Oberfläche eines Stückes magnetischen Materials – genau wie jene eines Stückes Dielektrikums – *keine* Äquipotentialfläche ist.

7.4.4 Aufgaben

7.4.4.1 Volumen- und Randintegral

Gegeben: Die Gleichung (7.92).

Gesucht: Man beweise diese Relation durch wiederholte Anwendung des Gauß'schen Integralsatzes. (Hinweis: Man nehme sich den Beweis von (7.67) zum Vorbild.)

7.4.4.2 Magnetischer Kreis

Gegeben: Die Grundgleichungen des magnetischen Kreises in Abschnitt 3.5.

Gesucht: Welche Rolle spielt die feste Magnetisierung $\vec{M}_0$ im magnetischen Kreis? Man diskutiere auch die Analogie zum elektrischen Stromkreis und den entsprechenden Materialgleichungen.

7.5 Die Stromlehre

Der dritte Block der statischen Maxwell-Gleichungen, der unabhängig von den übrigen Gleichungen behandelt werden kann, beschreibt das Verhalten der elektrischen Strömung im leitfähigen Medium. Wir wollen dies hier als Folge der statischen Maxwell-Gleichungen darstellen, mithin die Stromlehre im Gegensatz zum zweiten Kapitel „von der anderen Seite" betrachten. Natürlich werden wir bei den gleichen Ergebnissen landen. Wir benötigen die homogenen Gleichungen

(7.41-1) $$\operatorname{rot} \vec{E} = \vec{0},$$ (7.97-1)

(7.41-2) $$\operatorname{div} \vec{J} = 0$$ (7.97-2)

sowie das die beiden Größen $\vec{E}$ und $\vec{J}$ verknüpfende Ohm'sche Gesetz

(2.6) $$\vec{J} = \sigma \vec{E}.$$ (7.97-3)

Setzen wir diese letzte Gleichung in (7.97-1) ein und betrachten homogenes Material, folgt das homogene

> **Grundsystem der Stromlehre:**
>
> $$\operatorname{rot}\vec{J} = \vec{0} \quad \Rightarrow \quad \vec{J} = -\sigma \operatorname{grad}\varphi$$
> $$\operatorname{div}\vec{J} = 0 \quad \Rightarrow \quad \vec{J} = \operatorname{rot}\vec{H} \tag{7.96}$$

In der ersten Zeile wurde das Skalarpotential $\sigma\varphi$ eingeführt, wobei φ das wohlbekannte elektrostatische Potential darstellt. Wir behalten dieses Potential bei, weil es den praxisgerechten Bezug zur elektrischen Spannung (als Potentialdifferenz) ohne Umrechnungsfaktoren liefert, und nehmen den erhöhten Schreibaufwand in Kauf. Die Feldstärke $\vec{H}$ in der zweiten Zeile spielt hier die Rolle eines *Vektorpotentials* für die Stromdichte $\vec{J}$, muss aber gar nicht beachtet werden, solange nur der Verlauf von $\vec{J}$ interessiert. Eine Beachtung wäre im Gegenteil hinderlich, denn zur Berechnung von $\vec{J}(\vec{r})$ kann entweder eine (vektorielle) Gleichung direkt für $\vec{J}$ aufgestellt werden, oder man beschreitet den Umweg über die Potentiale. Das Skalarpotential vermindert den Rechenaufwand, während die Verwendung des Vektorpotentials $\vec{H}$ hier nicht nur keine Verminderung des Rechenaufwandes bedeutet, sondern zusätzliche Informationen für $\vec{H}$ in der Aufgabenstellung verlangt. Im Bereich der Fragestellung der Stromlehre sind diese Informationen aber schwierig zu bekommen. Man kennt eher eine Randbedingung für $\vec{J}$ als eine für $\vec{H}$. In den meisten Fällen ist jedoch die Spannung einer Stromquelle vorgegeben – und dann ist der Weg über das Skalarpotential ohnehin fast zwingend, weil bereits die Fragestellung Werte dieser Größe enthält.

Immerhin liefert die Betrachtung des Magnetfeldes als Vektorpotential für die Stromdichte die Grundlage für Analogien zur Beschreibung des Zusammenhangs zwischen dem magnetischen Vektorpotential $\vec{A}$ und der magnetischen Induktion $\vec{B}$: Da der Zusammenhang zwischen $\vec{J}$ und $\vec{H}$ mit Hilfe der Rechte-Hand-Regel[17] einigermaßen anschaulich ist, kann man sich umgekehrt ein gewisses Bild vom Vektorpotential $\vec{A}$ machen, wenn die magnetische Induktion $\vec{B}$ bereits bekannt ist.

Wir kehren zurück zum System (7.96). Da sowohl die Rotation als auch die Divergenz von $\vec{J}$ verschwinden, gilt wegen (6.31) $[\Delta\vec{v} = \operatorname{grad}\operatorname{div}\vec{v} - \operatorname{rot}\operatorname{rot}\vec{v}]$ für $\vec{J}$ die vektorielle *Laplace*-Gleichung

$$\Delta\vec{J} = \vec{0}. \tag{7.97}$$

Ebenso sieht man mit (6.30) $[\Delta s = \operatorname{div}\operatorname{grad}s]$, dass auch das Potential φ einer Laplace-Gleichung genügt. Wegen der Homogenität des Raumes (σ ist unabhängig vom Ort) gilt

$$\Delta\varphi = 0. \tag{7.98}$$

---

17   Bei der rechten Faust mit ausgestrecktem Daumen zeigt der Daumen in Richtung des Stromes und die übrigen Finger in Richtung des Magnetfeldes.

Da die Laplace-Gleichung eine homogene Poisson-Gleichung ist, kann ihre allgemeine Lösung aus der Lösung der Poisson-Gleichung abgeleitet werden, indem dort einfach die partikuläre Lösung weggelassen wird. Im Vergleich mit (7.53) gilt also

$$\varphi(\vec{r}) = \sum_{k=1}^{\infty} a_k f_k(\vec{r}) \qquad \text{mit } \Delta f_k = 0. \tag{7.99}$$

Die Lösung der vektoriellen Gleichung (7.97) ist formal genau gleich:

$$\vec{J}(\vec{r}) = \sum_{k=1}^{\infty} b_k \vec{f}_k(\vec{r}) \qquad \text{mit } \Delta \vec{f}_k = \vec{0}. \tag{7.100}$$

Die Lösung einer konkreten Aufgabe besteht somit aus zwei Teilen:

■ Bestimme geeignete Funktionen $f_k(\vec{r})$ bzw. $\vec{f}_k(\vec{r})$, so dass die Summe in den obigen Gleichungen möglichst gut konvergiert, anderseits aber der Rechenaufwand zur Auswertung der Funktionswerte an beliebigen Aufpunkten $\vec{r}$ möglichst klein ist. Der Separationsansatz mit kartesischen Koordinaten liefert Funktionen der Form (7.52) und erfüllt das zweite Kriterium immer, während das erste Kriterium von Fall zu Fall getestet werden muss.

■ Bestimme die Parameter a_k bzw. b_k mit Hilfe der Randbedingungen. Dieser zweite Teil ist viel einfacher und läuft auf die Auflösung eines linearen Gleichungssystems für die Parameter hinaus. Man vergleiche auch die allgemeinen Ausführungen in Abschnitt 6.7, welche hier unverändert Gültigkeit haben.

Beispiel 7.1   ## Stromdurchflossene Platte

Zur Illustration dieser Sachverhalte besprechen wir die Situation in Abbildung 7.5. Es handelt sich um ein so genanntes *gemischtes Randwertproblem*, denn die Randbedingung ist nicht auf dem gesamten Rand des Feldgebietes gleich. An den Kontaktstellen a und b der Platte sind die Potentiale durch die Gleichung

$$\varphi(\text{a}) - \varphi(\text{b}) = U \tag{7.101}$$

verknüpft. Mit der Normierung des Potentials (z.B. $\varphi(\text{b}) = 0$) gilt somit an den Kontaktstellen eine Dirichlet'sche Randbedingung (z.B. $\varphi(\text{a}) = U$, $\varphi(\text{b}) = 0$), während auf dem gesamten Rest des Randes die Normalkomponente der Stromdichte verschwinden muss. Wegen

$$\vec{J} = -\sigma \operatorname{grad} \varphi \tag{7.102}$$

gilt dort also

$$\vec{n} \cdot \operatorname{grad} \varphi =: \frac{\partial \varphi}{\partial \vec{n}} = 0, \tag{7.103}$$

wobei der Vektor $\vec{n}$ senkrecht auf der Oberfläche steht. Diese Art von Randbedingung ist als *Neumann'sche Randbedingung* bekannt. Nach einem bekannten Satz der Potentialtheorie kann die Stromdichte $\vec{J}$ unter diesen Vorgaben eindeutig bestimmt werden.

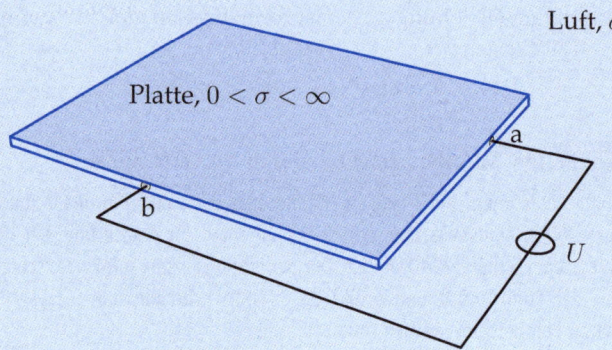

Abbildung 7.5: Die rechteckige Platte P ist an den zwei Stellen a und b mit den Klemmen einer Gleichstromquelle (Quellenspannung U) verbunden. Die Zuleitungsdrähte sind sehr gut leitend, während die Platte aus einem Material mit relativ geringer Leitfähigkeit σ besteht. Gesucht ist die Stromdichte $\vec{J}$ in der Platte. Weil das umgebende Material (Luft) den Strom nicht leitet, muss die Normalkomponente von $\vec{J}$ auf der Plattenoberfläche (außer an den Kontaktstellen) verschwinden. Dies bedeutet, dass die Stromverteilung mit guter Näherung als zweidimensionales Vektorfeld in der Plattenebene beschrieben werden kann.

Ein viel größeres Problem stellt sich, wenn die obige Aufgabe nicht nur formal, sondern tatsächlich gelöst werden muss. Erstens sagt der mathematische Existenzbeweis einer Lösung *nichts* aus über die geeignete Wahl der Entwicklungsfunktionen $f_k(\vec{r})$, und zweitens sind auch die Koeffizienten a_k noch nicht bestimmt.

Das erste Problem, die Wahl der Entwicklungsfunktionen, ist weitgehend eine Frage der Erfahrung. Man trifft die Wahl aufgrund der zu erwartenden Lösung. In unserem Beispiel ist, wie aus der physikalischen Betrachtung bekannt ist, die Stromdichte zwei Tendenzen unterworfen: Einerseits „will" der Strom auf dem kürzesten Weg von a nach b fließen und andererseits „will" er auch den gesamten zur Verfügung stehenden Kanal ausnützen. Diese Idee gilt es nun zu verwirklichen, indem z.B. keine Entwicklungsfunktionen angesetzt werden, deren zugehörige Stromdichteverteilung in irgendeinem Punkt im Feldgebiet mit der geraden Verbindung a–b einen Winkel bildet, der größer als 90° wäre. Wenn Funktionen der Form (7.52) verwendet werden, muss somit die Richtung der Verbindung a–b parallel sein zur x-Richtung der Ansatzfunktion. Dies ist allerdings erst *ein* Hinweis zur Wahl der Entwicklungsfunktionen. Tatsächlich sind noch weitere Überlegungen nötig, die auszuführen den Rahmen unserer Zielsetzung – grundsätzliche Aspekte zu beleuchten – sprengen würden. Allen solchen Überlegungen ist gemeinsam, dass sie sich wesentlich an der vorgegebenen Situation orientieren und bereits vorhandenes Wissen über die zu erwartende Lösung möglichst gut ausnützen.

Wenn die Entwicklungsfunktionen einmal gewählt sind, ist die Ermittlung der Koeffizienten a_k eine vergleichsweise harmlose Angelegenheit. Im einfachsten Fall wählt man (bei N Entwicklungsfunktionen) N Punkte $\vec{r}_i$ auf dem Rand aus und formuliert in jedem dieser Punkte die Randbedingung. Ist im Randpunkt $\vec{r}_i$ das Potential $\varphi(\vec{r}_i) = \varphi_i$ vorgegeben, gilt z.B. die Gleichung

$$\sum_{k=1}^{N} a_k f_k(\vec{r}_i) = \varphi_i. \qquad (7.104)$$

N verschiedene Randpunkte liefern ebenso viele Gleichungen für die Parameter a_k. Da diese Parameter linear in den Gleichungen enthalten sind, kann das resultierende Gleichungssystem aufgelöst werden.[18] Wir verweisen auch auf die allgemeinen Bemerkungen im Abschnitt 6.7.

7.6 Zusammenfassende Bemerkungen zur Statik

Zum Schluss dieses Kapitels seien einige wichtige Aspekte der Statik speziell betont. Außerdem wollen wir in zwei Aufgaben auf die Verknüpfung der Stromlehre mit der Elektrostatik eingehen.

7.6.1 Die Bedeutung statischer Lösungen in der Dynamik

- Die hier dargelegten statischen Lösungsansätze sind nicht auf die Gleichstromtechnik beschränkt. Es ist im Gegenteil so, dass immer dann statisch gerechnet werden kann, wenn die charakteristischen Abmessungen des Feldgebietes klein genug sind verglichen mit den typischen Längen λ (Wellenlänge) bzw. δ (Skintiefe), welche in Unterabschnitt 7.1.5 eingehend diskutiert wurden.

- Alle drei statischen Teilgebiete (Elektro- und Magnetostatik sowie Stromlehre) sind im Wesentlichen durch dieselbe Differentialgleichung beherrscht (Poisson-Gleichung). Ein Computerprogramm, welches diese Gleichung lösen kann, löst somit im Prinzip alle statischen Probleme. Die Unterschiede sind in den Aufgaben*stellungen* zu suchen: Während das Randwertproblem (Dirichlet, gemischt) nur in Elektrostatik und Stromlehre auftritt, führen alle drei Teilbereiche in anderen Fragestellungen auch auf das „Coulomb'sche Problem" (physikalisch relevante, partikuläre Lösung der Poisson-Gleichung), dessen Lösung mit einem Integral direkt angegeben werden kann.

- Seit es Computer und leistungsfähige Feldberechnungsprogramme gibt, besteht die wesentliche Arbeit des Ingenieurs darin, eine konkrete Problemstellung auf die hier dargelegte Form zu bringen und nicht mehr, wie noch vor einigen Jahren, komplizierte mathematische Theorien zu wälzen, um analytische Lösungen zu finden, welche praktischen Anforderungen ohnehin nur beschränkt genügen.

7.6.2 Aufgaben

7.6.2.1 Totales $\vec{E}$-Feld bei der Zweidrahtleitung

Gegeben: Eine lange Zweidrahtleitung mit zwei gleichen, kreisrunden Kupferdrähten (Radius R, Abstand d, $d \gg R$, vgl. unten stehende Querschnittsfigur) und idealem Dielektrikum verbindet einen Gleichstromgenerator (Klemmenspannung U) mit einem (Ohm'schen) Verbraucher. Dabei fließt der Strom I.

---

18 Die Bedingung, dass die Determinante der Matrix dieses Systems nicht verschwinden darf, haben wir großzügig übergangen. Wenn verschiedene Randpunkte und verschiedene (= linear unabhängige) Entwicklungsfunktionen gewählt wurden, ergibt sich immer eine reguläre Matrix.

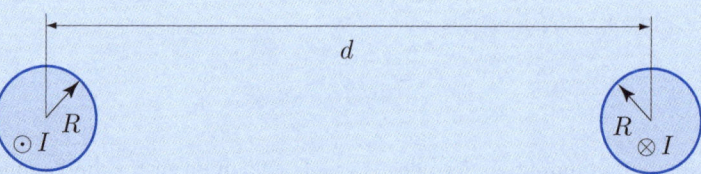

Gesucht: Das $\vec{E}$-Feld im Bereich der Leitung.

Hinweis: Man verwende zur Berechnung des elektrischen Feldes im Dielektrikum die Resultate von Übungsaufgabe 1.4.5.3. In den Leitern nehme man eine homogene Stromverteilung an.

7.6.2.2 Totales $\vec{E}$-Feld im Koaxialkabel

Gegeben: Ein langes Koaxialkabel mit idealem Dielektrikum werde bei Gleichstrom betrieben (Strom I, Kabelspannung U; Geometrie: siehe Übungsaufgabe 1.4.5.1).

Gesucht: Das $\vec{E}$-Feld im Koaxialkabel.

Hinweis: Man verwende zur Berechnung des $\vec{E}$-Feldes die Resultate von Übungsaufgabe 1.4.5.1. Die Stromverteilung in den Leitern sei je homogen.)

Die Energie im elektromagnetischen Feld

8

ÜBERBLICK

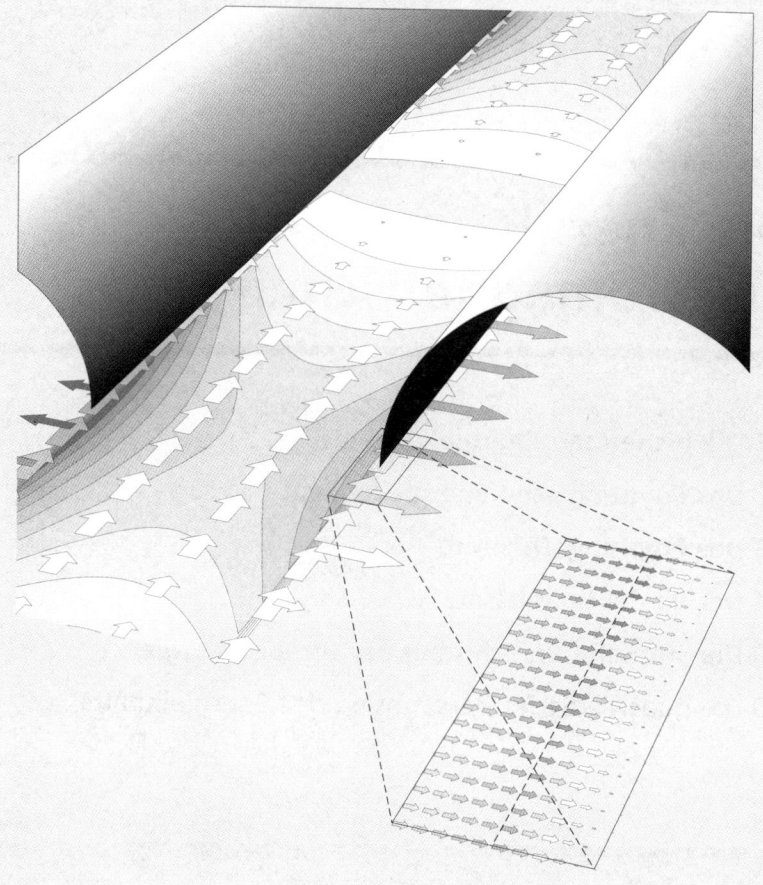

Das Bild zeigt die momentane Feldverteilung des Energieflusses (Poynting-Vektor) in unserer Zweidrahtleitung auf der horizontalen Symmetrieebene. Dargestellt sind der Betrag des Poynting-Vektors (Äquilinien) und dessen Richtung (Pfeile). In der Luft fließt die Energie praktisch nur in Längsrichtung, die Feldverteilung ist vergleichsweise homogen und die Äquilinien sind linear verteilt (10 % pro Linie). In den Leitern fließt die Energie praktisch nur quer zur Leitung und das Feld ist viel kleiner und stark gedämpft: Die Pfeile im großen Bild sind mit dem Faktor 100 skaliert. In der Ausschnitts-vergrößerung rechts unten ist die Längskomponente in der Luft unterdrückt. Damit wird klar, dass der Energiebedarf zur Aufheizung des Leitermaterials aus dem angrenzenden Feld in der Luft stammt.

Obwohl wir den Begriff der Energie in den ersten Kapiteln bereits gebraucht haben, tritt er in der ursprünglichen Maxwell'schen Theorie nicht auf. Wir konnten in den Kapiteln 6 und 7 die Felder bestimmen, ohne die Energie zu bemühen. Anderseits ist die Energie bekanntlich eine der universellsten Größen in der Physik, und es gelingt, mit ihrer Hilfe sämtliche Teilbereiche der Physik zu verbinden. Die Energie tritt zwar zunächst in vielen verschiedenen Formen auf – für jedes Teilgebiet der Physik existiert eine andere Energieform –, aber alle diese verschiedenen Energiearten sind ineinander umwandelbar, ohne dass bei der Umwandlung Energie verloren geht: Es gilt der für die ganze Physik zentrale Erhaltungssatz für die Energie, der so genannte *Energiesatz*. Somit liegt es auf der Hand, die Energie auch in der Elektrodynamik einzuführen, was wir in diesem Kapitel tun wollen. Zuerst fassen wir die früheren Ergebnisse zusammen und dann behandeln wir das so genannte Poynting'sche Energiekonzept, welches dem elektromagnetischen Feld punktweise eine Energie*dichte* zuordnet. Im letzten Abschnitt schließlich wollen wir ein alternatives Energiekonzept einführen, das sich auf die Potentiale $\vec{A}$ und φ stützt und insbesondere im Fall der Statik gute Dienste leistet.

8.1 Die bisherigen Energiekonzepte

Wir haben in Abschnitt 1.4 erstmals das Energiekonzept benützt, um das elektrostatische Potential einzuführen, indem wir die mechanische Energie

$$W_{\text{mech}} = \int \vec{F} \cdot d\vec{l} \qquad \text{(Kraft mal Weg)} \qquad (8.1)$$

der elektrostatischen Energie[1]

$$W_{\text{e}} = q\varphi \qquad \text{(Probeladung mal Potential)} \qquad (8.2)$$

gleichgesetzt haben. Tatsächlich haben wir das Potential φ so *definiert*, dass die Gleichung $W_{\text{e}} = W_{\text{mech}}$ gilt. Dieses scheinbar willkürliche Vorgehen ist deswegen sinnvoll, weil der Prozess der Umwandlung reversibel ist: Aus einer Anordnung von Ladungen, die auf verschiedenen Potentialen sind, kann der gleiche Betrag mechanischer Arbeit, der zum Aufbau der Anordnung aufgewendet wurde, wieder zurückgewonnen werden.[2]

In Abschnitt 2.3 ist uns die Energie ein zweites Mal begegnet, jetzt in Verbindung mit der Wärmeenergie. Die Wärmemenge W_{w}, welche ein elektrischer Gleichstrom I im realen Leiter pro Zeit $\triangle t$ erzeugt, ist proportional zum Produkt $U{\cdot}I$ (Spannung mal Strom), der Joule'schen Leistung P_{j}:

(2.10)
$$\frac{W_{\text{w}}}{\triangle t} = U{\cdot}I =: P_{\text{j}}. \qquad (8.3)$$

Die (historisch erst später erfolgte) Ermittlung des mechanisch-thermischen Wärmeäquivalents ($W_{\text{w}} = W_{\text{mech}}$) erlaubt – zusammen mit der schon im ersten Kapitel eingeführten Gleichheit von elektrischer und mechanischer Energie – schließlich die in Unterabschnitt 2.3.2 erläuterte Gleichsetzung der Energien W_{w} und W_{e} (Gleichung (2.12)). Als Nebenprodukt fanden wir eines der wesentlichen Resultate des zweiten Kapitels: Wir

---

1 Man beachte, dass diese Formel die *Probe*ladung q enthält, die nach Definition nichts zum Potential φ beiträgt. Falls das Potential φ (mindestens teilweise) durch q verursacht ist, muss ein Faktor $\frac{1}{2}$ hinzugefügt werden. Vgl. dazu die Ausführungen in Unterabschnitt 1.5.4.

2 Wir unterschlagen praktische Schwierigkeiten wie Reibung etc.

konnten die Menge der den Strom bildenden *fließenden* Ladungen in Einheiten der *ruhenden* (elektrostatischen) Ladung angeben.

Weiter haben wir in Abschnitt 4.3 die magnetische Energie W_m in einer Spule definiert, indem wir den Magnetisierungsprozess der Spule (Ansteigen des Stromes von null auf I) untersuchten. Wegen des Induktionsgesetzes von Faraday tritt an den Klemmen der Spule eine Spannung U auf, welche im Produkt mit dem Strom I eine elektromagnetische Leistung

$$P_{ind} = U \cdot I \tag{8.4}$$

bildet. Die Integration dieser Leistung über die Zeit der Magnetisierung ($t = 0 \ldots T$) liefert die magnetische Energie

$$W_m = \int_0^T P_{ind}\, dt. \tag{8.5}$$

Ein letztes Mal ist uns bisher die Energie in Unterabschnitt 4.3.5 begegnet, wo wir die direkte mechanisch-elektrische Energiewandlung behandelt haben.

Dann aber hat uns das durch Michael Faraday eingeführte Feldkonzept vorerst von der Energie weggeführt. In der Tat sind in den Maxwell-Gleichungen keine Energieterme vorhanden. Weil auch alle Bezüge zur Mechanik fehlen (es gibt in den Maxwell-Gleichungen keine Kräfte), ist es nicht von vornherein klar, wie die Energie in der Maxwell'schen Theorie eingeführt werden soll. Es ist das Verdienst von John Henry Poynting (1852–1914), welcher (erst!) im Jahre 1884 ein Energiekonzept vorschlug, das einerseits die „vor-Maxwell'schen" Bezüge zu Mechanik und Wärmelehre bestätigt, andererseits aber die zentrale Stellung der Feldstärken $\vec{E}$, $\vec{D}$, $\vec{B}$ und $\vec{H}$ in der Maxwell'schen Theorie gebührend berücksichtigt. Wir wollen im nächsten Abschnitt versuchen, dieses Energiekonzept zu entwickeln.

8.2 Das Poynting'sche Energiekonzept

Das Poynting'sche Energiekonzept stützt sich voll auf die Tatsache, dass die Theorie von Maxwell eine *Feld*theorie ist. Somit muss auch die Energie als Energie*feld* definiert werden: Jedes Volumen V enthält zu jedem Zeitpunkt eine bestimmte elektromagnetische Energiemenge W_{elmag}, womit das *Energiedichtefeld*

$$w(\vec{r}, t) = \lim_{V \to 0} \frac{W_{elmag}}{V} \qquad (\vec{r} \text{ in V}) \tag{8.6}$$

definiert wird. Es gilt nun, den Zusammenhang zwischen der Energiedichte $w(\vec{r}, t)$ und den Maxwell'schen Feldgrößen $\vec{E}(\vec{r}, t)$, $\vec{D}(\vec{r}, t)$, $\vec{B}(\vec{r}, t)$ und $\vec{H}(\vec{r}, t)$ anzugeben.

Das Postulat der Energie*erhaltung* erfordert es, dass jeder Änderung von W_{elmag} im Volumen V entweder

■ eine Umwandlung elektromagnetischer Energie in eine andere Energieform oder

■ ein Zu- bzw. Abfluss elektromagnetischer Energie in/aus dem Volumen V entspricht.

Die letzte Vorstellung bringt es mit sich, auch einen Energie*fluss* einzuführen, wobei zu beachten ist, dass der Begriff des Energieflusses speziell in einer *Feld*theorie bedeutsam ist.

In der klassischen Mechanik und auch in vielen anderen Teilgebieten der Physik ist die Energie eine Größe, die dem (Teil-)System als Ganzem zugeordnet wird. So gilt etwa bei einem bergauf fahrenden Radfahrer, dass Beinkraft mal Pedalenweg gleich der gesamten potentiellen Energie (plus den Reibungsverlusten) ist, welche Fahrrad, Gepäck und Fahrer nach der Fahrt haben. Aber es gibt keine Beschreibung, wie die Energie aus den Muskeln in die Pedale, von dort via Kette ins Hinterrad und schließlich in den Rucksack auf dem Gepäckträger gelangt. Eine solche Beschreibung könnte nur eine mechanische *Feld*theorie liefern.

Zurück zum Elektromagnetismus: In einem ersten Schritt wollen wir die Energie*dichte* $w(\vec{r}, t)$ mit den Maxwell'schen Feldgrößen in Verbindung bringen und danach den Begriff des elektromagnetischen Energieflusses angehen.

Die folgende einfache Idee führt auf die Energiedichte: Man betrachte ein statisches System mit einem *homogenen* Feld[3]. Nun postuliere man, dass die Energie W des gesamten Systems im Feld sitzt, und kann wegen der Homogenität des Feldes leicht eine Energie*dichte* finden, welche direkt den Zusammenhang zwischen Energiedichte und Feldstärke liefert. Weil diese Definition auf der Statik beruht, ergeben sich zwei verschiedene Energiedichten, eine elektrische Energiedichte w_e und eine magnetische Energiedichte w_m. Die gesamte *elektromagnetische* Feldenergiedichte w erhält man nach Poynting durch Addition:

$$w = w_\mathrm{e} + w_\mathrm{m}, \tag{8.7}$$

was plausibel ist, denn in der Statik ist das elektrische Feld vom Magnetfeld entkoppelt.

8.2.1 Die elektrische Energiedichte

Um den Bezug der elektrischen Energiedichte w_e zum elektrischen Feld zu finden, betrachten wir einen Ausschnitt der Fläche F aus einem unendlich ausgedehnten Parallelplatten-Kondensator (vgl. Abbildung 8.1). Das elektrische Feld $\vec{E} = E\vec{e}_z$ zwischen den Platten ist homogen, und der Einheitsvektor $\vec{e}_z$ steht senkrecht auf der Platte. Somit gilt für die Spannung

$$U = \int_{\text{Platte 1}}^{\text{Platte 2}} \vec{E} \cdot d\vec{l} = Ed. \tag{8.8}$$

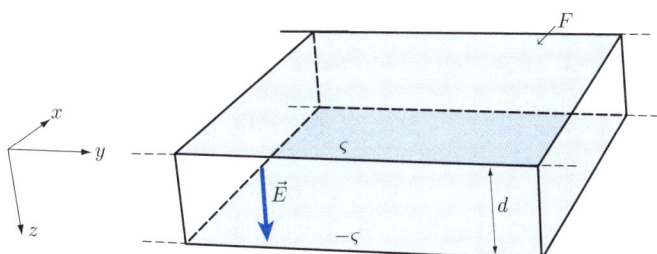

Abbildung 8.1: Ein Parallelplattenkondensator erlaubt es, die Kondensatorenergie eines Ausschnitts der Fläche F dem elektrischen Feld im Volumen $d \cdot F$ zuzuordnen und daraus – wegen der Homogenität des Feldes – eine Energie*dichte* abzuleiten.

---

3 Es gibt zwei solche Systeme, nämlich den Plattenkondensator im elektrischen Fall und die lange Zylinderspule im magnetischen Fall (vgl. Übungsaufgabe 3.3.3.2).

Die Ladung sitzt auf der Oberfläche der Platte in Form einer homogenen Flächenladungsdichte ς, welche nach (6.21) mit dem $\vec{D}$-Feld zusammenhängt:

$$(6.21) \qquad\qquad\qquad \varsigma = D_{\mathrm{n}}, \qquad\qquad\qquad (8.9)$$

wobei $D_{\mathrm{n}} := \vec{D} \cdot \vec{e}_z = D_z$ jene Komponente von $\vec{D}$ ist, welche normal auf den Kondensatorplatten steht. Die gesamte Ladung Q auf dem Ausschnitt der Fläche F beträgt

$$Q = F\varsigma = FD_{\mathrm{n}}. \qquad\qquad\qquad (8.10)$$

Nun ist die im Kondensator gespeicherte Energie nach (1.35),

$$W_{\mathrm{e}} = \frac{1}{2} Q \cdot U = \frac{1}{2} FD_{\mathrm{n}} \cdot Ed, \qquad\qquad\qquad (8.11)$$

wobei ganz rechts (8.8) und (8.10) eingesetzt wurden. Wir dividieren W_{e} durch das Volumen $V = Fd$ und erhalten

---

die elektrische Energiedichte

$$w_{\mathrm{e}} = \frac{1}{2} D_{\mathrm{n}} E = \frac{1}{2} \vec{D} \cdot \vec{E}. \qquad\qquad\qquad (8.12)$$

Die Verallgemeinerung des Resultats auf vektorielle Größen leuchtet unmittelbar ein: $\vec{E}$ steht notwendigerweise senkrecht auf der leitenden Platte, und von $\vec{D}$ darf wegen (6.21) nur die Komponente in eben diese (normale) Richtung berücksichtigt werden. Dies wäre auch dann der Fall, wenn der Kondensator mit einem anisotropen Material gefüllt wäre, wo die Richtungen von $\vec{E}$ und $\vec{D}$ nicht notwendigerweise übereinstimmen. Daher ist der letzte Ausdruck in (8.12) allgemeiner.

Allerdings muss auf eine Schwierigkeit hingewiesen werden: Nach dieser Definition kann die elektrische Energiedichte negativ werden, wenn $\vec{E}$ und $\vec{D}$ entgegengesetzt sind. So etwas ist in permanent polarisierten Materialien (Elektreten) möglich. Physikalisch ist dieser Sachverhalt folgendermaßen zu erklären: Unsere Energiedefinition (8.12) beruht auf der Voraussetzung, dass die gesamte Feldenergie beim Aufladen des Kondensators ausschließlich aus der Spannungsquelle stammt. Dies ist plausibel, wenn kein Material zwischen den Kondensatorplatten ist. Elektrisch polarisierbares Material kann jedoch zusätzliche Energie freigeben, die vor der Polarisierung als „Materialenergie"[4] in nicht elektrischer Form gebunden war. Wir wollen den Hergang im Gedankenexperiment qualitativ beschreiben. Zu Beginn sei ein polarisierbares, aber noch nicht polarisiertes Material zwischen den Platten unseres Kondensators, und die Spannung sei $U = 0\,\mathrm{V}$. Jetzt wird die Spannung auf U_0 erhöht, es fließt die Ladung Q auf die Kondensatorplatten, das Material polarisiert sich und der von der Quelle zugeführte Energiebetrag ist $W = \frac{1}{2} QU_0$. Wir haben nun unterstellt, dass die Energie im Feld gleich W sei. Dies ist möglich, aber nicht notwendig. Es könnte nämlich sein, dass das jetzt polarisierte Material nicht gleich viel oder gar mehr Materialenergie enthält als zu Beginn, sondern weniger. Dann müsste die Differenz zur ursprünglich vorhandenen Materialenergie umgewandelt worden sein, z.B. in elektrische Feldenergie. Ohne auf die genauen

---

4 Klassisch etwa als elastische Energie in den Dipolen des Materials, quantenmechanisch wird es genauer und komplizierter. Wir wollen nicht darauf eingehen.

Mechanismen einzugehen, halten wir fest, dass so etwas tatsächlich der Fall sein kann. Unsere Definition (8.12) wäre in diesem Fall „falsch", denn der elektrische Anteil der Energie wäre dann – auf Kosten der Materialenergie – größer. Der springende Punkt ist, dass im Material die „reine" Feldenergie und die Materialenergiedichte *nicht* eindeutig auseinander gehalten werden können. Solange allerdings alles reversibel abläuft, d.h. solange bei einer Senkung der Spannung U das Material die abgegebene Energie verlustlos wieder aufnimmt, stört dies nicht. Falls jedoch die Polarisierung des Materials nach der Senkung von U beibehalten wird, ist die erwähnte Energiedifferenz noch immer vorhanden und kann, wenn der Elektret aus dem Kondensator herausgenommen wird, als Feldenergie in den umgebenden freien Raum verschoben werden. Wir haben die „paradoxe" Situation, dass mehr Feldenergie aus dem Material herausgenommen wurde, als je von der Quelle zugeführt wurde. Die Differenz stammt, wie gesagt, aus einer Konversion von Materialenergie in elektrische Energie. Weil unsere Definition von w_e nur die von der Quelle zugeführte Energie berücksichtigt, bleibt – im Sinne unserer Definition – eine negative Energiedichte im Material zurück.

8.2.2 Die magnetische Energiedichte

Zur Bestimmung der magnetischen Energiedichte w_m betrachten wir einen Ausschnitt der Länge l aus einer langen Kreiszylinderspule[5] mit der Querschnittsfläche $F = \pi R^2$ und dem Radius R (vgl. Abbildung 8.2). Die Stromverteilung auf dem Zylindermantel habe keine Längskomponente und sei so „dünn", dass sie als Flächenstromdichte $\vec{\alpha}$ modelliert werden kann. Wir führen Zylinderkoordinaten ρ, ϕ und z ein und können dann schreiben:

$$\vec{\alpha} = \alpha \vec{e}_\phi. \tag{8.13}$$

Gemäß Übungsaufgabe 3.3.3.2 hat eine solche Stromverteilung ein Magnetfeld $\vec{H} = H\vec{e}_z$, welches außerhalb des Zylinders ($\rho > R$) verschwindet und innerhalb des Zylinders ($\rho < R$) homogen ist und in Richtung der Zylinderachse z weist. Den Zusammenhang zwischen $\vec{\alpha}$ und $\vec{H}$ erhalten wir aus der Stetigkeitsbedingung (6.18) zu

$$H = \vec{H} \cdot \vec{e}_z = (\vec{\alpha} \times \vec{e}_n) \cdot \vec{e}_z = -(\vec{\alpha} \times \vec{e}_\rho) \cdot \vec{e}_z = -\alpha \underbrace{(\vec{e}_\phi \times \vec{e}_\rho) \cdot \vec{e}_z}_{=-1} = \alpha. \tag{8.14}$$

Der Gesamtstrom I eines Ausschnitts der Länge l beträgt

$$I = \alpha l. \tag{8.15}$$

Weil das Feld nicht aus der Spule austritt, können wir diesen Ausschnitt genau gleich behandeln wie die Stromschleife bei Gleichung (4.8). Die Induktivität unseres Spulenabschnitts ist somit[6]

---

5 Gemäß Übungsaufgabe 3.3.3.2 ist der Querschnitt der Spule beliebig! Der kreisförmige Querschnitt erlaubt dank der Symmetrie eine einfachere Darstellung der Stromverteilung sowie eine verkürzte Argumentation bei der Feldberechnung.

6 Wenn wir in (8.16) den Strom I mit (8.15) und die magnetische Induktion nach (8.14) mit $|\vec{B}| = \mu H = \mu\alpha$ ersetzen, folgt $L = \mu F/l$. Die Induktivität nimmt mit wachsender Spulenlänge ab!? Dies ist korrekt, denn I in (8.16) bezeichnet den Gesamtstrom, und daher ist $\alpha \sim 1/l$. Die Induktivität $\tilde{L}$ einer konkreten Spule wird man eher auf den Strom I_W einer einzigen Windung beziehen. Dann müsste in (8.16) die Integrationsfläche mit der Windungszahl n multipliziert werden und gleichzeitig muss der Strom durch n dividiert werden, d.h. es ergibt sich für diese Induktivität die Formel $\tilde{L} = \mu n^2 F/l$. Dies ist implizite proportional zu l, weil auch die Windungszahl mit l steigt.

(4.8)
$$L = \frac{1}{I} \iint\limits_{F} \vec{B} \cdot d\vec{F}.$$
(8.16)

Die Energie des gleichen Abschnitts beträgt nach (4.16)

$$W = \frac{1}{2} L I^2 = \frac{I}{2} \iint\limits_{F} \vec{B} \cdot d\vec{F} = \frac{I}{2} (\vec{B} \cdot \vec{e}_z) F = \frac{1}{2} \alpha l (\vec{B} \cdot \vec{e}_z) F = \frac{1}{2} (\vec{B} \cdot \vec{H}) l F.$$
(8.17)

Nach Division durch das Volumen $V = l \cdot F$ folgt für

die magnetische Energiedichte

$$w_{\mathrm{m}} = \frac{1}{2} \vec{B} \cdot \vec{H}.$$
(8.18)

Dieses Resultat gilt unabhängig von der Richtung von $\vec{B}$, welche in einem anisotropen Material unter Umständen von der $\vec{H}$-Richtung (hier der z-Richtung) abweichen könnte.

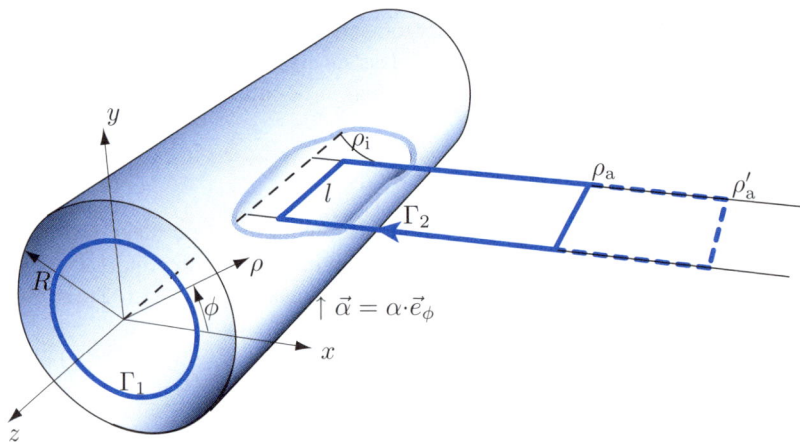

Abbildung 8.2: Eine lange Kreiszylinderspule sei durch eine homogene Flächenstromdichte $\vec{\alpha} = \alpha \vec{e}_\phi$ modelliert, d.h. der Strom fließt im Mantel des Kreiszylinders um die Zylinderachse z. $\vec{H}$ hat aus Symmetriegründen weder eine ϕ-Komponente (Beweis mit dem Ampère'schen Durchflutungsgesetz, bezogen auf den fett gezeichneten, geschlossenen Weg Γ_1) noch eine ρ-Komponente (Beweis mit div $\vec{B} = 0$, integriert über einen beliebigen koaxialen Kreiszylinder). H_z ist im Innern der Spule ($\rho < R$) konstant und außen ($\rho > R$) gleich null (Beweis der Konstanz mit dem Ampère'schen Durchflutungsgesetz mit dem rechteckigen Weg Γ_2 mit variablen ρ_i, ρ_a bzw. mit einer Grenzbetrachtung und dem Biot-Savart'schen Integral. Vgl. die Lösung der Übungsaufgabe 3.3.3.2.). Die Zuordnung der Energie im Ausschnitt der Länge l zum entsprechenden Feldvolumen $V = l\pi R^2$ liefert wegen der Homogenität des Feldes die magnetische Energie*dichte*.

Ganz analog wie im elektrischen Fall ist auch hier anzumerken, dass unsere Energiedefinition (8.18) negative Werte annehmen kann. Dies ist insbesondere bei Permanentmagneten oft der Fall[7]. Da wir nicht auf die Materialmodelle eingehen wollen, können wir nur festhalten, dass permanent magnetisierbares Material im unmagnetisierten Zustand tatsächlich auf einem höheren Energieniveau liegt, als wenn es magnetisiert

---

7   Vgl. z.B. Übungsaufgabe 3.5.3.1!

ist. (Dies erklärt nebenbei auch die hohe Stabilität der Magnetisierung!) Die frei gewordene Energie steckt im Magnetfeld und kann, wenn der Strom in der magnetisierenden Spule abgestellt wird, auch aus dem Material herauswandern. Dann bleibt im Magneten nach unserer Definition, welche nur die von der Stromquelle gelieferte Energie berücksichtigt, eine negative Energiedichte zurück. Zur genauen Berechnung des Energiebetrages, den ein bestimmtes Material beim Magnetisieren zusätzlich abgeben kann, sind die Materialmodelle der Festkörperphysik heranzuziehen. Es sei auf die Spezialliteratur verwiesen.

Wir wollen bei unseren Energiedichten (8.12) und (8.18) bleiben, zumal sie bei linearen Materialien unbedenklich sind. Damit haben wir die Energie*dichten* bestimmt, und wir können uns dem Energie*fluss* zuwenden.

8.2.3 Die Energieflussdichte

Wir postulieren[8], dass die obigen Definitionen (8.12) und (8.18) auch dann noch gelten, wenn die Feldstärken und damit die Energiedichten zeitlich variieren. Dies ist viel weniger trivial, als es auf den ersten Blick scheinen mag. Immerhin „erzeugt" eine zeitliche Veränderung des Magnetfeldes ein elektrisches Feld und umgekehrt, was mit einer Erzeugung von Feldenergie verbunden ist. Wir werden zeigen müssen, dass die Energieerhaltung nicht verletzt ist.

Wie bereits erwähnt, muss – wenn der Energieerhaltungssatz gilt – jeder Energieänderung im Volumen V entweder eine *Umwandlung* von elektromagnetischer Energie in eine andere Energieform entsprechen und/oder es existiert ein Energie*fluss* durch die Oberfläche ∂V von V. Der Energiefluss sei mit der Energieflussdichte $\vec{S}$ beschrieben, wobei der Betrag von $\vec{S}$ jene Menge Energie bezeichnet, welche pro Zeit und pro Fläche an einer bestimmten Stelle fließt, während die Orientierung von $\vec{S}$ die Fließrichtung darstellt. Der Energieerhaltungssatz für das beliebige Volumen V sieht dann folgendermaßen aus:

$$\frac{d}{dt} \iiint\limits_{V} w \, dV = - \iiint\limits_{V} p \, dV - \oiint\limits_{\partial V} \vec{S} \cdot d\vec{F}, \tag{8.19}$$

wobei p die Energieumwandlungsrate (= Leistung pro Volumen) von elektromagnetischer Energie in irgendeine andere Energieform bezeichnet. w ist nach (8.7) die totale elektromagnetische Energiedichte, und die Minuszeichen rechts sind Konvention. Da wir vorwiegend *passive*[9] Materialien im Auge haben, nehmen wir p dann positiv an, wenn die elektromagnetische Energie abnimmt. Bezüglich der Vorzeichen gelten auch hier die in Unterabschnitt 1.4.1 gemachten Bemerkungen. Im zweiten Term rechts in (8.19) ergibt sich wegen der üblicherweise nach außen gerichteten Flächennormale ein Minuszeichen: Einer Zunahme des Energieinhalts muss ein negativer Energiefluss nach außen entsprechen.

Mit dem Satz von Gauß, (5.37-3), kann das Oberflächenintegral in (8.19) in ein Volumenintegral über die Divergenz von $\vec{S}$ verwandelt werden. Da (8.19) für ein

---

8 Unter einem *Postulat* verstehen wir ein Axiom, das nicht schon auf der ersten Seite erwähnt wird. Es muss sich selbstverständlich widerspruchsfrei in das bestehende Gedankengebäude einfügen.

9 Ein Material heißt *passiv*, wenn ein elektromagnetisches Feld in diesem Material entweder gar keine Umwandlung in andere (nicht elektromagnetische) Energieformen bewirkt oder wenn elektromagnetische Energie in eine andere Energieform (meist Wärmeenergie) verwandelt wird. Dagegen läuft in *aktiven* Materialien der umgekehrte Prozess ab: Die elektromagnetische Energiedichte wird erhöht.

beliebiges Volumen V gilt, muss die Gleichung auch für die Integranden gelten, und somit finden wir die Differentialform von (8.19)

$$\frac{\partial w}{\partial t} = -p - \operatorname{div} \vec{S}. \tag{8.20}$$

Um jetzt den Energiefluss $\vec{S}$ in Funktion der elektromagnetischen Feldgrößen auszudrücken, müsste der Ausdruck

$$\frac{\partial w}{\partial t} = \frac{1}{2} \frac{\partial}{\partial t} (\vec{D} \cdot \vec{E} + \vec{B} \cdot \vec{H}) \tag{8.21}$$

als Summe einer Divergenz und einer Leistungsdichte geschrieben werden, d.h. die *zeitlichen* Ableitungen rechts in (8.21) sollten entweder durch geeignete *räumliche* Ableitungen ersetzt werden, so dass der resultierende Ausdruck eine Divergenz ist, und/oder durch Terme, die als Leistungsdichte interpretiert werden können. Da die ersten zwei Maxwell-Gleichungen zeitliche Ableitungen von Feldgrößen mit räumlichen Ableitungen anderer Feldgrößen verknüpfen, können wir einen solchen Ersatz versuchen. Zunächst ergibt sich mit der Produktregel des Differenzierens

$$\frac{\partial}{\partial t} (\vec{D} \cdot \vec{E} + \vec{B} \cdot \vec{H}) = \underbrace{\frac{\partial \vec{D}}{\partial t}}_{\operatorname{rot} \vec{H} - \vec{j}} \cdot \vec{E} + \vec{D} \cdot \frac{\partial \vec{E}}{\partial t} + \underbrace{\frac{\partial \vec{B}}{\partial t}}_{-\operatorname{rot} \vec{E}} \cdot \vec{H} + \vec{B} \cdot \frac{\partial \vec{H}}{\partial t}. \tag{8.22}$$

Bei zwei der vier Summanden rechts kommen wir wie angedeutet weiter. Dagegen bleiben die zeitlichen Ableitungen von $\vec{E}$ und $\vec{H}$ stehen. Da diese Feldgrößen über die Materialgleichungen[10]

$$(1.63) \qquad \vec{D} = \varepsilon_0 \vec{E} + \vec{P} \quad \Leftrightarrow \quad \vec{E} = \frac{1}{\varepsilon_0} (\vec{D} - \vec{P}),$$

$$(3.9) \qquad \vec{B} = \mu_0 (\vec{H} + \vec{M}) \quad \Leftrightarrow \quad \vec{H} = \frac{1}{\mu_0} \vec{B} - \vec{M} \tag{8.23}$$

mit $\vec{D}$ und $\vec{B}$ verbunden sind, kann auch bei diesen je ein Anteil mit $\frac{\partial \vec{D}}{\partial t}$ bzw. mit $\frac{\partial \vec{B}}{\partial t}$ abgespalten werden. Eine kurze Rechnung mit zweimaliger Verwendung der Gleichungen (8.23) ergibt schließlich

$$\frac{\partial w}{\partial t} = \frac{\partial \vec{D}}{\partial t} \cdot \vec{E} + \frac{\partial \vec{B}}{\partial t} \cdot \vec{H} - \underbrace{\frac{1}{2} \left(\vec{E} \cdot \frac{\partial \vec{P}}{\partial t} - \vec{P} \cdot \frac{\partial \vec{E}}{\partial t} \right)}_{p_{\text{elek}}} - \underbrace{\frac{\mu_0}{2} \left(\vec{H} \cdot \frac{\partial \vec{M}}{\partial t} - \vec{M} \cdot \frac{\partial \vec{H}}{\partial t} \right)}_{p_{\text{mag}}}. \tag{8.24}$$

Wir wollen zunächst die Ausdrücke in den runden Klammern diskutieren, welche die materialspezifischen Größen $\vec{P}$ bzw. $\vec{M}$ enthalten. Wenn sich das Feld im Material ändert, kann die Materialstruktur verändert werden, und die Veränderung der Materialstruktur korrespondiert mit einem gewissen Energieumsatz. Die Größen p_{elek} und p_{mag} sind die entsprechenden Leistungsdichten. Man sieht, dass p_{elek} und p_{mag} sicher dann verschwinden, wenn die Magnetisierung $\vec{M}$ proportional ist zu $\vec{H}$ (vgl. (3.12), $[\vec{M} = \chi_{\text{m}} \vec{H}]$) und die Polarisation $\vec{P}$ proportional zu $\vec{E}$ (vgl. Gleichung (1.60), $[\vec{P} = \varepsilon_0 \chi_{\text{e}} \vec{E}]$). Dies ist bekanntlich gerade die Definition der *Linearität* des Materials (vgl. Unterabschnitt 6.2.2). Im nichtlinearen Fall verschwinden die runden Klammerausdrücke nicht, was man leicht

---

10 In dieser Form sind die Materialgleichungen allgemein und *immer* gültig!

einsieht, wenn etwa $\vec{P}$ als „Taylor-Reihe"[11] in $\vec{E}$ geschrieben wird: $\vec{P} = \sum_{k=0}^{\infty} a_k \bullet (\vec{E})^k$. Nicht lineares Material ist somit dadurch charakterisiert, dass bei einer Änderung des Feldes ein Energieumsatz zwischen elektromagnetischer Energie und anderer Energie stattfindet. Da wir nicht näher auf die Materialmodelle eingehen wollen, sehen wir von einer weiteren Diskussion ab.

Nun betrachten wir die beiden ersten Terme rechts in (8.24) und ersetzen dort die zeitlichen Ableitungen mit Hilfe der Maxwell-Gleichungen durch räumliche Ableitungen, wie dies bereits in (8.22) angedeutet ist:

$$\frac{\partial \vec{D}}{\partial t} \cdot \vec{E} + \frac{\partial \vec{B}}{\partial t} \cdot \vec{H} = (\operatorname{rot} \vec{H} - \vec{J}) \cdot \vec{E} - \operatorname{rot} \vec{E} \cdot \vec{H}. \tag{8.25}$$

Mit der in Übungsaufgabe 5.2.6.2 b) bewiesenen, für beliebige stetig differenzierbare Vektorfunktionen $\vec{v}$ und $\vec{w}$ gültigen Identität

$$\operatorname{div}(\vec{v} \times \vec{w}) \equiv \vec{w} \cdot \operatorname{rot} \vec{v} - \vec{v} \cdot \operatorname{rot} \vec{w} \tag{8.26}$$

und (8.25) ergibt sich aus (8.24)

$$\frac{\partial w}{\partial t} = -\operatorname{div}(\vec{E} \times \vec{H}) - \underbrace{\vec{J} \cdot \vec{E}}_{p_{\mathrm{j}}} - p_{\mathrm{elek}} - p_{\mathrm{mag}}. \tag{8.27}$$

Der zweite Term rechts in (8.27) ist die bereits bekannte Joule'sche Leistungsdichte aus Gleichung (2.17), welche tatsächlich die einzige ist, die auch in statischen Verhältnissen auftritt. Ein Vergleich der Gleichung (8.27) mit (8.20) liefert einerseits

$$p = p_{\mathrm{j}} + p_{\mathrm{elek}} + p_{\mathrm{mag}} \tag{8.28}$$

und anderseits

$$\operatorname{div} \vec{S} = \operatorname{div}(\vec{E} \times \vec{H}). \tag{8.29}$$

Die letzte Gleichung ist sicher dann erfüllt, wenn

$$\vec{S} = \vec{E} \times \vec{H} \qquad \text{(Poynting-VektorPoynting-Vektor)} \tag{8.30}$$

gesetzt wird, obwohl auch jedes Feld $\vec{S}'$ mit dem zusätzlichen quellenfreien Feld $\vec{v}$,

$$\vec{S}' := \vec{E} \times \vec{H} + \vec{v} \qquad \text{mit } \operatorname{div} \vec{v} = 0, \tag{8.31}$$

den gleichen Dienst leisten würde. J. H. Poynting hat die Gleichung (8.30) postuliert und damit das Kreuzprodukt $\vec{E} \times \vec{H}$ direkt mit der Energieflussdichte identifiziert. $\vec{S} = \vec{E} \times \vec{H}$

---

11 Die Abhängigkeit zwischen zwei Vektoren kann nicht mit einer gewöhnlichen Potenzreihe dargestellt werden, weil Potenzen von Vektoren nicht definiert sind. Die Koeffizienten a_k sind daher Tensoren $(k+1)$-ter Stufe, und der dicke Punkt „$\bullet$" symbolisiert ein Tensorprodukt. Details findet man in der mathematischen Literatur. Wir begnügen uns mit dem Hinweis, dass ein Tensor nullter Stufe (er wird in unserer „Taylor-Reihe" gar nicht gebraucht) ein Skalar ist, während ein Tensor erster Stufe (der konstante Term in der „Taylor-Reihe") einem Vektor gleichkommt und der Tensor zweiter Stufe als (3×3)-Matrix geschrieben werden kann. Im isotropen Fall ist a_1 eine Diagonalmatrix mit drei gleichen Elementen $(\varepsilon_0 \chi_e)$ in der Hauptdiagonale. Diese Matrix kann dann mit einer Zahl (Skalar) ersetzt werden.

wird daher auch *Poynting-Vektor* genannt. Es zeigt sich, dass in vielen praktischen Fällen diese Identifikation zu plausiblen Resultaten führt.

In speziellen Situationen kann der Poynting-Vektor einen Verlauf zeigen, der schlecht zur Vorstellung des „Prinzips der kleinsten Wirkung" passt. Nach diesem Prinzip, das bereits von Pierre de Fermat (1601–1665) in der Form der Forderung nach dem kürzesten Lichtweg aufgestellt wurde, funktioniert die Natur immer so, dass der Aufwand möglichst klein ist. Stellen wir uns jetzt einen Permanentmagneten vor, der zwischen den Platten eines geladenen Kondensators ruht, dürfte nach dem Prinzip der kleinsten Wirkung nichts passieren, denn alles ist in Ruhe. Bilden wir jedoch formal den Poynting-Vektor und identifizieren ihn mit dem Energiefluss, ergibt sich ein ewiger Reigen von Energien, die sich auf geschlossenen Bahnen im Raum bewegen. Dieses Beispiel zeigt, dass die Identifikation des Poynting-Vektors mit dem Energiefluss zu fragwürdigen Vorstellungen führen kann (nicht muss!). Solche eigenartigen Situationen treten insbesondere in statischen Fällen auf, wo kein Austausch zwischen elektrischer und magnetischer Energie stattfindet. Es ist dies ein Beispiel, wo die Theorie etwas Unmessbares liefert: Es gibt nämlich kein Experiment, das den Energiefluss direkt messen kann! Wir können nur die *Umwandlung* von Energie feststellen, nicht aber deren Fluss. Die im angesprochenen statischen Poynting-Feld zirkulierende Energie kann nicht angezapft werden, ohne die Bedingung der Statik zu verletzen. Daher dürfen wir solche Energiereigen als Kuriosum der Theorie zulassen.[12] Auf atomarer Ebene akzeptieren wir mindestens so abenteuerliche Modelle mit ständigen „Bewegungen" ohne Energieumsatz!

Zwischenbemerkung: Ohne irgendwelche Einschränkungen können wir immer dann am Poynting'schen Konzept festhalten, wenn Resultate gefragt sind, welche direkt aus der *Divergenz* von $\vec{S}$ abgeleitet werden. In der integralen Form bedeutet dies, dass der gesamte, nur auf elektromagnetischen Vorgängen beruhende Energieaustausch P eines Volumens V mit der Umgebung unabhängig ist von der Wahl des Vektors $\vec{v}$ in (8.31)

$$P = - \oiint_{\partial V} \vec{S} \cdot d\vec{F} = - \oiint_{\partial V} \vec{S}' \cdot d\vec{F}. \tag{8.32}$$

Das Vorzeichen ist so gewählt, dass P dann positiv ist, wenn das Volumen V elektromagnetische Leistung aufnimmt. Jedes Integral des Poynting-Vektors über eine beliebige, geschlossene Fläche hat die Bedeutung einer Leistung, welche auch physikalisch real (d.h. messbar) ist. Diese Tatsache wollen wir im nächsten Abschnitt etwas eingehender studieren.

---

12   Die Relativitätstheorie von Einstein setzt Masse mit Energie gleich und postuliert daher bei bewegter Energie auch einen Impuls. Es würde den Rahmen unserer Ausführungen sprengen, darauf einzugehen. Immerhin sei angemerkt, dass der Poynting-Vektor $\vec{E} \times \vec{H}$ (ohne Zusatz!) mit der Impulserhaltung verträglich ist.

8.2.4 Aufgaben

8.2.4.1 Energietransport einer linear polarisierten Ebenen Welle

Gegeben: Das $\vec{E}$-Feld einer linear polarisierten Ebenen Welle im Vakuum:

$$\vec{E}(\vec{r}, t) = \vec{E}(z, t) = \vec{E}_0 \cos(\omega t - kz); \qquad \vec{E}_0 = E_0 \vec{e}_x; \qquad k = \omega \sqrt{\mu_0 \varepsilon_0}$$

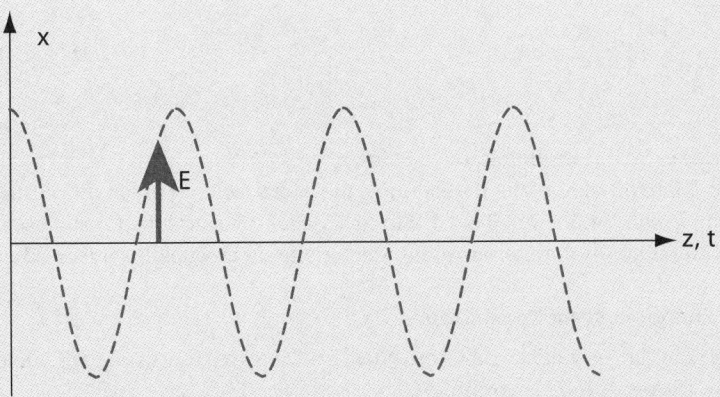

Gesucht: Das zugehörige $\vec{H}$-Feld sowie der Poynting-Vektor als Funktion des Ortes und im Zeitmittel.

8.2.4.2 Energietransport von zwei Ebenen Wellen

Gegeben: Das $\vec{E}$-Feld von zwei gleich polarisierten Ebenen Wellen unterschiedlicher Ausbreitungsrichtung:

$$\vec{E}(\vec{r}, t) = \vec{E}(y, z, t) = \vec{E}_0 \cos(\omega t - k_y y - k_z z) + \vec{E}_0 \cos(\omega t + k_y y - k_z z)$$

$$\vec{E}_0 = E_0 \vec{e}_x; \qquad \sqrt{k_y^2 + k_z^2} = k = \omega \sqrt{\mu_0 \varepsilon_0}$$

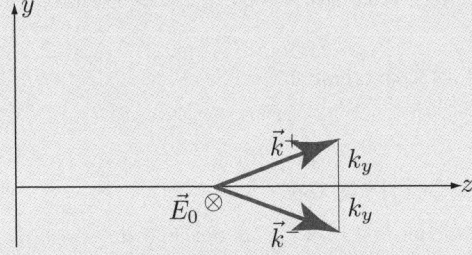

Gesucht: Das zugehörige $\vec{H}$-Feld sowie der Poynting-Vektor als Funktion des Ortes und im Zeitmittel.

8.2.4.3 Energiefluss in einer Zweidrahtleitung

Gegeben: Eine lange Zweidrahtleitung mit zwei gleichen, kreisrunden Kupferdräh-ten (Radius R, Abstand d, $d \gg R$, vgl. unten stehende Querschnittsfigur) und idealem Dielektrikum verbindet einen Gleichstromgenerator (Klemmenspannung U) mit einem (Ohm'schen) Verbraucher. Dabei fließt der Strom I.

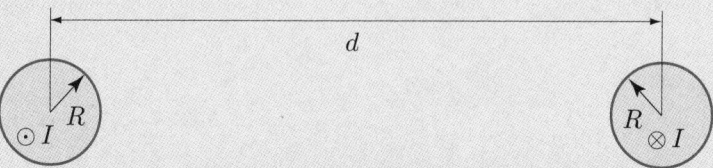

Gesucht: Das $\vec{S}$-Feld im Bereich der Leitung.

Hinweis: Man verwende zur Berechnung des elektrischen Feldes die Resultate der Übungsaufgaben 1.4.5.3 und 7.6.2.1. Für das Magnetfeld sind die Ergebnisse aus dem Beispiel nützlich. In den Leitern nehme man eine homogene Stromverteilung an.

8.2.4.4 Energiefluss im Koaxialkabel

Gegeben: Ein langes Koaxialkabel mit idealem Dielektrikum werde bei Gleichstrom betrieben (Strom I, Kabelspannung U).

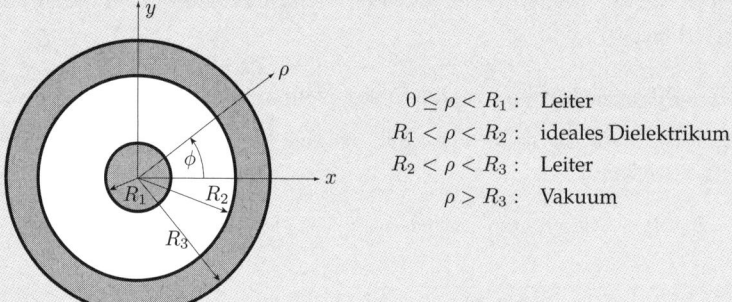

$$0 \leq \rho < R_1 : \quad \text{Leiter}$$
$$R_1 < \rho < R_2 : \quad \text{ideales Dielektrikum}$$
$$R_2 < \rho < R_3 : \quad \text{Leiter}$$
$$\rho > R_3 : \quad \text{Vakuum}$$

Hinweis: Man verwende zur Berechnung der $\vec{E}$- und $\vec{H}$-Felder die Resultate der Übungsaufgaben 1.4.5.1, 7.6.2.2 sowie 3.3.3.1 a). Die Stromverteilung in den Leitern sei je homogen.

Gesucht: Das $\vec{S}$-Feld im Koaxialkabel.

8.3 Das Poynting-Theorem

Die Energie(dichte) und deren Fluss ist in der Feldtheorie eine „punktuelle" Größe, während in der Praxis oft nur Gesamtenergien interessieren. Wir wollen in diesem Abschnitt untersuchen, was passiert, wenn der Energieumsatz in einem beliebigen Volumen V integriert wird.

8.3.1 Der allgemeine (zeitabhängige) Fall

Das durch Integration über das Volumen V aus (8.27) abgeleitete

---

Poynting-Theorem

$$-\oiint_{\partial V} \vec{S} \cdot d\vec{F} = \iiint_{V} \left(\frac{\partial w}{\partial t} + p_{\mathrm{j}} + p_{\mathrm{elek}} + p_{\mathrm{mag}} \right) dV \qquad (8.33)$$

---

wird uns noch öfter begegnen. Es besagt, dass der Energiefluss durch die Oberfläche ∂V in das beliebige Volumen V hinein gleich der zeitlichen Änderung des elektromagnetischen Energieinhalts in V plus der dort in andere Energieformen (Wärme, Chemie, Materialstrukturänderung etc.) umgesetzten Leistung ist.

Im linearen Fall (d.h. das Material ist in jedem Punkt durch drei Konstanten ε, μ und σ beschrieben, und es gelten die Materialgleichungen (6.9) und (6.10)) verschwinden p_{elek} und p_{mag} einzeln, und es ergibt sich

$$-\oiint_{\partial V} \vec{S} \cdot d\vec{F} = \iiint_{V} \left(\varepsilon \vec{E} \cdot \frac{\partial \vec{E}}{\partial t} + \mu \vec{H} \cdot \frac{\partial \vec{H}}{\partial t} + \sigma \vec{E} \cdot \vec{E} \right) dV. \qquad (8.34)$$

8.3.2 Das komplexe Poynting-Theorem

Da in der Praxis der stationäre Fall (= sinusförmige Zeitabhängigkeit aller Feldgrößen) eine dominante Rolle spielt, wollen wir die entsprechende Form des Poynting-Theorems ebenfalls diskutieren. In diesem Zusammenhang sei auf Anhang C verwiesen, wo die Zuordnung komplexer Größen zu sinusoidalen Zeitfunktionen sowie insbesondere die komplexen *Produkte* beschrieben sind.

Soll der Poynting-Vektor $\vec{S}(\vec{r}, t)$ im stationären Zustand berechnet werden, genügt es, die beiden zeitunabhängigen, komplexen Vektoren[13]

$$\underline{\vec{S}}(\vec{r}) := \frac{1}{2} \left(\underline{\vec{E}}(\vec{r}) \times \underline{\vec{H}}^{*}(\vec{r}) \right), \qquad \underline{\vec{S}}^{\sim}(\vec{r}) := \frac{1}{2} \left(\underline{\vec{E}}(\vec{r}) \times \underline{\vec{H}}(\vec{r}) \right) \qquad (8.35)$$

anzugeben. Da in der Praxis meistens nur der *zeitliche Mittelwert* $\vec{S}_0(\vec{r})$ des Poynting-Vektors $\vec{S}(\vec{r}, t)$ interessiert, genügt es in diesem Fall, lediglich $\underline{\vec{S}}(\vec{r})$ anzugeben, der auch *komplexer Poynting-Vektor* genannt wird. Es gilt ganz einfach

$$\vec{S}_0(\vec{r}) = \Re \left(\underline{\vec{S}}(\vec{r}) \right). \qquad (8.36)$$

Zum komplexen Poynting-Vektor gehört auch ein *komplexes Poynting-Theorem*, das auf die gleiche Weise erhalten wird wie das Theorem (8.34). Wir betrachten nur den Fall *linearer Materialgleichungen* mit evtl. komplexen Parametern ε, μ und σ und können daher die Maxwell-Gleichungen

---

13 Die komplexen Vektoren $\underline{\vec{S}}(\vec{r})$ und $\underline{\vec{S}}^{\sim}(\vec{r})$ sind doppelt unterstrichen. Vgl. dazu Anhang C.

benützen. Es gilt mit (8.26)

$$\mathrm{rot}\,\underline{\vec{E}} = -j\omega\mu\underline{\vec{H}}$$

$$\mathrm{rot}\,\underline{\vec{H}} = (\sigma + j\omega\varepsilon)\underline{\vec{E}}, \qquad \mathrm{rot}\,\underline{\vec{H}}^* = (\sigma^* - j\omega\varepsilon^*)\underline{\vec{E}}^* \tag{8.37}$$

benützen. Es gilt mit (8.26)

$$\mathrm{div}\,\underline{\vec{S}} = \frac{1}{2}\mathrm{div}(\underline{\vec{E}} \times \underline{\vec{H}}^*) = \frac{1}{2}\left(\underline{\vec{H}}^* \cdot \mathrm{rot}\,\underline{\vec{E}} - \underline{\vec{E}} \cdot \mathrm{rot}\,\underline{\vec{H}}^*\right), \tag{8.38-1}$$

$$\mathrm{div}\,\underline{\vec{S}}^\sim = \frac{1}{2}\mathrm{div}(\underline{\vec{E}} \times \underline{\vec{H}}) = \frac{1}{2}\left(\underline{\vec{H}} \cdot \mathrm{rot}\,\underline{\vec{E}} - \underline{\vec{E}} \cdot \mathrm{rot}\,\underline{\vec{H}}\right). \tag{8.38-2}$$

Ersetzen wir hier jene Terme, die den Operator rot enthalten, mit Hilfe der Maxwell-Gleichungen (8.37), folgen

$$2\,\mathrm{div}\,\underline{\vec{S}} = -j\omega\left(\mu\underline{\vec{H}} \cdot \underline{\vec{H}}^* - \varepsilon^*\underline{\vec{E}} \cdot \underline{\vec{E}}^*\right) - \sigma^*\underline{\vec{E}} \cdot \underline{\vec{E}}^*, \tag{8.39-1}$$

$$2\,\mathrm{div}\,\underline{\vec{S}}^\sim = -j\omega\left(\mu\underline{\vec{H}} \cdot \underline{\vec{H}} + \varepsilon\underline{\vec{E}} \cdot \underline{\vec{E}}\right) - \sigma\underline{\vec{E}} \cdot \underline{\vec{E}}. \tag{8.39-2}$$

Wenn wir auf beiden Seiten die Vorzeichen umdrehen, liefert die Integralform dieser Gleichung

---

das komplexe Poynting-Theorem

$$-\oiint_{\partial V} \underline{\vec{S}} \cdot d\vec{F} = \frac{1}{2}\iiint_V \left\{j\omega\left(\mu\underline{\vec{H}} \cdot \underline{\vec{H}}^* - \varepsilon^*\underline{\vec{E}} \cdot \underline{\vec{E}}^*\right) + \sigma^*\underline{\vec{E}} \cdot \underline{\vec{E}}^*\right\}dV, \tag{8.40-1}$$

$$-\oiint_{\partial V} \underline{\vec{S}}^\sim \cdot d\vec{F} = \frac{1}{2}\iiint_V \left\{j\omega\left(\mu\underline{\vec{H}} \cdot \underline{\vec{H}} + \varepsilon\underline{\vec{E}} \cdot \underline{\vec{E}}\right) + \sigma\underline{\vec{E}} \cdot \underline{\vec{E}}\right\}dV. \tag{8.40-2}$$

Sämtliche Skalarprodukte unter dem rechten Integral von (8.40-1) sind reell. Weiter wollen wir im Interesse einer einfacheren Diskussion ab jetzt reelle Materialparameter μ, ε und σ voraussetzen. Dann ergibt sich der zeitliche Mittelwert der in das Volumen V hineinfließenden Leistung P_0 zu

$$P_0 = -\oiint_{\partial V} \vec{S}_0 \cdot d\vec{F} = -\oiint_{\partial V} \Re(\underline{\vec{S}}) \cdot d\vec{F} = \frac{1}{2}\iiint_V \sigma\underline{\vec{E}} \cdot \underline{\vec{E}}^* \, dV. \tag{8.41}$$

Er enthält rechts nur den zeitlichen Mittelwert p_{j0} der Joule'schen Wärmeproduktion $p_j(t)$. Es gilt nämlich

$$p_j(t) = \vec{J} \cdot \vec{E} = \sigma\vec{E} \cdot \vec{E} = \frac{\sigma}{2}\Re\left(\underline{\vec{E}} \cdot \underline{\vec{E}}^* + \underline{\vec{E}} \cdot \underline{\vec{E}} \cdot e^{2j\omega t}\right), \tag{8.42}$$

und daraus findet man den zeitlichen Mittelwert

$$p_{j0} = \frac{\sigma}{2}\Re\left(\underline{\vec{E}} \cdot \underline{\vec{E}}^*\right) = \sigma\frac{\underline{\vec{E}} \cdot \underline{\vec{E}}^*}{2}. \tag{8.43}$$

Das Resultat (8.41) – das Wegbleiben der elektrischen und magnetischen Energieänderungen im Zeitmittel – war zu erwarten, denn die Menge elektromagnetischer Energie kann sich im stationären Zustand im Zeitmittel nicht verändern.

Obwohl in (C.49) (im Anhang C) nur der Realteil des Produktes $\vec{E} \times \vec{H}^*$ gebraucht wird, um von den Zeigern $\vec{E}$ und $\vec{H}$ auf den zeitlichen Mittelwert des Poynting-Vektors zu schließen, kann auch der Imaginärteil von physikalisch interpretiert werden. Das reelle Produkt $\varepsilon \vec{E} \cdot \vec{E}^*$ ist nämlich der (vierfache) zeitliche Mittelwert w_{e0} der elektrischen Energiedichte $w_e(t)$, und das reelle Produkt $\mu \vec{H} \cdot \vec{H}^*$ ist der (vierfache) zeitliche Mittelwert w_{m0} der magnetischen Energiedichte $w_m(t)$. Im magnetischen Fall gilt

$$w_m(t) = \frac{1}{2}\vec{B}\cdot\vec{H} = \frac{\mu}{2}\vec{H}\cdot\vec{H} = \frac{\mu}{4}\Re\left(\vec{H}\cdot\vec{H}^* + (\vec{H}\cdot\vec{H})\cdot e^{2j\omega t}\right), \tag{8.44}$$

woraus sich der zeitliche Mittelwert

$$w_{m0} = \frac{\mu}{4}\Re\left(\vec{H}\cdot\vec{H}^*\right) = \mu\frac{\vec{H}\cdot\vec{H}^*}{4} \tag{8.45}$$

ergibt. Analog folgt aus $w_e(t) = \frac{1}{2}\vec{D}\cdot\vec{E} = \frac{\varepsilon}{2}\vec{E}\cdot\vec{E}$ der zeitliche Mittelwert

$$w_{e0} = \varepsilon\frac{\vec{E}\cdot\vec{E}^*}{4}. \tag{8.46}$$

Dies ist auch in Anhang C, Gleichung (C.50), hergeleitet. Somit erhält das komplexe Poynting-Theorem (8.40-1) die Gestalt

$$-\oiint_{\partial V} \underline{\vec{S}}\cdot d\vec{F} = \iiint_{V}\left(2j\omega(w_{m0} - w_{e0}) + p_{j0}\right)dV. \tag{8.47}$$

Beim komplexen Poynting-Theorem hat also auch der Imaginärteil eine physikalische Bedeutung, obwohl der Imaginärteil des komplexen Poynting-Vektors *nicht* gebraucht wird, um das zeitliche Verhalten des Poynting-Vektors zu beschreiben. Dies ist nicht ganz trivial, denn gemäß Abschnitt C.3 können Blindleistungen nicht ohne weiteres addiert werden. Hier ist dies nur deshalb möglich, weil die *rechte* Seite von (8.47) eine separate Interpretation zulässt.

Die physikalische Interpretation des Imaginärteils wird uns im nächsten Kapitel hilfreich sein, um die Beziehung zwischen Feldtheorie und Netzwerktheorie zu verstehen.

Ohne die Rechnungen im Detail auszuführen, bemerken wir, dass ein analoges (komplexes) Theorem mit dem komplexen Vektor $\underline{\vec{S}}^{\sim} = \frac{1}{2}\vec{E}\times\vec{H}$ die wesentlichen Parameter (Amplitude und Phase) des sinusförmig mit der Zeit variierenden Anteils von (8.34) liefert.

8.4 Der Eindeutigkeitssatz

Als wichtige Folgerung aus dem Poynting'schen Satz wollen wir zeigen, dass das folgende Eindeutigkeitstheorem gilt, und beschränken uns auf passiv lineares Material, obwohl das Theorem auch unter allgemeineren Voraussetzungen gilt:

Das elektromagnetische Feld ist im Volumen V dann eindeutig gegeben, wenn auf der Begrenzung ∂V von V in jedem Punkt *entweder* die zu ∂V tangentiale Komponente von $\vec{E}$ *oder* die zu ∂V tangentiale Komponente von $\vec{H}$ vorgegeben ist und am Anfang alle Felder in V verschwinden. Im Volumen V sei nur passiv lineares Material vorhanden.

Zur Erinnerung: Passiv lineares Material kann elektromagnetische Energie absorbieren und speichern, aber nicht erzeugen. Es wird durch die drei *nicht negativen* Konstanten[14] μ, ε und σ beschrieben.

Der Beweis dieses Theorems läuft indirekt: Man nimmt zuerst an, es existierten zwei verschiedene Lösungen in V, $(\vec{E}_1, \vec{H}_1)$ und $(\vec{E}_2, \vec{H}_2)$, welche beide den gegebenen Randbedingungen auf ∂V genügen, und betrachtet dann das Differenzfeld $(\vec{E}, \vec{H}) = (\vec{E}_1 - \vec{E}_2, \vec{H}_1 - \vec{H}_2)$. Dieses Differenzfeld ist wegen der Linearität der Maxwell-Gleichungen *und* der Materialgleichungen ebenfalls eine Lösung der Maxwell-Gleichungen und genügt einer speziellen Randbedingung: Überall dort auf dem Rand, wo die tangentiale Komponente des elektrischen Feldes vorgegeben war, sind die entsprechenden Komponenten von $\vec{E}_1$ und $\vec{E}_2$ gleich und somit ist dort $E_{\text{tangential}}$ gleich null. An den übrigen Randpunkten gilt das Gleiche für die tangentialen Komponenten des magnetischen Differenzfeldes. Zusätzlich erfüllt das Feld $(\vec{E}, \vec{H})$ – wie jede Lösung der Maxwell-Gleichungen – formal das Poynting-Theorem (8.33), wobei die zugehörige Energiedichte w und die Leistungsdichte p Produkte von Differenzfeldern sind. Da in jedem Randpunkt wie gesagt die tangentialen Komponenten entweder von $\vec{E}$ oder von $\vec{H}$ verschwinden, ist die Normalkomponente von $\vec{S} := \vec{E} \times \vec{H}$ auf dem Rand gleich null. Somit gibt es keinen vom Differenzfeld getragenen Energieaustausch durch die Oberfläche von V, die linke Seite von (8.33) verschwindet und wir finden die Gleichung

$$\frac{\partial W}{\partial t} = \frac{\partial}{\partial t} \iiint\limits_V w \, dV = - \iiint\limits_V p \, dV, \qquad (8.48)$$

wobei im ersten Integral noch Differentiation nach der Zeit und Integration vertauscht wurden. Im passiv linearen Medium gilt immer $p \geq 0$ und weiter in jedem Zeitpunkt $w \geq 0$. Die Gleichung (8.48) sagt somit aus, dass W nur abnehmen kann. Dies ist jedoch am Anfang nicht möglich, weil zu Beginn alle Felder verschwinden. Somit kann sich in V kein Differenzfeld aufbauen und es existiert nur eine Lösung: Das elektromagnetische Feld $(\vec{E}, \vec{H})$ ist in V eindeutig, wenn auf ∂V die tangentialen Komponenten entweder von $\vec{E}$ oder von $\vec{H}$ vorgegeben sind.

8.5 Die statische Berechnung der Gesamtenergien

Da die Felder im Allgemeinen im ganzen Raum von null verschieden sind, ist der numerische Aufwand zur Integration der Feldenergiedichten über den ganzen Raum erheblich. In statischen Situationen ist mit den Feldern auch der Energieinhalt unabhängig von der Zeit. Folglich gibt es dann keine Umwandlung von elektrischer in magnetische Feldenergie oder umgekehrt, eine Tatsache, die sich auch in der Entkopp-

---

14   Anisotropie mit symmetrischen, positiv definiten Materialtensoren anstelle dieser Konstanten wäre zulässig, doch wollen wir nicht darauf eingehen.

lung des elektrischen und des magnetischen Feldes äußert. Wir wollen jetzt zeigen, dass unter der Voraussetzung statischer Verhältnisse die elektrische und die magnetische Feldenergie auf elegantere und weniger aufwändige Art berechnet werden können.

8.5.1 Die elektrostatische Gesamtenergie

Wir beginnen mit der Berechnung des *elektrischen* Energieinhalts W_e. Mit (8.12) folgt

$$W_e = \iiint\limits_{V_\infty} w_e \, dV = \frac{1}{2} \iiint\limits_{V_\infty} \vec{D} \cdot \vec{E} \, dV, \tag{8.49}$$

wobei V_∞ den gesamten Raum bezeichnet. Da die Feldstärken statische Größen sind, gilt (7.57) $[\vec{E} = -\operatorname{grad} \varphi]$, und wir können mit der in Übungsaufgabe 5.2.6.2 c) hergeleiteten, für beliebige stetig differenzierbare Funktionen f und $\vec{v}$ gültigen Identität

$$\operatorname{div}(f\vec{v}) \equiv \vec{v} \cdot \operatorname{grad} f + f \operatorname{div} \vec{v} \tag{8.50}$$

den Integranden ganz rechts in (8.49) umformen:

$$\vec{D} \cdot \vec{E} = -\vec{D} \cdot \operatorname{grad} \varphi = \varphi \operatorname{div} \vec{D} - \operatorname{div}(\varphi\vec{D}) = \varphi\varrho - \operatorname{div}(\varphi\vec{D}). \tag{8.51}$$

Dabei haben wir ganz am Schluss noch die Maxwell-Gleichung (7.41-3) $[\operatorname{div} \vec{D} = \varrho]$ benützt. Somit ergibt sich für den Gesamtenergieinhalt

$$W_e = \frac{1}{2} \iiint\limits_{V_\infty} \varphi\varrho \, dV - \frac{1}{2} \oiint\limits_{\partial V_\infty} \varphi\vec{D} \cdot d\vec{F}, \tag{8.52}$$

wobei wir im zweiten Integral rechts den Gauß'schen Satz (5.37-3) verwendet haben. ∂V_∞ bezeichnet die Oberfläche des gesamten Raumes, d.h. die so genannte Fernkugel. Da die Ladungsdichte ϱ nur innerhalb des – wir nehmen an endlich ausgedehnten – Quellgebietes[15] G_Q von null verschieden ist, kann der Integrationsbereich im ersten Integral eingeschränkt werden:

$$\iiint\limits_{V_\infty} \varphi\varrho \, dV = \iiint\limits_{G_Q} \varphi\varrho \, dV. \tag{8.53}$$

Das zweite Integral verschwindet, wenn φ und $\vec{D}$ mit Hilfe der Coulomb'schen Integrale berechnet werden,[16] denn das asymptotische Verhalten für große Distanzen R vom Quellgebiet ist für φ proportional zu $1/R$ und für $|\vec{D}|$ proportional zu $1/R^2$. (Falls die Gesamtladung in G_Q verschwindet, ist $\varphi \sim 1/R^2$ und $|\vec{D}| \sim 1/R^3$.) Somit nimmt der Integrand mindestens wie $1/R^3$ ab, die (kugelig gedachte) Oberfläche ∂V_∞ von V_∞ aber nur wie $4\pi R^2$ zu. Für das gesamte Integral ergibt sich eine Abnahme mindestens proportional zu $1/R$, was bedeutet, dass das Integral für $R \to \infty$ verschwindet.

---

15 Als Quellgebiet wird jener Teil des Raumes bezeichnet, wo die Feldquellen – hier die Ladungsdichte ϱ – nicht verschwinden.

16 Dies ist möglich, wenn wir annehmen, dass der Raum nur in einem beschränkten Gebiet inhomogen (mit Material gefüllt) sei. Das Material kann mit dem Substitutionsprinzip (vgl. Unterabschnitt 1.3.3 sowie Abschnitt 1.6) durch äquivalente Ladungsverteilungen ersetzt werden.

Die Gesamtenergie W_e kann mit einem einzigen Integral mit *endlichem* Integrationsbereich berechnet werden:

$$W_e = \frac{1}{2} \iiint\limits_{G_Q} \varphi \varrho \, dV. \tag{8.54}$$

Die physikalische Interpretation dieses Resultats knüpft an die alte Vorstellung von Newton und Coulomb an, wonach die Ladung Träger von Energie sei. Es ist offensichtlich, dass diese alte Vorstellung mit dem Poynting'schen Konzept, welches *nur* das Feld als Energieträger zulässt, unvereinbar ist. Uns ist das Poynting'sche Konzept deswegen sympathischer, weil so die Energiedichte nicht von der Normierung des Potentials abhängt.

Es ist zu beachten, dass dieses Resultat dann richtig ist, wenn das Potential im Unendlichen auf null normiert ist, wie dies durch die Verwendung der Coulomb-Integrale implizite geschehen ist. Eine andere Normierung, etwa $\varphi' = \varphi + \varphi_0$, ändert den Wert des Integrals (8.54) um den Betrag

$$W_e^0 = \frac{1}{2} \iiint\limits_{G_Q} \varphi_0 \varrho \, dV = \frac{\varphi_0}{2} \iiint\limits_{G_Q} \varrho \, dV = \frac{\varphi_0}{2} Q_{ges}. \tag{8.55}$$

Verschwindet die Gesamtladung Q_{ges}, spielt die Normierung des Potentials somit keine Rolle.[17] Andernfalls liefert die Gleichung (8.54) einen anderen Wert für die Gesamtenergie. Dies ist kein Widerspruch, denn das zweite Integral in (8.52) verschwindet in diesem Fall auch nicht, sondern hat den endlichen Wert

$$-\frac{\varphi_0}{2} \oiint\limits_{\partial V_\infty} \vec{D} \cdot d\vec{F} = -\frac{\varphi_0}{2} \iiint\limits_{V_\infty} \underbrace{\operatorname{div} \vec{D}}_{=\varrho} \, dV = -\frac{\varphi_0}{2} Q_{ges} = -W_e^0. \tag{8.56}$$

8.5.2 Die magnetostatische Gesamtenergie

Mit (8.18) folgt für die magnetostatische Gesamtenergie

$$W_m = \iiint\limits_{V_\infty} w_m \, dV = \frac{1}{2} \iiint\limits_{V_\infty} \vec{B} \cdot \vec{H} \, dV. \tag{8.57}$$

Mit der Gleichung (6.94) $[\vec{B} = \operatorname{rot} \vec{A}]$ und der Identität (8.26) ergibt sich

$$\vec{B} \cdot \vec{H} = \operatorname{rot} \vec{A} \cdot \vec{H} = \vec{A} \cdot \operatorname{rot} \vec{H} + \operatorname{div}(\vec{A} \times \vec{H}) = \vec{J} \cdot \vec{A} + \operatorname{div}(\vec{A} \times \vec{H}), \tag{8.58}$$

wobei wir zuletzt noch die Maxwell-Gleichung (7.41-2) $[\operatorname{rot} \vec{H} = \vec{J}]$ benützt haben. Wenn wir wiederum den Gauß'schen Satz (5.37-3) anwenden, folgt für die Gesamtenergie

---

17   Falls, wie dies z.B. die Quantenmechanik postuliert, die Potentiale mehr als nur mathematische Hilfsgrößen sind, ergibt sich aus dieser Tatsache umgekehrt ein Argument für die Forderung nach universaler Ladungsneutralität.

$$W_{\mathrm{m}} = \frac{1}{2} \iiint\limits_{V_\infty} \vec{J} \cdot \vec{A} \, dV + \frac{1}{2} \oiint\limits_{\partial V_\infty} (\vec{A} \times \vec{H}) \cdot d\vec{F}. \tag{8.59}$$

Da die Stromdichte $\vec{J}$ nur innerhalb des Quellgebietes G_Q von null verschieden ist, kann auch hier der Integrationsbereich im ersten Integral eingeschränkt werden:

$$\iiint\limits_{V_\infty} \vec{J} \cdot \vec{A} \, dV = \iiint\limits_{G_Q} \vec{J} \cdot \vec{A} \, dV. \tag{8.60}$$

Das zweite Integral in (8.59) verschwindet aus ähnlichen Überlegungen wie im elektrostatischen Fall:[18] $|\vec{A}|$ verhält sich weit weg vom Quellgebiet mindestens wie $1/R$, was aus dem ersten Term von (7.84) geschlossen werden kann. (Wegfall des zweiten Terms wegen der Normierung von $|\vec{A}|$ im Unendlichen auf einen endlichen Wert.) $|\vec{H}|$ nimmt mindestens wie $1/R^2$ ab, wie das Biot-Savart'sche Integral (3.17) zeigt.[19] Somit nimmt der Integrand mindestens wie $1/R^3$ ab, die (kugelförmige) Oberfläche von V_∞ aber nur wie R^2 zu. Für das gesamte Integral ergibt sich auch hier mindestens eine Abnahme proportional zu $1/R$, was bedeutet, dass das Integral verschwindet.

Die magnetische Gesamtenergie W_{m} kann mit einem einzigen Integral mit *endlichem* Integrationsbereich berechnet werden:

$$W_{\mathrm{m}} = \frac{1}{2} \iiint\limits_{G_Q} \vec{J} \cdot \vec{A} \, dV. \tag{8.61}$$

Es ist zu beachten, dass der Integrand in (8.61) im Rahmen des Poynting'schen Energiekonzepts *nicht* als Energiedichte aufgefasst werden darf, obwohl dies in einer mehr mechanisch orientierten Theorie möglich wäre. Es wäre dann $\frac{1}{2}\vec{J} \cdot \vec{A}$ eine Art kinetische Energie der im Strom bewegten Ladungsträger. Wir wollen aber an dieser Stelle nicht weiter darauf eingehen.

Bekanntlich ist in der Statik die Stromdichteverteilung divergenzfrei (vgl. die Gleichung (7.41-2)), was bedeutet, dass nur geschlossene Stromverteilungen zulässig sind. Im praktisch wichtigen Fall einer dünnen, stromführenden Drahtschleife D kann das Integral (8.61) weiter vereinfacht werden. Wir schreiben das Volumenelement als

$$dV = d\vec{F}_{\mathrm{Q}} \cdot d\vec{l}, \tag{8.62}$$

wobei $d\vec{F}_{\mathrm{Q}}$ die aus einem einzigen infinitesimalen Flächenelement bestehende, orientierte Querschnittsfläche des Drahtes darstellt und $d\vec{l}$ in die Richtung der Drahtachse weist (vgl. Abbildung 8.3). Die Richtungen von $d\vec{F}_{\mathrm{Q}}$, $d\vec{l}$ und der (auf dem Draht singulären) Stromdichte $\vec{J} = \frac{I}{dF_{\mathrm{Q}}} \vec{e}$ sind an jeder Stelle parallel zum Einheitsvektor $\vec{e}$. Damit entfällt die Integration über die Querschnittsfläche, und es gilt statt (8.61)

---

18 Wir setzen endliche Abmessungen von G_Q voraus und nehmen an, dass der Raum höchstens in einem endlichen Bereich mit Material gefüllt ist, welches gemäß den Ausführungen in Abschnitt 3.4 durch äquivalente Stromverteilungen ersetzt werden kann.

19 Tatsächlich ergibt sich wegen der notwendig geschlossenen Stromverteilung sogar eine um je eine Potenz von R stärkere Abnahme von $|\vec{A}|$ und $|\vec{H}|$.

$$W_{\mathrm{m}} = \frac{I}{2} \oint_{D} \vec{A} \cdot d\vec{l} \qquad (8.63)$$

mit dem Gesamtstrom

$$I = \vec{J} \cdot d\vec{F}_{\mathrm{Q}}. \qquad (8.64)$$

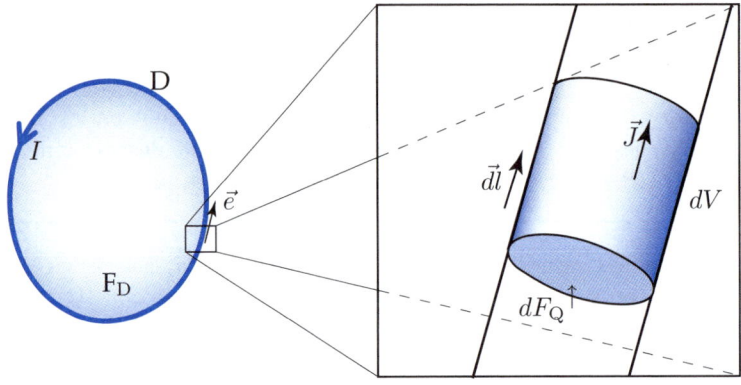

Abbildung 8.3: Wenn der Strom in einem dünnen Draht fließt, kann die Stromdichte $\vec{J}$ überall in Richtung der Drahtachse angenommen werden. Aus dem *Volumen*integral $\iiint \vec{J} \cdot \vec{A}\, dV$ wird ein *Linien*integral $I \oint \vec{A} \cdot d\vec{l}$ über die Drahtschleife D. Dieses Linienintegral kann weiter in ein Flächenintegral über die von D berandete Fläche F_{D} verwandelt werden.

Daraus finden wir mit dem Stokes'schen Satz (5.37-2) und der Definition des Vektorpotentials (6.94):

$$W_{\mathrm{m}} = \frac{I}{2} \oint_{D} \vec{A} \cdot d\vec{l} = \frac{I}{2} \iint_{F_{\mathrm{D}}} \mathrm{rot}\, \vec{A} \cdot d\vec{F} = \frac{I}{2} \iint_{F_{\mathrm{D}}} \vec{B} \cdot d\vec{F}. \qquad (8.65)$$

Dabei ist F_{D} die von der Schleife D berandete Fläche. Im Spezialfall einer dünnen Drahtschleife gibt es somit neben dem „großen" Volumenintegral (8.57) und dem zum Linienintegral (8.63) degenerierten „kleinen" Volumenintegral (8.61) auch noch das Flächenintegral (8.65), um die magnetische Gesamtenergie darzustellen.

   Wir wollen zum Schluss noch zeigen, dass die Energiedarstellung mit dem Vektorpotential, (8.61), nur scheinbar von der Eichung von $\vec{A}$ abhängig ist. Zwei verschiedene Vektorpotentiale $\vec{A}$, $\vec{A}'$ unterscheiden sich nach (6.95) um den Gradienten einer beliebigen (differenzierbaren) skalaren Ortsfunktion ψ. Somit gilt

$$\iiint_{V} \vec{J} \cdot \vec{A}\, dV = \iiint_{V} \vec{J} \cdot \vec{A}'\, dV + \iiint_{V} \vec{J} \cdot \mathrm{grad}\, \psi\, dV, \qquad (8.66)$$

wobei V ein beliebig großes Volumen bezeichnet, welches das Quellgebiet G_Q einschließt. Es ist zu zeigen, dass das letzte Integral rechts in (8.66) verschwindet. Dies ist in der Tat der Fall, denn

$$\iiint\limits_{V} \vec{J} \cdot \operatorname{grad} \psi \, dV = \iiint\limits_{V} \operatorname{div}(\psi \vec{J}) - \psi \underbrace{\operatorname{div} \vec{J}}_{=0} \, dV = \oiint\limits_{\partial V} \psi \vec{J} \cdot d\vec{F} = 0. \tag{8.67}$$

Im ersten Schritt wurde die Identität (8.50) verwendet. Die nächste Vereinfachung liefert die fundamentale Tatsache (7.41-2), wonach in der Statik die Stromdichte $\vec{J}$ divergenzfrei sein muss. Die Anwendung des Gauß'schen Satzes (5.37-3) führt auf das letzte Integral ganz rechts in (8.67). In diesem verschwindet sogar der Integrand, denn die Stromdichte $\vec{J}$ ist nach Voraussetzung nur im endlichen Quellgebiet G_Q von null verschieden und somit auf der Berandung ∂V, welche das Quellgebiet ganz umschließt, zwangsläufig gleich null.

8.5.3 Aufgabe

8.5.3.1 Elektrostatische Energie einer kleinen geladenen Kugel

Gegeben: Eine leitende Kugel (Radius R) ruht im Vakuum und trägt die Ladung Q.

Gesucht: Das elektrische Feld und dessen totaler Energieinhalt $W(R)$. Man diskutiere insbesondere auch den Fall $W(R)|_{R \to 0}$.

8.6 Die quasistatische Berechnung des Energieinhalts

Im vorigen Abschnitt haben wir gezeigt, dass unter statischen Voraussetzungen die Energie unendlich ausgedehnter Felder auch mit Integralen über endliche Integrationsgebiete berechnet werden kann. Streng genommen gibt es aber keine statischen Situationen, weil das Universum noch nicht unendlich alt ist.[20] Wir wollen nun zeigen, dass die statischen Energieformeln des vorigen Abschnitts unter bestimmten Bedingungen auch in zeitlich veränderlichen Situationen nützlich sind. Dazu stellen wir zuerst einige grundsätzliche Überlegungen zur möglichen Abstrahlung von Energie an und definieren dann die so genannten „quasistatischen" Situationen.

8.6.1 Die Abstrahlung von Energie

Reale Anordnungen haben immer eine endlich ausgedehnte Quellenverteilung, d.h. die Ladungsdichte ϱ und die Stromdichte $\vec{J}$ sind immer nur in einem endlichen Volumen V von null verschieden. Wir nennen dieses Volumen *Quellgebiet* G_Q und finden aus (6.87) und (6.88),[21] dass fernab von G_Q die Beträge der Feldstärken $\vec{E}$ und $\vec{H}$ wie $1/R$ abnehmen, wobei R die Distanz zwischen Aufpunkt und Quellgebiet bezeichnet. Somit nehmen die

---

20 Dies behaupten wenigstens die Kosmologen!

21 Jene Gleichungen gelten streng genommen nur für homogenes Material mit $\sigma = 0$. Inhomogenes Material kann nach dem Substitutionsprinzip (vgl. Unterabschnitt 1.3.3 bzw. Unterabschnitt 3.4.3) durch äquivalente Ladungs- und Stromverteilungen ersetzt werden, die der Feldstärke proportional sind, also ungefähr in der gleichen Weise mit zunehmender Distanz vom Quellgebiet abnehmen. Ist die Leitfähigkeit σ von null verschieden, ergibt sich sogar ein exponentielles Abklingen mit der Distanz, was im stationären Fall durch die Gleichungen (7.29) und (7.33) bestätigt wird.

Energiedichten wie $1/R^2$ ab. Diese Abnahme reicht aber nicht aus, um etwa die Integration über die Energiedichte außerhalb einer Kugel mit Radius R abbrechen zu können, denn eine Kugelschicht der Dicke $d \ll R$ hat ein Volumen $4\pi dR^2$ und liefert somit einen Beitrag zur Gesamtenergie, der unabhängig ist von R.

Wir erinnern daran, dass sich die Wirkung einer Quelle im freien Raum *kugelförmig*[22] ausbreitet, denn in den entsprechenden Integralen steht immer nur der Abstand von der Quelle zum Aufpunkt, $|\vec{r} - \vec{r}'|$. Somit können wir allein aus dem Energieerhaltungssatz folgern, dass die Energiedichte, welche sich zusammen mit den Feldern ausbreitet, ein $1/R^2$-Verhalten aufweisen muss. Solange eine Quellenverteilung elektromagnetische Energie *abstrahlt* und das umgebende Material keine Energie absorbiert, kann die Energiedichte nicht rascher als proportional $1/R^2$ abnehmen, weil sich ein bestimmtes Quantum Energie auf eine Fläche $4\pi R^2$ verteilen muss.

Die eigentliche Kernfrage ist jedoch, ob die Quellenverteilung *überhaupt* einen relevanten Anteil der in ihrer näheren Umgebung vorhandenen Feldenergie abstrahlt. Diese Frage ist in allgemeiner Form schwierig zu beantworten. Wir stellen nur fest, dass es tatsächlich Quellen- und damit Feldkonfigurationen gibt, welche kaum strahlen. Im nächsten Abschnitt versuchen wir, diesen Sachverhalt formal, d.h. ohne konkrete Vorgabe der Feldverteilung, quantitativ zu beschreiben.

8.6.2 Die quasistatischen Situationen

Die praktisch wichtigsten nichtstrahlenden Situationen sind die fast statischen oder *quasistatischen* Situationen. Der Name wurde deshalb so gewählt, weil die Statik den Grenzfall vollständig fehlender Abstrahlung[23] bildet.

Die quasistatische Situation kann quantitativ charakterisiert werden, indem der Betrag der abgestrahlten Energie pro Zeiteinheit, die *Strahlungsleistung*, mit jenen Leistungen verglichen wird, die in der Umgebung der Quellen umgesetzt werden. Wir betrachten das Poynting-Theorem (8.33) und wählen ein Volumen V, welches das ganze Quellgebiet G_Q einschließt. Dann ist die linke Seite in (8.33) gleich der Strahlungsleistung

$$P_s = -\oiint_{\partial V} (\vec{E} \times \vec{H}) \cdot d\vec{F}, \tag{8.68}$$

von der in der Praxis nur der zeitliche Mittelwert interessiert. Die rechte Seite von (8.33), $\iiint_V (\frac{\partial w}{\partial t} + p_j + p_{\text{elek}} + p_{\text{mag}}) dV$, kann in einzelne Summanden zerlegt werden. Die drei Anteile mit p_j, p_{elek} und p_{mag} decken die Wechselwirkung mit dem Material ab und beschreiben auch die *Erzeugung* elektromagnetischer Energie. Die Integration ergibt drei Leistungsanteile, P_j, P_{elek} und P_{mag}, die nur im Material von null verschieden sein können. Die Zerlegung des ersten Terms

$$\frac{\partial w}{\partial t} = \frac{\partial w_e}{\partial t} + \frac{\partial w_m}{\partial t} \tag{8.69}$$

---

22   Dies gilt streng genommen nur für eine Punktquelle. Ausgedehnte Quellen strahlen in verschiedene Richtungen unterschiedlich stark, aber sie strahlen geradlinig. Dies bedeutet, dass die Strahlung in einen bestimmten Raumwinkelbereich unabhängig vom Radius ist.

23   In der Elektrostatik nimmt der Betrag der elektrischen Feldstärke nach (1.11) wie $1/R^2$ ab, und in der Magnetostatik gilt gemäß dem Biot-Savart'schen Integral (3.17) das Gleiche für den Betrag der magnetischen Feldstärke. Tatsächlich gilt sogar ein $1/R^3$-Gesetz, weil nur geschlossene Stromverteilungen zulässig sind. Dies trifft bei fehlender elektrischer Totalladung auch für das elektrische Feld zu.

liefert zwei weitere Leistungsanteile. Wir wollen der Einfachheit halber im Folgenden nur noch diese beiden auch im Vakuum vorhandenen Anteile mitschleppen. Falls die Ungleichungen

$$P_s \ll \begin{cases} \iiint\limits_{V} \frac{\partial w_e}{\partial t} \, dV =: P_e \\ \iiint\limits_{V} \frac{\partial w_m}{\partial t} \, dV =: P_m \end{cases} \tag{8.70}$$

zutreffen, *passiert im Volumen V viel*, ohne dass von diesem Energieumsatz etwas abgestrahlt wird, d.h. die abgestrahlte Leistung P_s kann gegenüber der lokal in V umgesetzten Leistung vernachlässigt werden.

Praktisch ist es nun oft so, dass bei Zutreffen von (8.70) eine weitere Bedingung erfüllt ist, welche einerseits die Abmessungen von V und anderseits die Schnelligkeit der zeitlichen Variation der Feldquellen betrifft. Zur Illustration stellen wir die Integrale zur Berechnung des $\vec{H}$-Feldes im allgemeinen Fall, im stationären Fall und in der Statik einander gegenüber (links wie üblich die früheren Gleichungsnummern!):

(6.87) $$\vec{H}(\vec{r}, t) = \frac{1}{4\pi} \iiint\limits_{G_Q} \frac{\mathrm{rot}' \, \vec{J}_0(\vec{r}', t')|_{t'=t-\sqrt{\mu\varepsilon}|\vec{r}-\vec{r}'|}}{|\vec{r} - \vec{r}'|} \, dV', \tag{8.71}$$

(7.33) $$\underline{\vec{H}}(\vec{r}) = \frac{1}{4\pi} \iiint\limits_{G_Q} \frac{\mathrm{rot}' \, \underline{\vec{J}}_0(\vec{r}') \cdot e^{-jk|\vec{r}-\vec{r}'|}}{|\vec{r} - \vec{r}'|} \, dV', \tag{8.72}$$

(7.73) $$\vec{H}(\vec{r}) = \frac{1}{4\pi} \iiint\limits_{G_Q} \frac{\mathrm{rot}' \, \vec{J}_0(\vec{r}')}{|\vec{r} - \vec{r}'|} \, dV'. \tag{8.73}$$

Wir definieren:

> Eine Situation heißt *quasistatisch im Volumen V*, wenn das Feld innerhalb von V mit guter Näherung genau gleich wie in der Statik berechnet werden kann.

Dies bedeutet im stationären Fall offenbar, dass der Faktor $e^{-jk|\vec{r}-\vec{r}'|}$ nur unwesentlich von eins abweicht, der Exponent also sehr viel kleiner als eins sein muss:

$$|k| \cdot |\vec{r} - \vec{r}'| \ll 1. \tag{8.74}$$

Ferner muss die vorgegebene Stromverteilung im ganzen Quellgebiet die gleiche Phase haben. (Sind verschiedene Stromkreise unterschiedlicher Phase im Spiel, kann jeder Anteil separat mit statischen Mitteln gerechnet werden.) Wir haben in Unterabschnitt 7.1.5 die Bedeutung der material- und frequenzabhängigen Wellenzahl k bereits eingehend studiert und gesehen, dass je nach Material die Wellenlänge λ oder die Skintiefe δ geeignete Vergleichslängen darstellen. Somit können wir im stationären Fall sagen, dass die Abmessungen von V klein gegen diese Längen sein müssen, um von einer quasistatischen Situation reden zu können.

Im allgemeinen Fall bedeutet quasistatisch, dass die Retardierung in (8.71) unwesentlich ist, d.h. dass sich der Wert des Integrals nicht ändert, wenn statt t' nur t eingesetzt wird. Physikalisch bedeutet dies, dass die Laufzeit $\triangle t = \sqrt{\mu\varepsilon}|\vec{r} - \vec{r}'|$, welche verstreicht, bis die Wirkung einer Änderung der Quelle am Aufpunkt eingetroffen ist, sehr viel kleiner ist als die Zeitspanne, während der sich die Quellenstärke wesentlich ändert.

Quasistatisch ist eine nicht statische Situation somit immer nur in einem endlichen Volumen. Wenn jedoch zusätzlich (8.70) zutrifft, d.h. wenn das Feld weit weg ohnehin vernachlässigt werden kann, dann kann „das ganze *relevante* Feld" statisch gerechnet und der Rest unter den Tisch gewischt werden.

Obwohl also im stationären Zustand – d.h. nach unendlich langer Einschwingzeit – die Energie des nicht statisch berechneten Feldes außerhalb des quasistatisch behandelten Bereichs unendlich groß sein kann, hat dieses äußere Feld keinen Einfluss mehr auf das Feld in der Nähe der Quellen. Salopp, aber anschaulich: Einmal abgestrahlte Energien sind weg und kommen nicht mehr zurück.

Unsere Betrachtungen haben gezeigt, dass die Felder mit sehr guter Näherung oft statisch berechnet werden können. Wir wollen im nächsten Unterabschnitt die Verbindung zwischen den separat berechneten Feldern wiederherstellen.

8.6.3 Der Zusammenhang zwischen den quasistatischen Feldern

Gewöhnlich wird argumentiert, dass in der Statik das magnetische Feld vollständig vom elektrischen Feld entkoppelt sei, weil die Maxwell-Gleichungen keinen direkten Bezug zwischen den beiden Feldern lieferten. Dies ist richtig, solange nur ein bestimmter Raumpunkt betrachtet wird: Es gibt tatsächlich keinen Zusammenhang zwischen $\vec{E}$ und $\vec{H}$ in einem einzigen Punkt. Betrachtet man eine quasistatische Situation, gilt auf den ersten Blick dasselbe, denn die quasistatische Situation ist ja gerade dadurch definiert, dass die Felder „wie in der Statik" berechnet werden können. Die entscheidende Frage ist, wie die Kopplung bei der unabhängigen Berechnung des elektrischen und des magnetischen Feldes berücksichtigt werden soll. Wir wollen jetzt zeigen, dass die Feld*quellen* die Kupplerrolle spielen.

Die quasistatische Berechnung eines bestimmten Systems erfordert die Lösung von zwei verschiedenen Teilproblemen. Zur Bestimmung des elektrischen Feldes muss entweder die Ladungsverteilung (als Raumladungsdichte $\varrho(\vec{r})$ oder als Oberflächenladungsdichte $\varsigma(\vec{r})$) vorgegeben sein, oder – praktisch häufiger – es sind Randwerte für das Potential φ bekannt. Nach der Bestimmung des Feldes können auch im zweiten Fall, mit der Randbedingung $[\varsigma = D_\mathrm{n}]$, die Oberflächenladungen ermittelt werden. Lässt man jetzt eine zeitliche Variation der Felder zu, variieren auch die Ladungen. Wegen der Ladungserhaltung kann eine solche Variation aber nur mit einem Zu- und Abführen der Ladungen, d.h. mit einer entsprechenden Stromverteilung, bewerkstelligt werden. Dies bedeutet jetzt auf der anderen Seite, dass die Divergenz der Stromdichte $\vec{J}$ nicht mehr zwingend verschwinden muss. Somit darf im quasistatischen Fall das „magnetostatische" Problem freier gestellt werden: Es sind unter Umständen auch divergenzbehaftete, d.h. nicht geschlossene Stromverteilungen zulässig.

Der Zusammenhang zwischen elektrischem und magnetischem Feld im quasistatischen System offenbart sich jetzt insbesondere bei den Feld*quellen*: Die in den Maxwell-Gleichungen enthaltene Ladungserhaltung

(6.5)
$$\operatorname{div} \vec{J} = -\frac{\partial \varrho}{\partial t}$$
(8.75)

verknüpft die beiden Problemstellungen. Weil die Feldquellen in den statischen Einzelproblemen aber oft Teil der Problem*stellung* (statt Teil der Problem*lösung*) sind, verlagert sich die Kopplung um einen Schritt zurück. Andererseits können im quasistatischen Fall die Feldquellen freier vorgegeben werden, als dies in der Statik der Fall war, wo ausschließlich divergenzfreie Stromverteilungen zulässig waren.

Diese Bemerkungen schließen unsere Ausführungen über die Energie ab. Im nächsten Kapitel wollen wir einen Schritt Richtung Praxis machen und uns der Netzwerktheorie und ihren Bezügen zur Feldtheorie zuwenden.

Die Berechnung der Zweipolparameter aus den Feldern

9

ÜBERBLICK

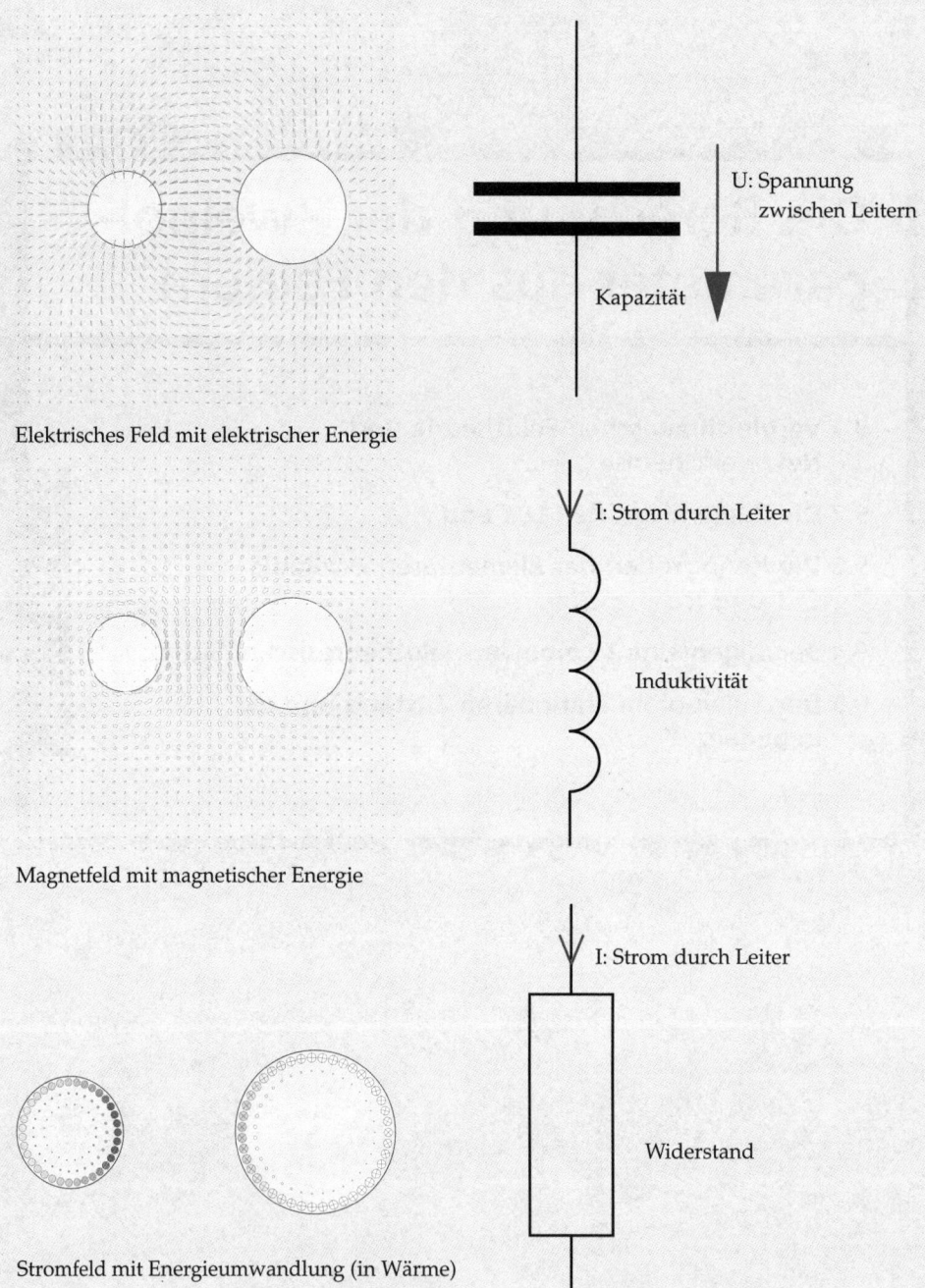

Elektrisches Feld mit elektrischer Energie

Magnetfeld mit magnetischer Energie

Stromfeld mit Energieumwandlung (in Wärme)

U: Spannung zwischen Leitern

Kapazität

I: Strom durch Leiter

Induktivität

I: Strom durch Leiter

Widerstand

Nachdem wir in den Kapiteln 6 und 7 die generelle Lösung der Maxwell-Gleichungen behandelt und im achten Kapitel dem elektromagnetischen Feld einen Energieinhalt zugeschrieben haben, wollen wir den direkten Bezug zwischen den Feldern und der praktisch wichtigen Netzwerktheorie herstellen. Dabei setzen wir Kenntnisse aus der elementaren Elektrotechnik voraus und möchten in diesem Kapitel die bekannten elektrotechnischen Grundgesetze theoretisch untermauern, indem die Maxwell'sche Feldtheorie mit der einfacheren Netzwerktheorie verglichen wird. Wir wollen heraus-finden, unter welchen Vorbedingungen bezüglich Materialeigenschaften und Geometrie einer Anordnung die bekannten Beziehungen zwischen Strömen, Spannungen und Leistungen in einer (Ersatz-)Schaltung gelten. Damit können vor allem die *Grenzen* zur Anwendung der einfachen Netzwerktheorie abgesteckt werden.

In einem ersten Abschnitt wird die Feldtheorie der Netzwerktheorie direkt gegen-übergestellt. Dann beschreiben wir die Zustandsgrößen der Netzwerktheorie durch (Integrale über) Felder und betrachten schließlich die elementaren Zweipolkenngrößen R (Widerstand), L (Induktivität) und C (Kapazität). Im vierten Abschnitt behandeln wir den allgemeinen Zweipol und leiten im fünften Abschnitt über auf die Impedanz Z eines allgemeinen Zweipols im stationären Zustand.

9.1 Vergleich zwischen Feldtheorie und Netzwerktheorie

Wir wollen jetzt die physikalische Feldtheorie mit der mehr technischen Netzwerk-theorie vergleichen. Obwohl die beiden Theorien sehr eng miteinander verknüpft sind, müssen wir doch festhalten, dass es sich um *zwei* im Grunde verschiedene Theorien handelt. Generell können wir sagen, dass die Netzwerktheorie eine starke Vereinfachung der Feldtheorie darstellt, wobei insbesondere die (teilweise vektoriellen) *Funktionen* von Raum und Zeit der Feldtheorie ($\vec{E}(\vec{r}, t)$, $\vec{H}(\vec{r}, t)$, $\vec{J}(\vec{r}, t)$ etc.) in der Netzwerktheorie durch entsprechende *skalare* Größen (U, I etc.) ersetzt werden, die nur noch von der Zeit abhängen. Der Zusammenhang zwischen beiden Theorien kann mit Integralen über die Feldgrößen dargestellt werden.

Vergleichen wir die bekannte Netzwerktheorie mit der Maxwell'schen Feldtheorie, so finden wir zunächst neben Gemeinsamkeiten auch Gegensätze. In der Netzwerktheorie sind die Begriffe des *Zweipols* („black box" mit zwei Anschlüssen) bzw. des *Mehrpols (n-Pols)* („black box" mit n Anschlüssen) fundamental. Man stellt sich eine Kiste mit zwei bzw. n herausgeführten Drähten vor und „weiß", dass die Summe aller n Ströme bei jedem n-Pol verschwindet[1] (Knotenregel, ein Axiom in der Netzwerktheorie). Anderer-seits, und hier zeigt sich ein scheinbarer Widerspruch zwischen den beiden Theorien, ist es klar, dass aus feldtheoretischer Sicht die Knotenregel eine Hypothese darstellt, denn in der Feldtheorie ist die Vorstellung einer elektrischen Strömung in ein Volumen V hinein nicht verboten. Wegen der Ladungserhaltung muss in diesem Fall lediglich die Gesamtladung in V entsprechend zeitlich variieren. Trotzdem: Die Knotenregel ist aus der Sicht des Praktikers ein sehr vernünftiges Axiom, denn die auf einer „black box" ruhende Ladung ist fast immer sehr viel kleiner als die im Strom bewegte Ladung, wie wir bereits in Unterabschnitt 2.3.2 festgestellt haben.

---

1 Die Ströme haben eine gemeinsame Bezugsrichtung – „nach innen" oder „nach außen".

Der Gegensatz ergibt sich aus einer Verwischung der Begriffe, welche im Grunde verschiedenen Modellen[2] zugeordnet werden müssen. Wir werden sehen, dass der Begriff des Stromes in der Netzwerktheorie etwas allgemeiner formuliert ist als in der statischen Definition des zweiten Kapitels. Weiter ist der Begriff der Ladung in der Netzwerktheorie eigentlich überflüssig, denn der Zustand eines Netzwerkes ist mit der Angabe sämtlicher Ströme und Spannungen eindeutig gegeben.

Streng genommen ist es in der Netzwerktheorie nicht nötig, sich die Ströme als fließende Ladungen vorzustellen, und die einzelnen Zweipole brauchen nicht unbedingt eindeutig bestimmten, disjunkten Teilen des Raumes zu entsprechen, obwohl diese Annahmen oft unbewusst gemacht werden. Ströme und Spannungen sind in der Netzwerktheorie eigenständige Zustandsgrößen und werden durch Knotenregel, Maschenregel und Zweipolgleichungen miteinander verknüpft. Alles Weitere ist Interpretation und (physikalische) Deutung im Hinblick auf die *Herkunft* dieser Gleichungen, die Physik und insbesondere die Feldtheorie. Erst zusammen mit der physikalischen Deutung erhält etwa die Knotenregel die anschauliche (physikalische) Bedeutung der Ladungserhaltung. Abstrakt sind Knotenregel und Maschenregel jedoch *Axiome* – d.h. nicht zu hinterfragende Tatsachen – der Netzwerktheorie. Im Folgenden wollen wir diese Zusammenhänge genauer durchleuchten.

9.2 Die Zustandsgrößen *U, I* und *P*

In diesem Abschnitt wollen wir zuerst den direkten Zusammenhang zwischen dem elektromagnetischen Feld und den beiden Zustandsgrößen Spannung *U* und Strom *I* des Netzwerkes aufzeigen. Es kommt heraus, dass die Kirchhoff'schen Regeln direkt aus den Feldgleichungen abgeleitet werden können. Danach wollen wir die Leistung *P* aus feldtheoretischer Sicht betrachten und zeigen, unter welchen Voraussetzungen das netzwerktheoretische Axiom gilt, wonach die Leistung als Produkt aus Strom und Spannung geschrieben werden kann.

9.2.1 Die Spannung *U* und die Maschenregel

Die Spannung *U*, definiert als „Arbeit pro Ladung", wurde bereits im ersten Kapitel eingeführt (vgl. insbesondere die Unterabschnitte 1.4.1 bis 1.4.3 sowie 1.5.3). Allgemein gilt auch bei zeitlich veränderlichen Feldern die

Definition für die Spannung:

$$U := \int_A^B \vec{E} \cdot d\vec{l}. \tag{9.1}$$

Die Spannung tritt bekanntlich zwischen zwei Punkten (A und B) auf und ist nur dann eindeutig bestimmt, wenn das Integral in (9.1) für alle Wege Γ, welche A mit B verbinden, gleich ist. Andernfalls müsste der ganze Weg Γ angegeben werden und nicht nur dessen

---

2 Hier steht auf der einen Seite das Netzwerkmodell (die Ersatzschaltung) und auf der andern Seite das Feldmodell, welches insbesondere die Geometrie und das Material der bestehenden Anordnung sehr genau abbildet.

Endpunkte. Die Wegunabhängigkeit des Integrals in (9.1) ist genau dann gegeben, wenn rot $\vec{E} = \vec{0}$ ist, was streng genommen nur in der Statik der Fall ist, mit guter Näherung aber auch in quasistatischen Fällen angenommen werden kann. Wichtig ist an dieser Stelle, dass die skalare Größe *Spannung* des Netzwerkmodells im feldtheoretischen Modell mit zwei Punkten A und B und einem Verbindungsweg Γ verkoppelt ist.

Jeder Weg Γ kann in mehrere Teile Γ_i aufgetrennt werden und es kann jedem einzelnen Stück eine Spannung U_i zugeordnet werden. Aus der Definition (9.1) ist klar, dass die gesamte Spannung U der algebraischen Summe der Einzelspannungen U_i entspricht. Im Fall eines in n Stücke Γ_i unterteilten Weges Γ gilt

$$U = \int_{\Gamma} \vec{E} \cdot d\vec{l} = \sum_{i=1}^{n} U_i = \sum_{i=1}^{n} \int_{\Gamma_i} \vec{E} \cdot d\vec{l}. \tag{9.2}$$

Ist Γ speziell ein *geschlossener Weg*, kann das erste Integral mit der Maxwell-Gleichung (5.12) in ein Flächenintegral über eine durch $\Gamma = \partial F$ berandete Fläche F verwandelt werden:

(5.12-1)
$$\oint_{\partial F} \vec{E} \cdot d\vec{l} = -\frac{d}{dt} \iint_{F} \vec{B} \cdot d\vec{F} = -\frac{d\Phi}{dt}. \tag{9.3}$$

Die Ableitung des Flusses Φ nach der Zeit ist nach Unterabschnitt 4.3.1, Gleichung (4.9), gleich der induzierten Spannung U_{ind}. Somit gilt mit (9.2)

$$U = -U_{\text{ind}} = \sum_{i=1}^{n} U_i. \tag{9.4}$$

Wenn alle Spannungen auf eine Seite des Gleichheitszeichens gebracht werden, folgt die bekannte

Maschenregel:

$$U_{\text{ind}} + \sum_{i=1}^{n} U_i = 0. \tag{9.5}$$

Man beachte, dass in der Praxis die Spannungen U_i oft hinreichend genau durch die Endpunkte der zugehörigen Wege Γ_i angegeben werden können: Man denkt an eine Potentialdifferenz zwischen diesen beiden Punkten und setzt implizite voraus, dass das elektrische Feld lokal „wie in der Statik" aussieht. Demgegenüber ist zur Bestimmung des Flusses Φ die genaue Begrenzung einer *Fläche* nötig, denn die induzierte Spannung U_{ind} ist auf einen *geschlossenen* Pfad bezogen, und daher kann für diese Spannung kein Anfangs- und Endpunkt eines Weges angegeben werden. Es wird offensichtlich, dass die induzierte Spannung feldtheoretisch von grundsätzlich unterschiedlichem Charakter ist und erst im Netzwerk gleichwertig neben die anderen Spannungen tritt. Schließlich merken wir an, dass U_{ind} im statischen Fall verschwindet.

9.2.2 Der Strom *I* und die Knotenregel

Die zweite Zustandsgröße der Netzwerktheorie ist der Strom I, den wir im Abschnitt 2.2 als „Ladung pro Zeit" definiert haben. Gemeint ist jene Ladung, die ein Strömungsfeld $\vec{J}$ pro Zeiteinheit durch eine bestimmte Fläche F transportiert:[3]

$$I^= := \iint_F \vec{J} \cdot d\vec{F}. \tag{9.6}$$

Da in der Technik Ströme sehr oft durch Drähte geleitet werden, bezeichnet F in der Regel einen Drahtquerschnitt, obwohl im allgemeinen Fall eine beliebige Fläche gemeint sein kann. Weil in der zweiten Maxwell-Gleichung (5.38-2) [rot $\vec{H} = \vec{J} + \frac{\partial}{\partial t}\vec{D}$] die Stromdichte $\vec{J}$ gleichwertig neben der Verschiebungsstromdichte $\frac{\partial}{\partial t}\vec{D}$ steht, ziehen wir die leicht

verallgemeinerte Stromdefinition

$$I := \iint_F \left(\vec{J} + \frac{\partial \vec{D}}{\partial t} \right) \cdot d\vec{F} \tag{9.7}$$

vor. Offenbar unterscheidet sich I in der Statik nicht von $I^=$. Aber auch im praktisch wichtigen Fall des Stromes im metallischen Leiter ergibt sich keine nennenswerte Abweichung[4].

Nun kann das Flächenintegral mit Hilfe der Integralform (5.12-2) der eben erwähnten zweiten Maxwell-Gleichung (5.38-2) in ein Umlaufintegral längs der Berandung ∂F der Fläche F verwandelt werden:

$$I := \oint_{\partial F} \vec{H} \cdot d\vec{l}. \tag{9.8}$$

Wichtig ist, dass die skalare Größe *Strom* des Netzwerkmodells im feldtheoretischen Modell mit einer orientierten Fläche F bzw. deren ebenfalls orientierten Berandung ∂F gekoppelt ist. Die Orientierung von F bildet mit dem Umlaufsinn von ∂F eine Rechtsschraube.

Im Übrigen wurde durch die Definition (9.7) die Knotenregel auf sicherere Beine gestellt. Der im vorigen Abschnitt erwähnte Gegensatz löst sich auf, weil eine zeitliche Variation der Ladung im Innern eines Volumens zwangsläufig mit einem entsprechenden Verschiebungsstrom verknüpft ist. Es gilt nämlich (vgl. die Gleichung 6.4-2)

---

3   Das hochgestellte Gleichheitszeichen bei $I^=$ steht für Gleichstrom.

4   Im metallischen Leiter gilt das Ohm'sche Gesetz (2.6) [$\vec{J} = \sigma\vec{E}$] sowie (bei sinusförmiger Zeitabhängigkeit) die Amplituden-Beziehung $\omega\vec{D} = \omega\varepsilon\vec{E}$. Somit kann das Verhältnis $|\vec{J}|/|\omega\vec{D}| = \frac{\sigma}{\omega\varepsilon}$ der Amplitude nach angegeben werden. Das gleiche Verhältnis wurde in Unterabschnitt 7.1.5 bereits diskutiert. Es ist für metallische Leiter „*immer*" (d.h. wenn die Frequenz nicht größer als 1000 GHz ist) sehr viel größer als eins.

$$\text{div}\left(\vec{J}+\frac{\partial \vec{D}}{\partial t}\right)=0 \tag{9.9}$$

und somit mit dem Gauß'schen Satz (5.37-3)

$$\oiint_{\partial V}\left(\vec{J}+\frac{\partial \vec{D}}{\partial t}\right)\cdot d\vec{F}=0. \tag{9.10}$$

Wird V als Volumen eines Knotens interpretiert und dessen Oberfläche ∂V in n Teilflächen F$_i$ zerlegt, kann der i-te Anteil des Integrals links in (9.10) als i-ter Strom aufgefasst werden:

$$\iint_{F_i}\left(\vec{J}+\frac{\partial \vec{D}}{\partial t}\right)\cdot d\vec{F}=I_i, \tag{9.11}$$

und es folgt die bekannte

Knotenregel

$$\sum_{i=1}^{n}I_i=0. \tag{9.12}$$

Wir betonen noch einmal, dass in praktischen Fällen der Anteil mit der Verschiebungs-stromdichte $\frac{\partial \vec{D}}{\partial t}$ oft – aber nicht immer – vernachlässigt werden kann. Ein typisches Gegenbeispiel ist eine Hüllfläche ∂V, welche zwischen den Platten eines Kondensators verläuft: Dort dominiert im Allgemeinen der Verschiebungsstrom.

9.2.3 Die Leistung *P*

In der Netzwerktheorie berechnet sich die Leistung P eines Zweipols bekanntlich mit der einfachen Formel

$$P=U{\cdot}I, \tag{9.13}$$

welche auch bei zeitlich variablen Zustandsgrößen gilt. Dies ist in der Netzwerktheorie ein Axiom. In der Feldtheorie gibt es zunächst keine derart einfache Formel. Wir haben die Energieflussdichte $\vec{S}$ im achten Kapitel eingeführt und die gesamte pro Zeiteinheit in ein Volumen V hineinfließende elektromagnetische Energie zu

$$(8.32)\qquad P=-\oiint_{\partial V}\vec{S}\cdot d\vec{F} \tag{9.14}$$

bestimmt. Diese Leistung kann mit dem Poynting-Theorem auch als Volumenintegral geschrieben werden:

$$(8.33)\qquad P=\iiint_{V}\left(\frac{\partial w}{\partial t}+p_\text{j}+p_\text{elek}+p_\text{mag}\right)dV. \tag{9.15}$$

Unter dem Integral stehen die verschiedenen, im achten Kapitel erklärten Leistungsdichten.

In der Netzwerktheorie denkt man sich die Leistung irgendwie im Innern der Elemente (Zwei- und/oder Mehrpolen) umgesetzt und gibt einen axiomhaften Bezug zwischen den Strömen und Spannungen einerseits und der Leistung andererseits. In der Feldtheorie können wir viel genauer sein – und finden je nachdem, welchem Aspekt mehr Bedeutung zugemessen wird, zwei unterschiedliche, letztlich aber äquivalente Auffassungen: Dem Element der Netzwerktheorie entspricht entweder

- eine (nicht unbedingt geschlossene) Fläche, *durch* welche die Leistung tritt, oder
- ein Volumen, *in* dem die Leistung umgesetzt wird.

Während im ersten Fall die Fläche (das „Tor") das dem Netzwerkelement entsprechende geometrische Objekt ist, wird im zweiten Fall eine Beziehung zu einem bestimmten Stück Raum im feldtheoretischen Modell hergestellt.

Es gilt nun, die netzwerktheoretische Leistungsformel (9.13) feldtheoretisch abzustützen. Wir wollen dies sofort allgemeiner für einen Mehrpol tun und betrachten eine Kiste mit $n + 1$ herausgeführten Drähten, nummeriert von 0 bis n. Es sind $n + 1$ Ströme I_i mit den Drahtquerschnitten als zugehörige Flächen F_i definierbar. Weiter können n Spannungen U_i festgelegt werden, wobei die zugehörigen Wege Γ_i vom i-ten Draht zum Anschluss 0 führen. Soweit ist alles allgemein. Doch jetzt kommen Einschränkungen:

- Wenn die Knotenregel für alle $n + 1$ Ströme gelten soll, muss der gesamte neben den Anschlüssen fließende (Verschiebungs-)Strom vernachlässigbar sein gegenüber allen Anschlussströmen. Wir zerlegen die Hülle ∂V von V gemäß $\partial V = F_{\text{rest}} \cup \bigcup_{i=0}^{n} F_i$ und setzen voraus, dass der Betrag des i-ten Stroms $|I_i| := \left| \iint_{F_i} \left(\vec{J} + \frac{\partial \vec{D}}{\partial t} \right) \cdot d\vec{F} \right|$ sehr viel größer ist als der Betrag des Reststroms $|I_{\text{rest}}| := \left| \iint_{F_{\text{rest}}} \left(\vec{J} + \frac{\partial \vec{D}}{\partial t} \right) \cdot d\vec{F} \right|$.

- Wenn die Spannungen nur von den Endpunkten (den Anschlüssen), nicht aber von den Wegen Γ_i dazwischen abhängen sollen, müssen in der Umgebung der Kiste quasistatische Verhältnisse herrschen. Dann gilt dort $\vec{E} = -\operatorname{grad} \varphi$, und wir können nebenbei voraussetzen, dass der i-te Anschluss auf dem Potential φ_i liegt.

Unter diesen Voraussetzungen kann das Integral in (9.14) entwickelt werden:

$$P = - \oiint_{\partial V} \left(\vec{E} \times \vec{H} \right) \cdot d\vec{F} = \oiint_{\partial V} \left(\operatorname{grad} \varphi \times \vec{H} \right) \cdot d\vec{F}. \tag{9.16}$$

Daraus ergibt sich mit der Identität (7.87),:

$$\oiint_{\partial V} \left(\operatorname{grad} \varphi \times \vec{H} \right) \cdot d\vec{F} = \underbrace{\oiint_{\partial V} \operatorname{rot}(\varphi \vec{H}) \cdot d\vec{F}}_{=0} - \oiint_{\partial V} \varphi \operatorname{rot} \vec{H} \cdot d\vec{F}. \tag{9.17}$$

Mit dem Satz von Stokes (5.37-2) verschwindet das erste Integral rechts, denn die *geschlossene* Fläche ∂V hat natürlich keinen Rand. Im zweiten Integral ersetzen wir $\operatorname{rot} \vec{H}$ mit der zweiten Maxwell-Gleichung (5.38-2) und erhalten

$$P = - \oiint_{\partial V} \varphi \left(\vec{J} + \frac{\partial \vec{D}}{\partial t} \right) \cdot d\vec{F}. \tag{9.18}$$

Da nach Voraussetzung nur in den Anschlüssen Ströme fließen[5] und zudem der *i*-te Anschluss auf dem Potential φ_i liegt, folgt

$$P = - \sum_{i=0}^{n} \varphi_i \underbrace{\iint_{F_i} \left(\vec{J} + \frac{\partial \vec{D}}{\partial t} \right) \cdot d\vec{F}}_{=:-I_i} = \sum_{i=0}^{n} \varphi_i \cdot I_i. \tag{9.19}$$

Dabei ist F_i die nach außen orientierte Querschnittsfläche des *i*-ten Anschlusses, während der Strompfeil von I_i nach innen zeigt. Mit der Knotenregel gilt $I_0 = - \sum_{i=1}^{n} I_i$, und somit gilt auch

$$P = \sum_{i=1}^{n} \underbrace{(\varphi_i - \varphi_0)}_{=:U_i} I_i = \sum_{i=1}^{n} U_i \cdot I_i. \tag{9.20}$$

Diese Formel ist aus der Netzwerktheorie bekannt. Im Fall $n = 1$ ist sie identisch mit (9.13). Damit haben wir gezeigt, dass zumindest in quasistatischen Verhältnissen die Leistung tatsächlich als Produkt von Strom und Spannung darstellbar ist.

9.2.4 Weitere Bemerkungen zu den Zustandsgrößen

> Wir fassen zusammen: Strom, Spannung und Leistung können durch Integrale über Feldgrößen dargestellt werden. Dabei sind die Integrationsbereiche für alle drei Größen unterschiedlich und scheinbar willkürlich. Die aus der Netzwerktheorie bekannten Relationen zwischen den integralen Größen, Knotenregel, Maschenregel und Leistungsformeln können feldtheoretisch (mindestens für den quasistatischen Fall) abgestützt werden.

Neben den angegebenen Regeln gibt es noch weitere Relationen zwischen den Zustandsgrößen im Netzwerk: die so genannten charakteristischen Gleichungen der Elemente, welche Ströme und Spannungen eines einzelnen Elements miteinander in Beziehung setzen. Für uns bleibt im Wesentlichen die Aufgabe, in bestimmten Systemen die Linien (für *U*), die Flächen (für *I*) und die Volumina (für *P*) „richtig" zu wählen, so dass die aus der Netzwerktheorie bekannten Beziehungen auch für die feldtheoretisch ermittelten *U*, *I* und *P* zutreffen. Dabei müssen wir die doppelte Bedeutung der integralen Größen *U*, *I* und *P* im Auge behalten: Aus der Sicht der Feldtheorie sind es Integrale, aus der Sicht der Netzwerktheorie skalare, bestimmten Regeln unterworfene Zustandsgrößen. Würden wir die Netzwerktheorie noch nicht kennen, bestünde unsere Aufgabe darin, diese Regeln aus der Feldtheorie abzuleiten. Aber wir kennen die Netzwerktheorie bereits und neigen daher zu einer „Rückwärtsargumentation", etwa: „Weil das Ohm'sche Gesetz $U = R \cdot I$ gelten soll, muss ich den Weg für *U* und die Fläche für *I* so und so wählen." Die „Vorwärtsargumentation" im gleichen Fall: „Wenn ich den Weg für *U* und die Fläche für

---

5 Wenn der weiter oben definierte Strom I_{rest} klein ist, dann gilt dies auch für das entsprechende mit φ gewichtete Integral, weil das Potential φ sein Maximum auf dem Rand, d.h. bei den Anschlüssen, annimmt.

I so und so wähle, dann gilt $U = R{\cdot}I$" wäre logisch konsequenter, ist aber uns als Kennern der Netzwerktheorie weniger angepasst.

Wir wollen zunächst spezielle Systeme betrachten, die den elementaren Zweipolen („Eintoren") „Kapazität", „Induktivität" und „Widerstand" entsprechen. Später werden wir allgemeine Zweipole und dann auch Mehrpole behandeln.

9.3 Die Kenngrößen der elementaren Zweipole *C, L* und *R*

Wir haben bereits in früheren Abschnitten die Kapazität C (vgl. Abschnitt 1.5), den elektrischen Widerstand R (vgl. Abschnitt 2.4) sowie die Induktivität L (vgl. Abschnitt 4.3) eingeführt und dabei gesehen, dass diese aus der Netzwerktheorie vertrauten Größen je einem speziellen System der *statischen* Feldtheorie zugeordnet werden können. Diese Systeme sehen für die drei Zweipol-Kenngrößen viel unterschiedlicher aus, als dies die Netzwerktheorie wiedergibt. Dort gehört nämlich zu jedem Zweipol genau ein Strom I, eine Spannung U sowie eine Vorschrift, wie diese beiden Größen zusammenhängen, wobei die Größen R, L und C bekanntlich die wesentlichen Parameter dieser Vorschrift sind ($U = R{\cdot}I$ für den Ohm'schen Widerstand, $U = L\frac{dI}{dt}$ für die Induktivität und $I = C\frac{dU}{dt}$ für die Kapazität).

Betrachten wir die drei zu C, L und R gehörigen statischen Systeme, haben wir auf den ersten Blick sogar Mühe, den jeweiligen Zweipol im Sinne eines Systems, wo U, I und P klar definiert sind, als solchen zu erkennen.

9.3.1 Die Kapazität *C*

Für die Kapazität C besteht das zugehörige elektrostatische System aus zwei isolierten Elektroden, welche entgegengesetzt gleich geladen sind (vgl. Abbildung 9.1). Dann ist die Spannung zwischen den Elektroden eindeutig festgelegt, die Punkte A und B in Gleichung (9.1) müssen auf je einer Elektrode liegen (d.h. A und B dürfen bis zu einem gewissen Grad willkürlich gewählt werden), und der Verbindungsweg Γ ist beliebig. Man beachte, dass in diesem System kein Strom I fließt und daher auch keiner definiert werden kann. Als weitere Konsequenz ergibt sich das Fehlen einer Leistung.

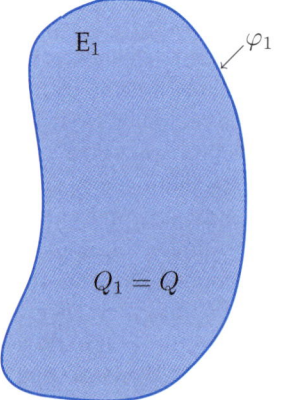
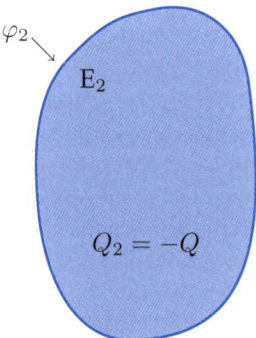

Abbildung 9.1: Zwischen zwei getrennten Elektroden, Elek$_1$, E$_1$, links und Elek$_2$, E$_2$, rechts, herrscht ein elektrostatisches Feld, wenn die Elektroden geladen sind. Aus Gründen der Ladungsneutralität sind die beiden Elektroden entgegengesetzt gleich geladen. Elektrostatisch gibt es eine eindeutig definierte Spannung $U = \varphi_1 - \varphi_2$ zwischen den Elektroden. Einer solchen Anordnung kann eine Kapazität C zugeordnet werden.

Hingegen kann die Energie W_e des ganzen Systems gemäß Unterabschnitt 8.2.1 bzw. 8.5.1 als Volumenintegral über die elektrische Feldenergiedichte angegeben werden:

$$(8.49) \qquad W_e = \frac{1}{2} \iiint\limits_{V_\infty} \vec{D} \cdot \vec{E} \, dV. \qquad (9.21)$$

Diese Formel liefert eine Möglichkeit, die Kapazität C zu berechnen, indem die Energie

$$W_C = \frac{1}{2} C U^2 \qquad (9.22)$$

gleich W_e gesetzt wird. Da die Spannung U des Systems bekannt ist, folgt für die Kapazität

$$C = \frac{1}{U^2} \iiint\limits_{V_\infty} \vec{D} \cdot \vec{E} \, dV. \qquad (9.23)$$

Wird statt (9.21) die Gleichung (8.54) zur Berechnung der elektrischen Energie benützt, folgt

$$C = \frac{1}{U^2} \iiint\limits_{G_Q} \varphi \varrho \, dV \qquad (9.24)$$

mit dem Potential φ und der Raumladungsdichte ϱ. Hier muss nur noch über das Quellgebiet G_Q (die Oberflächen ∂Elek_1 und ∂Elek_2 der Elektroden Elek_1 und Elek_2) integriert werden, denn überall sonst verschwindet die Ladungsdichte. Daher vereinfacht sich das Volumenintegral (9.24) weiter zu den beiden Flächenintegralen

$$C = \frac{1}{U^2} \left(\varphi_1 \oiint\limits_{\partial \text{Elek}_1} \vec{D} \cdot d\vec{F} + \varphi_2 \oiint\limits_{\partial \text{Elek}_2} \vec{D} \cdot d\vec{F} \right), \qquad (9.25)$$

wobei wir die auf Elektrodenoberflächen gültige Beziehung (6.21) $[D_n = \varsigma,]$ sowie die Konstanz des Potentials auf jeder Elektrode benützt haben. Weil die beiden Elektrodenladungen nach Voraussetzung entgegengesetzt gleich groß sind und die Spannung U gleich der Potentialdifferenz $\varphi_1 - \varphi_2$ ist, kann man einfacher schreiben:

$$C = \frac{1}{U} \oiint\limits_{\partial \text{Elek}_1} \vec{D} \cdot d\vec{F} = \frac{Q}{U}. \qquad (9.26)$$

Somit sind wir wieder bei der elementaren, schon angegebenen Formel (1.33) mit der Ladung Q und der Spannung U angelangt.

Keine der drei eingerahmten Formeln für C lässt auf den ersten Blick zwingend erkennen, dass die Kapazität C bei fester Anordnung nicht von der Spannung U abhängt. In der Tat ist dies auch keineswegs immer der Fall, sondern im Gegenteil nur dann, wenn die Spannung in den Formeln herausgekürzt werden kann. Wir werden in Unterabschnitt 9.3.4 zeigen, dass die Spannung herausfällt, wenn der Raum mit *linearem* Material gefüllt ist.

Die Formel (9.26) verschleiert die Tatsache, dass der Zweipol C einem Feld*volumen* zugeordnet ist, wie es in (9.23) noch klar zum Ausdruck kommt.

9.3.2 Die Induktivität L

Für die Induktivität L ist das zugehörige magnetostatische System eine fast beliebige statische (und daher geschlossene) Stromverteilung $\vec{J}(\vec{r})$, wobei wir bewusst „fast" sagen, denn neben $\vec{J}$ muss eine geeignete Fläche F definiert sein, welche den Gesamtstrom I definiert (vgl. Abbildung 9.2). Die Stromverteilung sollte daher so sein, dass I mit einer gewissen Plausibilität *eindeutig* festlegbar ist. Man beachte, dass das elektrische Feld $\vec{E}$ in diesem System – das etwa wegen der Verwendung von Leitermaterialien mit endlicher Leitfähigkeit auftritt – nicht interessiert: Die Induktivität hängt nur von der Art der Stromverteilung ab und nicht von den auftretenden (Joule'schen) Verlustleistungen. Insofern fehlt in diesem System eine statische Spannung und somit auch die Leistung.

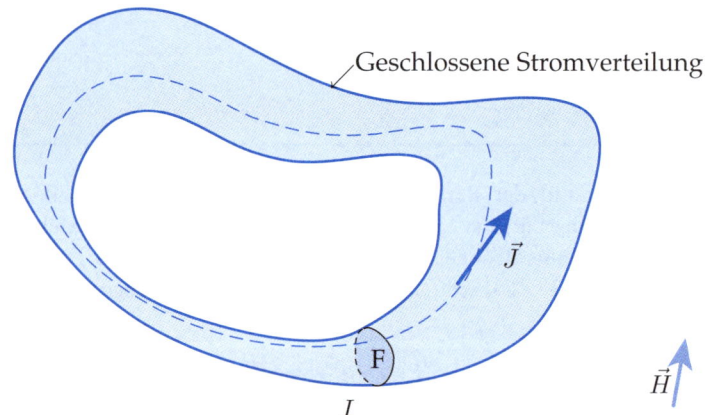

Abbildung 9.2: Einer in sich geschlossenen Stromverteilung $\vec{J}$ kann allgemein eine Induktivität L zugeordnet werden, wobei L durch den Energieinhalt des zur Stromverteilung $\vec{J}$ gehörigen Magnetfeldes bestimmt ist. Wesentlich ist ferner die Angabe einer Fläche F, die den Gesamtstrom I definiert. Die gestrichelte dünne Linie deutet eine einzelne Stromlinie (Feldlinie von $\vec{J}$) an.

In Abschnitt 4.3 hatten wir die Spannung bereits eingeführt und die Leiterschleife als Zweipol erkannt. Wir wollen hier zunächst einen Schritt zurückgehen und die Induktivität über die auch statisch definierte Energie ermitteln. Dies ist insofern allgemeiner, als dann der Strom nicht notwendig in einem dünnen Draht fließen muss.

Wie bei der Kapazität kann hier die Energie W_m des ganzen Systems gemäß Unterabschnitt 8.2.2 bzw. 8.5.2 mit einem Volumenintegral über die magnetische Feldenergiedichte angegeben werden:

$$(8.57) \qquad W_\mathrm{m} = \frac{1}{2} \iiint\limits_{V_\infty} \vec{B} \cdot \vec{H}\, dV. \qquad\qquad (9.27)$$

Indem diese Energie mit der Energie der Induktivität in der Netzwerktheorie verglichen wird (vgl. (4.16), $W_\mathrm{L} = \frac{1}{2} L I^2$), ergibt sich eine Formel zur Berechnung von L:

$$L = \frac{1}{I^2} \iiint\limits_{V_\infty} \vec{B} \cdot \vec{H}\, dV. \qquad\qquad (9.28)$$

In Unterabschnitt 8.5.2 wurden alternative Ausdrücke für die magnetostatische Energie angegeben. Man erhält für die Induktivität unter Benützung von (8.61) die Formel

$$L = \frac{1}{I^2} \iiint\limits_{G_Q} \vec{J} \cdot \vec{A}\, dV \qquad\qquad (9.29)$$

mit dem Vektorpotential $\vec{A}$ und der Stromdichte $\vec{J}$. Weil diese nur im Quellgebiet G_Q nicht verschwindet, ist der Integrationsbereich hier wesentlich kleiner. Noch einfacher wird es, wenn der Strom in dünnen Drähten fließt. Dann gilt (8.65), und für die Induktivität ergibt sich

$$L = \frac{1}{I} \oint\limits_{D} \vec{A} \cdot d\vec{l} = \frac{1}{I} \iint\limits_{F_D} \vec{B} \cdot d\vec{F} = \frac{\Phi}{I}, \qquad\qquad (9.30)$$

wobei D die Drahtschleife und F_D die von D berandete Fläche bezeichnet.

Wie bereits bei der Berechnung der Kapazität ist auch hier bei keiner der drei eingerahmten Formeln für die Induktivität L sofort offensichtlich, dass L nicht vom Betrag des Stromes abhängt, und auch hier ist dies nicht in jedem Fall gewährleistet. In Unterabschnitt 9.3.4 werden wir zeigen, dass die Induktivität L dann nicht vom Strom I abhängt, wenn das zugehörige Feldvolumen V nur lineares Material enthält.

Der Ausdruck in (9.30) verschleiert wiederum die Tatsache, dass der Zweipol L einem Feld*volumen* zugeordnet ist, wie es in (9.28) noch klar zum Ausdruck kommt. Andererseits ist gerade der Ausdruck ganz rechts in (9.30) jene Formel, die wir bereits in Unterabschnitt 4.3.1 gefunden hatten (vgl. Gleichung (4.8)). Aus jetziger Sicht ist klar, dass jene Formel einen Spezialfall darstellt und nur dann brauchbar ist, wenn der Draht dünn ist. Tatsächlich bereitete ja auch die Wahl der Fläche F_D bei dicken Drähten etwas Kopfzerbrechen (vgl. Übungsaufgabe 4.3.6.1).

9.3.3 Der Widerstand *R*

Für den Widerstand R schließlich besteht das System (vgl. Abbildung 9.3) ähnlich wie bei der Induktivität aus einer statischen Stromverteilung (vgl. Abschnitt 2.4). Nur interessiert man sich hier für den Zusammenhang zwischen der Stromdichte $\vec{J}$ und dem elektrischen Feld $\vec{E}$ und *nicht* für das Magnetfeld. Somit muss neben der Forderung eines plausibel eindeutig festlegbaren Stromes I auch die Spannung U eindeutig definierbar sein. Wir haben bereits in Abschnitt 2.4 auf eine diesbezügliche Schwierigkeit hingewiesen und sind daher der Spannung ausgewichen, indem wir die im Leiter umgesetzte Joule'sche Leistung P zu Hilfe genommen und dann den Widerstand R über die Formel $R = P/I^2$ bestimmt hatten. In einfachen Fällen, nämlich immer dann, wenn sowohl der Strom als auch die Spannung auf plausible Art eindeutig definierbar sind, ist der direkte Weg über das elementare Gesetz (2.20) [$R = U/I$] vorzuziehen, weil lediglich die beiden *Linien*integrale (9.1) und (9.8) auszuwerten sind, im Gegensatz zum komplizierteren Fall, wo neben der Auswertung eines Linienintegrals[6] zusätzlich das *Volumen*integral (2.21) über die Leistungsdichte $p_j = \vec{J} \cdot \vec{E}$ ermittelt werden muss.

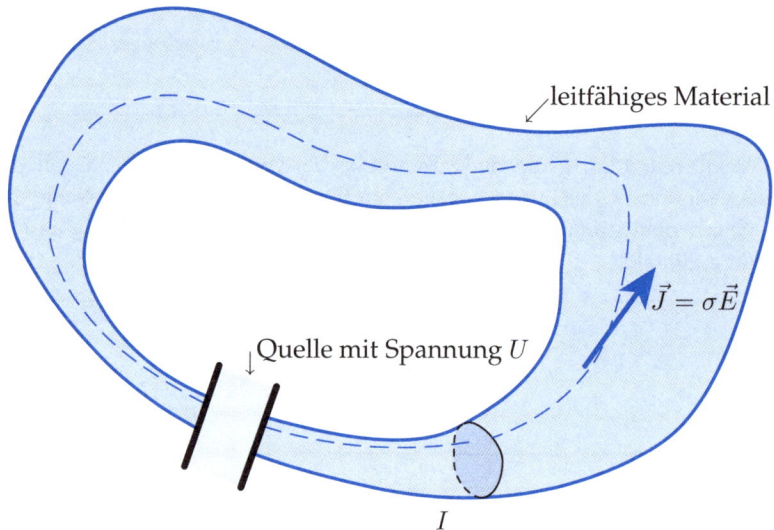

Abbildung 9.3: Einer geschlossenen Stromverteilung $\vec{J} = \sigma\vec{E}$ – die Leitfähigkeit σ darf örtlich variabel sein – kann ein Widerstand R zugeordnet werden. Es können sowohl die Spannung U als auch der Strom I vorgegeben werden. Ist eine dieser beiden Größen schlecht definierbar, kann R trotzdem mit Hilfe der im leitfähigen Material insgesamt umgesetzten Leistung P definiert werden.

Immerhin kommt beim Ohm'schen Widerstand am klarsten zum Ausdruck, dass diesem Zweipol ein gewisses Feld*volumen* entspricht. Außerdem sind sowohl der Strom I als auch die Spannung U mit einer gewissen Plausibilität *eindeutig* definierbar.

Es ist nicht unbedingt nötig, einem einzelnen Widerstand eine ganze, geschlossene Stromverteilung zuzuordnen. Vielmehr kann das gesamte Leitervolumen V in (disjunkte) Teile V_i zerlegt werden, wobei jedem Teil eindeutig eine umgesetzte Leistung P_i zugeordnet werden kann. Ist in jedem V_i der Strom I_i und/oder die Spannung U_i plausibel definierbar, kann jedem V_i separat ein Widerstand R_i zugeordnet werden. Dabei ist klar, dass die Spannungen U_i (und/oder die Ströme I_i) nicht unabhängig

---

6   Die freie Wahl zwischen Strom und Spannung bleibt bestehen!

voneinander sind. Es gibt vielmehr Beziehungen zwischen den Spannungen (und/oder den Strömen) unter sich, die durch die räumliche Anordnung der Teilvolumen V_i bedingt sind. Diese Zusammenhänge bestimmen bekanntlich die Topologie des Netzwerkes, in dem die Widerstände R_i schließlich gebraucht werden.

9.3.4 Die Linearität der elementaren Zweipole

Falls in der Netzwerktheorie die Zweipolparameter R, L und C nicht von Strom bzw. Spannung am Zweipol abhängen, nennt man diese Elemente bekanntlich *lineare* Zweipole. Wir haben bereits in den Unterabschnitten 9.3.1 und 9.3.2 angekündigt, dass C bzw. L für ein vorgegebenes System dann Konstanten seien, wenn das Material im Feldgebiet linear ist. Diese Behauptung wollen wir jetzt genauer untersuchen und zeigen, welche Bedingungen im feldtheoretischen Modell nötig sind, damit die Linearität der Zweipole gilt. Wir stellen zu diesem Zweck die Formeln noch einmal zusammen:[7]

$$(2.22) \qquad R = \frac{1}{I^2} \iiint_V \vec{J} \cdot \vec{E} \, dV, \qquad (9.31)$$

$$(9.28) \qquad L = \frac{1}{I^2} \iiint_V \vec{B} \cdot \vec{H} \, dV, \qquad (9.32)$$

$$(9.23) \qquad C = \frac{1}{U^2} \iiint_V \vec{D} \cdot \vec{E} \, dV. \qquad (9.33)$$

Der Integrationsbereich V ist von Fall zu Fall so festzulegen, dass das gesamte Feld erfasst wird. Dies bedeutet, dass V oft den ganzen Raum bezeichnet, wobei allerdings in vielen Fällen quellenferne Gebiete vernachlässigt werden können. Im allgemeinsten Fall sind die Zweipolkenngrößen offenbar von U bzw. von I abhängig, denn die entsprechenden Größen erscheinen in den Bestimmungsgleichungen.

Wir wollen zuerst zeigen, dass die Quellgrößen herausfallen, wenn im ganzen Feldvolumen V lineare Materialgleichungen gelten.[8] Es sind dann

$$\vec{J} = \sigma\vec{E}, \qquad \vec{B} = \mu\vec{H}, \qquad \vec{D} = \varepsilon\vec{E}, \qquad (9.34)$$

wobei die (beliebig ortsabhängigen) Materialparameter σ, μ und ε nicht vom Betrag der Feldstärken abhängen.[9] Um zu sehen, dass sich U bzw. I in (9.31) bis (9.33) herauskürzen lassen, muss man sich den gesamten Berechnungsprozess der Felder vor Augen halten und beachten, dass dabei zuerst die Quellengröße U bzw. I vorgegeben wird und dann die zugehörigen Feldverteilungen berechnet werden. Nun wissen wir, dass in unserem Fall *alle* herrschenden Gesetze (Maxwell-Gleichungen, Materialgleichungen und Stetigkeitsbedingungen) in den Feldstärken linear sind, d.h. wenn alle Feldstärken im ganzen

---

7 Es sei dem Leser überlassen, die folgenden Ableitungen auch für die übrigen weiter oben angegebenen Bestimmungsformeln der Netzwerkparameter zu vollziehen.

8 Der Begriff „lineares Material" wurde in Unterabschnitt 6.2.2 definiert.

9 Anisotropie ist zulässig, doch wollen wir nicht darauf eingehen.

Raum mit einer beliebigen Konstante a multipliziert werden, entsteht wieder eine Lösung des gleichen Problems mit a-fachen Feld- und Quellenstärken. Dies bedeutet dann, dass auch alle aus diesen Feldern abgeleiteten Spannungen und Ströme mit dem Faktor a multipliziert werden. Diese Argumentation gilt auch umgekehrt: Wenn U bzw. I mit dem Faktor a multipliziert wird, werden alle Felder im ganzen Raum mit a multipliziert.

Nun wählen wir den Wert von a speziell so, dass die Spannung U (bzw. der Strom I) gerade 1 Volt (bzw. 1 Ampere) beträgt, und bezeichnen die zugehörigen Felder mit $\vec{\overset{\smile}{E}}, \vec{\overset{\smile}{H}}, \vec{\overset{\smile}{J}} \ldots$ (bzw. $\vec{\overset{\frown}{E}}, \vec{\overset{\frown}{H}}, \vec{\overset{\frown}{J}} \ldots$), wobei der „smile"-Akzent $\smile$ für die „$U = 1$ V-Felder" und der „frown"-Akzent $\frown$ für die „$I = 1$ A-Felder" gewählt wurde. Ausgehend von diesen „$U = 1$ V-Feldern" (bzw. den „$I = 1$ A-Feldern") können wir das Feld mit der allgemeinen Spannung U (bzw. dem allgemeinen Strom I) z.B. so schreiben:

$$\vec{E}(\vec{r}) = U \cdot \vec{\overset{\smile}{E}}(\vec{r}), \qquad \vec{H}(\vec{r}) = I \cdot \vec{\overset{\frown}{H}}(\vec{r}). \tag{9.35}$$

Wesentlich ist, dass $\vec{\overset{\smile}{E}}(\vec{r})$ und $\vec{\overset{\frown}{H}}(\vec{r})$ jetzt *nicht* von der Spannung U bzw. vom Strom I abhängen.

Man nennt die oben salopp als „$U = 1$ V-Felder" (bzw. „$I = 1$ A-Felder") bezeichneten Größen *U-Strukturfunktionen* (bzw. *I-Strukturfunktionen*), denn diese Ortsfunktionen beschreiben die gesamte räumliche Struktur des Feldes. Mehr noch: Sie *sind* gleich dem Feld, bis auf die faktorisierte Quellengröße U (bzw. I). Setzen wir die Stukturfunktionen in (9.31) bis (9.33) ein, folgen die von der Quellengröße unabhängigen Formeln

$$R = \iiint\limits_{V} \vec{\overset{\smile}{J}} \cdot \vec{\overset{\smile}{E}} \, dV = \iiint\limits_{V} \sigma \vec{\overset{\smile}{E}} \cdot \vec{\overset{\smile}{E}} \, dV, \tag{9.36}$$

$$L = \iiint\limits_{V} \vec{\overset{\frown}{B}} \cdot \vec{\overset{\frown}{H}} \, dV = \iiint\limits_{V} \mu \vec{\overset{\frown}{H}} \cdot \vec{\overset{\frown}{H}} \, dV, \tag{9.37}$$

$$C = \iiint\limits_{V} \vec{\overset{\smile}{D}} \cdot \vec{\overset{\smile}{E}} \, dV = \iiint\limits_{V} \varepsilon \vec{\overset{\smile}{E}} \cdot \vec{\overset{\smile}{E}} \, dV. \tag{9.38}$$

Jetzt wollen wir die Voraussetzung des linearen Materials, d.h. das Zutreffen der Gleichungen (9.34) mit feldstärkeunabhängigen Materialparametern, fallen lassen. Dann muss zur Berechnung der Felder das in Abschnitt 6.6 besprochene Äquivalenzprinzip und zur Ermittlung der äquivalenten Quellendichten das am gleichen Ort angedeutete iterative Verfahren herangezogen werden. Wir hatten gesehen, dass genau dann ein linearer Zusammenhang zwischen Feldern und den anfänglich vorgegebenen Quellen besteht, wenn das Material im ganzen Feldgebiet linear ist.

Zusammenfassend können wir festhalten, dass die Kenngrößen der elementaren Zweipole R, L und C immer dann Konstanten sind, wenn das Material innerhalb des zugehörigen Volumens V linear ist. Genau dann sind nämlich die Strukturfunktionen der Felder unabhängig von U (bzw. I).

9.3.5 Die Grenzen des statischen Modells

In den vergangenen Abschnitten haben wir gezeigt, dass die Netzwerkparameter R, L und C mit Hilfe von Integralen über Felder in bestimmten statischen Modellsituationen dargestellt werden können. Im Gegensatz zum Ohm'schen Widerstand R, wo Strom *und* Spannung definiert sind, fehlt im statischen Modell bei der Induktivität L die Spannung U und bei der Kapazität C der Strom I und damit bei beiden auch die Leistung P. Im Netzwerk sind die fehlenden Größen jedoch vorhanden. Bekanntlich gilt dort bei jedem beliebigen Zweipol $P = U \cdot I$. Wir haben in Unterabschnitt 9.2.3 gezeigt, dass dies aus der Sicht der Feldtheorie (mindestens) dann gilt, wenn quasistatische Verhältnisse herrschen. Es stellt sich das Problem, wie die fehlenden Größen in den statischen Modellen eingeführt werden können.

Bei der Induktivität kann man sich prinzipiell einen zeitlich veränderlichen Strom vorstellen, und wir wissen dann auch aus dem vierten Kapitel, dass in diesem Fall Induktionsspannungen auftreten. Gemäß dem Faraday'schen Induktionsgesetz muss die induzierte Spannung proportional zur zeitlichen Ableitung des Magnetfeldes sein. In der Quasistatik variieren Strom und Magnetfeld synchron. Somit ist die Spannung auch proportional zur zeitlichen Ableitung des Stromes. Tatsächlich gilt bekanntlich $U_\mathrm{L} = L\frac{dI}{dt}$.

Bei der Kapazität ist eine zeitlich veränderliche Spannung ebenfalls leicht vorstellbar. Wenn wir aber die Ladung auf den Elektroden anschauen, merken wir, dass diese in der gleichen Art zeitlich veränderlich sein müsste. Wegen der Ladungserhaltung muss dann die Ladung weg- oder zufließen, d.h. es existiert ein Strom $I = \frac{dQ}{dt}$. Wiederum ist wegen der Quasistatik $\vec{E}$ überall in Relation zu Q und beide variieren zeitlich synchron. Somit ist I auch proportional zur zeitlichen Ableitung der Spannung. Tatsächlich gilt bekanntlich $I_\mathrm{C} = C\frac{dU}{dt}$.

Die gleichen Resultate erhält man aus den nach der Zeit abgeleiteten Energien $W_\mathrm{C} = \frac{1}{2}CU^2$ der Kapazität und $W_\mathrm{L} = \frac{1}{2}LI^2$ der Induktivität. Die resultierenden Leistungen[10] sind

$$P_\mathrm{C} = CU\frac{\partial U}{\partial t}, \qquad P_\mathrm{L} = LI\frac{\partial I}{\partial t}. \tag{9.39}$$

Ein Vergleich mit der elementaren Gleichung $P = U \cdot I$ ergibt

$$I_\mathrm{C} = C\frac{\partial U}{\partial t} \qquad \text{und} \qquad U_\mathrm{L} = L\frac{\partial I}{\partial t}. \tag{9.40}$$

> Sollen Induktivität und Kapazität auch in zeitlich veränderlichen Situationen definiert werden, erfordert dies einen wesentlichen Eingriff in die zugehörigen Modellsituationen: Bei der Induktivität muss zusätzlich ein (richtig zu wählender) Weg für die Spannung angegeben, bei der Kapazität gar ein Pfad für den Strom neu geschaffen werden.

---

10 Wir nehmen implizite an, dass sich L und C nicht ändern, wenn Strom bzw. Spannung zeitlich variieren. Dies ist der Fall, wenn die Strukturfunktionen der Felder zeitunabhängig sind, d.h. wenn die zeitliche Variation des Feldes im ganzen Volumen die gleiche ist wie jene der Spannung (bzw. des Stromes). Dann steckt die gesamte zeitliche Variation der Felder in der ausgeklammerten Größe, und die Strukturfunktionen werden zeitunabhängig. Nach Abschnitt 8.6 trifft dies im quasistatischen Fall zu, wenn alle Materialien linear sind.

Die drei besprochenen Anordnungen für R, L und C sind idealisierte Modellsituationen. Es sei betont, dass sie in der Praxis nie ideal vorkommen, denn zu jedem Stromfluss gehört ein Magnetfeld, das eine gewisse Energie enthält, und bei jedem Stromfluss durch reale Materialien (außer Supraleitern) gibt es auch ein elektrisches Feld mit einem bestimmten Energieinhalt. Somit ist *jeder* praktische Zweipol ein bisschen Induktivität, ein bisschen Kapazität und ein bisschen Widerstand, letztlich eine Mischung aus allen dreien. Wir wollen uns im nächsten Abschnitt von den speziellen Voraussetzungen lösen und den allgemeinen Zweipol betrachten.

9.3.6 Aufgaben

9.3.6.1 Kapazität eines Koaxialkabels

Gegeben: Ein Koaxialkabel mit dem unten stehenden Querschnitt und unmagnetischen Leitern.

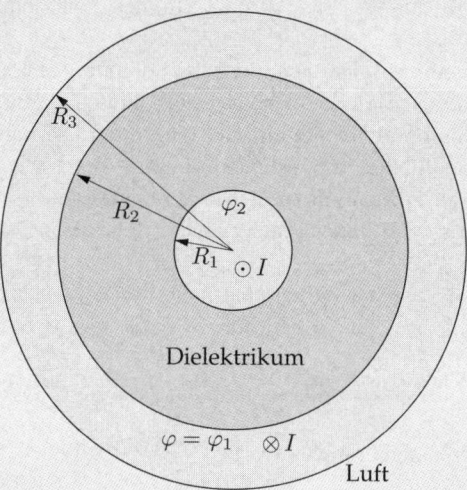

Gesucht: Man berechne den elektrischen Energieinhalt W_e des Feldes pro Länge l und verifiziere in diesem Spezialfall die Gleichheit der Integrale (8.49) und (8.54). Schließlich gebe man durch Vergleich mit der elementaren Formel $W_C = \frac{1}{2}C \cdot U^2$ einen Ausdruck für die Kabelkapazität pro Länge und vergleiche den erhaltenen Wert mit demjenigen im Beispiel 1.4.

9.3.6.2 Induktivität eines Koaxialkabels

Gegeben: Ein Koaxialkabel wie in der vorigen Übungsaufgabe 9.3.6.1.

Gesucht: Man berechne den magnetischen Energieinhalt W_m des Feldes pro Länge l und verifiziere in diesem Spezialfall die Gleichheit der Integrale (8.57) und (8.61). Die Stromdichte in den beiden Leitern sei je homogen. Schließlich gebe man durch Vergleich mit der elementaren Formel $W_L = \frac{1}{2}L \cdot I^2$ einen Ausdruck für die Kabel-Induktivität pro Länge. Warum ist hier der Bezug zur elementaren Formel $L = \Phi/I$ schwierig?

9.4 Der allgemeine Zweipol aus feldtheoretischer Sicht

Von den drei im vorigen Abschnitt besprochenen Anordnungen ist das zum Ohm'schen Widerstand R gehörige System am ehesten das, was man sich gewöhnlich unter einem Zweipol vorstellt. Nur dort erscheinen sowohl der Strom als auch die Spannung und somit können die beiden Zustandsgrößen auch nur dort in Zusammenhang gebracht werden. Bei Induktivität und Kapazität muss eine zeitliche Variation eingeführt werden, um die fehlenden Zustandsgrößen überhaupt erst zu erhalten.

Jetzt wollen wir allgemeiner werden und nicht mehr spezielle, sondern allgemeine Zweipole betrachten. Wir definieren zuerst technisch-physikalisch, was wir unter einem Zweipol verstehen, umschreiben dann das zugehörige feldtheoretische Modell und stützen im Vorbeigehen die jedem Praktiker selbstverständliche Tatsache, wonach an einem Zweipol niemals Strom und Spannung gleichzeitig von außen vorgegeben werden können. Dies führt dann auf das zentrale Thema dieses Kapitels: die möglichst allgemeine Beschreibung des Zusammenhangs zwischen Strom und Spannung an einem Zweipol, seine so genannte Charakteristik. Wir werden sehen, dass diese nur unter bestimmten Einschränkungen für beliebige Zeitverläufe von Strom und Spannung allgemein angegeben werden kann.

9.4.1 Die Speisung eines Zweipols

Zum Zweipol („Kiste mit zwei Anschlüssen") gehört zunächst ein bestimmtes Volumen V. Darin spielen sich die zu beschreibenden Feldvorgänge ab. Diese Vorgänge sollen mit drei (zeitabhängigen) Zustandsgrößen (Spannung U, Strom I und Leistung P) beschrieben werden, was aus der Sicht des Feldtheoretikers eine starke Vereinfachung darstellt. Wir haben bereits gesehen, dass im quasistatischen Fall unter plausiblen Voraussetzungen für die Definitionen von Strom und Spannung die Leistung einfach als Produkt $U \cdot I$ errechnet werden kann. Dies ist jedoch nicht der einzige Zusammenhang zwischen den Zustandsgrößen. Aus messtechnischer Sicht wissen wir, dass immer nur entweder I oder U vorgegeben werden kann. Ist eine der beiden Grössen (etwa U) bekannt, kann die andere Größe (etwa I) mit der Charakteristik (= Zusammenhangsvorschrift für U und I) des Zweipols aus der bekannten Grösse ermittelt werden. Uns wird es darum gehen, die Charakteristik aus der Feldtheorie abzuleiten. Vorerst machen wir uns aber einige allgemeine Gedanken aus der Perspektive des Praktikers.

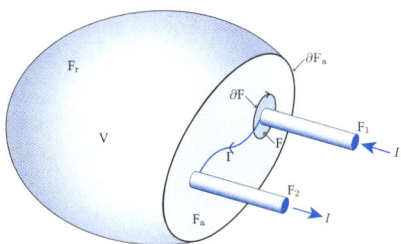

Abbildung 9.4: Zu jedem Zweipol gehört ein Volumen V, innerhalb dessen Energie umgesetzt wird. Die bekannte Formel $P = U \cdot I$ gilt nur dann, wenn Energie- und Stromaustausch des Volumens V mit seiner Umgebung auf einen hinreichend kleinen Bereich F_a beschränkt sind und zudem der Hin- und der Rücklauf des Stromes durch die (schwarzen) Flächen F_1 und F_2 mit den konstanten Potentialen φ_1 bzw. φ_2 stattfindet. Die dunkelgraue Fläche F mit Rand ∂F dient der Stromdefinition. Es muss sichergestellt sein, dass keine Ladung in V sitzen bleibt. Daher ist der Strom I in beiden Anschlüssen der gleiche. Die Restfläche F_r kann verschwinden. Sie wurde eingeführt, um anzudeuten, dass das Volumen V nicht unbedingt klein (im Sinne der Quasistatik) sein muss. Im Unterschied zur Zeichnung könnte F_a auch eine geschlossene Fläche sein, die innerhalb der Fernkugeloberfläche F_r angeordnet ist.

Soll die Charakteristik eines Zweipols *gemessen* werden, bedeutet dies im Experiment, dass der Zweipol an eine Spannungsquelle angeschlossen und dann als Reaktion der Strom gemessen wird (*Spannungsspeisung*), oder umgekehrt: Der Zweipol wird an eine Stromquelle angeschlossen und die Spannung wird gemessen (*Stromspeisung*). Man beachte, dass Strom und Spannung beide auch in der Quelle vorhanden sind, d.h. wir sprechen von einem Zusammenschalten von *zwei* Zweipolen, von denen der eine (die Quelle) eine besonders einfache und bereits bekannte Charakteristik hat. Diese besondere Situation erlaubt es, für den allgemeinen Zweipol die Voraussetzung der Quasistatik teilweise fallen zu lassen. Ist nämlich die speisende Quelle im Sinne der Quasistatik klein, muss aus Gründen der Energieerhaltung die Formel $P = U \cdot I$ auch dann gelten, wenn das Volumen des auszumessenden Zweipols beliebig groß wird. Denken wir beispielsweise an eine Sendeantenne: Dort ist zwar der Anschlussbereich, d.h. die Antennenbuchse am Sender, quasistatisch klein, aber das Feld breitet sich dahinter in den ganzen Raum aus. Zum untersuchten Zweipol gehört ein unendlich großes Feldvolumen, aber die Anordnung kann trotzdem als Zweipol angesehen werden. In diesem Fall ist es also nur noch nötig, die Quasistatik in einem kleinen Bereich um die Anschlüsse herum zu fordern. In Abbildung 9.4 ist dies die Fläche F_a. Man beachte, dass F_a topologisch auch anders liegen kann, etwa als (quasistatisch kleine) geschlossene Fläche, während F_r dann die Oberfläche der Fernkugel wäre.

Soll die Charakteristik des Zweipols aus einer *Feldberechnung* erhalten werden, geht man analog vor. Die Quelle wird (mit möglichst einfacher Geometrie) als Teil des Feldproblems angesehen. Die Modellierung einer Stromquelle besteht z.B. in der Vorgabe einer festen Stromdichte $\vec{J}$ in einem die Anschlussdrähte (außerhalb des Zweipolvolumens V) verbindenden „Schlauch". Umgekehrt gilt für die Modellierung einer Spannungsquelle im gleichen Schlauch die Bedingung $\vec{E} = \vec{E}_0$. Denkt man sich den Schlauch an die Anschlussfläche F_a angeschmiegt, bedeutet dies bei der Spannungsspeisung eine Vorgabe des tangentialen $\vec{E}$-Feldes in F_a und bei der Stromspeisung eine Vorgabe der Normalkomponente von $\vec{J} + \frac{\partial}{\partial t}\vec{D}$. Dies ist nach der zweiten Maxwell-Gleichung (5.38-2) gleich der Vorgabe der Normalkomponente von rot $\vec{H}$. In dieser Normalkomponente kommen nur tangentiale Komponenten von $\vec{H}$ selbst vor. Somit ist die Vorgabe des tangentialen $\vec{H}$-Feldes ebenfalls hinreichend. Man beachte, dass diese Vorgaben nicht völlig beliebig sind, sondern sich eng an die experimentelle Situation anlehnen. Wir wollen annehmen, dass die Feldberechnung (mit Hilfe des Computers) eindeutig möglich ist, ohne uns weiter auf konkrete Verfahrensfragen einzulassen.

Wichtig ist, dass mit der Vorgabe eines Feldes auf der Torfläche dieses Feld dort eindeutig vorgegeben ist und das totale Feld bezeichnet. Weiter ist zu betonen, dass – genau wie im messtechnischen Aufbau – nur entweder die Spannung (d.h. die tangentiale Komponente von $\vec{E}$ in F_a) oder der Strom (d.h. die normale Komponente von $\vec{J} + \frac{\partial}{\partial t}\vec{D}$ bzw. die tangentiale Komponente von $\vec{H}$ in F_a), nicht aber beide Felder gleichzeitig, vorgegeben werden können. Diese Einschränkung hatten wir bereits früher in Abschnitt 8.4 begründet.

9.4.2 Die Zweipolcharakteristik bei beliebigem Zeitverlauf

Die Feldvorgänge im Zweipolvolumen V sollen durch die drei Zustandsgrößen $U(t)$, $I(t)$ und $P(t)$ beschrieben werden. Wir haben gesehen, dass wir nur im Anschlussbereich (Fläche $F_a \subset \partial V$) quasistatische Verhältnisse fordern müssen, um die Gleichung $P = U \cdot I$ zu erfüllen. Somit genügen in diesem Fall bereits zwei Zustandsgrößen. Obwohl es feldtheoretisch egal wäre, welche beiden herangezogen werden sollen, wählen wir U und I, denn nur diese beiden treten auch in den Kirchhoff'schen Regeln explizite auf.

Weiter wissen wir, dass immer nur entweder I oder U vorgegeben werden kann; die andere Größe stellt sich selber ein. Die Frage ist: Wie? Zu jedem vorgegebenen Stromverlauf $I(t)$ kann der zugehörige Spannungsverlauf $U(t)$ gemessen oder mit einer Feldberechnung gerechnet werden. Wünschbar wäre die Formulierung einer allgemeinen Vorschrift, die unabhängig vom konkreten Zeitverlauf gültig ist. Im Allgemeinen erfordert dies höhere Mathematik, denn es handelt sich um ein Funktional[11], d.h. eine „Funktion", deren Argument eine beliebige Funktion (der Zeit t) ist, z.B.

$$U(t) = \mathbf{F}[I(t)], \tag{9.41}$$

wobei $\mathbf{F}$ im Allgemeinen *nicht* mit gewöhnlichen Funktionen beschrieben werden kann, sondern als Operator angesehen werden muss. Elementare Beispiele für $\{\mathbf{F}\}$ sind das Ohm'sche Gesetz, $U_R(t) = R \cdot I_R(t)$, oder die charakteristische Gleichung der Induktivität, $U_L(t) = L \cdot \frac{d}{dt} I_L(t)$.

Praktisch kann man die charakteristische Funktion in drei Fällen allgemein bestimmen:

1 wenn das zugehörige Feldproblem analytisch gelöst werden kann,

2 wenn die Bedingung der Quasistatik im ganzen Volumen V (und nicht nur in der Anschlussfläche F_a) erfüllt ist,

3 wenn der stationäre Zustand vorausgesetzt werden kann.

Der Fall 1 ist trivial: Wenn das Problem gelöst werden kann, dann kann es eben gelöst werden. Man gebe z.B. $I(t)$ vor. Daraus resultiert neben dem Magnetfeld auch ein elektrisches Feld $\vec{E}(\vec{r}, t)$, das nach Voraussetzung analytisch beschrieben werden kann und natürlich den allgemeinen Stromverlauf $I(t)$ in irgendeiner Form enthält. Nun gilt einfach

$$U(t) = \int_{\Gamma} \vec{E}(\vec{r}, t) \cdot d\vec{l} \tag{9.42}$$

mit dem der Spannung U zugeordneten Weg Γ. Das Integral (9.42) kann zwar nicht unbedingt analytisch gelöst werden, aber es stellt doch eine geschlossene Darstellung der gesuchten Charakteristik bei Stromspeisung dar. Die Umkehrung der Charakteristik erhält man analog mit der Spannungsspeisung.

Interessanter ist der Fall 2. Im allgemeinen Fall hat jede Feldkomponente an jedem Ort ihr eigenes Zeitverhalten. Demgegenüber sind im quasistatischen Fall die in Unterabschnitt 9.3.4 eingeführten Strukturfunktionen der Felder zeitunabhängig.[12] Mit anderen Worten: Die zeitliche Variation steckt einzig in $I(t)$ (für $\vec{H}$) bzw. in $U(t)$ (für $\vec{E}$).

---

11 Manche sagen statt „Funktional" auch „Funktionenfunktion".

12 Dies gilt streng genommen nur für lineare Materialien. Bei nicht linearen Materialien können die Strukturfunktionen vom Betrag von I bzw. von U abhängen, in komplizierteren Fällen auch vom früheren Zeitverlauf (Material „mit Gedächtnis").

In Formeln:

$$\vec{E}(\vec{r}, t) = U(t) \cdot \vec{E}(\vec{r}) \qquad \vec{H}(\vec{r}, t) = I(t) \cdot \vec{H}(\vec{r}). \tag{9.43}$$

Die Zeitverläufe von $U(t)$ und $I(t)$ dürfen natürlich unterschiedlich sein. Um die Charakteristik zu finden, müssen selbstverständlich die quasistatischen Felder bekannt sein. Wesentlich ist, dass sie nicht für alle möglichen Zeitverläufe separat berechnet werden müssen, sondern eben nur einmal, in der Regel mit je einer statischen Problemstellung für $\vec{E}$ und für $\vec{H}$. Es sei allerdings nicht verschwiegen, dass die Kopplung der Felder – und damit gerade der gesuchte Zusammenhang zwischen U und I – in quasistatischer Manier von der eigentlichen Feldberechnung weg in die Problemstellung verschoben wurde (vgl. dazu auch die Ausführungen in Unterabschnitt 8.6.3). Die zentrale Rolle spielt dabei die Ladungserhaltung [$\operatorname{div} \vec{J} = -\frac{\partial \varrho}{\partial t}$].

Der Fall 3 schließlich ist deswegen in allgemeiner Art zu bewältigen, weil die Zeitverläufe der Felder zwar nicht unbedingt in jedem Punkt identisch, aber doch von sehr ähnlicher Art sind. Ein Integral über eine zeitlich sinusoidal variierende Feldstärke[13] ergibt *immer* einen sinusoidalen Strom (bzw. eine sinusoidale Spannung). Wir wollen im nächsten Abschnitt näher auf diesen Spezialfall eingehen, zuvor aber noch einige Bemerkungen zu weiteren Verallgemeinerungen anführen.

Die Voraussetzung einer „quasistatisch kleinen" Anschlussfläche F_r ist nicht in jedem Fall notwendig. Indem wir uns weiter vom physikalischen Modell von Abbildung 9.4 entfernen, können wir die Voraussetzung weglassen, wonach sowohl U als auch I der Messung zugänglich sein sollen, und nur noch postulieren, dass zwei der drei charakteristischen Größen U, I und P messbar seien. Es muss dann auch im Feldmodell neben dem Volumen V nur noch einer der beiden zu U bzw. I gehörigen Wege bezeichnet werden. Nehmen wir z.B. U als unmessbaren Systemparameter. Dann kann im Feldmodell der zu I gehörige Weg willkürlich festgelegt werden – wir wählen ihn natürlich möglichst so, dass der Strom der Messung zugänglich bleibt – und man erhält $U(t)$, indem die Leistung $P(t)$ durch $I(t)$ dividiert wird. Es ist klar, dass in diesem Fall Strom *und* Spannung ihre Eigenständigkeit verlieren und eher willkürlich festgelegt werden. Wenn aber mit der Leistung alles stimmt, kann das Netzwerkmodell trotzdem brauchbar sein. Solche Grenzfälle werden vor allem bei sehr hohen Frequenzen benützt, und es sei auf die diesbezügliche Spezialliteratur verwiesen.

9.5 Der Zweipol im stationären Zustand und die Impedanz Z

Der großen praktischen Bedeutung wegen wollen wir den Zweipol im stationären Zustand, d.h. wenn alle Feldgrößen sinusförmig von der Zeit abhängen, speziell betrachten.

Wir haben bereits in Unterabschnitt 9.4.2 festgehalten, dass in diesem Fall die Charakteristik allgemein angegeben werden kann. Dies liegt hauptsächlich daran, dass im allgemeinen Fall die nicht im Voraus bekannten Zeitverläufe von Strom und Spannung die größten Hürden zur allgemeinen Beschreibung der Charakteristik darstellen. Im monofrequenten, stationären Zustand sind diese Zeitverläufe im Wesentlichen vorgegeben. Allerdings ist dieser Zustand praktisch nur mit linearen[14] Materialien möglich. Dann müssen wegen der Linearität der Maxwell-Gleichungen auch die Feld-

---

13   Man beachte: Die Phasenverschiebung darf vom Ort abhängen!

14   Es gelten die Materialgleichungen (7.5) mit möglicherweise *komplexen* Materialparametern μ, ε und σ.

stärken $\vec{E}(\vec{r})$ und $\vec{H}(\vec{r})$ in linearer Beziehung stehen. Dies bedeutet, dass zwei Linien-integrale $\underline{U} := \int_{\Gamma_1} \vec{E} \cdot d\vec{l}$ und $\underline{I} := \oint_{\Gamma_2} \vec{H} \cdot d\vec{l}$ längs zwei beliebig gewählten, verschiedenen Wegen: Γ_1 und Γ_2, linear zusammenhängen,

$$\underline{U} = Z \cdot \underline{I}, \tag{9.44}$$

wenn $\vec{E}$ und $\vec{H}$ zum gleichen elektromagnetischen Feld gehören. Dabei ist Z eine zunächst rein formale, komplexe Konstante, und (9.44) ist eine triviale Aussage – zwei beliebige komplexe Zahlen, $\underline{I}$ und $\underline{U}$, ergeben mit $Z = \underline{U}/\underline{I}$ immer[15] die Gleichung (9.44). Wesentlicher ist, dass Z sich auch dann nicht ändert, wenn eine Quellengröße (entweder $\underline{I}$ oder $\underline{U}$) variiert wird. Eine solche Variation ändert wegen der erwähnten Kopplung durch die Maxwell-Gleichungen nur Phase und/oder Amplitude des Feldes, die Struk-turfunktionen bleiben die gleichen. Somit stellt sich die andere Größe immer propor-tional zur ersten ein, d.h. Z bleibt gleich.

Wenn wir jetzt die Wege Γ_1 und Γ_2 speziell so wählen, dass die komplexen Ampli-tuden von Strom und Spannung eines Zweipols herauskommen, dann bleibt (9.44) formal bestehen. Dies bedeutet, dass im stationären Zustand die charakteristische Gleichung des Zweipols eine algebraische ist. Man beachte allerdings, dass der eigent-liche Zusammenhang zwischen den Zeitfunktionen $I(t)$ und $U(t)$ weiterhin ein funk-tionaler ist, der lediglich mit dem komplexen Formalismus besonders einfach beschrie-ben werden kann.

Wir wollen uns im Folgenden überlegen, wie die so genannte *Impedanz* Z aus den Feldern berechnet werden kann, wenn ein Zweipol – sprich das Volumen V für die Leistung, der Weg Γ für die Spannung und der geschlossene Weg ∂F für den Strom – vorgegeben sind. Zum Schluss behandeln wir mögliche Darstellungen der allgemeinen Impedanz durch elementare Zweipole R, L und C.

9.5.1 Die allgemeinen Impedanzen Z und Admittanzen Y

In diesem Unterabschnitt wollen wir auf die unterschiedlichen Darstellungen der Impedanz Z bzw. deren Kehrwert, der Admittanz Y, genauer eingehen.

An einem Zweipol sind (im stationären Zustand) die Zustandsgrößen $\underline{U}$, $\underline{I}$, $\underline{P}$ und $\underline{P}^{\sim}$ definiert.[16] Gemäß Abschnitt 9.3 stehen diese Größen in enger Beziehung zu Feld-In-tegralen über geeignet zu wählende Bereiche Γ, F und V. Während in der Netzwerk-theorie die Beziehungen

$$\underline{\underline{P}} = \frac{1}{2}\underline{U} \cdot \underline{I}^{*}, \qquad \underline{\underline{P}}^{\sim} = \frac{1}{2}\underline{U} \cdot \underline{I} \tag{9.45}$$

axiomatisch gelten, haben wir gezeigt, dass die gleichen Beziehungen für die feldtheo-retischen Größen im quasistatischen Fall eine gute Näherung darstellen. Mit einer geschickten Wahl von Γ, F und V kann das Zutreffen von (9.45) auch in allgemeineren Fällen erreicht werden. Da in jedem Fall auch die Gleichung (9.44)$[\underline{U} = Z \cdot \underline{I}]$ gilt, kann die Impedanz Z auf fünf verschiedene Arten dargestellt werden:

$$Z = \frac{\underline{U}}{\underline{I}} \stackrel{?}{=} \frac{2\underline{\underline{P}}}{\underline{I} \cdot \underline{I}^{*}} \stackrel{?}{=} \frac{2\underline{\underline{P}}^{\sim}}{\underline{I} \cdot \underline{I}} \stackrel{?}{=} \frac{\underline{U} \cdot \underline{U}^{*}}{2\underline{\underline{P}}^{*}} \stackrel{?}{=} \frac{\underline{U} \cdot \underline{U}}{2\underline{\underline{P}}^{\sim}}. \tag{9.46}$$

---

15 Einzige Ausnahme: $\underline{I} = \underline{0}$, $\underline{U} \neq \underline{0}$!

16 Die Größen $\underline{P}$ und $\underline{P}^{\sim}$ gehören beide zur Leistung $P(t)$. Vgl. Anhang C.

Die Fragezeichen auf den Gleichheitszeichen können dann mit ja beantwortet werden, wenn die Wahl von Γ, F und V gut getroffen wurde. Da wir uns aber bewusst sind, dass (9.45) streng genommen eine Näherung ist, sind auch rechts in (9.46) die Gleichungen als Näherungen zu verstehen. Aus Anwendersicht stellt sich die Frage, welcher der fünf Ausdrücke für Z am besten ist. Zur Beantwortung dieser Frage müssen im konkreten Anwendungsfall zuerst die folgenden Fragen beantwortet werden: Welche der drei Größen Spannung, Strom und Leistung muss auch anderweitig zur Verfügung stehen? Brauche ich die Spannung in einer Maschenregel, den Strom in einer Knotenregel, die Leistung in einer Energiebilanz? Es ist sehr empfehlenswert, einen nicht zu vermeidenden Fehler dort zuzulassen, wo er am wenigsten stört. Dies bedeutet, dass Z je nachdem so definiert wird, dass die am wichtigsten erscheinenden Integrale verwendet werden.

Da die erste Definition mit $\underline{U}$ und $\underline{I}$ unabhängig von der Wahl der Integrationsgebiete einen Wert für Z liefert und andererseits gerade die Leistungsformel der kritische Punkt ist, wollen wir nur die letzten vier Formeln genauer betrachten. Damit ist das dem Zweipol zugeordnete Volumen V vorzugeben. Als zweite Größe wählen wir jene, welche im konkreten Fall plausibler zu bestimmen ist (Strom I bei spulenähnlichen Situationen, Spannung U bei kondensatorähnlichen Verhältnissen).

Die zugeordneten komplexen Leistungen[17] $\underline{P}$ und $\underline{P}^{\sim}$ können mit dem komplexen Poynting-Theorem (8.40) berechnet werden:

$$\underline{P} = -\oiint_{\partial V} \underline{\vec{S}} \cdot d\vec{F} = \frac{1}{2} \iiint_V \left\{ j\omega \left(\mu \underline{\vec{H}} \cdot \underline{\vec{H}}^* - \varepsilon^* \underline{\vec{E}} \cdot \underline{\vec{E}}^* \right) + \sigma^* \underline{\vec{E}} \cdot \underline{\vec{E}}^* \right\} dV, \qquad (9.47\text{-}1)$$

$$\underline{P}^{\sim} = -\oiint_{\partial V} \underline{\vec{S}}^{\sim} \cdot d\vec{F} = \frac{1}{2} \iiint_V \left\{ j\omega \left(\mu \underline{\vec{H}} \cdot \underline{\vec{H}} + \varepsilon \underline{\vec{E}} \cdot \underline{\vec{E}} \right) + \sigma \underline{\vec{E}} \cdot \underline{\vec{E}} \right\} dV. \qquad (9.47\text{-}2)$$

Setzen wir diese Leistungen unter Einführung von $\underline{I}$-Strukturfunktionen in den zweiten bzw. den dritten Ausdruck rechts in (9.46) ein, finden wir *zwei verschiedene* Ausdrücke für die Impedanz Z. Wir benützen zur Unterscheidung die beiden Symbole Z und $Z^{\sim}$:

$$Z = \frac{1}{|\underline{I}|^2} \iiint_V \left\{ j\omega \left(\mu \underline{\vec{H}} \cdot \underline{\vec{H}}^* - \varepsilon^* \underline{\vec{E}} \cdot \underline{\vec{E}}^* \right) + \sigma^* \underline{\vec{E}} \cdot \underline{\vec{E}}^* \right\} dV$$

$$= \iiint_V \left\{ j\omega \left(\mu \vec{H} \cdot \vec{H}^* - \varepsilon^* \vec{E} \cdot \vec{E}^* \right) + \sigma^* \vec{E} \cdot \vec{E}^* \right\} dV, \qquad (9.48\text{-}1)$$

$$Z^{\sim} = \frac{1}{\underline{I}^2} \iiint_V \left\{ j\omega \left(\mu \underline{\vec{H}} \cdot \underline{\vec{H}} + \varepsilon \underline{\vec{E}} \cdot \underline{\vec{E}} \right) + \sigma \underline{\vec{E}} \cdot \underline{\vec{E}} \right\} dV$$

$$= \iiint_V \left\{ j\omega \left(\mu \vec{H} \cdot \vec{H} + \varepsilon \vec{E} \cdot \vec{E} \right) + \sigma \vec{E} \cdot \vec{E} \right\} dV. \qquad (9.48\text{-}2)$$

Man beachte, dass die Strukturfunktionen – obgleich sie *nicht* unterstrichen sind, d.h. gemäß Abschnitt 7.1 (bzw. Anhang C) *nicht* in direktem Zusammenhang mit einer sinusförmigen Zeitfunktion stehen (diese steckt in $\underline{I}$ bzw. $\underline{U}$!) – im allgemeinen Fall komplexwertig sind, denn die Phase der Feldstärken kann örtlich variieren.

Auf den ersten Blick scheinen Z und $Z^{\sim}$ verschieden zu sein, insbesondere wenn man jeweils die zweite Zeile (die mit den Strukturfunktionen) in (9.48) anschaut. Tatsächlich sind Z und $Z^{\sim}$ jedoch genau dann gleich, wenn die Formel $P(t) = U(t) \cdot I(t)$ zutrifft, denn

---

17 In der elementaren Elektrotechnik sind für komplexe Schein- und Wechselleistung die Symbole S und $S^{\sim}$ gebräuchlich, welche wir wegen der Verwechslungsgefahr mit dem Poynting-Vektor hier nicht verwenden.

der Energiesatz gilt auch im Zeitbereich und nicht nur im Zeitmittel. Der folgende Nachweis, wonach im Falle der elementaren Zweipole C, L und R die obigen Formeln auf identische Resultate führen, soll die Verhältnisse illustrieren.

| **Beispiel 9.1** | **Impedanzen der elementaren Zweipole** |

Bei den elementaren Zweipolen dominiert jeweils einer der drei Terme unter dem Integral, so dass die anderen zwei weggelassen werden können. Weiter haben die Strukturfunktionen eine räumlich konstante Phase, denn bei den elementaren Zweipolen ist das Feld im ganzen Zweipolvolumen quasistatisch. Schließlich wollen wir reelle Materialparameter voraussetzen ($\varepsilon = \varepsilon^*$, $\mu = \mu^*$, $\sigma = \sigma^*$) und erhalten der Reihe nach:

C: Der erste Term unter den Integralen in (9.48) dominiert und $\vec{E}$ ist rein imaginär. Dies liefert

$$Z_{\mathrm{C}} = -j\omega \iiint\limits_{V} \left(\varepsilon^* \vec{E} \cdot \underbrace{\vec{E}^*}_{=-\vec{E}} \right) dV = Z_{\mathrm{C}}^{\sim}. \tag{9.49}$$

L: Der zweite Term unter den Integralen in (9.48) dominiert und $\vec{H}$ ist reell. Dies liefert

$$Z_{\mathrm{L}} = j\omega \iiint\limits_{V} \left(\mu \vec{H} \cdot \underbrace{\vec{H}^*}_{=\vec{H}} \right) dV = Z_{\mathrm{L}}^{\sim}. \tag{9.50}$$

R: Der dritte Term unter den Integralen in (9.48) dominiert und $\vec{E}$ ist reell. Dies liefert

$$Z_{\mathrm{R}} = \iiint\limits_{V} \left(\sigma^* \vec{E} \cdot \underbrace{\vec{E}^*}_{=\vec{E}} \right) dV = Z_{\mathrm{R}}^{\sim}. \tag{9.51}$$

Man sieht, dass die Definition des *Stromes* $\underline{I}$ zentral ist, denn sie führt im Falle eines Plattenkondensators zu einer rein imaginären $\underline{\vec{E}}$-Strukturfunktion.

Die letzten beiden Ausdrücke in (9.46) enthalten die Leistungen im Nenner. Daher werden die Formeln übersichtlicher, wenn mit dem Kehrwert der Impedanz, der Admittanz Y, gerechnet wird. Es werden vorteilhaft $\underline{U}$-Strukturfunktionen verwendet, und man erhält für die Admittanzen Y und $Y^{\sim}$:

$$Y = \frac{1}{|\underline{U}|^2} \iiint\limits_{V} \left\{ -j\omega \left(\mu^* \underline{\vec{H}} \cdot \underline{\vec{H}}^* - \varepsilon \underline{\vec{E}} \cdot \underline{\vec{E}}^* \right) + \sigma \underline{\vec{E}} \cdot \underline{\vec{E}}^* \right\} dV$$

$$= \iiint\limits_{V} \left\{ -j\omega \left(\mu^* \vec{H} \cdot \vec{H}^* - \varepsilon \vec{E} \cdot \vec{E}^* \right) + \sigma \vec{E} \cdot \vec{E}^* \right\} dV, \tag{9.52-1}$$

$$Y^{\sim} = \frac{1}{\underline{U}^2} \iiint\limits_V \left\{ j\omega\left(\mu\underline{\vec{H}}\cdot\underline{\vec{H}} + \varepsilon\underline{\vec{E}}\cdot\underline{\vec{E}}\right) + \sigma\underline{\vec{E}}\cdot\underline{\vec{E}} \right\} dV$$

$$= \iiint\limits_V \left\{ j\omega\left(\mu\vec{H}\cdot\vec{H} + \varepsilon\vec{E}\cdot\vec{E}\right) + \sigma\vec{E}\cdot\vec{E} \right\} dV. \tag{9.52-2}$$

Man beachte, dass in 9.52-1 der konjugiert komplexe Wert von $\underline{P}$ eingesetzt wurde. Eine ähnliche Überlegung wie oben bestätigt die Gleichheit der Admittanzen im Falle der elementaren Zweipole C, L und R, wobei jetzt zu beachten ist, dass die $\underline{U}$-Strukturfunktion des $\underline{\vec{H}}$-Feldes bei der Induktivität rein imaginär wird.

Die Formeln „ohne Tilde", d.h. jene, welche aus dem Vergleich von $\underline{P}$ in Feld- und Netzwerktheorie entstanden sind, können leichter diskutiert werden, weil die meisten Terme unter den Integralen reell sind. Daher wollen wir jetzt nur zu diesen noch einige Bemerkungen machen.

Zunächst haben wir bereits in Unterabschnitt 8.3.2 gesehen, dass der Imaginärteil des komplexen Poynting-Theorems (8.40-1) eine physikalische Interpretation zulässt: Dieser Imaginärteil ist gleich der Differenz der zeitlichen Mittelwerte von elektrischem und magnetischem Energieinhalt. Somit finden wir, dass die Imaginärteile sowohl der Impedanz Z als auch der Admittanz Y diese *Differenz* von zeitlich gemittelten Energien enthalten. Der Imaginärteil sagt aber nichts aus über den Betrag etwa des elektrischen Energieinhalts allein. Dieser könnte höchstens in speziellen Fällen bekommen werden, etwa bei einer Kapazität, wenn im Voraus bekannt ist, dass die magnetische Energie praktisch verschwindet. Wir stellen allgemein fest, dass die netzwerktheoretischen Größen (Z und Y) die gesamte, im Feld enthaltene Information nur in sehr stark komprimierter Form enthalten.

9.5.2 Die Impedanzdarstellung mit elementaren Zweipolen

Entsprechend der Verwendung von Strom- bzw. Spannungsstrukturfunktionen kann eine Ersatzschaltung für Z und Y angegeben werden, welche nur aus elementaren Zweipolen R, L und C besteht. Abbildung 9.5 zeigt zwei mögliche Ersatzschaltungen, welche beide die Eigenschaft haben, dass die zeitlichen Mittelwerte der elektrischen und der magnetischen Feldenergie separat in der Ersatzschaltung erscheinen.

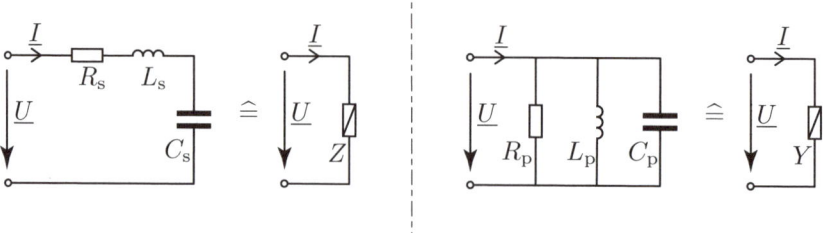

Abbildung 9.5: Einem Volumen V kann eine Impedanz Z bzw. eine Admittanz Y zugeordnet werden. Will man der elektrischen Energie eine Kapazität C, der magnetischen Energie eine Induktivität L und der Joule'schen Verlustleistung einen Ohm'schen Widerstand R zuordnen, gibt es mehrere Möglichkeiten, die gleiche Impedanz darzustellen. Man beachte, dass die Werte von R, L und C rechts und links im Allgemeinen *verschieden* sind, hingegen gilt $Z = 1/Y$.

Mit der Serienschaltung (links in Abbildung 9.5) gilt netzwerktheoretisch

$$\underline{P} = |\underline{I}|^2 \cdot Z = |\underline{I}|^2 \left(R_{\mathrm{s}} + j\omega L_{\mathrm{s}} + \frac{1}{j\omega C_{\mathrm{s}}} \right). \tag{9.53}$$

Der Index s steht für Serienschaltung. Ein Vergleich mit ergibt

$$R_{\mathrm{s}} = \iiint\limits_{V} \sigma^* \vec{E} \cdot \vec{E}^* \, dV, \tag{9.54-1}$$

$$L_{\mathrm{s}} = \iiint\limits_{V} \mu \vec{H} \cdot \vec{H}^* \, dV, \tag{9.54-2}$$

$$C_{\mathrm{s}} = \frac{1}{\omega^2 \iiint\limits_{V} \varepsilon^* \vec{E} \cdot \vec{E}^* \, dV}. \tag{9.54-3}$$

Wählt man die Parallelschaltung rechts in Abbildung 9.5, gilt netzwerktheoretisch

$$\underline{P} = |\underline{U}|^2 \cdot Y^* = |\underline{U}|^2 \left(\frac{1}{R_{\mathrm{p}}} + \frac{1}{-j\omega L_{\mathrm{p}}} - j\omega C_{\mathrm{p}} \right), \tag{9.55}$$

wobei der Index p für Parallelschaltung steht. Ein Vergleich mit ergibt

$$R_{\mathrm{p}} = \frac{1}{\iiint\limits_{V} \sigma \vec{E} \cdot \vec{E}^* \, dV}, \tag{9.56-1}$$

$$L_{\mathrm{p}} = \frac{1}{\omega^2 \iiint\limits_{V} \mu^* \vec{H} \cdot \vec{H}^* \, dV}, \tag{9.56-2}$$

$$C_{\mathrm{p}} = \iiint\limits_{V} \varepsilon \vec{E} \cdot \vec{E}^* \, dV. \tag{9.56-3}$$

Selbstverständlich sind die Werte von *R*, *L* und *C* für die beiden Ersatzschaltungen im Allgemeinen *nicht* gleich ($R_{\mathrm{s}} \neq R_{\mathrm{p}}$, $L_{\mathrm{s}} \neq L_{\mathrm{p}}$, $C_{\mathrm{s}} \neq C_{\mathrm{p}}$). Zudem gelten die Parameter nur für eine bestimmte Frequenz. Trotzdem ist es bemerkenswert, dass (bei positiv reellen Materialparametern) in beiden Fällen alle Netzwerkparameter reell und nicht negativ sind.

Geht man davon aus, dass sich die Felder bei variierender Kreisfrequenz ω nicht sehr rasch ändern, ist ein entsprechendes netzwerktheoretisches Modell (Ersatzschaltung) mit ebenfalls nur schwach frequenzabhängigen Kenngrößen anzustreben. In unserem Fall wäre diese Forderung nur für R_{s}, R_{p}, L_{s} und C_{p} erfüllt, während C_{s} und L_{p} sehr stark von ω abhängen. Diese grundsätzliche Schwierigkeit kann nicht in jedem Fall umschifft werden. Glücklicherweise ist aber in vielen praktischen Fällen entweder die Kapazität oder die Induktivität dominant, so dass die Wahl leichter fällt.

Wichtig ist die Erkenntnis, dass bei jeder Konstruktion einer Ersatzschaltung eine gewisse Wahlfreiheit vorhanden ist. Der schon früher erwähnte Verlust der Information über das Feld mündet somit in eine Mehrdeutigkeit, wenn die Impedanz als Kombination von elementaren Zweipolen *R*, *L* und *C* dargestellt werden soll.

Zum Schluss seien noch einige Punkte zusammengestellt, welche in diesem Zusammenhang von Bedeutung sind.

> ■ Impedanzen sind von Haus aus nur im *stationären Zustand*, d.h. bei sinusförmiger Zeitabhängigkeit aller Feldgrößen, definiert und zu gebrauchen.
>
> ■ Im konkreten Fall ist anzustreben, die einzelnen Elemente einer Ersatzschaltung so zu wählen, dass deren Kenngrößen möglichst schwach von der Frequenz abhängen.
>
> ■ Der Imaginärteil der Impedanz Z sagt im Allgemeinen nichts aus über die tatsächlich in V gespeicherte Energie, sondern nur über die *Differenz* zwischen den im zeitlichen Mittel in V gespeicherten elektrischen und magnetischen Energien.
>
> ■ Die Frequenzabhängigkeit von Impedanzen erschöpft sich nicht im Faktor ω in (9.48) und (9.53). Im Allgemeinen sind auch die Feldverteilungen von der Frequenz abhängig.

9.5.3 Zur Konstruktion eines Netzwerks aus einem Feld

Zum Schluss dieses Kapitels wollen wir noch einige praktische Regeln zusammenstellen. Wir stellen uns die Frage, wie am besten vorzugehen ist, wenn einer Anordnung mit bereits berechnetem Feld ein Netzwerkmodell zugeordnet werden soll. Dabei setzen wir mindestens in den Anschlussflächen F_a quasistatische Verhältnisse voraus.

Wir stellen gleich zu Beginn fest, dass es nur allgemeine, mehr oder weniger schwammige Regeln und niemals ein festes Rezept gibt, denn zu einer gegebenen Anordnung gibt es in aller Regel nicht nur ein Ersatzschaltbild. Es stehen hauptsächlich praktische Gesichtspunkte im Vordergrund.

■ Die Definitionen von U, I und P eines Zweipols sollen plausibel sein, eindeutige Werte liefern und möglichst einer Messung zugänglich sein.

■ Das Zusammenschalten von einzelnen Zweipolen soll möglich sein, so dass etwa die gleiche Spannung bei einer Parallelschaltung im Feldmodell dem gleichen Weg zugeordnet wurde und dass gleiche Ströme bei der Serienschaltung der identischen Fläche entsprechen.

■ Bei jedem Zweipol muss klar sein, welches Volumen er beansprucht. Es ist möglich, dass zum gleichen Volumen V verschiedene Zweipole gehören, etwa ein Ohm'scher Widerstand zur Simulation der Joule'schen Verlustleistung und gleichzeitig eine Induktivität zur Darstellung der magnetischen Energie in V.

■ Alle Volumina zusammen müssen das gesamte Feldgebiet und jede Energie- bzw. Leistungskomponente des Feldes abdecken.

Im Hinblick darauf, dass das Netzwerk schließlich die gesamte Anordnung simulieren soll, ist es vor allem notwendig, dass energetisch alles stimmt, und dazu ist das jedem Zweipol zugeordnete Volumen für die Vorstellung am besten geeignet.

Man beachte, dass im Idealfall nicht nur die Leistung P, sondern auch der Strom I und die Spannung U plausibel definierbar sind, und dass dann das Produkt $U \cdot I$ automatisch gleich der im zugehörigen Volumen umgesetzten Leistung ist. Solange derart ideale Bedingungen bestehen, bietet die Netzwerktheorie keine besonderen Schwierigkeiten. Umgekehrt müssen Netzwerkmodelle dann mit der nötigen Vorsicht interpretiert werden, wenn mindestens eine der drei Größen unklar oder willkürlich definiert scheint.

9.5.4 Aufgaben

9.5.4.1 Einkopplung von Störungen

Gegeben: Die folgende Anordnung eines Mikrophons mit Verstärker in der Nähe einer elektrischen Eisenbahnlinie.

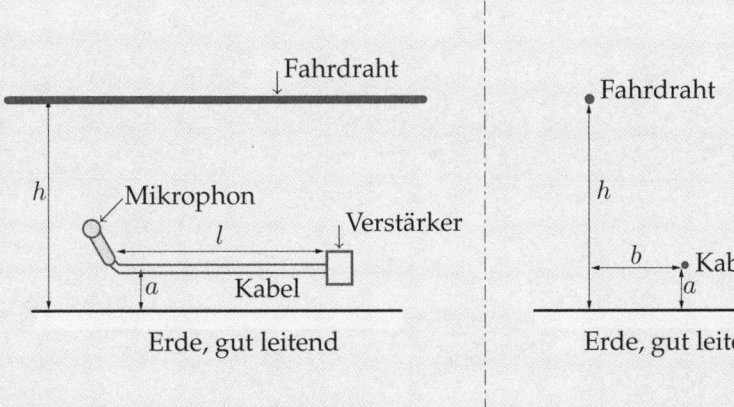

Fahrdraht:	$U = 15\,\mathrm{kV}$ gegen Erde; $I = 300\,\mathrm{A}$; $f = 16\frac{2}{3}\,\mathrm{Hz}$; Drahtdurchmesser: $1\,\mathrm{cm}$; $h = 5\,\mathrm{m}$
Mikrophonkabel:	Zweidrahtleitung aus Cu-Drähten mit $0.1\,\mathrm{mm}$ Durchmesser und $2\,\mathrm{mm}$ Abstand; $a = 1\,\mathrm{m}$, $b = 3\,\mathrm{m}$, $l = 10\,\mathrm{m}$
Mikrophon:	Ideale Spannungsquelle mit $\hat{U}_\mathrm{q} = 141\,\mu\mathrm{V}$
Verstärker:	Ohm'scher Widerstand mit $R_\mathrm{V} = 200\,\Omega$

Gesucht:

a Ersatzschaltung des Teilsystems Mikrophon–Kabel–Verstärker bei „toter" Eisenbahnfahrleitung. Spannung am Verstärkereingang bei $f = 16\frac{2}{3}\,\mathrm{Hz}$ und bei $f = 1\,\mathrm{kHz}$.
Tipp: Man benütze die Resultate früherer Übungen!

b Die vom Fahrleitungsdraht verursachten Felder $\vec{E}$ und $\vec{H}$ am Ort des Kabels bei ausgeschaltetem Mikrophon.

c Die maximal durch den Fahrleitungs*strom* im Kabel induzierte Spannung. Wie ist das Ersatzschaltbild aus a) zu ergänzen?
Tipp: Kabel als Schleife betrachten und so orientieren (d.h. um die Längsachse verdrehen), dass möglichst viel $\vec{B}$-Fluss durch die Schleife tritt.

d Die maximal durch die Fahrleitungs*spannung* eingekoppelte Fremdspannung im Kabel. Wie ist jetzt das Ersatzschaltbild aus a) zu ergänzen?
Tipp: Kabel so orientieren, dass das fremde $\vec{E}$-Feld sich zum bereits im Kabel vorhandenen Feld addiert.

e Vorschläge zur Systemverbesserung.

Die Mehrpole und die Reziprozität

10

ÜBERBLICK

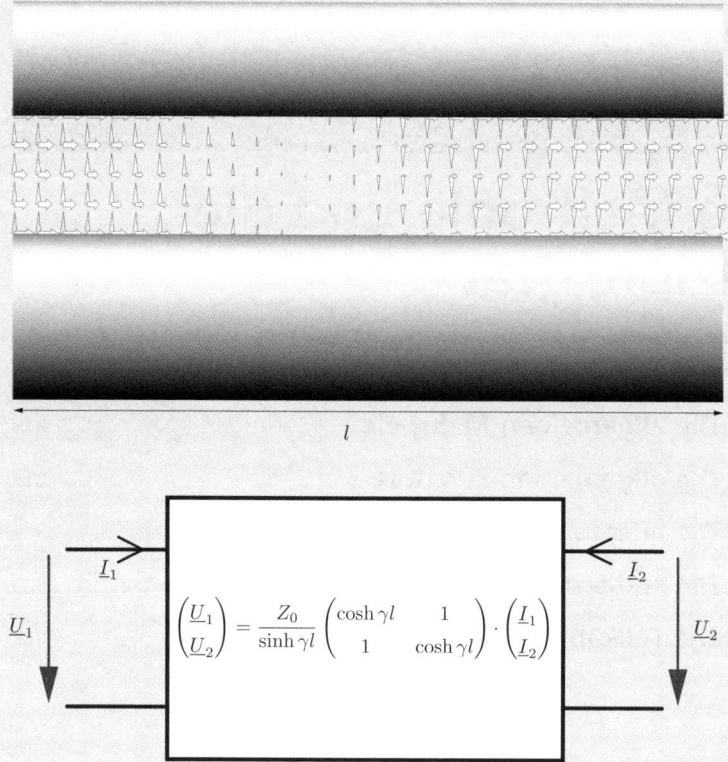

γ: Fortpflanzungskonstante der Leitung
Z_0: Spannung/Strom-Amplitudenverhältnis, falls Energie nur in eine Richtung fließt.

Unsere Zweidrahtleitung kann als Zweitor aufgefasst werden. Oben ist ein Stück der Leitung (Länge l, von der Seite gesehen) abgebildet. Die Pfeile stellen den Momentanwert des elektrischen Feldes, die Dreiecke jenen des Poynting-Vektors dar. Das gezeichnete Feld bildet sich dann aus, wenn die Leitung sehr lang und am Ende mit der charakteristischen Impedanz Z_0 der Leitung abgeschlossen ist. Unten ist eine allgemeine Ersatzschaltung des Leitungsstücks gezeigt, wobei der angegebene Zusammenhang zwischen Strömen und Spannungen an beiden Enden nicht von der äußeren Beschaltung abhängt. Die Außerdiagonalelemente der Matrix sind unter sehr allgemeinen Bedingungen gleich.

In diesem Kapitel wollen wir die im vorigen Kapitel erarbeitete Vorstellung des Zweipols verallgemeinern und Netzwerkelemente mit mehreren Anschlüssen betrachten. Zuerst beschreiben wir den allgemeinen n-Pol und leiten daraus den praktisch wichtigen Begriff des Mehrtores ab. Schließlich betrachten wir Systeme mit zwei Klemmenpaaren, wobei dort insbesondere Beziehungen zwischen Spannungen und Strömen an den verschiedenen Klemmenpaaren interessieren. Zum Schluss gehen wir auf die wichtigen Spezialfälle der Gegeninduktivitäten und der Teilkapazitäten ein.

10.1 Die allgemeinen Mehrpole

Es ist nicht immer so, dass ein Netzwerkelement nur zwei Klemmen hat, sondern es gibt im Gegenteil viele Bauteile mit mehreren Anschlüssen, die vom Praktiker als Einheit empfunden werden (z.B. Transformatoren, Integrierte Schaltungen, aber auch ganze Geräte mit mehreren Buchsen etc.). Dies führt zur abstrakten Vorstellung des n-Pols, einer „Kiste" mit n herausgeführten Drähten.

Wir haben bereits in Unterabschnitt 9.2.3 gezeigt, dass die Leistung einer solchen „Kiste" im quasistatischen Fall als Summe von Produkten von Strömen und Spannungen dargestellt werden kann (vgl. (9.20) [$P = \sum_{i=1}^{n} U_i I_i$]). Weil erstens zu einer Spannung immer zwei Anschlüsse gehören und zweitens für die ganze „Kiste" die Knotenregel gilt, ist die Anzahl der Pole größer als die Anzahl der Summanden in der Leistungssumme. Jedem Term dieser Summe kann ein *Tor* (= Anschluss mit zwei Polen) zugeordnet werden. Wir wollen im Folgenden beschreiben, wie man vom n-Pol zum m-Tor (mit $m \leq n-1$) gelangt. Danach werden wir die allgemeine Beschreibung der Charakteristik eines m-Tores angeben.

10.1.1 Vom n-Pol zum m-Tor ($m < n$)

Die allgemeinen Grundelemente der Netzwerktheorie sind die n-Pole. Jedem n-Pol wird ein bestimmtes Volumen V zugeordnet, innerhalb dessen sich elektromagnetische Vorgänge abspielen, welche in der Netzwerktheorie vereinfachend durch die Ströme und Spannungen an bzw. zwischen den n Polen beschrieben werden. Der Energieaustausch dieses Volumens mit der Umgebung wird feldtheoretisch durch den Fluss des Poynting-Vektors $\vec{S}$ durch die Oberfläche ∂V von V, netzwerktheoretisch viel einfacher als Summe von (Strom mal Spannung)-Produkten dargestellt. Die Bestimmungsintegrale für die Ströme und Spannungen sind Linienintegrale über $\vec{E}$ bzw. $\vec{H}$ längs geeigneten Pfaden in ∂V. Obwohl das Volumen V unter Umständen sehr groß sein kann, sind diese Pfade in der Praxis oft kurz und liegen in einem kleinen Bereich der Oberfläche ∂V. Dies ist dann der Fall, wenn der gesamte Energieaustausch von V mit der Umgebung hauptsächlich durch eine oder mehrere quasistatisch kleine, eventuell voneinander entfernte Flächen $F_{ai} \subset \partial$V hindurchgeht.

Im allgemeinen Fall, wenn der n-Pol irgendwie in ein großes Netzwerk eingesetzt wird, sind $n-1$ unabhängige Ströme und $n-1$ unabhängige Spannungen definierbar. Wird hingegen der n-Pol speziell beschaltet, dann sind durch die äußere Beschaltung zusätzliche Einschränkungen auferlegt, kraft derer die Beschreibung des n-Pols vereinfacht werden kann. Werden z.B. bei einem Vierpol[1] je zwei Drähte mit einem Zweipol verbunden, dann sind nur noch zwei Ströme unabhängig. Es ist klar, dass dann auch

---

1 Der Begriff „Vierpol" wird in der Literatur nicht einheitlich gebraucht. Der „echte", hier gemeinte Vierpol hat drei unabhängige Spannungen und Ströme. Oft wird aber auch das weiter unten definierte Zweitor mit nur zwei unabhängigen Spannungen und Strömen als Vierpol bezeichnet.

die totale Leistung mit zwei (statt drei) Produkten beschrieben werden kann, denn es kann nur noch mit den beiden Zweipolen ein Leistungsaustausch stattfinden. Man könnte den gleichen Vierpol aber auch mit drei Zweipolen verbinden – dann wird mindestens ein Anschluss des Vierpols mit mehr als einem Draht verbunden sein – und in diesem Fall die totale Leistung mit drei Termen beschrieben. Mit drei Zweipolen ist der allgemeinste Fall erreicht, denn bei n Anschlüssen sind wegen der Knoten- und Maschenregel höchstens $n-1$ Ströme und ebenso viele Spannungen unabhängig. Auf der anderen Seite sind $n/2$ Terme das Minimum, wenn die Anschlüsse überhaupt beschaltet werden sollen. Jeder am n-Pol angeschlossene Zweipol definiert ein *Tor*, und wir sprechen statt vom n-Pol vom m-Tor, wobei m zwischen $n/2$ und $n-1$ liegt.

Netzwerktheoretisch kann an jedem Tor ein Produkt $U \cdot I$ und damit eine Leistung definiert werden. Feldtheoretisch kann es schwierig sein, diesen Leistungen je eine Fläche auf ∂V zuzuordnen, insbesondere dann, wenn ein Anschluss des n-Pols zu mehr als einem Tor gehört. Dann würden sich die Flächen verschiedener Tore überlappen. Die Trennung ist jedoch eindeutig möglich, wenn die Oberflächen der angeschalteten Zwei- pole als Torflächen betrachtet werden.

Da $\vec{E}$ und $\vec{H}$ über die Maxwell-Gleichungen verkoppelt sind, sind die Ströme und Spannungen voneinander abhängig. Tatsächlich ist es so, dass an einem Tor immer nur entweder der Strom oder die Spannung vorgegeben werden kann, die andere Größe stellt sich selber ein. Aus der Sicht der außen angeschalteten Zweipole ist dies klar. Wollen wir aber das m-Tor unabhängig von der äußeren Beschaltung charakterisieren, dann stellen wir uns eine Beschaltung mit einstellbaren, idealen Strom- bzw. Spannungsquellen vor und fragen, wie sich die jeweils andere Größe an jedem Tor einstellt. Die Antwort auf diese Frage gibt die Charakteristik des m-Tors, die – genau wie beim „Eintor" (= Zweipol) – entweder mit einer Messung oder mit einer Feldberechnung erhalten werden kann.

10.1.2 Die Charakteristik der Mehrtore

Wir wollen bei einem Mehrpol die Charakteristik, d.h. die Zusammenhänge zwischen den verschiedenen Strömen und Spannungen an den einzelnen Toren, betrachten. An jedem Tor kann entweder der Strom oder die Spannung vorgegeben werden, die jeweils andere Größe ist von der ersten Größe sowie von den Strömen und Spannungen an anderen Toren des gleichen Mehrtors abhängig. Von total $2m$ Variablen (m Ströme und m Spannungen) sind m Größen (für jedes Tor entweder der Strom oder die Spannung) unabhängig, die übrigen m sind abhängig. Dies lässt sich feldtheoretisch mit dem Eindeutigkeitssatz bzw. mit dem Poynting-Theorem begründen (vgl. Abschnitt 8.4).

Die Möglichkeit, bei der Vorgabe an jedem Tor zwischen Strom und Spannung zu wählen, ist mit einem großen Freiheitsgrad bei der Beschreibung der Charakteristik des m-Tors verbunden: m Ströme/Spannungen sind darzustellen in Funktion der übrigen m Ströme/Spannungen, was total 2^m verschiedene Möglichkeiten ergibt[2]. Beim Eintor ($m = 1$) waren dies die beiden funktionalen Zusammenhänge $U = {}^i\mathbf{F}(I)$ und deren Umkehrung $I = {}^u\mathbf{F}(U)$, bei einem m-Tor gibt es zu jeder einmal getroffenen Wahl von m unabhängigen Größen $2^m - 1$ „Umkehrungen". Obwohl es im allgemeinen Gründe für eine bestimmte Wahl geben kann – etwa wenn ein Zusammenhang nur in einer Richtung eindeutig ist –, beschreiben doch alle Varianten das gleiche m-Tor. Wir wollen daher

---

2 $(2m)!$ Permutationen wegen unterschiedlicher Nummerierung sind in dieser Zahl *nicht* berücksichtigt.

nicht weiter auf die Auswahl der unabhängigen Größen eingehen und schreiben der Einfachheit halber die Charakteristik des m-Tors mit den folgenden m Funktionalen[3] von je m Variablen (reine Stromspeisung[4]):

$$U_k = \mathbf{F}_k(I_1, I_2, \ldots, I_m), \qquad k = 1 \ldots m. \tag{10.1}$$

In vielen Fällen können wir uns auf den wichtigen Spezialfall beschränken, wo die $\mathbf{F}_k$ als Summe von Funktionen dargestellt werden kann, welche nur von je einer Variablen abhängen:

$$U_k = \sum_{l=1}^{m} \mathbf{F}_{kl}(I_l). \tag{10.2}$$

Sind hier die $\mathbf{F}_{kl}$ linear[5], heißt die ganze Charakteristik des m-Tors linear, und man spricht von einem linearen Mehrtor.

Die charakteristischen Funktionen können wie beim Zweipol entweder mit Messungen oder mit Feldberechnungen ermittelt werden. Die Bemerkungen bezüglich der Modellierung der Quellen und der Vorgabe des Feldes in den Torbereichen in Unterabschnitt 9.4.1 gelten hier sinngemäß für jedes Tor separat.

Wir beschränken uns im Folgenden auf $m = 2$ und wollen zeigen, dass unter recht allgemeinen Bedingungen die $m = 2$ Funktionale $\mathbf{F}_k$ (bzw. die $m^2 = 4$ Funktionale $\mathbf{F}_{kl}$) gewisse Symmetrien aufweisen, welche es erlauben, z.B. nur einen Teil der $\mathbf{F}_{kl}$ tatsächlich berechnen (oder messen) zu müssen.

10.2 Die allgemeinen Zweitore

In der Netzwerktheorie sind Systeme mit vier Anschlüssen (zwei Klemmenpaaren) häufig anzutreffen. Sehr oft interessiert die Spannung zwischen Eingang und Ausgang (links bzw. rechts in Abbildung 10.1) nicht. Dann genügt es, zwei Tore mit je einem Strom I_k und einer Spannung U_k zu definieren. Die charakteristischen Gleichungen des Zweitors lauten etwa

$$U_1 = {}^{ii}\mathbf{F}_1(I_1, I_2), \qquad U_2 = {}^{ii}\mathbf{F}_2(I_1, I_2), \tag{10.3-1}$$

wobei der linke obere Index die unabhängigen Variablen andeutet. Zu (10.3) gibt es drei mögliche „Umkehrungen":

$$I_1 = {}^{uu}\mathbf{F}_1(U_1, U_2), \qquad I_2 = {}^{uu}\mathbf{F}_2(U_1, U_2), \tag{10.3-2}$$

$$U_1 = {}^{iu}\mathbf{F}_1(I_1, U_2), \qquad I_2 = {}^{iu}\mathbf{F}_2(I_1, U_2), \tag{10.3-3}$$

$$I_1 = {}^{ui}\mathbf{F}_1(U_1, I_2), \qquad U_2 = {}^{ui}\mathbf{F}_2(U_1, I_2), \tag{10.3-4}$$

welche alle den gleichen Zusammenhang beschreiben.

---

3 Dies sind Funktionen von Funktionen; sie können auch Ableitungen oder Integrale der Argumentfunktionen enthalten. Vgl. auch Unterabschnitt 9.4.2.

4 „Speisung" eines Mehrtores = Vorgabe einer Quellengröße pro Tor. Dabei sind Kurzschluss ($U = 0$) und Leerlauf ($I = 0$) einzelner Tore häufige Spezialfälle.

5 Ein Funktional $\mathbf{F}(f)$ heißt linear in der Argumentfunktion f, wenn $\mathbf{F}(a \cdot f) = a \cdot \mathbf{F}(f)$ gilt, wobei a eine Zahl ist. Daraus folgt z.B. mit $a = 0$: $\mathbf{F}(0) = 0$.

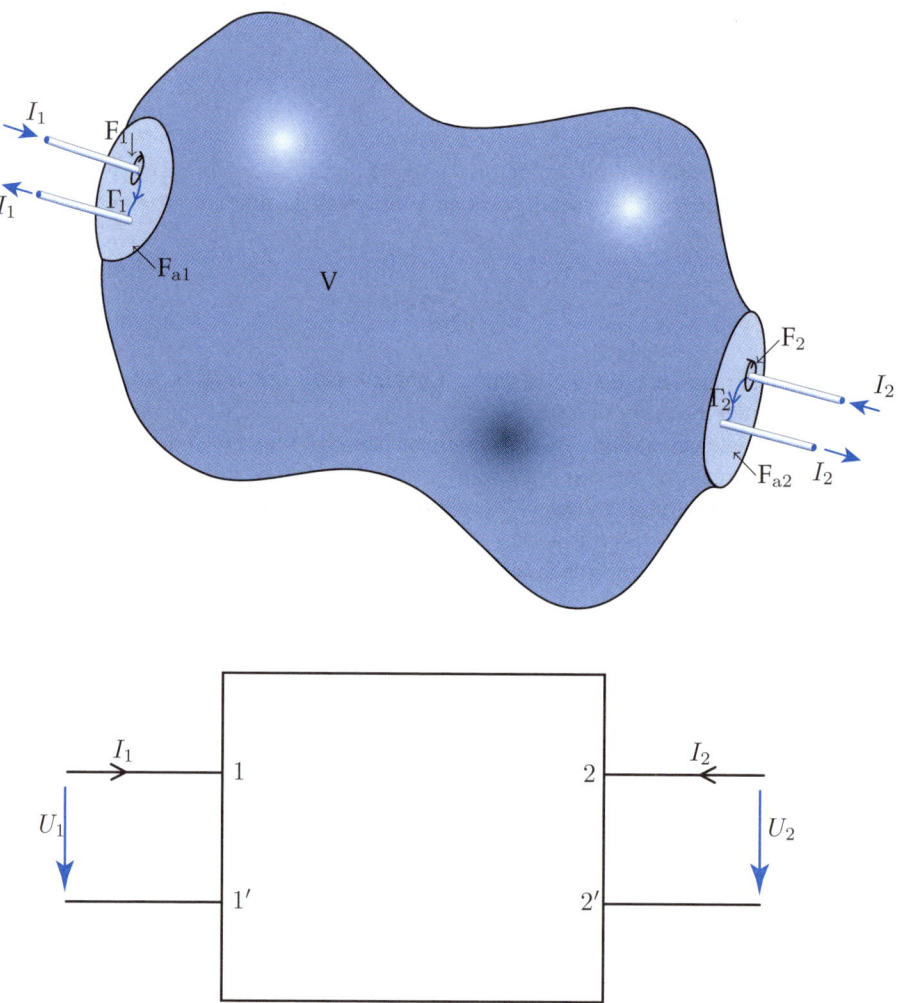

Abbildung 10.1: Das oben gezeichnete System V hat zwei Klemmenpaare und kann mit einem Zweitor (unten) repräsentiert werden. Der innere Aufbau von V lässt keine beliebigen Ströme *und* Spannungen an den Klemmen zu, sondern es existieren Abhängigkeiten zwischen diesen Größen, welche entweder experimentell gemessen oder durch eine geeignete Feldberechnung rechnerisch ermittelt werden können. Für das Feldmodell müssen an jedem Tor die dem Strom I_k zugeordnete Fläche F_k und der zur Spannung U_k gehörige Weg Γ_k definiert werden. Weiter ist vorausgesetzt, dass die Summe aller Ströme durch jedes Tor einzeln verschwindet. Man beachte, dass keine Aussagen über die Spannungen „von rechts nach links" gemacht werden.

Sollen die Funktionale $^{ii}\mathbf{F}_1, \ldots$ messtechnisch ermittelt werden, wird man an die Klemmenpaare Strom- bzw. Spannungsquellen anschließen, um die beiden unabhängigen Größen einstellen zu können. Die abhängigen Größen können dann an beiden Toren ebenfalls gemessen werden.

Im feldtheoretischen Modell gehört zu diesem Zweitor ein Volumen mit zwei Anschlussregionen F_{1a} und F_{2a}, in welchen je die Wege Γ_1 und Γ_2 zur Definition der Spannungen U_1 und U_2 sowie die Flächen F_1 und F_2 bzw. deren Berandungen ∂F_1 und ∂F_2 zur Definition der Ströme I_1 und I_2 gegeben sind. Die Nebenbedingung für die Feldberechnung, die Vorgabe von Strom bzw. Spannung an beiden Toren, entspricht dem Anschluss der Quellen im messtechnischen Aufbau. Die Anschlussregionen F_{1a} und F_{2a} müssen nicht notwendigerweise getrennt sein.

Variiert man eine der Quellen, hat dies im Allgemeinen eine Änderung aller Felder im ganzen Volumen V zur Folge, und die Integration der entsprechenden Felder an den beiden Toren ergibt die abhängigen Größen. Die Aufstellung aller Definitionen der Zweitorgrößen ergibt eine implizite Darstellung der gesuchten charakteristischen Funktionale:

$$I_1 = \oint_{\partial F_1} \vec{H} \cdot \vec{dl}, \qquad I_2 = \oint_{\partial F_2} \vec{H} \cdot \vec{dl},$$

$$U_1 = \int_{\Gamma_1} \vec{E} \cdot \vec{dl}, \qquad U_2 = \int_{\Gamma_2} \vec{E} \cdot \vec{dl}. \qquad (10.4)$$

Dabei sind zwei der vier Größen vorgegeben. Interpretiert man die Feldstärken als Funktionale der unabhängigen Größen, kann diese Darstellung auch als explizit aufgefasst werden. Sind etwa I_1 und I_2 die unabhängigen Größen (beidseitige Stromspeisung), kann man schreiben:

$$U_1 = \int_{\Gamma_1} \vec{E}(I_1, I_2) \cdot \vec{dl}, \qquad U_2 = \int_{\Gamma_2} \vec{E}(I_1, I_2) \cdot \vec{dl}. \qquad (10.5)$$

Wir wollen diese allgemeine Darstellung nicht weiter verfolgen, sondern im Folgenden spezielle Fälle betrachten.

10.3 Die linearen Zweitore

Wir beziehen uns auf die Situation in Abbildung 10.1 und nehmen an, dass alle Materialien in V linear sind. Unter Anwendung des Superpositionsprinzips kann dann die Wirkung jeder Quelle separat berechnet werden, d.h. wir können etwa bei beidseitiger Stromspeisung schreiben:

$$\vec{E} = \vec{E}_1(I_1) + \vec{E}_2(I_2), \qquad \vec{H} = \vec{H}_1(I_1) + \vec{H}_2(I_2), \qquad (10.6)$$

wobei der Index den Ort der Quelle angibt. Das Feld $(\vec{E}_1, \vec{H}_1)$ ist jenes Feld, welches sich ergibt, wenn nur die Quelle am Tor 1 aktiv ist. Da wir immer *alle* Quellen angeben müssen, bedeutet dies, dass dann am Tor 2 die Tangentialkomponente der unabhängigen Feldgröße – bei Stromspeisung das $\vec{H}$-Feld – verschwindet, denn die Quellengröße zwei muss null sein. Sämtliche Ströme und Spannungen an den Toren können formal als Summe zweier Anteile geschrieben werden:

$$I_1 = \oint_{\partial F_1} \vec{H}_1 \cdot \vec{dl} + \underbrace{\oint_{\partial F_1} \vec{H}_2 \cdot \vec{dl}}_{z.B.=0} \qquad I_2 = \underbrace{\oint_{\partial F_2} \vec{H}_1 \cdot \vec{dl}}_{z.B.=0} + \oint_{\partial F_2} \vec{H}_2 \cdot \vec{dl},$$

$$U_1 = \int_{\Gamma_1} \vec{E}_1 \cdot \vec{dl} + \int_{\Gamma_1} \vec{E}_2 \cdot \vec{dl}, \qquad U_2 = \int_{\Gamma_2} \vec{E}_1 \cdot \vec{dl} + \int_{\Gamma_2} \vec{E}_2 \cdot \vec{dl}. \qquad (10.7)$$

Dabei ist zu beachten, dass wegen der erwähnten Nullsetzung der Quellen zwei der insgesamt acht Integrale verschwinden müssen. Beispielsweise sind im Fall beidseitiger Stromspeisung die in (10.7) bezeichneten Integrale gleich null.

Verwenden wir die auf die unabhängigen Zweitorgrößen bezogenen Strukturfunktionen, ergeben sich mit dem Beispiel reiner Stromspeisung die charakteristischen Funktionen

$$U_1 = I_1 \int_{\Gamma_1} \vec{E}_1 \cdot \vec{dl} + I_2 \int_{\Gamma_1} \vec{E}_2 \cdot \vec{dl},$$

$$U_2 = I_1 \int_{\Gamma_2} \vec{E}_1 \cdot \vec{dl} + I_2 \int_{\Gamma_2} \vec{E}_2 \cdot \vec{dl}, \tag{10.8}$$

welche die unabhängigen Größen I_1 und I_2 explizit enthalten. Es ist zu beachten, dass die Integrale in diesen Gleichungen wegen der vorausgesetzten Linearität im Allgemeinen nur von ihrer „eigenen" Quellengröße abhängen. Da wir nur in den Anschlussbereichen Quasistatik vorausgesetzt haben, können die Strukturfunktionen am „anderen" (d.h. von der eigenen Quelle entfernten) Tor zeitabhängig sein. Jedes der vier Teilfelder $\vec{E}_1$, $\vec{H}_1$, $\vec{E}_2$ und $\vec{H}_2$ hat jedoch an jedem Tor einen einzigen Zeitverlauf. Allgemein liegen feldmäßig somit insgesamt acht verschiedene Zeitfunktionen vor, die jedoch im Netzwerk auf vier Zeitfunktionen (U_1, I_1, U_2 und I_2) reduziert werden.

10.3.1 Das „Ohm'sche Zweitor"

Um die Übersicht nicht zu verlieren, wollen wir zuerst einen Spezialfall untersuchen, bei dem – entsprechend den zwei unabhängig vorzugebenden Größen – nur zwei Zeitfunktionen, etwa $I_1(t)$ und $I_2(t)$, zu betrachten sind, nämlich diejenigen der Felder mit Index 1 und jene der Felder mit Index 2. Es ist klar, dass dann die abhängigen Größen – nach (10.8) Superposition zweier Funktionen mit unterschiedlichem Zeitverlauf – einen dritten und vierten Zeitverlauf zeigen.

Die Verwendung von nur zwei Zeitfunktionen ist dann zulässig, wenn erstens das Volumen V so klein ist, dass die Quasistatik über ganz V und nicht nur in den Torbereichen gilt, und zweitens die zeitliche Variation von $\vec{E}_k$ gleich jener von $\vec{H}_k$ ist, was im quasistatischen Fall z.B. in einem Widerstandsmaterial gilt. Dann sind die Integrale in (10.8) (praktisch) unabhängig von der Zeit, und die charakteristischen Funktionale können wie folgt geschrieben werden:

$$U_1 = R_{11} \cdot I_1 + R_{12} \cdot I_2, \qquad U_2 = R_{21} \cdot I_1 + R_{22} \cdot I_2, \tag{10.9}$$

wobei die zeitlich mit guter Näherung konstanten R_{kl}-Werte aus einem Vergleich mit (10.8) hervorgehen und somit Integrale am k-ten Tor über I_l-Strukturfunktionen der $\vec{E}_l$-Felder bedeuten. Der Zusammenhang zwischen allen vier Zweitorgrößen ist somit ein linearer und die R_{kl}s können zu einer 2-mal-2-Matrix $\mathbf{R} = \begin{pmatrix} R_{11} & R_{12} \\ R_{21} & R_{22} \end{pmatrix}$ zusammengefasst werden. Mit den bekannten Regeln der linearen Algebra können die Variablen mittels AT-Schritten[6] ausgetauscht werden, was die drei „Umkehrungen" bis dieses Zusammenhangs liefert.

---

6   AT-Schritt = Austauschschritt. Mit AT-Schritt wird die Vertauschung einer unabhängigen Variablen x_i mit einer abhängigen Variablen y_j im linearen Gleichungssystem $\overline{y} = M \cdot \overline{x}$ bezeichnet ($\overline{x}$: Vektor der unabhängigen Variablen, $\overline{y}$: Vektor der abhängigen Variablen, M: quadratische Matrix). Konkret: Auflösung der i-ten Gleichung nach y_j und Einsetzen in alle anderen, wobei x_i an Stelle von y_j neue abhängige Variable wird.

Obwohl die Integrale für R_{12} und R_{21} völlig unterschiedlich sind, besteht ein enger Zusammenhang zwischen diesen beiden Größen. Wir können diesen Zusammenhang zeigen, indem wir die Leistung in V betrachten. Sie kann netzwerktheoretisch als Produkt von Strom und Spannung an jedem Tor unmittelbar angegeben werden:

$$P_1 = U_1 I_1 = (R_{11} \cdot I_1 + R_{12} \cdot I_2) I_1 = P_{11} + P_{12},$$
$$P_2 = U_2 I_2 = (R_{21} \cdot I_1 + R_{22} \cdot I_2) I_2 = P_{21} + P_{22}. \tag{10.10}$$

Die Teilleistungen P_{kl} sind zu R_{kl} proportional, und die Summe von P_1 und P_2 ist nach Voraussetzung die gesamte im Volumen V umgesetzte Leistung P.

Alternativ kann dieselbe Leistung auch mit dem Flächenintegral des Poynting-Vektors über die Hüllfläche ∂V formuliert werden:

$$P = \oiint_{\partial V} (\vec{E} \times \vec{H}) \cdot d\vec{F} = \oiint_{\partial V} \left((\vec{E}_1 + \vec{E}_2) \times (\vec{H}_1 + \vec{H}_2) \right) \cdot d\vec{F}. \tag{10.11}$$

Dabei wurde die Aufteilung (10.6) der Felder benützt. Offenbar kann das Integral in vier Teile aufgespalten werden, wobei jeder Anteil für sich betrachtet werden kann. Da jedes Teilfeld $(\vec{E}_k, \vec{H}_k)$ die Maxwell-Gleichungen für sich erfüllt, kann jedes dieser vier Integrale separat in ein Volumenintegral zurückverwandelt werden. Der Rechengang dieser Verwandlung wurde in Unterabschnitt 8.2.3 (in umgekehrter Richtung) im Detail erklärt. Wir können uns daher kurz fassen und das auf (8.34) gestützte Schlussresultat schreiben:

$$P_{lk} = - \oiint_{\partial V} (\vec{E}_k \times \vec{H}_l) \cdot d\vec{F} = \iiint_V \left(\vec{E}_k \cdot \operatorname{rot} \vec{H}_l - \vec{H}_l \cdot \operatorname{rot} \vec{E}_k \right) dV$$

$$= \iiint_V \left(\vec{E}_k \cdot \left(\vec{J}_l + \frac{\partial \vec{D}_l}{\partial t} \right) + \vec{H}_l \cdot \frac{\partial \vec{B}_k}{\partial t} \right) dV. \tag{10.12}$$

Führen wir schließlich noch die Materialgleichungen (6.9) und (6.10) ein[7], ergibt sich der in k und l fast symmetrische Ausdruck

$$P_{lk} = \iiint_V \left(\sigma \vec{E}_k \cdot \vec{E}_l + \varepsilon \vec{E}_k \cdot \frac{\partial \vec{E}_l}{\partial t} + \mu \vec{H}_l \cdot \frac{\partial \vec{H}_k}{\partial t} \right) dV. \tag{10.13}$$

Die Unsymmetrie bezieht sich lediglich auf den Zeitverlauf.

Eine genaue Betrachtung des Zeitverlaufs der einzelnen Anteile liefert weiteren Aufschluss über die Zulässigkeit unserer Annahmen. Unsere wesentlichen Annahmen waren erstens jene der Quasistatik im ganzen Volumen V und zweitens die identische zeitliche Variation für alle von einer Quelle erzeugten Felder. Dies bedeutet zum Ersten, dass die Strukturfunktionen aller Felder (fast) nicht von der Zeit abhängen und (beinahe) die gesamte Zeitabhängigkeit der Felder in die ausgeklammerte Größe geschoben werden kann. Zum Zweiten bedeutet es auch, dass wir $\vec{E}$ und $\vec{H}$ im Zeitverhalten koppeln müssen, was nur im Widerstandsmaterial mit $\vec{J} = \sigma \vec{E}$ möglich ist. Es gilt also in unserem Fall

---

[7] Lineares Material ist ohnehin vorausgesetzt. Wir könnten allerdings die Isotropie fallen lassen und ε-, μ- und σ-Tensoren (d.h. 3-mal-3-Matrizen) einsetzen. Solange diese Tensoren symmetrisch sind, gelten die folgenden Ableitungen ebenfalls.

$$P_{lk} = I_k \cdot I_l \iiint\limits_V \sigma \vec{E}_k \cdot \vec{E}_l \, dV + I_k \frac{\partial I_l}{\partial t} \iiint\limits_V \varepsilon \vec{E}_k \cdot \vec{E}_l \, dV + \frac{\partial I_k}{\partial t} I_l \iiint\limits_V \mu \vec{H}_k \cdot \vec{H}_l \, dV. \qquad (10.14)$$

Schreiben wir diese Leistungen wie in (10.11) mit dem Flächenintegral über den Poynting-Vektor, ergibt sich

$$P_{lk} = I_k \cdot I_l \oiint\limits_{\partial V} \left(\vec{E}_k \times \vec{H}_l \right) \cdot d\vec{F}. \qquad (10.15)$$

Nimmt man in erster Näherung zeitlich konstante Strukturfunktionen an, scheint dies im Vergleich mit (10.14) ein Widerspruch zu sein, denn die Zeitverläufe der beiden Ströme können unabhängig voneinander vorgegeben werden. Der Widerspruch löst sich, wenn wir uns vor Augen halten, dass im Widerstandsmaterial das erste Integral in (10.14) sehr stark dominiert und anderseits alle drei Integrale in (10.14) ebenso wie jenes in (10.15) (schwach) zeitabhängig sind.

Im statischen Grenzfall ($\frac{\partial}{\partial t} \to 0$) fallen die beiden letzten Integrale in (10.14) weg und es gilt streng

$$P_{12} = P_{21} \qquad (10.16)$$

und somit mit Blick auf (10.10) auch

das (statische) Reziprozitätsgesetz

$$R_{12} = R_{21}. \qquad (10.17)$$

Dann sind es also nicht vier, sondern nur drei Parameter, welche das Zweitor vollständig charakterisieren. Man nennt diese Art der Symmetrie *Reziprozität*. Ein Zweitor ist (bei Gleichstrom) offenbar immer dann reziprok, wenn im Volumen V das Ohm'sche Gesetz ($\vec{J} = \sigma \vec{E}$) gilt, wobei die Leitfähigkeit σ beliebig vom Ort abhängen kann und nur nicht mit dem Betrag der Feldstärke variieren darf.

Bevor wir auf den praktischen Nutzen und die Anwendungen der Reziprozität eingehen, wollen wir zeigen, dass im stationären Fall eine zu (10.17) analoge Beziehung gilt, die mit dem gleichen Namen bezeichnet wird.

10.3.2 Das lineare Zweitor im stationären Fall

Der Vergleich der einzelnen Terme in (10.13) zeigt, dass Unsymmetrien bezüglich k und l nur dem Zeitverlauf der beteiligten Feldgrößen zuzuschreiben sind. Im stationären Zustand ist dieser Zeitverlauf bis auf eine (örtlich allenfalls variable) Phase bei allen Feldgrößen identisch. Daher können wir eine weitergehende Symmetrie erwarten.

Wir führen zugeordnete komplexe Feldgrößen ein und schreiben analog zu (10.6) die Feldstärken als Superposition zweier Anteile, wobei wir wiederum die beidseitige Stromspeisung als Beispiel wählen:

$$\underline{\vec{E}} = \underline{\vec{E}}_1(\underline{I}_1) + \underline{\vec{E}}_2(\underline{I}_2), \qquad \underline{\vec{H}} = \underline{\vec{H}}_1(\underline{I}_1) + \underline{\vec{H}}_2(\underline{I}_2). \qquad (10.18)$$

Mit den $\underline{I}$-Strukturfunktionen gelten wie in (10.8):

$$\underline{U}_1 = \underline{I}_1 \underbrace{\int\limits_{\Gamma_1} \vec{E}_1 \cdot \vec{dl}}_{Z_{11}} + \underline{I}_2 \underbrace{\int\limits_{\Gamma_1} \vec{E}_2 \cdot \vec{dl},}_{Z_{12}}$$

$$\underline{U}_2 = \underline{I}_1 \underbrace{\int\limits_{\Gamma_2} \vec{E}_1 \cdot \vec{dl}}_{Z_{21}} + \underline{I}_2 \underbrace{\int\limits_{\Gamma_2} \vec{E}_2 \cdot \vec{dl}.}_{Z_{22}} \tag{10.19}$$

Die mit Z_{kl} bezeichneten Integrale sind fast immer komplexwertig, weil die $\underline{I}$-Strukturfunktionen der $\vec{E}$-Felder nur im Leitermaterial und dort nur im quasistatischen Fall (näherungsweise) reell sind.

Falls für jedes Tor quasistatische Voraussetzungen gelten, kann die Leistung P_k (näherungsweise) durch je ein Produkt $U_k \cdot I_k$ dargestellt werden. Dazu gehören bekanntlich (vgl. Anhang C) je zwei komplexe Leistungen, $\underline{P}_k$ und $\underline{P}_k^{\sim}$:

$$\underline{P}_1 = \frac{1}{2}\underline{U}_1 \cdot \underline{I}_1^* = \frac{1}{2}(Z_{11} \cdot \underline{I}_1 + Z_{12} \cdot \underline{I}_2)\underline{I}_1^* = \underline{P}_{11} + \underline{P}_{12}, \tag{10.20-1}$$

$$\underline{P}_2 = \frac{1}{2}\underline{U}_2 \cdot \underline{I}_2^* = \frac{1}{2}(Z_{21} \cdot \underline{I}_1 + Z_{22} \cdot \underline{I}_2)\underline{I}_2^* = \underline{P}_{21} + \underline{P}_{22}; \tag{10.20-2}$$

$$\underline{P}_1^{\sim} = \frac{1}{2}\underline{U}_1 \cdot \underline{I}_1 = \frac{1}{2}(Z_{11} \cdot \underline{I}_1 + Z_{12} \cdot \underline{I}_2)\underline{I}_1 = \underline{P}_{11}^{\sim} + \underline{P}_{12}^{\sim}, \tag{10.21-1}$$

$$\underline{P}_2^{\sim} = \frac{1}{2}\underline{U}_2 \cdot \underline{I}_2 = \frac{1}{2}(Z_{21} \cdot \underline{I}_1 + Z_{22} \cdot \underline{I}_2)\underline{I}_2 = \underline{P}_{21}^{\sim} + \underline{P}_{22}^{\sim}. \tag{10.21-1}$$

Dabei sind $\underline{P}_{kl}^{\sim}$ und $\underline{P}_{kl}$ zu Z_{kl} proportional.

Die gleichen Leistungen können auch mit Hilfe der komplexen Poynting-Vektoren geschrieben werden. Wir schreiben wieder je vier Terme $\underline{P}_{kl}$ an und finden analog zu (10.12) und (10.13)

$$\underline{P}_{lk} = -\frac{1}{2}\oiint\limits_{\partial V} (\vec{E}_k \times \vec{H}_l^*) \cdot \vec{dF} = \frac{1}{2}\iiint\limits_{V} \left(\vec{E}_k \cdot (\vec{J}_l + j\omega\vec{D}_l)^* + \vec{H}_l^* \cdot (j\omega\vec{B}_k)\right)dV$$

$$= \frac{1}{2}\iiint\limits_{V} \left(\sigma^* \vec{E}_k \cdot \vec{E}_l^* + j\omega(\mu\vec{H}_k \cdot \vec{H}_l^* - \varepsilon^* \vec{E}_k \cdot \vec{E}_l^*)\right)dV, \tag{10.22}$$

$$\underline{P}_{lk}^{\sim} = -\frac{1}{2}\oiint\limits_{\partial V} (\vec{E}_k \times \vec{H}_l) \cdot \vec{dF} = \frac{1}{2}\iiint\limits_{V} \left(\vec{E}_k \cdot (\vec{J}_l + j\omega\vec{D}_l) + \vec{H}_l \cdot (j\omega\vec{B}_k)\right)dV$$

$$= \frac{1}{2}\iiint\limits_{V} \left(\sigma\vec{E}_k \cdot \vec{E}_l + j\omega(\mu\vec{H}_k \cdot \vec{H}_l + \varepsilon\vec{E}_k \cdot \vec{E}_l)\right)dV. \tag{10.23}$$

Das unterschiedliche Vorzeichen bei $\underline{P}_{lk}$ und $\underline{P}_{lk}^{\sim}$ kommt durch die Bildung des konjugiert komplexen Wertes von $j\omega$ zustande (vgl. Unterabschnitt 8.3.2), und die konjugiert komplexen σ^* und ε^* sind der Vollständigkeit halber eingeführt, obwohl in den meisten praktischen Fällen die Materialparameter reell sind (vgl. Unterabschnitt 7.1.1).

Führen wir auch hier $\underline{I}$-Strukturfunktionen ein, ergibt sich in Analogie zu (10.14)

$$\underline{\underline{P}}_{lk} = \frac{\underline{I}_k \underline{I}_l^*}{2}\left(\iiint\limits_V \sigma^* \vec{E}_k \cdot \vec{E}_l^* \, dV + j\omega \iiint\limits_V \mu \vec{H}_k \cdot \vec{H}_l^* \, dV - j\omega \iiint\limits_V \varepsilon^* \vec{E}_k \cdot \vec{E}_l^* \, dV\right), \qquad (10.24)$$

$$\underline{\underline{P}}_{lk}^{\sim} = \frac{\underline{I}_k \underline{I}_l}{2}\left(\iiint\limits_V \sigma \vec{E}_k \cdot \vec{E}_l \, dV + j\omega \iiint\limits_V \mu \vec{H}_k \cdot \vec{H}_l \, dV + j\omega \iiint\limits_V \varepsilon \vec{E}_k \cdot \vec{E}_l \, dV\right). \qquad (10.25)$$

Ein Vergleich der auf die Torleistungen bezogenen Formeln (10.20) und (10.21) mit den im Volumen V umgesetzten Leistungen (10.24) und (10.25) liefert zwei unterschiedliche Ausdrücke für die Impedanzen Z_{kl}. Machen wir den Vergleich der Koeffizienten der Stromprodukte $\underline{I}_k \cdot \underline{I}_l^*$ bei den komplexen Leistungen – (10.20) und (10.24) –, dann finden wir

$$Z_{lk} = \iiint\limits_V \left((\sigma + j\omega\varepsilon)^* \vec{E}_k \cdot \vec{E}_l^* + j\omega\mu \vec{H}_k \cdot \vec{H}_l^*\right) dV. \qquad (10.26)$$

Der analoge Vergleich bei den komplexen Wechselleistungen – (10.21) und (10.25) – liefert

$$Z_{lk} = \iiint\limits_V \left((\sigma + j\omega\varepsilon) \vec{E}_k \cdot \vec{E}_l + j\omega\mu \vec{H}_k \cdot \vec{H}_l\right) dV, \qquad (10.27)$$

was im Gegensatz zu (10.26) in k und l vollständig symmetrisch ist. Obwohl die Integranden in (10.26) und (10.27) nicht übereinstimmen, kann trotzdem aus grundsätzlichen Überlegungen heraus auf die Gleichheit der Integrale geschlossen werden. (Vgl. den Unterabschnitt 9.5.1. Die beiden Integrale sind genau dann gleich groß, wenn die Faktorisierung $P = U \cdot I$ exakt ist.)

Die Gleichung (10.27) belegt die

> Reziprozität
>
> $$Z_{12} = Z_{21}, \qquad (10.28)$$

welche der streng nur bei Gleichstrom gültigen Beziehung (10.17) analog ist. Sie gilt ganz allgemein bei linearem Material, d.h. wenn die Materialparameter μ, σ und ε innerhalb des Volumens V zwar beliebig vom Ort, nicht aber von der Amplitude der Felder abhängen.

10.3.3 Die Anwendung der Reziprozität

Die Tatsache, dass bei linearem Material im Volumen V die Matrix der Impedanzen Z_{kl} symmetrisch ist, kann in der Praxis vielfältig ausgenützt werden. Die Elemente Z_{12} und Z_{21} beschreiben den Einfluss, den etwa der Strom $\underline{I}_1$ auf die Spannung $\underline{U}_2$ hat. Dies bedeutet, dass diese Parameter zwischen den beiden Toren vermitteln, und die Reziprozität besagt, dass diese Vermittlung in beide Richtungen in einem gewissen Sinn gleich ist. Die Gleichheit bezieht sich etwa in (10.19) darauf, dass die Quelle beim Tor 2 (pro

Quellenstärke $\underline{I}_2$) den gleichen Beitrag zur Spannung $\underline{U}_1$ beisteuert wie die Quelle beim Tor 1 (pro Quellenstärke $\underline{I}_1$) zur Spannung $\underline{U}_2$.

Die praktische Bedeutung liegt darin, dass das Zweitor nicht in beide Richtungen ausgemessen werden muss, wenn sichergestellt ist, dass das ganze Volumen V mit linearen Materialien gefüllt ist. Obwohl dies von den Formeln her klar scheint, muss doch betont werden, dass die Reziprozität gefühlsmäßig nicht so leicht einzusehen ist. Es zeigt sich im Gegenteil, dass ihr viele Praktiker skeptisch gegenüberstehen. Dies liegt daran, dass sich der Praktiker die Impedanz zuerst immer als Verhältnis zwischen Strom und Spannung vorstellt. Zu dieser Vorstellung gehört die Felddarstellung von (10.19) und somit für die Reziprozität die Gleichung

$$\int_{\Gamma_1} \vec{E}_2 \cdot d\vec{l} = \int_{\Gamma_2} \vec{E}_1 \cdot d\vec{l}, \tag{10.29}$$

welche keinerlei Symmetrie erkennen lässt, denn es werden zwei verschiedene Felder längs zwei verschiedenen Wegen integriert. Die beiden Integrale haben auf den ersten Blick nichts miteinander zu tun, und es ist daher schwierig, die Gleichheit (10.29) anzunehmen. Wir konnten mit einer relativ umständlichen Rechnung unter Zuhilfenahme des Poynting-Theorems zeigen, dass die Gleichheit dann gegeben ist, wenn Ströme und Spannungen „richtig" definiert sind. Sind die Tore – wie in der Praxis üblich – als Klemmenpaare oder als Koaxialsteckerbuchsen ausgeführt, bietet die „richtige" Definition keinerlei Probleme.

Eine weitere Schwierigkeit ergibt sich aus der Tatsache, dass die Verhältnisse an einem Tor im Allgemeinen durch die äußeren Beschaltungen an *beiden* Toren bestimmt sind. Daher ist die Reziprozität eines Zweitors nur dann offensichtlich, wenn es geeignet beschaltet ist. Wir betrachten dazu die in Abbildung 10.2 dargestellte Gegenüberstellung von zwei Betriebsarten (Energiefluss nach rechts (A) oder nach links (B)), die in je zwei Situationen betrachtet werden: Kurzschluss (oben) und endliche Last R (unten).

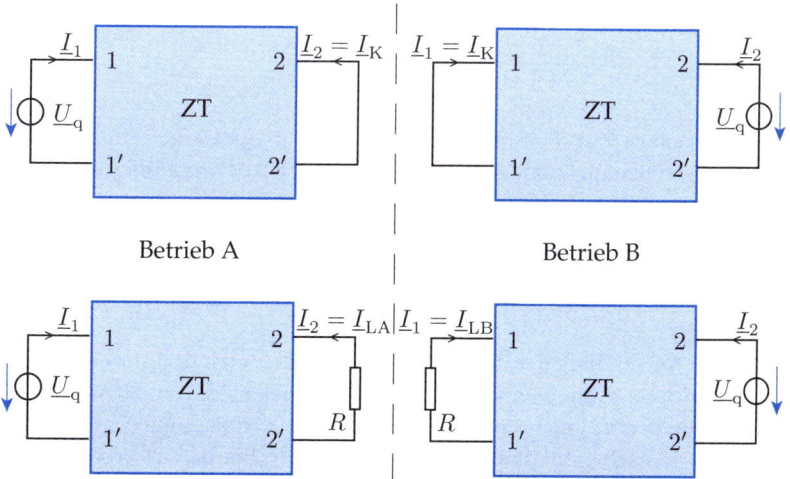

Abbildung 10.2: Das reziproke Zweitor ZT wird in beiden Richtungen als Energieübertrager eingesetzt. Die Energie fließt von einer Spannungsquelle mit Quellenspannung $\underline{U}_q$ zur „Last" R. Im oben dargestellten Kurzschlussfall ($R = 0$) ergibt sich wegen der geltenden Reziprozität ein identischer Kurzschlussstrom $\underline{I}_K$, während mit der unten dargestellten endlichen Last R der Laststrom im Allgemeinen unterschiedlich ausfällt, wenn die Übertragungsrichtung geändert wird ($\underline{I}_{LA} \neq \underline{I}_{LB}$).

Zuerst behandeln wir den Kurzschlussfall. Dabei ist auf der einen Seite des Zweitors ZT eine ideale Spannungsquelle mit Quellenspannung $\underline{U}_q$ angeschlossen, während die Klemmen der anderen Seite kurzgeschlossen sind (oben in Abbildung 10.2). Es gilt, wenn die Quelle am Tor 1 angeschlossen wird, das Gleichungssystem

$$\underline{U}_q = Z_{11}\underline{I}_1 + Z_{12}\underline{I}_2,$$
$$\underline{0} = Z_{21}\underline{I}_1 + Z_{22}\underline{I}_2. \tag{10.30}$$

Somit bestimmt sich der Kurzschlussstrom $\underline{I}_2$ zu

$$\underline{I}_2 = \underline{U}_q \frac{Z_{21}}{Z_{12}Z_{21} - Z_{11}Z_{22}} = \underline{U}_q \frac{Z_{12}}{Z_{12}^2 - Z_{11}Z_{22}}. \tag{10.31}$$

Der gleiche Ausdruck ergibt sich für $\underline{I}_1$, wenn die Quelle an Tor 2 angeschlossen wird (Betrieb B, oben). Der Kurzschlussstrom ist somit offenbar unabhängig davon, ob die Quelle bei Tor 1 oder bei Tor 2 angeschlossen wird, und die Reziprozität ist offensichtlich. Man beachte, dass in den beiden Kurzschlussfällen die Quellenströme im Allgemeinen nicht gleich sind, was aus der zweiten Gleichung (10.30) unmittelbar hervorgeht. Im Betrieb A gilt $\underline{I}_1 = -(Z_{22}/Z_{12})\underline{I}_2$, und im Betrieb B folgt $\underline{I}_2 = -(Z_{11}/Z_{12})\underline{I}_1$.

Als Zweites betrachten wir jetzt den Fall mit endlicher Last R (unten in Abbildung 10.2). Dann gilt im Betrieb A (Quelle an Tor 1) das Gleichungssystem

$$\underline{U}_q = Z_{11}\underline{I}_1 + Z_{12}\underline{I}_2,$$
$$-R\underline{I}_2 = Z_{21}\underline{I}_1 + Z_{22}\underline{I}_2, \tag{10.32}$$

und es ergibt sich für den Strom $\underline{I}_{LA}$ im Lastwiderstand:

$$\underline{I}_2 = \underline{I}_{LA} = \underline{U}_q \frac{Z_{12}}{Z_{12}^2 - Z_{11}(R + Z_{22})}. \tag{10.33}$$

Wird die Quelle an Tor 2 angeschlossen, folgt im Lastwiderstand ein von $\underline{I}_{LA}$ verschiedener Strom $\underline{I}_{LB}$:

$$\underline{I}_1 = \underline{I}_{LB} = \underline{U}_q \frac{Z_{12}}{Z_{12}^2 - Z_{22}(R + Z_{11})}. \tag{10.34}$$

Die Reziprozität eines Zweitors bedeutet somit, dass in speziellen Situationen (z.B. in den Beschaltungen oben in Abbildung 10.2) die beiden Tore vertauscht werden können, ohne dass sich am Ausgang etwas ändert. Man hüte sich jedoch davor, Reziprozität mit Symmetrie zu verwechseln: Bei einem symmetrischen Zweitor wäre auch am Eingang kein Unterschied festzustellen, wenn die Tore vertauscht werden. Die Parameter eines symmetrischen Zweitors erfüllen neben der Reziprozitätsbedingung (10.28) die zusätzliche Gleichung $Z_{11} = Z_{22}$.

Eine wichtige Anwendung der Reziprozität findet sich in der drahtlosen Übertragungstechnik. Verschiedene Antennenparameter sind unabhängig davon, ob eine Antenne als Sendeantenne oder als Empfangsantenne benützt wird. Zur Messung der entsprechenden Parameter kann je nach Situation die eine oder andere Betriebsart verwendet werden. Wir verweisen auf die Aufgabe 13.4.3 und auf die Spezialliteratur und wenden uns zum Schluss dieses Kapitels noch einem einfacheren Thema zu.

10.3.4 Aufgaben

10.3.4.1 Ohm'sches Zweitor

Gegeben: Fünf gerade, unterschiedlich lange Drähte mit kreisförmiger Querschnittsfläche $F = 1\,\text{mm}^2$ aus Konstantan ($\sigma = 2 \cdot 10^6\,\frac{\text{A}}{\text{Vm}}$), die zu einem H-förmigen Stück zusammengeschweißt sind. Die freien Enden bilden die Anschlüsse eines Zweitors. Das umgebende Medium sei Luft.

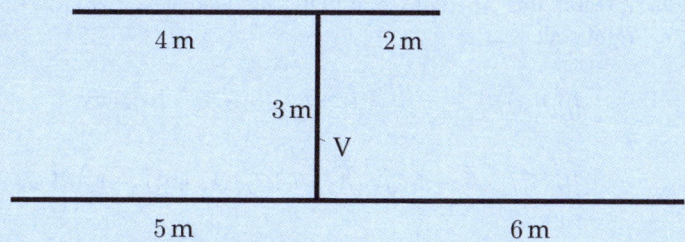

Gesucht: Die charakteristischen Werte R_{11}, R_{12}, R_{21} und R_{22} des Zweitors bei der Betriebsfrequenz $f = 50\,\text{Hz}$. Was lässt sich generell über das Vorzeichen der Elemente R_{12} und R_{21} sagen? Man löse die Aufgabe einerseits mit feldtheoretischen Überlegungen und anderseits auch mit Hilfe der Netzwerktheorie anhand einer aus lauter Zweipolen bestehenden Ersatzschaltung. Man diskutiere dessen Gültigkeit bei höheren Frequenzen.

10.3.4.2 Entartetes Zweitor

Gegeben: Die Anordnung von Übungsaufgabe 10.3.4.1, aber mit fehlendem Verbindungsstück V.

Gesucht: Eine Beschreibung der Charakteristik dieses Zweitors. Man diskutiere das feldtheoretische Modell und die aus Zweipolen bestehende Ersatzschaltung.

10.4 Die statische Berechnung der Gegeninduktivität

Die Gegeninduktivität wurde bereits in Unterabschnitt 4.3.2 eingeführt, dort allerdings im speziellen Fall zweier Leiterschleifen aus dünnen Drähten. Sollen Gegeninduktivitäten bei „dicken" Stromverteilungen berechnet werden, muss im statischen Fall wie bei der Induktivität L (vgl. Unterabschnitt 9.3.2) auf die Energie des Feldes zurückgegriffen werden. Es seien also zwei geschlossene, im Übrigen beliebige Stromverteilungen $\vec{J}_1$ (mit Gesamtstrom I_1) und $\vec{J}_2$ (mit Gesamtstrom I_2) gegeben, die als Ursache von zwei Feldern, $\vec{H}_1$ und $\vec{H}_2$, angesehen werden können. Bei linearem Material können die zugehörigen $\vec{B}_k$-Felder mit der Materialgleichung $\vec{B}_k = \mu \vec{H}_k$ separat berechnet werden. Wir berechnen den Energieinhalt W des gesamten Feldes gemäß (8.57) zu

$$W = \frac{1}{2} \iiint\limits_{V_\infty} \vec{H} \cdot \vec{B} \, dV = \frac{1}{2} \iiint\limits_{V_\infty} (I_1 \vec{H}_1 + I_2 \vec{H}_2) \cdot (I_1 \vec{B}_1 + I_2 \vec{B}_2) \, dV$$

$$= \frac{1}{2} \iiint\limits_{V_\infty} \left(I_1^2 \vec{H}_1 \cdot \vec{B}_1 + I_1 I_2 \vec{H}_1 \cdot \vec{B}_2 + I_2 I_1 \vec{H}_2 \cdot \vec{B}_1 + I_2^2 \vec{H}_2 \cdot \vec{B}_2 \right) dV$$

$$= W_{11} + W_{12} + W_{21} + W_{22}. \tag{10.35}$$

Dabei ist die Teilenergie W_{kl} proportional zum Produkt $I_k I_l$. Verwenden wir anstelle der Gleichung (8.57), welche ein Integral über den ganzen Raum V_∞ enthält, die Formel (8.61) mit dem Integral nur über das endliche Quellgebiet G_Q zur Berechnung der Gesamtenergie, ergibt sich

$$W = \frac{1}{2} \iiint\limits_{G_Q} \vec{J} \cdot \vec{A} \, dV = \frac{1}{2} \iiint\limits_{G_Q} (I_1 \vec{J}_1 + I_2 \vec{J}_2) \cdot (I_1 \vec{A}_1 + I_2 \vec{A}_2) \, dV$$

$$= \frac{1}{2} \iiint\limits_{G_Q} \left(I_1^2 \vec{J}_1 \cdot \vec{A}_1 + I_1 I_2 \vec{J}_1 \cdot \vec{A}_2 + I_2 I_1 \vec{J}_2 \cdot \vec{A}_1 + I_2^2 \vec{J}_2 \cdot \vec{A}_2 \right) dV$$

$$= W_{11} + W_{12} + W_{21} + W_{22}, \tag{10.36}$$

wobei wiederum W_{kl} proportional ist zum Produkt $I_k I_l$. Vergleichen wir diese Formeln mit den bekannten Beziehungen der Netzwerktheorie

$$W = \frac{1}{2} (L_1 I_1^2 + M_{12} I_1 I_2 + M_{21} I_2 I_1 + L_2 I_2^2), \tag{10.37}$$

ergeben sich für die Gegeninduktivitäten M_{kl} die Integrale

$$M_{kl} = \iiint\limits_{V_\infty} \vec{H}_k \cdot \vec{B}_l \, dV = \iiint\limits_{G_Q} \vec{J}_k \cdot \vec{A}_l \, dV \tag{10.38}$$

und für die Induktivitäten L_k die bereits in Unterabschnitt 9.3.2 erhaltenen Ausdrücke

$$(9.28), (9.29) \qquad L_k = \iiint\limits_{V_\infty} \vec{H}_k \cdot \vec{B}_k \, dV = \iiint\limits_{G_Q} \vec{J}_k \cdot \vec{A}_k \, dV. \tag{10.39}$$

Man erkennt anhand des ersten Integrals in (10.38), dass die Gegeninduktivitäten im Falle linearen Materials gleich sind:

$$M_{12} = M_{21}. \tag{10.40}$$

Dieses Resultat wurde bereits in Unterabschnitt 4.3.2 angekündigt.

Schneiden wir die Stromverteilungen $\vec{J}_1$ und $\vec{J}_2$ auf und setzen Stromquellen ein, ist die Anordnung völlig analog zur allgemeinen Zweitorsituation in Abbildung 10.1. Somit belegt die Gleichung (10.40), ähnlich wie die beiden Beziehungen (10.17) und (10.28), die Reziprozität des Zweitors.

Der Vollständigkeit halber sei zum Schluss darauf hingewiesen, dass die Gegeninduktivitäten in der Darstellung mit dem Vektorpotential $\vec{A}$ natürlich nicht von der Eichung von $\vec{A}$ abhängen. Die Beweisführung für diese Tatsache ist am Schluss des Unterabschnitts 8.5.2 gegeben.

10.5 Die Teilkapazitäten

Wir haben in Unterabschnitt 1.5.5 ein statisches Mehrleitersystem mit $N + 1$ gegenseitig isolierten, von 0 bis N nummerierten Elektroden betrachtet und dabei die Gleichung (1.38) gefunden: Die Elektrodenladungen Q_i $(i = 1 \ldots N)$ stehen mit den auf die nullte Elektrode bezogenen Elektrodenspannungen U_i in einem N-dimensional linearen Verhältnis, und die Ladung Q_0 ergibt sich mit der Ladungserhaltung als negative Summe aller übrigen Ladungen. Die Matrix der Kapazitätskoeffizienten c_{ij} beschreibt den erwähnten linearen Zusammenhang, und wir hatten deren Reziprozität $[c_{ij} = c_{ji}]$ in Gleichung (1.40) nachgewiesen. Weiter fanden wir allgemein, dass c_{ij} für $i \neq j$ negativ ist.

In der Netzwerktheorie können die entsprechenden Zusammenhänge ebenfalls dargestellt werden, indem einfach jede Elektrode einen Knoten darstellt und dann der i-te Knoten mit dem j-ten Knoten mit einer so genannten *Teilkapazität* C_{ij} verbunden wird. Es sind total $N(N + 1)$ Kapazitäten nötig, denn C_{ij} ist natürlich gleich C_{ji}. Die einzige Schwierigkeit besteht darin, dass in der Netzwerktheorie die „Ladung eines Knotens" nicht existiert. Ladungen sitzen allenfalls auf den „Platten" einer Kapazität. Somit rutscht die gesamte Elektrodenladung Q_i auf alle mit dem i-ten Knoten direkt verbundenen „Platten". Wir verweisen auf Abbildung 10.3 und wollen die entsprechenden netzwerktheoretischen Formeln angeben. Danach werden wir durch Vergleich mit der Gleichung (1.38) eine Beziehung zwischen den Teilkapazitäten C_{ij} und den Kapazitätskoeffizienten c_{ij} finden.

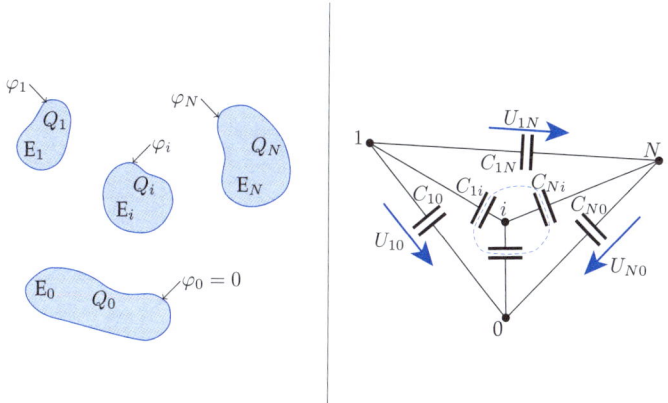

Abbildung 10.3: Die Ladungen Q_i $(i = 1 \ldots N)$ auf den N Elektroden stehen in einem linearen Zusammenhang mit den N zugehörigen Elektrodenspannungen $U_i := \varphi_i - \varphi_0$. Die zugehörige Ersatzschaltung rechts ordnet jeder Elektrode einen Knoten zu und verbindet den i-ten mit dem j-ten Knoten mit der Teilkapazität C_{ij}. Die gesamte Ladung der i-ten Elektrode wird auf die direkt mit ihr verbundenen Platten der Teilkapazitäten verschoben. Die fein gestrichelte Linie zeigt den Bereich der i-ten Elektrode im Ersatzschaltbild.

Die Spannung über der Teilkapazität C_{ij} beträgt

$$U_{ij} = U_i - U_j. \tag{10.41}$$

Daraus ergibt sich die Teilladung

$$Q_{ij} = C_{ij}(U_i - U_j), \tag{10.42}$$

und die gesamte Ladung der i-ten Elektrode setzt sich aus N Termen zusammen:

$$Q_i = \sum_{\substack{j=0 \\ j \neq i}}^{N} C_{ij}(U_i - U_j) = \left(\sum_{\substack{j=0 \\ j \neq i}}^{N} C_{ij} \right) U_i - \sum_{\substack{j=1 \\ j \neq i}}^{N} C_{ij} \cdot U_j. \tag{10.43}$$

Vergleichen wir diese Formel mit der i-ten Zeile von (1.38), finden wir die folgenden Beziehungen zwischen den Kapazitätskoeffizienten c_{ij} und den Teilkapazitäten C_{ij}:

$$c_{ij} = -C_{ij} \qquad \text{falls } i \neq j$$

$$c_{ii} = \sum_{\substack{j=0 \\ j \neq i}}^{N} C_{ij} = C_{i0} + C_{i1} + \ldots + C_{i\,i-1} + C_{i\,i+1} + \ldots + C_{iN}. \tag{10.44}$$

Aufgelöst nach den Teilkapazitäten ergibt sich

$$C_{ij} = -c_{ij} \qquad \text{falls } i \neq j;\ i, j \neq 0$$

$$C_{i0} = \sum_{j=1}^{N} c_{ij}. \tag{10.45}$$

Man beachte den Unterschied zwischen den Teilkapazitäten C_{ij} und den Kapazitätskoeffizienten c_{ij}. Bei den Außerdiagonalelementen ist es nur ein Vorzeichen, während die Diagonalelemente c_{ii} gleich sind der *Summe aller* mit der i-ten Elektrode verbundenen Teilkapazitäten.

Man erkennt, dass die Netzwerktheorie der Reziprozität im Voraus Rechnung trägt, denn es gibt nur eine Teilkapazität zwischen der i-ten und der j-ten Elektrode. Schließlich wird in der Netzwerktheorie die Ladungsneutralität automatisch erfüllt, denn die totale Ladung jeder Teilkapazität verschwindet.

Die Führung
elektromagnetischer Wellen

11

ÜBERBLICK

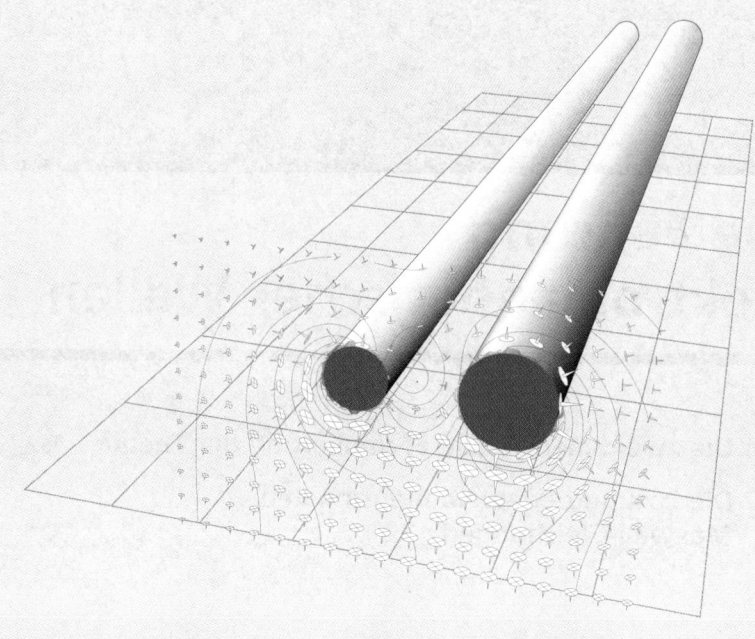

Wird unsere Zweidrahtleitung statt im leeren Raum über einer ideal leitenden Ebene (Erde) betrieben, kann sich das Feldbild im Vergleich mit der Situation im freien Raum erheblich verändern. Es ist eine Frage der Anregung am Leitungsende, welcher Wellentyp (Mode) sich tatsächlich ausbildet. Dargestellt ist der Momentanwert des elektrischen Feldes in einer Querschnittsebene. Die Linien sind linear skalierte Äquifeldstärkelinien (Äquidistanz: 10% des Maximalwertes). Man beachte, dass die beiden Leiter bei diesem Mode praktisch eine Einheit bilden und zusammen mit der Erde als Rückleiter eine Leitung darstellen. Wie schon im Bild zu Beginn des siebten Kapitels ist auch hier die Längsausbreitung der Felder wellenförmig: Sie wird beschrieben durch den Faktor $e^{-\gamma z}$ mit der Fortpflanzungskonstante γ. Weil das Feld zu einem (kleinen) Teil in die runden Leiter eindringt, weicht γ von der Wellenzahl $-jk$ des freien Raumes ab. Hier gilt $\gamma = 0.020028 + 2.114189j \, \frac{1}{\text{m}}$, im Einstiegsbild des siebten Kapitels galt $\gamma = 0.04956 + 2.1$ $43599j \, \frac{1}{\text{m}}$ und im freien Raum bzw. wenn die Drähte ideal leiteten, wäre $\gamma = jk_0 = 2.09582j \, \frac{1}{\text{m}}$.

Die elektromagnetischen Felder haben bekanntlich die Fähigkeit, Energie zu transportieren. In diesem Kapitel soll untersucht werden, wie diese Energie längs gewünschten Bahnen geführt werden kann.

Dazu gibt es mehrere Möglichkeiten: Beim *Hohlleiter* wird die Welle durch ein Rohr aus gut leitendem Material geschickt. Da die tangentiale Komponente von $\vec{E}$ an der Innenwand des Rohres verschwindet, hat dort der Poynting-Vektor $\vec{S} = \vec{E} \times \vec{H}$ keine Komponente senkrecht zur Wand. Daher kann die Energie das Rohr nicht verlassen und nur längs des Hohlleiters fließen. Es bleibt abzuklären, unter welchen Voraussetzungen sie dies auch tatsächlich tut.

Etwas Ähnliches passiert bei der *optischen Fiber*, wo das Licht an der inneren Fiberoberfläche total reflektiert wird. Auch hier muss untersucht werden, unter welchen feldtheoretischen Bedingungen eine Totalreflexion möglich ist und ob tatsächlich Energie längs der Fiber fließen kann.

Auf den ersten Blick ist aus feldtheoretischer Sicht die Tatsache erstaunlich, dass elektromagnetische Wellen auch längs metallischen Drähten geführt werden können. Dies ist deshalb so überraschend, weil keine äußere Begrenzung die Energie daran hindert, auch quer zur Leitung abgestrahlt zu werden. Wir müssen es vorderhand als eine praktisch abgestützte Tatsache hinnehmen, dass bei der drahtgebundenen Energieübertragung die elektromagnetische Welle nur nahe der „führenden" Leitung relevante Feldstärken aufweist.

Um die Situation geführter Wellen mathematisch in den Griff zu bekommen, macht man sich ein *zylindrisches Modell*, d.h. man betrachtet unendlich lange, gerade Strukturen, die in einer einzigen Querschnittsebene geometrisch und materialmäßig vollständig beschrieben werden können (vgl. Abbildung 11.1). Die Felder auf solchen Strukturen sind zwar dreidimensional, doch zeigt es sich, dass eine Betrachtung in der Querschnittsebene allein unter geeigneten Voraussetzungen genügt. Wir werden die Maxwell-Gleichungen im nun folgenden ersten Abschnitt situationsgerecht formulieren und dann im nächsten Abschnitt finden, dass tatsächlich Lösungen existieren, welche nur längs der Zylinderachse z Energie transportieren.

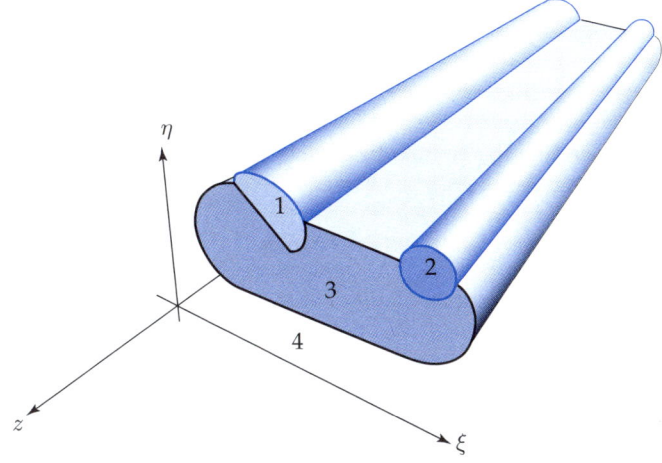

Abbildung 11.1: Die Geometrie eines zylindrischen Systems kann durch eine Zeichnung in der Transversalebene ξ-η eindeutig charakterisiert werden. Die mit den Zahlen 1 bis 4 bezeichneten Gebiete haben unterschiedliche Materialeigenschaften. Die Lösungen der Maxwell-Gleichungen haben im dargestellten zylindrischen Fall spezielle Eigenschaften. Insbesondere gibt es streng längs der Zylinderachse z geführte Wellen.

11.1 Die zweidimensionale Formulierung der Theorie

Um die Ausbreitungsvorgänge auf zylindrischen Strukturen beschreiben zu können, müssen wir zuerst die Maxwell-Gleichungen geeignet formulieren. Dabei benützen wir ein zylindrisches Koordinatensystem mit der kartesischen Koordinate z in Ausbreitungsrichtung und noch nicht festgelegten Koordinaten ξ und η[1] in der Querschnittsebene. Wir beschränken uns auf harmonische Zeitabhängigkeit und können zugeordnete komplexe Größen einführen. Weiter seien alle Materialeigenschaften linear und mit den drei nur von ξ und η abhängigen skalaren Größen ε, μ und σ beschreibbar. Der Einfachheit halber nehmen wir an, dass die Materialparameter in der Querschnittsebene bereichsweise konstant sind. Dies bedeutet für die Praxis keine wesentliche Einschränkung, weil ja beliebig kleine Bereiche eingeführt werden können.

Schließlich sehen wir von eingeprägten Feldquellen $\vec{J}_0$, ϱ_0 ab, denn wir wollen nur die Ausbreitung, nicht aber die Erzeugung von elektromagnetischen Wellen auf der zylindrischen Struktur beschreiben. Man stelle sich etwa vor, dass bei $z = -\infty$ ein Generator mit fester Kreisfrequenz ω Felder „produziert", welche sich in $+z$-Richtung ausbreiten.

11.1.1 Die Separation der *z*-Abhängigkeit

Gemäß unseren Voraussetzungen gelten in jedem Teilbereich mit konstanten Materialparametern die homogenen Maxwell-Gleichungen (7.12) und auf den Trennflächen zwischen den Teilbereichen die Grenzbedingungen (7.8) bzw. (7.10). Wir haben in Unterabschnitt 7.1.3 gefunden, dass dann im Innern der Teilgebiete die kartesischen Komponenten von $\underline{\vec{E}}$ und von $\underline{\vec{H}}$ je einer Helmholtz-Gleichung

$$(7.15) \qquad (\Delta + k^2)\underline{f}(x,y,z) = \underline{0} \qquad \text{mit } k^2 = \omega^2\mu\varepsilon - j\omega\mu\sigma \qquad (11.1)$$

genügen, wobei $\underline{f}(x,y,z)$ irgendeine kartesische Feldkomponente bedeutet. Die Lösung von (11.1) haben wir mit Hilfe eines Produktansatzes

$$(6.45) \qquad \underline{f}(x,y,z) = \underline{C} \cdot X(x) \cdot Y(y) \cdot Z(z) \qquad (11.2)$$

mit den nur von je einer Variablen abhängigen Funktionen X, Y, Z und der Konstante $\underline{C}$ gefunden. Sie lautete

$$(7.18) \qquad \underline{f}(x,y,z) = \underline{C} \cdot e^{-jk_x x} \cdot e^{-jk_y y} \cdot e^{-jk_z z} \qquad \text{mit } k_x^2 + k_y^2 + k_z^2 = k^2. \qquad (11.3)$$

Führen wir die Separation der Helmholtz-Gleichung nur für die z-Abhängigkeit durch, finden wir den skalaren Ansatz

$$\underline{f}(\xi,\eta,z) = \underline{\tilde{f}}(\xi,\eta) \cdot e^{-\gamma z}, \qquad (11.4)$$

mit der zu γ umbenannten Komponente jk_z aus (11.3).

---

1 Wir werden die kartesischen Koordinaten x, y oder die Polarkoordinaten ρ, ϕ benützen.

Die im Allgemeinen komplexe Größe

$$\gamma = \alpha + j\beta \tag{11.5}$$

heißt *Fortpflanzungskonstante*, während die reellen (für passive Materialien normalerweise nicht negativen) Größen α und β *Dämpfungskonstante* bzw. *Phasenkonstante* genannt werden.

Machen wir für jede kartesische Feldkomponente einen Ansatz der Form (11.4) und setzen dies in die Maxwell-Gleichungen ein, finden wir, dass alle Feldkomponenten die gleiche Fortpflanzungskonstante haben müssen, weil sonst die Maxwell-Gleichungen bzw. die Grenzbedinungen nicht für alle Werte von z gelten.[2]

Ist die Fortpflanzungskonstante gegeben, ist die z-Abhängigkeit für alle Felder bekannt, und es genügt dann, die Felder in einer einzigen Transversalebene, z.B. der Ebene $z = 0$, zu berechnen. Ähnlich wie beim Übergang von der allgemeinen Zeitabhängigkeit zum stationären Zustand, wo wir den Faktor $e^{j\omega t}$ unterdrücken und alle Ableitungen nach der Zeit durch eine Multiplikation mit $j\omega$ ersetzen konnten, können wir hier noch einen Schritt weiter gehen und auch die z-Abhängigkeit aller Feldgrößen in der Notation unterdrücken und überdies Ableitungen nach z durch den Faktor $-\gamma$ ersetzen. Wir benützen somit modifizierte zugeordnete komplexe Größen, die wir aber in der Notation nicht von den bisherigen unterscheiden. Wir wollen uns für dieses Kapitel darauf einigen, dass alle unterstrichenen Größen einen unsichtbaren Faktor $e^{j\omega t - \gamma z}$ mitführen. Statt (7.2) gilt also etwa

$$\vec{E}(\xi, \eta, z, t) = \Re\left(\underline{\vec{E}}(\xi, \eta)e^{j\omega t - \gamma z}\right), \tag{11.6}$$

wobei wir in der Regel die Argumente (ξ, η) weglassen werden. Gesucht sind nun die komplexen Feldgrößen $\underline{\vec{E}}(\xi, \eta)$ und $\underline{\vec{H}}(\xi, \eta)$ in einer Transversalebene sowie – falls sie nicht vorgegeben wird – die Fortpflanzungskonstante γ.

11.1.2 Die Zerlegung der Feldgrößen und der Differentialoperatoren

Die in drei Dimensionen definierten Operatoren grad, rot und div enthalten partielle Ableitungen nach z, welche in unserem Fall besonders einfach auszuführen wären. Da die entsprechenden Ableitungen aber nicht explizite erscheinen, scheint es zweckmäßig, einen echt zweidimensionalen Formalismus zu entwickeln, der die Vorteile unseres Ansatzes voll ausnützt.

Wir spalten alle Vektoren $\vec{v}$ (vgl. Abbildung 11.2) in einen longitudinalen Anteil und einen transversalen Anteil auf gemäß

$$\vec{v} = \vec{v}_{\mathrm{T}} + v_z \vec{e}_z. \tag{11.7}$$

---

2 Vgl. dazu auch die Ausführungen in Unterabschnitt 6.4.4.

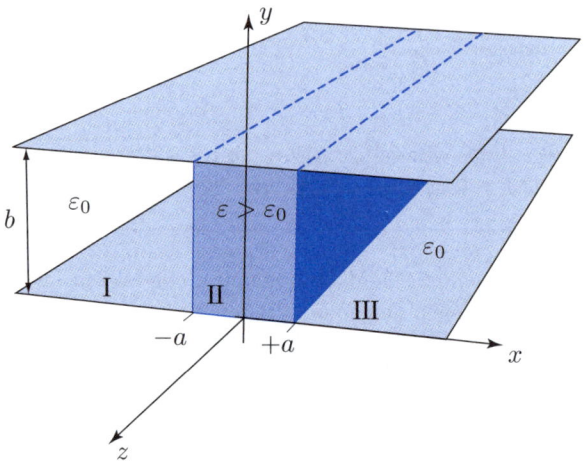

Abbildung 11.2: Der allgemeine dreidimensionale Vektor $\vec{v}$ wird zerlegt in den transversalen Anteil $\vec{v}_{\mathrm{T}}$ und den longitudinalen Anteil $v_z \cdot \vec{e}_z$ (fett gestrichelt). Sowohl die skalare Größe v_z als auch der zweidimensionale Vektor $\vec{v}_{\mathrm{T}}$ sind im Allgemeinen Funktionen des Ortes, hier allerdings nur der transversalen Koordinaten ξ und η. Die z-Abhängigkeit wurde mit der Gleichung (11.4) separiert.

Der transversale Anteil $\vec{v}_{\mathrm{T}}$[3] ist ein zweidimensionaler Vektor parallel zur Transversalebene $z = 0$, und die z-Komponente von $\vec{v}$ wird bei dieser Betrachtung als skalare Größe aufgefasst. Speziell schreiben wir den Ortsvektor $\vec{r}$ als

$$\vec{r} = \vec{r}_{\mathrm{T}} + z\vec{e}_z, \tag{11.8}$$

wobei $\vec{r}_{\mathrm{T}}$ die Koordinaten ξ und η enthält.

Es wird sich im Folgenden herausstellen, dass diese scheinbare Verkomplizierung (aus der *einen* Größe $\vec{v}$ wurden neu *zwei* Größen, $\vec{v}_{\mathrm{T}}$ und v_z) tatsächlich eine wesentliche Vereinfachung darstellt.

Entsprechend der Zerlegung der dreidimensionalen Vektoren können die Differentialoperatoren div und grad ebenfalls zerlegt werden. Hier wird der Vorteil der Zerlegung offensichtlich, wenn wir annehmen, dass es sich um „unterstrichene Größen", d.h. um Funktionen mit der implizit vorgegebenen z-Abhängigkeit aus (11.6) bzw. (11.4) handelt:

$$\operatorname{div}\underline{\vec{v}} = \operatorname{div}_{\mathrm{T}}\underline{\vec{v}}_{\mathrm{T}} - \gamma\underline{v}_z, \qquad \operatorname{grad}\underline{f} = \operatorname{grad}_{\mathrm{T}}\underline{f} - \gamma\underline{f}\vec{e}_z. \tag{11.9}$$

Versucht man etwas Ähnliches mit dem Operator rot, zeigt es sich, dass dieser Operator in der zweidimensionalen Theorie keine Entsprechung besitzt. Es ist vielmehr möglich, den dreidimensionalen Operator rot mit Hilfe von $\operatorname{div}_{\mathrm{T}}$ und $\operatorname{grad}_{\mathrm{T}}$ zu schreiben. Dabei ist es zweckmäßig, die Drehung eines transversalen Vektors $\vec{v}_{\mathrm{T}}$ um 90°, die einer dreidimensionalen Kreuzmultiplikation von $\vec{v}_{\mathrm{T}}$ mit $\vec{e}_z$ entspricht, kurz mit einem hochgestellten o (für „orthogonal") zu bezeichnen:

$$\vec{v}_{\mathrm{T}}^{\,o} = \vec{e}_z \times \vec{v}_{\mathrm{T}}. \tag{11.10}$$

---

3 Lies „vau-transversal"!

$\vec{v}_{\mathbf{T}}^{o4}$ ist also der um $90°$ gedrehte Vektor $\vec{v}_{\mathbf{T}}$. Aus der anschaulichen Bedeutung der Drehoperation ^{o} sowie der inversen Drehung $^{-o}$ folgen sofort

$$\vec{v}_{\mathbf{T}}^{oo} = -\vec{v}_{\mathbf{T}}, \qquad (\vec{v}_{\mathbf{T}}^{o})^{-o} = \vec{v}_{\mathbf{T}}, \qquad \vec{v}_{\mathbf{T}}^{-o} = -\vec{v}_{\mathbf{T}}^{o}. \tag{11.11}$$

Mit diesen Definitionen kann der dreidimensionale Operator rot folgendermaßen zerlegt werden, wobei wieder die implizite z-Abhängigkeit aus (11.6) vorausgesetzt wird:

$$\operatorname{rot} \underline{\vec{v}} = \underbrace{-\operatorname{grad}_{\mathbf{T}}^{o} \underline{v}_z - \gamma \underline{\vec{v}}_{\mathbf{T}}^{o}}_{\text{transversaler Anteil}} \underbrace{-(\operatorname{div}_{\mathbf{T}} \underline{\vec{v}}_{\mathbf{T}}^{o}) \cdot \vec{e}_z}_{\text{Längsanteil}} . \tag{11.12}$$

Man sieht hier sehr schön, dass die Rotation viel mit Drehung zu tun hat: Sämtliche Terme enthalten ein ^{o}.

Neben den einfachen Operatoren grad, rot und div gibt es im dreidimensionalen Formalismus noch den zweifachen Differentialoperator Δ (Laplace-Operator, vgl. Unterabschnitt 6.4.1). Wird er auf einen Skalar f angewendet, gilt $\Delta f = \operatorname{div} \operatorname{grad} f$. Die Zerlegung in zweidimensionale Anteile lautet unter Benützung von (11.9) und unter Annahme der speziellen, impliziten z-Abhängigkeit (11.4):

$$\Delta \underline{f} = \operatorname{div}_{\mathbf{T}} \operatorname{grad}_{\mathbf{T}} \underline{f} + \gamma^2 \underline{f} = (\Delta_{\mathbf{T}} + \gamma^2) \underline{f}. \tag{11.13}$$

Damit ist der zweidimensionale Laplace-Operator $\Delta_{\mathbf{T}} := \operatorname{div}_{\mathbf{T}} \operatorname{grad}_{\mathbf{T}}$ definiert.

11.1.3 Die zweidimensionalen Integralsätze

Ohne auf Details einzugehen sei erwähnt, dass sich die in Unterabschnitt 5.2.3 erwähnten und dann in Unterabschnitt 6.1.2 angewandten Tatsachen auch auf die zweidimensionale Welt übertragen lassen. Zwei der drei dort dreidimensional formulierten Integralsätze können wir hier ohne weiteres auf die zweidimensionalen Vektoren anwenden:

$$(5.31) \qquad \int_{L} \operatorname{grad}_{\mathbf{T}} s \cdot \vec{dl} = s \Big|_{\vec{r}_a}^{\vec{r}_e}, \tag{11.14-1}$$

$$(5.37\text{-}3) \qquad \iint_{F} \operatorname{div}_{\mathbf{T}} \vec{v}_{\mathbf{T}} \, dF = \oint_{\partial F} \vec{v}_{\mathbf{T}} \cdot \vec{dl}^{o} = -\oint_{\partial F} \vec{v}_{\mathbf{T}}^{o} \cdot \vec{dl}. \quad \text{(Satz von Gauß, 2D)} \tag{11.14-2}$$

Der letzte Ausdruck in (11.4-2) ergibt sich durch eine geschickte Anwendung von (11.11): Das Skalarprodukt ändert seinen Wert nicht, wenn beide Faktoren einer weiteren Drehung ^{o} unterworfen werden. Da es in einer zweidimensionalen Welt nur null-, ein- und zweidimensionale Integrationsbereiche gibt, ist es also nicht weiter erstaunlich, dass wir im letzten Unterabschnitt nur zwei verschiedene Differentialoperatoren ($\operatorname{div}_{\mathbf{T}}$ und $\operatorname{grad}_{\mathbf{T}}$) gefunden haben. Die Verhältnisse sind in der zweidimensionalen Beschreibungsweise etwas komplizierter, weil das „Oberflächenintegral" ebenso wie das Linienintegral einen linienförmigen Integrationsbereich hat. Der Unterschied ist, dass im Falle des

---

4 Lies „vau-transversal-orthogonal" oder kurz „vau-te-orthogonal"!

„Oberflächenintegrals" die Vektorkomponente senkrecht zur Integrationslinie erfasst wird, während beim gewöhnlichen Linienintegral die Vektorkomponente in Richtung des Weges zum Resultat beiträgt. Die Drehoperation ^{o} vermittelt zwischen den beiden Fällen.

Ähnlich wie in (6.2) bzw. (6.3) kann aus der geometrischen Überlegung „Der Rand eines Randes verschwindet" eine Identität gefunden werden, die immer null ist:

$$\mathrm{div_T}\,\mathrm{grad}_\mathrm{T}^o f \equiv 0, \tag{11.15}$$

wobei die Funktion f skalar ist. Der orthogonale Gradient ist notwendig, weil rechts in (11.14-2) ebenfalls ein ^{o} steht.

Die Integralsätze hatten uns in Unterabschnitt 6.5.1 zur Einführung von Potentialen geführt. Ähnlich kann hier bei Vorliegen einer Gleichung der Form $\mathrm{div_T}\,\vec{v}_\mathrm{T} = 0$ unmittelbar behauptet werden, dass $\vec{v}_\mathrm{T}$ ein skalares Potential s habe:

$$\vec{v}_\mathrm{T}^{\,o} = -\,\mathrm{grad}_\mathrm{T}\,s \quad \text{oder} \quad \vec{v}_\mathrm{T} = \mathrm{grad}_\mathrm{T}^o\,s. \tag{11.16}$$

11.1.4 Die zweidimensionalen Maxwell-Gleichungen

Mit Hilfe der obigen Definitionen können die beiden 3D-vektoriellen Maxwell-Gleichungen (7.12) in zwei 2D-vektorielle und zwei skalare Gleichungen zerlegt werden, wobei alle unterstrichenen Feldgrößen nur von den transversalen Koordinaten ξ, η abhängen. Wir schreiben sofort alle abgeleiteten Feldgrößen links des Gleichheitszeichens und die nicht abgeleiteten Feldgrößen rechts davon und erhalten

die zweidimensionalen Maxwell-Gleichungen:

$$\mathrm{grad}_\mathrm{T}^o\,\underline{E}_z = -\gamma\underline{\vec{E}}_\mathrm{T}^{\,o} + j\omega\mu\underline{\vec{H}}_\mathrm{T}, \tag{11.17-1}$$

$$\mathrm{grad}_\mathrm{T}^o\,\underline{H}_z = -\gamma\underline{\vec{H}}_\mathrm{T}^{\,o} - j\omega\,^c\!\varepsilon\underline{\vec{E}}_\mathrm{T}, \tag{11.17-2}$$

$$\mathrm{div_T}\,\underline{\vec{E}}_\mathrm{T}^{\,o} = j\omega\mu\underline{H}_z, \tag{11.17-3}$$

$$\mathrm{div_T}\,\underline{\vec{H}}_\mathrm{T}^{\,o} = -j\omega\,^c\!\varepsilon\underline{E}_z. \tag{11.17-4}$$

Dabei ist die bereits in (7.7) definierte komplexe Permittivität $^c\!\varepsilon = \varepsilon - j\sigma/\omega$ verwendet worden.

Die in (7.12) und damit auch in (11.17) implizit enthaltenen Divergenzrelationen ($\mathrm{div}\,\vec{H} = 0$, $\mathrm{div}\,\vec{E} = 0$) lauten in zweidimensionaler Schreibweise mit Blick auf die Gleichung (11.9):

$$\mathrm{div_T}\,\underline{\vec{E}}_\mathrm{T} = \gamma\underline{E}_z, \tag{11.18-1}$$

$$\mathrm{div_T}\,\underline{\vec{H}}_\mathrm{T} = \gamma\underline{H}_z. \tag{11.18-2}$$

(11.17) und (11.18) sind die dem Problem zylindrischer Wellen mit harmonischer Zeitabhängigkeit angepassten Maxwell-Gleichungen, wobei (11.18) redundant ist.

11.2 Die Lösung der zweidimensionalen Maxwell-Gleichungen

Durch die Separation von z- und t-Abhängigkeit wurden die Maxwell-Gleichungen teilweise algebraisiert, d.h. die partiellen Ableitungen nach diesen Variablen fallen weg. Diese Tatsache erlaubt es, gewisse Feldgrößen aus den Maxwell-Gleichungen auf algebraischem Weg zu eliminieren und damit das ganze System zu vereinfachen.

Bildet man unter Verwendung von (11.9) die „um $-90°$ gedrehten" Gleichungen (11.17-1,2),

$$\operatorname{grad}_{\mathbf{T}} \underline{E}_z = -\gamma \vec{\underline{E}}_{\mathbf{T}} - j\omega\mu \vec{\underline{H}}_{\mathbf{T}}^{o}, \tag{11.19-1}$$

$$\operatorname{grad}_{\mathbf{T}} \underline{H}_z = -\gamma \vec{\underline{H}}_{\mathbf{T}} + j\omega{}^{c}\!\varepsilon \vec{\underline{E}}_{\mathbf{T}}^{o}, \tag{11.19-2}$$

kann man die gedrehten Vektoren aus (11.17-1,2) und (11.19) eliminieren und die Transversalkomponenten $\vec{\underline{E}}_{\mathbf{T}}$ und $\vec{\underline{H}}_{\mathbf{T}}$ explizite als Funktionen (der Gradienten) von $\underline{E}_z$ und $\underline{H}_z$ angeben:

$$\vec{\underline{E}}_{\mathbf{T}} = \frac{-\gamma}{\kappa^2} \operatorname{grad}_{\mathbf{T}} \underline{E}_z + \frac{j\omega\mu}{\kappa^2} \operatorname{grad}_{\mathbf{T}}^{o} \underline{H}_z, \tag{11.20-1}$$

$$\vec{\underline{H}}_{\mathbf{T}} = \frac{-\gamma}{\kappa^2} \operatorname{grad}_{\mathbf{T}} \underline{H}_z - \frac{j\omega{}^{c}\!\varepsilon}{\kappa^2} \operatorname{grad}_{\mathbf{T}}^{o} \underline{E}_z, \tag{11.20-2}$$

wobei κ *transversale Wellenzahl* heißt. Es gilt

$$\kappa^2 = k^2 + \gamma^2 = \omega^2 \mu\, {}^{c}\!\varepsilon + \gamma^2 = \omega^2 \mu\varepsilon - j\omega\mu\sigma + \gamma^2. \tag{11.21}$$

Kennt man nur die Longitudinalkomponenten $\underline{E}_z$ und $\underline{H}_z$, dann ist offenbar mit (11.20) das gesamte Feld bestimmt. Bevor wir uns dem Problem der Bestimmung der longitudinalen Felder zuwenden, wollen wir den praktisch bedeutsamen Spezialfall betrachten, wo die z-Komponenten der Feldstärken verschwinden.

11.2.1 Die Eigenschaften der TEM-Wellen

Einen wichtigen Spezialfall bilden die so genannten Transversal ElektroMagnetischen Wellen (TEM-Wellen), bei denen sowohl $\underline{E}_z$ als auch $\underline{H}_z$ verschwinden. Unter der Annahme, dass es solche Lösungen überhaupt gibt – wir werden noch in diesem Unterabschnitt zeigen, dass sie existieren –, können wir ohne lange Rechnung interessante Eigenschaften von TEM-Wellen ableiten.

Eine erste Eigenschaft von TEM-Wellen liefert die Betrachtung von (11.19) und (11.20). Wir multiplizieren (11.20) mit κ^2 und finden, dass die rechten Seiten verschwinden. Somit müssen auch die linken Seiten verschwinden, was außer der trivialen Lösung ($\vec{\underline{E}}_{\mathbf{T}} = \vec{0}$, $\vec{\underline{H}}_{\mathbf{T}} = \vec{0}$) nur mit $\kappa = 0$ erreicht wird. Dasselbe Ergebnis liefert auch (11.19), wenn dort die linken Seiten null gesetzt werden. Es folgt nämlich durch gegenseitiges Einsetzen die Beziehung $\gamma^2 = -k^2$. Somit ist die

Fortpflanzungskonstante von TEM-Wellen:

$$\gamma = \pm jk = \pm j\omega\sqrt{\mu\,\underline{\varepsilon}}. \tag{11.22}$$

Eine TEM-Welle breitet sich längs der z-Achse gleich aus wie eine nicht geführte elektromagnetische Welle im freien Raum. Die beiden Vorzeichen in (11.22) entsprechen der Fortpflanzung in entgegengesetzte Richtungen.

Aus der Sicht des Praktikers ist es selbstverständlich, dass auf einer zylindrischen Struktur Wellen in beiden Richtungen laufen können, wenn sie überhaupt ausbreitungsfähig sind. Wir werden nur das negative Vorzeichen in (11.22) weiterverwenden und legen uns damit auf eine Ausbreitung in $+z$-Richtung[5] fest.

Gibt es in der zylindrischen Struktur mehr als ein Dielektrikum, kann keine TEM-Welle existieren, weil die Wellenzahl k von den Materialparametern abhängt und anderseits die Fortpflanzungskonstante γ in der ganzen Transversalebene den gleichen Wert haben muss. TEM-Wellen können somit nur dann existieren, wenn die zylindrische Struktur aus einem einzigen Material und allenfalls feldfreien Bereichen, d.h. idealen Leitern, aufgebaut ist. Der Fall ohne ideale Leiter ist dem freien Raum äquivalent und daher hier nicht von Interesse.

Eine weitere wichtige Eigenschaft von TEM-Wellen folgt aus (11.19), zusammen mit (11.22)

$$\vec{E}_{\mathrm{T}} = -\sqrt{\frac{\mu}{\underline{\varepsilon}}}\,\vec{H}_{\mathrm{T}}^{o} \quad\Longleftrightarrow\quad \vec{E}_{\mathrm{T}}^{o} = \sqrt{\frac{\mu}{\underline{\varepsilon}}}\,\vec{H}_{\mathrm{T}}. \tag{11.23}$$

Bei TEM-Wellen stehen die elektrische und die magnetische Feldstärke in jedem Punkt senkrecht aufeinander und ihre Amplituden sind zueinander proportional. Der Proportionalitätsfaktor

$$Z_{\mathrm{w}} := \sqrt{\frac{\mu}{\underline{\varepsilon}}} \tag{11.24}$$

ist die so genannte *Wellenimpedanz* des Mediums; sie ist uns bereits in Unterabschnitt 6.4.4 begegnet.

Diese „Impedanz" – wenn μ und $\underline{\varepsilon}$ reell sind, sagt man auch „Wellenwiderstand" – hat nichts mit dem Impedanzbegriff in der Netzwerktheorie zu tun, außer dass beide Größen die Dimension $[\Omega]$ haben.

Wegen (11.23) genügt es offenbar, wenn nur entweder $\vec{E}_{\mathrm{T}}$ oder $\vec{H}_{\mathrm{T}}$ bekannt ist, denn die andere Größe kann ohne nennenswerten Rechenaufwand sofort mit dieser Gleichung bestimmt werden. Diese Tatsache bedeutet eine wesentliche Vereinfachung der Feldberechnung. Es bleibt nur noch die Frage, wie *eine* der beiden Größen berechnet werden

---

5 Das Vorzeichen der komplexen Wurzel in (11.22) ist an sich nicht eindeutig bestimmt. Wir halten uns an die Konvention, wonach das Vorzeichen wenn immer möglich durch den Realteil gegeben ist. Weil $\underline{\varepsilon}$ gemäß Abbildung 7.1 gewöhnlich im vierten Quadranten der komplexen Ebene liegt, liegt dann die Fortpflanzungskonstante γ im ersten Quadranten.

soll. Dazu stehen uns die folgenden vier Differentialgleichungen zur Verfügung (links steht die Nummer der vollständigen Gleichung, wo die Längskomponenten noch aufgeführt sind):

(11.17-3) $$\operatorname{div}_T \vec{\underline{E}}_T^o = \underline{0},$$ (11.25-1)

(11.17-4) $$\operatorname{div}_T \vec{\underline{H}}_T^o = \underline{0},$$ (11.25-2)

(11.18-1) $$\operatorname{div}_T \vec{\underline{E}}_T = \underline{0},$$ (11.25-3)

(11.18-2) $$\operatorname{div}_T \vec{\underline{H}}_T = \underline{0}.$$ (11.25-4)

Dies bedeutet mit Blick auf (11.15), dass sowohl $\vec{\underline{E}}_T$ als auch $\vec{\underline{H}}_T$ Gradienten je eines Skalarpotentials sind. Aus den bereits genannten Gründen muss nur eines dieser Potentiale in der Transversalebene bestimmt werden.

Das zugehörige mathematische Problem zur Bestimmung des Potentials beinhaltet zwei Gruppen von Bestimmungsgleichungen: erstens die Randbedingungen für das Potential und zweitens die Differentialgleichung für das Potential im Innern des Feldgebietes. Beachten wir die Tatsache, dass TEM-Wellen höchstens dann existieren können, wenn nur ein Material sowie ideale Leiter vorhanden sind, finden wir, dass die Randbedingung für das $\vec{\underline{E}}_T$-Feld – dessen Tangentialkomponente auf Leiteroberflächen verschwindet – sich sehr einfach in Potentialtermen ausdrücken lässt: Das elektrische Potential muss auf jedem Leiter konstant sein. Nur wenig komplizierter kann die Randbedingung für das $\vec{\underline{H}}_T$-Feld – dessen Normalkomponente auf Leiteroberflächen verschwindet – mit dem Potential ausgedrückt werden: Die Ableitung des magnetischen Potentials in Richtung der Flächennormale muss auf jeder Leiteroberfläche verschwinden.

Um z.B. zu einer Differentialgleichung für das elektrische Potential im Feldgebiet zu gelangen, setzen wir den Ansatz

$$\vec{\underline{E}}_T = -\operatorname{grad}_T \underline{\varphi}$$ (11.26)

mit dem elektrischen Skalarpotential $\underline{\varphi}$ in ein und erhalten mit der Definition von Δ_T in (11.13) die

---

zweidimensionale Laplace-Gleichung

$$\operatorname{div}_T \operatorname{grad}_T \underline{\varphi} = \Delta_T \underline{\varphi} = \underline{0}.$$ (11.27)

Zusammen mit den Randbedingungen ist das elektrische Potential $\underline{\varphi}$ Lösung eines Dirichlet-Problems. Die Aufgabenstellung unterscheidet sich nicht von jener in der Elektrostatik, und somit hat das Problem eine Lösung. Der Nachweis für die Existenz von TEM-Wellen ist damit auf eine konstruktive Art erbracht. Es ist bemerkenswert, dass bei TEM-Wellen *unabhängig von der Frequenz* nur eine einzige (zweidimensionale) Laplace-Gleichung gelöst werden muss. Die Feldstruktur von TEM-Wellen ist in der Transversalebene unabhängig von der Frequenz.

11.2.2 Die Quasi-TEM-Näherung

Für die Praxis wichtig ist die so genannte *Quasi-TEM-Näherung*. Auf zylindrischen Strukturen, wo keine TEM-Wellen existieren können (z.B. wegen einer Isolation der

Drähte), gibt es oft Lösungen der Maxwell-Gleichungen, welche einer TEM-Welle auf einer analogen, idealisierten Struktur (mit idealen Leitern in einem einzigen Dielektrikum) stark gleichen.[6] Daher können solche Lösungen mit guter Näherung erhalten werden, indem das elektrostatische und das magnetostatische Feld in der Transversalebene separat gerechnet werden.

Man beachte den Unterschied zwischen der statischen Lösung und der TEM-Lösung: Die statische Lösung hat weder eine z- noch eine t-Abhängigkeit, während die TEM-Lösung den Faktor $e^{j\omega t - \gamma z}$ implizite enthält. Hingegen haben beide Lösungen die gleiche Struktur in der Transversalebene.

Anders als in der Statik, wo immer die Laplace-Gleichung gilt, können im dynamischen Fall auf der gleichen Struktur neben den TEM-Wellen unter Umständen noch andere Lösungen der Maxwell-Gleichungen existieren, welche klar von einer TEM-Lösung abweichen. Diesen wollen wir uns jetzt zuwenden.

11.2.3 Die zweidimensionale Helmholtz-Gleichung

Bereits (11.20) zeigt, dass nur die Längskomponenten von $\vec{E}$ und $\vec{H}$ berechnet werden müssen, um eine Lösung der Maxwell-Gleichungen zu erhalten. Somit versuchen wir, Differentialgleichungen zu finden, die nur jene Größen enthalten. Dazu bilden wir die (transversale) Divergenz $\mathrm{div_T}$ von (11.19) und eliminieren auf den rechten Seiten die transversalen Divergenzen von $\vec{E}_{\mathrm{T}}^o$ und $\vec{H}_{\mathrm{T}}^o$ mit Hilfe der dritten und vierten Gleichung von (11.17) und jene von $\vec{E}_{\mathrm{T}}$ und $\vec{H}_{\mathrm{T}}$ mit (11.18). Dann ergeben sich mit dem zweidimensionalen Laplace-Operator $\Delta_{\mathrm{T}} = \mathrm{div_T}\,\mathrm{grad_T}$

> die (entkoppelten!) zweidimensionalen Helmholtz-Gleichungen (auch Schwingungsgleichungen genannt) für die Längskomponenten
>
> $$(\Delta_{\mathrm{T}} + \kappa^2)\underline{E}_z = \underline{0}, \tag{11.28-1}$$
> $$(\Delta_{\mathrm{T}} + \kappa^2)\underline{H}_z = \underline{0}. \tag{11.28-2}$$

Ist eine allgemeine Lösung dieser homogenen Gleichungen bekannt, kann mit (11.20) das ganze Feld rekonstruiert werden. Es ist zu beachten, dass die Lösung von nur *einer* der Gleichungen (11.28) nach der Rekonstruktion mit (11.20) ein Feld ergibt, das den Maxwell-Gleichungen (11.17) als System genügt. Allerdings verschwindet dann die andere Längskomponente.

> Man unterscheidet zwischen (Transversal Elektrischen) TE-Wellen, bei denen $\underline{E}_z = \underline{0}$ und $\underline{H}_z \neq \underline{0}$ ist, und (Transversal Magnetischen) TM-Wellen, bei denen $\underline{H}_z = \underline{0}$ und $\underline{E}_z \neq \underline{0}$ ist. Auf den ersten Blick verwirrend, aber durchaus logisch ist eine alternative Bezeichnung der gleichen Lösungen, welche sich auf die nicht verschwindende Längskomponente bezieht: TE-Wellen heißen auch H-Wellen und TM-Wellen werden auch E-Wellen genannt.

---

6 Die Existenz solcher Lösungen ist anschaulich plausibel, wenn man sich einen stetigen Grenzübergang vorstellt. Streng können solche Lösungen nur mit der vollen Theorie des nächsten Unterabschnitts berechnet werden.

Die Allgemeine Lösung der homogenen Helmholtz-Gleichung

$$(\Delta_{\mathrm{T}} + \kappa^2)f = 0 \tag{11.29}$$

erhält man – wie schon in Unterabschnitt 7.1.3 für den dreidimensionalen Fall – durch einen Separationsansatz. In kartesischen Koordinaten ergeben sich die bekannten Ebenen Wellen, die wir nicht weiter studieren wollen. Interessant und für die Praxis wichtig sind die Zylinderwellen, die man aus dem Separationsansatz in Polarkoordinaten ρ und ϕ erhält. Schreiben wir den dreidimensionalen Laplace-Operator wie in (6.33), in Kreiszylinder-Koordinaten und lassen den Längsanteil weg, ergibt sich der

transversale Laplace-Operator in Kreiszylinderkoordinaten:

$$\Delta_{\mathrm{T}} = \frac{\partial^2}{\partial\rho^2} + \frac{1}{\rho}\frac{\partial}{\partial\rho} + \frac{1}{\rho^2}\frac{\partial^2}{\partial\phi^2}. \tag{11.30}$$

Man erhält durch Einsetzen des Ansatzes

$$f(\rho, \phi) = \mathrm{P}(\rho) \cdot \Phi(\phi) \tag{11.31}$$

in (11.29) nach Multiplikation mit $\rho^2/(\mathrm{P}\Phi)$

$$\frac{\rho^2}{\mathrm{P}}\frac{\partial^2\mathrm{P}}{\partial\rho^2} + \frac{\rho}{\mathrm{P}}\frac{\partial\mathrm{P}}{\partial\rho} + \kappa^2\rho^2 = -\frac{1}{\Phi}\frac{\partial^2\Phi}{\partial\phi^2}. \tag{11.32}$$

Die linke Seite hängt nur von ρ und die rechte nur von ϕ ab. Daher sind beide Seiten konstant. In Vorauskenntnis des Schlussresultates nennen wir diese Konstante n^2. Dann folgen die beiden gewöhnlichen Differentialgleichungen

$$\frac{\partial^2\Phi}{\partial\phi^2} + n^2\Phi = 0 \tag{11.33}$$

und

$$\frac{\partial^2\mathrm{P}}{\partial\rho^2} + \frac{1}{\rho}\frac{\partial\mathrm{P}}{\partial\rho} + \left(\kappa^2 - \frac{n^2}{\rho^2}\right)\mathrm{P} = 0, \tag{11.34}$$

wobei wir in (11.33) mit Φ und in der letzten Gleichung mit P/ρ^2 multipliziert haben.

Die Lösung der harmonischen Differentialgleichung (11.33) ist bekanntlich

$$\Phi(\phi) = C_n \cos n\phi + D_n \sin n\phi, \tag{11.35}$$

wobei n aus Gründen der Eindeutigkeit ganzzahlig sein muss, falls der Koordinatenursprung ($\rho = 0$) innerhalb des Feldgebietes umlaufen werden kann. Die im Allgemeinen komplexwertigen Konstanten C_n und D_n sind freie Parameter der Allgemeinen Lösung und werden später bestimmt.

Gleichung (11.34) ist eine Bessel'sche Differentialgleichung mit der Lösung

$$\mathrm{P}(\rho) = Z_n(\kappa\rho), \tag{11.36-1}$$

wobei Z_n eine so genannte *Zylinderfunktion* n-ter Ordnung darstellt. Es gibt verschiedene Arten von Zylinderfunktionen. Ihre Eigenschaften sind in Anhang D zusammengestellt.

Da (11.34) eine Differentialgleichung zweiter Ordnung ist, hat sie zwei linear unabhängige Lösungen, und ihre Allgemeine Lösung ist eine beliebige Linearkombination von zwei solchen Lösungen, die wir mit $J_n(\kappa\rho)$ (Bessel-Funktion) und $H_n(\kappa\rho)$ (Hankel-Funktion [zweiter Gattung], siehe auch Abschnitt D.7 in Anhang D) bezeichnen. Es gilt somit allgemein

$$P(\rho) = c_n J_n(\kappa\rho) + d_n H_n(\kappa\rho), \tag{11.36-2}$$

wobei die (komplexwertigen) Konstanten c_n und d_n freie Parameter der Allgemeinen Lösung sind und später bestimmt werden.

Als wichtigste Eigenschaft der verwendeten Funktionen sei festgehalten, dass $J_n(\kappa\rho)$ (für komplexe κ) eine Singularität aufweist für $\rho \to \infty$, während $H_n(\kappa\rho)$ bei $\rho = 0$ singulär ist.

Die Allgemeine Lösung von (11.29) ergibt sich durch Einsetzen von (11.35) und in (11.32). Infolge der Produktbildung ist es zweckmäßig, statt der entstehenden Produkte der Parameter C_n, D_n, c_n und d_n neue Konstanten einzuführen.

Wir erhalten schließlich die Allgemeine Lösung der zweidimensionalen Helmholtz-Gleichung (11.29)

$$
\begin{aligned}
f(\rho,\phi) =& A_0 J_0(\kappa\rho) + a_0 H_0(\kappa\rho) \\
& + \sum_{n=1}^{\infty} A_n J_n(\kappa\rho)\cos n\phi + B_n J_n(\kappa\rho)\sin n\phi \\
& + a_n H_n(\kappa\rho)\cos n\phi + b_n H_n(\kappa\rho)\sin n\phi,
\end{aligned}
\tag{11.37}
$$

wobei wegen der Singularität der Hankel-Funktionen die Koeffizienten a_n und b_n null gesetzt werden müssen, wenn $\rho = 0$ im Feldgebiet liegt. Enthält das Feldgebiet den Punkt $\rho \to \infty$, gilt $A_n = B_n = 0$.

11.2.4 Das Bestimmen der Fortpflanzungskonstante; die Wellentypen

Die Allgemeine Lösung (11.37) der zweidimensionalen Helmholtz-Gleichung enthält unendlich viele noch unbekannte Größen, nämlich die Parameter A_n, B_n, a_n und b_n sowie – im Argument der Zylinderfunktionen versteckt – die Fortpflanzungskonstante γ. Wird die Transversalebene in homogene Teilgebiete G_i aufgeteilt, sind die A_n, B_n, a_n, b_n in jedem G_i verschieden, während γ gemäß den Ausführungen in Unterabschnitt 11.1.1 überall gleich ist.

Es ist zu beachten, dass in jedem Teilgebiet zwei Ansätze der Form (11.37) gemacht werden müssen, nämlich einer für $\underline{E}_z$ und einer für $\underline{H}_z$[7], und dass diese Ansätze für die Längskomponenten der Felder noch mit Hilfe der Gleichungen (11.20) zu vollständigen Vektorfeldern ergänzt werden müssen.

Um zu einer numerischen Lösung zu gelangen, müssen schließlich in einem ersten Approximationsschritt die oberen Grenzen der Summen in (11.37) mit (für jede Funktionsart und für jedes Teilgebiet G_i allenfalls verschiedenen) endlichen Zahlen ersetzt werden. In einem zweiten Schritt wählt man nun hinreichend viele Punkte auf den

---

[7] In bestimmten Fällen existieren reine TE- bzw. TM-Lösungen. Dann braucht man nur einen Ansatz pro Teilgebiet.

Grenzen ∂G_{ik} zwischen den Teilgebieten G_i und G_k aus und formuliert dort die Stetigkeitsbedingungen (7.8) bzw. (7.10). Dies ergibt ein *homogenes* lineares Gleichungssystem für die unbekannten Parameter, welches nur dann eine nicht triviale Lösung hat, wenn die Determinante seiner Matrix M verschwindet. Da die Matrixelemente die Fortpflanzungskonstante γ implizite enthalten, kann die erwähnte Determinante als Funktion von γ aufgefasst werden. Die Gleichung

$$\det M(\gamma) = 0 \tag{11.38}$$

ist eine Bestimmungsgleichung für γ. Ohne auf Details einzugehen, sei erwähnt, dass (11.38) in vielen Fällen *diskrete* Werte für γ liefert. Die zugehörigen geführten Wellen breiten sich unterschiedlich schnell aus und werden *Moden*[8] oder *Wellentypen* genannt.

Interessant ist die Tatsache, dass viele Moden erst oberhalb einer bestimmten Frequenz, der so genannten „cutoff"-Frequenz f_{cutoff}, ausbreitungsfähig sind. Als allgemeine Regel (mit wenigen Ausnahmen) kann gelten, dass ein Wellentyp erst dann ausbreitungsfähig ist, wenn die Querabmessungen der zylindrischen Struktur in der Größenordnung der Wellenlänge λ sind. Wichtige Ausnahmen sind die (Quasi-)TEM-Wellen, welche schon bei Gleichstrom ausbreitungsfähig sind und auf den meisten Kabeln, die metallische Leiter enthalten, ausschließlich ausgenützt werden. Dagegen existieren z.B. in Hohlleitern keine Wellentypen mit $f_{cutoff} = 0$.

Eine genauere Diskussion der hier angesprochenen Problemkreise würde unseren Rahmen sprengen. Es sei daher auf die Spezialliteratur verwiesen.

11.2.5 Aufgaben

11.2.5.1 TM-Welle im Schichtwellenleiter

Gegeben: Zwei parallele, unendlich ausgedehnte ebene Platten aus ideal leitendem Material im Abstand d. Das Material zwischen den Platten ist homogen, linear und isotrop und kann durch die Parameter μ, ε und $\sigma = 0$ charakterisiert werden.

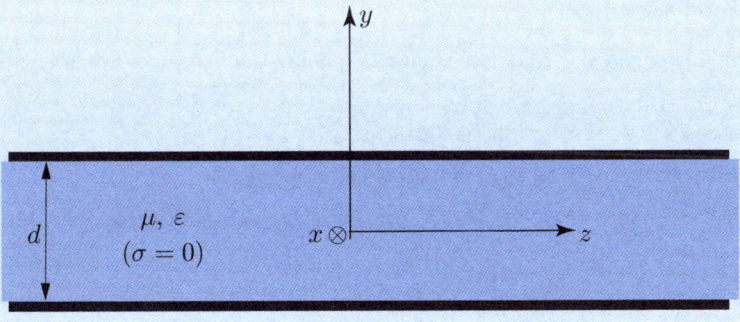

---

8 Eine neudeutsche Pluralbildung des englischen Lehnwortes Mode (von engl. „mode" mit dem englischen Plural „modes").

Gesucht: Eine Lösung der Maxwell-Gleichungen im Zwischenraum mit folgenden Eigenschaften:

- Stationärer Zustand mit gegebener Kreisfrequenz ω

- Die Randbedingungen auf den Plattenoberflächen werden erfüllt

- Alle Komponenten von $\vec{E}$ und $\vec{H}$ sind unabhängig von x

- $\underline{H}_y = \underline{H}_z = \underline{0}$, $\underline{E}_x = \underline{0}$

- Die Feldkomponenten $\underline{H}_x$, $\underline{E}_y$ und $\underline{E}_z$ sind proportional zu $e^{-\gamma z}$ und nicht weiter von z abhängig

Tipp: Die gesuchte Lösung kann als Superposition von zwei Ebenen Wellen dargestellt werden.

11.2.5.2 TEM-Lösung im Koaxialkabel

Gegeben: Im Dielektrikum eines Koaxialkabels (geometrische Daten wie in Übungsaufgabe 1.4.5.1; ideale Leiter) ist das elektro*statische* Feld bekanntlich gegeben durch $\vec{E} = \vec{E}(\rho) = \frac{E_0}{\rho} \vec{e}_\rho$, während das (statische) Magnetfeld die Form $\vec{H} = \vec{H}(\rho) = \frac{H_0}{\rho} \vec{e}_\phi$ aufweist. (Es wird ein Zylinderkoordinatensystem ρ, ϕ, z mit der z-Achse auf der Kabelachse verwendet.)

Gesucht: Man verifiziere die obigen (statischen) Ausdrücke für die Felder $\vec{E}$ und $\vec{H}$, gebe den Zusammenhang zu U und I im Kabel und zeige, dass diese auch den *dynamischen* Gleichungen (11.25) genügen. Wie verhält es sich mit den Feldern im Leiter und warum steht die praktische Tatsache, wonach im Koaxialkabel das Verhältnis zwischen Strom und Spannung fast beliebig sein kann, nicht im Widerspruch zu (11.23)?

11.2.5.3 TM-Lösungen im Koaxialkabel

Gegeben: Ein Koaxialkabel mit geometrischen Daten wie in Aufgabe 1.4.5.1. Zur Beschreibung wählen wir ein Zylinderkoordinatensystem mit ρ, ϕ und z mit der z-Achse auf der Kabelachse.

Gesucht: Lösungen der Maxwell-Gleichungen im Dielektrikum mit folgenden Eigenschaften:

- Stationärer Zustand mit gegebener Kreisfrequenz ω

- Die Randbedingungen auf den Leiteroberflächen werden erfüllt

- Alle Komponenten von $\vec{E}$ und $\vec{H}$ sind unabhängig von ϕ (rotationssymmetrische Lösungen)

- $H_\rho = H_z = 0$, $E_\phi = 0$

- Die Feldkomponenten $\underline{H}_\phi$, $\underline{E}_\rho$ und $\underline{E}_z$ sind zugeordnete komplexe Größen im Sinne von Gleichung (11.6) und somit nur von ρ abhängig.

Tipp: Man suche zuerst einen allgemeinen Ausdruck für $\underline{E}_z(\rho)$ (vgl. (11.37)) und leite dann eine Bestimmungsgleichung für die transversale Wellenzahl κ ab.

Abstrahlung und Streuung elektromagnetischer Felder

12

ÜBERBLICK

Die Zweidrahtleitung wird hier von einer extern erzeugten Ebenen Welle von links unten bestrahlt. Das Bild zeigt – anders als die bisherigen Bilder – nicht das totale Feld, sondern nur den Momentanwert des Poynting-Vektors des Streufeldes. In der Querschnittsebene zeigen sich radial weglaufende Wellen, die im Schattenbereich größere Amplitude aufweisen: Dort ist das totale Feld klein, das Streufeld interferiert destruktiv mit dem inzidenten Feld. In der Längsebene (nur in der oberen Hälfte gezeichnet) sieht man die von der Leitung kegelförmig auslaufenden Wellenfronten. Letzteres ist mit dem schiefwinkligen Einfall und der damit verbundenen Phasendrehung des inzidenten Feldes längs der Leitung zu erklären. Die Pfeile rechts bezeichnen das E-Feld (dunkelblau), das H-Feld (hellblau) und den Wellenvektor (schwarz) des inzidenten Feldes.

In diesem letzten Kapitel sollen elektromagnetische Wellen behandelt werden, die sich im Raum ausbreiten und höchstens durch so genannte Streukörper behindert werden. Im ersten Abschnitt richtet sich das Interesse auf jene Wellen, deren *Quellen* als Strom- und Ladungsverteilung auf einer vorgegebenen Struktur endlicher Abmessung (z.B. einer Sendeantenne) *gegeben* sind. Im zweiten Abschnitt wird das Problem behandelt, wo eine gegebene Anordnung durch eine elektromagnetische Welle bestrahlt wird, die außerhalb der Streukörper erzeugt wurde (Empfangsantenne, Radar). Die folgenden Ausführungen sind als Überblick und nicht als fundierte Einführung in die Problematik zu verstehen. Für weitergehende Fragen sei auf die Spezialliteratur verwiesen.

12.1 Die Strahlungsfelder

Elektromagnetische Felder werden in einer dafür gebauten Einrichtung, dem Generator, erzeugt, indem irgendeine Energieform in elektromagnetische Energie verwandelt wird. Dann können sich die Felder vom Generator in den umgebenden Raum ausbreiten. Wir wollen zuerst ein rein elektromagnetisches Modell der Felderzeugung beschreiben, welches keine Rücksicht nimmt auf die Art des Generators. Danach formulieren wir das Feldproblem, dessen Lösung die Ausbreitung der elektromagnetischen Felder beschreibt, und lösen es formal. Schließlich soll am Beispiel des Hertz'schen Dipols gezeigt werden, wie sich die Feldenergie in den Raum ausbreitet.

12.1.1 Das elektromagnetische Modell zur Felderzeugung

Jede Erzeugung von elektromagnetischen Feldern beruht letztlich auf einer Verschiebung von Ladungen, sei es, dass die Verschiebung schon früher stattgefunden hat (Elektrostatik), sei es, dass die Ladungen dauernd bewegt werden (Magnetostatik, Elektrodynamik). Die Verschiebung von Ladungen kann auf vielfältige Art verursacht sein (chemisch, mechanisch, thermisch etc.). In jedem Fall ist dazu ein Energieumsatz nötig, denn das elektromagnetische Feld enthält Energie, die beim Erzeugungsprozess zuerst als andere Energieform vorhanden ist und dann in elektromagnetische Energie umgewandelt wird.

Da wir *Elektro*dynamik betreiben, wollen wir uns nicht mit den Kräften befassen, welche die felderzeugenden Ladungen (d.h. die Feldquellen ϱ und $\vec{J}$) bewegen, sondern die Feldquellen direkt vorgeben. Die vorgegebenen Quellen erzeugen ein zu berechnendes elektromagnetisches Feld, und somit könnten – wenn das Feld bekannt ist – die Kräfte auf die felderzeugenden Quellen nachträglich bestimmt werden. Wir stellen fest, dass am Ort der Quellen elektromagnetische Energie erzeugt werden kann. Die in Unterabschnitt 8.2.3, Gleichung (8.28), definierte Leistungsdichte $p = p_{\mathrm{j}} + p_{\mathrm{elek}} + p_{\mathrm{mag}}$ darf am Ort der vorgegebenen Quellen negativ werden, was nichts anderes bedeutet, als dass an dieser Stelle die Materialgleichungen nicht mehr die gewohnte Form haben, sondern ersetzt werden müssen durch vorgegebene Stromverteilungen $\vec{J}_0$ und Ladungsverteilungen ϱ_0 und eventuell ebenfalls vorgegebene Polarisierungen $\vec{P}_0$ und Magnetisierungen $\vec{M}_0$. Wir hatten bereits in Unterabschnitt 9.3.4 für den allgemeinen Fall gezeigt, dass die beiden Letzteren durch äquivalente Strom- und Ladungsverteilungen dargestellt werden können. Dazu schrieben wir die Materialgleichungen in der Form (1.63) [$\vec{D} = \varepsilon_0 \vec{E} + \vec{P}$,] und (3.9) [$\vec{B} = \mu_0(\vec{H} + \vec{M})$], setzten sie in die Maxwell-Gleichungen ein und erhielten das System (6.115). Wir schreiben es nochmals:

$$\operatorname{rot} \vec{E} = -\mu_0 \frac{\partial \vec{H}}{\partial t} - \underbrace{\mu_0 \frac{\partial \vec{M}}{\partial t}}_{\vec{J}_{\mathrm{m}}}, \tag{12.1-1}$$

$$\operatorname{rot} \vec{H} = \vec{J} + \varepsilon_0 \frac{\partial \vec{E}}{\partial t} + \underbrace{\frac{\partial \vec{P}}{\partial t}}_{\vec{J}_{\mathrm{p}}}, \tag{12.1-2}$$

$$\varepsilon_0 \operatorname{div} \vec{E} + \underbrace{\operatorname{div} \vec{P}}_{-\varrho_{\mathrm{p}}} = \varrho, \tag{12.1-3}$$

$$\mu_0 \operatorname{div} \vec{H} + \underbrace{\mu_0 \operatorname{div} \vec{M}}_{-\varrho_{\mathrm{m}}} = 0. \tag{12.1-4}$$

Vorgegebene Polarisationen $\vec{P}_0$ können somit in vorgegebene Stromdichten $\vec{J}_{\mathrm{p}} := \frac{\partial}{\partial t} \vec{P}_0$ und vorgegebene Ladungsdichten $\varrho_{\mathrm{p}} := -\operatorname{div} \vec{P}_0$ umgerechnet und zu $\vec{J}$ und ϱ addiert werden, während vorgegebene Magnetisierungen $\vec{M}_0$ in vorgegebene magnetische Stromdichten $\vec{J}_{\mathrm{m}} := \mu_0 \frac{\partial}{\partial t} \vec{M}_0$ und magnetische Ladungsdichten $\varrho_{\mathrm{m}} := -\mu_0 \operatorname{div} \vec{M}_0$ umgerechnet werden können. Da die Maxwell-Gleichungen (12.1) im Übrigen linear sind, dürfen die Wirkungen der verschiedenen Quellen superponiert werden. Wir können das Problem in zwei Teilprobleme aufspalten und entweder nur elektrische Quellen $\vec{J}$, ϱ oder nur magnetische Quellen $\vec{J}_{\mathrm{m}}$, ϱ_{m} annehmen. Die beiden resultierenden Teilprobleme sind dual zueinander, so dass es genügt, nur ein Teilproblem zu diskutieren. Wir wählen das elektrische Teilproblem mit vorgebener Stromdichte $\vec{J}_0$ und vorgegebener Ladungsdichte ϱ_0, weil wir dieses in Unterabschnitt 7.1.4 bereits ansatzweise gelöst haben.

Man beachte, dass die Vorgabe von Feldquellen jegliche Rückwirkungen des Feldes auf die Quellen explizite ausschließt. Dies ist praktisch zwar nicht immer gegeben, kann aber im Modell trotzdem angenommen werden. Man denke sich etwa, dass bei der Quellenvorgabe die Rückwirkung des Resultates vorweggenommen wurde. Der genaue Betrag der Rückwirkung kann allenfalls in einem iterativen Prozess errechnet werden.

Es sei betont, dass das obige Vorgehen auch die „gewöhnlichen" Materialgleichungen [$\vec{D} = \varepsilon \vec{E}$, $\vec{B} = \mu \vec{H}$, $\vec{J} = \sigma \vec{E}$] einschließt. Wir haben im Grunde nichts anderes als das in Abschnitt 6.6 besprochene allgemeine Substitutionsprinzip[1] angewendet. Die resultierenden magnetischen Ströme und Ladungen sind durchaus real. Man muss sich aber bewusst sein, dass es sich *nicht* um magnetische Monopole im physikalischen Sinn handelt: Diese würden als Divergenz von $\vec{B}$ – und nicht von $\vec{H}$ – auftreten.

12.1.2 Die Formulierung des Feldproblems

Ausgehend von den Maxwell-Gleichungen (12.1) wollen wir das Feldproblem formulieren und setzen, um möglichst allen Ballast abzuwerfen, Folgendes voraus:

- Der ganze Raum ist mit homogen, linear, isotropem Material (μ, ε, beide reell) gefüllt (bzw. Vakuum mit μ_0, ε_0), dessen Leitfähigkeit verschwindet ($\sigma = 0$).

- Die Zeitabhängigkeit der Quellen ist sinusförmig, und wir betrachten den stationären Zustand. Somit wird die Wellenzahl $k = \omega\sqrt{\mu\varepsilon}$ reell.

- Die Quellen ($\vec{J}_0$, ϱ_0) sind nur im endlichen Quellgebiet G_Q von null verschieden.

---

1 Auch Äquivalenzprinzip genannt.

Somit sind im ganzen Raum die inhomogenen Maxwell-Gleichungen[2]

$$\operatorname{rot} \underline{\vec{E}} = -j\omega\mu\underline{\vec{H}}, \tag{12.2-1}$$

$$\operatorname{rot} \underline{\vec{H}} = \underline{\vec{J}}_0 + j\omega\varepsilon\underline{\vec{E}}, \tag{12.2-2}$$

$$\varepsilon \operatorname{div} \underline{\vec{E}} = \underline{\varrho}_0 = \frac{j}{\omega} \operatorname{div} \underline{\vec{J}}_0, \tag{12.2-3}$$

$$\mu \operatorname{div} \underline{\vec{H}} = \underline{0}. \tag{12.2-4}$$

zu erfüllen. Außerhalb des Quellgebiets G_Q sind diese Gleichungen sogar homogen, denn $\underline{\varrho}_0$ und $\underline{\vec{J}}_0$ verschwinden dort. In wurde (7.4) eingesetzt, weil im stationären Fall die Raumladungsdichte $\underline{\varrho}_0$ nicht unabhängig von der Stromdichte $\underline{\vec{J}}_0$ vorgegeben werden kann. Man beachte, dass das System (12.2) praktisch gleich dem Schema (7.6) in Unterabschnitt 7.1.1 ist und dort in den folgenden Unterabschnitten bereits gelöst wurde.

Die gesuchte Lösung soll die „Randbedingung im Unendlichen" befriedigen, womit gemeint ist, dass dort die Feldgrößen so beschaffen sein sollen, dass der Zeitmittelwert der insgesamt abgestrahlten Leistung

$$\overline{P}_{\rm s} = \frac{1}{2}\Re\left(\underset{\text{Fernkugel}}{\oiint} (\underline{\vec{E}} \times \underline{\vec{H}}^*) \cdot d\vec{F}\right) \tag{12.3}$$

endlich bleibt.

Die Lösung des derart gestellten Problems liefern direkt die verallgemeinerten Coulomb-Integrale (7.29) für $\underline{\vec{E}}$ und (7.33) für $\underline{\vec{H}}$. Die direkte Lösung kann jedoch numerische Schwierigkeiten verursachen, wenn etwa die vorgegebenen Quellenverteilungen nicht differenzierbar sind, denn unter dem Integral stehen *Ableitungen* der Quellengrößen. Die verschiedenen Berechnungswege sind in Abbildung 6.2 grafisch verdeutlicht. Es ist oft zweckmäßiger, die Potentiale $\underline{\vec{A}}$ und $\underline{\varphi}$ zu benützen, welche mit (7.34) und (7.35) berechnet werden können. Bei diesem Vorgehen werden die vorgegebenen Quellen zuerst integriert, was auch bei unstetigen Quellenverteilungen ohne Probleme möglich ist. Erst in einem zweiten Schritt werden die Feldstärken mit

(6.93)

$$\underline{\vec{E}} = -j\omega\underline{\vec{A}} - \operatorname{grad}\underline{\varphi}, \tag{12.4-1}$$

(6.94)

$$\underline{\vec{H}} = \frac{1}{\mu}\operatorname{rot}\underline{\vec{A}} \tag{12.4-2}$$

ermittelt. Dies hat einerseits den Vorteil, dass im ersten Schritt die (möglicherweise mit einem kleinen Fehler) vorgegebenen Quellen integriert werden, was die Fehler in der Vorgabe verwischt. Anderseits können auch Quellenverteilungen vorgegeben werden, welche nicht elementar differenzierbar sind. Die Verwendung der Potentiale ist somit nicht nur in der *numerischen* Anwendung stabiler, sondern auch bei einfachen Beispielen mit idealisierten (z.B. punkt- oder linienförmigen) Quellen viel handlicher.

---

2 Die unterstrichenen Größen sind jetzt – im Gegensatz zu Kapitel 11, wo (11.6) galt – wieder im gewöhnlichen Sinn (7.2) zu verstehen. Unterstreichung bedeutet somit im Wesentlichen, dass ein Faktor $e^{j\omega t}$ hinzuzudenken ist.

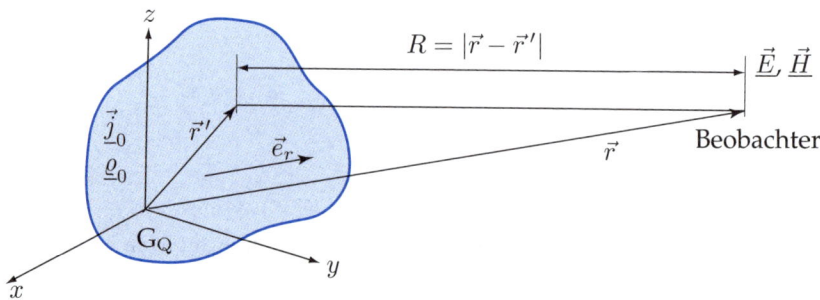

Abbildung 12.1: Im Quellgebiet G_Q sind Stromverteilung $\vec{J}_0$ und Ladungsverteilungen ϱ_0 vorgegeben. Die Quellenverteilung ist im homogenen Raum eingebettet. Das Hauptinteresse richtet sich auf die Felder beim Beobachter am Ort $\vec{r}$, der weit von G_Q entfernt ist.

Im stationären Fall können die zur Berechnung von $\vec{A}$ und φ nötigen Integrationen teilweise umgangen werden, indem nur $\vec{A}$ mit dem verallgemeinerten Coulomb-Integral (7.34) berechnet wird. Daraus kann zuerst mit die magnetische Feldstärke $\vec{H}$ ermittelt werden. Aus $\vec{H}$ erhält man $\vec{E}$ jetzt einfacher mit (12.2-2) zu

$$\vec{E} = \frac{\operatorname{rot}\vec{H} - \vec{J}_0}{j\omega\varepsilon} = \frac{\operatorname{rot}\operatorname{rot}\vec{A} - \mu\vec{J}_0}{j\omega\mu\varepsilon} = \frac{j\omega}{k^2}\left(\mu\vec{J}_0 - \operatorname{rot}\operatorname{rot}\vec{A}\right). \tag{12.5}$$

Alternativ kann das Skalarpotential φ auch mit der Lorentz-Eichung (6.103) [$\operatorname{div}\vec{A} = -j\omega\mu\varepsilon\varphi$] direkt aus $\vec{A}$ erhalten werden. Dann folgt für die elektrische Feldstärke

$$\vec{E} = -j\omega\vec{A} - \operatorname{grad}\varphi = -j\omega\vec{A} + \frac{1}{j\omega\mu\varepsilon}\operatorname{grad}\operatorname{div}\vec{A} = \frac{-j\omega}{k^2}\left(\operatorname{grad}\operatorname{div}\vec{A} + k^2\vec{A}\right). \tag{12.6}$$

Die Verwandtschaft der beiden Klammerausdrücke in (12.5) und (12.6) ist offensichtlich, wenn wir daran denken, dass $\vec{A}$ der Helmholtz-Gleichung (7.26) mit dem vektoriellen Laplace-Operator (6.31) genügt.

Somit muss tatsächlich nur $\vec{A}$ mit der aufwendigen Integration berechnet werden. Wir wollen diese Integration noch etwas genauer betrachten, insbesondere für den Fall, wo der Beobachter weit vom Quellgebiet G_Q entfernt ist.

12.1.3 Die Multipolentwicklung des Strahlungsfeldes

Das Vektorpotential $\vec{A}$ erhält man nach (7.34) aus der feldverursachenden Stromverteilung mit

$$(7.34) \qquad \vec{A}(\vec{r}) = \frac{\mu}{4\pi}\iiint_{G_Q}\frac{\vec{J}_0(\vec{r}')\cdot e^{-jkR}}{R}\,dV', \qquad \text{mit } R = |\vec{r} - \vec{r}'|. \tag{12.7}$$

Die Distanz R zwischen Quell- und Aufpunkt kann auch mit den Beträgen $r := |\vec{r}|$ und $r' := |\vec{r}'|$ geschrieben werden:

$$R = |\vec{r} - \vec{r}'| = \sqrt{r^2 + r'^2 - 2(\vec{r}\cdot\vec{r}')}. \tag{12.8}$$

Im Hinblick auf das Ziel, die Felder nur in großer Distanz vom Quellgebiet G_Q zu berechnen, wählen wir ein Koordinatensystem mit Ursprung in G_Q (vgl. Abbildung 12.1) und können ausnützen, dass die Distanz R vom Quellpunkt zum Aufpunkt während der ganzen Integration sehr viel größer ist als die Distanz r' vom Koordinatenursprung zum Quellpunkt. Dann kann die Wurzel in (12.8) entwickelt werden:

$$\sqrt{r^2 + r'^2 - 2(\vec{r} \cdot \vec{r}')} \approx r - \frac{\vec{r} \cdot \vec{r}'}{r}, \qquad \text{falls } r \gg r'. \tag{12.9}$$

Da sich R im Nenner des Integranden von (12.7) während der Integration nur wenig ändert, können wir den Nenner durch r ersetzen und zusammen mit dem Faktor e^{-jkr} vor das Integral ziehen:

$$\vec{A}(\vec{r}) \approx \frac{\mu}{4\pi} \frac{e^{-jkr}}{r} \iiint\limits_{G_Q} \underline{\vec{J}}_0(\vec{r}') \cdot e^{jk\vec{e}_r \cdot \vec{r}'} \, dV', \qquad \text{mit } \vec{e}_r := \frac{\vec{r}}{r}. \tag{12.10}$$

Damit ist der Rechenaufwand im Vergleich zu (12.7) erheblich verringert. Insbesondere ist nicht mehr für jeden Aufpunkt, sondern nur noch für jede Aufpunkt*richtung* eine Integration durchzuführen. Man beachte, dass bisher nur die Voraussetzung großer Distanz zum Quellgebiet ($r \gg r'$) gefordert und keine Bedingungen an die Abmessungen von G_Q gestellt wurden. Setzen wir jetzt zusätzlich voraus, dass der Durchmesser von G_Q klein gegenüber der Wellenlänge $\lambda = 2\pi/k$ sei, dann gilt während der Integration

$$k|\vec{e}_r \cdot \vec{r}'| \leq kr' \ll 1, \tag{12.11}$$

und wir können die Exponentialfunktion im Integranden von (12.10) in eine (rasch konvergierende) Reihe entwickeln:

$$e^{jk\vec{e}_r \cdot \vec{r}'} = 1 + jk\vec{e}_r \cdot \vec{r}' - \frac{k^2}{2!}(\vec{e}_r \cdot \vec{r}')^2 + \ldots + \frac{(jk)^n}{n!}(\vec{e}_r \cdot \vec{r}')^n + \ldots \tag{12.12}$$

Setzen wir dies in (12.10) ein, ergibt sich eine Art Potenzreihe für das Vektorpotential, die auch *Multipolentwicklung* genannt wird:

$$\vec{A} = \vec{A}_0 + \vec{A}_1 + \vec{A}_2 + \ldots \tag{12.13}$$

mit

$$\vec{A}_0 = \frac{\mu}{4\pi} \frac{e^{-jkr}}{r} \iiint\limits_{G_Q} \underline{\vec{J}}_0(\vec{r}') \, dV', \tag{12.14-1}$$

$$\vec{A}_1 = \frac{jk\mu}{4\pi} \frac{e^{-jkr}}{r} \iiint\limits_{G_Q} \underline{\vec{J}}_0(\vec{r}') \cdot (\vec{e}_r \cdot \vec{r}') \, dV', \tag{12.14-2}$$

$$\vec{A}_2 = \frac{-k^2\mu}{8\pi} \frac{e^{-jkr}}{r} \iiint\limits_{G_Q} \underline{\vec{J}}_0(\vec{r}') \cdot (\vec{e}_r \cdot \vec{r}')^2 \, dV', \tag{12.14-3}$$

$$\vdots \tag{12.14-4}$$

$$\vec{A}_n = \frac{\mu}{4\pi} \frac{e^{-jkr}}{r} \frac{(jk)^n}{n!} \iiint\limits_{G_Q} \underline{\vec{J}}_0(\vec{r}') \cdot (\vec{e}_r \cdot \vec{r}')^n \, dV'. \tag{12.14-5}$$

Das n-te Glied enthält den kleinen Faktor kr' in der n-ten Potenz. Somit konvergiert die Reihe umso rascher, je kleiner das Quellgebiet ist. Wenn $\underline{\vec{A}}_0$ nicht gerade verschwindet, bedeutet dies, dass das Strahlungsfeld praktisch aller Stromverteilungen, welche auf ein kleines Quellgebiet G_Q beschränkt sind, weit entfernt von G_Q eine ähnliche Struktur aufweisen, denn die höheren Terme sind vernachlässigbar gegenüber dem ersten, und das Integral im ersten Term kann mit einem einzigen, vom Aufpunkt unabhängigen Vektor dargestellt werden, der in die Hauptrichtung der Strömung weist. Dieser Sachverhalt soll noch etwas tiefer durchleuchtet werden. Nach einer kurzen Rechnung folgt:[3]

$$\iiint\limits_{G_Q} \vec{\underline{J}}_0(\vec{r}')\, dV' = - \iiint\limits_{G_Q} \vec{r}' \cdot \operatorname{div}' \vec{\underline{J}}_0(\vec{r}')\, dV' = j\omega \iiint\limits_{G_Q} \vec{r}' \cdot \underline{\varrho}_0(\vec{r}')\, dV', \qquad (12.15)$$

wobei wir ganz rechts die Ladungserhaltung (7.4) verwendet haben. $\vec{\underline{A}}_1$ verschwindet demnach, wenn die Stromverteilung in G_Q divergenzfrei ist, weil dann $\underline{\varrho}_0$ verschwindet. Das vektorwertige Integral rechts in (12.15) ist proportional zum so genannten *elektrischen Dipolmoment*

$$\underline{\vec{p}} := \frac{-1}{4\pi\varepsilon} \iiint\limits_{G_Q} \vec{r}' \cdot \underline{\varrho}_0(\vec{r}')\, dV' \qquad (12.16)$$

der Strom-/Ladungsverteilung $\vec{\underline{J}}_0, \underline{\varrho}_0$. Die Richtung des Dipolmoments stimmt mit der Stromrichtung überein. Da $\underline{\vec{p}}$ nicht vom Aufpunkt abhängt, hat das zugehörige Fernfeld für alle Strom-/Ladungsverteilungen mit gleich gerichtetem Dipolmoment die gleiche Struktur. Für die Diskussion dieser Struktur können wir daher auf das konkrete Beispiel des Hertz'schen Dipols im nächsten Unterabschnitt verweisen, welches den Vorteil hat, dass alle Integrationen analytisch ausgeführt werden können.

Den Fall einer (fast) divergenzfreien Stromverteilung in G_Q wollen wir nicht näher diskutieren. Es sei lediglich angemerkt, dass in allen Fällen, wo die höheren Terme in (12.14) nicht vernachlässigbar sind, das Strahlungsfeld wesentlich verschieden sein kann von dem eines Hertz'schen Dipols. Gemeinsam ist allen Termen nur der Faktor e^{-jkr}/r, welcher in genügend großer Entfernung ($\vec{e}_r$ ist dann während der Integration konstant) der einzige ortsabhängige Term ist. Somit ist das lokale Verhalten des Strahlungsfeldes bei allen Termen gleich. Wir werden am Beispiel des Hertz'schen Dipols sehen, dass das Strahlungsfernfeld lokal dem Feld einer Ebenen Welle entspricht, welche radial nach außen läuft. Ihre Amplitude nimmt mit zunehmendem Abstand proportional zu $1/r$ ab.

Aus der Multipolentwicklung kann eine weitere Erkenntnis gewonnen werden. Jede Quellenverteilung strahlt die Energie nach einer bestimmten Charakteristik in den Raum ab, d.h. die Intensität der Strahlung variiert stark mit der durch $\vec{e}_r$ gegebenen Richtung. Betrachtet man hingegen nur eine einzige, fest gewählte Richtung, ist die Strahlung bis auf die durch die Erhaltung der Energie bedingte $(1/r)$-Dämpfung unabhängig vom Abstand. Dies ist nichts anderes als die historisch schon lange vor Maxwell postulierte (und beobachtete) gradlinige Ausbreitung des Lichts im homogenen Raum. Die gradlinige Ausbreitung elektromagnetischer Energie bildet die Grundlage für eine wichtige Gruppe von numerischen Feldberechnungsmethoden, die besonders dann effizient sind, wenn das Feldgebiet verglichen mit der Wellenlänge sehr groß ist. Meist nehmen die Namen dieser Feldberechnungsmethoden Bezug auf die (Strahlen-)Optik. Bekannt sind etwa die GTD (**G**eneralized **t**heory of **d**iffraction) oder die UTD (**U**nified **t**heory of **d**iffraction). Diese Berechnungsmethoden heißen auch *asymptotische Methoden*, weil sie dann die genauesten Resultate liefern, wenn die Wellenlänge asymptotisch gegen null geht.

---

3 Man schreibt zuerst $\vec{\underline{J}}_0$ in kartesischen Komponenten hin. Nun gilt für $\underline{J}_{0x'}$ der Reihe nach: $\underline{J}_{0x'} = \vec{\underline{J}}_0 \cdot \vec{e}_{x'} = \vec{\underline{J}}_0 \cdot \operatorname{grad}' x' = \operatorname{div}'(x'\vec{\underline{J}}_0) - x' \cdot \operatorname{div}' \vec{\underline{J}}_0$. Bei der Integration über G_Q fällt der erste Term weg, nachdem das entsprechende Integral mit dem Gauß'schen Satz in ein Oberflächenintegral verwandelt wurde ($\vec{\underline{J}}_0$ verschwindet auf der Oberfläche von G_Q!). Die Vektorschreibweise aller drei Komponenten ergibt den Ausdruck ganz rechts in (12.15).

12.1.4 Der Hertz'sche Dipol

Der Hertz'sche Dipol ist eine idealisierte Anordnung von zwei entgegengesetzt gleich großen Punktladungen $\pm \underline{Q}$ im Abstand d, die durch einen stromführenden Draht miteinander verbunden sind (vgl. Abbildung 12.2). Wegen der Ladungserhaltung (6.5) bzw. (7.4) gilt offenbar

$$\underline{I} = j\omega\underline{Q}, \tag{12.17}$$

wobei der Strom im kurzen Draht als konstant angenommen wird. Mit (12.16) folgt für das elektrische Dipolmoment

$$\vec{\underline{p}} = -\frac{\underline{Q}\vec{d}}{4\pi\varepsilon} = -\frac{\underline{I}\vec{d}}{4\pi j\omega\varepsilon} = \underline{p}\vec{e}_z. \tag{12.18}$$

Mit der Verwendung des Dipolmoments $\vec{\underline{p}}$ wird es leicht möglich, einen Grenzübergang zu vollziehen, bei dem d gegen null und $\underline{Q}$ gegen unendlich strebt, so dass das Produkt $\underline{Q} \cdot d$ endlich bleibt.

Die Stromdichte $\vec{\underline{J}}_0$ und damit auch das Vektorpotential $\vec{\underline{A}}$ haben nur eine z-Komponente. Somit erhalten wir für $\vec{\underline{A}}_0$ mit

$$\vec{\underline{A}}_0(\vec{r}) = \frac{\mu}{4\pi} \frac{e^{-jkr}}{r} \underline{I}\vec{d} = -j\omega\mu\varepsilon\vec{\underline{p}} \cdot \frac{e^{-jkr}}{r}. \tag{12.19}$$

Die höheren Terme verschwinden alle, wenn der erwähnte Grenzübergang $d \to 0$ vollzogen wird, denn der n-te Integrand enthält zusätzlich den Faktor $(\vec{e}_r \cdot \vec{r}')^n$, dessen Betrag wie d^n gegen null geht.

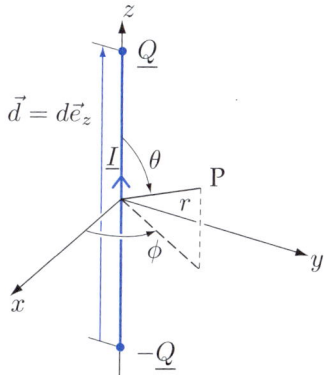

Abbildung 12.2: Die Strom- und Ladungsverteilung ist beim Hertz'schen Dipol besonders einfach. Das zugehörige Fernfeld hat die gleiche Struktur wie dasjenige von vielen anderen (auch komplizierteren) Stromverteilungen. Das Bild zeigt zusätzlich die verwendeten Kugelkoordinaten r, θ und ϕ des Aufpunktes P.

Zur Bestimmung der Feldgrößen scheint in diesem Fall das in (12.4) bzw. (12.6) angedeutete Verfahren am einfachsten. Die Divergenz von $\vec{\underline{A}}$ und somit das Potential $\underline{\varphi}$ ergibt sich mit einer einfachen Ableitung nach z. Man erhält unter Berücksichtigung von

$$\frac{\partial r}{\partial z} = \frac{z}{r} = \cos\theta \tag{12.20}$$

mit der Kugelkoordinate θ für das Potential den Ausdruck

$$\varphi(\vec{r}) = \frac{j}{\omega\mu\varepsilon}\,\mathrm{div}\,\underline{\vec{A}}(\vec{r}) = \underline{p}\frac{\partial}{\partial z}\left(\frac{e^{-jkr}}{r}\right) = -\underline{p}\frac{e^{-jkr}}{r^2}\,(jkr+1)\cos\theta. \qquad (12.21)$$

Die Feldgrößen ergeben sich nun mit (12.4). Unter Benützung der Koordinatendarstellungen der Differentialoperatoren in Unterabschnitt 5.2.2 (Gleichung (5.30) für den Gradienten und (5.35) für die Rotation) erhält man in Kugelkoordinaten r, θ, ϕ[4]:

$$\underline{H}_r = \underline{0}, \qquad (12.22\text{-}1)$$

$$\underline{H}_\theta = \underline{0}, \qquad (12.22\text{-}2)$$

$$\underline{H}_\phi = -j\omega\varepsilon\underline{p}\frac{e^{-jkr}}{r^2}\,(jkr+1)\sin\theta \approx \underline{p}k^2\sqrt{\frac{\varepsilon}{\mu}}\frac{e^{-jkr}}{r}\sin\theta, \qquad (12.22\text{-}3)$$

$$\underline{E}_r = -2\underline{p}\frac{e^{-jkr}}{r^3}\,(jkr+1)\cos\theta \approx \underline{0}, \qquad (12.22\text{-}4)$$

$$\underline{E}_\theta = \underline{p}k^2\frac{e^{-jkr}}{r}\sin\theta - \underline{p}\frac{e^{-jkr}}{r^3}\,(jkr+1)\sin\theta \approx \underline{p}k^2\frac{e^{-jkr}}{r}\sin\theta, \qquad (12.22\text{-}5)$$

$$\underline{E}_\phi = \underline{0}. \qquad (12.22\text{-}6)$$

Dabei sind ganz rechts nur noch die $1/r$-Terme berücksichtigt worden, welche im Fernfeld allein wesentlich sind. Es zeigt sich, dass im Fernfeld $\vec{E}$ und $\vec{H}$ senkrecht aufeinander stehen (ϕ- und θ-Richtung sind orthogonal) und sich im Betrag durch die ortsunabhängige Wellenimpedanz $Z_\mathrm{w} = \sqrt{\mu/\varepsilon}$ unterscheiden. Überdies ist die Phase von $\underline{E}_\theta$ in jedem Punkt im Fernfeld gleich jener von $\underline{H}_\phi$. Alle diese Eigenschaften hatten wir (unter den gleichen Voraussetzungen für das Material) bereits bei der Ebenen Welle (vgl. Unterabschnitt 6.4.4) und bei den TEM-Lösungen (vgl. Unterabschnitt 11.2.1) beobachtet.

> Das Strahlungsfeld des Hertz'schen Dipols gleicht lokal einer Ebenen Welle, welche sich in radialer Richtung vom Dipol weg ausbreitet.

Aus den Fernfeldtermen ergibt sich eine reelle Radialkomponente des komplexen Poynting-Vektors $\underline{\vec{S}} = \frac{1}{2}\underline{\vec{E}}\times\underline{\vec{H}}^*$. Der radiale Energiefluss[5] beträgt somit im Zeitmittel

$$S_r = \frac{1}{2}\Re(\underline{E}_\theta\cdot\underline{H}_\phi^*) \approx \frac{|\underline{p}|^2 k^4}{2}\sqrt{\frac{\varepsilon}{\mu}}\frac{\sin^2\theta}{r^2}. \qquad (12.23)$$

Dies bedeutet, dass der Hertz'sche Dipol nicht in alle Richtungen gleich viel elektrische Energie abstrahlt. Die Abstrahlung ist rotationssymmetrisch (d.h. unabhängig von ϕ). Bezüglich θ besteht aber eine klare Richtcharakteristik: Quer zu $\vec{p}$ ($\theta = 90°$) wird am meisten abgestrahlt, während die Strahlung in Richtung des Dipolmoments und damit in die Richtung des felderzeugenden Stromes vollständig verschwindet. In Abbildung 12.3 ist die zwei- und die dreidimensionale Form des so genannten Strahlungsdiagrammes dargestellt.

---

4   Man unterscheide den (hier nicht weiter gebrauchten) Winkel ϕ vom Potential φ!

5   Der mit r^2 multiplizierte radiale Energiefluss heißt in der Literatur auch Strahlungsdichte und wird ebenfalls mit dem Buchstaben S bezeichnet. Es gilt somit $S = r^2 S_r$.

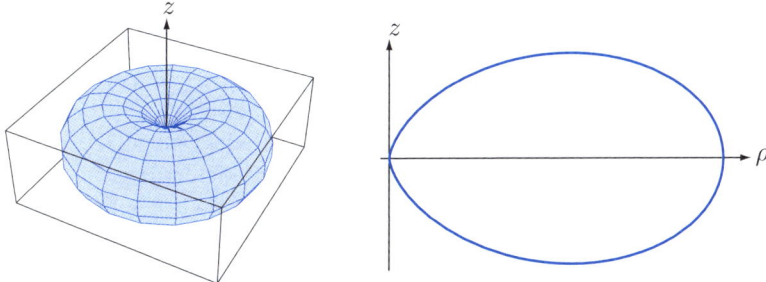

Abbildung 12.3: Der Hertz'sche Dipol strahlt nicht in alle Richtungen gleich stark. Das Strahlungsdiagramm stellt diesen Sachverhalt grafisch dar. Jeder Strahl aus dem Koordinatenursprung (Mittelpunkt des Quaders) schneidet die dargestellte Fläche in genau einem Punkt. Die Länge vom Ursprung (= Ort des Dipols) bis zum Schnittpunkt ist proportional zur mittleren Strahlungsleistung in Richtung des Strahles (Fernfeld). Da das Strahlungsdiagramm des Hertz'schen Dipols rotationssymmetrisch ist, genügt in diesem Fall die zweidimensionale Darstellung rechts.

 ## 12.1.5 Aufgaben

12.1.5.1 $\lambda/2$-Dipolantenne

Gegeben: Eine Antenne im freien Raum aus einem geraden dünnen Draht der Länge

$$2a = \frac{\pi}{\omega\sqrt{\mu_0 \varepsilon_0}}$$

wird in der Mitte von einem Generator stationär mit der Kreisfrequenz ω angeregt. Die Stromverteilung $\underline{I}(x)$ auf der Antenne ist vorgegeben (Strompfeil nach rechts).

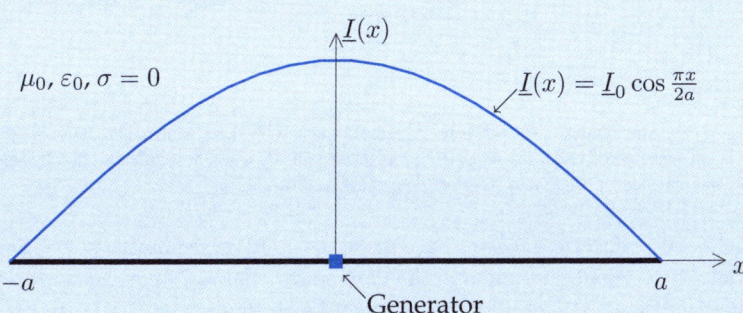

Gesucht:

a Die Ladungsverteilung auf dem Draht

b Die ersten sechs Multipolmomente des Fernfeldes (mit dem Vektorpotential $\vec{A}$)

c Die Felder ($\vec{\underline{E}}_i, \vec{\underline{H}}_i$) der ersten drei Multipolmomente

12.2 Die Streuung elektromagnetischer Felder („Scattering")

In diesem Abschnitt wollen wir eine elektromagnetische Welle betrachten, die auf eine vorgegebene Struktur einfällt. Die Welle kann z.B. das Resultat einer Berechnung des vorigen Abschnitts sein. Wir wollen aber der Einfachheit halber annehmen, das inzidente Feld sei eine harmonische Ebene Welle mit vorgegebener Richtung und Polarisation. In Analogie zur Optik wissen wir, dass elektromagnetische Wellen reflektiert und/oder gebrochen werden können, wenn sie auf ein Hindernis auftreffen. Dieser Vorgang heißt *Streuung* (engl. scattering) und soll nun untersucht werden.

Das Modell, das wir verwenden wollen, zeigt Abbildung 12.4. Entsprechend der Zielsetzung sehen wir von jeglichen unabhängigen Quellen im Streuobjekt ab und setzen voraus, dass dieses aus passiven Materialien besteht. Zur Vereinfachung seien nur linear isotrope und stückweise homogene Materialien zugelassen, welche mit je drei reellen, positiven Materialkonstanten, μ, σ und ε, charakterisiert werden können.

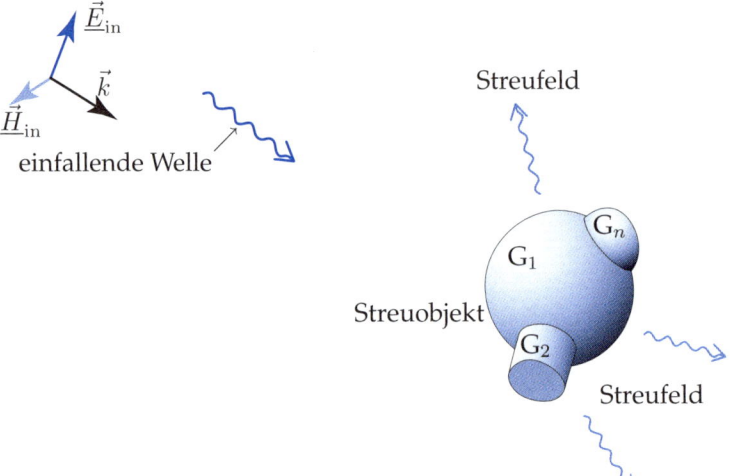

Abbildung 12.4: Das Streuobjekt, eine Struktur aus verschiedenen passiven Materialien (G_1, G_2, G_n), ist im homogenen Raum eingebettet und wird durch eine einfallende Ebene Welle bestrahlt. Das totale Feld kann als Überlagerung von einfallender Welle und Streufeld dargestellt werden.

Durch die einfallende Energie werden auf der bestrahlten Anordnung Ladungen verschoben (falls leitfähige Materialien vorhanden sind), oder das Material wird polarisiert bzw. magnetisiert (falls Dielektrika bzw. Magnetika vorhanden sind). Die so induzierten Ströme und Ladungen[6] auf der Anordnung sind nun ihrerseits Quelle für ein neues Feld, das *Streufeld* genannt wird. Somit kann das gesamte elektromagnetische Feld (Index „tot") in der Umgebung als Überlagerung des inzidenten Feldes (Index „in") und des Streufeldes (kein Index) dargestellt werden:

$$\vec{\underline{E}}_{\text{tot}} = \vec{\underline{E}}_{\text{in}} + \vec{\underline{E}}, \tag{12.24-1}$$

$$\vec{\underline{H}}_{\text{tot}} = \vec{\underline{H}}_{\text{in}} + \vec{\underline{H}}. \tag{12.24-2}$$

---

6 Polarisation und Magnetisierung brauchen nicht extra behandelt zu werden, denn sie können gemäß Unterabschnitt 12.1.1 in äquivalente Ströme und Ladungen umgewandelt werden.

Im Innern des Streuobjektes entfällt das inzidente Feld, denn die einfallende Welle ist wegen der unterschiedlichen Materialparameter keine Lösung der dort geltenden Maxwell-Gleichungen. Daher wird das ganze Feld im Inneren der streuenden Objekte dem Streufeld zugeordnet. Da das inzidente Feld bekannt ist, sind nur die unbekannten Streufelder zu bestimmen. Die Lösung findet man in der Praxis mit Hilfe des Computers, wozu es verschiedene Feldberechnungsprogramme gibt.

Wir wollen das grundsätzliche Vorgehen bei der Lösung eines „Scattering"-Problems anhand des konkreten Beispiels in Abbildung 12.5 erläutern. Um den Aufwand in Grenzen zu halten, wurde die Anordnung so gewählt, dass die zweidimensionalen Lösungsansätze, welche in Unterabschnitt 11.2.3 hergeleitet wurden, verwendet werden können.[7]

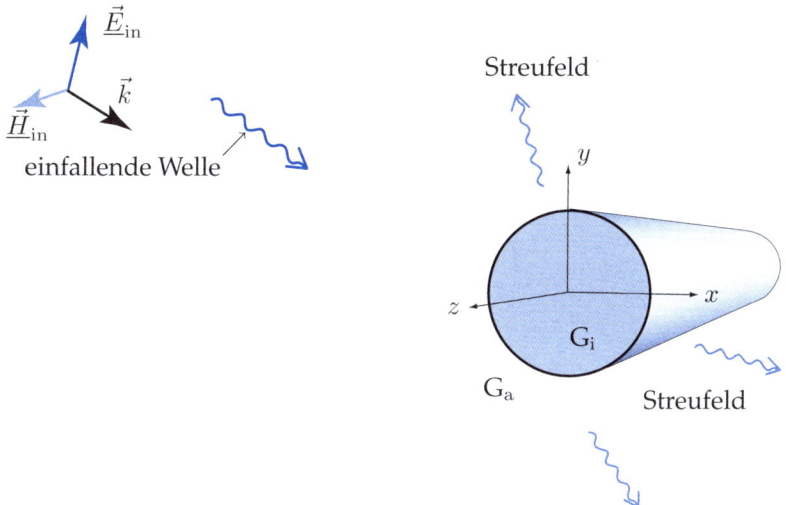

Abbildung 12.5: Das Streuobjekt, ein langer, gerader Draht aus leitfähigem Material (σ_i, μ_i, ε_i) wird von einer Ebenen Welle angestrahlt. Das Gebiet außerhalb des Drahtes wird mit G_a, dessen Inneres mit G_i bezeichnet. In G_a gilt $\sigma_a = 0$.

Es gibt zwei Feldgebiete, G_a und G_i. In jedem müssen Maxwell-Gleichungen der Form (7.12) erfüllt werden. Die Anregung ist gegeben durch eine Ebene Welle, welche gemäß Unterabschnitt 6.4.4 durch die Angabe eines Wellenvektors $\vec{k}$ und einer Amplitude $\underline{\vec{E}}_0$ eindeutig bestimmt ist. Das Streuobjekt ist eine einfache zylindrische Struktur, nämlich ein einzelner Draht. Weiter gelten auf der Drahtoberfläche die Stetigkeitsbedingungen (7.8)[8], und zwar für das *totale* Feld. Zunächst zerlegen wir sowohl das inzidente Feld als auch das Streufeld auf der Drahtoberfläche in tangentiale Komponenten (Index T)[9] und Normalkomponenten (Index n) und setzen das totale Feld (12.24) in die Stetigkeitsbedingungen ein. Die oberen Indices i bzw. a bezeichnen die unbekannten Streufelder innen und außen. Wie erwähnt, ist das inzidente Feld Teil des *äußeren* totalen Feldes, während das innere Feld nur aus dem unbekannten Streufeld besteht.

---

7 Es existieren analoge Ansätze für dreidimensionale Felder, welche mit Hilfe eines Separationsansatzes in *Kugelkoordinaten* gefunden werden.

8 Oder, falls der Draht gut leitet ($\sigma \to \infty$), (7.10).

9 Man beachte den Unterschied zu den transversalen Komponenten im 11. Kapitel. Dort ist der Index fett ($_\mathbf{T}$) und steht für „transversal", hier ist er normal gedruckt ($_\mathrm{T}$) und steht für „tangential".

Dies ergibt die folgenden *inhomogenen* Beziehungen

$$(7.8\text{-}1) \qquad \vec{\underline{E}}_\mathrm{T}^\mathrm{i} - \vec{\underline{E}}_\mathrm{T}^\mathrm{a} = \vec{\underline{E}}_{\mathrm{in\,T}}^\mathrm{a}, \qquad (12.25\text{-}1)$$

$$(7.8\text{-}2) \qquad \vec{\underline{H}}_\mathrm{T}^\mathrm{i} - \vec{\underline{H}}_\mathrm{T}^\mathrm{a} = \vec{\underline{H}}_{\mathrm{in\,T}}^\mathrm{a}, \qquad (12.25\text{-}2)$$

$$(7.8\text{-}5) \qquad \mu_\mathrm{i}\underline{H}_\mathrm{n}^\mathrm{i} - \mu_\mathrm{a}\underline{H}_\mathrm{n}^\mathrm{a} = \mu_\mathrm{a}\underline{H}_{\mathrm{in\,n}}^\mathrm{a}, \qquad (12.25\text{-}3)$$

$$(7.9) \qquad \varepsilon_\mathrm{i}\underline{E}_\mathrm{n}^\mathrm{i} - \varepsilon_\mathrm{a}\underline{E}_\mathrm{n}^\mathrm{a} = \varepsilon_\mathrm{a}\underline{E}_{\mathrm{in\,n}}^\mathrm{a} \qquad (12.25\text{-}4)$$

bzw. im Fall des ideal leitenden Drahtes

$$(7.10\text{-}1) \qquad \vec{\underline{E}}_\mathrm{T}^\mathrm{a} = -\vec{\underline{E}}_{\mathrm{in\,T}}^\mathrm{a}, \qquad (12.26\text{-}1)$$

$$(7.10\text{-}5) \qquad \underline{H}_\mathrm{n}^\mathrm{a} = -\underline{H}_{\mathrm{in\,n}}^\mathrm{a}. \qquad (12.26\text{-}2)$$

In der letzten Gleichung wurde der Faktor μ_a gekürzt. Auf der rechten Seite dieser Gleichungen steht das bekannte inzidente Feld. Um nun die unbekannten Streufelder auf der linken Seite zu bestimmen, gehen wir gleich vor wie früher: Wir machen einen Ansatz für das Streufeld, etwa der Form

$$\begin{pmatrix} \vec{\underline{E}}^\mathrm{a} \\ \vec{\underline{H}}^\mathrm{a} \end{pmatrix} = \sum_{k=1}^{N_\mathrm{a}} \underline{a}_k \begin{pmatrix} \vec{E}_k^\mathrm{a} \\ \vec{H}_k^\mathrm{a} \end{pmatrix},$$

$$\begin{pmatrix} \vec{\underline{E}}^\mathrm{i} \\ \vec{\underline{H}}^\mathrm{i} \end{pmatrix} = \sum_{k=N_\mathrm{a}+1}^{N_\mathrm{a}+N_\mathrm{i}} \underline{a}_k \begin{pmatrix} \vec{E}_k^\mathrm{i} \\ \vec{H}_k^\mathrm{i} \end{pmatrix}, \qquad (12.27)$$

wobei jedes $\begin{pmatrix} \vec{E}_k^\mathrm{a} \\ \vec{H}_k^\mathrm{a} \end{pmatrix}$ eine Lösung der homogenen Maxwell-Gleichungen im Gebiet G_a und

jedes $\begin{pmatrix} \vec{E}_k^\mathrm{i} \\ \vec{H}_k^\mathrm{i} \end{pmatrix}$ eine Lösung der homogenen Maxwell-Gleichungen im Gebiet G_i ist. Die

unbekannten Parameter $\underline{a}_k$ sind zu bestimmen, indem der Ansatz (12.27) in hinreichend vielen Einzelpunkten in die Stetigkeitsbedingungen (12.25) bzw. (12.26) eingesetzt wird.

Geeignete Ansatzfunktionen $\begin{pmatrix} \vec{E}_k^\mathrm{a} \\ \vec{H}_k^\mathrm{a} \end{pmatrix}$ und $\begin{pmatrix} \vec{E}_k^\mathrm{i} \\ \vec{H}_k^\mathrm{i} \end{pmatrix}$ findet man auf die gleiche Weise wie

schon im letzten Kapitel, d.h. man macht für die z-Komponenten von $\vec{\underline{E}}$ und $\vec{\underline{H}}$ je einen Ansatz der Form (11.37)[10] und ermittelt daraus formal die zugehörigen transversalen Felder mittels (11.20). Damit ist das Problem bis auf die numerische Bestimmung der total $N_\mathrm{i} + N_\mathrm{a}$ unbekannten Parameter $\underline{a}_k$ gelöst. Der skizzierte Ansatz wird im Wesentlichen bei der MMP-Methode (Mehrfach-Multipol- Programm) verwendent. (MMP ist ein Programmpaket zur genauen numerischen Berechnung von Streufeldern.)

Man beachte, dass hier die Fortpflanzungskonstante γ, welche im Ansatz (11.37) implizite vorhanden ist, nicht extra bestimmt zu werden braucht, sondern direkt durch die Anregung (die einfallende Ebene Welle) gegeben ist. Es gilt

$$\gamma = jk_\mathrm{z}, \qquad (12.28)$$

wenn k_z jene Komponente des Wellenvektors der einfallenden Welle bedeutet, welche parallel zum bestrahlten Draht weist. Dies ist deshalb evident, weil sonst die Stetigkeitsbedingungen für verschiedene Werte von z unterschiedlich ausfielen.

---

10   Für das äußere Streufeld kommen aus physikalischen Gründen nur die Hankel-Funktionen in Betracht – d.h. die z-Achse muss wie in Abbildung 12.5 im Inneren des Streukörpers gewählt werden –, während das innere Feld mit Bessel-Funktionen allein entwickelt werden kann.

Wäre das Streuobjekt nicht zylindrisch, ist natürlich der Ansatz (11.37) nicht brauchbar. Es muss dann ein anderer Ansatz benützt werden, der auf ähnliche Weise wie im zylindrischen Fall aus der Separation der Helmholtz-Gleichung in Kugelkoordinaten gewonnen werden kann. Für Details sei auf die Spezialliteratur verwiesen.

In der Praxis ist besonders die Streuung an metallischen Objekten bei hohen Frequenzen von Interesse (Radar). In diesem Fall weiß man im Voraus, dass am Streuobjekt nur Ströme auf der Oberfläche angeregt werden. Handelt es sich speziell um dünne Drähte, ist zudem die Richtung der angeregten Ströme vorgegeben. Man kann dann nach einer etwas anderen Philosophie vorgehen und *die angeregten Ströme als primär unbekannte Größen* anschauen, was in einem gewissen Gegensatz zu unserer Argumentation steht, wonach das (Streu-)*Feld* die primär unbekannte Größe ist und folglich in eine Reihe entwickelt wird. Dieser Unterschied wird jedoch unbedeutend, wenn man sich die verallgemeinerten Coulomb'schen Integrale (7.29) bis (7.35) vor Augen hält: Zu jeder Quellenverteilung gehört ein Feld. Das durch diese noch unbekannten Ströme erzeugte Feld kann mit den in Abschnitt 12.1 erörterten Methoden formal berechnet und dann ebenfalls in die Stetigkeitsbedingungen (12.27) eingesetzt werden, was Bestimmungsgleichungen für die Stromstärken ergibt. Dieses Verfahren ist unter dem Namen *Momentenmethode*[11] bekannt geworden. Wird das Strömungsfeld in viele kleine Segmente aufgeteilt, kann das durch ein Segment erzeugte elektromagnetische Feld als Glied einer Reihenentwicklung des gesuchten Streufeldes angesehen werden. Man bringt damit die Momentenmethode und die oben angeschnittene Lösung der Helmholtz-Gleichung durch Separationsansatz unter einen Hut. Die Momentenmethode hat den Vorteil, im Falle „fast bekannter" Stromverteilungen eine dem konkreten Problem gut angepasste Reihe zu liefern. Tatsächlich basiert eine ganze Reihe von kommerziellen Programmpaketen auf dieser Methode, wie wir – unter einem etwas anderen Aspekt – schon in Unterabschnitt 6.7.2 dargelegt hatten. Wenn die Stromverteilung a priori weitgehend unbekannt ist oder die geometrischen Verhältnisse besonders kompliziert sind, ist die Momentenmethode weniger geeignet. In diesem Fall wird man eher eine Volumendiskretisierungsmethode zur Simulation des Feldes wählen.

Es ist kein Zufall, dass Bemerkungen zu *numerischen* Verfahren den Abschluss bilden, denn die Berechnung elektromagnetischer Felder ist in der Praxis fast immer eine Angelegenheit für den Computer. Trotzdem sind zum grundsätzlichen Verständnis die physikalischen Ideen zentral – und diese haben wir im vorliegenden Buch herausgearbeitet. Die LeserInnen sollten jetzt imstande sein, auch weiter gehende Fachliteratur selbständig zu erarbeiten.

---

11 Die häufig verwendete so genannte Momentenmethode (MoM für „method of moments") wird in der Regel so erklärt, dass *Integralgleichungen* – die verallgemeinerten Coulomb-Integrale (7.29) und (7.33) – mit *zwei* Klassen von unbekannten Funktionen, die *Feld*funktionen $\vec{E}(\vec{r})$ und $\vec{H}(\vec{r})$ sowie die *Quellen*funktionen $\vec{J}(\vec{r})$ und $\varrho(\vec{r})$, zu lösen seien. Dabei sind die Feldfunktionen den Randbedingungen unterworfen, während die Quellenfunktionen $\vec{J}$ und ϱ insofern eingeschränkt sind, als sie nur in leitenden Materialien von null verschieden sein dürfen und überdies der Kontinuitätsgleichung (7.4) genügen sollen. Tatsächlich haben derartige Integralgleichungen mathematisch eine eindeutige Lösung. Wir wollen hier nicht auf Details eingehen und verweisen auf die Spezialliteratur.

Prüfungsaufgaben

13

ÜBERBLICK

In diesem Kapitel werden Aufgaben gestellt, die nicht eindeutig einem Abschnitt zugeordnet werden können. Trotzdem kann jeweils ein Schwerpunkt ausgemacht werden, der auch zur Gliederung dieses Kapitels herangezogen wurde.

Die Aufgaben wurden in Prüfungen gestellt, die den Zweck hatten, den gesamten Stoff der Kapitel 1 bis 12 zu testen. Hier soll dem interessierten Leser eine zusätzliche Möglichkeit geboten werden, sich in die elektromagnetischen Felder zu vertiefen und selbständig herauszufinden, ob er alles verstanden hat. Wie bei den übrigen im Text eingestreuten Übungsaufgaben sind auch hier die Lösungen in Anhang A zu finden.

13.1 Aufgaben aus der Elektrostatik

13.1.1 „Punkt"-Ladung im Feld anderer Ladungen

Gegeben: Die Anordnung des Beispiels 1.3.

Gesucht:

a Welche elektrischen Kräfte wirken auf Q? Man gebe insbesondere die Kraftkomponente in Richtung der Geraden g an. An welchen Stellen auf g verschwindet diese Kraft?

b Wie groß ist die mechanische Arbeit, welche aufgewendet werden muss, um Q vom Punkt $x = 0$ nach dem Punkt $x = b$ zu verschieben?

13.1.2 Linear verschiebbare „Punkt"-Ladung

Gegeben: Im leeren Raum befinden sich acht fest verankerte kleine Kugeln, welche je die Ladung $\pm Q$ tragen. Die räumliche Anordnung ergibt sich aus der Abbildung: Die Ladungen sitzen auf den Ecken eines Würfels mit Kantenlänge $2a$. Eine neunte kleine Kugel mit Ladung $-q$ ist im Mittelpunkt M des Würfels angeordnet. Auf dem Strahl g schließlich ist eine zehnte kleine Kugel mit Ladung q (reibungsfrei) verschiebbar. g startet in M und kann im Übrigen räumlich gedreht werden (es sind drei Varianten gezeichnet, g_a [durch den Mittelpunkt eines Oberflächenquadrates], g_b [durch eine Ecke] und g_c [entgegengesetzt zu b]). q sei mindestens $4a$ von M entfernt ($R \geq 4a$). Die Radien der Kugeln sind vernachlässigbar klein gegenüber a.

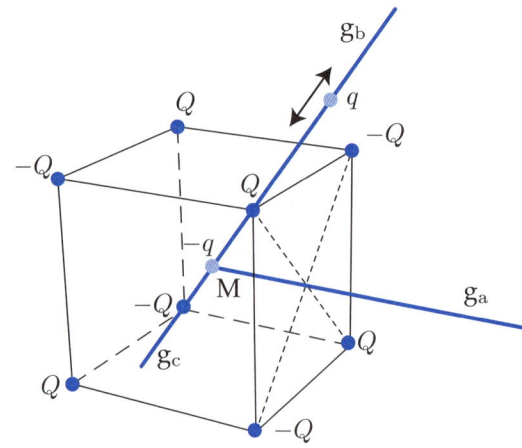

Gesucht:

a Welche elektrischen Kräfte wirken auf q, wenn g = g$_a$? (Kraftvektor in Funktion des Abstandes R)

b Welche elektrischen Kräfte wirken auf q, wenn g = g$_b$? (Kraftvektor in Funktion des Abstandes R)

c Wie groß ist die mechanische Arbeit, welche aufgewendet werden muss, um q von $R = 2a$ bis $R = 3a$ zu verschieben, wenn g = g$_b$? Welcher Unterschied ergibt sich für die Arbeit im Fall g = g$_c$ statt g = g$_b$?

13.1.3 Verschiebbare „Punkt"-Ladungen

Gegeben: Zwei gleiche kleine Kugeln (Masse $m = 1\,\text{g}$) seien mit einer Ladung von $Q = 1\,\mu\text{C}$ geladen. Beide Ladungen sind höchstens auf einer V-förmigen Schiene (reibungsfrei) verschiebbar. Die Schiene befindet sich in Luft, ist aus einem Material gefertigt (z.B. Styropor), das keinen nennenswerten Einfluss auf die Verteilung des elektrischen Feldes hat, und die Kugelradien seien klein verglichen mit dem Abstand der beiden Kugeln. Auf die Kugeln wirken somit elektrische Kräfte sowie die (örtlich konstante) Gravitationskraft $\vec{F}_G = -mg\vec{e}_y$ mit $g = 9.81\,\frac{\text{m}}{\text{s}^2}$.

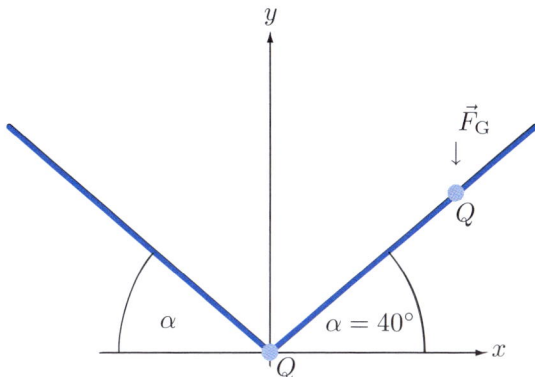

Gesucht:

a Eine Ladung werde im Nullpunkt des Koordinatensystems festgehalten. In welchen Punkt (x_0, y_0) auf der Schiene kann die zweite (bewegliche) Ladung gesetzt werden, wenn sie sich nicht bewegen soll?

b Wie groß ist die mechanische Arbeit, welche aufgewendet werden muss, um im Fall a) die bewegliche Ladung von der berechneten Ruhelage (x_0, y_0) in den Punkt $(x_1, y_1) = (1, \tan\alpha)\,[\text{m}]$ zu verschieben?

c *Beide* Ladungen seien auf den Schienen frei beweglich. Welche Ruhelage stellt sich jetzt ein?

13.1.4 „Punkt"-Ladung im leitend begrenzten Halbraum

Gegeben: Zwei Halbräume, einer gefüllt mit ideal leitendem Material, der andere mit homogen linear isotropem Dielektrikum (μ, ε, $\sigma = 0$ gegeben.) Im Abstand d von der Trennwand im Dielektrikum befindet sich eine kleine Kugel (Radius $r \ll d$), welche die Ladung Q trägt.

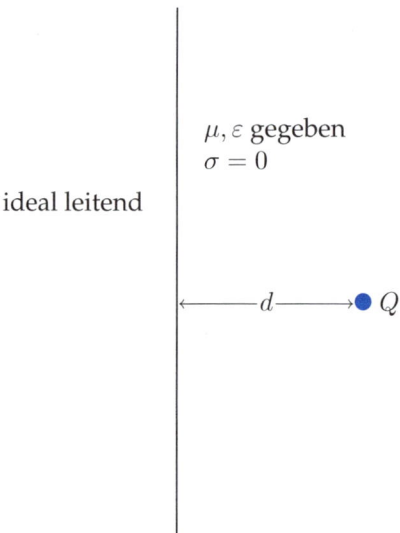

μ, ε gegeben
$\sigma = 0$

ideal leitend

$\longleftarrow d \longrightarrow \bullet\, Q$

Gesucht:

a Wie ist die Feldverteilung (elektrisches Feld $\vec{E}$ und elektrostatisches Potential φ) in beiden Halbräumen?
Tipp: Spiegelungsverfahren, Q als idealisierte Punktladung betrachten.

b Welche Ladungen (außer Q) gibt es in der beschriebenen Anordnung, wo stecken sie und wie groß sind sie?

c Welche Energie muss aufgewendet werden, um die Anordnung aufzubauen?

d Wie groß (Betrag und Richtung) ist die Kraft, welche auf Q wirkt?

13.1.5 Elektrostatik-Tetraeder

Gegeben: Auf den vier Ecken eines regulären Tetraeders mit Seitenlänge d sind Punktladungen angeordnet. Alle Ladungen haben den gleichen Betrag Q, aber unterschiedliche Vorzeichen. Der ganze Raum sei homogen mit einem linearen, isotropen Material der Permittivität ε gefüllt. Zu untersuchen sind zwei Fälle:

I 2 positive und 2 negative Ladungen

II 1 positive und 3 negative Ladungen

Sämtliche Berechnungen sind in dem (den) in a) anzugebenden Koordinatensystem(en) durchzuführen.

Gesucht:

a Je eine Skizze des Tetraeders und der Ladungen in einem günstigen Koordinatensystem.
Tipp: Man wähle das (die) Koordinatensystem(e) gemäß der Symmetrie des Feldes.

b Je eine Feldlinie des elektrischen Feldes in den Fällen (I) und (II).
Tipp: Man beachte die Symmetrie und suche nach geraden Feldlinien!

c Das elektrostatische Potential auf den in b) gefundenen Feldlinien.

d Eine qualitative Beschreibung über Existenz, Lage und Stabilität der Gleichgewichtszustände einer Probeladung q, die nur längs der in b) gefundenen Feldlinien beweglich ist und keinen nicht-elektrischen Kräften unterworfen ist.

e Je eine Gleichung zur Bestimmung solcher Gleichgewichtszustände.

13.1.6 Schwebende Kugel unter einer Ringladung

Gegeben: Ein kreisförmiger dünner Draht D ist mit der Gesamtladung Q homogen geladen und horizontal in Luft festgehalten. Darunter ist eine kleine leitende Kugel K mit Radius r und Ladung $-Q$ und noch unbekannter Masse m auf der senkrechten z-Achse beliebig verschiebbar gelagert. Die praktisch notwendigen Halterungen sind nicht gezeichnet. Ihr Einfluss auf das elektrische Feld sei vernachlässigbar.

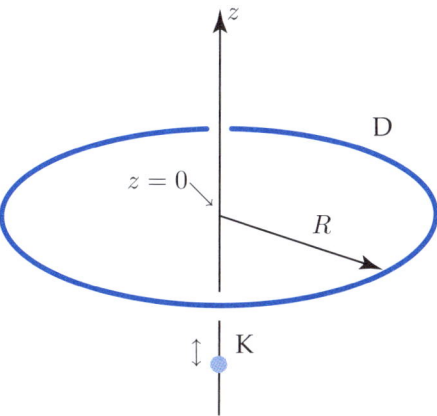

Gesucht:

a Wie sind Richtung und Betrag des elektrischen Feldes $\vec{E}(z)$ auf der z-Achse, wenn die Kugel K im Mittelpunkt des Drahtringes D (bei $z = 0$) festgehalten wird?

b Wie groß sind die Kräfte, die auf die Kugel K an der Stelle z wirken?
Tipp: Die Erdbeschleunigung sei g.

c Wie schwer darf die Kugel K höchstens sein, wenn sie nicht nach $z \to -\infty$ fallen soll? An welcher Stelle befindet sie sich dann?

13.1.7 Koaxialkabel mit inhomogenem Dielektrikum

Gegeben: Eine koaxiale Anordnung gemäß Abbildung (kartesische Koordinaten x, y, z bzw. Zylinderkoordinaten ρ, ϕ, z). Die Geometrie- und Materialeigenschaften sind zylindrisch, d.h. unabhängig von z. Das Dielektrikum ist linear und isotrop, aber inhomogen: Die Permittivität $\varepsilon = \varepsilon_0(1 + \phi)$ variiert stetig mit zunehmendem Winkel ϕ und springt auf der positiven x-Halbachse. Gegeben sind weiter z- und zeitunabhängige Randbedingungen für das elektrische Potential φ (man unterscheide zwischen dem Potential φ und dem Winkel ϕ): $\varphi(R_i) = \varphi_i, \quad \varphi(R_a) = \varphi_a$.

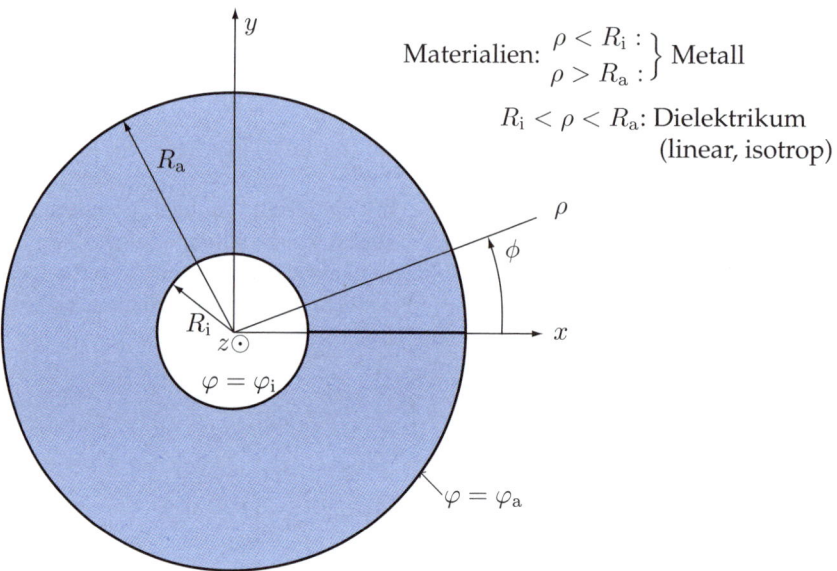

Materialien: $\left.\begin{array}{l} \rho < R_i : \\ \rho > R_a : \end{array}\right\}$ Metall

$R_i < \rho < R_a$: Dielektrikum
(linear, isotrop)

Gesucht:

a Man zeige, dass für das elektrische Feld der Ansatz $\vec{E}(\rho, \phi, z) = E_\rho(\rho) \cdot \vec{e}_\rho$ mit dem radialen Einheitsvektor $\vec{e}_\rho$ und der nur von ρ abhängigen Funktion $E_\rho(\rho)$ allen Stetigkeitsbedingungen genügt. Wie lautet dann die dielektrische Verschiebungsdichte $\vec{D}$ und welche Stetigkeitsbedingungen müssen $\vec{E}$ und $\vec{D}$ erfüllen?

b Welchen Differentialgleichungen müssen $\vec{E}$ und $\vec{D}$ im Bereich $R_i < \rho < R_a$, $0 < \phi < 2\pi$ genügen? Sind diese Gleichungen mit dem Ansatz in a) erfüllt? Kann jetzt die Funktion $E_\rho(\rho)$ ermittelt werden, und wie lautet sie allenfalls?

c Wie viel Ladung Q' (Ladung pro Längeneinheit) befindet sich auf der inneren Elektrode?

d Wie groß ist der Kapazitätsbelag C' (Kapazität pro Längeneinheit) der Anordnung?

13.1.8 Ink-Jet-Printer

Gegeben: Ein „Ink-Jet-Printer" schießt elektrisch geladene Tintentropfen auf Papier. Dabei ergibt sich die folgende Problematik. Einerseits gilt: „Je kleiner der Tropfen, umso schärfer das Bild" und „Je höher die Ladung auf einem Tropfen, umso größer die Kraft und damit umso definierter seine Bewegung". Andererseits haben große Ladungen und kleine Tropfen ein höheres elektrisches Feld in der unmittelbaren Umgebung des Tropfens zur Folge; die Luft kann in diesem Fall ionisiert werden – und dann ist es vorbei mit der Genauigkeit.

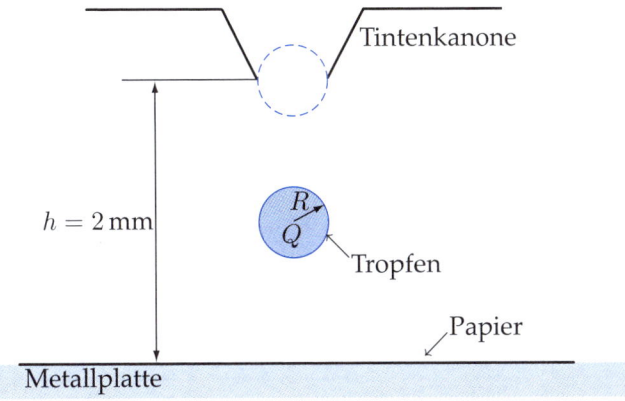

Gesucht:

a Wie groß ist die elektrische Feldstärke auf der Oberfläche eines kugelförmigen, mit der Ladung Q geladenen Tropfens, wenn dieser sich gerade in der Mitte zwischen Tintenkanone und Papier befindet?
Tipp: Man gebe den Betrag der Feldstärke in Funktion von Q und R und nehme an, dass die Metallplatte unter dem Papier und die Kanone das Feld beim Tropfen nicht wesentlich beeinflussen.

b Die Durchschlagfeldstärke für Luft sei $3 \cdot 10^6 \frac{V}{m}$, und R sei 20 μm. Wie groß darf dann die Spannung höchstens sein, um den Tropfen so aufzuladen, dass die Durchschlagfeldstärke mit einem Sicherheitsfaktor 2 nicht erreicht wird?
Tipp: Man berechne die Spannung zwischen einem Tropfen am Ort der Tintenkanone (gestrichelt angedeutet) und dem Papier unter der vereinfachenden Annahme einer fehlenden Tintenkanone.

c Man gebe eine Abschätzung des Einflusses der Metallplatte auf das lokale Feld beim Tintentropfen in der Situation der ersten Teilfrage.
Tipp: Spiegelungsprinzip! Dabei beachte man die Ungleichung $R \ll h$.

13.1.9 Schief polarisierte Platte im Kondensator

Gegeben: Zwei quadratische, parallele, leitende und voneinander isolierte Elektrodenplatten der Fläche A sind mit den Ladungen $\pm Q$ geladen. Der Abstand a der Elektroden ist viel kleiner als deren Seitenlänge $\sqrt{A}$. Zwischen den Elektroden sei vorerst trockene Luft. Später wird eine ungeladene, schief vorpolarisierte, dielektrische Platte der Dicke $d = a/5$ zwischen die geladenen Elektroden geschoben. Das dielektrische Material dieser Platte wird mit der Gleichung $\vec{D} = \varepsilon_0 \varepsilon_r \vec{E} + P_0(\vec{e}_x + \vec{e}_z)$ beschrieben, wobei ε_r und P_0 bekannt seien. Infolge der Ungleichung $a \ll \sqrt{A}$ sind die Felder im Zentrum der Anordnung weder von x noch von y abhängig. Die folgenden Fragen beziehen sich nur auf diesen Bereich, und zwar im eingeschwungenen (statischen) Zustand.

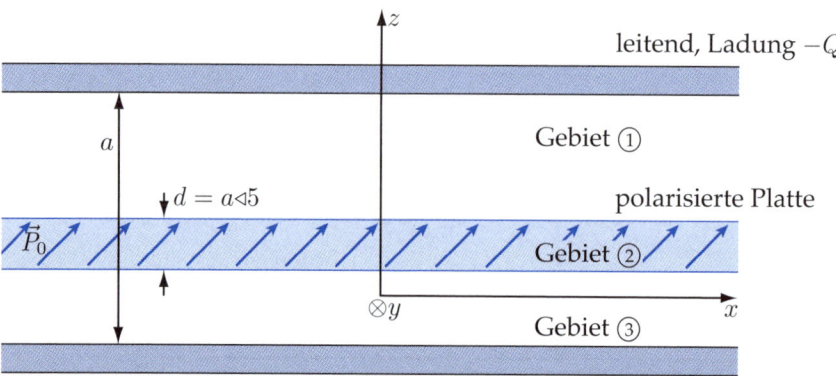

Gesucht:

a   Wie groß muss Q sein, damit *vor* dem Einschieben der dielektrischen Platte der Betrag E_0 des elektrischen Feldes $\vec{E}_0$ zwischen den Elektroden gerade gleich P_0/ε_0 ist? Welche Richtung hat $\vec{E}_0$?

b   Wie groß ist *nach* dem Einschieben die Feldkomponente E_x in den drei Feldgebieten?
Tipp: Man betrachte das Integral $\oint \vec{E} \cdot d\vec{l}$ längs eines rechteckigen Pfades, wobei eine Seite parallel zur x-Achse im Innern einer Elektrodenplatte verläuft.

c   Wie groß ist $\vec{E}$ *nach* dem Einschieben der dielektrischen Platte auf der unteren Oberfläche der oberen Elektrode?
Tipp: Man nehme an, dass sich infolge der Ungleichung $a \ll \sqrt{A}$ die Flächenladungsdichte auf der Elektrode nicht verändert hat.

d   Wie groß sind $\vec{D}$ und $\vec{E}$ in allen drei Feldbereichen zwischen den Elektroden (mit zwei Feldlinien-Skizzen für den Fall, dass Q den in Teilfrage a) gefundenen Wert hat)?

13.1.10 Ladung zwischen Platten

Gegeben: Zwei parallele, ideal leitende Platten sind in y- und in z-Richtung unendlich ausgedehnt. Zwischen den Platten befindet sich ein homogen linear isotropes Material mit Permittivität ε und Leitfähigkeit σ. Zusätzlich gibt es im Bereich $0 < x < a$ eine Raumladungsverteilung $\varrho(x,t)$, die zum Zeitpunkt $t = 0$ durch die folgende Formel beschrieben wird:

$$\varrho(x,0) = \begin{cases} \varrho_0(1 - \frac{x}{a}) & \text{falls } 0 < x \leq a \\ 0 & \text{falls } a \leq x < b \end{cases}$$

Die Spannung zwischen den Platten sei konstant U_0 (durch externe Quellen vorgegeben). Wir betrachten das elektrische Feld $\vec{E}(x,t)$ sowie die Stromdichte $\vec{J}(x,t)$ zwischen den Platten.

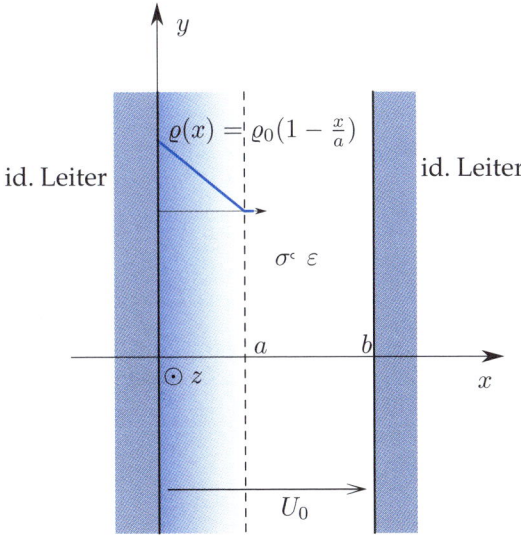

Gesucht:

a Welche Komponenten von $\vec{E}$ und $\vec{J}$ verschwinden aus Symmetriegründen?

b Wie ist der zeitliche Verlauf der Ladungsdichte ϱ?
Tipp: Man suche zuerst eine Differentialgleichung nur für ϱ und benütze dazu die Materialgleichungen.

c Wie verhält sich das $\vec{E}$-Feld räumlich und zeitlich?

d Man gebe eine Skizze des x-Verlaufs von E_x am Anfang ($t = 0$) und nach langer Zeit ($t \to \infty$).

13.1.11 Konzentrische Kugeln

Gegeben: Eine leitende Vollkugel (Radius R_1) und eine leitende Hohlkugel (Innenradius R_2) sind konzentrisch zueinander angeordnet. Die linke Hälfte des inneren Zwischenraumes ist mit Luft und die rechte Hälfte mit einem festen Dielektrikum der Permittivität $\varepsilon > \varepsilon_0$ gefüllt. Die zeitlich unveränderliche Gesamtladung der inneren Kugel sei $+Q$, jene der äußeren Kugelschale $-Q$. Es geht also um die Eigenschaften des elektrostatischen Feldes zwischen den Kugeln.

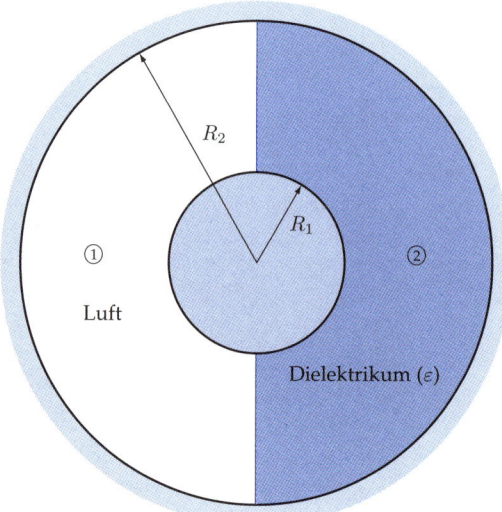

Gesucht:

a   Welche Stetigkeitsbedingung muss das $\vec{E}$-Feld am Materialübergang ① – ② erfüllen?

b   Wie steht das $\vec{E}$-Feld auf der äußeren Oberfläche der Vollkugel, wie auf der inneren Oberfläche der Hohlkugel?

c   Wie groß wäre das $\vec{E}$-Feld im Zwischenraum, wenn dieser ganz mit Luft bzw. ganz mit dem festen Dielektrikum gefüllt wäre?

d   Welche der Stetigkeits- bzw. Randbedingungen aus a) und b) erfüllen die beiden Felder aus c), wenn wir pragmatisch annehmen, die Felder aus c) seien in je „ihrer" Hälfte gerade gleich dem richtigen Feld des vorliegenden Problems?

e   Wie könnte der in d) vorgeschlagene Ansatz modifiziert werden, so dass alle Stetigkeitsbedingungen erfüllt werden?
Tipp: Die Ladung, die zu einem Teilfeld gehört, muss nicht unbedingt gleich Q sein. Nur die totale Ladung auf der Vollkugel ist gleich Q.

f   Wie ist die Ladung auf der Vollkugel und wie auf der Hohlkugel verteilt?

13.1.12 Punktladungen auf Kugel

Gegeben: Auf der Oberfläche einer gedachten Kugel mit Radius $R = 1\,\mathrm{m}$ sitzen sechs kleine leitende Kügelchen mit Radius $R/100$, welche die Ladungen $1q$, $-2q$, $3q$, $-4q$, $5q$ und $-6q$ tragen. Die Kügelchen liegen alle auf den drei kartesischen Koordinatenachsen. Die genaue Lage geht der Abbildung hervor, wo nur die Schnittkreise der gedachten Kugel mit den Koordinatenebenen $x = 0$, $y = 0$ und $z = 0$ eingezeichnet sind. Ein weiteres Kügelchen mit Radius $R/100$ und Ladung $Q = 3q$ kann an verschiedene Orte gebracht werden. (In der Abbildung sitzt Q im Koordinatenursprung.) Die ganze Anordnung befindet sich in trockener Luft. Alle Vektorkomponenten beziehen sich auf das im Bild eingezeichnete kartesische Koordinatensystem, und das Potential verschwindet im Unendlichen. Es sollen die elektrostatischen Verhältnisse untersucht werden.

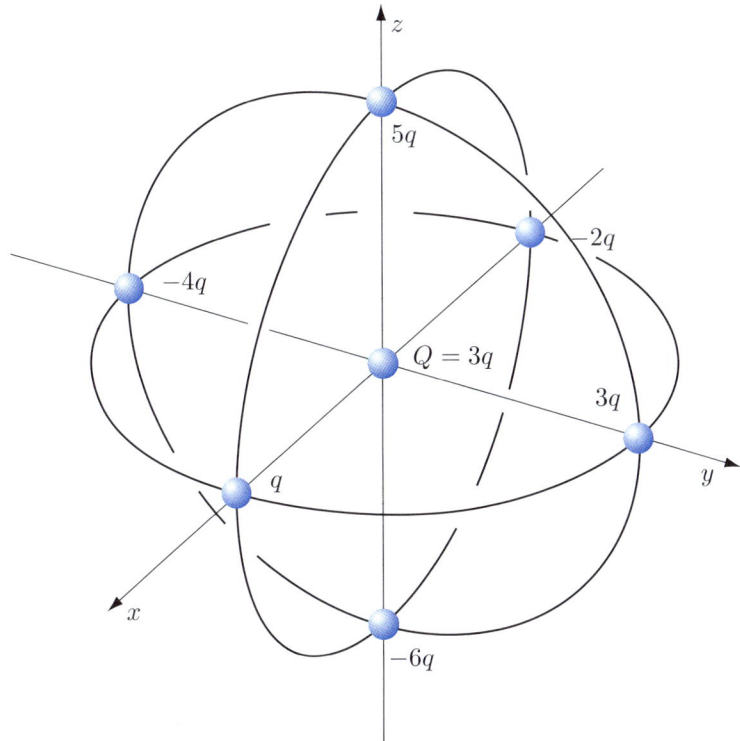

Gesucht:

a Welche Kraft $\vec{F}_0$ wirkt auf Q, wenn sich diese am Ausgangsort $\vec{r}_0 = \vec{0}$ befindet?

b Jetzt wird die Ladung Q nach dem neuen Ort $\vec{r}_1 = 100R\left(\begin{smallmatrix}6\\7\\8\end{smallmatrix}\right)$ verschoben. Dort wird eine Kraft $\vec{F}_1$ auf Q mit $|\vec{F}_1| = 1.0\,\mu$N gemessen. Welche Richtung hat $\vec{F}_1$ und wie groß ist q?
Tipp: Man beachte die große Distanz und die beschränkte Genauigkeit von $|\vec{F}_1|$!

c Wie groß ist die Kraft auf Q, wenn diese Ladung am Ort $\vec{r}_2 = 3\vec{r}_1$ platziert wird?

d Welche mechanische Arbeit muss geleistet werden, um Q von $\vec{r}_0$ reibungsfrei nach $\vec{r}_1$ zu schieben?

e Die sechs Ladungen bleiben stehen, das siebte Kügelchen mit der Ladung Q soll jetzt so platziert werden, dass das totale elektrische Feld im Koordinatenursprung verschwindet. Wo ist jetzt Q?

f Wo könnte das siebte Kügelchen platziert werden, wenn das Potential im Ursprung verschwinden soll?

13.1.13 Punkt- und Ringladungen

Gegeben: Vier gleich lange, zu je einem Kreisbogen mit Radius $R = 20\,$cm gebogene Drahtstücke aus leitendem Material sind auf einem Kreis mit dem gleichen Radius R symmetrisch um die z-Achse in der x-y-Ebene angeordnet. Längs der z-Achse ist ein feiner Nylonfaden mit zwei kleinen aufgefädelten Perlen der Masse $m = 0.1\,$g gespannt. Die vier Drähte tragen je die Ladung $Q = 1\,$nC, während die Perlen vorerst ungeladen sind. Die Durchmesser von Drähten und Perlen sind gegenüber R vernachlässigbar klein und das Ganze befindet sich in trockener Luft. Die Erdbeschleunigung $g = 9.81\,\frac{\text{m}}{\text{s}^2}$ wirkt senkrecht nach unten in $-z$-Richtung.

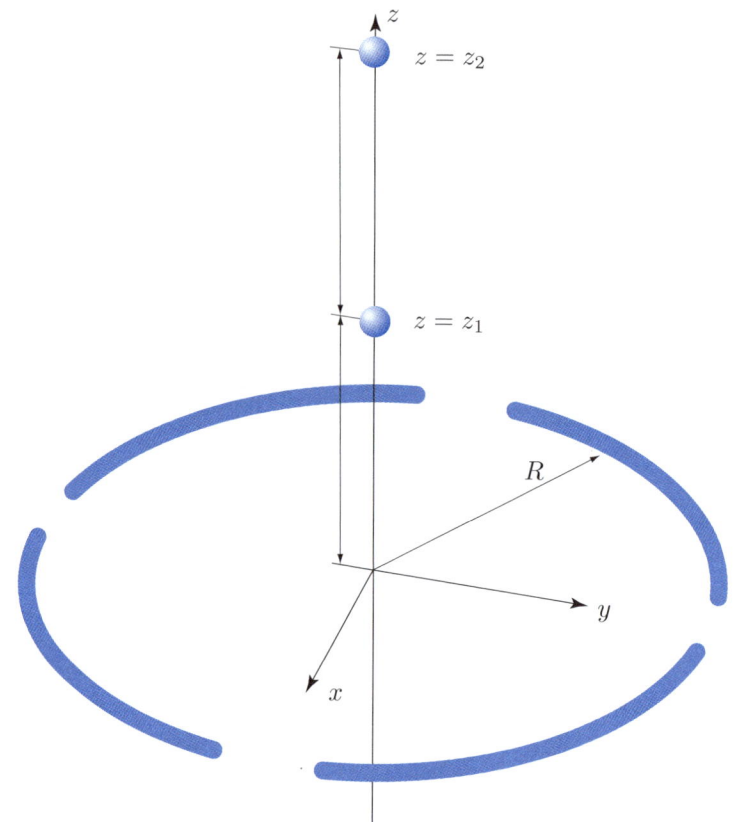

Gesucht:

a   Welche Richtung hat das elektrische Feld $\vec{E}$ auf der z-Achse (mit Begründung!)?

b   Wie groß ist der Betrag von $\vec{E}$ auf der z-Achse in Funktion von z (Formel und qualitative Skizze im Bereich $0 \leq z < \infty$)?

c   An welcher Stelle auf der z-Achse ist die Feldstärke maximal und wie groß ist dort ihr Wert?

d   Die untere der beiden Perlen werde jetzt mit der Ladung Q_P geladen, die andere weit weg geschoben. Wie groß ist Q_P, wenn die Perle danach bei $z = h = 30\,\text{cm}$ schwebt?

e   Würde die Perle an der gleichen Stelle verharren, wenn der Nylonfaden vorsichtig durchgeschnitten und entfernt würde (mit Begründung!)?

f   Jetzt werde die obere Perle mit der gleichen Ladung Q_P geladen. Ist es möglich, dass jetzt beide Perlen bei gewissen Werten $z_1 < h, z_2$ schweben?
Tipp: Beachte die Ungleichung $Q \ll Q_P$ sowie den in c) berechneten Maximalwert.

g   Die mit je Q_P geladenen Perlen seien am Anfang auf entgegengesetzten Armen der x-Achse, bei $x = \pm 1\,\text{km}$. Wie viel Energie muss aufgewendet werden, um die beiden Perlen auf die z-Achse nach z_1 und z_2 zu bringen?

13.1.14 Plattenkondensator mit inhomogenem Dielektrikum

Gegeben: Ein Plattenkondensator gemäß Zeichnung, wobei der Abstand a der ideal leitenden Platten viel kleiner sei als deren Abmessungen b und c. Der Raum zwischen den Platten kann mit drei verschiedenen, unmagnetischen dielektrischen (d.h. nicht leitenden) Materialien gefüllt werden. Unter Vernachlässigung von Randeffekten sollen jeweils das elektrische Feld zwischen den Platten sowie die Kapazität der Anordnung untersucht werden.

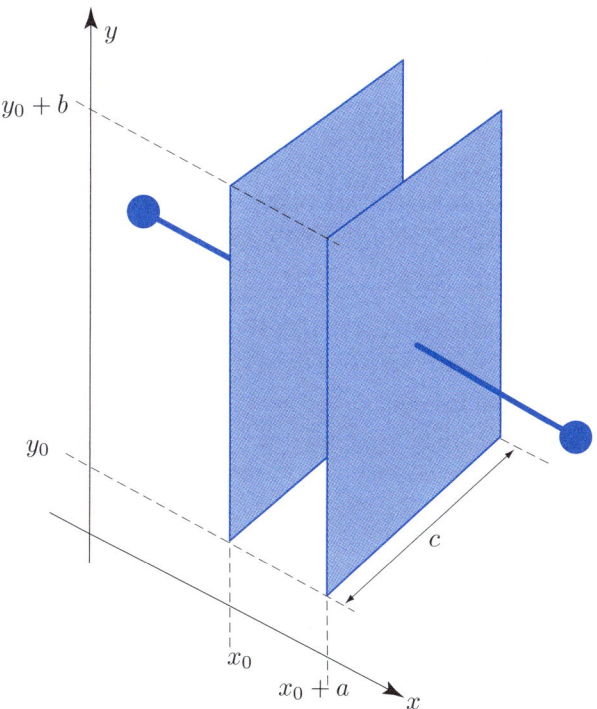

Material A: Die Permittiviät ε variiert nur in y-Richtung

$$\varepsilon_A = \varepsilon_A(y) = \varepsilon_0 \frac{y - y_0 + b}{b}.$$

Material B: Die Permittiviät ε variiert nur in x-Richtung

$$\varepsilon_B = \varepsilon_B(x) = \varepsilon_0 \frac{x - x_0 + a}{a}.$$

Material C: Die Permittiviät ε ist ortsunabhängig und variiert mit der Kreisfrequenz ω (z.B. ein ionisiertes Gas):

$$\varepsilon_C = \varepsilon_C(\omega) = \varepsilon_0 \left(1 - \frac{\omega_p^2}{\omega^2 - j\omega\gamma} \right).$$

Dabei sind die Plasmafrequenz ω_p und die reelle Konstante $\gamma > 0$ gegeben.

Gesucht:

a Material A: Welchen Feldgleichungen und Randbedingungen muss das elektrische Feld genügen? Verletzt das ortsunabhängige Feld $\vec{E} = E_0 \vec{e}_x$ eine Feldgleichung oder eine Randbedingung (mit Begründung!)?

b Material A: Wie groß ist die Kapazität C_A?

c Material B: Welche Feldgleichung würde das ortsunabhängige Feld $\vec{E} = E_0 \vec{e}_x$ verletzen? Welcher Feldverlauf könnte passen?
Tipp: Beachte die Symmetrie der Anordnung!

d Material B: Wie groß ist die Kapazität C_B?

e Material C: Wie groß dürfen die Plattenabmessungen b und c höchstens sein, damit zwischen den Platten mit gutem Gewissen ein homogenes Feld angenommen werden kann?
Tipp: Es sei bei variabler Frequenz immer $\omega_p^2 \ll |\omega^2 - j\omega\gamma|$!

f Material C und homogenes Feld: Wie ist der (frequenzabhängige) Zusammenhang zwischen Spannung und Ladung am Kondensator und welches Ersatzschaltbild kann jetzt benützt werden?
Tipp: Das Ersatzschaltbild soll nur frequenzunabhängige Elemente R, L und C enthalten.

13.2 Aufgaben mit Feldern im freien Raum

13.2.1 Ebene Pulswelle im Vakuum

Gegeben: Die skalare, reellwertige Funktion

$$f(\xi) := \begin{cases} \cos^2 \xi, & \text{falls } -\frac{\pi}{2} \le \xi \le \frac{\pi}{2}, \\ 0 & \text{sonst.} \end{cases}$$

Die kartesischen Komponenten des elektrischen Feldes

$$E_x(x, y, z, t) = E_x(z, t) = E_0 \cdot f\big(\omega(z/c - t)\big),$$
$$E_y(x, y, z, t) = 0,$$
$$E_z(x, y, z, t) = 0.$$

Die Größen ω (Dimension 1/s), c (Dimension m/s) und E_0 (Dimension V/m) seien gegeben.

Gesucht:

a Welches $\vec{H}$-Feld gehört zur gegebenen $\vec{E}$-Feldverteilung, wenn zur Zeit $t = 0$ das Magnetfeld für große z verschwindet?

b Man beschreibe in Worten jenen raum-zeitlichen Bereich, wo das elektromagnetische Feld nicht verschwindet.

c Wie fließt die Energie?

13.2.2 Zirkular polarisierte Ebene Welle

Gegeben: $\underline{\vec{E}}_1$ bzw. $\underline{\vec{H}}_2$ von zwei linear polarisierten Ebenen Wellen im Vakuum:

$$\underline{\vec{E}}_1(\vec{r}) = \underline{\vec{E}}_1(z) = E_0 \cdot e^{-jk_0 z} \cdot \vec{e}_x, \quad \underline{\vec{H}}_1(\vec{r}) = \underline{\vec{H}}_1(z) = ?$$
$$\underline{\vec{H}}_2(\vec{r}) = \underline{\vec{H}}_2(z) = \frac{jE_0}{Z_{w0}} \cdot e^{-jk_0 z} \cdot \vec{e}_x, \quad \underline{\vec{E}}_2(\vec{r}) = \underline{\vec{E}}_2(z) = ?$$

wobei

$$k_0 = \omega\sqrt{\mu_0\varepsilon_0} \quad \text{und} \quad Z_{w0} = \sqrt{\frac{\mu_0}{\varepsilon_0}}.$$

Die Größen ω und $\underline{E}_0$ seien gegeben.

Gesucht:

a Wie lauten $\underline{\vec{H}}_1(z)$ und $\underline{\vec{E}}_2(z)$, wenn $\begin{pmatrix} \underline{\vec{E}}_1 \\ \underline{\vec{H}}_1 \end{pmatrix}$ und $\begin{pmatrix} \underline{\vec{E}}_2 \\ \underline{\vec{H}}_2 \end{pmatrix}$ je eine vollständige Lösung der homogenen Maxwell-Gleichungen sind?

b Wie fließt die Energie in Funktion von Raum und Zeit, wenn nur entweder das Feld 1 oder das Feld 2 vorhanden ist?

c Man bilde die Superposition

$$\begin{pmatrix} \underline{\vec{E}} \\ \underline{\vec{H}} \end{pmatrix} := \begin{pmatrix} \underline{\vec{E}}_1 \\ \underline{\vec{H}}_1 \end{pmatrix} + \begin{pmatrix} \underline{\vec{E}}_2 \\ \underline{\vec{H}}_2 \end{pmatrix}.$$

Wie fließt die Energie in diesem Fall?

d Man erkläre in Worten das zeitliche Verhalten von $\vec{E}$ bei festem Ort $\vec{r} = \vec{0}$.

13.2.3 Feld im freien Raum

Gegeben: Zwei annähernd ideale – d.h. das elektromagnetische Feld nicht beeinflussende – Feldsonden, eine zur Messung des elektrischen Feldes $\vec{E}$ und eine für das magnetische Feld $\vec{H}$, hängen an einem Luftballon 500 m über dem Erdboden. Der Luftballon und die Aufhängevorrichtung der Sonden haben ebenfalls keinen nennenswerten Einfluss auf das elektromagnetische Feld, und es gibt keine anderen fliegenden Objekte im Umkreis von 1 km um den Ballon. Zur Diskussion steht das folgende, im Koordinatensystem der Sonde ausgedrückte Messergebnis:

$$\vec{E} = E_0 \cos(\omega t + \phi)(-\vec{e}_y + \vec{e}_z)$$
$$\vec{H} = H_{0x} \cos(\omega t + \phi)\vec{e}_x - H_{0y}\vec{e}_y$$
$$\text{mit } \omega = 2\pi f, \qquad f = 300\,\text{MHz}, \qquad \phi = \frac{\pi}{3},$$
$$E_0 = 10.6\,\frac{\text{V}}{\text{m}}, \qquad 10^3 \cdot H_{0x} = H_{0y} = 40\,\frac{\text{A}}{\text{m}}.$$

Die Orientierung des Koordinatensystems der Sonde sei folgendermaßen: $\vec{e}_x$ zeigt nach Osten, $\vec{e}_y$ nach Norden und $\vec{e}_z$ senkrecht nach oben, und der Nullpunkt liegt im Sondenschwerpunkt.

Gesucht:

a Ist das angegebene Resultat plausibel oder muss ein Messfehler vermutet werden (mit Begründung!)?

b Welcher elektromagnetische Energiefluss gehört zum gemessenen Feld in der Umgebung des Luftballons in Funktion der Zeit und im Zeitmittel?

c Der Ballon sei auf der Erdoberfläche im Punkt P verankert. In welcher Richtung von P aus ist ein 300-MHz-Sender zu vermuten?

13.2.4 Vervollständigung teilweise gegebener Maxwell-Felder

Gegeben: Die folgenden kartesischen Komponenten einer stationären Lösung (Kreisfrequenz $\omega > 0$, reell) der Maxwell-Gleichungen im homogen, linear isotropen Raum (μ, σ und ε gegeben, alle reell und positiv):

$$\underline{E}_z = \underline{E}_x = \underline{0}, \quad \underline{H}_y = \underline{H}_x = \underline{0}, \quad \underline{E}_y = \underline{E}e^{-jkx} \quad k = \sqrt{\omega^2 \mu \varepsilon - j\omega\mu\sigma}$$

Gesucht:

a   Wie groß ist die z-Komponente $\underline{H}_z$ der magnetischen Feldstärke?

b   Wie ist die Verteilung der elektromagnetischen Energiedichte $w(\vec{r}, t)$ in Funktion von Ort $\vec{r}$ und Zeit t?

c   Wie fließt die Energie in diesem Fall in Funktion von $\vec{r}$ und t?

13.2.5 Zwei Ebene Wellen

Gegeben: Ein elektromagnetisches Feld $(\vec{E}, \vec{H})$ im homogenen Raum (Permittivität ε, Permeabilität μ, Leitfähigkeit $\sigma = 0 \frac{A}{Vm}$). Die Feldgrößen sind unabhängig von den kartesischen Koordinaten x und y. Weiter sei $\vec{E} = E(z, t)\vec{e}_x$, wobei der Einheitsvektor $\vec{e}_x$ in Richtung der positiven x-Achse weist. Zur Zeit $t = 0$ gilt

$$E(z, 0) = E_0(1 + 2\cos kz)\sin kz.$$

Gesucht:

a   Welche Richtung hat $\vec{H}$?
     Tipp: Man nehme an, dass der zeitliche Mittelwert von $\vec{H}$ für alle z verschwindet.

b   Wie könnte der zeitliche Verlauf von $\vec{E}$ ausschauen, und wie lautet dann das zugehörige $\vec{H}$-Feld?
     Tipp: Lösungen der Wellengleichung können in der Form $f(z, t) = \tilde{f}(kz \pm \omega t)$ dargestellt werden.

c   Man zeige, dass das gegebene Feld als Superposition von *zwei* harmonischen Ebenen Wellen dargestellt werden kann. Wie sehen die zugehörigen Wellenvektoren ($\vec{k}$-Vektoren) aus, und was kann man folglich über die Frequenz(en) sagen, die in $(\vec{E}, \vec{H})$ enthalten ist (sind)?

13.3 Aufgaben mit Joule'schem Energieumsatz

13.3.1 Elektrischer Widerstand einer Folie

Gegeben: Aus einer Folie (Dicke d, elektrische Leitfähigkeit σ) wird ein Kreisringsektor ausgeschnitten, mit einem sehr guten Leiter gemäß Abbildung kontaktiert und mit einer idealen Gleichspannungsquelle verbunden.

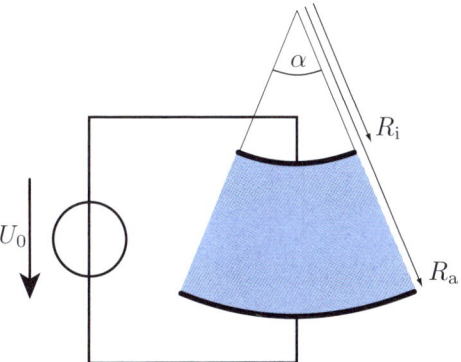

Gesucht:

a Wie ist die Stromverteilung $\vec{J}$ in der Folie?

b Wie viel elektrische Leistung wird in der Folie insgesamt in Wärme umgesetzt?

c Man gebe ein einfaches Ersatzschaltbild der Anordnung.

13.3.2 Strom in halben Kreiszylindern

Gegeben: In den beiden Hälften eines sehr langen, leitfähigen Kreiszylinders fließt Strom im Kreis herum. Im Spalt der Dicke $d \rightarrow 0$ zwischen den beiden Hälften befinden sich zwei flächenhaft ausgedehnte Quellen mit Quellenspannung U_0, eine oben und eine unten. Beide Quellen führen pro Meter z-Länge je den Strom I'. Die Stromdichte $\vec{J}$ ist nach Verteilung, Richtung und Betrag vorgegeben:

■ $\vec{J}$ hat nur eine ϕ-Komponente, d.h. der Strom fließt (halb-)kreisförmig.

■ Der Betrag von $\vec{J}$ ist konstant: $|\vec{J}| = J$.

■ Das Zylindermaterial ist isotrop und linear, aber inhomogen, wobei die Leitfähigkeit σ in den beiden Zylinderhälften nur von ρ abhängig ist.

■ Sämtliche Felder sind unabhängig von z.

Das eingezeichnete Koordinatensystem (gewöhnliche Zylinderkoordinaten ρ, ϕ, z) ist auf die rechte Seite zentriert. Links herrschen symmetrische Verhältnisse. Im Zentrum ($\rho < R_\mathrm{i}$) und außerhalb ($\rho > R_\mathrm{a}$) ist Luft, und es gibt keine magnetischen Materialien.

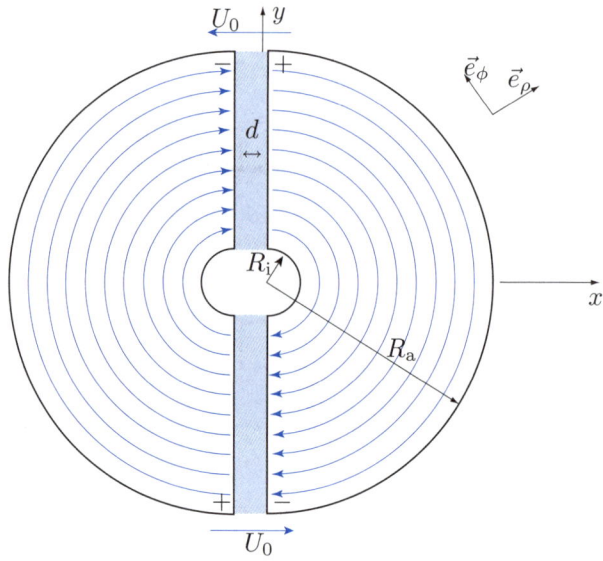

Gesucht:

a Wie groß sind in den Leitern die Stromdichte $\vec{J}$, die elektrische Feldstärke $\vec{E}$ und die Leitfähigkeit σ in Funktion des Ortes und der gegebenen Quellengrößen U_0 und I'?

b Wie viel elektrische Leistung wird im halben Hohlzylinder $0 < z < l$, $-\frac{\pi}{2} < \phi < \frac{\pi}{2}$, $R_i < \rho < R$ (mit $R < R_a$), in Wärme umgesetzt?

c Wie groß ist das magnetische Feld $\vec{H}$, das zur gegebenen Stromverteilung gehört, wenn die z-Komponente von $\vec{H}$ bei $\rho = R_a$ verschwindet?
Tipp: Man vernachlässige die Dicke d des Spalts. Dann ist das gesuchte Feld rotationssymmetrisch bezüglich ϕ und weist gewisse Gemeinsamkeiten auf mit dem Feld einer langen Zylinderspule.

d Wie verläuft der Leistungsfluss (Poynting-Vektor) im Leiter (exakte Formel) und außerhalb (nur qualitative Beschreibung)?

13.3.3 Widerstand einer Melone

Gegeben: Eine praktisch kugelförmige Wassermelone (Durchmesser 20 cm) wird mit den Prüfspitzen eines Ohmmeters an den Stellen a und b angestochen. Das Instrument zeigt $R_1 = 70\,\Omega$. Das gleiche Ergebnis resultiert, wenn die Melone bei c und d oder bei e und f angestochen wird. Außerdem ist das Resultat unabhängig von der Polarität des Ohmmeters.

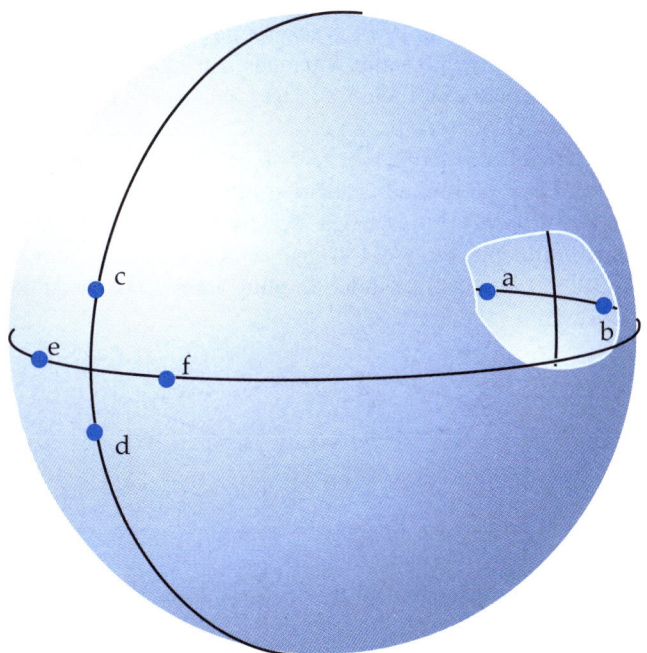

In einem zweiten Versuch werden zwei (identische) Ohmmeter verwendet. Eines wird bei a und b angeschlossen, das andere bei c und d, und wiederum zeigen beide Instrumente unabhängig von der Polarität immer R_1.

Im dritten Versuch schließlich werden die Spitzen des ersten Instruments bei a und b stecken gelassen, während das zweite Ohmmeter bei e und f angeschlossen wird. Jetzt zeigen beide Messinstrumente den Wert $R_2 = 90\,\Omega$ an. Vertauscht man die Anschlüsse a und b, sinkt die Anzeige beider Instrumente auf $R_3 = 50\,\Omega$. Dasselbe ist der Fall, wenn nur die Anschlüsse e und f vertauscht werden. Sind jedoch sowohl a und b als auch e und f vertauscht, zeigen beide Instrumente wieder $R_2 = 90\,\Omega$.

Die genaue Lage der Punkte a bis f geht aus der Zeichnung hervor. Die Punkte a und b sind Spiegelbilder von e und f und liegen alle auf dem gleichen Meridian, während c und d auf einem um 90° gedrehten Meridian liegen. Alle Punkte haben den gleichen Abstand vom nächstgelegenen Schnittpunkt der eingezeichneten Meridiane.

Die Melone besteht aus linearem Material und weist Kugelsymmetrie auf.

Gesucht:

a Man gebe für alle drei Versuche je ein Modell (d.h. eine Ersatzschaltung) der Anordnung, welche die oben beschriebenen Ergebnisse erklärt.
Tipp: Die Ohmmeter arbeiten mit Gleichstrom.

b Welche Anzeige ist *ungefähr* zu erwarten, wenn das erste Ohmmeter bei a und c eingesteckt und das zweite Instrument weggelegt wird? Kann aus den gemachten Angaben ein genauer Wert errechnet werden? Warum bzw. warum nicht?

13.3.4 Würfelpudding

Gegeben: Ein homogener Pudding (*kein* Wackelpudding, sondern eine feste Variante, welche die Form während der folgenden Versuche beibehält!) in Gestalt eines Würfels steht auf einer Porzellanplatte und kann an allen acht Ecken kontaktiert werden. Die Kontaktflächen sind sehr klein, verglichen mit der Kantenlänge $l = 17$ cm. Er ist unmagnetisch, hat eine relative Permittivität von $\varepsilon_\mathrm{r} = 40$ und ist elektrisch leitfähig (Leitfähigkeit $\sigma = 0.3 \frac{1}{\Omega\mathrm{m}}$). Mit einer idealen, einstellbaren Spannungsquelle (Gleichstrom: Quellenspannung $U_0 = 1$ V oder sinusförmige Wechselspannung: Frequenz einstellbar $f = 1\ldots1000$ Hz, Amplitudenwert $U = 1$ V) sowie einem Voltmeter, einem Amperemeter und einem Widerstand ($R = 10\,\Omega$) wird der Pudding vermessen, zuerst bei Gleichstrom, dann bei Wechselstrom.

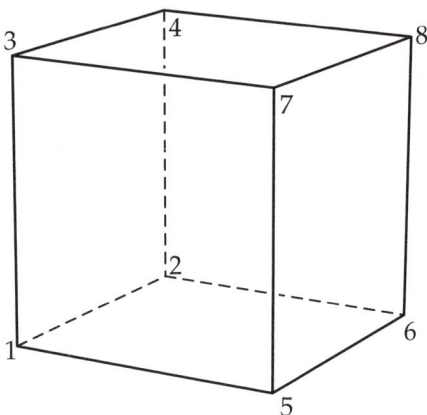

Gesucht:

a Der Minuspol der Spannungsquelle (Gleichstrom) wird fest mit der Ecke 8 verbunden, der Pluspol der Reihe nach mit den Ecken 1, 2, 3, 7. Das Voltmeter kontaktiert die Ecken 5 und 6 („+" an 5, „−" an 6). Welches Vorzeichen hat die Spannung am Voltmeter in allen sieben Fällen?
Tipp: Das Vorzeichen kann prinzipiell drei Werte haben, „+", „−" und „0".

b Die Spannungsquelle (Wechselstrom) wird fest mit den Ecken 1 und 8 verbunden und weiter nur an den Ecken 5 und 6 gemessen. Wie sieht eine (möglichst einfache) Ersatzschaltung des Puddings aus? (Gefragt ist nur die Struktur der Ersatzschaltung und *nicht* deren charakteristische Größen!)
Tipp: Man frage sich zuerst, ob quasistatische Feldberechnungen zulässig sind!

c Bei einer Kontaktierung gemäß b) werden ein Kurzschluss- und ein Leerlaufversuch durchgeführt. Die Amplitude des Kurzschlussstromes an den Ecken 5 und 6 ist $|\underline{I}_\mathrm{k}| = 0.85$ mA, die Leerlaufspannung (Amplitudenwert) beträgt $|\underline{U}_\mathrm{l}| = 50$ mV, und der Quellenstrom ist beim Leerlaufversuch $|\underline{I}_q| = 16.7$ mA. Wie groß ist die Spannung am $10\,\Omega$-Widerstand, wenn jetzt dieser an den Ecken 5 und 6 angeschlossen wird?
Tipp: Man beachte, dass nur Amplitudenwerte vorgegeben sind.

13.3.5 „Coupe danemarque surprise"

Gegeben: Bekanntlich erhält man Vanille-Eis mit geschmolzener heißer Schokolade, wenn man im Restaurant einen „Coupe danemarque" bestellt. Eine originale Wirtin serviert nur gefrorene Vanille-Eiskugeln. Sticht man mit dem Löffel in eine solche Kugel, fließt dampfende Schokolade heraus. Zur Herstellung dieser Spezialität werden (kalte und somit feste!) Schokoladenkugeln mit Vanille-Eis umgeben und alles wird eingefroren. Kurz vor dem Servieren gibt man die so präparierten Kugeln in den Mikrowellen-Ofen (Betriebsfrequenz $f = 2.2\,\text{GHz}$) und lässt sie dort eine halbe Minute lang. Die Schokolade im Innern der Eiskugel erhitzt sich dabei schneller als das Vanille-Eis außen herum.

Der Außendurchmesser der Eiskugel sei 5 cm, jener der (konzentrischen) Schokoladenkugel 2 cm. Bei einer bestimmten Ofenleistung dauert das Aufheizen einer $-24°C$ kalten Kugel 30 Sekunden. Endtemperatur der Schokolade: $+60°C$; Endtemperatur des Vanille-Eises: $-10°C$.

Die Wärmekapazität c_S von Schokolade sei halb so groß wie jene von Vanille-Eis. (Pro memoria: Um m [kg] Schokolade um $\triangle\vartheta$ [°C] zu erwärmen, muss die Energie $W = c_S \cdot m \cdot \triangle\vartheta$ aufgewendet werden. Im Volumen V ist $\rho_S \cdot V$ [kg] Schokolade bzw. $\rho_V \cdot V$ [kg] Vanille-Eis. Man setze die Massendichten gleich: $\rho_S \approx \rho_V$! Um Schokolade zum Schmelzen zu bringen, sei nur eine sehr kleine (zu vernachlässigende!) Wärmemenge (die so genannte *Schmelzwärme*) erforderlich.)

Die Dielektrizitätskonstanten von Schokolade und von Vanille-Eis sind bei der betrachteten Frequenz nicht größer als $3\varepsilon_0$ und die Leitfähigkeiten sind von der Größenordnung $\sigma \approx 10^{-4}\,\frac{\text{A}}{\text{Vm}}$. Selbstverständlich sind die beiden Substanzen nicht besonders magnetisch.

Gesucht:

a Wie stark wird das elektromagnetische Feld höchstens gedämpft, wenn es durch das Vanille-Eis zur Schokolade vordringen muss?
Tipp: Man rechne mit einem Modell aus ebenen Schichten Luft – Vanille-Eis – Schokolade.

b Wie unterscheiden sich Vanille-Eis und Schokolade bezüglich ihrer elektrischen Leitfähigkeiten, wenn die obigen Angaben zutreffen?
Tipp: Man vernachlässige die Wärmeleitung zwischen beiden Materialien und betrachte nur die nötige Wärmeproduktion.

13.4 Aufgaben zur Reziprozität

13.4.1 Zweitoreigenschaften (regulär)

Gegeben: In einem Faraday-Käfig (d.h. einer Kiste aus ideal leitendem Material) befindet sich eine physikalische Versuchsanordnung, welche aus lauter passivem, linear isotropem Material aufgebaut ist. Weiter soll die ganze Betrachtung im stationären Zustand erfolgen. Der Faraday-Käfig ist mit zwei nach innen führenden Koaxialkabel-Buchsen versehen, welche gemäß Fall A und Fall B mit den angegebenen Resultaten vermessen wurden.

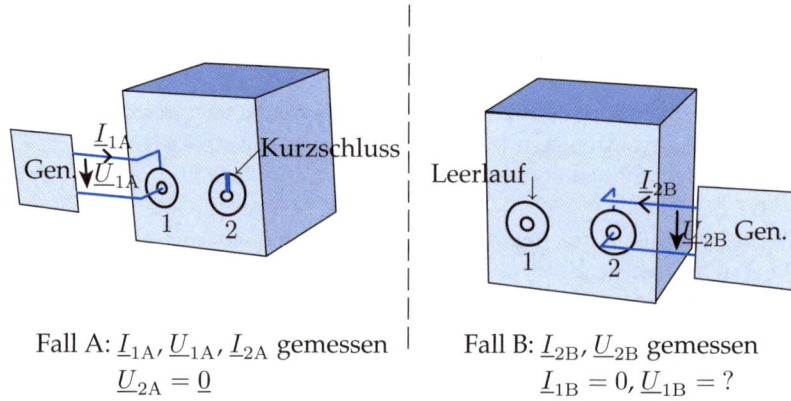

Fall A: $\underline{I}_{1A}, \underline{U}_{1A}, \underline{I}_{2A}$ gemessen
$\underline{U}_{2A} = \underline{0}$

Fall B: $\underline{I}_{2B}, \underline{U}_{2B}$ gemessen
$\underline{I}_{1B} = 0, \underline{U}_{1B} = ?$

Gesucht:

a Welcher Wert ist bei der Messung nach Fall B für $\underline{U}_{1B}$ zu erwarten?

b Man gebe ein einfaches Ersatzschaltbild des verwendeten Generators.

c Welchen Wert erwarten Sie bei der Messung nach Fall C für $\underline{U}_{2C}$?

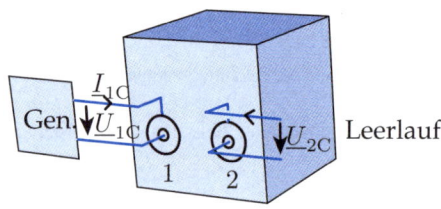

Fall C: $\underline{I}_{2C} = \underline{0}, \underline{U}_{2C} = ?$

13.4.2 Zweitoreigenschaften (singulär)

Gegeben: In einem Faraday-Käfig (d.h. einer Kiste aus ideal leitendem Material mit Kantenlänge $a = 1\,\text{m}$) befindet sich eine physikalische Versuchsanordnung aus linearem Material. Der Faraday-Käfig ist mit zwei nach innen führenden Koaxial-Buchsen versehen. Zur Ausmessung ist folgendes Material verfügbar: Eine ideale Spannungsquelle mit $\underline{U}_q = 1\text{V}$ (im Bild mit U bezeichnet), eine ideale Stromquelle mit $\underline{I}_q = 1\,\text{A}$ (im Bild mit I bezeichnet), ein (ideales) Voltmeter, ein (ideales) Amperemeter und ein Ohm'scher Widerstand (im Bild mit R bezeichnet) mit $R = 1\,\Omega$. Die Frequenz beträgt $50\,\text{Hz}$ und alles soll im stationären Zustand betrachtet werden. Der Anschluss der Spannungsquelle an Buchse 1 liefert die zehnfache Spannung an Buchse 2 (Messung A) und der Anschluss der Stromquelle an Buchse 2 liefert den zehnfachen Strom an Buchse 1 (Messung B). Wird hingegen in den beiden Messungen A und B jeweils Quelle und Widerstand vertauscht, ergibt sich nur je ein Zehntel der Quellengröße am Widerstand.

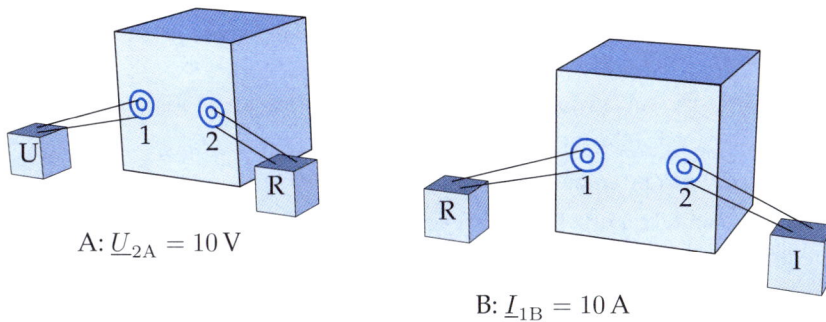

A: $\underline{U}_{2\mathrm{A}} = 10\,\mathrm{V}$

B: $\underline{I}_{1\mathrm{B}} = 10\,\mathrm{A}$

Die Messinstrumente sind nicht extra eingezeichnet.

Gesucht:

a Man gebe eine vollständige und allgemeine Beschreibung des Zusammenhangs zwischen den Größen $\underline{I}_1$ und $\underline{U}_1$ einerseits und den Größen $\underline{I}_2$ und $\underline{U}_2$ andererseits.
Tipp: Die gesuchte Beschreibung ist eine Gleichung der Form

$$\begin{pmatrix} \underline{I}_1 \\ \underline{U}_1 \end{pmatrix} = M \begin{pmatrix} \underline{I}_2 \\ \underline{U}_2 \end{pmatrix} \qquad M: \ 2 \times 2 - \text{Matrix}$$

b Kann aus den gemachten Angaben geschlossen werden, ob sich die Kiste reziprok verhält? Warum bzw. warum nicht?

c Wie groß ist die Spannung an der Buchse II im Fall B, und wie steht es mit dem Leistungsumsatz (Leistungen an den Buchsen 1 und 2 sowie in der Kiste)?

13.4.3 Drahtlose Übertragung „hin und zurück"

Gegeben: Eine einfache Antenne, bestehend aus einer aufgetrennten, kreisrunden Drahtschleife von 40 cm Durchmesser (Drahtdurchmesser = 1 mm) ist auf dem Dach des ETZ-Gebäudes[1] über eine 70 cm lange Doppeldrahtleitung (Drahtabstand 5 mm, Drahtdurchmesser 0.5 mm) mit einem Generator verbunden, der bei einer Frequenz $f = 37\,\mathrm{MHz}$ im Betrieb eine Klemmenspannung $\underline{U} = 2\,\mathrm{V}$ aufweist. Am Antennenturm auf dem Üetliberg[2] gibt es eine große Empfangsantenne, welche mit einem Koaxialkabel von 30 m Länge mit einem Amperemeter (mit Innenwiderstand null!) verbunden ist, welches den Strom $\underline{I} = 1\,\mathrm{nA}$ anzeigt, solange der Generator auf dem ETZ-Gebäude aktiv ist.

In einem zweiten Experiment wird der Generator auf den Üetliberg gebracht und dort am Koaxialkabel angeschlossen, während das Amperemeter auf das ETZ-Gebäude transportiert und mit der Drahtschleife verbunden wird. Nun wird das ganze Experiment mit der umgekehrten Übertragungsrichtung wiederholt. Die Klemmenspannung am Generator beträgt jetzt nur noch 1.3 V.

Die Experimente seien unter idealen Bedingungen abgehalten und es gibt keine störenden Feldquellen. Im ganzen Raum sei lineares Material vorausgesetzt, was für diese schwachen Feldstärken mit guter Näherung zutrifft.

---

1 ETZ ist der Kurzname des „Elektrotechnik Zentral"-Gebäudes in Zürich.
2 Der Üetliberg ist ein Aussichtspunkt bei Zürich, wo auch eine Antennenanlage steht.

Gesucht:

a Wie groß ist beim zweiten Experiment der vom Amperemeter angezeigte Strom auf dem ETZ-Gebäude?

b Warum könnte die Generatorspannung im ersten Fall größer ausgefallen sein?

13.4.4 Zwei schwach interagierende Dipole

Gegeben: Im freien Raum (trockene Luft) befinden sich im Abstand R voneinander zwei gleiche, dipolähnliche Strukturen. Die Abbildung zeigt links die Details eines Dipols, und rechts sind die geometrischen Verhältnisse der gesamten Anordung veranschaulicht. Wir betrachten ausschließlich den stationären Zustand (Kreisfrequenz $\omega = 2\pi f$, $f = 300\,\text{MHz}$). Die dipolähnliche Struktur ist im Interesse einer einfacheren Berechenbarkeit idealisiert: Sie besteht aus einer dünnen Stange mit zwei leitenden Kugeln an den Enden. Die Kugelradien r sind klein verglichen mit der Länge der Stange und groß verglichen mit deren Dicke. In der Stange kann ein Strom I fließen, aber es kann *keine* Ladung auf ihr sitzen bleiben. Mit anderen Worten: Die gesamte von I transportierte Ladung pendelt zwischen den Kugeln.

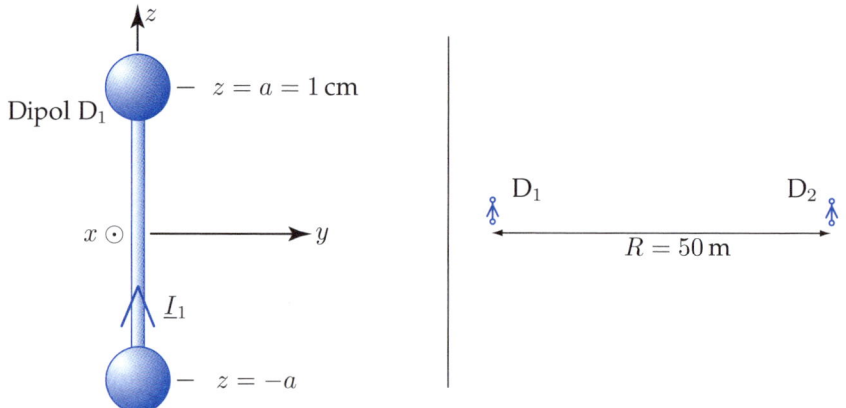

Gesucht:

a Wie groß sind die gegebenen Abstände $R = 50\,\text{m}$ und $a = 1\,\text{cm}$ im Vergleich zur Wellenlänge in der Luft? Welche generellen Vereinfachungen ergeben sich daraus?

b Wir betrachten nur den Dipol D_1. Wie ist der Zusammenhang zwischen den Ladungen $Q_{1\text{oben}}$ bzw. $Q_{1\text{unten}}$ auf der oberen bzw. unteren Kugel, und wie hängen diese Ladungen mit dem Strom I_1 zusammen?

c Wie groß ist die Spannung $\underline{U}_1$ zwischen den Kugeln von D_1, wenn $Q_{1\text{oben}} =: Q_1$ die Ladung auf der oberen Kugel ist und der Einfluss des Dipols D_2 vernachlässigt wird? Wie ist somit der Zusammenhang zwischen $\underline{U}_1$ und I_1 auf dem Dipol D_1?
Tipp: Man nehme an, die Ladung sei auf jeder Kugel homogen verteilt. Dann ist das elektrische Feld außerhalb der Kugeln praktisch identisch mit dem Feld von zwei in den Kugelmittelpunkten platzierten Punktladungen, und die Spannung $\underline{U}_1$ ergibt sich als Potentialdifferenz zwischen zwei Punkten auf den Kugeloberflächen.

d Wie groß ist das elektrische Feld $\vec{E}_1$ des Dipols D_1 am Ort von D_2, wenn D_2 nicht vorhanden wäre? Tipp: Allgemein gilt bekanntlich $\vec{E} = -\operatorname{grad}\varphi - j\omega\vec{A}$. Im vorliegenden Fall genügt $\vec{E}_1 \approx -j\omega\vec{A}_1$. Zur Berechnung von $\underline{\vec{A}}_1$ nehme man einen Stromfaden an, der von Kugelmittelpunkt zu Kugelmittelpunkt führt. Ferner gilt in unserem Fall

$$\int_{-a}^{a} \frac{e^{-jk\sqrt{R^2+z^2}}}{\sqrt{R^2+z^2}}\, dz \approx 2a\,\frac{e^{-jkR}}{R}\,.$$

e Wie groß müssten die Ladungen auf den Kugeln von D_2 sein, damit die Spannung $\underline{U}_2$ zwischen ihnen gerade gleich $-\int_\Gamma \vec{E}_1 \cdot d\vec{l}$ wird? (Der Weg Γ führt am Ort des Dipols D_2 von $z = a$ bis $z = -a$, ist also in negative z-Richtung orientiert.) Wie ist dann der zugehörige Strom $\underline{I}_2$?

f Man betrachte die beiden Dipole als Tore eines Zweitors mit den Zustandsgrößen $\underline{U}_1, \underline{I}_1$ bzw. $\underline{U}_2, \underline{I}_2$. Man gebe die beiden Ströme in Funktion der beiden Spannungen!

13.5 Aufgaben mit Magnetfeldern

13.5.1 Magnetfelder in einem Torus

Gegeben: Der Torus T ist gemäß Zeichnung in drei Bereiche unterteilt, die mit Luft ($\alpha = 15°$), permanent magnetischem Material (Mag, $\beta = 65°$) und Eisen (Fe, $\gamma = 280°$) gefüllt sind. Infolge der speziellen Anordnung und der gewählten Abmessungen gelten für das Magnetfeld die folgenden Annahmen mit sehr guter Näherung:

- Alle Felder außerhalb von T verschwinden.

- Die $\vec{B}$- und die $\vec{H}$-Linien sind Kreise mit Mittelpunkt auf der Hauptachse (z-Achse) des Torus und parallel zur Torusebene (x-y-Ebene).

- Jeder der Beträge $|\vec{B}|$ und $|\vec{H}|$ ist in jedem Teilbereich konstant.

Die Magnetisierung des Permanentmagneten sei betragsmäßig konstant und parallel zu den beschriebenen Feldlinien gerichtet.

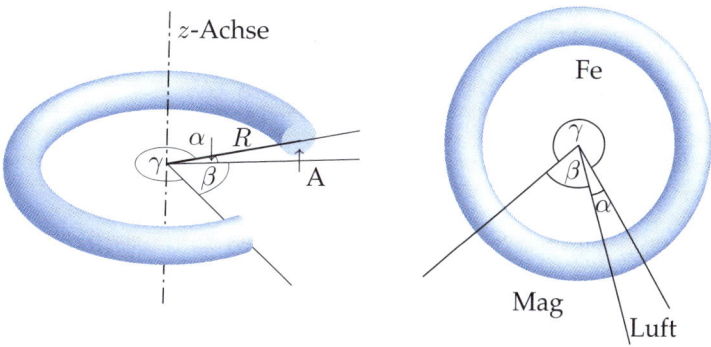

Gesucht:

a Wie lauten die Materialgleichungen in jedem Bereich?
Tipp: Nur Beträge angeben. Die Materialparameter sind als gegeben zu betrachten, die relative Permeabilität von Eisen sei 10^4, jene des Permanentmagneten 10. Die Permanente Magnetisierung betrage $100\frac{A}{m}$.

b Wie groß sind $|\vec{H}_{\text{Fe}}|$, $|\vec{B}_{\text{Fe}}|$, $|\vec{H}_{\text{Mag}}|$, $|\vec{B}_{\text{Mag}}|$, $|\vec{H}_{\text{Luft}}|$ und $|\vec{B}_{\text{Luft}}|$?

c Wie groß sind die magnetischen Feldenergiedichten in jedem Bereich? Wie groß sind die gesamten Energien W_{Mag}, W_{Fe} und W_{Luft} und insbesondere deren Summe W?
Tipp: Man rechne die Volumina näherungsweise, z.B. $V_{\text{Mag}} = A \cdot R \cdot \beta$, wobei A die Querschnitts-fläche des Torus und R dessen Radius bedeutet.

d Permanent magnetisches Material ist teuer: Man maximiere daher das Verhältnis $W_{\text{Luft}}/V_{\text{Mag}}$.
Tipp: α und A seien fest, β (Mag) variiert auf Kosten von γ (Fe). Man beachte den Unterschied der relativen Permeabilitäten und mache geeignete Vereinfachungen.

13.5.2 Magnetostatisches Feld in Toroidspulen

Gegeben: Zwei ringförmige Spulen mit rechteckigem Querschnitt sind einlagig und eng mit dünnem Draht gewickelt. Die äußere Spule 1 hat insgesamt N_1 Windungen und führt den Strom I_1, die innere Spule 2 hat N_2 Windungen und führt den Strom I_2, wobei vorerst $I_2 = 0$ sei. Sämtliche verwendeten Materialien sind unmagnetisch.

Ein günstiges Koordinatensystem ist in der Abbildung eingezeichnet: gewöhnliche Zylinderkoordinaten ρ, φ, z. Nun soll das statische Magnetfeld in dieser Anordnung betrachtet werden.

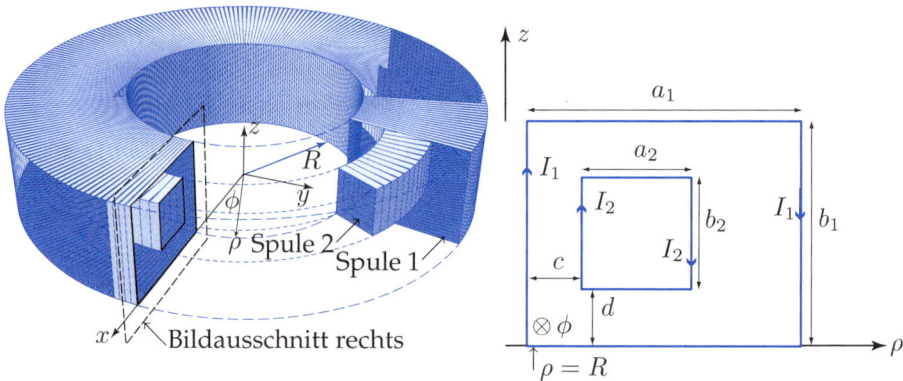

Gesucht:

a Die Stromverteilung der Spule 1 kann mit einer Flächenstromdichte $\vec{\alpha}$ angenähert werden. Wie groß ist $\vec{\alpha}$ nach Betrag und Richtung?
Tipp: Man vernachlässige die Steigung der Wicklung. Dann hat $\vec{\alpha}$ keine ϕ-Komponente.

b Es sei $R \gg a_1$. Wie groß ist dann das Magnetfeld im Innern der Spule 1 und wie ist es außerhalb?
Tipp: Man beachte die Symmetrie der Anordnung und nehme an, dass das gesuchte Feld im Innern in der Querschnittsfläche $a_1 b_1$ konstant ist.

c Jetzt sei $R \approx a_1$. Wie groß ist jetzt das Magnetfeld innerhalb der Spule 1?
Tipp: Man beachte die Symmetrie der Anordnung und vernachlässige wie unter a) die ϕ-Komponente von $\vec{\alpha}$.

d Wie groß ist das Magnetfeld unmittelbar außerhalb der Spule 1 unter den Bedingungen in c)?
Tipp: Man wende die Stetigkeitsbedingungen für das Magnetfeld an.

e Wie groß sind die Induktivitäten der beiden Spulen?
Tipp: Man benütze die Näherung von b).

f Wie groß ist die Gegeninduktivität der beiden Spulen?
Tipp: Man benütze die Näherung von b).

13.5.3 Ferrit-Ring

Gegeben: Um einen unendlich langen, kreisrunden Draht (Querschnittsradius R) wurde ein mit dem Draht konzentrischer Hohlzylinder aus magnetischem, nicht leitendem Material gebracht, dessen Abmessungen aus der Zeichnung ersichtlich sind. Höhe h, Dicke $a = R/2$, Innenradius $= 5R$, Permeabilität $\mu = \mu_{\mathrm{r}}\mu_0$, Permittivität $\varepsilon = \varepsilon_0$, Leitfähigkeit $\sigma = 0$. Im Draht fließe der Gleichstrom I.

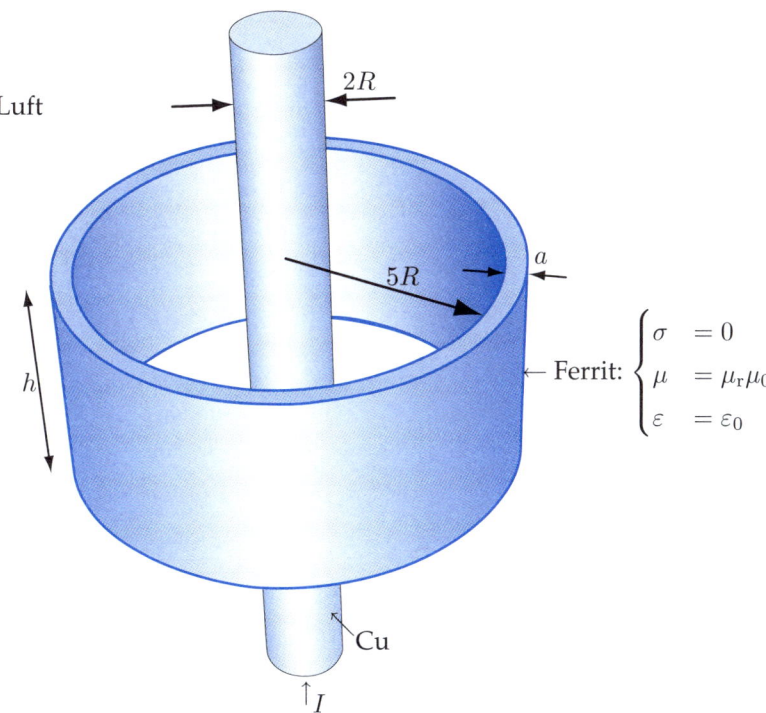

Gesucht:

a $\vec{H}$- und $\vec{B}$-Feld außerhalb des Drahtes, falls $\mu_{\mathrm{r}} > 1$ und $h \to \infty$.

b Nun sei $h = 5R$ und $\mu_{\mathrm{r}} = 200$. Wie groß sind jetzt $\vec{H}$ und $\vec{B}$?
Tipp: Ansatz wie in a) und Testen der Stetigkeitsbedingungen.

c Wie stark ändert sich die Induktivität des Drahtes durch den Ferrit-Ring, verglichen mit dem Fall ohne Ferrit, falls $R = 0.5\,\mathrm{mm}$?

13.5.4 Schwebender Kreisel

Gegeben: Vier Permanentmagnete stehen fest verankert auf den Ecken eines Quadrates, sind parallel zur z'-Achse ausgerichtet und erzeugen ein Magnetfeld $\vec{H}$. Auf der z'-Achse befindet sich ein fünfter Magnet, der auf dem Kopf steht und sich rasch um die eigene z-Achse dreht (Kreisel). Infolge der Kreiseldrehung kann dieser Magnet nicht kippen. Im Übrigen sei er aber frei nach allen Seiten verschiebbar.

Das von den vier feststehenden Magneten erzeugte Feld $\vec{H}$ kann in der Umgebung des fünften Magneten mit guter Näherung mit der unten stehenden Formel dargestellt werden. Im Interesse eines geringeren Schreibaufwandes verwenden wir normierte, d.h. dimensionslose Koordinaten x, y und z mit Ursprung beim fünften Magneten. (Normierung heißt hier $a = 1$!) Wir untersuchen nur eine kleine Umgebung dieses Ursprungs, so dass x, y und z nie größer als 0.1 sind. Ebenso sind die Feldkomponenten H_x, H_y und H_z normiert.

Der bewegliche Magnet kann mit zwei verbundenen magnetischen Monopolen $\pm p$ im (normierten) Abstand $d \ll 1$ modelliert werden. Dann hat dieser Magnet das normierte Dipolmoment $m = pd$.

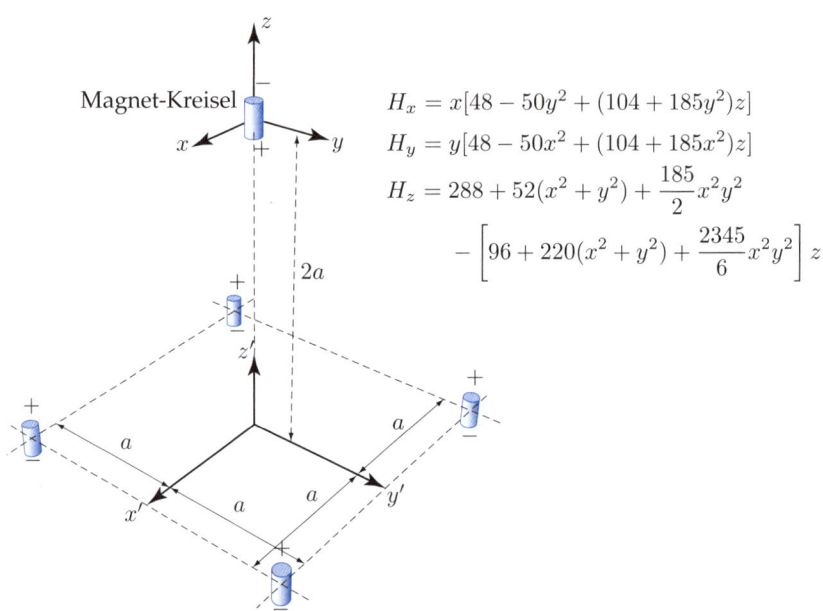

$$H_x = x[48 - 50y^2 + (104 + 185y^2)z]$$

$$H_y = y[48 - 50x^2 + (104 + 185x^2)z]$$

$$H_z = 288 + 52(x^2 + y^2) + \frac{185}{2}x^2y^2$$
$$- \left[96 + 220(x^2 + y^2) + \frac{2345}{6}x^2y^2\right]z$$

Gesucht:

a In welche Richtung weist die Kraft, die der fünfte Magnet durch das Magnetfeld $\vec{H}$ erfährt, wenn er sich exakt symmetrisch auf der $+z'$-Achse befindet?

b Ist die symmetrische Lage des fünften Magneten stabil oder labil, wenn seine Höhe konstant gehalten wird?
Tipp: Man untersuche die Richtung der horizontalen Kraftkomponente, wenn der Magnet ein wenig in horizontaler Richtung aus der symmetrischen Lage verschoben wird.

c Wie groß müsste die Divergenz von $\vec{H}$ im Bereich um den Nullpunkt des x, y, z-Koordinatensystems sein? Erfüllt die angegebene Näherung von $\vec{H}$ die entsprechende Gleichung?

13.5.5 Magnetfelder an Materialgrenzen

Gegeben: Der ganze Raum sei durch eine waagrechte Ebene in zwei Halbräume aufgeteilt, welche mit verschiedenen homogenen Materialien gefüllt sind. Das Material im oberen Halbraum ist zudem linear und isotrop. Die magnetische Feldstärke $\vec{H}$ und die magnetische Induktion $\vec{B}$ seien in jedem Halbraum räumlich und zeitlich konstant. Die Abbildungen zeigen den Feldverlauf von $\vec{H}$ (links) und $\vec{B}$ (rechts), wobei alle Feldvektoren parallel zur Zeichenebene verlaufen. Die Beträge von $\vec{H}_o$ und $\vec{B}_o$ sowie die eingezeichneten Winkel α und β seien gegeben. Andere Felder (Stromdichten, elektrisches Feld etc.) werden nicht betrachtet und haben keinen Einfluss auf die dargestellten Magnetfelder.

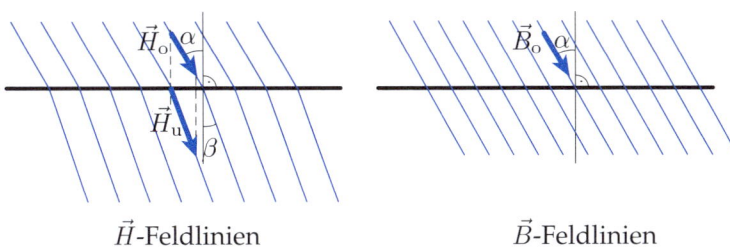

$\vec{H}$-Feldlinien $\qquad\qquad$ $\vec{B}$-Feldlinien

Gesucht:

a Wie lauten die die magnetischen Felder betreffenden Materialgleichungen im oberen Halbraum? (Sämtliche Parameter dieser Gleichung sind anzugeben.)

b Wie lauten die die magnetischen Felder betreffenden Materialgleichungen im unteren Halbraum? (Sämtliche Parameter dieser Gleichung sind anzugeben.)

13.5.6 Leiter in Nute

Gegeben: Ein sehr langer Cu-Leiter mit rechteckigem Querschnitt ist isoliert in eine Nute eines Eisenblocks eingelassen und führt den Gesamtstrom I. Die gegebenen Geometrie- und Materialdaten berechtigen zu folgenden vereinfachenden Annahmen:

1 Alle Felder sind unabhängig von z.

2 Das $\vec{H}$-Feld im Eisen ist praktisch null.

3 Das $\vec{H}$-Feld im Kupfer ist unabhängig von x und hat nur eine x-Komponente: $\vec{H}_{Cu} = H_{Cu}(y)\vec{e}_x$.

4 Die Stromdichte ist im Kupfer konstant.

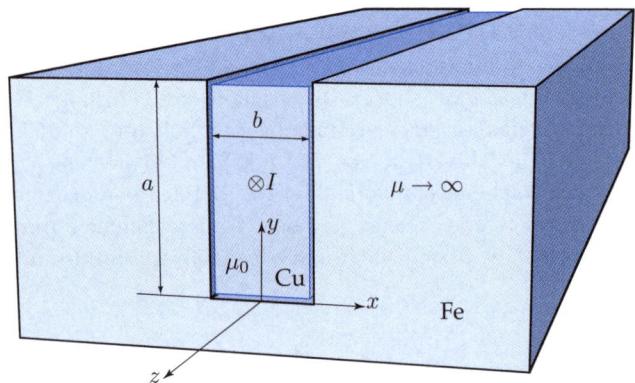

Gesucht:

a Wie groß ist die Stromdichte $\vec{J}$?

b Wie groß ist $\vec{H}$ im Kupfer?
Tipp: Man vernachlässige Randeffekte am oberen Rand.

c Wie groß ist der Widerstand R' des Leiters pro Meter Länge?
Tipp: Die Leitfähigkeit von Kupfer sei gegeben.

d Wie groß ist die innere Induktivität L' des Leiters pro Meter Länge?
Tipp: „Innere Induktivität" bedeutet, dass nur das Feld im Kupfer berücksichtigt wird.

13.5.7 Induktivität einer Streifenleitung

Gegeben: Auf beiden Seiten einer Printplatte mit Dicke $d = 3\,\text{mm}$ (Materialparameter der Platte: Leitfähigkeit $\sigma = 0$, relative Permeabilität $\mu_r = 1$, relative Permittivität $\varepsilon_r = 3$) sind parallel zueinander zwei Kupferstreifen mit Dicke $b = 0.2\,\text{mm}$ und Breite $a = 3\,\text{cm}$ angebracht. Die $l = 40\,\text{cm}$ langen Streifen bilden die Zuleitung der Netzspannung mit Frequenz $f = 50\,\text{Hz}$.

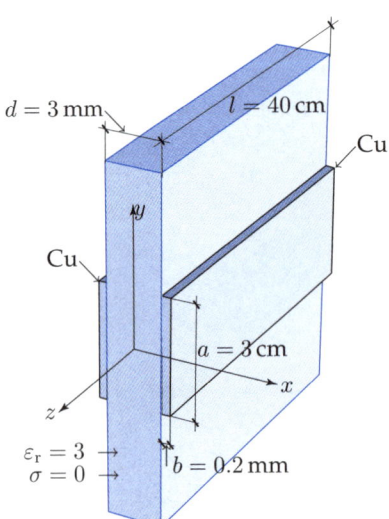

In den beiden Kupferleitern fließt der Strom nur in $\pm z$-Richtung.
Die elektrische Leitfähigkeit von Kupfer ist $\sigma_{Cu} = 5.6 \cdot 10^7 \frac{1}{\Omega m}$.

Gesucht:

a Ist in den Kupferstreifen und in ihrer Umgebung ein quasistatisches oder ein dynamisches Feld zu erwarten (mit Begründung!)?

b In der Leitung fließt der Strom $I_{\text{eff}} = 3\,\text{A}$. Wie groß ist die magnetische Feldstärke $\vec{H}$ in den Kupferstreifen und in ihrer Umgebung im Bereich $-\frac{a}{4} < y < \frac{a}{4}$?
Tipp: Man vernachlässige Randeffekte und nehme an, das Feld sei im fraglichen Bereich unabhängig von y und verschwinde für $|x| \geq \frac{d}{2} + b$.

c Ausgehend vom Resultat in b) gebe man eine Abschätzung der Induktivität der gesamten Leitung.
Tipp: Da die Kupferleitungen relativ dünn sind, kann das Feld in den Leitern unterschlagen werden.

13.5.8 Induktion durch Permanentmagnet

Gegeben: Ein starker Stabmagnet liegt auf einem Holztisch gemäß Zeichnung im Koordinatenursprung. Das durch diesen Magneten erzeugte $\vec{H}$-Feld ist in hinreichender Distanz zur Quelle ein Dipolfeld und lautet in der Tischebene

$$\vec{H}(x,y) = \frac{H_0}{(x^2 + y^2)^{\frac{5}{2}}} \left(3xy\vec{e}_x + (2y^2 - x^2)\vec{e}_y \right)$$

mit $H_0 = 10^3\,\text{Am}^2$.

In $10\,\text{cm}$ Abstand wird auf der Vorderkante des Tisches eine quadratische Drahtschleife aus Kupferdraht (Seitenlänge $1\,\text{cm}$, Drahtquerschnitt $1\,\text{mm}^2$) mit der konstanten Geschwindigkeit v vorbeigezogen. Die Schleife ist über eine kleine Glühlampe mit der Aufschrift $2\,\text{V}$, $0.1\,\text{W}$ geschlossen.

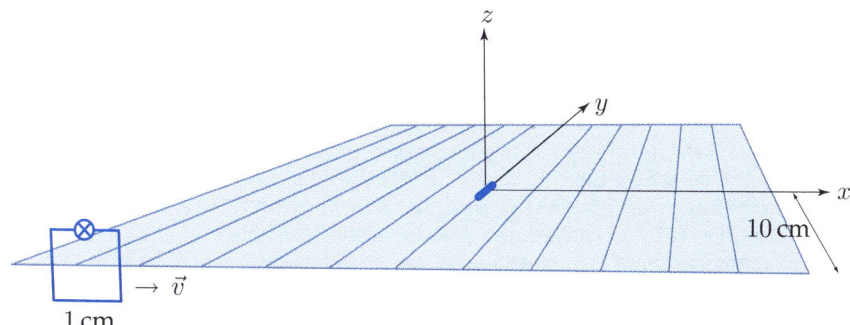

Gesucht:

a Man nehme an, das angegebene Magnetfeld sei rotationssymmetrisch bezüglich der y-Achse. Erfüllt $\vec{H}$ die nötigen Differentialgleichungen? Welche Differentialgleichungen?

b Wie groß ist der magnetische Fluss Φ durch die Schleife in Funktion von x?
Tipp: Das Magnetfeld ist innerhalb der Schleife praktisch konstant für ein festes x.

c Wie rasch muss die Schleife bewegt werden, dass die Glühlampe leuchtet?
Tipp: Die Lampe beginnt bei $1\,\text{V}$ Klemmenspannung zu leuchten und die Eigeninduktivität der bewegten Schleife sei vernachlässigbar.

13.5.9 Gegeninduktivität bei Dreidrahtleitung

Gegeben: Eine unendlich lange Dreidrahtleitung (gemäß Abbildung) mit sehr dünnen Drähten liegt in der xz-Ebene. Die Ströme in den Leitern sind vorgegeben, und der ganze Raum ist homogen mit einem linearen und isotropen Material der Permeabilität μ gefüllt. Die um die Achse A drehbare, rechteckige Drahtschleife S sei vorerst in Ruhe und stromlos. Der Draht der Schleife S habe den Gesamtwiderstand R.

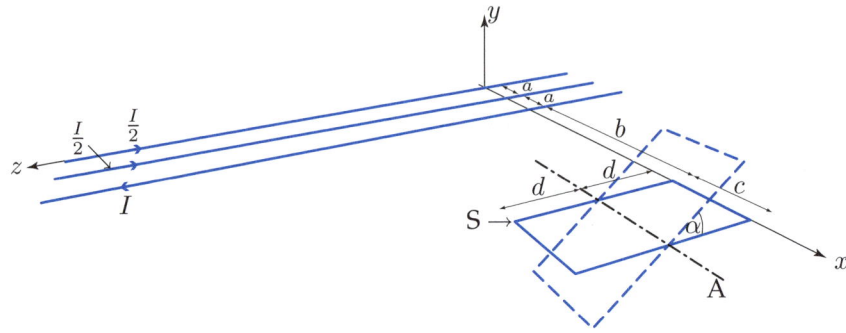

Gesucht:

a Das magnetische Feld $\vec{H}(x, z)$ in der xz-Ebene ($y = 0$), das durch die Ströme in der Dreidraht-leitung entsteht. Für die Berechnung unterscheide man die vier Zonen

$$\vec{H}_1(x, z) \quad \text{für } x < 0$$
$$\vec{H}_2(x, z) \quad \text{für } 0 < x < a$$
$$\vec{H}_3(x, z) \quad \text{für } a < x < 2a$$
$$\vec{H}_4(x, z) \quad \text{für } x > 2a$$

b Die Schleife S drehe sich mit der Winkelgeschwindigkeit ω um die Drehachse A, d.h. der Winkel $\alpha(t)$ zwischen Schleife und xz-Ebene ist $\alpha(t) = \omega t$. Man berechne den induzierten Strom $I_S(t)$ in S. Dabei nehme man an, die Schleife sei so klein, dass das (nicht durch I_S selber verursachte) $\vec{H}$-Feld in der Schleife homogen ist und durch den Wert im Zentrum der Schleife ($x = 2a + b + c/2, y = 0, z = d$) gegeben sei. Weiter vernachlässige man die Selbstinduktivität der Schleife.

c Wie groß ist die Gegeninduktivität $M(\alpha)$ zwischen der Dreidrahtleitung und der Schleife S in Funktion des Winkels α?
Tipp: Die Dreidrahtleitung führt den Gesamtstrom I.

d Für welchen Winkel $\alpha_{\max}$ ist $M(\alpha)$ maximal und für welchen Winkel $\alpha_{\min}$ ist $M(\alpha)$ minimal?

13.5.10 Bestrahlte Rechteckschleife

Gegeben: Zwei gerade, dünne Kupferdrähte der Länge $l = 1\,\text{m}$ bilden mit zwei 100-Ω-Widerständen eine schmale, rechteckige Schleife. Die Anordnung ruht in einem homogen linear isotropen, nicht leitenden Medium (Permittivität $\varepsilon = 1.1\varepsilon_0$, Permeabilität $\mu = \mu_0$, Leitfähigkeit $\sigma = 0$) und wird mit einer linear polarisierten Ebenen Welle der Frequenz $f = 100\,\text{kHz}$ bestrahlt. Die genauen Details der geometrischen Verhältnisse gehen aus der Abbildung hervor.

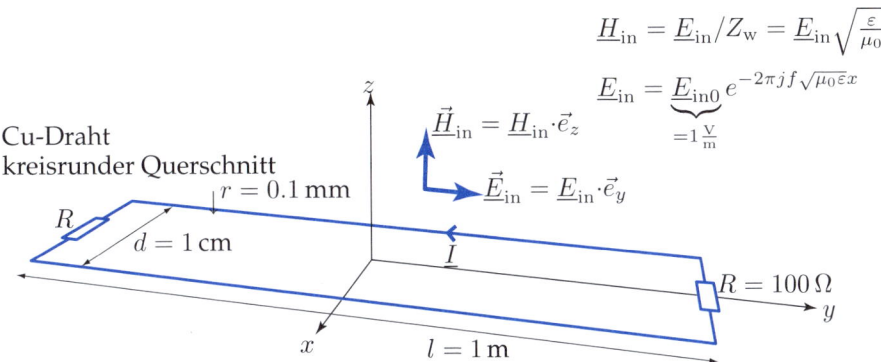

$$\underline{H}_{in} = \underline{E}_{in}/Z_w = \underline{E}_{in}\sqrt{\frac{\varepsilon}{\mu_0}}$$

$$\underline{E}_{in} = \underbrace{\underline{E}_{in0}}_{=1\frac{V}{m}} e^{-2\pi jf\sqrt{\mu_0\varepsilon}x}$$

$$\vec{\underline{H}}_{in} = \underline{H}_{in}\cdot\vec{e}_z$$

$$\vec{\underline{E}}_{in} = \underline{E}_{in}\cdot\vec{e}_y$$

Cu-Draht
kreisrunder Querschnitt

$r = 0.1\,\text{mm}$

R

$d = 1\,\text{cm}$

I

$R = 100\,\Omega$

$l = 1\,\text{m}$

Gesucht:

a Können zur Untersuchung der Situation quasistatische Methoden angewendet werden (mit Begründung!)?

b Man nehme an, in der Schleife fließe der von der Zeit t abhängige, örtlich unveränderliche Strom $I(t) = \hat{I}\cos 2\pi ft$. Welchen magnetischen Fluss erzeugt der Strom $I(t)$ in der Schleife, und wie groß müsste die Quellenspannung einer hypothetischen Spannungsquelle sein, damit der Strom $I(t)$ fließen würde?
Tipp 1: Die Anordnung ist in guter Näherung Teil einer Zweidrahtleitung der Länge *l*.
Tipp 2: Das Feld der bestrahlenden Welle sei bei dieser Teilaufgabe nicht beachtet.
Tipp 3: Ein Meter Kupferdraht der angegebenen Stärke hat bei $f = 100\,\text{kHz}$ einen Ohm'schen Widerstand von ca. $0.6\,\Omega$.

c Wie groß ist der magnetische Fluss in der Schleife, der allein durch die einfallende Welle erzeugt wird? Wie groß ist somit die Amplitude des induzierten Stromes?
Tipp: Man verwende die Resultate von b)!

13.5.11 Koaxialkabel (inhomogen magnetisches Dielektrikum)

Gegeben: Eine koaxiale Anordnung gemäß Abbildung (kartesische Koordinaten x, y, z bzw. Zylinderkoordinaten ρ, ϕ, z). Die Geometrie- und Materialeigenschaften sind zylindrisch, d.h. unabhängig von z. Der Zwischenraum zwischen Innenleiter und Außenleiter ist inhomogen mit Ferrit gefüllt: Die Permeabilität $\mu = 100\mu_0\cdot\rho/R_i$ variiert stetig mit zunehmendem Radius ρ. Gegeben sind weiter z- und zeitunabhängige Ströme $\pm I$ im Innen- und Außenleiter. Die Stromdichten seien in beiden Leitern homogen, und die Bezugsrichtung für die Ströme ist die positive z-Richtung.

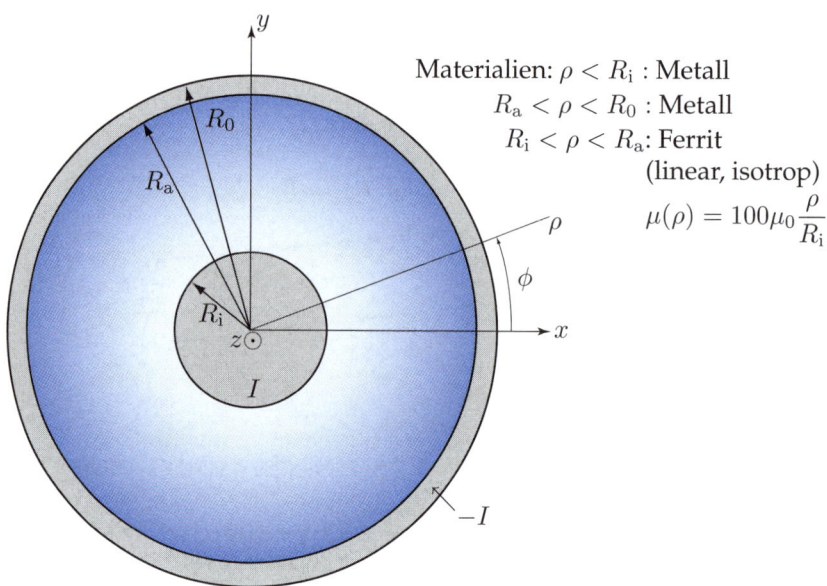

Materialien: $\rho < R_i$: Metall
$R_a < \rho < R_0$: Metall
$R_i < \rho < R_a$: Ferrit
(linear, isotrop)
$$\mu(\rho) = 100\mu_0 \frac{\rho}{R_i}$$

Gesucht:

a Wie groß sind die Stromdichten $\vec{J}_{i;a}$ im Innen- bzw. im Außenleiter?

b Wie groß ist die ϕ-Komponente von $\vec{H}$ im Zwischenraum $R_i < \rho < R_a$?
Tipp: Das Ampère'sche Durchflutungsgesetz anwenden.

c Welchen Differentialgleichungen müssen $\vec{B}$ und $\vec{H}$ im Zwischenraum genügen? Was kann man daraus für die übrigen magnetischen Feldkomponenten schließen?
Tipp: Symmetrie ausnützen und alle Integrationskonstanten null setzen!

d Wie groß ist der Induktivitätsbelag L' (Induktivität pro Längeneinheit) der Anordnung?
Tipp: Die Feldenergie in den Leitern vernachlässigen!

13.5.12 Supraleitender Ring im Magnetfeld

Gegeben: Unten, d.h. ganz im Bereich $z < 0$, befindet sich eine bezüglich der z-Achse praktisch rotationssymmetrische, gleichstromdurchflossene Spule. Oben, d.h. in der Ebene $z = l$, gibt es einen konzentrisch zur z-Achse angeordneten, kreisrunden Ring aus dünnem, unmagnetischem Draht (Ringradius R, Drahtradius $a = 0.01R$), in dem der Gleichstrom I fließt. Die ganze Anordnung befindet sich in Luft. Die untere Spule erzeugt im Raum ein rotationssymmetrisches, zeitlich unveränderliches Magnetfeld $\vec{H}_1$ und zum Ringstrom gehört das Magnetfeld $\vec{H}_2$. In der ebenen Kreisscheibe $z = l > 0$, $\rho < 2R$ kann das $\vec{H}_1$-Feld mit folgender Formel beschrieben werden:

$$\vec{H}_1(\rho, \phi, z)\big|_{z=l} = H_{z1} \cdot \vec{e}_z + H_{\rho 1} \frac{\rho^2}{R^2} \cdot \vec{e}_\rho.$$

$$\vec{H}_1(\rho, \phi, z)\big|_{z=l} = H_{z1}\cdot\vec{e}_z + H_{\rho 1}\frac{\rho^2}{R^2}\cdot\vec{e}_\rho.$$

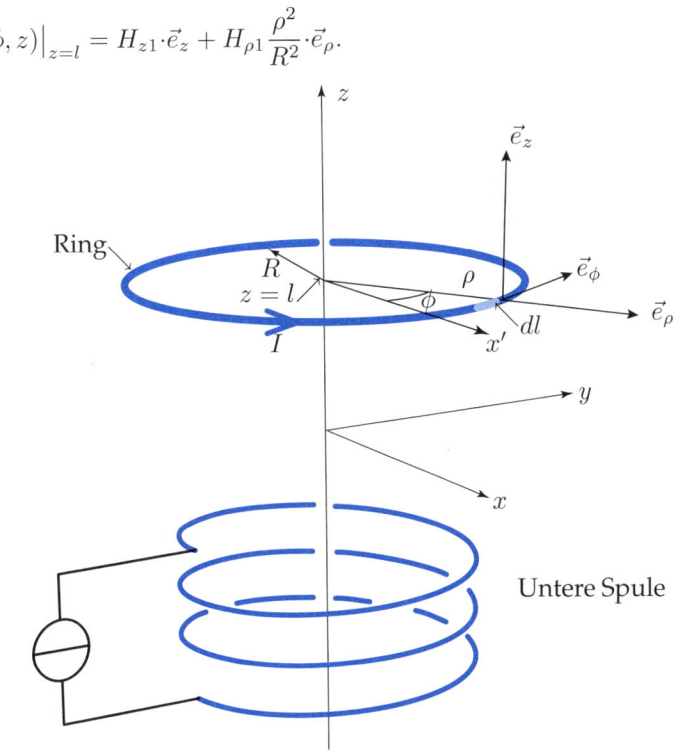

Gesucht:

a Wie ist die Richtung des nur von I verursachten Magnetfeldes $\vec{H}_2$ in der Ebene $z = l$?

b Welche Richtung hat jene Kraft, die das Feld $\vec{H}_2$ auf das Stromelement $I\cdot d\vec{l}$ ausübt und eine wie große Totalkraft resultiert daraus für den Ring als Ganzes?
Tipp: Man beachte die Symmetrie.

c Eine wie große Kraft $d\vec{F}_1$ übt das Magnetfeld $\vec{B}_1 = \mu_0\vec{H}_1$ auf das Ringstromelement der Länge dl aus? Und wie groß ist die totale Kraft auf den ganzen Ring?
Tipp: Man beachte die Symmetrie.

d Bei welchem Strom I würde der Ring bei $z = l$ schweben, wenn die Gravitation parallel zur z-Achse nach unten wirkt? (Der Ring habe die Gesamtmasse m.)

e Man denke sich die Spule unten abgeschaltet und den Ring stromlos. Somit ist der ganze Raum feldfrei. Jetzt werde der Ring supraleitend gemacht, danach der Strom in der unteren Spule wieder eingeschaltet und die Einschwingvorgänge abgewartet. Fließt jetzt ein Strom im Ring? (Die Antwort heißt „ja" oder „nein" und soll begründet werden.)
Tipp: Man betrachte den Magnetfluss Φ durch den Ring sowie das Integral $\oint \vec{E} \cdot d\vec{l}$ längs des Drahtringes.

f Welches Vorzeichen hat die z-Komponente des totalen Magnetfeldes im Ringmittelpunkt $(0, 0, l)$ nach Abschluss des in Teilfrage e) angegebenen Vorgangs? (Die Antwort heißt $+$, $-$ oder 0 und soll begründet werden. Es sei $H_{z1} > 0$.)

13.5.13 Magnetfeld zwischen Platten

Gegeben: In zwei parallel angeordneten dünnen Platten fließt gemäß Abbildung ein mit der Flächenstromdichte $\vec{\alpha}$ modellierter Gleichstrom. Der Raum zwischen den Platten ist mit einem inhomogenen, magnetischen und nichtleitenden Material gefüllt, dessen magnetische Eigenschaften mit der relativen magnetischen Permeabilität $\mu_{\mathrm{r}}(y)$ beschrieben werden können. Außerhalb der Platten ist Luft. Die Platten und das Material dazwischen sind in x- und z-Richtung beliebig ausgedehnt. Für $|y| > h/2$ verschwindet das Feld. Es geht also nur um die Eigenschaften der magnetischen Flussdichte $\vec{B}$ und der Feldstärke $\vec{H}$ zwischen den Platten.

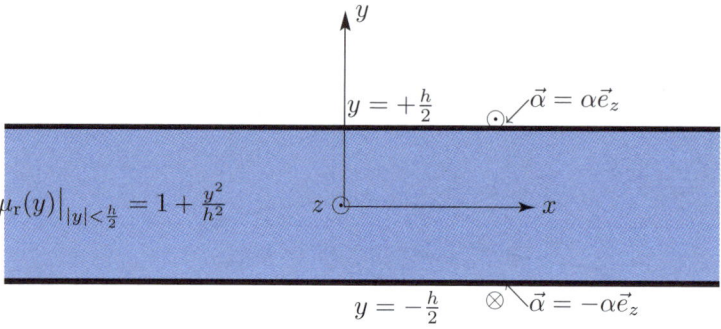

Gesucht:

a   Die Symmetrie der Anordnung erlaubt Vereinfachungen. Welche Feldkomponenten sind von welchen der Koordinaten x, y oder z unabhängig?

b   Welche Form der Maxwell-Gleichungen gilt im Material zwischen den Platten, und welche weiteren Eigenschaften folgen daraus?
Tipp: Man setze die Erkenntnisse von a) in die Maxwell-Gleichungen ein.

c   Welche Stetigkeitsbedingungen gelten für die Felder $\vec{B}$ und $\vec{H}$ bei $y = \frac{h}{2}$, und was folgt daraus für die Komponenten H_x, H_z und B_y im Material?

d   Wie groß sind B_x, B_z und H_y im Material?

e   Man denke sich einen Würfel mit Seitenlänge $l > h$ mit Mittelpunkt im Koordinatenursprung. Wie groß ist die magnetische Energie des vorliegenden Feldes in diesem Würfel?

f   Wie groß ist die Induktivität L, die dem Würfel aus e) zugeordnet werden kann?

g   Wie groß ist das magnetische Vektorpotential $\vec{A}$ im Material?
Tipp: Man beachte die Beziehung von $\vec{A}$ sowohl zum Feld als auch zu den verursachenden Quellen, erinnere sich an die Coulomb-Eichung [$\operatorname{div}\vec{A} = 0$] und normiere im Koordinatenursprung $\vec{A}(0,0,0) = \vec{0}$.

13.5.14 Gleitender Stab im Magnetfeld

Gegeben: Zwei parallele, gegenüber der horizontalen x-y-Ebene um $\alpha = 15°$ geneigte Leiter formen zusammen mit dem Stab S und einem Stück Widerstandsdraht ($R = 10\,\Omega$) eine geschlossene rechteckige Leiterschleife. Diese hat zur Zeit $t = 0$ die maximalen Abmessungen $a \times b = 1.5 \times 50\,\mathrm{m}^2$. Der Stab S hat die Masse m und bewegt sich mit konstanter Geschwindigkeit $\vec{v}$ parallel zu den langen Leitern nach unten. Die ganze Anordnung befindet sich in einem starken, homogenen Magnetfeld $\vec{B} = B_0 \vec{e}_z$ mit $B_0 = -1.3\,\mathrm{T}$. Der Durchmesser der langen Leiter beträgt $d = 5\,\mathrm{cm}$ und ihre Ohm'schen

Widerstände sowie jener des Stabes S sind gegenüber R vernachlässigbar. Sämtliche Materialien sind unmagnetisch. Der Stab S befindet sich außerdem im Schwerefeld der Erde und erfährt daher die Gewichtskraft $\vec{F}_\mathrm{G} = -g \cdot m \vec{e}_z$ mit der Erdbeschleunigung $g = 9.81 \frac{\mathrm{m}}{\mathrm{s}^2}$.

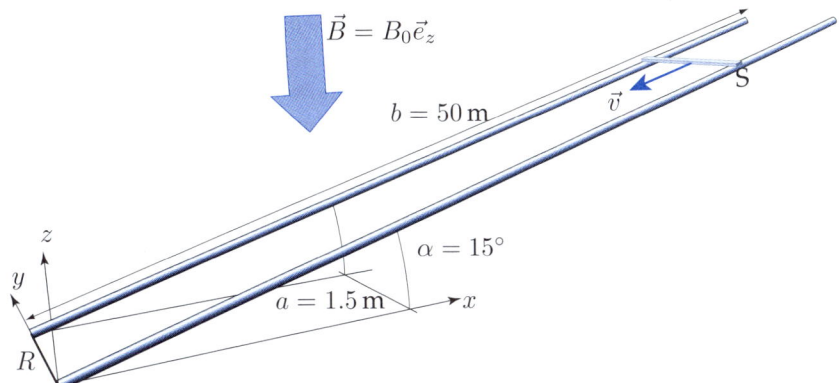

Gesucht:

a Wie groß ist die infolge der Bewegung des Stabes S in den Leiterkreis induzierte Spannung U und welcher Strom I fließt folglich im Kreis?
Tipp: Die Induktivität der gesamten Schleife kann vernachlässigt werden.

b Wie groß ist die Stabmasse m, wenn sich der Stab reibungsfrei mit der konstanten Geschwindigkeit $v = 3 \frac{\mathrm{m}}{\mathrm{s}}$ auf den langen Leitern bewegt?
Tipp 1: Der Einfluss des durch den Strom I hervorgerufenen Magnetfeldes kann vernachlässigt werden.
Tipp 2: Man betrachte die mechanische und die elektrische Leistung.

c Wie groß ist die Induktivität der Leiterschleife zu den Zeitpunkten $t_0 = 0\,\mathrm{s}$ und $t_1 = 1\,\mathrm{s}$?
Tipp: Die gesamte Leiterschleife kann als Teil einer unendlich langen Zweidrahtleitung angesehen werden.

d Wie kann die im Tipp unter Teilfrage a) gegebene Vernachlässigung jetzt begründet werden?
Tipp: Man vergleiche die im Widerstand R umgesetzte Energie mit der in der Induktivität gespeicherten Energie.

e Jetzt seien auch die oberen Enden der langen Leiter mit einem Widerstandsdraht mit $R = 10\,\Omega$ verbunden, und der Stab bewege sich mit der konstanten Geschwindigkeit $v_\mathrm{e} = 1.5 \frac{\mathrm{m}}{\mathrm{s}}$ nach unten. Wie groß ist jetzt der Strom im Stab?

13.5.15 Elektromagnetismus einer langen Drahtschleife

Gegeben:

Eine sehr lange, vom Strom I durchflossene Drahtschleife ($d \times l$) sowie eine zweite, rechteckige Schleife ($a \times b$) aus dünnem Draht. Der die Zentren der Schleifen verbindende Abstand r variiert und kann viel größer als a, b und d werden, bleibt aber immer viel kleiner als l. Die beiden Schleifen liegen in der gleichen Ebene. Die lange Schleife ist nur zur Hälfte gezeichnet. Am fernen Ende ist sie halbkreisförmig (Mittelpunkt P) geschlossen. Die Achse z steht senkrecht auf der Schleifenebene. Die Drähte sind von Luft umgeben und bestehen aus einem sehr gut leitenden, unmagnetischen Material. Die Drahtdurchmesser sind gegenüber allen eingezeichneten Längen klein. Die oben stehende Zeichnung verdeutlicht die Situation. In den Teilfragen a) bis c) geht es um das Feld in der Umgebung der kleinen Schleife, während d) bis f) nach dem Feld auf der z-Achse fragen.

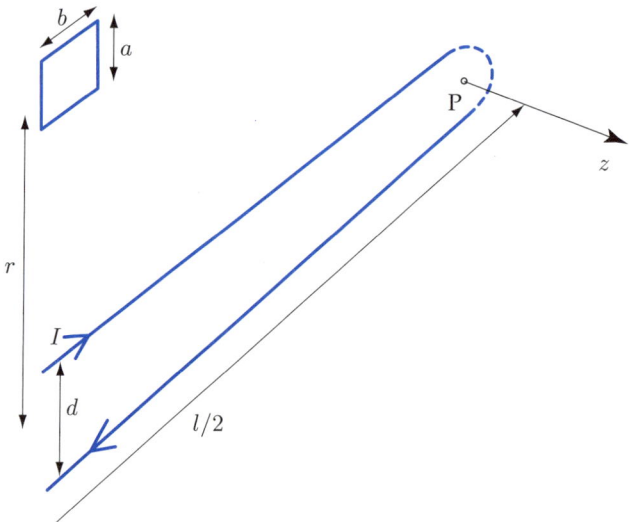

Gesucht:

a Der Strom in der langen Schleife sei $I(t) = I_0 \cos \omega t$. Welchen Einschränkungen sind die angegebenen Abmessungen a, b, d, r und l unterworfen, wenn alle Rechnungen quasistatisch durchgeführt werden sollen?

b $I(t) = I_0 \cos \omega t$. Wie groß ist die in der kleinen Schleife induzierte *EMK*?
Tipp: Die lange Schleife kann als unendlich lang betrachtet werden, und es sei $r > (a + d)/2$.

c Wie verhält sich die *EMK* von Frage b) in Funktion von r, wenn $r \gg \max(a, b, d)$?

d Der Strom in der langen Schleife sei hier und in den folgenden Teilaufgaben zeitunabhängig: $I = I_0$. Welche Richtung hat die magnetische Feldstärke im Punkt P?
Tipp: Man beachte die Symmetrie.

e Welche Richtung hat die magnetische Feldstärke auf der ganzen z-Achse?
Tipp: Es ist eine qualitative Antwort für $|z| \ll l$ gefragt.

f Wie ist der Verlauf der magnetischen Feldstärke längs z?
Tipp: Es gilt $\int \frac{dx}{(a^2+x^2)^{\frac{3}{2}}} = \frac{x}{a^2(a^2+x^2)^{\frac{1}{2}}}$.

13.6 Vermischte Aufgaben

13.6.1 Felder an Materialgrenzen

Gegeben: Zwei gleiche Quader aus verschiedenen, je homogen linear isotropen Materialien (M_1 und M_2, Materialparameter Permeabilität, Permittivität und Leitfähigkeit $< \infty$) werden aneinander geschoben und einem elektromagnetischen Feld ausgesetzt. Betrachtet wird das Feld in einer kleinen Kugel, die genau zur Hälfte mit M_1 und zur anderen Hälfte mit M_2 gefüllt ist. Die Kugel ist mehrere (eigene) Durchmesser von den Ecken und Kanten der Quader entfernt, und das Feld ist in beiden Kugelhälften je homogen. In den folgenden Feldbildern ist je eine der Feldgrößen $\vec{E}$, $\vec{H}$, $\vec{D}$, $\vec{B}$ und $\vec{J}$ dargestellt, wobei die Darstellung immer so gewählt ist, dass die jeweiligen Feldvektoren in der Zeichenebene liegen. Die Länge der Pfeile ist für jede Feldgröße separat skaliert, d.h. Längen zwischen verschiedenen Bildern können nicht verglichen werden, wohl aber die Pfeillängen oben und unten im gleichen Bild.

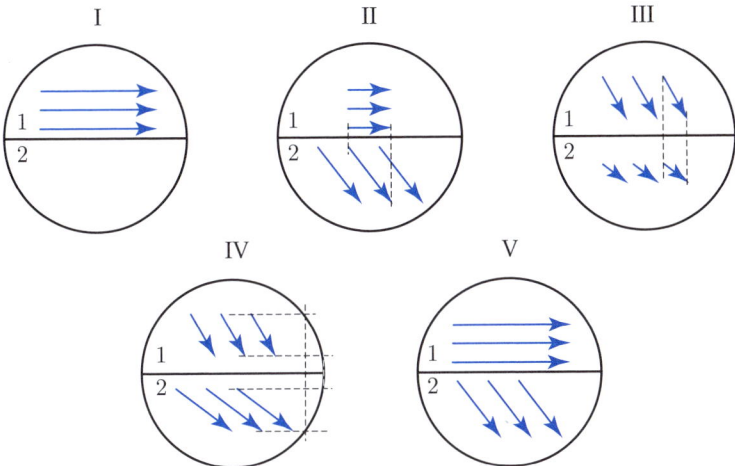

Gesucht:

a Welche Feldgrößen zeigen die Bilder I, II, III, IV und V?

b Was kann über die Materialparameter (magnetische Permeabilität, elektrische Permittivität und Leitfähigkeit) von M_1 und M_2 ausgesagt werden?

c Gibt es im dargestellten Fall eine Flächenladungsdichte und/oder eine Flächenstromdichte auf der Materialgrenze?

13.6.2 Drahtwiderstand bei Hochfrequenz

Gegeben: Die Stromverteilung in einem stromdurchflossenen, unendlich langen Draht (Leitfähigkeit σ, Permeabilität μ, Permittivität ε) mit kreisrundem Querschnitt (Radius r_0) ist im stationären Zustand (Frequenz f) näherungsweise gegeben durch

$$\underline{\vec{J}}(\rho) = \underline{J}_0 e^{(1-j)\frac{\rho - r_0}{\delta}} \vec{e}_z,$$

wobei ρ eine Zylinderkoordinate ist. Die Eindringtiefe $\delta = 1/\sqrt{\pi f \mu \sigma}$ sei viel kleiner als r_0.

Gesucht:

a   Wie groß ist der Gesamtstrom I im Draht?

b   Wie ist die $\vec{E}$-Feldverteilung im Drahtinneren?

c   Wie lautet die Verteilung für das $\vec{H}$-Feld im Drahtinneren?

d   Wie groß ist der Widerstand R' des Drahtes pro Längeneinheit in Funktion von f? (f variiere nur im Bereich mit $r \gg \delta$.)

13.6.3 Kondensatormikrophon

Gegeben: Die schematische Anordnung eines Kondensatormikrophons gemäß Abbildung. Das Dielektrikum (ε) ist oben mit einer gut leitenden Metallschicht und unten mit einer Flächenladung ς versehen worden. Der ganze Block ist infolge von oben eintreffender Schallwellen vertikal bewegt. Die maximale Auslenkung x sei jedoch klein verglichen mit den Distanzen a und b. Sämtliche Randeffekte seien vernachlässigbar, d.h. wir betrachten nur Felder, die unabhängig sind von y und z. Der Eingang des Verstärkers V kann mit einem Ohm'schen Widerstand R modelliert werden.

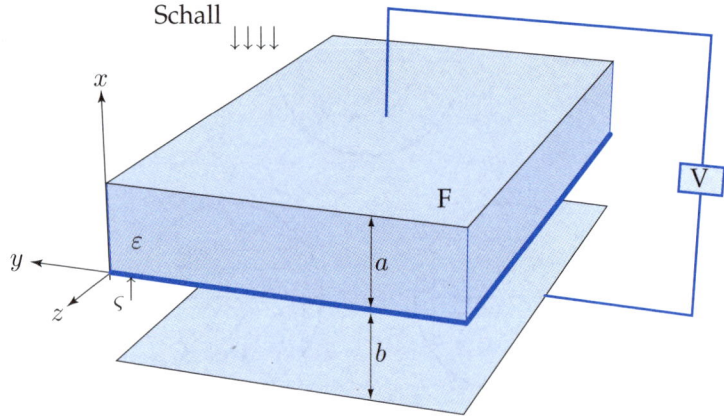

Gesucht:

a   Wie groß ist das elektrische Feld in der Luft (zwischen dem Dielektrikum und der unteren Metallplatte) und im Dielektrikum, wenn der bewegliche Block in Stellung x ist? (Gezeichnet ist die Ruhelage $x = 0$.)
Tipp: Man betrachte eine statische Stellung.

b   Wie groß sind die Ladungsdichten auf den mit dem Verstärker V verbundenen metallischen Platten als Funktion der Auslenkung x?

c   Man gebe ein einfaches Ersatzschaltbild des Systems Mikrophon inklusive Verstärker.
Tipp: Man überlege sich, welchen *elektrischen* Effekt die mechanische Verschiebung – betrachtet als Differenz zweier *statischer* Stellungen – verursacht, und suche nach jenem einfachen elektrischen Element, welches in der Ersatzschaltung die gleiche Differenz innerhalb der Zeitspanne $\triangle t$ bewirkt.

13.6.4 Plasmon

Gegeben: Der ganze Raum ist durch die Ebene $y = 0$ halbiert und mit zwei verschiedenen unmagnetischen, homogen linear isotropen Materialien gefüllt (magnetische Permeabilität: μ_0, elektrische Permittivitäten: ε_i), und es gibt keine freien Ladungen und keine Flächenströme in der Grenzschicht. Das elektrische Feld hat in beiden Halbräumen die gleiche Form:

$$\vec{E}_i = \Re\left[\underbrace{\begin{pmatrix} E_{xi} \\ E_{yi} \\ 0 \end{pmatrix}}_{\substack{\text{kartesische} \\ \text{Komponenten!}}} e^{j(\omega t - k_{xi}x - k_{yi}y)} \right] \tag{$*$}$$

Die Relation zwischen den Komponenten der Wellenvektoren, k_{xi}, k_{yi}, der Kreisfrequenz ω und den Materialparametern lautet bekanntlich $\omega^2 \mu_0 \varepsilon_i = k_{xi}^2 + k_{yi}^2 =: k_i^2$, wobei k_i die Wellenzahl des i-ten Mediums ist. Sämtliche Parameter in ($*$) seien vorgegeben. Im Bereich $y > 0$ gilt der Index $i = 1$, im unteren Bereich ($y < 0$) der Index $i = 2$.

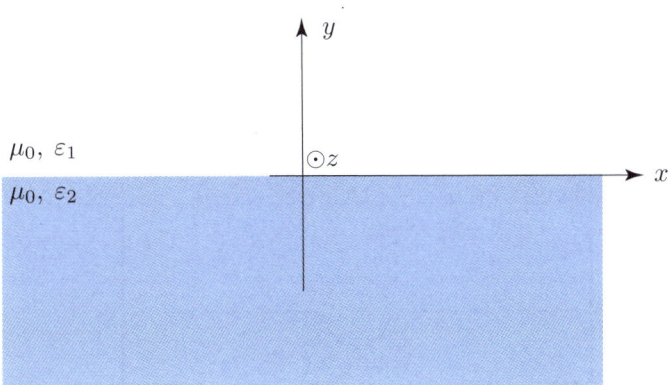

Gesucht:

a Wie groß sind die Magnetfelder $\vec{H}_i$ in beiden Halbräumen? Können die Parameterpaare $\underline{E}_{xi}, \underline{E}_{yi}$ beliebig vorgegeben werden, wenn das Feld in jedem Halbraum eine Lösung der Maxwell-Gleichungen sein soll?

b Es sei $\underline{E}_{x1} = \underline{E}_0 = 1\,\frac{V}{m}$ und $k_{x1} = k_x$. Wie lauten dann alle Feldkomponenten im Bereich 1 und im Bereich 2?

c Wie lautet der Zusammenhang zwischen k_x und den Materialparametern? (NB: Dieser Zusammenhang hat den schönen Namen „Dispersionsrelation".)

d Es sei ε_2 größer als die Vakuumpermittivität ε_0 (z.B. Glas) und $\varepsilon_1 = \varepsilon_1(\omega) = \varepsilon_0(1 - \frac{\omega_p^2}{\omega^2})$. Dies ist in erster Näherung das Verhalten von Metallen bei optischen Frequenzen, wobei die charakteristische Frequenz ω_p „Plasmafrequenz" heißt. Für welche ω können sich die Felder nur entlang der x-Richtung ausbreiten und was geschieht bei $\omega \to \omega_p / \sqrt{1 + \frac{\varepsilon_2}{\varepsilon_0}}$?
Tipp: Wenn der Realteil einer Wellenvektorkomponente verschwindet, findet in die entsprechende Richtung keine Ausbreitung statt.

13.6.5 Elektro-Enzephalogramm (EEG)

Gegeben: Am Kopf einer Patientin sind zwei Elektroden angeschlossen, um die Hirnaktivität (Hirnspannungen) zu messen. Die Elektroden sind gemäß Abbildung mittels gut leitender Drähte und dann über je eine Impedanz Z (bestehend aus einem Widerstand $R_z = 10\,\text{M}\Omega$ mit einer Parallelkapazität $C = 10\,\text{pF}$) mit der Erde verbunden. Ein (ideales) Voltmeter misst die Spannung zwischen den Punkten F und G. Weiter ist im farbig unterlegten Bereich des Kopfes ein stationäres Magnetfeld $\vec{B}$ mit dem Betrag (Amplitude) $|\vec{B}| = 5\,\text{mT}$ vorhanden. Die Frequenz beträgt $f = 400\,\text{Hz}$. Für unsere Zwecke kann der Kopf mit einem Widerstand $R_K = 10\,\text{k}\Omega$ modelliert werden. Dabei wird die Hirnaktivität der Patientin vernachlässigt.

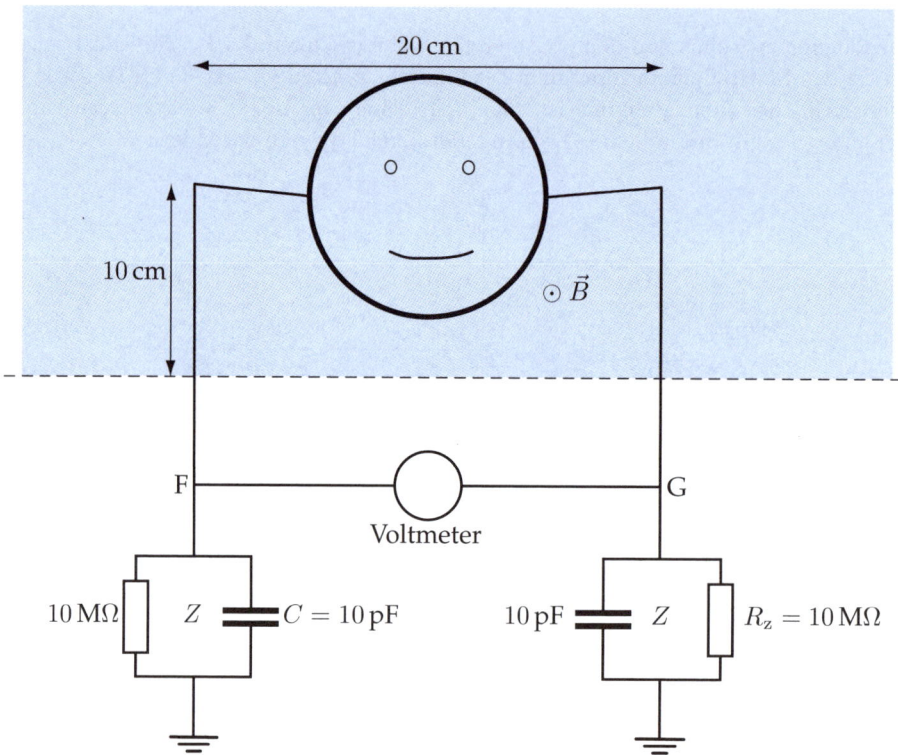

Der obere Teil des Bildes (bis und mit Voltmeter) ist als Skizze der räumlichen Anordnung zu verstehen.

Gesucht:

a Wie groß ist die in der Schleife Erde–Z–Draht–Kopf–Draht–Z–Erde induzierte *EMK*? (Eine gute Näherung der Amplitude genügt!)

b Wie groß ist der Effektivwert des induzierten Stromes?
Tipp: Man vernachlässige die Induktivität der gesamten Schleife.

c Welche Spannung zeigt das Voltmeter an?

d Welche Spannung „sieht" der Kopf der Patientin?

e Bis zu welcher Grenzfrequenz $f_{\max}$ darf f erhöht werden, wenn der Strom durch den Kopf der Patientin den Wert $I_{\max} = 0.1\,\text{mA}$ nicht überschreiten soll?

13.6.6 Vektorpotential im inhomogenen Raum

Gegeben: Zwei homogen linear isotrope Materialien sind durch eine sehr dünne Schicht S getrennt. In S ändern sich die Materialparameter monoton und stetig vom oberen Wert (Index 1) zum unteren (Index 2). (Im Grenzfall $d \to 0$ wird es ein endlicher Sprung!) Es gibt ein magnetostatisches Feld $\vec{B} = B\vec{e}_z$, das im ganzen dargestellten Bereich senkrecht auf der Zeichenebene steht und unabhängig ist von x und z. Im Bereich $y > 0$ hat $\vec{B}$ das Vektorpotential $\vec{A}_+ = -ay\vec{e}_x$ (a konstant).

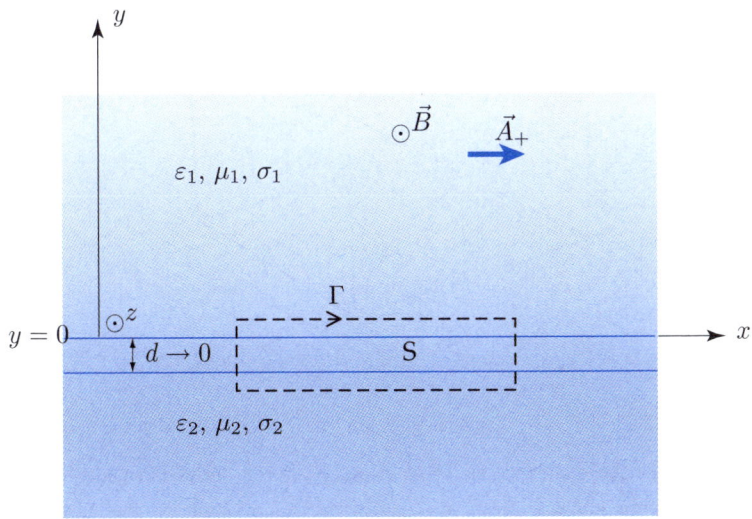

Gesucht:

a Die magnetische Induktion $\vec{B}$ im oberen Bereich $y > 0$.

b Das Vektorpotential $\vec{A}$ bei $y = -d \to -0$. Welche Stetigkeitsbedingung kann daraus für $\vec{A}$ abgeleitet werden?
Tipp: Man integriere $\vec{A}$ längs der Kurve Γ.

13.6.7 Feld im hohlen Würfel

Gegeben: Im Innern eines würfelförmigen Hohlraums mit Kantenlänge a sei trockene Luft (elektrische und magnetische Eigenschaften gleich wie Vakuum), außen ideal leitendes Metall. Innen gibt es ein elektromagnetisches Feld im stationären Zustand (Kreisfrequenz ω), auf das sich alle Fragen dieser Aufgabe beziehen.

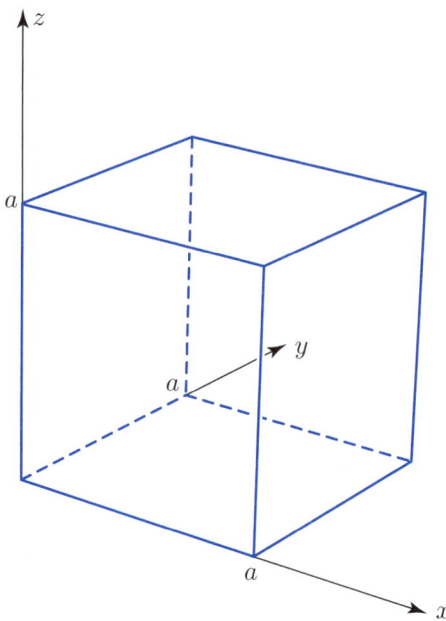

Gesucht:

a Welche Randbedingungen müssen die Felder $\vec{E}$ und $\vec{B}$ am Luft–Metall-Übergang erfüllen?

b Man zeige, dass das folgende $\vec{E}$-Feld diese Randbedingungen erfüllt:

$$\vec{E}(x,y,z) = \begin{pmatrix} E_x \\ E_y \\ E_z \end{pmatrix} = \begin{pmatrix} E_0 \cos(k_x x) \sin(k_y y) \sin(k_z z) \\ E_0 \sin(k_x x) \cos(k_y y) \sin(k_z z) \\ E_0 \sin(k_x x) \sin(k_y y) \cos(k_z z) \end{pmatrix} \qquad (*)$$

$$\text{mit:} \quad k_x = l\kappa, \quad k_y = m\kappa, \quad k_z = n\kappa, \quad \kappa = \frac{2\pi}{a} \qquad (**)$$

wobei l, m und n ganzzahlig sind.

c Wie groß ist das zu dem in $(*)$ gegebenen $\vec{E}$-Feld gehörige $\vec{B}$-Feld im Hohlraum? Erfüllt dieses Feld die nötigen Randbedingungen (mit Begründung!)?

d Welche Abhängigkeiten gibt es zwischen k_x, k_y und k_z?
Tipp: Man benütze die Helmholtz-Gleichung sowie jene Maxwell-Gleichung, die nur das $\vec{E}$-Feld enthält, und nehme an, dass das in $(*)$ gegebene $\vec{E}$-Feld diese Gleichungen erfüllt.

e Man setze speziell in $(**)$ $m = 1$, $l = -1$ und $n = 0$. Wie groß ist jetzt der zeitliche Mittelwert der totalen elektromagnetischen Energiedichte im Hohlraum, und wie groß ist die totale elektromagnetische Energie $W(t)$ im Hohlraum?
Tipp: $\int_0^a \sin^2 \frac{2\pi u}{a}\, du = \int_0^a \cos^2 \frac{2\pi u}{a}\, du = \frac{a}{2}$.

13.6.8 Dreieckige Drahtschleife

Gegeben: In einem sehr dünnen, zu einer dreieckigen Schleife geformten Draht fließe entweder (A) der Gleichstrom I gemäß Abbildung, oder (B) ein gleich geformter Draht sei homogen mit der elektrischen Gesamtladung Q geladen, was einer Ladung pro Länge von

$\lambda = Q/(3a\sqrt{2})$ entspricht. Im Fall (A) sei der Draht supraleitend, im Fall (B) nicht leitend. Der ganze Raum sei im Übrigen mit trockener Luft gefüllt.

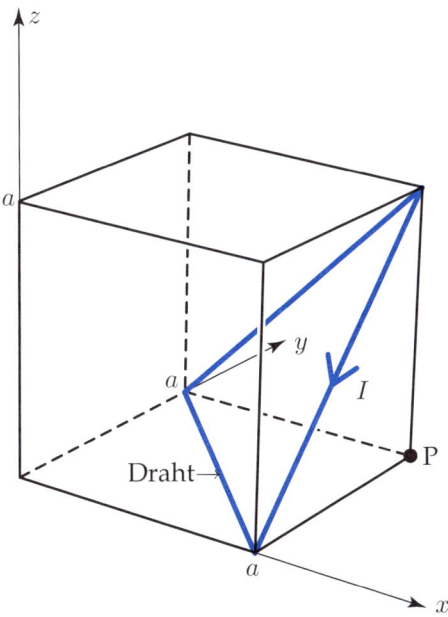

Gesucht:

a Welche Richtung hat im Fall (A) das zu I gehörige Magnetfeld $\vec{H}$ im Punkt P?
Tipp: Man beachte die Symmetrie der Anordnung.

b Welche Richtung hat im Fall (B) das zu Q gehörige elektrische Feld $\vec{E}$ im Punkt P?
Tipp: Man beachte die Symmetrie der Anordnung.

c Gibt es spezielle (passiv lineare) Materialeigenschaften für den Draht, so dass – anders als in der Vorgabe – die Fälle (A) und (B) simultan auftreten würden?
Tipp: Man überlege sich qualitativ den Verlauf des $\vec{E}$-Feldes im Fall (B).

d Wie groß ist im Fall (A) der Betrag von $\vec{H}$ im Punkt P?
Tipp: Es gilt $\int_{-b}^{b} \frac{b}{(u^2+b^2)^{\frac{3}{2}}}\,du = \sqrt{2}/b$.

e Wie groß ist im Fall (B) der Betrag von $\vec{E}$ im Punkt P?
Tipp: Es gilt $\int_{-b}^{b} \frac{u}{(u^2+b^2)^{\frac{3}{2}}}\,du = 0$.

13.6.9 Wirbelströme in dünner Platte

Gegeben: Eine Platte aus leitfähigem, homogen linear isotropem Material (Permittivität $\varepsilon > \varepsilon_0$, Permeabilität $\mu = \mu_0$, Leitfähigkeit σ, Massendichte ρ_P) ruht in Luft. Ihr Durchmesser ist wesentlich größer als ihre Dicke d. Wir betrachten das elektromagnetische Feld in der Nähe des Koordinatenursprungs (etwa innerhalb einer Kugel mit Radius $5d$) im stationären Zustand (Kreisfrequenz ω) und setzen voraus, dass sich dort die Felder höchstens in z-Richtung ändern. Im erwähnten Gebiet habe das Magnetfeld nur eine Komponente: $\underline{\vec{H}} = \underline{H}\vec{e}_y$. Die Wellenlänge λ in der Platte sei wesentlich größer als $5d$.

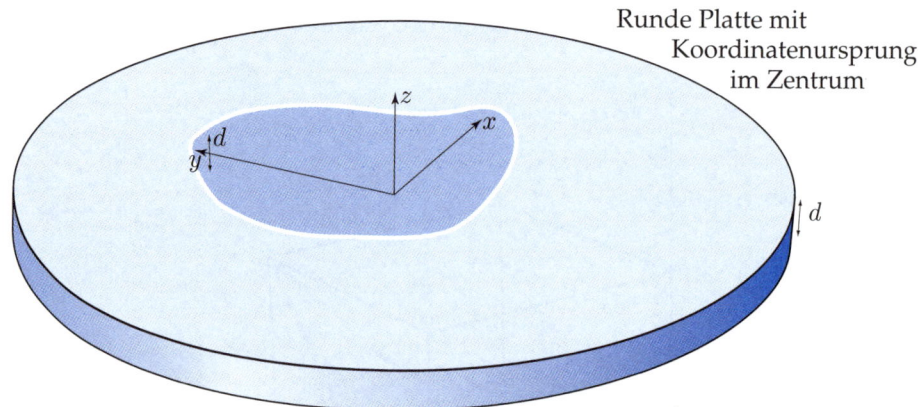

Runde Platte mit
Koordinatenursprung
im Zentrum

Gesucht:

a Man zeige, dass der Ansatz

$$\underline{H}(z) = \underline{H}^- e^{-\kappa z} + \underline{H}^+ e^{+\kappa z}$$

die in der Platte gültigen Maxwell-Gleichungen (welche?) erfüllt. Wie groß ist dann κ in Funktion von Materialparametern und Kreisfrequenz?

b Welche Beziehung besteht zwischen $\underline{H}^-$ und $\underline{H}^+$, wenn das Magnetfeld symmetrisch sein soll bezüglich der Ebene $z = 0$?

c Wie lautet im symmetrischen Fall $\vec{E}$ innerhalb der Platte und welche Stromverteilung („Wirbelstrom") herrscht dort (mit Skizze für die Amplitude der Stromdichte)?

d Man berechne die so genannte spezifische Absorptionsrate SAR in Funktion des Ortes. Wie hängt die SAR mit den Feldgrößen zusammen?
Tipp: Die SAR ist gleich der im Zeitmittel pro Masse und pro Zeit in (Joule'sche) Wärme verwandelten elektromagnetischen Energie.

13.6.10 Anisotropes Material

Gegeben: Eine harmonische Ebene Welle mit Amplitude $\vec{\underline{E}}_0 = (\underline{E}_0, -j\underline{E}_0, \underline{0})^\mathrm{T}$ und Wellenvektor $\vec{k} = k_0 \vec{e}_z$ bewegt sich im Vakuum senkrecht gegen eine Schicht aus homogenem und linearem, nicht magnetischem und nicht leitfähigem, aber elektrisch anisotropem Material, das durch die Materialgleichung $\vec{\underline{D}} = (\varepsilon_x \underline{E}_x, \varepsilon_y \underline{E}_y, \varepsilon_z \underline{E}_z)^\mathrm{T}$ beschrieben wird. Die Welle durchdringt die Schicht und läuft unten im Vakuum wieder weiter. Natürlich wird auch ein Teil reflektiert, aber die reflektierten Anteile interessieren uns hier nicht. Die Querabmessungen der Schicht sind sehr viel größer als deren Dicke $d = 1\,\mathrm{m}$. Daher kann vorausgesetzt werden, dass alle Feldgrößen nur von z und nicht von x oder y abhängen. Die Vakuumwellenlänge sei $\lambda = 1\,\mathrm{m}$.

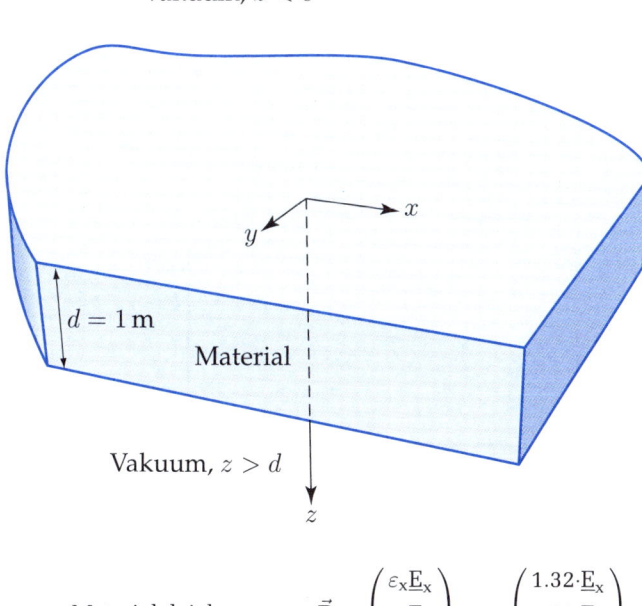

Vakuum, $z < 0$

$d = 1\,\mathrm{m}$

Material

Vakuum, $z > d$

$$\text{Materialgleichung}: \quad \vec{D} = \begin{pmatrix} \varepsilon_x \underline{E}_x \\ \varepsilon_y \underline{E}_y \\ \varepsilon_z \underline{E}_z \end{pmatrix} = \varepsilon_0 \begin{pmatrix} 1.32 \cdot \underline{E}_x \\ 1.96 \cdot \underline{E}_y \\ 2.25 \cdot \underline{E}_z \end{pmatrix}$$

Gesucht:

a Wir betrachten die gegebene Ebene Welle in einem festen Punkt auf der z-Achse mit $z < 0$. Welche Kurve beschreibt dort die Spitze des elektrischen Feldvektors in Funktion der Zeit?

b Das gegebene Feld kann als Superposition von zwei linear in x- bzw. in y-Richtung polarisierten Ebenen Wellen aufgefasst werden. Wie lauten die beiden vektoriellen Amplituden sowie die Wellenvektoren dieser Teilwellen?

c Welche Stetigkeitsbedingungen müssen die elektrischen Feldkomponenten an der Materialgrenze $z = 0$ erfüllen? Was lässt sich daraus qualitativ für $\vec{E}$ im Innern der Platte schließen?
Tipp: Man betrachte die beiden in b) erwähnten Teilwellen separat und berücksichtige die mit Symmetrieüberlegungen zu rechtfertigende Tatsache, dass im vorliegenden Fall (linear polarisierte Wellen) im gegebenen Material keine neuen Feldkomponenten entstehen können.

d Wie ist das räumliche Verhalten der durchlaufenden Teilwellen im Material?
Tipp: Eine Veränderung der Materialeigenschaften in Richtung verschwindender Feldkomponenten hat keinen Einfluss auf das Feldverhalten.

e Welches ist der Unterschied der durchlaufenden $\vec{E}$-Felder im Material, ausgewertet einerseits bei $z = 0$ und anderseits bei $z = d$? Welche Kurve beschreibt die Spitze des elektrischen Feldvektors der durchlaufenden Welle bei $z = d$, wenn diese bei $z = 0$ gleich jener aus Frage a) war?

13.6.11 Hohlraumresonator

Gegeben: Eine ideal leitfähige, sehr lange Röhre mit rechteckigem Querschnitt gemäß Abbildung ist mit einem gut isolierenden, linearen Material gefüllt, das mit der skalaren Permittivität ε und der skalaren Permeabilität μ beschrieben werden kann. Es ist eine Tatsache, dass im Innern der Röhre stationäre elektromagnetische Felder existieren können, welche weder von x noch von y abhängen. Solche Felder mit noch zu bestimmender Kreisfrequenz ω sollen untersucht werden.

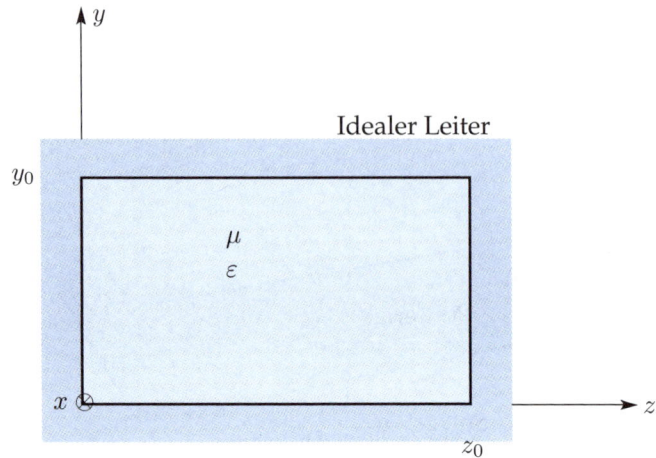

Gesucht:

a Welche Randbedingungen gelten an den Innenwänden der Röhre?

b Welche (möglichst einfache) Form der Maxwell-Gleichungen gilt im Innern? Man gebe eine vektorielle Form sowie eine Darstellung in kartesischen Koordinaten. Welche kartesischen Feldkomponenten verschwinden sicher?

c Man setze eine beliebige der gemäß b) nicht verschwindenden Feldkomponenten gleich null. Sind jetzt immer noch nicht triviale, d.h. nicht identisch verschwindende, Lösungen möglich?

d Jetzt streben wir nach einer möglichst einfachen nicht trivialen Lösung, d.h. einer Lösung mit möglichst vielen verschwindenden Feldkomponenten. Welche der Randbedingungen aus a) werden automatisch befriedigt, welche müssten durch geeignete Wahl von Parametern im Lösungsansatz explizite erfüllt werden?

e Gestützt auf die Ergebnisse von c) und d) stelle man eine Differentialgleichung auf, welche nur eine einzige Feldkomponente enthält. Wie lautet ihre allgemeine Lösung und welche Parameter sind darin noch frei?

f Kann die Lösung von e) die Randbedingungen aus d) befriedigen (mit Begründung!)?

13.6.12 Geladene rotierende Scheibe

Gegeben: Eine dünne kreisringförmige Scheibe rotiert mit der konstanten Winkelgeschwindigkeit ω um die z-Achse. Die Scheibe ist mit der Flächenladungsdichte

$$\varsigma(\rho) = \begin{cases} \varsigma_0 \frac{r_i^2}{\rho^2} & \text{falls } r_i < \rho < r_a,\ z = 0 \\ 0 & \text{sonst} \end{cases}$$

belegt. Der ganze Raum außerhalb der Scheibe ist mit trockener Luft gefüllt.

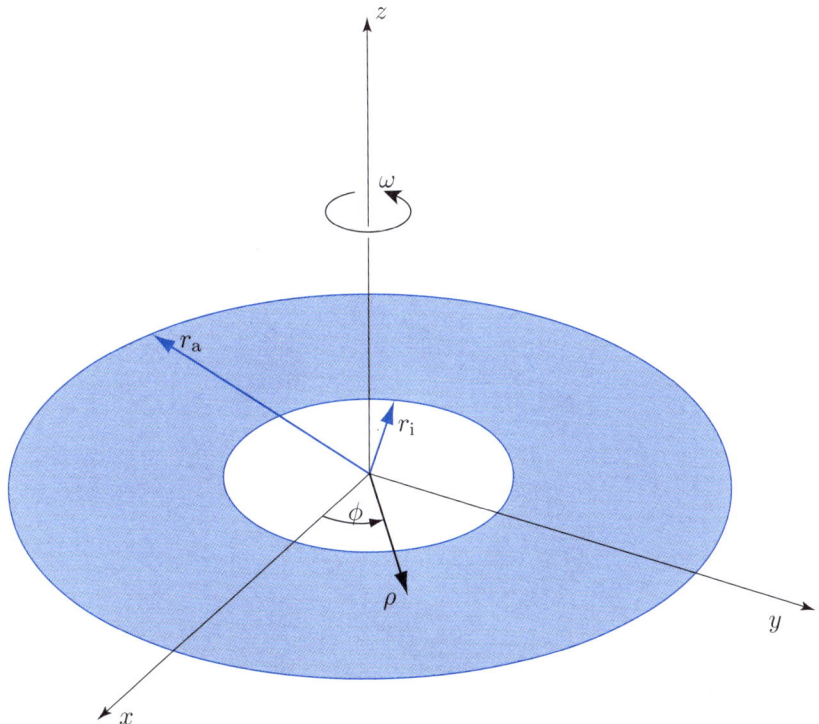

Das Feld dieser Anordnung soll qualitativ und zum Teil quantitativ untersucht werden.

Gesucht:

a Welcher Flächenstromdichte $\vec{\alpha}$ entspricht die rotierende Ladung auf der Platte?

b Welche Symmetrieeigenschaften (verschwindende Komponenten, wegfallende Abhängigkeiten) hat das $\vec{E}$-Feld?
Tipp: Man verwende ein zylindrisches Koordinatensystem ρ, ϕ, z und diskutiere die entsprechenden Komponenten in Funktion dieser Koordinaten. Was gilt im ganzen Raum, was gilt auf der z-Achse?

c Wie groß ist E_z auf der Ebene $z \to 0$?
Tipp: Man unterscheide die Bereiche $\rho < r_i$, $r_i < \rho < r_a$ und $\rho > r_a$ und gebe auf dem mittleren Bereich einen „oberen" $(z > 0)$ und einen „unteren" $(z < 0)$ Wert an.

d Man zeichne eine (qualitative) Skizze des $\vec{E}$-Feldes in der Halbebene $\phi = 0$.

e Welche Symmetrieeigenschaften (verschwindende Komponenten, wegfallende Abhängigkeiten) hat das $\vec{H}$-Feld?
Tipp: Man verwende ein zylindrisches Koordinatensystem ρ, ϕ, z und diskutiere die entsprechenden Komponenten in Funktion dieser Koordinaten. Was gilt im ganzen Raum, was gilt auf der z-Achse?

f Man zeichne eine (qualitative) Skizze des $\vec{H}$-Feldes in der Halbebene $\phi = 0$.

g Welches Integral müsste gelöst werden, um das $\vec{H}$-Feld im ganzen Raum zu berechnen?
Tipp: Man schreibe das Integral formal an und beschreibe insbesondere den Integrationsbereich.

h Wie lautet der Verlauf von $\vec{H}$ auf der z-Achse?
Tipp: Es gilt $\int \frac{x}{(x^2+z^2)^{\frac{3}{2}}} \, dx = \frac{-1}{\sqrt{x^2+z^2}}$.

13.6.13 Elektronenröhre

Gegeben: Zwischen zwei koaxial im Vakuum angeordneten metallischen Elektroden herrsche die Spannung U. Die innere Elektrode wird stark erhitzt, so dass Elektronen aus ihr austreten können. Die frei herumfliegenden Elektronen bilden im Bereich zwischen den Elektroden eine rotationssymmetrische Raumladung[3] $\varrho(\rho)$. Die Geschwindigkeit $v(\rho)$ der Elektronen ist dabei nur eine Funktion der Radialkoordinate ρ und in jedem Punkt radial gerichtet: $\vec{v} = v(\rho)\vec{e}_\rho$. Sowohl die Geschwindigkeitsverteilung $v(\rho)$ als auch die Raumladungsdichte $\varrho(\rho)$ seien zeitlich konstant.

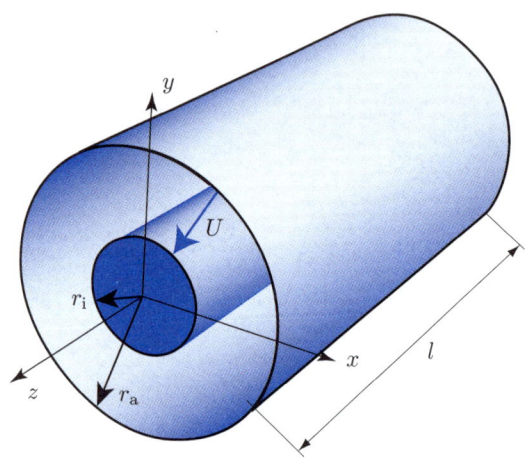

Wir wollen den Zusammenhang zwischen dem Strom I und der Spannung U zwischen den Elektroden studieren und dabei Randeffekte vernachlässigen, d.h. alle Größen sind auf der Länge l nicht von z abhängig.

Gesucht:

a Wie muss unter den gegebenen Voraussetzungen der Verlauf $\vec{J}(\rho)$ aussehen?
Tipp: Man beachte die Ladungserhaltung.

b Wie ist der Zusammenhang zwischen $\vec{J}$ und dem Gesamtstrom I, der von der inneren zur äußeren Elektrode fließt?

c Wie lautet der Zusammenhang zwischen der Stromdichte $\vec{J}$, der Raumladungsdichte ϱ und der Geschwindigkeitsverteilung $\vec{v}$?

d Was für ein Zusammenhang gilt daher zwischen dem Potential $\varphi(\rho)$ und der Geschwindigkeit $v(\rho)$?
Tipp: Man betrachte die Energie eines im Potentialfeld bewegten Elektrons.

e Wie lautet der Zusammenhang zwischen $\varrho(\rho)$ und $\varphi(\rho)$?
Tipp: Man benütze die Ergebnisse der bisherigen Teilfragen.

f Welche Differentialgleichung bestimmt den Zusammenhang zwischen dem Potential $\varphi(\rho)$ und der Raumladungsdichte $\varrho(\rho)$ und wie lautet diese Gleichung in unserem Fall?

g Man bestimme $\varphi(\rho)$ durch Lösen der in f) gefundenen Differentialgleichung.
Tipp: Man mache den Ansatz $\varphi(\rho) = A\rho^p + C$ mit konstanten A, C und p.

h Wie ist somit der Zusammenhang zwischen Strom I und Spannung U (mit Skizze)?

---

3 Man unterscheide zwischen der Raumladungsdichte ϱ und der radialen Zylinderkoordinate ρ!

13.6.14 Koaxialkabel mit mehreren Schichten

Gegeben: Ein Koaxialkabel mit einem Innenleiter aus Kupfer (Cu) und Silber (Ag) sowie einem Außenleiter aus Eisen (Fe) und Chrom (Cr) wird bei Gleichstrom betrieben. Der Strom $I = 1$ [A] fließt im Innenleiter in die eine Richtung und im Außenleiter wieder zurück. Wir wollen die Verteilung des Magnetfeldes und der Stromdichte im Querschnitt eines langen geraden Stückes dieses Kabels studieren. Die Geometrie ist durch die Radien $r_1 = 0.6$ mm, $r_2 = 0.7$ mm, $r_3 = 1.6$ mm, $r_4 = 1.9$ mm und $r_5 = 2.0$ mm bestimmt, und die Materialparameter (relative Permittivität ε_r, relative Permeabilität μ_r und elektrische Leitfähigkeit σ) findet man in der Tabelle.

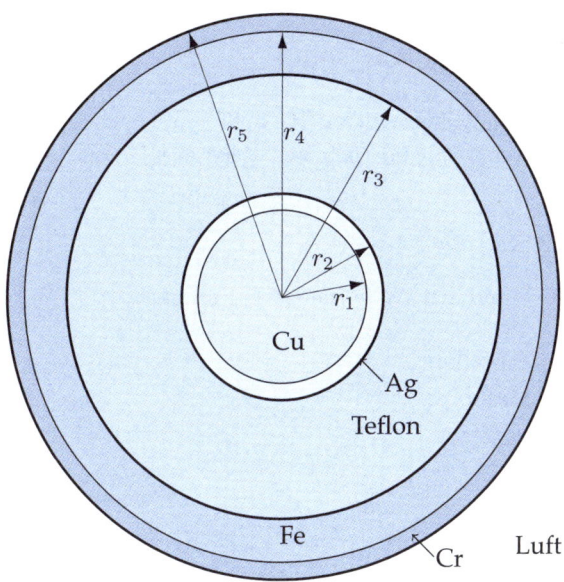

Material	ε_r	μ_r	$\sigma\left[\frac{A}{Vm}\right]$
Cu	1	1	$5.6 \cdot 10^7$
Ag	1	1	$6.3 \cdot 10^7$
Teflon	2.3	1	0
Fe	1	1000	$6.7 \cdot 10^6$
Cr	1	1	$3.8 \cdot 10^7$
Luft	1	1	0

Gesucht:

a   In welchen Bereichen fließt Strom und wie sind die Richtungen der Stromdichte?
    Tipp: Das Stromdichtefeld ist in jedem Material je homogen.

b   Welcher Bedingung muss die Stromdichteverteilung an den Übergängen zwischen Cu und Ag bzw. zwischen Fe und Cr genügen?

c   Wie groß (nach Richtung und Betrag) sind die Stromdichten in allen Bereichen?

d   Wie groß ist der Widerstand R von einem Kabelstück der Länge $l = 1$ [m]?

e   Wie ist die Richtung des Magnetfeldes im ganzen Querschnitt?

f   Wie verläuft der Betrag der magnetischen Feldstärke $\vec{H}$ im Teflon und im Eisen?

g   Wie ist der Verlauf von $|\vec{H}|$ auf einem radialen Strahl (nur qualitative Skizze)?

h   Wie ist der Verlauf der magnetischen Energiedichte auf einem radialen Strahl (nur qualitative Skizze)?

i   Wie groß ist die Induktivität L von einem Kabelstück der Länge $l = 1$ [m]?
    Tipp: Das Feld im Innenleiter und im Chrom kann vernachlässigt werden.

13.6.15 Reflexion und Transmission an einer Grenzfläche

Gegeben: Eine aus dem oberen Halbraum 0 ($\varepsilon_0, \mu_0, \sigma_0 = 0$) einfallende elektromagnetische Welle mit den Eigenschaften

- eben, zeitharmonisch mit Kreisfrequenz ω
- horizontal polarisiert ($\vec{E}$ parallel zur Grenzfläche)
- Schiefeinfall, Elevationswinkel ψ

trifft auf eine Grenzfläche zum Halbraum 1 ($\varepsilon_1, \mu_1, \sigma_1 = 0$). Das totale (einfallende plus reflektierte) elektrische Feld im Halbraum 0 hat als einzige nicht verschwindende Komponente jene in y-Richtung:

$$\underline{E}_{0y} = \underline{E}_0 \left(e^{jk_{0,z}z} + R \cdot e^{-jk_{0,z}z} \right) \cdot e^{-jk_{0,x}x}$$

mit dem Reflexionskoeffizienten R und den Wellenzahlen $k_{0,x} = k_0 \cos\psi$ und $k_{0,z} = k_0 \sin\psi$, $k_0 = \omega\sqrt{\mu_0\varepsilon_0}$. Das transmittierte elektrische Feld im Halbraum 1 hat ebenfalls nur eine y-Komponente:

$$\underline{E}_{1y} = \underline{E}_0 \cdot T \cdot e^{jk_{1,z}z} \cdot e^{-jk_{1,x}x}$$

mit dem Transmissionskoeffizienten T und den Wellenzahlen $k_{1,x}$ und $k_{1,z}$.

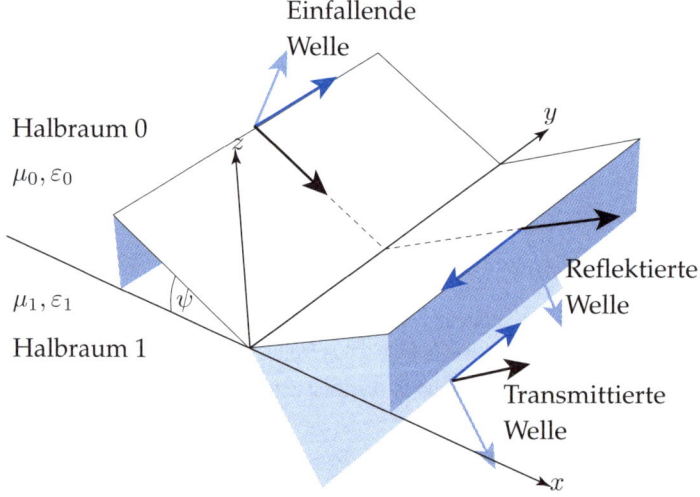

Gesucht:

- **a**   Wie groß ist das totale Magnetfeld $\vec{H}$ im oberen Halbraum?
- **b**   Wie groß ist das totale Magnetfeld $\vec{H}_1$ im unteren Halbraum?
- **c**   Bestimme die Wellenzahlen $k_{1,x}$ und $k_{1,z}$.
- **d**   Bestimme die Koeffizienten T und R.

13.6.16 Absorbierende Wand

Gegeben: Eine in x- und y-Richtung unendlich ausgedehnte Wand der Dicke $d = 1.5\,\text{mm}$ besteht aus einem homogen linear isotropen Material mit Permittivität $\varepsilon \approx \varepsilon_0$, Permeabilität $\mu = \mu_0$ und der noch genauer zu bestimmenden Leitfähigkeit $\sigma > 10^5 \frac{A}{Vm}$. Rechts und links der Wand ist Luft. Ganz weit links ($z \to -\infty$) gibt es eine Sendeantenne (Frequenz $f = 1\,MHz$), die das zu untersuchende Feld verursacht. Das Wandmaterial dämpft stark, d.h. es gilt $\sigma \gg \omega\varepsilon$ mit $\omega = 2\pi f$. Das (gemessene) Amplitudenverhältnis zwischen den elektrischen Feldstärken auf der linken und rechten Plattenoberfläche beträgt 5 %: $|\vec{E}(d)| = 0.05|\vec{E}(0)|$.

Es soll das elektromagnetische Feld in der Wand betrachtet werden, wobei die Abhängigkeiten von x und y mit sehr guter Näherung vernachlässigt werden können.

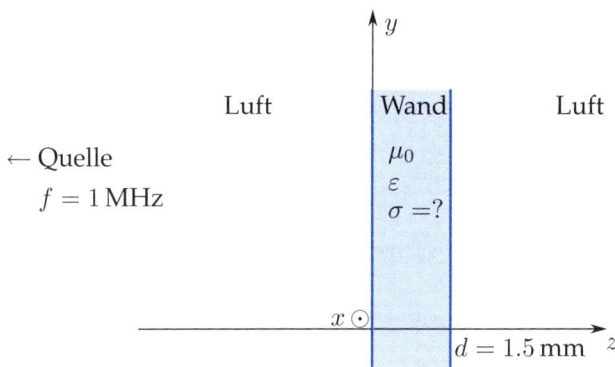

Gesucht:

a Was für einen z-Verlauf hätte das Feld in der Wand, wenn diese unendlich dick wäre?
Tipp: Nur z-Abhängigkeit angeben, keine exakte Formel für die Amplitude!

b Ist es zulässig, den in a) gefundenen Verlauf auf unsere endlich dicke Wand zu übertragen (mit Begründung!)?

c Wie groß ist die Leitfähigkeit σ des Wandmaterials?

d Das elektrische Feld im linken Gebiet ($z < 0$) sei gegeben durch die Formel $\vec{E}_1 = \left(\underline{E}_i e^{-jk_0 z} + \underline{E}_r e^{jk_0 z}\right)\vec{e}_x$, wobei k_0 die Wellenzahl von Luft ist. Wie lautet die zugehörige magnetische Feldstärke $\underline{\vec{H}}_1$?

e Wie lautet das gesamte elektromagnetische Feld in der Wand, wenn links das in d) gegebene Feld herrscht?
Tipp 1: Das gesuchte Feld ist eine nach rechts laufende Ebene Welle.
Tipp 2: $\underline{E}_i$ sei bekannt, $\underline{E}_r$ kann (und soll) ausgerechnet werden.

13.6.17 Lichtstreuung an kleinem Partikel

Gegeben: Eine Ebene Welle (Wellenvektor $\vec{k}_0 = k_0\vec{e}_x$, Amplitude $\underline{\vec{E}}_0 = \underline{E}_0\vec{e}_z$) wird an einem kleinen, unmagnetischen kugelförmigen Partikel mit Dielektrizitätskonstante $\varepsilon = \varepsilon_r\varepsilon_0$ und verschwindender Leitfähigkeit gestreut. Die Amplitude $\underline{E}_0$, die Kreisfrequenz ω, der Radius a und die relative Permittivität ε_s seien so gegeben, dass die Bedingungen von Frage a) erfüllt sind.

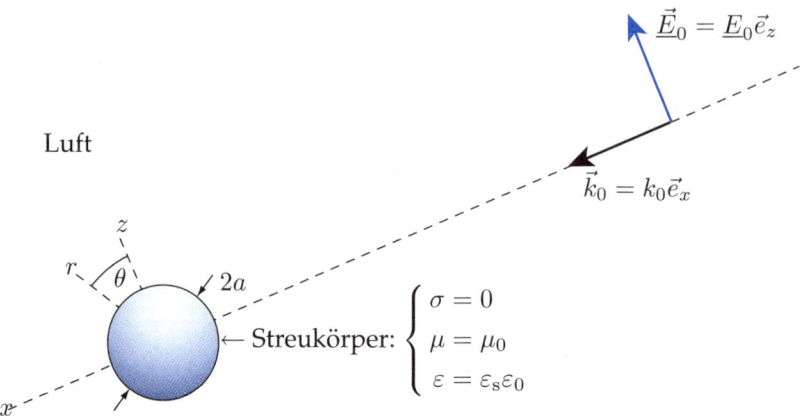

Luft

Streukörper: $\begin{cases} \sigma = 0 \\ \mu = \mu_0 \\ \varepsilon = \varepsilon_s \varepsilon_0 \end{cases}$

Gesucht:

a Welche Bedingungen müssen erfüllt sein, damit am Ort des Partikels quasistatisch gerechnet werden darf?

b Wie lautet das elektrische Potential $\underline{\varphi}_0$ der einfallenden Ebenen Welle am Ort des Partikels? (Das Partikel sei *nicht* anwesend!)
Tipp: Im quasistatischen Fall gilt $\vec{\underline{E}} = -\operatorname{grad} \underline{\varphi}$!

c Eine Lösung des gesamten Problems kann folgendermaßen formuliert werden:
Potential außerhalb des Partikels: $\underline{\varphi}_a = \underline{\varphi}_d + \underline{\varphi}_0$
Potential innerhalb des Partikels: $\underline{\varphi}_i = \underline{\varphi}_s$
wobei

$$\underline{\varphi}_d = \frac{1}{4\pi\varepsilon_0} \frac{\vec{\underline{p}} \cdot \vec{r}}{r^3}$$

das Feld eines Dipols im Zentrum der Kugel mit Dipolmoment $\vec{\underline{p}} = \underline{p}\vec{e}_z$ und $\underline{\varphi}_s$ das Potential eines homogenen Feldes der Stärke $\vec{\underline{E}}_i = \underline{E}_i \vec{e}_z$ ist. Bestimme anhand der Stetigkeitsbedingungen auf der Partikeloberfläche das Dipolmoment $\underline{p}$ sowie die Amplitude $\underline{E}_i$.
Tipp: Alle beteiligten Felder in den gleichen Koordinaten ausdrücken (Ursprung im Kugelmittelpunkt)!

d Das Partikel habe eine frequenzabhängige relative Dielektrizitätskonstante
$\varepsilon_s = 1 - \frac{\omega_p^2}{\omega^2 - j\gamma\omega}$ (γ, ω_p gegebene Konstanten, $\gamma \ll \omega p$)
Bei welcher Frequenz ω ist das Partikel in Resonanz?
Tipp: Bei Resonanz wird die innere Feldstärke maximal.

13.6.18 Ringantenne

Gegeben: In einem dünnen, kreisförmigen Drahtring ist ein stationärer Strom vorgegeben, der längs der azimutalen Koordinate ϕ variiert: $\underline{I}(\phi) = \underline{I}_0 e^{j\phi}$. Der Drahtring sei in einem homogen linear isotropen Medium (Permeabilität μ, Permittivität ε) mit verschwindender Leitfähigkeit ($\sigma = 0$) eingebettet, und die Drahtlänge $L := 2\pi R$ sei gleich der Wellenlänge λ in diesem Medium.

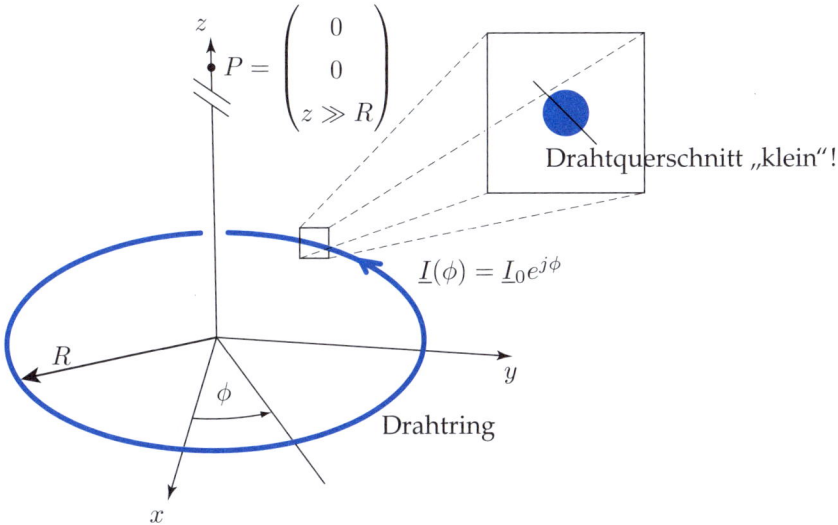

Gesucht:

a Wie groß ist die zugehörige Stromdichte $\vec{J}_0$ in Funktion des beliebigen Punktes $\vec{r}$?
Tipp: Man nehme an, dass $\vec{J}_0$ nur in ϕ-Richtung weist und in der Drahtquerschnittsfläche F_Q homogen verteilt ist.

b Wie groß ist das zu dieser Stromverteilung gehörige Vektorpotential $\vec{A}$ im Fernfeld nahe beim Punkt P.
Tipp: In diesem Fall genügt das so genannte 1. Moment

$$\vec{\underline{A}}_0 = \frac{\mu}{4\pi} \frac{e^{-jkr}}{r} \iiint\limits_{G_Q} \vec{\underline{J}}_0(\vec{r}\,')\,dV'. \tag{12.14-1}$$

Der Vektor $\vec{J}_0$ wird mit Vorteil in *kartesischen* Komponenten angeschrieben!

c Man berechne das Magnetfeld $\vec{\underline{H}}$ aus $\vec{\underline{A}}$ (nur nahe bei P).
Tipp: Es gilt: $\frac{\partial}{\partial x}\left(\frac{e^{-jkr}}{r}\right) = \frac{\partial}{\partial r}\left(\frac{e^{-jkr}}{r}\right) \cdot \frac{\partial r}{\partial x}$ mit $\frac{\partial r}{\partial x} = \frac{x}{r}$, analog für y und z.

d Wie sieht das zugehörige $\vec{E}$-Feld auf der positiven z-Achse aus?
Tipp: Man berücksichtige die Tatsache, dass sich das Feld in der Umgebung von P als Ebene Welle approximieren lässt, die sich nach außen fortpflanzt.

13.6.19 Die „andere Seite" bei Totalreflexion

Gegeben: Wenn eine Ebene Welle schief auf ein Medium mit kleinerer Permittivität auftrifft, kann sie bekanntlich total reflektiert werden. Auf der „anderen Seite", hier oben, d.h. im Halbraum $y > 0$, verschwindet das Feld jedoch nicht vollständig. Wir wollen die Eigenschaften des elektromagnetischen Feldes auf der oberen Seite im stationären Zustand studieren.

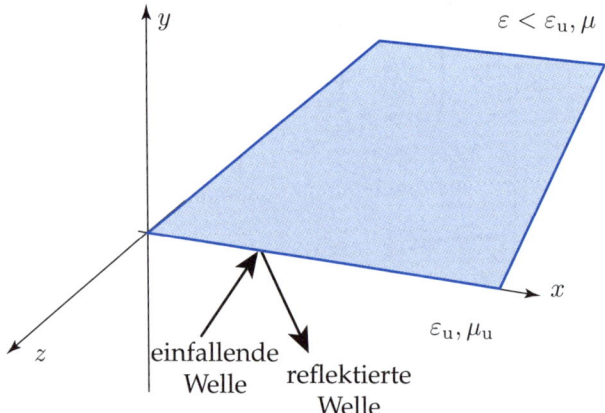

Der Bereich $y > 0$ ist mit einem isolierenden homogenen Material mit der Permittivität ε und der Permeabilität μ gefüllt, und es gibt dort ein stationäres elektrisches Feld der Form

$$\vec{E}(\vec{r}, t) = \Re\left(\underline{\vec{E}}(\vec{r})e^{j\omega t}\right)$$

$$\underline{\vec{E}}(\vec{r}) = \underline{\vec{E}}(x, y) = \underline{E}_0 e^{-jax - by} \vec{e}_z$$

$(\underline{E}_0, \omega, a, b$ alle reell und positiv)

Gesucht:

a Welcher Form der Maxwell-Gleichungen müssen die Felder im gegebenen Fall genügen? Tipp: Man wähle eine möglichst einfache Form!

b Genügt das gegebene Feld den Maxwell-Gleichungen (mit Begründung!)? Können die gegebenen Größen $\underline{E}_0, \omega, a$ und b beliebig vorgegeben sein und welchen zusätzlichen Bedingungen sind sie allenfalls unterworfen?

c Man fertige eine Skizze des gegebenen $\vec{E}$-Feldes in der Ebene $z = 0$ zur Zeit $t = 0$.

d Welches magnetische Feld $\vec{H}(\vec{r}, t)$ gehört zu $\vec{E}(\vec{r}, t)$?

e Wie ist der Energiefluss des Feldes in Funktion von Ort $\vec{r}$ und Zeit t?

f Wie lautet der zeitliche Mittelwert des Energieflusses (mit Skizze!)?

13.6.20 Wellenleiter

Gegeben: Zwischen zwei parallelen, in x- und z-Richtung unendlich ausgedehnten, leitenden Platten gibt es einen Bereich der Breite $2a$, der mit einem (unmagnetischen und absolut nicht leitenden) Dielektrikum gefüllt ist, daneben sei trockene Luft. Die Materialverteilung ist unabhängig von z. Wir betrachten nur den Feldraum I, II und III zwischen den leitenden Platten.

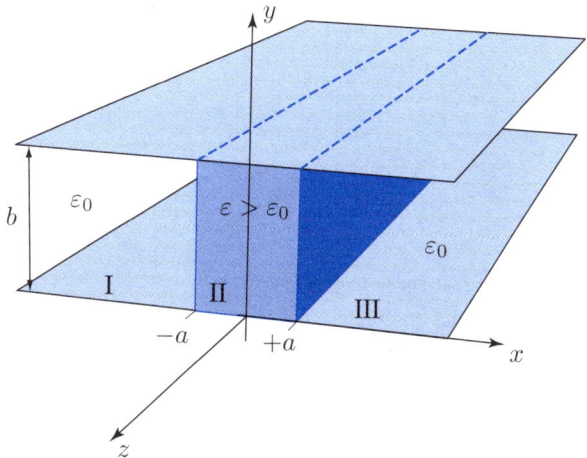

Tatsächlich können sich in dieser Struktur unterschiedliche elektromagnetische Wellen ausbreiten. Hier sollen nur Wellen im stationären Zustand ($\sim e^{j\omega t}$ mit Kreisfrequenz ω, Zeit t) untersucht werden, die sich in z-Richtung ausbreiten und in der Form $\underline{\vec{E}}(x,y,z) = \underline{\vec{f}}_\mathrm{E}(x,y) \cdot e^{-\gamma z}$ bzw. $\underline{\vec{H}}(x,y,z) = \underline{\vec{f}}_\mathrm{H}(x,y) \cdot e^{-\gamma z}$ mit der Fortpflanzungskonstante γ dargestellt werden können.

Gesucht:

a Es seien

$$\underline{\vec{E}} = \underline{E}_0 e^{-\gamma z} \vec{e}_y \qquad \text{und} \qquad \underline{\vec{H}} = \underline{H}_0 e^{-\gamma z} \vec{e}_x \tag{*}$$

unabhängig von x und y. Wie groß müsste γ sein, damit dieses Feld den Maxwell-Gleichungen in einem homogenen Raum mit den Materialparametern ε (Permittivität), μ (Permeabilität) und σ (Leitfähigkeit) genügen soll? Welche Beziehung besteht dann zwischen $\underline{E}_0$ und $\underline{H}_0$?

b Wir „füllen" die Bereiche I, II und III mit je einem Feld der Form (*), so dass in jedem Teilbereich separat die Maxwell-Gleichungen erfüllt sind, und nehmen an, die beiden Platten bei $y = 0$ und $y = b$ seien ideal leitend. Ist dies dann eine zulässige Lösung des gesamten Problems?
Tipp: Man betrachte die Felder an den Bereichsgrenzen und formuliere allenfalls Zusatzbedingungen.

c Eine kompliziertere Lösung für die gleiche Struktur hat im Bereich II das von x abhängige elektrische Feld

$$\underline{\vec{E}} = \underline{E}_0 \cos(k_x x) e^{-\gamma z} \vec{e}_y. \tag{**}$$

Welcher Differentialgleichung 2. Ordnung muss die y-Komponente von $\underline{\vec{E}}$ genügen und was für ein Zusammenhang zwischen k_x und γ resultiert daraus?

d Wie lautet das zu (**) gehörige Magnetfeld?

e Die folgenden Bilder zeigen momentane $\vec{E}$-Feldlinien von drei verschiedenen möglichen Lösungen auf unserer Struktur, wobei die Feldlinien möglichst am Ort maximaler Feldstärke gezeichnet wurden.

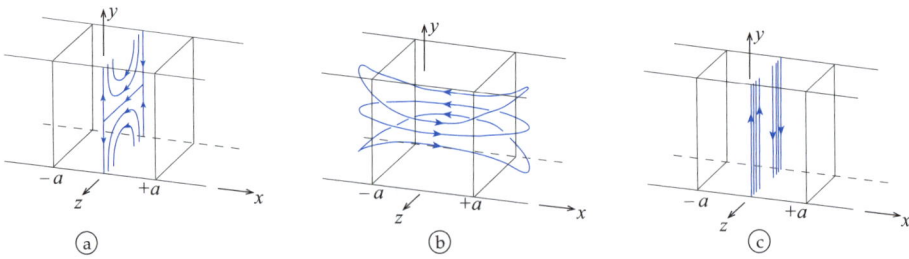

Ist das Feld (**) darunter (mit kurzer Begründung!))

f Die drei verschiedenen Felder in e) bewegen sich in z-Richtung. Wenn wir realistischerweise annehmen, dass die leitenden Platten bei $y = 0$ und $y = b$ eine endliche Leitfähigkeit σ aufweisen, müssen wir Verluste in diesen Platten erwarten. Bei welcher der drei Feldverteilungen sind diese am kleinsten (mit Begründung!)?
Tipp: Man überlege sich zuerst, wo es Ladungen auf den Platten gibt, und sinniere danach über deren Verschiebung.

Antworten zu den Aufgaben

A

ÜBERBLICK

In diesem Anhang sind Lösungsansätze zu den Übungsaufgaben zusammengestellt. Zum besseren Verständnis sei dringend empfohlen, jeweils eine Skizze anzufertigen, um sich die geometrischen Verhältnisse klarer zu machen.

Die Nummerierung der Gleichungen ist hier *nicht* durchgehend, sondern in jeder Aufgabe separat vorgenommen.

Aufgaben aus Kapitel 1

Aufgabe 1.1.10.1: Die Kraft F auf K setzt sich aus den Kräften auf q und $-q$ zusammen: $F = \frac{1}{4\pi\varepsilon_0}(Qq/(a-d)^2 - Qq/(a+d)^2) \approx \frac{1}{4\pi\varepsilon_0}Qq\cdot 4d/a^3 \sim Q^2/a^5$. Die letzte Proportionalität folgt wegen $q \sim Q/a^2$.

Aufgabe 1.1.10.2: Für die Gravitationskraft gilt $F_g = fm_{\text{Erde}}m_{\text{Mond}}/d^2$. Die elektrische Kraft beträgt $F_e = \frac{1}{4\pi\varepsilon_0}Q_{\text{Erde}}Q_{\text{Mond}}/d^2$. Gleichsetzen dieser Kräfte liefert $Q_{\text{Erde}}Q_{\text{Mond}} = 4\pi\varepsilon_0 fm_{\text{Erde}}m_{\text{Mond}}$. Die Summe der beiden Ladungen ist bei $Q_{\text{Erde}} = Q_{\text{Mond}} = Q$ minimal. Es ergibt sich $Q = \pm 2\sqrt{\pi\varepsilon_0 fm_{\text{Erde}}m_{\text{Mond}}} \approx \pm 5.7\cdot 10^{13}$C. Dabei wird die Gravitationskraft zwischen Sonne und Erde kaum gestört, denn die analoge Ladung zur Aufhebung der Gravitationskraft zwischen Erde und Sonne beträgt $Q' = \pm 2\sqrt{\pi\varepsilon_0 fm_{\text{Erde}}m_{\text{Sonne}}} \approx \pm 2.98\cdot 10^{17}$C. Wird Q aus lauter Elektronen aufgebaut, ergibt sich die Masse $m_Q = \left|\frac{Q}{e^-}\right|\cdot m_e \approx 324$ kg, d.h. *keine* relevante Massenänderung der Erde.

Aufgabe 1.2.6.1:

$$\vec{E}(s) = \sum_{i=1}^{6} \frac{Q_i}{4\pi\varepsilon_0}\frac{\vec{r}(s) - \vec{r}_i}{|\vec{r}(s) - \vec{r}_i|^3} = \frac{Q}{4\pi\varepsilon_0}\left(\frac{(3s-1)(1,1,1)}{(3s^2 - 2s + 1)^{\frac{3}{2}}} - \frac{(3s+1)(1,1,1)}{(3s^2 + 2s + 1)^{\frac{3}{2}}}\right).$$

Der Einheitsvektor in Richtung von g ist $\vec{e}_g = \frac{1}{\sqrt{3}}(1,1,1)$, und die Komponente von $\vec{E}$ in Richtung von $\vec{e}_g$ ist

$$\vec{E}(s) \cdot \vec{e}_g = \frac{Q\sqrt{3}}{4\pi\varepsilon_0}\left(\frac{3s-1}{(3s^2 - 2s + 1)^{\frac{3}{2}}} - \frac{3s+1}{(3s^2 + 2s + 1)^{\frac{3}{2}}}\right).$$

Setzt man dies gleich null, findet man $81s^7 + 18s^5 - 7s^3 = 0$ mit einer dreifachen (fremden!) Nullstelle bei $s = 0$ und zwei weiteren (reellen) Nullstellen bei $s = \pm\frac{\sqrt{\sqrt{8}-1}}{3} \approx \pm 0.45$.

Aufgabe 1.2.6.2: Die in jedem Material enthaltene Ladung haftet nur mit endlicher Festigkeit an den Molekülen. Ist $|\vec{E}|$ zu groß, wird die Kraft auf die Ladung zu groß, und die Ladung wird vom einzelnen Teilchen losgerissen.

Aufgabe 1.2.6.3: Die Kraft $\vec{F}$ auf K setzt sich aus den Kräften $\vec{F}^+$ und $\vec{F}^-$ auf q und $-q$ zusammen, wobei diese beiden Kräfte ihrerseits zusammengesetzt sind entsprechend den zu $\mp q$ und Q gehörenden Feldern $\vec{E}_{\mp}(\pm)$ und $\vec{E}_Q(\pm)$: $\vec{F}^{\pm} = \pm q(\vec{E}_{\mp}(\pm) + \vec{E}_Q(\pm))$. Dabei gibt der Index die Feldquelle, das Argument den Ort. Die Ladungen q, $-q$ und Q liegen auf der Verbindungsgerade g von Q und K, und zwar q und $-q$ im Abstand 2δ, und die näher bei Q liegende Ladung $-q$ hat einen Abstand $a - \delta$ zu Q. Diese Anordnung passt zu unserem Problem, wenn Q und q das gleiche Vorzeichen haben. Der Einheitsvektor $\vec{e}$ weise parallel zu g in Richtung von K nach Q. Dann gilt $\vec{E}_+(-) = \vec{E}_-(+) = \frac{q}{4\pi\varepsilon_0}\frac{\vec{e}}{4\delta^2}$ und $\vec{E}_Q(\pm) = \frac{Q}{4\pi\varepsilon_0}\frac{-\vec{e}}{(a\pm\delta)^2}$

und somit $\vec{F} = \vec{F}^+ + \vec{F}^- = q(\frac{q}{4\pi\varepsilon_0}\frac{\vec{e}}{4\delta^2} + \frac{Q}{4\pi\varepsilon_0}\frac{-\vec{e}}{(a+\delta)^2}) - q(\frac{q}{4\pi\varepsilon_0}\frac{\vec{e}}{4\delta^2} + \frac{Q}{4\pi\varepsilon_0}\frac{-\vec{e}}{(a-\delta)^2}) = \frac{Qq\vec{e}}{4\pi\varepsilon_0}(\frac{1}{(a-\delta)^2} - \frac{1}{(a+\delta)^2}) \approx \frac{Qq\vec{e}}{\pi\varepsilon_0}\frac{\delta}{a^3}$.

Die letzte Approximation gilt wegen $a \gg \delta$ und liefert sofort $F(a) \sim \frac{Q}{a^3}$, sofern nicht δ stark mit a variiert. Dies ist wegen der vorausgesetzten harten Feder nicht der Fall. Trotzdem seien im Folgenden noch einige Überlegungen zur Variation von δ skizziert.

Die Ermittlung der Federkraft F_F aus den beiden Kräften $\vec{F}^+$ und $\vec{F}^-$ ist etwas trickreich, solange das Verhältnis Q/q unbestimmt ist, weil verschiedene Fälle unterschieden werden müssen. Im ersten Fall sollen bei beiden Teilkräften $\vec{F}^+$ und $\vec{F}^-$ die q-Anteile die Beiträge von Q dominieren, d.h. die Federn werden zusammengedrückt, und es gilt dann $Q/q < \left(\frac{a-\delta}{2\delta}\right)^2$. Im zweiten Fall sollen umgekehrt die Q-Anteile dominieren und somit werden die Federn auseinander gezogen. Dann ist $Q/q > \left(\frac{a+\delta}{2\delta}\right)^2$. Bei den angegebenen Grenzen verschwindet eine der beiden Teilkräfte, dazwischen weisen beide Kräfte in die gleiche (welche?) Richtung. Auf diesen dritten Fall wollen wir nicht näher eingehen. In den anderen Fällen nehmen wir an, die Federkraft sei gleich der betragsmäßig kleineren Teilkraft. Die größere Teilkraft enthält die reactio zur kleineren, und der Überschuss geht in die hier nicht beachtete Beschleunigung von K. Im Fall eins wird somit $F_F = -|\vec{F}^+| = \frac{q}{4\pi\varepsilon_0}\left(\frac{Q}{(a+\delta)^2} - \frac{q}{4\delta^2}\right)$, im Fall zwei gilt $F_F = |\vec{F}^-| = \frac{q}{4\pi\varepsilon_0}\left(\frac{Q}{(a-\delta)^2} - \frac{q}{4\delta^2}\right)$. Die aktuelle Länge δ einer Feder ergibt sich nach Auflösung der Gleichung $\delta = d + D \cdot F_F$ nach δ, wobei F_F die Länge δ ebenfalls enthält. Die Voraussetzung einer harten Feder legt eine Linearisierung der Funktion $F_F(\delta)$ um den Punkt $\delta = d$ nahe: $F_F(\delta) = F_F(d) + (\delta - d) \cdot F_F'(d)$ mit $F_F'(d) = \frac{\partial}{\partial\delta}F_F(\delta)\big|_{\delta=d}$. Dann ergibt sich $\delta = d + DF_F/(1 - D \cdot F_F')$, wobei F_F und F_F' an der Stelle d zu nehmen sind und der zweite Summand nach Voraussetzung klein ist im Vergleich zu d.

Es ergibt sich somit ein Abstandsverhalten $F(a) \sim \frac{Q}{a^3}$, was im Widerspruch zum Ergebnis der Übungsaufgabe 1.1.10.1 steht. Die Materialmodelle sind in beiden Fällen sehr grob. Die Wahrheitsfindung muss daher beim Modell ansetzen.

Aufgabe 1.3.4.1: Symmetrieüberlegungen zuerst anstellen! Bei a) und b) zeigt das Feld radial und ist auf jeder zur gegebenen Kugel konzentrischen Kugelfläche im Betrag konstant. Bei c) und d) gilt dasselbe für Kreiszylinderflächen, und bei e) und f) steht $\vec{E}$ senkrecht auf der Ebene und variiert höchstens senkrecht dazu.

Allgemein wählt man zuerst eine geschlossene Fläche $F_g = \partial V$, auf der die Normalkomponente E_n von $\vec{E}$ möglichst nicht variiert. Dann gilt mit dem Satz von Gauß:

$$\oiint_{\partial V} \vec{E} \cdot d\vec{F} = \frac{Q_V}{\varepsilon_0},$$

wobei Q_V die in V enthaltene Ladung bedeutet. Wegen der Symmetrie kann die Normalkomponente von $\vec{E}$ unter dem Integral hervorgezogen werden, und es folgt $\oiint_{\partial V} \vec{E} \cdot d\vec{F} = E \oiint_{\partial V} dF = E_n \cdot F_g$ und somit $E_n = \frac{Q_V}{\varepsilon_0 F_g}$. Im Einzelnen ergibt sich:

Kugelkoordinaten r, θ, ϕ:

a Innen: $E_r = \frac{\varrho r}{3\varepsilon_0}$;   außen: $E_r = \frac{\varrho R^3}{3\varepsilon_0 r^2}$.

b Innen: $E_r = 0$;   außen: $E_r = \frac{\varsigma R^2}{\varepsilon_0 r^2}$.

Zylinderkoordinaten ρ, ϕ, z

c $E_\rho = \frac{\lambda}{2\pi\varepsilon_0 \rho}$.

d Innen: $E_\rho = \frac{\varrho\rho}{2\varepsilon_0}$; außen: $E_\rho = \frac{\varrho R^2}{2\varepsilon_0 \rho}$.

Kartesische Koordinaten x, y, z mit x normal auf Ladung (symmetrisch zu $x = 0$)

e $E_x = \frac{\varsigma}{2\varepsilon_0} \operatorname{sgn}(x)$.

f Innen: $E_x = \frac{\varrho x}{\varepsilon_0}$; außen: $E_x = \frac{\varrho d}{2\varepsilon_0} \operatorname{sgn}(x)$.

Aufgabe 1.4.5.1: Das elektrische Feld ist nur zwischen dem Innen- und dem Außenleiter von null verschieden. Dort ist es von der Form $\vec{E}(\vec{r}) = E_\rho(\rho)\vec{e}_\rho$ mit $E_\rho(\rho) = \frac{\lambda}{2\pi\varepsilon_0} \frac{1}{\rho}$, wobei die Ladung λ unbekannt ist. Mit einem radialen Weg liefert die Gleichung (1.27) den Zusammenhang $\int_{\rho_1}^{\rho_2} E_\rho(\rho')d\rho' = \frac{\lambda}{2\pi\varepsilon_0}(\ln\rho_2 - \ln\rho_1)$. Mit $\rho_1 = R_1$ und $\rho_2 = R_2$ wird das Integral gleich der Spannung $U = \varphi_0 - 0 = \varphi_0$ und es folgt die Unbekannte $\lambda = 2\pi\varepsilon_0\varphi_0 / \ln\frac{R_2}{R_1}$. Im Innenleiter ist $\varphi = \varphi_0$ und $\vec{E} = \vec{0}$, während für $\rho > R_2$ sowohl φ als auch $\vec{E}$ verschwinden.

Aufgabe 1.4.5.2: Das elektrostatische Potential einer Linienladung λ errechnet sich zu $\varphi(\rho) = \frac{\lambda}{2\pi\varepsilon_0} \ln\frac{R_0}{\rho}$, wobei R_0 ein Normierungsradius ist, bei dem φ verschwindet. Das Potential mehrerer Linienladungen kann durch Superposition ermittelt werden. Die Linienladungen seien parallel zur z-Achse angeordnet (λ bei $x = \delta$, $-\lambda$ bei $x = -\delta$, beide bei $y = 0$). Dann gilt

$$\varphi(x, y) = \frac{\lambda}{4\pi\varepsilon_0} \ln\frac{(x + \delta)^2 + y^2}{(x - \delta)^2 + y^2}.$$

Die Äquipotentialflächen sind zylindrische Flächen, weil φ nicht von z abhängt. Es genügt daher, Schnittlinien dieser Flächen bei $z = 0$ zu betrachten. $\varphi = \varphi_0$ liefert die Gleichung

$$e^{\frac{4\pi\varepsilon_0\varphi_0}{\lambda}}\left((x - \delta)^2 + y^2\right) = (x + \delta)^2 + y^2.$$

Dies ist die Gleichung eines Kreises, dessen Mittelpunkt M auf der x-Achse liegt. Radius R und die Koordinate x_M von M sind mit der Gleichung $(x_M - \delta)(x_M + \delta) = R^2$ verknüpft, d.h. die beiden Ladungen sind am Kreis gespiegelt. Für jeden Potentialwert φ_0 ergibt sich ein anderer Kreis. In der Gesamtheit handelt es sich um die so genannten *Kreise des Apollonius*.

Aufgabe 1.4.5.3: Das Feld zwischen den Drähten ist identisch mit jenem zweier entgegengesetzt gleich großer, paralleler Linienladungen $\pm\lambda$ an geeigneten Orten auf der Verbindungsstrecke d, d.h. man fasst die Leiterumrisse als zwei Apollonische Kreise auf, welche zu geeignet platzierten Linienladungen gehören. Dabei wird mit Gauß $\lambda = Q'$. Die Aufgabe ist somit gelöst, wenn die Orte der Linienladungen bestimmt sind. Es sei (vgl. die Abbildung!) r_1^+ der Abstand zwischen dem Mittelpunkt des Leiters mit Radius R_1 und der Ladung $+\lambda$ (im Innern des ersten Leiters) und r_1^- jener zur Ladung $-\lambda$ (im Innern des zweiten Leiters) sowie analog $r_2^\pm$ die Abstände der beiden Ladungen vom Mittelpunkt des Leiters mit Radius R_2. Jetzt stehen die folgenden vier Gleichungen zur Verfügung: 1) Spiegelungsbedingung am ersten Kreis: $r_1^+ \cdot r_1^- = R_1^2$; 2) Spiegelungsbedingung am zweiten Kreis: $r_2^+ \cdot r_2^- = R_2^2$; 3) Geometrische Trivialität: $r_1^+ + r_2^+ = d$; 4) $r_1^- + r_2^- = d$.

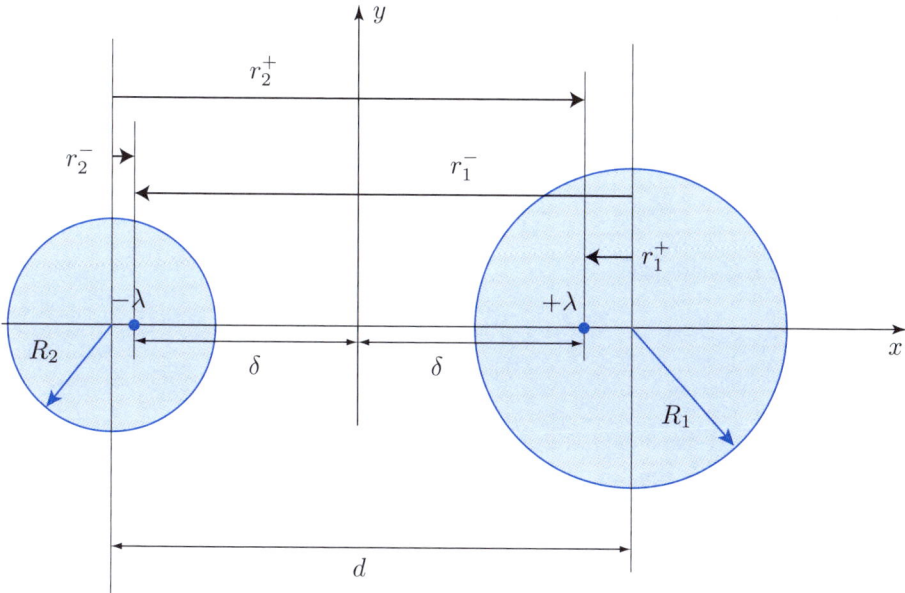

Daraus folgt in Formeln:

$$r_1^- = \frac{d^2 + R_1^2 - R_2^2 + \sqrt{(d^2 - R_1^2 - R_2^2)^2 - 4R_1^2 R_2^2}}{2d},$$

$$r_1^+ = \frac{d^2 + R_1^2 - R_2^2 - \sqrt{(d^2 - R_1^2 - R_2^2)^2 - 4R_1^2 R_2^2}}{2d},$$

$$r_2^- = \frac{d^2 - R_1^2 + R_2^2 - \sqrt{(d^2 - R_1^2 - R_2^2)^2 - 4R_1^2 R_2^2}}{2d},$$

$$r_2^+ = \frac{d^2 - R_1^2 + R_2^2 + \sqrt{(d^2 - R_1^2 - R_2^2)^2 - 4R_1^2 R_2^2}}{2d}.$$

Da jetzt die Orte der so genannten Ersatzladungen bekannt sind – sie sind vom Zentrum der Leiter zum anderen Leiter hin verschoben –, ergibt sich das definitive Resultat leicht aus der Lösung der vorigen Aufgabe. Man erhält aus der Anschauung den dortigen Wert δ zu $\delta = (d - r_1^+ - r_2^-)/2 = \sqrt{(d^2 - R_1^2 - R_2^2)^2 - 4R_1^2 R_2^2}/(2d)$, der nur noch in die dort angegebene Potentialfunktion eingesetzt werden muss.

Das elektrostatische Feld ergibt sich unter Benützung des Resultates aus Übungsaufgabe 1.3.4.1 c) zu

$$\vec{E}(x,y) = \frac{\lambda}{2\pi\varepsilon_0}\left(\frac{(x - \delta, y, 0)}{(x - \delta)^2 + y^2} - \frac{(x + \delta, y, 0)}{(x + \delta)^2 + y^2}\right),$$

wobei dieser Ausdruck nur außerhalb der Leiter gilt. Im Innern der Leiter verschwindet $\vec{E}$.

Aufgabe 1.5.6.1: Die Ladungsverteilung ς ist aus Symmetriegründen homogen auf jeder Schale, d.h. $\varsigma = Q/(4\pi R_i^2)$ auf der Innenschale bzw. $\varsigma = -Q/(4\pi R_a^2)$ auf der Außenschale, wobei Q die noch zu bestimmende Gesamtladung auf der inneren Schale bedeutet. Für das Potential φ zwischen den Schalen gilt $\varphi(r) = \frac{Q}{4\pi\varepsilon_0}\frac{1}{r}$.

Mit $U = \varphi(R_i) - \varphi(R_a) = \frac{Q}{4\pi\varepsilon_0}\left(\frac{1}{R_i} - \frac{1}{R_a}\right)$ findet man die Ladung

$$Q = \frac{4\pi\varepsilon_0 U}{\left(\frac{1}{R_i} - \frac{1}{R_a}\right)}$$

und damit die Kapazität zu

$$C = \frac{Q}{U} = \frac{4\pi\varepsilon_0}{\left(\frac{1}{R_i} - \frac{1}{R_a}\right)} = 4\pi\varepsilon_0 \frac{R_i R_a}{R_a - R_i}.$$

Aufgabe 1.5.6.2: Da das Potential durch die Lösung der Übungsaufgabe 1.4.5.3 gegeben ist, muss lediglich die Spannung in Funktion von λ ausgerechnet werden. Dies macht man am besten durch Einsetzen zweier Punkte auf den Leiteroberflächen in den Potentialausdruck. Wir wählen die Punkte auf der x-Achse bei $x_1 = \delta + r_1^+ - R_1$ und $x_2 = -\delta - r_2^- + R_2$. Hieraus ergibt sich

$$
\begin{aligned}
U &= \varphi(x_1, 0) - \varphi(x_2, 0) \\
&= \frac{\lambda}{2\pi\varepsilon_0}\left(\ln\frac{|x_1 + \delta|}{|x_1 - \delta|} - \ln\frac{|x_2 + \delta|}{|x_2 - \delta|}\right) = \frac{\lambda}{2\pi\varepsilon_0}\ln\frac{(\delta + x_1)(\delta - x_2)}{(\delta - x_1)(\delta + x_2)} \\
&= \frac{\lambda}{2\pi\varepsilon_0}\ln\frac{d^2 - R_1^2 - R_2^2 + \sqrt{(d^2 - R_1^2 - R_2^2)^2 - 4R_1^2 R_2^2}}{2R_1 R_2}
\end{aligned}
$$

und daraus der Kapazitätsbelag zu

$$C' = \lambda/U = \frac{2\pi\varepsilon_0}{\ln\frac{d^2 - R_1^2 - R_2^2 + \sqrt{(d^2 - R_1^2 - R_2^2)^2 - 4R_1^2 R_2^2}}{2R_1 R_2}}.$$

Im Falle $R_1 = R_2 = R$ ergibt sich einfacher

$$C' = \frac{\pi\varepsilon_0}{\ln\left(\frac{d}{2R} + \sqrt{\left(\frac{d}{2R}\right)^2 - 1}\right)} \underset{\frac{d}{2R} \gg 1}{\approx} \frac{\pi\varepsilon_0}{\ln\left(\frac{d}{R} - \frac{R}{d}\right)} \approx \frac{\pi\varepsilon_0}{\ln\frac{d}{R}}.$$

Aufgabe 1.5.6.3: Die Lösung dieser Aufgabe kann sehr leicht aus dem Resultat der vorigen Aufgabe 1.5.6.2 abgeleitet werden, denn das Feld in der Luft ist identisch wie jenes. Es wird lediglich begrenzt durch den Boden. Da die Ladung auf dem Leiter gleich, die Spannung aber nur halb so groß ist wie im Falle $R_1 = R_2 = R$, folgt mit $h = d/2$ sofort

$$C' = \frac{2\pi\varepsilon_0}{\ln\left(\frac{h}{R} + \sqrt{\left(\frac{h}{R}\right)^2 - 1}\right)} \underset{\frac{h}{R} \gg 1}{\approx} \frac{2\pi\varepsilon_0}{\ln\left(\frac{2h}{R} - \frac{R}{2h}\right)} \approx \frac{2\pi\varepsilon_0}{\ln\frac{2h}{R}}.$$

Aufgabe 1.6.7.1: a) Aus Symmetriegründen muss $\vec{E}$ zwischen den Platten konstant sein und senkrecht auf den Platten stehen. Der Betrag von $\vec{E}$ errechnet sich aus der Spannung und dem Plattenabstand: $|\vec{E}| = |U|/a$. Daraus ergibt sich $\vec{D}$ mit der gegebenen Materialgleichung: $\vec{D} = \varepsilon\vec{E} + \vec{P}_0$. Man beachte, dass $\vec{D}$ und $\vec{E}$ je nach Richtung und Betrag von $\vec{P}_0$ und U entgegengesetzt sein können.

b) Ladungen können nur auf den Plattenoberflächen vorkommen, weil überall sonst die Gleichung (1.61) – angewendet auf ein kleines Volumen V mit homogenem Material – verletzt wäre. Die freien Ladungen sind in jedem Fall durch die Normalkomponente D_n von $\vec{D}$ gegeben, wie man mit (1.61) – angewendet auf ein flaches Volumen V, das ein Stück des Randes enthält, zeigen kann. Die (freie) Flächenladungsdichte ist $\varsigma_f = \pm D_n$ (positives Vorzeichen, falls D_n vom Leiter ins Material zeigt). Im Vakuumfall gibt es sonst keine Ladungen. Ist $\varepsilon > \varepsilon_0$, bleibt in unserem Fall $\vec{E}$ gleich, somit wächst $|\vec{D}|$ und damit $|\varsigma_f|$. Das Material kann unter Anwendung des Substitutionsprinzips durch äquivalente Ladungen ersetzt werden: Man denkt sich das Material weg und führt stattdessen eine zusätzliche (sog. gebundene) Flächenladung ς_g auf den Plattenoberflächen ein. Diese muss jetzt so groß sein, dass sie zusammen mit ς_f (nunmehr im Vakuum) das gleiche durch die Spannung U gegebene $\vec{E}$-Feld erzeugt. Es gilt $\varsigma_{f,\text{Vakuum}} = \varsigma_{f,\text{Material}} + \varsigma_g$. Die Vorzeichen von $\varsigma_{f,\text{Material}}$ und ς_g sind entgegengesetzt wegen $|\varsigma_{f,\text{Material}}| > |\varsigma_g|$. Wird schließlich eine feste Polarisation $\vec{P}_0$ eingeführt, kann diese wiederum mit dem Substitutionsprinzip behandelt werden: Sie entspricht einer weiteren Flächenladung ς_p, deren Vorzeichen durch die Richtung von $\vec{P}_0$ eindeutig festgelegt ist. $\vec{E}$ bleibt weiterhin konstant; somit gilt jetzt $\varsigma_{f,\text{Vakuum}} = \varsigma_{f,\text{Pol.Mat.}} + \varsigma_{g,\varepsilon} + \varsigma_p$, wobei $\varsigma_{g,\varepsilon}$ den durch ε verursachten Anteil der gebundenen Ladung darstellt. Die Vorzeichen können je nachdem unterschiedlich ausfallen.

Aufgabe 1.6.7.2: a) $\vec{E}$ ist überall gleich und steht senkrecht auf den Platten. Die allein vorhandene y-Komponente errechnet sich zu $E_y = -U/a$ (negatives Vorzeichen, weil die Bezugsrichtung von U zur $+y$-Richtung entgegengesetzt ist). Die Rechtfertigung für diesen Ansatz liefert a posteriori die Feststellung, dass damit weder die Bedingung auf den Leiteroberflächen ($\vec{E}$ muss senkrecht darauf stehen) noch die Bedingung an der Materialgrenze (die Tangentialkomponente muss stetig sein, was (1.29) mit einem schmalen, die Grenze einschließenden Rechteck liefert) verletzt ist.

Da auch $\vec{P}_0$ senkrecht auf den Platten steht, ist das $\vec{D}$-Feld in jedem Punkt parallel zu $\vec{E}$, und es gilt im Material $\vec{D} = \vec{P}_0 - \varepsilon U/a\,\vec{e}_y$.

b) Mit (1.61) ergibt sich $D_n = \pm\varsigma$. Somit $\varsigma = \pm(P_{0y} - \varepsilon U/a)$, wobei das erste Vorzeichen unterschiedlich ist, je nachdem ob die Ladung auf der unteren Platte oder auf der oberen Platte gemeint ist.

Aufgabe 1.7.3.1: Die Ladungsanordnung $Q(a,b) = Q$, $Q'(-a,b) = -Q$, $Q''(a,-b) = -Q$, $Q'''(-a,-b) = Q$ ergibt ein Potential, welches auf $x = 0$ und $y = 0$ die Randbedingung $\varphi = 0$ erfüllt. Dass ein solches Problem mit einer endlichen Anzahl Bildladungen exakt gelöst werden kann, muss als glücklicher Zufall gesehen werden. (Wir hatten einen weiteren solchen Glücksfall bei der Analyse der Zweidrahtleitung!) Es gilt

$$\vec{E}(\vec{r}) = \frac{Q}{4\pi\varepsilon_0}\left(\frac{(x-a, y-b, z)}{\left((x-a)^2 + (y-b)^2 + z^2\right)^{\frac{3}{2}}} - \frac{(x+a, y-b, z)}{\left((x+a)^2 + (y-b)^2 + z^2\right)^{\frac{3}{2}}} \right.$$

$$\left. - \frac{(x-a, y+b, z)}{\left((x-a)^2 + (y+b)^2 + z^2\right)^{\frac{3}{2}}} + \frac{(x+a, y+b, z)}{\left((x+a)^2 + (y+b)^2 + z^2\right)^{\frac{3}{2}}} \right).$$

Weil Q viel näher bei der x- als bei der y-Achse liegt, muss der maximale Wert auf der x-Achse liegen. (Werte $z \neq 0$ fallen außer Betracht, weil das Feld in beide z-Richtungen nur abfällt.) Falls $a > 5b$ ist, wird $|\vec{E}|$ nahe bei $x = a$ am größten. Dort gilt

$$|\vec{E}(a,0,0)| = \frac{|Q|}{2\pi\varepsilon_0}\left(\frac{1}{b^2} - \frac{b}{(4a^2 + b^2)^{\frac{3}{2}}}\right).$$

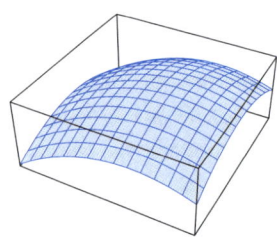

Die Abbildung zeigt den in z-Richtung symmetrischen, in x-Richtung jedoch offensichtlich unsymmetrischen Verlauf von $|\vec{E}| = |E_y(x,0,z)| = f(x,z)$ in einer kleinen *symmetrischen* Umgebung des Punktes $(a,0,0)$. Das Maximum liegt bei einem Wert $x_{\max} > a$.

NB: Die Aufgabe könnte auch gelöst werden, wenn der Winkel in der Ecke nicht $90°$, sondern π/n (mit ganzzahligem n) beträgt. Wie?

Aufgaben aus Kapitel 2

Aufgabe 2.2.5.1: Die Stromverteilung ist möglich. Das Verhältnis der Beträge der beiden Stromdichten folgt aus der Forderung, dass $\vec{J}$ (siehe Abbildung 2.1) an der Knickstelle eine stetige Normalkomponente haben muss. Der Einheitsvektor $\vec{e}_n = (\sin\beta, -\cos\beta)$ steht normal auf der Grenzfläche, und $\vec{e}_T = (\cos\beta, \sin\beta)$ zeigt tangential dazu. Mit $\vec{J}_1 = J_1\vec{e}_x$ und $\vec{J}_2 = J_2(\cos\alpha, \sin\alpha)$ folgt

$$\vec{J}_1 \cdot \vec{e}_n = \vec{J}_2 \cdot \vec{e}_n \Leftrightarrow J_1\sin\beta = J_2(\cos\alpha\sin\beta - \sin\alpha\cos\beta) = J_2\sin(\beta - \alpha). \qquad (*)$$

Als zweite Bedingung gilt (1.29). Mit einem schmalen Rechteck (Längsseiten parallel und auf beiden Seiten der Grenze) als Pfad folgt die Bedingung $\vec{E}_1 \cdot \vec{e}_T = \vec{E}_2 \cdot \vec{e}_T$, somit

$$\sigma_1^{-1}J_1\cos\beta = \sigma_2^{-1}J_2(\cos\alpha\cos\beta + \sin\alpha\sin\beta) = \sigma_2^{-1}J_2\cos(\beta - \alpha). \qquad (**)$$

Dividiert man beide Seiten von ($*$) durch die entsprechenden Seiten von ($**$), ergibt sich

$$\sigma_1\tan\beta = \sigma_2\tan(\beta - \alpha) \Rightarrow \frac{\sigma_2}{\sigma_1} = \frac{\tan\beta}{\tan(\beta - \alpha)}$$

als Bedingung für die Leitfähigkeiten. Wenn nur positive $\sigma_{1,2}$ zugelassen sind, müssen die Winkel β und $\beta - \alpha$ entweder beide spitz (wie gezeichnet) oder beide stumpf sein. Bei gegebenem Winkel α ist dann der Bereich $90° \leq \beta \leq 90° + \alpha$ verboten! Man sieht dies auch anschaulich ein, wenn man die Projektion der $\vec{J}$-Vektoren auf die fein gestrichelte Knicklinie betrachtet: Die beiden Projektionen müssen gleich gerichtet sein.

Aufgabe 2.5.2.1: a) Der Widerstand ergibt sich durch Integration von p_j über das Dielektrikumsvolumen oder einfach als U/I, wobei I gleich dem Flussintegral von $\vec{J}$ durch eine Zylinderfläche ist. Die Spannung $U = \varphi_0 - 0$ ist gegeben. Somit gilt (Zylinderkoordinaten ρ, ϕ, z) $\vec{J} = \sigma\vec{E} = \frac{\sigma U}{\rho\ln(R_2/R_1)}\vec{e}_\rho$. Es gilt für den Leckstrom im Kabelstück der Länge l: $I_l = 2\pi\rho l\vec{J}\cdot\vec{e}_\rho = \frac{2\pi l\sigma U}{\ln(R_2/R_1)}$ und daher für ein Kabelstück der Länge l:

$R_{\text{Koax}} = U/I_l = \frac{\ln(R_2/R_1)}{2\pi l \sigma}$. Der Kehrwert davon ist der Leitwert G_{Koax}, dessen „Pro-Länge-Wert" unabhängig ist von l. Es gilt natürlich $G'_{\text{Koax}} := \frac{1}{R_{\text{Koax}} l} = \frac{2\pi\sigma}{\ln(R_2/R_1)}$.

b) Die Energie im Leiterstück der Länge l ist $W = \frac{1}{2}C'lU^2$ und die Wärmeleistung beträgt $P = U^2/R_{\text{Koax}}$. Nach dem Beispiel gilt $C' = \frac{2\pi\varepsilon}{\ln(R_2/R_1)}$ und somit $W/P = \frac{1}{2}C'lR_{\text{Koax}} = \frac{\pi\varepsilon l}{\ln(R_2/R_1)}\frac{\ln(R_2/R_1)}{2\pi l \sigma} = \frac{\varepsilon}{2\sigma}$, unabhängig von der Geometrie!

Aufgabe 2.5.2.2:

a) Der Widerstand ergibt sich nur mühsam durch Integration von p_j über das Dielektrikumsvolumen, weil dieses unendlich ausgedehnt ist. Klar einfacher ist hier der zweite Weg über U/I, wobei I gleich dem Flussintegral von $\vec{J}$ durch eine Zylinderfläche ist, welche einen Leiter umschließt. Dieses Integral scheint aufwendig, weil der Integrand zwei Terme enthält. Man kann aber (mit dem Gauß'schen Satz) zeigen, dass nur jener Term, der von der Ersatzladung im Innern des Leiters stammt, einen Beitrag liefert und das Integral über das Feld der anderen Ladung verschwindet! Der relevante Term ist rotationssymmetrisch und kann leicht berechnet werden. Gemäß Übungsaufgabe 1.4.5.3 gilt

$$\vec{E}(x,y) = \frac{\lambda}{2\pi\varepsilon}\left(\underbrace{\frac{(x+\delta, y, 0)}{(x+\delta)^2 + y^2}}_{(1/\tilde\rho)\vec{e}_\rho} - \frac{(x-\delta, y, 0)}{(x-\delta)^2 + y^2}\right),$$

wobei $\tilde\rho$ zu einem geeigneten Zylinderkoordinatensystem mit Ursprung am Ort der Linienladung gehört. Der Fluss Ψ von $\vec{E}$ durch die Leiteroberfläche (Länge l) ist $\Psi = \oiint \vec{E}\cdot d\vec{F} = \frac{\lambda}{2\pi\varepsilon}l\int_0^{2\pi}\frac{1}{\tilde\rho}\tilde\rho d\tilde\phi = \frac{\lambda}{\varepsilon}l$, unabhängig von der Geometrie! Weil das Dielektrikum überall gleiche Leitfähigkeit σ aufweist, gilt $I_l = \sigma\Psi = \frac{\lambda\sigma}{\varepsilon}l = \frac{C'U\sigma}{\varepsilon}l$. Die letzte Gleichung gilt wegen der allgemeinen Proportionalität zwischen Ladung λ und Spannung U (vgl. Übungsaufgabe 1.5.6.2!). Mit

$$C' = \lambda/U = \frac{2\pi\varepsilon}{\ln\frac{d^2 - R_1^2 - R_2^2 + \sqrt{(d^2 - R_1^2 - R_2^2)^2 - 4R_1^2 R_2^2}}{2R_1 R_2}}$$

folgt

$$R_{2\text{draht}} = U/I_l$$
$$= \frac{\varepsilon}{C'l\sigma} = \frac{1}{2\pi\sigma l}\ln\frac{d^2 - R_1^2 - R_2^2 + \sqrt{(d^2 - R_1^2 - R_2^2)^2 - 4R_1^2 R_2^2}}{2R_1 R_2}.$$

Der Kehrwert davon ist der Leitwert $G_{2\text{draht}}$, dessen „Pro-Länge-Wert" $G'_{2\text{draht}}$ unabhängig ist von l:

$$G'_{2\text{draht}} = \frac{1}{R_{2\text{draht}}l} = \frac{2\pi\sigma}{\ln(K + \sqrt{K^2 - 1})} \qquad \text{mit } K = \frac{d^2 - R_1^2 - R_2^2}{2R_1 R_2}.$$

b) Es gilt wie in der vorigen Aufgabe 2.5.2.1 $W/P = \frac{1}{2}C'lR_{2\text{draht}} = \frac{\varepsilon}{2\sigma}$, unabhängig von der Geometrie. Vorausgesetzt wurde nur die Homogenität des Dielektrikums.

Aufgaben aus Kapitel 3

Aufgabe 3.3.3.1:
a) Aus Symmetriegründen gilt $\vec{H} = H_\phi(\rho)\vec{e}_\phi$. Die übrigen Komponenten fallen aus analogen Gründen weg wie im Beispiel. Wählt man konzentrische Kreise als Integrationsweg, ist der gesamte, durch die Kreisfläche fließende Strom $I(\rho)$ eine Funktion des Kreisradius ρ. Es gilt $I(\rho) = 0$, falls $\rho \le R_1$, $I(\rho) = J\pi(\rho^2 - R_1^2)$, falls $R_1 < \rho < R_2$ und $I(\rho) = J\pi(R_2^2 - R_1^2)$, falls $\rho \ge R_2$. Mit Ampère folgt

$$H_\phi(\rho) = I(\rho)/(2\pi\rho) = \begin{cases} 0, & \text{falls } \rho \le R_1, \\ J\frac{\rho^2 - R_1^2}{2\rho}, & \text{falls } R_1 < \rho < R_2, \\ J\frac{R_2^2 - R_1^2}{2\rho}, & \text{falls } \rho \ge R_2. \end{cases}$$

b) Die z-Achse stehe senkrecht auf der Ebene. Dann hat $\vec{H}$ nur eine y-Komponente und ist unabhängig von x sowie antisymmetrisch bezüglich z. Ein rechteckiger Weg in der Ebene $x = 0$ mit Kanten parallel zur y- bzw. z-Achse liefert den Wert $H_y = -\text{sgn}(z)\alpha/2$, unabhängig von $|z|$. Bemerkung: Genau genommen müsste zusätzlich eine Grenzbetrachtung angestellt werden über den Beitrag des Stromrückflusses im Unendlichen. Dies kann ähnlich gemacht werden wie beim Linienstrom in Abbildung 3.2.
c) Ähnlich wie bei b), nur dass der Sprung bei $z = 0$ auf die Dicke d ausgedehnt wird und dazwischen ein linearer Übergang stattfindet, also

$$H_y = \begin{cases} -\text{sgn}(z)\cdot Jd/2, & \text{falls } |z| > d/2, \\ -zJ, & \text{falls } |z| \le d/2. \end{cases}$$

Aufgabe 3.3.3.2: Aus Symmetriegründen hat $\vec{H}$ nur eine z-Komponente, wie die folgende Überlegung mit dem Biot-Savart'schen Integral zeigt. Wir wählen ein Koordinatensystem mit z in Richtung Spulenachse. Dann verschwindet die z-Komponente von $\vec{\alpha}$. Die Ebene $z = 0$ liegt quer zur Spulenachse, und es genügt, das Feld nur dort zu betrachten. Zu jedem Stromelement $d\vec{\alpha}$ am Ort $\vec{r}'_p = (x', y', z')$ gibt es ein dazu symmetrisches am Ort $\vec{r}'_m = (x', y', -z')$. Diese beiden Stromelemente sind gleich. Wir bezeichnen sie mit $d\vec{\alpha} = (\alpha_x, \alpha_y, 0)dF$. Für jeden Aufpunkt $\vec{r} = (x, y, 0)$ mit $z = 0$ sind auch die Distanzen zwischen Quell- und Aufpunkt gleich: $|\vec{r} - \vec{r}'_p| = |\vec{r} - \vec{r}'_m|$. Somit können die Anteile beider Stromelemente im Zähler des Integranden zusammengenommen werden: $d\vec{\alpha} \times (\vec{r} - \vec{r}'_p) + d\vec{\alpha} \times (\vec{r} - \vec{r}'_m) = d\vec{\alpha} \times (2\vec{r} - \vec{r}'_p - \vec{r}'_m)$. Die letzte runde Klammer hat nach Vorgabe keine z-Komponente, ebenso $d\vec{\alpha}$. Somit hat das Kreuzprodukt höchstens eine z-Komponente. Dies gilt für den ganzen Raum. Für Aufpunkte weit weg von der Spulenachse muss das Feld mindestens invers zum Abstand abnehmen, d.h. es verschwindet weit weg.

Der Betrag der z-Komponente kann mit dem Durchflutungsgesetz erhalten werden. Rechteckige Wege mit zwei Seiten parallel zur z-Achse liefern innen und außen je einen konstanten Wert H_i und H_a mit $H_i - H_a = \alpha$. Natürlich gilt $H_a = 0$, weil die Magnetfelder bei zunehmender Entfernung von den Quellen abnehmen.

Das Feld der Längskomponente von $\vec{\alpha}$ kann separat betrachtet werden und liefert zusätzlich ein *nicht* konstantes transversales Feld. (Vgl. auch Abbildung 8.2, im achten Kapitel!)

Aufgabe 3.3.3.3: Das Feld $\vec{\mathcal{H}}$ ist rotationssymmetrisch und hat nur eine von ϕ unabhängige ϕ-Komponente. Daher wird das Integral $\oint \vec{\mathcal{H}} \cdot d\vec{l}$ längs eines Kreises um die z-Achse (z-Achse senkrecht auf Kreisfläche, Kreismittelpunkt auf z-Achse) nicht verschwinden. Jeder solche Kreis kann aber als Berandung einer Fläche aufgefasst werden, die von keinem Strom durchflossen ist. Falls der Kreismittelpunkt nicht auf dem Stromsegment liegt, ist dies klar. Andernfalls muss die Fläche gekrümmt werden. („Seifenblase", so groß, dass das Stromsegment ganz innerhalb liegt.) Man kann sogar eine beliebige Fläche F im Raum nehmen (der Einfachheit zuliebe z.B. ein Kreisringstück in der Ebene $z = 0$) und das Feld $\mathcal{H}_\phi$ längs des Randes von F integrieren: Es ergibt sich höchstens in Spezialfällen eine Null.

Aufgabe 3.5.3.1: Der gesamte Fluss wird wegen der hohen Permeabilität μ des Eisens im dargestellten magnetischen Kreis geführt. Weil alle Querschnitte gleich sind, ist auch die magnetische Induktion B im ganzen Kreis (betragsmäßig) gleich und somit H abschnittweise konstant. Die „Maschengleichung" lautet $H_1 d + H_2 l + H_3 a = 0$. Im Magneten gilt $B = \mu_0 (M_0 + (1 + \chi_{\mathrm{m}}) H_3)$, im Eisen $B = \mu H_2$ und im Luftspalt $B = \mu_0 H_1$. Aus diesen vier Gleichungen können die vier Unbekannten H_1, H_2, H_3 und B bestimmt werden. Es gilt $H_1 = \frac{a M_0}{a + d(1+\chi_{\mathrm{m}}) + l(1+\chi_{\mathrm{m}})\frac{\mu_0}{\mu}} \approx \frac{a M_0}{a + d(1+\chi_{\mathrm{m}})}$. Mit $V_{\mathrm{P}} = Aa$ und $V_{\mathrm{L}} = Ad$ variiert $H_1(V_{\mathrm{P}})$ offenbar gemäß $H_1(V_{\mathrm{P}}) \approx \frac{V_{\mathrm{P}} M_0}{V_{\mathrm{P}} + V_{\mathrm{L}}(1+\chi_{\mathrm{m}})}$.

Aufgaben aus Kapitel 4

Aufgabe 4.2.5.1: Auf die im Draht reichlich vorhandenen Ladungen wirkt die Lorentz-Kraft $q\mu_0(\vec{v} \times \vec{H})$. Dadurch verschieben sich Ladungen so lange entlang des Drahtes, bis die von diesen Ladungen erzeugte elektrische Feldstärke $\vec{E}$ im Draht gerade so groß ist, dass die elektrische Kraft $q\vec{E}$ die Lorentz-Kraft kompensiert. Es werden auch Ladungen bis auf die Drahtenden verschoben, und diese Ladungen sind dort Quellen eines lokal starken $\vec{E}$-Feldes in der Lücke der Drahtschleife, das seinerseits mit einer messbaren Spannung $U(t)$ zusammenhängt. Nach dem Induktionsgesetz gilt $U(t) = d\Phi/dt$ mit $\Phi(t) = \mu_0 H F \cos \omega t$, wenn zur Zeit $t = 0$ die Flächennormale der drehenden Schleife in Richtung von $\vec{H}$ weist.

NB: Man beachte, dass in einem *bewegten* guten Leiter nicht die elektrische Feldstärke verschwindet, sondern die Kraft $\vec{F} = q(\vec{E} + \vec{v} \times \vec{B})$ auf jeden Ladungsträger q. Daraus folgt im Leiter: $\vec{E} = -\vec{v} \times \vec{B} \neq \vec{0}$!

Aufgabe 4.3.6.1: Die Induktivität L eines Leitungsstückes der Länge l ist mit einem Flussintegral über eine rechteckige Fläche F zu berechnen, welche auf zwei gegenüberliegenden Seiten von den Drähten berandet wird:

$$L = \frac{1}{I} \iint\limits_{\mathrm{F}} \mu \vec{H} \cdot d\vec{F}.$$

Da die Felder nicht von der Längskoordinate z abhängen, ist die Integration über z trivial. Weiter steht $\vec{H}$ senkrecht auf F und setzt sich aus den Anteilen beider (entgegengesetzt fließenden) Ströme zusammen: $H(x) = H_1(x) + H_2(x)$ (x sei die Koordinate quer zur Leitung!) Da die Anordnung symmetrisch ist, wird das Integral über H_1 und H_2 je gleich:

$$\Phi_1' = \Phi_2' = \int_{d/2}^{h-d/2} \mu \frac{I}{2\pi x} dx = \frac{\mu I}{2\pi} \ln\left(\frac{2h}{d} - 1\right) \approx \frac{\mu I}{2\pi} \ln\left(\frac{2h}{d}\right),$$

wobei nur das Feld außerhalb des Leiters berücksichtigt wurde. (Der Ausdruck für $H(x)$ stammt aus dem Beispiel (3.3)) Somit folgt $L' = \frac{\Phi_1' + \Phi_2'}{I} \approx \frac{\mu}{\pi} \ln(2h/d)$. Es ist zu beachten, dass der Einfluss des Drahtdurchmessers stark ist! Eine genauere Betrachtung des Feldes im Drahtinnern wird im neunten Kapitel nachgeliefert.

Aufgabe 4.3.6.2: Die Gegeninduktivität M ist durch das Flussintegral (4.10) gegeben. Es ist zu beachten, dass die Bezugsrichtungen beider Ströme willkürlich festgelegt werden können. Zwingend ist jedoch, dass die Umlaufrichtung mit der Flächennormale in jeder Schleife eine Rechtsschraube bildet. Je nach Wahl kann das Vorzeichen von M positiv oder negativ sein. Wir wählen die in der Abbildung angegebenen Bezugsrichtungen und werden damit eine positive Gegeninduktivität erhalten.

Der Fluss des durch die Zweidrahtleitung (mit Strom I) verursachten Feldes durch die rechteckige Schleife $a \times b$ beträgt:

$$\Phi = b \int_c^{c+a} \frac{\mu I}{2\pi \rho} d\rho - b \int_{h+c}^{h+c+a} \frac{\mu I}{2\pi \tilde{\rho}} d\tilde{\rho} = \frac{\mu I b}{2\pi} \ln \frac{(a+c)(c+h)}{c(a+c+h)}.$$

Dabei ist $\tilde{\rho}$ der Abstand vom oberen und ρ der Abstand vom unteren Draht der Zweidrahtleitung. Es ergibt sich für die Gegeninduktivität M:

$$M = \frac{\Phi}{I} = \frac{\mu b}{2\pi} \ln \frac{(a+c)(c+h)}{c(a+c+h)} = \frac{\mu b}{2\pi} \ln\left(1 + \frac{ah}{c(a+c+h)}\right).$$

Der Einfluss der Drahtdicke ist marginal, weil das Feld bei der rechteckigen Schleife keine Singularität aufweist.

NB: Aus der getroffenen Wahl der Strompfeile schließen wir indirekt, dass zwei nicht überlappende, in der gleichen Ebene liegende Schleifen eine negative Gegeninduktivität haben, wenn die Bezugsrichtungen der Ströme gleichsinnig orientiert sind.

Aufgaben aus Kapitel 5

Aufgabe 5.1.5.1: Die Ladungen gleichen sich aus, d.h. der Kugelkondensator entlädt sich. Es ergibt sich eine zeitlich variierende Ladung $Q(t) = Q_0 - \int_0^t I_L(t)\,dt$. Es gilt das Minuszeichen, weil wir die Stromrichtung (willkürlich) nach außen positiv zählen. (Der Leitungsstrom $I_L(t)$ ist noch zu bestimmen!) Den Zusammenhang zwischen $Q(t)$ und $I_L(t)$ schreibt man einfacher

$$I_L(t) = -\frac{d}{dt} Q(t). \tag{*}$$

Aus Symmetriegründen ist das Feld zwischen den Kugelschalen radialsymmetrisch.

Es gilt $\varphi(r,t) = \frac{Q(t)}{4\pi\varepsilon} \frac{1}{r}$ sowie $\vec{E} = E_r \vec{e}_r$ mit $E_r(r,t) = \frac{Q(t)}{4\pi\varepsilon} \frac{1}{r^2}$. Somit ergibt sich mit dem Ohm'schen Gesetz $\vec{J} = \sigma \vec{E}$ für den Leitungsstrom – das Integral über die Kugeloberfläche ist trivial, weil E_r auf der Kugelfläche konstant ist –

$$I_L(t) = \sigma \frac{Q(t)}{\varepsilon} \qquad (**)$$

und für den Verschiebungsstrom mit $\vec{D} = \varepsilon \vec{E}$

$$I_V(t) = \frac{d}{dt} Q(t) = -I_L(t).$$

Dies bedeutet, dass in diesem Fall Leitungsstrom und Verschiebungsstrom immer entgegengesetzt gerichtet und gleich groß sind. Nebenbei bemerkt ist dies einer der ganz wenigen Fälle, wo trotz zeitlich variablem $\vec{E}$-Feld *kein* Magnetfeld existiert!

Der zeitliche Verlauf des Stromes ergibt sich übrigens durch Einsetzen von der nach $Q(t)$ aufgelösten Gl. (**) in (*):

$$I_L(t) = -\frac{d}{dt}\left(\frac{\varepsilon}{\sigma} I_L(t)\right) \Leftrightarrow I_L(t) = I_L(0)\cdot e^{-\frac{\sigma}{\varepsilon}t}.$$

Aufgabe 5.2.6.1: Die Definitionsgleichung (5.27) mit $\vec{e} = \vec{e}_x$ liefert

$$\vec{e}_x \cdot \operatorname{grad} s = \lim_{L\to 0} \frac{s(x+L, y, z) - s(x, y, z)}{L} = \frac{\partial s}{\partial x}.$$

Analog für $\vec{e} = \vec{e}_y$ und $\vec{e} = \vec{e}_z$!

Die Definitionsgleichung (5.17) mit einer quadratischen Fläche F (Kantenlänge $2d \to 0$, Zentrum im Punkt (x, y, z)) parallel zur x-y-Ebene und $\vec{e}_p = \vec{e}_z$ liefert die z-Komponente der Rotation:

$$\vec{e}_z \cdot \operatorname{rot} \vec{A} = \lim_{d\to 0} \frac{1}{(2d)^2} \oint_{\partial F} \vec{A} \cdot d\vec{l}.$$

Das Integral hat vier Anteile, entsprechend den vier Seiten des Quadrates. Wir erhalten, wenn wir in der Notation im Argument die überall gleiche und konstante Variable z unterdrücken:

$$\oint_{\partial F} \vec{A} \cdot d\vec{l} = \int_{y-d}^{y+d} A_y(x+d, y')dy' + \int_{x+d}^{x-d} A_x(x', y+d)dx' +$$

$$\int_{y+d}^{y-d} A_y(x-d, y')dy' + \int_{x-d}^{x+d} A_x(x', y-d)dx'$$

$$= \int_{y-d}^{y+d} A_y(x+d, y') - A_y(x-d, y')\, dy' -$$

$$\int_{x-d}^{x+d} A_x(x', y+d) - A_x(x', y-d)\, dx'.$$

Wir ziehen einen Faktor $1/(2d)$ unter das Integral und finden

$$\lim_{d\to 0} \frac{A_y(x+d, y') - A_y(x-d, y')}{2d} = \frac{\partial A_y}{\partial x}\bigg|_{(x,y')},$$

$$\lim_{d \to 0} \frac{A_x(x', y+d) - A_x(x', y-d)}{2d} = \frac{\partial A_x}{\partial y}\bigg|_{(x', y)}.$$

Es bleibt

$$\vec{e}_z \cdot \operatorname{rot} \vec{A} = \lim_{d \to 0} \frac{1}{2d} \left(\int\limits_{y-d}^{y+d} \frac{\partial A_y}{\partial x} \, dy' - \int\limits_{x-d}^{x+d} \frac{\partial A_x}{\partial y} \, dx' \right).$$

Im Limes strebt der Integrand gegen seinen Wert an der Stelle (x, y, z) und kann unter dem Integral hervorgezogen werden. Somit wird

$$\vec{e}_z \cdot \operatorname{rot} \vec{A} = \frac{\partial A_y}{\partial x} - \frac{\partial A_x}{\partial y}.$$

Die übrigen Komponenten gewinnt man analog durch zyklisches Vertauschen der Variablen x, y, z.

Die Definitionsgleichung (5.22) mit einem würfelförmigen, parallel zu den Koordinatenebenen orientierten Volumen V (Kantenlänge $2d \to 0$, Zentrum im Punkt (x, y, z)) liefert

$$\operatorname{div} \vec{P} = \lim_{d \to 0} \frac{1}{(2d)^3} \oiint\limits_{\partial V} \vec{P} \cdot d\vec{F}.$$

Das Integral hat sechs Anteile, entsprechend den sechs Seiten des Würfels:

$$\oiint\limits_{\partial V} \vec{P} \cdot d\vec{F} = \int\limits_{x'=x-d}^{x'=x+d} \int\limits_{y'=y-d}^{y'=y+d} P_z(x', y', z+d) \, dx' dy' - \int\limits_{x'=x-d}^{x'=x+d} \int\limits_{y'=y-d}^{y'=y+d} P_z(x', y', z-d) \, dx' dy'$$

$$+ \int\limits_{x'=x-d}^{x'=x+d} \int\limits_{z'=z-d}^{z'=z+d} P_y(x', y+d, z') \, dx' dz' - \int\limits_{x'=x-d}^{x'=x+d} \int\limits_{z'=z-d}^{z'=z+d} P_y(x', y-d, z') \, dx' dz'$$

$$+ \int\limits_{y'=y-d}^{y'=y+d} \int\limits_{z'=z-d}^{z'=z+d} P_x(x+d, y', z') \, dy' dz' - \int\limits_{y'=y-d}^{y'=y+d} \int\limits_{z'=z-d}^{z'=z+d} P_x(x-d, y', z') \, dy' dz'.$$

Die Minuszeichen vor den Integralen rechts rühren von der unterschiedlichen Orientierung (immer nach außen) der einzelnen Teilflächen her. Je zwei Integrale mit gleichem Integrationsbereich können zusammengenommen werden. Wird auch noch ein Faktor $1/(2d)$ unter das Integral gezogen, kann mit

$$\lim_{d \to 0} \frac{P_x(x+d, y', z') - P_x(x-d, y', z')}{2d} = \frac{\partial P_x}{\partial x}\bigg|_{(x, y', z')}$$

und analogen Ausdrücken für die partiellen Ableitungen nach y und z sowie der Überlegung, dass die Integranden im Limes gegen ihren Wert an der Stelle (x, y, z) streben und unter dem Integral hervorgezogen werden können, das Ganze einfacher geschrieben werden. Es bleibt etwa anstelle der ersten beiden Terme

$$\int\limits_{x'=x-d}^{x'=x+d}\int\limits_{y'=y-d}^{y'=y+d} P_z(x',y',z+d)\,dx'dy' - \int\limits_{x'=x-d}^{x'=x+d}\int\limits_{y'=y-d}^{y'=y+d} P_z(x',y',z-d)\,dx'dy' =$$

$$\frac{\partial P_z}{\partial z}\underbrace{\int\limits_{x'=x-d}^{x'=x+d}\int\limits_{y'=y-d}^{y'=y+d} dx'dy'}_{(2d)^2}$$

und somit

$$\operatorname{div}\vec{P} = \frac{\partial P_x}{\partial x} + \frac{\partial P_y}{\partial y} + \frac{\partial P_z}{\partial z}.$$

Aufgabe 5.2.6.2: a) Es gilt mit der Produktregel der Differentiation:

$$\operatorname{grad}(s\cdot t) = \frac{\partial}{\partial x}(s\cdot t)\vec{e}_x + \frac{\partial}{\partial y}(s\cdot t)\vec{e}_y + \frac{\partial}{\partial z}(s\cdot t)\vec{e}_z =$$

$$\left(\frac{\partial s}{\partial x}t + s\frac{\partial t}{\partial x}\right)\vec{e}_x + \left(\frac{\partial s}{\partial y}t + s\frac{\partial t}{\partial y}\right)\vec{e}_y + \left(\frac{\partial s}{\partial z}t + s\frac{\partial t}{\partial z}\right)\vec{e}_z =$$

$$t\left(\frac{\partial s}{\partial x}\vec{e}_x + \frac{\partial s}{\partial y}\vec{e}_y + \frac{\partial s}{\partial z}\vec{e}_z\right) + s\left(\frac{\partial t}{\partial x}\vec{e}_x + \frac{\partial t}{\partial y}\vec{e}_y + \frac{\partial t}{\partial z}\vec{e}_z\right) = t\operatorname{grad}s + s\operatorname{grad}t.$$

b) Zuerst schreibt man $\vec{v}\times\vec{w}$ in kartesischen Komponenten,
$\vec{v}\times\vec{w} = (v_y w_z - v_z w_y)\vec{e}_x + (v_z w_x - v_x w_z)\vec{e}_y + (v_x w_y - v_y w_x)\vec{e}_z$, und wendet dann die Divergenz an. Die drei Terme lauten

$$\frac{\partial}{\partial x}(v_y w_z - v_z w_y) = w_z\frac{\partial v_y}{\partial x} + v_y\frac{\partial w_z}{\partial x} - w_y\frac{\partial v_z}{\partial x} - v_z\frac{\partial w_y}{\partial x},$$

$$\frac{\partial}{\partial y}(v_z w_x - v_x w_z) = w_x\frac{\partial v_z}{\partial y} + v_z\frac{\partial w_x}{\partial y} - w_z\frac{\partial v_x}{\partial y} - v_x\frac{\partial w_z}{\partial y},$$

$$\frac{\partial}{\partial z}(v_x w_y - v_y w_x) = w_y\frac{\partial v_x}{\partial z} + v_x\frac{\partial w_y}{\partial z} - w_x\frac{\partial v_y}{\partial z} - v_y\frac{\partial w_x}{\partial z},$$

und deren Summe ist, wenn wir geeignet zusammenfassen: $v_x(\frac{\partial w_y}{\partial z} - \frac{\partial w_z}{\partial y}) + v_y(\frac{\partial w_z}{\partial x} - \frac{\partial w_x}{\partial z}) + v_z(\frac{\partial w_x}{\partial y} - \frac{\partial w_y}{\partial x}) + \dots$ Man erkennt die Übereinstimmung mit der rechten Seite der vorgegebenen Identität.

c) Hier reicht es, nur den ersten Summanden (die x-Komponente) anzugeben:
$\frac{\partial}{\partial x}(sv_x) = v_x\frac{\partial s}{\partial x} + s\frac{\partial v_x}{\partial x}$, und man erkennt die rechte Seite bereits.

d) Diese Rechnung sei dem Leser überlassen.

NB: Diese Identitäten sind unabhängig vom Koordinatensystem gültig.

Aufgabe 5.2.6.3: Die Maxwell-Gleichungen lauten in kartesischen Komponenten:

$$\frac{\partial E_z}{\partial y} - \frac{\partial E_y}{\partial z} = -\frac{\partial B_x}{\partial t},$$

$$\frac{\partial E_x}{\partial z} - \frac{\partial E_z}{\partial x} = -\frac{\partial B_y}{\partial t},$$

$$\frac{\partial E_y}{\partial x} - \frac{\partial E_x}{\partial y} = -\frac{\partial B_z}{\partial t},$$

$$\frac{\partial H_z}{\partial y} - \frac{\partial H_y}{\partial z} = J_x + \frac{\partial D_x}{\partial t},$$

$$\frac{\partial H_x}{\partial z} - \frac{\partial H_z}{\partial x} = J_y + \frac{\partial D_y}{\partial t},$$

$$\frac{\partial H_y}{\partial x} - \frac{\partial H_x}{\partial y} = J_z + \frac{\partial D_z}{\partial t},$$

$$\frac{\partial D_x}{\partial x} + \frac{\partial D_y}{\partial y} + \frac{\partial D_z}{\partial z} = \varrho,$$

$$\frac{\partial B_x}{\partial x} + \frac{\partial B_y}{\partial y} + \frac{\partial B_z}{\partial z} = 0.$$

Nachdem die Ableitungen nach x und nach y sowie die Quellenterme null gesetzt wurden, bleiben

$$-\frac{\partial E_y}{\partial z} = -\frac{\partial B_x}{\partial t},$$

$$\frac{\partial E_x}{\partial z} = -\frac{\partial B_y}{\partial t}, \qquad \leftarrow$$

$$0 = -\frac{\partial B_z}{\partial t},$$

$$-\frac{\partial H_y}{\partial z} = \frac{\partial D_x}{\partial t}, \qquad \leftarrow$$

$$\frac{\partial H_x}{\partial z} = \frac{\partial D_y}{\partial t},$$

$$0 = \frac{\partial D_z}{\partial t},$$

$$\frac{\partial D_z}{\partial z} = 0,$$

$$\frac{\partial B_z}{\partial z} = 0$$

wobei nur die zwei mit dem Pfeil markierten Gleichungen von null verschiedene Komponenten enthalten müssen. Mit $\vec{B} = \mu_0 \vec{H}$ und $\vec{D} = \varepsilon_0 \vec{E}$ folgt

$$\frac{\partial E_x}{\partial z} = -\mu_0 \frac{\partial H_y}{\partial t},$$

$$\frac{\partial H_y}{\partial z} = -\varepsilon_0 \frac{\partial E_x}{\partial t}.$$

Nach Ableitung der ersten Gleichung nach z und der zweiten nach t kann $\frac{\partial^2 H_y}{\partial z \partial t}$ eliminiert werden:

$$\frac{\partial^2 E_x}{\partial z^2} = \mu_0 \varepsilon_0 \frac{\partial^2 E_x}{\partial t^2}.$$

Mit $E_x = f(z - ct)$ folgt $f''(z - ct) = \mu_0 \varepsilon_0 c^2 f''(z - ct)$ und somit $c = 1/\sqrt{\mu_0 \varepsilon_0}$. Man sieht, dass mit $H_y(z, t) = \frac{1}{\mu_0 c} f(z - ct) + K$ das ganze System gelöst wird. Die Konstante K wird zweckmäßigerweise null gesetzt, obwohl die Maxwell-Gleichungen allein dies *nicht* festlegen. Vgl. dazu die Bemerkungen in Unterabschnitt 5.2.5.

Aufgabe 5.2.6.4: Es gilt dann

$$\operatorname{rot} \vec{E}(\vec{r}, t) = -\frac{\partial}{\partial t} \vec{B}(\vec{r}, t) - \vec{J}_{\mathrm{m}}(\vec{r}, t),$$

$$\operatorname{rot} \vec{H}(\vec{r}, t) = \frac{\partial}{\partial t} \vec{D}(\vec{r}, t),$$

$$\operatorname{div} \vec{D}(\vec{r}, t) = 0,$$

$$\operatorname{div} \vec{B}(\vec{r}, t) = \varrho_{\mathrm{m}}(\vec{r}, t).$$

Die Vorzeichen der magnetischen Ladungen ϱ_{m} und der magnetischen Ströme $\vec{J}_{\mathrm{m}}$ sind natürlich Konventionssache und somit willkürlich. Mit den angegebenen Vorzeichen folgt die Kontinuitätsgleichung $\operatorname{div} \vec{J}_{\mathrm{m}} = -\frac{\partial \varrho_{\mathrm{m}}}{\partial t}$ (wie?), welche festlegt, dass $\vec{J}_{\mathrm{m}}$ in Bewegungsrichtung der positiven magnetischen Ladungen weist. Würde keine magnetische Ladungserhaltung gelten – was in einer fiktiven Welt immer angenommen werden kann –, wäre der Term $\vec{J}_{\mathrm{m}}$ trotzdem notwendig, weil die erste mit der letzten Gleichung zusammen einen Widerspruch liefern würden. (Welcher?)

Wenn beiderlei Ladungen zulässig sind, gibt es keine Nullen mehr in den Maxwell-Gleichungen. Die möglichen Varianten sind fast unbegrenzt, nichtsdestotrotz aber Spekulation.

Aufgaben aus Kapitel 6

Aufgabe 6.1.3.1: Die Integralform von (6.5) lautet

$$\oiint_{\partial V} \vec{J} \cdot d\vec{F} = -\frac{d}{dt} \iiint_{V} \varrho \, dV.$$

Man findet diese Gleichung bereits in Unterabschnitt 5.1.3, Gleichung (5.9). Dort ist auch die Herleitung erklärt.

Aufgabe 6.1.3.2: Ja und Nein! Wenn ϱ_{m} zeitlich konstant vorausgesetzt wird, gilt Ja, sonst Nein. Im letzten Fall muss dann auch in der ersten Maxwell-Gleichung etwas geändert werden. (Vgl. auch die Übungsaufgabe 5.2.6.4.)

Aufgabe 6.2.3.1: Wir führen ein kartesisches Koordinatensystem ein, dessen x-Achse in Richtung von $\vec{P}_0$ weist. Der Nullpunkt sei in der Mitte zwischen beiden Platten. Wegen der hohen Symmetrie der Anordnung haben $\vec{E}$, $\vec{D}$ und $\vec{P}$ nur eine in jedem Material je konstante x-Komponente, die wir mit $E_{\mathrm{vak+}}$, $E_{\mathrm{vak-}}$, E_{mat} etc. bezeichnen. Im Weiteren können wir skalar rechnen.

Bei ungeladenen Platten müssen innen und außen entgegengesetzt gleich große Flächenladungen sitzen, welche eventuell auch verschwinden können. Wir halten die Tatsache fest, dass die Flächenladung ς auf einer Leiteroberfläche immer gleich der Normalkomponente von $\vec{D}$ an der Oberfläche ist. Dies kann mit (5.12-3) gezeigt werden, indem dort als Volumen V ein flacher, sehr dünner Quader gewählt wird, dessen größte

Oberflächen parallel zur Leiteroberfläche liegen und die Grenze einschließen. Somit müssen die Ladungen, welche an das polarisierte Material angrenzen, oben (bei $x = \frac{a}{2}$) und unten (bei $x = -\frac{a}{2}$) ebenfalls entgegengesetzt gleich sein, weil sie das gleiche homogene $\vec{D}$-Feld im Innern begrenzen. Es gelten also die folgenden drei Gleichungen: $\varsigma(-\frac{a}{2} - d) = -\varsigma(-\frac{a}{2})$, $\varsigma(\frac{a}{2} + d) = -\varsigma(\frac{a}{2})$, $\varsigma(-\frac{a}{2}) = -\varsigma(\frac{a}{2})$. Daraus folgt, dass die äußersten Ladungsdichten entgegengesetzt gleich groß sind, $\varsigma(\frac{a}{2} + d) = -\varsigma(-\frac{a}{2} - d)$, und daher das $\vec{D}$-Feld im Vakuum oben und unten gleich groß ist. $\vec{D}$-Linien enden immer auf Ladungen. Wenn wir annehmen, dass im Unendlichen (bei $x = \pm\infty$) *keine* Ladungen sitzen, muss das $\vec{D}$-Feld für $|x| > \frac{a}{2} + d$ verschwinden: $D_{\text{vak+}} = D_{\text{vak-}} = 0$. Dann gilt aber auch $D_{\text{mat}} = 0$ und folglich $E_{\text{mat}} = -\frac{1}{\varepsilon_0} P_{\text{mat}} = -\frac{1}{\varepsilon_0}(P_0 + \varepsilon_0 \chi_e E_{\text{mat}}) \Rightarrow \vec{E}_{\text{mat}} = -\frac{1}{\varepsilon_0(1 + \chi_e)} \vec{P}_0$.

Aufgabe 6.3.7.1: Da (6.28-2) für die drei Grenzen $z = 0$, $z = \pm a$ versagt, muss in diesen Grenzen eine Stromschicht vorhanden sein. Wir wenden somit (6.18) an und finden $\vec{\alpha}(a) = \vec{e}_z \times (\vec{0} - H\vec{e}_y) = H\vec{e}_x$, $\vec{\alpha}(0) = \vec{e}_z \times (H\vec{e}_y - H\vec{e}_x) = -H(\vec{e}_x + \vec{e}_y)$ und $\vec{\alpha}(-a) = \vec{e}_z \times (H\vec{e}_x - \vec{0}) = H\vec{e}_y$.

Aufgabe 6.3.7.2: Wir führen in der Abwicklung ein kartesisches Koordinatensystem ein (x in Stromrichtung, y in ursprünglicher ϕ-Richtung). Gemäß den angegebenen Vereinfachungen sind vier Vektoren mit je zwei Komponenten gesucht, nämlich $\vec{H}_L$ und $\vec{B}_L$ in der Luft sowie $\vec{H}_S$ und $\vec{B}_S$ im Stahlband (acht skalare Unbekannte). Es gelten die Materialgleichungen $\vec{B}_L = \mu_0 \vec{H}_L$ und $\vec{B}_S = \mu \vec{H}_S$ (vier skalare Gleichungen). Die Einheitsvektoren $\vec{e}_T = (\cos\alpha, \sin\alpha)$ und $\vec{e}_n = (\sin\alpha, -\cos\alpha)$ weisen tangential bzw. normal zur Grenze. Es gelten die Stetigkeitsbedingungen $\vec{B}_L \cdot \vec{e}_n = \vec{B}_S \cdot \vec{e}_n$ und $\vec{H}_L \cdot \vec{e}_T = \vec{H}_S \cdot \vec{e}_T$ (zwei skalare Gleichungen). Die Anwendung des Ampère'schen Durchflutungsgesetzes längs des punktierten Umlaufs A–A ergibt $b\tan\alpha H_{Sy} + d\tan\alpha H_{Ly} = I$ (nur eine Gleichung). Man beachte, dass d und b durch die Gleichung $b\tan\alpha + d\tan\alpha = (2\pi R)/n$ wegen der Periodizität der Abwicklung miteinander verknüpft sind, wobei n irgendeine ganze Zahl ist, welche wir der Einfachheit halber (und gemäß Zeichnung) gleich eins gesetzt haben. Die letzte noch nötige Gleichung liefert das Ampère'sche Durchflutungsgesetz mit einem rechteckigen Umlauf parallel zur x-Achse im Mantel und in der stromführenden Drahtachse (Länge: eine Periode $d + b$). In der Drahtachse verschwindet das Feld, allfällige radiale Komponenten heben sich weg, und es bleibt $bH_{Sx} + dH_{Lx} = 0$ (eine Gleichung). Die Lösung dieses linearen Systems ergibt

$$H_{Sx} = \frac{Id(\mu - \mu_0)\cos^2\alpha}{(b + d)(\mu d + \mu_0 b)} \approx \frac{I\cos^2\alpha}{b + d},$$

$$H_{Sy} = \frac{I(\mu_0 b + \mu_0 d\cos^2\alpha + \mu d\sin^2\alpha)\cot\alpha}{(b + d)(\mu d + \mu_0 b)} \approx \frac{I\sin 2\alpha}{2(b + d)},$$

$$H_{Lx} = \frac{Ib(\mu_0 - \mu)\cos^2\alpha}{(b + d)(\mu d + \mu_0 b)} \approx \frac{-Ib\cos^2\alpha}{d(b + d)},$$

$$H_{Ly} = \frac{I(\mu d + \mu_0 b\sin^2\alpha + \mu b\cos^2\alpha)\cot\alpha}{(b + d)(\mu d + \mu_0 b)} \approx \frac{I(d + b\cos^2\alpha)\cot\alpha}{d(b + d)}.$$

Die Werte ganz rechts gelten für $\mu \gg \mu_0$. Die $\vec{B}$-Felder ergeben sich mit den Materialgleichungen.

Aufgabe 6.3.7.3:

a) Es gilt $\sigma_1 = \sigma_2 = 0$ und daher kann kein Strom fließen, und es gibt keine Oberflächenladungen ς. Somit sind $\vec{J}_1 = \vec{J}_2 = \vec{0}$. In M_1 gilt $\vec{D}_1 = \varepsilon_1 \vec{E}_1$. Aus den Stetigkeitsbedingungen folgt: $D_{2n} = D_{1n} = \varepsilon_1 E_{1n}$ und $\vec{E}_{2T} = \vec{E}_{1T}$ und schließlich $E_{2n} = \frac{1}{\varepsilon_2} D_{2n} = \frac{\varepsilon_1}{\varepsilon_2} E_{1n}$ und $\vec{D}_{2T} = \varepsilon_2 \vec{E}_{2T} = \varepsilon_2 \vec{E}_{1T}$.

b) In M_1 gilt $\vec{D}_1 = \varepsilon_1 \vec{E}_1$ und $\vec{J}_1 = \sigma_1 \vec{E}_1$. In M_2 folgt $\vec{E}_{2T} = \vec{E}_{1T} \Rightarrow \vec{J}_{2T} = \sigma_2 \vec{E}_{1T}$, $\vec{D}_{2T} = \varepsilon_2 \vec{E}_{1T}$. Die Normalkomponenten von $\vec{J}_2$ und $\vec{D}_2$ gehorchen den Gleichungen (6.12), (6.15) bzw. (6.27) und es gibt keine Oberflächenstromdichte $\vec{\alpha}$, wohl aber eine Oberflächenladungsdichte $\varsigma(t)$. Zusammen mit den Materialgleichungen gelten $\varepsilon_1 E_{1n} = \varsigma + \varepsilon_2 E_{2n}$ und $\sigma_1 E_{1n} = -\frac{\partial \varsigma}{\partial t} + \sigma_2 E_{2n}$. Nach Elimination von E_{2n} folgt die Differentialgleichung

$$\frac{\partial \varsigma}{\partial t} + \frac{\sigma_2}{\varepsilon_2} \varsigma = \frac{\sigma_2 \varepsilon_1 - \sigma_1 \varepsilon_2}{\varepsilon_2} E_{1n}$$

mit der Lösung

$$\varsigma(t) = e^{-\frac{\sigma_2}{\varepsilon_2}t} \left(C + \frac{\varepsilon_1 \sigma_2 - \varepsilon_2 \sigma_1}{\varepsilon_2} \int_{-\infty}^{t} E_{1n}(t') e^{\frac{\sigma_2}{\varepsilon_2}t'} \, dt' \right).$$

Die Integrationskonstante C bestimmt man durch eine Anfangsbedingung, z.B. $\varsigma(t_0) = \varsigma_0$. Dann folgt

$$C = \varsigma_0 e^{\frac{\sigma_2}{\varepsilon_2}t_0} - \frac{\varepsilon_1 \sigma_2 - \varepsilon_2 \sigma_1}{\varepsilon_2} \int_{-\infty}^{t_0} E_{1n}(t') e^{\frac{\sigma_2}{\varepsilon_2}t'} \, dt'.$$

Verschwindet E_{1n} für $t < t_0$, fällt das Integral weg. Die Ladung in der Grenzfläche und damit die Felder auf der Seite 2 hängen also nicht nur von den Feldern auf der Seite 1 zum gleichen Zeitpunkt ab, sondern sie sind vom ganzen früheren zeitlichen Verlauf von E_{1n} abhängig.

c) In M_1 gilt $\vec{D}_1 = \varepsilon_1 \vec{E}_1$ und $\vec{J}_1 = \sigma_1 \vec{E}_1$. In M_2 verschwinden alle Felder. Es gilt $\varsigma = D_{1n} = \varepsilon_1 E_{1n}$.

Aufgabe 6.4.7.1:

a) Es geht darum, die gegebenen Ausdrücke in die Maxwell-Gleichungen einzusetzen. Wir setzen in den in Übungsaufgabe 5.2.6.2 c) und d) hergeleiteten Identitäten $s(\vec{r}, t) = \cos(\omega t - \vec{k} \cdot \vec{r})$ und $\vec{v}(\vec{r}, t) = \vec{H}_0$ bzw. $\vec{v}(\vec{r}, t) = \vec{E}_0$. Dann gilt $\operatorname{rot} \vec{E}(\vec{r}, t) = -\vec{E}_0 \times \operatorname{grad}\left(\cos(\omega t - \vec{k} \cdot \vec{r})\right)$ bzw. $\operatorname{rot} \vec{H}(\vec{r}, t) = -\vec{H}_0 \times \operatorname{grad}\left(\cos(\omega t - \vec{k} \cdot \vec{r})\right)$. Mit $\operatorname{grad}\left(\cos(\omega t - \vec{k} \cdot \vec{r})\right) = \vec{k} \sin(\omega t - \vec{k} \cdot \vec{r})$ und $\frac{\partial}{\partial t}\left(\cos(\omega t - \vec{k} \cdot \vec{r})\right) = -\omega \sin(\omega t - \vec{k} \cdot \vec{r})$ folgt

$$-(\vec{E}_0 \times \vec{k}) \sin(\omega t - \vec{k} \cdot \vec{r}) = \omega \mu \vec{H}_0 \sin(\omega t - \vec{k} \cdot \vec{r}),$$
$$-(\vec{H}_0 \times \vec{k}) \sin(\omega t - \vec{k} \cdot \vec{r}) = -\omega \varepsilon \vec{E}_0 \sin(\omega t - \vec{k} \cdot \vec{r}). \qquad (*)$$

Die erste Gleichung ist identisch erfüllt und aus der zweiten folgt nach Elimination von $\vec{H}_0$:

$$\frac{1}{\omega \mu} (\vec{k} \times \vec{E}_0) \times \vec{k} \overset{(B.14)}{=} \frac{1}{\omega \mu} \left(\vec{E}_0 (\vec{k} \cdot \vec{k}) - \vec{k} \underbrace{(\vec{k} \cdot \vec{E}_0)}_{=0} \right) \overset{(*)}{=} \omega \varepsilon \vec{E}_0,$$

also $\vec{k} \cdot \vec{k} = k^2 = \omega^2 \mu \varepsilon$.

b) Mit $\vec{E}_0 = E_0 \vec{e}_y$ und $\vec{k} = -k \vec{e}_z$ wird offenbar $\vec{H}_0 = \frac{kE_0}{\omega \mu} (-\vec{e}_z \times \vec{e}_y) = \frac{kE_0}{\omega \mu} \vec{e}_x$.

Aufgabe 6.4.7.2:
Mit den gleichen Identitäten wie in der vorigen Übungsaufgabe 6.4.7.1 folgt nach dem Einsetzen in die erste Maxwell-Gleichung:

$$(\vec{E}_0 \times \vec{k})\sin(\omega t - \vec{k}\cdot\vec{r}) \stackrel{?}{=} \omega\mu\vec{H}_0\cos(\omega t - \vec{k}\cdot\vec{r}),$$

was niemals für alle $\vec{r}$ und t erfüllt ist.

Man beachte, dass die gegebenen Felder $\vec{E}(\vec{r},t)$ und $\vec{H}(\vec{r},t)$ je für sich zulässige Lösungen der (vektoriellen) Wellengleichungen (6.40) bzw. (6.42) sind. Trotzdem erfüllen sie als Paar die Maxwell-Gleichungen nicht.

Aufgabe 6.4.7.3: Einsetzen ergibt auf der rechten Seite eine Null. Sei h' und h'' die erste bzw. zweite Ableitung von h nach dem Argument. Dann ergibt sich mit $\frac{\partial}{\partial R}\left(\frac{h}{R}\right) = \frac{\pm\sqrt{\mu\varepsilon}h'R-h}{R^2}$, $\frac{\partial^2}{\partial R^2}\left(\frac{h}{R}\right) = \frac{(\mu\varepsilon h''R\pm\sqrt{\mu\varepsilon}h'\mp\sqrt{\mu\varepsilon}h')R^2 - 2R(\pm\sqrt{\mu\varepsilon}h'R-h)}{R^4} = \frac{\mu\varepsilon h''R^2 - 2(\pm\sqrt{\mu\varepsilon}h'R-h)}{R^3}$ und $\frac{\partial^2}{\partial t^2}\left(\frac{h}{R}\right) = h''/R$ auch links null.

Aufgabe 6.4.7.4: Die gegebene Gleichung hat die Form (6.74). Die Lösung ist daher durch (6.86) mit $1/v = \sqrt{\mu\varepsilon}$ gegeben.
a) Nur Quelle 1:

$$w(\vec{r},t) = -\frac{1}{4\pi}\iiint\limits_{V'}\frac{\delta(|\vec{r}'-\vec{r}_1|)T_1(t-\frac{1}{v}|\vec{r}-\vec{r}'|)}{|\vec{r}-\vec{r}'|}\,dV'.$$

Wegen $\int_{-\infty}^{\infty}f(x)\delta(x-x_0)\,dx = f(x_0)$ kann das Integral ausgewertet werden:

$$w(\vec{r},t) = -\frac{1}{4\pi}\frac{T_1(t-\frac{1}{v}|\vec{r}-\vec{r}_1|)}{|\vec{r}-\vec{r}_1|}.$$

$w(\vec{r},t)$ verschwindet nur dann nicht, wenn das Argument von T_1 größer als 0 und kleiner als τ ist. Im festen Abstand $|\vec{r}-\vec{r}_1| =: d$ vom Quellpunkt ist T_1 nur im Intervall $d/v < t < d/v + \tau$ von null verschieden. Somit ist $w(\vec{r},t)$ nur in einer Kugelschale mit Mittelpunkt $\vec{r}_1$ und Dicke $v\tau$ ungleich null. Diese Kugelschale breitet sich mit Geschwindigkeit v radial nach außen aus.
b)

$$w(\vec{r},t) = -\frac{1}{4\pi}\left(\frac{T_1(t-\frac{1}{v}|\vec{r}-\vec{r}_1|)}{|\vec{r}-\vec{r}_1|} - \frac{T_1(t-\frac{1}{v}|\vec{r}-\vec{r}_2|)}{|\vec{r}-\vec{r}_2|}\right).$$

Dies verschwindet, wenn entweder beide Terme verschwinden oder beide Summanden in der großen Klammer gleich sind. Letzteres ist auf der Mittelebene zwischen den Punkten $\vec{r}_1$ und $\vec{r}_2$ der Fall.

Aufgabe 6.4.7.5: Wir bezeichnen den Bereich ($\rho \leq R$; $0 \leq z \leq L$; $0 \leq t \leq T$) mit B und den räumlichen Anteil davon mit .
a) Mit (6.5) gilt $\varrho(\vec{r},t) = -\int_{-\infty}^{t}\operatorname{div}\vec{J}(\vec{r},t')\,dt'$ und mit () ergibt sich

$$\operatorname{div}\vec{J} = \begin{cases} \frac{\partial}{\partial z}J_z = J_0\cdot\cos^2\left(\frac{\pi\rho}{2R}\right)\cdot\frac{\pi}{L}\sin\left(\frac{2\pi z}{L}\right)\cdot\sin^2\left(\frac{\pi t}{T}\right), & \text{in B,} \\ 0, & \text{sonst.} \end{cases}$$

Die Integration der Zeitfunktion ergibt in B

$$\int\limits_0^t \sin^2\left(\frac{\pi t'}{T}\right)dt' = \frac{t}{2} - \frac{T\sin\left(\frac{2\pi t}{T}\right)}{4\pi}.$$

Somit wird

$$\varrho(\vec{r}, t) = \begin{cases} -J_0 \cdot \cos^2\left(\frac{\pi\rho}{2R}\right) \cdot \frac{\pi}{L}\sin\left(\frac{2\pi z}{L}\right)\left(\frac{t}{2} - \frac{T\sin\left(\frac{2\pi t}{T}\right)}{4\pi}\right), & \text{in B,} \\ 0, & \text{falls } t < 0, \\ -\frac{J_0\pi T}{2L}\cos^2\left(\frac{\pi\rho}{2R}\right)\sin\left(\frac{2\pi z}{L}\right), & \text{in } \tilde{B}, \ t > T. \end{cases}$$

b) Das $\vec{E}$-Feld ist durch (6.88) mit $\vec{J}_0 = \vec{J}$ und $\varrho_0 = \varrho$ gegeben. Man benötigt in $\tilde{B}$

$$\frac{\partial}{\partial t}\vec{J}(\vec{r}, t) = \begin{cases} \frac{J_0\pi}{T}\vec{e}_z \cdot \cos^2\left(\frac{\pi\rho}{2R}\right)\cdot \sin^2\left(\frac{\pi z}{L}\right)\cdot \sin\left(\frac{2\pi t}{T}\right), & \text{für } 0 \le t \le T \\ 0, & \text{sonst} \end{cases}$$

sowie den Gradienten von $\varrho(\vec{r}, t)$, der mit (5.31) gewonnen werden kann. Der Gradient von ϱ verschwindet für $t < 0$, während für $0 \le t \le T$ die Formeln

$$\frac{\partial\varrho}{\partial\rho} = \frac{J_0\pi^2}{4RL}\cdot \sin\left(\frac{\pi\rho}{R}\right)\cdot \sin\left(\frac{2\pi z}{L}\right)\cdot \left(t - \frac{T\sin\left(\frac{2\pi t}{T}\right)}{2\pi}\right),$$

$$\frac{\partial\varrho}{\partial\phi} = 0,$$

$$\frac{\partial\varrho}{\partial z} = -\frac{J_0\pi^2}{L^2}\cdot \cos^2\left(\frac{\pi\rho}{2R}\right)\cdot \cos\left(\frac{2\pi z}{L}\right)\cdot \left(t - \frac{T\sin\left(\frac{2\pi t}{T}\right)}{2\pi}\right)$$

gelten, die danach (für $t > T$) einfacher werden:

$$\frac{\partial\varrho}{\partial\rho} = \frac{J_0\pi^2 T}{4RL}\cdot \sin\left(\frac{\pi\rho}{R}\right)\cdot \sin\left(\frac{2\pi z}{L}\right),$$

$$\frac{\partial\varrho}{\partial\phi} = 0,$$

$$\frac{\partial\varrho}{\partial z} = -\frac{J_0\pi^2 T}{L^2}\cdot \cos^2\left(\frac{\pi\rho}{2R}\right)\cdot \cos\left(\frac{2\pi z}{L}\right).$$

Die ρ-Komponente des Zählers im Integranden ist $\frac{\partial\varrho}{\partial\rho}(\vec{r}', t')$ mit $t' = t - \sqrt{\mu\varepsilon}|\vec{r} - \vec{r}'|$ und die z-Komponente lautet im Zeitabschnitt $0 \le t' \le T$ – bzw. mit t geschrieben: $\sqrt{\mu\varepsilon}|\vec{r} - \vec{r}'| \le t \le \sqrt{\mu\varepsilon}|\vec{r} - \vec{r}'| + T$:

$$\mu\varepsilon\frac{\partial}{\partial t'}J_z + \frac{\partial\varrho}{\partial z} = \mu\varepsilon J_0 \cdot \cos^2\left(\frac{\pi\rho}{2R}\right)\cdot \sin^2\left(\frac{\pi z}{L}\right)\frac{\pi}{T}\sin\left(\frac{2\pi t'}{T}\right)$$

$$- J_0 \cdot \cos^2\left(\frac{\pi\rho}{2R}\right)\cdot \frac{\pi^2}{L^2}\cos\left(\frac{2\pi z}{L}\right)\left(t' - \frac{T\sin\left(\frac{2\pi t'}{T}\right)}{2\pi}\right)$$

$$= \pi J_0 \cos^2\left(\frac{\pi\rho}{2R}\right)\left[\frac{\mu\varepsilon}{T}\cdot \sin^2\left(\frac{\pi z}{L}\right)\cdot \sin\left(\frac{2\pi t'}{T}\right)\right.$$

$$\left. - \frac{\pi}{L^2}\cdot \cos\left(\frac{2\pi z}{L}\right)\cdot \left(t' - \frac{T\sin\left(\frac{2\pi t'}{T}\right)}{2\pi}\right)\right].$$

Später (für $t' > T$, d.h. falls $t > T + \sqrt{\mu\varepsilon}|\vec{r} - \vec{r}'|$) wird es einfacher:

$$\mu\varepsilon\underbrace{\frac{\partial t'}{\partial J_z}}_{=0} + \frac{\partial\varrho}{\partial z} = -\frac{J_0\pi^2 T}{L^2}\cos^2\left(\frac{\pi\rho}{2R}\right)\cdot \cos\left(\frac{2\pi z}{L}\right).$$

c) Das $\vec{H}$-Feld ist durch (6.87) mit $\vec{J}_0 = \vec{J}$ gegeben. Mit (5.32) folgt unter Berücksichtigung der konkreten Situation ($\frac{\partial}{\partial \phi} = 0$, $\vec{J} = J_z \vec{e}_z$), dass der Integrand in B nur eine ϕ-Komponente aufweist. Man erhält rot $\vec{J} = -\frac{\partial J_z}{\partial \rho} \vec{e}_\phi$ und weiter

$$-\frac{\partial J_z}{\partial \rho} = \frac{\pi J_0}{2R} \cdot \sin\left(\frac{\pi \rho}{R}\right) \cdot \sin^2\left(\frac{\pi z}{L}\right) \cdot \sin^2\left(\frac{\pi t'}{T}\right) \qquad \text{in } \tilde{B}.$$

Setzt man dies alles in die Integrale ein, ergibt sich eine Formel für die gesuchten Felder. Man beachte, dass unter dem Integral $t' = t - \sqrt{\mu\varepsilon}|\vec{r} - \vec{r}'|$ substituiert werden muss. Danach muss der Abstand $|\vec{r} - \vec{r}'|$ in Funktion der Quellpunktkoordinaten ρ', ϕ' und z' und der Aufpunktkoordinaten ρ, ϕ und z ausgedrückt werden. Es gilt zunächst in kartesischen Komponenten

$$\vec{r} - \vec{r}' = \begin{pmatrix} \rho \cos\phi - \rho' \cos\phi' \\ \rho \sin\phi - \rho' \sin\phi' \\ z - z' \end{pmatrix}$$

$$\Rightarrow |\vec{r} - \vec{r}'| = \sqrt{\rho^2 + \rho'^2 + (z - z')^2 - 2\rho\rho' \cos(\phi - \phi')}.$$

Natürlich muss nur über den räumlichen Anteil von B integriert werden. Dies führt allerdings auf elliptische Integrale, die numerisch ermittelt werden müssen.

Aufgabe 6.5.5.1: Die Maxwell-Gleichungen lauten jetzt

$$\text{rot } \vec{E} = -\frac{\partial \vec{B}}{\partial t},$$

$$\text{rot } \vec{H} = \frac{\partial \vec{D}}{\partial t},$$

$$\text{div } \vec{D} = 0 \quad \Rightarrow \quad \vec{D} = \text{rot } \vec{T},$$

$$\text{div } \vec{B} = 0.$$

wobei bereits in der dritten Zeile das elektrische Vektorpotential $\vec{T}$ eingeführt wurde. Ableitung dieser Zeile nach der Zeit und Subtraktion von der zweiten Zeile führt auf

$$\text{rot}\left(\vec{H} - \frac{\partial \vec{T}}{\partial t}\right) = \vec{0} \quad \Rightarrow \quad \vec{H} - \frac{\partial \vec{T}}{\partial t} = \text{grad } \Omega$$

mit dem magnetischen Skalarpotential Ω. Analog zu den Ausführungen in Unterabschnitt 6.5.3 ergeben sich mit der Eichung div $\vec{T} = -\mu\varepsilon \frac{\partial \Omega}{\partial t}$ homogene Wellengleichungen für diese Potentiale: $\Delta \vec{T} = \mu\varepsilon \frac{\partial^2 \vec{T}}{\partial t^2}$ und $\Delta \Omega = \mu\varepsilon \frac{\partial^2 \Omega}{\partial t^2}$.

Aufgabe 6.5.5.2: Aus physikalischen Gründen muss die Stetigkeit des Skalarpotentials φ an der Grenze verlangt werden, denn es braucht keine Arbeit aufgewendet zu werden, um die Probeladung über die Grenze zu schieben, weil der Weg verschwindet.[1]

Bedingungen für die Stetigkeit der Tangentialkomponenten des Vektorpotentials $\vec{A}$ erhält man mit der in Abbildung 6.1 rechts dargestellten Prozedur direkt aus der Definitionsgleichung (6.94) [$\vec{B} = \text{rot } \vec{A}$]. Dabei ist nur vorausgesetzt, dass die Definitionsgleichung (6.94) überall – also auch auf der Grenze – gilt und dass $\vec{B}$ in der Grenze endlich bleibt. Weiter ist die Divergenz des Vektorpotentials $\vec{A}$ durch dessen Eichung

---

1 Vgl. die Bemerkung nach Gleichung (1.24).

gegeben. Postulieren wir auf der Grenze eine „brave" Eichung, d.h. keine Unendlichkeitsstellen und dergleichen, dann folgt auch die Stetigkeit der Normalkomponente von $\vec{A}$ (vgl. Abbildung 6.1 links).

Aufgabe 6.5.5.3: Mit $\Delta\vec{\Pi}_{1,2} = -k^2\vec{\Pi}_{1,2}$ und $\frac{\partial^2}{\partial t^2}\vec{\Pi}_{1,2} = -\omega^2\vec{\Pi}_{1,2}$ folgt, dass $\vec{\Pi}_1$ und $\vec{\Pi}_2$ der homogenen Wellengleichung $(\Delta - \frac{k^2}{\omega^2}\frac{\partial^2}{\partial t^2})\vec{\Pi}_{1,2}$ genügen. Setzen wir der Einfachheit halber $\frac{k^2}{\omega^2} = \mu\varepsilon$, können mit (6.113) die folgenden Potentiale gefunden werden:

$$\varphi_1 = -k\Pi_0\sin(\omega t - kx), \quad \vec{A}_1 = -\omega\mu\varepsilon\Pi_0\sin(\omega t - kx)\vec{e}_x,$$
$$\varphi_2 = 0, \quad \vec{A}_2 = -\omega\mu\varepsilon\Pi_0\sin(\omega t - kx)\vec{e}_y.$$

Daraus ergeben sich die Felder

$$\vec{E}_1 = \omega^2\mu\varepsilon\Pi_0\cos(\omega t - kx)\vec{e}_x - k^2\Pi_0\cos(\omega t - kx)\vec{e}_x = \vec{0},$$
$$\vec{H}_1 = \vec{0},$$
$$\vec{E}_2 = \omega^2\mu\varepsilon\Pi_0\cos(\omega t - kx)\vec{e}_y - k^2\Pi_0\cos(\omega t - kx)\vec{e}_y,$$
$$\vec{H}_2 = k\omega\varepsilon\Pi_0\cos(\omega t - kx)\vec{e}_z,$$

wobei wir $\vec{B} = \mu\vec{H}$ benützt haben.

Aufgaben aus Kapitel 7

Aufgabe 7.1.6.1: Die rechte Seite verschwindet trivialerweise, während die linke Seite einfach ausgerechnet werden muss. Man kann in kartesischen Koordinaten rechnen und benötigt dann die Substitutionen

$R = |\vec{r} - \vec{r}'| = \sqrt{(x - x')^2 + (y - y')^2 + (z - z')^2}$ und $\frac{\partial R}{\partial x} = (x - x')/R$, $\frac{\partial R}{\partial y} = (y - y')/R$ und $\frac{\partial R}{\partial z} = (z - z')/R$ sowie die Kettenregel $\frac{\partial G}{\partial x} = \frac{\partial G}{\partial R}\frac{\partial R}{\partial x}$ (analog für y und z) und die Ableitungen $\frac{\partial G}{\partial R} =: G' = (-jkR - 1)G/R$ und $\frac{\partial^2 G}{\partial R^2} =: G'' = \left(\left(-jk - \frac{1}{R}\right)^2 + \frac{1}{R^2}\right)G$. Setzt man diese Formeln in die Helmholtz-Gleichung ein, folgt mit dem Laplace-Operator (6.32) auch links eine Null.

Etwas weniger Schreibaufwand ergibt eine Rechnung in Kugelkoordinaten mit Ursprung bei $|\vec{r} - \vec{r}'| = 0$. Dann wird R zur radialen Kugelkoordinate, und in der Formel des Laplace-Operators (6.34) können alle Ableitungen nach θ und nach ϕ null gesetzt werden.

Aufgabe 7.1.6.2: Die Lösung ist in Unterabschnitt 6.4.6 diskutiert, Gleichungen (6.80) bis (6.82). Hier fällt vereinfachend die Zeitabhängigkeit von G weg.

Aufgabe 7.1.6.3:
a) Die Maxwell-Gleichung (7.12-2) kann direkt nach $\underline{\vec{E}}$ aufgelöst werden:
$\underline{\vec{E}}(\vec{r}) = \frac{1}{j\omega\varepsilon}\text{rot}\,\underline{\vec{H}} = -\frac{k}{\omega\varepsilon}\underline{H}_0 e^{-jkz}\vec{e}_y = -\sqrt{\frac{\mu}{\varepsilon}}\underline{H}_0 e^{-jkz}\vec{e}_y = -Z_\text{w}\cdot\underline{H}_0 e^{-jkz}\vec{e}_y.$
N.B.: Das $\vec{H}$-Feld ist von der Form rechts in (6.61), und man könnte daher mit den Maxwell-Gleichungen (6.63) rechnen, die auch für die komplexen Amplituden gelten.
b) Im Eisen gilt das Ohm'sche Gesetz, somit $\underline{\vec{J}}(\vec{r}) = \sigma\underline{\vec{E}}(\vec{r}) = -\sigma Z_\text{w}\underline{H}_0 e^{-jkz}\vec{e}_y.$
c) Es müssen die Stetigkeitsbedingungen eingehalten werden. Damit dies auf der ganzen Oberfläche $z = 0$ geschieht und weiter das Feld im Eisen auf dieser Oberfläche nicht variiert, kommen nur Lösungen in Betracht, welche diese Bedingung auch erfüllen. Mit anderen Worten: Gesucht sind Lösungen, die mindestens bei $z = 0$ weder von x noch von

y abhängen. Es gibt zwei solche Lösungen, Ebene Wellen längs $\pm z$ in beide Richtungen. Mit dem Ansatz $\underline{\vec{H}}_1 = \underline{H}_1 e^{-jk_0 z}\vec{e}_x$, $\underline{\vec{H}}_2 = \underline{H}_2 e^{jk_0 z}\vec{e}_x$ sowie den zughörigen $\vec{E}$-Feldern $\underline{\vec{E}}_1 = -\frac{k_0}{\omega\varepsilon_0}\underline{H}_1 e^{-jk_0 z}\vec{e}_y = -Z_{w0}\underline{H}_1 e^{-jk_0 z}\vec{e}_y$, $\underline{\vec{E}}_2 = \frac{k_0}{\omega\varepsilon_0}\underline{H}_2 e^{jk_0 z}\vec{e}_y = Z_{w0}\underline{H}_2 e^{jk_0 z}\vec{e}_y$ folgen die Stetigkeitsbedingungen bei $z = 0$:

$$\underline{H}_1 + \underline{H}_2 = \underline{H}_0, \qquad \frac{k_0}{\varepsilon_0}(\underline{H}_1 - \underline{H}_2) = \frac{k}{{}^c\varepsilon}\underline{H}_0$$

mit der Lösung

$$\underline{H}_1 = \frac{\varepsilon_0 k + {}^c\varepsilon k_0}{2\,{}^c\varepsilon k_0}\underline{H}_0 = \frac{1}{2}\left(1 + \sqrt{\frac{\mu\varepsilon_0}{\mu_0\,{}^c\varepsilon}}\right)\underline{H}_0,$$

$$\underline{H}_2 = \frac{-\varepsilon_0 k + {}^c\varepsilon k_0}{2\,{}^c\varepsilon k_0}\underline{H}_0 = \frac{1}{2}\left(1 - \sqrt{\frac{\mu\varepsilon_0}{\mu_0\,{}^c\varepsilon}}\right)\underline{H}_0.$$

Aufgabe 7.2.3.1: In (7.5) sind formal komplexe Materialparameter ε, μ und σ zulässig, was auf eine Phasenverschiebung zwischen den in jeder Gleichung beteiligten Feldvektoren hinausläuft. In diesem Fall müssen die Materialgleichungen somit als *funktionale* Zusammenhänge gesehen werden, d.h. als Zusammenhang zwischen zwei verschiedenen Zeitfunktionen, welche im stationären Zustand – weil beide Funktionen mit gleicher Frequenz harmonisch sind – mit je einer zeitunabhängigen, komplexen Konstante beschrieben werden können. Die physikalische Interpretation ist in diesem Fall erheblich schwieriger, weil im Materialmodell Trägheiten eingebaut werden müssen. Der Betrag der komplexen Materialparameter hat dann nur noch wenig zu tun mit der Polarisierbarkeit/Magnetisierbarkeit des Materials.

Die reellen Materialparameter in (7.43) sind einfacher zu interpretieren, weil es sich hier um Zusammenhänge zwischen einzelnen *Werten* der Feldgrößen (und nicht Zeit*funktionen*) handelt. Ein solcher Zusammenhang ist in erster Näherung immer linear, wobei $\vec{P}_0$, $\vec{M}_0$ und $\vec{J}_0$ die Rolle der Konstante und $\varepsilon_0(1 + \chi_e)$, $\mu_0(1 + \chi_m)$ sowie σ die Rolle der Steigung im linearen Zusammenhang spielen.

Aufgabe 7.2.3.2: Wir führen drei geschichtete Feldgebiete ein, G_1, G_f und G_2, wobei G_f als dünne Schicht der Dicke d zwischen G_1 und G_2 liegt. Weiter nehmen wir an, die Leitfähigkeit $\tilde{\sigma}_f$ sei viel größer als die Leitfähigkeiten σ_1 und σ_2. Wegen (7.8) muss $\vec{E}_T$ stetig sein. $\vec{E}_f$ hat wegen der hohen Leitfähigkeit der Grenzschicht praktisch nur Komponenten tangential zu den Rändern und variiert kaum in normaler Richtung, weil d sehr klein ist. Somit ist $\vec{E}_{T1} = \vec{E}_{T2} = \vec{E}_f = \vec{E}_T$. In der Grenzschicht gilt $\vec{J}_f = \tilde{\sigma}_f\vec{E}_T$. Als Flächenstromdichte aufgefasst findet man daraus $\vec{\alpha} = d\vec{J}_f = d\tilde{\sigma}_f\vec{E}_T$ und somit $\sigma_f = d\tilde{\sigma}_f$. Dies bedeutet, dass das Modell dann brauchbar ist, wenn die Leitfähigkeit σ_f genügend groß ist, so dass auch nach Multiplikation von $\vec{J}$ mit der (sehr kleinen!) Dicke d noch etwas bleibt.

Die Leistungsdichte $p_j = \vec{J}_f \cdot \vec{E}_T = \tilde{\sigma}_f|\vec{E}_T|^2 = \frac{\sigma_f}{d}|\vec{E}_T|^2$ wird in der Grenzschicht sehr groß, wenn d klein wird. Tatsächlich divergiert die Leistung pro Fläche gegen ∞. Dies bedeutet, dass die eine Grenzschicht bei realen Materialien immer endlich dick sein muss, im Modell die Dicke aber unterschlagen werden kann.

Aufgabe 7.3.5.1: Nach (7.68) gilt $\vec{w}_x = f\vec{e}_x$, $\vec{w}_y = f\vec{e}_y$ und $\vec{w}_z = f\vec{e}_z$. Der Gauß'sche Satz () mit dem allgemeinen Vektor $\vec{v}$ lautet

$$\iiint\limits_{V} \operatorname{div} \vec{v} \, dV = \oiint\limits_{\partial V} \vec{v} \cdot d\vec{F}.$$

Ausführlich in kartesischen Komponenten geschrieben steht unter dem rechten Integral

$$\begin{pmatrix} v_x \\ v_y \\ v_z \end{pmatrix} \cdot \begin{pmatrix} dF_x \\ dF_y \\ dF_z \end{pmatrix} = v_x \cdot dF_x + v_y \cdot dF_y + v_z \cdot dF_z.$$

Setzen wir hier statt $\vec{v}$ den speziellen Vektor $\vec{w}_x = f\vec{e}_x$ ein, folgt $\vec{w}_x \cdot d\vec{F} = f \cdot dF_x$ und somit mit (5.30)

$$\iiint\limits_{V} \operatorname{div} \vec{w}_x \, dV = \iiint\limits_{V} \frac{\partial f}{\partial x} \, dV = \oiint\limits_{\partial V} f \cdot dF_x.$$

Analoge Gleichungen ergeben sich für $\vec{w}_y$ und $\vec{w}_z$. Multiplizieren wir diese drei Gleichungen mit den entsprechenden Einheitsvektoren $\vec{e}_x$, $\vec{e}_y$ und $\vec{e}_z$ und addieren alle drei, folgt (7.67).

Aufgabe 7.3.5.2: Die Ladungsverteilung $\varrho(\vec{r})$ sei nur im Gebiet G_Q von null verschieden und im Übrigen im homogenen, unendlich ausgedehnten Raum ($\varepsilon = \text{konst}$) eingebettet. Dann kann das zu ϱ gehörige Potential $\varphi(\vec{r})$ im ganzen Raum mit (1.26) berechnet werden. $\varphi(\vec{r})$ gehorcht außerhalb von G_Q einer Laplace-Gleichung. Somit gehört genau dann zu jedem ϱ_j eine andere Laplace-Lösung $f_j = \varphi_j$ in G, wenn $G \cap G_Q = \emptyset$.

Aufgabe 7.4.4.1: In kartesischen Koordinaten gilt für rot $\vec{v}$ die Gleichung (5.29). Die einzelnen dort vorkommenden partiellen Ableitungen können als Divergenz spezieller Vektoren $\vec{w}_{\xi\eta}$ angesehen werden, z.B.

$$\frac{\partial v_\xi}{\partial \eta} - \frac{\partial v_\eta}{\partial \xi} = \operatorname{div} \vec{w}_{\xi\eta} \qquad \text{mit } \vec{w}_{\xi\eta} := v_\xi \vec{e}_\eta - v_\eta \vec{e}_\xi.$$

Dabei sind ξ und η je nach Bedarf x, y oder z. Damit kann die Rotation von $\vec{v}$ mit Divergenzen geschrieben werden:

$$\operatorname{rot} \vec{v} = \begin{pmatrix} \frac{\partial v_z}{\partial y} - \frac{\partial v_y}{\partial z} \\ \frac{\partial v_x}{\partial z} - \frac{\partial v_z}{\partial x} \\ \frac{\partial v_y}{\partial x} - \frac{\partial v_x}{\partial y} \end{pmatrix} = \begin{pmatrix} \operatorname{div} \vec{w}_{zy} \\ \operatorname{div} \vec{w}_{xz} \\ \operatorname{div} \vec{w}_{yx} \end{pmatrix}.$$

Die sechs Terme unter dem Integral rechts in (7.92) lauten unter Berücksichtigung des Minuszeichens vor dem Integral:

$$-\vec{v} \times d\vec{F} = \begin{pmatrix} v_z \cdot dF_y - v_y \cdot dF_z \\ x \cdot dF_z - v_z \cdot dF_x \\ v_y \cdot dF_x - v_x \cdot dF_y \end{pmatrix} = \begin{pmatrix} \vec{w}_{zy} \cdot d\vec{F} \\ \vec{w}_{xz} \cdot d\vec{F} \\ \vec{w}_{yx} \cdot d\vec{F} \end{pmatrix}.$$

Man erkennt, dass eine dreimalige Anwendung des Gauß'schen Satzes die Gleichung (7.92) liefert.

Aufgabe 7.4.4.2: Wir betrachten ein Stück Material mit $\vec{M}_0 \neq \vec{0}$ und berechnen den zugehörigen Fluss Φ mit (3.35-1), indem wir die Materialgleichung

$$\vec{B} = \mu\vec{H} + \mu_0\vec{M}_0 \qquad (*)$$

verwenden. Entsprechend diesen zwei Summanden ergeben sich zwei Flussanteile: $\Phi = \Phi_H + \Phi_0$, wobei Φ_0 nur von $\vec{M}_0$ abhängt und Φ_H zum Betrag der magnetischen Feldstärke $\vec{H}$ proportional ist. Da nach (3.35-2) die magnetische Spannung Θ die gleiche Feldstärke $\vec{H}$ enthält, kann man auch $\Phi = \Theta/R_{Mi} + \Phi_0$ schreiben und dabei R_{Mi} als magnetischen „Innenwiderstand" unseres Materialstücks bezeichnen. M_0 spielt somit die Rolle einer unabhängigen Quelle in der „Stromquellenersatzschaltung".

Alternativ kann man auch die Materialgleichung $(*)$ nach $\vec{H}$ auflösen und dies zuerst in (3.35-2) einsetzen, was bei der magnetischen Spannung zwei Terme ergibt, wobei der eine proportional zum Betrag der magnetischen Induktion $\vec{B}$ und der andere nur von $\vec{M}_0$ abhängt. Dann spielt M_0 die Rolle der unabhängigen Quelle in der „Spannungsquellenersatzschaltung".

Die Analogie zum elektrischen Stromkreis ist offensichtlich, und man erkennt, dass auch dort die Beziehung zwischen der Spannung $U = \int \vec{E} \cdot d\vec{l}$ und dem Strom $I = \iint \vec{J}_{tot} \cdot d\vec{F} = \oint \vec{H} \cdot d\vec{l}$ letztlich mit den Relationen zwischen $\vec{E}$ und $\vec{J}_{tot}$ bzw. $\vec{H}$ zusammenhängt. Diese Relationen sind entweder einzelne Maxwell-Gleichungen oder das Ohm'sche Gesetz $\vec{J} = \sigma\vec{E}$, also eine Materialgleichung.

Wie bei der gewöhnlichen Zweipol-Ersatzschaltung hüte man sich auch hier, die beiden Terme separat physikalisch zu interpretieren. Strom und Spannung hängen beim Zweipol gemäß der charakteristischen Gleichung zusammen. Dass diese in zwei Terme zerfällt, ist eine Folge der Linearisierung. Hier ist die Relation zwischen Φ und Θ (die charakteristische Gleichung) verknüpft mit der *ganzen* Materialgleichung $(*)$.

Aufgabe 7.6.2.1: Die Rechnungen sind teilweise bereits in früheren Übungsaufgaben durchgeführt worden. Wir können uns daher streckenweise kurz fassen. Zur eindeutigen Darstellung der Felder wählen wir ein kartesisches Koordinatensystem mit Ursprung in der Mitte zwischen den Drähten und der z-Achse parallel zu ihnen. In der Querschnittszeichnung der Aufgabenstellung soll die x-Achse horizontal nach rechts, die y-Achse vertikal nach oben zeigen. Dann fließt der Strom im linken Draht (Achse: $x = -\frac{d}{2}, y = 0$) in $+z$-Richtung.

Das elektrische Feld ist zeitunabhängig, es gelten die Grundgleichungen der Elektrostatik (vgl. Unterabschnitt 7.3.1). Wir unterscheiden zwischen dem Feld im Innern der Drähte und jenem im Dielektrikum und finden, dass das Feld in den Leitern praktisch vorgegeben ist: Die homogene Stromdichte $\vec{J} := \pm\frac{I}{\pi R^2}\vec{e}_z$ liefert zusammen mit dem Ohm'schen Gesetz in den Drähten das Feld (Leitfähigkeit von Kupfer: $\sigma = 5.6\cdot10^7 \frac{A}{Vm}$)

$$\vec{E} = \frac{\vec{J}}{\sigma} = \begin{cases} \frac{I}{\pi R^2 \sigma}\vec{e}_z & \text{(im linken Draht)} \\ -\frac{I}{\pi R^2 \sigma}\vec{e}_z & \text{(im rechten Draht)} \end{cases}$$

Im Dielektrikum muss das Feld berechnet werden. Da dort keine Raumladung auftritt, gilt die vektorielle Laplace-Gleichung $\Delta\vec{E} = \vec{0}$ (vgl. (7.44)) und damit wegen (6.36) auch $\Delta E_z = 0$. Da die Längskomponente E_z auf den Drahtoberflächen vorgegeben ist – die tangentiale Komponente von $\vec{E}$ muss von innen nach außen stetig sein! –, ergibt sich für $E_z(x, y)$ ein Dirichlet-Problem, welches notabene nur zweidimensional ist, denn die Randwerte sind unabhängig von z.

Ein mathematisch identisches Problem wurde in Übungsaufgabe 1.4.5.3 gelöst. Allerdings war die unbekannte Funktion das Potential φ (mit $\Delta\varphi = 0$ im Dielektrikum), und auf dem Rand waren die Potentialwerte vorgegeben. Die Lösung war (Achtung: dieses Potential ist *nicht* das Potential des in dieser Aufgabe gesuchten Feldes!)

$$\varphi(x, y) = K \ln \frac{(x + \delta)^2 + y^2}{(x - \delta)^2 + y^2}$$

mit der noch zu bestimmenden Konstanten K und dem geometrischen Parameter $\delta = \frac{1}{2}\sqrt{d^2 - 4R^2} \approx \frac{d}{2}$. (Im Falle des Potentials galt $K = \lambda/(4\pi\varepsilon)$, und λ war eine Linienladung. Hier ist eine solche physikalische Interpretation natürlich obsolet, denn K hat die Dimension einer Feldstärke und nicht eines Potentials wie früher! Die benützte Analogie ist rein mathematisch.)

Wir finden also $E_z(x, y) = K \ln \dots$, und K kann durch Einsetzen eines Randpunktes gewonnen werden, z.B.

$$E_z\left(\frac{d}{2} + R, 0\right) \overset{!}{=} -\frac{I}{\pi R^2 \sigma} = 2K \ln \frac{\frac{d}{2} + R + \delta}{\frac{d}{2} + R - \delta} = 2K \ln \frac{d + \sqrt{d^2 - 4R^2}}{2R}.$$

Daraus ergibt sich die Konstante K zu

$$K = \frac{-I}{2\pi R^2 \sigma \ln \frac{d + \sqrt{d^2 - 4R^2}}{2R}} \approx \frac{-I}{2\pi R^2 \sigma \ln \frac{d}{R}},$$

wobei am Schluss die Relation $d \gg R$ verwendet wurde. Mit der gleichen Näherung ergibt sich schließlich

$$E_z(x, y) \approx \frac{-I}{2\pi R^2 \sigma \ln \frac{d}{R}} \ln \frac{(x + \frac{d}{2})^2 + y^2}{(x - \frac{d}{2})^2 + y^2}.$$

Die beiden anderen (transversalen) Komponenten von $\vec{E}$, E_x und E_y, können jetzt unter Zuhilfenahme der Maxwell-Gleichungen direkt aus der Längskomponente bestimmt werden. Die transversalen Komponenten verschwinden in den Drähten, und im Dielektrikum gilt die Maxwell-Gleichung rot $\vec{E} = \vec{0}$ (vgl. (7.42)). Wir machen einen Separationsansatz und schreiben

$$E_x(x, y, z) = {}^x F_t(x, y) \cdot {}^x F_l(z), \qquad E_y(x, y, z) = {}^y F_t(x, y) \cdot {}^y F_l(z),$$

wobei der Index t für transversal und der Index l für longitudinal steht. Setzen wir dies in die erwähnte Maxwell-Gleichung ein und benützen dabei die Koordinatendarstellung (5.29) der Rotation, folgen drei Gleichungen aus den kartesischen Komponenten von rot $\vec{E}$:

$$\frac{\partial}{\partial y} E_z(x, y) = {}^y F_t(x, y) \cdot \frac{\partial}{\partial z} {}^y F_l(z),$$

$$\frac{\partial}{\partial x} E_z(x, y) = {}^x F_t(x, y) \cdot \frac{\partial}{\partial z} {}^x F_l(z),$$

$$ {}^y F_l(z) \cdot \frac{\partial}{\partial x} {}^y F_t(x, y) = {}^x F_l(z) \cdot \frac{\partial}{\partial y} {}^x F_t(x, y).$$

Da die linken Seiten der ersten beiden Gleichungen nur von x und y abhängen, müssen die Ableitungen von ${}^x F_l$ und ${}^y F_l$ nach z konstant sein, d.h. ${}^x F_l(z) = \alpha_x z + \beta_x$, ${}^y F_l(z) =$

$\alpha_y z + \beta_y$ sind lineare Funktionen von z. Wegen der letzten Gleichung – die Abhängigkeit von z muss rechts und links gleich sein – können wir ohne Beschränkung der Allgemeinheit $\alpha_x = \alpha_y =: \alpha$ und $\beta_x = \beta_y =: \beta$, d.h. ${}^xF_1 = {}^yF_1 =: F_1 = \alpha z + \beta$ setzen. Eine dieser beiden Konstanten ist sogar frei wählbar, weil beim Produktansatz ein konstanter Faktor immer der einen oder der anderen Funktion zugeordnet werden kann. Wir wählen $\alpha = 1$.

Die ersten beiden Gleichungen können damit nach ${}^yF_t(x,y)$ bzw. nach ${}^xF_t(x,y)$ aufgelöst werden:

$$ {}^xF_t(x,y) = \frac{\partial}{\partial x} E_z(x,y), $$

$$ {}^yF_t(x,y) = \frac{\partial}{\partial y} E_z(x,y). $$

Damit ist das gesamte elektrische Feld bis auf die Konstante β formal bestimmt. Man beachte, dass die transversalen Funktionen ${}^xF_t$ und ${}^yF_t$ proportional sind zum (transversalen) Gradienten der Längskomponente E_z, d.h. E_z spielt die Rolle eines Potentials.

Die noch fehlende Konstante β hängt direkt mit der *Spannung* $U(z)$ auf der Leitung zusammen, die als Linienintegral geschrieben werden kann: (Die Orientierung des Spannungspfeils ist damit festgelegt: in unserem Querschnitt in $+x$-Richtung, d.h. von links nach rechts!)

$$ U(z) = \int_{-\frac{d}{2}+R}^{\frac{d}{2}-R} E_x(x,0,z)\,dx = (z+\beta) \int_{-\frac{d}{2}+R}^{\frac{d}{2}-R} {}^xF_t(x,0)\,dx $$

$$ = (z+\beta) \int_{-\frac{d}{2}+R}^{\frac{d}{2}-R} \frac{\partial}{\partial x} E_z(x,0)\,dx = (z+\beta)\, E_z(x,0)\Big|_{x=-\frac{d}{2}+R}^{x=\frac{d}{2}-R}\underbrace{}_{=\frac{-2I}{\pi R^2 \sigma}}. $$

Wenn wir $U(z)|_{z=0} = U_0$ annehmen, ergibt sich

$$ \beta = \frac{-U_0 \pi R^2 \sigma}{2I}. $$

Somit erhalten wir unter Berücksichtigung der Näherung $d \gg R$ für das elektrische Feld die kartesischen Komponenten

$$ E_x(x,y,z) = \frac{d}{2\ln\frac{d}{R}}\left(U_0 - \frac{2Iz}{\pi R^2 \sigma}\right)\frac{(\frac{d}{2})^2 - x^2 + y^2}{\rho_+^2 \cdot \rho_-^2}, $$

$$ E_y(x,y,z) = \frac{d}{\ln\frac{d}{R}}\left(U_0 - \frac{2Iz}{\pi R^2 \sigma}\right)\frac{-xy}{\rho_+^2 \cdot \rho_-^2}, $$

$$ E_z(x,y) = \frac{-I}{\pi R^2 \sigma \ln\frac{d}{R}}\ln\frac{\rho_+}{\rho_-}, $$

$$ \text{mit } \rho_+ = \rho_+(x,y) = \sqrt{(x+\tfrac{d}{2})^2 + y^2}; $$

$$ \rho_- = \rho_-(x,y) = \sqrt{(x-\tfrac{d}{2})^2 + y^2}. $$

Wir stellen fest, dass die Querkomponenten für große $|z|$ auf jeden Fall dominieren – die Spannung nimmt linear mit $|z|$ zu/ab. An der Stelle $z = 0$ hingegen ist es eine Frage der Vorgabe von U_0 bzw. I, welche Komponente größer ist.

Aufgabe 7.6.2.2: Da die meisten Überlegungen ähnlich sind wie jene in der vorangehenden Aufgabe, können wir uns hier etwas kürzer fassen. Wir wählen ein Zylinder-Koordinatensystem mit der z-Achse auf der Kabelachse. Die geometrischen Verhältnisse zeigt die Abbildung in Übungsaufgabe 1.4.5.1, und der Strom im Innenleiter fließe in $+z$-Richtung. Der Zählpfeil der Kabelspannung U weise von innen nach außen.

Das Feld in den Leitern ist mit dem Stromfluss vorgegeben. Es gilt (Leitfähigkeit von Kupfer: $\sigma = 5.6 \cdot 10^7 \frac{\text{A}}{\text{Vm}}$)

$$\vec{E} = \frac{\vec{J}}{\sigma} = \begin{cases} \dfrac{I}{\pi\sigma R_1^2}\,\vec{e}_z & \text{(im Innenleiter)} \\[3mm] -\dfrac{I}{\pi\sigma(R_3^2 - R_2^2)}\,\vec{e}_z & \text{(im Außenleiter)} \end{cases}$$

Da im Dielektrikum keine Raumladung auftritt, gilt dort die vektorielle Laplace-Gleichung $\Delta\vec{E} = \vec{0}$ (vgl. (7.44)) und damit wegen (6.36) auch $\Delta E_z = 0$. Da die Längskomponente E_z auf den Leiteroberflächen vorgegeben ist – die tangentiale Komponente von $\vec{E}$ muss von innen nach außen stetig sein! – ergibt sich für $E_z(\rho)$ ein wegen der z-Unabhängigkeit der Randwerte zweidimensionales Dirichlet-Problem, das mit dem rotationssymmetrischen Ansatz[2] $E_z(\rho) = A + B \cdot \ln\rho$ gelöst werden kann. Zur Bestimmung der Konstanten A und B werden die bekannten Werte bei $\rho = R_1$ und $\rho = R_2$ eingesetzt. Man erhält:

$$A = \frac{I}{\pi\sigma R_1^2(R_3^2 - R_2^2)\ln\frac{R_2}{R_1}}\left(R_1^2 \ln R_1 + (R_3^2 - R_2^2)\ln R_2\right),$$

$$B = \frac{-I}{\pi\sigma R_1^2(R_3^2 - R_2^2)\ln\frac{R_2}{R_1}}\left(R_3^2 - R_2^2 + R_1^2\right).$$

Somit ergibt sich für die Längskomponente von $\vec{E}$ im Dielektrikum

$$E_z(\rho) = \frac{I}{\pi\sigma R_1^2(R_3^2 - R_2^2)\ln\frac{R_2}{R_1}}\left(R_1^2 \ln\frac{R_1}{\rho} + (R_3^2 - R_2^2)\ln\frac{R_2}{\rho}\right).$$

Für $\rho > R_3$ ist im Modell einer unendlich langen Leitung $E_z = -\frac{I}{\pi\sigma(R_3^2 - R_2^2)} = $ konstant. Diesen Wert erhält man aus der folgenden Grenzbetrachtung: Der Außenraum sei zunächst durch einen weiteren Zylinder mit Radius $R_{\text{groß}}$ abgeschlossen, wobei $E_z(R_{\text{groß}}) = 0$ sei. Wie innen gilt ein Ansatz $A_g + B_g \ln\rho$. Einsetzen der Randwerte liefert $A_g = \frac{E_z(R_3)}{1 - \ln R_3/\ln R_{\text{groß}}} \to E_z(R_3)$ und $B_g = \frac{E_z(R_3)}{\ln R_3 - \ln R_{\text{groß}}} \to 0$.

Die Ermittlung der beiden anderen (transversalen) Komponenten von $\vec{E}$, E_ρ und E_ϕ, kann separat von der eben gemachten Berechnung der Längskomponente erfolgen. Die transversalen Komponenten verschwinden in den Leitern, und im Dielektrikum gilt die

---

2 $\Delta E_z = 0$ lautet rotationssymmetrisch mit (6.33) $(\frac{\partial^2}{\partial\rho^2} + \frac{1}{\rho}\frac{\partial}{\partial\rho})E_z = 0$. Der Lösungsansatz steht in jedem guten Analysisbuch. $\ln\rho$ ist mathematisch salopp, weil ρ dimensionsbehaftet ist. Sauberer wäre $B \cdot \ln(\rho/\rho_0)$ mit den Konstanten B und $\rho_0 = e^{-A/B}\,$m.

Maxwell-Gleichung $\mathrm{rot}\,\vec{E} = \vec{0}$ (vgl. (7.42)). Wir machen einen Separationsansatz und schreiben[3]

$$E_\rho(\rho,\phi,z) = {}^\rho F_\mathrm{t}(\rho,\phi) \cdot {}^\rho F_\mathrm{l}(z), \qquad E_\phi(\rho,\phi,z) = {}^\phi F_\mathrm{t}(\rho,\phi) \cdot {}^\phi F_\mathrm{l}(z),$$

wobei die Indizes t und l für transversal bzw. longitudinal stehen. Setzen wir dies in die erwähnte Maxwell-Gleichung ein und benützen dabei die Koordinatendarstellung (5.32) der Rotation, folgen drei Gleichungen aus den Komponenten von $\mathrm{rot}\,\vec{E}$:

$$\frac{1}{\rho}\frac{\partial \phi}{\partial E_z}(\rho,\phi) = {}^\phi F_\mathrm{t}(\rho,\phi) \cdot \frac{\partial}{\partial z}{}^\phi F_\mathrm{l}(z),$$

$$\frac{\partial \rho}{\partial E_z}(\rho,\phi) = {}^\rho F_\mathrm{t}(\rho,\phi) \cdot \frac{\partial}{\partial z}{}^\rho F_\mathrm{l}(z),$$

$${}^\phi F_\mathrm{l}(z) \cdot \frac{\partial \rho}{\partial \rho} \cdot {}^\phi F_\mathrm{t}(\rho,\phi) = {}^\rho F_\mathrm{l}(z) \cdot \frac{\partial \phi}{\partial}\rho F_\mathrm{t}(\rho,\phi).$$

Da E_z nicht von ϕ abhängt, kann dieses System vereinfacht werden. Aus den ersten beiden Gleichungen folgt nämlich, dass auch ${}^\phi F_\mathrm{t}$ und ${}^\rho F_\mathrm{t}$ keine Funktionen von ϕ sind. Es gilt

$$0 = {}^\phi F_\mathrm{t}(\rho) \cdot \frac{\partial}{\partial z}{}^\phi F_\mathrm{l}(z),$$

$$\frac{\partial \rho}{\partial E_z}(\rho) = {}^\rho F_\mathrm{t}(\rho) \cdot \frac{\partial}{\partial z}{}^\rho F_\mathrm{l}(z),$$

$${}^\phi F_\mathrm{l}(z) \cdot \frac{\partial \rho}{\partial \rho} \cdot {}^\phi F_\mathrm{t}(\rho) = 0.$$

Aus der ersten und letzten Gleichung folgt entweder ${}^\phi F_\mathrm{l} = 0$ und damit $E_\phi = 0$ oder aber ${}^\phi F_\mathrm{l} \neq 0$. Im letzten Fall muss wegen der ersten Gleichung ${}^\phi F_\mathrm{l}$ konstant sein. Dann folgt aus der letzten Beziehung ${}^\phi F_\mathrm{t}(\rho) = \frac{C}{\rho}$ mit der Konstanten C. Zusammen mit den Randbedingungen $(E_\phi(R_1) = E_\phi(R_2) = 0)$ führt auch dies auf

$$E_\phi = 0.$$

Jetzt liefert die zweite Gleichung $\frac{\partial}{\partial z}{}^\rho F_\mathrm{l}(z) = \alpha \neq \alpha(z)$ und somit ${}^\rho F_\mathrm{l}(z) = \alpha z + \beta$. Eine dieser beiden Konstanten ist sogar frei wählbar, weil beim Produktansatz ein konstanter Faktor immer der einen oder der anderen Funktion zugeordnet werden kann. Wir wählen $\alpha = 1$. Damit wird

$${}^\rho F_\mathrm{t}(\rho) = \frac{\partial \rho}{\partial E_z}(\rho) = \frac{B}{\rho} = \frac{-I(R_3^2 - R_2^2 + R_1^2)}{\pi \sigma R_1^2 (R_3^2 - R_2^2) \ln \frac{R_2}{R_1}}\frac{1}{\rho}.$$

Schließlich ergibt sich für die radiale Komponente des elektrischen Feldes $E_\rho(\rho,z) = \frac{B}{\rho}(z + \beta)$. Die Konstante β hängt mit der vorgebbaren Spannung $U(0) = U_0$ zusammen. Es gilt $U_0 = \int_{R_1}^{R_2} E_\rho(\rho,0)d\rho = \beta \cdot B \cdot \ln \frac{R_2}{R_1}$. Diese Gleichung liefert die Konstante β in Funktion von U_0, und man erhält schließlich

$$E_\rho(\rho,z) = \frac{1}{\ln \frac{R_2}{R_1}}\left(U_0 - \frac{I(R_3^2 - R_2^2 + R_1^2)}{\pi \sigma R_1^2 (R_3^2 - R_2^2)}z\right)\frac{1}{\rho}.$$

---

3 Für Ingenieure ist der Produktansatz praktisch der einzig mögliche Weg, partiellen Differentialgleichungen beizukommen. Unter Vorwegnahme des Resultates unterschlagen wir die explizite Separierung der ϕ-Abhängigkeit: Das Endergebnis wird nicht von ϕ abhängen!

Aufgaben aus Kapitel 8

Aufgabe 8.2.4.1: Die Ebene Welle wurde bereits in Übungsaufgabe 6.4.7.1 diskutiert. Ein Vergleich mit den dortigen Vorgaben ergibt hier $\vec{k} = k\vec{e}_z$. Somit wird

$$\vec{H}_0 = \frac{1}{\omega\mu_0}(\vec{k} \times \vec{E}_0) = \sqrt{\frac{\varepsilon_0}{\mu_0}}E_0\vec{e}_y$$

und weiter

$$\vec{H}(\vec{r}, t) = \vec{H}_0 \cos(\omega t - kz).$$

Damit ergibt sich für den Poynting-Vektor

$$\vec{S}(\vec{r}, t) = \sqrt{\frac{\varepsilon_0}{\mu_0}}E_0^2 \cos^2(\omega t - kz)\underbrace{(\vec{e}_x \times \vec{e}_y)}_{=\vec{e}_z}$$

$$= \sqrt{\frac{\varepsilon_0}{\mu_0}}\frac{E_0^2}{2}\left(1 + \cos(2(\omega t - kz))\right)\vec{e}_z.$$

Im Zeitmittel fällt der Term mit dem Kosinus heraus, und es bleibt die ortsunabhängige Größe

$$\overline{\vec{S}(\vec{r}, t)} = \sqrt{\frac{\varepsilon_0}{\mu_0}}\frac{E_0^2}{2}\vec{e}_z.$$

(Überstreichen bedeutet Zeitmittelung.)

Aufgabe 8.2.4.2: Eine einzelne Ebene Welle wurde bereits in Übungsaufgabe 6.4.7.1 diskutiert. Die Wellenvektoren lauten offenbar (in kartesischen Komponenten)

$$\vec{k}_+ = \begin{pmatrix} 0 \\ k_y \\ k_z \end{pmatrix} \quad \text{und} \quad \vec{k}_- = \begin{pmatrix} 0 \\ -k_y \\ k_z \end{pmatrix}.$$

Somit ergeben sich die Amplituden der Magnetfelder zu

$$\vec{H}_{0+} = \frac{1}{\omega\mu_0}(\vec{k}_+ \times \vec{E}_0) = \frac{E_0}{\omega\mu_0}\begin{pmatrix} 0 \\ k_z \\ -k_y \end{pmatrix},$$

$$\vec{H}_{0-} = \frac{1}{\omega\mu_0}(\vec{k}_- \times \vec{E}_0) = \frac{E_0}{\omega\mu_0}\begin{pmatrix} 0 \\ k_z \\ k_y \end{pmatrix}.$$

Das totale Magnetfeld beträgt also

$$\vec{H}(\vec{r}, t) = \vec{H}_{0+} \cos(\omega t - k_y y - k_z z) + \vec{H}_{0-} \cos(\omega t + k_y y - k_z z).$$

Schließlich erhält man für den Energiefluss

$$\vec{S}(\vec{r}, t) = \vec{E}(\vec{r}, t) \times \vec{H}(\vec{r}, t)$$

$$= \frac{E_0^2}{\omega\mu_0} \begin{pmatrix} 0 \\ k_y \Big(\cos^2(\omega t - k_y y - k_z z) - \cos^2(\omega t + k_y y - k_z z) \Big) \\ k_z \Big(\cos(\omega t - k_y y - k_z z) + \cos(\omega t + k_y y - k_z z) \Big)^2 \end{pmatrix}$$

$$= \frac{E_0^2}{\omega\mu_0} \begin{pmatrix} 0 \\ k_y \sin(2k_y y) \sin\big(2(\omega t - k_z z)\big) \\ 4k_z \cos^2(k_y y) \cos^2(\omega t - k_z z) \end{pmatrix}.$$

Im Zeitmittel fällt die y-Komponente weg und der zeitliche Mittelwert des Kosinus-Terms beträgt $\frac{1}{2}$. Somit bleibt die nur noch von y abhängige Ortsfunktion

$$\overline{\vec{S}(\vec{r}, t)} = \frac{2k_z E_0^2}{\omega\mu_0} \cos^2(k_y y)\vec{e}_z.$$

(Überstreichen bedeutet Zeitmittelung.)

Aufgabe 8.2.4.3: Um $\vec{S}$ zu bestimmen, müssen vorerst die Feldstärken $\vec{E}$ und $\vec{H}$ berechnet werden. Die entsprechenden Rechnungen sind bereits in früheren Übungsaufgaben durchgeführt worden. Wir können uns daher für diesen Teil kurz fassen. Zur eindeutigen Darstellung der Felder wählen wir ein kartesisches Koordinatensystem mit Ursprung in der Mitte zwischen den Drähten und der z-Achse parallel zu ihnen. In der Querschnitts-zeichnung der Aufgabenstellung soll die x-Achse horizontal nach rechts, die y-Achse vertikal nach oben zeigen. Dann fließt der Strom im linken Draht (Achse: $x = -\frac{d}{2}, y = 0$) in $+z$-Richtung.

Elektrisches Feld:
Diese Rechnung findet man in der Lösung von Übungsaufgabe 7.6.2.1. Es gilt:

$$\vec{E} = \frac{\vec{J}}{\sigma} = \begin{cases} \frac{I}{\pi R^2 \sigma} \vec{e}_z & \text{(im linken Draht)} \\ -\frac{I}{\pi R^2 \sigma} \vec{e}_z & \text{(im rechten Draht)} \end{cases}$$

Im Dielektrikum erhalten wir unter Berücksichtigung der Näherung $d \gg R$ für das elektrische Feld die kartesischen Komponenten

$$E_x(x, y, z) = \frac{d}{2 \ln \frac{d}{R}} \left(U_0 - \frac{2Iz}{\pi R^2 \sigma} \right) \frac{(\frac{d}{2})^2 - x^2 + y^2}{\rho_+^2 \cdot \rho_-^2},$$

$$E_y(x, y, z) = \frac{d}{\ln \frac{d}{R}} \left(U_0 - \frac{2Iz}{\pi R^2 \sigma} \right) \frac{-xy}{\rho_+^2 \cdot \rho_-^2},$$

$$E_z(x, y) = \frac{-I}{\pi R^2 \sigma \ln \frac{d}{R}} \ln \frac{\rho_+}{\rho_-},$$

$$\text{mit } \rho_+ = \rho_+(x, y) = \sqrt{(x + \tfrac{d}{2})^2 + y^2},$$

$$\text{mit } \rho_- = \rho_-(x, y) = \sqrt{(x - \tfrac{d}{2})^2 + y^2}.$$

Wir stellen fest, dass die Querkomponenten für große $|z|$ auf jeden Fall dominieren – die Spannung nimmt linear mit $|z|$ zu/ab. An der Stelle $z = 0$ hingegen ist es eine Frage der Vorgabe von U_0 bzw. I, welche Komponente größer ist.

Magnetisches Feld:
Die Berechnung des $\vec{H}$-Feldes eines einzelnen Drahtes wurde bereits im Beispiel angegeben. Hier sind zwei Drähte vorhanden, deren Felder überlagert werden können. Die einzige Schwierigkeit besteht darin, die dort angegebenen kreiszylindrischen Komponenten in kartesische Komponenten umzurechnen.
Wir führen zunächst zwei Hilfskoordinatensysteme ein, deren z-Achsen mit den beiden Drahtachsen zusammenfallen. Die beiden zugehörigen radialen Koordinaten sind die oben angegebenen Größen ρ_+ und ρ_-. (Man beachte, dass $\rho_-(d,0)$ und $\rho_+(-d,0)$ verschwinden!) Die weiter benötigten Einheitsvektoren in ϕ-Richtung sind ortsabhängig und lauten in globalen kartesischen Koordinaten

$$\vec{e}_{\phi_+} = -\frac{y}{\rho_+}\vec{e}_x + \frac{x+\frac{d}{2}}{\rho_+}\vec{e}_y; \qquad \vec{e}_{\phi_-} = -\frac{y}{\rho_-}\vec{e}_x + \frac{x-\frac{d}{2}}{\rho_-}\vec{e}_y.$$

Zur Darstellung des $\vec{H}$-Feldes müssen drei Gebiete unterschieden werden, die beiden Drähte und das Dielektrikum. Es gelten

$$\vec{H}(x,y) = \begin{cases} \dfrac{I\rho_+}{2\pi R^2}\vec{e}_{\phi_+} - \dfrac{I}{2\pi\rho_-}\vec{e}_{\phi_-} & \text{(im linken Draht)} \\[2ex] \dfrac{I}{2\pi\rho_+}\vec{e}_{\phi_+} - \dfrac{I\rho_-}{2\pi R^2}\vec{e}_{\phi_-} & \text{(im rechten Draht)} \\[2ex] \dfrac{I}{2\pi\rho_+}\vec{e}_{\phi_+} - \dfrac{I}{2\pi\rho_-}\vec{e}_{\phi_-} & \text{(im Dielektrikum)} \end{cases}$$

Im linken Draht gelten die Näherungen

$$\rho_- \approx d, \qquad \vec{e}_{\phi_-} \approx -\vec{e}_y$$

und im rechten Draht entsprechend

$$\rho_+ \approx d, \qquad \vec{e}_{\phi_+} \approx \vec{e}_y.$$

Damit kann (unter Berücksichtigung der Näherung $R \ll d$) bereits das zweite Zwischenresultat angegeben werden:

$$\vec{H}(x,y) = \frac{I}{2\pi}\left[\frac{-y}{R^2}\vec{e}_x + \left(\frac{x+\frac{d}{2}}{R^2}+\frac{1}{d}\right)\vec{e}_y\right] \qquad \text{(im linken Draht)}$$

$$\vec{H}(x,y) = \frac{I}{2\pi}\left[\frac{y}{R^2}\vec{e}_x - \left(\frac{x-\frac{d}{2}}{R^2}-\frac{1}{d}\right)\vec{e}_y\right] \qquad \text{(im rechten Draht)}$$

$$\vec{H}(x,y) = \frac{Id}{2\pi}\left[\frac{2xy}{\rho_+^2\cdot\rho_-^2}\vec{e}_x + \frac{(\frac{d}{2})^2-x^2+y^2}{\rho_+^2\cdot\rho_-^2}\vec{e}_y\right] \qquad \text{(im Dielektrikum)}$$

Berechnung des Poynting-Vektors
Der Poynting-Vektor berechnet sich punktweise zu $\vec{S} = \vec{E} \times \vec{H}$. Weil das elektrische Feld im Innern der Drähte nur eine z-Komponente aufweist, ist der Energiefluss $\vec{S} = E_z(-H_y\vec{e}_x + H_x\vec{e}_y)$ dort rein transversal und unabhängig von der Spannung U_0:

$$\vec{S} = \frac{-I^2}{2\pi^2 R^2 \sigma} \left[\left(\frac{x + \frac{d}{2}}{R^2} + \frac{1}{d} \right) \vec{e}_x + \frac{y}{R^2} \vec{e}_y \right] \qquad \text{(im linken Draht)}$$

$$\vec{S} = \frac{-I^2}{2\pi^2 R^2 \sigma} \left[\left(\frac{x - \frac{d}{2}}{R^2} - \frac{1}{d} \right) \vec{e}_x + \frac{y}{R^2} \vec{e}_y \right] \qquad \text{(im rechten Draht)}$$

Im Dielektrikum gilt etwas komplizierter $\vec{S} = -E_z H_y \vec{e}_x + E_z H_x \vec{e}_y + (E_x H_y - E_y H_x) \vec{e}_z$, d.h. die Energie fließt sowohl in longitudinaler wie in transversaler Richtung. Man erhält:

$$S_x(x,y) = \frac{I^2 d}{2\pi^2 R^2 \sigma \ln \frac{d}{R}} \cdot \frac{\left(\frac{d}{2} \right)^2 - x^2 + y^2}{\rho_+^2 \cdot \rho_-^2} \ln \frac{\rho_+}{\rho_-}$$

$$S_y(x,y) = \frac{-I^2 d}{\pi^2 R^2 \sigma \ln \frac{d}{R}} \cdot \frac{xy}{\rho_+^2 \cdot \rho_-^2} \ln \frac{\rho_+}{\rho_-}$$

$$S_z(x,y,z) = \frac{d^2 I}{4\pi \ln \frac{d}{R}} \left(U_0 - \frac{2Iz}{\pi R^2 \sigma} \right) \frac{1}{\rho_+^2 \cdot \rho_-^2}$$

Man beachte, dass je nach Vorgabe von Strom I und Spannung U_0 entweder die transversale oder die longitudinale Komponente überwiegt. Wesentlich ist, dass die transversale Komponente unabhängig ist von der Spannung, während die Längskomponente einen Term enthält, der proportional ist zur Kabelleistung $P = U_0 \cdot I$.

Aufgabe 8.2.4.4: Die Felder sind bereits weitgehend bestimmt worden. Da die meisten Überlegungen ähnlich sind wie jene in der vorangehenden Aufgabe, können wir uns hier etwas kürzer fassen. Wir wählen ein Zylinder-Koordinatensystem mit der z-Achse auf der Kabelachse. Die geometrischen Verhältnisse zeigt die Abbildung in Übungsaufgabe 1.4.5.1, und der Strom im Innenleiter fließe in $+z$-Richtung. Der Zählpfeil der Kabelspannung U weise von innen nach außen.

Elektrisches Feld:
Die Details der Rechnung entnimmt man der Lösung von Aufgabe 7.6.2.2 (Frage, Antwort). In den Leitern gilt:

$$\vec{E} = \frac{\vec{J}}{\sigma} = \begin{cases} \dfrac{I}{\pi \sigma R_1^2} \vec{e}_z & \text{(im Innenleiter)} \\[3mm] -\dfrac{I}{\pi \sigma (R_3^2 - R_2^2)} \vec{e}_z & \text{(im Außenleiter)} \end{cases}$$

Im Dielektrikum gilt für E_z:

$$E_z(\rho) = \frac{I}{\pi \sigma \ln \frac{R_2}{R_1}} \left(\frac{1}{R_3^2 - R_2^2} \ln \frac{R_1}{\rho} + \frac{1}{R_1^2} \ln \frac{R_2}{\rho} \right).$$

Für $\rho > R_3$ ist im Modell $E_z = -\frac{I}{\pi\sigma(R_3^2 - R_2^2)} =$ konstant, was auf den ersten Blick seltsam anmutet, denn der Energieinhalt des äußeren Feldes würde unbeschränkt, sogar pro Meter Leitung! Tatsächlich ist dies eine Folge des zylindrischen, unendlich langen Modells, welches eben unrealistisch, aber nichtsdestotrotz brauchbar ist, solange nur die Felder im Innern des Kabels betrachtet werden. Bei einer endlich langen Leitung nimmt das Feld bei großen Werten von ρ ab.
Die Ermittlung der beiden anderen (transversalen) Komponenten von $\vec{E}$, E_ρ und E_ϕ, ergibt

$$E_\phi = 0$$

und

$$E_\rho(\rho, z) = \frac{1}{\ln \frac{R_2}{R_1}} \left(U_0 - \frac{I(R_3^2 - R_2^2 + R_1^2)}{\pi \sigma R_1^2 (R_3^2 - R_2^2)} z \right) \frac{1}{\rho}.$$

Magnetisches Feld:
Die Berechnung des $\vec{H}$-Feldes eines einzelnen Drahtes wurde bereits im Beispiel 3.3 angegeben, während das Magnetfeld eines stromführenden Hohlzylinders in Übungsaufgabe 3.3.3.1 a) angegeben wurde. Demnach verschwinden sowohl die ρ wie die z-Komponente von $\vec{H}$. Die Superposition der beiden ϕ-Komponenten ergibt unter Berücksichtigung der unterschiedlichen Stromrichtungen im Innen- und im Außenleiter:

$$H_\phi(\rho) = \begin{cases} \dfrac{I\rho}{2\pi R_1^2} & \text{im Innenleiter } (\rho \le R_1), \\[2mm] \dfrac{I}{2\pi\rho} & \text{im Dielektrikum } (R_1 \le \rho \le R_2), \\[2mm] \dfrac{I}{2\pi\rho} \dfrac{R_3^2 - \rho^2}{R_3^2 - R_2^2} & \text{im Außenleiter } (R_2 \le \rho \le R_3), \\[2mm] 0 & \text{außerhalb des Kabels } (\rho \ge R_3). \end{cases}$$

Berechnung des Poynting-Vektors
Der Poynting-Vektor berechnet sich punktweise zu $\vec{S} = \vec{E} \times \vec{H}$, hier infolge des Verschwindens vieler Einzelkomponenten vereinfacht: $\vec{S} = H_\phi(-E_z \vec{e}_\rho + E_\rho \vec{e}_z)$. Dies bedeutet, dass in den Leitern die Energie nur in radialer Richtung fließt, während im Dielektrikum sowohl eine longitudinale wie eine radiale Komponente vorhanden ist. Ausführlich ergibt sich

$$\vec{S}(\rho) = \begin{cases} \dfrac{-I^2 \rho}{2\pi^2 \sigma R_1^4} \vec{e}_\rho & \rho \le R_1, \\[3mm] \dfrac{-I^2}{2\pi^2 \sigma \ln \frac{R_2}{R_1}} \cdot \dfrac{\frac{1}{R_3^2 - R_2^2} \ln \frac{R_1}{\rho} + \frac{1}{R_1^2} \ln \frac{R_2}{\rho}}{\rho} \vec{e}_\rho + & \\[1mm] \dfrac{I}{2\pi \ln \frac{R_2}{R_1}} \left(U_0 - \dfrac{I(R_3^2 - R_2^2 + R_1^2)}{\pi \sigma R_1^2 (R_3^2 - R_2^2)} z \right) \dfrac{1}{\rho^2} \vec{e}_z & R_1 \le \rho \le R_2, \\[3mm] \dfrac{I^2}{2\pi^2 \sigma (R_3^2 - R_2^2)^2} \cdot \dfrac{R_3^2 - \rho^2}{\rho} \vec{e}_\rho & R_2 \le \rho \le R_3, \\[3mm] \vec{0} & \rho \ge R_3. \end{cases}$$

Man beachte, dass je nach Vorgabe von Strom I und Spannung U_0 entweder die transversale oder die longitudinale Komponente überwiegt. Wesentlich ist, dass die transversale Komponente unabhängig ist von der Spannung, während die Längskomponente einen Term enthält, der proportional ist zur Kabelleistung $P = U_0 \cdot I$.

Aufgabe 8.5.3.1: Die Punktladung sei im Koordinatenursprung angeordnet. Dann beträgt die Radialkomponente des elektrischen Feldes nach Übungsaufgabe 1.3.4.1 b) (mit $\varsigma = \frac{Q}{4\pi R^2}$):

$$\text{innen: } E_r = 0; \qquad \text{außen: } E_r = \frac{Q}{4\pi\varepsilon_0 r^2}.$$

Die anderen Feldkomponenten verschwinden aus Symmetriegründen.

Die elektrische Energiedichte beträgt außen

$$w(r) = \frac{1}{2}\varepsilon_0 E_r^2 = \frac{Q^2}{32\pi^2\varepsilon_0 r^4}, \qquad \text{falls } r \geq R,$$

und verschwindet für $r < R$. Der totale Energieinhalt beträgt somit

$$W(R) = \int\limits_R^\infty w(r)4\pi r^2 \, dr = \frac{Q^2}{8\pi\varepsilon_0}\int\limits_R^\infty \frac{1}{r^2}\, dr = \frac{Q^2}{8\pi\varepsilon_0 R}.$$

Lässt man R gegen null gehen, strebt die totale Energie gegen unendlich. Dies bedeutet, dass eine Punktladung nicht mit dem Postulat verträglich ist, wonach die Energie jeder realisierbaren Anordnung beschränkt sein muss. Somit gibt es keine echten Punktladungen.

Man beachte, dass die Energie sich mit kleiner werdendem Radius R immer mehr im Feld in unmittelbarer Umgebung der Kugel konzentriert.

Benützt man den Ausdruck (8.54) zur Berechnung der Energie, ergibt sich das gleiche Resultat.

Aufgaben aus Kapitel 9

Aufgabe 9.3.6.1: Das elektrische Feld im Koaxialkabel ist in Übungsaufgabe 8.2.4.4 angegeben und bereits in Übungsaufgabe 7.6.2.2 berechnet worden. Für die Kapazität ist nur der zu U_0 proportionale Anteil zu nehmen, denn an der gesuchten Kapazität in der Ersatzschaltung liegt die gleiche Spannung. Die bei endlicher Leitfähigkeit der stromführenden Leiter vorhandene Längskomponente des elektrischen Feldes liefert zwar auch einen Beitrag zum gesamten elektrischen Energieinhalt, kann aber *nicht* mit der Querkapazität erfasst werden, denn die Längsspannung ist unabhängig von der Querspannung. (NB: Die Energie von zueinander orthogonalen Feldkomponenten kann separat berechnet und nachher einfach addiert werden.)

Da wir nach einer Kapazität pro Länge suchen (Kapazitäts*belag*), genügt es, das Feld in der Ebene $z = 0$ zu betrachten. Bei einem anderen Wert von z wäre lediglich eine von U_0 verschiedene Spannung einzusetzen. Somit gilt

$$\vec{E} = \vec{E}(\rho) = \begin{cases} \dfrac{U_0}{\ln\frac{R_2}{R_1}} \cdot \dfrac{1}{\rho}\vec{e}_\rho & R_1 < \rho < R_2, \\[2mm] \vec{0} & \text{sonst.} \end{cases}$$

Die elektrische Energie W' dieses Feldes (pro Meter Kabel) beträgt

$$W'_e = \frac{1}{2}\iint\limits_{\text{Diel.Querschnitt}} \varepsilon\vec{E}\cdot\vec{E}\, dF = \frac{\pi\varepsilon U_0^2}{(\ln\frac{R_2}{R_1})^2}\int\limits_{R_1}^{R_2}\frac{1}{\rho}\, d\rho = \frac{\pi\varepsilon U_0^2}{\ln\frac{R_2}{R_1}}.$$

Soll die gleiche Energie mit der Formel (8.54) berechnet werden, müssen zuerst die Ladungsdichte ϱ und das Potential φ angegeben werden. Letzteres ist auf beiden Leitern je konstant (bei festem $z = 0$!). Wir normieren es zu $\varphi = U_0$ auf dem Innenleiter und $\varphi = 0$ auf dem Außenleiter. Die Ladung tritt in diesem Fall als Flächenladungsdichte ς auf. Wir erhalten mit der Stetigkeitsbedingung (6.21) die Werte

$$\varsigma = \varepsilon E_\rho = \begin{cases} \varepsilon E_\rho(R_1) = \varsigma_\mathrm{i} = \dfrac{\varepsilon U_0}{R_1 \ln \frac{R_2}{R_1}} & \text{auf dem Innenleiter,} \\[3ex] -\varepsilon E_\rho(R_2) = \varsigma_\mathrm{a} = -\dfrac{\varepsilon U_0}{R_2 \ln \frac{R_2}{R_1}} & \text{auf dem Außenleiter.} \end{cases}$$

Damit ergibt sich

$$W_\mathrm{e}' = \frac{1}{2} \int_0^{2\pi} U_0 \varsigma_\mathrm{i} R_1 \, d\phi = \frac{\pi \varepsilon U_0^2}{\ln \frac{R_2}{R_1}},$$

was tatsächlich mit dem oben erhaltenen Wert übereinstimmt.

Für den Kapazitätsbelag C' erhalten wir schließlich

$$C' = \frac{2 W_\mathrm{e}'}{U_0^2} = \frac{2\pi\varepsilon}{\ln \frac{R_2}{R_1}},$$

wie gehabt! (Vgl. das Beispiel 1.4.)

Aufgabe 9.3.6.2: Das Magnetfeld ist aus Übungsaufgabe 8.2.4.4 bekannt. Für den Energieinhalt pro Länge ergibt sich unter Ausnützung der vorhandenen Symmetrien

$$W_\mathrm{m}' = \frac{1}{2} \int_0^{R_3} \mu_0 H_\phi^2(\rho) \cdot 2\pi\rho \, d\rho$$

$$= \frac{\mu_0 I^2}{4\pi} \left[\frac{1}{R_1^4} \int_0^{R_1} \rho^3 \, d\rho + \int_{R_1}^{R_2} \frac{1}{\rho} \, d\rho + \frac{1}{(R_3^2 - R_2^2)^2} \int_{R_2}^{R_3} \frac{(R_3^2 - \rho^2)^2}{\rho} \, d\rho \right]$$

$$= \frac{\mu_0 I^2}{4\pi} \left[\frac{1}{4} + \ln \frac{R_2}{R_1} - \frac{\left(R_3^2 - \frac{R_2^2}{2}\right)^2 - R_3^4\left(\frac{1}{4} + \ln \frac{R_3}{R_2}\right)}{(R_3^2 - R_2^2)^2} \right]$$

$$= \frac{\mu_0 I^2}{4\pi} \left[\ln \frac{R_2}{R_1} + \frac{R_3^2}{2(R_3^2 - R_2^2)} + \frac{R_3^4}{(R_3^2 - R_2^2)^2} \ln \frac{R_3}{R_2} \right].$$

Soll die gleiche Energie mit der Formel (8.61) ermittelt werden, müssen zuerst das Vektorpotential $\vec{A}$ und die Stromdichte $\vec{J}$ gefunden werden. Die Stromdichte ist in jedem Leiter konstant und hat nur eine z-Komponente. Somit weist auch $\vec{A}$ nur eine z-Komponente auf, was bei Betrachtung des Integrals (6.106) sofort einleuchtet. Dasselbe liefert die Gleichung (6.94) [$\mu_0 \vec{H} = \mathrm{rot}\, \vec{A}$], wenn wir diese in Zylinderkoordinaten aufschreiben (vgl. (5.32)) und alle Symmetrien berücksichtigen ($\frac{\partial}{\partial \varphi} = 0$, $\frac{\partial}{\partial z} = 0$, $H_z = 0$):

$$\mu_0 H_\phi = -\frac{\partial A_z}{\partial \rho} \quad \Rightarrow \quad A_z(\rho) = -\mu_0 \int_0^\rho H_\phi(\tilde{\rho}) \, d\tilde{\rho}.$$

Die Verwendung des bestimmten Integrals setzt eine Normierungskonstante fest: $A_z(0) = 0$. Wir erhalten unter Beachtung der Stetigkeit von A_z längs ρ (Indices i für „innen", d für „Dielektrikum" und a „Außenleiter"):

$$A_{zi}(\rho) = \frac{-\mu_0 I}{2\pi R_1^2} \int\limits_0^\rho \tilde{\rho}\, d\tilde{\rho} = \frac{-\mu_0 I \rho^2}{4\pi R_1^2} \qquad\qquad 0 \le \rho \le R_1$$

$$A_{zd}(\rho) = \frac{-\mu_0 I}{2\pi} \int\limits_{R_1}^\rho \frac{1}{\tilde{\rho}}\, d\tilde{\rho} + A_{zi}(R_1) = \frac{-\mu_0 I}{2\pi}\left(\frac{1}{2} + \ln\frac{\rho}{R_1}\right) \qquad R_1 \le \rho \le R_2$$

$$A_{za}(\rho) = \frac{-\mu_0 I}{2\pi(R_3^2 - R_2^2)} \int\limits_{R_2}^\rho \left(\frac{R_3^2}{\tilde{\rho}} - \tilde{\rho}\right) d\tilde{\rho} + A_{zd}(R_2)$$

$$= \frac{-\mu_0 I}{2\pi(R_3^2 - R_2^2)}\left(\frac{1}{2}(R_2^2 - \rho^2) + R_3^2 \ln\frac{\rho}{R_2}\right) - \frac{\mu_0 I}{2\pi}\left(\frac{1}{2} + \ln\frac{R_2}{R_1}\right)$$

$$R_2 \le \rho \le R_3$$

Das bestimmte Integral normiert den innersten Anteil von A_{zd} korrekt bei $\rho = R_1$ auf null, und der zweite Anteil ($A_{zi}(R_1)$) sichert die Stetigkeit, analog bei A_{za}. Gebraucht werden nur die Vektorpotentiale in den Leitern, A_{zi} und A_{za}. A_{zd} muss trotzdem ausgerechnet werden, um die Stetigkeit des Vektorpotentials zu garantieren.

Die Stromdichte ist nur in den Leitern von null verschieden und hat nur eine z-Komponente. Es gilt:

$$J_z = \begin{cases} J_{zi} = \dfrac{I}{\pi R_1^2} & 0 \le \rho \le R_1 \\[2ex] J_{za} = \dfrac{-I}{\pi(R_3^2 - R_2^2)} & R_2 \le \rho \le R_3 \\[2ex] 0 & \text{sonst} \end{cases}$$

Die totale Energie pro Länge, ausgewertet mit (8.61), lautet jetzt:

$$W'_m = \pi \int\limits_0^{R_1} J_{zi}\cdot A_{zi}(\rho)\cdot\rho\, d\rho + \pi \int\limits_{R_2}^{R_3} J_{za}\cdot A_{za}(\rho)\cdot\rho\, d\rho$$

$$= \frac{-\mu_0 I^2}{4\pi R_1^4} \int\limits_0^{R_1} \rho^3\, d\rho$$

$$+ \frac{\mu_0 I^2}{2\pi(R_3^2 - R_2^2)^2} \int\limits_{R_2}^{R_3} \left(\frac{\rho}{2}(R_2^2 - \rho^2) + R_3^2 \rho \ln\frac{\rho}{R_2}\right) d\rho$$

$$+ \frac{\mu_0 I^2}{2\pi(R_3^2 - R_2^2)}\left(\frac{1}{2} + \ln\frac{R_2}{R_1}\right) \int\limits_{R_2}^{R_3} \rho\, d\rho$$

$$= \frac{-\mu_0 I^2}{16\pi} - \frac{\mu_0 I^2}{4\pi}\left[\frac{\left(R_3^2 - \frac{R_2^2}{2}\right)^2 - R_3^4\left(\frac{1}{4} + \ln\frac{R_3}{R_2}\right)}{(R_3^2 - R_2^2)^2}\right]$$

$$+ \frac{\mu_0 I^2}{4\pi}\left(\frac{1}{2} + \ln\frac{R_2}{R_1}\right)$$

$$= \frac{\mu_0 I^2}{4\pi}\left[\ln\frac{R_2}{R_1} + \frac{R_3^2}{2(R_3^2 - R_2^2)} + \frac{R_3^4}{(R_3^2 - R_2^2)^2}\ln\frac{R_3}{R_2}\right].$$

Dies ist tatsächlich gleich dem oben erhaltenen Ausdruck.

Der Induktivitätsbelag L' ergibt sich zu

$$L' = \frac{2W'_{\mathrm{m}}}{I^2} = \frac{\mu_0}{2\pi} \left[\ln \frac{R_2}{R_1} + \frac{R_3^2}{2(R_3^2 - R_2^2)} + \frac{R_3^4}{(R_3^2 - R_2^2)^2} \ln \frac{R_3}{R_2} \right].$$

Der Bezug zur elementaren Formel mit dem Fluss Φ ist deshalb schwierig, weil die zur Flussberechnung nötige Fläche nur bei einem Fadenstrom angegeben werden kann. Bei einer „dicken" Stromverteilung ist der Fluss gar nicht berechenbar, weil der Rand der Fläche unscharf ist.

Aufgabe 9.5.4.1: Man beachte, dass die Wellenlängen in Luft, $\lambda(f) = 1/(f\sqrt{\mu_0\varepsilon_0})$, bei den gegebenen Frequenzen sehr viel größer sind als die Systemabmessungen: $\lambda(16\frac{2}{3}) \approx 18'000\,\mathrm{km}$, $\lambda(1000) \approx 300\,\mathrm{km}$. Somit ist eine durchweg quasistatische Behandlung des Problems möglich. a) Das Mikrophonkabel ist soweit vom Fahrdraht und von der Erde entfernt, dass diese keinen wesentlichen Einfluss mehr haben. Daher kann das System Mikrophon–Kabel–Verstärker bei „toter" Eisenbahnleitung für sich allein betrachtet werden. Dies ist *nicht* mathematisch hergeleitet, aus der Sicht der Praxis aber nahe liegend. Das Mikrophon und der Verstärker sind typische Zweipole; deren Ersatzschaltung ist bereits bekannt. Demgegenüber ist das Kabel eine Kiste mit vier Anschlüssen, die jedoch in jedem der folgenden Teilprobleme auf zwei reduziert werden können.

Elektrostatik: Das Kabel stellt hier ein Zweileitersystem dar, dessen Kapazität pro Länge (C') in Übungsaufgabe 1.5.6.2 berechnet wurde. In unserem Fall ergibt sich unter Vernachlässigung der Endeffekte ($d = 2\,\mathrm{mm}$, $R_0 = 0.05\,\mathrm{mm}$):

$$C = l \cdot C' = \frac{\pi\varepsilon_0 l}{\ln \left(\frac{d}{2R_0} + \sqrt{\left(\frac{d}{2R_0}\right)^2 - 1} \right)} \approx \frac{\pi\varepsilon_0 l}{\ln \left(\frac{d}{R_0}\right)} \approx 75.4\,\mathrm{pF}.$$

Die Zusammenschaltung dieser Kapazität mit den übrigen, noch zu berechnenden Elementen der Ersatzschaltung wird später angegeben.

Magnetostatik: Das Kabel führt (mit Hin- und Rückleitung zusammen) eine *geschlossene* Stromverteilung. Man beachte, dass die betragsmäßige Gleichheit des Stromes in beiden Leitern durch die Beschaltung an den Kabelenden sichergestellt ist und nicht aus der Struktur des Kabels allein geschlossen werden kann. Andererseits ist gerade diese Gleichheit wesentlich, um dem Kabel eine eindeutige Induktivität zuordnen zu können. Die Induktivität pro Länge (L') wurde in Übungsaufgabe 4.3.6.1 für den Fall dünner Drähte angegeben. In unserem Falle gilt

$$L = l \cdot L' \approx \frac{\mu_0 l}{\pi} \ln \left(\frac{d}{R_0}\right) \approx 14.76\,\mu\mathrm{H}.$$

Die Zusammenschaltung dieser Induktivität mit den übrigen Elementen der Ersatzschaltung wird später angegeben.

Stromlehre: Die geschlossene Stromverteilung fließt in Kupferdrähten, die einen Widerstand aufweisen. Im leitenden Draht kann die Stromdichteverteilung dann als konstant angenommen werden, wenn die frequenzabhängige Eindringtiefe $\delta(f) = 1/\sqrt{\pi f \mu_0 \sigma}$ groß ist gegen den Drahtdurchmesser (vgl. Unterabschnitt 7.1.5). Mit der Leitfähigkeit $\sigma_{\mathrm{Cu}} = 5.6 \cdot 10^7\,\frac{\mathrm{A}}{\mathrm{Vm}}$ ergibt sich $\delta_{16\frac{2}{3}} \approx 16.47\,\mathrm{cm}$ bzw. $\delta_{1000} \approx 2.13\,\mathrm{mm}$. Somit kann mit homogener Stromverteilung im Draht gerechnet werden und man erhält für den gesamten Widerstand von Hin- und Rückleiter

$$R = \frac{2l}{\sigma_{\text{Cu}} \pi R_0^2} \approx 45.47\,\Omega.$$

Damit ist das gesamte Feld erfasst, und die drei Elemente R, L und C müssen zusammengeschaltet werden. Aus der statischen Überlegung ist klar, dass R und L je vom gleichen Leitungs*strom* durchflossen werden und somit in Serie geschaltet werden müssen. Andererseits liegt an der Kapazität C die Kabel*spannung*: C muss parallel zu den Anschlüssen geschaltet werden. Man erhält z.B. die folgende Ersatzschaltung:

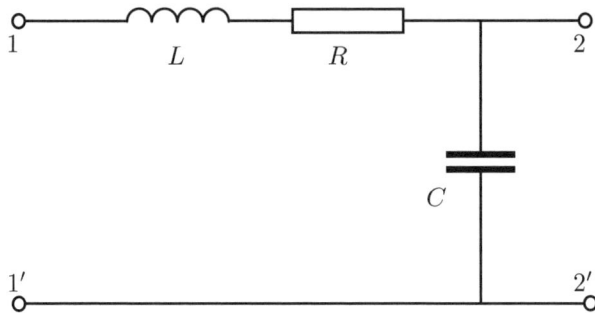

und erkennt sofort, dass diese kein exaktes Bild der Wirklichkeit sein kann, denn eine symmetrische Anordnung hat hier eine unsymmetrische Ersatzschaltung. Wir wollen begründen, warum die angegebene Ersatzschaltung trotzdem brauchbar ist.

Eine Ersatzschaltung stellt immer eine Vereinfachung der Wirklichkeit dar und soll so konstruiert werden, dass mindestens die *gesuchten* Spannungen/Ströme richtig wiedergegeben werden. Im Hinblick auf dieses Ziel (nur die Spannungen und Ströme links und rechts, d.h. am Mikrophon und am Verstärkereingang sind für uns von Interesse) können alle anderen Größen unterdrückt oder zusammengefasst werden. Dies haben wir mit dem Widerstand und der Induktivität gemacht und damit die Längsspannung zwischen den Anschlüssen 1' und 2' verfälscht: Sie verschwindet in der Ersatzschaltung, hat aber in der Realität einen von null verschiedenen Wert. Dafür ist die Längsspannung zwischen den Anschlüssen 1 und 2 verdoppelt worden.

Die Lage von C in der Ersatzschaltung ist nicht zwingend: Wir hätten die Kapazität auch links einzeichnen können. Dann wäre der Querstrom durch C höher, denn die Quelle (Mikrophon) sitzt ja dort. Unser Grund, C rechts einzuzeichnen, liegt in der äußeren Beschaltung des Kabels. Da das Mikrophon mit einer idealen Spannungsquelle modelliert wird, hätte der Wert von C dann keinen Einfluss auf die Verhältnisse rechts am Verstärkereingang.

Der Strom ist an den Anschlüssen links (1 und 1') und an jenen rechts (2 und 2') betragsmäßig je gleich, rechts und links aber ungleich. Dies steht einerseits im Widerspruch zu unseren Voraussetzungen bei der Berechnung von R und L, entspricht aber andererseits den Tatsachen, denn die Ladung auf den Kondensatorelektroden gelangt als Strom durch die Drähte dorthin. Da die Ladung kontinuierlich „liegen bleibt", vermindert sich der Strom ebenfalls entsprechend längs der Leitung. Unsere Ersatzschaltung trägt diesem Faktum Rechnung, fasst aber die gesamte Ladung zusammen.

Ein genaueres Resultat würde eine Kaskadenschaltung bestehend aus vielen Elementen der angebenen Art liefern. Dabei müssten die Parameter bei N Elementen durch N

dividiert werden. Die *Leitungstheorie* führt sogar einen Grenzübergang $N \to \infty$ durch, doch ist dies Gegenstand weiterführender Werke.

Mit der angegebenen Ersatzschaltung des Kabels wird die Spannung $\underline{U}_v$ am Verstärkereingang:

$$\underline{U}_v = \frac{U_q \cdot R_V}{R + R_V + j\omega(L + R_V RC) - \omega^2 R_V LC}$$

$$\approx \begin{cases} 114.88 - j7.6 \cdot 10^{-4} \, [\mu V] & (f = 16\tfrac{2}{3} \, \text{Hz}) \\ 114.88 - j4.5 \cdot 10^{-2} \, [\mu V] & (f = 1 \, \text{kHz}) \end{cases}$$

Dies ist praktisch der durch R und R_V gebildete Ohm'sche Spannungsteiler!

b) Wir betrachten Kabel, Fahrdraht und Erde als zylindrisches System und können wiederum statisch rechnen. Den Koordinatenursprung wählen wir auf der Erdoberfläche senkrecht unter dem Fahrdraht. Damit hat der Fahrdraht die transversalen Koordinaten $(x_F, y_F) = (0, h)$ und das Mikrophonkabel $(x_K, y_K) = (b, a)$.

Elektrisches Feld: Die Situation kann als Spezialfall der in Übungsaufgabe 7.6.2.1 behandelten Zweidrahtleitung angesehen werden, indem zunächst der Einfluss des Mikrophonkabels vernachlässigt wird – dies ist zulässig, weil es nicht mit der Erde verbunden ist und somit ein „floating potential" aufweist – und dann die dortige symmetrische Anordnung um 90° gedreht wird. Das (transversale) Feld in der oberen Hälfte stimmt jetzt mit unserem überein, wenn auf der horizontalen Mittelachse die Erde eingeführt wird. Es gelten die folgenden Korrespondenzen (Größen in jenen Formeln → Größen hier):

$$d \to 2h, \quad y \to x, \quad x \to -y \; (E_x \to -E_y), \quad R \to R_1 = 5 \, \text{mm} \quad U_0 \to 2U.$$

Der Spannungsteil weist vom Fahrdraht auf den Boden. Dann ergibt sich für den transversalen Anteil am Ort $z = 0$:

$$E_x(x, y) = \frac{4U \cdot h}{\ln\frac{2h}{R_1}} \frac{xy}{\rho_+^2 \cdot \rho_-^2}, \qquad E_y(x, y) = \frac{2U \cdot h}{\ln\frac{2h}{R_1}} \frac{y^2 - x^2 - h^2}{\rho_+^2 \cdot \rho_-^2},$$

$$\text{mit } \rho_+ = \rho_+(x, y) = \sqrt{x^2 + (y - h)^2},$$

$$\rho_- = \rho_-(x, y) = \sqrt{x^2 + (y + h)^2}.$$

Die Berechnung der longitudinalen Komponente ist etwas schwieriger, weil die Randbedingung auf der Erdoberfläche nicht klar ist, denn die Stromverteilung in der Erde ist nicht gegeben. Wir begnügen uns mit einer Abschätzung und zeigen, dass in unserem Fall die transversale Feldkomponente die longitudinale dominiert. Dazu brauchen wir den Satz aus der Potentialtheorie (alle kartesischen Komponenten von $\vec{E}$ genügen einer Helmholtz-Gleichung, die in unserem Fall in der Luft zu einer Laplace-Gleichung degeneriert), wonach das Maximum des Feldes auf dem Rand des Feldgebietes auftritt. Somit brauchen wir die Felder nur dort zu vergleichen. Auf dem Fahrdraht gilt ($\sigma_{\text{Fahrdraht}} \approx 10^7 \frac{A}{Vm}$)

$$|E_z^{\text{Fahrdraht}}| = \frac{|I|}{\pi R_1^2 \sigma_{\text{Fahrdraht}}} \approx 0.382 \frac{V}{m},$$

während im Boden Stromdichte und Leitfähigkeit nicht gegeben sind. Praktische Messungen zeigen, dass etwa ein Drittel des Rückstromes in den Eisenbahnschienen, der Rest im Boden fließt. Mit $\sigma_{\text{Schiene}} \approx 10^6 \frac{A}{Vm}$ und einer Querschnittsfläche der Schienen von total $F = 100\,\text{cm}^2$ folgt

$$\left|E_z^{\text{Schiene}}\right| = \frac{|I|}{3F\sigma_{\text{Schiene}}} \approx 0.01\,\tfrac{V}{m}.$$

Vergleichen wir diese Werte mit den transversalen Feldstärken auf der Drahtoberfläche und auf dem Boden (bei $x = 0$ sind die Werte extremal), folgt etwa

$$E_y(0,0) = \frac{-2U}{h \cdot \ln\frac{2h}{R_1}} \approx -789\,\tfrac{V}{m} \qquad \text{(Boden)},$$

$$E_y(0, h - R_1) = \frac{2U \cdot h}{\ln\frac{2h}{R_1}} \frac{-1}{R_1(2h - R_1)} \approx -395\,\tfrac{kV}{m} \qquad \text{(Draht)}.$$

Damit ist klar, dass die longitudinalen Komponenten vernachlässigbar sind. Am Ort des Kabels gilt somit

$$E_x(b,a) = \frac{U \cdot 4h}{\ln\frac{2h}{R_1}} \frac{ab}{(b^2 + (a-h)^2)(b^2 + (a+h)^2)} \approx 105\,\tfrac{V}{m},$$

$$E_y(b,a) = \frac{2U \cdot h}{\ln\frac{2h}{R_1}} \frac{a^2 - b^2 - h^2}{(b^2 + (a-h)^2)(b^2 + (a+h)^2)} \approx -579\,\tfrac{V}{m},$$

$$|E_z(b,a)| < 0.1\,\tfrac{V}{m} \qquad \text{(konservative Schätzung)}.$$

Das totale E-Feld beträgt

$$E_{\text{tot}} = \sqrt{E_x^2(b,a) + E_y^2(b,a) + E_z^2(b,a)} \approx 588\,\tfrac{V}{m}.$$

Magnetisches Feld: Das Magnetfeld setzt sich zusammen aus jenem Anteil, der durch den Fahrleitungsstrom verursacht wird, und einem zweiten Anteil, der durch den Rückstrom verursacht wird. Der erste Anteil ist trivial (vgl. Unterabschnitt 3.3.2). Mit dem Abstand $r = \sqrt{b^2 + (h-a)^2}$ zwischen Fahrdraht und Kabel gilt

$$\vec{H}_1(b,a) = \frac{I}{2\pi r}\left(\frac{h-a}{r}\vec{e}_x + \frac{b}{r}\vec{e}_y\right) \approx (7.34\vec{e}_x + 5.73\vec{e}_y)\tfrac{A}{m}.$$

Den zweiten Anteil schätzen wir ab. Erstens: Der gesamte Rückstrom fließt konzentriert im Punkt $(x, y) = (0, 0)$ und zweitens: Der Rückstrom fließt so weit weg, dass $\vec{H}_2$ vernachlässigbar wird gegen $\vec{H}_1$. Der wirkliche Wert von $\vec{H}_2$ liegt irgendwo dazwischen. Im ersten Fall gilt

$$\vec{H}_2(b,a) = \frac{-I}{2\pi\sqrt{b^2 + a^2}}\left(\frac{-a}{\sqrt{b^2 + a^2}}\vec{e}_x + \frac{b}{\sqrt{b^2 + a^2}}\vec{e}_y\right) \approx (4.77\vec{e}_x - 14.3\vec{e}_y)\tfrac{A}{m}.$$

Im schlimmsten Fall gilt somit

$$H_{\text{tot1}}(b,a) = |\vec{H}_1(b,a) + \vec{H}_2(b,a)| \approx 14.8\,\tfrac{A}{m},$$

und im zweiten Fall finden wir

$$H_{\text{tot2}}(b,a) = |\vec{H}_1(b,a)| \approx 9.31\,\tfrac{A}{m}.$$

c) Das Kabel bildet zusammen mit dem Mikrophon und dem Verstärker eine Schleife, die dem in Teilaufgabe b) berechneten $\vec{H}$-Feld ausgesetzt ist. Die Schleife umfasst eine Fläche von $F_{\mathrm{S}} = 1 \cdot 2\,\mathrm{mm} = 2 \cdot 10^{-2}\,\mathrm{m}^2$. Dann beträgt der magnetische Fluss durch diese Fläche: $\Phi_1 = F_{\mathrm{S}} \cdot \mu_0 H_{\mathrm{tot1}}$ bzw. $\Phi_2 = F_{\mathrm{S}} \cdot \mu_0 H_{\mathrm{tot2}}$ und es ergibt sich im schlimmeren ersten Fall der Effektivwert[4] der induzierten Spannung zu

$$U_{\mathrm{ind}} = 2\pi f \Phi_1 f = 16\frac{2}{3}\,\mathrm{Hz} 38.95\,\mu\mathrm{V}.$$

Diese Spannung kann in der Ersatzschaltung durch eine zusätzliche Spannungsquelle in Serie zu L und R eingeführt werden. Äquivalent dazu ist eine Gegeninduktivität zwischen dem „loop" Fahrdraht – Erde und dem „loop" Mikrophon – Kabel – Verstärker. In unserem Fall ist die Spannungsquelle einfacher, weil die Rückwirkung auf den Fahrstromkreis nicht interessiert. Diese Art von Störeinkopplung heißt auch *induktive Kopplung*.

d) Die Einkopplung durch das äußere $\vec{E}$-Feld ist etwas schwieriger zu verstehen. Wir wollen den Vorgang zuerst physikalisch erfassen. Diese Betrachtung kann bei „totem" Mikrophon gemacht werden, denn es gilt das Superpositionsprinzip. Somit liegen beide Kabeldrähte auf dem gleichen Potential. Wird nun das Kabel in ein äußeres $\vec{E}$-Feld gestellt, verschiebt sich Ladung vom einen Draht auf den anderen, und zwar so lange, bis die beiden Drähte wieder auf dem gleichen Potential liegen. Würde jetzt das äußere Feld abgestellt, die Ladung auf den Kabeldrähten aber festgehalten, dann ergäbe sich eine Spannung zwischen den Drähten, die gerade entgegengesetzt gleich groß ist wie jene, die durch das äußere $\vec{E}$-Feld in Absenz der Drähte verursacht wird. Diese Spannung ist klar definiert, weil die Drähte dünn sind verglichen mit ihrem gegenseitigen Abstand. Sie beträgt $U_{\mathrm{E}} = E_{\mathrm{tot}} \cdot 2\,\mathrm{mm} \approx 1.177\,\mathrm{V}$. Daraus ergibt sich die Ladung zu $Q = C \cdot U_{\mathrm{E}} \approx 88.73\,\mathrm{pC}$. Zu dieser Ladung gehört ein Strom mit dem Effektivwert

$$I_{\mathrm{E}} = 2\pi f Q f = 16\frac{2}{3}\,\mathrm{Hz} 9.292\,\mathrm{nA}.$$

Es ist dieser Strom, der als Folge des äußeren $\vec{E}$-Feldes teilweise durch den Verstärker und teilweise durch das Mikrophon fließt. Wir können somit den entsprechenden Einfluss durch zusätzliches Anbringen einer idealen Stromquelle mit Quellenstrom I_{E} parallel zur Kapazität C berücksichtigen. Fließt im schlimmsten Fall der ganze Strom durch den 200-Ω-Widerstand am Verstärkereingang, ergibt sich eine Störspannung von $\approx 1.86\,\mu\mathrm{V}$. Man nennt diese Art von Störeinkopplung auch *kapazitive Kopplung*.

e) Das System kann u.a. durch die folgenden Maßnahmen verbessert werden:

- Verdrillung der Drähte beim Mikrophonkabel unterdrückt die Einkopplung beider Felder: Beim Magnetfeld wird die Fläche kleiner und die Orientierung der Fläche wechselt nach jeder halben Windung, beim elektrischen Feld kann die influenzierte Ladung jeweils von den benachbarten Windungen bezogen werden, verschiebt sich somit nicht entlang des ganzen Kabels, sondern nur längs einer „Drillwindung" und tritt an den Enden *nicht* als Strom in Erscheinung.

- Erhöhung des Innenwiderstandes beim Mikrophon (in der Aufgabenstellung verschwindet dieser Widerstand) „frisst" einen Teil von U_{ind}, vermindert aber gleichzeitig den Anteil von I_{E}.

- Erniedrigung des Eingangswiderstandes am Verstärker lässt dort eine kleinere Spannung entstehen. Dies ist dann sinnvoll, wenn unter allen Umständen der Absolutwert der Stör*spannung* klein gehalten werden soll. Betrachtet man hingegen das Verhältnis zwischen Stör- und Nutzspannung, ist diese

---

4 Die numerischen Werte in der Aufgabenstellung seien ebenfalls Effektivwerte!

Maßnahme fast wirkungslos, denn auch die Nutzspannung wird damit herabgesetzt. Immerhin kann damit unter Umständen der Frequenzgang des Systems verbessert werden.

- ◼ Abschirmung des Kabels durch einen metallischen (geerdeten) Mantel reduziert I_E stark, kann aber das Magnetfeld nicht stark beeinflussen. Allerdings kann auf dem Schirm ein Strom fließen, falls der Schirm an beiden Enden geerdet ist (sog. Erdschleifen).

- ◼ Abschirmung des Kabels durch einen magnetischen Mantel leitet den magnetischen Fluss neben dem Kabel vorbei.

Aufgaben aus Kapitel 10

Aufgabe 10.3.4.1: Bei 50 Hz beträgt die Wellenlänge λ in Luft ≈ 6000 km und die Eindringtiefe δ in Konstantan ≈ 5 cm. Somit können alle Felder quasistatisch berechnet werden. Die Leistung eines $n + 1$-Poles kann unter diesen Bedingungen nach Gleichung (9.20) berechnet werden. Da es sich um einen Vierpol handelt, sind drei Produkte zu betrachten. Wir bezeichnen die Anschlüsse nach den Längen der zugehörigen Leiter (2, 4, 5, 6) und finden z.B. mit Anschluss 6 als Referenz für die totale Leistung

$$P = U_{26}{\cdot}I_2 + U_{46}{\cdot}I_4 + U_{56}{\cdot}I_5.$$

Dabei ist die Spannung U_{lk} vom Anschluss l nach Anschluss k zu zählen und der Strom I_k fließt immer in den Vierpol hinein.

Betrachten wir die Anordnung als Zweitor, gilt *wegen der äußeren Beschaltung* speziell $I_4 = -I_5$. Damit reduziert sich die obige Formel auf zwei Terme:

$$P = U_{26}{\cdot}I_2 + (U_{46} - U_{56}){\cdot}I_4 = U_{26}{\cdot}I_2 + U_{45}{\cdot}I_4.$$

Dies ist die übliche Situation bei einem Zweitor. Im Gedankenexperiment werden zwei Stromquellen an die Tore geschaltet, welche im ganzen Raum ein Feld bewirken. Die drei auftretenden Leistungen P_{lk} in Gleichung (10.13) können angegeben werden, wenn die Felder bekannt sind. Zunächst ist klar, dass im Innern der Leiter nur der erste Term in der erwähnten Formel einen relevanten Anteil liefert (beim zweiten Term wegen $\sigma \gg \omega\varepsilon$; beim dritten Term muss zuerst der Betrag des Magnetfeldes mit jenem des elektrischen Feldes verglichen werden: Der Maximalwert von $|\vec{H}|$ beträgt $\frac{1}{2\pi R_0} \approx 282\,\frac{1}{\text{m}}$, jener von $|\vec{E}|$ ist konstant $\frac{1}{\pi R_0^2 \sigma} = 0.5\,\frac{\text{V}}{\text{Am}}$, wenn R_0 den Drahtradius bezeichnet. Quadrieren dieser Zahlen und Multiplikation mit μ_0 bzw. σ bestätigt die Behauptung.). Wir wollen die entsprechenden Leistungen – die nur das Feld im Innern der Drähte berücksichtigen – berechnen und nachher mit einer Abschätzung zeigen, dass die äußeren Felder keinen vergleichbaren Anteil liefern.

Die Stromverteilung 1 (Anschluss einer Stromquelle an den Klemmen 4 und 5 und offen lassen der Klemmen 2 und 6) ist trivial, nämlich eine homogene Stromverteilung längs der Drähte 4, 3 und 5. Das zugehörige $\vec{E}$-Feld zeigt an jeder Stelle in Richtung des Drahtes und hat den Betrag $\frac{1}{\sigma F}$. Ähnliches gilt für die Stromverteilung 2 (Anschluss einer Stromquelle an den Klemmen 2 und 6 und offen lassen der Klemmen 4 und 5). Jetzt ist das $\vec{E}$-Feld nur in den Drähten 2, 3 und 6 von null verschieden und hat den gleichen Betrag. Somit erhalten wir

$$P_{11} = I_1^2 \iiint_{4,3,5} \frac{1}{\sigma F^2}\, dV, \qquad P_{22} = I_2^2 \iiint_{2,3,6} \frac{1}{\sigma F^2}\, dV,$$

$$P_{12} = P_{21} = I_1 I_2 \iiint_3 \frac{1}{\sigma F^2}\, dV,$$

Die Integrale rechts sind gleich den Parametern R_{lk}. Man erhält

$$R_{11} = \frac{1}{\sigma F}\,(4\,\text{m} + 3\,\text{m} + 5\,\text{m}) = 6\,\Omega,$$

$$R_{12} = R_{21} = \frac{1}{\sigma F}\,(3\,\text{m}) = 1.5\,\Omega,$$

$$R_{22} = \frac{1}{\sigma F}\,(2\,\text{m} + 3\,\text{m} + 6\,\text{m}) = 5.5\,\Omega.$$

Außerhalb des Drahtes verschwindet der erste Term von (10.13), da dort die Leitfähigkeit null ist. Die beiden anderen Terme können abgeschätzt werden, indem die Anordnung durch ein Stück Zweidrahtleitung von 11 m Länge ersetzt wird (weglassen des Verbindungsstückes V). Die neue Anordnung hat sicher eine größere Gesamtenergie als die zu berechnende, und diese größere Energie kann berechnet werden via Induktivität (vgl. Übungsaufgabe 4.3.6.1) und Kapazität (vgl. Übungsaufgabe 1.5.6.2). Es gelten $L' = \frac{\mu_0}{\pi} \ln \frac{d}{R_0} \approx 3.43\,\mu\frac{\text{H}}{\text{m}}$ und $C' = \frac{\pi \varepsilon_0}{\ln \frac{d}{R_0}} \approx 3.7\,\frac{\text{pF}}{\text{m}}$. Dabei wurde $d = 3\,\text{m}$ und $R_0 = \sqrt{\frac{F}{\pi}}$ verwendet. Zum Vergleich der Leistungen müssen diese Zahlen noch mit ω multipliziert werden. Dann ist $\omega L'$ numerisch gerade gleich der magnetischen Leistung pro Meter bei $I = 1\,\text{A}$, und $\omega C'$ ist gleich der elektrischen Leistung pro Meter bei $U = 1\,\text{V}$. Die erhaltenen Leistungen sind beide sehr viel kleiner als jene, die das erste Integral in (10.13) liefert.

Die Elemente R_{12} und R_{21} könnten auch ein negatives Vorzeichen haben. In unserem Fall kommen sie positiv heraus. Bei Vertauschung der beiden Anschlüsse eines Tores würden sie negativ. Demgegenüber sind R_{11} und R_{22} nie negativ.

Ein netzwerktheoretisches Modell ergibt sich, wenn jeder der fünf Drähte separat als Zweipol aufgefasst wird. Man erhält das folgende einfache Netzwerk, wobei wiederum die elektrischen Energieanteile (Kapazitäten) und die magnetischen Energieanteile (Induktivitäten) in der Luft vernachlässigt werden können:

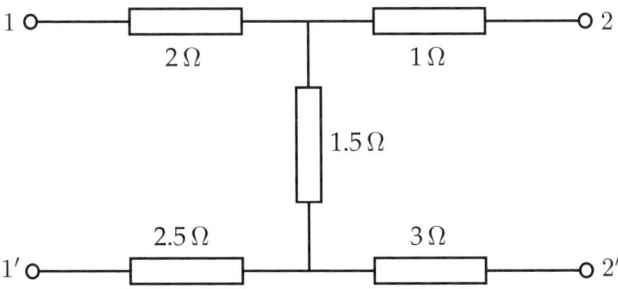

Bei steigenden Frequenzen müssen die (mit ω multiplizierten) Energieanteile aus dem Feld in der Luft irgendwann berücksichtigt werden. Mit unseren Abschätzungen für L' und C' können wir eine Abschätzung der Grenze angeben, indem zum Beispiel $\omega_{\text{grenz}} L' \cdot 11\,\text{m}$ dem Widerstand R_{11} gleich gesetzt wird. Dies ergibt $f_{\text{grenz}} = \frac{\omega_{\text{grenz}}}{2\pi} \approx 27.8\,\text{kHz}$. Andere Vergleiche, etwa mit dem kapazitiven Widerstand $(1/(\omega C' \cdot 11\,\text{m}) = R_{11})$ oder gar mit der Resonanzfrequenz $(\omega = 1/\sqrt{L'C' \cdot 121\,\text{m}^2})$, ergeben höhere Werte. Es ist zu beachten, dass solche Vergleiche immer auch im Hinblick auf die konkreten Anwendungen angestellt werden müssen. Unter Umständen stört eine Induktivität nicht, auch wenn sie im Sinne des jeweiligen Vergleichs nicht klein ist.

Aufgabe 10.3.4.2: Offenbar ist eine Beschreibung wie in Aufgabe 10.3.4.1 nicht möglich, weil gar kein geschlossener Stromkreis zustande kommt, wenn auf einer Seite eine Stromquelle angeschlossen wird und auf der anderen Seite die Klemmen offen gelassen werden. Macht man dies trotzdem, „sieht" die Stromquelle nur eine Kapazität. Somit wird der Energieanteil des elektrischen Feldes in der Luft vergleichsweise groß und muss berücksichtigt werden. Die feldtheoretische Betrachtung des Problems liefert somit eine Charakteristik, die im netzwerktheoretischen Modell nicht herauskommt. Entfernt man in der Ersatzschaltung nämlich einfach den 1.5-Ω-Widerstand, ergibt sich eine singuläre Situation, wo der Anschluss einer Stromquelle gar nicht zugelassen ist. Wir lernen aus dieser Aufgabe, dass auch die „innere" Ersatzschaltung auf die gesamte Situation bezogen ist, dass also ein Stück Draht nicht in jedem Fall mit einem Widerstand allein modelliert werden kann – in unserem Fall wurden die Drahtstücke 2, 4, 5 und 6 unversehens zu Elektroden einer Kapazität.

Aufgaben aus Kapitel 11

Aufgabe 11.2.5.1: Gemäß Tipp kann die Lösung als Superposition von zwei Ebenen Wellen dargestellt werden. Eine ähnliche Superposition wurde bereits in Aufgabe 8.2.4.2 besprochen. Allerdings waren dort die Rollen von $\vec{E}$ und $\vec{H}$ vertauscht. Hier muss E_x verschwinden. Außerdem muss die hier nur implizit in den Phasoren enthaltene mit γ geschriebene z-Abhängigkeit beachtet werden. Die übrigen Forderungen bezüglich z- und t-Abhängigkeit sind dort aber erfüllt. Setzen wir an Stelle der Vorgabe in Aufgabe 8.2.4.2 die Superposition

$$\underline{\vec{H}}(\vec{r}) = \underline{\vec{H}}(y) = \underline{\vec{H}}_0 e^{-jk_y y} + \underline{\vec{H}}_0 e^{jk_y y}$$

$$\underline{\vec{H}}_0 = \underline{H}_0 \vec{e}_x; \qquad \sqrt{k_y^2 - \gamma^2} = k = \omega\sqrt{\mu\varepsilon}$$

an, lauten die zugehörigen $\underline{\vec{E}}$-Felder

$$\underline{\vec{E}}_{0+} = \frac{-1}{\omega\varepsilon}(\vec{k}_+ \times \underline{\vec{H}}_0) = \frac{\underline{H}_0}{\omega\varepsilon}\begin{pmatrix} 0 \\ j\gamma \\ k_y \end{pmatrix};$$

$$\underline{\vec{E}}_{0-} = \frac{-1}{\omega\varepsilon}(\vec{k}_- \times \underline{\vec{H}}_0) = \frac{\underline{H}_0}{\omega\varepsilon}\begin{pmatrix} 0 \\ j\gamma \\ -k_y \end{pmatrix}$$

mit

$$\vec{k}_\pm = \begin{pmatrix} 0 \\ \pm k_y \\ -j\gamma \end{pmatrix}.$$

Damit beträgt das totale elektrische Feld

$$\underline{\vec{E}}(\vec{r}) = \underline{\vec{E}}(y) = \underline{\vec{E}}_{0+}\, e^{-jk_y y} + \underline{\vec{E}}_{0-}\, e^{jk_y y}.$$

Die für die $\vec{E}_{\text{tang}}$-Randbedingung allein zu verwendende z-Komponente lautet

$$\underline{E}_z(y) = \frac{H_0 k_y}{\omega\varepsilon} \underbrace{\left(e^{-jk_y y} - e^{jk_y y} \right)}_{=-2j\sin k_y y}.$$

Die Nullstellen liegen bei $k_y y = n\pi$, wobei n eine ganze Zahl ist. Somit verschieben wir das Koordinatensystem um $d/2$ nach unten und bekommen als einzige zu berücksichtigende Randbedingung $\underline{E}_z(0) = \underline{E}_z(d) = \underline{0}$. Die Bedingung $B_{\text{normal}} = 0$ an den gleichen Stellen ist automatisch erfüllt (vgl. Unterabschnitt 6.3.4). Die Randbedingung liefert zulässige Lösungen mit

$$k_{yn} d = n\pi \quad \Leftrightarrow \quad k_{yn} = \frac{n\pi}{d}.$$

Dies bedeutet, dass damit gleichzeitig Werte

$$\gamma_n := \pm\sqrt{k_{yn}^2 - k^2} = \pm\sqrt{\left(\frac{n\pi}{d}\right)^2 - \omega^2\mu\varepsilon}$$

für die zugehörigen Fortpflanzungskonstanten festgelegt sind. Man sieht, dass γ_n je nach Frequenz, Material und Dicke d und Zahl n unter Umständen rein reell sein kann, was keine Fortpflanzung bedeutet.

Die verschiedenen Lösungen werden Moden genannt, und die minimale Frequenz, bei der ein Mode ausbreitungsfähig ist, heißt Cutoff-Frequenz. Offenbar gilt

$$\omega_{\text{cutoff}}(n) = \frac{n\pi}{d\sqrt{\mu\varepsilon}}.$$

Bei einer festen Frequenz sind höchstens endlich viele Moden ausbreitungsfähig.

Aufgabe 11.2.5.2: Gemäß Aufgabe 8.2.4.4 bzw. 7.6.2.2 gilt im Dielektrikum

$$\vec{E} = \vec{E}(\rho) = \frac{U}{\ln\frac{R_1}{R_2}} \cdot \frac{1}{\rho}\, \vec{e}_\rho \quad \Rightarrow E_0 = \frac{U}{\ln\frac{R_1}{R_2}}$$

$$\vec{H} = \vec{H}(\rho) = \frac{I}{2\pi\rho}\, \vec{e}_\phi \quad \Rightarrow H_0 = \frac{I}{2\pi}.$$

Die zugeordneten komplexen Größen sind

$$\vec{E}_{\text{T}} = \frac{E_0}{\rho}\, \vec{e}_\rho, \quad \vec{E}_{\text{T}}^{\,o} = \frac{E_0}{\rho}\, \vec{e}_\phi, \quad \underline{\vec{H}}_{\text{T}} = \frac{H_0}{\rho}\, \vec{e}_\phi, \quad \underline{\vec{H}}_{\text{T}}^{\,o} = -\frac{H_0}{\rho}\, \vec{e}_\rho.$$

Einsetzen in den Operator (vgl. (5.33))

$$\text{div}_{\text{T}}\, \vec{v}_{\text{T}} = \frac{1}{\rho}\left(\frac{\partial(\rho v_\rho)}{\partial\rho} + \frac{\partial v_\phi}{\partial\phi} \right)$$

ergibt in jedem der obigen Fälle eine Null, wie behauptet.

Die Felder in den Leitern verschwinden nach Voraussetzung. Dies steht im Gegensatz zu den „richtig" statischen Lösungen.

Die Gleichung (11.23) besagt, dass die Beträge von $\vec{E}$ und $\vec{H}$ in einem festen Verhältnis stehen, und somit müssten auch $\underline{U}$ und $\underline{I}$ im gleichen festen Verhältnis sein. Der Widerspruch löst sich, wenn man berücksichtigt, dass auf jeder zylindrischen Struktur immer zwei Wellen vorhanden sein können, entsprechend den beiden Vorzeichen von γ ($= \pm jk$ im TEM-Fall). Die zugehörigen $\vec{E}$-Felder addieren sich, während sich die $\vec{H}$-Felder subtrahieren. Somit ergibt sich in der Superposition ein beliebiges Verhältnis von $|\vec{E}_{\text{tot}}|$ zu $|\vec{H}_{\text{tot}}|$.

Aufgabe 11.2.5.3: Die allgemeine Lösung für $E_z(\rho, \phi)$ ist in (11.37) gegeben. Da nur ϕ-unabhängige Lösungen gesucht sind, gilt

$$\underline{E}_z(\rho) = \underline{A}J_0(\kappa\rho) + \underline{B}H_0(\kappa\rho).$$

Dabei ist die transversale Wellenzahl κ noch zu bestimmen. Die einzigen zu erfüllenden Randbedingungen lauten

$$\underline{E}_z(R_1) = \underline{E}_z(R_2) = \underline{0},$$

denn die Randbedingung für das normale $\vec{B}$-Feld ist automatisch erfüllt (vgl. Unterabschnitt 6.3.4). Somit gilt

$$\underline{A}J_0(\kappa R_1) + \underline{B}H_0(\kappa R_1) = \underline{0},$$
$$\underline{A}J_0(\kappa R_2) + \underline{B}H_0(\kappa R_2) = \underline{0}.$$

Außer der trivialen Lösung $\underline{A} = \underline{B} = \underline{0}$ hat dieses System genau dann eine Lösung, wenn die Determinante seiner Matrix verschwindet. Da die Hankel-Funktion H_0 komplexwertig ist, muss eine komplexe Nullstelle dieser Determinante gesucht werden. Schreibt man die Hankel-Funktion H_0 jedoch als Superposition von Bessel- und Neumann-Funktion: $H_0(x) = J_0(x) - jN_0(x)$, zeigt sich, dass die $-j$-fache Determinante

$$f(\kappa) = J_0(\kappa R_1) \cdot N_0(\kappa R_2) - J_0(\kappa R_2) \cdot N_0(\kappa R_1)$$

reell ist. Die Nullstellen der transzendenten Funktion $f(\kappa)$ müssen numerisch gefunden werden. Die Abbildung zeigt Verläufe von f für verschiedene Verhältnisse R_1/R_2:

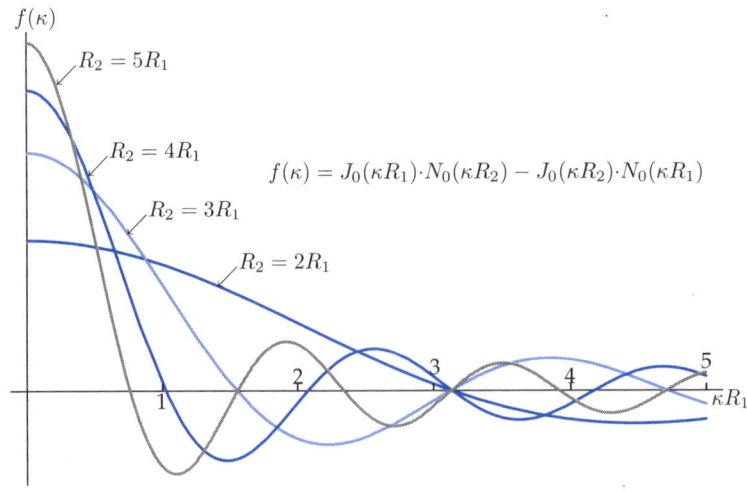

Die Wahl eines Wertes κ liefert die zugehörige Fortpflanzungskonstante $\gamma = \pm\sqrt{\kappa^2 - k^2} = \pm\sqrt{\kappa^2 - \omega^2\mu\varepsilon}$. Man sieht, dass nur ab einer bestimmten Frequenz $\omega_{\text{cutoff}} = \frac{\kappa}{\sqrt{\mu\varepsilon}}$ ausbreitungsfähige Moden möglich sind.

Die transversalen Feldkomponenten ergeben sich mit (vgl. (5.29)) mit $\frac{\partial}{\partial\phi} = 0$)

$$\text{grad}_{\mathbf{T}} = \frac{\partial}{\partial\rho}\,\vec{e}_\rho, \quad \text{grad}_{\mathbf{T}}^o = \frac{\partial}{\partial\rho}\,\vec{e}_\phi$$

und den Gleichungen (11.20) sowie (D.16-1) zu

$$\underline{\vec{E}}_{\mathbf{T}} = \frac{-j\gamma}{\kappa^2}\frac{\partial\underline{E}_z}{\partial\rho}\,\vec{e}_\rho = \frac{j\gamma}{\kappa}\Big(\underline{A}J_1(\kappa\rho) + \underline{B}H_1(\kappa\rho)\Big)\vec{e}_\rho,$$

$$\underline{\vec{H}}_{\mathbf{T}} = \frac{j\omega\varepsilon}{\kappa^2}\frac{\partial\underline{E}_z}{\partial\rho}\,\vec{e}_\phi = \frac{-j\omega\varepsilon}{\kappa}\Big(\underline{A}J_1(\kappa\rho) + \underline{B}H_1(\kappa\rho)\Big)\vec{e}_\phi.$$

Dabei ist $\gamma = \pm\sqrt{\kappa^2 - \omega^2\mu\varepsilon}$, und die Amplituden $\underline{A}$ und $\underline{B}$ sind noch zu bestimmen. Eine der beiden Größen kann frei gewählt werden, weil die Amplitude des Feldes beliebig groß sein kann. Die andere ergibt sich aus einer der obigen Randbedingungen, z.B. $\underline{A} = -\underline{B}\frac{H_0(\kappa R_1)}{J_0(\kappa R_1)}$.

Aufgaben aus Kapitel 12

Aufgabe 12.1.5.1:

a) Die Ladungserhaltung (6.5) bzw. (7.4) liefert die Ladungsverteilung (Ladung pro Länge)

$$\underline{q}(x) = \frac{j}{\omega}\frac{\partial\underline{I}(x)}{\partial x} = \frac{\underline{I}_0\pi}{2j\omega a}\sin\frac{\pi x}{2a}.$$

b) Es müssen die ersten sechs Integrale (12.14) errechnet werden. Da die Stromverteilung linienförmig ist, degenerieren die Volumenintegrale zu Linienintegralen über das Intervall $-a \le x \le a$. Weiter hat der Integrand nur eine x-Komponente. Dies bedeutet, dass auch $\vec{A}_i$ nur eine einzige Komponente hat. Schließlich ist das Feld rotationssymmetrisch bezüglich der x-Achse. Somit können wir $r = \sqrt{x^2 + y^2}$ setzen und brauchen nur die Halbebene $y \ge 0$ zu betrachten. In x-y-Koordinaten sind

$$\vec{r} = (x, y), \quad \vec{r}' = (x', 0), \quad \vec{e}_r = \frac{(x, y)}{\sqrt{x^2 + y^2}} = \frac{(x, y)}{r}, \quad \vec{e}_r \cdot \vec{r}' = \frac{xx'}{r}.$$

Das n-te Multipolmoment lautet jetzt mit $k = k_0 = \omega\sqrt{\mu_0\varepsilon_0}$

$$\underline{\vec{A}}_n(x, y) = \frac{\mu_0\underline{I}_0}{4\pi n!}\frac{e^{-jkr}}{r}\left(\frac{jkx}{r}\right)^n\int\limits_{-a}^{a}(x')^n\cos\left(\frac{\pi x'}{2a}\right)dx'.$$

Das Integral alleine verschwindet für gerade n und liefert im Übrigen

$$n = 0: \quad \frac{4a}{\pi} \approx 1.27a,$$

$$n = 2: \quad \frac{4a^3}{\pi^3}(\pi^2 - 8) \approx 0.241a^3,$$

$$n = 4: \quad \frac{4a^5}{\pi^5}(\pi^4 - 48\pi^2 + 384) \approx 0.1a^5.$$

Damit ergibt sich für die Vektorpotentiale mit der Substitution $\frac{x}{r} = \cos\theta$

$$\underline{\vec{A}}_0 = \frac{\mu_0 \underline{I}_0 a}{\pi^2} \frac{e^{-jkr}}{r} \vec{e}_x,$$

$$\underline{\vec{A}}_1 = \vec{0},$$

$$\underline{\vec{A}}_2 = -\frac{\mu_0 \underline{I}_0 a^3}{2\pi^4} (\pi^2 - 8) k^2 \cos^2\theta \frac{e^{-jkr}}{r} \vec{e}_x,$$

$$\underline{\vec{A}}_3 = \vec{0},$$

$$\underline{\vec{A}}_4 = \frac{\mu_0 \underline{I}_0 a^5}{24\pi^6} (\pi^4 - 48\pi^2 + 384) k^4 \cos^4\theta \frac{e^{-jkr}}{r} \vec{e}_x,$$

$$\underline{\vec{A}}_5 = \vec{0}.$$

c) Wir schreiben die obigen Ausdrücke in Kugelkoordinaten (ϕ windet sich um die Antenne). Dann gilt $\vec{e}_x = \vec{e}_r \cos\theta - \vec{e}_\theta \sin\theta$, und die $\underline{\vec{H}}$-Felder ergeben sich mit (6.94) und (5.35) zu

$$\underline{\vec{H}}_0 = -\frac{\underline{I}_0 a}{\pi^2} \sin\theta (1 + jkr) \frac{e^{-jkr}}{r^2} \vec{e}_\phi \approx \frac{\underline{I}_0 jka}{\pi^2} \sin\theta \frac{e^{-jkr}}{r} \vec{e}_\phi,$$

$$\underline{\vec{H}}_1 = \vec{0},$$

$$\underline{\vec{H}}_2 = -\frac{\underline{I}_0 a^3}{2\pi^4} (\pi^2 - 8) k^2 (3 + jkr) \cos^2\theta \sin\theta \frac{e^{-jkr}}{r^2} \vec{e}_\phi$$

$$\approx -\frac{\underline{I}_0 (ka)^3}{2\pi^4} (\pi^2 - 8) \cos^2\theta \sin\theta \frac{e^{-jkr}}{r} \vec{e}_\phi,$$

wobei ganz rechts die im Fernfeld allein wirksamen Terme angeschrieben wurden. Daraus ergeben sich schließlich die $\underline{\vec{E}}$-Felder mit der Maxwell-Gleichung (7.12-2) [$\underline{\vec{E}} = \frac{1}{j\omega\varepsilon_0} \text{rot}\,\underline{\vec{H}}$,]:

$$\underline{\vec{E}}_0 = \frac{\underline{I}_0 a}{\pi^2 j\omega\varepsilon_0} \frac{e^{-jkr}}{r^3} \left(\sin\theta (1 + jkr - k^2 r^2) \vec{e}_\theta + 2\cos\theta (1 + jkr) \vec{e}_r \right)$$

$$\approx -\frac{\underline{I}_0 \cdot k^2 a}{\pi^2 j\omega\varepsilon_0} \sin\theta \frac{e^{-jkr}}{r} \vec{e}_\theta,$$

$$\underline{\vec{E}}_1 = \vec{0},$$

$$\underline{\vec{E}}_2 = -\frac{\underline{I}_0 a^3}{2\pi^4 j\omega\varepsilon_0} (\pi^2 - 8) k^2 \frac{e^{-jkr}}{r^3} \left(\cos^2\theta \sin\theta (3 + 3jkr - k^2 r^2) \vec{e}_\theta + \right.$$

$$\left. \cos\theta \cos 2\theta (3 + jkr) \vec{e}_r \right)$$

$$\approx +\frac{\underline{I}_0 k^4 a^3}{2\pi^4 j\omega\varepsilon_0} (\pi^2 - 8) \cos^2\theta \sin\theta \frac{e^{-jkr}}{r} \vec{e}_\theta.$$

Aufgaben aus Kapitel 13

Aufgabe 13.1.1:
a) Wir wählen das in der Abbildung eingezeichnete Koordinatensystem mit g als x-Achse (Q_1 und Q_2 liegen in der Ebene $z = 0$, wobei Q_1 eine positive y-Koordinate hat) und definieren die Vektoren $\vec{r}_i$, welche von Q_i nach Q weisen. Q liegt bei $x = x_0$. Dann gilt mit $d = \sqrt{a^2 - b^2}$:

$$\vec{r}_1 = \begin{pmatrix} x_0 - b \\ -d \\ 0 \end{pmatrix} = (x_0 - b, -d), \qquad \vec{r}_2 = \begin{pmatrix} x_0 + b \\ d \\ 0 \end{pmatrix} = (x_0 + b, d).$$

Dabei sind in der kürzeren zweiten Schreibweise nur noch die ersten beiden Koordinaten berücksichtigt. Es folgt für die auf Q wirkende Kraft:

$$\vec{F} = \frac{-Q^2}{8\pi\varepsilon_0} \left(\frac{\vec{r}_1}{|\vec{r}_1|^3} + \frac{\vec{r}_2}{|\vec{r}_2|^3} \right)$$

$$= \frac{-Q^2}{8\pi\varepsilon_0} \left(\frac{(x_0 - b, -d)}{\left((x_0 - b)^2 + d^2\right)^{\frac{3}{2}}} + \frac{(x_0 + b, d)}{\left((x_0 + b)^2 + d^2\right)^{\frac{3}{2}}} \right).$$

Die x-Komponente davon lautet:

$$F_x = \frac{-Q^2}{8\pi\varepsilon_0} \left(\frac{x_0 - b}{\left((x_0 - b)^2 + d^2\right)^{\frac{3}{2}}} + \frac{x_0 + b}{\left((x_0 + b)^2 + d^2\right)^{\frac{3}{2}}} \right).$$

Diese verschwindet an den Stellen $x_0 = 0$, $x_0 = \pm\infty$.

b) Wir wollen anhand dieser Aufgabe den Unterschied zwischen der Verwendung der beiden Formeln $W = Q\cdot\varphi$ und $W = \frac{1}{2}Q\cdot\varphi$ demonstrieren. Zuerst mit dem „Fremdpotential" allein, d.h. es wird nur das Potential φ_f aller *anderen* Ladungen,

$$\varphi_f = \frac{Q_1}{4\pi\varepsilon_0} \frac{1}{r_1} + \frac{Q_2}{4\pi\varepsilon_0} \frac{1}{r_2},$$

berücksichtigt. Dabei sind $r_{1,2}$ die Abstände zwischen Q und $Q_{1,2}$. Dann muss die Formel *ohne* den Faktor $\frac{1}{2}$ verwendet werden, und die Energie (nur jene von Q, was immer dies bedeutet) ist dann

$$W = Q\Big(\varphi_f(b) - (\varphi_f(0))\Big) = \frac{Q}{4\pi\varepsilon_0} \left(\frac{Q_1}{\sqrt{a^2 - b^2}} + \frac{Q_2}{\sqrt{a^2 + 3b^2}} - \frac{Q_1}{a} - \frac{Q_2}{a} \right)$$

$$= \frac{Q^2}{8\pi\varepsilon_0} \left(\frac{2}{a} - \frac{1}{\sqrt{a^2 - b^2}} - \frac{1}{\sqrt{a^2 + 3b^2}} \right).$$

Und jetzt mit dem totalen Potential *aller* Ladungen:

$$\varphi = \frac{Q}{4\pi\varepsilon_0} \frac{1}{r} + \frac{Q_1}{4\pi\varepsilon_0} \frac{1}{r_1} + \frac{Q_2}{4\pi\varepsilon_0} \frac{1}{r_2},$$

wobei r der Abstand von Q ist. Für die (totale) Energie muss die Formel *mit* dem Faktor $\frac{1}{2}$ benützt werden, d.h.

$$W = \frac{1}{2}(\varphi Q + \varphi_1 Q_1 + \varphi_2 Q_2),$$

wobei φ, φ_1 und φ_2 die (totalen) Potentiale am Ort der Ladungen bedeuten. Falls Q bei $x = 0$ liegt, gilt somit

$$W(0) = \frac{Q}{8\pi\varepsilon_0}\left(\frac{Q_1}{a} + \frac{Q_2}{a} + \frac{Q}{R}\right) + \frac{Q_1}{8\pi\varepsilon_0}\left(\frac{Q_1}{R_1} + \frac{Q_2}{2a} + \frac{Q}{a}\right) +$$

$$\frac{Q_2}{8\pi\varepsilon_0}\left(\frac{Q_1}{2a} + \frac{Q_2}{R_2} + \frac{Q}{a}\right)$$

$$= \frac{Q^2}{8\pi\varepsilon_0}\left(\frac{1}{R} + \frac{1}{4R_1} + \frac{1}{4R_2} - \frac{7}{4a}\right).$$

Liegt Q bei $x = b$, gilt

$$W(b) = \frac{Q}{8\pi\varepsilon_0}\left(\frac{Q_1}{\sqrt{a^2 - b^2}} + \frac{Q_2}{\sqrt{a^2 + 3b^2}} + \frac{Q}{R}\right) +$$

$$Q_1\frac{1}{8\pi\varepsilon_0}\left(\frac{Q_1}{R_1} + \frac{Q_2}{2a} + \frac{Q}{\sqrt{a^2 - b^2}}\right) +$$

$$Q_2\frac{1}{8\pi\varepsilon_0}\left(\frac{Q_1}{2a} + \frac{Q_2}{R_2} + \frac{Q}{\sqrt{a^2 + 3b^2}}\right)$$

$$= \frac{Q^2}{8\pi\varepsilon_0}\left(\frac{1}{R} + \frac{1}{4R_1} + \frac{1}{4R_2} + \frac{1}{4a} - \frac{1}{\sqrt{a^2 - b^2}} - \frac{1}{\sqrt{a^2 + 3b^2}}\right).$$

Die Differenz dieser Energien ist gleich der aufzuwendenden Energie:

$$W = W(b) - W(0) = \frac{Q^2}{8\pi\varepsilon_0}\left(\frac{2}{a} - \frac{1}{\sqrt{a^2 - b^2}} - \frac{1}{\sqrt{a^2 + 3b^2}}\right),$$

wie gehabt. Man sieht, dass bei der Differenzbildung viele Terme wegfallen, die oben erst gar nicht angeschrieben werden mussten. Sämtliche Potentialanteile von entfernten Ladungen sind jeweils im Zentrum der kleinen Kugeln genommen und somit als (sehr gute!) Näherungen zu verstehen.

Aufgabe 13.1.2:

a)

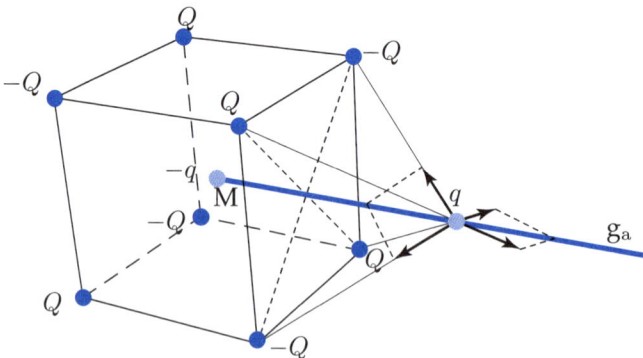

Gemäß dem eingezeichneten Kräfteparallelogramm heben sich die Kräfte der vier Ladungen rechts weg (die Beträge der vier Kräfte sind aus Symmetriegründen gleich). Somit bleibt lediglich der Einfluss von $-q$ spürbar: $\vec{F}_{qa} = \frac{-q^2}{4\pi\varepsilon_0 R^2}\vec{e}_r$. Der Einheitsvektor $\vec{e}_r$ zeigt in Strahlrichtung nach außen.

b)

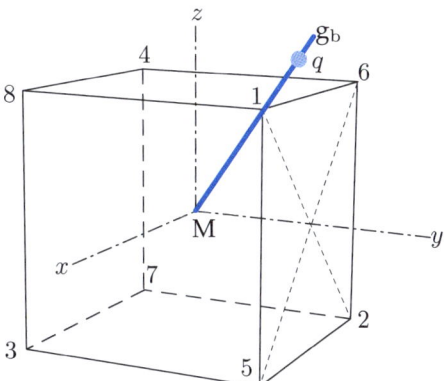

Wir wählen das in der Abbildung gezeichnete kartesische Koordinatensystem mit

Ursprung in M. Dann hat q den Ortsvektor $\vec{r} = \dfrac{R}{\sqrt{3}}\begin{pmatrix} 1 \\ 1 \\ 1 \end{pmatrix}$. Die Ortsvektoren der Würfel-

ecken lauten (Ladungen $+Q$ auf Ecken 1...4, Ladungen $-Q$ auf Ecken 5...8):

$$\vec{r}_1 = \begin{pmatrix} a \\ a \\ a \end{pmatrix} \quad \vec{r}_2 = \begin{pmatrix} -a \\ a \\ -a \end{pmatrix} \quad \vec{r}_3 = \begin{pmatrix} a \\ -a \\ -a \end{pmatrix} \quad \vec{r}_4 = \begin{pmatrix} -a \\ -a \\ a \end{pmatrix}$$

$$\vec{r}_5 = \begin{pmatrix} a \\ a \\ -a \end{pmatrix} \quad \vec{r}_6 = \begin{pmatrix} -a \\ a \\ a \end{pmatrix} \quad \vec{r}_7 = \begin{pmatrix} -a \\ -a \\ -a \end{pmatrix} \quad \vec{r}_8 = \begin{pmatrix} a \\ -a \\ a \end{pmatrix}$$

Somit kann die gesamte Kraft folgendermaßen geschrieben werden:

$$\begin{aligned} \vec{F}_{qb} &= \frac{Qq}{4\pi\varepsilon_0}\sum_{i=1}^{4}\frac{\vec{r}-\vec{r}_i}{|\vec{r}-\vec{r}_i|^3} - \frac{Qq}{4\pi\varepsilon_0}\sum_{i=5}^{8}\frac{\vec{r}-\vec{r}_i}{|\vec{r}-\vec{r}_i|^3} - \frac{q^2}{4\pi\varepsilon_0}\frac{\vec{r}}{R^3} \\ &= \frac{q}{4\pi\varepsilon_0}\left[Q\left(\frac{R/\sqrt{3}-a}{(3a^2+R^2-2\sqrt{3}aR)^{\frac{3}{2}}} - \frac{R/\sqrt{3}+a}{(3a^2+R^2+2\sqrt{3}aR)^{\frac{3}{2}}}\right.\right. \\ &\qquad\qquad \left.\left. - \frac{3R-\sqrt{3}a}{(9a^2+3R^2-2\sqrt{3}aR)^{\frac{3}{2}}} + \frac{3R+\sqrt{3}a}{(9a^2+3R^2+2\sqrt{3}aR)^{\frac{3}{2}}}\right)\right. \\ &\qquad\qquad \left. - \frac{q}{\sqrt{3}R^2}\right]\begin{pmatrix} 1 \\ 1 \\ 1 \end{pmatrix}. \end{aligned}$$

Es ist schon aus Symmetriegründen klar, dass die resultierende Kraft nur eine radiale Komponente hat. Somit sind alle drei kartesischen Komponenten des Resultats gleich, und es genügt, eine einzige, etwa die x-Komponente, zu berechnen.

c) Die Arbeit wird am einfachsten mit dem Potential berechnet. Das Potential $\varphi_i(\vec{r})$ einer Ladung Q_i (am Ort $\vec{r}_i$) beträgt

$$\varphi_i(\vec{r}) = \frac{Q_i}{4\pi\varepsilon_0}\frac{1}{|\vec{r}-\vec{r}_i|}.$$

Mit den in b) eingeführten Bezeichnungen folgt

$$\varphi(R) = \frac{Q}{4\pi\varepsilon_0}\sum_{i=1}^{4}\frac{1}{|\vec{r}-\vec{r}_i|} - \frac{Q}{4\pi\varepsilon_0}\sum_{i=5}^{8}\frac{1}{|\vec{r}-\vec{r}_i|} - \frac{q}{4\pi\varepsilon_0}\frac{1}{R}$$

$$= \frac{Q}{4\pi\varepsilon_0}\left(\frac{2\sqrt{3}a}{R^2-3a^2} - \frac{3}{\sqrt{3a^2+R^2-\frac{2}{\sqrt{3}}aR}} + \frac{3}{\sqrt{3a^2+R^2+\frac{2}{\sqrt{3}}aR}}\right) - \frac{q}{4\pi\varepsilon_0 R}.$$

Die aufzuwendende Arbeit ist

$$W = q\Big(\varphi(3a)-\varphi(2a)\Big) = \frac{q^2}{24\pi\varepsilon_0 a} + \frac{Qq}{\varepsilon_0 a}K$$

mit der geometrischen Konstante $K \approx 0.223738$. (K ist gleich der a-fachen Differenz des Ausdrucks in der runden Klammer, ausgewertet an den Stellen $R=3a$ und $R=2a$.)

Falls die Arbeit auf dem entgegengesetzten Strahl ausgewertet werden soll, bleibt nur der Anteil der zentralen Ladung gleich, alle anderen Terme ändern das Vorzeichen. Somit gilt dann

$$W' = \frac{q^2}{24\pi\varepsilon_0 a} - \frac{Qq}{\varepsilon_0 a}K.$$

Aufgabe 13.1.3:

a) Im allgemeinen Ort $\vec{r}=(x,y)=(x,x\tan\alpha)$ auf dem rechten Schenkel beträgt die elektrische Kraft $\vec{F}$ auf die bewegliche Ladung Q

$$\vec{F}(x) = \frac{Q^2}{4\pi\varepsilon_0}\frac{(x,x\tan\alpha)}{\left(x^2(1+\tan^2\alpha)\right)^{\frac{3}{2}}} = \frac{Q^2}{4\pi\varepsilon_0}\frac{(1,\tan\alpha)}{x^2(1+\tan^2\alpha)^{\frac{3}{2}}}.$$

Diese Kraft weist genau in Richtung der Schiene, und ihr Betrag ist

$$F(x) = \frac{Q^2}{4\pi\varepsilon_0}\frac{\cos^2\alpha}{x^2}.$$

Die Komponente der Gravitationskraft in die gleiche Richtung ist $mg\sin\alpha$. Somit folgt das Gleichgewicht

$$mg\sin\alpha = \frac{Q^2}{4\pi\varepsilon_0}\frac{\cos^2\alpha}{x_0^2}$$

und daraus

$$x_0 = \pm\frac{Q\cos\alpha}{2\sqrt{\pi\varepsilon_0 mg\sin\alpha}} \approx \pm 91\,\text{cm}, \qquad y_0 = \frac{Q}{2}\sqrt{\frac{\sin\alpha}{\pi\varepsilon_0 mg}} \approx 77\,\text{cm}.$$

b) Das elektrische Potential der (festen) Ladung Q am Ort $(x,x\tan\alpha)$ beträgt $\varphi(x) = \frac{Q}{4\pi\varepsilon_0}\frac{\cos\alpha}{x}$ und das Gravitationspotential der Erde beträgt $\tilde\varphi_G(x,y)=\varphi_G(x)=gx\tan\alpha$, wenn wir es willkürlich bei $y=0$ auf null normieren. Zur Berechnung der Arbeit W muss das Gravitationspotential mit der Masse m und das elektrische Potential mit der Ladung Q multipliziert werden. Danach ist die Differenz in den Punkten $(x_1,x_1\tan\alpha)$ und $(x_0,x_0\tan\alpha)$ zu bilden. Es folgt

$$W = Q\varphi(x_1) + m\varphi_G(x_1) - Q\varphi(x_0) - m\varphi_G(x_0)$$

$$= \underbrace{\frac{Q^2 \cos\alpha}{4\pi\varepsilon_0}\left(\frac{1}{x_1} - \frac{1}{x_0}\right)}_{\approx -0.643\,\mathrm{mJ}} + \underbrace{mg\tan\alpha(x_1 - x_0)}_{\approx 0.703\,\mathrm{mJ}} \approx 60\,\mu\mathrm{J}.$$

c) Aus Symmetriegründen befinden sich beide Ladungen auf gleicher Höhe auf verschiedenen Schenkeln. Die elektrische Kraft hat dann nur die x-Komponente

$$F_x = \pm\frac{Q^2}{4\pi\varepsilon_0}\frac{1}{(2x)^2}.$$

Die Komponente davon in Schienenrichtung ist $\pm F_x\cos\alpha$, während die gleich gerichtete Komponente der Gravitationskraft nach a) $\pm mg\sin\alpha$ beträgt. Das Gleichgewicht ergibt sich somit bei $\frac{Q^2}{4\pi\varepsilon_0}\frac{\cos\alpha}{(2x)^2} = mg\sin\alpha$. Daraus folgt

$$x = \frac{\pm Q}{4\sqrt{\pi\varepsilon_0 mg\tan\alpha}} \approx \pm 52\,\mathrm{cm}.$$

Aufgabe 13.1.4:

a) Die Grenze der Halbräume sei die Ebene $x = 0$, und Q habe die Koordinaten $(d, 0, 0)$. Die Anordnung von zwei entgegesetzt gleich großen Ladungen $Q(d, 0, 0)$ und $Q'(-d, 0, 0) = -Q$ *im homogenen Raum* (μ, ε) hat ein elektrisches Feld, welches aus Symmetriegründen auf der Ebene $x = 0$ senkrecht steht. Da seine Divergenz im Halbraum $x \geq 0$ durch Q bestimmt ist, ist dieses zu Q und Q' gehörige Feld (eingeschränkt auf den Halbraum $x \geq 0$) die Lösung des Problems. Es gilt mit (1.26)

$$\varphi(x, y, z) = \frac{Q}{4\pi\varepsilon}\left(\frac{1}{\sqrt{(x - d)^2 + y^2 + z^2}} - \frac{1}{\sqrt{(x + d)^2 + y^2 + z^2}}\right) \quad [x > 0]$$

$$\varphi(x, y, z) = 0 \quad [x \leq 0]$$

und für die elektrische Feldstärke $\vec{E}$ findet man mit (1.10)

$$\vec{E}(x, y, z) = \frac{Q}{4\pi\varepsilon}\left(\frac{\begin{pmatrix} x - d \\ y \\ z \end{pmatrix}}{\left((x - d)^2 + y^2 + z^2\right)^{\frac{3}{2}}} - \frac{\begin{pmatrix} x + d \\ y \\ z \end{pmatrix}}{\left((x + d)^2 + y^2 + z^2\right)^{\frac{3}{2}}}\right) \quad [x \geq 0]$$

$$\vec{E}(x, y, z) = \vec{0} \quad [x < 0]$$

b) Die Normalkomponente von $\vec{D} = \varepsilon\vec{E}$ ist bei $x = 0$ unstetig. Somit gibt es mit (6.12) eine Oberflächenladungsdichte

$$\varsigma(y, z) = D_x(0, y, z) = \varepsilon E_x(0, y, z)$$

$$= \frac{Q}{4\pi} \left(\frac{-d}{\left((-d)^2 + y^2 + z^2\right)^{\frac{3}{2}}} - \frac{d}{\left(d^2 + y^2 + z^2\right)^{\frac{3}{2}}} \right)$$

$$= \frac{-Q}{2\pi} \frac{d}{\left(d^2 + y^2 + z^2\right)^{\frac{3}{2}}}$$

c) Die Energie W kann mit (8.54) ermittelt werden. Hier ist die Flächenladung ς auf Nullpotential und die „Punktladung" Q auf dem (mit guter Näherung konstanten) Potential

$$\varphi_Q = \frac{Q}{4\pi\varepsilon} \left(\frac{1}{r} - \frac{1}{2d} \right) \approx \frac{Q}{4\pi\varepsilon r}.$$

Somit gilt

$$W = \frac{Q^2}{8\pi\varepsilon} \left(\frac{1}{r} - \frac{1}{2d} \right) \approx \frac{Q^2}{8\pi\varepsilon r}.$$

d) Auf Q wirkt die Kraft $Q\vec{E}_f$ (Index f für „fremd"), wobei mit $\vec{E}_f$ nur jene Feldstärke gemeint ist, welche nicht von Q selber erzeugt wird. Somit

$$\vec{E}_f(x, y, z) = \frac{-Q}{4\pi\varepsilon} \frac{\begin{pmatrix} x + d \\ y \\ z \end{pmatrix}}{\left((x + d)^2 + y^2 + z^2\right)^{\frac{3}{2}}}, \qquad \text{falls } x \geq 0.$$

Für die Kraft folgt jetzt

$$\vec{F} = Q\vec{E}_f(d, 0, 0) = \frac{-Q^2}{4\pi\varepsilon} \frac{\begin{pmatrix} 2d \\ 0 \\ 0 \end{pmatrix}}{\left((2d)^2\right)^{\frac{3}{2}}} = \frac{-Q^2}{16\pi\varepsilon d^2} \vec{e}_x.$$

Die Ladung Q wird somit von der Wand unabhängig von ihrem Vorzeichen *immer* angezogen.

Aufgabe 13.1.5:

a)

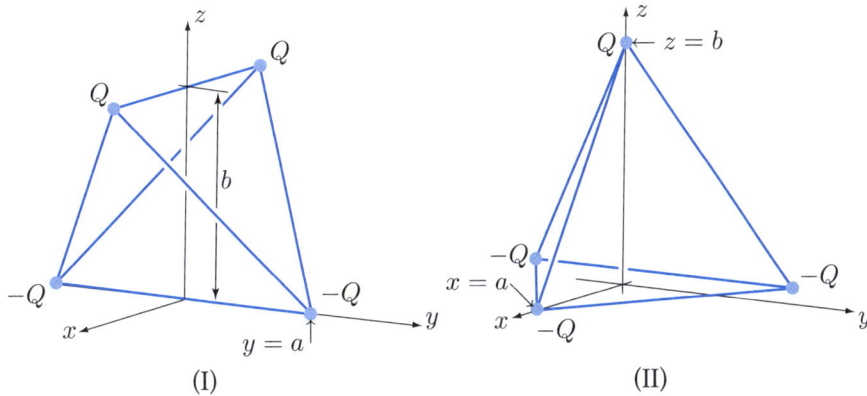

(I)   (II)

b) Feldlinien sind in beiden Fällen die z-Achse der Koordinatensysteme in a). (Im Folgenden schreiben wir in beiden Fällen z, obwohl es verschiedene Koordinatensysteme sind!)

c) Das Potential lautet im Fall (I)

$$\varphi(z) = \frac{Q}{2\pi\varepsilon}\left(\frac{1}{\sqrt{(z-b)^2 + a^2}} - \frac{1}{\sqrt{z^2 + a^2}}\right) \quad \text{mit } a = \frac{d}{2},\ b = \frac{d}{\sqrt{2}}.$$

Im Fall (II) ergibt sich in den entsprechenden anderen Koordinaten

$$\varphi(z) = \frac{Q}{4\pi\varepsilon}\left(\frac{1}{|z-b|} - \frac{3}{\sqrt{z^2 + a^2}}\right) \quad \text{mit } z \neq b,\ a = \frac{d}{\sqrt{3}},\ b = d\sqrt{\frac{2}{3}}.$$

Man beachte, dass auch a und b die Bedeutung geändert haben!

d) Es herrscht Gleichgewicht, falls das elektrische Feld $\vec{E}$ auf der Feldlinie verschwindet. Wegen $\vec{E} = E\vec{e}_z = -\operatorname{grad}\varphi = -\frac{\partial\phi}{\partial z}\vec{e}_z$ gilt hier $E(z) = -\frac{\partial\varphi}{\partial z}$.

Fall (I): $\varphi(z)$ ist auf der ganzen z-Achse stetig differenzierbar. Für sehr große $|z|$ ist $E(z)$ immer positiv, im Bereich $0 < z < b$ negativ. Somit gibt es zwei Nulldurchgänge bei $z^+ = b + \delta$ und $z^- = -\delta$, wobei $\delta > 0$ noch bestimmt werden muss. In der Umgebung von z^+ zeigt $\vec{E}$ vom Gleichgewichtspunkt weg, bei z^- in den Gleichgewichtspunkt hinein. Somit ist für positive q bei z^- ein stabiles und bei z^+ ein labiles Gleichgewicht vorhanden. Für negative q wäre es umgekehrt.

Fall (II): $\varphi(z)$ hat bei $z = b$ einen Pol und ist im Übrigen stetig differenzierbar. In der Umgebung des Pols weist $\vec{E}$ vom Pol weg, während für große $|z|$ das elektrische Feld nach innen weist. Somit muss es auch hier zwei Gleichgewichtspunkte geben, einer bei $z^+ = b + \delta$ und einer bei $z^- = -\zeta$, wobei $\delta > 0$ und $\zeta > 0$ noch zu bestimmen sind. Für $q > 0$ sind beide Gleichgewichte stabil, sonst labil.

e) Im Fall (I) gilt

$$E(z) = \frac{Q}{2\pi\varepsilon}\left(\frac{z}{(z^2 + a^2)^{\frac{3}{2}}} - \frac{z-b}{((z-b)^2 + a^2)^{\frac{3}{2}}}\right) \overset{!}{=} 0.$$

Etwas einfacher ist die daraus folgende Gleichung

$$(z - b)(z^2 + a^2)^{\frac{3}{2}} = z\big((z - b)^2 + a^2\big)^{\frac{3}{2}}.$$

Beachtet man hier noch $a = b/\sqrt{2}$, folgt nach einer Quadrierung

$$(2z - b)^3(4z^4 - 8bz^3 + 8b^2z^2 - 4b^3z - b^4) = 0.$$

Da $z = b/2$ eine fremde Lösung ist, müssen die Nullstellen des Polynoms 4. Grades in z gesucht werden. Die beiden reellen Lösungen lauten

$$z^\pm = b\frac{1 \pm \sqrt{2\sqrt{2} - 1}}{2} \approx \begin{cases} 1.176b = 0.8316d \\ -0.176b = -0.1245d \end{cases}$$

Im Fall (II) müssen wegen des Betrags im Nenner zwei Fälle unterschieden werden. Für $z > b$ gilt $|z - b| = z - b$, und es folgt das elektrische Feld

$$E^+(z) = \frac{Q}{4\pi\varepsilon}\left(\frac{1}{(z - b)^2} - \frac{3z}{(z^2 + a^2)^{\frac{3}{2}}}\right) \overset{!}{=} 0.$$

Für $z < b$ gilt $|z - b| = b - z$, und es folgt das elektrische Feld

$$E^-(z) = \frac{-Q}{4\pi\varepsilon}\left(\frac{1}{(b - z)^2} + \frac{3z}{(z^2 + a^2)^{\frac{3}{2}}}\right) \overset{!}{=} 0.$$

In beiden Fällen folgt nach einer Quadrierung die einfachere Gleichung

$$9z^2(z - b)^4 = (z^2 + a^2)^3.$$

Beachtet man hier noch $a = b/\sqrt{2}$, ergibt sich

$$(4z - b)^2(4z^4 - 16bz^3 + 18b^2z^2 - 8b^3z - b^4) = 0.$$

Wiederum ist $z = b/4$ eine fremde Lösung, und es müssen die Nullstellen des Polynoms 4. Grades in z gesucht werden. Es gibt zwei reelle Nullstellen, die allerdings erheblich aufwendiger darzustellen sind als im obigen Fall. Wir geben daher nur die numerischen Näherungen

$$z^\pm \approx \begin{cases} 2.564b = 2.094d \\ -0.1003b = -0.08189d \end{cases}$$

Man beachte, dass b hier die Höhe des Tetraeders bedeutet.

Aufgabe 13.1.6: Es gibt zwei Feldanteile, $\vec{E}_D$ von der Ringladung und $\vec{E}_K$ von der kleinen Kugel. Obwohl die Ladung auf K streng genommen nicht ganz kugelsymmetrisch, wohl aber rotationssymmetrisch bezüglich der z-Achse verteilt ist, nehmen wir Kugelsymmetrie der Ladung auf K an. Das Resultat wird nur in der unmittelbaren Umgebung von K unrichtig!

a) Es gilt auf der z-Achse und außerhalb der kleinen Kugel K (d.h. für $|z| > r$):

$$\vec{E}_K = \frac{-Q}{4\pi\varepsilon_0}\frac{z}{|z|^3}\vec{e}_z.$$

($\vec{e}_z$: Einheitsvektor in $+z$-Richtung.) Der Anteil der Ringladung kann ohne Integration angeschrieben werden, weil aus Symmetriegründen nur eine z-Komponente übrig bleibt, und diese ist gleich wie die z-Komponente des Feldes einer *irgendwo* auf D lokalisierten Punktladung Q, also

$$\vec{E}_D = \frac{Q}{4\pi\varepsilon_0} \frac{z}{(z^2 + R^2)^{\frac{3}{2}}} \vec{e}_z.$$

Damit folgt für das totale Feld auf der z-Achse außerhalb von K:

$$\vec{E}(z) = \frac{Qz}{4\pi\varepsilon_0} \left(\frac{1}{(z^2 + R^2)^{\frac{3}{2}}} - \frac{1}{|z|^3} \right) \vec{e}_z.$$

Man sieht den kleinen Fehler nahe bei K: Das Feld der Ladung auf K müsste den Anteil von D so kompensieren, dass das Feld im Innern von K verschwindet.

b) Es wirken die Gravitationskraft $\vec{F}_G = -mg\vec{e}_z$ plus das Feld $\vec{E}_D$ auf K:

$$\vec{F} = Q \cdot \vec{E}_D + \vec{F}_G = \frac{-Q^2}{4\pi\varepsilon_0} \frac{z}{(z^2 + R^2)^{\frac{3}{2}}} \vec{e}_z - mg\vec{e}_z.$$

c) Wenn die Kugel gerade noch gehalten wird, gilt $\vec{F} = \vec{0}$ und somit

$$mg = \frac{-Q^2}{4\pi\varepsilon_0} \frac{z}{(z^2 + R^2)^{\frac{3}{2}}}. \tag{*}$$

Man sieht, dass z negativ sein muss. Das Maximum ergibt sich mit

$$\frac{d}{dz} \frac{z}{(z^2 + R^2)^{\frac{3}{2}}} = 0 \quad \Leftrightarrow \quad z^2 + R^2 - 3z^2 = 0 \Rightarrow z = -R/\sqrt{2}.$$

Dies in (*) eingesetzt und nach m aufgelöst, ergibt

$$m = \frac{Q^2}{6\sqrt{3}\pi\varepsilon_0 g R^2}.$$

Aufgabe 13.1.7:

a) Das Dielektrikum ist linear und isotrop, somit gilt

$$\vec{D} = \vec{D}(\rho, \phi) = \varepsilon_0 (1 + \phi) E_\rho(\rho) \cdot \vec{e}_\rho.$$

Auf den **Leiteroberflächen** muss $\vec{E}$ senkrecht stehen (dies ist mit dem gegebenen Ansatz erfüllt) und $\vec{D}$ ist keiner speziellen Bedingung unterworfen. Auf der x-**Achse** muss die Tangentialkomponente von $\vec{E}$ stetig sein (dies ist erfüllt, weil der Ansatz nicht von ϕ abhängt) und ebenso die Normalkomponenten von $\vec{D}$ (in unserem Ansatz verschwinden sie und sind somit trivialerweise stetig).

b) Einerseits muss rot $\vec{E} = \vec{0}$ gelten, was durch Einsetzen des Ansatzes in die Koordinatendarstellung der Rotation, (5.32), bestätigt wird. Anderseits soll auch div $\vec{D} = 0$ gelten. Die Gleichung (5.33) liefert

$$\frac{1}{\rho} \frac{\partial \rho}{\partial} \left(\rho \varepsilon_0 (1 + \phi) E_\rho(\rho) \right) = 0 \quad \Rightarrow \quad \rho \varepsilon_0 (1 + \phi) E_\rho(\rho) = K(\phi)$$

mit der möglicherweise ϕ-abhängigen „Konstanten" K. (Nach Voraussetzung ist K nicht von z abhängig.) Lösen wir die letzte Gleichung nach E_ρ auf, ergibt sich

$$E_\rho(\rho) = \frac{K(\phi)}{\varepsilon_0(1+\phi)}\frac{1}{\rho} = \frac{K'}{\rho}.$$

Die Konstante K' ist natürlich nicht von ϕ abhängig. Sie kann mit $\vec{E} = -\operatorname{grad}\varphi$ und den Randbedingungen bestimmt werden:

$$E_\rho(\rho) = -\frac{\partial\varphi}{\partial\rho} = \frac{K'}{\rho} \quad\Rightarrow\quad \varphi(\rho) = K'\ln\frac{\rho_0}{\rho}$$

mit dem beliebigen, nicht weiter gebrauchten Normierungsradius ρ_0. Die Spannung U zwischen innerem und äußerem Leiter ist

$$U := \varphi(R_\mathrm{i}) - \varphi(R_\mathrm{a}) = K'\ln\frac{R_\mathrm{a}}{R_\mathrm{i}} \quad\Rightarrow\quad K' = \frac{U}{\ln\frac{R_\mathrm{a}}{R_\mathrm{i}}}.$$

c) Die Oberflächenladungsdichte ist gleich der Normalkomponente von $\vec{D}$, somit

$$Q' = \int_0^{2\pi} D_\rho(R_\mathrm{i})R_\mathrm{i}\,d\phi = K'\varepsilon_0\int_0^{2\pi}(1+\phi)d\phi = K'\varepsilon_0 2\pi(1+\pi) = \frac{U\varepsilon_0 2\pi(1+\pi)}{\ln\frac{R_\mathrm{a}}{R_\mathrm{i}}}.$$

d) Der Kapazitätsbelag ergibt sich zu

$$C' = \frac{Q'}{U} = \frac{2\pi\varepsilon_0(1+\pi)}{\ln\frac{R_\mathrm{a}}{R_\mathrm{i}}}.$$

Aufgabe 13.1.8:

a)

$$\vec{E} = \frac{Q}{4\pi\varepsilon_0}\frac{\vec{e}_r}{R^2} \qquad (\vec{e}_r\text{: radialer Einheitsvektor}) \qquad\qquad (*)$$

b) Die Durchschlagfeldstärke bestimmt die maximale Ladung auf dem Tropfen:

$$E_{\max} = 3\cdot10^6\,\frac{\mathrm{V}}{\mathrm{m}} = 2\frac{Q}{4\pi\varepsilon_0}\frac{1}{R^2}$$

Daraus folgt $Q = 2\pi\varepsilon_0 R^2 E_{\max}$. Für die Spannung U muss das Feld einer Punktladung Q von R bis h integriert werden:

$$U = \int_R^h \frac{Q}{4\pi\varepsilon_0}\frac{1}{r^2}\,dr = \frac{R^2 E_{\max}}{2}\left(\frac{1}{R}-\frac{1}{h}\right) \approx \frac{RE_{\max}}{2} = 30\,\mathrm{V}.$$

c) Die Tropfenladung verschiebt Ladungen auf der Metallplatte, die ihrerseits ein Feld haben. Dieses Feld kann durch einen gespiegelten Tropfen mit Ladung $-Q$ modelliert werden. Die Distanz zwischen Tropfen und Spiegelbild beträgt $h = 2\,\mathrm{mm}$. Daraus ergibt sich das Feld des Spiegelbildes zu

$$|E_\mathrm{s}| = \frac{Q}{4\pi\varepsilon_0 h^2}.$$

Das Feld des Tropfens selber auf seiner Oberfläche ist in (*) gegeben. Daraus folgt das recht kleine Verhältnis $|E_\mathrm{s}/E| = (R/h)^2 = 10^{-4}$.

Aufgabe 13.1.9:

a) $\vec{E}_0$ weist in z-Richtung, denn es gibt wegen der Symmetrie der Anordnung keinen Grund, schief zu stehen. Die Oberflächenladungsdichte ς auf den Innenseiten der Elektroden hat den Betrag $|Q|/A$, denn die Gesamtladung verteilt sich gleichmäßig über die Elektroden.[5] Weiter gilt $D_\mathrm{n} = \varsigma$ und $\vec{D} = \varepsilon_0\vec{E}$. Somit folgt $\vec{E}_0 = Q/(\varepsilon_0 A)\cdot\vec{e}_z$ und weiter $Q = P_0\cdot A$.

b) Die Felder sind nach Voraussetzung unabhängig von x. Der vorgeschlagene rechteckige Pfad liefert für jede Seite ein Integral. Dabei sind die Anteile der vertikalen Seiten entgegengesetzt gleich und heben sich daher weg. Die Seite innerhalb der Elektrode liefert auch keinen Beitrag, weil dort $\vec{E}$ verschwindet. Somit bleibt nur noch die parallel zur x-Achse verlaufende Seite in der Luft bzw. in der polarisierten Platte. Auf dieser Seite (ihre Länge sei l) variiert $\vec{E}$ nicht. Also ist der Wert des ganzen Integrals gleich $E_x\cdot l \stackrel{!}{=} 0 \Rightarrow E_x = 0$. Bemerkung: Eine analoge Rechnung liefert auch $E_y = 0$.

c) Weil die Ladungsdichte gleich bleibt, ändert sich auch die Feldstärke nicht. Es gilt – wie vor dem Einschieben der Platte – $\vec{E} = Q/(\varepsilon_0 A)\cdot\vec{e}_z$. NB: Die Ladung *kann* sich bei großen Platten nicht ändern, wenn keine unendlichen Ladungsdichten in der Randregion zugelassen werden! Vgl. auch Fußnote 5 unter a).

d) Es kann keine freie Ladung auf die polarisierte Platte gelangen. Somit ist $D_\mathrm{n} = D_z$ an allen Übergängen stetig. Weiter ist im Innern der Gebiete ① bis ③ in unserem Fall wegen $\mathrm{div}\,\vec{D} = \frac{\partial D_z}{\partial z} = 0$ das $\vec{D}$-Feld auch nicht von z abhängig. Damit gilt in allen drei Gebieten $D_z = \varsigma = Q/A$. Daraus folgen, weil $\vec{E}$ gemäß b) nur eine z-Komponente hat, unter Berücksichtigung der jeweiligen Materialgleichung für die Gebiete ① bis ③ die je gleichen Felder $\vec{E} = Q/(\varepsilon_0 A)\cdot\vec{e}_z$ und $\vec{D} = Q/A\cdot\vec{e}_z$. Für das Gebiet ② ergibt sich das elektrische Feld $\vec{E} = (Q/A - P_0)/(\varepsilon_0\varepsilon_\mathrm{r})\cdot\vec{e}_z$ und daraus $\vec{D} = Q/A\cdot\vec{e}_z + P_0\cdot\vec{e}_x$. Mit $Q = P_0\cdot A$ finden wir einfacher für die Gebiete ① bis ③ $\vec{E} = P_0/\varepsilon_0\cdot\vec{e}_z$ und $\vec{D} = P_0\cdot\vec{e}_z$. Für das Gebiet schließlich wird $\vec{E} = \vec{0}$ und $\vec{D} = P_0(\vec{e}_x + \vec{e}_z)$.

---

5 Randeffekte können vernachlässigt werden, wenn die Platten hinreichend groß sind. Wir sehen dies ein, wenn wir den Rand als Streifen mit einer Breite der Größenordnung a betrachten: Dieser Streifen hat die Gesamtfläche $F_\mathrm{Rand} \approx 4a\sqrt{A}$, die restliche Fläche ist $F_\mathrm{Rest} = A - F_\mathrm{Rand}$. Bei großen Flächen A geht das Verhältnis $F_\mathrm{Rand}/F_\mathrm{Rest}$ gegen null und somit – wenn wir im Randbereich keine unendlichen Flächenladungsdichten zulassen – auch das Verhältnis von „Randladung" zu „Innenladung".

elektrische Feldlinien

dielektrische Verschiebungslinien

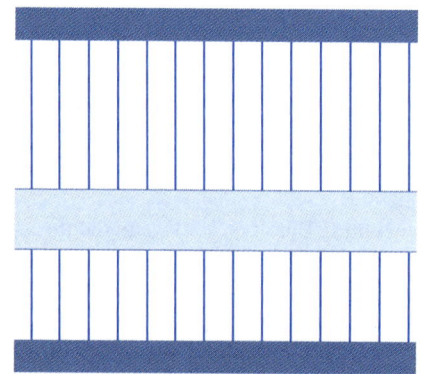
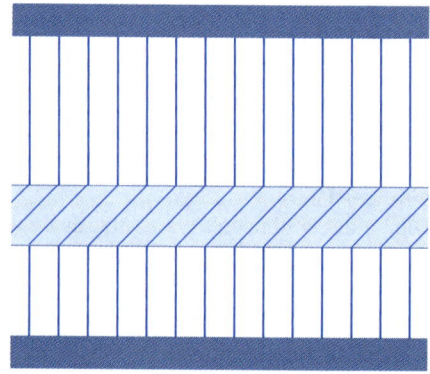

Aufgabe 13.1.10:

a) $\vec{E}$ hat nur eine x-Komponente: $\vec{E} = E\vec{e}_x$. Das Gleiche gilt wegen $\vec{J} = \sigma\vec{E}$ auch für die Stromdichte $\vec{J}$.

b) Es gelten die Kontinuitätsgleichung $\operatorname{div}\vec{J} = -\frac{\partial\varrho}{\partial t}$, die Materialgleichung $\vec{J} = \frac{\sigma}{\varepsilon}\vec{D}$ sowie die Maxwell-Gleichung $\operatorname{div}\vec{D} = \varrho$. Daraus folgt die Differentialgleichung

$$\frac{\partial\varrho}{\partial t} + \frac{\sigma}{\varepsilon}\varrho = 0 \;\Leftrightarrow\; \varrho(x,t) = A(x)e^{-\frac{\sigma}{\varepsilon}t}.$$

Einsetzen der Anfangsbedingung liefert $A(x) = \varrho(x,0)$. Somit gilt

$$\varrho(x,t) = \begin{cases} \varrho_0\left(1 - \frac{x}{a}\right)e^{-\frac{\sigma}{\varepsilon}t} & 0 < x \le a \\ 0 & a \le x < b \end{cases}$$

c) Es gilt die Maxwell-Gleichung $\operatorname{div}\vec{E} = \frac{\varrho}{\varepsilon}$, in unserem Fall $\frac{\partial E}{\partial x} = \frac{\varrho}{\varepsilon}$. Eine Integration nach x liefert die x-Komponente

$$E(x,t) = \begin{cases} C_1(t) + \frac{\varrho_0}{\varepsilon}e^{-\frac{\sigma}{\varepsilon}t}\left(x - \frac{x^2}{2a}\right) & 0 < x \le a \\ C_2(t) & a \le x < b \end{cases}$$

mit zwei zu bestimmenden „Konstanten", $C_1(t)$ und $C_2(t)$. Zu deren Bestimmung dienen erstens die Stetigkeitsbedingung bei $x = a$ und zweitens die konstante Spannung U_0 zwischen den Platten. Die Stetigkeit liefert

$$C_1(t) + \frac{\varrho_0 a}{2\varepsilon}e^{-\frac{\sigma}{\varepsilon}t} = C_2(t).$$

Die Spannung lautet

$$U_0 = \int_0^b E(x,t)\,dx = C_1(t)\underbrace{\int_0^a dx}_{=a} + \frac{\varrho_0}{\varepsilon}e^{-\frac{\sigma}{\varepsilon}t}\underbrace{\int_0^a x - \frac{x^2}{2a}\,dx}_{=a^2/3} + C_2(t)\underbrace{\int_a^b dx}_{=b-a}.$$

Daraus ergeben sich die beiden „Konstanten"

$$C_1(t) = \frac{U_0}{b} + \frac{a}{2b}\left(\frac{a}{3} - b\right)\frac{\varrho_0}{\varepsilon} e^{-\frac{\sigma}{\varepsilon}t}$$

$$C_2(t) = \frac{U_0}{b} + \frac{a^2}{6b}\frac{\varrho_0}{\varepsilon} e^{-\frac{\sigma}{\varepsilon}t}$$

und dann das elektrische Feld

$$E(x,t) = \begin{cases} \frac{U_0}{b} + \frac{\varrho_0}{\varepsilon} e^{-\frac{\sigma}{\varepsilon}t}\left[\frac{a}{2b}\left(\frac{a}{3} - b\right) + x - \frac{x^2}{2a}\right] & 0 < x \le a \\ \frac{U_0}{b} + \frac{a^2}{6b}\frac{\varrho_0}{\varepsilon} e^{-\frac{\sigma}{\varepsilon}t} & a \le x < b \end{cases}$$

d)

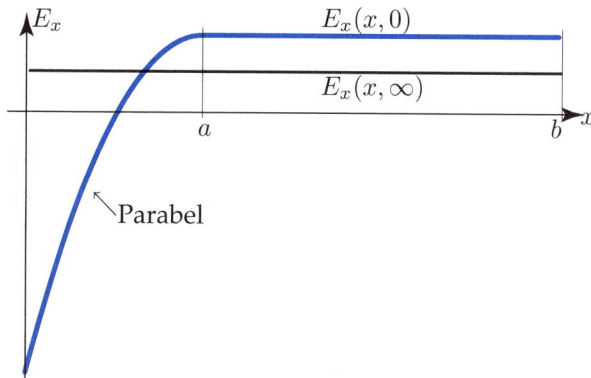

Aufgabe 13.1.11:

a) Die tangentialen Komponenten von $\vec{E}$ und die normale Komponente von $\vec{D} = \varepsilon\vec{E}$ müssen stetig sein. Wir führen ein Kugelkoordinatensystem[6] mit Ursprung im Kugelmittelpunkt ein und orientieren es so, dass die Materialtrennebene gleich der x-z-Ebene ist. Dann müssen die kartesischen Komponenten E_x und E_z bzw. die Kugelkomponenten E_r und E_θ stetig verlaufen. Die normale Komponente ist E_y bzw. E_ϕ. Für diese gilt $\varepsilon_0 E_{y1} = \varepsilon E_{y2}$ bzw. $\varepsilon_0 E_{\phi1} = \varepsilon E_{\phi2}$, wobei der Index auf das Gebiet hinweist.

b) $\vec{E}$ steht senkrecht auf leitenden Flächen, d.h. es gilt auf diesen Oberflächen $\vec{E} = E\vec{e}_r$. Dabei hat E das Vorzeichen von Q, d.h. $\vec{E}$ weist von innen nach außen, falls $Q > 0$.

c) In diesem Fall wäre das $\vec{E}$-Feld kugelsymmetrisch und könnte gemäß dem Beispiel 1.2 bzw. der Übungsaufgabe 1.3.4.1 mit dem Gauß'schen Satz der Elektrostatik bestimmt werden. Mit Luft würde $\vec{E} = \vec{E}_{\text{Luft}} = \frac{Q}{4\pi\varepsilon_0 r^2}\vec{e}_r$, mit dem Dielektrikum hätte man $\vec{E} = \vec{E}_{\text{Diel}} = \frac{Q}{4\pi\varepsilon r^2}\vec{e}_r$.

d) Die Randbedingungen b) auf den leitenden Kugeloberflächen werden erfüllt, die Stetigkeitsbedingungen aus a) jedoch nur teilweise. Verletzt wird einzig die Bedingung $E_{r1} = E_{r2}$.

e) Wir setzen $\vec{E}_{\text{Luft}} \stackrel{!}{=} \vec{E}_{\text{Diel}}$ und lassen gemäß Tipp die jeweiligen Ladungen als freie Parameter drin. Dann finden wir die Bedingung $Q_{\text{Luft}}/\varepsilon_0 = Q_{\text{Diel}}/\varepsilon$ (*). Wir übernehmen diese Ladungen in den Ansatz und haben jetzt Felder, die auch die Stetigkeitsbedingung a) erfüllen. Die beiden unbekannten Ladungen gehorchen der Gleichung (*). Eine zweite Gleichung zu deren Bestimmung liefert der Tipp mit der Gesamtladung: $Q_{\text{Luft}}/2 + Q_{\text{Diel}}/2 = Q$ (**). Der Faktor 1/2 ergibt sich, weil nur Halbkugeln im Spiel

6 Vgl. Anhang B.

sind, die im Ansatz stehenden Ladungen Q_{Luft} und Q_{Diel} sich aber auf die ganze Kugel beziehen. Die Lösung der beiden Gleichungen $(*)$ und $(**)$ ist

$$Q_{\text{Diel}} = \frac{2\varepsilon Q}{\varepsilon + \varepsilon_0}, \qquad Q_{\text{Luft}} = \frac{2\varepsilon_0 Q}{\varepsilon + \varepsilon_0}.$$

Daraus ergeben sich die Felder

$$\vec{E}_{\text{Luft}} = \vec{E}_{\text{Diel}} = \frac{Q}{2\pi(\varepsilon_0 + \varepsilon)r^2}\,\vec{e}_r.$$

Man beachte, dass Q_{Luft} und Q_{Diel} *formale* Parameter sind, die sich von den auf den beiden Halbkugeln sitzenden physikalischen Ladungen unterscheiden. Die physikalischen Ladungen sind nur halb so groß. Tatsächlich handelt es sich hier um einen Spezialfall des in Unterabschnitt 1.7.2 angedeuteten Bildladungsverfahrens mit nur je einer Bildladung pro Hälfte.

f) Die Ladung sitzt auf den Oberflächen der Elektroden und kann mit einer Flächenladungsdichte ς charakterisiert werden. ς ist gemäß Stetigkeitsbedingung gleich der Normalkomponente von $\vec{D}$, in unserem Fall also innen gleich der positiven und außen gleich der negativen radialen $\vec{D}$-Komponente. Auf der Vollkugel gilt an der Grenze zur Luft

$$\varsigma_{\text{Luft}} = \frac{Q_{\text{Luft}}}{4\pi R_1^2} = \frac{\varepsilon_0 Q}{2\pi(\varepsilon + \varepsilon_0)R_1^2},$$

und an der Grenze zum Dielektrikum folgt

$$\varsigma_{\text{Diel}} = \frac{Q_{\text{Diel}}}{4\pi R_1^2} = \frac{\varepsilon Q}{2\pi(\varepsilon + \varepsilon_0)R_1^2}.$$

Auf der inneren Oberfläche der Hohlkugel gilt

$$\varsigma_{\text{Luft}} = \frac{-Q_{\text{Luft}}}{4\pi R_2^2} = \frac{-\varepsilon_0 Q}{2\pi(\varepsilon + \varepsilon_0)R_2^2},$$

und an der Grenze zum Dielektrikum folgt dort

$$\varsigma_{\text{Diel}} = \frac{-Q_{\text{Diel}}}{4\pi R_2^2} = \frac{-\varepsilon Q}{2\pi(\varepsilon + \varepsilon_0)R_2^2}.$$

Aufgabe 13.1.12:

a) Alle Abstände sind gleich R, und die Vorzeichen sind so, dass alle Teilkräfte in die Richtung der negativen Koordinatenachsen weisen. Somit gilt

$$\vec{F} = \frac{-3q^2}{4\pi\varepsilon_0 R^2}\underbrace{\begin{pmatrix} 3 \\ 7 \\ 11 \end{pmatrix}}_{=:\vec{a}} = \frac{-3q^2}{4\pi\varepsilon_0 R^2}\,\vec{a}. \tag{*}$$

b) Wegen $\vec{r}_1 \gg R$ spürt Q nur noch die Wirkung der Gesamtladung $q - 2q + 3q - 4q + 5q - 6q = -3q$, die im Nullpunkt angenommen werden kann. Es ergibt sich eine anziehende Kraft; somit ist die Richtung von $\vec{F}$ parallel zu $-\vec{r}_1$, d.h. parallel zu $-\binom{6}{7}_8$. Der Betrag ergibt sich zu

$$|\vec{F}_1| \approx \frac{9q^2}{4\pi\varepsilon_0 |\vec{r}_1|^2}.$$

Daraus folgt

$$q^2 = \frac{4\pi\varepsilon_0 |\vec{F}_1||\vec{r}_1|^2}{9} \Rightarrow q = \pm\frac{2|\vec{r}_1|}{3}\sqrt{\pi\varepsilon_0|\vec{F}_1|} = \pm 4.292\,\mu\text{As}.$$

Eine exakte Rechnung mit Punktladungen ergibt eine Kraft parallel zu $-\left(\begin{smallmatrix}5.99\\7.00\\8.01\end{smallmatrix}\right)$ mit dem Betrag $|\vec{F}_1| = 53911.9q^2[\text{N}]$. Daraus findet man $q = \pm 4.3068\,\mu\text{As}$.

c) Mit der Näherung von oben gilt $\vec{F}_2 = \frac{1}{9}\vec{F}_1 = -\frac{1}{9\sqrt{6^2+7^2+8^2}}\left(\begin{smallmatrix}6\\7\\8\end{smallmatrix}\right)\mu\text{N} = -\left(\begin{smallmatrix}54.616\\63.718\\72.821\end{smallmatrix}\right)\text{nN}$. Die exaktere Rechnung mit Punktladungen ergibt $\vec{F}_2 = -\left(\begin{smallmatrix}54.837\\64.012\\73.187\end{smallmatrix}\right)\text{nN}$, d.h. praktisch das Gleiche.

d) Das Potential der sechs Ladungen beträgt im Nullpunkt und bei $\vec{r}_1$

$$\varphi(\vec{r}_0) = \frac{q}{4\pi\varepsilon_0 R}(1 - 2 + 3 - 4 + 5 - 6) = \frac{-3q}{4\pi\varepsilon_0 R} \qquad (\ast\ast)$$

$$\varphi(\vec{r}_1) \approx \frac{-3q}{4\pi\varepsilon_0 100R\sqrt{6^2+7^2+8^2}} = 8.192\cdot 10^{-4}\varphi(\vec{r}_0).$$

Die Arbeit ergibt sich zu $W = Q\big(\varphi(\vec{r}_1) - \varphi(\vec{r}_0)\big) \approx Q\cdot\varphi(\vec{r}_0) = \frac{9q^2}{4\pi\varepsilon_0 R} = 8.087\cdot 10^{10}q^2[\frac{\text{J}}{\text{A}^2\text{s}^2}] = 1.4897\,[\text{J}]$, wobei das Vorzeichen natürlich positiv sein muss, weil Ladungen getrennt werden. Eine exaktere Rechnung mit Punktladungen liefert $\varphi(\vec{r}_1) = 8.16391\cdot 10^{-4}\varphi(\vec{r}_0)$ und dann $W = 8.08236\cdot 10^{10}q^2[\frac{\text{J}}{\text{A}^2\text{s}^2}] = 1.499187\,[\text{J}]$, also wiederum praktisch das Gleiche.

e) Das elektrische Feld im Koordinatenursprung lautet mit $\vec{F}$ und $\vec{a}$ aus $(\ast)$

$$\vec{E} = \frac{\vec{F}}{3q} = \frac{-q}{4\pi\varepsilon_0 R^2}\vec{a}.$$

Platziert man Q auf der mit d parametrisierten Geraden $\vec{r} = d\frac{\vec{a}}{|\vec{a}|}$ am Ort d', ist der Beitrag von Q zum elektrischen Feld auf dieser Geraden (d.h. am Ort $\vec{r} = d\frac{\vec{a}}{|\vec{a}|}$)

$$\vec{E}_Q(d) = \frac{Q}{4\pi\varepsilon_0}\frac{(d-d')\vec{a}}{|d-d'|^3|\vec{a}|}$$

Nun soll $\vec{E}_Q(0) \overset{!}{=} -\vec{E}$ sein:

$$\frac{3q}{4\pi\varepsilon_0}\frac{-d'\vec{a}}{|d'|^3|\vec{a}|} \overset{!}{=} -\vec{E} = \frac{q}{4\pi\varepsilon_0 R^2}\vec{a} \Rightarrow d' = -\frac{\sqrt{3}R}{\sqrt{|\vec{a}|}} \approx -0.47353R.$$

Damit ergibt sich der genaue Ort

$$\vec{r}_Q = d'\frac{\vec{a}}{|\vec{a}|} = -\frac{\sqrt{3}R}{|\vec{a}|^{\frac{3}{2}}}\vec{a} \approx -\begin{pmatrix}0.106180\\0.247753\\0.389326\end{pmatrix}R.$$

f) Das Potential der sechs festen Ladungen ist in $(\ast\ast)$ angegeben. Dieser Wert kann kompensiert werden, wenn $Q = 3q$ irgendwo im Abstand R vom Ursprung platziert wird.

Aufgabe 13.1.13:

a) Aus Symmetriegründen weist das Feld exakt in $+z$-Richtung.

b) Da alle Ladungen auf den Drähten konzentrisch zur z-Achse angeordnet sind, liefert die z-Komponente des Feldes einer Punktladung $Q_{\text{Punkt}} = 4Q$, die irgendwo auf dem Kreis angeordnet ist, die richtige Feldstärke:

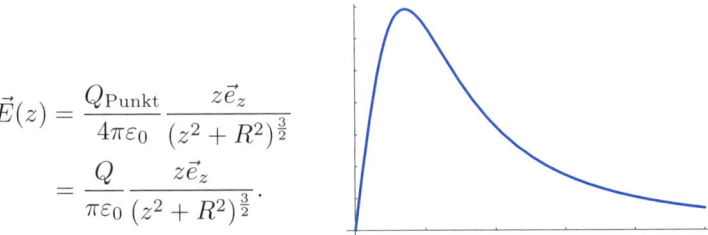

$$\vec{E}(z) = \frac{Q_{\text{Punkt}}}{4\pi\varepsilon_0} \frac{z\vec{e}_z}{(z^2 + R^2)^{\frac{3}{2}}}$$

$$= \frac{Q}{\pi\varepsilon_0} \frac{z\vec{e}_z}{(z^2 + R^2)^{\frac{3}{2}}}.$$

Die Skizze stellt E_z in Funktion von z im Bereich zwischen 0 und einem Meter dar. Der Maximalwert ist ca. $350\frac{\text{V}}{\text{m}}$

c) Das Maximum findet sich dort, wo die z-Ableitung von E_z verschwindet:

$$\frac{dE_z}{dz} = \frac{Q}{\pi\varepsilon_0} \frac{R^2 - 2z^2}{(z^2 + R^2)^{\frac{5}{2}}} \overset{!}{=} 0 \quad \Rightarrow z = \frac{R}{\sqrt{2}} \approx 14.1421\,\text{cm}.$$

Dort gilt $E_z = \frac{Q}{\pi\varepsilon_0} \frac{2}{3\sqrt{3}R^2} \approx 345.938[\frac{\text{V}}{\text{m}}]$.

d) Bei $z = h$ muss die Gewichtskraft mg gleich der elektrischen Kraft $Q_P E_z$ sein. Somit gilt $E_z(h) = \frac{QQ_P}{\pi\varepsilon_0} \frac{h}{(h^2 + R^2)^{\frac{3}{2}}} \overset{!}{=} mg$. Daraus folgt

$$Q_P = \frac{\pi\varepsilon_0 mg(h^2 + R^2)^{\frac{3}{2}}}{hQ} = 4.26336\,\mu\text{C}.$$

e) Ja, weil das elektrische Feld nahe bei den Drähten radial von diesen weg weist. Somit muss aus Stetigkeits- und Symmetriegründen die horizontale Komponente des elektrischen Feldes nahe bei der z-Achse auf diese hinzeigen, was einer gedachten kleinen Verschiebung der Perle in horizontaler Richtung eine Kraft zur Mitte hin entgegensetzt.

f) Auf beide Perlen wirken elektrische Kräfte sowie die Gewichtskraft. Die obere Perle wird wegen $Q \ll Q_P$ praktisch nur vom Feld der unteren Perle getragen. Umgekehrt stößt die obere Perle die untere Perle praktisch mit ihrer ganzen Gewichtskraft nach unten. Das Kräftegleichgewicht für die untere Perle kann somit einfach ermittelt werden, indem ihr die doppelte Masse zugeordnet wird. Anders ausgedrückt: $E_z(z_1)$ muss annähernd doppelt so groß sein wie

$$E_z(h) = \frac{Q}{\pi\varepsilon_0} \frac{h}{(h^2 + R^2)^{\frac{3}{2}}} = 230.1\,\frac{\text{V}}{\text{m}}.$$

Dies ist nicht möglich, da das Maximum nach Teilaufgabe c) bei nur $345.938[\frac{\text{V}}{\text{m}}]$ liegt.

g) Das Potential φ_R der Ringladungen allein ist auf der z-Achse gleich dem Potential einer irgendwo auf dem Ring platzierten Punktladung der Größe $4Q$

$$\varphi_R(z) = \frac{Q}{\pi\varepsilon_0} \frac{1}{\sqrt{z^2 + R^2}}.$$

Umgekehrt ist das Potential einer auf der z-Achse sitzenden Punktladung Q_P auf dem ganzen Ring gleich, nämlich

$$\varphi_P(z) = \frac{Q_P}{4\pi\varepsilon_0} \frac{1}{\sqrt{z^2 + R^2}}.$$

Beachte, dass z hier den Ort der Quelle beschreibt, während oben der Aufpunkt gemeint war.

Zu Beginn sind alle Ladungen weit voneinander entfernt, das von den je „anderen" Ladungen erzeugte Potential verschwindet daher und alle Ladungen sitzen auf dem selbst erzeugten Potential. Nach der Verschiebung kommen die „anderen" Potentiale dazu. Die elektrische Energiedifferenz W_{el} kann somit mit den „anderen" Potentialen allein berechnet werden:

$$W_{el} = \frac{1}{2}\left[4Q\left(\frac{Q_P}{4\pi\varepsilon_0}\frac{1}{\sqrt{z_1^2 + R^2}} + \frac{Q_P}{4\pi\varepsilon_0}\frac{1}{\sqrt{z_2^2 + R^2}}\right) + \right. \qquad \text{Ring}$$

$$Q_P\left(\frac{Q}{\pi\varepsilon_0}\frac{1}{\sqrt{z_1^2 + R^2}} + \frac{Q_P}{4\pi\varepsilon_0}\frac{1}{|z_2 - z_1|}\right) + \qquad \text{untere Ladung}$$

$$\left. Q_P\left(\frac{Q}{\pi\varepsilon_0}\frac{1}{\sqrt{z_2^2 + R^2}} + \frac{Q_P}{4\pi\varepsilon_0}\frac{1}{|z_2 - z_1|}\right)\right] \qquad \text{obere Ladung}$$

$$= \frac{Q_P Q}{\pi\varepsilon_0}\left(\frac{1}{\sqrt{z_1^2 + R^2}} + \frac{1}{\sqrt{z_2^2 + R^2}}\right) + \frac{Q_P^2}{4\pi\varepsilon_0}\frac{1}{|z_2 - z_1|}$$

Der gesamte Energieaufwand berechnet sich aus dem elektrischen Anteil plus dem Gravitationsanteil:

$$W = W_{el} + mgz_1 + mgz_2.$$

Aufgabe 13.1.14:

a) Es gelten die Maxwell-Gleichungen $\mathrm{rot}\,\vec{E} = \vec{0}$ und $\mathrm{div}(\varepsilon_A\vec{E}) = 0$ sowie auf den Platten die Randbedingungen $E_y = E_z = 0$. Das gegebene Feld genügt den Randbedingungen und auch der ersten Maxwell-Gleichung, weil dort nur räumliche Ableitungen von Feldkomponenten vorkommen. Die zweite Maxwell-Gleichung lautet in unserem Fall $\frac{\partial}{\partial x}(\varepsilon_A(y)E_0) = 0$. Dies ist auch erfüllt. Damit ist das gegebene Feld tatsächlich die Lösung des Problems.

b) Mit $U_A = E_0 a$ und der Tatsache, wonach die Oberflächenladung gleich der Normalkomponente von $\vec{D} = \varepsilon_A\vec{E}$ ist, ergibt sich

$$Q_A = \int\limits_{y=y_0}^{y_0+b}\int\limits_{z=0}^{c} D_x\,dy\,dz = \frac{E_0\varepsilon_0 c}{b}\int\limits_{y=y_0}^{y_0+b}(y - y_0 + b)\,dy = \frac{3E_0\varepsilon_0 bc}{2}.$$

Somit ist

$$C_A = Q_A/U_A = \frac{3\varepsilon_0 bc}{2a}.$$

c) Die Rotation eines beliebigen örtlich konstanten Feldes verschwindet. Somit ist die erste Maxwell-Gleichung nicht verletzt. Hingegen würde die dritte Maxwell-Gleichung $\mathrm{div}\,\vec{D} = \frac{\partial}{\partial x}(\varepsilon_B(x)E_0) = \frac{\varepsilon_0}{a}E_0 \neq 0$ verletzt, denn es sind keine Ladungen im Dielektrikum vorgegeben. Wenn nun das $\vec{E}$-Feld die x-Abhängigkeit von ε_B mit $\vec{E} = \frac{a}{x - x_0 + a}E_0\vec{e}_x$ gerade kompensiert, wäre auch diese Gleichung erfüllt. Die rot-Gleichung enthält nur y- und z-Ableitungen der x-Komponente, ist also immer noch erfüllt. Die Randbedingungen sind ebenfalls nicht verletzt.

d) Es gilt jetzt

$$U_B = \int\limits_{x=x_0}^{x_0+a} \frac{a}{x - x_0 + a} E_0 \, dx = aE_0 \ln 2$$

sowie

$$Q_B = bc\varepsilon_B \frac{a}{x - x_0 + a} E_0 = bc\varepsilon_0 E_0.$$

Daraus finden wir

$$C_B = Q_B/U_B = \frac{\varepsilon_0 bc}{a \ln 2}.$$

e) Unter der gegebenen Voraussetzung ist $\varepsilon_C \approx \varepsilon_0$. Dann kann sich die Wellenlänge im Material zwischen den Platten nur unwesentlich von der Vakuum-Wellenlänge $\lambda_0 = \frac{2\pi}{\omega\sqrt{\mu_0\varepsilon_0}}$ unterscheiden. Die Abmessungen b und c sollten wesentlich kleiner als λ_0 sein. (a ist nach Voraussetzung ohnehin viel kleiner als b und c.)

f) Es gilt – jetzt mit Phasoren geschrieben – $\vec{\underline{E}} = \underline{E}_0 \vec{e}_x$ und $\vec{\underline{D}} = \varepsilon_C \vec{\underline{E}}$ und damit $\underline{U}_C = \underline{E}_0 a$ sowie

$$\underline{Q}_C = bc\varepsilon_C\underline{E}_0 = \underline{U}_C \frac{bc}{a}\varepsilon_0\left(1 - \frac{\omega_p^2}{\omega^2 - j\omega\gamma}\right).$$

Mit $\underline{I} = j\omega\underline{Q}_C$ ergibt sich

$$Y = \frac{\underline{I}}{\underline{U}_C} = j\omega\frac{bc}{a}\varepsilon_0\left(1 - \frac{\omega_p^2}{\omega^2 - j\omega\gamma}\right).$$

Der erste Summand ist offensichtlich $j\omega C$ mit $C = \frac{bc\varepsilon_0}{a}$. Der Rest (parallel dazu) lautet

$$Y_{\text{Rest}} = \frac{bc}{a}\varepsilon_0 \frac{\omega_p^2}{j\omega + \gamma}.$$

Ein Ersatzschaltbild dafür kann wegen der ersten Potenz von ω nur ein unabhängiges reaktives Element L oder C enthalten, und es muss auch ein Widerstand R vorkommen, weil der Realteil von Y_{Rest} nicht verschwindet. Es gibt zwei verschiedene Möglichkeiten, die beiden Elemente R und L anzuordnen. Wir bezeichnen die Serienschaltung mit – und die Parallelschaltung mit $\|$:

$$\text{L}\|\text{R:} \quad Y = \frac{R + j\omega L}{j\omega RL} \quad \text{und} \quad \text{L – R:} \quad Y = \frac{1}{R + j\omega L}.$$

Der Koeffizientenvergleich beim zweiten Ausdruck ergibt

$$C = \frac{bc\varepsilon_0}{a}, \qquad R = \frac{\gamma a}{bc\varepsilon_0\omega_p^2} = \frac{\gamma}{C\omega_p^2}, \qquad L = \frac{a}{bc\varepsilon_0\omega_p^2} = \frac{1}{C\omega_p^2}.$$

Aufgabe 13.2.1:

a) Es gilt $\text{rot } \vec{E} = -\mu_0 \frac{\partial \vec{H}}{\partial t}$ und somit

$$\mu_0 \frac{\partial H_y}{\partial t} = \begin{cases} E_0 \frac{\omega}{c} \sin\left(2\omega(z/c - t)\right), & \text{falls } -\frac{\pi}{2} \leq \omega(z/c - t) \leq \frac{\pi}{2}, \\ 0, & \text{sonst.} \end{cases}$$

Integration über t ergibt, wenn wir die untere Integrationgrenze mit $-\frac{\pi}{2} = \omega(\frac{z}{c} - t_{\mathrm{u}}) \Leftrightarrow t_{\mathrm{u}} = \frac{\pi}{2\omega} + \frac{z}{c}$ festlegen:

$$H_y = H_y(z, t) = \begin{cases} \frac{E_0}{\mu_0 c} \cos^2\left(\omega(z/c - t)\right), & \text{falls } -\frac{\pi}{2} \leq \omega(z/c - t) \leq \frac{\pi}{2}, \\ 0, & \text{sonst.} \end{cases}$$

Die übrigen Komponenten verschwinden.

b) Das Feld verschwindet für $t = 0$ nur im Bereich $-\frac{\pi c}{2\omega} < z < \frac{\pi c}{2\omega}$ nicht. Diese Schicht der Dicke $\frac{\pi c}{\omega}$ bewegt sich mit der Geschwindigkeit c in positive z-Richtung.

c) Der Poynting-Vektor ist $\vec{S} = \vec{E} \times \vec{H}$. Somit

$$S_z = E_x \cdot H_y = \begin{cases} \frac{E_0^2}{\mu_0 c} \cos^4\left(\omega(z/c - t)\right), & \text{falls } -\frac{\pi}{2} \leq \omega(z/c - t) \leq \frac{\pi}{2}, \\ 0, & \text{sonst.} \end{cases}$$

Aufgabe 13.2.2:

a) Mit $\mathrm{rot}\, \underline{\vec{E}}_1 = -j\omega\mu_0 \underline{\vec{H}}_1$ folgt

$$\underline{\vec{H}}_1 = \frac{-1}{j\omega\mu_0} \frac{\partial \underline{E}_{1x}}{\partial z} \cdot \vec{e}_y = \frac{\underline{E}_0}{Z_{\mathrm{w}0}} e^{-jk_0 z} \cdot \vec{e}_y,$$

und mit $\mathrm{rot}\, \underline{\vec{H}}_2 = j\omega\varepsilon_0 \underline{\vec{E}}_2$ gilt

$$\underline{\vec{E}}_2 = \frac{1}{j\omega\varepsilon_0} \frac{\partial \underline{H}_{2x}}{\partial z} \cdot \vec{e}_y = -j\underline{E}_0 e^{-jk_0 z} \cdot \vec{e}_y.$$

b) Der Energiefluss ist durch den Poynting-Vektor $\vec{S}(\vec{r}, t)$ bzw. durch die komplexen Poynting-Vektoren $\underline{\vec{S}}(\vec{r})$ und $\underline{\vec{S}}^{\sim}(\vec{r})$ gegeben:

$$\vec{S}(t) = \frac{1}{2} \Re \left(\underbrace{\underline{\vec{E}} \times \underline{\vec{H}}^*}_{2\underline{\vec{S}}} + \underbrace{\underline{\vec{E}} \times \underline{\vec{H}} \cdot e^{2j\omega t}}_{2\underline{\vec{S}}^{\sim}} \right)$$

$$\underline{\vec{S}}_1 = \frac{1}{2} \underline{E}_0 e^{-jk_0 z} \cdot \frac{\underline{E}_0^*}{Z_{\mathrm{w}0}} e^{jk_0 z} \underbrace{(\vec{e}_x \times \vec{e}_y)}_{=\vec{e}_z} = \frac{|\underline{E}_0|^2}{2Z_{\mathrm{w}0}} \vec{e}_z,$$

$$\underline{\vec{S}}_1^{\sim} = \frac{\underline{E}_0^2}{2Z_{\mathrm{w}0}} e^{-2jk_0 z} \vec{e}_z,$$

$$\vec{S}_1(z, t) = \frac{1}{2Z_{\mathrm{w}0}} \left(|\underline{E}_0|^2 + \Re\left[\underline{E}_0^2 e^{2j(\omega t - k_0 z)} \right] \right) \vec{e}_z,$$

$$\underline{\vec{S}}_2 = -\frac{j}{2} \underline{E}_0 e^{-jk_0 z} \cdot \frac{-j\underline{E}_0^*}{Z_{\mathrm{w}0}} e^{jk_0 z} \underbrace{(\vec{e}_y \times \vec{e}_x)}_{=-\vec{e}_z} = \frac{|\underline{E}_0|^2}{2Z_{\mathrm{w}0}} \vec{e}_z,$$

$$\underline{\vec{S}}_2^{\sim} = \frac{-\underline{E}_0^2}{2Z_{\mathrm{w}0}} e^{-2jk_0 z} \vec{e}_z,$$

$$\vec{S}_2(z, t) = \frac{1}{2Z_{\mathrm{w}0}} \left(|\underline{E}_0|^2 - \Re\left[\underline{E}_0^2 e^{2j(\omega t - k_0 z)} \right] \right) \vec{e}_z.$$

c)

$$\underline{\vec{E}} = \underline{E}_0 e^{-jk_0 z} \begin{pmatrix} 1 \\ -j \\ 0 \end{pmatrix}, \qquad \underline{\vec{H}} = \frac{\underline{E}_0}{Z_{w0}} e^{-jk_0 z} \begin{pmatrix} j \\ 1 \\ 0 \end{pmatrix},$$

$$\underline{\vec{S}} = \frac{|\underline{E}_0|^2}{2Z_{w0}} \underbrace{\left[\begin{pmatrix} 1 \\ -j \\ 0 \end{pmatrix} \times \begin{pmatrix} -j \\ 1 \\ 0 \end{pmatrix} \right]}_{=2\vec{e}_z} = \frac{|\underline{E}_0|^2}{Z_{w0}} \vec{e}_z,$$

$$\underline{\tilde{\vec{S}}} = \frac{\underline{E}_0^2}{2Z_{w0}} e^{-2jk_0 z} \underbrace{\left[\begin{pmatrix} 1 \\ -j \\ 0 \end{pmatrix} \times \begin{pmatrix} j \\ 1 \\ 0 \end{pmatrix} \right]}_{=\vec{0}} = \underline{\vec{0}}.$$

Somit wird $\vec{S}(z, t) = \frac{|\underline{E}_0|^2}{Z_{w0}} \vec{e}_z$ konstant in Raum und Zeit. In diesem Spezialfall gilt „zufällig" $\vec{S} = \vec{S}_1 + \vec{S}_2$!

d) Es gilt

$$\vec{E}(0, t) = \Re\left[\underline{E}_0 \begin{pmatrix} 1 \\ -j \\ 0 \end{pmatrix} e^{j\omega t} \right]$$

$$\psi = \arg \underline{E}_0 |\underline{E}_0| \Re\left[\begin{pmatrix} 1 \\ -j \\ 0 \end{pmatrix} e^{j(\omega t + \psi)} \right]$$

$$= |\underline{E}_0| \begin{pmatrix} \cos(\omega t + \psi) \\ \sin(\omega t + \psi) \\ 0 \end{pmatrix}.$$

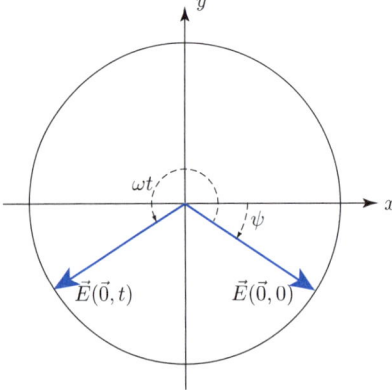

Die Spitze von $\vec{E}(0, t)$ rotiert auf dem angegebenen Kreis in der x-y-Ebene.
(Kreisradius $= |\underline{E}_0|$)

Aufgabe 13.2.3:

a) Die Wellenlänge beträgt bei 300 MHz in Luft $\lambda = \frac{2\pi}{\omega\sqrt{\mu_0\varepsilon_0}} \approx 1\,\text{m}$. Somit ist das gemessene Feld ein Fernfeld. Die 300-MHz-Anteile von $\vec{E}$ und $\vec{H}$ stehen senkrecht aufeinander, schwingen in Phase und das Verhältnis ihrer Amplituden ist

$$\frac{\sqrt{2}E_0}{H_{0x}} = \frac{\sqrt{2}\cdot 10.6}{4\cdot 10^{-2}}\,\Omega \approx 375\,\Omega \approx \sqrt{\frac{\mu_0}{\varepsilon_0}} = Z_{w0}.$$

Somit ist das Messergebnis plausibel. Der zeitlich konstante Anteil von $\vec{H}$ ist das Erdmagnetfeld, was nach Betrag und Richtung (am Äquator) in etwa stimmt. Nachdenklich stimmt höchstens das Fehlen einer zeitlich konstanten elektrischen Feldstärke.

b) Der Poynting-Vektor

$$\vec{S}(t) = \vec{E}\times\vec{H} = -E_0 H_{0y}\cos(\omega t+\phi)\vec{e}_x + E_0 H_{0x}\cos^2(\omega t+\phi)(\vec{e}_y+\vec{e}_z)$$

beschreibt den Energiefluss in Funktion der Zeit. Im Zeitmittel ergibt sich daraus

$$\overline{\vec{S}} = \frac{E_0 H_{0x}}{2}(\vec{e}_y+\vec{e}_z),$$

d.h. ein in nördlicher Richtung mit 45° in den Himmel aufsteigender Energiefluss.

c) Elektromagnetische Wellen breiten sich im freien Raum geradlinig aus. Gemäß dem Resultat von b) muss der Sender somit $500\,\mathrm{m}$ südlich von P liegen (Windstille, d.h. senkrechte Verankerung des Ballons vorausgesetzt!).

Aufgabe 13.2.4:

a) Es gelten die Maxwell-Gleichungen (7.12). Mit (7.12-1) folgt

$$\underline{H}_z = \frac{k}{\omega\mu}\underline{E}e^{-jkx} = \sqrt{\frac{{}^c\varepsilon}{\mu}}\underline{E}e^{-jkx}, \qquad \left({}^c\varepsilon := \varepsilon - \frac{j\sigma}{\omega}\right).$$

b) Wir schreiben k in der Form $\beta - j\alpha$ mit reellen α und β. Mit (8.7), (8.12), (8.18) und (8.44) (ergänzt mit der elektrischen Energie) folgt

$$w(\vec{r},t) = w(x,t) = \frac{1}{4}\Re\Big(\mu\underline{H}_z\underline{H}_z^* + \varepsilon\underline{E}_y\underline{E}_y^* + (\mu\underline{H}_z\underline{H}_z + \varepsilon\underline{E}_y\underline{E}_y)e^{2j\omega t}\Big) =$$

$$\frac{1}{4}\left(\frac{|k|^2}{\omega^2\mu} + \varepsilon\right)|\underline{E}|^2 e^{-2\alpha x} + \frac{1}{4}\Re\left(\left(\frac{k^2}{\omega^2\mu} + \varepsilon\right)\underline{E}^2 e^{2j(\omega t - kx)}\right).$$

c) Gesucht ist der Poynting-Vektor $S(\vec{r},t)$. Mit (8.30) findet man

$$\vec{S}(\vec{r},t) = S_x(\vec{r},t)\vec{e}_x = E_y(\vec{r},t)H_z(\vec{r},t)\vec{e}_x.$$

Dann gilt mit (C.49)

$$S_x(\vec{r},t) = S_x(x,t) = \frac{\beta}{2\omega\mu}|\underline{E}|^2 e^{-2\alpha x} + \Re\left(\frac{k}{2\omega\mu}\underline{E}^2 e^{2j(\omega t - kx)}\right).$$

Aufgabe 13.2.5:

a) Es gilt $-\mu\frac{\partial}{\partial t}\vec{H} = \operatorname{rot}\vec{E}$. Die rechte Seite dieser Gleichung ist wegen der Voraussetzungen sehr einfach: $\operatorname{rot}\vec{E} = \frac{\partial E_x}{\partial z}\vec{e}_y$, und $\vec{H}$ ist parallel zur y-Achse.

b) Wir ersetzen das Argument „kz"durch/ „$kz \pm \omega t$. Dann gilt

$$E(z,t) = E_0\big(1 + 2\cos(kz\pm\omega t)\big)\sin(kz\pm\omega t)$$
$$= E_0\big(\sin(kz\pm\omega t) + \sin(2kz\pm 2\omega t)\big).$$

Das zugehörige $\vec{H}$-Feld findet man mit der eingangs erwähnten Maxwell-Gleichung. Zuerst bilden wir rot $\vec{E}$:

$$\text{rot}\,\vec{E} = \frac{\partial E_x}{\partial z}\,\vec{e}_y = E_0 k\big(\cos(kz \pm \omega t) + 2\cos(2kz \pm 2\omega t)\big)\vec{e}_y,$$

und dies muss noch nach t integriert und durch $-\mu$ dividiert werden. Man erhält

$$\vec{H} = \frac{\mp E_0 k}{\omega\mu}\big(\sin(kz \pm \omega t) + \sin(2kz \pm 2\omega t)\big)\vec{e}_y.$$

c) Nimmt man jeden Summanden des Resultates von b) für sich, hat jeder genau die Form einer Ebenen Welle nach Unterabschnitt 6.4.4. Die $\vec{k}$-Vektoren haben nur eine z-Komponente, und die Beträge sind mit den Materialparametern und der Kreisfrequenz mit $k = \omega\sqrt{\mu\varepsilon}$ verknüpft. Somit hat der erste Summand die Kreisfrequenz $\omega_1 = \frac{k}{\sqrt{\mu\varepsilon}}$ und der zweite die doppelte Frequenz ($\omega_2 = 2\omega_1$).

Aufgabe 13.3.1:
a) Die Stromverteilung hat ein Skalarpotential: $\vec{J} = -\sigma\,\text{grad}\,\varphi$, wobei φ das elektrostatische Potential des $\vec{E}$-Feldes ist. Wir führen ein Zylinderkoordinatensystem ρ, ϕ, z ein. Somit gelten für φ die Randbedingungen: (1) $\varphi = const$ auf den Kontaktflächen $\rho = R_i$ und $\rho = R_a$, und (2) grad φ hat keine Komponente in ϕ-Richtung, d.h. senkrecht zu den radial verlaufenden Rändern. Somit erfüllt $\varphi(\rho, \phi, z) = \varphi(\rho)$ die Symmetrie der geometrischen Anordnung und es gilt wegen $\Delta\varphi = 0$

$$\frac{\partial^2\varphi}{\partial\rho^2} + \frac{1}{\rho}\frac{\partial\varphi}{\partial\rho} = 0$$

im Innern der Folie. Diese Gleichung hat die Lösung

$$\varphi(\rho) = A + B\ln\rho.$$

Mit der Normierung $\varphi(R_a) = 0$ gilt

$$\varphi(\rho) = \frac{U_0}{\ln\frac{R_a}{R_i}}\ln\frac{R_a}{\rho}.$$

Daraus ergibt sich die Stromverteilung

$$\vec{J}(\rho) = -\sigma\,\text{grad}\,\varphi = \sigma\frac{U_0}{\ln\frac{R_a}{R_i}}\frac{1}{\rho}\vec{e}_\rho.$$

b) Die Leistungsdichte beträgt $p_j = |\vec{J}|^2/\sigma$ und ist nur von ρ abhängig. Integration über den Sektor ergibt die gesamte Leistung

$$P = \iiint\limits_V p_j\,dV = \frac{\sigma U_0^2}{\left(\ln\frac{R_a}{R_i}\right)^2}\cdot d\cdot\alpha\int\limits_{R_i}^{R_a}\frac{1}{\rho^2}\rho\,d\rho = \frac{\sigma U_0^2 d\alpha}{\ln\frac{R_a}{R_i}}.$$

c) Das Ersatzschaltbild dieser Anordnung ist ein einfacher Ohm'scher Widerstand R. Durch Vergleich mit $P = U_0^2/R$ folgt

$$R = U_0^2/P = \frac{\ln\frac{R_a}{R_i}}{\sigma\cdot d\cdot\alpha}.$$

Aufgabe 13.3.2:

a) Nach den Vorgaben in der Zeichnung gilt $\vec{J} = -J\vec{e}_\phi$, wobei der Betrag J nicht vom Ort abhängt. Der gesamte Strom einer Quelle ist $(R_\mathrm{a} - R_\mathrm{i})J = I' \Rightarrow \vec{J} = -\frac{I'}{R_\mathrm{a} - R_\mathrm{i}}\vec{e}_\phi$, wobei für den Strom I' die Bezugsrichtung $-\vec{e}_\phi$ gewählt wurde. Es gilt das Ohm'sche Gesetz $\vec{J} = \sigma\vec{E}$. Somit sind auch die $\vec{E}$-Feldlinien Kreise. Die Spannung (Bezugsrichtung von oben nach unten in der rechten Hälfte $\Rightarrow \vec{dl} = -\rho\,d\phi\vec{e}_\phi$)

$$U = \int\limits_{\text{Halbkreis}} \vec{E}\cdot\vec{dl} = \frac{J}{\sigma(\rho)} \underbrace{\int\limits_{\text{Halbkreis}} -\vec{e}_\phi\cdot\vec{dl}}_{=\pi\rho} \overset{!}{=} U_0$$

ist gegeben. Somit folgt

$$\sigma(\rho) = \frac{J\pi\rho}{U_0} = \frac{I'\pi\rho}{(R_\mathrm{a} - R_\mathrm{i})U_0}.$$

Schließlich erhalten wir noch die elektrische Feldstärke zu

$$\vec{E} = \frac{\vec{J}}{\sigma} = -\frac{U_0}{\pi\rho}\vec{e}_\phi.$$

b) Die Quelle liefert bei der Spannung U_0 in diesen Hohlzylinder den Strom $I = lI'\frac{R-R_\mathrm{i}}{R_\mathrm{a}-R_\mathrm{i}}$. Damit beträgt die Leistung $P = U_0 I = U_0 I' l\frac{R-R_\mathrm{i}}{R_\mathrm{a}-R_\mathrm{i}}$. Den gleichen Wert erhält man mit der Formel

$$P = \iiint\limits_{\text{Hohlzylinder}} \sigma|\vec{E}|^2\,dV = \int\limits_{z=0}^{l}\int\limits_{\phi=-\frac{\pi}{2}}^{\frac{\pi}{2}}\int\limits_{\rho=R_\mathrm{i}}^{R} \frac{I'\pi\rho}{(R_\mathrm{a}-R_\mathrm{i})U_0}\left(\frac{U_0}{\pi\rho}\right)^2\rho\,d\rho\,d\phi\,dz =$$

$$\frac{I'U_0}{\pi(R_\mathrm{a}-R_\mathrm{i})}l\pi(R-R_\mathrm{i}) = U_0 I' l\frac{R-R_\mathrm{i}}{R_\mathrm{a}-R_\mathrm{i}}.$$

c) Die Situation ist ähnlich wie jene bei der langen Spule in Übungsaufgabe 3.3.3.2. Die Symmetrie legt die Anwendung des Durchflutungsgesetzes nahe. Zu dem in der Abbildung angegebenen, vom orientierten Weg Γ berandeten achsparallelen Rechteck der Länge l (längs z) mit einer Seite auf der äußeren Oberfläche und der anderen Seite bei ρ gehört die Durchflutung $I = lI'\frac{R_\mathrm{a}-\rho}{R_\mathrm{a}-R_\mathrm{i}} \overset{!}{=} -lH_z(\rho)$. Somit wird

$$\vec{H} = H_z(\rho)\vec{e}_z = -I'\frac{R_\mathrm{a}-\rho}{R_\mathrm{a}-R_\mathrm{i}}\vec{e}_z.$$

Die radiale Komponente verschwindet wegen $\operatorname{div}\vec{B} = 0$ (Anwendung des Gauß'schen Satzes auf einen vollen Kreiszylinder der Länge l), und die ϕ-Komponente verschwindet ebenfalls (Anwendung des Durchflutungsgesetzes auf eine ϕ-Koordinatenlinie).

d) Im Leiter gilt

$$\vec{S} = \vec{E} \times \vec{H} = \frac{U_0}{\pi\rho}\vec{e}_\phi \times I'\,\frac{R_a - \rho}{R_a - R_i}\vec{e}_z = \frac{U_0 I'(R_a - \rho)}{\pi\rho(R_a - R_i)}\vec{e}_\rho.$$

Dies bedeutet, dass die Leistung im Leiter von innen radial nach außen fließt und auf der äußeren Oberfläche versiegt. In der Quelle herrscht das gleiche $\vec{H}$-Feld, aber das $\vec{E}$-Feld ist umgekehrt gerichtet. Somit läuft dort die Leistung von außen nach innen. Im inneren Hohlraum ($\rho < R_i$) dreht die Richtung: Die Leistung fließt durch die Luft von den Quellen in die Leiter. Außerhalb ($\rho > R_a$) verschwindet der Leistungsfluss.

Aufgabe 13.3.3:

a) Ein Ohmmeter kann z.B. als ideale Spannungsquelle mit der Quellenspannung U_q modelliert werden. Im ersten Versuch ist die Melone ein einfacher Ohm'scher Widerstand mit $R = R_1$:

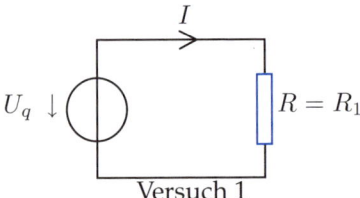

Versuch 1

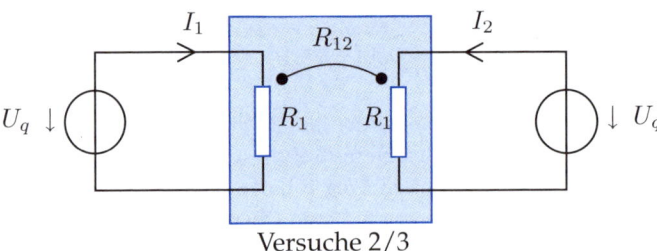

Versuche 2/3

Beim zweiten und dritten Versuch sind zwei Quellen an die Melone angeschlossen. Somit handelt es sich um ein Zweitor. Im zweiten Versuch sind die Kreise entkoppelt ($R_{12} = 0$), während im dritten Versuch eine gegenseitige Beeinflussung der Stromkreise stattfindet ($R_{12} \neq 0$). Das Gleichungssystem lautet allgemein

$$U_q = R_1 \cdot I_1 + R_{12} \cdot I_2,$$
$$U_q = R_1 \cdot I_2 + R_{12} \cdot I_1.$$

Beim zweiten Versuch verschwindet R_{12}, während im dritten Versuch je nach Polarität $R_{12} = \pm 20\,\Omega$ herauskommt. Man erhält diesen Wert durch Einsetzen ins obige Gleichungssystem, wobei aus Symmetriegründen die beiden Ströme jeweils gleich sein müssen ($I_1 = I_2 = I$):

$$\text{gemessener Widerstand} = \frac{U_q}{I} = R_1 \pm R_{12}.$$

b) Da die Punkte a und c weiter voneinander entfernt sind als die Punkte a und b, ist ein Widerstand $R > R_1$ zu erwarten. Ein genauer Wert kann *nicht* ermittelt werden, denn bei einem Zweitor geht die Längsspannung verloren. (Tatsächlich wurde sie gar nie gemesssen!)

Aufgabe 13.3.4:

a) Da nur das Vorzeichen der Spannung gefragt ist, genügt es, qualitative Betrachtungen anzustellen und insbesondere die Symmetrie zu beachten.

1: +, denn der Weg von 1 nach 5 ist gleich lang wie jener von 8 nach 6 (betragsmäßig gleiche Potentialdifferenz!), 5 liegt aber näher bei 1 als bei 8.

2: 0, denn die Potentialverteilung ist symmetrisch bezüglich der schiefen Ebene durch 3, 4, 5 und 6.

3: +, denn 5 liegt auf der Symmetrieebene (2 4 5 7), 6 liegt daneben auf der gleichen Seite wie 8.

4: +, denn mit zunehmender Distanz von der Quelle strebt das Potential gegen den Wert auf der Symmetrieebene, die hier durch den Würfelmittelpunkt geht und parallel ist zur Seite 1 2 3 4. Der Punkt 6 liegt näher bei 8.

5: +, denn 5 ist der Punkt mit dem maximalen Potential.

6: −, denn jetzt ist 6 der Punkt mit dem maximalen Potential.

7: +, denn die Symmetrieebene geht hier durch den Würfelmittelpunkt und ist parallel zur Seite 1 3 5 7. Die Punkte 5 und 6 liegen auf verschiedenen Seiten dieser Ebene.

b) Da nur lineare Materialien vorkommen, stellt die Anordnung ein reziprokes Zweitor dar. Bei Gleichstrom ist es sogar ein Ohm'sches Zweitor. Bei Wechselstrom gilt für die Wellenzahl $k = \sqrt{\omega^2 \mu_0 \varepsilon_0 \varepsilon_r - j\omega\mu_0\sigma}$. Bei der maximalen Frequenz $f = 1000\,\text{Hz}$ ergibt sich $k_{1000} \approx 0.03441(1 - j)$. Die minimale Skintiefe ist $\delta_{min} = 1/\Im(k_{1000}) \approx 29\,\text{m} \gg l$. Somit kann bei allen vorliegenden Frequenzen das Feld quasistatisch bestimmt werden, und es genügt in jedem Fall ein Ohm'sches Zweitor als Ersatzschaltung:

$$\begin{pmatrix} \underline{U}_1 \\ \underline{U}_2 \end{pmatrix} = \begin{pmatrix} R_1 & R_{12} \\ R_{12} & R_2 \end{pmatrix} \cdot \begin{pmatrix} \underline{I}_1 \\ \underline{I}_2 \end{pmatrix}$$

Die Nummern im rechteckigen Zweitorsymbol bezeichnen die Würfelecken.

c) Da alles quasistatisch ist, können wir wie bei Gleichstrom rechnen und müssen lediglich das Vorzeichen der angegebenen Größen ergänzen. Im Leerlaufversuch sind gemäß den Überlegungen unter a)1: alle Vorzeichen positiv, während beim Kurzschlussversuch der Strom $\underline{I}_k$ negativ sein muss: $\underline{I}_k = -10\,\text{mA}$. Der Strom $\underline{I}_q$ kommt positiv heraus. Somit liefern die obigen Gleichungen im Leerlaufversuch

$$\underline{U}_0 = R_1 \cdot \underline{I}_q \quad \Rightarrow R_1 = \frac{\underline{U}_0}{\underline{I}_q} = 60\,\Omega,$$

$$\underline{U}_1 = R_{12} \cdot \underline{I}_q \quad \Rightarrow R_{12} = \frac{\underline{U}_1}{\underline{I}_q} = 3\,\Omega.$$

Damit sind zwei der drei Zweitorparameter bestimmt. Beim Kurzschlussversuch ergibt sich das Gleichungssystem

$$\underline{U}_0 = R_1 \cdot \underline{I}_1 - R_{12} \cdot \underline{I}_k$$
$$\underline{0} = R_{12} \cdot \underline{I}_1 - R_2 \underline{I}_k$$

und somit nach Elimination des nicht gefragten Stromes $\underline{I}_1$

$$R_2 = \frac{U_1}{I_k} + \frac{U_1^2}{I_q U_0} \approx 59\,\Omega.$$

NB: Es erscheint auf den ersten Blick erstaunlich, dass der Widerstand zwischen zwei nebeneinander liegenden Ecken praktisch gleich ist wie jener zwischen weiter entfernten. Tatsächlich wird der gesamte Widerstand jedoch vom „Anschlusswiderstand" dominiert, und dieser ist immer gleich. Mit anderen Worten: Die Joule'sche Wärmeproduktion findet zur Hauptsache nahe bei den kontaktierten Ecken statt, und gerade dort ist die Stromverteilung immer gleich. Die angegebenen Widerstandswerte basieren auf einer Modellrechnung, wo der Kontaktflächendurchmesser ein Zehntel der Würfenseitendiagonale beträgt.

Schließlich können wir das Gleichungssystem hinschreiben, wenn der Widerstand R an 5 und 6 angeschlossen ist. Es gilt dann $\underline{I}_2 = -\underline{U}_2/R$ und somit

$$\underline{U}_0 = R_1 \cdot \underline{I}_1 - \frac{R_{12}}{R}\underline{U}_2,$$

$$\underline{U}_2 = R_{12} \cdot \underline{I}_1 - \frac{R_2}{R}\underline{U}_2.$$

Nach Elimination von $\underline{I}_1$ folgt

$$\underline{U}_2 = \frac{RR_{12}}{RR_1 - R_{12}^2 + R_1 R_2}\underline{U}_0 \approx 7.3\,\text{mV}.$$

Aufgabe 13.3.5:

a) Die Wellenzahlen von Vanille-Eis und Schokolade sind von ähnlicher Größenordnung, nämlich

$$k \approx 2\pi f\sqrt{\mu_0\left(3\varepsilon_0 - \frac{j\sigma}{2\pi f}\right)} = (79.86 - j0.0109)\tfrac{1}{\text{m}}.$$

Die Dämpfung durch die $d = 1.5\,\text{cm}$ dicke Eisschicht beträgt somit $e^{\Im(k)\cdot d} = 0.99984$. Somit wird das Feld praktisch *nicht* gedämpft.

b) Die gesamte Energie, die zum Aufheizen benötigt wird, beträgt für die Schokolade (Volumen V_S): $W_S = c_S V_S (60° + 24°)$. Das Vanille-Eis benötigt (Volumen V_G): $W_G = 2c_S V_G(-10° + 24°)$. Da das Feld praktisch nicht gedämpft wird, kann in erster Näherung mit einer je homogenen Wärmeproduktion gerechnet werden. Das Verhältnis der Heizleistungsdichten ($p = W/V$) ist

$$\frac{p_S}{p_G} = 84/2\cdot14 = 3 \stackrel{!}{=} \frac{\sigma_S|\vec{E}|^2}{\sigma_G|\vec{E}|^2}.$$

Somit ist die Leitfähigkeit von Schokolade nur etwa dreimal größer als jene von Vanille-Eis.

Aufgabe 13.4.1:

a) Das Zweitor kann mit einer symmetrischen (Reziprozität!) Z-Matrix beschrieben werden, d.h. es gilt allgemein

$$\underline{U}_1 = Z_{11}\underline{I}_1 + Z_{12}\underline{I}_2,$$

$$\underline{U}_2 = Z_{12}\underline{I}_1 + Z_{22}\underline{I}_2.$$

Im Fall A gilt

$$\underline{U}_{1A} = Z_{11}\underline{I}_{1A} + Z_{12}\underline{I}_{2A}, \tag{1}$$

$$\underline{0} = Z_{12}\underline{I}_{1A} + Z_{22}\underline{I}_{2A}, \tag{2}$$

wobei nur die drei Z-Parameter unbekannt sind. Im Fall B gilt

$$\underline{U}_{1B} = Z_{12}\underline{I}_{2B}, \tag{3}$$

$$\underline{U}_{2B} = Z_{22}\underline{I}_{2B}, \tag{4}$$

wobei neben Z_{12} und Z_{22} auch $\underline{U}_{1B}$ unbekannt sind. Die drei Gleichungen (1), (2) und (4) bestimmen die Z-Parameter zu

$$Z_{11} = \frac{\underline{U}_{1A}}{\underline{I}_{1A}} + \frac{\underline{I}_{2A}^2 \underline{U}_{2B}}{\underline{I}_{1A}^2 \underline{I}_{2B}},$$

$$Z_{12} = -\frac{\underline{I}_{2A}\underline{U}_{2B}}{\underline{I}_{1A}\underline{I}_{2B}},$$

$$Z_{22} = \frac{\underline{U}_{2B}}{\underline{I}_{2B}}.$$

Aus (3) folgt die gesuchte Spannung

$$\underline{U}_{1B} = -\frac{\underline{I}_{2A}\underline{U}_{2B}}{\underline{I}_{1A}}.$$

b) Wir nehmen an, der Generator bestehe aus einer idealen Spannungsquelle $\underline{U}_0$ und einer Innenimpedanz Z_i. Dann gelten entsprechend den beiden Fällen A und B die Gleichungen

$$\underline{U}_0 - Z_i\underline{I}_{1A} = \underline{U}_{1A},$$

$$\underline{U}_0 - Z_i\underline{I}_{2B} = \underline{U}_{2B}.$$

Daraus ergibt sich

$$\underline{U}_0 = \frac{\underline{I}_{1A}\underline{U}_{2B} - \underline{I}_{2B}\underline{U}_{1A}}{\underline{I}_{1A} - \underline{I}_{2B}}, \qquad Z_i = \frac{\underline{U}_{2B} - \underline{U}_{1A}}{\underline{I}_{1A} - \underline{I}_{2B}}.$$

c) Die Zusammenschaltung ergibt die Gleichungen

$$\underline{U}_{1C} = \underline{U}_0 - Z_i\underline{I}_{1C},$$

$$\underline{U}_{2C} = Z_{12}\underline{I}_{1C}.$$

Daraus folgt

$$\underline{U}_{2C} = \underline{U}_0 \frac{Z_{12}}{Z_i + Z_{11}}.$$

Aufgabe 13.4.2:

a) Wegen der vorausgesetzten Linearität gilt ein Zusammenhang der Form

$$\begin{pmatrix} \underline{I}_1 \\ \underline{U}_1 \end{pmatrix} = \begin{pmatrix} a & b \\ c & d \end{pmatrix} \begin{pmatrix} \underline{I}_2 \\ \underline{U}_2 \end{pmatrix}$$

mit unbekannten Parametern a, b, c, d. Die vier Messungen liefern die folgenden Gleichungen. Zur Vereinfachung der Notation seien die Einheiten der Größen und die Unterstreichung der Zahlenwerte unterdrückt. Weiter ist z.B. die unbekannte Größe $\underline{I}_1$ nicht mit einem zusätzlichen Index versehen, der die Art der Zweitorbeschaltung angibt. Diese Unterlassung ist möglich, weil in jeder der vier Beschaltungen eine andere der vier Zweitorvariablen unbekannt ist.

$$\underline{I}_1 = 10a + 10b \tag{1}$$
$$1 = 10c + 10d \tag{2}$$
$$10 = a + \underline{U}_2{\cdot}b \tag{3}$$
$$10 = c + \underline{U}_2{\cdot}d \tag{4}$$
$$0.1 = \underline{I}_2{\cdot}a + b \tag{5}$$
$$0.1 = \underline{I}_2{\cdot}c + d \tag{6}$$
$$1 = 0.1a + 0.1b \tag{7}$$
$$\underline{U}_1 = 0.1c + 0.1d \tag{8}$$

Die Gleichungen (1) und (8) können weggelassen werden, weil sie lediglich Bestimmungsgleichungen für die unbekannten Größen $\underline{I}_1$ und $\underline{U}_1$ sind. Elimination des unbekannten Stromes $\underline{I}_2$ und der unbekannten Spannung $\underline{U}_2$ liefert

$$a = 10, \quad b = 0, \quad c = 0, \quad d = 0.1$$

b) Die beschriebene Anordnung ist singulär in dem Sinne, als keine Impedanz- bzw. Admittanzmatrix existiert. Es handelt sich um einen idealen Transformator mit Übersetzungsverhältnis 1 : 10. Insofern ist die Anordnung reziprok. Dies kann nur indirekt aus den gemachten Angaben geschlossen werden: Die totale Leistung der Kiste verschwindet (siehe Frage c)!), und es gibt nur lineare Materialien. Unter diesen Voraussetzungen herrscht immer Reziprozität. Anderseits muss die Einschränkung gemacht werden, dass ein idealer Transformator *nicht* aus linearen Materialien allein hergestellt werden kann. Andersherum formuliert: Das beschriebene Zweitor kann im besten Fall in guter Näherung so funktionieren, wie die Aufgabenstellung es beschreibt.

c) $\underline{U}_1 = 100\,\text{V}$. Die Leistung an der Quelle beträgt $P_Q = 1\,\text{A}{\cdot}100\,\text{V} = 100\,\text{W}$, die Leistung am Widerstand ist ebenfalls $P_Q = 10\,\text{A}{\cdot}10\,\text{V} = 100\,\text{W}$. Somit wird in der Kiste keine Leistung verbraucht.

Aufgabe 13.4.3: Die Anordnung kann als Zweitor aufgefasst werden, wobei das Tor 1 am Ende der 70 cm langen Doppeldrahtleitung auf dem ETZ-Gebäude und das Tor 2 am Ende des 30 m langen Koaxialkabels auf dem Üetliberg ist. Jetzt gilt allgemein

$$\underline{I}_1 = Y_{11}\underline{U}_1 + Y_{12}\underline{U}_2,$$
$$\underline{I}_2 = Y_{21}\underline{U}_1 + Y_{22}\underline{U}_2$$

mit gewissen komplexen Parametern Y_{ik}. Unter den Bedingungen der Aufgabenstellung gilt Reziprozität, d.h.

$$Y_{12} = Y_{21}.$$

Im Fall A (Amperemeter auf dem Üetliberg) gilt $\underline{U}_{A2} = \underline{0}$ und somit

$$\underline{I}_{A2} = Y_{21}\underline{U}_{A1} \quad \Rightarrow \quad |Y_{21}| = \left|\frac{\underline{I}_{A2}}{\underline{U}_{A1}}\right| = \frac{1}{2}\left[\tfrac{\text{nA}}{\text{V}}\right].$$

a) Im Fall B (Amperemeter auf dem ETZ-Gebäude) gilt $\underline{U}_{B1} = \underline{0}$ und somit

$$|\underline{I}_{B1}| = |Y_{12}\underline{U}_{B2}| = \frac{1.3}{2}\,\text{nA} = 0.65\,\text{nA}.$$

b) Der Generator ist keine ideale Spannungsquelle. Weil die Generatorlast in beiden Fällen unterschiedlich ist, ergibt sich eine unterschiedliche Klemmenspannung, denn an der Generatorinnenimpedanz fällt je nach Last eine unterschiedliche Spannung ab.

Aufgabe 13.4.4:
a) Die Wellenlänge beträgt $\lambda = 1/(f\sqrt{\mu_0\varepsilon_0}) \approx 1\,\text{m}$. Somit gilt $R \gg \lambda$ und $a \ll \lambda$. Es kann also statisch gerechnet werden, solange nur ein Dipol betrachtet wird. Anderseits ist jeder Dipol im Fernfeld des anderen. Da die Dipole klein sind, ist dieses Fernfeld im ganzen Dipolbereich konstant.
b) Es gilt $\underline{Q}_{1\text{unten}} = -\underline{Q}_{1\text{oben}}$ sowie $\underline{I}_1 = j\omega\underline{Q}_{1\text{oben}}$. Das Vorzeichen ergibt sich aus der in der Abbildung angegebenen Bezugsrichtung des Stromes.
c) Gemäß a) kann quasistatisch gerechnet werden. Wir verwenden Kreiszylinderkoordinaten ρ, ϕ, z, wobei z mit der in der Abbildung bezeichneten z-Achse identisch ist. Aus Symmetriegründen ist das Potential $\underline{\varphi}$ unabhängig von der azimutalen Koordinate ϕ und lautet

$$\underline{\varphi}(\rho, z) = \frac{1}{4\pi\varepsilon_0}\left(\frac{\underline{Q}_{1\text{oben}}}{\sqrt{\rho^2 + (z-a)^2}} + \frac{\underline{Q}_{1\text{unten}}}{\sqrt{\rho^2 + (z+a)^2}}\right)$$

$$= \frac{\underline{Q}_1}{4\pi\varepsilon_0}\left(\frac{1}{\sqrt{\rho^2 + (z-a)^2}} - \frac{1}{\sqrt{\rho^2 + (z+a)^2}}\right).$$

Daraus ergibt sich die Spannung zwischen den einander am nächsten stehenden Punkten zu

$$\underline{U}_1 = \underline{\varphi}(0, z)\Big|_{z=r-a}^{z=a-r} = \frac{\underline{Q}_1}{4\pi\varepsilon_0}\left(\frac{1}{|z-a|} - \frac{1}{|z+a|}\right)\Big|_{z=r-a}^{z=a-r}$$

$$= \frac{\underline{Q}_1}{2\pi\varepsilon_0}\left(\frac{1}{r} - \frac{1}{2a-r}\right) \approx \frac{\underline{Q}_1}{2\pi\varepsilon_0 r} = \frac{-j\underline{I}_1}{2\omega\pi\varepsilon_0 r}. \qquad (*)$$

d) In den unter c) definierten Zylinderkoordinaten liegt der zweite Dipol bei $\rho = R$ und es gilt gemäß a) die Näherung

$$\underline{\vec{E}}_1(R, z) \approx \underline{\vec{E}}_1(R, 0) = -j\omega\frac{\mu_0\underline{I}_1\vec{e}_z}{4\pi}\int_{-a}^{a}\frac{e^{-jk\sqrt{R^2+z^2}}}{\sqrt{R^2+z^2}}\,dz \underset{\uparrow \atop \text{Tipp}}{\approx} -j\omega a\frac{\mu_0\underline{I}_1\vec{e}_z}{2\pi}\frac{e^{-jkR}}{R}.$$

e) Einerseits gilt auf D_2 der gleiche Zusammenhang zwischen Ladungen, Strom und Spannung wie auf D_1, also $\underline{Q}_{2\text{oben}} = -\underline{Q}_{2\text{unten}} =: \underline{Q}_2$, $\underline{I}_2 = j\omega\underline{Q}_2$ sowie $\underline{Q}_2 = 2\pi\varepsilon_0 r\underline{U}_2$ und $\underline{I}_2 = 2j\omega\pi\varepsilon_0 r\underline{U}_2$. Jetzt gilt als Vorgabe

$$\underline{U}_2 = -\int_\Gamma \underline{\vec{E}}_1 \cdot d\vec{l} \approx 2a\underline{\vec{E}}_1(R, 0) = -j\omega a^2\frac{\mu_0\underline{I}_1}{\pi}\frac{e^{-jkR}}{R}. \qquad (**)$$

Man beachte, dass diese Gleichung einen Zusammenhang wiedergibt, wo $\underline{I}_1$ und $\underline{U}_1$ groß sind, $\underline{I}_2$ und $\underline{U}_2$ aber vergleichsweise klein. Zu dieser Spannung gehören Ladungen und Ströme auf D_2:

$$\underline{Q}_2 = -2j\omega\varepsilon_0\mu_0 r a^2 \underline{I}_1 \frac{e^{-jkR}}{R} = \frac{2(ka)^2 r\underline{I}_1}{j\omega}\frac{e^{-jkR}}{R} = (2kar)^2\pi\varepsilon_0\underline{U}_1\frac{e^{-jkR}}{R},$$

$$\underline{I}_2 = j\omega\underline{Q}_2 = 2(ka)^2 r\underline{I}_1\frac{e^{-jkR}}{R} = j\omega\pi(2kar)^2\varepsilon_0\underline{U}_1\frac{e^{-jkR}}{R}. \qquad (\ast\ast\ast)$$

f) Die in den bisherigen Teilaufgaben berechneten Spannungen und Ströme beziehen sich alle auf den Fall, wo nur der Dipol D_1 aktiv ist. Sind beide aktiv, muss eine Superposition durchgeführt werden. Die grundsätzliche Form des gesuchten Zusammenhangs lautet

$$\underline{I}_1 = Y_{11}\underline{U}_1 + Y_{12}\underline{U}_2,$$
$$\underline{I}_2 = Y_{21}\underline{U}_1 + Y_{22}\underline{U}_2.$$

Wir können die Y-Parameter finden, indem wir die Größenordnungen der Zustandsgrößen beachten. Alle bisherigen Gleichungen arbeiteten mit „großen" $\underline{U}_1, \underline{I}_1$ und „kleinen" $\underline{U}_2, \underline{I}_2$. Somit ergibt sich aus (*) $Y_{11} = 2\pi j\omega\varepsilon_0 r$ und aus (***) folgt $Y_{21} = j\omega\pi(2kar)^2\varepsilon_0\frac{e^{-jkR}}{R}$. Aus Symmetrie und Reziprozität folgen weiter $Y_{12} = Y_{21}$ sowie $Y_{22} = Y_{11}$. Man beachte, dass Y_{12} *nicht* direkt aus (**) berechnet werden darf, denn jene Gleichung beschreibt einen Zusammenhang mit „großem" $\underline{U}_1$.

Aufgabe 13.5.1:

a)

$$B_{\text{Luft}} = \mu_0 H_{\text{Luft}} \Leftrightarrow H_{\text{Luft}} = \frac{B_{\text{Luft}}}{\mu_0}$$

$$B_{\text{Fe}} = \mu_{\text{rFe}}\cdot\mu_0 H_{\text{Fe}} \Leftrightarrow H_{\text{Fe}} = \frac{B_{\text{Fe}}}{\mu_{\text{rFe}}\mu_0} \qquad (\mu_{\text{rFe}} = 10^4)$$

$$B_{\text{Mag}} = \mu_0(\mu_{\text{rMag}}H_{\text{Mag}} + M_0) \Leftrightarrow H_{\text{Mag}} = \frac{1}{\mu_{\text{rMag}}}\left(\frac{B_{\text{Mag}}}{\mu_0} - M_0\right)$$

$$(\mu_{\text{rMag}} = 10; \ M_0 = 100\tfrac{\text{A}}{\text{m}})$$

b) $B := B_{\text{Fe}} = B_{\text{Mag}} = B_{\text{Luft}}$ ist wegen der Stetigkeit der (an den Materialgrenzen allein vorhandenen!) $\vec{B}$-Normalkomponente überall gleich, aber noch zu bestimmen. Weiter gilt das Durchflutungsgesetz $\oint\vec{H}\cdot d\vec{l} = 0$, hier vereinfacht ausgewertet auf dem Kreis mit Radius R:

$$\frac{R}{\mu_0}\left(\alpha B + \frac{\gamma}{\mu_{\text{rFe}}}B + \frac{\beta}{\mu_{\text{rMag}}}(B - \mu_0 M_0)\right) \overset{!}{=} 0$$

und daraus

$$B = M_0\mu_0\frac{\frac{\beta}{\mu_{\text{rMag}}}}{\alpha + \frac{\beta}{\mu_{\text{rMag}}} + \frac{\gamma}{\mu_{\text{rFe}}}} \approx 3.794\cdot10^{-5}\tfrac{\text{Vs}}{\text{m}^2}.$$

Damit folgen

$$H_{\text{Luft}} = M_0 \frac{\frac{\beta}{\mu_{\text{rMag}}}}{\alpha + \frac{\beta}{\mu_{\text{rMag}}} + \frac{\gamma}{\mu_{\text{rFe}}}} \approx 30.19 \frac{\text{A}}{\text{m}},$$

$$H_{\text{Fe}} = \frac{M_0}{\mu_{\text{rFe}}} \frac{\frac{\beta}{\mu_{\text{rMag}}}}{\alpha + \frac{\beta}{\mu_{\text{rMag}}} + \frac{\gamma}{\mu_{\text{rFe}}}} \approx 0.003019 \frac{\text{A}}{\text{m}},$$

$$H_{\text{Mag}} = -\frac{M_0}{\mu_{\text{rMag}}} \frac{\alpha + \frac{\gamma}{\mu_{\text{rFe}}}}{\alpha + \frac{\beta}{\mu_{\text{rMag}}} + \frac{\gamma}{\mu_{\text{rFe}}}} \approx -6.981 \frac{\text{A}}{\text{m}}.$$

c) Die Energiedichte beträgt allgemein $w = \frac{1}{2}\vec{B} \cdot \vec{H}$ somit

$$w_{\text{Luft}} = \frac{M_0^2 \mu_0}{2} \left(\frac{\frac{\beta}{\mu_{\text{rMag}}}}{\alpha + \frac{\beta}{\mu_{\text{rMag}}} + \frac{\gamma}{\mu_{\text{rFe}}}} \right)^2 \approx 5.728 \cdot 10^{-4} \frac{\text{Ws}}{\text{m}^3},$$

$$w_{\text{Fe}} = \frac{M_0^2 \mu_0}{2\mu_{\text{rFe}}} \left(\frac{\frac{\beta}{\mu_{\text{rMag}}}}{\alpha + \frac{\beta}{\mu_{\text{rMag}}} + \frac{\gamma}{\mu_{\text{rFe}}}} \right)^2 \approx 5.728 \cdot 10^{-8} \frac{\text{Ws}}{\text{m}^3},$$

$$w_{\text{Mag}} = -\frac{M_0^2 < mu_0}{2\mu_{\text{rMag}}} \frac{\frac{\beta}{\mu_{\text{rMag}}} (\alpha + \frac{\gamma}{\mu_{\text{rFe}}})}{(\alpha + \frac{\beta}{\mu_{\text{rMag}}} + \frac{\gamma}{\mu_{\text{rFe}}})^2} \approx -1.324 \cdot 10^{-4} \frac{\text{Ws}}{\text{m}^3}.$$

Die negative Energiedichte ist natürlich eine theoretische Sache. Sie ergibt sich aus unserer Definition der magnetischen Energiedichte [$\frac{1}{2}\vec{B} \cdot \vec{H}$], die *nicht* unterscheidet zwischen „reiner" Feldenergie und der „Materialenergie". Betrachtet man den Energieumsatz genauer, sieht man, dass das Material beim Magnetisieren Energie an das Feld abgeben kann, d.h. das unmagnetisierte Material enthält mehr (Material-)Energie als das magnetisierte. Genauer: Zu Beginn gibt es null „reine" Feldenergie und ein bestimmtes Quantum Materialenergie, sagen wir w_{mat0}. Beim Magnetisieren erhöht sich die Feldenergie. Die Energie stammt jedoch nur zum einen aus der magnetisierenden Quelle, zum andern aber aus dem Material (jetzt gilt: $w_{\text{mat}} < w_{\text{mat0}}$), wobei dieser zweite Anteil das Phänomen negativer Energie erklärt. Die gesamte „reine" Feldenergie, d.h. mehr als nur das, was von der Quelle stammt, kann infolge der speziellen Anordnung im magnetischen Kreis in den Luftspalt verschoben werden. Daher bleibt im Magnet mit unserer Definition, die den Nullpunkt bei w_{mat0} hat, ein negativer Betrag zurück. NB: Man beachte, dass wir nicht erklärt haben, warum magnetisches Material beim Magnetisieren Energie abgibt. Diese Frage kann nur mit konkreten Materialmodellen beantwortet werden. Vgl. auch die Bemerkungen am Schluss der Unterabschnitte 8.2.1 und 8.2.2. Die gesamten Energien betragen

$$W_{\text{Luft}} = A \cdot R \cdot \alpha \cdot w_{\text{Luft}},$$
$$W_{\text{Fe}} = A \cdot R \cdot \gamma \cdot w_{\text{Fe}},$$
$$W_{\text{Mag}} = A \cdot R \cdot \beta \cdot w_{\text{Mag}},$$
$$W_{\text{total}} = W_{\text{Luft}} + W_{\text{Fe}} + W_{\text{Mag}} = 0.$$

d) Es wird

$$\frac{W_{\text{Luft}}}{V_{\text{Mag}}} = \frac{A \cdot R \cdot \alpha \cdot w_{\text{Luft}}}{A \cdot R \cdot \beta} = \frac{M_0^2 \mu_0}{2\mu_{\text{rMag}}^2} \frac{\alpha\beta}{(\alpha + \frac{\beta}{\mu_{\text{rMag}}} + \frac{\gamma}{\mu_{\text{rFe}}})^2}.$$

Ableitung nach β und Nullsetzen liefert

$$\beta = \mu_{\text{rMag}}\left(\alpha + \frac{\gamma}{\mu_{\text{rFe}}}\right) \approx \mu_{\text{rMag}}\alpha = 150°.$$

Aufgabe 13.5.2:

a) Auf der Innenseite gilt $\vec{\alpha} = \frac{N_1 I_1}{2\pi R}\vec{e}_z$, auf der Außenseite $\vec{\alpha} = -\frac{N_1 I_1}{2\pi(R+a_1)}\vec{e}_z$. Auf den Deckflächen gilt oben $\vec{\alpha} = \frac{N_1 I_1}{2\pi\rho}\vec{e}_\rho$ und unten $\vec{\alpha} = -\frac{N_1 I_1}{2\pi\rho}\vec{e}_\rho$.

b) Das Durchflutungsgesetz wird auf einen konzentrischen Kreis mit Radius $R + a_1/2 \approx R$, der ganz im Innern der Spule 1 liegt, angewendet. Die Durchflutung beträgt dann $N_1 I_1$ und das Integral $\oint \vec{H} \cdot d\vec{l} = H_\phi 2\pi R$. Daraus ergibt sich $\vec{H} = \frac{N_1 I_1}{2\pi R}\vec{e}_\phi$. Die übrigen Komponenten verschwinden. Begründen kann man dies ähnlich wie in Übungsaufgabe 3.3.3.2. Wir wählen wie dort eine Symmetrieebene, hier jede Ebene $\phi = $ const. Zwei symmetrische Stromelemente sind nun aber nicht mehr gleich, sondern ihre zur Symmetrieebene senkrechten Komponenten haben entgegengesetzte Vorzeichen. Jetzt betrachten wir zwei zur $y = 0$-Ebene symmetrische Stromelemente an den Orten $\vec{r}'_p = (x', y', z')$ und $\vec{r}'_m = (x', -y', z')$, $d\vec{\alpha}_p = (\alpha_x, \alpha_y, \alpha_z)dF$ und $d\vec{\alpha}_m = (\alpha_x, -\alpha_y, \alpha_z)dF$. Ihre Beiträge im beliebigen Aufpunkt $\vec{r} = (x, 0, z)$ auf der Symmetrieebene können im Zähler des Integranden des Biot-Savart'schen Integrals addiert werden. Man findet

$$d\vec{\alpha}_p \times (\vec{r} - \vec{r}'_p) + d\vec{\alpha}_m \times (\vec{r} - \vec{r}'_m) = 2dF\big((x - x')\alpha_z - (z - z')\alpha_x\big)\vec{e}_y,$$

d.h. nur eine y-Komponente. Weil jede Ebene $\phi = $ const im gleichen Sinne Symmetrieebene ist, hat das gesamte Magnetfeld nur eine ϕ-Komponente. Außerhalb der Spule 1 verschwindet das ganze Magnetfeld, solange die ϕ-Komponente von $\vec{\alpha}$ vernachlässigt wird.

c) Es kann wieder das Durchflutungsgesetz angewendet werden. Der einzige Unterschied zu b) ist, dass der Radius ρ des Kreises im Bereich $R < \rho < R + a_1$ variabel ist. Daraus ergibt sich die nur von ρ abhängige magnetische Feldstärke

$$\vec{H}_i = \frac{N_1 I_1}{2\pi\rho}\vec{e}_\phi. \qquad (*)$$

d) Das Feld innen ist durch (*) gegeben. Somit gibt es nur eine tangentiale Komponente, innen wie außen, wie schon unter b) gezeigt. Die Stetigkeit der Normalkomponente von $\vec{B}$ (vgl. die Bedingung (6.13)) ist damit auch gegeben. Für die Tangentialkomponenten gilt auf der Oberfläche die Bedingung (6.18). Wir setzen in jener Formel das k-te Feldgebiet gleich dem inneren Feldgebiet und finden für die Tangentialkomponente – dies ist in unserem Fall das ganze $\vec{H}$-Feld – der äußeren Feldstärke die Formel

$$\vec{H}_a = \vec{\alpha} \times \vec{e}_n + \vec{H}_i.$$

Auf den vier Flächen gelten:

Oben:	$\vec{e}_n = \vec{e}_z;$	$\vec{\alpha} = \frac{N_1 I_1}{2\pi\rho}\vec{e}_\rho;$	$\vec{H}_i = \frac{N_1 I_1}{2\pi\rho}\vec{e}_\phi$ $\Rightarrow \vec{H}_a = \vec{0}$
Unten:	$\vec{e}_n = -\vec{e}_z;$	$\vec{\alpha} = -\frac{N_1 I_1}{2\pi\rho}\vec{e}_\rho;$	$\vec{H}_i = \frac{N_1 I_1}{2\pi\rho}\vec{e}_\phi$ $\Rightarrow \vec{H}_a = \vec{0}$
Innen:	$\vec{e}_n = -\vec{e}_\rho;$	$\vec{\alpha} = \frac{N_1 I_1}{2\pi R}\vec{e}_z;$	$\vec{H}_i = \frac{N_1 I_1}{2\pi R}\vec{e}_\phi$ $\Rightarrow \vec{H}_a = \vec{0}$
Außen:	$\vec{e}_n = \vec{e}_\rho;$	$\vec{\alpha} = -\frac{N_1 I_1}{2\pi(R+a_1)}\vec{e}_z;$	$\vec{H}_i = \frac{N_1 I_1}{2\pi(R+a_1)}\vec{e}_\phi$ $\Rightarrow \vec{H}_a = \vec{0}$

e) Die Induktivitäten L_i können separat berechnet werden. Nach (4.8) ist L_i gleich dem auf I_i bezogenen Fluss Φ_i des durch I_i verursachten Magnetfeldes durch die Windungen der Spule i. Da $\vec{B} = \mu_0\vec{H}$ konstant ist, ergibt sich einfach

$$L_i = \mu_0 \frac{|\vec{H_i}|}{I_i} N_i a_i b_i = \mu_0 \frac{N_i^2}{2\pi R} a_i b_i.$$

Dasselbe Resultat ergibt sich auch, wenn der entsprechende Term aus (9.28) zugrunde gelegt wird.

f) Die Gegeninduktivität ist nach (4.10) gleich dem auf I_1 bezogenen Fluss Φ_{12} des durch I_1 verursachten Magnetfeldes durch die Windungen der Spule 2. Da $\vec{B} = \mu_0\vec{H}$ konstant ist, ergibt sich einfach

$$M = \mu_0 \frac{|\vec{H_i}|}{I_1} N_2 a_2 b_2 = \mu_0 \frac{N_2 N_1}{2\pi R} a_2 b_2.$$

Dasselbe Resultat ergibt sich auch, wenn der entsprechende Term aus (10.38) zu Grunde gelegt wird.

Aufgabe 13.5.3:

a) Wir verwenden ein Zylinderkoordinatensystem ρ, ϕ, z mit der Achse im Zentrum des Drahtes. Wegen der rotationssymmetrischen Anordnung wird die Feldgeometrie durch das Ferrit nicht gestört, d.h. es gilt wie beim Draht ohne Ferrit-Ring

$$\vec{H} = H(\rho)\vec{e}_\phi = \frac{I}{2\pi\rho}\vec{e}_\phi, \quad \text{falls } \rho > R. \tag{*}$$

In der Luft, d.h. für $R < \rho < 5R$ und für $5.5R < \rho < \infty$ gilt $\vec{B} = \mu_0 H(\rho)\vec{e}_\phi$, während im Ferrit-Ring, d.h. für $5R < \rho < 5.5R$ die Gleichung $\vec{B} = \mu_0\mu_r H(\rho)\vec{e}_\phi$ gilt.

b) Der Ansatz aus a) ist weiterhin brauchbar, denn $\vec{H}$-tangential – in unserem Fall immer gleich $H(\rho)$ – ist überall stetig. Eine Normalkomponente von $\vec{B}$ existiert nirgends. Damit erfüllt $\vec{B}$ die nötige Stetigkeitsbedingung ($\vec{B}$-normal stetig) trivial. Außerhalb des Drahtes gilt jetzt überall (*) und im Innern des Ferrit-Rings gilt $\vec{B} = 200\mu_0 H(\rho)\vec{e}_\phi$.

c) Da außerhalb des Ferrit-Ringes in beiden Fällen das gleiche Feld herrscht, ist auch der Energieinhalt gleich. Die magnetische Energie im Volumen des Ferrit-Ringes ist

$$W_m(\mu_r) = \frac{\mu_0\mu_r}{2} \int_0^h \int_0^{2\pi} \int_{5R}^{5.5R} H^2(\rho)\rho \, d\rho \, d\phi \, dz$$

$$= \frac{\mu_0\mu_r I^2}{2(2\pi)^2} 2\pi \cdot h \cdot \int_{5R}^{5.5R} \frac{1}{\rho} \, d\rho = \frac{\mu_0\mu_r I^2}{\pi} \cdot 1.25R \cdot \ln 1.1.$$

Daraus ergibt sich die Teilinduktivität

$$L_{\text{Ferrit}}(\mu_r) := \frac{2W_m(\mu_r)}{I^2} = \frac{\mu_0\mu_r}{\pi} \cdot 2.5R \cdot \ln 1.1.$$

Die gesuchte Differenz ist schließlich gleich

$$\triangle L = \frac{\mu_0(\mu_r - 1)}{\pi} \cdot 2.5R \cdot \ln 1.1 \approx 9.48 \text{ nH}.$$

Aufgabe 13.5.4:

a) Magnete, die mit ihren gleichnamigen Polen aufeinander ausgerichtet sind, stoßen sich ab. Daher weist die Kraft nach oben. Aus Symmetriegründen gibt es keine horizontalen Kraftkomponenten. Man erhält das gleiche Resultat auch mit der angegebenen Feldformel: Wir setzen $x = y = 0$ und werten $\vec{H}$ bei $z = \pm\frac{d}{2}$ aus. Dies ergibt die (normierte) vertikale Kraftkomponente

$$F_z = -pH_z|_{z=+\frac{d}{2}} + pH_z|_{z=-\frac{d}{2}}$$

$$= -p\left[288 - 96\cdot\left(+\frac{d}{2}\right)\right] + p\left[288 - 96\cdot\left(-\frac{d}{2}\right)\right] = 96m.$$

b) Die Vorzeichen von H_x und H_y sind im betrachteten Bereich gleich den Vorzeichen von x bzw. y. Ein positiver Monopol wäre somit labil, denn die Kraft auf ihn wirkt nach außen, wenn er ein wenig aus dem Nullpunkt hinausverschoben wird. Ein negativer Monopol hingegen ist stabil, denn die Kraft wirkt nach innen. Unser Magnet besteht aus zwei Monopolen, deren Kräfte sich nur teilweise kompensieren. Es gilt z.B. für die normierte x-Komponente der Kraft

$$F_x = -pH_x|_{z=+\frac{d}{2}} + pH_x|_{z=-\frac{d}{2}}$$

$$= -px\left[48 - 50y^2 + (104 + 185y^2)\cdot\left(+\frac{d}{2}\right)\right]$$

$$+ px\left[48 - 50y^2 + (104 + 185y^2)\cdot\left(-\frac{d}{2}\right)\right]$$

$$= -mx(104 + 185y^2),$$

d.h. eine rücktreibende Kraft. Das Gleiche gilt für die y-Richtung.

c) Es müsste $\operatorname{div}\vec{H} = 0$ gelten. Die Divergenz der angegebenen Näherung lautet

$$\operatorname{div}\vec{H} = \frac{\partial H_x}{\partial x} + \frac{\partial H_y}{\partial y} + \frac{\partial H_z}{\partial z}$$

$$= 48 - 50y^2 + (104 + 185y^2)z + 48 - 50x^2 + (104 + 185x^2)z$$

$$- \left(96 + 220(x^2 + y^2) + \frac{2345}{6}x^2y^2\right)$$

$$= -270(x^2 + y^2) - \frac{2345}{6}x^2y^2 + [208 + 185(x^2 + y^2)]z.$$

Dies ist natürlich ungleich null, wenn beliebige (kleine) x, y und z eingesetzt werden. Die angegebene Näherung von $\vec{H}$ ist jedoch nur bis zur zweiten Potenz in x und y und bis zur ersten Potenz in z korrekt. Dies bedeutet, dass die Divergenz von $\vec{H}$ bis zur ersten Potenz in x und y und bis zur nullten Potenz in z verschwinden sollte, denn bei der Ableitung geht je eine Potenz verloren. Tatsächlich erfüllt $\operatorname{div}\vec{H}$ diese Bedingung.

Aufgabe 13.5.5:

a) Oben ist homogen, linear, isotropes Material. Somit gilt $\vec{B}_o = \mu\vec{H}_o$ mit $\mu = \frac{|\vec{B}_o|}{|\vec{H}_o|}$.

b) Unten gilt die allgemeine Materialgleichung $\vec{B}_u = \mu_0(\vec{H}_u + \vec{M})$. Weil im rechten Bild die $\vec{B}$-Linien nicht gebrochen sind und die Normalkomponente von $\vec{B}$ stetig sein muss, gilt dasselbe auch für die Tangentialkomponente, d.h. $\vec{B}_u = \vec{B}_o$.

Die Tangentialkomponente von $\vec{H}$, $H_\mathrm{T} = |\vec{H}_0|\sin\alpha$ muss ebenfalls stetig sein. Wir zerlegen die Feldvektoren in tangentiale und normale Komponenten:

$$\vec{H}_\mathrm{u} = H_\mathrm{T}\vec{e}_\mathrm{T} + H_\mathrm{n}\vec{e}_\mathrm{n},$$

$$\vec{B}_\mathrm{u} = B_\mathrm{T}\vec{e}_\mathrm{T} + B_\mathrm{n}\vec{e}_\mathrm{n},$$

wobei der tangentiale Einheitsvektor $\vec{e}_\mathrm{T}$ und der normale Einheitsvektor $\vec{e}_\mathrm{n}$ gebraucht wurde. Aus der Zeichnung links folgt $\frac{H_\mathrm{T}}{H_\mathrm{n}} = \tan\beta$, und weil $\vec{B}$ überall gleich ist, folgt ebenso $\frac{B_\mathrm{T}}{B_\mathrm{n}} = \tan\alpha$. Somit kann $\vec{H}_\mathrm{u}$ in Funktion gegebener Größen geschrieben werden:

$$\vec{H}_\mathrm{u} = |\vec{H}_0|\sin\alpha(\vec{e}_\mathrm{T} + \cot\beta\,\vec{e}_\mathrm{n}).$$

Lösen wir schließlich die untere Materialgleichung nach $\vec{M}$ auf, ergibt sich

$$\vec{M} = \frac{\vec{B}_\mathrm{u}}{\mu_0} - \vec{H}_\mathrm{u} = \left(\frac{|\vec{B}_0|}{\mu_0} - |\vec{H}_0|\right)\sin\alpha\,\vec{e}_\mathrm{T} + \left(\frac{|\vec{B}_0|}{\mu_0}\cos\alpha - |\vec{H}_0|\frac{\sin\alpha}{\tan\beta}\right)\vec{e}_\mathrm{n}.$$

Aufgabe 13.5.6:

a) Es gilt $\vec{J} = -\frac{I}{ab}\vec{e}_z$ im Kupfer, sonst $\vec{J} = \vec{0}$.

b) Das Ampère'sche Durchflutungsgesetz mit einem rechteckigen Pfad in der $(z = 0)$-Ebene, der den Kupferleiter bis zur Höhe y einschließt, liefert $b\vec{H}(y) = I\cdot y/a\cdot\vec{e}_x$ im Kupfer.

c) Es gilt mit der Leitfähigkeit σ_Cu des Kupfers

$$R' = \frac{1}{I^2}\iint\limits_{\text{Querschnitt}} \frac{|\vec{J}|^2}{\sigma_\mathrm{Cu}}\,dF = \frac{1}{ab\sigma_\mathrm{Cu}}.$$

d) Es gilt

$$L' = \frac{1}{I^2}\iint\limits_{\text{Querschnitt}} \mu_\mathrm{Cu}|\vec{H}|^2\,dF = \mu_0\frac{a}{3b}.$$

Aufgabe 13.5.7:

a) Die Felder in der Luft und in der Platte sind quasistatisch, weil die Wellenlängen $\lambda = 1/(f\sqrt{\mu\varepsilon})$ bei 5996 km bzw. 3462 km liegen und somit viel größer sind als die vorliegenden Abmessungen. Im Kupfer beträgt die Skintiefe zwar nur $\delta_\mathrm{Cu} = 1/\sqrt{\pi f\mu_0\sigma_\mathrm{Cu}} = 9.5$ mm, aber die Dicke der Streifen ist mit $b = 0.2$ mm viel kleiner. Somit kann überall mit quasistatischen Verhältnissen gerechnet werden.

b) Unter Annahme einer gleichmäßigen Stromverteilung in den Kupferstreifen liefert die Anwendung des Durchflutungsgesetzes auf einen rechteckigen Weg mit Seiten parallel zu den Achsen x und y und den Ecken $(x, \pm\frac{a}{4})$, $(\frac{d}{2}+b, \pm\frac{a}{4})$ mit $0 \leq x \leq \frac{d}{2}+b$ für das $\vec{H}$-Feld zwischen den Streifen die konstante Amplitude $\underline{\vec{H}} = \pm\frac{I}{a}\vec{e}_y$, d.h. $|\underline{\vec{H}}| = H_0 = 100\frac{\text{A}}{\text{m}}$. Im Innern der Streifen nimmt das Feld linear mit $|x|$ ab, genauer:

$$|\underline{\vec{H}}(x)| = H_0\left(1 + \frac{d}{2b} - \frac{|x|}{b}\right) \qquad \text{falls } \frac{d}{2} \leq |x| \leq \frac{d}{2}+b.$$

Für $|x| \geq \frac{d}{2}+b$ verschwindet das Feld nach Voraussetzung.

c) Die magnetische Energiedichte zwischen den Streifen ist näherungsweise konstant: $w_{\mathrm{m}} = \frac{\mu}{2} H_0^2$. Die totale magnetische Energie beträgt $W_{\mathrm{m}} = w_{\mathrm{m}} a d l$, und daraus folgt $L = \frac{2W_{\mathrm{m}}}{I_{\mathrm{eff}}^2} = \mu_0 \frac{dl}{a} \approx 50\,\mathrm{nH}$.

Aufgabe 13.5.8:

a) Ein magnetostatisches Feld muss im quellenfreien Raum ($\vec{J} = \vec{0}$) die Differentialgleichungen $\mathrm{div}\,\vec{H} = 0$ und $\mathrm{rot}\,\vec{H} = \vec{0}$ erfüllen. Da das Feld in *kartesischen* Komponenten und Koordinaten und nur in der Tischebene gegeben ist, muss es zuerst rotationssymmetrisch ergänzt werden. Dies ist in kartesischen Koordinaten umständlich. Identifizieren wir jedoch (x, y) mit (ρ, z) eines Zylinder-Koordinatensystems (ρ, ϕ, z), ist der gegebene Ausdruck bereits vollständig, denn Rotationssymmetrie bedeutet Unabhängigkeit vom Winkel ϕ. Es gilt somit

$$\vec{H}(\rho, z) = \frac{H_0}{(\rho^2 + z^2)^{\frac{5}{2}}} \left(3\rho z \vec{e}_\rho + (2z^2 - \rho^2)\vec{e}_z \right).$$

In Zylinderkoordinaten gilt unter Berücksichtigung der verschwindenden ϕ-Komponente von $\vec{H}$ und der Unabhängigkeit von ϕ

$$\mathrm{div}\,\vec{H} = \frac{1}{\rho}\frac{\partial(\rho H_\rho)}{\partial\rho} + \frac{\partial H_z}{\partial z}$$

und

$$\mathrm{rot}\,\vec{H} = \left(\frac{\partial H_\rho}{\partial z} - \frac{\partial H_z}{\partial\rho} \right)\vec{e}_\phi.$$

In jedem Term muss die gleiche Wurzel im Nenner differenziert werden. Mit der beliebigen Funktion $f(z)$ gilt

$$\frac{\partial}{\partial z}\frac{f(z)}{(\rho^2 + z^2)^{\frac{5}{2}}} = \frac{(\rho^2 + z^2)f'(z) - 5zf(z)}{(\rho^2 + z^2)^{\frac{7}{2}}}$$

sowie ein ähnlicher Ausdruck, wenn nach ρ differenziert wird:

$$\frac{\partial\rho}{\partial}\frac{f(\rho)}{(\rho^2 + z^2)^{\frac{5}{2}}} = \frac{(\rho^2 + z^2)f'(\rho) - 5\rho f(\rho)}{(\rho^2 + z^2)^{\frac{7}{2}}}.$$

Damit ergibt sich nach kurzer Rechnung

$$\mathrm{div}\,\vec{H} = \frac{1}{\rho}\frac{\partial(\rho H_\rho)}{\partial\rho} + \frac{\partial H_z}{\partial z} = \frac{3H_0 z(2z^2 - 3\rho^2)}{(\rho^2 + z^2)^{\frac{7}{2}}} + \frac{3H_0 z(3\rho^2 - 2z^2)}{(\rho^2 + z^2)^{\frac{7}{2}}}.$$

Die Divergenz von $\vec{H}$ verschwindet also, wie es sein soll. Weiter findet man

$$\mathrm{rot}\,\vec{H}\cdot\vec{e}_\phi = \frac{\partial H_\rho}{\partial z} - \frac{\partial H_z}{\partial\rho} = \frac{3H_0\rho(\rho^2 - 4z^2)}{(\rho^2 + z^2)^{\frac{7}{2}}} - \frac{3H_0\rho(\rho^2 - 4z^2)}{(\rho^2 + z^2)^{\frac{7}{2}}}.$$

Somit verschwindet auch die Rotation von $\vec{H}$ wunschgemäß.

b) Zur Berechnung des Flusses kann die y-Komponente von $\vec{H}$ für festes $y_0 = 10\,\text{cm}$ und variables x mit der Fläche $F = 1\,\text{cm}^2$ multipliziert werden:

$$\Phi(x) = \mu_0 F H_y(x, y_0) = \mu_0 F H_0 \frac{2y_0^2 - x^2}{(x^2 + y_0^2)^{\frac{5}{2}}}.$$

c) Für die induzierte EMK gilt $EMK = -\frac{d\Phi}{dt}$. Mit $x = vt$ und wegen Gleichung (4.2) wird $U = v\frac{d\Phi}{dx}$. Man findet

$$\frac{d\Phi}{dx} = 3\mu_0 H_0 F \frac{x(x^2 - 4y_0^2)}{(x^2 + y_0^2)^{\frac{7}{2}}}.$$

Diese Funktion von x hat vier Extrema, die man durch Nullsetzen der Ableitung nach x findet. Zunächst ist

$$\frac{d^2\Phi}{dx^2} = -3\mu_0 H_0 F \frac{4x^4 - 27x^2 y_0^2 + 4y_0^4}{(x^2 + y_0^2)^{\frac{9}{2}}}.$$

Nullsetzen liefert

$$x_{1,2} = \pm y_0 \sqrt{\frac{27 + \sqrt{665}}{8}} \approx \pm 2.57 y_0, \quad x_{3,4} = \pm y_0 \sqrt{\frac{27 - \sqrt{665}}{8}} \approx \pm 0.389 y_0.$$

Setzt man diese Werte bei $U(x)$ ein, erhält man

$$U(x_{1,2}) = \pm \frac{192 v H_0 \mu_0 F}{y_0^4} \frac{(\sqrt{665} - 5)\sqrt{27 + \sqrt{665}}}{(35 + \sqrt{665})^{\frac{7}{2}}} \approx \pm \frac{0.0166 v H_0 \mu_0 F}{y_0^4},$$

$$U(x_{3,4}) = \pm \frac{192 v H_0 \mu_0 F}{y_0^4} \frac{(\sqrt{665} + 5)\sqrt{27 - \sqrt{665}}}{(35 - \sqrt{665})^{\frac{7}{2}}} \approx \pm \frac{2.74 v H_0 \mu_0 F}{y_0^4}.$$

Da wir uns nur für den maximalen Betrag von U interessieren, kommt der zweite Ausdruck in Betracht. Mit der Bedingung $U = U_0 = 1\,\text{V}$ folgt

$$v \approx \frac{U_0 y_0^4}{2.74 H_0 \mu_0 F} \approx 292 \frac{\text{m}}{\text{s}} \approx 1051\,\text{km/h}.$$

NB: Der Widerstand der Glühlampe beträgt bei Nennlast $R = U^2/P = 40\,\Omega$ und ist somit viel größer als jener der Kupferdrahtschleife ($R_{\text{Cu}} \approx 0.71\,\text{m}\Omega$).

Aufgabe 13.5.9:

a) Das magnetische Feld eines einzelnen Drahtes ist durch die Gleichung (3.18) gegeben, wobei ρ in jener Gleichung der Abstand von der Drahtachse ist. Weiter ist der dortige Einheitsvektor $\vec{e}_\phi$ hier – wegen $y = 0$ – bis auf das Vorzeichen gerade gleich dem Einheitsvektor in y-Richtung, $\vec{e}_y$. Das gesamte Feld als Superposition der Felder dreier Drähte ist nicht von z abhängig und lautet

$$\vec{H}_{\text{tot}}(x, z) = \vec{H}_{\text{tot}}(x) = \frac{I}{2\pi} \vec{e}_y \left(-\frac{1}{2x} - \frac{1}{2(x - a)} + \frac{1}{x - 2a} \right)$$

für alle angegebenen Bereiche. Falls Beträge für die Abstände verwendet werden, müssen die Vorzeichen unterschieden werden.

b) Der magnetische Fluss Φ durch die Schleife S ist in der angegebenen Näherung gleich dem Produkt der auf die x-z-Ebene projizierten Schleifenfläche ($2cd\cos\alpha$) und der y-Komponente des $\vec{B} = \mu\vec{H}$-Feldes am angegebenen Punkt, d.h.

$$\Phi = \vec{e}_y \cdot \vec{H}_{\text{tot}}(2a + b + c/2, d)\cdot 2\mu cd\cos\alpha$$
$$= \frac{\mu cdI}{\pi}\left(-\frac{1}{4a + 2b + c} - \frac{1}{2a + 2b + c} + \frac{1}{b + c/2}\right)\cos\omega t.$$

Daraus ergibt sich die induzierte Spannung zu

$$U_{\text{ind}} = -\frac{d\Phi}{dt} = \frac{\mu I\omega cd}{\pi}\left(\frac{1}{4a + 2b + c} + \frac{1}{2a + 2b + c} - \frac{1}{b + c/2}\right)\sin\omega t$$

und schließlich der Strom zu $I_S = U_{\text{ind}}/R$.

c) Die Gegeninduktivität M ergibt sich ähnlich wie in Übungsaufgabe 4.3.6.2 zu

$$M(\alpha) = \frac{\Phi(\alpha)}{I} = \frac{\mu cd}{\pi}\left(-\frac{1}{4a + 2b + c} - \frac{1}{2a + 2b + c} + \frac{1}{b + c/2}\right)\cos\alpha.$$

Dabei sind $b \gg d$ und $b \gg c$ vorausgesetzt. Man beachte, dass das Vorzeichen von M von den (willkürlich wählbaren) Zählrichtungen *beider* Stromkreise abhängt. Wir machen jedoch *immer* die Konvention, dass die Flächennormale und die Umlaufrichtung der Strombezugsrichtung in der induzierten Schleife eine Rechtsschraube bilden.

d) Da $M(\alpha)$ beide Vorzeichen haben kann, ist M für $\alpha = 2n\pi$ maximal und für $\alpha = (2n + 1)\pi$ minimal, wobei n eine ganze Zahl (inklusive null) bedeutet. Es gilt $M_{\text{min}} = -M_{\text{max}}$. Betrachtet man nur den für die Praxis eher relevanten Betrag von M, wird dessen Maximum bei $\alpha = n\pi$ und das Minimum (null!) bei $\alpha = (n + \frac{1}{2})\pi$ erreicht.

Aufgabe 13.5.10:

a) Die Wellenzahl im Isolator beträgt $k = 2\pi f\sqrt{\mu_0\varepsilon} \approx 2.2\cdot 10^{-3}\,\frac{1}{\text{m}}$. Daraus errechnet man die Wellenlänge zu $\lambda = \frac{2\pi}{k} \approx 2.86\,\text{km}$. Da unsere Anordnung nur $l = 1\,\text{m}$ groß ist, kann im Isolator problemlos quasistatisch gerechnet werden. Im Kupfer beträgt die Eindringtiefe $\delta = 1/\sqrt{\pi f\mu_0\sigma_{\text{Cu}}} \approx 0.2\,\text{mm}$. Dies ist gleich dem Durchmesser des Drahtes, d.h. mit der Quasistatik ist es im Leiter streng genommen vorbei. Da die Felder im Draht jedoch nicht explizit berechnet werden müssen, ergibt sich auch von dieser Seite keine Einschränkung.

b) Das Magnetfeld eines langen Drahtes mit Strom I lautet nach Unterabschnitt 3.3.2, Gleichung (3.18): $\vec{H} = \frac{I}{2\pi\rho}\vec{e}_\phi$. Die Flüsse der Felder beider Drähte sind aus Symmetriegründen gleich. Somit beträgt der gesamte Fluss durch die Schleifenfläche F

$$\underline{\Phi} = 2\mu_0\iint\limits_F \vec{H}\cdot d\vec{F} = 2\mu_0 l\frac{I}{2\pi}\int\limits_r^{d-r}\frac{d\rho}{\rho} = \mu_0 l\frac{I}{\pi}\underbrace{\ln\left(\frac{d}{r} - 1\right)}_{\approx 4.6}.$$

Der Kreis hat in unserer Näherung die Induktivität

$$L = \frac{\underline{\Phi}}{\underline{I}} = \frac{\mu_0 l}{\pi}\ln\left(\frac{d}{r} - 1\right) \approx 1.84\,\mu\text{H}$$

und den Widerstand $R_{\text{tot}} = 2R + R_{\text{Cu}} \approx 201\,\Omega$, insgesamt die Impedanz $Z_{\text{tot}} = R_{\text{tot}} + j\omega L$ ($\omega := 2\pi f$). Die nötige Spannung, um den Strom $\underline{I}$ durch Z zu treiben, beträgt $\underline{U} = Z\underline{I}$. ($\underline{I} = \hat{I}$)

c) Das inzidente Feld ändert sich nur in x-Richtung. Wegen $d \ll \lambda$ kann das inzidente Feld in der ganzen Schleife mit guter Näherung als örtlich konstant angenommen werden. Überdies steht das $\vec{H}$-Feld der einfallenden Welle senkrecht auf der Schleifen-fläche. Damit ergibt sich der Fluss $\Phi_{\text{in}} = l \cdot d \cdot \mu_0 \underline{H}_{\text{0in}} = l \cdot d \sqrt{\mu_0 \varepsilon} \underline{E}_{\text{in0}}$. Die komplexe Am-plitude der EMK beträgt $-j\omega \Phi_{\text{in}}$ und somit ergibt sich der induzierte Strom zu

$$\underline{I} = -\frac{j\omega \Phi_{\text{in}}}{Z} = \underbrace{\frac{-j\omega l d \sqrt{\mu_0 \varepsilon}}{R_{\text{tot}} + j\omega L}}_{\approx -0.627 - 109j \frac{\text{nm}}{\Omega}} \underline{E}_{\text{in0}} \approx -0.627 - 109j\,\text{nA}.$$

Die Amplitude des induzierten Stromes beträgt $|\underline{I}| \approx 109\,\text{nA}$. NB: Durch das $\vec{E}$-Feld der inzidenten Welle werden zusätzliche Ladungen verschoben, die hier nicht betrachtet wurden. In der vorliegenden Anordnung fließen diese Ladungen aber praktisch nicht durch die Widerstände an den Schleifenenden.

Aufgabe 13.5.11:

a) Es gilt Stromdichte gleich Gesamtstrom pro Fläche, d.h. innen $\vec{J}_{\text{i}} = I/(\pi R_{\text{i}}^2)\vec{e}_z$ und außen $\vec{J}_{\text{a}} = -I/\left(\pi(R_0^2 - R_{\text{a}}^2)\right)\vec{e}_z$. Vgl. auch Aufgabe 7.6.2.2.

b) Da das Material nur längs ρ inhomogen ist, gilt genau wie in Aufgabe 8.2.4.4: $H_\phi(\rho) = I/(2\pi\rho)$.

c) Es sind die Maxwell-Gleichungen div $\vec{B} = 0$ und rot $\vec{H} = 0$. In Zylinderkoordinaten unter Berücksichtigung von $\frac{\partial}{\partial z} = 0$ und $\frac{\partial}{\partial \phi} = 0$ sowie $\vec{B} = \mu(\rho) \cdot \vec{H}$ folgt aus der ersten Gleichung

$$\frac{\partial(\rho \mu H_\rho)}{\partial \rho} = 0 \quad \Rightarrow \quad \rho^2 H_\rho = \text{konst.}$$

Setzen wir die Integrationskonstante null, folgt $H_\rho = 0$, sonst würde die unphysikalische Lösung $H_\rho \sim 1/\rho^2$ folgen, welche zwar im betrachteten Gebiet die Differentialgleichung erfüllt, aber nicht nach innen fortgesetzt werden kann (sie würde für $\rho \to 0$ singulär). Aus der zweiten Differentialgleichung ergeben sich

$$\frac{\partial H_z}{\partial \rho} = 0 \quad \text{und} \quad \frac{\partial(\rho H_\phi)}{\partial \rho} = 0.$$

Die zweite Gleichung ist durch das Resultat in b) befriedigt und die erste Gleichung liefert $H_z = \text{konst}$, was wiederum null gesetzt werden kann (keine Quellen von $\vec{H}$ im Unendlichen!).

d) Die magnetische Energie im Ferrit der Länge l ist

$$W_{\text{m}} = \frac{2\pi l}{2} \int\limits_{R_{\text{i}}}^{R_{\text{a}}} \mu H_\phi^2 \rho \, d\rho = \frac{100\pi l \mu_0 I^2}{(2\pi)^2 R_{\text{i}}} \int\limits_{R_{\text{i}}}^{R_{\text{a}}} \frac{\rho^2}{\rho^2} \, d\rho = \frac{25 l \mu_0 I^2 (R_{\text{a}} - R_{\text{i}})}{\pi R_{\text{i}}}$$

Daraus ergibt sich der Induktivitätsbelag zu

$$L' = \frac{2W_{\text{m}}}{lI^2} = \frac{50\mu_0(R_{\text{a}} - R_{\text{i}})}{\pi R_{\text{i}}}.$$

Die Feldenergie in den Leitern kann wegen der hohen relativen Permeabilität des Ferrits im Allgemeinen aus gutem Grund vernachlässigt werden.

Aufgabe 13.5.12:

a) $\vec{H}_2$ ist überall parallel zur z-Achse, innerhalb des Drahtrings ($\rho < 1.01R$) nach oben gerichtet und außerhalb ($\rho > 1.01R$) nach unten. Im Innern des Drahtes gibt es einen stetigen Übergang.

b) Die Kraft $d\vec{F}$ zeigt radial nach außen, denn das zu I (ohne Stromelement $I \cdot dl$) gehörige Magnetfeld $\vec{B}$ zeigt am Ort des Stromelements nach oben, und es gilt $d\vec{F} = I d\vec{l} \times \vec{B}$. Die totale Kraft, die der Ring auf sich selber ausübt, verschwindet aus Symmetriegründen.

c) Es gilt die gleiche Formel wie unter b), nur dass jetzt für $\vec{B}$ das gegebene Feld $\mu_0 \vec{H}_1$ eingesetzt werden muss, und es folgt mit $d\vec{l} = dl\vec{e}_\phi$ das Kraftelement

$$d\vec{F} = I d\vec{l} \times \vec{B}_1 = \mu_0 I dl \left(H_{z1} \underbrace{\vec{e}_\phi \times \vec{e}_z}_{=\vec{e}_\rho} + H_{\rho1} \underbrace{\vec{e}_\phi \times \vec{e}_\rho}_{=-\vec{e}_z} \right).$$

Nach einer Integration über den ganzen Ring ergibt sich die totale Kraft zu $\vec{F}_{\text{tot}} = -2\pi\mu_0 RIH_{\rho1}\vec{e}_z$, denn die radiale Komponente fällt in der Summe weg.

d) Die Gravitationskraft ist $\vec{F}_{\text{G}} = -mg\vec{e}_z$, wobei g die Erdbeschleunigung darstellt. Aus der Gleichgewichtsbedingung $\vec{F}_{\text{tot}} = -\vec{F}_{\text{G}}$ folgt

$$I = -\frac{mg}{2\pi\mu_0 RH_{\rho1}}.$$

e) Ja, es fließt ein Strom. Die Begründung liefert das Induktionsgesetz (4.4): Der totale magnetische Fluss Φ durch den Ring kann sich nicht ändern, weil das Umlaufintegral $\oint \vec{E} \cdot d\vec{l} = -d\Phi/dt$ längs des Drahtringes konstant gleich null ist, denn im supraleitenden Material gilt streng $\vec{E} = \vec{0}$. Somit verschwindet Φ genau wie zu Beginn auch nach dem Einschalten. Weil nun aber nach dem Einschalten das Feld $\vec{B}_1$ für sich allein einen nicht verschwindenden Fluss Φ_1 durch den Ring hat, muss dieser durch den Fluss Φ_2 eines zweiten Feldes $\vec{B}_2$ kompensiert werden, wobei $\vec{B}_2$ nur durch einen Strom im Ring erzeugt werden kann.

f) Der gesamte Fluss Φ setzt sich aus den Anteilen Φ_1 und Φ_2 zusammen, wobei $\Phi_1 + \Phi_2 = 0$ ist. Die zu Φ_1 gehörige z-Komponente des $\vec{H}_1$-Feldes ist über die Ringfläche konstant, während das zu Φ_2 gehörige Feld dort nicht homogen ist: Nahe beim Draht ist sein Betrag größer als im Zentrum des Rings. (Tatsächlich geht der Betrag mit dünner werdendem Draht auf dessen Oberfläche wie 1/Drahtdurchmesser gegen unendlich.) Immerhin ist das Vorzeichen gemäß Antwort a) konstant. Dies bedeutet nun, dass der Betrag von $\vec{H}_2$ im Zentrum kleiner ist als der über die Ringfläche gemittelte Wert, bei $\vec{H}_1$ hingegen auch im Zentrum sein Mittelwert auftritt. Somit ist im Zentrum der Wert von $\vec{H}_1$ dominant, und die Antwort heißt +.

Aufgabe 13.5.13:

a) Alle Feldkomponenten sind nur von y abhängig: $\vec{H} = \vec{H}(y)$, $\vec{B} = \vec{B}(y)$.

b) Es gelten rot $\vec{H} = \vec{0}$ und div $\vec{B} = 0$. In kartesischen Komponenten folgen $\frac{\partial H_z}{\partial y} = 0$, $\frac{\partial H_x}{\partial y} = 0$ und $\frac{\partial B_y}{\partial y} = 0$. Diese drei Feldkomponenten sind somit für $|y| < h/2$ konstant in Raum und Zeit.

c) B_y und H_z verlaufen stetig, H_x springt um α. Somit verschwinden B_y und H_z im ganzen Material, und es gilt $H_x = \alpha$, denn diese Feldkomponenten sind nach b) im Material konstant.

d) Es gilt die Materialgleichung $\vec{B} = \mu_0(1 + \frac{y^2}{h^2})\vec{H}$. Somit folgen $B_x = \mu_0(1 + \frac{y^2}{h^2})\alpha$ sowie $B_z = 0$ und $H_y = 0$.

e) Die magnetische Energiedichte ist $w_{\mathrm{m}} = \frac{1}{2}\vec{B}\cdot\vec{H}$, in unserem Material also $w_{\mathrm{m}} = \frac{1}{2}B_x H_x = \frac{1}{2}\mu_0(1 + \frac{y^2}{h^2})\alpha^2$. Die gesamte Energie im Würfel wird

$$W_{\mathrm{m}} = \frac{\alpha^2}{2}\mu_0 \int\limits_{-\frac{l}{2}}^{\frac{l}{2}} dx \int\limits_{-\frac{l}{2}}^{\frac{l}{2}} dz \int\limits_{-\frac{h}{2}}^{\frac{h}{2}} (1 + \frac{y^2}{h^2})\, dy = \frac{\alpha^2}{2}\mu_0 l^2 \int\limits_{y=-\frac{h}{2}}^{\frac{h}{2}} (1 + \frac{y^2}{h^2})\, dy = \frac{13\alpha^2}{24}\mu_0 l^2 h.$$

f) Der gesamte im Würfel fließende Strom ist $I = \alpha l$. Mit $W_{\mathrm{L}} = \frac{1}{2}LI^2 \overset{!}{=} W_{\mathrm{m}}$ folgt $L = \frac{13}{12}\mu_0 h$.

g) Es gilt rot $\vec{A} = \vec{B}$, und das Vektorpotential hat nur eine z-Komponente, weil auch der verursachende Strom nur in z-Richtung fließt. In unserem Fall ergeben sich daher $\frac{\partial A_z}{\partial y} = B_x$ und $\frac{\partial A_z}{\partial x} = 0$. Aus der Coulomb-Eichung [div $A = 0$] folgt auch noch $\frac{\partial A_z}{\partial z} = 0$. Somit bleibt wegen der Normierung im Nullpunkt nur noch die y-Abhängigkeit

$$\frac{\partial A_z}{\partial y} = \mu_0(1 + \frac{y^2}{h^2})\alpha \Rightarrow A_z(y) = \mu_0\alpha \int (1 + \frac{y^2}{h^2})\, dy = \mu_0\alpha\left(y + \frac{y^3}{3h^2}\right).$$

Die Integrationskonstante fällt wegen der Normierung weg.

Aufgabe 13.5.14:

a) Die zeitabhängige Schleifenfläche beträgt $F(t) = a(b - v\cdot t)$. Orientieren wir die Flächennormale nach oben, wird der magnetische Fluss gleich $\Phi(t) = F(t)\cdot B_0 \cos\alpha$. Daraus ergibt sich die induzierte Spannung zu

$$U_{\mathrm{ind}} = -\frac{d\Phi}{dt} = a\cdot v\cdot B_0 \cos\alpha = -5.65067\,\mathrm{V}.$$

Dabei bildet der Zählpfeil von U_{ind} mit der Flächennormale eine Rechtsschraube, und der Strom ergibt sich daraus mit dem gleichen Zählpfeil zu $I = \frac{U_{\mathrm{ind}}}{R} = 0.565067\,\mathrm{A}$.

b) Die elektrische Leistung ist $P_{\mathrm{el}} = U_{\mathrm{ind}}\cdot I$ und die mechanische Leistung lautet $P_{\mathrm{mech}} = \vec{F}_G\cdot\vec{v} = mgv \sin\alpha$. Gleichsetzen dieser Leistungen und Auflösung nach der Masse m liefert

$$m = \frac{U_{\mathrm{ind}}^2}{Rgv \sin\alpha} = \frac{a^2 v B_0^2 \cos^2\alpha}{Rg \sin\alpha} = 0.419192\,\mathrm{kg}.$$

NB: Die magnetische Kraft des Stromes auf den Stab S beträgt nach (3.45)

$$F_{\mathrm{S}} = \frac{\mu_0 I^2}{2\pi}\left(\frac{\sqrt{a^2 + b^2}}{b} - 1\right) = 28.7306\,\mathrm{pN}.$$

Dies ist tatsächlich vernachlässigbar gegen die Komponente der Gewichtskraft $mg \sin\alpha \approx 1\,\mathrm{N}$.

c) Der Induktivitätsbelag (Induktivität pro Länge) einer Zweidrahtleitung mit Drahtdicke d und Drahtabstand a beträgt nach Übungsaufgabe 4.3.6.1 $L' = \frac{\mu_0}{\pi} \ln \frac{2a}{d}$. Damit gilt in unserem Fall näherungsweise $L(t_0) = bL' = \frac{b\mu_0}{\pi} \ln \frac{2a}{d} = 81.8869 \,\mu\text{H}$ sowie $L(t_1) = (b - vt_1) \frac{\mu_0}{\pi} \ln \frac{2a}{d} = 76.9737 \,\mu\text{H}$.

d) Die im Widerstand R in der ersten Sekunde umgesetzte Energie beträgt $W_R = U_{\text{ind}} I t_1 = I^2 R t_1$. Zur Zeit t_0 beträgt die in der Induktivität gespeicherte Energie $W_L(t_0) = \frac{1}{2} L(t_0) I^2$, zur Zeit $t = t_1$ gilt $W_L(t_1) = \frac{1}{2} L(t_1) I^2$. Die Energiedifferenz ist

$$\triangle W = W_L(0) - W_L(t_1) = \frac{1}{2}\left(L(0) - L(t_1)\right) I^2 = \frac{vt_1\mu_0}{2\pi} I^2 \ln \frac{2a}{d}.$$

Das Verhältnis der beiden Energien ist tatsächlich klein:

$$\frac{\triangle W}{W_R} = \frac{v\mu_0}{2\pi R} \ln \frac{2a}{d} = 2.4566 \cdot 10^{-7}.$$

e) Die induzierte Spannung halbiert sich wegen der halben Geschwindigkeit. Dafür gibt es jetzt zwei Stromkreise mit je dem halben Strom, deren gemeinsamer Zweig der Stab S ist. Somit bleibt der Strom im Stab gleich.

Aufgabe 13.5.15:

a) Nach (7.36) ist die Wellenlänge in Luft bei der Kreisfrequenz ω gleich $\lambda = \frac{2\pi}{\omega\sqrt{\mu_0\varepsilon_0}} = \frac{c}{f}$. ($c$ = Lichtgeschwindigkeit, $f = \frac{\omega}{2\pi}$). Nach (8.72) kann quasistatisch gerechnet werden, falls $\lambda \ll$ Abmessungen gilt. Mit den Vorgaben in der Aufgabenstellung genügt also $l \ll \frac{c}{f}$.

b) Das Magnetfeld im Bereich der kleinen Schleife steht senkrecht auf der Schleifenfläche und ist in Richtung der Seite b konstant. Die variierende Distanz in Richtung r heiße y und es sei $y = 0$ in der Mitte zwischen den beiden langen Drähten. Dann lautet das Magnetfeld in quasistatischer Näherung

$$\vec{H}(y) = H(y)\vec{e}_z = \frac{I(t)}{2\pi}\left(\frac{1}{y - \frac{d}{2}} - \frac{1}{y + \frac{d}{2}}\right)\vec{e}_z.$$

Der magnetische Fluss durch die Schleife ist

$$\Phi = b \int\limits_{r-a/2}^{r+a/2} H(y)\,dy = \frac{bI(t)}{2\pi} \int\limits_{r-a/2}^{r+a/2} \left(\frac{1}{y - \frac{d}{2}} - \frac{1}{y + \frac{d}{2}}\right) dy$$

$$= \frac{bI_0\cos\omega t}{2\pi} \ln \frac{4r^2 - (a-d)^2}{4r^2 - (a+d)^2}.$$

Die induzierte *EMK* ist dann

$$EMK = -\frac{d\Phi}{dt} = \frac{b\mu_0\omega I_0\sin\omega t}{2\pi}\left[\ln\left(1 - \left(\frac{a-d}{2r}\right)^2\right) - \ln\left(1 - \left(\frac{a+d}{2r}\right)^2\right)\right].$$

c) Man erhält mit der für kleine x gültigen Formel $\ln(1 + x) \approx x$ ein $1/r^2$-Verhalten:

$$EMK = -\frac{b\mu_0\omega I_0\sin\omega t}{2\pi}\frac{ad}{r^2}.$$

d) Die Feldstärke steht senkrecht auf der durch die lange Schleife gebildeten Ebene. Dies kann auch durch Betrachtung des Biot-Savart'schen Integrals erhalten werden. Alle Stromvektoren liegen in der Ebene $z = z_P := 0$, ebenso alle Verbindungsvektoren zwischen Quell- und Aufpunkt P. Das Kreuzprodukt hat damit in jedem Fall nur eine z-Komponente. Vgl. auch das explizite Resultat unter f)!

e) Sei die Richtung der langen Schleife die x-Richtung und y weise wie oben in Richtung r, P liege im Ursprung. Dann hat ein „oberer" Quellpunkt $\vec{r}_{\rm o}'$ die Koordinaten $(x, y, 0)$ und der dazu gespiegelte „untere" Quellpunkt hat die Koordinaten $\vec{r}_{\rm u}' = (x, -y, 0)$. Die zugehörigen Stromeinheitsvektoren auf den geraden Teilen der Schlaufe sind $\vec{e}_{\rm o} = (1, 0, 0)$ und $\vec{e}_{\rm u} = (-1, 0, 0)$. Auf dem runden Teil gilt $\vec{e}_{\rm o} = (\sin|\phi|, -\cos\phi, 0)$ und $\vec{e}_{\rm u} = (-\sin|\phi|, -\cos\phi, 0)$, wobei der Winkel ϕ von der x-Achse aus gerechnet ist (oben positiv). Der Aufpunkt schließlich lautet $\vec{r} = (0, 0, z)$. Nimmt man zwei symmetrische Anteile – diese haben den gleichen Abstand zum Aufpunkt – im Biot-Savart'schen Integral zusammen, erhält man $\vec{e}_{\rm o} \times (\vec{r} - \vec{r}_{\rm o}') + \vec{e}_{\rm u} \times (\vec{r} - \vec{r}_{\rm u}') = -2(z\cos\phi, 0, x\cos\phi + y\sin|\phi|)$. (Mit $\phi = 90°$ haben wir formal den geraden Teil auch eingeschlossen!) Das $\vec{H}$-Feld kann somit keine y-Komponente haben und ist für $z > 0$ nach der langen Schleife hin geneigt, denn die x-Komponente ist dort negativ. Vgl. auch das explizite Resultat unter f)!

f) Wir benützen das gleiche Koordinatensystem wie oben und schreiben alle Vektoren im Bio-Savart'schen Integral explizit hin:

$$\vec{r} = (0, 0, z)$$

$$\vec{r}' = \begin{cases} (x, d/2, 0) & \text{obere Gerade, } x = -\infty \ldots 0 \\ \frac{d}{2}(\cos\phi, \sin\phi, 0) & \text{Kreisbogen, } \phi = \pi/2 \ldots -\pi/2 \\ (x, -d/2, 0) & \text{untere Gerade, } x = 0 \ldots -\infty \end{cases}$$

$$\vec{r} - \vec{r}' = \begin{cases} (-x, -d/2, z) & \text{obere Gerade, } x = -\infty \ldots 0 \\ (-\frac{d}{2}\cos\phi, -\frac{d}{2}\sin\phi, z) & \text{Kreisbogen, } \phi = \pi/2 \ldots -\pi/2 \\ (-x, d/2, z) & \text{untere Gerade, } x = 0 \ldots -\infty \end{cases}$$

$$|\vec{r} - \vec{r}'| = \begin{cases} \sqrt{x^2 + d^2/4 + z^2} & \text{obere Gerade, } x = -\infty \ldots 0 \\ \sqrt{d^2/4 + z^2} & \text{Kreisbogen, } \phi = \pi/2 \ldots -\pi/2 \\ \sqrt{x^2 + d^2/4 + z^2} & \text{untere Gerade, } x = 0 \ldots -\infty \end{cases}$$

$$\vec{e}_I = \begin{cases} (1, 0, 0) & \text{obere Gerade, } x = -\infty \ldots 0 \\ (\sin\phi, -\cos\phi, 0) & \text{Kreisbogen, } \phi = \pi/2 \ldots -\pi/2 \\ (-1, 0, 0) & \text{untere Gerade, } x = 0 \ldots -\infty \end{cases}$$

$$\vec{e}_I \times (\vec{r} - \vec{r}') = \begin{cases} (0, -z, -d/2) & \text{obere Gerade, } x = -\infty \ldots 0 \\ (-z\cos\phi, -z\sin\phi, -d/2) & \text{Kreisbogen, } \phi = \pi/2 \ldots -\pi/2 \\ (0, z, -d/2) & \text{untere Gerade, } x = 0 \ldots -\infty \end{cases}$$

Zu integrieren ist der Term

$$\frac{\vec{e}_I \times (\vec{r} - \vec{r}')}{|\vec{r} - \vec{r}'|^3}$$

über die jeweils angegebenen Bereiche. Man erkennt, dass der Zähler auf den Geraden nicht von der Integrationsvariable x abhängt und nur die y-Komponente ein unterschiedliches Vorzeichen aufweist. Weiter ist der Nenner oben und unten gleich. Daher hebt sich in der Summe die y-Komponente weg, und es bleibt das Integral

$$H_{z,\text{Gerade}} = \frac{Id}{4\pi} \int\limits_0^\infty \frac{dx}{(x^2 + d^2/4 + z^2)^{\frac{3}{2}}} = \frac{-Id}{\pi(d^2 + 4z^2)}.$$

Etwas eleganter hätte man das gleiche Resultat auch mit der Überlegung erhalten, wonach das Feld eines „halb unendlich langen Stroms" an seinem Ende halb so groß ist wie jenes eines „ganz unendlich langen Stroms". Nun fehlt noch der Anteil des Halbkreises:

$$\vec{H}_{\text{Halbkreis}} = \frac{I}{4\pi} \int\limits_{-\pi}^\pi \frac{(-z\cos\phi, -z\sin\phi, -d/2)}{(d^2/4 + z^2)^{\frac{3}{2}}} \frac{d}{2} d\phi = \frac{-Id}{(d^2 + 4z^2)^{\frac{3}{2}}} \left(\frac{2z}{\pi}, 0, \frac{d}{2}\right).$$

Die y-Komponente fällt weg, weil eine ungerade Funktion über ein symmetrisches Intervall integriert wird. Das gesamte Feld auf der z-Achse ergibt sich somit zu

$$\vec{H}(z) = \frac{-Id}{2\pi(d^2 + 4z^2)^{\frac{3}{2}}} \left(4z, 0, d\pi + 2\sqrt{d^2 + 4z^2}\right).$$

$\vec{H}$ ist somit für große $|z|$ maximal um $45°$ gegen die z-Achse geneigt.

Aufgabe 13.6.1:
a) Bild I zeigt $\vec{J}$, Bild II zeigt $\vec{E}$, Bild III zeigt $\vec{H}$, Bild IV $\vec{B}$ und Bild V $\vec{D}$.
b) Linear isotrope Materialien haben skalare Materialkonstanten. Da die Pfeile der über die Materialkonstanten zusammenhängenden Feldgrößen je gleich gerichtet sind, sind alle Parameter nicht negativ. Wegen I gilt $\sigma_2 = 0$. Der Vergleich von II und V liefert $\varepsilon_1 > \varepsilon_2$, denn die Pfeile in M_1 werden relativ länger beim Übergang von $\vec{E}$ nach $\vec{D} = \varepsilon\vec{E}$. Umgekehrt liefert der Vergleich von III und IV die Relation $\mu_1 < \mu_2$. Genauer können durch Ausmessen der Pfeillängen auch die Verhältnisse $\frac{\varepsilon_2}{\varepsilon_1} \approx 0.39$ sowie $\frac{\mu_2}{\mu_1} \approx 2.3$ ermittelt werden.
c) Da keine unendlichen Materialparameter zugelassen sind und überdies die Tangentialkomponente von $\vec{H}$ stetig ist, gibt es auch keine Flächenstromdichte ($\vec{\alpha} = \vec{0}$). Die Unstetigkeit der Normalkomponente von $\vec{D}$ (Bild V) deutet auf eine Flächenladungsdichte $\varsigma > 0$.

Aufgabe 13.6.2:
a) Nach (9.7) kann der Strom mit einem Flächenintegral ausgerechnet werden. Es gilt

$$\underline{I} = \iint\limits_F \left(1 + \frac{j\omega\varepsilon}{\sigma}\right)\underline{\vec{J}} \cdot d\vec{F} = 2\pi\underline{J}_0 \left(1 + \frac{j\omega\varepsilon}{\sigma}\right) e^{-(1-j)\frac{r_0}{\delta}} \int\limits_0^{r_0} \rho e^{\frac{1-j}{\delta}\rho} d\rho$$

$$= 2\pi\underline{J}_0 \left(1 + \frac{j\omega\varepsilon}{\sigma}\right) \left(\frac{j\delta^2}{2} e^{-(1-j)\frac{r_0}{\delta}} + \frac{1}{2}\left(-j\delta^2 + (1+j)\delta r_0\right)\right)$$

$$r_0 \gg \delta 2\pi\underline{J}_0 \left(1 + \frac{j\omega\varepsilon}{\sigma}\right) \frac{1+j}{2} \delta r_0 \omega\varepsilon \ll \sigma(1+j)\pi\underline{J}_0\delta r_0.$$

b) Mit dem Ohm'schen Gesetz (2.6) folgt

$$\underline{\vec{E}}(\rho) = \frac{\underline{\vec{J}}(\rho)}{\sigma} = \frac{\underline{J}_0}{\sigma} e^{(1-j)\frac{\rho-r_0}{\delta}} \vec{e}_z.$$

c) Schreibt man die Maxwell-Gleichung (7.3-1) mit (5.32) in Zylinderkoordinaten, ergibt sich unter Berücksichtigung der Tatsache, dass $\underline{\vec{E}}$ nur eine z-Komponente aufweist, welche zudem nur von ρ abhängt,

$$-\frac{\partial \underline{E}_z}{\partial \rho} \vec{e}_\phi = -j\omega\mu\underline{\vec{H}}$$

und daraus

$$\underline{\vec{H}} = \underline{H}_\phi \vec{e}_\phi = \frac{-j\underline{J}_0}{\omega\mu\sigma}\frac{1-j}{\delta} e^{(1-j)\frac{\rho-r_0}{\delta}} \vec{e}_\phi = -\frac{(j+1)\underline{J}_0}{\omega\mu\sigma\delta} e^{(1-j)\frac{\rho-r_0}{\delta}} \vec{e}_\phi$$

$$= -\frac{(j+1)}{2}\underline{J}_0 \delta e^{(1-j)\frac{\rho-r_0}{\delta}} \vec{e}_\phi.$$

d) Die Spannung $\underline{U}$ eines Drahtstückes der (kurzen) Länge l ist mit (9.1):

$$\underline{U} = l\cdot\underline{E}_z(r_0) = l\cdot\frac{\underline{J}_0}{\sigma},$$

d.h. das Spannungsintegral wird an der Draht*oberfläche* genommen. Jetzt gilt mit

$$\underline{Z}' = \frac{\underline{Z}}{l} = \frac{\underline{U}}{\underline{I}\cdot l} = \frac{\underline{E}_z(r_0)}{\pi\underline{J}_0\left(1+\frac{j\omega\varepsilon}{\sigma}\right)(1+j)\delta r_0} = \frac{1}{\pi\sigma\left(1+\frac{j\omega\varepsilon}{\sigma}\right)(1+j)\delta r_0}$$

$$\overset{\omega\varepsilon \ll \sigma}{=} \frac{1}{(1+j)\pi\sigma\delta r_0} = \frac{1-j}{2\pi\sigma\delta r_0}.$$

Der Realteil dieser Impedanz ist gleich dem gesuchten Widerstand R' pro Längeneinheit. Wir schreiben nur den Ausdruck mit $\omega\varepsilon \ll \sigma$:

$$R' = \frac{1}{2\pi\sigma\delta r_0} = \frac{\sqrt{\mu}}{2r_0\sqrt{\pi\sigma}}\sqrt{f}.$$

Aufgabe 13.6.3: Der Verstärker schließt die beiden Platten kurz, wenn die Ausgleichsvorgänge abgeschlossen sind. Die gesamte Anordnung ist ungeladen (sonst gäbe es Felder außerhalb der Platten), aber die Ladungen auf der oberen und der unteren Elektrode sind verschieden. Man denke sich die Flächenladung ς in der Mitte positiv. Dann ist die x-Komponente des $\vec{E}$-Feldes im Dielektrikum positiv und in der Luft negativ. Aus Symmetriegründen verschwinden alle anderen Komponenten. Daher können wir nur mit den x-Komponenten rechnen und brauchen sie nicht mehr extra zu bezeichnen. Wir nehmen den Index d für Dielektrikum und den Index l für Luft.

a) Es gelten zwei Gleichungen, die Spannung an V verschwindet und die D-Felder springen bei der Ladung mit ς:

$$U = a\cdot E_d + (b+x)\cdot E_l = 0, \tag{1}$$

$$\varepsilon E_d - \varepsilon_0 E_l = \varsigma. \tag{2}$$

Aus (2) folgt $E_d = (\varsigma + \varepsilon_0 E_1)/\varepsilon$, was in (1) eingesetzt werden kann. Man erhält schließlich

$$E_1 = \frac{-a\varsigma}{a\varepsilon_0 + (b+x)\varepsilon}, \qquad E_d = \frac{\varsigma(b+x)}{a\varepsilon_0 + (b+x)\varepsilon}.$$

b) Die Ladungen sind gleich den D-Feldern im Innern, d.h. unter Berücksichtigung der Vorzeichen

$$\varsigma_u = \frac{-a\varepsilon_0\varsigma}{a\varepsilon_0 + (b+x)\varepsilon}, \qquad \varsigma_o = \frac{-\varepsilon\varsigma(b+x)}{a\varepsilon_0 + (b+x)\varepsilon},$$

wobei die Indices o für oben und u für unten gebraucht wurden. Man sieht, dass die Totalladung verschwindet, denn es gilt $\varsigma_o + \varsigma_u = -\varsigma$, unabhängig von x.

c) Ein Vergleich zweier Stellungen, x_1 und x_2, zeigt, dass die Ladungen auf den äußeren Platten unterschiedlich sind. Somit bewirkt eine mechanische Verschiebung des Blocks eine Verschiebung elektrischer Ladung. Den gleichen Effekt hat eine Stromquelle: Auch sie verschiebt Ladungen von oben nach unten (oder umgekehrt) und pumpt diese Ladungen durch den Eingangswiderstand des Verstärkers V. Ein einfaches Ersatzschaltbild ist somit eine (ideale) Stromquelle, die mit R einen geschlossenen Kreis bildet. Die Stromquelle ist deshalb ideal, weil angenommen ist, dass die Verschiebung des Blocks unabhängig ist von der Belastung durch R. Dies ist selbstverständlich eine Näherung. Beträgt die Verschiebung in der Zeit $\triangle t$ von $x = 0$ ausgehend x_0, ist die zugehörige Änderung in der unteren Ladung (mit $\varepsilon = \varepsilon_0\varepsilon_r$)

$$\triangle\varsigma_u = \frac{x_0\varepsilon_r^2 a\varsigma}{(a + b\varepsilon_r)(a + (b+x_0)\varepsilon_r)},$$

und der Strom beträgt $I = F\triangle\varsigma_u/\triangle t$.

Aufgabe 13.6.4:

a) Nach den Ausführungen in Unterabschnitt 6.4.4 gehört zur vorliegenden Form des $\vec{E}$-Feldes ein $\vec{H}$-Feld der gleichen Form:

$$\vec{H}_i = \frac{1}{\omega\mu_0}(\vec{k}_i \times \vec{E}_i) = \frac{1}{\omega\mu_0}\Re\Big((\underline{E}_{yi}k_{xi} - \underline{E}_{xi}k_{yi})e^{j(\omega t - k_{xi}x - k_{yi}y)}\Big)\vec{e}_z. \tag{1}$$

Weiter muss $\vec{E}_i$ auf $\vec{k}_i$ senkrecht stehen, d.h. es gilt die Einschränkung

$$\vec{k}_i \cdot \vec{E} = 0 \qquad \Rightarrow \qquad k_{xi}\underline{E}_{xi} = -k_{yi}\underline{E}_{yi}. \tag{2}$$

b) Die Felder sind mit Stetigkeitsbedingungen auf der Trennebene $y = 0$ verknüpft. Damit die Stetigkeit der Felder in allen Punkten der Trennebene gewährleistet ist, muss zunächst $k_{x1} = k_{x2} = k_x$ sein. Danach genügt es, die Stetigkeit in einem einzigen Punkt zu fordern. Wir wählen den Koordinatenursprung zur Zeit $t = 0$.
I) Die Tangentialkomponente von $\vec{E}$ ist stetig: $\underline{E}_{x1} = \underline{E}_{x2} = \underline{E}_0 = 1\frac{V}{m}$. Daraus folgt mit (2)

$$\underline{E}_{yi} = -\frac{k_x}{k_{yi}}\underline{E}_0 = \frac{-k_x\underline{E}_0}{\sqrt{\omega^2\mu_0\varepsilon_i - k_x^2}}. \tag{3}$$

II) Die Normalkomponente von $\vec{D} = \varepsilon\vec{E}$ ist stetig: $\varepsilon_1\underline{E}_{y1} = \varepsilon_2\underline{E}_{y2}$. Setzen wir hier (3) ein, ergibt sich

$$\varepsilon_1 k_{y2} = \varepsilon_2 k_{y1}, \tag{4}$$

also letztlich eine Bestimmungsgleichung für k_x. Es folgt nämlich

$$k_x = \pm\omega\sqrt{\mu_0 \frac{\varepsilon_1\varepsilon_2}{\varepsilon_1 + \varepsilon_2}}. \tag{5}$$

III) Die Tangentialkomponente von $\vec{H}$ ist stetig: $\underline{H}_{z1} = \underline{H}_{z2}$. Setzen wir hier (1) ein, ergibt sich wiederum (4), d.h. die gleiche Restriktion für k_x. Durch Einsetzen von (3) in (1) folgt das $\vec{H}$-Feld

$$\vec{H}_i = -\Re\left(\underline{E}_0 \frac{\varepsilon_i}{k_{yi}} e^{j(\omega t - k_{xi}x - k_{yi}y)}\right)\vec{e}_z. \tag{6}$$

IV) Die Normalkomponente von $\vec{B}$ ist stetig: trivial!

c) Dieses Resultat wurde bereits in (5) angegeben.

d) Gemäß Tipp muss der Realteil von k_{yi} verschwinden. Es gilt

$$k_{yi} = \pm\sqrt{k_i^2 - k_x^2} = \pm\sqrt{\omega^2\mu_0\varepsilon_i - \omega^2\mu_0 \frac{\varepsilon_1\varepsilon_2}{\varepsilon_1 + \varepsilon_2}} = \pm\omega\varepsilon_i\sqrt{\frac{\mu_0}{\varepsilon_1 + \varepsilon_2}}.$$

Soll der Realteil von k_{yi} verschwinden, muss der Radikand negativ sein. Da ε_2 nach Voraussetzung positiv ist, gilt dann $-\varepsilon_1 > \varepsilon_2 =: \varepsilon_0\varepsilon_r$ oder

$$1 - \frac{\omega_p^2}{\omega^2} < -\varepsilon_r \quad \Rightarrow \omega < \frac{\omega_p}{\sqrt{1 + \varepsilon_r}}.$$

Falls ω von unten gegen diesen Wert strebt, gehen $k_x^2 \to \infty$ und $k_{yi}^2 \to -\infty$. ($k_1^2 = \mu_0\varepsilon_0(\omega^2 - \omega_p^2)$ bleibt endlich negativ und $k_2^2 = \omega^2\mu_0\varepsilon_2$ bleibt endlich positiv.) Dies bedeutet ein immer stärker oszillierendes Verhalten in x-Richtung: Die Wellenlänge in diese Richtung, $\lambda_x := \frac{2\pi}{k_x} \to 0$, wird beliebig klein, die Phasengeschwindigkeit $v_x := \frac{\omega}{k_x}$ ebenso. Dagegen ergibt sich in y-Richtung ein immer stärker abfallendes Verhalten, d.h. die Felder konzentrieren sich um die Grenzschicht. Man beachte, dass wegen (4) die Felder in beide y-Richtungen abnehmen!

Aufgabe 13.6.5:

a) Es gilt $|EMK| = |\frac{d\Phi}{dt}|$, wobei Φ der $\vec{B}$-Fluss durch die Schleifenfläche ist. Das induzierende $\vec{B}$-Feld ist nur in einer Fläche von $F = 200\,\text{cm}^2$ vorhanden und steht senkrecht auf dieser Fläche. Somit gilt $|\underline{\Phi}| = F|\vec{B}|$, und der Betrag der zeitlichen Ableitung ergibt sich zu $\omega|\underline{\Phi}|$ mit $\omega = 2\pi f$. Dies ergibt für die Amplitude der EMK:

$$EMK = 2\pi f F|\vec{B}| = 0.08\pi\,\text{V} \approx 0.251\,\text{V}.$$

b) Unter Vernachlässigung der Schleifeninduktivität beträgt die gesamte Impedanz der Schleife

$$Z_{\text{tot}} = R_K + 2Z = R_K + \frac{2R_z}{1 + j\omega R_z C} \approx 18.8 - j\cdot4.73\,\text{M}\Omega \quad \Rightarrow |Z_{\text{tot}}| \approx 19.4\,\text{M}\Omega.$$

Daraus ergibt sich die Amplitude des induzierten Stroms zu $I = |\underline{I}_{\text{ind}}| = EMK/|Z_{\text{tot}}| \approx 12.95\,\text{nA}$.

c) Das Voltmeter misst die Spannung U_v über den Erdungsimpedanzen, d.h. $\underline{U}_v = 2Z\underline{I}_{\text{ind}} \Rightarrow |U_v| = 2|Z|I \approx 0.251\,\text{V}$.

d) Am Kopf liegt nur die Spannung $\underline{U}_K = R_K \underline{I}_{ind}$, also

$$U_K = R_K I \approx 129.5\,\mu V.$$

e) Bei steigender Frequenz wächst die induzierte *EMK*, während die Erdungsimpedanzen abnehmen. Somit existiert eine kritische Grenzfrequenz. Es gilt allgemein $\underline{I}_{ind}(\omega) = \underline{EMK}/Z_{tot}$. Daraus ergibt sich die Gleichung

$$\begin{aligned}
I_{max} &= \omega_{max} F |\underline{B}| \left| \frac{1 + j\omega_{max} R_z C}{R_k + 2R_z + j\omega_{max} R_z R_k C} \right| \\
&= \omega_{max} F |\underline{B}| \sqrt{\frac{1 + \omega_{max}^2 R_z^2 C^2}{(R_k + 2R_z)^2 + \omega_{max}^2 R_z^2 R_k^2 C^2}}.
\end{aligned}$$

Diese Gleichung kann quadriert und dann zuerst nach ω_{max}^2 und schließlich nach f_{max} aufgelöst werden. Man erhält nach Einsetzen der numerischen Werte zuerst $\omega_{max}^2 \approx 2\cdot 10^{11}\,\frac{1}{s^2}$ und daraus $f_{max} \approx 71.2\,\text{kHz}$.

Aufgabe 13.6.6:
a) Mit $\vec{B} = \text{rot}\,\vec{A}$ folgt $\vec{B} = B_z(y)\vec{e}_z$, wobei $B_z = -\frac{\partial A_x}{\partial z} = a$. Somit: $\vec{B} = a\vec{e}_z$.
b) Wir integrieren $\vec{A}$ längs Γ und wenden den Stokes'schen Satz an. Weil $\vec{B}$ in der Grenzschicht nicht unendlich ist, folgt die Stetigkeit der Tangentialkomponente von $\vec{A}$, wie es in Unterabschnitt 6.3.3 für $\vec{E}$ erklärt ist. Es gilt also $\vec{A}\big|_{y=-d\to 0} = \vec{A}_+(0) = \vec{0}$.
NB: Die Normalkomponente von $\vec{A}$ muss auch stetig sein, was sich mit der Lorentz-Eichung $\text{div}\,A = -\mu\varepsilon\frac{\partial\varphi}{\partial t}$ und der Regularität des Potentials φ in der Grenzschicht ergibt.

Aufgabe 13.6.7:
a) Es müssen die Tangentialkomponenten von $\underline{\vec{E}}$ und die Normalkomponenten von $\underline{\vec{B}}$ verschwinden.
b) Der Würfel hat sechs Grenzflächen. Bei $x = 0$ und $x = a$ wird wegen $\sin 0 = \sin 2l\pi = 0$ sowie $\cos 0 = \cos 2l\pi = 1$

$$\vec{E}(0,y,z) = \vec{E}(a,y,z) = \begin{pmatrix} \underline{E}_0 \sin(k_y y)\sin(k_z z) \\ 0 \\ 0 \end{pmatrix},$$

bei $y = 0$ und $y = a$ gilt aus dem gleichen Grund ($\sin 2m\pi = 0$, $\cos 2m\pi = 1$)

$$\vec{E}(x,0,z) = \vec{E}(x,a,z) = \begin{pmatrix} 0 \\ \underline{E}_0 \sin(k_x x)\sin(k_z z) \\ 0 \end{pmatrix}$$

und bei $z = 0$ und $z = a$ findet man (mit $\sin 2n\pi = 0$, $\cos 2n\pi = 1$)

$$\vec{E}(x,y,0) = \vec{E}(x,y,a) = \begin{pmatrix} 0 \\ 0 \\ \underline{E}_0 \sin(k_x x)\sin(k_y y) \end{pmatrix}.$$

Die nicht verschwindenden Komponenten sind gerade die Normalkomponenten.

c) Es gilt die Maxwell-Gleichung rot $\underline{\vec{E}} = -j\omega\underline{\vec{B}}$. Daraus ergibt sich allgemein das folgende $\underline{\vec{B}}$-Feld:

$$\underline{\vec{B}}(x,y,z) = \frac{E_0}{-j\omega} \begin{pmatrix} (k_y - k_z)\sin(k_x x)\cos(k_y y)\cos(k_z z) \\ (k_z - k_x)\cos(k_x x)\sin(k_y y)\cos(k_z z) \\ (k_x - k_y)\cos(k_x x)\cos(k_y y)\sin(k_z z) \end{pmatrix}.$$

Auf den Grenzflächen gilt mit den Begründungen aus b) bei $x = 0$ und $x = a$:

$$\vec{B}(0,y,z) = \underline{\vec{B}}(a,y,z) = \frac{E_0}{-j\omega} \begin{pmatrix} 0 \\ (k_z - k_x)\sin(k_y y)\cos(k_z z) \\ (k_x - k_y)\cos(k_y y)\sin(k_z z) \end{pmatrix},$$

bei $y = 0$ und $y = a$:

$$\vec{B}(x,0,z) = \underline{\vec{B}}(x,a,z) = \frac{E_0}{-j\omega} \begin{pmatrix} (k_y - k_z)\sin(k_x x)\cos(k_z z) \\ 0 \\ (k_x - k_y)\cos(k_x x)\sin(k_z z) \end{pmatrix}.$$

und bei $z = 0$ und $z = a$:

$$\underline{\vec{B}}(x,y,0) = \underline{\vec{B}}(x,y,a) = \frac{E_0}{-j\omega} \begin{pmatrix} (k_y - k_z)\sin(k_x x)\cos(k_y y) \\ (k_z - k_x)\cos(k_x x)\sin(k_y y) \\ 0 \end{pmatrix}.$$

Man sieht, dass die Normalkomponenten verschwinden und somit auch $\underline{\vec{B}}$ die Randbedingungen erfüllt.

d) Es gilt div $\underline{\vec{E}} = \underline{0}$ sowie $(\Delta + k_0^2)\underline{\vec{E}} = \underline{\vec{0}}$. Setzt man das gegebene Feld in die erste Gleichung ein, ergibt sich

$$\text{div } \underline{\vec{E}} = -\underline{E}_0(k_x + k_y + k_z)\sin(k_x x)\sin(k_y y)\sin(k_z z) \overset{!}{=} \underline{0}.$$

Daraus folgt $k_x + k_y + k_z = 0$ oder auch $l + m + n = 0$. Die Helmholtz-Gleichung – in unserem Fall findet man mit (6.36) und (6.32) einfach $\Delta\vec{E} = -(k_x^2 + k_y^2 + k_z^2)\vec{E}$ – liefert die Beziehung $k_x^2 + k_y^2 + k_z^2 - k_0^2 = 0$. Somit kann man z.B. k_z eliminieren und erhält die Gleichung $2(k_x^2 + k_y^2 + k_x k_y) = k_0^2$, die auch mit l und m geschrieben werden kann: $l^2 + m^2 + lm = k_0^2 a^2/(8\pi^2)$. Bei gegebener Kantenlänge a ist rechts nur noch die in k_0 versteckte Kreisfrequenz ω variabel. Dies bedeutet, dass zu jedem Zahlenpaar (l, m) genau eine Kreisfrequenz gehört, eine so genannte Hohlraumresonanzfrequenz.

e) Mit den angegebenen Werten werden die Felder einfacher:

$$\underline{\vec{E}}(x,y,z) = \underline{\vec{E}}(x,y) = \begin{pmatrix} \underline{0} \\ \underline{0} \\ -\underline{E}_0\sin(\kappa x)\sin(\kappa y) \end{pmatrix},$$

$$\underline{\vec{B}}(x,y,z) = \underline{\vec{B}}(x,y) = \frac{\kappa \underline{E}_0}{j\omega} \begin{pmatrix} \sin(\kappa x)\cos(\kappa y) \\ -\cos(\kappa x)\sin(\kappa y) \\ 0 \end{pmatrix}.$$

Der zeitliche Mittelwert der elektromagnetischen Energiedichte ergibt sich gemäß Gleichung (C.50) (dort nur für den elektrischen Teil) zu

$$w(x, y, z) = \Re(\underline{w}_e + \underline{w}_m) = \frac{1}{4}\Re\left(\varepsilon_0\underline{\vec{E}} \cdot \underline{\vec{E}}^* + \frac{1}{\mu_0}\underline{\vec{B}} \cdot \underline{\vec{B}}^*\right).$$

Setzen wir die obigen Felder $\underline{\vec{E}}$ und $\underline{\vec{B}}$ ein, erhalten wir

$$w(x, y, z) = w(x, y)$$

$$= \frac{|\underline{E}_0|^2}{4}\left(\varepsilon_0 \sin^2(\kappa x)\sin^2(\kappa y)\right.$$

$$\left. + \frac{\kappa^2}{\mu_0\omega^2}\left(\sin^2(\kappa x)\cos^2(\kappa y) + \cos^2(\kappa x)\sin^2(\kappa y)\right)\right).$$

Die totale elektromagnetische Energie im Hohlraum muss zeitlich konstant sein, weil erstens die Normalkomponente des Poynting-Vektors $\vec{S} = \vec{E} \times \vec{H}$ auf dem Rand identisch verschwindet und somit kein Energieaustausch stattfindet und zweitens im Hohlraum keine Umwandlung in irgendeine andere Energieform möglich ist. Daher genügt es, den zeitlichen Mittelwert w zu integrieren. Man erhält

$$\underset{\text{Würfel}}{\iiint} w\, dV = a\int_0^a\int_0^a w(x, y)\, dx dy$$

$$= \frac{a^2|\underline{E}_0|^2}{8}\int_0^a\left(\varepsilon_0\sin^2(\kappa x) + \frac{\kappa^2}{\mu_0\omega^2}\left(\sin^2(\kappa x) + \cos^2(\kappa x)\right)\right)dx$$

$$= \frac{a^3|\underline{E}_0|^2}{16}\left(\varepsilon_0 + \frac{2\kappa^2}{\mu_0\omega^2}\right) = \varepsilon_0|\underline{E}_0|^2 a\left(\frac{a^2}{16} + \frac{\pi^2}{2k_0^2}\right).$$

Aufgabe 13.6.8:

a) Der Anteil des Stromes in einer Dreieckseite liefert ein Feld, das jeweils parallel zu einer Würfelkante ist. Wir nummerieren die Dreieckseiten folgendermaßen: 1. $\binom{a}{a}{a} - \binom{a}{0}{0}$; 2. $\binom{0}{0}{0} - \binom{0}{a}{0}$; 3. $\binom{0}{a}{0} - \binom{a}{a}{a}$ und nennen den Feldanteil der i-ten Seite $\vec{H}_i$. Die Beträge aller drei $\vec{H}_i$ sind gleich, sagen wir H. Dann gilt $\vec{H}_1 = \text{sgn}(I)H\vec{e}_x$, $\vec{H}_2 = -\text{sgn}(I)H\vec{e}_z$ und $\vec{H}_3 = \text{sgn}(I)H\vec{e}_y$. Das gesamte Feld zeigt somit in Richtung $\text{sgn}(I)\binom{1}{1}{1}$.

b) Wir betrachten die Anteile jeder Dreieckseite wiederum separat und finden mit analoger Notation wie in a), dass alle $\vec{E}_i$ den gleichen Betrag haben, hier einfacher $\sqrt{2}E$. Es gilt $\vec{E}_1 = \text{sgn}(Q)E\binom{0}{1}{-1}$, $\vec{E}_2 = \text{sgn}(Q)E\binom{1}{0}{0}$ und $\vec{E}_3 = \text{sgn}(Q)E\binom{1}{0}{-1}$. Damit weist das gesamte Feld ebenfalls in Richtung $\text{sgn}(Q)\binom{1}{1}{1}$.

c) Mit einem gewöhnlichen Material ist dies nicht möglich, denn eine homogene Ladungsverteilung auf dem Draht hat ein $\vec{E}$-Feld, das in Drahtrichtung nicht verschwindet, und die Komponente in Drahtrichtung variiert längs des Drahtes. Dies bedeutete – wir unterstellen das Zutreffen des Ohm'schen Gesetzes $\vec{J} = \sigma\vec{E}$ – einen örtlich variablen Gleichstrom, was wegen der Knotenregel nicht möglich ist. Etwas künstlich könnte man sich folgende Situation vorstellen: Der Draht besteht aus einer isolierenden Röhre, die eine homogen geladene, inkompressible und nicht leitende Flüssigkeit enthält, die im Kreis herumfließt. Dies ist allerdings kein „normales" Material.

d) Wir schreiben das Biot-Savart'sche Integral hin, werten nur den in a) so bezeichneten Teil $\vec{H}_1$ aus und benötigen den Einheitsvektor in Stromrichtung, $\vec{e}_I = \frac{1}{\sqrt{2}}\binom{0}{-1}{-1}$, den mit s

parametrisierten laufenden Punkt $\vec{r}' = \begin{pmatrix} a \\ a \\ a \end{pmatrix} + s\vec{e}_I$ und den festen Ortsvektor $\vec{r}_P = \begin{pmatrix} a \\ a \\ 0 \end{pmatrix}$ des Aufpunkts P:

$$\vec{H}_1(\vec{r}_P) = \frac{I}{4\pi} \int\limits_0^{a\sqrt{2}} \frac{\vec{e}_I \times (\vec{r}_P - \vec{r}')}{|\vec{r}_P - \vec{r}'|^3} \, ds.$$

Weiter wissen wir bereits, dass nur die x-Komponente berechnet werden muss, weil die übrigen Komponenten verschwinden – was auch formalrechnerisch zum Ausdruck kommt:

$$\vec{e}_I \times (\vec{r}_P - \vec{r}') = \frac{1}{\sqrt{2}} \begin{pmatrix} 0 \\ -1 \\ -1 \end{pmatrix} \times \begin{pmatrix} 0 \\ s/\sqrt{2} \\ s/\sqrt{2} - a \end{pmatrix} = \begin{pmatrix} a/\sqrt{2} \\ 0 \\ 0 \end{pmatrix}.$$

Der Nenner ergibt sich aus $|\vec{r}_P - \vec{r}'| = \sqrt{a^2 + s^2 - \sqrt{2}as}$ und wir erhalten das Integral

$$\vec{H}_1(\vec{r}_P) = \frac{I\vec{e}_x}{4\pi} \int\limits_0^{a\sqrt{2}} \frac{a \, ds}{\sqrt{2}\left(a^2 + s^2 - \sqrt{2}as\right)^{\frac{3}{2}}}$$

$$\underset{\substack{\uparrow \\ t = s - a/\sqrt{2}}}{=} \frac{I\vec{e}_x}{4\pi} \underbrace{\int\limits_{-a/\sqrt{2}}^{a/\sqrt{2}} \frac{a \, dt}{\sqrt{2}\left(\frac{a^2}{2} + t^2\right)^{\frac{3}{2}}}}_{= 2/a} = \frac{I\vec{e}_x}{2\pi a}. \qquad (*)$$

Das gesamte Feld in P lautet

$$\vec{H}_{\text{tot}}(\vec{r}_P) = \frac{I}{2\pi a} \begin{pmatrix} 1 \\ 1 \\ -1 \end{pmatrix} \Rightarrow |\vec{H}_{\text{tot}}(\vec{r}_P)| = \frac{|I|\sqrt{3}}{2\pi a}.$$

e) Jetzt muss statt des Integrals von Biot-Savart das Coulomb'sche Integral ausgewertet werden. Wir gehen analog vor wie in d) und berechnen zuerst den Anteil $\vec{E}_1$. Es gilt

$$\vec{E}_1(\vec{r}_P) = \frac{\lambda}{4\pi\varepsilon_0} \int\limits_0^{a\sqrt{2}} \frac{\vec{r}_P - \vec{r}'}{|\vec{r}_P - \vec{r}'|^3} \, ds.$$

Weil der Vektor $\vec{r}_P - \vec{r}'$ zwei nicht verschwindende Komponenten hat, müssen zwei Integrale berechnet werden. Wir machen die bereits oben angewendete symmetrierende Substitution $t = s - a/\sqrt{2}$ sofort und finden

$$\vec{r}_P - \vec{r}' = \frac{1}{\sqrt{2}} \begin{pmatrix} 0 \\ t + \frac{a}{\sqrt{2}} \\ t - \frac{a}{\sqrt{2}} \end{pmatrix}, \qquad |\vec{r}_P - \vec{r}'| = \sqrt{t^2 + \frac{a^2}{2}}.$$

Dies bedeutet, dass für jede Komponente zwei verschiedene Integrale ausgewertet werden müssen, eines mit t im Zähler, das andere mit $a/\sqrt{2}$. Das erste verschwindet, wie jedes Integral einer ungeraden Funktion über ein symmetrisches Intervall. Das zweite ist bis auf einen hier zusätzlichen Faktor $\sqrt{2}$ im Nenner gleich dem Integral $(*)$ in d) und somit auch bekannt. Wir brauchen nur noch die Konstanten davorzusetzen und finden

$$\vec{E}_1(\vec{r}_{\mathrm{P}}) = \frac{\lambda\sqrt{2}}{4\pi\varepsilon_0 a} \begin{pmatrix} 0 \\ 1 \\ -1 \end{pmatrix}. \tag{**}$$

Das totale elektrische Feld in P lautet mit Blick auf die Ausführungen in b) – die dortige Größe E ist gleich dem Betrag des Faktors vor dem Vektor in (**) –

$$\vec{E}_{\mathrm{tot}}(\vec{r}_{\mathrm{P}}) = \frac{\lambda\sqrt{2}}{2\pi\varepsilon_0 a} \begin{pmatrix} 1 \\ 1 \\ -1 \end{pmatrix} \Rightarrow |\vec{E}_{\mathrm{tot}}(\vec{r}_{\mathrm{P}})| = \frac{|\lambda|\sqrt{6}}{2\pi\varepsilon_0 a} = \frac{|Q|}{2\pi\varepsilon_0\sqrt{3}a^2}.$$

Aufgabe 13.6.9:

a) In der Platte gelten die Maxwell-Gleichungen $\operatorname{rot}\underline{\vec{E}} = -j\omega\mu\underline{\vec{H}}$ und $\operatorname{rot}\underline{\vec{H}} = (\sigma + j\omega\varepsilon)\underline{\vec{E}}$. In kartesischen Koordinaten und unter Berücksichtigung der Voraussetzungen $\frac{\partial}{\partial x} = \frac{\partial}{\partial y} = 0$, $\underline{H}_x = \underline{H}_z = \underline{0}$ bleiben als einzige nicht triviale Gleichungen: (1): $-\frac{\partial \underline{E}_y}{\partial z} = \underline{0}$, (2): $\frac{\partial \underline{E}_x}{\partial z} = -j\omega\mu\underline{H}$, (3): $-\frac{\partial \underline{H}}{\partial z} = (\sigma + j\omega\varepsilon)\underline{E}_x$ und (4): $\underline{E}_y = \underline{E}_z = \underline{0}$.
Wir finden aus (3) zunächst

$$\underline{E}_x = \frac{-1}{\sigma + j\omega\varepsilon}\frac{\partial \underline{H}}{\partial z} = \frac{-\kappa}{\sigma + j\omega\varepsilon}(\underline{H}^+ e^{\kappa z} - \underline{H}^- e^{-\kappa z}).$$

Setzen wir dies in (2) ein, folgt

$$\frac{\partial \underline{E}_x}{\partial z} = \frac{-\kappa^2}{\sigma + j\omega\varepsilon}\underbrace{(\underline{H}^+ e^{\kappa z} + \underline{H}^- e^{-\kappa z})}_{=\underline{H}} = -j\omega\mu\underline{H},$$

also

$$\kappa^2 = j\omega\mu(\sigma + j\omega\varepsilon) = -\omega\mu(\omega\varepsilon - j\sigma) = -k^2.$$

Der Parameter κ ist somit gleich der j-fachen Wellenzahl k des Plattenmaterials.
b) Es muss gelten: $\underline{H}(+\frac{d}{2}) = \underline{H}(-\frac{d}{2})$, d.h. $\underline{H}^+ e^{+\frac{\kappa d}{2}} + \underline{H}^- e^{-\frac{\kappa d}{2}} = \underline{H}^+ e^{-\frac{\kappa d}{2}} + \underline{H}^- e^{+\frac{\kappa d}{2}}$ oder einfach $\underline{H}^+ = \underline{H}^-$.
c) Es gilt unter Berücksichtigung der Ergebnisse von a) und b)

$$\underline{\vec{E}} = \underline{H}^+ \frac{-\sqrt{-\omega\mu(-j\sigma + \omega\varepsilon)}}{j(-j\sigma + \omega\varepsilon)}(e^{-jkz} - e^{jkz})\vec{e}_x = 2j\underline{H}^+ \underbrace{\sqrt{\frac{\omega\mu}{-j\sigma + \omega\varepsilon}}}_{=Z_w}\sin(kz)\vec{e}_x.$$

Daraus ergibt sich mit dem Ohm'schen Gesetz die Stromdichte

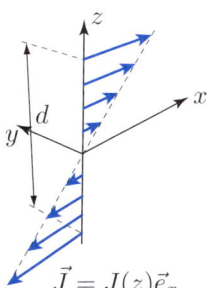

$$\vec{\underline{J}} = \sigma\vec{\underline{E}} = 2j\sigma\underline{H}^{+}Z_{\mathrm{w}}\sin(kz)\vec{e}_x$$

$$\underset{\underset{\sin(kz)\approx kz}{\uparrow}}{\approx} \quad 2j\sigma\underline{H}^{+}\underbrace{Z_{\mathrm{w}}k}_{=\omega\mu}z\vec{e}_x$$

$$= 2j\omega\mu\sigma\underline{H}^{+}z\vec{e}_x.$$

$$\vec{\underline{J}} = \underline{J}(z)\vec{e}_x$$

d) Die Joule'sche Leistungsdichte ist $\underline{p}_{\mathrm{j}} = \frac{1}{2}\vec{\underline{E}}\cdot\vec{\underline{J}}^{*} = \frac{\sigma}{2}|\vec{\underline{E}}|^2$ bezeichnet die Leistungsdichte pro Volumen. Sie ist reell und damit gleich dem zeitlichen Mittelwert der zugehörigen Zeitfunktion. Da die *SAR* die Leistung pro Masse darstellt, muss durch die Massendichte ρ_{P} dividiert werden:

$$SAR = \frac{\underline{p}_{\mathrm{j}}}{\rho_{\mathrm{P}}} = \frac{\sigma}{2\rho_{\mathrm{P}}}|\vec{\underline{E}}|^2 \approx \frac{2\sigma\omega^2\mu^2}{\rho_{\mathrm{P}}}|\underline{H}^{+}|^2 z^2.$$

Aufgabe 13.6.10:

a) Das gegebene Feld ist identisch mit dem Feld von Aufgabe 13.2.2 d). In deren Lösung ist gezeigt, dass die Spitze von $\vec{E}(t)$ einen parallel zur Ebene $z = 0$ liegenden Kreis mit Radius $|\underline{E}_0|$ beschreibt.

b) Die Amplituden sind $\vec{\underline{E}}_{01} = (\underline{E}_0, \underline{0}, \underline{0})^{\mathrm{T}}$ und $\vec{\underline{E}}_{02} = (\underline{0}, -j\underline{E}_0, \underline{0})^{\mathrm{T}}$ und die Wellenvektoren sind beide gleich $\vec{k}$.

c) Die tangentialen $\vec{\underline{E}}$-Feldkomponenten müssen stetig sein, ebenso das normale $\vec{\underline{D}}$-Feld. Das letztere verschwindet, weil es schon in der Anregung fehlt. Somit hat $\vec{\underline{E}}$ auch im Material nur eine x- bzw. eine y-Komponente.

d) Das Verhalten ist genau gleich wie dasjenige von Ebenen Wellen in einem isotropen Medium mit geeigneter Permittivität. Die x-polarisierte Welle ist proportional zu $e^{-jk_{\mathrm{x}}z}$ und die y-polarisierte Welle ist proportional zu $e^{-jk_{\mathrm{y}}z}$, wobei die Wellenzahlen den Gleichungen $k_{\mathrm{x}} = \omega\sqrt{\mu_0\varepsilon_{\mathrm{x}}}$ und $k_{\mathrm{y}} = \omega\sqrt{\mu_0\varepsilon_{\mathrm{y}}}$ genügen.[7]

e) Es gilt

$$\vec{\underline{E}}\Big|_{z=d} = e^{-jk_{\mathrm{x}}d}\begin{pmatrix} \underline{E}_x\big|_{z=0} \\ e^{-j(k_{\mathrm{y}}-k_{\mathrm{x}})d}\underline{E}_y\big|_{z=0} \\ \underline{0} \end{pmatrix}.$$

Dies bedeutet, dass die y-Komponente eine zusätzliche Phasendrehung von

$$\psi = (k_{\mathrm{y}} - k_{\mathrm{x}})d = \underbrace{k_0\cdot d}_{=\frac{2\pi d}{\lambda}}\frac{\sqrt{\varepsilon_{\mathrm{y}}} - \sqrt{\varepsilon_{\mathrm{x}}}}{\sqrt{\varepsilon_0}} = 2\pi(\sqrt{1.96} - \sqrt{1.32}) \approx \frac{\pi}{2}$$

erfährt. Bei geeigneter Schichtdicke kann die in der Anregung vorhandene Phasendrehung gerade so verändert werden, dass die beiden Komponenten der Welle nach dem Passieren der Schicht in Phase sind. In unserem Fall beträgt der Faktor $e^{-j\frac{\pi}{2}} = -j$. Somit wird die alte Amplitude bei $z = 0$, $(\underline{E}_0, -j\underline{E}_0, \underline{0})^{\mathrm{T}}$ zur neuen Amplitude bei $z = d$,

---

7 Man beachte, dass k_{x} und k_{y} *keine* Komponenten eines Wellen*vektors* sind. Solche Komponenten würden mit k_x und k_y, d.h. mit „italics"-Indices bezeichnet!

$(\underline{E}_0, -\underline{E}_0, \underline{0})^{\mathrm{T}}$. Die zugehörige Spitze von $\vec{E}(t)$ bewegt sich jetzt sinusoidal auf einer Geraden parallel zum Vektor $(1, -1, 0)$ und der maximale Betrag der Feldstärke erhöht sich um den Faktor $\sqrt{2}$ auf $\sqrt{2}|\underline{E}_0|$.

Aufgabe 13.6.11:
a) Auf leitenden Wänden muss $\vec{E}$ senkrecht stehen und $\vec{H}$ muss tangential weisen. Somit gilt auf den senkrechten Wänden $\underline{E}_x = \underline{E}_y = \underline{0}$ und $\underline{H}_z = \underline{0}$. Auf den waagrechten Wänden gilt $\underline{E}_x = \underline{E}_z = \underline{0}$ und $\underline{H}_y = \underline{0}$.
b) Es gelten rot $\vec{E} = -j\mu\omega\vec{H}$, rot $\vec{H} = j\omega\varepsilon\vec{E}$, div $\vec{E} = \underline{0}$ und div $\vec{H} = \underline{0}$. In kartesischen Koordinaten wird daraus wegen $\frac{\partial}{\partial x} = \frac{\partial}{\partial y} = 0$ das System

$$-\frac{\partial \underline{E}_y}{\partial z} = -j\omega\mu\underline{H}_x, \qquad \frac{\partial \underline{E}_x}{\partial z} = -j\omega\mu\underline{H}_y, \qquad \underline{0} = -j\omega\mu\underline{H}_z,$$

$$-\frac{\partial \underline{H}_y}{\partial z} = j\omega\varepsilon\underline{E}_x, \qquad \frac{\partial \underline{H}_x}{\partial z} = j\omega\varepsilon\underline{E}_y, \qquad \underline{0} = j\omega\varepsilon\underline{E}_z,$$

$$\frac{\partial \underline{E}_z}{\partial z} = \underline{0}, \qquad\qquad \frac{\partial \underline{H}_z}{\partial z} = \underline{0}.$$

Dies bedeutet, dass alle z-Komponenten verschwinden.
c) Gemäß b) dürfen nur $\underline{E}_x$, $\underline{E}_y$, $\underline{H}_x$ und $\underline{H}_y$ von null verschieden sein. Wenn wir $\underline{E}_x = \underline{0}$ setzen, folgt aus b) auch $\underline{H}_y = \underline{0}$. Die anderen beiden Feldkomponenten sind nicht mit diesen verkoppelt. Somit bleibt das Gleichungspaar

$$-\frac{\partial \underline{E}_y}{\partial z} = -j\omega\mu\underline{H}_x, \qquad \frac{\partial \underline{H}_x}{\partial z} = j\omega\varepsilon\underline{E}_y \qquad\qquad (*)$$

übrig. Dieses könnte nichttriviale Lösungen $\underline{H}_x$, $\underline{E}_y$ haben.
d) Wir suchen eine Lösung mit $\underline{H}_x$ und $\underline{E}_y$. Dann muss nur noch auf den senkrechten Wänden $\underline{E}_y = \underline{0}$ beachtet werden. Alle anderen Randbedingungen sind trivialerweise erfüllt.
e) Die erste Gleichung (*) wird nach z abgeleitet. Dann kann die zweite Gleichung (*) in jene eingesetzt werden, und es bleibt

$$\frac{\partial^2 \underline{E}_y}{\partial z^2} + \omega^2\mu\varepsilon\underline{E}_y = \underline{0}.$$

Dies ist eine harmonische Differentialgleichung mit der allgemeinen Lösung $\underline{E}_y(z) = \underline{a}\sin kz + \underline{b}\cos kz$ mit $k = \omega\sqrt{\mu\varepsilon}$. Noch zu bestimmen sind die Amplituden $\underline{a}$ und $\underline{b}$ sowie die Kreisfrequenz ω.
f) Die Randbedingungen lauten $\underline{E}_y(0) = \underline{E}_y(z_0) = 0$. Die erste Bedingung liefert $\underline{b} = \underline{0}$, die zweite $\sin kz_0 = 0$ bzw. $kz_0 = n\pi$, wobei n eine natürliche Zahl darstellt. Diese Gleichung kann mit geeigneten Werten von ω befriedigt werden. Die so genannten *Resonanzfrequenzen* sind

$$\omega_n = \frac{n\pi}{z_0\sqrt{\mu\varepsilon}}.$$

Man beachte, dass die Amplitude $\underline{a}$ beliebig ist.

Aufgabe 13.6.12:

a) Es gilt $\vec{\alpha} = \varsigma\vec{v}$, wobei $\vec{v} = v(\rho)\cdot\vec{e}_\phi = \omega\rho\cdot\vec{e}_\phi$ die Geschwindigkeit der Ladung bedeutet. Somit ist

$$\vec{\alpha} = \begin{cases} \varsigma_0\omega\frac{r_i^2}{\rho}\vec{e}_\phi & \text{falls } r_i < \rho < r_a, \ z = 0 \\ \vec{0} & \text{sonst} \end{cases}$$

b) Es gilt im ganzen Raum $E_\phi = 0$ sowie $\frac{\partial E_\rho}{\partial \phi} = 0$, $\frac{\partial E_z}{\partial \phi} = 0$. Auf der z-Achse gilt zusätzlich $E_\rho = 0$.

c) Außerhalb des Bereiches $r_i < \rho < r_a$ gilt $E_z = 0$, innerhalb gilt $E_z^\pm = \pm\frac{\varsigma(\rho)}{2\varepsilon_0}$, wobei das obere Vorzeichen „oben" ($z > 0$) und das untere Vorzeichen „unten" ($z < 0$) bedeutet.

d)

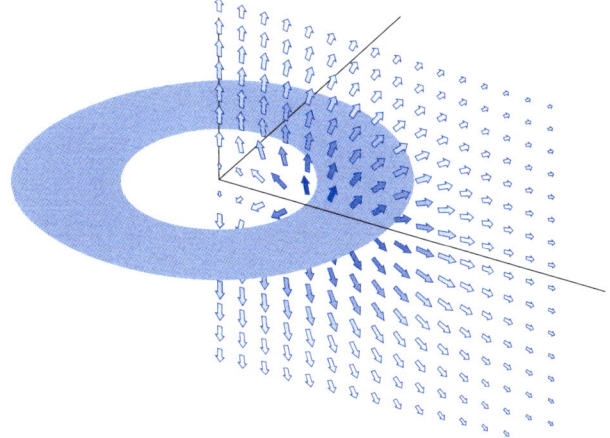

e) Es gilt im ganzen Raum $H_\phi = 0$ sowie $\frac{\partial H_\rho}{\partial \phi} = 0$, $\frac{\partial H_z}{\partial \phi} = 0$. Auf der z-Achse gilt zusätzlich $H_\rho = 0$.

f)

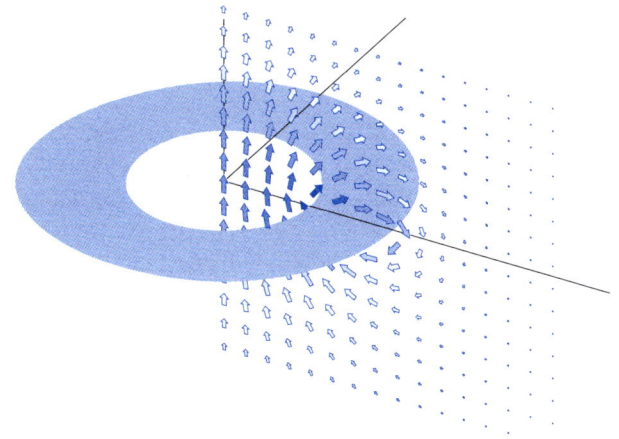

g) Das Integral von Biot-Savart lautet in diesem Fall

$$\vec{H}(\vec{r}) = \frac{1}{4\pi} \int\limits_{\rho'=r_i}^{r_a} \int\limits_{\phi'=0}^{2\pi} \frac{\vec{\alpha}(\rho') \times (\vec{r} - \vec{r}')}{|\vec{r} - \vec{r}'|^3} \rho' d\phi' d\rho'. \tag{$*$}$$

h) Auf der z-Achse vereinfacht sich das Integral $(*)$, weil dort der Abstand $|\vec{r} - \vec{r}'| = \sqrt{\rho'^2 + z^2}$ nicht von ϕ' abhängt und nur die (kartesische) z-Komponente von $\vec{H}$ nicht verschwindet. Konkret gelten (in kartesischen Komponenten)

$$\vec{r} = \begin{pmatrix} 0 \\ 0 \\ z \end{pmatrix}, \quad \vec{r}' = \begin{pmatrix} \rho' \cos \phi' \\ \rho' \sin \phi' \\ 0 \end{pmatrix}, \quad \vec{\alpha}(\rho') = \varsigma_0 \omega \frac{r_i^2}{\rho'} \begin{pmatrix} -\sin \phi' \\ \cos \phi' \\ 0 \end{pmatrix}$$

$$\Rightarrow \quad \vec{\alpha} \times (\vec{r} - \vec{r}') = \varsigma_0 \omega \frac{r_i^2}{\rho'} \begin{pmatrix} z \cos \phi' \\ z \sin \phi' \\ \rho' \end{pmatrix}.$$

Für die z-Komponente bleibt das Integral

$$H_z(z) = \frac{1}{4\pi} \int\limits_{\rho'=r_i}^{r_a} \int\limits_{\phi'=0}^{2\pi} \varsigma_0 \omega \frac{r_i^2}{\rho'} \frac{\rho'}{(\rho'^2 + z^2)^{\frac{3}{2}}} \rho' d\phi' d\rho' = \frac{\varsigma_0 \omega r_i^2}{2} \int\limits_{\rho'=r_i}^{r_a} \frac{\rho'}{(\rho'^2 + z^2)^{\frac{3}{2}}} d\rho'$$

$$= \frac{\varsigma_0 \omega r_i^2}{2} \left(\frac{1}{\sqrt{r_i^2 + z^2}} - \frac{1}{\sqrt{r_a^2 + z^2}} \right).$$

Aufgabe 13.6.13:
a) Die Ladungserhaltungsgleichung $\operatorname{div} \vec{J} = -\frac{\partial \rho}{\partial t}$ lautet in unserem Fall $\frac{\partial(\rho J_\rho)}{\partial \rho} = 0$. Daraus ergibt sich $J_\rho(\rho) = K_1 \frac{1}{\rho}$.
b) Es gilt $I = J_\rho(\rho) \cdot 2\pi \rho \cdot l = K_1 2\pi l$, also $K_1 = \frac{I}{2\pi l}$.
c) Es gilt $\vec{J} = \varrho(\rho) \cdot v(\rho) \vec{e}_\rho$.
d) Die kinetische Energie eines Elektrons ist $W_{\text{kin}} = \frac{1}{2} m_e v^2$ mit der Elektronenmasse m_e, die potentielle Energie $W_{\text{pot}} = e^- \varphi$ mit der Elektronenladung e^-. Die Summe dieser Energien ist konstant gleich W_0. Somit gilt $v^2 = \frac{2}{m_e}(W_0 - e^- \varphi)$ oder

$$v(\rho) = \sqrt{\frac{2}{m_e}\left(W_0 - e^- \varphi(\rho)\right)} = K\sqrt{\varphi(\rho) - \varphi_0},$$

mit $K = \sqrt{-\frac{2}{m_e} e^-}$ und $\varphi_0 = \frac{W_0}{e^-}$. Damit die Geschwindigkeit reell bleibt, muss offenbar $\varphi(\rho) > \varphi_0$ gelten.
e) Aus den Ergebnissen von a) und b) ergibt sich $\frac{K_1}{\rho} = \varrho(\rho) \cdot v(\rho)$. Wir ersetzen K_1 mit dem Ergebnis von c) und v mit jenem von d) und finden $\frac{I}{2\pi l \rho} = \varrho(\rho) \cdot K\sqrt{\varphi(\rho) - \varphi_0}$ oder

$$\varrho(\rho) = \frac{I}{2\pi I K \rho \sqrt{\varphi(\rho) - \varphi_0}}.$$

f) Es gilt die Poisson-Gleichung $\Delta \varphi = -\frac{\varrho}{\varepsilon_0}$. In unserem Fall lautet sie, wenn wir den Strich $'$ für die Ableitung nach dem einzigen Argument ρ verwenden:

$$\frac{\partial^2 \varphi}{\partial \rho^2} + \frac{1}{\rho}\frac{\partial \varphi}{\partial \rho} = -\frac{\varrho}{\varepsilon_0} = -\frac{I}{2\pi l K \varepsilon \rho \sqrt{\varphi - \varphi_0}}.$$

g) Einsetzen des Ansatzes in die Poisson-Gleichung liefert

$$A \cdot p(p-1)\rho^{p-2} + A \cdot p\rho^{p-2} = -\frac{I}{2\pi l K \varepsilon_0 \rho \sqrt{A\rho^p + C - \varphi_0}}. \qquad (*)$$

Der Radius ρ muss rechts und links in der gleichen Potenz erscheinen. Dies ist nur möglich, wenn erstens $C = \varphi_0$ gesetzt wird und zweitens $p - 2 = -(1 + \frac{p}{2})$, also $p = \frac{2}{3}$ gilt. Setzen wir dies in $(*)$ ein, folgt

$$\frac{4}{9}A^{\frac{3}{2}} = -\frac{I}{2\pi l K \varepsilon_0} \quad \Rightarrow \quad A = \left(\frac{-9I}{8\pi l K \varepsilon_0}\right)^{\frac{2}{3}}.$$

h) Es gilt

$$U(I) = \varphi(r_a) - \varphi(r_i) = A(r_a^p - r_i^p) = \underbrace{\left(\frac{9}{8\pi l K \varepsilon_0}\right)^{\frac{2}{3}}(r_a^{\frac{2}{3}} - r_i^{\frac{2}{3}})}_{=:B} \cdot I^{\frac{2}{3}} = B \cdot I^{\frac{2}{3}}.$$

Wegen der in d) gefundenen Einschränkung kann die Spannung nur positiv sein.

Aufgabe 13.6.14:

a) Strom kann nur in den leitfähigen Materialien fließen und somit wegen der Homogenität des Feldes nur in Längsrichtung des Kabels. (Andernfalls würden sich an den Grenzen zum Dielektrikum Ladungen anhäufen!) Wir nennen diese Richtung z-Richtung und sagen $\vec{J}_{Cu} = J_{Cu}\vec{e}_z$, $\vec{J}_{Ag} = J_{Ag}\vec{e}_z$, $\vec{J}_{Fe} = J_{Fe}\vec{e}_z$ und $\vec{J}_{Cr} = J_{Cr}\vec{e}_z$, wobei die Vorzeichen von J_{Cu} und J_{Ag} gleich sind, aber entgegengesetzt den Vorzeichen von J_{Fe} und J_{Cr}.
b) In jedem Material gilt das Ohm'sche Gesetz $\vec{J} = \sigma\vec{E}$. An den angegebenen Grenzen gibt es nur zur Grenze tangentiale $\vec{E}$-Felder. Diese müssen stetig sein. Somit gelten

$$\frac{J_{Cu}}{\sigma_{Cu}} = \frac{J_{Ag}}{\sigma_{Ag}}, \qquad \frac{J_{Fe}}{\sigma_{Fe}} = \frac{J_{Cr}}{\sigma_{Cr}}. \qquad (*)$$

c) Wir wählen den Zählpfeil des Stromes in z-Richtung und nehmen an, der Strom I fließe im Innenleiter. Dann fließt im Außenleiter der Strom $-I$. Natürlich gilt $\vec{J}_{Teflon} = \vec{J}_{Luft} = \vec{0}$. Die Querschnittsflächen der übrigen Materialien betragen

$$F_{Cu} = r_1^2\pi, \ F_{Ag} = (r_2^2 - r_1^2)\pi, \ F_{Fe} = (r_4^2 - r_3^2)\pi, \ F_{Cr} = (r_5^2 - r_4^2)\pi,$$

und die zugehörigen Teilströme sind

$$I_{Cu} = F_{Cu}J_{Cu}, \ I_{Ag} = F_{Ag}J_{Ag}, \ I_{Fe} = F_{Fe}J_{Fe}, \ I_{Cr} = F_{Cr}J_{Cr}. \qquad (**)$$

Weiter gilt $I_{Cu} + I_{Ag} = I$ und $I_{Fe} + I_{Cr} = -I$. Mit $(*)$ und $(**)$ ergibt sich schließlich

$$J_{\text{Cu}} = \frac{I\sigma_{\text{Cu}}}{F_{\text{Ag}}\sigma_{\text{Ag}} + F_{\text{Cu}}\sigma_{\text{Cu}}} = 0.707355[\tfrac{\text{A}}{\text{mm}^2}] \Rightarrow I_{\text{Cu}} = 0.711111[\text{A}],$$

$$J_{\text{Ag}} = \frac{I\sigma_{\text{Ag}}}{F_{\text{Ag}}\sigma_{\text{Ag}} + F_{\text{Cu}}\sigma_{\text{Cu}}} = 0.62876[\tfrac{\text{A}}{\text{mm}^2}] \Rightarrow I_{\text{Ag}} = 0.288889[\text{A}],$$

$$J_{\text{Fe}} = \frac{-I\sigma_{\text{Fe}}}{F_{\text{Fe}}\sigma_{\text{Fe}} + F_{\text{Cr}}\sigma_{\text{Cr}}} = -0.097583[\tfrac{\text{A}}{\text{mm}^2}] \Rightarrow I_{\text{Fe}} = -0.321894[\text{A}],$$

$$J_{\text{Cr}} = \frac{-I\sigma_{\text{Cr}}}{F_{\text{Fe}}\sigma_{\text{Fe}} + F_{\text{Cr}}\sigma_{\text{Cr}}} = -0.553456[\tfrac{\text{A}}{\text{mm}^2}] \Rightarrow I_{\text{Cr}} = -0.678106[\text{A}].$$

d) Der Spannungsabfall am Innenleiter ist $U_{\text{i}} = E_{\text{i}}l = \frac{J_{\text{Cu}}}{\sigma_{\text{Cu}}}l = \frac{J_{\text{Ag}}}{\sigma_{\text{Ag}}}l = 11.2279\,\text{mV}$, und der Spannungsabfall am Außenleiter beträgt $U_{\text{a}} = -E_{\text{a}}l = -\frac{J_{\text{Fe}}}{\sigma_{\text{Fe}}}l = -\frac{J_{\text{Cr}}}{\sigma_{\text{Cr}}}l = 14.5646\,\text{mV}$. Das Minuszeichen wurde eingeführt, weil die beiden Leiter des Kabels als Schleife aufgefasst werden. Der gesamte Widerstand ist

$$R = \frac{U_{\text{i}} + U_{\text{a}}}{I} = \frac{l}{F_{\text{Ag}}\sigma_{\text{Ag}} + F_{\text{Cu}}\sigma_{\text{Cu}}} + \frac{l}{F_{\text{Fe}}\sigma_{\text{Fe}} + F_{\text{Cr}}\sigma_{\text{Cr}}} \approx 25.8\,\text{m}\Omega.$$

Ebenso zum Ziel geführt hätte die elementare Formel $R_{\text{material}} = \frac{l}{\sigma F_{\text{material}}}$, die für jeden Leiter separat angesetzt wird. Danach werden R_{Cu} und R_{Ag} sowie R_{Fe} und R_{Cr} paarweise parallel und die Ergebnisse in Serie geschaltet.

e) Die Magnetfeldlinien sind aus Symmetriegründen konzentrische Kreise. Wenn wir ein Zylinderkoordinatensystem mit der Kabelachse als z-Achse einführen, wird $\vec{H} = H_\phi(\rho)\vec{e}_\phi$.

f) Mit den Ergebnissen des Beispiels (3.3) und der Übungsaufgabe 3.3.3.1 b) kann das gesamte Feld als Überlagerung der Anteile der Stromverteilungen in jedem Material dargestellt werden. Allgemein ergibt sich aus dem Ampère'schen Gesetz

$$H_\phi(\rho) = \frac{I(\rho)}{2\pi\rho},$$

wobei $I(\rho)$ der gesamte Strom innerhalb des Kreises mit Radius ρ ist. Somit gilt

$$H_\phi(\rho) = \begin{cases} \dfrac{J_{\text{Cu}}\rho}{2} & \text{falls } \rho < r_1 \\[2mm] \dfrac{I_{\text{Cu}}}{2\pi\rho} + J_{\text{Ag}}\dfrac{\rho^2 - r_1^2}{2\rho} & \text{falls } r_1 \le \rho < r_2 \\[2mm] \dfrac{I}{2\pi\rho} & \text{falls } r_2 \le \rho < r_3 \\[2mm] \dfrac{I}{2\pi\rho} + J_{\text{Fe}}\dfrac{\rho^2 - r_3^2}{2\rho} & \text{falls } r_3 \le \rho < r_4 \\[2mm] \dfrac{I + I_{\text{Fe}}}{2\pi\rho} + J_{\text{Cr}}\dfrac{\rho^2 - r_4^2}{2\rho} & \text{falls } r_4 \le \rho < r_5 \\[2mm] 0 & \text{falls } \rho \ge r_5 \end{cases} \qquad (***)$$

Gefragt waren nur die beiden Bereiche innerhalb $r_2 \le \rho < r_4$!

g) Die analytische Darstellung des Verlaufs ist in (***)) gegeben. In unserem Fall ergibt sich mit den gegebenen Zahlenwerten die folgende Kurve $H_\phi(\rho)$ (ρ in mm, H_ϕ in A/m):

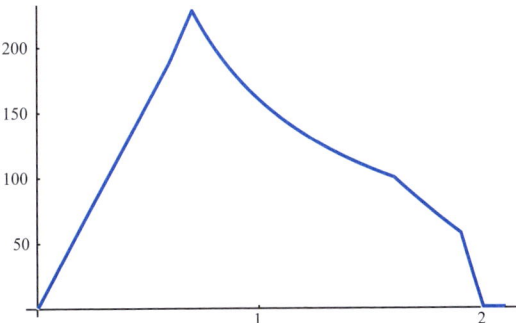

h) Eine analytische Darstellung des Verlaufs kann leicht aus (***)) und

$$w_\mathrm{m}(\rho) = \frac{\mu_0 \mu_\mathrm{r}}{2} |\vec{H}|^2 = \frac{\mu_0 \mu_\mathrm{r}}{2} |H_\phi(\rho)|^2$$

gewonnen werden. In unserem Fall ergibt sich mit den gegebenen Zahlenwerten die folgende Kurve $w_\mathrm{m}(\rho)$ (ρ in mm, w_m in $\frac{\mathrm{mJ}}{\mathrm{m}^3}$):

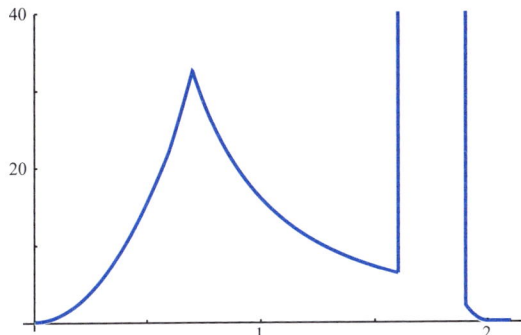

Der Bereich im Eisen (1.6 mm $< \rho <$ 1.9 mm) ist 1000-mal größer. Der Maximalwert bei $\rho = 1.6$ mm beträgt 6217 $\frac{\mathrm{mJ}}{\mathrm{m}^3}$, bei $\rho = 1.9$ mm noch 2027 $\frac{\mathrm{mJ}}{\mathrm{m}^3}$.

i) Die Induktivität L ist mit der magnetischen Feldenergie $W_\mathrm{m} = \frac{1}{2} \iiint \mu |\vec{H}|^2 \, dV$ verknüpft: $L = \frac{2W_\mathrm{m}}{I^2}$. Um einen visuellen Eindruck der Energieverteilung in Funktion von ρ zu bekommen, muss der Verlauf $w_\mathrm{m}(\rho)$ noch mit ρ multipliziert werden. Dann entspricht die Fläche unter der Kurve gerade dem jeweiligen Energieinhalt. Die unten stehende Grafik zeigt den Verlauf $\rho \cdot w_\mathrm{m}(\rho)$ (ρ in mm, $\rho \cdot w_\mathrm{m}$ in $\mu \frac{\mathrm{J}}{\mathrm{m}^2}$). Die Werte im Eisen sind auch hier tausendmal größer: Bei $\rho = 1.6\,\text{mm}$ sind es $9947\,\frac{\mu J}{m^2}$, bei $\rho = 1.9\,\text{mm}$ noch $3852\,\frac{\mu J}{m^2}$. Die Energien können für jeden Bereich auch analytisch ausgerechnet werden:

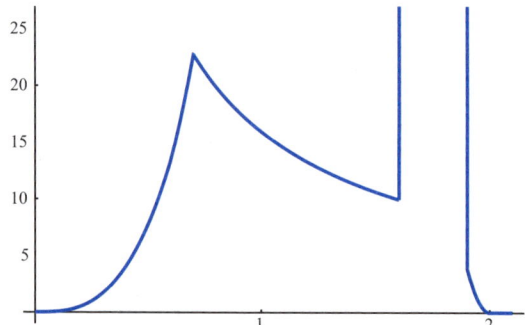

Die Energien W_{Cu}, W_{Ag} und W_{Cr} sind in der Aufgabenstellung nicht gefragt. Wir geben sie der Vollständigkeit halber trotzdem an:

$$W_{\text{Cu}} = \pi l \mu_0 \int_0^{r_1} H_{\phi\,\text{Cu}}^2 \rho\, d\rho = \frac{\pi l \mu_0 J_{\text{Cu}}^2}{4} \int_0^{r_1} \rho^3\, d\rho = \frac{\pi l \mu_0 J_{\text{Cu}}^2 r_1^4}{16}$$

$$= \frac{l\mu_0 I^2}{16\pi} \frac{r_1^4 \sigma_{\text{Cu}}^2}{\left((r_2^2 - r_1^2)\sigma_{\text{Ag}} + r_1^2\sigma_{\text{Cu}}\right)^2} = 12.642\,\text{nJ}$$

$$W_{\text{Ag}} = \frac{\pi l \mu_0}{4} \int_{r_1}^{r_2} \left(\frac{I_{\text{Cu}}}{\pi} + J_{\text{Ag}}(\rho^2 - r_1^2)\right)^2 \frac{1}{\rho}\, d\rho$$

$$= \frac{l\mu_0 I^2}{16\pi} \frac{(r_2^2 - r_1^2)\sigma_{\text{Ag}}\left((r_2^2 - 3r_1^2)\sigma_{\text{Ag}} + 4r_1^2\sigma_{\text{Cu}}\right) + 4r_1^4(\sigma_{\text{Ag}} - \sigma_{\text{Cu}})^2 \ln\frac{r_2}{r_1}}{\left((r_2^2 - r_1^2)\sigma_{\text{Ag}} + r_1^2\sigma_{\text{Cu}}\right)^2}$$

$$= 11.1959\,\text{nJ}$$

$$W_{\text{Tef}} = \frac{l < m u_0 I^2}{4\pi} \int_{r_2}^{r_3} \frac{1}{\rho}\, d\rho = \frac{l\mu_0 I^2}{4\pi} \ln\frac{r_3}{r_2} = 82.6679\,\text{nJ}$$

$$W_{\text{Fe}} = \frac{\pi l \mu_0 \mu_r}{4} \int_{r_3}^{r_4} \left(\frac{I}{\pi} + J_{\text{Fe}}(\rho^2 - r_3^2)\right)^2 \frac{1}{\rho}\, d\rho$$

$$= \frac{l\mu_0 \mu_r I^2}{16\pi} \frac{(r_4^2 - r_3^2)\sigma_{\text{Fe}}\left((r_4^2 - r_5^2)\sigma_{\text{Cr}} + \frac{r_3^2 - 3r_4^2}{4}\sigma_{\text{Fe}}\right) + \left((r_5^2 - r_4^2)\sigma_{\text{Cr}} + r_4^2\sigma_{\text{Fe}}\right)^2 \ln\frac{r_4}{r_3}}{\left((r_3^2 - r_4^2)\sigma_{\text{Fe}} + (r_4^2 - r_5^2)\sigma_{\text{Cr}}\right)^2}$$

$$= 12'513.3\,\text{nJ}$$

$$W_{\text{Cr}} = \frac{\pi l \mu_0}{4} \int_{r_4}^{r_5} \left(\frac{I + I_{\text{Fe}}}{\pi} + J_{\text{Cr}}(\rho^2 - r_4^2)\right)^2 \frac{1}{\rho}\, d\rho$$

$$= \frac{l\mu_0 I^2}{16\pi} \frac{\left(r_5^4(1 + 4\ln\frac{r_5}{r_4}) - (r_4^2 - 2r_5^2)^2\right)\sigma_{\text{Cr}}^2}{\left((r_4^2 - r_5^2)\sigma_{\text{Cr}} + (r_3^2 - r_4^2)\sigma_{\text{Fe}}\right)^2} = 0.8064997\,\text{nJ}$$

Daraus ergibt sich eine totale Energie von $12.6206\,\mu J$ bzw. $12.596\,\mu J$, wenn der Innenleiter und das Chrom außer Acht gelassen werden. Dies entspricht einer Induktivität von $L = 25.2413\,\mu H$ bzw. $L = 25.192\,\mu H$ ohne Chrom und Innenleiter.

Aufgabe 13.6.15:

a) Das Feld kann als Superposition zweier Ebener Wellen mit den Wellenvektoren $\vec{k}_i = (k_{0,x}, 0, -k_{0,z})^T$ und $\vec{k}_r = (k_{0,x}, 0, k_{0,z})^T$ und den Amplituden $\vec{E}_{0i} = (0, E_0, 0)^T$ bzw. $\vec{E}_{0r} = (0, RE_0, 0)^T$ geschrieben werden.[8] Für eine Ebene Welle gilt nach Unterabschnitt 6.4.4 für das $\vec{H}$-Feld: $\vec{H} = 1/(\omega\mu_0)(\vec{k} \times \vec{E})$. In unserem Fall folgen zuerst die Amplituden

$$\vec{H}_{0i} = \frac{E_0}{\omega\mu_0}\begin{pmatrix} k_{0,z} \\ 0 \\ k_{0,x} \end{pmatrix} \quad \text{und} \quad \vec{H}_{0r} = \frac{RE_0}{\omega\mu_0}\begin{pmatrix} -k_{0,z} \\ 0 \\ k_{0,x} \end{pmatrix}.$$

Somit lautet das totale Magnetfeld im oberen Halbraum:

$$\vec{H}_0 = \frac{E_0}{\omega\mu_0}\begin{pmatrix} k_{0,z}(e^{jk_{0,z}z} - Re^{-jk_{0,z}z})\cdot e^{-jk_{0,x}x} \\ 0 \\ k_{0,x}(e^{jk_{0,z}z} + R\cdot e^{-jk_{0,z}z})\cdot e^{-jk_{0,x}x} \end{pmatrix}.$$

b) Im unteren Halbraum ist das Feld eine einzige Ebene Welle mit dem Wellenvektor $\vec{k}_t = (k_{1,x}, 0, -k_{1,z})^T$ und der Amplitude $\vec{E}_{0t} = (0, TE_0, 0)^T$. Daraus ergeben sich wie oben

$$\vec{H}_1 = \frac{E_0}{\omega\mu_1}\begin{pmatrix} k_{1,z}\cdot T\cdot e^{jk_{1,z}z}\cdot e^{-jk_{1,x}x} \\ 0 \\ k_{1,x}\cdot T\cdot e^{jk_{1,z}z}\cdot e^{-jk_{1,x}x} \end{pmatrix}.$$

c) Bei $z = 0$ müssen die Tangentialkomponenten von $\vec{E}$ und $\vec{H}$ stetig sein. Da dies unabhängig von x zutreffen muss, folgt sofort $k_{1,x} = k_{0,x}$. Diese Bedingung läuft auf die Stetigkeit der Tangentialkomponente des Wellenvektors hinaus. Es ist jedoch zu beachten, dass diese Stetigkeit nur im Falle ebener Grenzflächen einen Sinn hat. (Die Amplituden müssen natürlich auch gleich sein. Sie werden in d) bestimmt!) Weiter ergibt sich wegen $\vec{k} \cdot \vec{k} = k^2 = \omega^2\mu\varepsilon$ die z-Komponente zu $k_{1,z} = \sqrt{\omega^2\mu_1\varepsilon_1 - k_{0,x}^2} = \omega\sqrt{\mu_1\varepsilon_1 - \mu_0\varepsilon_0\cos^2\psi}$.

d) Aus der Stetigkeit von E_y bei $z = 0$ folgt $1 + R = T$ und aus jener von H_x ergibt sich $\frac{k_{0,z}}{\mu_0}(1 - R) = \frac{k_{1,z}}{\mu_1}T$. Aus diesen zwei Gleichungen erhält man

$$R = \frac{k_{0,z}\mu_1 - k_{1,z}\mu_0}{k_{0,z}\mu_1 + k_{1,z}\mu_0} = \frac{1 - \nu}{1 + \nu} \quad \text{und} \quad T = \frac{2k_{0,z}\mu_1}{k_{0,z}\mu_1 + k_{1,z}\mu_0} = \frac{2}{1 + \nu}$$

mit $\nu = (\mu_0 k_{1,z})/(\mu_1 k_{0,z})$.

Aufgabe 13.6.16:

a) Es gilt $|\vec{E}| \sim e^{-\frac{z}{\delta}}$, wobei $\delta = 1/\Im(k)$ und $k^2 = \omega^2\mu\varepsilon - j\omega\mu\sigma$. Wegen $\sigma \gg \omega\varepsilon$ gilt $\delta \approx 1/\sqrt{\pi f\mu_0\sigma} < 1.59\,\text{mm}$.

b) Ja, denn die Eindringtiefe δ ist kleiner als die doppelte Dicke der Wand: Die Welle kommt von links, wird rechts teilweise reflektiert und kommt links wieder an. Dabei ist der zurückkommende Teil – unter Vernachlässigung der Reflexionsverluste – höchstens noch $e^{-2d/\delta} < 0.152$ so groß wie der einlaufende. Das gegebene Amplitudenverhältnis deutet auf eine noch kleinere Skintiefe hin. Somit ist der zurückkommende Teil noch kleiner.

---

8 Beachte, dass T als oberer Index „transponiert" bedeutet und nichts mit dem Transmissionskoeffizienten T zu tun hat.

c) Es gilt $e^{-\frac{d}{\delta}} = 0.05 \Rightarrow \delta = d/\log 20 \Rightarrow \sigma = \frac{1}{\pi f \mu_0}\left(\frac{\log 20}{d}\right)^2 = 1.0103\cdot 10^6 \, \frac{A}{Vm}$.

d) Zu jedem Term gehört ein eigenes Magnetfeld (vgl. die Ausführungen im Kasten am Schluß des Abschnitts 6.4.4):

$$\vec{H}_i = \frac{1}{Z_{w0}} \underline{E}_i e^{-jk_0 z}\vec{e}_y, \quad \vec{H}_r = \frac{-1}{Z_{w0}} \underline{E}_r e^{jk_0 z}\vec{e}_y.$$

Das gesamte Magnetfeld lautet somit

$$\vec{H}_l = \frac{\vec{e}_y}{Z_{w0}}\left(\underline{E}_i e^{-jk_0 z} - \underline{E}_r e^{jk_0 z}\right).$$

e) Die Ebene Welle muss in x-Richtung polarisiert sein, weil dasselbe auch für das ganze Feld links gilt. Somit gilt in der Wand formal

$$\vec{E} = \underline{E}_0 e^{-jkz}\vec{e}_x, \qquad \vec{H} = \frac{1}{Z_w}\underline{E}_0 e^{-jkz}\vec{e}_y$$

mit $k = \omega\sqrt{\mu_0\,\underline{\varepsilon}}$, $Z_w = \sqrt{\frac{\mu_0}{\underline{\varepsilon}}}$ und $\underline{\varepsilon} = \varepsilon - j\frac{\sigma}{\omega} \approx -j\frac{\sigma}{\omega}$. Die Amplitude $\underline{E}_0$ ergibt sich aus den Stetigkeitsbedingungen der Tangentialkomponenten von $\vec{E}$ und $\vec{H}$ bei $z = 0$:

$$\underline{E}_0 = \underline{E}_i + \underline{E}_r, \qquad \frac{1}{Z_w}\underline{E}_0 = \frac{1}{Z_{w0}}(\underline{E}_i - \underline{E}_r).$$

Damit ergeben sich

$$\underline{E}_0 = \underbrace{\frac{2Z_w}{Z_w + Z_{w0}}}_{=:T}\underline{E}_i, \qquad \underline{E}_r = \underbrace{\frac{Z_w - Z_{w0}}{Z_w + Z_{w0}}}_{=:R}\underline{E}_i.$$

Die beiden Brüche heißen Reflexionskoeffizient R bzw. Transmissionskoeffizient T und können auch in Funktion der Materialparameter oder der Wellenzahlen allein angegeben werden (in unserem Fall kürzt sich $\sqrt{\mu_0}$ heraus!):

$$R = \frac{\sqrt{\varepsilon_0} - \sqrt{\underline{\varepsilon}}}{\sqrt{\varepsilon_0} + \sqrt{\underline{\varepsilon}}}, \qquad T = \frac{2\sqrt{\varepsilon_0}}{\sqrt{\varepsilon_0} + \sqrt{\underline{\varepsilon}}} = \frac{2}{1 + \sqrt{\frac{\underline{\varepsilon}}{\varepsilon_0}}} \approx \frac{2}{1 + \sqrt{\frac{-j\sigma}{\omega\varepsilon_0}}} \approx (1+j)\sqrt{\frac{2\omega\varepsilon_0}{\sigma}},$$

oder (nach Erweiterung mit $\omega\sqrt{\mu_0}$)

$$R = \frac{k_0 - k}{k_0 + k}, \qquad T = \frac{2k_0}{k_0 + k} = \frac{2}{1 + \frac{k}{k_0}}.$$

Aufgabe 13.6.17:

a) Der Durchmesser $2a$ des Partikels muss klein sein gegen die Wellenlängen. Äußere Wellenlänge: $\lambda_0 = 2\pi/(\omega\sqrt{\mu_0\varepsilon_0})$; innere Wellenlänge: $\lambda_i = 2\pi/(\omega\sqrt{\mu_0\varepsilon}) = \lambda_0/\sqrt{\varepsilon_s}$. Mit dem in d) angegebenen Frequenzgang kann ε_s auch negativ werden. Dann wird das Feld im Innern nur noch gedämpft mit der „Skintiefe" $\delta = 1/(\omega\sqrt{-\mu_0\varepsilon})$, und es muss $\delta \ll 2a$ gelten.

b) In kartesischen Komponenten ausgeschrieben ergeben sich

$$\frac{\partial\varphi_0}{\partial x} = \underline{0}, \qquad \frac{\partial\varphi_0}{\partial y} = \underline{0}, \qquad -\frac{\partial\varphi_0}{\partial z} = \underline{E}_0 \underbrace{e^{-jk_0 x}}_{\substack{\approx 1 \\ \text{wegen } k_0 x \to 0}}.$$

Somit ergibt sich in quasistatischer Näherung $\varphi_0 = -z\underline{E}_0$, wobei die Integrationskonstante weggelassen wurde.

c) Das Potential des homogenen Feldes $\vec{E}_i$ kann analog berechnet werden. Es lautet $\varphi_i = -z\underline{E}_i$. Die anzuwendenden Stetigkeitsbedingungen betreffen das Potential und das $\vec{D}$-Feld. Das Potential muss auf der Partikeloberfläche (dort gilt $r = a$) stetig sein. Es ergibt sich nach einer Multiplikation mit z:

$$- E_0 + \frac{p}{4\pi\varepsilon_0 a^3} \overset{!}{=} -\underline{E}_i. \qquad (*)$$

Diese Bedingung ist äquivalent zur Stetigkeit von $\underline{E}$-tangential! Die zweite Bedingung fordert die Stetigkeit von $\vec{D}$-normal. Mit

$$\operatorname{grad} \frac{z}{r^3} = \frac{\vec{e}_z}{r^3} - \frac{3z\vec{r}}{r^5}$$

wird das äußere Dipolfeld

$$\vec{E}_d = -\frac{p}{4\pi\varepsilon_0} \left(\frac{\vec{e}_z}{r^3} - \frac{3z\vec{r}}{r^5} \right) \underset{\underset{r=a}{\uparrow}}{=} \frac{p}{4\pi\varepsilon_0 a^5} (3z\vec{r} - a^2\vec{e}_z).$$

Die Normalkomponenten (radiale Komponenten) auf der Oberfläche ergeben sich durch Skalarmultiplikation mit $\vec{e}_r := \vec{r}/a$ unter Verwendung der Relationen $\vec{e}_z \cdot \vec{r} = z$ und $\vec{r} \cdot \vec{r} = a^2$ zu

$$\underline{D}_{d,n} = \varepsilon_0 \vec{E}_d \cdot \vec{e}_r = \frac{zp}{2\pi a^4},$$

$$\underline{D}_{s,n} = \varepsilon \vec{E}_i \cdot \vec{e}_r = \varepsilon \underline{E}_i z/a,$$

$$\underline{D}_{0,n} = \varepsilon_0 \vec{E}_0 \cdot \vec{e}_r = \varepsilon_0 \underline{E}_0 z/a.$$

Somit lautet die zweite Stetigkeitsbedingung nach Division durch $\varepsilon_0 z/a$:

$$E_0 + \frac{p}{2\pi\varepsilon_0 a^3} \overset{!}{=} \varepsilon_s \underline{E}_i. \qquad (**)$$

Die beiden Gleichungen (*) und (**) können nach $\underline{E}_i$ und p gelöst werden:

$$\underline{E}_i = \frac{3}{\varepsilon_s + 2} \underline{E}_0, \qquad p = 4\pi\varepsilon_0 a^3 \frac{\varepsilon_s - 1}{\varepsilon_s + 2} \underline{E}_0.$$

d) Resonanz heißt hier eine sehr große Feldstärke $\underline{E}_i$, d.h. $\varepsilon_s + 2 \to 0$, oder

$$3(\omega^2 - j\gamma\omega) - \omega_p^2 = 0 \quad \Longleftrightarrow \quad \omega = \frac{3j\gamma \pm \sqrt{-9\gamma^2 + 12\omega_p^2}}{6} \underset{\underset{\omega_p \gg \gamma}{\uparrow}}{\approx} \frac{\omega_p}{\sqrt{3}}.$$

Aufgabe 13.6.18:

a) Es ist

$$\vec{J}_0 = \begin{cases} \frac{I_0 e^{j\phi}}{F_Q} \vec{e}_\phi & \text{innerhalb des Drahtes,} \\ \vec{0} & \text{außerhalb des Drahtes.} \end{cases}$$

b) Das Quellgebiet G_Q reduziert sich auf das Drahtvolumen. Da der Draht dünn ist, kann man sich die Integration über den Querschnitt ersparen und man erhält mit der Darstellung des azimutalen Einheitsvektors in kartesischen Komponenten $\vec{e}_\phi = (-\sin\phi, \cos\phi, 0)^{\mathrm{T}}$ das Linienintegral

$$\vec{A} \approx \vec{A}_0 = \frac{\mu}{4\pi} \frac{e^{-jkr}}{r} \int_0^{2\pi} I_0 e^{j\phi} \begin{pmatrix} -\sin\phi \\ \cos\phi \\ 0 \end{pmatrix} R\,d\phi = \frac{\mu I_0 R}{4} \frac{e^{-jkr}}{r} \begin{pmatrix} -j \\ 1 \\ 0 \end{pmatrix}$$

mit $r = \sqrt{x^2 + y^2 + z^2}$.

c) Es gilt $\vec{H} = \frac{1}{\mu}\mathrm{rot}\,\vec{A}$. Der einzige ortsabhängige Faktor ist $\frac{e^{-jkr}}{r}$. Mit der Gleichung

$$\frac{\partial}{\partial\xi} \frac{e^{-jkr}}{r} = \frac{-\xi(jkr+1)}{r^3} e^{-jkr},$$

wobei ξ eine beliebige kartesische Koordinate bedeutet, ergibt sich die praktische Formel ($\vec{J}$ hängt nicht vom Ort ab)

$$\mathrm{rot}\left(\frac{e^{-jkr}}{r}\vec{J}\right) = \frac{-(jkr+1)e^{-jkr}}{r^3}(\vec{r} \times \vec{J})$$

($\vec{r} = (x,y,z)^{\mathrm{T}}$) und somit

$$\vec{H} = -\frac{I_0 R}{4}\frac{(jkr+1)e^{-jkr}}{r^3}\begin{pmatrix} x \\ y \\ z \end{pmatrix} \times \begin{pmatrix} -j \\ 1 \\ 0 \end{pmatrix} = -\frac{I_0 R(jkr+1)e^{-jkr}}{4r^3}\begin{pmatrix} -z \\ -jz \\ x+jy \end{pmatrix}.$$

d) Auf der z-Achse verschwinden x und y. Somit gilt dort $r = z$ und dann

$$\vec{H} = \frac{I_0 R(jkz+1)e^{-jkz}}{4z^2}\begin{pmatrix} 1 \\ j \\ 0 \end{pmatrix}.$$

Bei der Ebenen Welle gilt allgemein $\vec{E} = \frac{-1}{\omega\varepsilon}(\vec{k} \times \vec{H})$. In unserem Fall ist $\vec{k} = k\vec{e}_z = \omega\sqrt{\mu\varepsilon}\vec{e}_z$ und wir erhalten

$$\vec{E} = -\underbrace{\sqrt{\frac{\mu}{\varepsilon}}}_{Z_w}\left(\vec{e}_z \times \vec{H}\right) = -Z_w I_0 \frac{R(jkz+1)e^{-jkz}}{4z^2}(\vec{e}_y - j\vec{e}_x).$$

Aufgabe 13.6.19:

a) Im stationären Zustand gilt das System $\mathrm{rot}\,\vec{E} = -j\omega\mu\vec{H}$, $\mathrm{rot}\,\vec{H} = j\omega\varepsilon\vec{E}$. Wegen der speziellen Form des gegebenen Feldes kann dieses System rationalisiert werden und es gilt sogar $\vec{k} \times \vec{E} = \omega\mu\vec{H}$, $\vec{k} \times \vec{H} = -\omega\varepsilon\vec{E}$ mit $\vec{k} = \begin{pmatrix} a \\ jb \\ 0 \end{pmatrix}$.

b) Das elektrische Feld ist von der Form $\underline{\vec{E}}_0 e^{-j\vec{k}\cdot\vec{r}}$ mit $\vec{k} = \begin{pmatrix} k_x \\ k_y \\ k_z \end{pmatrix} = \begin{pmatrix} a \\ jb \\ 0 \end{pmatrix}$ und $\underline{\vec{E}}_0 = \begin{pmatrix} 0 \\ 0 \\ E_0 \end{pmatrix}$. Ein solches genügt den Maxwell-Gleichungen, falls die Bedingungen $\underline{\vec{E}}_0 \cdot \vec{k} = 0$ (dies trifft zu!) und $\vec{k} \cdot \vec{k} = a^2 - b^2 = k^2 = \omega^2 \mu\varepsilon$ erfüllt sind. Die zweite Gleichung ist die einzige zusätzliche Einschränkung der gegebenen Größen.

c)

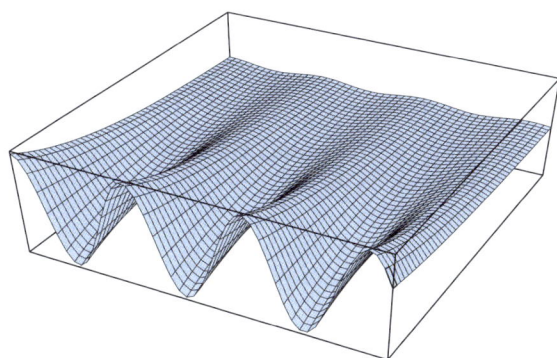

Dargestellt ist die E_z-Komponente in Funktion von x (nach rechts) und y (nach hinten). In x-Richtung ergibt sich ein exakt sinusförmiger Verlauf mit Periodenlänge $\lambda = 2\pi/a$ und in y-Richtung ist es ein exponentiell abfallender Verlauf mit Eindringtiefe $\delta = 1/b$.

d) Es gilt $\underline{\vec{H}}(\vec{r}) = \frac{1}{\omega\mu}\vec{k} \times \underline{\vec{E}}(\vec{r}) = \frac{E_0}{\omega\mu}\begin{pmatrix} jb \\ -a \\ 0 \end{pmatrix}e^{-j\vec{k}\cdot\vec{r}}$ und somit

$$\vec{H}(\vec{r},t) = \Re\left(\underline{\vec{H}}(\vec{r})e^{j(\omega t - \vec{k}\cdot\vec{r})}\right) = -\frac{E_0}{\omega\mu}e^{-by}\begin{pmatrix} b\sin(\omega t - ax) \\ a\cos(\omega t - ax) \\ 0 \end{pmatrix}.$$

e) Es gilt $\vec{S}(\vec{r},t) = \Re\left(\underline{\vec{S}}(\vec{r}) + \underline{\vec{S}}^\sim(\vec{r})e^{2j\omega t}\right)$ mit

$$\underline{\vec{S}} = \underline{\vec{E}} \times \underline{\vec{H}}^* = E_0\begin{pmatrix} 0 \\ 0 \\ 1 \end{pmatrix}e^{-j\vec{k}\cdot\vec{r}} \times \frac{E_0^*}{\omega\mu}\begin{pmatrix} -jb \\ -a \\ 0 \end{pmatrix}e^{j\vec{k}^*\cdot\vec{r}} = \frac{E_0^2}{\omega\mu}\begin{pmatrix} a \\ -jb \\ 0 \end{pmatrix}e^{-2by},$$

$$\underline{\vec{S}}^\sim = \underline{\vec{E}} \times \underline{\vec{H}} = E_0\begin{pmatrix} 0 \\ 0 \\ 1 \end{pmatrix}e^{-j\vec{k}\cdot\vec{r}} \times \frac{E_0}{\omega\mu}\begin{pmatrix} jb \\ -a \\ 0 \end{pmatrix}e^{-j\vec{k}\cdot\vec{r}} = \frac{E_0^2}{\omega\mu}\begin{pmatrix} a \\ jb \\ 0 \end{pmatrix}e^{2jax - 2by},$$

$$\Rightarrow \vec{S}(\vec{r},t) = \frac{E_0^2}{\omega\mu}e^{-2by}\begin{pmatrix} a\left(1 + \cos[2(ax - \omega t)]\right) \\ -b\sin[2(ax - \omega t)] \\ 0 \end{pmatrix}.$$

f) Der zeitliche Mittelwert $\vec{S}_0(\vec{r})$ ist gleich dem Realteil von $\underline{\vec{S}}$, also

$$\vec{S}_0(\vec{r}) = \vec{S}_0(y) = \frac{E_0^2}{\omega\mu}e^{-2by}a\vec{e}_x.$$

Die Energie fließt somit im Zeitmittel ausschließlich in x-Richtung, d.h. parallel zur Trennebene.

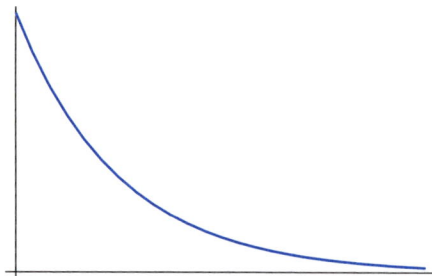

Dargestellt ist die S_x-Komponente in Funktion von y. Es ergibt sich ein exakt exponentiell abfallender Verlauf mit einem Abfall auf $\frac{1}{e}$ bei $y = 1/(2b)$.

Aufgabe 13.6.20:

a) Das gegebene Feld ist eine Ebene Welle mit dem Wellenvektor $\vec{k} = \begin{pmatrix} 0 \\ 0 \\ j\gamma \end{pmatrix}$. Dieses genügt den Maxwell-Gleichungen, falls $\vec{k} \cdot \vec{k} = k^2 = \omega^2\mu\varepsilon - j\omega\mu\sigma$, $\underline{\vec{E}}$, $\underline{\vec{H}}$ und $\vec{k}$ senkrecht aufeinander stehen (trifft zu) und $\underline{H}_0 \vec{e}_x = \frac{E_0}{\omega\mu}(\vec{k} \times \vec{e}_y) = -j\gamma\frac{E_0}{\omega\mu}\vec{e}_x$ gelten. Somit ist $\gamma = \pm\sqrt{\omega^2\mu\varepsilon - j\omega\mu\sigma}$, d.h. γ ist bis auf das Vorzeichen gleich der frequenz- und materialabhängigen, mit j multiplizierten Wellenzahl k und $\omega\mu\underline{H}_0 = -j\gamma\underline{E}_0$.

b) Bei $y = 0$ und $y = b$ müssen $\underline{\vec{E}}$ senkrecht und $\underline{\vec{H}}$ tangential zum idealen Leiter sein. Dies trifft zu. Bei $x = \pm a$ müssten die Tangentialkomponenten von $\underline{\vec{E}}$ und $\underline{\vec{H}}$ stetig sein. Dies trifft für $\underline{\vec{H}}$ trivialerweise zu, weil die Tangentialkomponente verschwindet. Dagegen ist $\underline{\vec{E}}$ tangential gerichtet. Es müsste also, da alle Felder unabhängig sind von x, $\underline{\vec{E}}_I = \underline{\vec{E}}_{II} = \underline{\vec{E}}_{III}$, also $\underline{E}_{0I}e^{-\gamma_I z} = \underline{E}_{0II}e^{-\gamma_{II}z} = \underline{E}_{0III}e^{-\gamma_{III}z}$ gelten. Es sind $\gamma_I = \gamma_{III} = \omega\sqrt{\mu_0\varepsilon_0}$ und $\gamma_{II} = \omega\sqrt{\mu_0\varepsilon}$. Somit ist diese Bedingung nur mit $\omega = 0$ für beliebige z erfüllbar. Die Amplituden sind dann alle gleich ($\underline{E}_{0I} = \underline{E}_{0II} = \underline{E}_{0III}$) und $\underline{H}_0$ wird unabhängig von $\underline{E}_0$.

c) Es gilt die Helmholtz-Gleichung $\Delta\underline{E}_y = (\frac{\partial^2}{\partial x^2} + \frac{\partial^2}{\partial y^2} + \frac{\partial^2}{\partial z^2})\underline{E}_y = -k^2\underline{E}_y$, also $-k_x^2 + \gamma^2 = -k^2$ oder $k_x^2 = \omega^2\mu_0\varepsilon + \gamma^2$.

d) Es gilt $\mathrm{rot}\,\underline{\vec{E}} = -j\omega\mu_0\underline{\vec{H}}$, also

$$\underline{\vec{H}} = \frac{1}{-j\omega\mu_0}\mathrm{rot}\,\underline{\vec{E}} = \frac{1}{-j\omega\mu_0}\begin{pmatrix} -\frac{\partial E_y}{\partial z} \\ 0 \\ \frac{\partial E_y}{\partial x} \end{pmatrix} = \frac{E_0 e^{-\gamma z}}{j\omega\mu_0}\begin{pmatrix} -\gamma\cos(k_x x) \\ 0 \\ k_x\sin(k_x x) \end{pmatrix}.$$

e) Die Abbildung ©️ gehört zum Feld (∗∗). Es ist das einzige Feld, welches nur eine y-Komponente aufweist, hat ein Maximum bei $x = 0$ und ein $\cos\gamma z$-förmiges Verhalten in Fortpflanzungsrichtung.

f) Bei den Moden ⓐ und ©️ stehen die elektrischen Feldlinien senkrecht auf der metallischen Begrenzung. Daher gibt es dort auch Ladungen, die sich bei der Bewegung des Feldes in z-Richtung verschieben und damit Verluste verursachen. Beim Mode ⓑ ist dies nicht der Fall. Er hat somit die kleinsten Verluste.

NB: Einfacher würde man die Verluste bei einem $\vec{H}$-Feldbild sehen, denn die zu den metallischen Platten parallelen Komponenten sind direkt proportional zur Stromdichte in den Platten.

Koordinatensysteme und Vektoren

In diesem Anhang stellen wir die im Text gebrauchten Koordinatensysteme zusammen und geben die Darstellung von Vektoren allgemein und in entsprechenden Komponenten an. Die wichtigsten Grundformeln für die Verknüpfungen von Vektoren (Addition sowie einfache und mehrfache Produkte) werden erstens in koordinatenunabhängiger Schreibweise, zweitens in der geometrischen Interpretation und drittens in der Schreibweise mit (orthogonalen) Komponenten zusammengestellt.

B.1 Koordinatensysteme

Wir benutzen neben den *kartesischen Koordinaten* (x, y, z) gelegentlich auch *Zylinderkoordinaten* (ρ, ϕ, z) und *Kugelkoordinaten*[1] (θ, ϕ, r). Die nachstehende Abbildung zeigt die geometrischen Zusammenhänge.

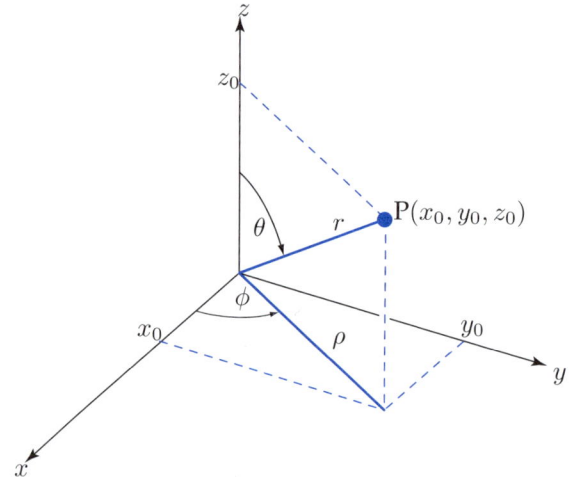

Zur Umrechnung gelten die folgenden Formeln:

$$x = \rho \cos \phi = r \sin \theta \cos \phi,$$
$$y = \rho \sin \phi = r \sin \theta \sin \phi,$$
$$z = r \cos \theta,$$
$$\rho = \sqrt{x^2 + y^2} = r \sin \theta,$$
$$r = \sqrt{x^2 + y^2 + z^2} = \sqrt{\rho^2 + z^2},$$
$$\phi = \arctan \frac{y}{x},$$
$$\theta = \arctan \frac{\rho}{z} = \arccos \frac{z}{r} = \arcsin \frac{\rho}{r}. \tag{B.1}$$

---

1 Die Kugelkoordinaten werden in der Literatur auch *Polarkoordinaten* oder *sphärische Koordinaten* genannt.

Zur Darstellung von Vektoren werden auch die zum Koordinatensystem gehörigen *Einheitsvektoren* gebraucht, die wir mit dem kleinen Buchstaben $\vec{e}$ und einem entprechenden Index bezeichnen:

$$\begin{aligned}
\vec{e}_x, \vec{e}_y, \vec{e}_z : \quad & \text{kartesische Koordinaten,} \\
\vec{e}_\rho, \vec{e}_\phi, \vec{e}_z : \quad & \text{Zylinderkoordinaten,} \\
\vec{e}_\theta, \vec{e}_\phi, \vec{e}_r : \quad & \text{Kugelkoordinaten.}
\end{aligned} \tag{B.2}$$

Die Tripel bilden in der angegebenen Reihenfolge ein Rechtssystem. Alle Koordinateneinheitsvektoren weisen in Richtung zunehmender Koordinate. Man beachte, dass die kartesischen Einheitsvektoren nicht vom Ort abhängen, während die übrigen Einheitsvektoren Ortsfunktionen darstellen. Eine Besonderheit ergibt sich auf der z-Achse: Dort sind die Richtungen von $\vec{e}_\phi$, $\vec{e}_\rho$ und $\vec{e}_\theta$ nicht definiert. Im Nullpunkt ist zusätzlich die Richtung von $\vec{e}_r$ unbestimmt.

Die Einheitsvektoren können ineinander umgerechnet werden. Dazu werden prinzipiell die Formeln (B.10) des nächsten Abschnitts verwendet. Dabei sind z.B. die Kugelkomponenten von $\vec{e}_r = \begin{pmatrix} 1 \\ 0 \\ 0 \end{pmatrix}$ trivial und führen beim Einsetzen in (B.10) auf viel einfachere Formeln:

$$\begin{aligned}
\vec{e}_r &= \cos\phi\sin\theta\cdot\vec{e}_x + \sin\phi\sin\theta\cdot\vec{e}_y + \cos\theta\cdot\vec{e}_z = \frac{x}{r}\vec{e}_x + \frac{y}{r}\vec{e}_y + \frac{z}{r}\vec{e}_z, \\
\vec{e}_\theta &= \cos\phi\cos\theta\cdot\vec{e}_x + \sin\phi\cos\theta\cdot\vec{e}_y - \sin\theta\cdot\vec{e}_z = \frac{xz}{\rho r}\vec{e}_x + \frac{yz}{\rho r}\vec{e}_y - \frac{\rho}{r}\vec{e}_z, \\
\vec{e}_\phi &= -\sin\phi\cdot\vec{e}_x + \cos\phi\cdot\vec{e}_y = -\frac{y}{\rho}\vec{e}_x + \frac{x}{\rho}\vec{e}_y, \\
\vec{e}_\rho &= \cos\phi\cdot\vec{e}_x + \sin\phi\cdot\vec{e}_y = \frac{x}{\rho}\vec{e}_x + \frac{y}{\rho}\vec{e}_y,
\end{aligned} \tag{B.3-1}$$

$$\begin{aligned}
\vec{e}_x &= \cos\phi\cdot\vec{e}_\rho - \sin\phi\cdot\vec{e}_\phi = \frac{x}{\rho}\vec{e}_\rho - \frac{y}{\rho}\vec{e}_\phi, \\
\vec{e}_y &= \sin\phi\cdot\vec{e}_\rho + \cos\phi\cdot\vec{e}_\phi = \frac{y}{\rho}\vec{e}_\rho + \frac{x}{\rho}\vec{e}_\phi, \\
\vec{e}_x &= \sin\theta\cos\phi\cdot\vec{e}_r + \cos\theta\cos\phi\cdot\vec{e}_\theta - \sin\phi\cdot\vec{e}_\phi = \frac{x}{r}\vec{e}_r + \frac{xz}{r\rho}\vec{e}_\theta - \frac{y}{\rho}\vec{e}_\phi, \\
\vec{e}_y &= \sin\theta\sin\phi\cdot\vec{e}_r + \cos\theta\sin\phi\cdot\vec{e}_\theta + \cos\phi\cdot\vec{e}_\phi = \frac{y}{r}\vec{e}_r + \frac{yz}{r\rho}\vec{e}_\theta + \frac{x}{\rho}\vec{e}_\phi, \\
\vec{e}_z &= \cos\theta\cdot\vec{e}_r - \sin\theta\cdot\vec{e}_\theta = \frac{z}{r}\vec{e}_r - \frac{\rho}{r}\vec{e}_\theta.
\end{aligned} \tag{B.3-2}$$

Die Ausdrücke ganz rechts vermeiden unter Verwendung von (B.1) die trigonometrischen Funktionen und sind damit „computergerechter".

B.2 Vektoren

Vektoren sind mathematische Objekte, die miteinander verknüpft und mit einer Zahl multipliziert werden können. In der Regel sind noch weitere Operationen möglich. Wir haben es fast ausschließlich mit dreidimensionalen Vektoren zu tun, die wir mit einem Buchstabensymbol mit darüber gesetztem Pfeil bezeichnen: $\vec{a}$, $\vec{b}$, $\vec{E}$, $\vec{\alpha}$, $\vec{\Pi}$ etc. Für diese (gewöhnlichen) Vektoren gelten bekanntlich die folgenden elementaren Regeln (α, β sind Zahlen):

$$\vec{a} + \vec{b} = \vec{b} + \vec{a}, \qquad \vec{a} + (\vec{b} + \vec{c}) = (\vec{a} + \vec{b}) + \vec{c}$$

$$\alpha(\beta\vec{a}) = (\alpha\beta)\vec{a}, \qquad (\alpha + \beta)\vec{a} = \alpha\vec{a} + \beta\vec{a}, \qquad \alpha(\vec{a} + \vec{b}) = \alpha\vec{a} + \alpha\vec{b},$$

$$|\alpha\vec{a}| = |\alpha||\vec{a}|, \qquad \left||\vec{a}| - |\vec{b}|\right| \leq |\vec{a} \pm \vec{b}| \leq |\vec{a}| + |\vec{b}|. \tag{B.4}$$

Dabei heißt $|\vec{a}|$ der *Betrag* von $\vec{a}$.

Jeder Vektor kann als Linearkombination von Einheitsvektoren geschrieben werden. Am häufigsten werden die einem Koordinatensystem zugeordneten Einheitsvektoren gebraucht, z.B.

$$\vec{a} = a_x \vec{e}_x + a_y \vec{e}_y + a_z \vec{e}_z. \tag{B.5}$$

Dabei sind die Zahlen a_x, a_y und a_z die kartesischen *Komponenten* (oder *Koordinaten*) von $\vec{a}$. Wenn das (kartesische) Koordinatenssytem festgelegt ist, sind die zugehörigen Einheitsvektoren $\vec{e}_x, \vec{e}_y, \vec{e}_z$ bekannt, und der Vektor $\vec{a}$ kann eindeutig mit seinen drei Komponenten dargestellt werden. Wir schreiben

$$\vec{a} = \begin{pmatrix} a_x \\ a_y \\ a_z \end{pmatrix}, \tag{B.6}$$

müssen uns aber bewusst sein, dass diese Darstellung von der Wahl des Koordinatensystems abhängt. Schreibt man statt (B.5)

$$\vec{a} = a_\rho \vec{e}_\rho + a_\phi \vec{e}_\phi + a_z \vec{e}_z \tag{B.7}$$

oder

$$\vec{a} = a_\theta \vec{e}_\theta + a_\phi \vec{e}_\phi + a_r \vec{e}_r, \tag{B.8}$$

dann beschreiben die Tripel

$$\vec{a} = \begin{pmatrix} a_\rho \\ a_\phi \\ a_z \end{pmatrix} \qquad \text{bzw.} \qquad \vec{a} = \begin{pmatrix} a_\theta \\ a_\phi \\ a_r \end{pmatrix} \tag{B.9}$$

den gleichen Vektor $\vec{a}$, obwohl die Zahlentripel in (B.6) und (B.9) je verschieden sind. Es ist zu beachten, dass – im Gegensatz zu den kartesischen Komponenten in (B.6) – die zylindrischen und sphärischen Komponenten eines *festen* Vektors $\vec{a}$ ortsabhängig sind, weil die zugehörigen Einheitsvektoren ebenfalls vom Ort abhängen. Die verschiedenen Komponenten können folgendermaßen geschrieben werden:

Kartesische Komponenten mit Zylinderkomponenten:

$$a_x = a_\rho \cos\phi - a_\phi \sin\phi,$$
$$a_y = a_\rho \sin\phi + a_\phi \cos\phi,$$
$$a_z = a_z.$$

Kartesische Komponenten mit Kugelkomponenten:

$$a_x = a_r \sin\theta \cos\phi + a_\theta \cos\theta \cos\phi - a_\phi \sin\phi,$$
$$a_y = a_r \sin\theta \sin\phi + a_\theta \cos\theta \sin\phi + a_\phi \cos\phi,$$
$$a_z = a_r \cos\theta - a_\theta \sin\theta.$$

Zylinderkomponenten mit kartesischen Komponenten:

$$a_\rho = a_x \cos\phi + a_y \sin\phi,$$
$$a_\phi = -a_x \sin\phi + a_y \cos\phi,$$
$$a_z = a_z.$$

Kugelkomponenten mit kartesischen Komponenten:

$$a_r = a_x \sin\theta \cos\phi + a_y \sin\theta \sin\phi + a_z \cos\theta,$$
$$a_\theta = a_x \cos\theta \cos\phi + a_y \cos\theta \sin\phi - a_z \sin\theta,$$
$$a_\phi = -a_x \sin\phi + a_y \cos\phi. \tag{B.10}$$

Man beachte den Unterschied zu (B.1)!

Ein spezieller Vektor ist der *Ortsvektor* eines Punktes P. Er verbindet den Koordinatenursprung mit P und hat kartesisch drei Komponenten (x, y und z), zylindrisch nur zwei (ρ und ϕ) und sphärisch nur noch eine Komponente (r). Dabei sind die Einheitsvektoren im Punkt P zu nehmen.

B.3 Produkte von Vektoren

Zwei Vektoren, $\vec{a}$ und $\vec{b}$, können auf zwei Arten miteinander multipliziert werden, als *Skalarprodukt* [$\vec{a} \cdot \vec{b}$ = Zahl] oder als *Vektorprodukt* [$\vec{a} \times \vec{b}$ = Vektor]. Geometrisch interpretiert ist $\vec{a} \cdot \vec{b}$ gleich dem Produkt aus den Längen (Beträgen) von $\vec{a}$ und $\vec{b}$ mal dem Kosinus des eingeschlossenen Winkels ϕ, und $\vec{a} \times \vec{b}$ steht senkrecht auf der von $\vec{a}$ und $\vec{b}$ aufgespannten Ebene und sein Betrag ist gleich der Fläche des von $\vec{a}$ und $\vec{b}$ aufgespannten Parallelogramms, die auch als Produkt der Längen mal dem Sinus des eingeschlossenen Winkels ϕ geschrieben werden kann (vgl. die Abbildung – die beiden blauen Flächen sind beide gleich dem Skalarprodukt $\vec{a} \cdot \vec{b}$.):

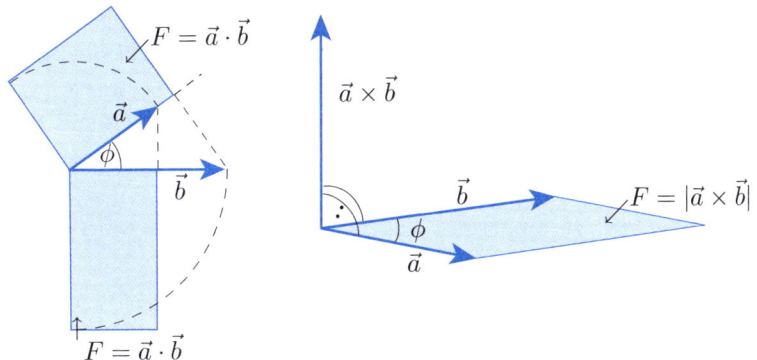

Es gelten die folgenden Rechenregeln (α sei eine Zahl):

$$\vec{a} \cdot \vec{b} = \vec{b} \cdot \vec{a}, \quad \text{aber} \quad \vec{a} \times \vec{b} = -(\vec{b} \times \vec{a}),$$

$$(\alpha\vec{a}) \cdot \vec{b} = \alpha(\vec{a} \cdot \vec{b}), \quad \text{und} \quad (\alpha\vec{a}) \times \vec{b} = \alpha(\vec{a} \times \vec{b}),$$

$$\vec{a} \cdot (\vec{b} + \vec{c}) = \vec{a} \cdot \vec{b} + \vec{a} \cdot \vec{c}, \quad \text{und} \quad \vec{a} \times (\vec{b} + \vec{c}) = \vec{a} \times \vec{b} + \vec{a} \times \vec{c},$$

$$\vec{a} \cdot \vec{a} =: \vec{a}^2 = |\vec{a}|^2, \quad \text{aber} \quad \vec{a} \times \vec{a} = \vec{0}. \tag{B.11}$$

Die Produkte können auch mit Hilfe der Komponenten geschrieben werden. Dabei ist zu beachten, dass sich die Komponenten beider Faktoren auf das gleiche Koordinatensystem beziehen müssen und im Falle zylindrischer oder sphärischer Koordinaten auch auf den gleichen Ort. Wir schreiben die Indizes 1, 2 und 3 und setzen lediglich voraus, dass die zugehörigen Einheitsvektoren $\vec{e}_1$, $\vec{e}_2$ und $\vec{e}_3$ in dieser Reihenfolge ein rechtshändiges, orthogonales Dreibein darstellen.[2] Dann gelten

$$\vec{a} \cdot \vec{b} = a_1 b_1 + a_2 b_2 + a_3 b_3 \tag{B.12}$$

und

$$\vec{a} \times \vec{b} = (a_2 b_3 - a_3 b_2)\vec{e}_1 + (a_3 b_1 - a_1 b_3)\vec{e}_2 + (a_1 b_2 - a_2 b_1)\vec{e}_3$$

$$= \det \begin{bmatrix} \vec{e}_1 & \vec{e}_2 & \vec{e}_3 \\ a_1 & a_2 & a_3 \\ b_1 & b_2 & b_3 \end{bmatrix}, \tag{B.13}$$

wobei det die Determinante meint.

Das doppelte Vektorprodukt $\vec{a} \times (\vec{b} \times \vec{c})$ ist ein Vektor, der in der von $\vec{b}$ und $\vec{c}$ aufgespannten Ebene liegt. Es gilt der *Entwicklungssatz*

$$\vec{a} \times (\vec{b} \times \vec{c}) = \vec{b}(\vec{a} \cdot \vec{c}) - \vec{c}(\vec{a} \cdot \vec{b}). \tag{B.14}$$

Das *Spatprodukt* $(\vec{a} \times \vec{b}) \cdot \vec{c}$ ist eine Zahl, deren Betrag gleich dem Volumen des von den drei beteiligten Vektoren aufgespannten Parallelepipeds ist. Es ist positiv, wenn $\vec{a}$, $\vec{b}$, $\vec{c}$ in dieser Reihenfolge ein rechtshändiges System bilden, und negativ, falls ein linkshändiges System vorliegt. Sind $\vec{a}$, $\vec{b}$ und $\vec{c}$ komplanar (= in der gleichen Ebene = linear abhängig), verschwindet das Spatprodukt. Schließlich sei angemerkt, dass sich bei zyklischer Vertauschung der Faktoren nichts ändert.

Komplexe Komponenten: Bei Vektoren mit komplexen Komponenten werden die obigen geometrischen Interpretationen fraglich. Alle Formeln bleiben aber unverändert gültig. Dies gilt in diesem Skript allgemein – im Gegensatz zur Literatur, wo gelegentlich beim Skalarprodukt (auch *dot-product* genannt) *ohne explizite Bezeichnung* ein Faktor[3] konjugiert gemeint ist. Dort wird etwa $\vec{E} \cdot \vec{E}$ immer reell, während bei uns $\vec{E} \cdot \vec{E}$, formal mit (B.12) ausgewertet, im Allgemeinen einen komplexen Wert haben kann. Folgerichtig definieren wir den Betrag eines Vektors mit komplexen Komponenten gemäß $|\vec{E}| := \sqrt{\vec{E} \cdot \vec{E}^*}$, wobei der Stern (*) „konjugiert komplex" bezeichnet.

---

2   Dies ist für kartesische, zylindrische und sphärische Koordinaten in den in (B.2) angegebenen Reihenfolgen oder irgendeiner zyklischen Vertauschung davon der Fall!

3   Meist der erste, aber selbst dies ist nicht überall gleich. Beachte, dass Mathematica die Funktion Dot gemäß (B.12) auswertet, während in Fortran-90 die Funktion dot-product den ersten Faktor implizite konjugiert, ebenso matlab.

Strom, Spannung, Leistung (stationär und komplex)

C

ÜBERBLICK

Wir wollen in diesem Anhang einige grundlegende Zusammenhänge und Definitionen rund um „komplexe Spannungen", „komplexe Ströme" etc. einführen. Obwohl dies zum größten Teil der elementaren Elektrotechnik zuzuordnen ist, treten doch oft Schwierigkeiten auf. Diese hängen in der Regel mit der Tatsache zusammen, dass die den sinusförmigen Zeitverlauf beschreibenden komplexen Größen unterschiedlich definiert werden können – und leider in der Literatur auch nicht einheitlich gebraucht werden; damit muss man bis auf weiteres leben.

Wir wollen hier versuchen, die Zusammenhänge zuerst unabhängig von willkürlichen Konventionen darzustellen, dann die verschiedenen Varianten auflisten und schließlich „unsere" Wahl treffen.

C.1 Die Darstellung sinusoidaler Zeitfunktionen

Ausgangspunkt ist der so genannte *stationäre Zustand*, der dadurch ausgezeichnet ist, dass *nach Voraussetzung* gewisse Größen sinusförmig (mit der vorgegebenen Kreisfrequenz ω) von der Zeit t abhängen. Man spricht dann von „sinusoidalen" Zeitfunktionen. Als Beispiel nennen wir Strom I und Spannung U. Es gilt also

$$I(t) = \hat{I}\cos(\omega t + \phi_\mathrm{I}) \quad \text{bzw.} \quad U(t) = \hat{U}\cos(\omega t + \phi_\mathrm{U}), \tag{C.1}$$

wobei die *Amplituden* $\hat{I}$ und $\hat{U}$ reelle, dimensionsbehaftete Größen und die *(Null-)Phasen* ϕ_I und ϕ_U reelle Zahlen sind. Selbstverständlich muss in einem konkreten Fall gezeigt werden, dass die Voraussetzung nur sinusoidaler Zeitfunktionen sinnvoll ist und zu keinen Widersprüchen führt. Die entsprechenden Abklärungen betrachten wir als erledigt und weisen nur darauf hin, dass es tatsächlich solche Fälle gibt, z.B. ein Netzwerk mit lauter linearen Elementen sowie Quellen, die ausschließlich mit der Kreisfrequenz ω schwingen. Dann haben im stationären Zustand alle Ströme und Spannungen Zeitverläufe wie in (C.1).

Da wir im Folgenden meist nur eine einzige sinusoidale Zeitfunktion betrachten, schreiben wir allgemein

$$A(t) = \hat{A}\cos(\omega t + \phi_\mathrm{A}) = \hat{A}\cos(\omega t + \phi), \tag{C.2}$$

lassen also den Index bei der Phase weg. Die Kreisfrequenz ω spielt eine spezielle Rolle, wird fest vorgegeben und ist auch dann, wenn mehrere sinusoidale Zeitfunktionen vorhanden sind, bei allen gleich. Somit genügen die beiden reellen Zahlen $\hat{A}$ und ϕ, um die Funktion $A(t)$ zu charakterisieren.

Die in (C.2) gebrauchte Schreibweise ist klar: Wenn neben den allgemein anerkannten mathematischen Symbolen – $A(t)$ bedeutet z.B. „Strom in Funktion der Zeit", $\cos(.)$ ist die Kosinusfunktion, $+$ bedeutet Addition etc. – reelle Zahlen für $\hat{A}$, ω und ϕ gegeben sind, dann ist $A(t)$ eine eindeutig bestimmte Funktion der Zeit und kann für jeden beliebigen Wert von t ausgewertet werden. Man beachte, dass ein und derselben Funktion $A(t)$ *verschiedene* Zahlenpaare $(\hat{A}, \phi)$ zugeordnet werden können: Die Varianten $(\hat{A}, \phi + 2n\pi)$ sowie $(-\hat{A}, \phi + (2n+1)\pi)$ mit beliebig ganzzahligem n beschreiben alle die gleiche Funktion. Um die Zuordnung eineindeutig zu machen, fordert man z.B. die Relationen

$$\hat{A} \geq 0 \quad \text{sowie} \quad -\pi < \phi \leq \pi. \tag{C.3}$$

Die Funktion $A(t)$ kann auch anders dargestellt werden, denn es gilt mit dem bekannten Additionstheorem der Kosinusfunktion

$$\hat{A}\cos(\omega t + \phi) = \hat{A}\Big(\cos\omega t\cos\phi - \sin\omega t\sin\phi\Big)$$
$$= \underbrace{\hat{A}\cos\phi}_{\hat{A}_c}\cos\omega t + \underbrace{(-\hat{A}\sin\phi)}_{\hat{A}_s}\sin\omega t \tag{C.4}$$

auch die Darstellung

$$A(t) = \hat{A}_c\cos\omega t + \hat{A}_s\sin\omega t \tag{C.5}$$

mit den beiden reellen Größen $\hat{A}_c$ und $\hat{A}_s$. Das Größenpaar $(\hat{A}_c, \hat{A}_s)$ charakterisiert die Funktion $A(t)$ ebenso gut wie das Paar $(\hat{A}, \phi)$. Im Gegensatz zu letzterem ist es sogar eineindeutig bestimmt: Zu jeder sinusoidalen Funktion $A(t)$ gehört genau ein Paar $(\hat{A}_c, \hat{A}_s)$ – und umgekehrt.

Da wir mehr als eine Darstellung für die gleiche Funktion haben, müssen wir der Frage nachgehen, welche der beiden Darstellungen die bessere ist. In einem Netzwerk gibt es in der Regel viele sinusoidale Ströme und Spannungen, und wir stehen vor dem Problem, mit diesen Funktionen effizient umgehen zu können. Sollen zum Beispiel mehrere sinusoidale Ströme $I_k(t)$ zu einem totalen Strom

$$I_{\text{tot}}(t) = \sum_k I_k(t) \tag{C.6}$$

addiert werden (Knotenregel), eignet sich die $(\hat{A}_c, \hat{A}_s)$-Form erheblich besser als die $(\hat{A}, \phi)$-Form, denn man kann direkt mit den Zahlenpaaren operieren:

$$(\hat{A}_{c\,\text{tot}}, \hat{A}_{s\,\text{tot}}) = \sum_k (\hat{A}_{ck}, \hat{A}_{sk}). \tag{C.7}$$

Dabei ist die Addition der Zahlenpaare komponentenweise zu verstehen. Das Zutreffen dieser Regel kann durch Koeffizientenvergleich leicht nachgewiesen werden.

Offenbar kann in der $(\hat{A}, \phi)$-Darstellung keine so einfache Regel angegeben werden, die den gleichen Zweck erfüllt. Trotzdem kann die $(\hat{A}, \phi)$-Form in anderen Fällen Vorteile bieten. Es gibt z.B. Bauteile, die nur auf die Phase einer Spannung wirken („Phasenschieber"). Dann ist die Beschreibung in der $(\hat{A}, \phi)$-Form wesentlich bequemer, weil nur eine der beiden charakteristischen Größen verändert wird.

Die Amplitude-Phase-Darstellung ist aber auch physikalisch anschaulicher, weil die „Stärke" von Strom oder Spannung nur in der Amplitude und nicht in der Phase steckt. Und nur die Phase verändert sich, wenn der (willkürlich gewählte) Zeitnullpunkt verschoben wird. Tatsächlich kann durch geeignete Wahl des Zeitnullpunktes die Phase einer beliebigen sinusoidalen Zeitfunktion zum Verschwinden gebracht werden: Die „neue" Zeit $t' := t + \triangle t$ liefert die „neue" Phase ϕ' mit der Gleichung

$$\omega t + \phi \overset{!}{=} \omega t' + \phi' \quad \Rightarrow \quad \phi' = \phi - \omega\cdot\triangle t. \tag{C.8}$$

Somit bringt die Wahl $\triangle t := \phi/\omega$ die „neue" Phase ϕ' zum Verschwinden.

Die anschauliche Bedeutung von Amplitude und Phase hat dazu geführt, diesen Kenngrößen eigene Namen zu geben, während man beim Zahlenpaar $(\hat{A}_c, \hat{A}_s)$ höchstens von „Kosinus-Amplitude" bzw. „Sinus-Amplitude" spricht.

Vom formalen Standpunkt aus betrachtet hat es keinen Sinn, weitere Beschreibungen der Funktion $A(t)$ einzuführen. Trotzdem ziehen die Praktiker eine leicht modifizierte Amplitude-Phase-Beschreibung vor: Sie schreiben die Funktion $A(t)$ in der komplizierteren Form

$$A(t) = \sqrt{2} \cdot A_{\text{eff}} \cdot \cos(\omega t + \phi). \tag{C.9}$$

Die gegenüber $\hat{A}$ um den Faktor $\sqrt{2}$ kleinere Zahl A_{eff} heißt *Effektivwert* der sinusoidalen Funktion (genauer: der physikalischen Größe mit dem sinusoidalen Verlauf) und hat hier keinen erkennbaren Vorteil. Wir werden weiter unten sehen, dass mit den Effektivwerten die Leistungsformeln etwas einfacher werden. Natürlich kann auch in der $(\hat{A}_c, \hat{A}_s)$-Form der Faktor $\sqrt{2}$ herausgezogen werden. Dies führt auf die $(A_{c\,\text{eff}}, A_{s\,\text{eff}})$-Form

$$A(t) = \sqrt{2} A_{c\,\text{eff}} \cos \omega t + \sqrt{2} A_{s\,\text{eff}} \sin \omega t. \tag{C.10}$$

Damit haben wir bereits vier verschiedene Darstellungen ein und derselben Funktion $A(t)$, die noch dazu nicht alle eineindeutig sind:

$$
\begin{aligned}
A(t) &= \hat{A} \cos(\omega t + \phi) & (\hat{A}, \phi) \\
&= \sqrt{2} A_{\text{eff}} \cos(\omega t + \phi) & (A_{\text{eff}}, \phi) \\
&= \hat{A}_c \cos \omega t + \hat{A}_s \sin \omega t & (\hat{A}_c, \hat{A}_s) \\
&= \sqrt{2} A_{c\,\text{eff}} \cos \omega t + \sqrt{2} A_{s\,\text{eff}} \sin \omega t & (A_{c\,\text{eff}}, A_{s\,\text{eff}})
\end{aligned}
$$

Die Umrechnung zwischen Amplituden und Effektivwerten ist trivial, während der Übergang von der $(\hat{A}, \phi)$-Form auf die $(\hat{A}_c, \hat{A}_s)$-Form gemäß (C.4) durch

$$\hat{A}_c = \hat{A} \cos \phi, \qquad \hat{A}_s = -\hat{A} \sin \phi \tag{C.11}$$

gegeben ist. Der umgekehrte Übergang von der $(\hat{A}_c, \hat{A}_s)$-Form auf die $(\hat{A}, \phi)$-Form ist nicht eindeutig. Mit der Einschränkung (C.3) gilt

$$\hat{A} = \sqrt{\hat{A}_c^2 + \hat{A}_s^2}, \qquad \tan \phi = -\frac{\hat{A}_s}{\hat{A}_c}, \tag{C.12}$$

wobei die letzte Gleichung den Vorzeichen von $\hat{A}_c$ *und* $\hat{A}_s$ entsprechend „im richtigen Quadranten" gelöst werden muss.

Die beiden Gleichungen (C.11) und (C.12) gelten auch mit den Effektivwerten der Amplituden.

Leider sind auch damit noch nicht alle in der Literatur auftretenden Varianten abgedeckt. Gewisse Autoren verwenden statt der Kosinusfunktion die Sinusfunktion in der Amplitude-Phase-Darstellung und andere schreiben $\cos(\omega t - \phi)$ an Stelle unseres $\cos(\omega t + \phi)$. Oder man spart sich den Hut auf dem Symbol der Amplitude und schreibt nur A, meint aber unser $\hat{A}$. Obwohl mit all diesen Varianten überhaupt nichts Neues eingeführt wird – es ist immer die *gleiche Funktion* $A(t)$ gemeint –, sei ein gewisses Verwirrungspotential nicht verneint. Wir empfehlen, „Denken und Verstehen" von „Manipulieren und Rechnen" zu trennen. Beim Denken genügt der abstrakte Begriff der sinusoidalen Zeitfunktion mit Amplitude und Phase, und die Konventionen spielen keine Rolle. Beim Rechnen halte man sich an eine feste Konvention. Unser Vorschlag für die Notation ist oben beschrieben, hat aber (vorläufig) immer noch vier Varianten. Doch es kommt noch schlimmer! Jetzt geht es nämlich darum, die Zahlenpaare als geeignete mathematische Objekte zu erkennen, so dass die in der Praxis häufig auftretenden Manipulationen mit sinusoidalen Zeitfunktionen möglichst einfach sind. Bei dieser nun zu besprechenden Zuordnung gibt es weitere Freiheitsgrade.

C.2 Die Zuordnung komplexer Zahlen zu sinusoidalen Zeitfunktionen

Um Missverständnissen vorzubeugen, wollen wir zuerst die wichtigsten Notationen bei komplexen Zahlen zusammenstellen:

Bei komplexen Zahlen halten wir uns an die untenstehenden Notationen. Dabei seien x und y reelle Zahlen, $z := x + jy$ eine beliebige komplexe Zahl.

$$\Re z: \text{Realteil } x \text{ von } z$$
$$\Im z: \text{Imaginärteil } y \text{ von } z$$
$$|z|: \text{Absolutwert } \sqrt{x^2 + y^2} \text{ von } z$$
$$\arg z: \text{Argument von } z$$
$$z^*: \text{Konjugiert komplexe Zahl zu } z$$
$$j: \text{Imaginäre Einheit } (j = i = \sqrt{-1})$$

Das Symbol j wird in der Elektrotechnik, i in der Mathematik und in vielen Physikbüchern gebraucht. Ferner gelten die Relationen

$$z = |z| \cdot e^{j \arg z} = |z| \Big(\cos(\arg z) + j \sin(\arg z) \Big). \tag{C.13}$$

Bei den sinusoidalen Funktionen beschränken wir uns für den Moment auf die beiden Formen $(\hat{A}, \phi)$ bzw. $(\hat{A}_c, \hat{A}_s)$. Die folgenden Ableitungen sind in analoger Weise auch mit den Effektivwerten möglich.

Wir haben in (C.7) gesehen, dass bei der Addition mehrerer sinusoidaler Zeitfunktionen einfach die Zahlenpaare der $(\hat{A}_c, \hat{A}_s)$-Form addiert werden können, genau so wie zweidimensionale Vektoren addiert werden. Wir könnten somit das Zahlenpaar $(\hat{A}_c, \hat{A}_s)$ als (zweidimensionalen) Vektor auffassen. Obwohl dem nichts entgegensteht, macht dies doch kaum jemand so. Es gibt nämlich eine leistungsfähigere Variante, die nicht nur die Addition von sinusoidalen Zeitfunktionen vereinfacht, sondern zusätzlich deren Differentiation nach der Zeit. Dabei werden die beiden Zahlen $\hat{A}_c$ und $\hat{A}_s$ in eine einzige, *komplexe Zahl* zusammengefasst. Genauer: Der sinusoidalen Zeitfunktion $A(t)$ wird eine komplexe Zahl $\underline{A}$ zugeordnet, welche die wesentlichen Parameter der Funktion $A(t)$ enthält. $\underline{A}$ heißt *komplexe Amplitude* oder *Zeiger* von $A(t)$, neudeutsch auch *Phasor*[1].

Wenn wir zunächst nur die Addition von sinusoidalen Zeitfunktionen betrachten, liegt es auf der Hand, die beiden Zahlen $\hat{A}_c$ und $\hat{A}_s$ zu Real- und Imaginärteil von $\underline{A}$ zu machen, weil dann die zugeordneten komplexen Zahlen in der gewohnten Weise addiert werden können. Dabei ist es selbstverständlich egal, welche Zahl zum Realteil wird.

---

1 Vom englischen „phasor"

Lässt man zusätzlich das Vorzeichen des Imaginärteils frei, stehen vier Möglichkeiten zur Auswahl:

$$\underline{A} := \begin{cases} \hat{A}_{\mathrm{c}} + j\hat{A}_{\mathrm{s}} & \text{(Wahl 1)} \\ \hat{A}_{\mathrm{c}} - j\hat{A}_{\mathrm{s}} & \text{(Wahl 2)} \\ \hat{A}_{\mathrm{s}} + j\hat{A}_{\mathrm{c}} & \text{(Wahl 3)} \\ \hat{A}_{\mathrm{s}} - j\hat{A}_{\mathrm{c}} & \text{(Wahl 4)} \end{cases} \tag{C.14}$$

Welche Variante gewinnt, kann erst durch eine Betrachtung der ganzen Situation entschieden werden. Dabei soll die Konversion von der zugeordneten komplexen Zahl $\underline{A}$ zur Funktion $A(t)$ in beiden Richtungen *„so leicht wie möglich, so kompliziert wie nötig"*[2] erfolgen können.

Nun zeigt es sich, dass die Zeitabhängigkeit (im Wesentlichen der Term ωt) auf elegante Art miterfasst werden kann. Dazu betrachten wir den Ausdruck

$$\underline{A} \cdot e^{\pm j\omega t} = \Re(\underline{A}) \cos\omega t \mp \Im(\underline{A}) \sin\omega t + j\left(\Im(\underline{A}) \cos\omega t \pm \Re(\underline{A}) \sin\omega t \right), \tag{C.15}$$

wobei obere und untere Vorzeichen rechts und links des Gleichheitszeichens korrespondieren. Offenbar steht sowohl im Real- wie im Imaginärteil je eine sinusoidale Zeitfunktion in der $(\hat{A}_{\mathrm{c}}, \hat{A}_{\mathrm{s}})$-Form. Vergleichen wir diese Formen mit den vier in (C.14) zur Wahl gestellten Varianten, finden wir die folgenden Korrespondenzen, wobei wir den Index oben links bei der komplexen Amplitude später wieder weglassen werden:

$$\text{Wahl 1:} \Rightarrow A(t) = \Re\left({}^{1}\underline{A} e^{-j\omega t} \right)$$

$$\text{Wahl 2:} \Rightarrow A(t) = \Re\left({}^{2}\underline{A} e^{+j\omega t} \right)$$

$$\text{Wahl 3:} \Rightarrow A(t) = \Im\left({}^{3}\underline{A} e^{+j\omega t} \right)$$

$$\text{Wahl 4:} \Rightarrow A(t) = \Im\left({}^{4}\underline{A} e^{-j\omega t} \right)$$

Somit sind alle Varianten praktisch gleich einfach. Die Wahl 3 kommt ohne Minuszeichen aus und wird daher von einigen Autoren bevorzugt. Weil jedoch in den Anwendungen manchmal Minuszeichen erwünscht sind, herrscht bis heute keine Einigkeit. In der Elektrotechnik ist die Wahl 2 ziemlich allgemein gebräuchlich, während die Wahl 1 in der Physik vorherrscht.[3] Die dritte und die vierte Wahl sind wohl deshalb oft verworfen worden, weil der Realteil gefühlsmäßig mehr „Wirklichkeit" hat. Wir wollen hier beide Möglichkeiten mit dem Realteil vorstellen, uns aber schließlich der 2. Wahl verpflichten.

Wie oben erwähnt, wird in der Elektrotechnik die imaginäre Einheit gewöhnlich mit $j := \sqrt{-1}$ bezeichnet, während die Physiker dafür i schreiben. Damit können wir die beiden Varianten 1 (mit $e^{-i\omega t}$) und 2 (mit $e^{j\omega t}$) leicht unterscheiden.[4] Trotzdem sei der Deutlichkeit halber der linke obere Index bei der komplexen Amplitude hier noch nicht weggelassen.

---

2 Getreu dem Einstein'schen Postulat der Einfachheit

3 Ein wesentlicher Grund liegt bei der Beschreibung von Wellen. Dort kommt der Term $e^{i(kx-\omega t)}$ vor, der bei positiven Werten von k und ω eine Welle beschreibt, die sich in $+x$-Richtung ausbreitet. In der Elektrotechnik schreiben wir $e^{j(\omega t-kx)}$ für den gleichen Tatbestand und müssen uns mit dem Minuszeichen vor k abfinden. Der Vorteil für die PhysikerInnen wird erst offensichtlich, wenn die Zeitabhängigkeit weggelassen wird.

4 Natürlich gibt es Autoren, die sich nicht an diese Konvention halten!

In der **Elektrotechnik** trifft man oft die Wahl 2:

$$A(t) = \hat{A}\cos(\omega t + \phi) = \hat{A}_c \cos\omega t + \hat{A}_s \sin\omega t$$
$$= \Re\left({}^2\!\underline{A}\cdot e^{j\omega t}\right).$$
(C.16)

Dabei sind

$$\hat{A}_c = \Re\left({}^2\!\underline{A}\right), \quad \hat{A}_s = -\Im\left({}^2\!\underline{A}\right),$$
$$\hat{A} = |{}^2\!\underline{A}|, \quad \phi = \arg\left({}^2\!\underline{A}\right).$$
(C.17)

In der **Physik** wird meist die Wahl 1 bevorzugt:

$$A(t) = \hat{A}\cos(\omega t + \phi) = \hat{A}_c \cos\omega t + \hat{A}_s \sin\omega t$$
$$= \Re\left({}^1\!\underline{A}\cdot e^{-i\omega t}\right).$$
(C.18)

Dabei sind

$$\hat{A}_c = \Re\left({}^1\!\underline{A}\right), \quad \hat{A}_s = \Im\left({}^1\!\underline{A}\right),$$
$$\hat{A} = |{}^1\!\underline{A}|, \quad \phi = -\arg\left({}^1\!\underline{A}\right).$$
(C.19)

Der Wertebereich der Funktion arg sei auf das halboffene Intervall $-\pi < \phi \leq \pi$ eingeschränkt.

Wie bereits erwähnt, erlauben diese Zuordnungen auch eine erhebliche Vereinfachung der Differentiation nach der Zeit. Um die entsprechende Regel zu finden, differenzieren wir $A(t)$ in der $(\hat{A}, \phi)$-Form

$$\frac{dA}{dt} = \underbrace{-\hat{A}_c\omega}_{\hat{A}'_s} \sin\omega t + \underbrace{\hat{A}_s\omega}_{\hat{A}'_c} \cos\omega t.$$
(C.20)

Dies ist offensichtlich wieder eine sinusoidale Zeitfunktion $A'(t)$. Die zugehörige komplexe Amplitude $\underline{A}'$ lautet im Fall der Elektrotechnik (Wahl 2)

$${}^2\!\underline{A}' = \hat{A}'_c - j\hat{A}'_s = \omega\hat{A}_s - j(-\omega\hat{A}_c) = j\omega(\hat{A}_c - j\hat{A}_s) = j\omega\cdot\left({}^2\!\underline{A}\right),$$
(C.21)

während bei der Wahl 1

$${}^1\!\underline{A}' = \hat{A}'_c + i\hat{A}'_s = \omega\hat{A}_s + i(-\omega\hat{A}_c) = -i\omega(\hat{A}_c + i\hat{A}_s) = -i\omega\cdot\left({}^1\!\underline{A}\right)$$
(C.22)

gilt. Die – in der Darstellung mit Zeitfunktionen relativ komplizierte – Differentiation nach der Zeit ist somit durch eine einfache Multiplikation mit dem Faktor $j\omega$ (bzw. $-i\omega$) ersetzt worden. Im Folgenden wollen wir den Index links oben bei der komplexen Amplitude weglassen und immer die Wahl 2 voraussetzen.

Wir fassen zusammen:

■ Die reellen Zahlen $\hat{A}$ (Amplitude), ϕ [oder ϕ_A] (Phase), A_{eff} (Effektivwert), $\hat{A}_c$ („Kosinus-Amplitude") und $\hat{A}_s$ (Sinus-Amplitude) sind die wesentlichen Parameter der sinusoidalen Funktion $A(t)$. Dieser Funktion wird eine komplexe Zahl $\underline{A}$ (*komplexe Amplitude* oder *Zeiger* von $A(t)$, neudeutsch auch *Phasor*) zugeordnet.

- Nach unserer Konvention ist der Betrag $|\underline{A}|$ der komplexen Amplitude gleich der Amplitude $\hat{A}$. Man beachte, dass der Betrag von $\underline{A}$ oft mit A (und nicht mit $\hat{A}$) bezeichnet wird. Wir haben dies hier vermieden, um der Verwechslung mit der Zeitfunktion $A(t)$ vorzubeugen.

- Neben den Zeigern gibt es noch andere komplexe Zahlen, z.B. j oder auch die komplexen Impedanzen. Diese „anderen" komplexen Zahlen wollen wir nicht unterstreichen, obwohl dies viele Autoren und Normenwerke tun. Für uns gilt strikt: Ein unterstrichenes Symbol ist eine komplexe Amplitude (= ein Zeiger oder Phasor) und damit gedanklich eindeutig mit einer sinusoidalen *Zeitfunktion* verknüpft.

Die praktischen Vorteile des komplexen Formalismus sind:

- Jede Gleichung zwischen sinusoidalen Zeit*funktionen* reduziert sich auf eine Gleichung zwischen komplexen *Zahlen*.

- Eine Linearkombination, d.h. eine gewichtete Summe

$$\alpha A(t) + \beta B(t) + \dots$$

  von sinusoidalen Zeit*funktionen*, reduziert sich auf die gleiche Linearkombination komplexer *Zahlen*

$$\alpha \underline{A} + \beta \underline{B} + \dots$$

- Die *Differentiation* einer sinusoidalen Zeit*funktion* vereinfacht sich zur *Multiplikation* der zugeordneten komplexen *Zahl* mit dem Faktor $j\omega$.

C.3 Das Produkt sinusoidaler Zeitfunktionen

Die Differentiation nach der Zeit oder die Bildung von Linearkombinationen sinusoidaler Größen können mit einfachen Regeln allein mit den zugeordneten komplexen Amplituden ausgeführt werden. Das *Produkt* $P(t) := U(t) \cdot I(t)$ – wenn $U(t)$ die Spannung und $I(t)$ den Strom an einem Zweipol bezeichnet, ist $P(t)$ natürlich dessen Leistung – zweier sinusoidaler Zeitfunktionen, $U(t)$ und $I(t)$, ist jedoch *keine* sinusoidale Zeitfunktion. Wir wollen in diesem Abschnitt dieses Produkt genauer anschauen und rechnen zunächst ausschließlich mit Zeitfunktionen.

Das Produkt $P(t) = U(t) \cdot I(t)$ kann man unter Benützung der trigonometrischen Formel

$$\cos x \cdot \cos y = \frac{1}{2}\Big(\cos(x - y) + \cos(x + y)\Big) \tag{C.23}$$

einfach ausrechnen:

$$P(t) = U(t) \cdot I(t) = \hat{U}\cos(\omega t + \phi_{\mathrm{U}}) \cdot \hat{I}\cos(\omega t + \phi_{\mathrm{I}})$$

$$= \frac{\hat{U}\hat{I}}{2}\Big(\cos(\phi_{\mathrm{U}} - \phi_{\mathrm{I}}) + \cos\big(2\omega t + \phi_{\mathrm{U}} + \phi_{\mathrm{I}}\big)\Big). \tag{C.24}$$

Mit den vier neuen Größen

$$\phi := \phi_U - \phi_I, \tag{C.25-1}$$

$$\psi := \phi_U + \phi_I, \tag{C.25-2}$$

$$P_0 := \frac{\hat{U}\hat{I}}{2}\cos\phi = U_{\text{eff}}I_{\text{eff}}\cos\phi, \qquad \text{(Wirkleistung)} \tag{C.25-3}$$

$$P^\sim := \frac{\hat{U}\hat{I}}{2} = U_{\text{eff}}I_{\text{eff}} \qquad \text{(Scheinleistung)} \tag{C.25-4}$$

wird daraus übersichtlicher

$$P(t) = P_0 + P^\sim \cos(2\omega t + \psi), \tag{C.26}$$

wobei die *drei* Größen P_0, $P^\sim$ und ψ in der angegebenen Weise von Amplituden und Phasen der beiden Faktoren $U(t)$ und $I(t)$ abhängen. Der zweite Term kann wie in (C.4) mit dem Additionstheorem der Kosinusfunktion zerlegt werden:

$$P^\sim \cos(2\omega t + \psi) = \underbrace{P^\sim \cos\psi}_{P_1}\cos 2\omega t + \underbrace{(-P^\sim \sin\psi)}_{P_2}\sin 2\omega t. \tag{C.27}$$

Offenbar beschreiben hier die reellen *Zahlentriplette* $(P_0, P^\sim, \psi)$ bzw. (P_0, P_1, P_2) die *Funktion* $P(t)$. Je nach Anwendung wird die eine oder die andere Darstellung besonders bequem sein.

In der Praxis ist besonders der Zeitmittelwert von $P(t)$, die so genannte *Wirkleistung* P_0, von Interesse. Wir können aber noch einen Schritt weiter gehen und die gesamte Leistung in gewisser Weise relativ zu einem der beiden Faktoren, $U(t)$ oder $I(t)$, zerlegen. Dazu halten wir z.B. die Funktion $U(t)$ fest und zerlegen $I(t)$ in zwei Summanden:

$$I(t) = a_U \cdot U(t) + I_{\text{Blind}}(t), \tag{C.28}$$

wobei der erste Term proportional ist zur Funktion $U(t)$, während der zweite Term „orthogonal zu $U(t)$" ist. Damit ist nichts anderes gemeint, als dass das Produkt $U(t) \cdot I_{\text{Blind}}(t)$ *im Zeitmittel* verschwindet. Die zweite Forderung erlaubt es, die Proportionalitätskonstante a_U zu bestimmen. Wir multiplizieren (C.28) mit $U(t)$ und bilden das Zeitmittel, d.h. wir integrieren über eine Periode $T := \pi/\omega$:

$$\int_T U(t) \cdot I(t)\, dt = a_U \int_T U^2(t)\, dt + \underbrace{\int_T U(t) \cdot I_{\text{Blind}}(t)\, dt}_{=0}. \tag{C.29}$$

Daraus folgt eindeutig

$$a_U = \frac{\int_T U(t) \cdot I(t)\, dt}{\int_T U^2(t)\, dt} = \frac{\hat{I}}{\hat{U}}\cos(\phi_U - \phi_I). \tag{C.30}$$

Setzen wir diesen Wert in (C.28) ein, finden wir nach kurzer Rechnung den so genannten *Blindstrom*

$$I_{\text{Blind}}(t) = I(t) - a_U \cdot U(t) = \hat{I}\sin(\phi_U - \phi_I)\sin(\omega t + \phi_U). \tag{C.31}$$

Der Blindstrom $I_{\text{Blind}}(t)$ ist jener Anteil des gesamten Stromes $I(t)$, der *im Zeitmittel* mit $U(t)$ zusammen keine Leistung erbringt.

Wenn wir umgekehrt die Funktion $I(t)$ festhalten und die Spannung zerlegen, ergibt sich analog die *Blindspannung*

$$U_{\text{Blind}}(t) = U(t) - a_{\text{I}} \cdot I(t) = -\hat{U}\sin(\phi_{\text{U}} - \phi_{\text{I}})\sin(\omega t + \phi_{\text{I}}), \qquad \text{(C.32)}$$

wobei jetzt $U_{\text{Blind}}(t)$ *im Zeitmittel* mit $I(t)$ zusammen keine Leistung erbringt. Die zeitabhängige Leistung kann somit folgendermaßen geschrieben werden:

$$
\begin{aligned}
P(t) &= a_{\text{U}} \cdot U^2(t) + U(t) \cdot I_{\text{Blind}}(t) \\
&= \hat{U}\hat{I}\cos\phi\cos^2(\omega t + \phi_{\text{U}}) + \hat{U}\hat{I}\sin\phi\underbrace{\cos(\omega t + \phi_{\text{U}})\sin(\omega t + \phi_{\text{U}})}_{=\frac{1}{2}\sin(2\omega t + 2\phi_{\text{U}})} \qquad \text{(C.33-1)}
\end{aligned}
$$

$$
\begin{aligned}
&= a_{\text{I}} \cdot I^2(t) + U_{\text{Blind}}(t) \cdot I(t) \\
&= \hat{U}\hat{I}\cos\phi\cos^2(\omega t + \phi_{\text{I}}) - \hat{U}\hat{I}\sin\phi\underbrace{\cos(\omega t + \phi_{\text{I}})\sin(\omega t + \phi_{\text{I}})}_{=\frac{1}{2}\sin(2\omega t + 2\phi_{\text{I}})}. \qquad \text{(C.33-2)}
\end{aligned}
$$

Die Zerlegung ist unterschiedlich, je nachdem, ob der erste oder der zweite Faktor als Bezugsgröße agiert. In beiden Fällen jedoch verschwindet der zweite Summand im Zeitmittel, und das Vorzeichen des ersten Summanden ist zeitlich konstant gleich jenem der Wirkleistung. Man nennt die zeitunabhängige Größe

$$Q := \frac{\hat{U}\cdot\hat{I}}{2}\sin(\phi_{\text{U}} - \phi_{\text{I}}) = \frac{\hat{U}\cdot\hat{I}}{2}\sin\phi \qquad \text{(C.34)}$$

Blindleistung. Mit diesem Vorzeichen ist sie gleich der Amplitude des zweiten Summanden in (C.33-1), kommt aber im Ausdruck (C.26) von $P(t)$ im Allgemeinen nicht explizit vor. Die drei Größen Scheinleistung $P^{\sim}$, Wirkleistung P_0 und Blindleistung Q sind mit einer einfachen Formel miteinander verknüpft:

$$P_0^2 + Q^2 = \left(\frac{\hat{U}\cdot\hat{I}}{2}\right)^2 (\cos^2\phi + \sin^2\phi) = \left(\frac{\hat{U}\cdot\hat{I}}{2}\right)^2 = (P^{\sim})^2. \qquad \text{(C.35)}$$

Obwohl der Term mit der Blindleistung im Zeitmittel nichts bringt, ist Q doch eine physikalisch reale Amplitude, allerdings immer relativ zu einem Faktor, U oder I. Summen von Blindleistungen sind daher nur dann sinnvoll, wenn alle Summanden auf den gleichen Faktor bezogen werden.

C.4 Komplexe Leistungen

In diesem Abschnitt wenden wir uns der Darstellung von $P(t)$ durch zugeordnete komplexe Größen zu. Insbesondere interessiert die Frage, wie die charakteristischen Größen $P^{\sim}$, P_0 und Q direkt aus den zugeordneten komplexen Größen $\underline{U}$ und $\underline{I}$ der Faktoren von $P(t)$ abgeleitet werden können.

Wir betrachten zuerst den zweiten Term in (C.26) und stellen fest, dass dieser – bis auf die doppelte Frequenz – genau die Form einer sinusoidalen Zeitfunktion aufweist. Somit können wir für diesen Teil das gleiche Prozedere anwenden wie im vorangehenden Abschnitt und finden die zugeordnete *komplexe Wechselleistung*[5]

$$\underline{\underline{P}}^{\sim} := P_1 - jP_2. \tag{C.36}$$

Die komplexe Größe $\underline{\underline{P}}^{\sim}$ ist *kein* Phasor im Sinne von Abschnitt 3.2. Diese Tatsache berücksichtigen wir auch in der Notation und unterstreichen das Symbol doppelt, da es mit dem Produkt von *zwei* sinusoidalen Zeitfunktionen zusammenhängt.

Die komplexe Wechselleistung hat den Betrag $P^{\sim} = \frac{\hat{U}\cdot\hat{I}}{2}$ und das in (C.25-2) definierte Argument $\psi = \phi_U + \phi_I$. Somit gilt überraschend einfach

$$\underline{\underline{P}}^{\sim} = \frac{\underline{U}\cdot\underline{I}}{2}. \tag{C.37}$$

Der Wechselanteil der Produktfunktion $P(t)$ kann mit einer komplexen Zahl beschrieben werden, die gleich dem halben Produkt der komplexen Amplituden der einzelnen Faktoren ist. Allerdings müssen bei der Umrechnung in Zeitfunktionen zwei Feinheiten beachtet werden:

- ◼ Die Wechselleistung hat die doppelte Frequenz der einzelnen Faktoren.

- ◼ Bei der Umrechnung kommt ein Faktor $\frac{1}{2}$ dazu. Hätten wir stattdessen komplexe Effektivwerte benutzt, könnte man sich diesen Faktor ersparen. Daher verwenden gewisse Autoren die komplexe Effektivwertdarstellung mit $|\underline{A}| = A_{\text{eff}}$ (statt $|\underline{A}| = \hat{A}$).

Doch dies ist erst die halbe Wechselwahrheit. Der Zeitmittelwert $P_0 = \frac{\hat{U}\cdot\hat{I}}{2}\cos\phi$ fehlt noch. Er enthält das gleiche Produkt $(\hat{U}\cdot\hat{I})$ wie die Wechselleistung sowie den Kosinus der in (C.25-1) definierten Phasen*differenz* $\phi = \phi_U - \phi_I$. Da die Bildung des konjugiert komplexen Wertes das Vorzeichen der Phase umdreht, hilft offenbar das komplexe Produkt

$$\underline{\underline{P}} := \frac{\underline{U}\cdot\underline{I}^*}{2} \tag{C.38}$$

weiter, denn es gilt

$$\Re(\underline{\underline{P}}) = \frac{1}{2}\Re(\underline{U}\cdot\underline{I}^*) = \frac{\hat{U}\cdot\hat{I}}{2}\cos(\phi_U - \phi_I) = \frac{\hat{U}\cdot\hat{I}}{2}\cos\phi = P_0. \tag{C.39}$$

$\underline{\underline{P}}$ heißt *komplexe Leistung* und liefert mit dem Realteil den zeitlichen Mittelwert von $P(t)$. Damit können wir die zeitabhängige Leistung bereits vollständig angeben:

$$P(t) = \Re\left(\underline{\underline{P}} + \underline{\underline{P}}^{\sim}\cdot e^{2j\omega t}\right). \tag{C.40}$$

Man beachte, dass der Imaginärteil der komplexen Leistung $\underline{\underline{P}}$ nicht benötigt wird. Wir rechnen ihn trotzdem aus und finden

$$\Im(\underline{\underline{P}}) = \frac{\hat{U}\cdot\hat{I}}{2}\sin(\phi_U - \phi_I) = \frac{\hat{U}\cdot\hat{I}}{2}\sin\phi = Q. \tag{C.41}$$

Somit hat auch der Imaginärteil der komplexen Leistung $\underline{\underline{P}}$ eine physikalische Bedeutung, wobei das Vorzeichen Konventionssache ist.

---

5 Wir stützen uns ausschließlich auf die Wahl 2 in (C.14). Bei der Wahl 1 ergäbe sich $\underline{\underline{P}}^{\sim} := P_1 + iP_2$.

Wir fassen zusammen:

Das Produkt $P(t) = U(t) \cdot I(t)$ zweier sinusoidaler Zeitfunktionen ergibt sich direkt aus den komplexen Amplituden (in der Darstellung (C.16)!) der beiden Faktoren zu

$$P(t) = P_0 + P^{\sim} \cos(2\omega t + \psi) = P_0 + P_1 \cos 2\omega t + P_2 \sin 2\omega t$$

$$= \Re\left(\underline{\underline{P}} + \underline{\underline{P}}^{\sim} \cdot e^{2j\omega t}\right) = \frac{1}{2}\Re\left(\underline{U} \cdot \underline{I}^* + \underline{U} \cdot \underline{I} \cdot e^{2j\omega t}\right). \tag{C.42}$$

Die reellen charakteristischen Größen P_0, Q, P_1, P_2, $P^{\sim}$ und ψ lauten

$$P_0 = \Re(\underline{\underline{P}}) = \frac{1}{2}\Re(\underline{U} \cdot \underline{I}^*) = \frac{1}{2}\Re(\underline{U}^* \cdot \underline{I}),$$

$$Q = \Im(\underline{\underline{P}}) = \frac{1}{2}\Im(\underline{U} \cdot \underline{I}^*) = -\frac{1}{2}\Im(\underline{U}^* \cdot \underline{I}),$$

$$P_1 = \Re(\underline{\underline{P}}^{\sim}) = \frac{1}{2}\Re(\underline{U} \cdot \underline{I}),$$

$$P_2 = -\Im(\underline{\underline{P}}^{\sim}) = -\frac{1}{2}\Im(\underline{U} \cdot \underline{I}),$$

$$P^{\sim} = |\underline{\underline{P}}^{\sim}| = \frac{1}{2}|\underline{U} \cdot \underline{I}| = \frac{1}{2}|\underline{U} \cdot \underline{I}^*| = \frac{1}{2}|\underline{U}^* \cdot \underline{I}| = \frac{1}{2}|\underline{U}| \cdot |\underline{I}|,$$

$$\psi = \arg(\underline{U} \cdot \underline{I}) = \arg \underline{U} + \arg \underline{I}, \tag{C.43}$$

$$\underline{\underline{P}} = P_0 + jQ, \quad \underline{\underline{P}}^{\sim} = P_1 - jP_2, \quad P_0^2 + Q^2 = P_1^2 + P_2^2 = (P^{\sim})^2. \tag{C.44}$$

C.5 Vektoren mit komplexen Komponenten

In der Feldtheorie haben wir es im stationären Zustand mit Vektoren zu tun, deren Komponenten sinusoidale Zeitfunktionen sind. In diesem Fall können den sinusoidal zeitabhängigen Vektoren komplexe Vektoren (Vektoren mit drei komplexen Komponenten) zugeordnet werden. Wir halten uns ausschließlich an die Darstellung (C.16). Dann gilt z.B. für das elektrische Feld

$$\vec{E}(\vec{r}, t) = \Re\left(\underline{\vec{E}}(\vec{r}) \cdot e^{j\omega t}\right) = \begin{pmatrix} \Re\left(\underline{E}_x(\vec{r}) \cdot e^{j\omega t}\right) \\ \Re\left(\underline{E}_y(\vec{r}) \cdot e^{j\omega t}\right) \\ \Re\left(\underline{E}_z(\vec{r}) \cdot e^{j\omega t}\right) \end{pmatrix}, \tag{C.45}$$

wobei $\underline{\vec{E}}(\vec{r})$ die komplexe Amplitude von $\vec{E}(\vec{r}, t)$ ist und ganz rechts die kartesischen Komponenten von $\vec{E}$ separat aufgeschrieben wurden. Man beachte, dass die Realteilbildung bei komplexen Vektoren komponentenweise erfolgt.

Sowohl das Skalarprodukt als auch das Vektorprodukt zweier Vektoren sind gemäß (B.12) bzw. (B.13) mittels Produkten von Komponenten der beteiligten Vektoren darstellbar:

$$\vec{v} \cdot \vec{w} = v_x w_x + v_y w_y + v_z w_z, \qquad \vec{v} \times \vec{w} = \begin{pmatrix} v_y w_z - v_z w_y \\ v_z w_x - v_x w_z \\ v_x w_y - v_y w_x \end{pmatrix}. \tag{C.46}$$

Die Summen bzw. Differenzen von Produkten können ohne weiteres mit der Form (C.42) direkt mit den komplexen Leistungen erhalten werden. Mit anderen Worten: Die Definitionen (C.42) und (C.43) können auch mit komplexen Vektoren und deren Produkten verwendet werden. Nur die der Blindleistung Q entsprechende Größe muss kritisch hinterfragt werden, denn die formale Definition würde für jeden Summanden einen anderen Faktor als Bezugsgröße verwenden. Wir behalten die Notation des Abschnitts C.4 bei und ordnen etwa dem Poynting-Vektor $\vec{S}(\vec{r}, t) = \vec{E}(\vec{r}, t) \times \vec{H}(\vec{r}, t)$ die beiden komplexen Poynting-Vektoren

$$\underline{\vec{S}}(\vec{r}) := \frac{1}{2}\left(\underline{\vec{E}}(\vec{r}) \times \underline{\vec{H}}^{*}(\vec{r})\right), \qquad \underline{\vec{S}}^{\sim}(\vec{r}) := \frac{1}{2}\left(\underline{\vec{E}}(\vec{r}) \times \underline{\vec{H}}(\vec{r})\right) \qquad \text{(C.47-1)}$$

mit

$$\underline{\vec{S}}(\vec{r}) =: \vec{S}_0(\vec{r}) + j\vec{S}_Q(\vec{r}), \qquad \underline{\vec{S}}^{\sim}(\vec{r}) =: \vec{S}_1(\vec{r}) - j\vec{S}_2(\vec{r}) \qquad \text{(C.47-2)}$$

zu (vgl. auch (8.35)). Als Beispiel für ein Skalarprodukt sei die elektrische Energiedichte $w_e(\vec{r}, t) = \frac{1}{2}\vec{D}(\vec{r}, t) \cdot \vec{E}(\vec{r}, t)$ genannt. Zu ihr gehören die komplexen elektrischen Energiedichten

$$\underline{w}_e(\vec{r}) := \frac{1}{4}\vec{E}(\vec{r}) \cdot \underline{\vec{D}}^{*}(\vec{r}), \qquad \underline{w}_e^{\sim}(\vec{r}) := \frac{1}{4}\vec{E}(\vec{r}) \cdot \underline{\vec{D}}(\vec{r}) \qquad \text{(C.48-1)}$$

mit

$$\underline{w}_e(\vec{r}) = w_{e0}(\vec{r}) + jw_{eQ}(\vec{r}), \qquad \underline{w}_e^{\sim}(\vec{r}) = w_{e1}(\vec{r}) - jw_{e2}(\vec{r}). \qquad \text{(C.48-2)}$$

Unterschlagen wir für den Moment die Abhängigkeit vom Ortsvektor $\vec{r}$, gilt analog zu (C.42)

$$\vec{S}(t) = \vec{E}(t) \times \vec{H}(t) = \vec{S}_0 + \vec{S}_1 \cos 2\omega t + \vec{S}_2 \sin 2\omega t$$
$$= \frac{1}{2}\Re\left(\underline{\vec{E}} \times \underline{\vec{H}}^{*} + (\underline{\vec{E}} \times \underline{\vec{H}}) \cdot e^{2j\omega t}\right) = \Re\left(\underline{\vec{S}} + \underline{\vec{S}}^{\sim} \cdot e^{2j\omega t}\right). \qquad \text{(C.49)}$$

Der Imaginärteil $(\vec{S}_Q)$ von $\underline{\vec{S}}$ kann im Allgemeinen nicht physikalisch interpretiert werden, außer wenn *alle* Bezugsfunktionen – hier die *drei* Komponenten von $\vec{E}$ – die gleiche Phase haben.

In ähnlicher Weise gilt für die elektrische Energiedichte

$$w_e(t) = \frac{1}{2}\vec{E}(t) \cdot \vec{D}(t) = w_{e0} > +w_{e1} \cos 2\omega t + w_{e2} \sin 2\omega t$$
$$= \frac{1}{4}\Re\left(\underline{\vec{E}} \cdot \underline{\vec{D}}^{*} + (\underline{\vec{E}} \cdot \underline{\vec{D}}) \cdot e^{2j\omega t}\right) = \Re\left(\underline{w}_e + \underline{w}_e^{\sim} \cdot e^{2j\omega t}\right). \qquad \text{(C.50)}$$

Man beachte in diesem Fall den Faktor $\frac{1}{4}$. Wiederum kann der Imaginärteil (w_{eQ}) von $\underline{w}_e$ nur dann physikalisch interpretiert werden, wenn *alle* Bezugsfunktionen – hier die *drei* Komponenten von $\vec{E}$ – die gleiche Phase haben.

Die Eigenschaften der Zylinderfunktionen

D

ÜBERBLICK

Es gibt vier verschiedene Arten von Zylinderfunktionen, welche je nach Bedarf zum Einsatz gelangen. Die spezifischen Eigenschaften dieser Funktionen können in jedem größeren Formelhandbuch nachgelesen werden und müssen daher nicht auswendig gelernt werden. Wir geben die wichtigsten Formeln an und spezialisieren uns sofort auf unsere Anwendungen, d.h. wir bezeichnen das Argument nicht mit x oder z, wie in den Formelhandbüchern, sondern mit $\kappa\rho$, so wie es im 11. Kapitel ausschließlich der Fall ist.

Die Zylinderfunktionen sind für beliebige komplexe Argumente definiert. In unseren Anwendungen heißt das Argument $\kappa\rho$ und kann ebenfalls komplex sein. Wir unterscheiden drei Fälle:

$$\kappa = \sqrt{k^2 + \gamma^2} \rightarrow \begin{cases} \text{(A)} & j\gamma, k \text{ reell}, \quad k > |\gamma|: \quad \kappa \text{ reell} \\ \text{(B)} & j\gamma, k \text{ reell}, \quad k < |\gamma|: \quad \kappa \text{ imaginär} \\ \text{(C)} & \gamma, k \text{ komplex}: \qquad\qquad \kappa \text{ komplex} \end{cases} \tag{D.1}$$

Die beiden ersten Fälle können nur eintreten, wenn die zylindrische Struktur keine endlich leitfähigen Materialien enthält. Der Spezialfall $\gamma = \pm jk$ führt auf $\kappa = 0$ und ist somit hier uninteressant (vgl. Unterabschnitt 11.2.1). Zur Diskussion des Verhaltens der verschiedenen Zylinderfunktionen legen wir das Vorzeichen der im Allgemeinen komplexwertigen Wurzel $\kappa = \sqrt{\kappa^2}$ so fest, dass der *Imaginärteil* von κ nicht positiv ist:[1] $\Im\kappa \leq 0$. Man beachte, dass diese Wahl von der Anwendung motiviert ist. Würde man den Realteil nehmen – wie in der Mathematik üblich –, müssten dauernd Fallunterscheidungen getroffen werden, um in Ausbreitungsrichtung anwachsende oder abfallende Felder zu charakterisieren. Natürlich ist dabei auch die Wahl der Zeitabhängigkeit im Spiel ($e^{j\omega t}$ oder $e^{-i\omega t}$). Diese etwas eigentümliche Wahl wird getroffen, damit das Wellenverhalten formal gleich wie bei der Ebenen Welle ($\sim e^{j(\omega t - kx)}$ mit einem normalerweise negativen Imaginärteil von k) geschrieben werden kann. Hier ergibt sich im asymptotischen Fall für große Abstände ρ das Verhalten $\sim e^{j(\omega t - \kappa\rho)}$.

D.1 Die Hankel-Funktionen erster Gattung $H_n^{(1)}$

Die Hankel-Funktionen erster Gattung $H_n^{(1)}$ weisen bei $\rho = 0$ einen Pol auf und zeigen bei großen Werten von ρ im Falle (A) ein schwach abfallendes ($\sim 1/\sqrt{\rho}$), in den Fällen (B) und (C) ein exponentiell zunehmendes Verhalten. Genauer gilt für $\rho \rightarrow \infty$

$$H_n^{(1)}(\kappa\rho) \sim \sqrt{\frac{2}{\pi\kappa\rho}} e^{j(\kappa\rho - \frac{2n-1}{4}\pi)}, \tag{D.2}$$

und für kleine Argumente $|\kappa\rho| \ll 1$ gilt

$$H_n^{(1)}(\kappa\rho) \sim -\frac{j}{\pi}\frac{2^n(n-1)!}{(\kappa\rho)^n} \qquad \text{(falls } n > 0\text{)}, \tag{D.3-1}$$

$$H_0^{(1)}(\kappa\rho) \sim \frac{2j}{\pi}\ln(\kappa\rho). \tag{D.3-2}$$

---

[1] Die in der Literatur ebenfalls auftretende umgekehrte Wahl vertauscht die Rollen der Hankel-Funktionen erster und zweiter Gattung. Vgl. dazu auch den Abschnitt D.7.

D.2 Die Hankel-Funktionen zweiter Gattung $H_n^{(2)}$

Die Hankel-Funktionen zweiter Gattung $H_n^{(2)}$ weisen bei $\rho = 0$ einen Pol auf und zeigen bei großen Argumenten im Falle (A) ein schwach abfallendes ($\sim 1/\sqrt{\rho}$), in den Fällen (B) und (C) ein exponentiell abfallendes Verhalten. Genauer gilt für $\rho \to \infty$

$$H_n^{(2)}(\kappa\rho) \sim \sqrt{\frac{2}{\pi\kappa\rho}} e^{-j(\kappa\rho - \frac{2n-1}{4}\pi)}. \tag{D.4}$$

Für kleine Argumente $|\kappa\rho| \ll 1$ sind die Hankel-Funktionen beider Gattungen bis auf ein Vorzeichen gleich. Es gilt

$$H_n^{(2)}(\kappa\rho) \sim \frac{j}{\pi} \frac{2^n(n-1)!}{(\kappa\rho)^n} \qquad \text{(falls } n > 0\text{)}, \tag{D.5-1}$$

$$H_0^{(2)}(\kappa\rho) \sim -\frac{2j}{\pi} \ln(\kappa\rho). \tag{D.5-2}$$

D.3 Die Bessel-Funktionen J_n

Die Bessel-Funktionen J_n sind für alle endlichen Argumente regulär und wachsen in den Fällen (B) und (C) für große ρ exponentiell an. Im Fall (A) fallen sie schwach ab ($\sim 1/\sqrt{\rho}$). Genauer gilt für $\rho \to \infty$

$$J_n(\kappa\rho) = \sqrt{\frac{2}{\pi\kappa\rho}} \left[\cos\left(\kappa\rho - \frac{2n-1}{4}\pi\right) + e^{|\Im\kappa|\rho} O(\rho^{-1}) \right], \tag{D.6}$$

wobei das Landau'sche O verwendet wurde.[2] Die Bessel-Funktion kann (bei beliebigen Argumenten) als Superposition von Hankel-Funktionen beider Gattungen dargestellt werden:

$$J_n(\kappa\rho) = \frac{H_n^{(1)}(\kappa\rho) + H_n^{(2)}(\kappa\rho)}{2}. \tag{D.7}$$

Für kleine Argumente $|\kappa\rho| \ll 1$ gilt

$$J_n(\kappa\rho) \sim \frac{(\kappa\rho)^n}{2^n n!}. \tag{D.8}$$

D.4 Die Neumann-Funktionen N_n

Die Neumann-Funktionen N_n (gelegentlich auch mit Y_n bezeichnet) weisen bei $\rho = 0$ einen Pol auf und zeigen bei großen Argumenten ein ähnliches Verhalten wie die Bessel-Funktionen. Genauer gilt für $\rho \to \infty$

$$N_n(\kappa\rho) = \sqrt{\frac{2}{\pi\kappa\rho}} \left[\sin\left(\kappa\rho - \frac{2n-1}{4}\pi\right) + e^{|\Im\kappa|\rho} O(\rho^{-1}) \right]. \tag{D.9}$$

Wie die Bessel-Funktion kann auch die Neumann-Funktion (bei beliebigen Argumenten) als Superposition von Hankel-Funktionen beider Gattungen dargestellt werden:

---

2 Vgl. die Fußnote zu Gleichung (3.29).

$$N_n(\kappa\rho) = \frac{H_n^{(1)}(\kappa\rho) - H_n^{(2)}(\kappa\rho)}{2j}. \tag{D.10}$$

Bei kleinen Argumenten $|\kappa\rho| \ll 1$ sind die Neumann-Funktionen den Hankel-Funktionen ähnlich. Es gilt

$$N_n(\kappa\rho) \sim -\frac{1}{\pi}\frac{2^n(n-1)!}{(\kappa\rho)^n} \qquad (\text{falls } n > 0),$$

$$N_0(\kappa\rho) \sim \frac{2}{\pi}\ln(\kappa\rho). \tag{D.11}$$

D.5 Die Beziehungen zwischen Zylinderfunktionen gleicher Ordnung

Die verschiedenen Zylinderfunktionen $H_n^{(1)}$, $H_n^{(2)}$, J_n und N_n sind gemäß (D.7) und (D.10) voneinander abhängig. Löst man diese Gleichungen nach den Hankel-Funktionen auf, ergibt sich

$$H_n^{(1)}(\kappa\rho) = J_n(\kappa\rho) + jN_n(\kappa\rho), \qquad H_n^{(2)}(\kappa\rho) = J_n(\kappa\rho) - jN_n(\kappa\rho). \tag{D.12}$$

Die Beziehungen zwischen den verschiedenen Zylinderfunktionen sind ähnlich wie die Euler'schen Gleichungen für die trigonometrischen Funktionen $\sin nx$, $\cos nx$ und die Exponentialfunktionen $e^{\pm jnx}$. Es besteht die folgende, bei großen Argumenten und reellem κ klar in Erscheinung tretende Korrespondenz (x bezeichnet hier ein beliebiges, komplexes Argument):

$$
\begin{aligned}
e^{jnx} &\leftrightarrow H_n^{(1)}(x), \\
e^{-jnx} &\leftrightarrow H_n^{(2)}(x), \\
\cos nx &\leftrightarrow J_n(x), \\
\sin nx &\leftrightarrow N_n(x).
\end{aligned} \tag{D.13}
$$

D.6 Die Modifizierten Zylinderfunktionen und die Kelvin-Funktionen

Die Bessel- und die Neumann-Funktionen sind für reelle Argumente reell, für imaginäre Argumente sind sie je nach Ordnung ebenfalls reell oder imaginär. Um vollständig reelle Rechnungen durchführen zu können, benützt man die so genannten *Modifizierten Zylinderfunktionen* $I_n(x)$ und $K_n(x)$, die für reelle x reellwertig sind und im Wesentlichen einfach die Imaginärwertigkeit der gewöhnlichen Zylinderfunktionen bei rein imaginären Argumenten vermeiden. Es gilt

$$I_n(x) = (-j)^n J_n(jx), \qquad K_n(x) = \frac{\pi}{2}j^{n+1}H_n^{(1)}(jx). \tag{D.14}$$

Schließlich sind die Zylinderfunktionen häufig für komplexe Argumente auf der zweiten Winkelhalbierenden gefragt, d.h. auf der Geraden $x = re^{-j\pi/4}$ (r reell). Für diesen Fall sind die reellwertigen, so genannten *Kelvin-Funktionen* $\mathrm{ber}_n(r)$, $\mathrm{bei}_n(r)$, $\mathrm{ker}_n(r)$ und kei$_n(r)$ definiert, welche im Wesentlichen nichts anderes als Real- und Imaginärteil der Zylinderfunktionen für Argumente der Form $x = re^{-j\pi/4}$ darstellen. Genauer gilt

$$\text{ber}_n(r) + j\text{bei}_n(r) = (-1)^n J_n(re^{-j\pi/4}),$$

$$\text{ker}_n(r) + j\text{kei}_n(r) = \frac{j\pi}{2} H_n^{(1)}(re^{3j\pi/4}). \tag{D.15}$$

D.7 Die physikalische Interpretation der Zylinderwellen

Die Zylinderfunktionen sind Lösungen der Bessel'schen Differentialgleichung (11.34) und beschreiben das radiale Verhalten (nur!) der Längskomponenten von $\vec{E}$ bzw. $\vec{H}$ einer speziellen Lösung der Maxwell-Gleichungen. Die übrigen Feldkomponenten gewinnt man mit (11.20), wobei dort (in grad$_T$) Ableitungen nach ρ auftreten. Dazu sind die folgenden Beziehungen zur Bestimmung der Ableitungen der Zylinderfunktionen nützlich:

$$\frac{d}{d\rho} Z_n(\kappa\rho) = \kappa Z_{n-1}(\kappa\rho) - \frac{n}{\rho} Z_n(\kappa\rho) = -\kappa Z_{n+1}(\kappa\rho) + \frac{n}{\rho} Z_n(\kappa\rho), \tag{D.16-1}$$

$$\frac{d}{d\rho} J_0(\kappa\rho) = -\kappa J_1(\kappa\rho), \tag{D.16-2}$$

$$\frac{d}{d\rho} N_0(\kappa\rho) = -\kappa N_1(\kappa\rho). \tag{D.16-3}$$

Betrachten wir jetzt die zu einer Zylinderfunktion gehörige Lösung der Maxwell-Gleichungen, finden wir im Fall (A), dass zu $H_n^{(1)}$ eine aus der Singularität bei $\rho = 0$ nach innen laufende Welle gehört, während bei $H_n^{(2)}$ die Welle aus der Singularität herausläuft.[3] Bessel- und Neumann-Funktionen sind gemäß (D.7) bzw. (D.10) die Summe zweier Hankel-Funktionen und gehören daher zu einer Überlagerung von zwei radial laufenden Wellen, die zusammen eine (radial) *stehende* Welle bilden und im Zeitmittel keine Energie in radialer Richtung transportieren. Bei J_n hebt sich die Singularität bei $\rho = 0$ auf, bei N_n bleibt sie bestehen.

Sollen diese Wellen als Glied einer Reihenentwicklung des gesamten elektromagnetischen Feldes im Teilgebiet G verwendet werden, müssen die Singularitäten natürlich außerhalb von G liegen. Andererseits ist es unnötig, linear abhängige Lösungen in der Reihenentwicklung zu benützen. Somit genügen zwei der vier Zylinderfunktionen. Schließlich sind bei der Wahl auch physikalische Aspekte zu berücksichtigen: Eine Lösung, welche Energie aus dem Unendlichen nach innen transportiert, ist für jene Teilgebiete unbrauchbar, die den „Punkt" unendlich enthalten.

Entsprechend der physikalischen Bedeutung ist es sinnvoll, für die Allgemeine Lösung der Helmholtz-Gleichung (11.28) die beiden Arten mit den wenigsten Singularitäten zu verwenden. Wir wählten in (11.37) die Bessel-Funktionen J_n und die Hankel-Funktionen zweiter Gattung $H_n^{(2)} =: H_n$, wobei es dann nicht nötig war, die Gattung in der Notation extra anzugeben.

---

3 Ein- und Auslaufen der Wellen hängt neben der Wahl des Vorzeichens bei der Wurzel von κ^2 auch noch mit der Wahl der Zeitabhängigkeit zusammen ($e^{\pm j\omega t}$). In der Literatur gibt es alle Kombinationen. Unsere Wahl ist bekanntlich $e^{+j\omega t}$ und $\Im(\sqrt{\kappa^2}) < 0$; $\Im(-\sqrt{\kappa^2}) > 0$. Vgl. den Kommentar am Anfang dieses Anhangs!

Strahlung einer beliebig bewegten Punktladung

E

In jedem Physikbuch wird erwähnt, dass beschleunigte Ladungen strahlen. Obwohl diese Feststellung zunächst sehr einfach klingt, zeigt es sich, dass die entsprechenden Rechnungen durchaus anspruchsvoll sind und den Rahmen dieser Grundlagendarstellung eigentlich sprengen. Dieser Anhang ist eine Antwort auf die folgende Frage eines besonders interessierten Studenten: „Wenn eine beschleunigte Ladung strahlt, dann verliert sie Energie. Diese Energie muss irgendwo herkommen. Wie viel Ladung muss ich daher in meinen Rucksack packen, damit ich im freien Fall im Gravitationsfeld der Erde genügend gebremst werde? Anders ausgedrückt: Kann ich einen elektromagnetischen „Fallschirm" konstruieren, der meine potenzielle Energie nach dem Sprung aus dem Flugzeug nicht in Bewegungsenergie mit ständig steigender Fallgeschwindigkeit umwandelt, sondern in elektromagnetische Strahlungsleistung?"

E.1 Die Berechnung der Felder

Wir wollen somit ganz allgemein das Feld einer beliebig bewegten Punktladung q ausrechnen und benützen dazu die retardierten Potentiale.

Die Position und damit die Bewegung der Punktladung sei mit ihrem zeitabhängigen Ortsvektor $\vec{r}_q(t)$ beschrieben. Ihre Geschwindigkeit ist dann $\vec{v}(t) = \frac{\partial}{\partial t}\vec{r}_q(t)$. Der Punktladung können unter Benützung der Deltadistribution formal eine Ladungsdichte

$$\varrho(\vec{r},t) = q\delta(\vec{r} - \vec{r}_q(t)) \tag{E.1}$$

und eine Stromdichte

$$\vec{J}(\vec{r},t) = \varrho(\vec{r},t)\cdot\vec{v}(t) = q\delta(\vec{r} - \vec{r}_q(t))\cdot\frac{\partial}{\partial t}\vec{r}_q(t) \tag{E.2}$$

zugeordnet werden. Diese beiden Funktionen erfüllen die Ladungserhaltung, was anschaulich klar ist: Zu jedem Zeitpunkt ist die gesamte Ladung gleich q. Es bereitet jedoch Schwierigkeiten, die Kontinuitätsgleichung $\text{div}\,\vec{J} = -\frac{\partial}{\partial t}\varrho$ zu verifizieren, weil die Divergenz der Deltadistribution[1] nicht elementar gebildet werden kann. Wir tun es trotzdem, indem wir an eine stetige Funktion denken, die sich fast wie eine Deltadistribution verhält (von null verschiedene und sehr große Werte nur in unmittelbarer Umgebung von $\vec{r}_q$ und ein Integral von eins). Schreiben wir also die Kontinuitätsgleichung in kartesischen Koordinaten auf! Dabei dürfen wir $\vec{v}$ innerhalb der Ladung als ortsunabhängig betrachten (die Ladungsverteilung ist in sich starr und bewegt sich rein translatorisch) und finden daher

$$\text{div}\,\vec{J} = \vec{v}\cdot\text{grad}\,\varrho = q\vec{v}\cdot\begin{pmatrix}\frac{\partial\delta}{\partial x}\\\frac{\partial\delta}{\partial y}\\\frac{\partial\delta}{\partial z}\end{pmatrix}.$$

Andererseits gilt mit $\vec{r}_q = (x_q, y_q, z_q)^{\text{T}}$

$$\frac{\partial\varrho}{\partial t} = q\left(\frac{\partial\delta}{\partial x}(-\frac{\partial x_q}{\partial t}) + \frac{\partial\delta}{\partial y}(-\frac{\partial y_q}{\partial t}) + \frac{\partial\delta}{\partial z}(-\frac{\partial z_q}{\partial t})\right) = -q\vec{v}\cdot\begin{pmatrix}\frac{\partial\delta}{\partial x}\\\frac{\partial\delta}{\partial y}\\\frac{\partial\delta}{\partial z}\end{pmatrix}.$$

---

[1] Erschwerend ist vor allem, dass wir es mit einer dreidimensionalen Distribution zu tun haben.

Damit ist die Kontinuitätsgleichung erfüllt.

Zur eigentlichen Potentialberechnung stützen wir uns auf die Gleichungen (6.106) und (6.107). Da diese Integration etwas trickreich ist, holen wir etwas weiter aus und beschreiben den Integrationsvorgang des retardierten Potentials

$$\text{(6.107)} \qquad \varphi(\vec{r},t) = \frac{1}{4\pi\varepsilon} \iiint\limits_{V'} \frac{\varrho(\vec{r}',t-\sqrt{\mu\varepsilon}|\vec{r}-\vec{r}'|)}{|\vec{r}-\vec{r}'|}\, dV' \qquad \text{(E.3)}$$

zuerst in Worten. Dabei denken wir an eine Summation an Stelle einer Integration. Um alle Beiträge korrekt zu erfassen, setzen wir uns zur Zeit t auf den Aufpunkt $\vec{r}$ und stellen uns eine Kugelschale der kleinen Dicke d mit Mittelpunkt $\vec{r}$ und Radius $|\vec{r}-\vec{r}'|$ vor. Diese Kugelschale enthält eventuell Ladungen, die alle zusammengezählt und dann durch den Radius $|\vec{r}-\vec{r}'|$ dividiert werden müssen. Die Schwierigkeit besteht nun darin, dass die Ladungen in der Kugelschale nicht zur Zeit t, sondern zur früheren Zeit $t-\sqrt{\mu\varepsilon}|\vec{r}-\vec{r}'|$ ausgewertet werden sollen. Je größer der Radius der Kugelschale ist, desto früher müssen die Ladungen erfasst werden. Wir beginnen innen, starten mit der aktuellen Aufpunktzeit t und lassen die Kugelschale nach außen expandieren und dabei gleichzeitig die Zeit rückwärts laufen. Dies bedeutet etwa, dass die Kugelschale mit der Geschwindigkeit $c = 1/\sqrt{\mu\varepsilon}$ expandiert und gleichzeitig alle bewegten Ladungen im ganzen Raum rückwärts an ihre früheren Aufenthaltsorte bewegt werden. Dann werden alle Beiträge zum Integral (E.3) gerade richtig erfasst.

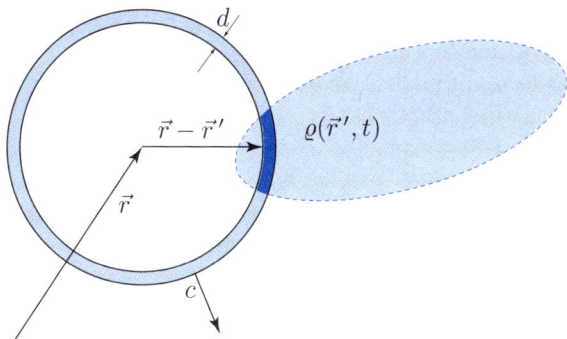

Man beachte, dass wir zur Ausführung die Integration so aus der Sicht des Aufpunkts durchgeführt haben: Die bei rückwärts laufender Uhr expandierende Kugelschale sammelt alle Beiträge ein. Die übliche kausale Vorstellung, wonach die Ladungen ihre Wirkung aussenden und diese dann aus allen Richtungen am Aufpunkt eintreffen, ist weniger übersichtlich, wenn die Integration konkret durchgeführt werden soll, läuft aber nichtsdestotrotz auf das gleiche Ergebnis hinaus.

Bis hierher waren wir völlig allgemein bezüglich der Quellenverteilung. Jetzt wollen wir schauen, was passiert, wenn sich eine kleine, starre Ladung q im Raum bewegt. Es gehören dazu die Quellenverteilungen (E.1) und (E.2), wobei $\vec{r}_{q}(t)$ etwa den Schwerpunkt der Ladung bezeichnet. Wie oben wollen wir im Interesse der Durchführbarkeit aller Differentiationen an keine echte δ-Distribution, sondern an eine entsprechende stetige Funktion denken. Dies bringt einen zusätzlichen Vorteil: Die Einflüsse der Bewegung werden klarer ersichtlich. In der Abbildung ist unsere bewegte Ladung als graues Rechteck der typischen Dimension l gezeichnet, das sich mit der Geschwindigkeit $\vec{v}(t)$ bewegt. Dargestellt ist nur der (sehr kurze) Zeitraum, während dem die expandierende

Kugelschale die bewegte Ladung überlappt. Wir wollen annehmen, dass die Variation des Abstandes $|\vec{r} - \vec{r}'| = |\vec{r} - \vec{r}_q(t')|$ während dieser Zeit nicht relevant variiert. In der Zeichnung ist dies aus darstellerischen Gründen nicht der Fall. Beim Integrieren läuft die Zeit nach der oben dargelegten Vorstellung rückwärts und die Ladung bewegt sich daher mit $-\vec{v}(t')$. Man sieht aus der Zeichnung, dass die expandierende Kugelschale die Ladung länger überlappt, wenn sich die Ladung auf den Aufpunkt $\vec{r}$ zubewegt – dann weist $-\vec{v}(t')$ wie gezeichnet vom Aufpunkt weg –, als im umgekehrten Fall.

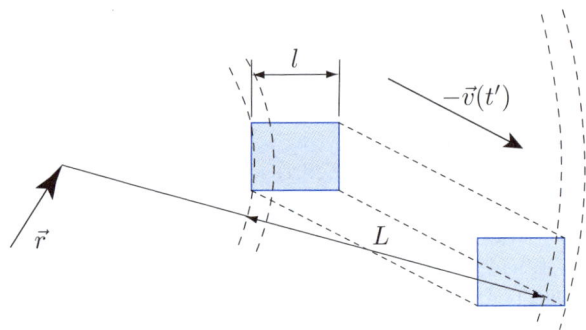

Dies bedeutet, dass der Integrationsbeitrag der Ladung zum Potential größer ist, wenn sich die Ladung auf $\vec{r}$ zubewegt, als wenn sie sich von $\vec{r}$ entfernt. Die Kugelschale bewegt sich über die Distanz L, um die gesamte Ladung der Breite l zu überstreichen, d.h. die Integration liefert den gleichen Wert, wie wenn eine gleich dichte, aber *ruhende* Ladung der Größe L statt l vorhanden wäre. Somit kann einfach das Potential der Punktladung mit dem Verhältnis L/l multipliziert werden:

$$\varphi(\vec{r}, t) = \frac{q}{4\pi\varepsilon|\vec{r} - \vec{r}_q(t')|}\frac{L}{l}. \tag{E.4}$$

Zur Ermittlung des fraglichen Verhältnisses zerlegen wir die Geschwindigkeit $\vec{v}$ orthogonal in einen radialen und einen transversalen Anteil:

$$\vec{v} = \frac{\partial}{\partial t'}\vec{r}_q(t') = v_r\vec{e}_r + \vec{v}_T \qquad \text{mit } \vec{e}_r := \frac{\vec{r} - \vec{r}_q(t')}{|\vec{r} - \vec{r}_q(t')|}. \tag{E.5}$$

Die Zerlegung ist orts- und zeitabhängig. Es sind natürlich

$$v_r = \vec{v} \cdot \vec{e}_r = \frac{\vec{v}(t') \cdot (\vec{r} - \vec{r}_q(t'))}{|\vec{r} - \vec{r}_q(t')|} \qquad \text{sowie} \qquad c = \frac{1}{\sqrt{\mu\varepsilon}} \tag{E.6}$$

und damit gilt

$$\frac{L - l}{v_r} = \frac{L}{c} \qquad \Rightarrow \qquad \frac{L}{l} = \frac{1}{1 - \frac{v_r}{c}}. \tag{E.7}$$

Somit ergeben sich die so genannten Liénard-Wiechert Potentiale[2]

$$\varphi(\vec{r}, t) = \frac{q}{4\pi\varepsilon} \frac{1}{|\vec{r} - \vec{r}_q(t')| \left(1 - \frac{v_r(t')}{c}\right)}$$

$$\vec{A}(\vec{r}, t) = \frac{q\mu}{4\pi} \frac{\vec{v}(t')}{|\vec{r} - \vec{r}_q(t')| \left(1 - \frac{v_r(t')}{c}\right)} \qquad \text{mit } t' = t - \frac{|\vec{r} - \vec{r}_q(t')|}{c}. \qquad (E.8)$$

Es ist wie erwartet die Bewegung der Ladung für das Vektorpotential zuständig. Das Feld ergibt sich aus den Potentialen mit den Gleichungen (6.93) und (6.94) zu

$$\vec{E}(\vec{r}, t) = -\operatorname{grad}\varphi - \frac{\partial \vec{A}}{\partial t} \qquad \text{und} \quad \vec{B} = \operatorname{rot}\vec{A}. \qquad (E.9)$$

Die korrekte Ausführung dieser Differentiationen ist ziemlich aufwendig, weil die Größen $\vec{r}_q$, $\vec{v}$ und v_r alle implizit von $\vec{r}$ und von t abhängen. Wir stellen zuerst einige nützliche Ableitungen zusammen. Es gilt

$$\frac{\partial}{\partial t'}|\vec{r} - \vec{r}_q(t')| = \frac{\partial}{\partial t'}\sqrt{\left(x - x_q(t')\right)^2 + \left(y - y_q(t')\right)^2 + \left(z - z_q(t')\right)^2}$$

$$= \frac{2\left(x - x_q\right)\left(-\frac{\partial x_q}{\partial t'}\right) + 2\left(y - y_q\right)\left(-\frac{\partial y_q}{\partial t'}\right) + 2\left(z - z_q\right)\left(-\frac{\partial z_q}{\partial t'}\right)}{2\sqrt{\left(x - x_q(t')\right)^2 + \left(y - y_q(t')\right)^2 + \left(z - zq(t')\right)^2}}$$

$$= -\frac{\vec{r} - \vec{r}_q(t')}{|\vec{r} - \vec{r}_q(t')|} \cdot \vec{v}(t') = -\vec{e}_r \cdot \vec{v}(t') = -v_r(t'). \qquad (E.10)$$

Eine Differentiation der Gleichung

$$t' = t - \frac{|\vec{r} - \vec{r}_q(t')|}{c} \qquad (E.11)$$

nach t liefert

$$\frac{\partial t'}{\partial t} = 1 - \frac{1}{c}\underbrace{\left(\frac{\partial}{\partial t'}|\vec{r} - \vec{r}_q(t')|\right)}_{=-v_r}\frac{\partial t'}{\partial t} \qquad \Rightarrow \qquad \frac{\partial t'}{\partial t} = \frac{1}{1 - \frac{v_r}{c}}. \qquad (E.12)$$

Ähnlich finden wir den Gradienten von t':

$$\operatorname{grad} t' = -\frac{1}{c}\underbrace{\frac{\vec{r} - \vec{r}_q(t')}{|\vec{r} - \vec{r}_q(t')|}}_{=\vec{e}_r} - \frac{1}{c}\underbrace{\left(\frac{\partial}{\partial t'}|\vec{r} - \vec{r}_q(t')|\right)}_{=-v_r}\operatorname{grad} t' \qquad \Rightarrow \quad \operatorname{grad} t' = \frac{-\vec{e}_r}{c\left(1 - \frac{v_r}{c}\right)}. \qquad (E.13)$$

Die Ableitung des orts- und zeitabhängigen Einheitsvektors $\vec{e}_r$ nach der retardierten Zeit t' lautet

$$\frac{\partial \vec{e}_r}{\partial t'} = \frac{\partial}{\partial t'}\left(\frac{\vec{r} - \vec{r}_q(t')}{|\vec{r} - \vec{r}_q(t')|}\right) = \frac{-\vec{v}}{|\vec{r} - \vec{r}_q(t')|} - \frac{-v_r\left(\vec{r} - \vec{r}_q(t')\right)}{|\vec{r} - \vec{r}_q(t')|^2}$$

$$= \frac{v_r\vec{e}_r - \vec{v}}{|\vec{r} - \vec{r}_q|} \overset{(E.13)}{=} \frac{-\vec{v}_T}{|\vec{r} - \vec{r}_q|} = \frac{\vec{e}_r \times (\vec{e}_r \times \vec{v})}{|\vec{r} - \vec{r}_q|}, \qquad (E.14)$$

---

2 Nach dem französischen Physiker Alfred Marie Liénard (1869–1959) und dem deutschen Geophysiker Emil Wiechert (1861–1928).

und die Ableitung der radialen Geschwindigkeit wird

$$\frac{\partial v_r}{\partial t'} = \frac{\partial}{\partial t'}(\vec{v}\cdot\vec{e}_r) = \underbrace{\frac{\partial\vec{v}}{\partial t'}}_{=:\vec{a}}\cdot\vec{e}_r + \vec{v}\cdot\frac{\partial\vec{e}_r}{\partial t'} = \underbrace{\vec{a}\cdot\vec{e}_r}_{=:a_r} - \frac{\vec{v}\cdot\vec{v}_{\mathrm{T}}}{|\vec{r}-\vec{r}_{\mathrm{q}}|} = a_r - \frac{|\vec{v}_{\mathrm{T}}|^2}{|\vec{r}-\vec{r}_{\mathrm{q}}|}, \tag{E.15}$$

wobei wir die Beschleunigung $\vec{a}$ der Ladung und ihre radiale Komponente a_r eingeführt haben. Damit sind wir in der Lage, den Nenner der Liénard-Wiechert-Potentiale nach t' abzuleiten:

$$\frac{\partial}{\partial t'}\left[|\vec{r}-\vec{r}_{\mathrm{q}}(t')|\left(1 - \frac{v_r(t')}{c}\right)\right] = \left(1 - \frac{v_r}{c}\right)\frac{\partial}{\partial t'}|\vec{r}-\vec{r}_{\mathrm{q}}| - \frac{|\vec{r}-\vec{r}_{\mathrm{q}}|}{c}\frac{\partial v_r}{\partial t'}$$

$$= -\left(1 - \frac{v_r}{c}\right)v_r - \frac{|\vec{r}-\vec{r}_{\mathrm{q}}|}{c}a_r + \frac{|\vec{v}_{\mathrm{T}}|^2}{c} = \frac{|\vec{v}|^2}{c} - v_r - \frac{|\vec{r}-\vec{r}_{\mathrm{q}}|}{c}a_r. \tag{E.16}$$

Nach dieser langen Vorarbeit gelingt es nunmehr, die Felder auszurechnen. Wir beginnen mit dem Gradienten des Potentials φ und schreiben

$$-\operatorname{grad}\varphi = -[\operatorname{grad}\varphi]_{t'=\mathrm{const}} - \frac{\partial\varphi}{\partial t'}\operatorname{grad} t'. \tag{E.17}$$

Im ersten Term ist die Zeit t' konstant und daher sind $\vec{v}$ und $\vec{r}_{\mathrm{q}}$ als unabhängig vom Ort anzusehen. Es gelten hier also $\operatorname{grad}|\vec{r}-\vec{r}_{\mathrm{q}}| = \vec{e}_r$ und $\operatorname{grad}(\vec{v}\cdot\vec{r}) = \vec{v}$ und somit

$$-[\operatorname{grad}\varphi]_{t'=\mathrm{const}} = \frac{-q}{4\pi\varepsilon}\operatorname{grad}\left(\frac{1}{|\vec{r}-\vec{r}_{\mathrm{q}}|\left(1-\frac{v_r}{c}\right)}\right)$$

$$= \frac{q}{4\pi\varepsilon}\frac{\operatorname{grad}\left(|\vec{r}-\vec{r}_{\mathrm{q}}| - \frac{\vec{v}}{c}\cdot(\vec{r}-\vec{r}_{\mathrm{q}})\right)}{|\vec{r}-\vec{r}_{\mathrm{q}}|^2\left(1-\frac{v_r}{c}\right)^2} = \frac{q}{4\pi\varepsilon}\frac{\vec{e}_r - \frac{\vec{v}}{c}}{|\vec{r}-\vec{r}_{\mathrm{q}}|^2\left(1-\frac{v_r}{c}\right)^2}. \tag{E.18}$$

Beim zweiten Term von (E.17) wird uns nun die oben geleistete Vorarbeit nützlich. Es gilt

$$-\frac{\partial\varphi}{\partial t'} = \frac{q}{4\pi\varepsilon}\frac{1}{|\vec{r}-\vec{r}_{\mathrm{q}}|^2\left(1-\frac{v_r}{c}\right)^2}\frac{\partial}{\partial t'}\left[|\vec{r}-\vec{r}_{\mathrm{q}}|\left(1-\frac{v_r}{c}\right)\right]$$

$$= \frac{q}{4\pi\varepsilon}\frac{1}{|\vec{r}-\vec{r}_{\mathrm{q}}|^2\left(1-\frac{v_r}{c}\right)^2}\left(\frac{|\vec{v}|^2}{c} - v_r - \frac{|\vec{r}-\vec{r}_{\mathrm{q}}|}{c}a_r\right). \tag{E.19}$$

Multiplikation mit $\operatorname{grad} t'$ von (E.13) und Addition von (E.18) ergibt

$$-\operatorname{grad}\varphi = \frac{q}{4\pi\varepsilon}\frac{\vec{e}_r - \frac{\vec{v}}{c}}{|\vec{r}-\vec{r}_{\mathrm{q}}|^2\left(1-\frac{v_r}{c}\right)^2}$$

$$+ \frac{q}{4\pi\varepsilon}\frac{1}{|\vec{r}-\vec{r}_{\mathrm{q}}|^2\left(1-\frac{v_r}{c}\right)^2}\left(\frac{|\vec{v}|^2}{c} - v_r - \frac{|\vec{r}-\vec{r}_{\mathrm{q}}|}{c}a_r\right)\frac{-\vec{e}_r}{c\left(1-\frac{v_r}{c}\right)}$$

$$= \frac{q\mu}{4\pi}\frac{(c^2 - |\vec{v}|^2)\vec{e}_r - \left(1-\frac{v_r}{c}\right)c\vec{v}}{|\vec{r}-\vec{r}_{\mathrm{q}}|^2\left(1-\frac{v_r}{c}\right)^3} + \frac{q\mu}{4\pi}\frac{a_r\vec{e}_r}{|\vec{r}-\vec{r}_{\mathrm{q}}|\left(1-\frac{v_r}{c}\right)^3}. \tag{E.20}$$

Zuletzt haben wir noch c^2 durch $\frac{1}{\mu\varepsilon}$ ersetzt. Als Nächstes differenzieren wir das Vektorpotential nach der Zeit t und finden zunächst mit (E.12)

$$-\frac{\partial\vec{A}}{\partial t} = -\frac{\partial\vec{A}}{\partial t'}\frac{\partial t'}{\partial t} = -\frac{\partial\vec{A}}{\partial t'}\frac{1}{1-\frac{v_r}{c}}. \tag{E.21}$$

Der erste Faktor rechts lautet

$$-\frac{\partial \vec{A}}{\partial t'} = -\frac{q\mu}{4\pi}\frac{\partial}{\partial t'}\frac{\vec{v}(t')}{|\vec{r}-\vec{r}_{\rm q}(t')|\left(1-\frac{v_r(t')}{c}\right)}$$

$$= \frac{q\mu}{4\pi}\frac{-\vec{a}}{|\vec{r}-\vec{r}_{\rm q}|\left(1-\frac{v_r}{c}\right)} + \frac{q\mu}{4\pi}\frac{\vec{v}}{|\vec{r}-\vec{r}_{\rm q}|^2\left(1-\frac{v_r}{c}\right)^2}\left(\frac{|\vec{v}|^2}{c}-v_r-\frac{|\vec{r}-\vec{r}_{\rm q}|}{c}a_r\right)$$

$$= \frac{q\mu}{4\pi}\frac{|\vec{v}|^2\frac{\vec{v}}{c}-v_r\vec{v}}{|\vec{r}-\vec{r}_{\rm q}|^2\left(1-\frac{v_r}{c}\right)^2} - \frac{q\mu}{4\pi}\frac{\vec{a}\left(1-\frac{v_r}{c}\right)+a_r\frac{\vec{v}}{c}}{|\vec{r}-\vec{r}_{\rm q}|\left(1-\frac{v_r}{c}\right)^2}. \qquad (\text{E.22})$$

Somit gilt schließlich

$$-\frac{\partial \vec{A}}{\partial t} = \frac{q\mu}{4\pi}\frac{|\vec{v}|^2\frac{\vec{v}}{c}-v_r\vec{v}}{|\vec{r}-\vec{r}_{\rm q}|^2\left(1-\frac{v_r}{c}\right)^3} - \frac{q\mu}{4\pi}\frac{\vec{a}\left(1-\frac{v_r}{c}\right)+a_r\frac{\vec{v}}{c}}{|\vec{r}-\vec{r}_{\rm q}|\left(1-\frac{v_r}{c}\right)^3}. \qquad (\text{E.23})$$

Addieren wir noch (E.20) dazu, heben sich ein paar Terme weg, und es ergibt sich endlich die elektrische Feldstärke

$$\vec{E} = \frac{q\mu}{4\pi}\frac{|\vec{v}|^2\frac{\vec{v}}{c}-v_r\vec{v}+(c^2-|\vec{v}|^2)\vec{e}_r-\left(1-\frac{v_r}{c}\right)c\vec{v}}{|\vec{r}-\vec{r}_{\rm q}|^2\left(1-\frac{v_r}{c}\right)^3} + \frac{q\mu}{4\pi}\frac{a_r\vec{e}_r-\vec{a}\left(1-\frac{v_r}{c}\right)-a_r\frac{\vec{v}}{c}}{|\vec{r}-\vec{r}_{\rm q}|\left(1-\frac{v_r}{c}\right)^3}$$

$$= \frac{q\mu}{4\pi}\frac{(c^2-|\vec{v}|^2)\left(\vec{e}_r-\frac{\vec{v}}{c}\right)}{|\vec{r}-\vec{r}_{\rm q}|^2\left(1-\frac{v_r}{c}\right)^3} - \frac{q\mu}{4\pi}\frac{\vec{a}_{\rm T}\left(1-\frac{v_r}{c}\right)+a_r\frac{\vec{v}_{\rm T}}{c}}{|\vec{r}-\vec{r}_{\rm q}|\left(1-\frac{v_r}{c}\right)^3}$$

$$= \frac{q}{4\pi\varepsilon|\vec{r}-\vec{r}_{\rm q}|^2}\frac{\left(\vec{e}_r-\frac{\vec{v}}{c}\right)\left(1-\frac{|\vec{v}|^2}{c^2}\right)}{\left(1-\frac{v_r}{c}\right)^3} - \frac{q\mu}{4\pi|\vec{r}-\vec{r}_{\rm q}|}\frac{\vec{a}_{\rm T}\left(1-\frac{v_r}{c}\right)+a_r\frac{\vec{v}_{\rm T}}{c}}{\left(1-\frac{v_r}{c}\right)^3}. \qquad (\text{E.24})$$

Dabei haben wir analog zur Zerlegung (E.5) der Geschwindigkeit $\vec{v}=v_r\vec{e}_r+\vec{v}_{\rm T}$ auch für die Beschleunigung $\vec{a}=a_r\vec{e}_r+\vec{a}_{\rm T}$ eine orthogonale Zerlegung in radiale und transversale Komponenten vorgenommen. Man beachte, dass diese Zerlegung vom Ort $\vec{r}$ und von der Zeit t abhängt.

Zu guter Letzt wollen wir auch das Magnetfeld $\vec{B}=\text{rot}\,\vec{A}$ noch anschreiben. Es gilt ähnlich wie beim Skalarpotential in (E.17)

$$\text{rot}\,\vec{A} = [\text{rot}\,\vec{A}]_{t'=\text{const}} - \frac{\partial \vec{A}}{\partial t'}\times \text{grad}\,t'. \qquad (\text{E.25})$$

Im ersten Term kann $\vec{v}$ als ortsunabhängig betrachtet werden. Daher gilt unter Zuhilfenahme der Ableitungen in (E.18)

$$[\text{rot}\,\vec{A}]_{t'=\text{const}} = \frac{q\mu}{4\pi}\text{grad}\left(\frac{1}{|\vec{r}-\vec{r}_{\rm q}|\left(1-\frac{v_r}{c}\right)}\right)\times\vec{v}$$

$$= \frac{q\mu}{4\pi}\frac{\vec{v}\times\left(\vec{e}_r-\frac{\vec{v}}{c}\right)}{|\vec{r}-\vec{r}_{\rm q}|^2\left(1-\frac{v_r}{c}\right)^2} = \frac{q\mu}{4\pi}\frac{\vec{v}\times\vec{e}_r}{|\vec{r}-\vec{r}_{\rm q}|^2\left(1-\frac{v_r}{c}\right)^2}. \qquad (\text{E.26})$$

Die Ableitung von $\vec{A}$ nach t' haben wir bereits in (E.22) gebildet, und der Gradient von t' steht in (E.13). Somit finden wir sofort

$$-\frac{\partial \vec{A}}{\partial t'} \times \operatorname{grad} t' = \frac{q\mu}{4\pi} \left(\frac{|\vec{v}|^2 \frac{\vec{v}}{c} - v_r \vec{v}}{|\vec{r} - \vec{r}_q|^2 \left(1 - \frac{v_r}{c}\right)^2} - \frac{\vec{a}\left(1 - \frac{v_r}{c}\right) + a_r \frac{\vec{v}}{c}}{|\vec{r} - \vec{r}_q|\left(1 - \frac{v_r}{c}\right)^2} \right) \times \frac{-\vec{e}_r}{c\left(1 - \frac{v_r}{c}\right)}$$

$$= \frac{q\mu}{4\pi} \left(\frac{\left(\frac{v_r}{c} - \frac{|\vec{v}|^2}{c^2}\right)(\vec{v} \times \vec{e}_r)}{|\vec{r} - \vec{r}_q|^2 \left(1 - \frac{v_r}{c}\right)^3} + \frac{\vec{a}\left(1 - \frac{v_r}{c}\right) + a_r \frac{\vec{v}}{c}}{c|\vec{r} - \vec{r}_q|\left(1 - \frac{v_r}{c}\right)^3} \times \vec{e}_r \right). \tag{E.27}$$

Addition von (E.26) ergibt die magnetische Feldstärke

$$\vec{H} = \frac{1}{\mu}\vec{B} = \frac{q}{4\pi} \left(\frac{\left(1 - \frac{|\vec{v}|^2}{c^2}\right)(\vec{v} \times \vec{e}_r)}{|\vec{r} - \vec{r}_q|^2 \left(1 - \frac{v_r}{c}\right)^3} + \frac{\vec{a}\left(1 - \frac{v_r}{c}\right) + a_r \frac{\vec{v}}{c}}{c|\vec{r} - \vec{r}_q|\left(1 - \frac{v_r}{c}\right)^3} \times \vec{e}_r \right)$$

$$= \frac{q}{4\pi|\vec{r} - \vec{r}_q|^2} \frac{\left(1 - \frac{|\vec{v}|^2}{c^2}\right)(\vec{v}_T \times \vec{e}_r)}{\left(1 - \frac{v_r}{c}\right)^3} + \frac{q}{4\pi c|\vec{r} - \vec{r}_q|} \frac{\vec{a}_T\left(1 - \frac{v_r}{c}\right) + a_r \frac{\vec{v}_T}{c}}{\left(1 - \frac{v_r}{c}\right)^3} \times \vec{e}_r. \tag{E.28}$$

Wenn wir die Ausdrücke (E.24) für $\vec{E}$ und (E.28) für $\vec{H}$ vergleichen, finden wir zunächst eine große Ähnlichkeit. Beide Feldstärken haben zwei Anteile, wobei der erste Anteil mit $1/|\vec{r} - \vec{r}_q|^2$ läuft und nur Geschwindigkeiten im Zähler stehen hat. Der zweite Term geht mit $1/|\vec{r} - \vec{r}_q|$ und enthält Beschleunigungen.

E.2 Diskussion des Feldes

Wir wollen das gesamte Feld anhand von Spezialfällen diskutieren.

E.2.1 Ruhende Ladung

Dann ist $\vec{v} = \vec{0}$ und natürlich auch $\vec{a} = \vec{0}$, und es folgen

$$\vec{E} = \frac{q\vec{e}_r}{4\pi\varepsilon|\vec{r} - \vec{r}_q|^2}; \qquad \vec{H} = \vec{0}. \tag{E.29}$$

Dies ist das wohl bekannte statische Coulomb-Feld.

E.2.2 Gleichförmig bewegte Ladung

Als Nächstes betrachten wir eine gleichförmig auf der x-Achse von $x = -\infty$ bis $x = \infty$ bewegte Ladung, d.h. $\vec{v} = v_0 \vec{e}_x$ und $\vec{a} = \vec{0}$. Zur Zeit $t = 0$ sei die Ladung im Koordinatenursprung und allgemein $x_q(t) = v_0 \cdot t$. Es ist zu beachten, dass der Ort der Ladung „retardiert" in die Formeln eingesetzt werden muss. Die frühere Zeit t' erhalten wir durch die folgende Überlegung: Zur Zeit t' befindet sich die Ladung am Ort $x_q(t') = v_0 \cdot t'$. Nun verstreicht die Zeitspanne $\triangle t$, bis die Wirkung im Aufpunkt angekommen ist. Die retardierte Zeit findet man mit Hilfe der Gleichung

$$\triangle t := t - t' = \frac{|\vec{r} - \vec{r}_q(t')|}{c} = \frac{|\vec{r} - (v_0 \cdot t')\vec{e}_x|}{c}, \qquad \Rightarrow t' = t'(\vec{r}, t). \tag{E.30}$$

Wir konnten hier direkt von der einzig vorhandenen felderzeugenden Ladung ausgehen und vorwärts rechnen – im Gegensatz zu den früher angestellten allgemeineren Überlegungen, wo wir vom Aufpunkt ausgingen und rückwärts laufend alle Wirkungen eingesammelt hatten.

Um noch konkreter zu werden, setzen wir uns auf den Koordinatenursprung $\vec{r} = \vec{0}$ (Fall 1) oder auf die y-Achse bei $\vec{r} = (0, Y, 0)^{\mathrm{T}}$ (Fall 2), lösen in beiden Fällen die Gleichung (E.30) und geben die Größen $\vec{e}_r(t)$ und $v_r(t)$ explizite an:

$$\text{Fall 1:} \qquad t - t' = \frac{v_0}{c}|t'| = \frac{v_0}{c}\,\mathrm{sgn}(t')\cdot t', \quad \Rightarrow t' = \frac{t}{1 + \mathrm{sgn}(t)\frac{v_0}{c}}$$

$$\vec{e}_r = -\mathrm{sgn}(t)\vec{e}_x, \qquad v_r = -\mathrm{sgn}(t)v_0. \tag{E.31}$$

$$\text{Fall 2:} \qquad t - t' = \frac{\sqrt{Y^2 + (v_0 t')^2}}{c}, \quad \Rightarrow t' = \frac{t - \frac{1}{c}\sqrt{Y^2\left(1 - \left(\frac{v_0}{c}\right)^2\right) + v_0^2 t^2}}{1 - \left(\frac{v_0}{c}\right)^2}$$

$$\vec{e}_r(t) = \frac{-v_0 t\,\vec{e}_x + Y\vec{e}_y}{\sqrt{(v_0 t)^2 + Y^2}}, \qquad v_r(t) = \frac{-v_0^2 t}{\sqrt{(v_0 t)^2 + Y^2}}. \tag{E.32}$$

In Fall 1 ist die Sache wegen $\mathrm{sgn}(t) = \mathrm{sgn}(t')$ nicht besonders schwierig, weil die Zeitabhängigkeit von $\vec{e}_r$ und v_r direkt mit t ausgewertet werden kann. In Fall 2 muss zuerst t' gefunden und dann $\vec{e}_r(t')$ und $v_r(t')$ in die Feldformeln (E.24) und (E.28) eingesetzt werden. Es ergibt in Fall 2 wenig Sinn, auch $\vec{e}_r(t')$ und $v_r(t')$ explizite hinzuschreiben, weil keine relevanten Vereinfachungen der Formeln sichtbar sind.

In Fall 1 bewegt sich die Ladung für $t < 0$ direkt auf den Beobachter zu und entfernt sich für $t > 0$ radial von ihm. Dann gelten

$$|\vec{r} - \vec{r}_{\mathrm{q}}(t')|^2 = (v_0 t')^2 = \frac{v_0^2 t^2}{\left(1 + \mathrm{sgn}(t)\frac{v_0}{c}\right)^2},$$

$$\vec{e}_r(t') - \frac{\vec{v}(t')}{c} = -\left(\mathrm{sgn}(t) + \frac{v_0}{c}\right)\vec{e}_x, \quad \vec{v}_{\mathrm{T}}(t') = \vec{0}. \tag{E.33}$$

Setzen wir alles in (E.24) und (E.28) ein, finden wir die Feldstärken im Nullpunkt

$$\vec{E}(t) = \frac{-q\vec{e}_x}{4\pi\varepsilon v_0^2 t^2}\,\frac{\left(1 + \mathrm{sgn}(t)\frac{v_0}{c}\right)^2\left(\mathrm{sgn}(t) + \frac{v_0}{c}\right)\left(1 - \frac{v_0^2}{c^2}\right)}{\left(1 + \mathrm{sgn}(t)\frac{v_0}{c}\right)^3} = \frac{-\mathrm{sgn}(t)q\vec{e}_x}{4\pi\varepsilon v_0^2 t^2}\left(1 - \frac{v_0^2}{c^2}\right),$$

$$\vec{H}(t) = \vec{0}. \tag{E.34}$$

In Fall 2 bewegt sich die Ladung am Beobachter vorbei, und es gelten

$$|\vec{r} - \vec{r}_{\mathrm{q}}(t')|^2 = (v_0 t')^2 + Y^2,$$

$$\vec{e}_r(t') - \frac{\vec{v}(t')}{c} = \frac{-v_0 t'\,\vec{e}_x + Y\vec{e}_y}{\sqrt{(v_0 t')^2 + Y^2}} - \frac{v_0}{c}\vec{e}_x,$$

$$\vec{v}_{\mathrm{T}}(t') = \vec{v} - v_r(t')\vec{e}_r(t') = v_0 Y\frac{Y\vec{e}_x + v_0 t'\vec{e}_y}{(v_0 t')^2 + Y^2},$$

$$\vec{v}_{\mathrm{T}} \times \vec{e}_r(t') = v_0 t'(\vec{e}_r(t') \cdot \vec{e}_y)\vec{e}_z = \frac{v_0 t'Y\vec{e}_z}{\sqrt{(v_0 t')^2 + Y^2}}. \tag{E.35}$$

Aus Gründen der Übersichtlichkeit unterlassen wir das explizite Einsetzen von t' in diese Einzelterme und geben direkt die Endformeln für die Felder am Ort $\vec{r} = (0, Y, 0)^{\mathrm{T}}$ an (Mathematica besorgt das Einsetzen):

$$\vec{E}(Y,t) = \frac{q}{4\pi\varepsilon} \frac{-\frac{v_0}{c}\left(Q + \sqrt{Y^2 + \frac{v_0^2}{c^2}Q^2}\right)\vec{e}_x + Y\vec{e}_y}{\left(\frac{v_0^2}{c^2}Q + \sqrt{Y^2 + \frac{v_0^2}{c^2}Q^2}\right)^3}\left(1 - \frac{v_0^2}{c^2}\right),$$

$$\vec{H}(Y,t) = \frac{q}{4\pi} \frac{\frac{v_0}{c}YQ\vec{e}_z}{\left(\frac{v_0^2}{c^2}Q + \sqrt{Y^2 + \frac{v_0^2}{c^2}Q^2}\right)^3}\left(1 - \frac{v_0^2}{c^2}\right)$$

$$\text{mit } Q = \frac{ct - W}{1 - \frac{v_0^2}{c^2}}, \quad W = \sqrt{v_0^2 t^2 + Y^2\left(1 - \frac{v_0^2}{c^2}\right)}. \tag{E.36}$$

Für $Y = 0$ entstehen daraus wieder die Formeln (E.34). Es ist zu beachten, dass diese Formeln für beliebig hohe Geschwindigkeiten v_0 richtig sind. In der Praxis wird man häufig $v_0 \ll c$ voraussetzen dürfen.

E.2.3 Beschleunigte Ladungen

Ähnlich wie oben kann auch der Einfluss der Beschleunigung der Ladung berechnet werden, wobei immer die Beschleunigung zur retardierten Zeit eingesetzt werden muss. Wir verzichten auf explizite Formeln, weil diese nur schwer überschaubar sind.

E.2.4 Der nicht relativistische Fall

Wir wollen die allgemeinen Formeln (E.24) und (E.28) für den speziellen Fall kleiner Geschwindigkeiten untersuchen. Offensichtlich ergeben sich dann viele Vereinfachungen. Zunächst erhalten wir mit $\frac{|\vec{v}|}{c} \ll 1$ immer auch $\frac{v_r}{c} \ll 1$. Um auf Nummer sicher zu gehen, wollen wir jedoch bei Vektoren kleine Komponenten in eine Richtung nicht gegen dazu orthogonale große Komponenten vernachlässigen, d.h. zum Beispiel $\vec{e}_r - \frac{\vec{v}}{c} = (1 - \frac{v_r}{c})\vec{e}_r - \frac{\vec{v}_t}{c} \approx \vec{e}_r - \frac{\vec{v}_t}{c}$ stehen lassen. Somit ergeben sich bei nicht relativistischen Geschwindigkeiten

$$\vec{E}(\vec{r},t) = \frac{q}{4\pi\varepsilon|\vec{r} - \vec{r}_q|^2}\left(\vec{e}_r - \frac{\vec{v}_T}{c}\right) - \frac{q\mu}{4\pi|\vec{r} - \vec{r}_q|}\left(\vec{a}_T + a_r\frac{\vec{v}_T}{c}\right), \tag{E.37}$$

$$\vec{H}(\vec{r},t) = \frac{q}{4\pi|\vec{r} - \vec{r}_q|^2}(\vec{v}_T \times \vec{e}_r) + \frac{q\mu}{4\pi Z_w|\vec{r} - \vec{r}_q|}\left(\vec{a}_T + a_r\frac{\vec{v}_T}{c}\right) \times \vec{e}_r. \tag{E.38}$$

Dabei haben wir die Wellenimpedanz $Z_w = \sqrt{\frac{\mu}{\varepsilon}}$ benützt. Es ist zu beachten, dass die Größen $\vec{r}_q$, $\vec{e}_r$, $\vec{v}$, $\vec{v}_T$ sowie $\vec{a}$, $\vec{a}_T$ und a_r zur Zeit t' ausgewertet werden müssen, wobei die Beziehung zwischen der aktuellen Zeit t und der retardierten Zeit t' implizite durch die Formel

$$t - t' = \frac{|\vec{r} - \vec{r}_q(t')|}{c} \tag{E.39}$$

gegeben ist.

Unschwer erkennen wir im ersten Term von (E.37) das kaum modifizierte Coulomb-Feld, während im ersten Term von (E.38) das Biot-Savart'sche Feld aufscheint. Die zweiten Terme enthalten die Beschleunigungen und fallen mit $\frac{1}{|\vec{r}-\vec{r}_q|}$ ab. Dies sind die Strahlungsfelder, die wir jetzt genauer studieren wollen. Wir schreiben die entsprechenden Komponenten nochmals hin:

$$\vec{E}_s(\vec{r},t) = -\frac{q\mu}{4\pi|\vec{r}-\vec{r}_q|}\left(\vec{a}_T + a_r\frac{\vec{v}_T}{c}\right), \tag{E.40}$$

$$\vec{H}_s(\vec{r},t) = \frac{q\mu}{4\pi Z_w|\vec{r}-\vec{r}_q|}\left(\vec{a}_T + a_r\frac{\vec{v}_T}{c}\right)\times\vec{e}_r. \tag{E.41}$$

Es fällt zuerst die Proportionalität zwischen elektrischem und magnetischem Feld auf. Die Zerlegung in radiale (Index r) und transversale (Index T) Komponenten ist zwar orts- und zeitabhängig, aber bei festen Werten $(\vec{r},t)$ gilt

$$|\vec{E}_s| = \frac{1}{Z_w}|\vec{H}_s|, \tag{E.42}$$

denn $\vec{e}_r$ steht nach Definition senkrecht auf den transversalen Vektoren. Zweitens sehen wir, dass sowohl $\vec{E}_s$ als auch $\vec{H}_s$ rein transversal sind und zudem senkrecht aufeinander stehen. Der Poynting-Vektor errechnet sich zu

$$\vec{S}(\vec{r},t) = \vec{E}_s(\vec{r},t)\times\vec{H}_s(\vec{r},t) = \frac{q^2\mu^2}{16\pi^2 Z_w|\vec{r}-\vec{r}_q|^2}\left|\vec{a}_T + a_r\frac{\vec{v}_T}{c}\right|^2\vec{e}_r. \tag{E.43}$$

Da bei bewegter Ladung q die radiale Richtung von der Zeit abhängt, ist nicht a priori klar, in welche Richtung eine Ladung strahlt. Immerhin kann gesagt werden, dass die Strahlung zu jedem Zeitpunkt genau radial aus dem Punkt herauskommt, wo man die Ladung gerade sieht – obwohl sie in Wirklichkeit zu diesem Zeitpunkt vielleicht schon anderswo ist. In diesem Sinne strahlt die Ladung exakt radial, aber nicht in jede Richtung gleich stark. Am stärksten ist die Strahlung quer zur Beschleunigung. Um dies noch etwas genauer zu sehen, wollen wir Spezialfälle untersuchen.

E.2.5 Kurzzeitig linear beschleunigte Ladung

Wir nehmen an, eine zuerst im Koordinatenursprung ruhende Ladung q werde während der kurzen Zeitspanne t_0 gleichförmig mit der Beschleunigung $\vec{a} = a\vec{e}_x$ beschleunigt. Daraus resultiert die folgende Bewegung:

$$\vec{r}_q(t) = \begin{cases} \vec{0} & \text{falls } t < 0 \\ \frac{a}{2}t^2\vec{e}_x & \text{falls } 0 < t < t_0 \\ at_0\left(\frac{t_0}{2}+t\right)\vec{e}_x & \text{falls } t > t_0 \end{cases} \tag{E.44}$$

Die zugehörige Geschwindigkeit ist

$$\vec{v}(t) = \frac{\partial\vec{r}_q}{\partial t} = \begin{cases} \vec{0} & \text{falls } t < 0 \\ a\cdot t\vec{e}_x & \text{falls } 0 < t < t_0 \\ a\cdot t_0\vec{e}_x & \text{falls } t > t_0 \end{cases} \tag{E.45}$$

Da wir nur das Strahlungsfeld auf einer Kugel um den Nullpunkt betrachten wollen, deren Radius R groß ist verglichen mit der Distanz $\frac{a}{2}t_0^2$, braucht uns das Weglaufen der Ladung nach der Beschleunigung nicht zu kümmern. Wenn nämlich nach langer Zeit die

Ladung diese Kugel durchstößt, ist das Strahlungsfeld längst vorbei. Dieses ist auf der Kugel nämlich nur zur Zeit $t = R/c$ und kurz danach von null verschieden, die Ladung durchstößt die Kugel aber erst zur sehr viel späteren Zeit[3] $t_{late} = R/v = R/at_0$. Wegen des nach Voraussetzung großen Radius R bleiben die transversalen und radialen Richtungen für einen festen Punkt $\vec{r} = (x, y, z)^{\mathrm{T}}$ auf unserer Kugel während der Beschleunigungsphase praktisch konstant. Wir erhalten mit

$$\vec{e}_r = \frac{\vec{r}}{R}, \quad \vec{e}_{x\mathrm{T}} = \vec{e}_x - (\vec{e}_x \cdot \vec{e}_r)\vec{e}_r = \frac{(\rho^2, -xy, -xz)^{\mathrm{T}}}{R^2} \quad \text{mit } \rho = \sqrt{y^2 + z^2} \qquad (\text{E.46})$$

den transversalen Einheitsvektor

$$\vec{e}_{\mathrm{T}} = \frac{\vec{e}_{x\mathrm{T}}}{|\vec{e}_{x\mathrm{T}}|} = \frac{(\rho^2, -xy, -xz)^{\mathrm{T}}}{\rho R}. \qquad (\text{E.47})$$

Daraus ergeben sich die nur im Zeitbereich $\frac{R}{c} < t < \frac{R}{c} + t_0$ gültigen transversalen und radialen Größen

$$\vec{a}_{\mathrm{T}} = (\vec{a} \cdot \vec{e}_{\mathrm{T}})\vec{e}_{\mathrm{T}} = \frac{a\rho}{R}\vec{e}_{\mathrm{T}}, \quad \vec{v}_{\mathrm{T}}(t') = \frac{at'\rho}{R}\vec{e}_{\mathrm{T}}, \quad a_r = \frac{ax}{R}. \qquad (\text{E.48})$$

Setzen wir dies in (E.43) ein, finden wir

$$\vec{S} = \frac{q^2\mu^2}{16\pi^2 Z_{\mathrm{w}} R^2}\left(\frac{a\rho}{R} + \frac{ax}{R}\frac{at'\rho}{Rc}\right)^2 \vec{e}_r$$

$$= \frac{q^2\mu^2}{16\pi^2 Z_{\mathrm{w}} R^2}\frac{a^2\rho^2}{R^2}\left(1 + \underbrace{\frac{axt'}{Rc}}_{\ll 1}\right)^2 \vec{e}_r \approx \frac{\vec{e}_r}{Z_{\mathrm{w}}}\left(\frac{aq\mu}{4\pi R}\right)^2 \sin^2\theta. \qquad (\text{E.49})$$

Dabei ist θ der Winkel zwischen der Beschleunigung und der radialen Richtung $\vec{e}_r$. Die Strahlungscharakteristik ist somit die eines Dipols mit einem Dipolmoment parallel zur Beschleunigung $\vec{a}$. Man beachte, dass die Geschwindigkeit der Ladung für die Abstrahlung praktisch keine Rolle spielt, solange sie gegen die Lichtgeschwindigkeit klein bleibt. Die gesamte abgestrahlte Leistung P errechnet sich als Integral von $\vec{S}$ über die Kugel:

$$P = \oiint_{\text{Kugel}} \vec{S} \cdot d\vec{F} = \frac{1}{Z_{\mathrm{w}}}\left(\frac{aq\mu}{4\pi R}\right)^2 \int_{\theta=0}^{\pi} \sin^2\theta \cdot 2\pi R^2 \sin\theta\, d\theta$$

$$= \frac{1}{Z_{\mathrm{w}}}\frac{(aq\mu)^2}{8\pi}\underbrace{\int_{\theta=0}^{\pi} \sin^3\theta\, d\theta}_{\frac{4}{3}} = \frac{(aq\mu)^2}{6\pi Z_{\mathrm{w}}}. \qquad (\text{E.50})$$

Um eine praktische Vorstellung zu bekommen, wollen wir zum Schluss in Anlehnung an die anfangs gestellte Frage zum elektromagnetischen Fallschirm ausrechnen, wie groß eine Ladung bei $a = g =$ Erdbeschleunigung sein muss, damit sie in Luft $P = 1\,\mathrm{W}$ abstrahlt. Es ergibt sich die absurd große Ladung von fast sieben Megacoulomb:

$$q = \frac{1}{a\mu}\sqrt{6\pi Z_{\mathrm{w}} P} \approx 6.84\,[\mathrm{MC}]. \qquad (\text{E.51})$$

---

3 Wir vernachlässigen die während der Beschleunigungsphase kleinere Geschwindigkeit!

Dies entspricht einer Masse m von etwa 39 Milligramm Elektronen. Die zugehörige mechanische Leistung wäre

$$P_{\text{mech}}(t) = F \cdot v(t) = (ma) \cdot (at), \tag{E.52}$$

d.h. nach der Zeit $t_= = \frac{P}{ma^2} = 267$ Sekunden gleich wie die abgestrahlte Leistung. Zu diesem Zeitpunkt beträgt die Geschwindigkeit immerhin schon 2.6 km/sec. Diese Zahlenspielereien zeigen, dass die mechanische Leistung bei praktisch beschleunigten Ladungen immer viel größer ist als die elektromagnetisch abgestrahlte Leistung.

Symbole und Zeichen

F

In diesem Anhang sind alle im Text verwendeten Symbole zusammen mit ihrer Bedeutung aufgelistet. Gewisse Buchstaben haben mehrfache Bedeutung. Zur besseren Unterscheidung sind daher teilweise verschiedene Schrifttypen für den gleichen Buchstaben verwendet worden. Es wird eine alphabetische Reihenfolge eingehalten, wobei Kleinbuchstaben vor den Großbuchstaben eingereiht sind. Anschließend folgen die griechischen Buchstaben. Eine vollständige Liste aller *griechischen Buchstaben* findet man in Anhang G. Gelegentlich sind Zahlenwerte oder formelmäßige Bezüge zu anderen Symbolen in eckigen Klammern angefügt.

a	Allgemeiner Parameter, oft eine Länge.
a	Als Index: Kürzel für „außen", „äußerlich", „Anfang", „Anschluss"
a_n	Unbekannte Zahlen im Reihenansatz
A	Flächeninhalt; allgemeiner Effektivwert
$\hat{A}$	Amplitude (positiv, reell)
$\underline{A}$	Komplexe Amplitude
A	Ampere (Einheit der elektrischen Stromstärke); Punkt
$\vec{A}$	Magnetisches Vektorpotential
$\underline{\vec{A}}$	Komplexe Amplitude des magnetischen Vektorpotentials
$\vec{\overline{A}}$	Strombezogene Strukturfunktion von $\vec{A}$ [$\vec{A} = I{\cdot}\vec{\overline{A}}$]
$\vec{\overline{A}}$	Spannungsbezogene Strukturfunktion von $\vec{A}$ [$\vec{A} = U{\cdot}\vec{\overline{A}}$]
Al	Chemisches Zeichen für Aluminium
AT	Austausch(-schritt)
b	Allgemeiner Parameter, oft eine Länge
B	Punkt; Berandung
$\vec{B}$	Magnetische Induktion
$\underline{\vec{B}}$	Komplexe Amplitude der magnetischen Induktion
$\vec{\overline{B}}$	Strombezogene Strukturfunktion von $\vec{B}$ [$\vec{B} = I{\cdot}\vec{\overline{B}}$]
$\vec{\overline{B}}$	Spannungsbezogene Strukturfunktion von $\vec{B}$ [$\vec{B} = U{\cdot}\vec{\overline{B}}$]
bei_n	Kelvin-Funktion n-ter Ordnung (Imaginärteil)
ber_n	Kelvin-Funktion n-ter Ordnung (Realteil)
c	Vakuum-Lichtgeschwindigkeit [$c = 299\,792\,458\,\frac{\mathrm{m}}{\mathrm{s}}$ (exakter Wert!)]
c	Allgemeiner Parameter, oft eine Länge; Wärmekapazität
c	Als linker oberer Index bei $^c\varepsilon$: „combined"
c	Als Index: Kürzel für „cos"
C	Kapazität; allgemeine Konstante
C'	Kapazitätsbelag (Kapazität pro Länge)
C	Einheit der Ladung (Coulomb [$1\,\mathrm{C} = 1\,\mathrm{As}$])
°C	Grad Celsius
cm	Centimeter
Co	Chemisches Zeichen für Kobalt
cos	Kosinusfunktion
ctg	Kotangensfunktion
Cu	Chemisches Zeichen für Kupfer (lat. cuprum)
curl	Angelsächsische Bezeichnung der Rotation (rot)
d	Allgemeiner Parameter, oft eine Dicke oder eine Distanz
d	Totales Differential
$\vec{d}$	Gerichteter Abstand der Ladungen beim Dipol

D	Federdehnungskonstante
$\vec{D}$	Dielektrische Verschiebungsdichte
$\underline{\vec{D}}$	Komplexe Amplitude von $\vec{D}$
$\overset{=}{\vec{D}}$	Strombezogene Strukturfunktion von $\vec{D}$ $[\vec{D} = I \cdot \overset{=}{\vec{D}}]$
$\vec{D}$	Spannungsbezogene Strukturfunktion von $\vec{D}$ $[\vec{D} = U \cdot \vec{D}]$
$\mathbf{D}$	Allgemeiner Feldoperator
$\mathcal{D}$	Allgemeiner Differentialoperator; Randoperator
∂	Partielles Differential
det	Determinante
div	Divergenz
div_F	Flächendivergenz
DK	Dielektrizitätskonstante
e	Euler'sche Zahl $[e = 2.718281828459045235360287471352 6624\ldots]$
e^-	Elektronenladung $[e^- = -1.6021773 \cdot 10^{-19}\,\mathrm{C}]$
e	Als Index: Kürzel für „Ende" oder „elektrisch"
$\vec{e}$	Einheitsvektor
E	Elektrode
E	Betrag von $\vec{E}$
$\vec{E}$	Elektrische Feldstärke
$\underline{\vec{E}}$	Komplexe Amplitude von $\vec{E}$
$\overset{=}{\vec{E}}$	Strombezogene Strukturfunktion von $\vec{E}$ $[\vec{E} = I \cdot \overset{=}{\vec{E}}]$
$\vec{E}$	Spannungsbezogene Strukturfunktion von $\vec{E}$ $[\vec{E} = U \cdot \vec{E}]$
$\vec{E}_0$	Vektorielle Amplitude einer Ebenen Welle
$\underline{\vec{E}}_0$	Vektorielle komplexe Amplitude einer Ebenen Welle
elek	Als Index: Kürzel für „elektrisch"
elmag	Als Index: Kürzel für „elektromagnetisch"
EMK	Elektromotorische Kraft
ETZ	Elektrotechnisches Zentralgebäude
f	Frequenz; Gravitationskonstante $[f = 6.672 \cdot 10^{-11}\,\frac{\mathrm{m}^3}{\mathrm{kg \cdot s}^2}]$; allg. Funktion
f	Als Index: Kürzel für „frei" oder „Folie"
F	Flächeninhalt; Kraft; allgemeine (evtl. mehrkomponentige) Feldfunktion
F	Fläche
$\vec{F}$	Kraft; orientierte Fläche
$\mathbf{F}$	allgemeines Funktional
Fe	Chemisches Zeichen für Eisen (lat. ferrum)
g	Allgemeine Funktion; Erdbeschleunigung $[g = 9.81\,\frac{\mathrm{m}}{\mathrm{s}^2}]$
g	Als Index: Kürzel für „Gravitation"
G	Green'sche Funktion; Leitwert (Kehrwert des Widerstands R)
G'	Leitwertbelag (Leitwert pro Länge)
G	Gebiet
geb	Als Index: Kürzel für „gebunden"
ges	Als Index: Kürzel für „gesamt"
GHz	Gigahertz
grad	Gradient
h	Allgemeine Funktion; Höhe
H_n	Hankel-Funktion n-ter Ordnung (2. Gattung, Kurzform für $H_n^{(2)}$)

$H_n^{(1)}$	Hankel-Funktion n-ter Ordnung (1. Gattung)
$H_n^{(2)}$	Hankel-Funktion n-ter Ordnung (2. Gattung)
$\vec{H}$	Magnetische Feldstärke
$\underline{\vec{H}}$	Komplexe Amplitude von $\vec{H}$
$\underline{\vec{\tilde{H}}}$	Strombezogene Strukturfunktion von $\vec{H}$ [$\underline{\vec{H}} = I \cdot \underline{\vec{\tilde{H}}}$]
$\underline{\vec{\tilde{H}}}$	Spannungsbezogene Strukturfunktion von $\vec{H}$ [$\underline{\vec{H}} = U \cdot \underline{\vec{\tilde{H}}}$]
H	Henry [$1\,\mathrm{H} = 1\,\Omega\mathrm{s}$]
$\vec{\mathcal{H}}$	Nicht physikalisches „Magnetfeld" eines Stromstückes
Hz	Hertz
i	Imaginäre Einheit [$i = \sqrt{-1}$]; laufender (ganzzahliger) Index
i	Als Index: Kürzel für „innen"
in	Als Index: Kürzel für „inzident" (einfallend)
ind	Als Index: Kürzel für „induziert"
I	Elektrischer Strom
$\hat{I}$	Amplitude des elektrischen Stromes
$I^=$	Elektrischer Strom ohne Verschiebungsstrom
$\underline{I}$	Komplexe Amplitude des elektrischen Stromes
I_n	Modifizierte Bessel-Funktion n-ter Ordnung
$\Im$	Imaginärteil
j	Imaginäre Einheit [$j = \sqrt{-1}$]; laufender (ganzzahliger) Index
j	Als Index: Kürzel für „Joule'sch „Strom" ($\vec{J}$)
J	Zahl der Unbekannten bei numerischen Verfahren
J	Joule (Energieeinheit)
J_n	Bessel-Funktion n-ter Ordnung
$\vec{J}$	Magnetische Polarisation [$\vec{J} = \mu_0 \vec{M}$ hier nicht verwendet!]
$\vec{J}$	Elektrische Stromdichte
$\underline{\vec{J}}$	Komplexe Amplitude von $\vec{J}$
$\underline{\vec{\tilde{J}}}$	Strombezogene Strukturfunktion von $\vec{J}$ [$\underline{\vec{J}} = I \cdot \underline{\vec{\tilde{J}}}$]
$\underline{\vec{\tilde{J}}}$	Spannungsbezogene Strukturfunktion von $\vec{J}$ [$\underline{\vec{J}} = U \cdot \underline{\vec{\tilde{J}}}$]
$\vec{J}_0$	Eingeprägte elektrische Stromdichte
$\vec{J}_\mathrm{m}$	Magnetische Stromdichte
k	Wellenzahl; laufender (ganzzahliger) Index
k	kilo
$\vec{k}$	Wellenvektor einer Ebenen Welle
K	Allgemeine Konstante
K	Kugel
K_n	Modifizierte Zylinderfunktion n-ter Ordnung
K_ρ	Kreisfläche mit Radius ρ
kei_n	Kelvin-Funktion n-ter Ordnung (Imaginärteil)
ker_n	Kelvin-Funktion n-ter Ordnung (Realteil)
kg	Kilogramm
kV	Kilovolt
l	Länge
l	Als Index: Kürzel für „längs"
L	Induktivität; Gesamtlänge
L'	Induktivitätsbelag (Induktivität pro Länge)
L	Linie
ln	Natürlicher Logarithmus

m	Masse
$\vec{m}$	Magnetisches Dipolmoment
m	Meter; milli; als Index: Kürzel für „magnetisch"
m_e	Ruhemasse des Elektrons [$m_\mathrm{e} = 9.10939 \cdot 10^{-31}$ kg]
M	Gegeninduktivität (engl. mutual inductance); allgemeine Matrix
M	Mega; als Index: Kürzel für „magnetisch"
$\vec{M}$	Magnetisierung
$\vec{M}_0$	Konstante Magnetisierung
mA	Milliampere
mag	Als Index: Kürzel für „magnetisch"
mech	Als Index: Kürzel für „mechanisch"
mg	Milligramm
MHz	Megahertz
MKSA	Meter Kilogramm Sekunde Ampere („unser" Maßsystem)
mm	Millimeter
mV	Millivolt
n	Laufender (ganzzahliger) Index; natürliche Zahl
n	Als Index: Kürzel für „normal"
N	Newton [$1\,\mathrm{N} = 1\,\frac{\mathrm{kg} \cdot \mathrm{m}}{\mathrm{s}^2}$]
N	Totale Anzahl
N_n	Neumann'sche Funktion n-ter Ordnung
N_A	Avogadro'sche Zahl [$N_\mathrm{A} = 6.022136 \cdot 10^{23}$]
ne	Als Index: Kürzel für „nicht elektrostatisch"
Ni	Chemisches Zeichen für Nickel
o	Als oberer Index: Kürzel für „orthogonal"
o	Als Index: Kürzel für „oben"
O	Landau'sches Symbol; Oberflächeninhalt
O	Oberfläche
Ø	Ørsted; [$1\,\frac{\mathrm{A}}{\mathrm{m}} = 4\pi \cdot 10^{-3}$]
p	Leistungsdichte; magnetischer Monopol; elektrisches Dipol-moment; allgemeine Potenz
p	Als Index: Kürzel für „magn. Monopol", „Polarisation", „Plasmon", „Parallelschaltung"
$\vec{p}$	Dipolmoment zweier Ladungen $\pm q$ im Abstand $\vec{d}$ [$\vec{p} = q \cdot \vec{d}$]
p_elek	Elektrische Leistungsdichte
p_j	Joule'sche Leistungsdichte
p_mag	Magnetische Leistungsdichte
$\underline{p}$	Elektrisches Dipolmoment (komplexe Amplitude)
$\underline{\vec{p}}$	Vektorielles elektrisches Dipolmoment (komplexe Amplitude)
P	Leistung
P	Punkt; Platte
P_0	Wirkleistung (zeitlicher Mittelwert der Leistung)
P_1	Kosinus-Amplitude der stationären Leistung
P_2	Sinus-Amplitude der stationären Leistung
$\underline{P}$	Komplexe Leistung [$\underline{P} = P_0 - jQ$]
$\underline{P}^{\sim}$	Komplexe Wechselleistung [$\underline{P}^{\sim} = P_1 - jP_2$]
$\vec{\bar{P}}$	Elektrische Polarisation
$\vec{P}_0$	Konstante elektrische Polarisation

Pb	Chemisches Zeichen für Blei (lat. plumbum)
q	Probeladung
q	Als Index: Kürzel für „Quelle"
Q	Ladung; Blindleistung
Q	Als Index: Kürzel für „Quell" oder „Querschnitt"
r	Radius; radiale Kugelkoordinate
r	Als Index: Kürzel für „relativ" oder „Rest"
$\vec{r}$	Ortsvektor (Radiusvektor); Ortsvektor des Aufpunktes
$\vec{r}'$	Ortsvektor des Quellpunktes
R	Ohm'scher Widerstand; fester Radius; Distanz $[R = |\vec{r} - \vec{r}'|]$; Reflexionskoeffizient
R'	Widerstandsbelag (Widerstand pro Länge)
R_M	Magnetischer Widerstand
R_w	Wellenwiderstand
R	Widerstandsmatrix beim Ohm'schen Zweitor
$\Re$	Realteil
rot	Rotation
s	Allgemeiner Skalar
s	Sekunde; als Index: Kürzel für „sin", „Serienschaltung"
S	Schleife
$\vec{S}$	Poynting-Vektor
$\underline{\vec{S}}$	Komplexer Poynting-Vektor
$\underline{\vec{S}}^{\sim}$	Komplexer „Wechsel-Poynting-Vektor"
SAR	Spezifische Absorptionsrate
sgn	Signumfunktion (Vorzeichen)
sin	Sinusfunktion
t	Zeit; allgemeiner Skalar
t_0	Feste Anfangszeit
t	Als Index: Kürzel für „tangential" oder „transversal"
T	Periodendauer; feste Zeitdauer; Transmissionskoeffizient
$T(t)$	Faktorisierte Funktion der Zeit
T	Tesla; als Index unten: „tangential als Index oben: „transponiert"
$\vec{T}$	Elektrisches Vektorpotential
tan	Tangensfunktion
TE	Transversal-elektrisch
TEM	Transversal-elektromagnetisch
TM	Transversal-magnetisch
T$_E$X	*Das* technische Textsystem
u	Als Index: Kürzel für „unten"
U	Elektrische Spannung
$\hat{U}$	Amplitude der elektrischen Spannung
$\underline{U}$	Komplexe Amplitude der elektrischen Spannung
v	Skalare Geschwindigkeit (Schnelligkeit)
v	Als Index: Kürzel für „variabel"
$\vec{v}$	Vektorielle Geschwindigkeit; allgemeiner Vektor
V	Volumeninhalt
V	Volumen; Volt
vak	Als Index: Kürzel für „Vakuum"

w	Energiedichte; spezifisches Gewicht
w_e	Elektrische Energiedichte
w_{elmag}	Elektromagnetische Energiedichte
w_m	Magnetische Energiedichte
$\vec{w}$	Allgemeiner Vektor
w	Als Index: Kürzel für „Wärme" oder „Wellen"
W	Energie
W	Watt (Einheit der Leistung)
W_e	Elektrische Energie
W_{elmag}	Elektromagnetische Energie
W_m	Magnetische Energie
W_{mech}	Mechanische Energie
W_w	Wärmeenergie
x	Kartesische Koordinate; als Index: x-Komponente eines Vektors
$\overline{x}$	Vektor der unabhängigen Variablen
x	Als Index: auf die x-Richtung bezogen
$X(x)$	Faktorisierte Funktion von x
y	Kartesische Koordinate; als Index: y-Komponente eines Vektors
$\overline{y}$	Vektor der abhängigen Variablen
y	Als Index: auf die y-Richtung bezogen
Y	Admittanz
Y_n	Neumann'sche Funktion n-ter Ordnung (wir verwenden N_n)
$Y(y)$	Faktorisierte Funktion von y
z	Kartesische Koordinate; als Index: z-Komponente eines Vektors
z	Als Index: auf die z-Richtung bezogen
Z	Impedanz
Z_w	Wellenimpedanz
Z_{w0}	Wellenimpedanz des Vakuums [$Z_{w0} = \sqrt{\mu_0/\varepsilon_0} \approx 376.7303\,\Omega$]
$Z(z)$	Faktorisierte Funktion von z
ZT	Zweitor
α	Dämpfungskonstante [$\alpha = \Re(\gamma)$]; Winkel; allg. (reeller) Parameter
$\vec{\alpha}$	Flächenstromdichte
β	Phasenkonstante [$\beta = \Im(\gamma)$]; Winkel; allgemeiner (reeller) Parameter
γ	Fortpflanzungskonstante [$\gamma = \alpha + j\beta$]; Dämpfungskonstante in Verbindung mit Plasmafrequenz ω_p
Γ	Integrationsweg
δ	Eindringtiefe (Skintiefe); Dirac'sche Delta-Distribution; allg. Länge
$^3\delta$	Dirac'sche Delta-Distribution im Raum
Δ	Laplace-Operator
$\triangle$	Differenz
ε	Elektrische Permittivität (Dielektrizitätskonstante DK)
ε_r	Relative elektrische Permittivität
ε_0	Vakuum Permittivität [$\varepsilon_0 = 8.85418781762038985 \cdot 10^{-12}\,\frac{As}{Vm}$]
$\underset{\sim}{\varepsilon}$	Kombinierte Permittivität [$\underset{\sim}{\varepsilon} = \varepsilon - j\frac{\sigma}{\omega}$]
ε'	Realteil der Permittivität [$\varepsilon' = \Re(\underset{\sim}{\varepsilon})$]
ε''	Imaginärteil der Permittivität. [$\varepsilon'' = \Im(\underset{\sim}{\varepsilon})$]
ζ	Parameter bei allg. Lösung der Laplace-Gleichung
$\eta(\vec{r}, t)$	Fehler bei numerischen Methoden

θ	Kugelkoordinate
ϑ	Temperatur in °C
Θ	Magnetische Spannung
λ	Wellenlänge; Linienladungsdichte
μ	Magnetische Permeabilität; mikro
μ_r	Relative magnetische Permeabilität
μ_0	Vakuumpermeabilität
	$[\mu_0 = 4\pi \cdot 10^{-7} \frac{Vs}{Am} \approx 1.2566370614359 \cdot 10^{-6} \frac{Vs}{Am}]$
μV	Mikrovolt
ν	Hilfsgröße (kurze Schreibweise von Materialparametern)
π	Kreiszahl $[\pi = 3.14159265358979323846264338327950288419 7 \dots]$
$\vec{\Pi}$	Hertz'scher Vektor
ρ	Radiale Zylinderkoordinate; Massendichte
ϱ	Ladungsdichte
ϱ_0	Eingeprägte Ladungsdichte
$P(\rho)$	Radiale Funktion beim Separationsansatz
σ	Elektrische Leitfähigkeit
ς	Elektrische Flächenladungsdichte
ς_m	Magnetische Flächenladungsdichte
Σ	Summenzeichen
τ	Als Index: tangentiale Richtung
ϕ	Azimutale Zylinder-/Kugelkoordinate
φ	Elektrisches Skalarpotential
$\tilde{\varphi}$	Auf Q bezogene Strukturfunktion von φ $[\varphi(\vec{r}) = Q \cdot \tilde{\varphi}(\vec{r})]$
φ^0	Numerische Näherung von φ
Φ	Magnetischer Fluss
$\Phi(\phi)$	Axiale Funktion beim Separationsansatz
χ_e	Elektrische Suszeptibilität $[\chi_e = \varepsilon_r - 1]$
χ_m	Magnetische Suszeptibilität $[\chi_m = \mu_r - 1]$
ψ	Skalare Eichfunktion
Ψ	Elektrischer Fluss
ω	Kreisfrequenz $[\omega = 2\pi f]$
ω_p	Plasmafrequenz
Ω	Ohm; Raumwinkel; magnetisches Skalarpotential
∞	Unendlich
$\int$	Integral
$\iint$	Flächenintegral
$\iiint$	Volumenintegral
$\oint$	Umlaufintegral (Wegintegral über geschlossene Kurve)
$\oiint$	Flächenintegral über geschlossene Fläche
$*$	Als oberer Index: konjugiert komplex
$\circ$	Als oberer Index: Winkelgrade $[180° \stackrel{\wedge}{=} \pi]$; Temperaturgrade bei °C
$\emptyset$	Leere Menge
$\supset$	Obermenge
$\subset$	Teilmenge (Untermenge)
$\in$	Element einer Menge
$\cup$	Vereinigungsmenge
$\backslash$	ohne (bei Mengen)

$<$	kleiner als
$>$	größer als
$\leq$	kleiner oder gleich
$\geq$	größer oder gleich
$\ll$	sehr viel kleiner als
$\gg$	sehr viel größer als
$=$	gleich
$:=$	nach Definition gleich (Definiendum links)
$=:$	nach Definition gleich (Definiendum rechts)
$\approx$	ungefähr gleich
$\sim$	proportional zu; als oberer Index: Wechsel-
$\hat{=}$	entspricht
$+$	plus
$-$	minus
$\cdot$	mal; Skalarprodukt
$\times$	Vektorprodukt
$\bullet$	Tensorprodukt
$/$	dividiert durch.
$\forall$	für alle
$\perp$	steht senkrecht auf
$|$	Betragsstrich; ausgewertet an der Stelle

Griechische Buchstaben

G

Da die Kenntnis der griechischen Sprache und deren Alphabet nicht zur Allgemeinbildung gezählt werden können, seien die griechischen Buchstaben vollständig aufgelistet. Bei gewissen Buchstaben gibt es mehr als eine Schreibweise. Wir geben zusätzlich die Bedeutung der Symbole, so wie sie in dieser Vorlesung gebraucht werden.

Name	Symbol	Gebrauch
alpha	α	Dämpfungskonstante [$\Re(\gamma)$]; Winkel; allgemeiner (reeller) Parameter; als Vektor: Flächenstromdichte
	A	–
beta	β	Phasenkonstante [$\Im(\gamma)$] Winkel; allgemeiner (reeller) Parameter
	B	–
gamma	γ	Fortpflanzungskonstante
	Γ	Integrationsweg
delta	δ	Eindringtiefe (Skintiefe); Dirac'sche Delta-Distribution
	Δ	Laplace-Operator
	$\triangle$	Differenz
epsilon	ϵ	–
	ε	elektrische Permittivität
	E	–
zeta	ζ	Parameter bei allg. Lösung der Laplace-Gl.
	Z	–
eta	η	Fehler bei numerischen Methoden
	H	–
theta	θ	Kugelkoordinate
	ϑ	Temperatur in °C
	Θ	Magnetische Spannung
jota	ι	–
	I	–
kappa	κ	Transversale Wellenzahl
	K	–
lambda	λ	Wellenlänge; Linienladungsdichte
	Λ	–
mü	μ	Magnetische Permeabilität; mikro
	M	–
nü	ν	Hilfsgröße
	N	–
xi	ξ	Transversale Koordinate
	Ξ	–
omikron	o	–
	O	–

Name	Symbol	Gebrauch
pi	π	Kreiszahl
	ϖ	–
	Π	Hertz'scher Vektor
rho	ρ	Zylinderkoordinate; Massendichte
	ϱ	Ladungsdichte
	P	Radiale Funktion beim Separationsansatz
sigma	σ	Elektrische Leitfähigkeit
	ς	Flächenladungsdichte
	Σ	Summe
tau	τ	Als Index: tangentiale Richtung
	T	–
ypsilon	υ	–
	Υ	–
phi	ϕ	Zylinder-/Kugelkoordinate
	φ	Elektrisches Skalarpotential
	Φ	Magnetischer Fluss
chi	χ	Suszeptibilität
	X	–
psi	ψ	Skalare Eichfunktion
	Ψ	Elektrischer Fluss
omega	ω	Kreisfrequenz
	Ω	Kurzzeichen für Ohm; Raumwinkel; Magnetisches Skalarpotential

Literaturverzeichnis

ÜBERBLICK

In diesem Anhang stellen wir einige Lehrbücher zum Thema Elektromagnetische Felder (Elektrodynamik) sowie nützliche mathematische Standardwerke (Formelsammlungen) vor. Jedes Werk hat seine Eigenart und seine Tiefe. Wir geben zu jedem Buch eine kurze – *und natürlich subjektive* – Würdigung. Die Titel sind chronologisch geordnet.

H.1 Elektromagnetische Felder

- Jeans, James: *The Mathematical Theory of Electricity and Magnetism.* Cambridge at the University Press, 1908.
  Ein Uraltklassiker, dessen fünfte Auflage 1925 zum ersten und 1951 zum letzten Mal neu gedruckt wurde. Verwendet noch nicht unsere Vektorschreibweise, sondern eine auch von Maxwell benützte „Komponentenschreibweise". [Z.B. sind (f, g, h) die kartesischen Komponenten von $\vec{D}$, (α, β, γ) jene von $\vec{H}$, (u, v, w) jene von $\vec{j}$ usw.] Das Buch ist vor allem historisch interessant und bietet eine ausführliche Darstellung der physikalischen Grundgedanken.

- Küpfmüller, Karl: *Einführung in die theoretische Elektrotechnik,* Springer-Verlag, Berlin, 1984.
  Ein klassisches Werk eines Ingenieurs für Ingenieure. Es wurde 1932 zum ersten Mal gedruckt und liegt jetzt (1984) in 11. Auflage vor. Die Feldtheorie wird eher als Hilfsmittel zur Lösung zahlloser konkreter Probleme herangezogen. Enthält auch Technologie-orientierte Abschnitte und kommt streckenweise allein mit der Netzwerktheorie aus.

- Stratton, Julius Adams: *Electromagnetic Theory,* McGraw-Hill Book Company, London, 1941.
  Der Klassiker der Feldtheorie vor Jackson. Umfassend, aber bereits etwas verstaubt.

- Sommerfeld, Arnold: *Vorlesungen über theoretische Physik, Bd. 3: Elektrodynamik,* Verlag Harry Deutsch, Thun, 1978.
  Das bereits in den vierziger Jahren zum ersten Mal erschienene Werk des Elektroingenieurs A. Sommerfeld (nebenbei führender theoretischer Physiker seiner Zeit) wirkt heute etwas altbacken.

- Müller, Claus: *Grundprobleme der mathematischen Theorie elektromagnetischer Schwingungen,* Springer-Verlag, Berlin, 1957.
  Bietet mathematischen Hintergrund zur Maxwell'schen Theorie, insbesondere Existenzsätze für Lösungen usw.

- Feynman, Richard P., Leighton, Robert, B., Sands, Matthew: *Feynman Vorlesungen über Physik,* Oldenbourg Verlag, München, 1991.
  Die bereits 1963 in englischer Sprache erschienenen, dreibändigen „Feynman Lectures on Physics" gehören bis heute zum absoluten „Muss" für alle, die sich mit Physik beschäftigen. Sie bieten eine derartige Fülle von Zusammenhängen quer über alle Teilgebiete der Physik, dass der Anfänger vielleicht vor lauter Bäumen den Wald nicht mehr sieht, der/die Fortgeschrittene dafür nicht mehr aus dem Schwärmen kommt. Der zweite Band (Untertitel: Elektromagnetismus und Struktur der Materie) behandelt unser Thema auch für Ingenieure verständlich, sehr anschaulich und erfrischend direkt. Bemerkenswert modern sind seine Anmerkungen zu den numerischen Methoden. Der Nobelpreisträger Feynman gehört zu den unsterblichen Künstlern der Didaktik.

- Jackson, John David: *Classical Electrodynamics,* John Wiley Sons, New York, 1975.
  Ein moderner Klassiker, von einem Physiker für Physiker geschrieben. Erschienen erstmals in den frühen sechziger Jahren. Umfassend, aber ohne numerische Methoden. Auch in deutscher Übersetzung erhältlich (Walter de Gruyter, Berlin, 1983).

- Schwartz, Melvin: *Principles of Electrodynamics,* McGraw-Hill Kogakusha, Ltd, Tokyo, London, Singapore, Sydney, 1972.

Der Nobelpreisträger versteht es, mit Hilfe der Relativitätstheorie die gesamte Elektrodynamik und den Magnetismus aus der Elektrostatik herzuleiten.

■ Simonyi, K.: *Theoretische Elektrotechnik,* VEB Deutscher Verlag der Wissenschaften, Berlin 1977.
Umfassend, geht auch auf praktische Anwendungen ein. Ohne moderne numerische Methoden. Geschrieben in den späten sechziger Jahren.

■ Philippow, Eugen, *Grundlagen der Elektrotechnik,* akademische Verlagsgesellschaft Geest & Portig K.-G., Leipzig, 1976.
Eine Einführung, die höhere Mathematik zu vermeiden sucht (aber nicht immer vermeidet) und möglichst schnell auf einfache Modelle lossteuert.

■ Hofmann, Hellmut: *Das elektromagnetische Feld, Theorie und grundlegende Anwendungen,* Springer-Verlag, Wien, 1974.
Ein sehr umfassendes und doch kompaktes Werk, das auf über 500 Seiten auch auf Materialprobleme eingeht und grundsätzliche physikalische Interpretationen nicht vernachlässigt.

■ Meetz, Kurt und Engl, Walter L.: *Elektromagnetische Felder,* Springer-Verlag, Berlin, 1980.
Die mathematischen und physikalischen Grundlagen des Elektromagnetismus werden hier in der – mindestens für Ingenieure – hochabstrakten Sprache der modernen Geometrie und Algebra dargestellt. Es wird versucht, den algebraischen vom geometrischen Aspekt zu trennen. Dies führt z.B. dazu, dass die bei uns gleichartigen Felder E und D (bzw. H und B) unterschiedliche mathematische Objekte sind.

■ Hafner, Christian: *Numerische Berechnung elektromagnetischer Felder, Grundlagen, Methoden, Anwendungen,* Springer-Verlag, Berlin, 1987.
Ein Buch, das neben der unkonventionellen Behandlung der Theorie besonders auf die numerischen Methoden eingeht – und damit fast alleine dasteht. Bemerkenswert sind ferner die Bezüge zu philosophischen und sozialhistorischen Theorien, z.B. die physikalischen Erhaltungssätze als Ausdruck kapitalistischen Denkens.

■ Blume, Sigfried: *Theorie elektromagnetischer Felder,* Hüthig Buch Verlag, Heidelberg, 1991.
Ein Buch, das besonders die Mathematik zu analytischen Lösungen der Maxwell-Gleichungen ausführlich bespricht, während Physik und praktische Anwendungen eher in den Hintergrund treten. Im Hinblick auf moderne numerische Techniken etwas anachronistisch.

■ Frohne, Heinrich: *Elektrische und magnetische Felder,* B.G. Teubner, Stuttgart, 1994.
Sozusagen der Gegensatz zu Blume: Feldtheorie ohne Vektoranalysis! 247 Bilder und 140 Beispiele zeigen das Verhalten elektromagnetischer Felder anschaulich und praxisbezogen. Die eigentliche Feldtheorie kommt etwas zu kurz, die vollständigen Maxwell-Gleichungen sind nur in der Einleitung erwähnt, und der Poynting-Vektor wird überhaupt nicht eingeführt. Ebenso fehlen Hinweise zu modernen numerischen Verfahren.

H.2 Mathematische Formelsammlungen

■ Gradshteyn, I.S. und Ryzhik, I.M.: *Table of Integrals, Series, and Products,* Academic Press, 1965.
Eine (fast) vollständige Liste aller analytisch lösbaren Integrale. Verliert heute an Bedeutung. Von Interesse sind für die Feldtheorie die Formelzusammenstellungen mit den vielfältigen Beziehungen zwischen den Zylinderfunktionen und weiteren höheren Funktionen.

■ Abramowitz, Milton und Stegun, Irene, A.: *Handbook of Mathematical Functions, with Formulas, Graphs, and Mathematical Tables*, Dover Publications, Inc., New York, 1970.
Ähnlich wie Gradshteyn, aber mehr numerische Tabellen und keine Integrale. Ist vor allem nützlich zum Testen numerischer Programme.

■ Bonstein-Semendjajew, Musiol und Mühlig: *Taschenbuch der Mathematik*, Verlag Harry Deutsch, 2. Auflage, Thun, 1995.
Die Neubearbeitung dieses handlichen Buches enthält so ziemlich alles, was ein Ingenieur an Mathematik braucht – eingeschlossen sogar ein Kapitel über Computeralgebra-Systeme („Mathematica", „matlab" etc.). Grundlagen und Formeln zur Vektoranalysis sind übersichtlich und mit klarer Darstellung der verwendeten Voraussetzungen aufgelistet. Achtung: Es gibt mindestens 23 verschiedene alte Auflagen mit dem gleichen Titel aus dem Teubner Verlag, die etwas billiger und dafür weniger modern sind.

■ Wolfram, Stephen: *Mathematica, A System for Doing Mathematics by Computer*, Addison-Wesley Publishing Company, Inc., Redwood City, California, 1991.
Ein Computerprogramm, das auch mit Formeln rechnen kann und nebenbei grafische Darstellungen hoher Qualität erzeugt. Weist eindeutig in die Zukunft in Sachen Angewandter Mathematik. Dieses und ähnliche Programme (z.B. Matlab) werden die Formelhandbücher mindestens in Bedrängnis bringen.

Register

A

ABC (absorbing boundary condition) 215
abgeschlossenes System 53
Abhängigkeiten zwischen Grenzbedingungen, statisch 234
Abklingen, zeitliches der Ladungsdichte 369
Ableitung der Zylinderfunktionen 559
absorbierende Wand 412
absorbing boundary condition (ABC) 215
Absorptionsrate, spezifische (SAR) 406
Abstrahlung elektromagnetischer Felder 347
Abstrahlung von Energie 275
actio = reactio, Verletzung 108
Admittanz, allgemein 303
aktives Material 261
Aluminium, Leitfähigkeit 77
Ampère, André Marie 102, 106, 112
Ampère (Einheit der Stromstärke) 72, 117
Ampère'sche Hypothese 112
Ampère'sches Durchflutungsgesetz 116, 120, 164
Ampère'sches Gestell 106
Ampère'sches Gesetz 107, 117
Ampère'sches Verkettungsgesetz 102
Amplitude, komplexe 219, 545
analytische Lösung 205
animalische Elektrizität 71
Anisotropes Material 406
Anker 114
Ansatz für semianalytische Methoden 206
Ansatzmethoden 206
Antenne 383
– $\lambda/2$-Dipol 355
– Ring 414
Antennenparameter 324
Anziehung ungeladener Körper 35
Anziehung, elektrostatische – ungeladener Körper 29
Äquiflächen 47
Äquilinien 47
Äquipotentiallinien 47
Äquivalenz zwischen Magnet und Strom 109
Äquivalenzprinzip 203, 348
– elektrostatisch 41
Arbeit, mechanische (Ladungsaufbau) 42
– Vorzeichen 42
asymptotische Methoden 352

AT-Schritt 318
Äther 126
Atom, (un)polares 58
atomare Kreisströme 112
Atomgewicht 73
Aufgaben
– mit Energieumsatz 376
– mit Feldern im freien Raum 374
– mit Magnetfeldern 385
– vermischte 399
– zur Elektrostatik 362
– zur Reziprozität 381
Aufladung durch Reibung 34
Ausbreitungsgeschwindigkeit von Wellen 185
Ausbreitungskonstante (γ) 224, 229
Auslaufende Wellen 559
Austauschschritt 318
Avogadro'sche Zahl (N_A) 73
Avogadro, Amedeo 73
Axiom 261
– in der Netzwerktheorie 284

B

Ballon 375
Band-umwickelter Draht, Magnetfeld 178
Beccaria 42
Begriffsbildung 22
bei$_n$ 559
Beobachtung, allgemein 22
Berandung einer Berandung 148, 165
Berenger 215
Bernstein 21, 92
ber$_n$ 559
Bessel'sche Differentialgleichung 341
Bessel-Funktion (J_n) 342, 557
Bestrahlte Schleife 392
Betrag eines Vektors mit komplexen Komponenten 540
Beweglichkeit der Ladung 76
bewegte Ladung, Kraft auf 138
bewegte Materialien 156
bewegte Punktladung 562
bewegter Leiter im Magnetfeld 138
bewegtes Material 168, 219
Bewegung als 2. Ursache der Induktion 130
Bildladungsverfahren 65, 85
biologisches Material, Leitfähigkeit 77
Biot, Jean-Baptiste 99

N

O